国家卫生健康委员会"十四五"规划教材

全国高等学校**制药工程专业第二轮**规划教材

供制药工程专业用

工业药剂学　第**2**版

主　编　徐希明

副主编　杨　丽　韩　丽

编　者（以姓氏笔画为序）

马君义（西北师范大学）　　　　侯　琳（郑州大学药学院）

东　梅（南京中医药大学）　　　姚　静（中国药科大学）

吕晓洁（内蒙古医科大学）　　　袁子民（辽宁中医药大学）

朱　源（江苏大学药学院）　　　徐希明（江苏大学药学院）

杨　丽（沈阳药科大学）　　　　高亚男（海南医科大学）

何　宁（安徽中医药大学）　　　盛华刚（山东中医药大学）

宋　煜（福建中医药大学）　　　韩　丽（成都中医药大学）

张　烜（北京大学药学院）　　　韩翠艳（齐齐哈尔医学院）

张　辉（湘南学院药学院）　　　谢　燕（上海中医药大学）

张志平（华中科技大学同济医学院）　鄢海燕（皖南医学院）

孟胜男（中国医科大学）

U0207899

人民卫生出版社

·北　京·

图书在版编目（CIP）数据

工业药剂学 / 徐希明主编. -- 2 版. -- 北京：人民卫生出版社，2024. 7

ISBN 978-7-117-36212-2

Ⅰ.①工… Ⅱ.①徐… Ⅲ.①制药工业 – 药剂学 – 教材 Ⅳ.①TQ460. 1

中国国家版本馆 CIP 数据核字 (2024) 第 073705 号

人卫智网	www.ipmph.com	医学教育、学术、考试、健康，购书智慧智能综合服务平台
人卫官网	www.pmph.com	人卫官方资讯发布平台

工业药剂学
Gongye Yaojixue
第 2 版

主　　编：徐希明

出版发行：人民卫生出版社（中继线 010-59780011）

地　　址：北京市朝阳区潘家园南里 19 号

邮　　编：100021

E - mail：pmph @ pmph.com

购书热线：010-59787592　010-59787584　010-65264830

印　　刷：北京瑞禾彩色印刷有限公司

经　　销：新华书店

开　　本：850×1168　1/16　印张：40

字　　数：947 千字

版　　次：2014 年 7 月第 1 版　　2024 年 7 月第 2 版

印　　次：2024 年 7 月第 1 次印刷

标准书号：ISBN 978-7-117-36212-2

定　　价：129.00 元

出版说明

随着社会经济水平的增长和我国医药产业结构的升级,制药工程专业发展迅速,融合了生物、化学、医学等多学科的知识与技术,更呈现出了相互交叉、综合发展的趋势,这对新时期制药工程人才的知识结构、能力、素养方面提出了新的要求。党的二十大报告指出,要"加强基础学科、新兴学科、交叉学科建设,加快建设中国特色、世界一流的大学和优势学科"。教育部印发的《高等学校课程思政建设指导纲要》指出,"落实立德树人根本任务,必须将价值塑造、知识传授和能力培养三者融为一体、不可割裂"。通过课程思政实现"培养有灵魂的卓越工程师",引导学生坚定政治信仰,具有强烈的社会责任感与敬业精神,具备发现和分析问题的能力、技术创新和工程创造的能力、解决复杂工程问题的能力,最终使学生真正成长为有思想、有灵魂的卓越工程师。这同时对教材建设也提出了更高的要求。

全国高等学校制药工程专业规划教材首版于2014年,共计17种,涵盖了制药工程专业的基础课程和专业课程,特别是与药学专业教学要求差别较大的核心课程,为制药工程专业人才培养发挥了积极作用。为适应新形势下制药工程专业教育教学、学科建设和人才培养的需要,助力高等学校制药工程专业教育高质量发展,推动"新医科"和"新工科"深度融合,人民卫生出版社经广泛、深入的调研和论证,全面启动了全国高等学校制药工程专业第二轮规划教材的修订编写工作。

此次修订出版的全国高等学校制药工程专业第二轮规划教材共21种,在上一轮教材的基础上,充分征求院校意见,修订8种,更名1种,为方便教学将原《制药工艺学》拆分为《化学制药工艺学》《生物制药工艺学》《中药制药工艺学》,并新编教材9种,其中包含一本综合实训,更贴近制药工程专业的教学需求。全套教材均为国家卫生健康委员会"十四五"规划教材。

本轮教材具有如下特点:

1. 专业特色鲜明,教材体系合理 本套教材定位于普通高等学校制药工程专业教学使用,注重体现具有药物特色的工程技术性要求,秉承"精化基础理论、优化专业知识、强化实践能力、深化素质教育、突出专业特色"的原则来合理构建教材体系,具有鲜明的专业特色,以实现服务新工科建设,融合体现新医科的目标。

2. 立足培养目标,满足教学需求 本套教材编写紧紧围绕制药工程专业培养目标,内容构建既有别于药学和化工相关专业的教材,又充分考虑到社会对本专业人才知识、能力和素质的要求,确保学生掌握基本理论、基本知识和基本技能,能够满足本科教学的基本要求,进而培养出能适应规范化、规模化、现代化的制药工业所需的高级专业人才。

3. 深化思政教育，坚定理想信念 以习近平新时代中国特色社会主义思想为指导，将"立德树人"放在突出地位，使教材体现的教育思想和理念、人才培养的目标和内容，服务于中国特色社会主义事业。各门教材根据自身特点，融入思想政治教育，激发学生的爱国主义情怀以及敢于创新、勇攀高峰的科学精神。

4. 理论联系实际，注重理工结合 本套教材遵循"三基、五性、三特定"的教材建设总体要求，理论知识深入浅出，难度适宜，强调理论与实践的结合，使学生在获取知识的过程中能与未来的职业实践相结合。注重理工结合，引导学生的思维方式从以科学、严谨、抽象、演绎为主的"理"与以综合、归纳、合理简化为主的"工"结合，树立用理论指导工程技术的思维观念。

5. 优化编写形式，强化案例引入 本套教材以"实用"作为编写教材的出发点和落脚点，强化"案例教学"的编写方式，将理论知识与岗位实践有机结合，帮助学生了解所学知识与行业、产业之间的关系，达到学以致用的目的。并多配图表，让知识更加形象直观，便于教师讲授与学生理解。

6. 顺应"互联网+教育"，推进纸数融合 在修订编写纸质教材内容的同时，同步建设以纸质教材内容为核心的多样化的数字化教学资源，通过在纸质教材中添加二维码的方式，"无缝隙"地链接视频、动画、图片、PPT、音频、文档等富媒体资源，将"线上""线下"教学有机融合，以满足学生个性化、自主性的学习要求。

本套教材在编写过程中，众多学术水平一流和教学经验丰富的专家教授以高度负责、严谨认真的态度为教材的编写付出了诸多心血，各参编院校对编写工作的顺利开展给予了大力支持，在此对相关单位和各位专家表示诚挚的感谢！教材出版后，各位教师、学生在使用过程中，如发现问题请反馈给我们（发消息给"人卫药学"公众号），以便及时更正和修订完善。

人民卫生出版社

2023 年 3 月

前　言

《工业药剂学》第 1 版于 2014 年问世，先后得到许多兄弟院校及相关行业的同行、读者的支持和肯定。众多单位的使用实践证明，教材的章节体系、内容、深浅等尚能满足教学需要。随着制药工业的飞速发展和先进制药技术的不断涌现，药物制剂新技术、新工艺、新设备、新辅料层出不穷。同时，教育部持续推进新工科和一流专业建设，教材的相关内容需要进行及时的更新与修订。我们根据《制药工程本科专业教学质量国家标准》，并吸取多年来各院校使用该教材的经验与建议，对第 1 版教材进行了修订。

本版修订总指导思想是充分考虑制药类专业的特点，进一步精选内容，强调"三基"（基本理论、基本知识和基本技能）和"五性"（思想性、科学性、先进性、启发性和适用性），注重工业药剂学领域理论与实践的发展变化，关注国际国内行业标准与法规的持续优化，对相关内容进行调整与更新，力求反映工业药剂学发展的特点和制药工程专业的特色。

修订时仍保持本书原有篇章结构，保持"基本理论与相关知识""普通制剂与制备技术""新型制剂与制备技术"三个部分。在章节设置方面，对部分章节进行了改动，删除了"车间设计与设备"；将"生物技术药物制剂"调整至"第三篇　新型制剂与制备技术"，并改为"生物技术药物新型制剂"；删除了"新型药物载体"，并将部分内容与"生物技术药物新型制剂"进行融合；新增了"新型药物制剂成型技术"等内容。在内容设置方面，对各个章节中与现行标准或规范不相适应的部分进行了修订，改写或新增了部分药物剂型与制备技术相关的内容。在教材形式方面，增加了数字化的目标检测题和教学课件（PPT）。此次再版将使本书的适用性和可读性得到进一步提升。

新版教材由江苏大学徐希明教授主编并统稿，沈阳药科大学杨丽教授和成都中医药大学韩丽教授为副主编。参加本书编写工作的人员还有马君义、东梅、吕晓洁、朱源、何宁、宋煜、张烜、张辉、张志平、孟胜男、侯琳、姚静、袁子民、高亚男、盛华刚、韩翠艳、谢燕、鄢海燕。在编写过程中得到了江苏大学孙璇、史文婉、沈欣怡、何庆、李肖肖等同志的大力支持，在此一并表示感谢。

虽然作者在编写和修改过程中已做了很大努力，但由于水平所限，错误和不当之处在所难免，恳请广大读者批评指正，以利于该书的进一步修改和完善。

徐希明

2024 年 1 月于江苏大学

目 录

第一篇　基本理论与相关知识

第二篇　普通制剂与制备技术

第三篇　新型制剂与制备技术

第一篇 | 基本理论与相关知识

第一章 工业药剂学概论

ER1-1 第一章
工业药剂学概论
（课件）

本章要点

掌握　工业药剂学、制剂与剂型、药典等常用术语的基本定义；剂型的分类与意义。

熟悉　工业药剂学研究核心和主要内容；药典标准与药品标准；GMP 和 cGMP 基本要求及对制药工业的影响；处方药及非处方药。

了解　药剂学发展历程及在我国制药工业中的地位；工业药剂学的相关学科及之间的联系；工业药剂学的任务和发展。

第一节　概述

工业药剂学（industrial pharmacy）系指研究药物制剂和剂型的工程理论、生产技术、质量控制和临床应用等内容的一门综合应用性科学，是药剂学（pharmaceutics）的重要分支学科之一，是药剂学的核心。其基本任务是将药物制成适宜的剂型，保证以质量优良的制剂满足医疗卫生工作的需要。由于药物不能直接以原料药形式应用于临床，必须制备成具有一定形状且适合应用的形式，根据药物的使用目的和性质，可制备适宜的剂型；不同剂型的给药方式不同，其药物在体内的行为也不同，从而产生不同的疗效和不良反应。由此可见，工业药剂学既具有工艺学的性质，又密切联系临床实践，在药学研究领域内具有重要地位，特别在药物制剂研发和临床应用过程中，以及制药工业产业链中起着至关重要的作用。

在药品生产过程中，原料药一旦被加工成制剂后，附加值将会大大增加，所以各国非常重视药物制剂工业的发展。目前，药物制剂主要在现代制药企业中批量生产，极少部分制剂由医院制剂室按需少量制备（一般仅供院内使用）。现代制药企业具有专业的工程技术人员、先进的制药设备以及严格的质量保障体系，有利于药物制剂的机械化、自动化、批量化生产，不仅劳动生产率高，且在保证产品质量的前提下，可有效降低生产成本，及时为广大民众提供安全、有效、质量可控、使用方便以及价格低廉的临床用药品。

工业药剂学的核心内容是研究药物制剂和剂型的处方工艺设计，以及工业化生产理论、技术和质量控制等，是基于物理化学、化工原理、药物化学、药物分析、制药机械和药用高分子辅料等的综合应用性课程，是药物制剂和制药工程专业的核心课程之一。

一、常用术语与相关学科

（一）常用术语

1. **药物与药品** 药物（drug）系指用以预防、治疗和诊断人的疾病所用的物质的总称（亦称原料药），包括天然药物、化学合成药物和生物技术药物。药物最基本的特征是具有防治疾病的活性，故在药物研发的上游阶段又称之为活性药物成分（active pharmaceutical ingredient，API）。药品（drug，medicine）系指由药物经一定的处方和工艺制备而成的，可直接用于患者的制剂，并规定有适应证、用法、用量的物质，包括中药材、中药饮片、中成药、化学药物和抗生素制剂，生化药品、放射性药品、血清疫苗、血液制品和诊断药品等。药物与药品是不完全等同的两个概念。

2. **药剂学** 系指研究药物及其组方制剂的配制理论、生产技术、质量控制与合理应用等内容的一门综合性技术科学。

3. **剂型**（dosage form） 几乎所有药物在临床应用之前，都必须制成适合于医疗或预防应用的形式，以充分发挥药效，减少毒副作用，便于运输、使用与保存。这种根据疾病诊断、治疗或预防的需要而将原料药加工制成的不同给药形式，称为药物剂型，简称剂型，如片剂、胶囊剂、注射剂等。

4. **药物制剂**（pharmaceutical preparation） 系指将原料药物按照某种剂型要求制成的符合药典中国家药品标准规定并在临床应用的具体品种，简称制剂。根据制剂命名原则，制剂名 = 药物通用名 + 剂型名，如维生素 C 片、阿莫西林胶囊、鱼肝油软胶囊等。

5. **药物传递系统**（drug delivery system，DDS） 系将药物在必要的时间，以必要的药量递送至必要的部位，以达到最大的疗效和最小的毒副作用的给药体系。

6. **辅料和物料** 辅料系指药物制剂中除主药（即活性物质）以外的一切其他成分的总称，是生产制剂和调配处方时所添加的赋形剂和附加剂，是制剂生产中必不可少的组成部分。物料系指制剂生产过程中所用的原料、辅料和包装材料等物品的总称。

7. **药品批准文号** 生产新药或者已有国家标准的药品，须经国家药品监督管理部门批准，并在批准文件上规定该药品的专有编号，此编号称为药品批准文号，是药品生产合法性的标志，药品生产企业在取得药品批准文号后，方可生产该药品。药品批准文号格式为国药准字 +1 位字母 +8 位数字，试生产药品批准文号格式为国药试字 +1 位字母 +8 位数字。其中化学药品使用字母"H"，中药使用字母"Z"，保健药品使用字母"B"，生物制品使用字母"S"，体外化学诊断试剂使用字母"T"，药用辅料使用字母"F"，进口分包装药品使用字母"J"。

8. **批和批号** 在规定限度内具有同一种性质和质量，并在同一个连续生产周期内生产出来的一定数量的药品为一批。所谓规定限度是指一次投料，同一生产工艺过程，同一生产容器中制得的产品。批号是用于识别"批"的一组数字或字母加数字，用于追溯和审查该批药品的生产历史。每批药品均应编制生产批号。

9. **通用名和商品名** 药品通用名是通过一个唯一的、全球通用的、为公众所属的名称，也即非专利名称，对一种药用物质或活性成分的识别。中国药品通用名称（Chinese approved drug names，CADN）是由国家药典委员会按照《中国药品通用名称命名原则》组织制定并报国家药品监督管理部门备案的药品的法定名称,是同一种成分或相同配方组成的药品在中国境内的通用名称,具有强制性和约束性,不可用作商标注册。因此,凡上市流通的药品标签、说明书或包装上必须要用通用名称。药品的通用名称,即同一处方或同一品种的药品使用相同的名称,有利于国家对药品的监督管理,有利于医生选用药品,有利于保护消费者合法权益,也有利于制药企业之间展开公平竞争。国际非专利药名(International Nonproprietary Names,INN)是世界卫生组织(World Health Organization,WHO)制定的药物(原料药)的国际通用名,采用国际非专利名称,使世界药物名称得到统一,便于交流和协作。药品商品名又称商标名,系指经国家药品监督管理部门批准的特定企业使用的该药品专用的商品名称,即不同厂家生产的同一种药物制剂可以有不同的名称,具有专有性质,不可仿用。商品名经注册后即为注册药品。

(二)工业药剂学的相关学科

药剂学是以多门学科的理论为基础的综合性技术科学,在其不断发展的过程中,各学科互相影响、互相渗透,已形成了许多药剂学的分支学科。工业药剂学是药剂学的核心,是建立在药剂学其他分支学科理论及技术基础上的科学,吸收融合了材料科学、机械科学、粉体工程学、化学工程学等学科的理论和实践,其主要任务是研究剂型和处方设计,制剂工业生产的理论、技术和质量控制等有关问题。

随着时代的发展以及学科细分化趋势,根据现有的药剂学相关学科,可将其分为三大类,即基础性研究学科(物理药剂学、生物药剂学、药物代谢动力学、分子药剂学等)、工业化研究学科(工业药剂学、制剂工程学、药用高分子材料学、制药机械学等)、临床应用研究学科(临床药学、调剂学等),其主要学科简介如下。

1. 物理药剂学(physical pharmaceutics) 指运用物理化学的原理、方法和手段,研究药剂学中有关处方设计、制备工艺、剂型特点、质量控制等内容的边缘科学。由于药物制剂加工过程主要是物理过程及物理化学过程,从20世纪50年代开始,物理药剂学逐渐发展,由此物理药剂学由简单的剂型制备迈向了科学化和理论化。近年来,物理学的理论和方法在药剂学中的应用日渐增多,对物理药剂学的发展起到了进一步的促进作用。

2. 生物药剂学(biopharmaceutics) 系指研究药物及其剂型在体内的吸收、分布、代谢与排泄的机制及过程,阐明药物因素、剂型因素和生理因素与药效之间关系的科学。自20世纪60年代迅速发展起来,着重于药物的体内过程,在药物处方设计、制剂工艺以及最大限度提高生物利用度等方面进行了大量的基础性研究。其中生物药剂学分类系统(biopharmaceutics classification system,BCS)系指根据药物的溶解度和渗透性高低将药物分为四大类的方法,即I类药物为高溶解性和高渗透性;II类药物为低溶解性和高渗透性;III类药物为高溶解性和低渗透性;IV类药物为低溶解性和低渗透性。具有生物等效性试验豁免(biowaiver)的I类药物制成口服固体速释剂型可不用进行体内生物利用度试验,仅通过体外溶出度试验即可说明生物等效。

3. 药物代谢动力学(pharmacokinetic) 系指采用数学的方法,研究药物的吸收、分布、代谢、排泄随时间变化的过程,及其与药效之间关系的科学。在20世纪70年代发展为一门独立的学科,已成为药剂学的重要分支学科,为制剂设计、剂型改革、安全合理用药等提供了量化的控制指标。

4. **制剂工程学**（engineering of drug preparation） 系指以药剂学、工程学及相关科学的理论和技术来综合研究制剂工程化的应用科学。其综合研究的内容包括产品开发、工程设计、单元操作、生产过程和质量控制等，目的是如何规模化、规范化生产制剂产品。将药物应用于人体时，从药剂学观点制成质量优良的制剂即可，但从制剂工程学观点需要考虑成本、效益。制剂工程学紧紧围绕企业的需要，即经济效益。要实现降低成本、提高效益这个目标，就必须强调设计和管理上充分利用好一切资源，必须在工程实施上控制好各项参数、指标，深挖潜力，降消耗，堵漏洞，调动一切积极因素。

5. **药用高分子材料学**（polymers in pharmaceutics） 系指研究用于药物剂型设计和制剂处方中的合成和天然高分子材料的结构、制备、理化特性、功能与应用的一门交叉学科。高分子材料在剂型中应用广泛，制剂处方中辅料绝大部分属于高分子材料范畴。从某种意义上讲，没有辅料就没有剂型，没有新辅料也就没有新剂型。高分子材料学的发展极大促进了药用辅料的发展，加之高分子药物的出现，使人们认识到掌握、了解高分子材料基本理论的重要意义。因此，药用高分子材料学是药物制剂专业的必备知识。

6. **临床药学**（clinical pharmacy） 系指以患者为对象，研究合理、有效与安全用药的科学。研究内容主要包括临床用制剂和处方的研究，药物制剂的临床研究和评价，药物制剂的生物利用度研究，药物剂量的临床监控，药物配伍变化及相互作用研究等。临床药学的出现使药学工作者直接参与对患者的药物治疗活动，符合医药结合的时代要求，可以较大幅度地提高临床治疗水平。

7. **分子药剂学**（molecular pharmaceutics） 随着药物化学、生物化学、分子与细胞生物学、高分子材料学等学科的发展，药剂学中产生了一门新兴的研究领域——分子药剂学。分子药剂学从分子水平和细胞水平研究剂型因素对药物疗效的影响，并从分子和机制层面研究药物传递系统的体内、体外的行为、过程、规律和作用机制。

二、剂型的分类及意义

药物在临床使用前必须制成各类适宜的剂型以适应于临床应用的各种需要。为了便于研究、学习和应用，有必要对剂型进行分类。剂型的分类方法主要有以下几种。

（一）剂型的分类

1. **按给药途径分类** 将同一给药途径的剂型分为一类，紧密联系临床，能反映给药途径对剂型制备的要求。

（1）经胃肠道给药剂型：此类剂型是指给药后药物经胃肠道吸收后发挥疗效，如口服溶液剂、糖浆剂、颗粒剂、胶囊剂、散剂、丸剂、片剂等。口服给药虽然简单方便，但有些药物易受胃酸破坏或被肝脏代谢，可能引起生物利用度的问题，且有些药物对胃肠道有刺激性。

（2）非经胃肠道给药剂型：此类剂型是指除胃肠道给药途径以外的其他所有剂型，包括①注射给药，如注射剂，包括静脉注射、肌内注射、皮下注射及皮内注射等；②皮肤给药，如涂剂、洗剂、软膏剂、贴剂、凝胶剂等；③口腔给药，如含片、舌下片、口腔贴片、膜剂等；④鼻腔给药，如滴鼻剂、洗鼻剂、吸入制剂、喷雾剂、粉雾剂等；⑤肺部给药，如气雾剂、吸入剂、喷雾剂等；⑥眼部给药，如滴眼剂、洗眼剂、眼膏剂、眼用凝胶剂、眼膜剂、眼丸剂、眼内插入剂等；⑦直肠、阴道和尿道给药，如灌肠剂、栓剂、阴道片等。此分类方法的缺点是会产生同一种剂型由于给药途径的不同而出现多次。如喷雾剂既可以通过口腔给药，也可以通过鼻腔、皮肤或肺部给药。又如临床上的氯化钠生理盐水，可以是注射剂，也可以是滴眼剂、滴鼻剂、灌肠剂等。所以此种分类方法无法体现具体剂型的内在特点。

2. 按分散体系分类 按剂型的分散特性，即根据分散介质存在状态的不同以及分散相在分散介质存在的状态特征不同进行分类，利用物理化学等理论对有关问题进行研究，基本可以反映出剂型的均匀性、稳定性以及制法的要求。分类如下。

（1）真溶液类：药物以分子或离子状态均匀地分散在分散介质中形成的剂型。通常药物分子的直径小于1nm，如溶液剂、糖浆剂、溶液型注射剂等。

（2）胶体溶液类：固体或高分子药物分散在分散介质中所形成的不均匀（溶胶）或均匀的（高分子溶液）分散系统的液体制剂。其中，溶胶剂、胶浆剂分散相的直径在1～100nm。

（3）乳剂类：液体分散相以小液滴形式分散在另一种互不相溶的液体分散介质中组成非均相的液体制剂。分散相的直径通常在0.1～50μm，如口服乳剂、静脉乳剂、乳膏剂等。

（4）混悬液类：难溶性药物以固体小粒子分散在液体分散介质中组成非均相分散系统的液体制剂。分散相的直径通常在0.1～50μm，如混悬型洗剂、口服混悬剂、部分软膏剂等。

（5）气体分散类：液体或固体药物分散在气体分散介质中形成的分散系统的制剂，如气雾剂、喷雾剂等。

（6）固体分散类：固体药物以聚集体状态与辅料混合呈固态的制剂，如散剂、丸剂、胶囊剂、片剂等普通剂型。这类制剂在药物制剂中占有很大比例。

（7）微粒类：药物通常以不同大小的微粒呈液体或固体状态分散，主要特点是粒径一般为微米级（如微囊、微球、脂质体等）或纳米级（如纳米囊、纳米粒、纳米脂质体等），这类剂型能改变药物在体内吸收、分布等方面的特征，是近年来大力研发的药物靶向剂型。

按该法进行分类的缺点在于不能反映剂型的用药特点，可能会出现同一种剂型由于辅料和制法不同而属于不同的分散系统，如注射剂可以是溶液型，也可以是乳状液型、混悬型或微粒型等。

3. 按形态学分类 根据物质形态分类，即分为固体剂型（如散剂、丸剂、颗粒剂、胶囊剂、片剂、栓剂等）、半固体剂型（如软膏剂、乳膏剂、糊剂等）、液体剂型（如溶液剂、注射剂、搽剂、涂剂等）和气体剂型（如气雾剂、部分吸入剂等）。一般而言，形态相同的剂型，在制备特点上有相似之处。例如，液体制剂制备时多须溶解、分散等操作；半固体制剂多须熔化和研磨；固体制剂多须粉碎、混合等。但剂型的形态不同，药物作用的速度也不同，如同样是口服给药，液体制剂起效最快，固体制剂则较慢。这种分类方式具有直观、明确的特点，且对药物制剂的设计、生产、贮存和应用都有一定的指导意义。不足之处是没有考虑制剂的内在特点和给药途径。

4. 按制法分类 根据制备方法进行分类，与制剂生产技术相关。例如，浸出制剂是用浸出方法制成的剂型（如流浸膏剂、酊剂等）；无菌制剂是用灭菌方法或无菌技术制成的剂型（如注射剂、滴眼剂等）。但这种分类方法不能包含全部剂型，故不常用。

5. 按作用时间进行分类 根据剂型作用快慢,分为速释、普通和缓控释制剂等。这种分类方法能直接反映用药后药物起效的快慢和作用持续时间的长短,因而有利于合理用药。但该法无法区分剂型之间的固有属性,如注射剂和片剂都可以设计成速释和缓释产品,但两种剂型的制备工艺截然不同。

以上剂型分类方法各有其特点,但均不完善,各有其优缺点。因此,本书中沿用了医疗、生产、教学等长期使用习惯,采用综合分类的方法。

(二)剂型的意义

1. 药物剂型与给药途径有关 对临床治疗效果会产生重要影响。药物制成制剂应用于人体,在人体部位有 20 余种给药途径,即口腔、舌下、颊部、胃肠道、直肠、子宫、阴道、尿道、耳道、鼻腔、咽喉、支气管、肺部、皮内、皮下、肌内、静脉、动脉、皮肤、眼等。药物剂型必须根据这些给药途径的特点来制备。如眼黏膜用药途径是以液体、半固体剂型最为方便,舌下给药则应以速释制剂为主。有些剂型可以多种途径给药,如溶液剂可通过胃肠道、皮肤、口腔、鼻腔、直肠等途径给药。总之,药物剂型必须与给药途径相适应。

2. 药物剂型的重要性 一种药物可制成多种剂型,可用于多种给药途径,而一种药物可制成何种剂型主要由药物的性质、临床应用的需要、运输、贮存等方面的要求决定。良好的剂型可以发挥良好的药效,剂型的重要性主要体现在以下几个方面。

(1)可改变药物的作用性质:如硫酸镁口服剂型用作泻下药,但 5% 注射液静脉滴注,能抑制大脑中枢神经,具有镇静、镇痉作用;又如依沙吖啶(ethacridine)1% 注射液用于中期引产,但 0.1%~0.2% 溶液局部涂敷有杀菌作用。

(2)可调节药物的作用速度:如注射剂、吸入气雾剂等,发挥药效很快,常用于急救;丸剂、缓控释制剂、植入剂等属长效制剂。医生可根据疾病治疗的需要选用不同作用速度的剂型。

(3)可减少(或消除)药物的不良反应:如氨茶碱治疗哮喘效果很好,但有引起心跳加快的毒副作用,若改成栓剂则可消除这种不良反应;缓释与控释制剂能保持血药浓度平稳,从而在一定程度上可减少某些药物的不良反应。

(4)可产生靶向作用:如静脉注射用脂质体是具有微粒结构的剂型,在体内能被网状内皮系统的巨噬细胞所吞噬,使药物在肝、脾等器官浓集性分布,即是在肝、脾等器官发挥疗效的药物剂型。

(5)可提高药物的稳定性:同种主药制成固体制剂的稳定性高于液体制剂,对于主药易发生降解的药物,可以考虑制成固体制剂。

(6)可影响疗效:固体剂型如片剂、颗粒剂、丸剂的制备工艺不同会对药效产生显著的影响;药物晶型、药物粒子大小的不同,也可直接影响药物的释放,从而影响药物的治疗效果。

三、工业药剂学的任务与发展

(一)工业药剂学的任务

工业药剂学的基本任务是研究将药物制成适宜的剂型,以优质(安全、有效、质量可控、依从性好）的制剂满足医疗与预防的需要。因此，剂型设计应符合安全有效、质量可控、方便使用的原则，其主要任务包括：

1. 基本理论的研究 每个学科的发展均建立在基本理论研究的基础上，工业药剂学也不例外。缓控释、透皮以及靶向等理论奠定了缓控释制剂、透皮制剂以及靶向制剂研发的基石，掀起了该三大类制剂的产业化和临床使用热潮，使得药剂学及其相关学科发展得更加迅猛。

制剂生产的过程虽然是仅仅对有效物质进行了物理处理和化学处理，但涉及的领域则较为宽泛，须进行广泛而深入的基础理论研究，以提高制剂的生产水平和技术含量。例如，物理化学的分散系理论与剂型相结合，生物药剂学的剂型因素、生理因素对药效影响的深入研究以及药物动力学体内动态过程的理论发展，对药剂学的发展均具有显著的促进作用。片剂的成型理论，对片剂生产和质量控制有重要的指导意义；以表面活性剂形成胶束来增加药物溶解度，这在药剂学已广泛应用，但对高聚物胶束对难溶性药物的增溶理论研究，则亟待深入；采用流变学的基本理论和方法，作为控制混悬液、乳状液、软膏等剂型质量控制的客观指标，可以优化制剂制备工艺和产品质量；把物理化学的动力学理论与制剂稳定性研究相结合，可预测制剂的有效期。对药剂学基本理论的深入研究，可提高药物制剂的生产水平，优化药物制剂的质量，推动药剂学的整体发展，也为药物在临床安全、合理有效的应用提供科学依据。

2. 剂型质量的提高 我国目前生产的某些普通剂型的质量与发达国家相比，还有一定的差距。如制剂产品的批内和批间差异性较大，这可能源于原辅料质量差异、制剂生产过程监控不严格、制剂设备运用不稳定等。口服固体制剂的溶出度是衡量药物吸收的体外指标，《中国药典》规定溶出度标准的制剂数明显少于先进国家药典的品种，不少市售的国产固体制剂溶出度常常达不到发达国家的药典标准，以致我国生产的原料药大量出口，而制剂出口到发达国家的比例极低，甚至还需要进口一些普通制剂。因此，只有在提高我国制剂质量的基础上，才能增加国产制剂在国内市场的占有率，从而改变目前低价出口原料，高价进口制剂的局面。

3. 新剂型、新制剂、新技术、新辅料、新设备的研究和开发 近年来，国内外制药行业投入了大量的人力、物力和财力相继研究，开发了多种具有"三效"（高效、速效、长效）、"三定"（定时、定位、定量）特征的新剂型和新制剂，提高了药物的临床疗效和服药依从性，减少了药物的不良反应，获得了很大的社会和经济效益。例如，硝苯地平控释片利用渗透泵原理控释药物，使药物在体内保持稳定血药浓度，减少应用普通制剂时导致的血药浓度峰、谷现象发生，确保疗效的同时减少了药物的不良反应。又如，多柔比星脂质体具有一定的肿瘤靶向性，在增加抗肿瘤活性的同时，又极大地降低了多柔比星的心脏毒性，实现了增效减毒的目的。再如经皮给药贴剂，药物经皮吸收可避免肝脏的首过效应，并使药物在体内保持稳定的水平，还可随时取下中止用药。因此，新剂型和新制剂的研发是药剂学的研究核心，且必然伴随着对新技术、新辅料、新机械和设备的强烈需求。

新制剂技术不仅对新剂型和新制剂的研发具有支撑作用，且对提高普通制剂的生产水平和制剂质量有重要意义。药效学研究表明，除了药物本身的药理作用外，制剂手段也可以达到高效低毒的临床效果。近几年蓬勃发展的包衣技术、微囊化技术、固体分散技术、包合技术

（某些难溶性药物被环糊精衍生物包合后可制成注射剂）、脂质体技术、纳米技术等，为新剂型的开发和制剂质量的提高奠定了坚实的技术基础，制剂的品种和数量也在不断增加。如纳米技术可将药物加工成 100nm 以下的超微粒子，再进一步制成方便携带和使用的超微颗粒气雾剂、混悬型静脉注射剂等，不仅大大提高了多种药物的生物利用度，且在一定范围内解决了难溶性药物成药性这一难题。长时间缓释微球注射剂注射 1 次后，在 1～3 个月内缓慢释放药物，不仅克服了每天注射的困难，而且血药浓度平稳，满足了长效、低毒等要求。同时获得了极大的经济效益。

辅料是剂型的基础。药用辅料对新剂型的开发、普通制剂的质量提高以及工艺改革等都具有重要意义。例如，乙基纤维素、丙烯酸树脂系列等高分子材料的出现，促进了缓释、控释制剂的发展；无毒可生物降解的聚乳酸（polylactic acid，PLA）、聚乳酸 - 羟基乙酸共聚物［poly（lactic-co-glycolic acid），PLGA］等的出现，推进了静脉注射用微球和毫微粒的研发；新型优质乳化剂泊洛沙姆 188（普朗尼克 F-68）的出现，促进了静脉注射乳剂的发展。

制剂规模化生产离不开制剂设备和机械，研制适合于我国实际情况的新设备和新机械，对于提高我国制剂生产效率、保证制剂质量，进一步使产品进入国际市场具有重要意义。世界卫生组织提倡《药品生产质量管理规范》以来，为制剂机械和设备的发展提供了前所未有的机遇。目前，制剂生产的发展特点是向密闭式、电子高度程控化发展，而设备则向多机联动和高度自动控制方向发展。例如智能化混合输送设备的出现，实现了高效混合和高效输送的过程，大大提升了生产效率和产品质量稳定性。自动化分装包装机也是现代制剂车间生产过程中的一种高效设备，能够实现对药材或制粒产品的有效分装和包装，具有包装速度快、制品量大、包装效率高等特点。

4. 中药制剂的研究和开发　中药是中华民族的宝贵遗产，在继承、整理、发展和提高中医药理论和中药传统剂型的同时，运用现代科学技术和方法，研制开发现代化的中药新剂型，是中医药走向世界的必由之路。目前，我国中药制剂已从传统制剂（丸、丹、膏、散等）迈进现代剂型的行列，已研发上市了中药注射剂、中药颗粒剂、中药片剂、中药胶囊剂、中药滴丸剂、中药栓剂、中药软膏剂、中药气雾剂等 20 多个新型中药剂型。丰富和发展了中药的剂型和品种，提高了中药的疗效。但中药制剂仍存在有效成分无法明确、质量标准不易确立等诸多问题，进行中药制剂的研究和开发仍是一项长期而艰巨的任务。

5. 生物技术药物制剂的研究和开发　作为 21 世纪最具潜力的药物研发领域，生物技术药物一直是研究人员关注的热点。伴随着生物技术日新月异地迅猛发展，生物技术药物也不断进入市场，主要种类包括酶类、激素、疫苗、单克隆抗体、细胞因子、细胞治疗药物、反义寡核苷酸药物等。如冻干人用狂犬病疫苗（人二倍体细胞）、人凝血酶、外用人粒细胞巨噬细胞刺激因子凝胶、康柏西普眼用注射液、甘精胰岛素注射液、治疗用卡介苗等药物，它们的出现与发展改变了医药科技界的面貌，为人类解决疑难病症提供了最有希望的途径。鉴于生物技术药物普遍存在活性强、剂量小的优点，但性质不稳定，欲应用于临床须制成安全、稳定、使用方便的制剂，如何解决该类药物的制剂成型、稳定性以及多途径给药等问题，是摆在药剂工作者面前的一项新任务。新型微射流技术可以解决生物大分子制剂在纳米制剂和改性方面的问题。

（二）工业药剂学发展历程

中国古代称药物书籍为"本草"，英语中早期称药物为"druz"（即干燥的草木），这均表明药物起源于植物。人类在依靠植物为生的长期过程中，开始逐渐熟悉植物的营养、毒性和治疗作用的突出表现。随着人类对于生活活动过程中导致的如创伤、骨折、脱臼等损伤的应对治疗，以及对动植物、矿物在维护其生存作用方面的不断认识，逐步形成了以加工天然物质（如碾细矿物药、搓揉植物叶、浸泡动物骨骼等）使其便于应用和以疾病治疗为目的的行为，即属于古代医药学范畴，而对天然药用物质的加工与改造即属于古代药剂学范畴。这亦是"医药不分家"的来源。因此，药剂学知识的起源是人类集体经验的积累，是在与疾病斗争中产生的。

古代药剂学主要指对天然药用物质的简单加工与改造，近代药剂学主要指对普通制剂（如丸剂、膏剂、片剂、注射剂等）处方组成、制备工艺技术的研究，现代药剂学系指在现代理论指导下，重点研究新型药物制剂或给药系统（如缓控释、透皮、靶向制剂或给药系统等）。而工业药剂学是在药剂学发展基础上，专注研究药物制剂工业化生产的细分学科，是药剂学发展的核心内容，工业药剂学发展历程与药剂学发展息息相关。

1. 国外药剂学历史　国外药剂学发展得最早的是埃及和古巴比伦王国（今伊拉克地区），《伊伯氏纸草本》是约公元前 1552 年的著作，记载有散剂、硬膏剂、丸剂、软膏剂等多种剂型，并有药物的处方和制法等。被西方各国公认为药剂学鼻祖的 Galen（131—201 年）是罗马籍希腊人（与我国汉代张仲景同期），在 Galen 的著作中记述了散剂、丸剂、浸膏剂、溶液剂、酒剂等多种剂型，人们称之为"Galen 制剂"，至今还在一些国家应用。到近代，药剂学的发展在工业革命时期得到了迅猛发展，1843 年 Brockedon 制备了模印片，1847 年 Murdock 发明了硬胶囊剂，1876 年 Remington 等发明了压片机，使压制片剂得到了迅速发展，1886 年 Limousin 发明了安瓿，使注射剂得到了迅速发展。片剂、注射剂、胶囊剂、橡胶硬膏剂等近代剂型的相继出现，标志着药剂学发展到一个新阶段。而物理学、化学、生物学等自然科学的巨大进步为药剂学学科的出现奠定了理论基础。1847 年德国药师 Mohr 总结了以往和当时的药剂成果，出版了第一本药剂学教科书《药剂工艺学》，标志着药剂学成为了一门独立的学科。

进入 20 世纪以后，随着医学的发展，目前认为对人类危害最大的多发病、常见病集中在四个方面，即癌症、心血管疾病、传染性疾病和老龄化疾病。为了提高药物的疗效、降低药物的毒副作用、减少药源性疾病，对药物制剂提出了更高的要求。随着科学技术的飞速发展，各学科之间相互渗透、互相促进，新材料、新辅料、新设备、新工艺的不断涌现和药物载体的修饰，单克隆抗体的应用等，大大促进了药物新剂型和新技术的发展和完善。20 世纪 90 年代以来，药物新剂型和新技术进入一个新的阶段，其特点是理论发展和工艺研究已趋于成熟，药物传递系统在临床应用逐步开展。

2. 我国药剂学历史　我国中医药的发展历史悠久，在夏禹时代就有至今仍常用的剂型——药酒。于商代（公元前 1766 年）已使用汤剂，是应用最早的中药剂型之一。在《黄帝内经》中有汤剂、丸剂、散剂、膏剂及药酒等剂型的记载；在东汉张仲景（约公元 150～154—约公元 215～219 年）的《伤寒论》和《金匮要略》中记载有栓剂、洗剂、软膏剂、糖浆剂等 10 余种剂型,并记载了可以用动物胶、炼制的蜂蜜和淀粉糊为黏合剂制成丸剂。宋代时编制的《太平惠民和剂局方》是我国最早的一部国家制剂规范,比英国最早的局方早 500 多年。明代著名药学家李时珍(1518—1593 年)编著了《本草纲目》,其中收载药物 1 892 种,剂型 61 种,附方11 096 则。

近代,国外医药技术对我国药剂学发展产生了一定的影响,从国外引进技术建立了一批生产注射剂、片剂等的药厂。1950 年全国制药工业会议确定,在优先发展原料药以解决"无米之炊"的基础上发展制剂工业。为适应医药工业的发展,1957 年上海医药工业研究院药物制剂研究室成立,并多次召开全国性的注射剂和片剂等生产经验交流会,促进了我国医药制剂工业的迅速发展。

改革开放以来,我国在药用辅料方面的研究也得到了长足的进步,先后开发出微晶纤维素、可压性淀粉用作固体制剂中的稀释剂,聚维酮用作黏合剂,羧甲淀粉钠、低取代羟丙纤维素用作崩解剂,丙烯酸树脂系列用作薄膜包衣材料,泊洛沙姆、蔗糖脂肪酸酯用作表面活性剂等。在生产技术和设备方面也取得很大进步,例如已研制成功微孔滤膜及与之配套的聚碳酸酯滤过器,可用于控制注射剂中的不溶性微粒,显著提高了注射剂的质量;设计制造了多效蒸馏水生产设备,节约了能源并提高了注射用水的质量;生产并应用了更先进的灭菌设备和技术,使灭菌效果更为可靠。在口服固体制剂的生产中,推广应用新辅料,新制剂技术如微粉化等增加药物溶出度的技术,提高产品质量。在制粒方面,采用流化喷雾制粒和高速搅拌制粒技术,使产品质量得以提高;包衣除传统的糖包衣外,采用薄膜包衣技术节约工时、材料,提高产品质量。缓控释制剂、透皮吸收给药、靶向给药和定位给药等也取得很大进展,有一些品种已获准生产。

近年来中药的口服制剂也得到了长足发展,如益心酮分散片、益心酮滴丸、金嗓开音颗粒、舒肝丸(浓缩丸)、芩暴红止咳分散片、镇咳宁颗粒等的成功研制,丰富了中药制剂新剂型,推动了中药新剂型向"三效、三小"发展。

生物技术药物源于基因工程、细胞工程、酶工程和发酵工程等,其新剂型的研究主要围绕微粒给药系统,国内正在研究的如干扰素脂质体、胰岛素聚氰基丙烯酸烷基酯纳米囊或纳米粒、脱乙酰壳多糖为材料制备鸡新城疫(newcastle disease, ND)疫苗多孔微球、抗人大肠癌免疫毫微球等,均取得了一定的成果,但仍须加快进一步产品化、工业化和商品化的进程。

3. 药物制剂的发展　工业药剂学的发展和进步也就是剂型和制剂的发展和进步。从中国传统剂型的丸、散、膏、丹和欧洲的 Galen 制剂到近代的片剂、注射剂、胶囊剂、栓剂、软膏剂和液体药剂等剂型,以及目前研发应用的热点——新型药物传递系统(DDS),每一种剂型的出现都包含着科学技术的进步、生产设备和技术的改进或创新、新型材料的应用。

纵观药物剂型的发展历程,可将药物剂型简单地划分为四代。第一代是指简单加工供口服与外用的汤、酒、灸、条、膏、丹、丸、散剂。随着临床用药的需要,给药途径的扩大以及工业机械化与自动化,产生了以片剂、注射剂、胶囊剂和气雾剂等为主的第二代剂型,即所谓的普通制剂,这一时期主要是从体外试验控制制剂的质量。第三代缓控释剂型,是以疗效仅与体内药物浓度有关而与给药时间无关这一概念为基础,它们不需要频繁给药,能在较长时间内维持药物的有效浓度。第四代剂型是以将药物浓集于靶器官、靶组织、靶细胞或细胞器为目的的靶向给药系统。显然，这种剂型提高了药物在病灶部位的浓度，减少在非病灶部位的药物分布，所以能够增加药物的治疗指数并减少毒副作用。

可以预见的是，除开发特效药物，包括治疗遗传疾病及肿瘤的基因工程药物，且更多地应用肽类、蛋白质类和天然产物作药物或疫苗外，缓、控释制剂和靶向给药系统不仅是未来药物制剂的发展方向，亦是支撑医药行业快速发展的重要动力。这两种给药系统并非完全独立，前者侧重于"时控"，后者强调"位控"，而这两方面同时都涉及"量控"。如结肠定位给药系统，从释药时间的角度考虑，属于缓控释制剂，而从作用部位来看则属于靶向制剂；又如，靶向给药系统中的脂质体、微球等，普遍都具有缓慢释药的特点。但由于疾病的复杂性和药物性质的多样性，适合于某种疾病和某种药物的给药系统不一定适合于另一种疾病和药物，故必须发展多种多样的给药系统以适应不同的需要。如心血管疾病患者病程长，治疗药物宜制成缓控释给药系统；抗肿瘤药物毒性大，适宜制成靶向给药系统；降血糖药胰岛素更适宜制成自调式或脉冲式给药系统，在血糖浓度升高时释放药物。虽然，在未来相当长的一段时间里，第二代片剂、注射剂等普通剂型仍会是我们主要使用的剂型，但第二代会不断与第三、第四代新剂型、新技术结合，形成新的制剂或给药系统。而我们祖先以自己的智慧创造出来的第一代剂型，更需要发展和继承。只有首先掌握第一、二代剂型的基本理论和知识，才能进一步设计和开发第三、四代剂型。

现将药物剂型和制剂的发展概况简述如下。

（1）普通药物剂型和制剂：普通剂型如片剂、注射剂、胶囊剂、软膏剂等在临床用药中占主导地位，在将来很长一段时间内，仍将发挥其重要作用。这些剂型是临床用制剂的基本形式，不仅各种速效和短效的药物制剂需要采用这些形式给药，即使是目前迅速发展的药物传递系统，最终仍需要使用这些剂型。

（2）药物传递系统：注射剂、口服制剂以及局部外用制剂等多数传统剂型存在非靶向性、非特异性分布及提前代谢和排泄等缺点。因此，改变给药途径或应用新型递送系统就成为提高药效的有效手段。新型药物传递系统（DDS）系在现代理论指导下，药剂学研究领域取得的新剂型、新制剂、新技术的代表性成果，是现代科学技术进步的结晶。

1）缓控释给药系统：根据释药的特点，缓控释给药系统包括定速释药系统、定位释药系统和定时给药系统。

目前上市的和正在研究的大多数口服缓释给药系统是定速释药系统，这类制剂发展的另一个明显特征是控释或缓释的有效时间从每天2次用药延长至每天1次用药，即24小时缓释或控释效果。上市的这类制剂有硝苯地平、双氯芬酸、单硝酸异山梨酯、地尔硫䓬、维拉帕米等缓释片剂或胶囊。随着高分子材料和纳米技术的发展，脂质体、微乳（自微乳）、纳米粒、胶束等相继被开发为口服给药形式，不仅可达到缓慢释放药物的目的，而且还能保护药物不被胃肠道酶降解，促进药物的胃肠道吸收，提高药物的生物利用度。

口服定位释放给药系统是在口腔或胃肠道适当部位长时间停留，并释放一定量药物，以增强局部治疗作用或增加特殊吸收部位对药物的吸收。口腔定位释药适合于口腔溃疡，可减少肝脏首过效应、延长作用时间、增进大分子药物的吸收等。这类产品在国内外均有产品上市，如醋酸地塞米松口腔贴片。胃部定位释药利用一些相对密度小以及具有高黏性的材料，使制剂在胃内滞留较长时间并定速释药,此类制剂可能受人体生理因素影响较大。结肠定位释药近年来研究较多,其目的是实现药物在结肠部位的释放,提高结肠疾病的治疗效果以及降低药物在全肠道的吸收。结肠给药也可用于保护蛋白质或多肽类药物在胃肠道的稳定性,提高该类药物的口服生物利用度。

口服定时给药系统又称脉冲释放,即根据生物时间节律特点释放需要量的药物。例如针对心绞痛或哮喘常在凌晨发作的特点,研发在晚间服药而凌晨释放的硝酸酯或茶碱制剂,提供治疗该类疾病的最佳方案。通过调节聚合物性填料的溶蚀速度可以在预定时间释药,释药时间根据药物的时辰动力学研究结果确定。此外,根据某些外源性化学物质可以引起疾病的作用机制,研制受这些化学物质调控释药的给药系统是重要的研究方向。

2)靶向给药系统:靶向给药系统(targeting drug delivery system,TDDS),亦称靶向制剂。一般是指经血管注射给药后,载体能将药物有目的地传输至特定病灶组织或部位的给药系统。靶向制剂是 20 世纪后期医药领域的一个热门课题,主要包括如脂质体、微球、微囊、胶团、乳剂、微乳等微粒或纳米粒载体。经过近半个世纪的研究,靶向制剂已取得了可喜的成绩,对各种微粒载体的机制、制备方法、特性、体内分布和代谢规律有了比较清楚的认识,有的已经上市,如脂质体、微球、白蛋白纳米粒等。

脂质体制剂是将药物包封于类脂质双分子层内而形成的微型泡囊体,具有靶向性强、安全性高、缓释效果好、生物相容性高等特点,被认为是目前最有应用潜力的靶向注射剂剂型之一。第一款上市的脂质体产品是 1995 年美国食品药品管理局(Food and Drug Administration,FDA)批准的盐酸多柔比星脂质体注射液(Doxil)。目前国内已有多款脂质体制剂获批上市,如紫杉醇脂质体、盐酸多柔比星脂质体、两性霉素脂质体、盐酸米托蒽醌脂质体、盐酸伊立替康脂质体,其中紫杉醇脂质体和米托蒽醌脂质体为我国独有产品。更有其他多种药物脂质体制剂进入临床试验阶段。多年来,对脂质体进一步提高药物疗效、降低毒性、提高稳定性等方面做了不少工作,并取得了显著进展。除静脉注射外,脂质体制剂也可采用经皮、眼部、肺部等给药,可以增加药物在局部组织的分布。

微球(囊)也是靶向制剂中常用的载体,20 世纪 80 年代瑞典学者首先采用变性淀粉微球用于暂时阻断肝动脉血流,此后研究较多的是肝动脉化疗微球。将抗肿瘤药物包封入微球,经血管注入并栓塞于动脉末梢,对某些中晚期癌症的治疗具有一定的临床意义。国内已有企业申报的微球制剂主要有注射用罗替高汀缓释微球、注射用醋酸曲普瑞林微球、注射用醋酸戈舍瑞林缓释微球、注射用醋酸曲普瑞林缓释微球、注射用醋酸奥曲肽微球、注射用丙氨瑞林缓释微球等。

目前对靶向部位的研究除主要的肿瘤靶向治疗外,尚有脑靶向、淋巴靶向等。随着人们对发病机制的研究不断深入,各种疾病的发病部位更加明确,因而对靶向制剂提出了更高的要求。从作用部位来看,靶向制剂可以分为三级水平:第一级是靶向特定的组织或器官,如肝靶向、肺靶向、脑靶向等;第二级是靶向某一器官或组织中的特定细胞,如肝炎、肝癌发生于肝组织中的实质细胞,而不是非实质细胞(内皮细胞、库普弗细胞等);第三级靶向是指作用于特定组织、特定细胞中的某一细胞器,即细胞内靶向,例如基因治疗需要把反义寡核苷酸输送至细胞质或将质粒输送至细胞核。目前,人们对前两级靶向的研究取得了长足进步,通过改变微粒载体的组成、粒子大小等可实现特定组织的靶向;通过将具有特异识别细胞的配体嫁接于载体表面上可以达到细胞的靶向;三级靶向的研究正处于起步阶段。但总体而言,靶向制剂距离在临床上广泛应用还有很多问题需要深入研究,如质量评价和标准、体内转运和代谢、体内生理作用等问题。

3)给药途径的扩展:除胃肠道给药和血管内给药外,近年来发展的局部给药也是药剂学研究中的热门领域。最早人们在身体上的某一部位用药主要是用于局部治疗,后来又发展到透过局部组织起到全身性治疗的目的。一些在胃肠道不稳定、首过效应大、需要频繁注射的药物通过用局部给药的途径有望达到提高药物生物利用度和增加患者耐受性的目的。同一药物,给药途径不同,临床治疗效果也不同。因此,可以根据病情的实际情况,选用恰当的给药途径可以达到"因病治宜"的目的。以硝酸甘油为例,口服片的起效时间为20～45分钟,维持时间为2～6小时;而硝酸甘油舌下黏膜给药和透皮贴剂的起效时间分别为0.3～0.8分钟和30～60分钟,维持时间分别为10～30分钟和24小时。所以,硝酸甘油制成舌下片,因其作用快,对于心绞痛突然发作的患者有缓解作用;而透皮贴剂起效虽慢,但对于心绞痛发作具有预防作用,适合长期给药。此外,发展药物的多种用药途径,有利于丰富剂型的品种,对于生产企业而言,这是一条有效降低新药开发费用和缩短研制周期的渠道。

目前,经皮给药和黏膜给药是发展比较快的局部给药途径。①透皮给药系统(transdermal drug delivery system):透皮给药系统系指通过贴于皮肤表面使药物透皮吸收入血而发挥全身作用的一类制剂,它不同于普通的外用皮肤制剂,虽然它们的共同特点都是必须透过皮肤的角质层屏障,但前者主要起全身作用,后者则主要局限于局部,如起消炎、止痒、治疗创伤、止痛等作用。所以不仅在剂型的设计和制备工艺与外用皮肤制剂有显著差别,而且作用特点也明显不同。通过透皮给药,可以维持药物长时间的稳定和有效,因此,透皮给药系统也是一种缓控释给药系统。目前,美国已批准十几种活性成分的透皮给药系统,集中在心血管药、避孕药、激素药等。另外,至少还有40多种用于全身性透皮传输的药物正在进行评价和试验中。②黏膜给药:黏膜存在于人体各腔道内,黏膜给药系统主要包括除胃肠道以外的口腔黏膜、鼻腔黏膜、肺部黏膜、直肠黏膜、眼部黏膜和阴道黏膜给药等。黏膜给药普遍具有能够避免胃肠道对药物的破坏、肝脏的首过效应以及某些药物对胃肠道的刺激性等特点,而且具有起效时间快的优点。生物技术药物在疾病的治疗中显示出重要性,但这类药物口服生物利用度极低(不到1%),目前临床上仅用于注射给药,而当前对于这类药物黏膜给药的研究非常活跃。如2型糖尿病患者需要长期注射胰岛素,给药方式比较痛苦,为此人们研制了胰岛素肺部给药、鼻黏膜给药、颊黏膜给药、直肠给药等。上述几种黏膜中,口腔、鼻腔和肺部是比较有效的黏膜给药途径。药物经鼻黏膜吸收,不仅可以起局部或全身治疗的作用,也能够到达脑组织,而且鼻黏膜也是疫苗免疫的有效途径。口腔黏膜给药除传统的溶液剂、含片、咀嚼片外,近年来发展的口腔生物黏附制剂,解决了患者不自觉吞咽和滞留时间短的问题。在肺部给药研究过程中,带动了药物递送装置的开发,这些装置使得鼻腔、口腔给药的依从性提高,且具有剂量准确、不易污染等优点。

4)新技术的发展:药物剂型的不断发展涌现了许多新的制剂技术。例如,在片剂的发展过程中,直接压片技术和薄膜包衣技术对改善片剂的质量、节约能源和劳动力作出了很大的贡献,给生产者和患者带来了明显的经济和治疗学上的效益。又如,难溶性药物的增溶技术也不再局限于使用增溶剂、助溶剂等,固体分散体、包合技术在增加药物的溶解度,提高生物利用度等方面显示出更大的优势。值得一提的是,21世纪兴起的纳米技术对制药行业产生了巨大的影响,不仅靶向制剂可以达到纳米范围(如纳米脂质体、纳米囊、纳米乳等),而且药物也能制成纳米制剂。微射流技术作为一种新型的纳米制剂制备方法,具有能在不破坏药物活性成分的情况下降低药物的粒径,并使药物的粒度分布均匀等优点,其处理后的悬浮粒子粒径可达纳米范围。已有大量事实证明,一些难溶性药物通过微粉技术或超微粉技术达到纳米大小范围时可以显著提高胃肠道吸收率。

20世纪末,三维打印(three-dimensional printing,又称3D打印)问世,这是一种材料的加工制造方法,通过将金属、塑料、陶瓷、液体、粉末甚至活细胞等打印材料层层融合或沉积来制造三维立体物体。在药物传递系统开发中,3D打印的制剂能够轻松快速完成形状和结构的复杂化。如改变片剂的几何形状;改变片剂内部微结构,例如可以打印出具有内部通道、蜂窝、网络或螺旋形状的微结构,并通过调整剂型大小同样可以实现药物的缓、控释释放。2015年,3D打印药物成为现实。一款抗癫痫药物获得FDA上市批准,该药物应用3D打印技术,具有内部多孔的结构,可实现迅速崩解,可解决吞咽困难的临床需求。全球第一款3D打印药物的上市,标志着药物3D打印技术这种新兴技术获得监管部门认可,同时也掀起了一轮3D打印药物的研究热潮。3D打印个性化药物传递系统,可以弥补传统制造方式本质上的缺陷,给医务人员和患者带来个体化用药的曙光。

新技术的发展为药物新剂型的研制提供了充分的基础条件。例如,没有激光技术就不可能出现渗透泵释药系统,没有核辐射技术或薄膜拉伸技术就不可能出现透皮制剂的膜孔控制渗透系统。反之,新剂型的发展也推动了技术的不断更新。例如,包衣膜控制、骨架片、渗透泵是缓控释制剂常用的技术,微囊化、脂质体技术、配体嫁接是靶向制剂常用的技术,离子导入、电穿孔、无针粉末注射是经皮给药中除采用吸收促进剂以外增加药物透皮吸收的新技术等。

生物技术的蓬勃发展为药剂学提供了新的发展机遇。当蛋白质、多肽、糖、酶、基因不断地出现在治疗药物的目录中时,发现和寻找适合这类药物的长效、安全且患者乐于接受的治疗途径和剂型的任务摆在了药剂学家的面前。虽然,这方面的研究至今未有实质性的突破,但对这类药物的特性均有了更深刻的认识。例如应用晶体技术可以提高蛋白质的稳定性;采用双水相溶剂扩散技术可减少蛋白质微球制备过程中的活性损失;聚乙二醇修饰蛋白质技术可以显著提高蛋白药物的半衰期,降低免疫原性等;微粒给药载体和黏膜给药途径将是大分子药物制剂今后的研究发展方向。

第二节　药典及其他药品相关法规简介

为保证制剂产品质量、人民用药安全,制剂生产必须遵循国家的相关标准。以下将简要介绍制剂生产所需遵循的法律法规。

一、药典

1. **概述** 药典(pharmacopoeia)是一个国家记载药品规格和标准的法典。大多数由国家组织药典委员会编印并由政府颁布发行,具有法律约束力。药典中收载的是疗效确切、副作用小、质量较稳定的常用药物及其制剂,规定其质量标准、制备要求、鉴别、杂质检查与含量测定等,作为药品生产、检验、供应与使用的依据。一个国家的药典在一定程度上可以反映这个国家药品生产、医疗和科学技术水平。药典对保证人民用药安全有效、促进药品研究和生产具有重大作用。

随着医药科学的发展,新的药物和试验方法不断出现,为使药典的内容能及时反映医药学方面的新成就,药典出版后,一般每隔几年须修订一次。《中华人民共和国药典》自1985年起,每隔5年修订一次。有时为了使新的药物和制剂能及时地得到补充和修改,往往在下一版新药典出版前,还会出现一些增补版。

2. **《中华人民共和国药典》** 中华人民共和国成立后的第一版中国药典于1953年8月出版,定名为《中华人民共和国药典》,简称《中国药典》,依据《中华人民共和国药品管理法》组织制定和颁布实施。现行版是2020年版,在此之前还颁布了1953年、1963年、1977年、1985年、1990年、1995年、2000年、2005年、2010年、2015年共10个版本。《中国药典》一经颁布实施,其同品种的上版标准或其原国家标准即同时停止使用。

从《中国药典》(2005年版)开始,将生物制品从二部中单独列出,作为第三部,这也是为了适应生物技术药物在今后医疗中作用将日益扩大所做的修订,同时也说明生物技术药物在医疗领域中的地位显现。

《中国药典》由一部、二部、三部、四部及其增补本构成。一部收载中药,二部收载化学药品,三部收载生物制品及相关通用技术要求,四部收载通用技术要求和药用辅料。《中国药典》主要由凡例、通用技术要求和品种正文构成。凡例是为了正确使用《中国药典》,对品种正文、通用技术要求以及药品质量检验和检定中有关共性问题的统一规定和基本要求。通用技术要求包括《中国药典》收载的通则、指导原则以及生物制品通则和相关总论等。《中国药典》各品种项下收载的内容为品种正文。

《中国药典》(2020年版)收载品种5 911种,新增319种,修订3 177种,不再收载10种,因品种合并减少6种。这版药典主要特点是稳步推进药典品种收藏;健全国家药品标准体系;扩大成熟分析技术应用;提高药品安全和有效控制要求;提升辅料标准水平;加强国际标准协调;强化药典导向作用;完善药典工作机制。

3. **外国药典** 据不完全统计,世界上已有近40个国家编制了国家药典,另外还有3种区域性药典和世界卫生组织组织编制的《国际药典》等,这些药典无疑对世界医药科技交流和国际医药贸易具有极大的促进作用。

例如,《美国药典》,*United States Pharmacopoeia*,简称USP,由美国政府所属的美国药典委员会(The United States Pharmacopeial Convention)编辑出版。USP于1820年出版第一版,1950年以后每5年出一次修订版。《美国国家处方集》(*National Formulary*, NF)于1883年出版第一版,1980年15版起并入USP,但仍分两部分,前面为USP,后面为NF。2002年以后,每年出版一次,现行最新版为 USP-NF 2023, Issue 3。《英国药典》, *British Pharmacopoeia*, 简称 BP, 最新版本出版时间 2023 年 8 月的 BP 2024, 共 6 卷, 2024 年 1 月生效。《欧洲药典》, *European Pharmacopoeia*, 简称 EP, 欧洲药典委员会于 1964 年成立, 1977 年出版第一版《欧洲药典》。《欧洲药典》为欧洲药品质量检测的唯一指导文献, 所有药品和药用底物的生产厂家在欧洲范围内推销和使用的过程中, 必须遵循《欧洲药典》的质量标准。最新版 EP 11, 2022 年 7 月出版, 2023 年 1 月生效, 至 2024 年 1 月已出版增补版 5 版。日本药典称为《日本药局方》*The Japanese Pharmacopoeia*, 简称 JP, 由日本药局方编辑委员会编纂, 由厚生省颁布执行, 每五年修订一次。分两部出版, 第一部收载原料药及其基础制剂, 第二部主要收载生药、家庭药制剂和制剂原料。《日本药局方》, 现行版为第 18 版, 2021 年发布。《国际药典》, *Pharmacopoeia Internationalis*, 简称 Ph.Int., 是世界卫生组织为了统一世界各国药品的质量标准和质量控制的方法而编纂的, 自 1951 年出版了第一版《国际药典》, 最新版为 2020 年第 6 版, 但《国际药典》对各国无法律约束力, 仅作为各国编纂药典时的参考标准。

二、国家药品标准

药品标准分为法定标准和非法定标准。法定药品标准包括国家药典、药品注册标准和国家药品监督管理局颁布的药品标准。非法定标准包括行业标准和企业标准。国家药典是法定药典, 它不可能包罗所有已生产与使用的全部药品品种。前文已述药典收载的药物为一般要求, 而对于不符合所订要求的其他药品, 一般都作为药典外标准加以编订, 作为国家药典的补充。药品标准的内容一般包括名称、成分或处方的组成; 含量及其检查、检验的方法; 制剂的辅料; 允许的杂质及其限量、限度; 技术要求以及作用、用途、用法、用量; 注意事项; 贮藏方法; 安装; 等等。国家药品标准是国家对药品的质量、规格和检验方法所作的技术规定, 是保证药品质量, 进行药品生产、经营、使用、管理及监督检验的法定依据。

1. 中国国家药品标准 我国的国家药品标准是《中华人民共和国卫生部药品标准》, 简称《部颁标准》, 由原国家食品药品监督管理总局(China Food and Drug Administration, CFDA) 对临床常用、疗效确切、质量稳定、生产地区较多的原地方标准品种进行质量标准的修订、统一、整理、编纂并颁布实施的, 主要包括以下几个方面的药物。

(1) 原国家食品药品监督管理总局审批的国内创新的重大品种, 国内未生产的新药, 包括放射性药品、麻醉性药品、中药人工合成品、避孕药品等。

(2) 药典收载过而现行版未列入的疗效肯定、国内几个省(自治区、直辖市)仍在生产、使用并须修订标准的药品。

(3) 疗效肯定、但质量标准仍须进一步改进的新药。

2. 国外药品标准 有的国家除药典外, 尚有国家处方集。如《美国国家处方集》*National Formulary*(简称 NF)、《英国处方集》*British National Formulary* 和《英国准药典》*British Pharmacopoeia Codex*(简称 BPC), 日本的《日本药局方外医药品成分规格》《日本抗生物质医药品基准》《放射性医用品基准》等书。

除了药典以外的标准, 还有药典出版注释物, 这类出版物的主旨是对药典的内容进行注释或引申性补充。如我国《中华人民共和国药典临床用药须知·化学药和生物制品卷》（2020年版）。

三、处方与药品相关规定

1. 处方的概念与分类 处方系指医疗和生产部门用于药剂调制、制剂制备的一种重要书面文件。有以下几种。

（1）法定处方：国家药品标准收载的处方。它具有法律约束力，在制备或医师开法定制剂时均须遵照其规定。

（2）医师处方：医师对患者进行诊断后对特定患者的特定疾病而开，写给药局或药房的有关药品、给药量、给药方式、给药天数以及制备等的书面凭证。该处方具有法律、技术和经济意义。

（3）协定处方：医院药剂科与临床医师根据医院日常医疗用药的需要，协商制订的处方。适于大量配制和储备，便于控制药品的品种和质量，可提高工作效率、缩短患者取药等候时间。每家医院的协定处方仅限于在本单位使用。

2. 处方药与非处方药 《中华人民共和国药品管理法》规定了国家对药品实行处方药与非处方药的分类管理制度，这也是国际上通用的药品管理模式。

处方药是必须凭执业医师或执业助理医师的处方才可调配、购买，并在医生指导下使用的药品。处方药可以在国务院卫生行政部门和药品监督管理部门共同指定的医学、药学专业刊物上介绍，但不得在大众传播媒介发布广告宣传。

非处方药不须凭执业医师或执业助理医师的处方，消费者可以自行判断购买和使用的药品。经专家遴选，由国家药品监督管理局批准并公布。在非处方药的包装上，必须印有国家指定的非处方药专有标识。非处方药在国外又称之为"可在柜台上买到的药物"（over-the-counter drug，OTC）。目前，OTC 已成为全球通用的非处方药的简称。

处方药和非处方药不是药品本质的属性，而是管理上的界定。无论是处方药还是非处方药都是经过国家药品监督管理部门批准，其安全性和有效性是有保障的。其中非处方药主要是用于治疗各种消费者容易自我诊断、自我治疗的常见轻微疾病。

3. 国家基本药物 基本药物（essential drug）的概念最早由世界卫生组织（WHO）于 1975年提出。WHO 对国家基本药物的定义：是指一类具有临床疗效、安全、比较具有成本效果、能在任何时期均可足量获得、具有质量的药物，其价格是个人和社会能够承受的、由国家负责遴选的优先重点的药物。WHO 1977 年制定并出版了《基本药物示范目录》，以后每两年更新一次，现行示范目录为 2023 年版本，包括药物 502 个品种。我国于 1982 年首次公布《国家基本药物目录》。《国家基本药物目录》中的药品是适应基本医疗卫生需求，剂型适宜，价格合理，能够保障供应，公众可公平获得的药品。我国 2018 年版《国家基本药物目录》中包括化学药品和生物制品 417 种，中成药 268 种（含民族药），共计 685 种。与 2012 年版《国家基本药物目录》相比，目录总品种数量由原来的 520 种增加到 685 种，2018 年版《国家基本药物目录》在覆盖临床主要病种的基础上，重点聚焦癌症、儿童疾病、慢性病等病种，新增品种包括了抗肿瘤用药 12 种、临床急需儿童用药 22 种等。

四、药品生产管理有关规定

药品是一种特殊的商品。从使用对象上说,它是以人为使用对象,预防、治疗、诊断人的疾病,有目的地调节人的生理功能,有规定的适应证、用法和用量要求;从使用方法上说,除外观,患者无法辨认其内在质量,许多药品需要在医生的指导下使用,而不由患者选择决定。同时,药品的使用方法、数量、时间等多种因素在很大程度上决定其使用效果,误用不仅不能"治病",还可能"致病",甚至危及生命。因此药品从研发到生产,再到销售,各个环节都与普通商品不同,需要严格按照《中华人民共和国药品管理法》(简称《药品管理法》)及相关法规进行。制剂的质量须遵循法典《中国药典》制剂通则中的要求。制剂的生产须按照《药品生产质量管理规范》来执行。以下将对《药品管理法》《中国药典》制剂通则、《药品生产质量管理规范》进行简要介绍。

1.《药品管理法》《中华人民共和国药品管理法》于 1984 年 9 月 20 日以中华人民共和国主席令第 18 号公布,2001 年 2 月 28 日第九届全国人民代表大会常务委员会第二十次会议第一次修订。最新修订版为 2019 年 8 月 26 日第十三届全国人民代表大会常务委员会第十二次会议第二次修订。《中华人民共和国药品管理法》共分十二章,共 155 条,对药品生产企业的管理、药品经营企业的管理、医疗机构的药剂管理、药品的管理、药品的包装管理、药品价格和广告管理、药品监督、法律责任等都作了明确的规定,并明确界定了药品法有关"用语"的含义。

2. 制剂通则(《中国药典》)《中国药典》附录中收载的制剂通则,是按照药物剂型分类,针对剂型特点所规定的基本技术和质量要求。《中国药典》(2020 年版)四部"制剂通则"收载有片剂、注射剂、胶囊剂、颗粒剂、眼用制剂等 89 个剂型的定义、分类、一般质量要求和检查项目。

3. GMP 和 cGMP 《药品生产质量管理规范》(good manu-facturing practice,GMP)是药品在生产全过程中,用科学、合理、规范化的条件和方法来保证生产出优良制剂的一整套系统的、科学的管理规范,是药品生产和质量全面管理监控的通用准则。GMP 三大目标要素是将人为的差错控制在最低的限度,防止对药品的污染,保证高质量产品的质量管理体系。GMP 总要求是:所有医药工业生产的药品,在投产前,对其生产过程必须有明确规定,所有必要设备必须经过校验;所有人员必须经过适当培训;厂房建筑及装备应合乎规定;使用合格原辅料;采用经过批准的生产方法;还必须具有合乎条件的仓储及运输设施;对整个生产过程和质量监督检查过程应具备完善的管理操作系统,并严格付诸执行。

实践证明,GMP 是防止药品在生产过程中发生差错、混淆、污染,确保药品质量的必要、有效的手段。国际上早已将是否实施 GMP 作为药品质量有无保障的先决条件,它作为指导药品生产和质量管理的法规,在国际上已有 50 多年历史,全球已有 100 多个国家和地区实行了 GMP 管理制度。随着 GMP 的不断发展和完善,GMP 在药品生产过程中的质量保证作用得到了国际上的公认。我国现行版的 GMP 是 2010 年修订,于 2011 年 3 月 1 日开始执行。

我国在 1998 年开始实行 GMP 认证制度。国家药品监督管理局成立后,建立了国家药品监督管理局药品认证管理中心,国家药品监督管理局为了加强对药品生产企业的监督管理,采取了监督检查的手段,即规范 GMP 认证工作。

cGMP 是"current good manufacture practices"的简称,即《动态药品生产管理规范》,也翻译为《现行药品生产管理规范》,它要求在产品生产和物流的全过程都必须验证。

除与药品生产内容相关的 GMP 外,其他的药品管理有关规定还有 GLP、GCP 和 GSP。

GLP 是"good laboratory practice"的简称,即《良好实验室规范》,又称《药物非临床试验管理规范》,GLP 是就实验室试验研究从计划、试验、监督、记录到实验报告等一系列管理而制定的法规性文件,涉及实验室工作可影响到结果和试验结果解释的所有方面。在新药研制试验中,进行动物药理试验(包括体内和体外试验)的准则,如急性、亚急性、慢性毒性试验、生殖试验、致癌、致畸、致突变以及其他毒性试验等都有十分具体的规定,是保证药品研制过程安全准确有效的法规。2007 年 1 月 1 日起,国家食品药品管理总局规定未在国内上市销售的化学原料药及其制剂、生物制品,未在国内上市销售的从植物、动物、矿物等物质中提取的有效成分、有效部位及其制剂和从中药、天热药物中提取的有效成分及其制剂以及中药注射剂等的新药非临床安全性评价研究必须在经过 GLP 认证符合 GLP 要求的实验室中进行。

GCP 的中文全称是《药物临床试验质量管理规范》(good clinical practice),是临床试验全过程的标准规定。制定 GCP 的目的是保证药物临床试验过程的规范,结果科学可靠,保护受试者的权益并保障其安全。我国现行的 GCP 是 2020 年 4 月颁布的《药物临床试验质量管理规范》。

GSP(good supply practice)意即《药品经营质量管理规范》,是控制医药商品流通环节所有可能发生质量事故的因素,从而防止质量事故发生的一整套管理程序。

由此可以看出,国家制定一系列法规,其根本目的是保证药品质量:在实验室阶段实行 GLP,在新药临床阶段实行 GCP,在药品生产过程中实施 GMP,在医药商品使用过程中实施 GSP。

2019 年 8 月 26 日,《中华人民共和国药品管理法》修订通过,其中规定自 2019 年 12 月 1 日起,取消药品 GMP、GSP 认证,不再受理 GMP、GSP 认证申请,不再发放药品 GMP、GSP 证书。2021 年 5 月 24 日国家药监局颁布《药品检查管理办法(试行)》,明确了药品检查一系列规范和程序,进一步明确药品生产质量管理规范符合性检查。经过 30 年的不懈努力,药品 GMP 已经在中国落地生根,我国已经建立了较为完备的药品检查程序,药品检查员队伍已初具规模,常态化、不定期的药品 GMP 符合性检查和监督检查等将全面担负起保证药品质量的监管手段。

思考题

1. 简述工业药剂学、制剂、剂型、药典、GMP 的基本含义或定义。
2. 简述剂型分类的方法及各自的优缺点。
3. 简述药典和药品标准收载药物的特点和区别。

4. 简述 GMP 的基本要求和对制药工业的影响。

5. 简述工业药剂学的前沿科学技术。

6. 根据工业药剂学的发展现状，展望未来的工业药剂学。

ER1-2　第一章　目标测试

（徐希明）

参考文献

[1] 周建平,唐星.工业药剂学.北京:人民卫生出版社,2014.

[2] 平其能,屠锡德,张钧寿,等.药剂学.4 版.北京:人民卫生出版社,2013.

[3] 崔福德.药剂学.7 版.北京:人民卫生出版社,2011.

[4] 国家药典委员会.中华人民共和国药典:四部.2020 年版.北京:中国医药科技出版社,2020.

[5] 国家药品监督管理局食品药品审核查验中心.药品 GMP 指南.2 版.北京:中国医药科技出版社,2023.

[6] 张志荣.药剂学新技术及其在改善药物功效中的作用.中国药学杂志,2009,44(20):1525-1532.

[7] 孙京林,余伯阳.药品生产质量管理规范检查的历史与展望.中国新药杂志,2022,31(3):201-205.

[8] 方亮.药剂学.8 版.北京:人民卫生出版社,2016.

[9] PARK H, OTTE A, PARK K. Evolution of drug delivery systems: From 1950 to 2020 and beyond. Journal of Controlled Release, 2021, 342: 53-65.

第二章　基本理论与方法

本章要点

掌握　药物溶剂的种类与性质；药物制剂稳定性的意义；化学动力学、流变学的基本概念；影响药物溶解度与溶出速度的因素及增加药物溶解度与溶出速度的方法；影响药物制剂降解的各种因素及解决药物制剂稳定性的各种方法；药物制剂的稳定性试验方法；粉体粒径、堆密度、流动性、吸湿性及润湿性的测定方法；溶液分散体系和固体分散体系的相关理论。

熟悉　化学动力学基础；制剂中药物化学降解途径；固体制剂的稳定性；粉体学在制剂中的应用；粒子的形态、表面积、孔隙率的表示方法；流变学性质；微粒分散体系的相关理论。

了解　粉体的形态、比表面积、孔隙率的意义及其应用；流变学的应用与发展。

第一节　溶解和溶出理论

一、基本理论

溶解系指一种或一种以上的物质（固体、液体或气体）以分子或离子状态分散在液体分散介质中的过程。其中，被分散的物质称为溶质，分散介质称为溶剂。从分子间作用力看，溶质分子与溶剂分子产生相互作用时，如果不同种分子间的相互作用力大于同种分子间的作用力，则溶质分子从溶质上脱离，继而发生扩散，最终在溶剂中达到平衡状态，形成稳定的溶液。所以，物质的溶解是溶质分子（或离子）和溶剂分子（或离子）相互作用的过程，这种相互作用力有极性分子间的取向力、极性分子与非极性分子间的诱导力、非极性分子之间的色散力、离子和极性或非极性分子之间的作用力，以及氢键作用等。其中，溶质与溶剂之间的取向力、诱导力和色散力又统称为范德瓦耳斯力。例如水作为一种强极性溶剂，能溶解强电解质、弱电解质和大量的极性化合物，如各种含氧、氮原子的羟基化合物、醛酮类化合物和胺类化合物等。在此类溶解中，水分子和溶质间产生不同的相互作用力，水分子可以与一些强电解质离子产生离子 - 偶极相互作用；与极性溶质中的氧原子或氮原子形成氢键；与极性羟基化合物分子产生（取向力）范德瓦耳斯力而结合。一般而言，在这些相互作用中，以离子 - 偶极相互作用最强，氢键作用其次，取向力作用最弱。所以，电解质在水中有较大的溶解度。在同一溶解过程中，这些作用力可能同时发生，也可能只存在单一作用力。当溶剂的极性减弱时，上述极性物质在溶剂中的相互作用力减小,溶解度减小。反之,如果溶质的极性较小,在分子中具有酯基、烃链等非极性基团时,它们在水中的溶解度随非极性基团的数量增加而明显降低,而在乙醇、丙二醇等极性比水弱的溶剂中有较大的溶解度。

乙醇、丙二醇、甘油等一些极性溶剂能诱导非极性分子产生一定极性而溶解,这类溶剂又称半极性溶剂,溶解中产生的相互作用力包括诱导力和取向力。由于半极性溶剂具有诱导作用,它们常可与一些极性溶剂或非极性溶剂混合使用,作为中间溶剂使本不相溶的极性溶剂和非极性溶剂混溶,也可以用于提高一些非极性溶质在极性溶剂中的溶解度。

溶解的一般规律为"相似者相溶",系指溶质与溶剂极性程度相似的可以相溶。溶剂的极性大小常以介电常数来衡量,具有相近介电常数者才能相互溶解。

按照极性(介电常数 ε)大小,溶剂可分为极性($\varepsilon=30\sim80$)、半极性($\varepsilon=5\sim30$)和非极性($\varepsilon=0\sim5$)三种。溶质可分为极性物质和非极性物质。

二、药物的溶解度与溶出速度

(一)溶解度

1. 溶解度的表示方法(表 2-1)

表 2-1 《中国药典》(2020 年版)对溶解度的表示方法

溶解度术语	溶解限度
极易溶解	系指溶质 1g(ml)能在溶剂不到 1ml 中溶解
易溶	系指溶质 1g(ml)能在溶剂 1~不到 10ml 中溶解
溶解	系指溶质 1g(ml)能在溶剂 10~不到 30ml 中溶解
略溶	系指溶质 1g(ml)能在溶剂 30~不到 100ml 中溶解
微溶	系指溶质 1g(ml)能在溶剂 100~不到 1 000ml 中溶解
极微溶解	系指溶质 1g(ml)能在溶剂 1 000~不到 10 000ml 中溶解
几乎不溶或不溶	系指溶质 1g(ml)在溶剂 10 000ml 中不能完全溶解

溶解度(solubility)系指在一定温度(气体在一定压力)下,在一定量溶剂中达饱和时溶解药物的最大量。《中国药典》(2020 年版)关于药品的溶解度有 7 种提法:极易溶解、易溶、溶解、略溶、微溶、极微溶解、几乎不溶或不溶。这些概念仅表示药物大致溶解性能,至于准确的溶解度,一般以一份溶质(1g 或 1ml)溶于若干毫升溶剂表示。药物的溶解度数据可以查阅《默克索引》(*The Merck Index*)、各国药典和专门性理化手册等,对于查不到溶解度数据的药物,可以通过试验测定。

(1)特性溶解度(intrinsic solubility):特性溶解度是指药物不含任何杂质,在溶剂中不发生解离、缔合,不与溶剂中的其他物质发生相互作用时所形成的饱和溶液的浓度。特性溶解度是药物的重要物理参数之一,了解该参数对剂型的选择、处方及工艺的制订有一定的指导作用。在很多情况下,如果药物的特性溶解度小于 1mg/ml 就可能出现吸收问题。尤其是对一个新化合物而言,其特性溶解度是首先应该测定的参数。

（2）平衡溶解度（equilibrium solubility）：当弱碱性药物在酸性、中性溶剂中溶解时，药物可能部分或全部转变成盐，在此条件下测定的溶解度就不是该化合物的特性溶解度。在测定药物溶解度时不易排除溶剂和其他成分的影响，一般情况下测定的溶解度称平衡溶解度或表观溶解度。因此，就广义而言，物质的溶解不仅仅意味着溶质以分子的形式分散在溶剂中，还可以以离子的形式分散于溶剂中；溶解不仅仅由于溶剂的范德瓦耳斯力、氢键、偶极力和色散力，还可以由于与溶剂中的其他溶质形成可溶性盐、溶于胶团、吸附于可溶性高分子溶质、形成可溶性络合物（配合物、复合物）。

2. 溶解度的测定方法　各国药典分别规定了溶解度的测定方法。《中国药典》（2020年版）凡例中规定了详细的测定方法：称取研成细粉的供试品或量取液体供试品，置于（25±2）℃一定容量的溶剂中，每隔5分钟强力振摇30秒，观察30分钟内溶解情况，如无目视可见的溶质颗粒或液滴时，即视为完全溶解。

（1）药物特性溶解度的测定方法：特性溶解度的测定是根据相溶原理图来确定的。在测定份数不同程度过饱和溶液的情况下，将配制好的溶液恒温持续振荡达到溶解平衡，离心或过滤后，取出上清液并做适当稀释，测定药物在饱和溶液中的浓度。以测得的药物溶液浓度为纵坐标，药物质量、溶剂体积的比率为横坐标作图，直线外推到比率为零处即得药物的特性溶解度。图 2-1 中曲线 A（正偏差）表明在该溶液中药物发生解离，或者杂质成分或溶剂对药物有复合及增溶作用等；直线 B 表明药物纯度高，无解离与缔合，无相互作用；曲线 C（负偏差）表明发生抑制溶解的同离子效应。两条曲线外推与纵轴的交点所示溶解度即为特性溶解度 S_0。

（2）药物平衡溶解度的测定方法：药物的溶解度数值多是平衡溶解度，测量的具体方法是取数份药物，配制从不饱和溶液到饱和溶液的系列溶液，在恒温条件下振荡至平衡，经滤膜过滤，取滤液分析，测定药物在溶液中的实际浓度 S，并对配制溶液浓度 C 作图，如图 2-2 所示，图中曲线的转折点 A，即为该药物的平衡溶解度。

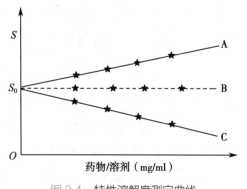

图 2-1　特性溶解度测定曲线

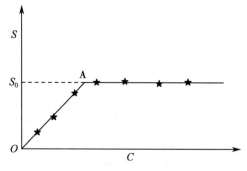

图 2-2　平衡溶解度测定曲线

无论是测定平衡溶解度还是测定特性溶解度，一般都需要在低温（4~5℃）和体温（37℃）两种条件下进行，以便对药物及其制剂的贮存和使用情况做出考查。如果需要进一步了解药物稳定性对溶解度的影响，试验还应同时使用酸性和碱性两种溶剂系统。

测定溶解度时，要注意恒温搅拌和达到平衡的时间，不同药物在溶剂中的溶解平衡时间不同。测定取样时要保持温度与测试温度一致并滤除未溶的药物，这是影响测定的主要因素。

3. 影响溶解度的因素

（1）药物分子结构与溶剂：根据"相似相溶"原理，若药物分子间的作用力大于药物分子与溶剂分子间的作用力，则药物溶解度小；反之，溶解度大。

（2）温度：温度对溶解度的影响取决于溶解过程是吸热（$\Delta H > 0$），还是放热（$\Delta H < 0$）。当 $\Delta H > 0$ 时，溶解度随温度升高而升高；$\Delta H < 0$ 时，溶解度随温度升高而降低。药物溶解过程中，溶解度与温度关系式为

$$\ln \frac{S_2}{S_1} = \frac{\Delta H}{R} \left(\frac{1}{T_1} - \frac{1}{T_2} \right) \qquad \text{式（2-1）}$$

式中，S_1、S_2 分别为在温度 T_1 和 T_2 下的溶解度；ΔH 为溶解焓，单位 J/mol；R 为摩尔气体常数。若已知溶解焓 ΔH 与某一温度下的溶解度 S_1，则可由式（2-1）求得 T_2 下的溶解度 S_2。

（3）药物的晶型：同一化学结构的药物，由于结晶条件不同，形成结晶的分子排列与晶格结构不同，因而形成不同的晶型，即多晶型。晶型不同，导致晶格能不同，药物的溶解度、溶出速度等也不同。结晶型药物因晶格排列不同可分为稳定型、亚稳定型和不稳定型。稳定型药物溶解度小，亚稳定型药物溶解度大。如氯霉素棕榈酸酯有 A 型、B 型和无定形，其中 B 型和无定形的溶解度大于 A 型，且为有效型。丁烯二酸有顺反两种结构，其晶格引力不同，溶解度相差很大，顺式溶解度为 1 : 5；反式溶解度为 1 : 150。无定形指药物无结晶结构，无晶型束缚，自由能大，所以溶解度和溶出速度较结晶型大。例如新生霉素在酸性水溶液中形成无定形，其溶解度比结晶型大 10 倍，溶出速度也快。

药物结晶过程中，因溶剂分子加入而使晶体的晶格发生改变，得到的结晶称溶剂化物（solvate），该现象称为伪多晶现象。如果溶剂为水则称水化物。溶剂化物和非溶剂化物的熔点、溶解度及溶出速度等物理性质不同。多数情况下，溶解度和溶出速度的顺序排列为水化物＜无水物＜有机溶剂化物。

（4）粒子大小：一般药物的溶解度与药物粒子大小无关，但当药物粒子很小（≤0.1μm）时，药物溶解度随粒径减小而增加。

（5）加入第三种物质：溶液中加入溶剂、药物以外的其他物质可能改变药物的溶解度，如加入助溶剂、增溶剂可以增加药物的溶解度，加入某些电解质可能因同离子效应而降低药物的溶解度，如许多盐酸盐药物在 0.9% 氯化钠溶液中的溶解度比在水中低。

（二）溶出速度

1. 药物溶出速度的表示方法　药物的溶出速度是指单位时间药物溶解进入溶液主体的量。溶出过程包括两个连续的阶段，首先是溶质分子从固体表面溶解，形成饱和层，然后在扩散作用下经过扩散层，再在对流作用下进入溶液主体内。固体药物的溶出速度主要受扩散控制，可用 Noyes-Whitney 方程表示。

$$\frac{\mathrm{d}C}{\mathrm{d}t} = KS(C_s - C) \qquad \text{式（2-2）}$$

式中，$\mathrm{d}C/\mathrm{d}t$ 为溶出速度；S 为固体的表面积；C_s 为溶质在溶出介质中的溶解度；C 为 t 时间溶

液中溶质的浓度;K 为溶出速度常数。

$$K = \frac{D}{Vh} \qquad\qquad 式(2\text{-}3)$$

式中,D 为溶质在溶出介质中的扩散系数;V 为溶出介质的体积;h 为扩散层的厚度。当 $C_s \gg C$(即 C 低于 $0.1C_s$)时,则式(2-2)可简化为

$$\frac{\mathrm{d}C}{\mathrm{d}t} = KSC_s \qquad\qquad 式(2\text{-}4)$$

式(2-4)中的溶出条件称为漏槽条件(sink condition),可理解为药物溶出后立即被移出,或溶出介质的量很大,溶液主体中药物浓度很低。体内的吸收也被认为是在漏槽条件下进行。

若能使式中的 S(固体的表面积)在溶出过程中保持不变,则有

$$\frac{\mathrm{d}C}{\mathrm{d}t} = \kappa \qquad\qquad 式(2\text{-}5)$$

式中,κ 为特性溶出速度常数,单位为 $\mathrm{mg/(min \cdot cm^2)}$,是指单位时间单位面积药物溶解进入溶液主体的量。一般情况下,当固体药物的特性溶出速度常数小于 $1\mathrm{mg/(min \cdot cm^2)}$ 时,就应认为溶出速度对药物吸收有影响。

2. 影响药物溶出速度的因素和增加溶出速度的方法 影响溶出速度的因素可根据 Noyes-Whitney 方程分析。

(1)固体的表面积:同一重量的固体药物,其粒径越小,表面积越大;对同样大小的固体药物,孔隙率越高,表面积越大;对于颗粒状或粉末状的药物,如在溶出介质中结块,可加入润湿剂以改善固体粒子的分散度,增加溶出界面,这些都有利于提高溶出速度。

(2)温度:温度升高,大多数药物溶解度增大,扩散增强,黏度降低,溶出速度加快。少数药物会随着温度的增加溶解度下降,溶出速度也会随之减慢。

(3)溶出介质的体积:溶出介质的体积小,溶液中药物浓度高,溶出速度慢;反之,溶出速度快。

(4)扩散系数:药物在溶出介质中的扩散系数越大,溶出速度越快。在温度一定的条件下,扩散系数的大小受溶出介质的黏度和药物分子大小的影响。

(5)扩散层的厚度:扩散层的厚度愈大,溶出速度愈慢。扩散层的厚度与搅拌程度有关,搅拌速度快,扩散层薄,溶出速度快。

上述影响药物溶出的因素,仅就药物与溶出介质而言。片剂、胶囊剂等剂型的溶出,还受处方中加入的辅料等因素及溶出速度测定方法的影响,参见片剂、胶囊剂等有关章节。

三、增加药物溶解度的方法

1. 加入增溶剂 具有增溶作用的表面活性剂称为增溶剂。表面活性剂能增加难溶性药

物在水中的溶解度,是表面活性剂在水中形成胶束的结果。被增溶的物质,以不同方式与胶束相互作用,使药物分散于胶束中。如非极性物质苯完全进入胶束的非极性中心区;水杨酸等带极性基团而不溶于水的药物,分子中非极性基插入胶束的非极性中心区,极性基伸入球形胶束外的亲水基团;对羟基苯甲酸由于分子两端都有极性基团,可完全分布在胶束的亲水基团间。

影响增溶的因素主要有:

(1)增溶剂的种类:增溶剂的种类和同系物增溶剂的分子量对增溶效果会产生影响。一般来说,同系物的增溶剂碳链愈长,其增溶量也愈大。目前认为,对极性药物而言,非离子型增溶剂的亲水亲油平衡(hydrophile-lipophile balance,HLB)值愈大,增溶效果愈好。但对极性低的药物,则相反。增溶剂的HLB值一般应选择在15~18。

(2)药物的性质:当增溶剂的种类、浓度一定时,被增溶同系物药物的分子量愈大,增溶量愈小。增溶剂所形成的胶束体积是一定的,药物的分子量愈大,体积也愈大,胶束能增溶药物的量自然愈少。

(3)加入顺序:在实际增溶时,增溶剂加入方法不同,增溶效果也不同。一般是将药物与增溶剂混合,再加入溶剂。如冰片的增溶试验,以聚山梨酯类为增溶剂,试验证明先将冰片与增溶剂混合,最好使其完全溶解,再加水稀释,冰片能很好溶解;若先将增溶剂溶于水,再加冰片,冰片几乎不溶。

2. 加入助溶剂 常用助溶剂可分为三类:①某些有机酸及其钠盐,如苯甲酸钠、水杨酸钠、对氨基苯甲酸钠等;②酰胺化合物,如氨基甲酸乙酯、尿素、烟酰胺、乙酰胺等;③无机盐如碘化钾等。助溶的机制一般为:①助溶剂与难溶性药物形成可溶性络合物;形成有机分子复合物;②通过复分解形成可溶性盐类。当助溶剂的用量较大时,宜选用无生理活性的物质。常见难溶性药物及其应用的助溶剂见表2-2。

表2-2　常见的难溶性药物及其应用的助溶剂

药物	助溶剂
碘	碘化钾、聚维酮
咖啡因	苯甲酸钠、水杨酸钠、对氨基苯甲酸钠,枸橼酸钠、烟酰胺
可可碱	水杨酸钠、苯甲酸钠、烟酰胺
茶碱	二乙胺、其他脂肪族胺、烟酰胺、苯甲酸钠
奎宁	氨基甲酸乙酯、尿素
维生素B_2	苯甲酸钠、水杨酸钠、烟酰胺、尿素、乙酰胺、氨基甲酸乙酯
卡巴克络	水杨酸钠、烟酰胺、乙酰胺
氢化可的松	苯甲酸钠,邻、对、间羟苯甲酸钠,二乙胺,烟酰胺
链霉素	蛋氨酸、甘草酸
红霉素	乙酰琥珀酸酯、维生素C
新霉素	精氨酸

3. 制成盐类 某些难溶性弱酸、弱碱可制成盐,从而增加其溶解度。弱酸性药物如苯巴比妥类、磺胺类可以用碱(氢氧化钠、碳酸氢钠、氢氧化钾等)与其作用生成溶解度较大的盐。

弱碱性药物如普鲁卡因、可卡因等可以用酸(盐酸、硫酸、磷酸、氢溴酸、枸橼酸、醋酸等)制成盐类。选择盐型,除考虑溶解度外,还需要考虑稳定性、刺激性等方面的变化。如阿司匹林的钙盐比钠盐稳定,奎尼丁的硫酸盐刺激性小于葡萄糖酸盐等。

4. 使用混合溶剂　混合溶剂是指能与水任意比例混合、与水分子能以氢键结合、能增加难溶性药物溶解度的溶剂,如乙醇、丙二醇、甘油、聚乙二醇300、聚乙二醇400与水能组成混合溶剂。药物在混合溶剂中的溶解度,与混合溶剂的种类、混合溶剂中各溶剂的比例有关。药物在混合溶剂中的溶解度通常是各单一溶剂中溶解度的相加平均值,但也有高于相加平均值的。在混合溶剂中各溶剂在某一比例,药物的溶解度比在各单纯溶剂中的溶解度大,而且出现极大值,这种现象称为潜溶(cosolvency),这种溶剂称为潜溶剂(cosolvent)。如苯巴比妥在90%乙醇中溶解度最大。

5. 制成共晶　药物共晶是药物活性成分与合适的共晶试剂通过分子间作用力(如氢键)而形成的一种新晶型,共晶可以在不破坏药物共价结构的同时修饰药物的理化性质,包括提高溶解度和溶出速度。如将阿德福韦酯与糖精制成共晶后,可显著提高阿德福韦酯的溶出速度。共晶试剂目前多是药用辅料、维生素、氨基酸等,当共晶试剂的分子结构和极性与药物活性成分相似时,比较容易形成共晶。

此外,提高温度、改变pH可促进药物的溶解;应用微粉化技术可减小粒径,促进溶解并提高药物的溶解度;包合技术等新技术的应用也可促进药物的溶解。

在选择增溶方法时应考虑对人体毒性、刺激性、疗效及溶液稳定性的影响。如苯巴比妥难溶于水,制成钠盐虽能溶于水,但因水解而沉淀和变色,若用聚乙二醇与水的混合溶剂,溶解度增大而且稳定,可供制成注射剂。

第二节　流变学理论

一、概述

在适当的外力作用下,物质所具有的流动和变形性能称为流变性,研究物体变形和流动的科学称为流变学(rheology)。

当外力作用于固体时,物体产生大小或形状的改变,即变形。引起变形的作用力除以作用面积称之为应力(stress)。给固体施加外力时,固体就变形,外力解除时,固体就恢复到原有的形状,固体的这种性质称为弹性(elasticity),这种可逆的形状变化称为弹性变形(elastic deformation)。外力作用于液体时,液体产生不可逆变形即出现流动,流动是液体、气体的主要性质之一,流动的难易程度与液体的黏度有关。黏性(viscosity)是指流体在外力作用下质点间相对运动而产生的阻力。当物体具有黏性与弹性的双重特性时,我们称之为黏弹性体(viscoelastic body)。如软膏剂或凝胶剂等半固体制剂均具有黏弹性。

由于具有一定黏性,液层做相对运动,顶层下各液层的流动速度依次递减,形成的速度梯度即剪切速率(shear rate),单位为时间的倒数(s^{-1}),用D表示。使各液层间产生相对运动的外力称为剪切力,单位面积上的剪切力称为剪切应力(shear stress),单位为 N/m²,以 S 表示。剪切速率、剪切应力是表征体系流变性质的两个基本参数。

二、流体的基本性质

(一)流体流型分类

根据流动和变形形式不同,把流体流型分为牛顿流体(Newtonian fluid)与非牛顿流体(non-Newtonian fluid)。各种流体的流变曲线和剪切速率(D)与表观黏度(η_a)的关系如图 2-3 所示。

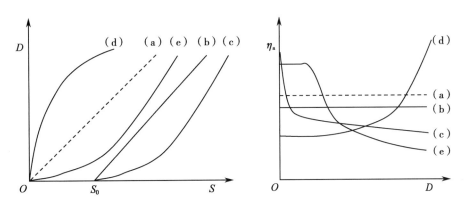

(a)牛顿流体;(b)塑性流体;(c)假塑性流体;(d)膨胀性流体;(e)假黏性流体。

图 2-3 各种流体的流变曲线和剪切速率与表观黏度的关系

1. 牛顿流体 1687 年,牛顿提出了牛顿黏度定律(Newton's law of viscosity),即纯液体和多数低分子溶液在流层条件下的剪切应力 S 与剪切速率 D 成正比,遵循该法则的液体称为牛顿流体。

$$S = \frac{F}{A} = \eta D \qquad\qquad 式(2-6)$$

式中,D 为剪切速率,S 为剪切应力,F 为 A 面积上施加的力,η 为黏度系数,或称动力黏度,简称黏度。

牛顿液体具有以下特点:一般为低分子的纯液体或稀溶液;以剪切速率为纵坐标、剪切应力为横坐标作图,所得曲线为流变曲线,牛顿流体的流变曲线是通过原点的直线,见图 2-3(a);在一定温度下,牛顿流体的黏度 η 为常数,它只是温度的函数,随温度升高而减小。

2. 非牛顿流体 剪切应力与剪切速率的关系不符合式(2-6)的液体,它的黏度不是一个常数,我们称为表观黏度 η_a,表观黏度随剪切速率的变化而变化,这种流体称为非牛顿流体。非牛顿流体根据流动特性可分为塑性流体、假塑性流体、膨胀性流体和假黏性流体。

(1)塑性流体:当作用在物体上的剪切应力大于某一值时物体开始流动,否则物体保持即时形状并不会流动,具有这种性质的物体称为塑性流体(plastic fluid)。引起塑性液体流动的最低切应力为屈服值(yield value,S_0)。这种流体的特点是只有当剪切应力 S 超过某一值(S_0)后才开始流动,而一旦开始流动,S-D 的关系与牛顿流体一样呈线性关系,塑性流体曲线如图

2-3（b）所示，该流体的特点是曲线不通过坐标原点，表观黏度与剪切速率无关。在制剂中呈现为塑性流动的剂型有高浓度乳剂、混悬剂、单糖浆等。

塑性流体流动状态的方程为式（2-7）。

$$D = \frac{S - S_0}{\eta_a}$$
式（2-7）

式中，D 为剪切速率，S 为剪切应力，S_0 为屈服值，η_a 为表观黏度。

产生塑性流动现象的原因可用图 2-4 说明。静止时粒子聚集形成网状结构，当剪切应力超过 S_0 时，体系网状结构被破坏，开始流动。加入表面活性剂或反絮凝剂，会减小粒子间的引力（范德瓦耳斯力）和斥力（短距离斥力），进而减少或消除屈服值。装在软膏管的凝胶用力挤出（流动），涂在皮肤上后不流动，就是利用凝胶具有屈服值。

（2）假塑性流体：当作用在物体上的剪切应力大于某一值时物体开始流动，表观黏度随着剪切应力的增大而减小，这种流体称为假塑性流体（pseudo-plastic fluid）。随着剪切速率的增大，表观黏度减小，所以也称为剪切稀化流动（shear thinning flow）。随着剪切速率的增大，其内部结构被破坏而黏度变小。假塑性流体流动特性曲线如图 2-3（c）所示。该流体的特点是具有屈服值 S_0，剪切应力超过 S_0 才开始流动；表观黏度 η_a 随剪切速率 D 的增大而减小，其流动曲线为凸向剪切应力 S 轴的曲线。假塑性流体大多数是含有长链大分子聚合物或形状不规则的颗粒的分散体系，如甲基纤维素、羧甲纤维素、大多数高分子溶液等均属于假塑性流体。

剪切稀化的原因如图 2-5 所示。静止状态下，因为长链大分子或不规则颗粒取向各异，互相勾挂缠结，表观黏度较大。在剪切应力的作用下，粒子会呈现出不同程度的定向，使流动阻力减小，即表观黏度降低，而且随剪切应力增大，这种作用随之增加，表现出剪切稀化效应。剪切稀化的程度与分子链的长短和线型有关。由直链高聚物分子形成剪切稀化的假塑性溶液，一般来说相对分子质量越高，假塑性越大。

<table>
<tr><td>图 2-4　塑性流体的结构变化示意图</td><td>图 2-5　假塑性流体的结构变化示意图</td></tr>
</table>

（3）膨胀性流体：表观黏度随着剪切应力的增大而增加，这种流动称胀性流动（dilatant flow），表现为胀性流动的液体称为膨胀性流体（dilatant fluid）。膨胀性流体的流动特性曲线如图 2-3（d）所示。该流体的特点是流动无屈服值；随剪切速率 D 增大，其体积和刚性增加，表观黏度增大，其流动曲线为凸向剪切速率 D 轴方向并且经过原点的曲线。随着剪切应力 S 或剪切速率 D 的增大，表观黏度 η_a 也逐渐增大，所以胀性流动也称作剪切增稠流动（shear thickening flow）。

剪切增稠作用可用胀溶现象来说明（图 2-6）。具有剪切增稠现象的液体，其胶体粒子一般处于紧密充填状态，作为分散介质的水充满致密排列的粒子间隙。当施加应力较小时，流动缓慢，由于水的润滑和流动作用，胶体表现出黏性阻力较小。如果用力搅动，处于致密排

图2-6 膨胀性流体的结构变化示意图

列的粒子就会被搅乱,成为多孔隙的疏松排列构造。这是因为原来的水分再也不能填满粒子之间的间隙,粒子与粒子之间没有了水层的润滑作用,所以黏性阻力就会骤然增大,甚至失去流动性。粒子在强烈的剪切作用下成为疏松排列结构,引起外观体积增大,因此称之为胀容现象。

通常膨胀性流体需要满足以下两个条件:①粒子必须是分散的,不能聚结;②分散相浓度较高,且只在一个狭小的范围内才呈胀性流动。在浓度较低时为牛顿流体,在浓度较高时则为塑性流体,浓度再高时为膨胀性流体。例如,淀粉浆大约在40%～50%的浓度范围内才表现出明显的胀性流动。

(4)假黏性流体:假黏性流体(pseudoviscous fluid)的流动特性曲线如图2-3(e)所示。该流体的特点是流体无屈服值;随剪切速率D的增大,其表观黏度减小,流动曲线为凸向剪切应力S轴方向并且经过原点的曲线。西黄蓍胶、海藻酸钠、羧甲纤维素、甲基纤维素等溶液,当浓度为1%左右时属于假黏性流体。

(二)触变性

1. 触变性的概念 触变性(thixotropy)是指在一定温度下,非牛顿流体在恒定剪切力(振动、搅拌、摇动)的作用下,黏性减小,流动性增大,当外界剪切力停止或减小时,体系黏度随时间延长而恢复原状的一种性质。触变性不是一种流型,而是某些非牛顿流体在一定剪切力作用下表现出来的一种性质。普遍认为触变性是流体结构可逆转变的一种现象(即凝胶—溶胶—凝胶的转变),它是由pH或其他影响因素诱发时间依赖性黏度改变而引起,体系的容积不会发生变化。AEROSIL 200水凝胶和羧甲纤维素溶液均具有触变性。

流体表现触变性的机制可以理解为随着剪切应力的增加,粒子之间的结构受到破坏,黏性减小(图2-7),当撤销剪切应力时,被拆散的粒子做布朗运动移动并恢复至原来的结构,由于粒子之间结构的恢复需要一段时间,从而呈现出对时间的依赖,表现出触变性。因此,剪切速率减小时的曲线与增加时的曲线不重叠,形成了与流动时间有关的滞后环(hysteresis loop)(图2-8)。

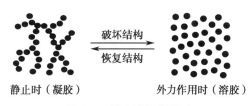

图2-7 触变性概念模型

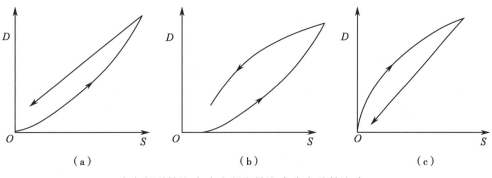

(a)假黏性流动;(b)假塑性流动;(c)胀性流动。

图2-8 假黏性流动、假塑性流动及胀性流动的触变性流变曲线

滞后环的面积大小反映流体的触变性强弱。

触变性在制剂中有许多实际应用,如混悬型注射剂在肌肉组织中形成储库缓慢释放药物;尿路造影剂的注入、滞留、排出时流动性的增减;软膏剂黏稠性和涂展性的调节等。

2. 影响触变性的因素 触变性受 pH、温度、聚合物浓度、聚合物联合应用、聚合物结构修饰、电解质加入等因素影响。

(1)pH:聚丙烯酸、泊洛沙姆、乙基纤维素、醋酸纤维素酞酸酯乳胶具有 pH 依赖触变性。接触泪液、宫颈黏液时会引起 pH 增加或降低,使聚合物溶液凝固。

(2)温度:泊洛沙姆的黏性会随温度、组成改变而变化,而且通过与泊洛沙姆其他衍生物合用,可使其具有适宜的相转变温度,可进一步增加其在角膜处的滞留时间。

(3)聚合物浓度:以泊洛沙姆为基质的眼部给药体系,具有很强的浓度依赖性的溶胶—凝胶—溶胶转变特性。

(4)聚合物联合应用:含有比例为 2∶1 的卡波姆与聚丙烯酸混合物的处方具有最高的黏性,并且表现出明显的触变性,适合作为制霉菌素的局部用凝胶基质。

(5)聚合物结构修饰:经过疏水基团修饰的羟乙基纤维素衍生物在 O/W 型乳剂中的增稠能力,比其母体羟乙基纤维素强。

(6)离子的加入:硅酸镁铝是一种荷负电的黏土,将其分散于海藻酸钠或壳聚糖溶液中,可增加它们的黏性,使其由牛顿流体转变为具有触变性的假塑性流体。

(7)其他辅料的添加:将卵磷脂、甘油等辅料添加到凝胶体系中,会显著影响其黏性,得到黏稠的触变凝胶剂,增加体系的稳定性。

三、流变学在药剂学中的应用与发展

药剂学中的流变学性质主要有黏性、弹性、硬度、黏弹性、屈服值及触变性等,通过测定这些性质的参数能表征并剖析样品的物理、化学性质及其结构。事实上,多数药物制剂属于复杂的多分散体系,其流变性质较复杂,并受到很多因素的影响。制剂标准要求的与流变学有关的特性包括稳定性、可挤出性、涂展性、通针性、滞留性、控释性等。

1. 稳定性 乳剂、混悬剂属于热力学不稳定体系,分散相趋向聚结,从而导致分层。通过控制外相流变特性是使乳剂稳定的一种方法。通常可以通过应用流变添加剂增加外相的黏度,使外相具有一定的屈服值,进而保持乳剂、混悬剂稳定。

2. 可挤出性 软膏剂、凝胶剂等半固体制剂的可挤出性对于患者的用药依从性具有重要影响。当产品从软膏管中挤出时,遇到一定阻力,过大过小均不合适。阻力过小,药品在开盖后会自动流出,阻力过大,则挤出困难,应当轻轻挤压即保持缓慢地挤出。采用具有触变性的体系,就能解决黏度方面的矛盾。在不同的剪切应力条件下,同一药膏表现出不同的黏度。当软膏被挤压,所施的剪切应力能破坏原有的结构,黏度变小,容易流动。当挤压停止,触变体系的结构又重新建立,恢复原有的黏度。

3. 涂展性 半固体制剂等都是涂敷在皮肤上使用。通过添加具有触变性的流变添加剂,调节药品的黏度,可使药品易于涂展。停止涂抹时药物粘附于皮肤上,使药物易于吸收。

4. 通针性 高浓度注射用普鲁卡因青霉素(40%~70%),其水溶液中含有少量的枸橼酸钠和聚山梨酯80,在通过皮下注射针头时其流体结构很容易被破坏,之后再恢复稠度,从而使药物在体内形成储库。

5. 滞留性 溶液、混悬液、眼膏等传统的眼部给药制剂,具有角膜前损失较多、疗效差异较大、影响视力等缺点。为了避免这些缺点,现已开发了具有触变性的原位凝胶眼部给药系统。此种眼部给药系统可对环境变化做出相应反应,如一些眼部药物新剂型滴入眼部后,就会在眼部结膜穹窿内发生相转变,形成具有黏弹性的凝胶,提高眼部药物生物利用度。据报道,水溶性聚丙烯酸凝胶在家兔眼部给药可滞留4~6小时,这是由于凝胶具有很高的屈服值,可使其抵抗眼睑和眼球运动而引起的剪切作用。

6. 控释性 体液的主要成分为水,能渗透进入溶胶-凝胶体系基质中,影响其触变体系结构,尤其是交联度及水合作用程度,进而影响被包裹药物的释放速率。在一种口服触变性制剂中,模拟唾液的恒流会影响药物从凝胶中的释药速率。聚乙二醇(polyethylene glycol,PEG)凝胶基质在接触模拟唾液时会逐渐溶解,以卡波姆和聚乙烯-苯酚混合物为基质的凝胶接触唾液时会膨胀,形成药物释放的黏性屏障,从而使不同体系完全释药所需时间不同。

流变学最早是由Bingham于1929年提出,我国流变学研究起步较晚,直到20世纪70—80年代才开始,最初主要用于工业材料与地质材料的研究,用于制剂方面的研究是在近年来才加以重视。流变学在药剂学中对处方设计、制订制备工艺、质量评价均具有指导意义,特别是在混悬剂、乳剂、胶体溶液、软膏剂和栓剂中应用广泛。流变性影响药物制剂生产的每一道工序,例如填充、混合、包装等。流变性与实际应用也密切相关,如软膏从管状包装中的可挤出性、注射剂的通针性、应用部位的滞留性等均可用流变学的原理解释。通过流变学性质的研究可以控制制剂质量,还可以为制剂的处方设计、制备工艺及设备选择、贮存稳定性、包装材料选择等提供有关依据。随着半固体及液体黏度测定方法的不断改进,一些制剂的流变学参数与生物药剂学及药效之间的相关性也已建立,流变学原理的应用正在日益扩大。相信随着基本原理、测试技术与测试设备的发展与电子计算机的应用,流变学在制剂领域的应用也将更为深入与广泛。

第三节　粉体学理论

一、概述

粉体(powder)系指固体粒子集合体的总称。粉体学(powder technology)系指研究粉体的基本性质及其应用的科学。组成粉体的基础是粒子,粒子是粉体运动的最小单元。粒子可以是晶体或无定形的单个粒子,也可以是多个粒子的聚合体,如制粒后形成的颗粒。为了区别单个粒子和聚合粒子,将前者称为一级粒子(primary particle),将后者称为二级粒子(second particle)。在制剂中,无论是经过粉碎的粉末,还是经过制粒的颗粒,甚至小片、小丸等,都属于粉体的范畴。

在制剂的生产过程中,散剂、颗粒剂、胶囊剂、片剂等常规固体剂型,甚至混悬剂、乳剂等液体剂型均可能涉及粉体的处理过程。研究粉体的基本性质有助于制剂的处方设计、生产过程的工艺控制及成品的质量控制等。粒子的微小变化会对粉体的性质产生很大影响,进而影响到制剂的生产工艺;同时粉体的基本特性,如粒径、密度、比表面积等,对药物的释药速度、起效快慢亦有直接影响。因此,应根据制剂制备的不同需要,进行粉体加工以改善其性质来满足产品质量和制备工艺的需求。

二、粉体的基本性质

(一)粒径与粒径分布

1. 粒径 粒径是粉体的最基本性质。粉体是由粒径不等的粒子所组成的集合体,故粉体大小常用平均粒径来表示。对于球体、立方体等规则粒子可以用特征长度表示其大小,如直径、边长等。对于不规则粒子,常用"相当径"来表示,粒径的测定方法不同,其粒径所代表的物理意义不同,测定值也不同。

(1)几何学粒径(geometric diameter):根据几何学尺寸定义的粒子径,如图 2-9 所示。几何学粒径一般采用显微镜法、库尔特计数法等方法测定,可利用计算机实现几何学粒径的快速、准确测定。

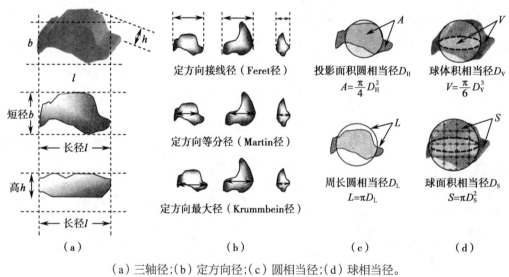

(a)三轴径;(b)定方向径;(c)圆相当径;(d)球相当径。

图 2-9 各种几何学粒子径示意图

1)三轴径(three shaft diameters):在粒子的平面投影图上测定长径 l 与短径 b,在投影平面的垂直方向测定粒子的高度 h,以此表示长径、短径和高度。三轴径反映粒子的实际尺寸。

2)定方向径(投影径):在粒子的投影平面上,某定方向的直线长度。

常见的有以下几种:①定方向接线径(Feret 径),指一定方向的平行线将粒子的投影面外接时平行线间的距离;②定方向等分径(Martin 径),指一定方向的线将粒子的投影面积等份分割时的长度;③定方向最大径(Krummbein 径),指在一定方向上分割粒子投影面的最大长度。

3）圆相当径(Heywood 径)：常见的有两种，一种是与粒子投影面积相等的圆的直径，常用面积相当径 D_H 表示，另一种是与粒子周长相等的圆的直径，常用周长相当径 D_L 表示。

4）球相当径：常见的有两种，一种是与粒子体积相等的球体的直径，可用库尔特计数器测得，记作体积相当径 D_V，另一种是与粒子表面积相等的球体的直径，记作表面积相当径 D_S。

（2）筛分径(sieving diameter)：又称细孔通过相当径。当粒子通过粗筛网且被截留在细筛网时，粗细筛孔直径的算术或几何平均值称为筛分径，记作 D_A。

$$算术平均径 \quad D_A = \frac{a+b}{2} \qquad\qquad 式(2\text{-}8)$$

$$几何平均径 \quad D_A = \sqrt{ab} \qquad\qquad 式(2\text{-}9)$$

式中，a 为粒子通过的粗筛网直径；b 为粒子被截留的细筛网直径。

（3）有效径(effective diameter)：粒径相当于在液相中具有相同沉降速度的球形颗粒的直径，又称为沉降速度相当径(settling velocity diameter)。该粒径根据 Stock's 方程计算所得，因此又称 Stock's 径，记作 D_{Stk}。

$$D_{Stk} = \sqrt{\frac{18\eta}{(\rho_p - \rho_1)\cdot g} \cdot \frac{h}{t}} \qquad\qquad 式(2\text{-}10)$$

式中，ρ_p、ρ_1 分别表示被测粒子与液相的密度；η 为液相的黏度；h 为等速沉降距离；t 为沉降时间。

（4）比表面积等价径(equivalent specific surface diameter)：与待测粒子具有相同比表面积的球的直径，记作 D_{sv}，可采用透过法、吸附法测得比表面积后计算求得。该方法求得的粒径为平均径，不能获得粒径分布。

$$D_{sv} = \frac{\varphi}{S_w \cdot \rho} \qquad\qquad 式(2\text{-}11)$$

式中，S_w 为比表面积；ρ 为粒子的密度；φ 为粒子的性状系数，球体时 $\varphi=6$，其他形状时 φ 一般在 $6\sim8$。

2. **粒度分布** 粒径分布系指粉体中不同粒径区间的颗粒含量，反映粒子大小的分布情况。频率分布与累积分布是常用的粒径分布表示方式。频率分布表示各个粒径的粒子群在全体粒子群中所占的百分数(微分型)；累积分布表示小于或大于某粒径的粒子群在全体粒子群中所占的百分数(积分型)。百分数的基准可用个数基准、质量基准、面积基准、体积基准、长度基准等。测定基准不同，粒径分布曲线大不一样(图 2-10)，

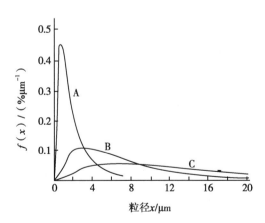

A. $f_C(x)$ 个数基准；B. $f_S(x)$ 面积基准；C. $f_m(x)$ 重量或体积基准。

图 2-10　不同基准表示的粒度分布

因此表示粒径分布时必须注明测定基准。不同基准的粒径分布理论上可以互相换算。在制药工业的粉体处理中实际应用较多的是质量基准分布和个数基准分布。频率分布与累积分布可用方块图或曲线表示，如图2-11所示。

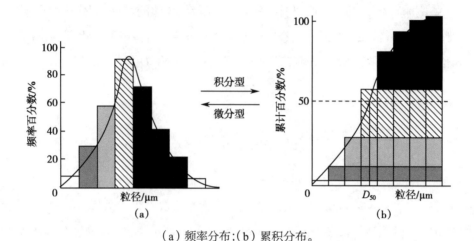

（a）频率分布；（b）累积分布。

图2-11　用图形表示的粒度分布示意图

3. 粒径测定方法　粒径的测定方法主要包括显微镜法、库尔特计数法、沉降法、比表面积法、筛分法等。每种方法的粒径测定原理不同，因此其测定范围也不同。

（1）显微镜法：是将粒子放在显微镜下，根据投影像测得粒径的方法，主要测定几何学粒径。光学显微镜可以测定粒径在 1～500μm 的粒子，电子显微镜可以测定粒径在 0.001～100μm 的粒子。测定时应避免粒子间的重叠，以免产生测定误差。本法主要测定以个数、投影面积为基准的粒径分布。

（2）库尔特计数法：是将粒子群混悬于电解质溶液中，隔板上设有一个细孔，孔两侧各有电极，电极间有一定电压，当粒子通过细孔时，粒子容积排出孔内电解质而使电阻发生改变。利用电阻与粒子的体积成正比的关系将电信号换算成粒径，而测得粒径及其分布，测定原理如图2-12所示。本法测得的粒径为球体积相当径，可以求得以个数为基准的粒径分布或以体积为基准的粒径分布。混悬剂、乳剂、脂质体、粉末药物等均可用本法测定。

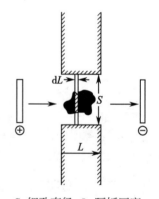

S: 细孔直径，L: 隔板厚度。

图2-12　库尔特计数法
测定原理

（3）沉降法：是根据 Stoke's 方程，利用液相中混悬粒子在重力作用下沉降速度与粒径的定量关系，求得粒径的方法。该法主要适用于粒径在 100μm 以下的粒子的测定，该法中最经典的是 Andreasen 吸管法，如图2-13所示。这种装置设定一定的沉降高度，在此高度范围内粒子以等速沉降（求出粒子径），并在一定时间间隔内再用吸管取样，测定粒子的浓度或沉降量，可求得粒径分布。本法测得的粒径分布是以重量为基准的。

（4）比表面积法：是利用粉体的比表面积随粒径的减少而迅速增加的原理，通过粉体层中比表面积的信息与粒径的关系求得平均粒径的方法，可用吸附法和透过法测定，但本法不能求得粒径分布，可测定的粒径范围为 100μm 以下。

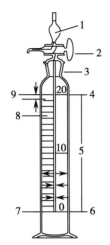

1. 分液漏斗(10cm³);
2. 三向阀;3. 气孔;4. 标线;5. 沉降距离;6. 基线;7. 移液管开口端;
8. 沉降管容积(835cm³);
9. 平均液面下降(cm)。

图 2-13 Andreasen
吸管示意图

（5）筛分法：是粒径与粒径分布测量中使用最早、应用最广，而且简单、快速、实用的方法。常用测定粒径范围在 45μm 以上。筛分原理是利用筛孔将粉体机械阻挡的分级方法。将筛子由粗到细按筛号顺序上下排列，将一定量粉体样品置于最上层，振动一定时间，称量各个筛号筛子上的粉体重量，求得各筛号筛子上的不同粒级的重量百分数，由此获得以重量为基准的筛分粒径分布及平均粒径。本法测得的粒子大小比较粗略。

药物粒径大小与制剂的加工及质量密切相关，对于散剂、颗粒剂、胶囊剂、片剂等固体制剂及软膏剂、乳膏剂、涂膜剂、膜剂等剂型来讲，药物混合、分散是否均匀，混合操作的难易程度，都与粒径大小有关，而混合均匀与否直接影响药物的制备（流动性、可压性、成型性）、成品的质量（外观、有效成分分布的均匀性、剂量的准确性、稳定性）、药物的溶解速率、吸收速度等。某些药物粒径大小还与毒性密切相关。因此，测定粒子粒径大小在制剂制备中是非常重要的。

（二）粒子形状

粒子形状系指一个粒子的轮廓或表面上各点所构成的图像。粒子形状与粒子的许多性质密切相关，如比表面积、流动性、附着性、化学活性等。

粉体学中粒子形状常用形状系数来表示，粒子几何、立体各变量之间的关系称为形状系数。常用的形状系数表示方法有表面积形状系数、体积形状系数、比表面积形状系数、圆形度、球形度等。

（三）比表面积

比表面积是表征粉体中粒子粗细的一种量度，也是表示固体吸附能力的重要参数。比表面积不仅对粉体性质，而且对制剂性质和药理性质都有重要意义。

1. 比表面积的表示方法　粒子的比表面积包括体积比表面积和重量比表面积。体积比表面积系指单位体积粉体所具有的表面积，以 S_V（cm²/cm³）表示。重量比表面积系指单位重量粉体所具有的表面积，以 S_w（cm²/g）表示。

2. 比表面积的测定方法　粉体比表面积的常用测定方法有气体吸附法和气体透过法。此外还有溶液吸附、浸润热、消光、热传导、阳极氧化原理等方法。

（1）气体吸附法（gas adsorption method）：具有较大比表面积的粉体是气体或液体的良好吸附剂。在一定温度下 1g 粉体所吸附的气体体积（cm³）对气体压力绘图可得吸附等温线。被吸附在粉体表面的气体在低压下形成单分子层，在高压下形成多分子层。如果已知一个气体分子的断面积 A，形成单分子层的吸附量 V_m，可用公式（2-12）计算该粉体的比表面积 S_w。吸附试验的常用气体为氮气，在氮气沸点 –196℃下，氮气的断面积 $A=0.162nm^2/mol$。

$$S_w = A \cdot \frac{V_m}{22\,400} \cdot 6.02 \times 10^{23} \qquad 式（2-12）$$

式（2-12）中的 V_m 可通过 BET 方程（Brunauer-Emmett-Teller equation）计算。

$$\frac{p}{V(p_0-p_1)} = \frac{1}{V_m C} + \frac{C-1}{V_m C_3} \cdot \frac{p}{p_0}$$ 式（2-13）

式中，V 为在 p 压力下 1g 粉体吸附气体的量（cm^3/g）；C 为第一层吸附热和液化热的差值的常数；p_0 为实验室温度下吸附气体饱和蒸气压（Pa），为一个常数。在一定试验温度下测定一系列 p 对 V 的数值，以 $p/V(p_0-p)$ 对 p/p_0 绘图，可得直线，由直线的斜率与截距求得 V_m。

（2）气体透过法（gas permeability method）：当气体通过粉体层时，气体透过粉体层的空隙而流动，因此气体的流动速度与阻力受粉体层的表面积大小（或粒子大小）的影响。粉体层的比表面积 S_w 与气体流量、阻力、黏度等关系可用 Kozeny-Carman 公式表示，如式（2-14）。

$$S_w = \frac{14}{\rho} \sqrt{\frac{A \cdot \Delta P \cdot t}{\eta \cdot L \cdot Q} \frac{\varepsilon^2}{(1-\varepsilon)^2}}$$ 式（2-14）

式中，ρ 为粒子密度；η 为气体的黏度；ε 为粉体层的孔隙率；A 为粉体层断面积；ΔP 为粉体层压力差（阻力）；Q 为 t 时间内通过粉体层的气体流量。

气体透过法只能测粒子外部比表面积，粒子内部空隙的比表面积不能测定，如图 2-14，因此不适合用于多孔形粒子的比表面积测定。

（四）密度与孔隙率

1. 粉体密度　系指单位体积粉体的质量。由于粉体的颗粒内部和颗粒间存在空隙，粉体的体积具有不同含义。粉体的密度根据所指的体积不同可分为真密度、粒密度和堆密度。

（1）密度的定义

1）真密度（true density）ρ_t：系指粉体质量除以不包括颗粒内外空隙的固体体积求得的密度。可用氦气置换法测定。

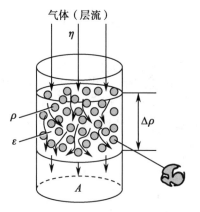

图 2-14　粉体层内气体透过示意图及颗粒外部接触表面（粗线部）

2）粒密度（granule density）ρ_g：系指粉体质量除以剔除粒子间空隙但包括粒子本身的细小孔隙测得的颗粒体积所求得的密度。可用水银置换法测定粒密度。

3）堆密度（bulk density）ρ_b：系指粉体质量除以该粉体所占容器的体积求得的密度，亦称松密度。测定方法是将粉体充填于量筒中，按一定方式使其均匀，量得粉体容积，由质量及容积求得粉体的堆密度。填充粉体时，经一定规律振动或轻敲后体积不再变化时测得的密度称为振实密度（tap density）ρ_{bt}。

在一般情况下，几种密度的大小顺序为 $\rho_t \geqslant \rho_g \geqslant \rho_{bt} \geqslant \rho_b$。若颗粒致密，无细孔和空洞，则 $\rho_t = \rho_g$。

（2）粉体密度的测定：粉体密度测定的实质性问题是如何准确测定粉体的真体积和颗粒体积，常用的方法是用液体或气体将粉体空隙置换的方法。

1）液浸法（liquid immersion method）：求真密度时，将颗粒研细，消除开口与闭口细孔，使用易润湿粒子表面的液体，将粉体浸入液体中，采用加热或减压脱气法测定粉体所排开的液体体积，即为粉体的真体积。

用比重瓶（pycnometer）测量真密度的步骤如下：①称定空比重瓶质量 m_0，然后加入约为瓶容量 1/3 的试样，称其合重 m_S；②加部分浸液约至瓶体积的 2/3 处，减压脱气约 30 分钟，真空度为 2kPa；③继续加满浸液，加盖，擦干，称出（瓶＋试样＋液）的重量 m_{aL}；④称比重瓶单加满浸液的质量 m_L，按下式计算颗粒真密度 ρ_t。

$$\rho_t = \frac{(m_S - m_0) \cdot \rho_1}{(m_L - m_0) - (m_{aL} - m_S)} \qquad \text{式（2-15）}$$

式中，ρ_1 为浸液密度。

如果粉体为非多孔性物质，用水银、水或苯等液体置换法测得的真密度比较准确。如粉体为多孔性物质，而且浸液难于渗入细孔深处时，则所测得的真密度容易产生偏差。

当测定颗粒密度时，方法同上，但采用的液体不同。使用的液体因为与颗粒的接触角大，难于浸入开口细孔的液体，如水银或水，计算时用 ρ_g 代替 ρ_t。

2）压力比较法：根据玻意耳定律建立的方法。测定时采用氦气或空气，与液浸法相比可避免样品的破坏（如润湿或溶解）。本法常用于药品、食品等复杂有机物的测定。测定原理如图 2-15 所示，A、B 分别为装有气密活塞、等体积的密闭室，若 B 室不装试样，关闭排气阀与连接阀，则两室活塞从①移至②时，两室压力相同，由 $P_0 \rightarrow P_1$；当 B 室装入试样后，重复同一操作，若 B 室活塞移至③时，两室压力 P_1 相等，则②与③之间体积就等于试样的体积。

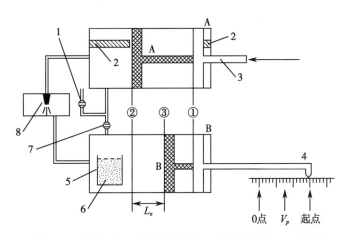

1. 排气阀；2. 固定件；3. 比较用活塞；4. 测定用活塞；5. 样品杯；
6. 粉体样品；7. 连接阀；8. 压差计。

图 2-15　压力比较法测定真密度的原理

除上述方法外，还有气体透过法、重液分离法、密度梯度法及沉降法等。

2. 孔隙率（porosity）　粉体中的孔隙包括粉体本身的孔隙和粉体粒子间的空隙。孔隙率系指粉体中孔隙和粉体粒子间空隙所占的容积与粉体容积之比。

$$E_{总} = \frac{V_b - V_p}{V_b} = 1 - \frac{V_p}{V_b} \qquad \text{式（2-16）}$$

式中，$E_总$为孔隙率，V_b为粉体的体积，V_p为粉体本身的体积。

孔隙率受粉体形状、大小、粉体表面的摩擦系数、温度及压力等因素影响。孔隙率的测定方法有压汞法、气体吸附法等。

（五）流动性与充填性

1. 流动性 粉体的流动性（flowability）与粒子的形状、大小、表面状态、密度、孔隙率等有关，加上颗粒之间的内摩擦力和黏附力等复杂关系，粉体的流动性无法用单一的物理参数来表达。粉体的流动性对颗粒剂、胶囊剂、片剂等制剂的混合均匀性、重量差异及正常的操作影响较大。粉体的流动形式很多，如重力流动、振动流动、压缩流动、流态化流动等，其对应的流动性评价方法也有所不同，表2-3列出了流动形式与相应流动性的评价方法。

表2-3 流动形式与其相对应的流动性评价方法

种类	现象或操作	流动性的评价方法
重力流动	瓶或加料斗中的流出旋转容器型混合器，充填	流出速度、壁面摩擦角、休止角、流出界限孔径
振动流动	振动加料，振动筛充填，流出	休止角、流出速度、压缩度、表观密度
压缩流动	压缩成形（压片）	压缩度、壁面摩擦角、内部摩擦角
流态化流动	流化层干燥，流化层造粒颗粒或片剂的空气输送	休止角、最小流化速度

欲测粉体的流动性，最好采用与处理过程相适应的方法，常用的粉体流动性的表示及测定方法有休止角、流速和压缩度等。

（1）休止角（angle of repose）：又称堆角，用 θ 表示。粒子在粉体堆积层的自由斜面上滑动时受到重力和粒子间摩擦力的作用，当这些力达到平衡时粒子处于静止状态。休止角是此时粉体堆积层的自由斜面与水平面所形成的最大角。常用的测定方法有注入法、排出法、倾斜角法等，如图2-16所示。休止角不仅可以直接测定，还可以通过测定粉体层的高度和圆盘半径后计算而得，即 $\tan\theta=$ 高度 / 半径。休止角是检验粉体流动性好坏的最简便方法。

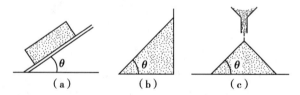

（a）容器倾斜法；（b）排出法；（c）注入法。

图2-16 休止角的测定方法

休止角越小，说明摩擦力越小，流动性越好，一般认为休止角 θ 小于30°时流动性好，休止角 θ 小于40°时可以满足生产过程中流动性的需求。黏性粉体或粒径小于 $100\sim200\mu m$ 的粉体粒子间因相互作用力较大而流动性差，相应的休止角较大。值得注意的是，测量方法不同所得数据会有所不同，重现性差，所以不能把它看作粉体的一个物理常数。

（2）流速（flow rate）：系指粉体从一定孔径的孔或管中流出的速度。测定方法是将粉体物料加入漏斗中，测定单位时间内流出的粉体量，即得流速，或用全部物料流出所需的时间来描述，测定装置如图2-17所示。

（3）压缩度（compressibility）：将一定量的粉体轻轻装入量筒后测量最初松体积，采用轻敲法使粉体处于最紧状态，测量最终的体积，计算最松密度 ρ_0 与最紧密度 ρ_f，根据公式2-17

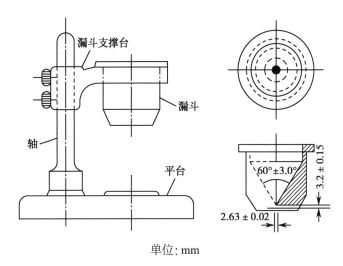

单位：mm

图2-17 粉体流动性试验装置

计算压缩度 C。

$$C = \frac{\rho_f - \rho_0}{\rho_f} \times 100\%$$ 式（2-17）

压缩度是粉体流动性的重要指标，其大小反映粉体的凝聚性、松软状态。压缩度20%以下时流动性较好，压缩度增大时流动性下降，当 C 值达到40%～50%时粉体很难从容器中自动流出。

粒子间的黏着力、摩擦力、范德瓦耳斯力、静电力等作用阻碍粒子的自由流动，影响粉体的流动性。改善粉体流动性常采取的措施有：

1）增大粒子大小：对于黏附性的粉末粒子进行制粒，以减少粒子间的接触点数，降低粒子间的附着力、凝聚力。

2）改善粒子形态及表面粗糙度：球形粒子表面光滑，能减少接触点数，减少摩擦力。

3）降低含湿量：由于粉体的吸湿作用，粒子表面吸附的水分会增加粒子间黏着力，因此适当干燥有利于减弱粒子间作用力。

4）加入助流剂：在粉体中加入0.5%～2%的滑石粉、微粉硅胶等助流剂可大大改善粉体的流动性，这是因为微粉粒子在粉体的粒子表面填平粗糙面而形成光滑表面，减少阻力，减少静电力等，但过多的助流剂反而会增加阻力。

2. 充填性

（1）粉体充填性的表示方法：充填性是粉体集合体的基本性质，在片剂、胶囊剂的装填过程中具有重要意义，充填性的常用表示方法见表2-4。堆密度与孔隙率反映粉体的充填状态，紧密充填时堆密度大，孔隙率小。

表2-4 充填状态指标

指标	英文名称	定义	公式
松比度	specific volume	粉体单位质量（1g）所占体积	$v = V/W$
堆密度	bulk density	粉体单位体积（cm³）的质量	$\rho = W/V$
孔隙率	porosity	粉体的堆体积中空隙所占体积比	$\varepsilon = (V - V_t)/V$

指标	英文名称	定义	公式
空隙比	void ratio	空隙体积与粉体真体积之比	$e=(V-V_t)/V_t$
充填率	packing fraction	粉体的真体积与堆体积之比	$g=V_t/V=1-\varepsilon$
配位数	coordination number	一个粒子周围相邻的其他粒子个数	

注：W为粉体重量；V为粉体总体积；V_t为粉体真体积。

（2）颗粒的排列模型：颗粒的装填方式影响粉体的体积与孔隙率。粒子的排列方式中最简单的模型是大小相等的球形粒子的充填。图2-18是由Graton研究的著名的Graton-Fraser模型，表2-5列出了不同排列方式的一些参数。由表2-5可以了解，球形颗粒在规则排列时，接触点数最小为6，其孔隙率最大（47.64%）；接触点数最大为12，此时孔隙率最小（25.95%）。理论上球形粒子的大小不影响孔隙率及接触点数，但在粒子径小于某一限度时，其孔隙率变大、接触点数变少，这是因为粒径小的颗粒自重小，附着、聚结作用强，从而在较少接触点数的情况下能够被互相支撑。这同时也说明接触点数反映孔隙率大小。

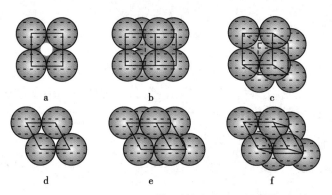

图2-18　Graton-Fraser模型（等大小球形粒子排列图）

表2-5　等大小球形粒子在规则充填时的一些参数

充填名称	孔隙率/%	接触点数	排列号码
立方格子形充填	47.64	6	a
斜方格子形充填	39.54	8	b、d
四面楔格子形充填	30.19	10	e
棱面格子形充填	25.95	12	c、f

（3）充填状态的变化与速度方程：容器中轻轻加入粉体后给予振动或冲击时粉体层的体积减小，这种粉体体积的减小程度也是粉体的特性之一，与流动性密切相关。对粉体层进行振动时，粉体层密度的变化可由振动次数和体积的变化求得。这种充填速度可用川北方程和久野方程进行分析。

$$川北方程\quad \frac{n}{C}=\frac{1}{ab}+\frac{n}{a} \qquad\qquad 式（2-18）$$

$$久野方程\quad \ln(\rho_f-\rho_n)=-kn+\ln(\rho_f-\rho_0) \qquad 式（2-19）$$

式中，ρ_0、ρ_n、ρ_f分别表示最初（0次）、n次、最终（体积不变）的密度；C为体积减少度，即$C=$

$(V_0-V_n)/V_0$；a 为最终的体积减少度，a 值越小流动性越好；k、b 为充填速度常数，其值越大充填速度越大，充填越容易进行。在一般情况下，粒径越大 k 值越大。根据上式，对 $n/C-n$、$\ln(\rho_0-\rho_n)-n$ 作图，根据测得的斜率、截距求算如 a、b、k、C 等有关参数。

（4）助流剂对充填性的影响：助流剂的粒径较小，一般约 $40\mu m$，与粉体混合时在粒子表面附着，减弱粒子间的黏附，从而增强流动性，增大充填密度。助流剂微粉的添加量在 $0.05\%\sim0.1\%$（W/W）范围内最适宜，过量加入反而会减弱流动性。如在马铃薯淀粉中加入微粉硅胶，使淀粉粒子表面的 $20\%\sim30\%$ 被硅胶覆盖，防止粒子间的直接接触，黏着力下降到最低，堆密度上升到最大。

（六）吸湿性与润湿性

1. 吸湿性 吸湿性（hydroscopicity）系指固体表面吸附水分的现象。将药物粉末置于湿度较大的空气中时容易发生不同程度的吸湿现象，以使粉末的流动性下降、固结、润湿或液化等，甚至会促进化学反应而降低药物的稳定性。

药物的吸湿性与空气状态有关，如图 2-19，其中 p 表示空气中水蒸气分压，p_w 表示物料表面产生的水蒸气压。当 p 大于 p_w 时发生吸湿（吸潮）；p 小于 p_w 时发生干燥（风干）；p 等于 p_w 时吸湿与干燥达到动态平衡，此时的水分称为平衡水分。可见，将物料长时间放置于一定空气状态后，物料中所含水分为平衡湿含量。平衡水分与物料的性质及空气状态有关，不同药物的平衡水分随空气状态的变化而变化。

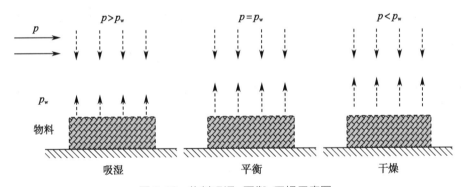

图 2-19 物料吸湿、平衡、干燥示意图

在一定温度下，当空气中相对湿度达到某一定值时，药物表面吸附的平衡水分会溶解药物形成饱和水溶液层，饱和水溶液产生的蒸气压小于纯水产生的饱和蒸气压，因而会不断吸收空气中的水分，不断溶解药物，致使整个物料润湿或液化，含水量急剧上升。药物的吸湿特性可用吸湿平衡曲线来表示，即先求出药物在不同湿度下的（平衡）吸湿量，再以吸湿量对相对湿度作图，即可绘出吸湿平衡曲线。

（1）水溶性药物的吸湿性：水溶性药物在相对湿度较低的环境下，几乎不吸湿，而当相对湿度增大到一定值时，吸湿量会急剧增加，如图 2-20 所示，一

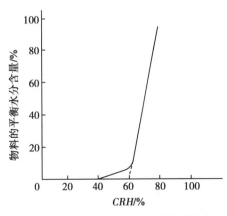

图 2-20 水溶性药物的吸湿特性曲线与临界相对湿度

般把吸湿量开始急剧增加时的相对湿度称为临界相对湿度(critical relative humidity, CRH)。CRH 是水溶性药物的特征参数,是药物吸湿性大小的衡量指标。物料 CRH 越小越易吸湿;反之则不易吸湿。一些水溶性药物的临界相对湿度如表2-6所示。

表2-6　某些水溶性物质的临界相对湿度(37℃)　　　　　　　　　　　　　单位:%

药物名称	CRH	药物名称	CRH
果糖	53.5	枸橼酸钠	84
溴化钠(二分子结晶水)	53.7	蔗糖	84.5
盐酸毛果芸香碱	59	米格来宁	86
重酒石酸胆碱	63	咖啡因	86.3
硫代硫酸钠	65	硫酸镁	86.6
尿素	69	安乃近	87
柠檬酸	70	苯甲酸钠	88
苯甲酸钠+咖啡因	71	对氨基水杨酸钠	88
维生素 C 钠	71	盐酸硫胺	88
枸橼酸	74	氨茶碱	92
溴化六烃季铵	75	烟酰胺	92.8
氯化钠	75.1	氯化钾	82.3
盐酸苯海拉明	77	葡醛内酯	95
水杨酸钠	78	半乳糖	95.5
乌洛托品	78	维生素 C	96
葡萄糖	82	烟酸	99.5

在药剂处方中多数为两种或两种以上的药物或辅料的混合物。水溶性物质的混合物吸湿性更强,根据 Elder 假说,水溶性药物混合物的 CRH 约等于各成分 CRH 的乘积,而与各成分的量无关。即

$$CRH_{AB} = CRH_A \times CRH_B \qquad\qquad 式(2\text{-}20)$$

式中,CRH_{AB} 为 A 与 B 物质混合后的临界相对湿度;CRH_A 和 CRH_B 分别表示 A 物质和 B 物质的临界相对湿度。

根据式(2-20)可知,水溶性药物混合物的 CRH 比其中任何一种药物的 CRH 低,更易于吸湿。如柠檬酸和蔗糖的 CRH 分别为70%和84.5%,混合物的 CRH 为59.2%。必须注意,使用 Elder 方程的条件是各成分间不发生相互作用,因此对于含同离子或会在水溶液中形成复合物的体系不适合。

测定药物的 CRH 具有如下意义:①CRH 可作为药物吸湿性大小的指标,一般 CRH 愈大,愈不易吸湿;②可为药物生产、贮藏的环境提供参考,应将生产及贮藏环境的相对湿度控制在药物的 CRH 以下,以防止吸湿;③为选择防湿性辅料提供参考,一般应选择 CRH 大的物料作辅料。

（2）水不溶性药物的吸湿性：水不溶性药物的吸湿性随着相对湿度变化而缓慢发生变化，没有临界点。由于平衡水分吸附在固体表面，相当于水分的等温吸附曲线。水不溶性药物混合物的吸湿性具有加和性，如图 2-21 所示。

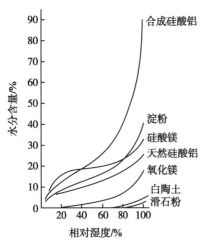

图 2-21 非水溶性药物（或辅料）的吸湿平衡曲线

2. **润湿性** 润湿性（wettability）是固体界面由固 - 气界面变为固 - 液界面的现象。粉体的润湿性对片剂、颗粒剂等固体制剂的崩解性、溶解性等具有重要意义。固体的润湿性用接触角表示，当液滴滴到固体表面时，润湿性不同可出现不同形状，如图 2-22 所示。液滴在固液接触边缘的切线与固体平面间的夹角称为接触角。水在玻璃板上的接触角约等于 0°，水银在玻璃板上的接触角约为 140°，这是因为水分子间的引力小于水和玻璃间的引力，而水银原子间的引力大于水银与玻璃间的引力。接触角最小为 0°，最大为 180°，接触角越小，润湿性越好。

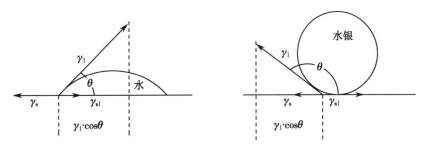

图 2-22 玻璃表面上水和水银的润湿情况与接触角

液滴在固体表面上所受的力达到平衡时符合 Yong's 方程表示如下。

$$\cos\theta = (\gamma_{sg} - \gamma_{sl})\gamma_{gl} \qquad 式（2-21）$$

式中，γ_{sg}、γ_{gl}、γ_{sl} 分别表示固 - 气、气 - 液、固 - 液间的界面张力；θ 为液滴的接触角。水滴在常用固体界面上的接触角如表 2-7 所示。

表 2-7 水滴在各种固体界面上的接触角 单位：°

物质	接触角	物质	接触角
阿司匹林	74	氯霉素	59
水杨酸	103	氯霉素棕榈酸盐（α 型）	122
吲哚美辛	90	氯霉素棕榈酸盐（β 型）	108
茶碱	48	磺胺嘧啶	71
氨茶碱	47	磺胺甲嘧啶	48
氨苄西林（无水）	35	碘胺噻唑	53
氨苄西林（三水）	21	琥珀磺胺噻唑	64
咖啡因	43	呋喃妥因	69

物质	接触角	物质	接触角
保泰松	109	碳酸钙	58
泼尼松	43	硬脂酸钙	115
氢化泼尼松	63	硬脂酸镁	121
地西泮	83	玻璃	0
地高辛	49	蜡	108
异烟肼	49	水银	140
甲苯磺丁脲	72	苯甲酸	61.5
乳糖	30	硬脂酸	106

接触角的常用测定方法有以下两种。

（1）将粉体压缩成平面，水平放置后滴上液滴直接由量角器测定。

（2）在圆筒管中精密充填粉体，下端用滤纸轻轻堵住后浸入水中，如图2-23所示。测定水在管内粉体层中上升的高度与时间，根据Washburn公式计算接触角，见式（2-22）。

$$h^2 = \frac{r\gamma_1\cos\theta}{2\eta} \cdot t \qquad \text{式（2-22）}$$

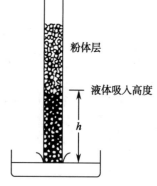

图2-23 管式接触角测定仪

式中，h为t时间内液体上升的高度；γ_1、η分别表示液体的表面张力与黏度；r为粉体层内毛细管半径。

毛细管的半径不好测定，常用于比较相对润湿性。片剂崩解时，水首先浸入片剂内部的毛细管中后浸润片剂，因此式（2-22）对预测片剂的崩解有一定指导意义。

（七）黏附性与黏着性

在粉体的处理过程中经常会发生黏附器壁或形成凝聚的现象。黏附性系指不同分子间产生的引力，如粉体的粒子与器壁间的黏附；凝聚性（或黏着性）系指同分子间产生的引力，如粒子与粒子间发生的黏附而形成聚集体。产生黏附性与黏着性的主要原因为：①在干燥状态下主要由范德瓦耳斯力与静电力发挥作用；②在润湿状态下主要由粒子表面存在的水分形成液体桥，或由于水分的减少而产生的固体桥发挥作用。在液体桥中溶解的溶质干燥而析出结晶时形成固体桥，这就是吸湿性粉末容易固结的原因。

一般来说，粒径越小，粉体越易发生黏附与凝聚，从而影响粉体的流动性和充填性。因此通过制粒方法增大粒径或加入助流剂等手段可防止黏附、凝聚。

（八）粉体的压缩成形性

粉体具有压缩成形性，片剂的制备过程就是将药物粉末或颗粒压缩成具有一定形状和大小的坚固聚集体的过程。压缩性（compressibility）表示粉体在压力下体积减小的能力；成形性（formability）表示物料紧密结合成一定形状的能力。对于药物粉体来说压缩性和成形性是紧密联系在一起的，因此把粉体的压缩性和成形性简称为压缩成形性。在片剂制备过程中,如果颗粒或粉末的处方不合理或操作过程不当就会产生裂片、黏冲等不良现象以致影响正常操作,因此,压缩成形理论及各种物料的压缩特性对于处方筛选与工艺选择具有重要意义。

固体物料的压缩成形性是一个复杂问题,许多国内外学者在不断地探索和研究粉体的压缩成形机制,由于涉及因素很多,其机制尚未完全清楚。目前比较认可的几种说法可概括如下:①压缩后粒子间的距离很近,从而在粒子间产生范德瓦耳斯力、静电力等物理作用力;②粒子在受压时产生的塑性变形使粒子间的接触面积增大;③粒子受压破碎而产生的新表面具有较大的表面自由能;④粒子在受压变形时相互嵌合而产生的机械结合力;⑤物料在压缩过程中由于摩擦力而产生热,特别是颗粒间支撑点处局部温度较高,使熔点较低的物料部分熔融,解除压力后重新固化而在粒子间形成"固体桥";⑥水溶性成分在粒子的接触点处析出结晶而形成"固体桥"等。

粉体压缩特性的研究主要是通过施加压力带来的一系列变化得到相关信息。

1. **压缩力与体积的变化**　粉体的压缩过程中伴随着体积的缩小,固体颗粒被压缩成紧密的结合体,然而其体积的变化较为复杂,图 2-24 表示相对体积(V_r= 表观体积 V/ 真体积 V_s)随压缩力(p)的变化。根据体积的变化将压缩过程分为以下四段。

ab 段:粉体层内粒子滑动或重新排列,形成新的充填结构,粒子形态不变。

bc 段:粒子发生弹性变形,粒子间产生暂时架桥。

cd 段:粒子的塑性变形或破碎使粒子间的孔隙率减小、接触面积增大,增强架桥作用,并且粒子破碎而产生的新界面使表面能增大,结合力增强。

de 段:以塑性变形为主的固体晶格的压密过程,此时孔隙率有限,体积变化不明显。

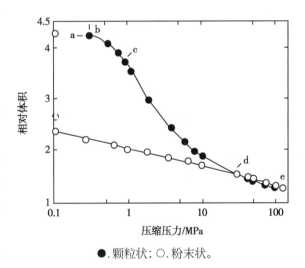

图 2-24　相对体积和压缩力的关系

●.颗粒状;○.粉末状。

这四段过程并没有明显界限,也不是所有物料的压缩过程都要经过四段。有些过程可能同时或交叉发生,一般颗粒状物料表现明显,粉状物料表现不明显。在压缩过程中粉体层内部发生的现象模拟为图 2-25 所示。图中(a)行为发生在 ab 段,(b)与(c)行为发生在 bc、cd、de 段。

2. **压缩力的传递**　压缩力在压缩过程中通过被压物料传递到各部位,如图 2-26。图中 F_U 为上冲力,F_L 为下冲力,F_R 为径向传递力,F_D 为模壁摩擦力(损失力),F_E 为推出力,h 为成形物高度,D 为成形物直径。

当物料为完全流体(没有摩擦的流体)时,$F_U=F_L=F_R$,各方向传递的压力大小相同;但在粉体的压缩过程中,由于颗粒的性状、大小不同,颗粒间充满空隙而不连续等原因,颗粒与颗粒间、颗粒与器壁间必然产生摩擦力。各力之间关系如下。

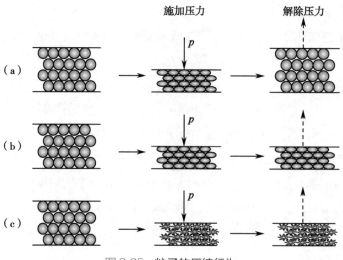

图2-25　粒子的压缩行为

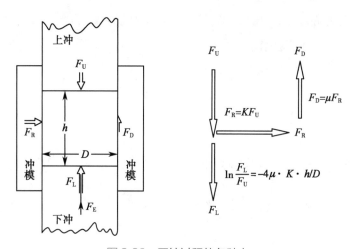

图2-26　压缩过程的各种力

（1）径向力与轴向力：其关系式如式（2-23）。

$$F_R = \frac{v}{1-v} \cdot F_U \qquad\qquad 式（2-23）$$

式中，v为泊松比，是横向应变与纵向应变之比（$v = |\varepsilon_横/\varepsilon_纵|$），通常为 0.4～0.5。

（2）压力传递率（F_L/F_U）：当压缩达到最高点时，下冲力与上冲力之比如式（2-24）。

$$\ln \frac{F_L}{F_U} = -4\mu \cdot K \cdot h/D \qquad\qquad 式（2-24）$$

式中，μ为颗粒与模壁的摩擦系数，$\mu = F_D/F_R$；K为径向力与上冲力之比，$K = F_R/F_U$；摩擦力 $F_D = F_U - F_L$。

压力传递率越高，成形物内部的压力分布越均匀，最高是 100%。

在一个循环的压缩过程中径向力与轴向力的变化可用压缩循环图表示，如图 2-27。图中，OA 段反映弹性变形过程；AB 段反映塑性变形或颗粒的破碎过程；B 点上解除施加的压力；BC 是弹性恢复阶段，BC 线平行于 OA 线；CD 线平行于 AB 线；OD 表示残留模壁压力，其大小反映物料的塑性大小。物料为完全弹性物质时压缩循环图变为一条直线，即压缩过程与解除压力过程都在一条直线上变化。

3. 压缩功与弹性功

（1）压缩力与冲位移（压缩曲线）：压缩力与上冲位移曲线如图 2-28 所示。1 段为粉末移动，紧密排列阶段；2 段为压制过程；3 段为解除压力，弹性恢复过程；A 表示最终压缩力。理想的塑性变形物料的压缩曲线应是 OAB 直角三角，根据压缩曲线可以简便地判断物料的塑性与弹性。如物料的塑性越强，曲线 2 的凹陷程度越小，曲线 3 越接近垂直。如果完全是弹性物质，压制过程与弹性恢复过程在一条曲线上往复。这种直观的分析方法对片剂的处方设计或辅料的选择具有一定的指导意义。

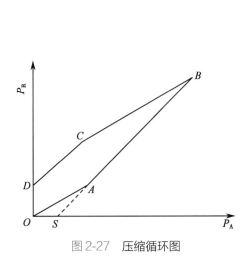

图 2-27　压缩循环图

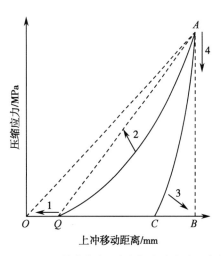

图 2-28　压缩曲线（压缩力与上冲移动距离）

（2）压缩功（compression work）：压缩功＝压缩力×距离。由于压缩力随上冲移动距离的变化而变化，即 $F=f(x)$，如图 2-28 中压缩曲线 OA，因此在压缩过程中所做的功 $W=\int f(x)\mathrm{d}x$，是压缩曲线 OA 下的面积，即三角形 OAB 的面积，其中 CAB 围成的面积表示弹性恢复所做的功，因此用于压缩成形（或塑性变形）所做的功是 OAC 围成的面积。

（3）弹性功（elastic work）：前文已述及，从压缩曲线可求得压缩功和弹性功。实际应用的药物多数为黏弹性物质，即既有黏性又有弹性，只不过以哪个性质为主而已。有些药物在一次压缩过程中很难完成全部的塑性变形，须进行多次压缩。图 2-29 表示两次压缩时压缩曲线的变化，单斜线部分为塑性变形所消耗的能量，双斜线部分为弹性功。第二次压缩时压缩功明显小于第一次，如果反复压缩时压缩功趋于一定，因为此时塑性变形趋于零，所做的功完全是弹性变形所做的功，或弹性变形所需的能量。根据完成塑性变形所需次数可以辨认该物质是塑性变形为主还是弹性变形为主。塑性较好的物质一般经 1～2 次压缩就能完成塑性

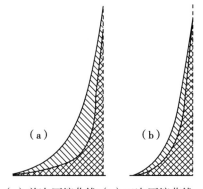

（a）首次压缩曲线；（b）二次压缩曲线。

图 2-29　两次压缩时压缩曲线的变化

变形,弹性较强的物质需要重复压缩十几次甚至20多次才能完成塑性变形。

4.粉体的压缩方程 有关反映压缩特性的方程已有20多种,主要是以压缩压力对体积的变化特征为信息进行整理的经验、半经验公式,其代表性方程如表2-8所示。压缩方程主要来自于粉末冶金学、金属粉末的压缩成形的研究文献中,但多数方程也可应用于医药领域,方程中常数反映物料的压缩特性,往往与物料的种类及其粉体性质有关。在药品的压缩成形研究中应用较多的方程为Heckel方程、Cooper-Eaton方程和川北方程等,其中Heckel方程最常用于压缩过程中比较粉体致密性的研究。将Heckel方程中的体积换算为孔隙率,其表达式如式(2-25)所示。

$$\ln\frac{1}{\varepsilon} = KP + \ln\frac{1}{\varepsilon_0} \qquad\qquad 式(2\text{-}25)$$

式中,P为压力;ε为压缩力为P时的粉体层孔隙率;ε_0为最初粉体层孔隙率;直线斜率K是表示压缩特性的参数。

由试验结果表明,直线关系反映由塑性变形引起的孔隙率的变化;曲线关系反映由重新排列、破碎等引起的孔隙率的变化。一般药物颗粒在压力较小时表现为曲线关系,压力较大时表现为直线关系。其直线斜率K越大,表明由塑性变形引起的孔隙率的变化越大,即塑性越好。这些压缩特性与粉体的种类、粒径分布、粒子形态、压缩速度等有关。

表2-8 粉体的压缩方程式

提供者	方程式
Bal'shin	$\ln P = -\dfrac{V}{V_\infty} + c_2$
Jones	$\ln P = -c_3\left(\dfrac{V}{V_\infty}\right)^2 + c_4$
Nutting	$\ln\left(\dfrac{V_0}{V}\right) = c_5 P^{c_6}$
Smith	$\dfrac{1}{V} - \dfrac{1}{V_0} = c_7 P^{1/3}$
Athy	$\dfrac{V-V_\infty}{V} = \dfrac{V_0-V_\infty}{V}\exp(1-c_8 X)$
川北	$\dfrac{V_0-V}{V_0-V_\infty} = \dfrac{c_9}{1+c_{10}P}$
Cooper	$\dfrac{V_0-V}{V_0 V_\infty} = \{c_{11}\exp(-c_{12}/P) + c_{13}\exp(-c_{14}/P)\}$
Heckel	$\ln\dfrac{V}{V-V_\infty} = c_{15}P + \ln\dfrac{V_0}{V_0-V_\infty}$

注:P为压力;V为加压后体积;V_∞为无限大压力时体积;V_0为初期体积;X为粉体层厚度;D为相对密度;$c_1\sim c_{15}$为常数。

根据Heckel方程描述的曲线将粉体的压缩特性分类为三种,如图2-30。A型:压缩过程以塑性变形为主,初期粒径不同而造成的充填状态的差异影响整个压缩过程,即压缩成形过

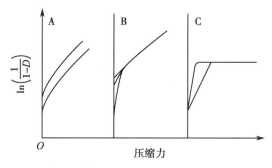

A. 以塑性变形为主；B. 以颗粒的破碎为主；C. 粒子不发生重新排列，只有塑性变形。

图2-30 根据Heckel方程划分的压缩特性分类

程与粒径有关，如氯化钠等。B型：压缩过程以颗粒的破碎为主，初期不同的充填状态（粒径不同）被破坏后在某压力以上时压缩曲线按一条直线变化，即压缩成形过程与粒径无关，如乳糖、蔗糖等。C型：压缩过程中不发生粒子的重新排列，只靠塑性变形达到紧密的成形结构，如乳糖中加入脂肪酸时的压缩过程。压缩曲线的斜率反映塑性变形的程度，斜率越大，片剂的压缩成形越好。一般来说，A型物质的斜率大于B型物质。压片过程中以

Heckel方程描述的信息对处方设计非常有用。

三、粉体学在药剂学中的应用与发展

涉及固态物料的制剂，如散剂、颗粒剂、胶囊剂、片剂、混悬剂等，在制备的单元操作中大都与粉体性质紧密相关。粉体粒子的大小、形态、密度会影响物料混合的均匀度；粉体的堆密度、流动性会影响分剂量的准确性；粉体的压缩成形性会影响片剂的成型难易；粉体的润湿性、孔隙率、比表面积与固体制剂的崩解和溶出有直接关系。可见，粉体技术在药物制剂的设计与生产过程中具有重要意义。

（一）在制剂处方设计中的应用

1. 保证药物制剂的质量　制剂的溶出度、崩解性、含量均匀度、重量差异、稳定性等都与粉体性质直接相关，为制备出满足临床应用的合格制剂，必须重视粉体性质。例如，针对水溶性药物，选用辅料时须留意其粉体吸湿性，避免出现制剂成品易吸湿、不易保存的状况。

2. 保证生产过程的顺利进行　粉体性质也会直接影响生产进程，如在处方设计时，若选用流动性、压缩成形性差的原料，有可能影响压片的顺利进行，甚至导致片剂的片重差异超限或松片现象。

（二）在固体制剂生产工艺中的应用

由于粉体性质会影响制剂的质量，在生产工艺中常常通过检验半成品的粉体性质，如含湿量、流动性、粒径，以保证下一步工序的顺利进行。例如片剂生产常常采用制粒后压片的工艺，在实际生产过程中，对颗粒的制备如果仅凭经验操作，质量标准不确定，会导致片剂质量不稳定，产品重现性差，因而须通过测定颗粒的粉体学指标，考察其对压片质量的影响，用以指导生产过程中制订简便、可操作性强的颗粒中间体粉体学指标，可使制剂过程中的粉体操作从"盲目化""凭经验"发展到科学化、定量化的层次，有助于保证片剂产品的质量稳定。

通过选用合适的生产工艺改善粉体性质还有利于药物疗效的发挥，如微粉化醋酸炔诺酮比未微粉化的溶出速率要快很多，在临床上微粉化的醋酸炔诺酮包衣片比未微粉化的包衣片活性大近5倍。

（三）促进新剂型与新技术的发展

近年来，随着粉体技术在制药工业上的应用日益广泛和制剂现代化的发展，粉体技术有了新的突破和应用，出现了一系列新的粉体技术，如中药超微粉技术、纳米粉体技术等。

超微粉技术又称超微粉碎技术、细胞级微粉碎技术，它是一种纯物理过程，它能将动、植物药材粉碎到粒径 5～10μm 以下，通过超微粉技术加工出的药材粉体，其细胞破壁率≥95%。因粒度极细，其体内吸收过程也发生了改变，有效成分的吸收速度加快，吸收时间延长，吸收率和吸收量均得到充分的提高。而且由于在超微粉碎过程中存在"固体乳化"作用，复方中药药粉中含有的油性及挥发性成分可以在进入胃中不久即分散均匀，在小肠中与其他水溶性成分可达到同步吸收。这是以常规粉碎方式进行的未破壁药材所不能比拟的。

另外，纳米粉体技术也受到关注，通过将药物加工成纳米粒可以提高难溶性药物的溶出度和溶解度，还可以增加黏附性及消除粒子大小差异产生的过饱和现象，或使制剂具有靶向性能等，从而提高药物的生物利用度和临床疗效。通过采用合适的工艺直接将药物粉碎成纳米混悬剂，制成适合于口服、注射等途径给药的制剂以提高吸收或靶向性，此法特别适合于大剂量难溶性药物的口服吸收和注射给药，如活性钙的纳米化，可大大提高吸收率。

目前，随着科学的发展和 GMP 的实施，粉体技术受到人们越来越广泛的关注。同时，制药工业的不断发展也对粉体技术提出了更高的要求。伴随着当前中药现代化和纳米技术的发展热潮，粉体技术也有了更广阔的发展空间，必将得到更进一步的发展和提高，从而促进制药工业的发展。

第四节 稳定性理论

一、概述

（一）研究药物制剂稳定性的意义

药物制剂的基本要求是安全、有效、稳定，其中药物制剂的稳定性（stability）是指原料药及其制剂保持其物理、化学、生物学等性质的能力，它是保证药物制剂安全、有效的前提。如果药物制剂不稳定，则会分解变质，导致药效下降，还可能会产生对人体有害的物质，产生毒副作用，甚至可能危及生命。

药物制剂稳定性研究的目的是考察原料药及其制剂的性质在温度、湿度、光线等条件下随时间的变化规律，为药物的生产、包装、贮存、运输条件提供科学依据，同时通过试验建立药品的有效期。稳定性研究是药品质量控制的主要内容之一，贯穿药物与制剂开发的全过程，不仅涉及临床前研究，而且在药品的临床试验和上市后还需要继续考察，以确保药品的安全性和有效性。新药申报时，必须呈报稳定性的研究资料，以考核剂型、处方设计和质量控制等的合理性。

（二）药物制剂稳定性变化分类

药物制剂的稳定性变化一般包括化学、物理学和生物学三个方面。化学稳定性变化是指药物由于水解、氧化、还原、光解、异构化、聚合、脱羧，以及药物相互作用产生的化学反应，使药物含量（或效价）产生变化。物理学稳定性变化是指制剂的物理性能发生变化，如混悬剂中药物颗粒结块、结晶生长，乳剂的分层、破裂，片剂崩解度、溶出速度的改变等。生物学稳定性变化主要是由于微生物污染滋生，引起药物的霉败分解变质。制剂稳定性的各种变化可单独发生，也可同时发生，一种变化可能诱导另一种变化的发生。

二、化学动力学基础

药物降解反应速率与反应物浓度之间的关系可用式（2-26）表示。

$$-\frac{\mathrm{d}c}{\mathrm{d}t} = kc^n \qquad\qquad 式（2-26）$$

式中，$-\dfrac{\mathrm{d}c}{\mathrm{d}t}$ 称为降解反应速率，负号表示浓度逐渐降低；k 为反应速率常数；c 为反应物浓度；t 为反应时间；n 为反应级数，当 $n=0$ 时为零级反应，$n=1$ 时为一级反应，$n=2$ 时为二级反应，以此类推。

反应级数用来阐明反应物浓度对反应速度影响的大小，在制剂的降解反应中，尽管有些药物的降解反应机制十分复杂，但多数药物及其制剂可按零级、一级或伪一级反应来处理。

1. 零级反应　零级反应速率与反应物浓度无关，其速率方程可表示为式（2-27）。

$$-\frac{\mathrm{d}c}{\mathrm{d}t} = k_0 \qquad\qquad 式（2-27）$$

积分得

$$c = c_0 - k_0 t \qquad\qquad 式（2-28）$$

式中，c_0 为 $t=0$ 时反应物的浓度；c 为 t 时刻反应物的浓度；k_0 为零级反应速率常数。

浓度 c 与时间 t 呈线性关系，直线的斜率为 $-k_0$，截距为 c_0。

2. 一级反应　一级反应速率与反应物浓度的一次方成正比。大多数制剂的降解均可按照一级反应来进行处理。体内药物的代谢、消除，微生物的繁殖、灭菌，放射性元素的衰减，大多也服从一级反应规律。一级反应的速率方程可表示如下。

$$-\frac{\mathrm{d}c}{\mathrm{d}t} = kc \qquad\qquad 式（2-29）$$

积分得

$$\lg c = -\frac{kt}{2.303} + \lg c_0 \qquad\qquad 式（2-30）$$

式中，k 为一级反应速率常数。浓度对数 $\lg c$ 与时间 t 呈线性关系，直线的斜率为 $-k/2.303$，截

距为 $\lg c_0$。

通常将反应物消耗一半所需的时间称为半衰期（half life），记作 $t_{1/2}$。恒温时，一级反应的 $t_{1/2}$ 与反应物浓度无关。

$$t_{1/2} = \frac{0.693}{k} \qquad\qquad 式（2-31）$$

将药物在室温降解 10% 所需的时间，称为有效期，记作 $t_{0.9}$。恒温时，$t_{0.9}$ 也与反应物浓度无关。

$$t_{0.9} = \frac{0.105\ 4}{k} \qquad\qquad 式（2-32）$$

反应速率与反应物浓度的平方或两种反应物浓度的乘积成正比的反应，称为二级反应。若其中一种反应物的浓度大大超过另一种反应物，或保持其中一种反应物浓度恒定不变的情况下，此反应表现出一级反应的特征，故称为伪一级反应（pseudo first-order reaction），如酯的水解，在酸或碱的催化下，可按伪一级反应处理。

三、制剂的稳定性、影响因素及稳定化方法

（一）制剂的化学稳定性
药物化学降解途径与其化学结构密切联系，其中水解和氧化是化学降解的两个主要途径，其他也包括聚合、异构化、脱羧等途径。药物的降解过程比较复杂，一种药物可能同时或相继产生两种或两种以上的降解反应。

1. 水解　水解是药物降解的主要途径之一，易水解的药物主要包括酯类、酰胺类等。

（1）酯类药物：含有酯键药物的水溶液，在 H^+、OH^- 或广义酸碱的催化下水解会加速。在碱性溶液中，由于酯分子中氧的负电性比碳大，故酰基被极化，亲核性试剂 OH^- 易于进攻酰基上的碳原子，而使酰氧键断裂，生成醇和酸。在酸碱催化下，酯类药物的水解常用一级或伪一级反应处理。盐酸普鲁卡因的水解可作为这类药物的代表，水解后生成对氨基苯甲酸与二乙胺基乙醇，分解产物无明显的麻醉作用。易水解的酯类药物还包括盐酸丁卡因、盐酸可卡因、溴丙胺太林、硫酸阿托品、氢溴酸后马托品等。酯类药物水解后，往往使溶液的 pH 下降，因此有些酯类药物灭菌后 pH 下降，即提示药物有可能水解。

（2）酰胺类药物：酰胺类药物与酯类药物相似，一般情况下比酯类药物稳定，水解后生成酸与胺。易水解的酰胺类药物包括氯霉素、青霉素类、头孢菌素类、巴比妥类等。

1）氯霉素：氯霉素水溶液易分解，主要是酰胺水解，生成氨基物与二氯乙酸。氯霉素溶液在 pH=6 时最稳定，在 pH>2 或 pH<8 时易水解，而且在 pH>8 时还会发生脱氯的水解作用。氯霉素水溶液对光也敏感，pH=5.4 的溶液暴露于日光下，会生成黄色沉淀。

2）青霉素类和头孢菌素类药物：青霉素类和头孢菌素类药物的分子中存在着不稳定的 β-内酰胺环，在 H^+ 或 OH^- 影响下，极易开环失效。如氨苄西林在酸性或碱性溶液中的水解产

物为 α- 氨苄青霉酰胺酸，其水溶液最稳定的 pH 为 5.8，当水溶液在室温中贮藏 7 天时，效价会失去约 80%，因此本品只适宜制成注射用无菌粉末等固体剂型；头孢唑林钠在酸性或碱性条件下都易水解失效，在 pH=4.6 的缓冲溶液中 $t_{0.9}$ 仅为 90 小时左右。

3）巴比妥类药物：巴比妥类药物为环状酰脲类镇静催眠药，是巴比妥酸的衍生物，在碱性溶液中容易水解。

（3）其他药物：阿糖胞苷在酸性溶液中，脱氨水解为阿糖脲苷；在碱性溶液中，嘧啶环破裂，水解速度加速。阿糖胞苷在 pH=6.9 时最稳定，其水溶液有效期约为 11 个月，故常制成注射用无菌粉末使用。另外，如维生素 B、地西泮、碘苷等药物的降解，也主要是水解作用。

2. 氧化 氧化也是药物降解的主要途径。药物氧化分解通常是自动氧化，即在空气中氧的影响下自动、缓慢地进行。药物的氧化过程与化学结构有关，如酚类、烯醇类、芳胺类、吡唑酮类、噻嗪类药物较易氧化，但多数情况下，药物是在催化剂、热或光等因素的影响下与氧形成游离基，发生游离的链式反应。药物氧化后，不仅效价损失，而且可能产生颜色变化或沉淀。有些药物即使被氧化极少量，亦会色泽变深或产生不良气味，严重影响药品质量。

（1）酚类药物：该类药物分子中具有酚羟基，易氧化变色，如肾上腺素、左旋多巴、吗啡、阿扑吗啡、水杨酸钠等。

（2）烯醇类药物：维生素 C 是烯醇类药物的代表，分子中含有烯醇基，极易氧化，氧化过程较为复杂。在有氧条件下，维生素 C 先氧化成脱氢抗坏血酸，然后水解为 2,3- 二酮 -L- 古洛糖酸，再进一步氧化为草酸与 L- 丁糖酸。在无氧条件下，发生脱水作用和水解作用，生成呋喃甲醛和二氧化碳。

（3）其他类药物：主要包括芳胺类药物，如磺胺嘧啶钠；吡唑酮类药物，如氨基比林；噻嗪类药物，如盐酸氯丙嗪、盐酸异丙嗪等；含有碳碳双键的药物，如维生素 A、维生素 D。这些药物都易氧化，有些药物氧化过程极为复杂，常生成有色物质，因此要特别注意光、氧、金属离子对它们的影响，以保证产品质量。

3. 其他反应

（1）异构化：异构化分为光学异构和几何异构两种。通常药物的异构化使其生理活性降低甚至失去活性，所以在制备和贮存中应注意防止。左旋肾上腺素具有生理活性，其水溶液在 pH=4 左右产生外消旋化作用后，只有 50% 的活性。维生素 A 除了易氧化外，还可能发生几何异构化，其活性形式是全反式，若转化为 2,6- 位顺式异构体，其生理活性会降低。

（2）聚合：聚合是两个或多个分子结合在一起形成复杂分子的过程。氨苄西林的浓水溶液在贮存过程中能发生聚合反应，一个分子的 β- 内酰胺环裂开与另一个分子反应形成二聚体，此过程可继续下去形成高聚物，这种高聚物可诱发和导致过敏反应。塞替派在水溶液中易聚合失效，以聚乙二醇 400 为溶剂制成注射液，可避免聚合。

（3）脱羧：对氨基水杨酸钠在光、热、水分存在的条件下易脱羧，生成间氨基酚，后者还可进一步氧化变色。普鲁卡因的水解产物对氨基苯甲酸也可缓慢脱羧生成苯胺，苯胺在光线作用下可氧化生成有色物质。

（4）与其他药物或辅料的作用：制剂中两种药物之间发生化学反应或药物与辅料之间发生作用也是影响药物稳定性的一个因素。例如，抗氧化剂亚硫酸氢盐可取代肾上腺素的羟基;还原糖很容易与伯胺(包括一些氨基酸和蛋白质)发生美拉德反应,具有伯胺和仲胺基团的药物常发生该反应,反应生成褐色产物导致制剂变色。

(二)制剂的物理稳定性

制剂的化学稳定性固然重要,但其物理稳定性也同样重要。原料药物的物理状态决定其物理性质(如溶解度),这些性质又会影响制剂的药效甚至会影响制剂的安全性。此外,制剂中辅料的物理性质也可能影响制剂的稳定性。

制剂中原料药和辅料可能存在的物理状态包括无定形、各种晶型、水合物和溶剂化物等,一般情况下随着时间的变化,其物理状态会由热力学不稳定态或亚稳定态转变为更加稳定的状态。原料药物在结晶时受各种因素影响,造成分子内或分子间键合方式发生改变,分子的相对排列发生变化,可形成不同的晶体类型。当药物的某种晶型所接触的温度、湿度、压力等外界条件发生变化时,也可能转化成其他晶型,如亚稳型转化为稳定型,或同一种药物不同亚稳型晶型之间互相转变。由于同一种药物的不同晶型晶格能大小不同,从而表现出不同的理化性质,如溶解度、熔点、密度、蒸气压、光学和电学性质等不同,其稳定性也会出现差异,因此晶型对药物的质量控制至关重要。

同一种药物既能形成不同晶型,也可形成无定形。无定形不是多晶型的一种类型,其微观结构实际是分子或原子无序自由堆积在一起。两者物理性质差别较大,无定形的分子间力更弱,常表现出较低的熔点、密度和硬度,以及更高的溶解度和溶出速度,因此许多难溶性药物在处方设计时制备成无定形。然而,无定形药物的能级高,随着时间的变化会释放能量逐步转化为热力学稳定的低能态结晶型,从而导致药物的溶解度下降,进而影响临床药效。如醋丁酰胺盐酸盐有三种晶型和一种无定形,无定形在相对湿度为50%,80℃下3小时就转变为Ⅰ型,而在80℃真空条件下会转变为Ⅱ型。利福平、氨苄西林钠、维生素B等药物的稳定性与晶型有很大关系,如利福平有无定形、晶型A和晶型B,无定形在70℃加速试验15天,含量下降10%以上,室温贮存半年含量明显下降,而晶型A和晶型B在同样条件下,含量仅下降1.5%~4%,室温贮藏3年,含量仍在90%以上。

制剂中的辅料在贮存过程中也可能由无定形转变成结晶态,如冷冻干燥的无定形蔗糖,当温度超过它的玻璃化温度(T_g)时开始结晶,添加具有高T_g和低吸湿性的辅料,如右旋糖酐可提高制剂的T_g及抑制结晶。

某些药物和辅料在室温下具有较高的蒸气压,容易导致药物蒸发损失。如硝酸甘油有很高的蒸气压,硝酸甘油舌下片在贮存过程中极易导致药物含量的显著下降,可通过添加聚乙二醇等非挥发性固定剂来抑制。

药物制剂的物理稳定性变化根据剂型不同具有不同的表现形式,下文将简单介绍常见剂型的物理稳定性变化。

1. **溶液剂** 溶液剂在贮存过程中可能发生的物理变化有主药或辅料发生沉淀、包装不严导致溶剂损失等,这些均可导致溶液澄明度的变化。影响溶液剂稳定性的主要因素有温度、溶液的pH和包装材料等。

2. **混悬剂** 混悬剂稳定的必要条件是分散相粒子小而均匀,而且保持适当的絮凝状态,使之疏松、不结块或沉降缓慢。一旦粒子由于内、外因素发生聚结时,粒径分布、沉降速度都会发生较大变化。

3. 乳剂 乳剂可能会发生分层、絮凝、合并和破裂、转相等稳定性的变化。

4. 片剂 片剂的表面性质、硬度、脆碎性、崩解时限、主药溶出速度也可能发生改变,这些主要受片剂中残存的水分含量、贮存环境的温度和湿度等因素的影响。

5. 栓剂 在贮存过程中易发生硬化,从而使融变时间延长。一般认为是由于栓剂油脂性基质的相变、结晶或酯基转移作用所导致的。

6. 其他剂型 微球等聚合物骨架剂型中药物释放速度在贮存过程中可能会发生变化,主要受聚合物骨架材料的玻璃化温度和晶型的影响。脂质体在贮存过程中可能会使药物泄漏,主要是因为脂膜成分的氧化或水解等化学降解增加了脂质体膜的渗透性而导致的。

(三)制剂的生物学稳定性

广义的生物学稳定性变化包括药物的药效学与毒理学变化、微生物污染后药物制剂的变化。一般而言,药物制剂的生物学稳定性变化主要是指药物制剂中由于含有营养性物质,如糖、蛋白质等,容易引起微生物的污染和滋生,而产生一系列变化:①物理性状变化,如变色、溶液浑浊、气味改变、黏度和均匀性改变;②生成致敏性物质,微生物在繁殖过程中生成一些具有致敏性的多糖、蛋白质等物质,在人体内易引起热原 - 抗体反应,如青霉菌属可产生青霉素或类似物质,从而使一些过敏患者致敏;③化学成分被微生物分解或破坏,引起药效或毒性的改变。因此,药物制剂的生物学稳定性对制剂安全、稳定、有效均有很大影响,剂型设计时对生物学稳定性一定要加以考虑。导致制剂微生物污染的主要途径包括以下几方面。

1. 制剂车间污染 生产环境中存留的微生物会导致制剂产品污染,因此药品生产车间的环境卫生和空气净化必须引起重视,生产区周围应无露土地面和污染源,对不同制剂的生产厂房应根据《药品生产质量管理规范》所规定的要求,达到相应的洁净级别,尘埃粒数和菌落数应控制在限度范围内。制药设备与用具的表面带有的微生物会污染药品,因此应及时对其进行清洁与灭菌处理。操作人员是最主要的微生物污染源,必须注意操作人员的个人卫生,严格执行卫生管理制度。

2. 制剂原料的污染 常见于一些中药制剂,中药制剂的原料主要是植物的根、根茎、叶、花、果实和动物组织或脏器等,不仅其本身可能带有大量的微生物、虫卵及杂质,而且在采集、贮藏、运输过程中还容易受到各种污染。如果制备含有生药原粉的制剂,就会带来微生物污染的问题,因此应对中药材进行洁净处理,以避免或减少微生物的污染。糖浆剂、合剂、口服液、蜜丸、水蜜丸等中药制剂中含糖、蛋白质等微生物的营养物质,在适宜温湿度、pH 条件下,微生物易生长繁殖,应采取适当的方式预防。

3. 辅料的污染 制剂制备过程中会使用各种辅料,其中水应用较多,特别需要加以重视,用作洗涤和溶剂的原水、纯化水、注射用水,都有相应的质量标准,应符合《中国药典》标准。如注射用水含菌会引起霉变,此种注射液使用后会引发严重后果。

除此之外,还须重视包装材料的选择。包装材料种类众多,材料的性质各异,包括容器、盖子、塞子、容器内的填充物等,它们分别由金属、橡胶、塑料、玻璃、棉花及纸质材料构成,其一般与药品直接接触,如果包装材料本身的质量不佳或者保管不当,均有污染微生物的可能,也会造成制剂的污染。应选择合适的方法进行清洁,并作相应的灭菌处理。

不同类型剂型对微生物的要求均有具体的规定。要保持其生物学稳定性,一是在剂型设计时就应当对其进行充分的考虑;二是采用适当的方法避免药物制剂被微生物污染,防止微生物繁殖和生长,如选择适宜的包装材料、使用抑菌剂、保持良好的贮藏环境等。

(四)稳定性的影响因素及稳定化方法

1. 处方因素 处方因素主要包括溶液 pH、广义酸碱催化、溶剂、离子强度、赋形剂与附加剂等。制备任何一种制剂,首先都要进行处方设计,而处方因素考察的意义在于设计合理的处方、选择适宜的剂型和生产工艺。

(1)pH 的影响:许多酯类、酰胺类药物易受 H^+ 或 OH^- 催化水解,这种催化作用也称为专属酸碱催化或特殊酸碱催化,此类药物的水解速度,主要由 pH 决定。pH 对速度常数 K 的影响可用式(2-33)表示。

$$K = K_0 + K_{H^+}[H^+] + K_{OH^-}[OH^-] \qquad 式(2-33)$$

式中,K_0、K_{H^+}、K_{OH^-} 分别表示参与反应的水分子、H^+、OH^- 的催化速度常数。

当 pH 很低时主要是酸催化,则式(2-33)可表示为

$$\lg K = \lg K_{H^+} - pH \qquad 式(2-34)$$

以 $\lg K$ 对 pH 作图可得到一条直线,斜率为 -1。当 pH 较高时主要是碱催化,若以 K_w 表示水的离子积,即 $K_w = [H^+][OH^-]$,则

$$\lg K = \lg K_{OH^-} + \lg K_w + pH \qquad 式(2-35)$$

以 $\lg K$ 对 pH 作图可得到一条直线,其斜率为 1。

根据上述动力学方程可以得到反应速率常数 K 与 pH 的关系图,称为 pH-速度图。pH-速度图最低点对应的横坐标数值,即为最稳定 pH,以 pH_m 表示。pH-速度图有各种形状,如硫酸阿托品、青霉素在一定 pH 范围内呈 V 形(图 2-31),而阿司匹林水解则呈 S 形(图 2-32)。

确定 pH_m 是溶液型制剂处方设计中首先要解决的问题。pH_m 一般通过试验求得,方法如下:保持处方中其他成分不变,配制一系列不同 pH 的溶液,在较高温度下(恒温,例如 60℃)进行加速试验。求出各种 pH 溶液的速度

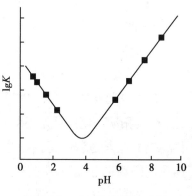

图 2-31　pH-速度图(Ⅴ形)

常数(K),然后以 $\lg K$ 对 pH 作图,就可求出 pH_m。在较高恒温条件下所得到的 pH_m 一般可适用于室温,不会产生很大误差。

通过实践或查阅文献资料也可得到药物最稳定 pH,然后在此基础上进行 pH 调节。调节 pH 时应同时考虑稳定性、溶解度和药效三个方面的因素,比如大部分生物碱在偏酸性溶液中比较稳定,故注射剂常调节至偏酸范围,但将它们制成滴眼剂时,就应调节为偏中性范围,以减少刺激性,提高疗效。pH 调节剂一般是盐酸和氢氧化钠,也常用与药物本身相同的酸或碱,如硫酸卡那霉素用硫酸、氨茶碱用乙二胺等。如需维持药物溶液的 pH,则可用磷酸、醋

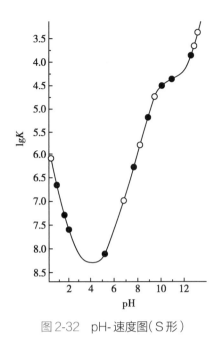

图2-32　pH-速度图（S形）

酸、枸橼酸及其盐类组成的缓冲体系来调节。

（2）广义酸碱催化的影响：根据酸碱质子理论（Brønsted-Lowry theory of acids and bases），给出质子的物质称为广义的酸，接受质子的物质称为广义的碱。有些药物也可被广义的酸碱催化水解，这种催化作用称为广义酸碱催化或一般酸碱催化。许多药物处方中，往往需要加入缓冲剂。常用的缓冲剂如醋酸盐、磷酸盐、枸橼酸盐、硼酸盐等，均为广义的酸碱，对某些药物的水解有催化作用。

一般缓冲剂的浓度越大，催化速度也越快。为了观察缓冲液对药物的催化作用，可采用增加缓冲剂的浓度，但保持盐与酸的比例不变（pH 恒定）的方法，配制一系列的缓冲溶液，然后观察药物在这一系列缓冲溶液中的分解情况，如果分解速度随缓冲剂浓度的增加而增加，则可确定该缓冲剂对药物有广义的酸碱催化作用。为了减少这种催化作用的影响，在实际生产处方中，缓冲剂应用尽可能低的浓度或选用没有催化作用的缓冲系统。

（3）溶剂的影响：溶剂对药物稳定性的影响比较大且复杂。溶剂的介电常数对攻击离子与带电荷的药物间反应的影响可用式（2-36）表示。

$$\lg K = \lg K_\infty - K' Z_A Z_B / \varepsilon \qquad \text{式（2-36）}$$

式中，K 为速度常数；ε 为介电常数；K_∞ 为溶剂 ε 趋向 ∞ 时的速度常数，Z_A、Z_B 分别为溶液中攻击离子和药物所带的电荷。

对于一个给定系统，在固定温度下 K 是常数，因此，以 $\lg K$ 对 $1/\varepsilon$ 作图可得到一条直线。如果药物离子与攻击离子的电荷相同，如 OH^- 催化水解苯巴比妥阴离子，则 $\lg K$ 对 $1/\varepsilon$ 作图所得直线的斜率为负的，在处方中采用介电常数低的溶剂将降低药物分解的速度，因此苯巴比妥钠注射液用介电常数低的溶剂，如丙二醇（60%）可使注射液稳定性提高，在25℃时 $t_{0.9}$ 可达1年左右。相反，若药物离子与进攻离子的电荷相反，如专属碱对带正电荷的药物催化，则选用介电常数低的溶剂，就不能达到稳定药物制剂的目的。

（4）离子强度的影响：制剂处方中往往需要加入一些无机盐，如电解质调节等渗、抗氧化剂防止药物的氧化、缓冲剂调节溶液 pH 等，因此存在溶液的离子强度对降解速度的影响，这种影响可用式（2-37）描述。

$$\lg K = \lg K_0 + 1.02 Z_A Z_B \sqrt{\mu} \qquad \text{式（2-37）}$$

式中，K 为降解速度常数；K_0 为溶液无限稀释（$\mu = 0$）时的速度常数；μ 为离子强度；Z_A、Z_B 分别为溶液中离子和药物所带的电荷。

以 $\lg K$ 对 $\sqrt{\mu}$ 作图可得到一条直线，其斜率为 $1.02 Z_A Z_B$，外推到 $\mu = 0$ 可求得 K_0。若药物与离子带相同电荷时，斜率为正值，则降解速度随离子强度增加而增加；若药物与离子带相反电荷时,斜率为负值,离子强度增加时,降解速度降低;若药物为中性分子,斜率为 0,此时离子强度与降解速度无关,如图 2-33 所示。

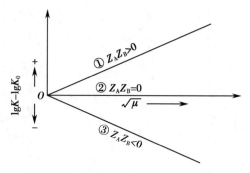

图 2-33　离子强度对反应速度的影响

（5）表面活性剂的影响:一些易水解药物,加入表面活性剂可使其稳定性增加,如苯佐卡因易受碱催化水解,在 5% 十二烷基硫酸钠溶液中,30℃时的 $t_{1/2}$ 为 1 150 分钟,不加十二烷基硫酸钠时则为 64 分钟,主要因为表面活性剂在溶液中形成胶束,使苯佐卡因增溶,在胶束周围形成一层"屏障",阻碍 OH^- 进入胶束,从而减少其对苯佐卡因酯键的攻击,因而增加了苯佐卡因的稳定性。但要注意,加入表面活性剂的浓度必须在临界胶束浓度以上,否则起不到增加稳定性的作用。此外,表面活性剂有时反而会使某些药物分解速度加快,如聚山梨酯 80 使维生素 D 稳定性下降。故需通过试验正确选用表面活性剂。

（6）处方中基质或赋形剂的影响:一些半固体制剂的稳定性与制剂处方的基质有关。如聚乙二醇能促进氢化可的松软膏的分解,有效期只有 6 个月;栓剂基质聚乙二醇也可使阿司匹林分解,产生水杨酸和乙酰聚乙二醇。维生素 C 片采用糖粉和淀粉为赋形剂,产品易变色,若应用磷酸氢钙,再辅以其他措施,产品质量可有所提高。一些片剂的润滑剂对阿司匹林的稳定性有一定影响,如硬脂酸钙、硬脂酸镁可能与阿司匹林反应形成相应的乙酰水杨酸钙及乙酰水杨酸镁,提高系统的 pH,使阿司匹林溶解度增加,分解速度加快,因此生产阿司匹林片时不应使用硬脂酸镁这类润滑剂,而须用影响较小的滑石粉或硬脂酸。

2. 外界因素对药物制剂稳定性的影响　外界因素包括温度、光线、空气(氧)、金属离子、湿度和水分、包装材料、制备工艺等。外界因素中的温度对各种降解途径(如水解、氧化等)均有较大影响,而光线、空气(氧)、金属离子对易氧化药物影响较大,湿度和水分主要影响固体药物的稳定性,制备工艺和包装材料是各种产品都必须考虑的问题。外界因素考察的目的在于决定该制剂的包装和贮藏条件。

（1）温度的影响:一般来说,温度升高,反应速度加快。根据范托夫定律(van't Hoff law),温度每升高 10℃,反应速度约增加 2~4 倍,不同反应增加的倍数可能不同,故上述规则只是一个粗略的估计。温度对于反应速率常数的影响,可用阿伦尼乌斯方程(Arrhenius equation)定量描述,一般反应速率常数的对数与热力学温度的倒数呈线性关系(斜率为负值),即随着温度升高,反应速率常数增大,它是药物稳定性预测的主要理论依据。

（2）光线的影响:光是一种辐射能,光线的波长越短,能量越大,光线提供的能量可激发氧化反应,加速药物的降解。许多酚类药物在光线作用下易氧化,如肾上腺素、吗啡、苯酚、可待因等。有些药物分子受辐射(光线)作用会使分子活化而产生分解,此种反应称为光降解,其速度与系统温度无关,这种易被光降解的物质称为光敏感物质。光敏感性与药物结构有一定关系,如酚类和含有双键的药物,一般对光敏感。常见的对光敏感的药物有硝普钠、氯丙嗪、异丙嗪、维生素 B_2、氢化可的松、泼尼松、叶酸、维生素 A、维生素 B、辅酶 Q_{10}、硝苯地平等,其中硝普钠是一种强效、速效降血压药,临床效果肯定,该药物对热稳定,但对光极不稳定,临床上用 5% 葡萄糖配制成 0.05% 硝普钠溶液静脉滴注,在阳光下照射 10 分钟就可分解 13.5%,颜色也会开始变化,同时 pH 下降;室内光线条件下,本品半衰期为 4 小时。

（3）空气（氧）的影响:空气中的氧是引起药物氧化变质的重要因素。大多数药物的氧化反应是含自由基的自氧化反应,少量的氧就能引发反应的开始,一旦反应开始,氧含量就不再是重要因素了。因此易氧化的药物在开始制备制剂时,就应控制氧含量。空气中的氧约占总体积的 21.0%,氧进入制剂主要有两条途径,一是由水带入,氧在水中有一定的溶解度;二是制剂的容器空间内留存的空气中的氧。因此,对于易氧化的品种,除去氧气是防止氧化的根本措施。

（4）金属离子的影响:微量金属离子对自动氧化反应有明显的催化作用,如 0.000 2mol/L 的铜就能使维生素 C 氧化速度增大 1 万倍。铜、铁、钴、镍、锌、铅等离子都有促进氧化的作用,其主要是缩短氧化作用的诱导期,增加游离基生成的速度。制剂中微量金属离子主要来自原辅料、溶剂、容器及操作过程中使用的工具等。

（5）湿度和水分的影响:空气湿度与物料含水量对固体制剂的稳定性有较大影响。水是化学反应的媒介,固体药物吸附了水分后,在表面形成一层液膜,分解反应就在液膜中进行。无论是水解反应,还是氧化反应,微量的水均能加速药物分解。药物是否容易吸湿,取决于其 CRH 的大小,氨苄西林极易吸湿,经试验测定其临界相对湿度仅为 47%,如果在相对湿度（relative humidity, RH）75% 的条件下,放置 24 小时,可吸收水分约 20%,同时粉末溶解。这些原料药物的水分含量必须特别注意,一般水分含量在 1% 左右比较稳定,水分含量越高分解越快。

（6）包装材料的影响:药物贮藏于室温环境中,主要受热、光、湿度（水分）及空气（氧）的影响,包装设计可排除这些因素的干扰,但同时也要考虑包装材料与药物制剂的相互作用,特别是直接接触药品的包装材料。玻璃、塑料、金属和橡胶均是药剂上常用的包装材料,包装设计既要考虑外界环境因素,也要考虑包装材料与制剂成分相互作用对制剂稳定性的影响,否则最稳定的处方、剂型也得不到安全有效的产品。

（7）微生物的影响:微生物会引起制剂霉变,从而影响使用的疗效和安全性。

3. 药物制剂稳定化的方法

（1）控制温度:药物制剂在制备过程中,往往需要加热溶解、干燥、灭菌等操作,此时应考虑温度对药物稳定性的影响,制订合理的工艺条件。如对热不稳定的药物灭菌时,一般应选择高温短时间灭菌,灭菌后迅速冷却,效果较佳;对热特别敏感的药物,如某些抗生素、生物制品,则可采用无菌操作或冷冻干燥。在药品贮存过程中,也要根据温度对药物稳定性的影响来选择合适的贮存条件。

（2）调节 pH:pH 对药物的水解有较大影响。对于液体药物,根据试验结果或文献报道,可知药物的最稳定 pH,然后用适当的酸、碱或缓冲剂调节溶液 pH 至最稳定值。如果存在广义酸碱催化的情况,调节 pH 的同时,还应选择合适的缓冲剂。固体制剂和半固体制剂中的药物若对 pH 较敏感,在选择赋形剂或基质时也应注意。药物的氧化作用也受 H^+ 或 OH^- 的催化,因此对于易氧化的药物一定要用酸（碱）或适当的缓冲剂调节,使药液保持在最稳定的 pH 范围内。

调节 pH 时,应兼顾药物的稳定性、刺激性与疗效的要求。例如大部分生物碱类药物,尽管在偏酸性条件下稳定，但在近中性或偏碱性条件下疗效好，故在这类药物的滴眼剂配制时，一般应调节至近中性为宜。

（3）改变溶剂或控制水分及湿度：在水中很不稳定的药物，可用乙醇、丙二醇、甘油等极性较小的溶剂，或在水溶液中加入适量的非水溶剂来延缓药物的水解。固体制剂应控制水分含量，生产时应控制空气相对湿度，还可通过改进工艺减少与水分的接触时间，如采用干法制粒、流化制粒或喷雾制粒代替湿法制粒，这些方法均可提高易水解药物固体制剂的稳定性。

（4）避光：光敏感的药物制剂，制备过程中要避光操作，包装时要采用遮光包装材料及避光条件下保存，如采用棕色玻璃瓶包装或在包装容器内衬垫黑纸等。

（5）除氧：将蒸馏水煮沸5分钟，可完全除去溶解的氧，但冷却后空气中的氧仍可溶入，所以蒸馏水应立即使用，或贮存于密闭的容器中。生产上一般在溶液中和容器内通入惰性气体，如二氧化碳或氮气，置换其中的氧。在水中通入 CO_2 至饱和时，残存氧气仅为 0.05ml/L，通氮气至饱和时约为 0.36ml/L。CO_2 的相对密度及其在水中的溶解度均大于氮气，驱氧效果比氮气好，但 CO_2 溶解于水中可降低药液的 pH，并可使某些钙盐产生沉淀，应注意选择使用。另外，惰性气体的通入充分与否，对成品的质量影响也很大，有时同一批号的注射液，色泽深浅不一，可能与通入气体的多少有关。对于固体制剂，为避免空气中氧的影响，也可以采用真空包装。

（6）加入抗氧化剂或金属离子络合剂：抗氧化剂根据其溶解性能可分为水溶性和油溶性两种。常用的水溶性抗氧化剂有亚硫酸钠、亚硫酸氢钠、焦亚硫酸钠、硫代硫酸钠、硫脲、维生素 C、半胱氨酸等，常用的油溶性抗氧化剂有叔丁基对羟基茴香醚（butylated hydroxyanisole，BHA）、二丁甲苯酚（butylated hydroxytoluene，BHT）、维生素 E 等。选用抗氧化剂时应考虑药物溶液的 pH 及其与药物间的相互作用等。焦亚硫酸钠和亚硫酸氢钠适用于弱酸性溶液；亚硫酸钠常用于偏碱性药物溶液；硫代硫酸钠在酸性药物溶液中可析出硫细颗粒沉淀，故只能用于碱性药物溶液。亚硫酸氢钠可与肾上腺素在水溶液中形成无生理活性的磺酸盐化合物；亚硫酸钠可使盐酸硫胺分解失效；亚硫酸氢盐能使氯霉素失去活性。氨基酸类抗氧化剂无毒性，作为注射剂的抗氧化剂尤为合适。油溶性抗氧化剂适用于油溶性药物如维生素 A、维生素 D 制剂的抗氧化。另外，维生素 E、卵磷脂为油脂的天然抗氧化剂。常用抗氧化剂及其常用浓度见表2-9。

表2-9　常用抗氧化剂及其常用浓度　　　　　　　　　　　　　　　　　单位：%

抗氧化剂	常用浓度	抗氧化剂	常用浓度
亚硫酸钠	0.1～0.2	蛋氨酸	0.05～0.1
亚硫酸氢钠	0.1～0.2	硫代乙酸	500
焦亚硫酸钠	0.1～0.2	硫代甘油	0.05
甲醛合亚硫酸氢钠	0.1	叔丁基对羟基茴香醚*	0.005～0.02
硫代硫酸钠	0.1	二丁甲苯酚*	0.005～0.02
硫脲	0.05～0.1	没食子酸丙酯（propyl gallate，PG）*	0.05～0.1
维生素 C	0.2	维生素 E*	0.05～0.5
半胱氨酸	0.000 15～0.05		

注：标有*的为油溶性抗氧化剂，其他的均为水溶性抗氧化剂。

由于金属离子能催化氧化反应的进行,故易氧化药物在制剂过程中所用的原辅料及器具均应考虑金属离子的影响,应选用纯度较高的原辅料,操作过程避免使用金属器皿,必要时还要加入金属离子络合剂。常用的金属离子络合剂有依地酸二钠、枸橼酸、酒石酸等,依地酸二钠最为常用,其浓度一般为0.005%~0.05%。金属离子络合剂与抗氧化剂联合使用效果更佳。

（7）改进剂型或生产工艺

1）制成固体制剂:凡在水溶液中不稳定的药物,制成固体剂型可显著改善其稳定性。供口服的有片剂、胶囊剂、颗粒剂等;供注射的主要是注射用灭菌粉末,是青霉素类、头孢菌素类抗生素的主要剂型。还可制成膜剂,如在硝酸甘油制成片剂的过程中,药物的含量和均匀度均降低,将其制成膜剂后,由于成膜材料聚乙烯醇对硝酸甘油的物理包覆作用使其稳定性提高。

2）制成微囊或包合物:采用微囊化技术,可防止药物因受环境中的氧气、湿度、光线的影响而降解,或因挥发性药物挥发而造成损失,从而增加药物的稳定性,如维生素A制成微囊后稳定性提高,维生素C、硫酸亚铁制成微囊可防止氧化。包合物也可增加药物的稳定性,防止易挥发成分的挥发,如将易氧化药物盐酸异丙嗪制成β环糊精包合物,稳定性较原药提高;将苯佐卡因制成β环糊精包合物后,减小了其水解速度,提高了稳定性。

3）采用直接压片或包衣工艺:对一些遇湿热不稳定的药物压片时,可采用粉末直接压片、结晶药物压片或干法制粒压片等工艺。包衣也可改善药物对光、湿、热的稳定性,如氯丙嗪、异丙嗪、对氨基水杨酸钠等均可制成包衣片,维生素C用微晶纤维素和乳糖直接压片并包衣,其稳定性提高。

（8）制备稳定的衍生物:药物的化学结构是决定制剂稳定性的内因,不同的化学结构具有不同的稳定性。对不稳定的成分进行结构改造,如制成盐类、酯类、酰胺类或高熔点衍生物等,可以提高制剂的稳定性。将有效成分制成前体药物,也是提高稳定性的一种方法。尤其在混悬剂中,药物降解只决定于其在溶液中的浓度,而不是产品中的总浓度,所以将容易水解的药物制成难溶性盐或难溶性酯类衍生物,可增加其稳定性。如青霉素钾盐,衍生为溶解度较小的普鲁卡因青霉素(水中溶解度为1:250),制成混悬液,稳定性显著提高,同时也会减少注射部位的疼痛感;青霉素还可与N,N-双苄基乙二胺生成苄星青霉素(又称长效西林),溶解度降低为1:6 000,稳定性更好,可口服;红霉素与乙基琥珀酸形成红霉素琥珀酸乙酯(琥乙红霉素),稳定性增加,耐酸性增强,可口服。

（9）加入干燥剂及改善包装:易水解的药物可与某些吸水性较强的物质混合压片,这些物质会起到干燥剂的作用,吸收药物所吸附的水分,从而提高药物的稳定性,如用3%二氧化硅作干燥剂可提高阿司匹林的稳定性。包装材料尤其是内包材料对药物稳定性的影响较大,在包装设计过程中,要进行"装样试验",对各种不同的包装材料进行室温留样观察和加速试验,选择稳定性好的包装材料。

四、固体药物制剂的稳定性

（一）固体药物制剂稳定性的特点

由于固体制剂多属于多相的非均匀系统,与溶液型药物制剂的稳定性不同,其稳定性具有如下特点。

1. 固体制剂中的药物一般分散较慢,一些易氧化药物的氧化作用往往限于固体表面,而将内部分子保护起来,以致表里变化不一,因此需要较长时间和精确的分析方法。

2. 固体制剂中药物分子相对固定,不像溶液那样可以自由移动和完全混合,因此具有系统的不均匀性。如片剂的片与片之间,胶囊剂的一个胶囊与另一胶囊之间,丸剂的丸与丸之间等,含量不一定完全相同,因此检测结果难以重现。

3. 固体制剂是多相系统,常包括气相(空气与水蒸气)、液相(吸附的水分)和固相。当进行试验时,这些相的组成和状态常会发生变化,特别是水分的存在对稳定性影响很大。这些特点说明研究固体药物制剂的稳定性是一件十分复杂的工作。

(二)固体制剂稳定性试验的特殊要求和方法

对固体制剂进行稳定性试验时应注意下列特殊情况。

1. 水分对固体药物的稳定性影响较大,因此对每个样品必须测定水分,加速试验过程中也要测定。

2. 样品必须置于密封容器中,但为了考察包装材料的影响,可以用开口容器与密封容器同时进行,以便比较。

3. 固体制剂的药物含量应尽量均匀,以避免测定结果的分散性。

4. 药物颗粒的大小对试验结果也有影响,故样品要用一定规格的筛子过筛,并测定其粒径。

5. 试验温度不宜过高,以60℃以下为宜。对于需要测定药物含量和水分的样品都要分别单次包装。

五、原料药物与制剂的稳定性试验方法

原料药物与制剂的稳定性试验方法主要参考《中国药典》(2020年版)四部所收载的原料药物与制剂稳定性试验指导原则中的相关内容及方法。

药物稳定性试验的目的是考察原料药或制剂在温度、湿度、光线的影响下随时间变化的规律,为药品的生产、包装、贮存、运输条件提供科学依据,同时通过试验建立药品的有效期。

稳定性试验的基本要求包括以下几个方面:①稳定性试验包括影响因素试验、加速试验与长期试验。影响因素试验用一批原料药或一批制剂进行。加速试验与长期试验要求用三批供试品进行。②原料药供试品应是一定规模生产的,供试品量相当于制剂稳定性试验所要求的批量,原料药物合成工艺路线、方法、步骤应与大生产一致;药物制剂的供试品应是放大试验的产品,其处方与工艺应与大生产一致,每批放大规模的数量通常应为各项试验所需总量的10倍,特殊品种、特殊剂型所需数量,根据情况另定。③加速试验与长期试验所用供试品的包装应与拟上市产品一致。④研究药物稳定性,要采用专属性强、准确、精密、灵敏的药物分析方法与有关物质的检查方法,并对方法进行验证,以保证药物稳定性结果的可靠性。在稳定性试验中,应重视降解产物的检查。⑤若放大试验比规模生产的数量要小,申报者应承诺在获得批准后,从放大试验转入规模生产时,对最初通过生产验证的3批规模生产的产

品仍需进行加速试验与长期稳定性试验。⑥对包装在有通透性容器内的药物制剂应当考虑药物的湿敏感性或可能的溶剂损失。

药物制剂稳定性研究,首先应查阅原料药稳定性有关资料,特别了解温度、湿度、光线对原料药物稳定性的影响,并在处方筛选与工艺设计过程中,根据主药与辅料性质,参考原料药物的试验方法,进行影响因素试验、加速试验与长期试验。

(一)影响因素试验

影响因素试验(强化试验)是在比加速试验更激烈的条件下进行。在筛选药物制剂的处方与工艺的设计过程中,首先应查阅原料药稳定性的有关资料,了解温度、湿度、光线对原料药稳定性的影响,根据药物的性质针对性地进行必要的影响因素试验。

原料药物要求进行此项试验,其目的是探讨药物的固有稳定性、了解影响其稳定性的因素及可能的降解途径与分解产物,为制剂生产工艺、包装、贮存条件和建立降解产物分析方法提供科学依据,同时也可为新药申报临床研究与申报生产提供必要的资料。

药物制剂进行此项试验的目的是考察制剂处方的合理性与生产工艺及包装条件。供试品用一批进行,将供试品如片剂、胶囊剂、注射剂(注射用无菌粉末如为西林瓶装,不能打开瓶盖,以保持严封的完整性),除去外包装,置适宜的开口容器中,进行高温试验、高湿试验与强光照射试验。

1. 高温试验 供试品开口置适宜的恒温设备中,设置温度一般高于加速试验温度10℃以上,考察时间点应基于原料药物本身的稳定性影响因素试验条件下稳定性的变化趋势设置,通常可设为0天、5天、10天、30天等取样,按稳定性重点考察项目进行检测。若供试品质量有明显变化,则适当降低试验温度。

2. 高湿试验 供试品开口置恒湿密闭容器中,在25℃于相对湿度90%±5%条件下放置10天,于第5天和第10天取样,按稳定性重点考察项目要求检测,同时准确称量试验前后供试品的重量,以考察供试品的吸湿潮解性能。若吸湿增重5%以上,则在相对湿度75%±5%条件下,同法进行试验;若吸湿增重5%以下,其他考察项目符合要求,则不再进行此项试验。恒湿条件可在密闭容器,如干燥器下部放置饱和盐溶液,根据不同相对湿度的要求,可以选择NaCl饱和溶液(相对湿度75%±1%、15.5~60℃)、KNO₃饱和溶液(相对湿度92.5%,25℃)。

3. 强光照射试验 供试品开口放在光照箱或其他适宜的光照装置内,可选择输出相似于D65/ID65发射标准等光源,或同时暴露于冷白荧光灯和近紫外光灯下,在照度为4 500lx±500lx的条件下,且光源总照度应不低于1.2×10^6lx·h、近紫外光灯能量不低于200W·h/m²,于适宜时间取样,按稳定性重点考察项目进行检测,特别要注意供试品的外观变化。

(二)加速试验

1. 常规加速试验法 加速试验(accelerated testing)是在加速条件下进行的。其目的是通过加速药物制剂的化学或物理变化,探讨药物制剂的稳定性,为处方设计、工艺改进、质量研究、包装改进、运输、贮存提供必要的资料。供试品在温度40℃±2℃、相对湿度75%±5%的条件下放置6个月,所用设备应能控制温度±2℃、相对湿度±5%,并能对真实温度与湿度进行监测。在至少包括初始和末次等的3个时间点(如0、3、6个月)取样,按稳定性考察项目检测。如在 25℃±2℃,相对湿度 60%±5% 条件下进行长期试验。当加速试验 6 个月中任何时间点的质量发生了显著变化,则应进行中间条件试验。中间条件为 30℃±2℃,相对湿度 65%±5%,建议的考察时间为 12 个月。应包括所有的稳定性重点考察项目,检测至少包括初始和末次等的 4 个时间点(如 0、6、9、12 个月)取样。溶液剂、混悬剂、乳剂、注射液等含有水性介质的制剂可不要求相对湿度,试验所用设备与原料药物相同。

对温度特别敏感的药物制剂,预计只能在冰箱(5℃±3℃)内保存使用,此类药物制剂的加速试验,可在温度 25℃±2℃、相对湿度 60%±10% 的条件下进行,时间为 6 个月。

对拟冷冻贮藏的制剂,应对一批样品在 5℃±3℃ 或 25℃±2℃ 条件下放置适当的时间进行试验,以了解短期偏离标签贮藏条件(如运输或搬运时)对制剂的影响。

乳剂、混悬剂、软膏剂、乳膏剂、糊剂、凝胶剂、眼膏剂、栓剂、气雾剂、泡腾片及泡腾颗粒宜直接采用温度 30℃±2℃、相对湿度 65%±5% 的条件进行试验,其他要求与上述相同。

对于包装在半透性容器中的药物制剂,如低密度聚乙烯制备的输液袋、塑料安瓿、眼用制剂容器等,则应在温度 40℃±2℃、相对湿度 25%±5% 的条件下(可用 $CH_3COOK \cdot 1.5H_2O$ 饱和溶液)进行试验。

2. 经典恒温法 经典恒温法的理论依据是阿伦尼乌斯方程。大多数反应温度对反应速率的影响比浓度更为显著,温度升高时,绝大多数化学反应速率增大。Arrhenius 根据大量的试验数据,提出了著名的 Arrhenius 经验公式,即速率常数与温度之间的关系式为

$$K = Ae^{-\frac{E}{RT}} \tag{式(2-38)}$$

式中,A 为频率因子;E 为活化能;R 为气体常数;T 为绝对温度值。

上式取对数形式为

$$\lg K = \frac{-E}{2.303RT} + \lg A \tag{式(2-39)}$$

一般来说,温度升高,导致反应的活化分子分数明显增加,从而反应的速率加快。对不同的反应,温度升高,活化能越大的反应,其反应速率增加得越多。

阿伦尼乌斯方程可用于药品有效期的预测。试验时,将样品放入各种不同温度的恒温水浴中,定时取样测定其浓度(或含量),求出各温度下不同时间点的药物浓度,以药物浓度或浓度的其他函数对时间作图,以判断反应级数。若以 C 对 t 作图得到一条直线,则为零级反应;若以 $\lg C$ 对 t 作图得到一条直线,则为一级反应。由所得直线斜率可求出各温度下的反应速率常数 K 值,再根据阿伦尼乌斯方程,以不同温度的 $\lg K$ 对 $1/T$ 作图得到一条直线(此图称 Arrhenius 图,如图 2-34),其直线斜率为 $-E/(2.303R)$,截距为 $\lg A$,由此可计算出活化能 E 及频率因子 A。若将直线外推至室温,就

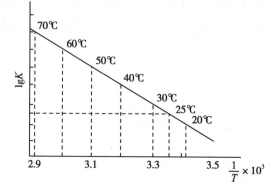

图 2-34 Arrhenius 图

可求出室温时的反应速率常数(K_{25})。由 K_{25} 可求出 $t_{0.9}$、$t_{1/2}$ 或室温贮藏若干时间后残余的药物浓度。

加速试验测定的有效期为预测的有效期,应与留样观察的结果对照,才能确定药品的实际有效期。经典恒温法应用于均相系统(如溶液)效果较好,而对非均相系统(如混悬液、乳浊液等)通常不适用。另外,在加速试验过程中,如反应级数或反应机制发生改变,也不能采用经典恒温法。

除上述试验方法外,还有 $t_{0.9}$ 法、活化能估算法、温度系数法、线性变温法、初均速法、自由变温法等,可参阅相关文献。

(三)长期试验

长期试验(long-term testing)是在接近药品的实际贮存条件下进行的,其目的是为制订药品的有效期提供依据。供试品在温度 25℃±2℃、相对湿度 60%±5% 的条件下放置 12 个月,或在温度 30℃±2℃、相对湿度 65%±5% 的条件下放置 12 个月。至于上述两种条件选择哪一种由研究者确定。每 3 个月取样一次,分别于 0 个月、3 个月、6 个月、9 个月、12 个月取样,按稳定性重点考察项目进行检测。12 个月以后,仍需继续考察的,分别于 18 个月、24 个月、36 个月取样进行检测。将结果与 0 个月比较以确定药品的有效期。由于实测数据的分散性,一般应按 95% 置信度进行统计分析,得出合理的有效期。如 3 批统计分析结果差别较小,则取其平均值为有效期;若差别较大,则取其最短的为有效期。如果数据表明很稳定的药物,不作统计分析。

对温度特别敏感的药品,长期试验可在温度 5℃±3℃ 的条件下放置 12 个月,按上述时间要求进行检测,12 个月以后,仍需按规定继续考察,制订在低温贮存条件下的有效期。

对拟冷冻贮藏的制剂,长期试验可在温度 –20℃±5℃ 的条件下至少放置 12 个月,货架期应根据长期试验放置条件下实际时间的数据而定。

对于包装在半透性容器中的药物制剂,应在温度 25°C±2°C、相对湿度 40%±5%,或 30°C±2°C、相对湿度 35%±5% 的条件进行试验,至于上述两种条件选择哪一种由研究者确定。

第五节 药物制剂分散体系

一、概述

分散体系(disperse system)是指一种物质或者几种物质的粒子高度分散到另一种物质中所形成的体系。被分散的物质称为分散相(disperse phase),而连续的介质称为分散介质(disperse medium)。如果分散介质是液态的,称为溶液分散体系,在药物制剂中此类分散体系较为常见和重要,溶液剂、混悬剂和乳剂都属于液态分散体系。固体分散体系是以固体为分散介质的分散体系,应用固体分散技术制成的药物制剂分散体系,也称固体分散制剂,如滴丸剂、栓剂、固体分散微丸、固体分散片剂和固体分散胶囊剂等。

分散体系按分散相粒子的直径大小可分为分子分散体系（直径＜1nm）、胶体分散体系（直径在1～100nm）和粗分散体系（直径＞100nm）。通常将粒子直径在1nm～100μm范围的分散相统称为微粒，由微粒构成的分散体系则统称为微粒分散体系。参见表2-10。

表2-10　按分散相粒子大小对分散体系分类

类型	粒径/nm	微粒特点	常见制剂
分子分散体系	＜1	超显微镜下不可见，能透过滤纸和半透膜，扩散快	溶液剂
胶体分散体系	1～100	超显微镜如电镜下可见，能透过滤纸，不能通过半透膜，扩散慢	溶胶剂
粗分散体系	＞100	一般显微镜下可见，不能透过滤纸和半透膜，不扩散	混悬剂、乳剂

二、溶液分散体系

（一）溶液分散体系的概念

一种或一种以上的物质以分子或离子形式分散于另一种物质中形成的均一、稳定的混合物称为溶液分散体系，简称溶液。溶液可以是液态，也可以是气态和固态。如空气就是一种气体溶液。固体溶液混合物常称固溶体，如合金。一般情况下，把能溶解其他物质的化合物称为溶剂，被溶解的物质称为溶质。凡是气体或固体溶于液体时，则称液体为溶剂，而称气体或固体为溶质。若两种液体互相溶解时，一般把量多的称为溶剂，量少的称为溶质。

溶液形成的过程伴随着能量、体积变化，有时还有颜色变化。溶解是一个特殊的物理化学变化，分为两个过程。一是溶质分子或离子的离散，这个过程需要吸热以克服分子间的吸引力，同时增大体积；二是溶剂分子和溶质分子的结合，这是一个放热过程，同时体积缩小。整个过程的综合情况是两方面的共同作用。

（二）溶液分散体系的性质

溶液分散体系中分散质是分子或离子，具有透明、均匀、稳定的宏观特征，分散质的粒子直径＜1nm。溶液具有如下性质。

1. **均一性**　溶液各处的密度、组成和性质完全相同。
2. **稳定性**　温度不变，溶剂量不变时，溶质和溶剂长期不会分离（透明）。
3. **混合物**　溶液一定是混合物。

（三）溶液分散体系的分类

按溶液中分子的聚集态不同，可将溶液分为气态溶液、液态溶液和固态溶液。气态溶液为气体混合物，简称气体（如空气）。液态溶液是气体或固体在液态中的溶解或液液相溶，简称溶液（如盐水）。固态溶液是指分散质和分散介质彼此呈分子分散的固体混合物，简称固溶体（如合金），也是一种固体分散体系。按溶解度可将溶液分为饱和溶液和不饱和溶液。饱和溶液是指在一定温度、一定量的溶剂中，溶质不能继续被溶解的溶液。不饱和溶液是指在一定温度、一定量的溶剂中，溶质可以继续被溶解的溶液。饱和溶液与不饱和溶液可发生互相转化。不饱和溶液通过增加溶质或降低温度（对于大多数溶解度随温度升高而升高的溶质适用，反之则须升高温度，如石灰水）、蒸发溶剂能转化为饱和溶液。饱和溶液通过增加溶剂或升高温度(对于大多数溶解度随温度升高而升高的溶质适用,反之则降低温度,如石灰水)能转化为不饱和溶液。

(四)水溶液

在药物制剂中,水可以用来溶解很多物质,是很好的无机溶剂,用水作溶剂的溶液,称为水溶液。如将氯化钠溶解到水中,就得到了氯化钠水溶液;将硫酸溶解到水中,就得到了硫酸水溶液。水和某些有机溶剂,如甲醇、乙醇、甘油等,能够以任意比例混溶,这种情况下,不能将其称作水溶液,而是混合溶剂。

当物质溶解于水中时,一些共价化合物和离子化合物在水中发生电离,以水合离子的形式存在,这样的溶液一般是透明的。当分子溶于水时,有些可以与水发生反应,形成新物质,这些新物质溶解于水中,或者这些分子直接填补水分子间的空隙。

对于大部分物质,它们能在水中溶解的质量是有限度的。这种限度以溶解度的大小标定。有些物质可以和水以任意比例互溶,如乙醇,但绝大多数物质在达到溶解度时,就不再溶解。过饱和溶液会形成沉淀或者放出气体,这种现象称为析出。

(五)溶液分散体系在药剂学中的作用

在溶液里进行的化学反应通常是比较快的。所以,在药物制剂的生产过程中,要使两种能反应的固体反应,常常要先把它们溶解,然后把两种溶液混合,并加以振荡或搅动,以加快反应的进行。溶液对人体的生理活动也有很大意义,机体摄取食物里的养分,必须经过消化,变成溶液,才能吸收。在动物体内氧气和二氧化碳也是溶解在血液中进行循环的。在医疗上用的葡萄糖溶液和生理盐水、医治细菌感染引起的各种炎症的注射液(如庆大霉素、卡那霉素)、各种滴眼液等,都是按一定要求配成溶液使用的。

三、固体分散体系

固体分散体系(solid dispersion system)是指药物以分子、无定形、胶态、微晶、微粒等状态均匀分散在某一固态载体物质中所形成的分散体系。

如果药物以分子状态在载体材料中均匀分散,可将药物分子看成溶质,载体看成是溶剂,则此类分散体具有类似于溶液的分散性质,称为固态溶液(solid solution)。固态溶液的特点是:固态溶液中的药物以分子状态存在,分散程度高,比表面积大,溶出速率高。

近年来,在药物制剂领域,固体分散体的载体材料多采用一些水溶性、水不溶性聚合物或肠溶性聚合物,糖类,以及脂质类材料等,从而实现增加药物溶出、延缓释放及改善药物稳定性和掩味等不同作用。灰黄霉素片、阿奇霉素干混悬剂、他克莫司缓释胶囊等多种制剂都应用到固体分散技术。充分研究药物在载体中的状态、药物与载体间的相互作用、固体分散体的结构等问题对固体分散体系的后续研究和评价非常重要。通常可以采用热分析法,如差示扫描量热法(differential scanning calorimetry, DSC)、差热分析(differential thermal analysis, DTA)。X射线衍射法、红外光谱法(infrared spectrometry, IR)和光学显微镜法等技术也可分析药物存在状态和鉴定固体分散体的形成。

按药物释放特征分类,固体分散体可分为速释型、缓(控)释型和靶向释药型。

药物固体分散体系具有如下特点。

1. 载体中药物以高度分散状态存在。

2. 亲水性载体可增加难溶性药物的溶解度和溶出速率，有助于提高药物的生物利用度；难溶性载体可延缓或控制药物释放；肠溶性载体可控制药物于小肠释放。

3. 利用载体的包载作用，可延缓药物的水解和氧化。

4. 载体可掩盖药物的不良气味和降低刺激性。

5. 可实现液体药物固体化。

6. 药物分散状态高，物理稳定性不好，久贮易产生老化现象。

固体分散体制备的常用方法有熔融法、溶剂法、溶剂 - 熔融法、溶剂喷雾冷冻干燥法和研磨法等（有关固体分散体技术参见本书第十一章第二节"速释化药物预处理技术"）。

四、微粒分散体系

分散体系是一种或几种物质高度分散在某种介质中所形成的体系。被分散的物质称为分散相，而连续的介质称为分散介质。分散体系按分散相的粒子大小可分为如下几类：①分子分散体系，其粒径<1nm；②胶体分散体系，其粒径在 1～100nm 范围；③粗分散体系，其直径>100nm。通常将粒径在 1nm～100μm 范围的分散相统称为微粒，由微粒构成的分散体系则统称为微粒分散体系。在药剂学中，微粒分散体系逐渐被发展成为微粒给药系统。属于粗分散体系的微粒给药系统主要包括混悬剂、乳剂、微囊、微球等，它们的粒径在 100nm～100μm；属于胶体分散体系的微粒给药系统主要包括纳米乳、纳米脂质体、纳米粒、纳米囊、纳米胶束等，它们的粒径一般小于 100nm。

（一）微粒分散体系的基本特点

微粒分散体系是不均匀的多相分散体系，它们的共同基本特点如下。

1. **分散性**　微粒分散体系的性质和微粒大小直接相关。例如胶粒（10^{-9}～10^{-7}m）的布朗运动、扩散慢、沉降、不能通过半透膜等性质，皆与分散系的微粒大小有关，而且还有丁铎尔现象（Tyndall phenomenon）和动力学稳定性，微粒粒径较大的粗分散体系不具备这些特点。

2. **多相性**　微粒分散体系是不均匀的，其多相性表现在分散相粒子和介质之间有明显的相界面，而溶液体系是均匀分散的单相体系，两者的性质完全不同，多相性是它们之间的根本性区别。

3. **聚结不稳定性**　体系中分散相粒子自发聚结的趋势称为聚结不稳定性。高度分散的多相体系有巨大的表面积和表面能。体系有缩小表面积、降低表面能的自发趋势，是热力学不稳定体系。

微粒分散体系的分散性、多相性和聚结不稳定性之间是相互关联的，它们是微粒分散体系的基本特点。

（二）微粒分散体系的意义

微粒分散体系在药剂学中具有重要的意义：①通过减小粒子的粒径，有助于提高药物的溶解速度及溶解度，有利于提高难溶性药物的生物利用度；②有利于提高药物微粒在分散介质中的分散性;③具有不同大小的微粒分散体系在体内分布上具有一定的选择性,如一定大小的微粒给药后容易被网状内皮系统吞噬;④微囊、微球等根据载体性质控制药物的释放速度,延长药物在体内的作用时间,减少剂量,降低毒副作用;⑤改善药物在体内外的稳定性。

由于微粒分散体系具有上述独特的性质,所以在缓控释制剂、靶向制剂的研究及开发中发挥着重要的作用。随着纳米技术的发展,使微粒给药系统的研究得到了广泛的关注。未来几十年内,微粒给药体系的研究必将带来更广阔的应用前景。

(三)微粒分散体系的物理化学性质

微粒分散体系的主要物理化学性质包括动力学性质、光学性质和电学性质等。

1. 布朗运动　1827 年布朗在显微镜下对水中悬浮的花粉进行观察,发现花粉微粒在不停地无规则移动和转动,并将这种现象命名为布朗运动。

研究表明,布朗运动是液体分子热运动撞击微粒的结果。如果微粒较大,如在 10μm 以上时,在某一瞬间液体分子从各个方向对微粒的撞击可以彼此抵消;但如果微粒很小,在 100nm 以下,某一瞬间液体分子从各个方向对微粒的撞击就不能彼此抵消,某一瞬间在某一方向上获得较大冲量时,微粒就会向此方向做直线运动,在另一瞬间又向另一方向运动,即表现为布朗运动。

微粒做布朗运动时的平均位移 Δ 可用布朗运动方程表示。

$$\Delta = \sqrt{\frac{RTt}{L3\pi\eta r}}$$ 式(2-40)

式中,Δ 为在 t 时间内粒子在 x 轴方向的平均位移;R 为气体常数;T 为系统温度;L 为阿伏伽德罗常数;η 为介质黏度;r 为微粒半径。

2. 扩散与渗透压　由于布朗运动,胶体质点可自发地从高浓度区域向低浓度区域扩散(图 2-35),扩散速率遵从菲克第一定律(Fick first law)。

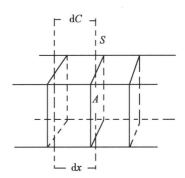

$$\frac{\mathrm{d}m}{\mathrm{d}t} = -DA\frac{\mathrm{d}C}{\mathrm{d}x}$$ 式(2-41)

式中,$\frac{\mathrm{d}m}{\mathrm{d}t}$ 为扩散速率;$\frac{\mathrm{d}C}{\mathrm{d}x}$ 为浓度梯度;D 为扩散系数;A 为截面 S 的面积;由于扩散方向与浓度梯度的方向相反,在公式中加上负号以使扩散速率为正值。

图 2-35　扩散示意图

布朗运动的位移与扩散系数之间有如下关系:

$$\Delta = \sqrt{2Dt}$$ 式(2-42)

式中,Δ 为在 t 时间内粒子在 x 轴方向的平均位移;t 为时间;D 为扩散系数。

根据式(2-42),可以通过测定布朗运动的位移求出扩散系数。

将式(2-40)代入式(2-42)中得

$$D = \frac{RT}{L} \times \frac{1}{6\pi\eta r} \qquad\qquad 式（2-43）$$

从式（2-43）可见，粒子的扩散能力和粒子的大小成反比，粒径越大，扩散能力越弱。通过扩散系数的大小，可求出质点的粒径。

将只允许溶剂分子通过而不允许溶质分子通过的半透膜的两侧分别放入溶液和纯溶剂，这时纯溶剂侧的溶剂分子通过半透膜扩散到另一溶液侧，这种现象称为渗透（osmosis）。扩散作用和渗透压之间有着密切的联系。如果没有半透膜，溶质分子将从高浓度向低浓度方向扩散，这种扩散力和溶剂分子通过半透膜从低浓度向高浓度方向的渗透力大小相等、方向相反。胶体粒子比溶剂分子大得多，不能通过半透膜，因此在溶胶和纯溶剂之间会产生渗透压（osmotic pressure），渗透压的大小可用稀溶液的渗透压公式计算。

$$\pi = cRT \qquad\qquad 式（2-44）$$

式中，π 为渗透压，c 为溶胶的浓度，R 为气体常数，T 为绝对温度。

一般溶胶的浓度较低，其渗透压也很低，故难以测定。高分子溶液可以配制成高浓度的溶液，因此它的渗透压较大，可以测定。

3. **沉降与沉降平衡**　分散体系中的微粒粒子密度如果大于分散介质的密度，就会发生沉降（sedimentation）。如果是粗分散体系，粒子较大，经过一段时间后，粒子会全部沉降到容器的底部。如果粒子粒径比较小，布朗运动明显，粒子一方面受到重力作用而沉降，另一方面由于沉降使上、下部分的浓度发生变化，引起扩散作用，使浓度趋向于均匀。当沉降和扩散这两种方向相反的作用力达到平衡时，体系中的粒子以一定的浓度梯度分布，这种平衡称作沉降平衡（sedimentation equilibrium），如图2-36所示。达到平衡后，体系的最下部浓度最大，随高度的上升浓度逐渐减小。

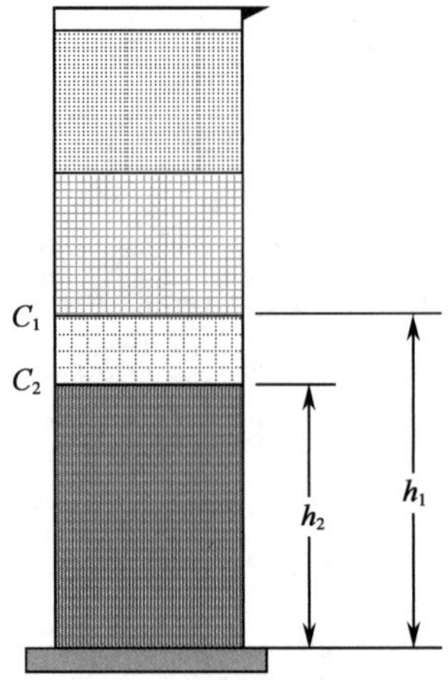

图 2-36　沉降平衡

相同物质的微粒分散体系，微粒粒径愈大，浓度随高度的变化越大；不同种类物质的微粒分散体系，物质的密度愈大，浓度随高度的变化越大。

粒径较大的微粒受重力作用，静置时会自然沉降，其沉降速度服从斯托克斯定律（Stokes law）。

$$V = \frac{2r^2(\rho_1 - \rho_2)g}{9\eta} \qquad\qquad 式（2-45）$$

式中，V 为微粒沉降速度（cm/s）；r 为微粒半径（cm）；ρ_1、ρ_2 分别为微粒和分散介质的密度（g/cm³）；η 为分散介质的黏度[P（泊）（1P=0.1Pa·s）]；g 为重力加速度常数（cm/s²）。

由斯托克斯定律可知沉降速度 V 与微粒半径 r^2 成正比，所以减小粒径是防止微粒沉降的最有效方法；同时 V 与黏度 η 成反比，即增加介质的黏度 η 可降低微粒的沉降速度；此外，降低微粒与分散介质的密度差$(\rho_1-\rho_2)$、提高微粒粒径的均匀性、防止晶型的转变、控制温度的变化等都可在一定程度上阻止微粒的沉降。一般实际的沉降速度小于计算值,原因是多分散体系并不完全符合斯托克斯定律的要求,如单分散、浓度无限稀释、微粒间无相互作用等。

沉降速度V可用来评价粗分散体系的动力学稳定性,V越小说明体系越稳定,反之不稳定。

4. 微粒的光学性质 当一束光照射到一个微粒分散体系时,可以出现光的吸收、反射和散射等现象。光的吸收主要由微粒的化学组成与结构所决定;光的反射与散射主要取决于微粒的大小。微粒的粒径小于光的波长,会出现光散射现象,而粒径较大的粗分散体系只有光的反射。微粒大小不同,表现出不同的光学现象,从而可以进行微粒大小的测定。

在暗背景下,当光束通过烟雾时,可以从侧面看到一个光柱,仔细观察,可见到很多的细微亮点移动,换而言之,一束光线在暗室内通过纳米分散体系,在其侧面可以观察到明显的乳光,这就是丁铎尔现象。丁铎尔现象的本质是粒子对光散射(scattering)。当粒子的直径大于入射光的波长时,主要发生光的反射;当粒子的直径小于入射光的波长时,就会出现光散射现象,散射出来的光称为乳光。乳光是散射光的宏观表现,根据乳光判断纳米粒分散体系是一个简便的方法。同样条件下,粗分散体系以反射光为主,不能观察到丁铎尔现象;而低分子的真溶液则是以透射光为主,同样也观察不到乳光。因此,微粒大小不同,光学性质相差很大。

5. 电学性质 微粒的表面可因电离、吸附或摩擦等而带上电荷。

(1)电泳:如果将两个电极插入微粒分散体系的溶液中,通以电流,则分散于溶液中的微粒可向阴极或阳极移动,这种在电场作用下微粒的定向移动就是电泳(electrophoresis)。

设有一个半径为r的球形微粒,表面电荷密度为σ,在场强为E的电场作用下移动,其恒速运动的速度为v,此时微粒受两种作用力,一种是静电力(F_e),另一种是摩擦阻力(F_s),而且这两种力在恒速运动时大小相等,即

$$F_e=\sigma E \qquad\qquad 式(2\text{-}46)$$

$$F_s=6\pi\eta rv \qquad\qquad 式(2\text{-}47)$$

$$\sigma E=6\pi\eta rv \qquad\qquad 式(2\text{-}48)$$

故有

$$v=\sigma E/6\pi\eta r \qquad\qquad 式(2\text{-}49)$$

可见微粒在电场作用下移动的速度与其粒径大小成反比,其他条件相同时,微粒越小,移动越快。

(2)微粒的双电层结构:在溶液中,固体表面常因表面基团的解离或自溶液中选择性地吸附某种离子而带电。由于电中性的要求,带电表面附近的液体中必有与固体表面电荷数量相等但符号相反的反离子,以致固液两相分别带有不同性质的电荷,在界面上形成双电层结构。

关于双电层的具体结构,1879年亥姆霍兹(Helmholz)提出平板双电层模型,1910年Gouy和1913年Chapman修正了平板双电层模型,提出了扩散双电层模型,1924年Stern又提出了Stern扩散双电层模型。

1）Helmholz 平板双电层模型：Helmholz 认为固体的表面电荷与溶液中带相反电荷的离子（即反离子）构成平行的两层，如同一个平板电容器，如图 2-37 所示。双电层之间的距离 δ 很小，约等于反离子的半径。在双电层内粒子的表面电势 ψ_0 直线下降，距离 δ 处的电势降为零。在外电场的作用下，带有不同电荷的胶粒和介质分别向不同的电极运动。该模型过于简单，由于离子热运动，反离子不可能形成平板电容器。

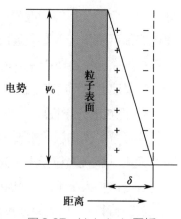

图 2-37　Helmholz 平板双电层模型

2）Gouy-Chapman 扩散双电层模型：Gouy 和 Chapman 认为，由于正、负离子静电吸引和热运动两种效应的结果，溶液中的反离子只有一部分紧密地排在固体粒子表面附近，相距 1～2 个离子厚度称为紧密层；与紧密层相邻，随着距离增加反离子较少，离子按一定的浓度梯度扩散到溶液主体中，称为扩散层，见图 2-38。在电场中，固液之间发生相对位移时，所移动的切动面为 AB 面。胶粒表面到液体内部的总电势称为表面电势或热动力电势（electrothermodynamic potential），从切动面到液体内部电中性处的电势称为流动电势（electrokinetic potential）或 ζ 电势（ζ potential）。ζ 电势在固液相之间出现相对位移时才能表现出来，因此称为流动电势。热力学电势不受液体中离子浓度的影响，但 ζ 电势会受离子浓度的影响。溶液中的离子浓度增加，更多的反离子挤入切动面，使 ζ 电势下降。Gouy-Chapman 扩散双电层模型区分了热动力电势 ψ_0 和 ζ 电势，但没有给出 ζ 电势的明确物理意义，不能解释加入电解质后，有时 ζ 电势会超过表面电势的现象。

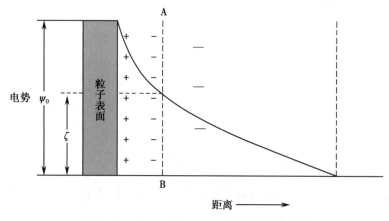

图 2-38　Gouy-Chapman 扩散双电层模型

3）Stern 扩散双电层模型：1924 年，Stern 对扩散双电层模型进行了进一步修正，他认为吸附在固体表面的反电荷离子形成扩散双电层，即在粒子表面吸附的固定层和紧邻的可以自由运动的扩散层。固定层称为 Stern 层，在扩散层中反离子电性中心构成的面称为 Stern 面，其他反离子扩散到溶液内部（图 2-39A）。Stern 平面的净电势为 ψ_d，称为 Stern 电势，固体的表面电势为 ψ_0。

从固体表面至 Stern 面，电势从 ψ_0 直线降低至 ψ_d，电势的变化趋势与平板双电层相似。

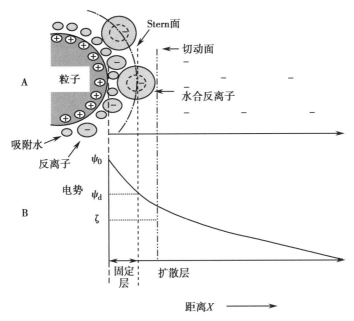

图 2-39　微粒的 Stern 双电层结构（A）与 ζ 电位（B）随距离 X 分布示意图

扩散层电势从 ψ_d 一直降为 0，规律与 Gouy-Chapman 扩散双电层相似。

在 Stern 层的反离子与胶粒一起运动，溶液中的反离子都是水合离子，这部分水分子在电场中和胶粒与反离子作为一个整体一起运动。因此，切动面的位置在 Stern 面以外，ζ 电势略小于 ψ_d（图 2-39B）。ζ 电势与电解质浓度有关，电解质浓度越大，扩散层越薄，ζ 电势越小。当电解质浓度足够大时，可使 ζ 电势为零，称为等电态，此时电泳、电渗速度为零，溶胶很容易聚沉。

ζ 电位与微粒的物理稳定性关系密切。ζ 电位除了与介质中电解质的浓度、反离子的水化程度等有关外，也与微粒的大小有关。根据静电学，ζ 电位与球形微粒的半径 r 之间有如下关系：

$$\zeta = \sigma \varepsilon / r \qquad\qquad 式（2\text{-}50）$$

式中，σ 为表面电荷密度；ε 为介质的介电常数。可见在相同条件下，微粒越小，ζ 电位越高。

Stern 扩散双电层模型赋予了 ζ 电势较为明确的物理意义：ζ 电势是切动面与溶液内部电中性处的电势差，它是 Stern 电势 ψ_d 的一部分。该模型解释了电解质对 ζ 电势的影响，并对高价离子和表面活性剂大离子使 ζ 电势改变或升高的现象给予了合理的解释。但是，仍有一些试验事实难以得到解释，双电层理论仍在发展中。

（3）影响双电层的因素：决定双电层结构的是静电作用和热运动，其影响因素有溶液浓度、温度、电极电势、溶液组分与电极间相互作用等。

1）浓度：当 ψ_0 等其他条件一定时，溶液浓度越小，双电层分散排布的趋势就越大，ψ_d 在 ψ_0 中所占比例就越大。溶液浓度小到一定程度时，$\psi_0 \approx \psi_d$。溶液浓度越大，双电层紧密排布的趋势就越大，紧密层电势（$\psi_0 - \psi_d$）在 ψ_0 中所占的比重将越大。溶液浓度大到一定程度时，$\psi_d \approx 0$。

2）温度：温度升高，离子热运动加剧，导致双电层趋于分散排布；温度较低时，热运动则较平缓，这时稍有静电力就可以将离子吸引到电极表面，双电层趋于紧密排布。

3）电极电势：电极电势远离零电荷电势时，电极表面与溶液中离子之间的静电作用增强，使双电层趋向紧密排布；电极电势在零电荷电势附近时，静电作用较小，双电层趋于分散排布。

4）溶液组分与电极间相互作用：如果溶液中含有可以在电极表面特性吸附的离子，则该离子易于和电极紧密结合，甚至可以脱掉水化膜，并穿透电极表面的水化层，直接靠在电极上，形成内紧密层。

五、药物制剂分散体系的应用

1. **分散体系理论是制剂工艺的理论基础**　分散体系理论对制剂工艺有重大的指导意义，是其理论基础。如滴丸，其理论基础或原理是基于固体分散理论；再如缔合胶体理论是增溶作用的基础，而许多剂型的制剂工艺设计都要涉及缔合胶体（即增溶胶团）的作用。其他如气雾剂、混悬液、溶胶、乳浊液等的制备工艺都是建立在分散体系理论基础上的，否则不会得到理想的结果。

2. **分散体系理论能解决制剂的质量稳定性**　许多制剂质量不稳定主要是表面现象所引起的，是界面能在作怪，因而依据正确的分散体系理论可以解决制剂的质量稳定问题。例如在脂质体制备过程中往往会产生游离的油珠，既影响制剂的质量又无法用于静脉给药，故可用多相脂质体的分散体系加以解决。再如混悬液与乳浊液均存在凝聚与沉降的不稳定问题，可用减少界面能的手段加以解决。其他如溶胶、高分子胶体溶液也存在类似的稳定性问题。

3. **分散体系理论有助于解决药物或制剂的疗效**　生物药剂学的基本理论表明在剂型吸收的快慢方面有如下顺序：溶液剂≥乳剂＞混悬液≥胶囊剂≥片剂＞丸剂，其基础也是依据于不同分散体系的不同性质和特点。众所周知，疏水性的螺内酯吸收极差，但制成固体分散体剂型可使其疗效提高64倍；脂溶性吸收困难的灰黄霉素、氯霉素、苏合香油、冰片等制成以固体分散体为基础的滴丸而使疗效更佳；氨茶碱等治疗哮喘的药物制成气雾剂可以直接到达靶部位，效果很好。这些例子都表明具有一定分散体系的剂型的疗效完全优于同类未分散的剂型。

4. **分散体系理论能指导开发微粒给药系统**　在药剂学中，微粒分散体系被发展成为微粒给药系统。属于粗分散体系的微粒给药系统主要包括混悬剂、乳剂、微囊、微球等，它们的粒径在100nm～100μm；属于胶体分散体系的微粒给药系统主要包括纳米乳、纳米脂质体、纳米粒、纳米囊、纳米胶等，它们的粒径一般小于100nm。

在药剂学实践中，微粒分散体系的药物制剂有逐年增多的趋势，各国药典均有收载。属于混悬液系统的制剂除口服剂型与滴眼剂外，肌内注射剂型、静脉注射剂型及微囊型混悬液、毫微囊溶液和磁性微球混悬液等都有所应用。属于乳状液的有口服剂型、静脉乳、微乳剂和复合乳剂等。近年来作为靶向给药的脂质体、多相脂质体发展迅速，其他作为载体的微球型分散体系也相继问世，显示出特殊给药的广阔前景。药剂学的实践说明微粒分散体系药物制剂具有与众不同的特殊优点，它们可以提高生物利用度，可以定向给药，可以延长药效和降低、减少或消除毒副作用等。

思考题

1. 影响药物溶解度的因素及增加药物溶解度的方法是什么？
2. 特性溶解度和平衡溶解度的区别是什么？
3. 分别以混悬剂、乳剂、软膏剂和乳膏剂为例说明流变学在药剂中的应用。
4. 非牛顿流体可分为哪几种类型？
5. 什么是粉体的吸湿性和润湿性？
6. 水溶性药物和水不溶性药物的吸湿性有什么不同？
7. 粉体流动性的影响因素与改善方法有哪些？
8. 延缓药物制剂中有效成分水解的方法有哪些？
9. 药物稳定性试验方法包括哪些？
10. 制剂中药物降解的化学途径主要有哪些？

ER2-2 第二章 目标测试

（张　辉　何　宁）

参考文献

[1] 平其能，屠锡德，张钧寿，等. 药剂学.4 版. 北京：人民卫生出版社，2013.
[2] 崔福德. 药剂学.7 版. 北京：人民卫生出版社，2011.
[3] GAO Y，ZU H，ZHANG J. Enhanced dissolution and stability of adefovir dipivoxil by cocrystal formation. J Pharm Pharmacol，2011，63（4）：483-490.
[4] AAKERY C B，SALMON D J. Building co-crystals with molecular sense and supramolecular sensibility. Cryst Eng Comm，2005，7（72）：439-448.
[5] 张洪斌. 药物制剂工程技术与设备. 北京：化学工业出版社，2003.
[6] 周建平. 药剂学. 北京：化学工业出版社，2004.
[7] BANKER G A. Modern Pharmaceutics. 4th ed. New York：Marcel Dekker，2002.
[8] HUYNH-BA K. Handbook of stability testing in pharmaceutical development：regulations，methodologies，and best practices. Berlin：Springer Science Business Media LLC，2009.
[9] ALDERBORN G，NYSTRÖM C. 药物粉体压缩技术. 崔福德，徐国杰，译. 北京：化学工业出版社，2008.
[10] 国家药典委员会. 中华人民共和国药典：四部.2020 年版. 北京：中国医药科技出版社，2020.

第三章　药用辅料及其应用

本章要点

掌握　药用辅料的定义、作用；表面活性剂的种类、主要品种及其在药剂学中的应用；药用高分子材料的定义、主要品种及其在药剂学中的应用；预混与共处理药用辅料的定义、特点。

熟悉　药用辅料种类、质量要求及用途；表面活性剂的概念、结构特点；药用高分子材料的特点、类别。

了解　药用辅料功能性相关指标、审批的相关法规及关联审评审批制度；HLB 值的计算；预混与共处理药用辅料的分类与品种及其在药剂学中的应用。

第一节　概述

药用辅料（pharmaceutic adjuvant）系指生产药品和调配处方时所用的赋形剂和附加剂；是除了活性成分以外，在安全性方面已进行合理的评估，一般包含在药物制剂中的物质。亦可将药用辅料理解为在制剂处方设计时，为解决制剂成型性、有效性、稳定性及安全性而加入处方中的除主药以外的一切药用物料的统称。药用辅料是药物制剂的重要组成部分，是保证药物制剂生产和使用的物质基础，决定药物制剂的性能及其安全性、有效性和稳定性。

一、药用辅料的作用与应用原则

（一）药用辅料的作用

药用辅料在药物制剂中作为非活性物质时，除了赋形、充当载体、提高稳定性外，还具有增溶、助溶、调节释放等重要功能，是可能会影响到制剂质量、安全性和有效性的重要成分。其作用主要包括：

1. 决定药物剂型和制剂规格　药用辅料可将药物制成符合临床用药需要的制剂形态，发挥赋形作用。如在液体制剂中加入的溶剂，片剂中加入的填充剂，软膏剂、乳膏剂、栓剂中加入的基质等。同时，药用辅料兼有稀释作用，便于开发不同规格的制剂，特别是小剂量药物，药用辅料的稀释作用是制剂剂量准确的重要保证。

2. 使制备过程顺利进行　如在液体制剂中根据需要加入适宜的增溶剂、助溶剂、助悬剂、乳化剂等；片剂生产中加入助流剂、润滑剂以改善物料的粉体性质（如流动性、润滑性），使压片过程顺利进行。

3. 提高药物或剂型的稳定性 如抗氧化剂、螯合剂可提高易氧化药物的化学稳定性；助悬剂、润湿剂、絮凝剂与反絮凝剂可提高混悬剂的物理稳定性；pH 调节剂、缓冲液可降低药物的水解速度；在液体制剂中加入防腐剂可提高生物学稳定性。

4. 影响药物的吸收或疗效 影响药物吸收的因素主要是剂型因素和生物因素，而制剂中辅料对药物的吸收率和吸收量也有一定影响。如片剂、丸剂、胶囊剂、颗粒剂和散剂等需要加入一定量的稀释剂、黏合剂、崩解剂、润滑剂等赋形剂，它们对药物的溶解、吸收均可产生一定影响。在栓剂中加入一定量的表面活性剂，可以促进药物的吸收，但有时也会阻止和减少药物的吸收。将胰酶制成肠溶衣片，不仅可使其免受胃酸破坏，还可保证其在肠中能充分发挥作用。

5. 降低药物毒副作用或刺激性 如以硬脂酸钠和虫蜡为基质制成的芸香草油肠溶滴丸，既可掩盖药物的不良臭味，也可避免对胃的刺激。

6. 改变或调节药物作用性质 如胰酶肠溶衣片具有助脂肪消化功效，注射液则用于治疗胸腔积液、血栓性静脉炎和毒蛇咬伤。

7. 调节药物的作用部位、作用时间 如选用不同的辅料，可使制剂具有速释性、缓释性、靶向性、生物降解性等。

8. 提高患者用药的顺应性 如在口服液体制剂中加入矫味剂，可改善药物的不良口味，在注射剂中加入 pH 调节剂、止痛剂，可减少注射部位的刺激或疼痛。

（二）药用辅料的应用原则

药用辅料是药物制剂的重要组成部分，其功能多样性和质量可靠性是药物制剂设计、生产的物质保障。药物制剂处方设计过程的实质，就是依据药物特性与剂型要求，筛选与应用药用辅料的过程。辅料的应用应遵循以下原则。

1. 满足制剂成型、有效、稳定、安全、方便要求的最低用量原则 用量恰到好处，用量最少不仅可节约原料，降低成本，更重要的是可以减少剂量。

2. 无不良影响原则 不降低药物疗效，不产生毒副作用，不干扰制剂质量监控。

二、药用辅料的种类

药用辅料种类繁多，同一药用辅料可用于不同给药途径、不同剂型、不同用途。可按来源、剂型、用途、给药途径等进行分类。

1. 按来源分类 根据来源不同，药用辅料可分为天然物、半合成物和全合成物。

2. 按用于制备的剂型分类 可用于制备的药物制剂类型主要包括片剂、注射剂、胶囊剂、颗粒剂、眼用制剂、鼻用制剂、栓剂、丸剂、软膏剂、乳膏剂、吸入制剂、喷雾剂、气雾剂、凝胶剂、散剂、糖浆剂、搽剂、涂剂、涂膜剂、酊剂、贴剂、贴膏剂、口服溶液剂、口服混悬剂、口服乳剂、植入剂、膜剂、耳用制剂、冲洗剂、灌肠剂、合剂等。

3. 按用途分类 可分为溶剂、抛射剂、增溶剂、助溶剂、乳化剂、着色剂、黏合剂、崩解剂、填充剂、润滑剂、润湿剂、渗透压调节剂、稳定剂（如蛋白稳定剂）、助流剂、抗结块剂、矫味剂、抑菌剂、助悬剂、包衣剂、成膜剂、芳香剂、增黏剂、抗黏着剂、抗氧化剂、抗氧增效剂、螯合剂、皮肤渗透促进剂、空气置换剂、pH 调节剂、吸附剂、增塑剂、表面活性剂、发泡剂、消泡剂、增稠剂、包合剂、保护剂（如冻干保护剂）、保湿剂、柔软剂、吸收剂、稀释剂、絮凝剂与反絮凝剂、助滤剂、冷凝剂、络合剂、释放调节剂、压敏胶黏剂、硬化剂、空心胶囊、基质（如栓剂基质和软膏基质）、载体材料（如干粉吸入载体）等。

4. 按给药途径分类 可分为口服、注射、黏膜、经皮或局部给药、经鼻或吸入给药和眼部给药等。

三、药用辅料的一般质量要求

药用辅料应符合以下质量要求：①药用辅料必须符合药用要求，供注射剂用的应符合注射用质量要求。②在特定的贮藏条件、期限和使用途径下，药用辅料应化学性质稳定，不易受温湿度、pH、光线、保存时间等的影响。③药用辅料应通过安全性评估，对人体无毒害作用，不与主药及其他辅料发生作用，不影响制剂的质量检验。④药用辅料的安全性以及影响制剂生产、质量、安全性和有效性的性质应符合要求。包括与生产工艺及安全性有关的常规试验（如性状、鉴别、检查、含量测定等）项目及影响制剂性能的功能性相关指标（如黏度、粒度等）。应满足所用制剂的要求，用于不同制剂时，须根据制剂要求进行相应的质量控制。⑤根据不同的生产工艺及用途，药用辅料的残留溶剂、微生物限度应符合要求；用于无除菌工艺的无菌制剂的药用辅料应符合无菌要求；用于静脉用注射剂、冲洗剂等的药用辅料的细菌内毒素检查或热原检查应符合规定。

四、药用辅料的功能性相关指标

在药物制剂中使用的药用辅料通常具有特定的功能性，归属于不同功能类别[《中国药典》（2020 年版）通则 0251]。对辅料功能性和制剂性能具有重要影响的物理化学性质，可称为药用辅料的功能性相关指标（functionality-related characteristics，FRCs）。如稀释剂粒径可能影响固体制剂的成型性，增稠剂分子量可能影响液体制剂的黏度，粒径和分子量就属于功能性相关指标。因此，对功能性相关指标的测定、分级和制定限度范围对保证制剂的质量具有重要意义。

药用辅料的功能性一般取决于其物理、化学性质，某些情况下，还可能受副产物或药用辅料中其他附加剂影响。药用辅料需要在制剂中发挥其功能性，制剂的处方、工艺均可能对药用辅料功能性的发挥产生显著影响。因此，药用辅料功能性相关指标的评价应针对特定制剂及其处方工艺，并通常采用多种研究方法对功能性相关指标进行研究。

药用辅料可以通过各种物理化学性质表征，而药用辅料功能性相关指标主要针对一般化学手段难以评价功能性的药用辅料，如稀释剂等十九大类[《中国药典》（2020 年版）通则9601"药用辅料功能性相关指标指导原则"]。对于单一组分化合物或功能性可以通过相应的化学手段评价的辅料，如 pH 调节剂、渗透压调节剂、抑菌剂、矫味剂、着色剂、抗氧化剂、抛射剂等,不在其指导原则中列举其功能性相关指标和评价方法。

五、我国药用辅料审批制度简介

(一)药用辅料审批的相关法规

药用辅料是药品的重要组成部分,一般属于非活性物质,但通常会对药物制剂的稳定性、生物利用度、患者的顺应性甚至不良反应的严重程度产生显著影响,尤其对于特殊剂型(如缓控释制剂、靶向制剂等)的影响更为显著。《中华人民共和国药品管理法》第二十五条指出:"辅料,是指生产药品和调配处方时所用的赋形剂和附加剂。"

目前,《中华人民共和国药品管理法》与《中华人民共和国药品管理法实施条例》将药用辅料纳入药品监督的管理范畴。我国已颁布了多部药用辅料相关法律法规,如 2005 年发布的《关于印发药用辅料注册申报资料要求的函》,2006 年颁布的《药用辅料生产质量管理规范》,2012 年 8 月 1 日国家食品药品监督管理局发布的《加强药用辅料监督管理的有关规定》等。

在药用辅料的审批制度方面,2015 年 8 月 9 日国务院发布《国务院关于改革药品医疗器械审评审批制度的意见》(国发〔2015〕44 号)中明确提出"实行药品与药用包装材料、药用辅料关联审批,将药用包装材料、药用辅料单独审批改为在审批药品注册申请时一并审评审批",开始了药用辅料与药品关联审批的改革模式。为贯彻落实《国务院关于改革药品医疗器械审评审批制度的意见》(国发〔2015〕44 号)简化药品审批程序,2016 年 8 月 10 日国家食品药品监督管理总局发布了《总局关于药包材药用辅料与药品关联审评审批有关事项的公告》(2016 年第 134 号),随后发布了《总局关于发布药包材药用辅料申报资料要求(试行)的通告》(2016 年第 155 号),其中包括 4 个附件:①药包材申报资料要求(试行);②药用辅料申报资料要求(试行);③药包材及药用辅料研制情况申报表;④药包材及药用辅料现场核查报告表。从此我国药用辅料的注册从单独审评审批(批准文号管理)正式改革为关联审评审批的管理模式。

为贯彻落实中共中央办公厅、国务院办公厅《关于深化审评审批制度改革鼓励药品医疗器械创新的意见》(厅字〔2017〕42 号)与《国务院关于取消一批行政许可事项的决定》(国发〔2017〕46 号),取消药用辅料与直接接触药品的包装材料和容器(以下简称药包材)审批,原料药、药用辅料和药包材在审批药品制剂注册申请时一并审评审批。2017 年 11 月 30 日,国家食品药品监督管理总局发布《总局关于调整原料药、药用辅料和药包材审评审批事项的公告》(2017 年第 146 号)指出:不再单独受理原料药、药用辅料和药包材注册申请,国家食品药品监督管理总局药品审评中心(以下简称药审中心)建立原料药、药用辅料和药包材登记平台(以下简称为登记平台)与数据库,有关企业或者单位可通过登记平台按本公告要求提交原料药、药用辅料和药包材登记资料,获得原料药、药用辅料和药包材登记号,待关联药品制剂提出注册申请后一并审评。至此,药品与药包材、药用辅料关联审评审批的制度正式开始实施。随后,2017 年 12 月 4 日,国家食品药品监督管理总局起草了《原料药、药用辅料及药包材与药品制剂共同审评审批管理办法(征求意见稿)》。2019 年 7 月 16 日,国家药品监督管理局发布《国家药监局关于进一步完善药品关联审评审批和监管工作有关事宜的公告》(2019 年第

56号），该公告明确了原辅包与药品制剂关联审评审批的具体要求，提高了关联审评审批的效率，进一步完善了关联审评审批制度。

（二）未纳入关联审评审批的药用辅料

1. 矫味剂（甜味剂）　如蔗糖、单糖浆、甘露醇、山梨醇、糖精钠、阿司帕坦、三氯蔗糖、甜菊糖苷、葡萄糖、木糖醇、麦芽糖醇等。该类品种仅限于在制剂中作为矫味剂（甜味剂）使用。

2. 香精、香料　如橘子香精、香蕉香精、香兰素等。执行食品标准的，应符合 GB 2760—2020《食品安全国家标准　食品添加剂使用标准》、GB 30616—2020《食品安全国家标准　食品用香精》及 GB 29938—2020《食品安全国家标准　食品用香料通则》等相关要求。

3. 色素（着色剂）　如氧化铁、植物炭黑、胭脂虫红等。执行食品标准的，应符合 GB 2760—2020《食品安全国家标准　食品添加剂使用标准》等相关要求。

4. pH 调节剂（包括注射剂中使用的 pH 调节剂）　如苹果酸、富马酸、醋酸、醋酸钠、枸橼酸（钠、钾盐）、酒石酸、氢氧化钠、浓氨溶液、盐酸、硫酸、磷酸、乳酸、磷酸二氢钾、磷酸氢二钾、磷酸氢二钠、磷酸二氢钠等。

5. 仅作为辅料使用、制备工艺简单、理化性质稳定的无机盐类（包括注射剂中使用的无机盐类）　如碳酸钙、碳酸钠、氯化钾、氯化钙、氯化镁、磷酸钙、磷酸氢钙、硫酸钙、碳酸氢钠等。

6. 口服制剂印字使用的无苯油墨。

上述药用辅料，现行版《中国药典》已收载的，应符合现行版《中国药典》要求；现行版《中国药典》未收载的，应符合国家食品标准或现行版国外 USP/NF、EP、BP、JP 药典标准要求；其他辅料，应符合药用要求。

第二节　表面活性剂

一、概述

表面活性剂（surfactant）系指含有固定的亲水亲油基团，由于其两亲性而倾向于集中在溶液表面、两种不相混溶液体的界面或者集中在液体和固体的界面，能降低表面张力或者界面张力的一类化合物。

物体相界面（如液 - 液，液 - 固，液 - 气）之间发生的物理化学现象统称为界面现象，液 - 气相界面之间的现象又称为表面现象。由于液相分子的吸引力大于气相分子的吸引力，有自发缩小到最小面积的趋势，如果要克服这种趋势，把液相内层分子移到表面上来，增加表面积，就必须对抗液相分子引力而做功。在单位长度相表面上促使相表面积缩小的力称为表面张力。表面活性剂含有固定的亲水亲油基团，由于其两亲性而趋向于集中在溶液表面，能较强地降低表面张力或界面张力。使液体表面张力降低的性质称为表面活性。

表面活性剂的表面活性是由其结构特点所决定的，表面活性剂结构中含有极性的亲水基团和非极性的亲油（疏水）基团（图 3-1）。亲水基团一般为电负性较强的原子团或原子，可

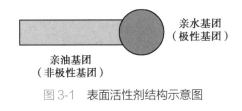

图 3-1 表面活性剂结构示意图

以是阴离子、阳离子、两性离子或非离子基团,如硫酸基、磺酸基、磷酸基、羧基、羟基、醚基、巯基、季铵基、酰胺基、聚氧乙烯基等;亲油基团通常是长度在 8～20 个碳原子的烃链,可以是直链、饱和或不饱和的偶氮链等。

表面活性剂分子在水溶液中的存在状态与其浓度有关。浓度极稀时,表面活性剂分子零星分散在溶液内部及气-液界面(图 3-2a);低浓度时,表面活性剂分子在气-液界面定向排列,表面层的浓度大于溶液内部的浓度(正吸附)(图 3-2b),使表面张力明显降低;浓度较高,表面吸附达到饱和,表面张力达到最低值,表面活性剂分子转入溶液内部,其亲油基团相互缔合形成胶束(图 3-2c)。

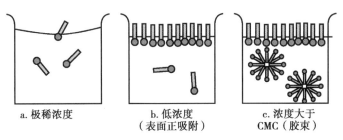

a. 极稀浓度   b. 低浓度   c. 浓度大于
(表面正吸附)   CMC(胶束)

图 3-2 表面活性剂分子在溶液中的存在状态

二、表面活性剂的分类

根据来源,表面活性剂可分为天然表面活性剂和合成表面活性剂;根据溶解性,可分为水溶性表面活性剂和油溶性表面活性剂;根据相对分子质量,可分为高分子表面活性剂和低分子表面活性剂;根据分子组成特点和极性基团的解离性质,可分为离子型表面活性剂(包括阳离子型表面活性剂、阴离子型表面活性剂和两性离子型表面活性剂)和非离子型表面活性剂。

(一)离子型表面活性剂

1. 阴离子型表面活性剂 起表面活性作用的是阴离子部分,带有负电荷。

(1)高级脂肪酸盐:又称肥皂类,通常为 C_{12}～C_{18} 的脂肪酸盐,常用的有硬脂酸、油酸、月桂酸等。可分为碱金属皂(如钠皂、钾皂)、碱土金属皂(如钙皂、镁皂)和有机胺皂(如三乙醇胺皂)。乳化性能良好,有一定刺激性,一般只用于外用制剂。

(2)硫酸化物:系硫酸化脂肪油和高级脂肪醇硫酸酯类,脂肪链在 C_{12}～C_{18}。硫酸化油常用硫酸化蓖麻油,可作去污剂、润湿剂等。高级脂肪醇硫酸酯常用十二烷基硫酸钠(又称月桂醇硫酸钠),乳化能力强,主要作外用乳膏的乳化剂,还可作增溶剂或片剂的润湿剂。

(3)磺酸化物:系脂肪族磺酸化物和烷基芳基磺酸化物。常用的有二辛基琥珀酸磺酸钠、十二烷基苯磺酸钠、牛黄胆酸钠等,去污力、起泡性及油脂分散能力都很强。常作洗涤剂、胃肠道脂肪乳化剂。

2. 阳离子型表面活性剂 起作用的是阳离子,主要是季铵盐类化合物。常用的有苯扎氯铵(洁尔灭)、苯扎溴铵(新洁尔灭)等,具有较强的表面活性和杀菌作用,但毒性较大,一般只能外用。常用作杀菌剂和防腐剂,主要用于皮肤、黏膜、手术器械消毒。

3. 两性离子型表面活性剂 分子中同时有正电荷基团(氨基、季铵基等)和负电荷基团(羧基、硫酸基、磷酸基、磺酸基等),随着介质 pH 不同,可表现为阳离子型或阴离子型表面活性剂的性质。

(1)卵磷脂:系天然两性离子型表面活性剂。毒性小,不溶于水,可溶于乙醚、三氯甲烷等有机溶剂。对热敏感,酸、碱及酶作用下易分解。卵磷脂对油脂的乳化能力很强,可作静脉注射乳剂的乳化剂,也是制备脂质体的主要辅料。

(2)氨基酸型和甜菜碱型:系合成两性离子型表面活性剂,阴离子部分主要是羧酸盐,阳离子部分为季铵盐(氨基酸型)或铵盐(甜菜碱型)。在碱性溶液中呈现阴离子型表面活性剂的性质,有良好的起泡作用和很强的去污能力;在酸性溶液中则呈阳离子型表面活性剂的性质,有很强的杀菌能力,如十二烷基胺乙基甘氨酸(Tego 51)。

(二)非离子型表面活性剂

该类表面活性剂的亲水基团是甘油、聚乙二醇、山梨醇等,亲油基团是长链脂肪酸、长链脂肪醇、烷基或芳烃基等,亲水基和亲油基以酯键或醚键结合。毒性低,刺激性、溶血作用较小。广泛用于外用制剂、内服制剂以及注射剂,个别品种还可用于静脉注射剂。

1. 脂肪酸山梨坦 商品名为司盘(Span),系失水山梨醇脂肪酸酯,其结构如下。

$RCOO^-$为脂肪酸根

根据脂肪酸种类和数量不同,分为月桂山梨坦(司盘 20)、棕榈山梨坦(司盘 40)、硬脂山梨坦(司盘 60)、三硬脂山梨坦(司盘 65)、油酸山梨坦(司盘 80)、三油酸山梨坦(司盘 85)等。脂肪酸山梨坦不溶于水,易溶于乙醇,酸、碱和酶的作用下易水解,亲油性较强,其 HLB 值在 1.8~8.6,是常用的 W/O 型乳化剂,或 O/W 型乳剂的辅助乳化剂。

2. 聚山梨酯 商品名为吐温(Tween),系聚氧乙烯失水山梨醇脂肪酸酯,其结构如下。

—$(C_2H_4O)_n$为聚氧乙烯基

根据脂肪酸种类和数量不同,可分为聚山梨酯 20(吐温 20)、聚山梨酯 40(吐温 40)、聚山梨酯 60(吐温 60)、聚山梨酯 65(吐温 65)、聚山梨酯 80(吐温 80)、聚山梨酯 85(吐温 85)等。聚山梨酯易溶于水、乙醇和多种有机溶剂,不溶于油,酸、碱和酶作用下水解,亲水性强,是常用的 O/W 型乳化剂、增溶剂、分散剂和润湿剂。

3. 聚氧乙烯型

(1)聚氧乙烯脂肪酸酯:系由聚乙二醇与长链脂肪酸缩合而成的酯类。商品有卖泽(Myrij),如聚氧乙烯 40 硬脂酸酯(卖泽 52,Myrij52),水溶性和乳化能力很强。Solutol HS 15 为聚乙二醇十二羟基硬脂酸酯,增溶能力非常强,且可耐受高温灭菌。

（2）聚氧乙烯脂肪醇醚和聚氧乙烯烷基酚醚：系由环氧乙烷与脂肪醇或烷基酚缩合加成而成的醚，聚氧乙烯脂肪醇醚的通式为 $RO(CH_2CH_2O)_nH$，聚氧乙烯烷基酚醚的通式为 $RC_6H_4O(CH_2CH_2O)_nH$，其中 n 是环氧乙烷加成的分子数，常作乳化剂和增溶剂。聚氧乙烯脂肪醇醚类的有苄泽（Brij）、西土马哥（Cetomacrogol）、平平加 O（Perogal O）、聚氧乙烯蓖麻油（Cremophor）等。其中，平平加 O 中的平平加 O-3、O-5 易溶于油类及有机溶剂，用作 W/O 型乳化剂；平平加 O-8、O-9、O-10、O-15、O-20、O-30 易溶于水及有机溶剂，对酸、碱稳定，用作 O/W 型乳化剂。Cremophor 为一类聚氧乙烯蓖麻油化合物，HLB 为 12～18，常作增溶剂和 O/W 型乳化剂，常用的为 Cremophor EL 和 Cremophor RH4。

聚氧乙烯烷基酚醚类的有乳化剂 OP 等，如乳化剂 OP-4、OP-7 易溶于油及有机溶剂，可用作 W/O 型乳化剂；乳化剂 OP-9、OP-10、OP-13、OP-15、OP-20、OP-30、OP-40、OP-50 易溶于水及有机溶剂，对酸、碱稳定，用作 O/W 型乳化剂。

（3）聚氧乙烯聚氧丙烯共聚物：又称泊洛沙姆（poloxamer），商品名普朗尼克（Pluronic）。其随分子中聚氧乙烯比例增加，亲水性增强，HLB 值在 0.5～30。具有乳化、润湿、分散、起泡和消泡等多种优良性能，增溶能力较弱。常用泊洛沙姆 188（Pluronic F68），可作 O/W 型乳化剂，且可用作静脉注射乳剂的乳化剂。毒性小于其他非离子型表面活性剂。

4. 脂肪酸甘油酯　常用的单硬脂酸甘油酯不溶于水。表面活性较弱，HLB 值为 3～4，为弱的 W/O 型乳化剂，常用作 O/W 型乳剂的辅助乳化剂。

5. 蔗糖脂肪酸酯　简称蔗糖酯，有单酯、二酯、三酯、多酯等，HLB 值为 5～13。不溶于水或油，可溶于乙醇、丙二醇，在水、甘油中加热可形成凝胶。常用作 O/W 型乳化剂和分散剂，脂肪酸含量高的蔗糖酯也常用作阻滞剂。常用的有蔗糖硬脂酸酯，按单酯在总酯中的相对含量，主要分为蔗糖硬脂酸酯 S-3、S-7、S-11 和 S-15。

三、表面活性剂在药剂学中的应用

（一）增溶剂

1. 临界胶束浓度　当表面活性剂在溶液表面的正吸附达到饱和后，继续加入表面活性剂，其分子转入溶液中，分子的疏水基相互缔合形成疏水基向内、亲水基向外的缔合体，称为胶团或胶束（图 3-2c）。表面活性剂形成胶束时的最低浓度即为临界胶束浓度（critical micelle concentration，CMC）。表面活性剂的 CMC 与其结构、组成有关，还受外界因素（如温度、pH 及电解质等）的影响。亲水基相同的同系列表面活性剂，亲油基团越大，CMC 越小。离子型表面活性剂的 CMC 比非离子型大得多，而胶束缔合数较低。表面活性剂可形成球形、板层状、圆柱形等不同形状的胶束。

2. 增溶　一些水不溶或微溶性物质在胶束溶液中的溶解度可显著增加，这种作用称为增溶。起增溶作用的表面活性剂称为增溶剂，被增溶的物质称为增溶质。作增溶剂的最适 HLB 值约为 15～18。

许多因素影响表面活性剂的增溶作用，主要有以下几点。①增溶剂种类：表面活性剂的 CMC 越小，增溶效果越好。②增溶剂用量：在 CMC 以上，随着表面活性剂用量增加，增溶量增加,当增溶达到饱和后则变混油或析出沉淀。③药物性质:解离药物与带有相反电荷的表面活性剂混合时可能影响增溶效果。④增溶剂的加入顺序:通常增溶剂与增溶质先行混合的增溶效果优于增溶剂先与水混合。⑤温度影响胶束形成、增溶质的溶解及表面活性剂的溶解度。对于离子型表面活性剂,当温度上升到某一值后,溶解度急剧增加,此时的温度称为Krafft点,对应的溶解度即为该表面活性剂的临界胶束浓度。Krafft点是离子型表面活性剂的特征值,也是应用温度的下限。对于含聚氧乙烯基的非离子型表面活性剂,溶解度随温度升高而增大,但达到一定温度后,溶解度急剧下降,溶液出现混油,这种现象称为起昙(或起浊),此时的温度称为昙点(或浊点)。大部分表面活性剂的昙点在70~100℃;但泊洛沙姆188在常压下观察不到起昙现象。温度达昙点后,表面活性剂的增溶作用下降。

(二)乳化剂

1. 亲水亲油平衡值　表面活性分子中亲水基团和亲油基团对油或水的综合亲和力称为亲水亲油平衡值(hydrophile-lipophile balance value,HLB值)。HLB值越小,亲油性越强;HLB值越大,亲水性越强。一般将表面活性剂HLB值的范围定为0~40,其中非离子型表面活性剂HLB值在0~20,完全由疏水碳氢链组成的石蜡的HLB值定为0,完全由亲水性氧乙烯组成的聚氧乙烯的HLB值定为20,其他含碳氢链和氧乙烯基的表面活性剂的HLB值介于0~20。一些常用表面活性剂的HLB值见表3-1。

表3-1　常用表面活性剂的HLB值

表面活性剂	HLB值	表面活性剂	HLB值	表面活性剂	HLB值
司盘85	1.8	卖泽45	11.1	二硬脂酸乙二酯	1.5
司盘83	3.7	卖泽49	15.0	单硬脂酸丙二酯	3.4
司盘80	4.3	卖泽51	16.0	单硬脂酸甘油酯	3.8
司盘65	2.1	卖泽52	16.9	单油酸二甘酯	6.1
司盘60	4.7	聚氧乙烯400单油酸酯	11.4	蔗糖酯	5~13
司盘40	6.7	聚氧乙烯400单硬脂酸酯	11.6	卵磷脂	3.0
司盘20	8.6	聚氧乙烯400单月桂酸酯	13.1	油酸三乙醇胺	12.0
吐温85	11.0	苄泽30	9.5	油酸钠	18.0
吐温80	15.0	苄泽35	16.9	油酸钾	20.0
吐温65	10.5	平平加O-20	15.9	阿特拉斯G-3300	11.7
吐温61	9.6	西土马哥1000	16.4	阿特拉斯G-263	25~30
吐温60	14.9	Cremophor EL	12~14	十二烷基硫酸钠	40
吐温40	15.6	Cremophor RH4	14~16	阿拉伯胶	8.0
吐温21	13.3	乳化剂OP-10	14.5	明胶	9.8
吐温20	16.7	泊洛沙姆188	16.0	西黄蓍胶	13.0

表面活性剂的HLB值可通过将分子中各基团的HLB基团数代入以下经验式求算。

$$HLB = \sum (亲水基团的HLB基团数) - \sum (亲油基团的HLB基团数) + 7 \qquad 式(3\text{-}1)$$

非离子型表面活性剂的HLB值具有加和性,两种非离子型表面活性剂混合后的HLB

值为

$$\mathrm{HLB_{AB}} = \frac{\mathrm{HLB_A} \times W_B + \mathrm{HLB_B} \times W_B}{W_A + W_B}$$ 式（3-2）

式中，$\mathrm{HLB_A}$ 和 $\mathrm{HLB_B}$ 分别为 A、B 两种非离子型表面活性剂的 HLB 值；W_A 和 W_B 分别为两者的用量；$\mathrm{HLB_{AB}}$ 为两者混合后的 HLB 值。

2. **乳化剂**　表面活性剂分子能在油水界面定向排列，显著降低界面张力，并在分散相液滴周围形成乳化膜，防止乳滴合并，使乳剂稳定，因此，表面活性剂可作乳化剂。阴离子型表面活性剂通常用作外用制剂的乳化剂；非离子型表面活性剂可作为外用、口服或注射用乳剂的乳化剂，其中一些（如泊洛沙姆 188）还可用作静脉注射的乳化剂。通常 HLB 值为 3～8 的表面活性剂可作 W/O 型乳化剂，HLB 值为 8～16 的可作 O/W 型乳化剂。

（三）润湿剂

促进液体在固体表面铺展或渗透的作用称为润湿作用，具有润湿作用的表面活性剂称为润湿剂。润湿剂的最适 HLB 值一般介于为 7～9，还应有适宜的溶解度。

（四）起泡剂与消泡剂

一些表面活性剂溶液或含表面活性物质的溶液（如含皂苷、蛋白质、树胶及其他高分子的中药材浸出液或溶液），当剧烈搅拌或蒸发浓缩时，可产生稳定的泡沫，给操作带来困难。这是由于这些亲水性较强的表面活性剂（称为起泡剂）降低了液体的表面张力，使泡沫稳定。起泡剂的 HLB 值一般介于为 12～18。可通过加入一些 HLB 值为 1～3 的亲油性表面活性剂（称为消泡剂）破坏泡沫。

（五）去污剂

去污剂，又称为洗涤剂，系指用于除去污垢的表面活性剂，HLB 值一般介于为 13～16。去污作用包括润湿、分散、乳化、增溶、起泡等多种作用。常用去污剂一般为阴离子型表面活性剂，如油酸钠及其他脂肪酸钠皂、钾皂，以及十二烷基硫酸钠或烷基磺酸钠等。

（六）消毒剂和杀菌剂

大多数阳离子型和两性离子型表面活性剂都可作消毒剂，少数阴离子型表面活性剂（如甲酚皂等）有类似作用。可用于手术前皮肤消毒、伤口或黏膜消毒、手术器械和环境消毒。如苯扎溴铵的 0.5% 醇溶液、0.02% 水溶液和 0.05% 水溶液（含 0.5% 亚硝酸钠）分别用于皮肤消毒、局部湿敷和器械消毒。

在应用表面活性剂时，还须注意其毒性和刺激性。表面活性剂的毒性大小为阳离子型＞阴离子型＞非离子型；两性离子型表面活性剂的毒性小于阳离子型。表面活性剂用于静脉给药的毒性大于口服给药，表面活性剂溶血作用大小为阴离子型＞阳离子型＞非离子型或两性离子型。常用表面活性剂的溶血作用大小为聚氧乙烯基烷基醚＞聚氧乙烯烷芳基醚＞聚氧乙烯脂肪酸酯＞聚山梨酯；聚山梨酯的溶血作用大小为聚山梨酯 20＞聚山梨酯 60＞聚山梨酯 40＞聚山梨酯 80。聚山梨酯类一般仅用于肌内注射。各类表面活性剂均可用于外用制剂，但长期使用可能对皮肤或黏膜造成伤害，其刺激性大小为阳离子型＞阴离子型＞非离子型或两性离子型。

第三节　药用高分子材料

一、概述

药用高分子包括高分子药物(如鱼精蛋白锌胰岛素等)、药用高分子辅料以及高分子包装材料(如聚乙烯、聚丙烯、聚氯乙烯等),本书中主要指药用高分子辅料。药用高分子材料系指具有生物相容性,且经过安全性评价,应用于药物制剂的一类高分子辅料。

与小分子化合物相比,高分子化合物具有以下特点:①分子量大,分子量具有多分散性;②高分子溶液的黏度比低分子溶液的黏度高得多;③高分子化合物通常较难溶解,先要经过溶胀过程才能溶解;④高分子化合物的分子链长,分子结构层次多;⑤固态的高分子材料通常具有一定的机械强度。

药用高分子材料除了具有高分子化合物的特点外,还具有以下特点:①无毒、无抗原性;②具有良好的生物相容性和物理化学性能;③具有适宜的载药与释药性能。

二、药用高分子材料的分类及主要品种

(一)分类

1. **按用途分类**　传统剂型中应用的高分子材料(如丸剂的赋形剂、片剂的黏合剂和崩解剂等)以及缓释、控释制剂和靶向制剂中应用的高分子材料(如缓控释包衣膜、缓控释骨架材料等)。此外,还有包装用材料。

2. **按来源分类**　①天然高分子材料,主要来自植物和动物,如明胶、淀粉、纤维素、阿拉伯胶等;②半合成高分子材料,主要有淀粉、纤维素衍生物,如羧甲淀粉钠(carboxymethyl starch sodium, CMS-Na)、羧甲纤维素钠(sodium carboxymethyl cellulose, CMC-Na)、羟丙甲纤维素(hypromellose, HPMC)等;③合成高分子材料,聚乙二醇(polyethylene glycol, PEG)、聚维酮(polyvinyl pyrrolidone, PVP)等。

(二)主要品种

1. **天然及半合成高分子材料**　该类高分子材料具有无毒、安全、性质稳定、生物相容性好、成膜性好等优点。主要包括以下几类。

(1)多糖类:①淀粉及其衍生物,如淀粉、预胶化淀粉、糊精、羧甲淀粉钠、羟乙基淀粉等;②纤维素及其衍生物,如微晶纤维素(microcrystalline cellulose, MCC)、醋酸纤维素、邻苯二甲酸醋酸纤维素(cellulose acetate phthalate, CAP)、羧甲纤维素钠、交联羧甲纤维素钠(croscarmellose sodium, CC-Na)、甲基纤维素(methyl cellulose, MC)、乙基纤维素(ethyl cellulose, EC)、羟乙纤维素(hydroxyethyl cellulose, HEC)、羟丙纤维素(hydroxypropyl cellulose, HPC)、羟丙甲纤维素(hydroxypropyl methyl cellulose, HPMC)、羟丙甲纤维素邻苯二甲酸酯(hydroxypropyl methyl cellulose phthalate, HPMCP)、醋酸羟丙甲纤维素琥珀酸酯(hypromellose acetate succinate, HPMCAS)等;③其他,如阿拉伯胶、海藻酸钠、甲壳素及壳聚糖、透明质酸等。

(2)蛋白质类:主要有明胶、白蛋白等。

2. 合成高分子材料 该类材料大多化学结构和分子量明确，来源稳定，性能优良，品种规格较多，但可能产生生物不相容或与药物发生作用。合成高分子材料主要包括以下几类。

（1）聚乙烯基类：主要有聚维酮、交联聚维酮（crosslinked polyvinylpyrrolidone，PVPP）、聚乙烯醇（polyvinyl alcohol，PVA）、聚醋酸乙烯酞酸酯（polyvinyl acetate phthalate，PVAP）、乙烯 - 醋酸乙烯酯共聚物（ethylene-vinylacetate copolymer，EVA）等。

（2）聚丙烯酸类：主要有卡波姆、丙烯酸树脂类（包括胃溶型、胃崩型、肠溶型和渗透型不同品种）、聚丙烯酸和聚丙烯酸钠、交联聚丙烯酸钠等。

（3）聚氧乙烯类（聚醚类）：主要有聚乙二醇（polyethylene glycol，PEG）和泊洛沙姆（聚氧乙烯 - 聚氧丙烯醚嵌段共聚物）、聚氧乙烯脂肪酸酯等。

（4）有机硅类：主要有二甲基硅氧烷、硅橡胶、硅橡胶压敏胶。

（5）聚酯类：主要有聚乳酸（polylactic acid，PLA）、乳酸 - 羟基乙酸共聚物（又称为聚乙交酯 - 丙交酯，polylactic-co-glycolic acid，PLGA）、聚醚氨酯、聚癸二酸二壬酯、聚膦腈等。

三、药用高分子材料在药剂学中的应用

不同制剂及给药途径对药用高分子材料的功能有特殊要求。因此，尽管高分子材料的结构式、主要成分、基本性质相同，也不可互相替代使用。以下仅对药用高分子材料在药剂学中的一般应用作简单介绍。

（一）固体制剂的辅料

1. **稀释剂** 常用的有淀粉、预胶化淀粉、糊精、微晶纤维素、粉状纤维素等。

2. **黏合剂** 常用的有淀粉、预胶化淀粉、聚维酮、羧甲纤维素钠、甲基纤维素、乙基纤维素、羟丙甲纤维素、糊精、阿拉伯胶、西黄蓍胶、明胶、海藻酸钠、瓜尔胶等。

3. **崩解剂** 湿法制粒常用的崩解剂有淀粉、羧甲淀粉钠、微晶纤维素、交联羧甲纤维素钠、低取代羟丙纤维素（low substituted hydroxypropyl cellulose，L-HPC）、交联聚维酮、羟乙纤维素、预胶化淀粉等。

4. **润滑剂** 聚乙二醇等，如 PEG 4000、PEG 6000。

5. **包衣材料** 常用的薄膜衣材料有：①水溶性包衣材料，如羟丙甲纤维素、羟丙纤维素、聚维酮、聚乙二醇等；②肠溶衣材料，常用的有丙烯酸树脂类、邻苯二甲酸醋酸纤维素、羟丙甲纤维素邻苯二甲酸酯、醋酸羟丙甲纤维素琥珀酸酯、虫胶等；③水溶性胶囊壳材料，如明胶、羟丙甲纤维素、淀粉等。

（二）缓释、控释制剂的辅料

1. **骨架型缓、控释材料** 包括三类：①水溶性或亲水凝胶骨架，常用羟丙甲纤维素、甲基纤维素、羟乙纤维素、羟丙纤维素、羧甲纤维素钠、聚维酮、卡波姆、壳聚糖等；②溶蚀性或可生物降解骨架，溶蚀性骨架材料有聚乙二醇、聚乙二醇单硬脂酸酯等，可生物降解骨架材料常用聚乳酸、乳酸 - 羟基乙酸共聚物、聚己内酯、聚氨基酸、壳聚糖等；③不溶性骨架，常用乙基纤维素、聚甲基丙烯酸酯、聚乙烯、乙烯 - 醋酸乙烯共聚物、聚氯乙烯、硅橡胶等。

2. **衣膜型缓、控释材料** 包括两类：①微孔膜包衣材料，由不溶解的高分子材料（乙基纤

维素、醋酸纤维素、丙烯酸树脂类、乙烯 - 醋酸乙烯共聚物等）与致孔剂（如聚乙二醇、聚维酮、聚乙烯醇等及其他小分子水溶性物质）形成衣膜；②肠溶衣材料，如丙烯酸树脂类、纤维醋法酯、羟丙甲纤维素酞酸酯、醋酸羟丙甲纤维素琥珀酸酯等。

3. 具有渗透作用的高分子渗透膜 利用水不溶性高分子材料具有的渗透性，用于制备渗透泵控释制剂的半透膜。常用醋酸纤维素、乙基纤维素、渗透型丙烯酸树脂、乙烯 - 醋酸乙烯共聚物等。

4. 离子交换树脂 用于离子药物的控制释放，利用离子交换使结合的离子型药物释放。目前药用的有波拉克林树脂（二乙烯基苯 - 甲基丙烯酸钾共聚物）、羧甲基葡萄糖等。

（三）液体制剂或半固体制剂的辅料

药用高分子材料在液体或半固体制剂中可作溶剂、共溶剂、增溶剂、助悬剂、分散剂、胶凝剂、乳化剂以及皮肤保护剂等。常用的有纤维素醚类（如羧甲纤维素钠、羟丙甲纤维素、甲基纤维素、羟乙纤维素、羟丙纤维素等）、卡波姆、泊洛沙姆、聚乙二醇、聚维酮等。

（四）生物黏附性材料

该类高分子材料可黏着于口腔、胃黏膜等黏膜表面，可延长药物在靶部位的作用时间，提高局部治疗效果。可分为：①非特异性黏附聚合物（传统黏附性聚合物），可黏附到多种黏液表面，常用聚丙烯酸、纤维素类（如羟丙纤维素、甲基纤维素、羧甲纤维素钠等）、海藻酸钠、壳聚糖、聚氧乙烯（polyethylene oxide，PEO）、聚乙烯醇、透明质酸、瓜尔胶等；②特异性黏附聚合物，通过受体 - 配体亲和作用黏附到特定表皮细胞表面，研究较多的有抗体或表面接枝抗体聚合物、外源凝集素（大豆凝集素）、纤毛蛋白及其他微生物黏附素；③多功能黏附聚合物，除具有黏附功能外，还具有其他药用辅料功能，如聚卡波菲和卡波姆在发挥黏附性的同时还具有胰蛋白酶抑制作用，多应用于口服蛋白多肽类药物的给药体系中。

（五）生物降解性材料

该类高分子材料主要用于植入剂、新型微粒分散给药系统或靶向制剂。根据来源不同，可分为合成生物可降解聚合物和天然生物可降解聚合物两类。合成生物可降解聚合物主要有聚乳酸、聚乙醇酸 - 聚乳酸共聚物、聚膦腈、聚己内酯（polycaprolactone，PCL）、聚氰基丙烯酸正丁酯（polybutylcyanoacrylate，PBCA）、聚氨基酸、聚原酸酯等。天然生物可降解聚合物主要有淀粉、纤维素、透明质酸、明胶、白蛋白、壳聚糖及其衍生物等。

第四节　预混与共处理药用辅料

一、概述

预混与共处理药用辅料系将两种或两种以上药用辅料按特定的配比和工艺制成具有一定功能的混合物，作为一个辅料整体在制剂中使用。此法既能保持每种单一辅料的化学性质，又不改变其安全性。根据处理方式的不同，分为预混辅料与共处理辅料。

预混辅料（pre-mixed excipient）系指两种或两种以上药用辅料通过简单物理混合制成的、

具有一定功能且表观均一的混合辅料。预混辅料中各组分仍保持独立的化学实体。

共处理辅料(co-processed excipient)系由两种或两种以上药用辅料经特定的物理加工工艺（如喷雾干燥、制粒等）处理制得，以达到特定功能的混合辅料。共处理辅料在加工过程中不应形成新的化学共价键。与预混辅料的区别在于：共处理辅料无法通过简单的物理混合方式制备。

与单一辅料相比，预混与共处理药用辅料具有以下特点：①多种辅料的混合，预混与共处理药用辅料是多种辅料经过一定的工艺混合在一起，制成的具有特定功能且表观上均一的辅料。②多种功能的集合，通常很难找到某种单一的辅料能满足制剂所需的所有功能，而集多种功能于一身的预混与共处理药用辅料就可充分发挥作用。如低黏度的羟丙甲纤维素单独作包衣材料，存在附着力差、片芯表面常发生桥接、易出现裂缝等缺陷，与增塑剂聚乙二醇按一定比例预先混合后使用，就可以成为简单易用且性能优良的预混包衣辅料。③特定的配方组成，每一种预混辅料并非几种单一辅料的任意混合，而是经过大量处方筛选，通过严格的性能测试、稳定性考察，同时考虑与各种活性药物的兼容性，最终获得的一个完善配方。因此，每一种预混与共处理药用辅料都有其严格的配方组成。④时间和成本的节约，预混与共处理药用辅料不仅可赋予制剂许多新的功能，还可省略一部分的处方筛选工作，大大缩短药品研发周期以及提高药品生产效率，降低生产成本。

目前，随着制剂水平的提高及制药行业的快速发展，预混与共处理药用辅料得到了广泛的应用，其开发及应用成为辅料行业发展的趋势，对其质量控制的研究，应结合《中国药典》(2020年版)四部通则9603"预混与共处理药用辅料质量控制指导原则"中的相关要求。

二、预混与共处理药用辅料分类及主要品种

根据实际用途，预混与共处理药用辅料可分为压片类、包衣类和其他功能改善类。

（一）压片类

1. Cellactose 80　Cellactose 80是由75%乳糖和25%的微粉状纤维素组成的喷雾干燥复合物，兼有稀释剂和黏合剂的功能。流动性、可压性均优于单一辅料或简单混合辅料，多用于粉末直接压片，如分散片、口崩片等的制备。

2. Ludipress　Ludipress是由93.4%一水乳糖(稀释剂)、3.2% Kollidon 30(黏合剂)和3.4% Kollidon CL 30(崩解剂)组成，主要含有一水乳糖、聚维酮、交联聚维酮。主要用于粉末直接压片，也可以作为硬胶囊剂的稀释剂使用。

3. Avicel HFE　Avicel HFE是由90%微晶纤维素和10%甘露醇组成的喷雾干燥复合物，微晶纤维素增加了共处理辅料的可压性，减少了对润滑剂的敏感性。甘露醇改善了崩解性能，提高了溶出速率。可用于直接压制咀嚼片和多单元微囊系统(multiple unit pellet system, MUPS)。

4. StarLac　StarLac是由85%一水乳糖(稀释剂)和15%淀粉(崩解剂)组成的喷雾干燥复合物，口感细腻、有奶油质地、流动性好、不易分层、崩解快、贮存稳定，适用于咀嚼片、低剂量制剂和包衣片片芯的制备。

5. Di-Pac　Di-Pac由97%%蔗糖和3%糊精共结晶而成。其流动性较好，仅在相对湿

度大于 50% 时才需要加助流剂,可压性与含水量有关;贮藏期间色泽稳定,但片剂硬度受 Di-Pac 含量影响略微增加,制剂不易崩解而易溶化,故多应用于压制咀嚼片。

6. Sugartab Sugartab 由 93% 蔗糖和 7% 转化糖共结晶而成。其粒度大,流动性差,与药物混合时易造成含量不匀;味似蔗糖,吸湿性低,崩解缓慢,可用于直接压制咀嚼片。

7. MicroceLac 100 MicroceLac 100 是由 25% 微晶纤维素和 75% 一水乳糖组成的喷雾干燥复合物。其流动性好,不易结块,压缩性优异,可提高片剂硬度,保证片重差异稳定,适用于低剂量药物及高载量药物的处方。

(二)包衣类

1. Surelease Surelease 为一种具有氮气味的乙基纤维素水分散体,采用相转变法制备,是目前少数几个完整的缓控释类包衣预混材料之一。本品总固含量为 25%,除含乙基纤维素外,还含有稳定剂油酸、增塑剂癸二酸二丁酯(dibutyl sebacate,DBS)和氨水,有时还含有抗黏剂轻质硅胶,固体粒子大小为 0.2μm,Surelease 主要有 3 种型号:Surelease E-7-7050、Surelease XEA-7100 和 Surelease XME-7-7060。其中 Surelease X 比 Surelease 含更多的抗黏剂轻质硅胶,最高含量可达 15%,Surelease XM 用精馏椰子油代替 DBS 作为增塑剂。

2. Aquacoat Aquacoat 是市售的另一个乙基纤维素水分散体(N 型,10mPa·s),也是 FDA 批准的第一个水性胶态分散体,采用直接乳化 - 溶剂蒸发法制备。本品总固含量约为 30%,其中含 25%(W/W)的乙基纤维素,另含相当于乙基纤维素质量 2.7% 的十二烷基硫酸钠(sodium dodecylsulfate,SDS)和 5% 的十六醇,乙基纤维素分散粒子大小为 0.1~0.3μm。包衣操作时加水稀释包衣液至规定浓度,一般包衣液中固含量浓度为 10%~15%,由于配方中含有 SDS,SDS 在偏碱性介质中处于解离状态,可增加衣膜的亲水性和渗透性,从而加快释药。因此,Aquacoat 包衣制剂的释药速率受介质 pH 影响,在偏碱性介质中释药速率明显加快。

3. Aquacoat ECD Aquacoat ECD 是一种 30% 亚微细粒的乙基纤维素粒子固体聚合物水分散液,可用于药物表面包衣。该体系为一种完全水基乳胶薄衣体系,是为防潮、掩味和控制药物释放而设计的。其粒径非常小,约 85% 是乳胶粒,粒径小于 0.5μm,黏度低于 150cps。其特点为:完全水溶性,可控制溶出速率,低黏度和不粘连特性,极好的稳定性和重现性,可达到零级释放,无臭无味,不含氨,可降低总体生产时间;无须滑石粉,可选择不同增塑剂,易于清洗等。一般用于缓释的用量为 5%~15%(W/W),用于矫味的用量为 1%~2%,此外须加入增塑剂,并在加入其他组分前搅拌混合至少 30 分钟。

4. Aquacoat CPD Aquacoat CPD 是含有 30% 醋酸纤维素酞酸酯水分散体的肠溶包衣剂,主要用于制备片剂和颗粒的肠溶性和控制药物释放的薄膜包衣。其特点为:完全水溶性;薄膜特性和稳定性方面,与 CAP 有机溶液包衣类似,无臭无味,不含氨,低黏度和不粘连特性;降低总体生产时间;无须滑石粉,易于清洗等。

5. Opadry Opadry 以羟丙甲纤维素、羟丙纤维素、乙基纤维素、PVAP 等高分子聚合物为主要成膜材料,辅以聚乙二醇、丙二醇、柠檬酸三乙酯等作为增塑剂,均为粉末状固体,运输、贮存方便,还可以根据客户的特殊要求对其中的色素加以调整,呈现个性化的外观。分为:①普通型:可以用 85% 以下各种浓度的乙醇或纯水作溶剂,6%~12% 的固含量,配制十分灵活,容易操作,对包衣设备要求不高,表观细腻,适合对包衣没有特别功能要求的产品;

②有机溶剂型：必须使用 85%～95% 浓度的乙醇或二氯甲烷等有机溶剂，可以在较低的温度下包衣，适合对温度非常敏感的药物，也有利于条件较差的设备。但因必须用有机溶剂，不安全，又环境污染，成本较高，且不利于药厂的 GMP 管理；③有机溶剂肠溶型：以 85%～88% 浓度的乙醇为溶剂，是早期常用的肠溶包衣材料。

6. Kollicoat SR 30D　Kollicoat SR 30D 为聚醋酸乙烯酯 / 聚维酮水分散体，主要成分包括 27% 聚醋酸乙烯酯、2.7% 聚维酮和 0.3% 十二烷基硫酸钠。Kollicoat SR 30D 属于非 pH 依赖的水分散体，主要作为肠溶缓释包衣材料，也可用于掩味或防止配伍变化的保护性包衣，或者用于缓释骨架中。本品为低黏度的奶白色或淡黄色液体，固含量为 30%，平均粒径为 160nm，pH 为 4.5，最低成膜温度（minimum filming temperature, MFT）为 18℃，添加丙二醇可降低成膜温度，黏度为 54mPa·s。

（三）其他功能改善类

1. Avicel RC/CL 系列　Avicel RC-591/581 由 89% 的微晶纤维素和 11% 的羧甲纤维素钠组成。Avicel RC-591 是由其水溶液喷雾干燥制得，Avicel RC-581 是通过对两种成分的料浆进行批量干燥制得。Avicel CL-611 由 85% 微晶纤维素和 15% 羧甲纤维素钠水溶液喷雾干燥制得。Avicel RC/CL 主要用于制备混悬剂和乳剂，用于制备混悬剂时有极佳的悬浮稳定性，并有静止变稠、振摇变稀的独特触变胶特性。

2. Avicel CE-15　Avwicel CE-15 由 85% 微晶纤维素和 15% 瓜尔胶制成的分散体经喷雾干燥制得。瓜尔胶改善了微晶纤维素造成的垩白和砂砾感，不黏牙，口感好，多用于制成咀嚼片。

3. Opacode　Opacode 是一种药用油墨，以虫胶为主要成分，配以各种溶剂，广泛用于片剂和胶囊的印字。

三、预混与共处理药用辅料在药剂学中的应用

预混与共处理药用辅料凭借其独特的优势与特点，在制剂生产和研发中发挥着重要作用，在固体制剂、薄膜包衣、液体制剂、缓控释制剂及局部用制剂中应用广泛。

1. **固体制剂中的应用**　该类预混与共处理药用辅料主要是为了改善可压性、流动性、崩解性、溶出性能等，主要用于直接压片。有 Cellactose 80、Ludipress、Ludipress LCE、Ludiflash、Cellactose、Pharmatose DCL 40、StarLac、PROSOLV、PROSOLV Easytab、PROSOLV ODT G2、Vitacel M80K、Microcelac 100、Avicel DG、Avicel HFE-102、Avicel CE-15、StarCap 1500、DiPac、Xylitab 100、Xylitab 200、ForMaxx 等。

2. **薄膜包衣中的应用**　根据包衣目的不同，包衣预混与共处理药用辅料主要包括普通包衣、肠溶包衣、缓控释包衣三种。缓控释包衣预混与共处理药用辅料将在缓、控释制剂的应用中加以介绍。普通包衣预混辅料主要用于改善外观、防潮、掩味、隔离配伍禁忌等，如 Kollicoat IR 包衣系统、Kollicoat Protect、Opadry、Opadry Ⅱ、Opadry 200、Opadry AMB 等。肠溶包衣预混与共处理药用辅料使药物在胃酸性环境下不释放，而进入小肠后释放，如 Aquacoat CPD、Acryl-EZE、Opadry Enteric 和 Sureteric 等。

3. **缓控释制剂中的应用**　预混与共处理药用辅料可在缓控释制剂中作为骨架或（和）薄

膜包衣。如 RetaLac、Kollidon SR 可作骨架，Kollicoat SR 30D、Surelease 用于非 pH 依赖的缓释制剂包衣，Opadry CA 用于渗透泵片剂包衣。

4. 液体制剂及局部用制剂中的应用　目前，液体制剂及局部用制剂中的预混与共处理药用辅料主要是针对一些液体制剂（混悬剂、乳剂等）和局部用制剂（喷雾剂、乳膏、洗剂等）易出现物理稳定性问题而设计的。如 RetaLac 可在混悬剂中作稳定剂；Avicel RC591、Avicel CL611 可在混悬剂、乳剂、鼻喷雾剂、乳膏剂中作稳定剂。

此外，为改善制剂外观、色泽、突出产品品牌等，还设计了专门的预混与共处理药用辅料，主要由色素及其他可改善制剂外观的成分组成。如 Opaglos 2、Opadry fx、Opalux、Opaspray、Opatint 等。

思考题

1. 何谓药用辅料，有何作用，有哪些种类，其应用原则是什么，质量要求有哪些？

2. 何谓表面活性剂，有哪些类型？乙醇能否作为表面活性剂，为什么？举例说明表面活性剂在药剂学中的应用。

3. 何谓药用高分子材料，有何特点，有哪些类别，主要品种有哪些？举例说明药用高分子材料在药剂学中的应用。

4. 何谓预混与共处理药用辅料，有何特点，主要品种有哪些，在药剂学中有何应用？

ER3-2　第三章　目标测试

（袁子民）

参考文献

[1] MAHATO R I, NARANG A S.Pharmaceutical dosage forms and drug delivery.2nd ed. Boca Raton: CRC Press, 2014.

[2] SINKO P J. Martin's Physical pharmacy and pharmaceutical sciences: physical chemical and biopharmaceutical principles in the pharmaceutical sciences. 6th ed. Philadelphia: Lippincott Williams & Wilkins, 2011.

[3] MARWAHA M, SANDHU D, MARWAH R K. Coprecessing of excipients: a review on excipient development for improved tabletting performance. International Journal of Applied Pharmaceutics, 2010, 2（3）: 41-47.

[4] BOLHUIS G K, ARMSTRONG N A. Excipients for direct compaction-an update. Pharmaceutical Development and Technology, 2006, 11（1）: 111-124.

[5] 国家药典委员会. 中华人民共和国药典：四部.2020 年版. 北京: 中国医药科技出版社, 2020.

[6] 吴正红，周建平. 工业药剂学. 北京: 化学工业出版社, 2021.

第四章　药品包装与贮存

本章要点

掌握　药品包装的定义、分类及其作用；药品贮存与养护的定义。

熟悉　常用药包材的种类、一般质量要求与选择原则；铝塑泡罩包装、复合膜条形包装和输液软袋包装等药品软包装的应用特点。

了解　药品包装的相关法规与质量标准体系。

第一节　药品包装的基本概念

一、概述

　　药品与人们的生活息息相关，药品是用于预防和治疗疾病及康复保健的特殊商品，其在流通和贮存过程中常受到光照、潮湿、微生物等影响导致药物产生不利于药效发挥甚至影响其外观形态的变化，因此在药品加工成型以后，必须选用合适的包装材料才能最大程度保障药品的安全、有效及稳定，药品包装常被称为药品的第二生命。

　　现代工业体系下，包装的作用不断延伸，其定义在各个国家不尽相同，但其宗旨基本一致。美国包装协会的定义："包装是为产品的运出和销售所作的准备行为"。日本工业标准的定义："包装是在商品的运输与保管过程中，为保护其价值及状态，以适当的材料、容器等对商品所施的技术处理，或施加技术处理后保持下来的状态"。

　　我国国家标准《包装术语》中对包装的定义为："为在流通过程中保护产品、方便贮运、促进销售，按一定技术方法而采用的容器、材料及辅助物等的总体名称"，也指"为了达到上述目的而采用容器、材料和辅助物的过程中施加一定技术方法等的操作活动"。

　　包装按用途可分为通用包装和专用包装。药品的包装用于包装特殊商品——药品，所以属于专用包装范畴，它具有包装的所有属性，并具有特殊性。药品包装须满足药品流通、贮存、应用各个环节的要求，具备密封、稳定、轻便、美观、标识合理等基本特点。随着现代制剂开发，药品包装除了具备安全性和保护性，也更加注重功能性。

二、药品包装的定义与分类

（一）药品包装的定义

药品包装系指选用适当的材料或容器、利用包装技术对药物制剂的半成品或成品进行分（灌）、封、装、贴签等操作，为药品提供品质保证，方便贮运与销售，提供商品信息与标识的一种加工过程的总称，又可称为药品包装材料，即药包材。对于药品包装可以从两个维度去理解：其一，药品包装系指药品生产企业生产的药品和医疗机构配制的制剂所使用的直接与药品接触的包装材料和容器，由一种或多种材料制成的包装组件组合而成，应具有良好的安全性、适应性、稳定性、功能性、保护性和便利性，在药品的包装、贮藏、运输和使用过程中起到保护药品质量、安全、有效、实现给药目的（如气雾剂）的作用；其二，药品包装是针对药品的特殊商品属性，采用专门化的材料、容器和辅助物进行商品包装的技术方法，包括其工艺及操作等。

（二）药品包装的分类

根据《中国药典》（2020年版）四部通则9621"药包材通用要求指导原则"，药品包装可以按材质、形制和用途进行分类。

1. 按材质分类　可分为塑料类、金属类、玻璃类、陶瓷类、橡胶类和其他类（如纸、干燥剂）等，也可以由两种或两种以上的材料复合或组合而成（如复合膜、铝塑组合盖等）。常用的塑料类药包材如药用低密度聚乙烯滴眼剂瓶、口服固体药用高密度聚乙烯瓶、聚丙烯输液瓶等；常用的玻璃类药包材有钠钙玻璃输液瓶、低硼硅玻璃安瓿、中硼硅管制注射剂瓶等；常用的橡胶类药包材有注射液用氯化丁基橡胶塞、药用合成聚异戊二烯垫片、口服液体药用硅橡胶垫片等；常用的金属类药包材如药用铝箔、铁制的清凉油盒。

2. 按用途和形制分类　可分为输液瓶（袋、膜及配件）、安瓿、药用（注射剂、口服或者外用剂型）瓶（管、盖）、药用胶塞、药用预灌封注射器、药用滴眼（鼻、耳）剂瓶、药用硬片（膜）、药用铝箔、药用软膏管（盒）、药用喷（气）雾剂泵（阀门、罐、筒）、药用干燥剂等。

三、药品包装的作用

药品包装是药品生产流程的最后一道工序，在药品生产过程中，从原料、中间体、成品、制剂均可能涉及包装的使用。药品包装一般要涉及生产、流通及应用领域。在整个药品生产及临床应用过程中，药品包装起着重要的桥梁作用，具有不同功能。

（一）保护作用

药品在生产、运输、贮存与使用过程须经历较长时间，如果包装不当，可能使药品的物理性质或化学性质发生改变，液体制剂则更易发生微生物污染，使药品减效、失效、产生不良反应。保护功能主要包括以下两个方面。

1. 阻隔作用　视包装材质与方法不同，包装既能保证容器内药物不穿透、不泄漏，也能阻隔外界的空气、光、水分、热、异物与微生物等与药品接触。通过包装的阻隔作用，可以减少或者避免因干湿冷热变化或者光照辐射变化引起的药物稳定性问题。

2. **缓冲作用**　药品包装具有缓冲作用,可防止药品在运输、贮存过程中由于多次装卸、搬运而受到各种外力的震动、冲击和挤压。

(二)信息传递作用

通过包装中标签、说明书及包装标志,可以将具体药品的基本内容、商品特性、使用方法、安全有效性等信息科学准确地传递给使用者,可以帮助医师、患者科学、安全地使用药品。

根据《中华人民共和国药品管理法》,药品包装应当按照规定印有或者贴有标签并附有说明书。标签或者说明书应当注明药品的通用名称、成分、规格、上市许可持有人及其地址、生产企业及其地址、批准文号、产品批号、生产日期、有效期、适应证或者功能主治、用法、用量、禁忌、不良反应和注意事项。标签、说明书中的文字应当清晰,生产日期、有效期等事项应当显著标注,容易辨识。麻醉药品、精神药品、医疗用毒性药品、放射性药品、外用药品和非处方药的标签、说明书,应当印有规定的标志。例如,非处方药专有标识图案分为红色和绿色,红色、绿色专有标识分别用于甲类、乙类非处方药药品的指南性标志。单色印刷时,非处方药专有标识下方必须标示"甲类"或"乙类"字样。

药品说明书应包含有关药品的安全性、有效性等基本科学信息。药品的说明书应列有以下内容:药品名称(通用名称、英文名称、汉语拼音)、化学名称、分子式、分子量、结构式(复方制剂、生物制品应注明成分)、性状、药理毒理、药代动力学、适应证、用法用量、不良反应、禁忌证、注意事项[孕妇及哺乳期妇女用药、儿童用药、药物相互作用和其他类型的相互作用(如烟、酒等)]、药物过量(包括症状、急救措施、解毒药)、有效期、贮藏、批准文号、生产企业(包括地址及联系电话)等内容。如某一项目尚不明确,应注明"尚不明确"字样;如明确无影响,应注明"无"。

(三)功能性作用

1. **便于取用和分剂量**　随着包装材料与包装技术的发展,药品包装除了具有盛装、保护作用,也注重了功能性,人们的使用也越来越方便。例如液体制剂包装瓶盖常具有分量杯的作用,儿童液体制剂包装常配有吸量管,这些均方便了患者的使用,且更加准确地取用和分剂量也提高了药品使用的安全性。

2. **防盗功能**　瓶盖是片剂或者液体制剂药瓶的重要组成部分,随着加工工艺的不断改进及人们对药品包装关注度的提升,瓶盖的功能也在原来阻隔保护的基础上增加了防盗功能。通过一次性断裂防盗圈的警示,防止假冒伪劣产品扰乱市场,保证内装药品不被恶意破坏。

3. **儿童保护作用**　对于引湿性药物常在包装中加入干燥剂起到稳定作用,但干燥剂儿童误服极易产生严重后果,因此在瓶盖设计方面,出现了集防盗、密封与内置干燥剂一体化的包装,既可以起到常规的包装作用又能解决儿童误服干燥剂的问题。

第二节　药品的包装材料和容器

药品包装过程中所使用的有关材料、容器和辅助物称为药品包装材料,简称药包材。合格的药品包装材料应具备良好的安全性能、阻隔性能,一定的机械性能及合适的加工性能,此外还应考虑其成本因素对产品价格的影响。药包材应具备的基本性能见表4-1。

表4-1 药包材应具备的性能

性能	要求	具体内容
力学性能	保护内包装	弹性、强度、韧性、脆性、缓冲防震等
物理性能	防止变质、保证质量	吸湿性、阻隔性、导热性、耐热性、耐寒性;气密性强,防止紫外线穿透;耐油,适应气温变化,无味,无霉,无臭等
化学稳定性	在外界环境影响下,不易发生化学作用	抗老化性、抗锈蚀性、耐酸碱、耐腐蚀性气体等
生物安全性	对人体不产生伤害,对药品无污染	无毒(不含或不溶出有害物质,与药物接触不产生有害物质)、无菌(或微生物限度控制在合理范围)、无放射性等
环保性能	对环境无污染	绿色环保、无污染、自然分解、易回收利用等
制造工艺	易包装、易充填、易封合,效率高,适应机械自动化	刚性、挺度、光滑、易开口、热合性好、防止静电、包装速度快等
商品性与实用性	造型美观,具有识别性,便于开启和取用,便于再封闭	透明度好、表面光泽、适应印刷、不带静电(不易污染)
经济成本	成本合理	节省包装材料成本及包装机械设备费用等

一、药包材的种类

根据《中国药典》(2020 年版)四部通则 9621"药包材通用要求指导原则",除本章第一节所述的药品包装可以按材质、形制和用途进行分类外,还可以按照药品包装形式分类,分为内包装和外包装。内包装系指直接与药品接触的包装;外包装又分为中包装(销售包装)和大包装(运输包装)。

同时,按照实施注册管理分类,药包材可分为Ⅰ、Ⅱ、Ⅲ三类。Ⅰ类药包材指直接接触药品且直接使用的药品包装用材料、容器(如塑料输液瓶或袋、固体或液体药用塑料瓶)。Ⅱ类药包材指直接接触药品,但便于清洗,在实际使用过程中,经清洗后需要并可以消毒灭菌的药品包装用材料、容器(如玻璃输液瓶、输液瓶胶塞、玻璃口服液瓶等)。Ⅲ类药包材指Ⅰ、Ⅱ类以外其他可能直接影响药品质量的药品包装用材料、容器(如输液瓶铝盖、铝塑组合盖)。其中,Ⅰ类药包材须由国家药品监督管理局注册并获得《药包材注册证》后方可生产;Ⅱ、Ⅲ类药包材由所在省级药品监督管理部门批准后才能生产。

二、常用药包材及其特点

(一)金属类药包材

在制剂包装材料中应用较多的金属有锡、铁与铝,可制成刚性容器,如筒、桶、软管、金属箔等。用锡、铁、铝等金属制成的容器,光线、液体、气体、气味与微生物都不能透过;它们能耐高温也能耐低温。为防止内外腐蚀或发生化学作用,容器内外壁上往往需要涂保护层。同时,金属除了在刚性容器中的大量应用外,在软性包装中也有重要应用,例如药用铝箔等。

1. 锡 锡化学稳定性好,有良好的冷锻性,在常温下不易被氧气氧化,富有光泽。锡熔点较低,可塑性强,可牢固地包附在很多金属的表面。锡管中常含有 0.5% 的铜以增加硬度,锡片上包铝能改善成品外观而又能抵御氧化,可用于食品或者药品包装。但锡比较昂贵,除了少量眼用软膏,多采用价廉的涂漆或镀锡铝管来代替锡管。

2. 铁 药物包装不用铁,但镀锡钢大量应用于制造桶、螺旋帽盖与气雾剂容器。马口铁是一种含碳量适中或低碳的两面镀有商业用纯锡的钢板或条带,它具有钢的强度与锡的抗腐蚀力,且延展性更好。

3. 铝 铝制品质轻,具有延展性、可锻性与不透性,无气、无味、无毒;可制成刚性、半刚性或柔软的容器。铝表面与空气中的氧作用能形成氧化铝薄层,该薄层坚硬、透明,保护铝不再继续被氧化。铝制软膏管、片剂容器、螺旋盖帽、小药袋与铝箔等均在药剂中有广泛应用。铝箔具有良好的加工、使用和防潮性能,在药品包装中使用广泛。药品包装所采用的铝箔是纯度为 99% 的电解铝经过压延制作而成的硬铝,具有高度致密的金属晶体结构,其导电性和遮光性能优异,防潮性、阻气性极高,能够有效保护药品。药用铝箔常与聚氯乙烯(polyvinyl chloride, PVC)、聚偏二氯乙烯(polyvinylidenechloride, PVDC)等复合,制成综合性能优异的铝塑泡罩包装、窄条形包装材料,用于胶囊剂、片剂等的内包装。根据国家标准 GB/T 3198—2020《铝及铝合金箔》,普通级铝箔表面允许存在针孔,$12\sim40\mu m$ 厚度的铝箔在任意 4mm×4mm 或 1mm×16mm 面积上的针孔个数不超过 3 个,且针孔直径不大于 0.3mm。

(二)玻璃类药包材

玻璃是由熔融体过冷制得的介于晶态和液态之间的无定型物体,经配料、熔料、成型、退火工艺制备而成,玻璃容器是最常用的药品包装容器之一,特别适用于液体制剂的包装。玻璃作为药包材具有如下优点:①阻隔性能优良,配上合适的塞子或盖子与盖衬可以不受外界任何物质的入侵,同时阻止内装物的可挥发性成分向外界挥发;②化学稳定性优良,耐腐蚀,不污染内装物,不老化,易于灭菌,与药物相容性好;③外观美观,透明度好,且容易进行颜色和透明度的改变,需要避光的药物可选用棕色玻璃容器。玻璃容器的主要缺点为质重不便携带,质脆易破碎;与水、碱性物质长期接触或刷洗、加热灭菌,会使其内壁表面发毛或透明度降低。

药用玻璃主要成分是二氧化硅,常加入钠、钾、钙、铝、硼等的氧化物,以使玻璃呈现热加工性、热稳定性和化学稳定性(耐水性、耐酸性和耐碱性)等。常用的玻璃药包材主要有硼硅玻璃、中性玻璃、低硼硅玻璃、钠钙玻璃等。

1. 硼硅玻璃 硼硅玻璃又称硬质玻璃,这种玻璃化学稳定性好、耐热性好,多用于制造有较高质量要求的玻璃制品,如管制冻干粉针玻璃瓶。

2. 中性玻璃 中性玻璃的线膨胀系数为$(4.0\sim5.0)\times10^{-6}K^{-1}$(20~300℃),含 8%~12% 氧化硼($B_2O_3$)。中性玻璃在药包材中用途广泛,主要用于安瓿、管制冻干粉针玻璃瓶、管制注射剂玻璃瓶等。

3. 低硼硅玻璃 低硼硅玻璃的 B_2O_3 含量应符合 5%~8%(*W/W*),线膨胀系数为(6.2~

7.5)$\times10^{-6}K^{-1}$（20～300℃）。低硼硅玻璃在国际上不通用,为我国特有药用玻璃产品,因我国已生产多年,理化性能基本能达到要求,新的药用玻璃标准对这类玻璃予以保留、限用,重点发展国际中性玻璃。

4. 钠钙玻璃 钠钙玻璃又称为碱性或碱土硅酸盐玻璃,主要成分是二氧化硅、氧化钙和氧化钠等,线膨胀系数为（7.6～9.0）$\times10^{-6}K^{-1}$（20～300℃）。与硼硅玻璃相比,钠钙玻璃容易熔制和加工、价廉,多用于制造对耐热性、化学稳定性要求不高的玻璃制品。

国际与国内药用玻璃种类、化学组成及性能见表4-2和表4-3。

表4-2 国际药用玻璃种类、化学组成及性能

化学组成及性能	碱性或碱土硅酸盐玻璃（钠钙玻璃）	硼硅玻璃	
		无碱土氧化物（硅硼玻璃）	含碱土氧化物（中性玻璃）
SiO_2/%	70～75	81	75
氧化物 RO/%	12～16	4	4～8
氧化物 R_2O/%	10～15	N/A	<5
氧化物 Al_2O_3/%	0.5～2.5	2～3	2～7
氧化物 B_2O_3/%	N/A	12～13	8～12
α/K^{-1}	8×10^{-6}～10×10^{-6}	3.3×10^{-6}	4×10^{-6}～5×10^{-6}
耐水性	弱～中等	很强	很强
耐酸性	很强	很强	很强
耐碱性	中等	中等	中等

注:线膨胀系数（α）指温度升高1℃（1K）时,在其原长度上所增加的百分数。

表4-3 国内药用玻璃种类、化学组成及性能

化学组成及性能	碱性或碱土硅酸盐玻璃（钠钙玻璃）	硼硅玻璃		低硼硅玻璃
		无碱土氧化物（硅硼玻璃）	含碱土氧化物（中性玻璃）	含碱土氧化物
SiO_2/%	70	81	75	71
氧化物 RO/%	12～16	4	4～8	11.5
氧化物 R_2O/%	12	N/A	5	5.5
氧化物 Al_2O_3/%	0～3.5	2～3	2～7	3～6
氧化物 B_2O_3/%	0～3.5	12～13	8～12	5～8
α/K^{-1}	7.6×10^{-6}～9×10^{-6}	3.2×10^{-6}～3.4×10^{-6}	4×10^{-6}～5×10^{-6}	6.2×10^{-6}～7.5×10^{-6}
耐水性	弱～中等	很强	很强	强
耐酸性	很强	很强	很强	很强
耐碱性	中等	中等	中等	中等
应用领域	GM 注射剂瓶、输液瓶、GM 药瓶、G 口服液瓶、药用管	G 注射剂瓶、GM 药瓶、G 口服液瓶、药用管、冻干笔式注射玻璃珠/套筒	安瓿、GM 注射剂瓶、药用管、输液瓶	GM 注射剂瓶、输液瓶、GM 药瓶、G 口服液瓶、药用管、安瓿

注:G 为管制,M 为模制。

(三）塑料及其复合材料药包材

塑料是一种合成的高分子化合物,以树脂为基料,在一定温度和压强下成型所得,具有许多优越的性能,可用来生产刚性或软性容器。塑料比玻璃或金属轻,不易破碎(即使碎裂,危险性较低),便于封口且生产成本较低,但其在透气、透湿性、化学稳定性、耐热性等方面均不如玻璃。塑料容器能透气透湿、高温软化,或受溶剂的影响,因此适合于较为稳定的制剂的包装。同时,部分塑料类药品包装材料与药品相互作用,吸附药品中的活性成分、降低有效成分含量而影响药品的疗效。需要特别关注的是塑料制品废弃物不易分解或处理,易造成对环境的污染。

根据受热的变化,塑料可分成二类:一类是热塑性塑料,它受热后熔融塑化,冷却后变硬成形,但其分子结构和性能无显著变化,如聚氯乙烯(polyvinylchloride,PVC)、聚乙烯(polyethylene,PE)、聚丙烯(polypropylene,PP)、聚酰胺(polyamide,PA)等;另一类是热固性塑料,它受热后,分子结构被破坏,不能回收再次成型,如酚醛塑料、环氧树脂塑料等。前一类较常用。

近年来,除传统的聚对苯二甲酸乙二醇酯(聚酯,polyethylene terephthalate,PET)、聚乙烯、聚丙烯等包装材料用于医药包装外,各种新材料如铝塑、纸塑等复合材料也广泛应用于药品包装,有效地提高了药品包装质量、美观性与实用性,显示出塑料包装广泛的发展前景。

1. **聚氯乙烯** 聚氯乙烯(polyvinyl chloride,PVC)是由氯乙烯在引发剂作用下聚合而成的热塑性树脂。PVC 透明性好,强度高,热封性和印刷性优良。在医药包装中,硬质 PVC 主要用于制作周转箱、瓶等;软质 PVC 主要用于制作薄膜、袋等;PVC 片材被用作片剂、胶囊剂的铝塑泡罩包装的泡罩材料。PVC 质坚但抗冲击力不佳,热稳定性较差,常须加入稳定剂和增塑剂(乙基己基胺,diethyl hydroxylamine,DEHA)以降低加工温度和调整 PVC 的软硬程度。

2. **聚丙烯** 聚丙烯(polypropylene,PP)是由丙烯聚合而制得的一种热塑性树脂。PP 无毒,是密度很低的一种塑料,未填充或增强的密度仅有 $0.90\sim0.91g/cm^3$,通常都是结晶态,熔点为 $170\sim185℃$,故耐热性高,可在沸水中蒸煮,可作为需要高温消毒灭菌的包装材料。PP 化学性能稳定,不受强酸、强碱和大多数溶剂的影响,耐化学品侵蚀,具有极优的耐弯曲疲劳强度,可耐折数十万次,可用于掀顶型瓶盖的制备。PP 的缺点在于它是弱极性高聚物,所以热黏合性、印刷性较差,常用于提高透明性或阻隔性;耐寒性差,低温时很脆,为降低 PP 的脆性可加入一定比例的 PE;易氧化老化,可添加抗氧化剂与紫外光吸收剂等加以克服。

3. **聚乙烯** 聚乙烯(polyethylene,PE)由乙烯单体聚合而成,是应用最广泛、用量最多的塑料之一。常用的有高密度聚乙烯(high density polyethylene,HDPE)、低密度聚乙烯(low density polyethylene,LDPE)以及线型低密度聚乙烯(linear low density polyethylene,LLDPE)等。PE 具有良好的柔韧性,易于加工成型,有优良的热封合性能和热黏合性能;PE 的非极性性质使其抗潮性能良好;PE 化学性能稳定,耐化学品侵蚀;耐低温,在低温时仍能保持较好的柔软性。聚乙烯的缺点是透明性较差;对氧和二氧化碳阻透性差,不适宜易氧化药物的包装;阻味性、耐油性较差,不适于芳香性、油脂性药物的包装。

4. **聚对苯二甲酸乙二醇酯** 聚对苯二甲酸乙二醇酯(polyethylene terephthalate,PET)种类很多,由于其强度高、透明性好、尺寸稳定性优异、气密性好,常用来代替玻璃容器和金属容器,用于片剂、胶囊剂等固体制剂的包装;特性黏度在 $0.57\sim0.64cm^3/g$ 的 PET 经双向拉伸后形成双向拉伸聚对苯二甲酸乙二醇酯(bi-oriented polyethylene terephthalate,BOPET),常用于包装中药饮片。另外,由于其保气味和耐热性高,可作为多层复合膜中的阻隔层,如 PET/PE 复合膜等。PET 的最大缺点是不能经受高温蒸汽消毒。

5. 聚萘二甲酸乙二醇酯 聚萘二甲酸乙二醇酯(polyethylene naphthalate,PEN)的力学性能优良,有很强的耐紫外线照射特性,透明性、阻隔性好,玻璃化转变温度高达 121℃,结晶速度较慢,易制成透明的厚壁耐热容器。PEN 价格较高,为降低成本常采用 PEN 与 PET 共混,形成 PEN/PET 共混物使其成本与玻璃相当,又具有与玻璃瓶相同的气密性。由于 PEN 有较强的耐紫外线照射的特性,使药品的成分不因光线照射而发生变化,常用于口服液、糖浆等制剂的热封装,是目前唯一能取代玻璃容器并可用工业方法蒸煮消毒的刚性包装材料。

6. 聚偏氯乙烯 聚偏氯乙烯(polyvinylidene chloride,PVDC)是由偏二氯乙烯(vinylidene chloride,VDC)和氯乙烯(vinyl chloride,VC)聚合而成的。PVDC 的透明性好,印刷性和热封性能优异,其最大特点是对空气中的氧气及水蒸气、二氧化碳等具有良好的阻隔性,防潮性极好。但由于其价格昂贵,在医药包装中主要与 PE、PP 等制成复合薄膜用作冲剂和散剂等制剂的包装袋。PVDC 缺点是耐老化性差,容易受热、紫外线的影响而分解出氯化氢气体,其残余的单体也有毒性,应用于药品包装材料时应严格控制其质量。

7. 镀铝膜 真空镀铝膜(vacuum aluminizing film,VM)是在高真空状态下将铝蒸发到各种基膜上的一种软包装薄膜产品,镀铝层非常薄。在中药颗粒剂、散剂的外包装中广泛使用的有 PET、流延聚丙烯(cast polypropylene,CPP)、定向聚丙烯(oriented polypropylene,OPP)、PE 等真空镀铝膜。其中应用最多是 PET、CPP、PE 真空镀铝膜。真空镀铝软薄膜包装除了具有塑料基膜的特性外,还具有漂亮的装饰性和良好的阻隔性,尤其是各种塑料基材经镀铝后,其透光率、透氧率和透水蒸气率均可大幅度降低。

8. 双向拉伸聚丙烯 双向拉伸聚丙烯(bi-oriented polypropylene,BOPP)薄膜具有良好的透明性、耐热性和阻隔性,用于药品软包装复合袋的外层,把它与热封性好的 LDPE、乙烯 - 乙酸乙烯酯共聚物(ethylene-vinyl acetate copolymer,EVA)或与铝箔复合,能大大提高复合膜的刚度及物理机械性能,如在 BOPP 基膜上涂上防潮及阻隔性能优良的 PVDC,则可大大提高它的防透过性能。

9. 流延聚丙烯 CPP 具有良好的热封性,用于药品包装复合包装袋的内层,真空镀铝后可与 BOPP、PET 等复合。

10. 氟卤代烃薄膜 该塑料薄膜是氯三氟乙烯(chlorotrifluoroethylene,CTFE)的共聚物,不可燃、阻隔性优良且透明,具有独特的应用范围。目前有两类,即 CTFE 和乙烯三氟氯乙烯共聚物。CTFE 化学性质稳定,能经受住金属、陶瓷和其他塑料所不能经受的化学物质的侵蚀;水蒸气渗透率比其他任何塑料薄膜都低,实际上其吸湿性等于零;能与各种基料复合,像 PE、PVC、PET、尼龙(nylon,NY)、铝箔等;亦可用真空喷镀铝法给它们喷镀金属。CTFE 薄膜及其复合物主要用于包装需要高度防潮的药片和胶囊。

药品包装中可使用的塑料还有聚酰胺(polyamide,PA)、聚氨酯(polyurethane,PUR)、聚苯乙烯(polystyrene,PS)、乙烯 - 乙烯醇共聚物(ethylene vinyl alcohol copolymer,EVOH)、

乙烯 / 乙酸乙烯酯共聚物（EVA）、聚四氟乙烯（polytetrafluoroethylene，PTFE）、聚碳酸酯（polycarbonate，PC）、聚氟乙烯（polyvinylfluoride，PVF）等，其用途大都是发挥这些塑料所具有的防潮、遮光、阻气、印刷性好等优点。

不论何种塑料，其基本组成均为塑料、残留单体、增塑剂、成形剂、稳定剂、填料、着色剂、抗静电剂、润滑剂、抗氧化剂及紫外线吸收剂等。任一组分都可能迁移而进入包装的制品中。聚氯乙烯（与聚烯烃相比）中含有较多的附加剂，如残留的单体氯乙烯以及增塑剂邻苯二甲酸二乙基己酯（di-2-ethylhexyl phthalate，DEHP），为塑料中有较大危险的一个品种。由于DEHP 的潜在应用风险，美国、欧盟都对应用于食品包装、儿童护理品或玩具的 PVC 材料中的 DEHP 限量有严格要求，美国 FDA 要求临床使用 DEHP 产品需评估其风险，并在尽量选择替代产品。

（四）橡胶类药包材

橡胶具有高弹性、低透气和透水性、耐灭菌、良好的相容性等特性，其主要优点包括：①有一定的柔性，适宜制成多种形状的胶塞；②回弹性好，针头穿刺后可重新密封；③非热塑性，能耐受多数高温灭菌；④压缩成型性好，在产品有效期内可保持良好的密封性能。橡胶药包材的缺点主要包括：①在针头穿刺胶塞时会产生橡胶屑或异物；②吸附性强，易吸附部分主药和防腐剂等，导致含量降低、疗效下降；③橡胶的浸出物或其他不溶成分可能迁移至药液中污染药液。

橡胶可用来制造医药包装系统的基本元素——药用胶塞，一般常用作医药产品包装的密封件，如输液瓶塞、冻干剂瓶塞、血液试管胶塞、输液泵胶塞、齿科麻醉针筒活塞、预装注射针筒活塞和各种气雾瓶（吸气器）密封件等。理想的胶塞应具备以下性能：气体和水蒸气低透过性；低吸水率；能耐针刺且不落屑；有足够的弹性，刺穿后再封性好；良好的耐老化性能和色泽稳定性；耐蒸汽、氧乙烯和辐射消毒等。

1. **天然橡胶**　是第一代用于药用瓶塞的橡胶，由于天然橡胶需要高含量的硫化剂、防老剂以防老化，所以易产生药品不需要的高残余量的抽出物，其吸收率也不理想。因此，天然胶塞已被淘汰。

2. **乙丙橡胶**　其配方采用过氧化物硫化，不含任何增塑剂，但常有来自橡胶中的催化剂残余物，因此这种橡胶一般只用于与高 pH 溶液或某些气雾剂直接接触的瓶塞或密封件。

3. **丁腈橡胶**　具有优异的重密封性能和耐油、耐各种溶剂性能，被广泛应用于药品推进胶件，如气雾泵的计量阀、兽药耐油瓶塞等。

4. **丁基橡胶**　是异丁烯和少量异戊二烯的共聚物。异戊二烯的加入使丁基胶分子链上有了可用硫黄或其他硫化剂硫化的双键。它具有对气体的低渗透性，低频率下的高减振性，优异的耐老化、耐热、耐低温、耐化学、耐臭氧、耐水及蒸汽、耐油等性能及较强的回弹性等特点。丁基橡胶是气密性最好的橡胶，最高使用温度可达到 200℃，完全满足药品高温灭菌的需要；其化学防腐蚀性好。

5. **卤化丁基橡胶**　卤化丁基橡胶与丁基橡胶有着共同的性质和特点，但由于卤素氯或溴的存在，使胶料的硫化活性和选择性更高，易与不饱和橡胶共硫化，消除了普通丁基橡胶易污染的弊病，是当前药用瓶塞最理想的材料。目前全球 90% 以上的瓶塞生产企业多采用药用级可剥离型丁基橡胶或卤化丁基橡胶作为生产和制造各类药用胶塞的原料。

6. 其他橡胶 异戊二烯橡胶,分子结构与天然橡胶相同,是一种按照天然橡胶结构合成而又进行改良的橡胶材料,称作合成天然橡胶,具有某些优于天然橡胶的特性。丙烯酸酯橡胶,是以丙烯酸酯为主单体经共聚而得的弹性体,耐热、耐老化、耐油、耐臭氧、抗紫外线等,且对生物体安全无害。

(五)其他药包材

除上述金属类、玻璃类、塑料类以及橡胶类药包材,纸类、陶瓷类药包材也有较多的应用。

纸是由极为纤细的植物纤维或其他纤维相互牢固交织而形成的纤维薄层,经制浆、漂白、打浆、加填与施胶、稀释与精选、抄纸整理等过程制得。纸类药包材原料广泛,易得,成本较低,安全卫生;纸和纸板的成形性和折叠性优良,便于剪裁、折叠、黏合、钉接;纸品与塑料、金属箔等制成复合包装材料可改善性能;具有良好的印刷性能;但透过性大,防潮防湿性能差,易燃,力学强度不高。纸类药包材常用于下述药品包装领域:①标签与说明书;②包装材料;③袋子和厚纸袋;④可折叠且坚固的纸板箱和纸盒;⑤供运输和搬运用的外包装,包括实心和瓦楞状;⑥胶带;⑦箱子的附件;⑧复合管和桶;⑨模铸的纸浆板容器;⑩纸质的衬垫、衬里和层压板。

陶瓷是经过原料制备与合成、成型、烧结、后加工等工艺过程而制得的一类无机非金属材料。陶瓷类药包材的特点如下:①化学稳定性与热稳定性良好,能耐各种化学物品的侵蚀,并耐温度剧变;②高硬度和良好的抗压能力,质硬耐磨;③容器易洗刷、消毒、灭菌,可保持良好的清洁状态;④缺点是质重、受震动或冲击易破碎,不利于贮存运输。

三、药品包装容器

根据实际产品的包装需求及质量要求,合理选择上述金属类、玻璃类、塑料类、橡胶类等药包材可制得多种类型的药品包装容器。

(一)金属类药品包装容器

1. 铝管 药用铝管分为软质铝管和硬质铝管。铝管经过软化处理成软质铝管,俗称"软管",它易于控制给药剂量,具有良好的重复密闭性能,并对药品有充分的保护作用。

2. 铝瓶 药用铝瓶在制药行业中广泛用于抗生素原料粉末包装,常用有 3L 和 5L 两种规格。铝瓶内外表面都有一层致密的氧化铝薄膜,使膜内部不再进一步氧化,性能稳定,增强耐腐蚀性。

3. 气雾剂容器 气雾剂容器可以通过铝的冲挤、马口铁的组合或者拉伸和壁打薄等工艺进行制造。

4. 药品包装的金属配件 铝盖,广泛应用于金属或者玻璃容器的密封件,种类繁多;铝塑组合盖,外形美观、开启方便,不同颜色的塑料上还可制作商标、标记,既可区分不同的品种和规格,又可以起到防伪作用;马口铁螺旋盖,一般用于胶囊剂等固体制剂的玻璃药瓶。

（二）玻璃类药品包装容器

1. **安瓿**　有无色玻璃和棕色玻璃两种，规格有 1ml、2ml、5ml、10ml、20ml 等。安瓿填充后可以进行干热灭菌或蒸汽热压灭菌。

2. **输液瓶**　玻璃输液瓶具有光洁透明、易消毒、耐侵蚀、耐高温、密封性能好等特点，目前仍是普通输液剂的首选包装。

3. **注射剂瓶**　有模制注射剂瓶和管制注射剂瓶，主要适用于各类抗生素药品粉针剂包装。

4. **玻璃药瓶**　玻璃药瓶大部分用于口服液制剂，有管制的无色、棕色、蓝色口服液瓶以及模制的棕色玻璃药瓶等。

（三）橡胶类药品包装容器配件

1. **卤化丁基橡胶瓶塞**　采用卤化丁基橡胶生产的新型药用瓶塞，具备较优异的物理和化学性能。

2. **覆膜、镀膜或涂膜胶塞**　指在胶塞表面新增加的一层阻隔膜，增加的这层阻隔膜能够减少橡胶塞和敏感药物的相互影响，可表现出良好的药物相容性。

3. **超洁净胶塞**　采用新型橡胶或新型硫化体系，制造以满足某些特殊敏感药品的胶塞。

4. **低微粒硅油或无硅油丁基橡胶塞**　胶塞表面硅油是影响药品稳定性的主要原因之一，通过胶塞模具表面的合理设计，可以减少或消除清洗和灭菌时出现的发黏问题。

5. **橡胶密封垫片**　常用的有口服液用氯化丁基橡垫片、药用合成聚异戊二烯垫片、输液袋用聚碳酸酯组合接口（含溴化丁基橡胶垫片），起到衬垫、密封、缓冲等作用。

（四）纸类药品包装容器

1. **纸袋**　纸袋是至少一端封合的单层或多层扁平管状纸包装制品，作为药包材用于散剂、颗粒剂、原料固体药物的包装，主要在医院药房和社会零售药房中广泛应用于各种固体制剂的临时分装，便于零售。

2. **纸盒**　纸盒一般以白底白板纸或灰底白板纸制成，多作为中包装、销售包装，分为折叠纸盒和固定纸盒两种。

3. **瓦楞纸箱**　瓦楞纸箱是用瓦楞纸板经过模切、压痕、钉箱或粘箱制成的刚性纸质容器，多作为运输包装。

4. **其他应用**　各种规格的纸张被用作其他材料制成的袋子的衬里，如玻璃纸已经被用作各种塑料、金属或纤维板小桶的内衬等。

（五）陶瓷类药品包装

常用的有药用口服固体陶瓷瓶，一般用于传统药制剂的包装，如速效救心丸、清咽滴丸、西黄丸等产品的包装。

四、药包材的质量要求

为确认药包材可被用于包装药品，有必要对这些材料进行质量监控。根据药包材使用的特定性，这些材料应具有下列特性：①保护作用，保护药品在贮藏、使用过程中不受环境的影响,保持药品原有属性;②相容性,药包材与所包装的药品不能有化学、生物意义上的反应;③安全性,药包材自身在贮藏、使用过程中性质应有较好的稳定性,药包材在包裹药品时不能污染药品生产环境,药包材不得带有在使用过程中不能消除的对所包装药物有影响的物质;④功能性,除了对药物的保护作用及药包材自身的安全稳定定性外,药包材作为向医药卫生专业人员和消费者宣传介绍药品特性、指导合理用药和普及医药知识的重要媒介,须起到信息传递的作用;⑤经济环保性,药包材应来源广泛、取材方便、成本低廉,使用后的包装材料和包装容器应易于处理,不污染环境,以免造成公害。所有药包材的质量标准须证明该材料具有上述特性,并得到有效控制。

根据药包材的特性,药包材的质量标准主要包含以下项目。

1. **材料的确认(鉴别)** 主要确认材料的特性,防止掺杂,确认材料来源的一致性。

2. **材料的化学性能** 检查材料在各种溶剂(如水、乙醇和正己烷)中浸出物(主要检查有害物质、低分子量物质、未反应物、制作时带入物质、添加剂等)、还原性物质、重金属、蒸发残渣、pH、紫外吸收度等;检查材料中特定的物质,如聚氯乙烯硬片中氯乙烯单体、聚丙烯输液瓶催化剂、复合材料中溶剂残留;检查材料加工时的添加物,如橡胶中硫化物、聚氯乙烯膜中增塑剂(邻苯二甲酸二辛酯)、聚丙烯输液瓶中的抗氧化剂等。

3. **材料、容器的使用性能** 容器须检查密封性、水蒸气透过量、抗跌落性、滴出量(若有定量功能的容器)等;片材须检查水蒸气透过量、抗拉强度、延伸率;如材料、容器需要组合使用须检查热封强度、扭力、组合部位的尺寸等。

4. **材料、容器的生物安全检查项目** 微生物数,根据材料、容器被用于何种剂型测定各种类微生物的量;安全性,根据材料、容器被用于何种剂型须选择测试异常毒性、溶血细胞毒性、眼刺激性、细菌内毒素等项目。

五、药包材的选择原则

1. **对等性原则** 在选择药品包装时,除了必须考虑保证药品的质量外,还应根据药品的价格、品性或附加值,选择价格相对等的药包材。

2. **美学性原则** 药品的包装是否符合美学,在一定程度上会左右一个药品的命运。从药品包装材料的选用来看,主要考虑药包材的颜色、透明度、挺度、种类等。

3. **相容性原则** 药包材与药物制剂的相容性系指药品包装材料与制剂间的相互影响或迁移。它包括物理相容、化学相容和生物相容。药品包装系统一方面为药品提供保护,以满足其预期的安全有效的用途;另一方面还应与药品具有良好的相容性,即不能引入可引发安全性风险的浸出物,或引入浸出物的水平符合安全性要求。为此,原国家食品药品监督管理局已于 2012 年 9 月颁布了《化学药品注射剂与塑料包装材料相容性研究技术指导原则(试行)》,且后续可能会陆续颁布其他剂型与包装材料的相容性研究的指导原则。

是否需要进行相容性研究,以及进行何种相容性研究,应基于对制剂与包装材料发生相互作用的可能性以及评估由此可能产生安全性风险的结果。与口服制剂相比,吸入气雾剂或喷雾剂、注射液或注射用混悬液、眼用溶液或混悬液、鼻吸入气雾剂或喷雾剂等制剂,由于给药后将直接接触人体组织或进入血液系统,被认为是风险程度较高的品种;另外,大多液体制剂在处方中除活性成分外还含有一些功能性辅料(助溶剂、防腐剂、抗氧化剂等),这些功能性辅料的存在,可促进包装材料中成分的溶出,因此与包装材料发生相互作用的可能性较大。按照药品给药途径的风险程度及其与包装材料发生相互作用的可能性分级,这些制剂被列为与包装材料发生相互作用可能性较高的高风险制剂。对上述制剂必须进行药品与包装材料的相容性研究,以证实包装材料与制剂具有良好的相容性。

4. 适应性原则 药品必须通过流通领域才能到达患者手中,而各种药品的流通条件并不相同,因此药品包装材料的选用应与流通条件相适应。流通条件包括气候、运输方式、流通对象与流通周期等,它们对药品包装材料的性能要求各不相同。

5. 协调性原则 药品包装应与该包装所承担的功能相协调。药品包装对所保护药品的稳定性关系极大,因此要根据药物制剂的剂型来选择不同材料制作的包装容器,例如,液体和胶质药品宜选用不渗漏的材料制作包装容器。药品包装材料、容器必须与药物剂型相容,并能、抗外界气候、抗微生物、抗物理化学等作用的影响,同时应密封、防篡改、防替换、防儿童误服用等。

第三节　药品软包装

软包装是近年来常用的药品包装形式。应用的包装材料主要是塑料膜,或包括纸、塑料、铝箔等制成的复合膜、铝塑泡罩等。

一、铝塑泡罩包装

药品的铝塑泡罩包装(press through packaging)又称水泡眼包装,简称PTP,是先将透明塑料硬片吸塑成型后,将片剂、丸剂或颗粒剂、胶囊等固体药品填充在凹槽内,再与涂有黏合剂的铝箔片加热黏合在一起,形成独立的密封包装。这种包装是当今制药行业应用广泛、发展迅速的药品软包装形式之一。

与瓶装药品相比,泡罩包装最大的优点是便于携带、可减少药品在携带和服用过程中的污染,此外泡罩包装在气体阻隔性、防潮性、安全性、生产效率、剂量准确性等方面也具有明显的优势。泡罩包装的另一个优势是全自动的封装过程最大程度地保障了药品包装的安全性。全自动泡罩包装机包括泡罩的成型、药品填充、封合、外包装纸盒的成型、说明书的折叠与插入、泡罩板的入盒以及纸盒的封合,全部过程一次完成。

1. 药品包装用铝箔材料 药品泡罩包装采用的铝箔是密封在塑料硬片上的封口材料(也叫盖口材料),通常称为PTP药用铝箔,它以硬质铝箔为基材,具有无毒、无腐蚀、不渗透、卫生、阻热、防潮等优点,适合进行高温消毒灭菌,通过阻光可保护药品片剂免受光照变质。铝箔与塑料硬片密封前须在专用印刷涂布机上印制文字图案,并涂以保护剂,在铝箔的另一面涂以黏合剂。涂保护剂的作用是防止铝箔表面油墨图文磨损,同时也防止铝箔在机械收卷时外层油墨与内层的黏合剂接触而造成污染。黏合剂的作用是使铝箔与塑料硬片具有良好的黏合强度。铝箔除用于片剂、胶囊的包装外,还可用于针剂等药品的外包装。

2. 药品包装用泡罩材料 泡罩包装良好的阻隔性能源于对原材料铝箔和塑料硬片的选择。铝箔具有高度致密的金属晶体结构,有良好的阻隔性和遮光性;塑料硬片则应具备足够的对氧气、二氧化碳和水蒸气的阻隔性能、高透明度和不易开裂的机械强度。目前最常用的药用泡罩包装材料有PVC片、PVDC片及真空镀铝膜(详见本章"常用药包材及其特点")。

3. 铝箔印刷用油墨及其黏合材料 铝箔印刷用油墨应具备良好的铝箔黏附性,印刷的文字图案要牢固,同时溶剂释放要较快,耐热性好,耐磨性及光泽性能好,且无毒、不污染所包装的药品,黏度应符合铝箔印刷速度及干燥的要求等。目前药用铝箔常用的油墨主要有醇溶性聚酰胺类油墨,其特点是具备较好的黏附性及光泽性,耐磨且溶剂释放性较好;另一类是以聚乙烯-醋酸乙烯共聚合树脂和丙烯酸为主要成分的铝箔专用油墨,其色泽鲜艳、浓度高、耐高温性及与铝箔的黏附性强,有良好的透明性,已广泛应用于药品铝箔的印刷。

铝箔用黏合剂主要是聚醋酸乙烯酯与硝酸纤维素混合的溶剂型黏合剂,该黏合剂在熔融状态下流动性、涂布性好,在一定温度下与铝塑及PVC表面有良好的亲和力,能在化学或物理作用下发生固化结合。

药用铝箔的印刷、涂覆黏合剂等工序均在药用PTP铝箔印刷涂布设备上完成。该设备主要由印刷系统、涂布系统、烘干系统及收放卷系统构成。

4. 铝塑泡罩材料热封的检验 药品包装厂将印刷涂布后的铝箔提供给制药厂,药厂在自动泡罩包装机上对铝箔及塑料硬片进行热压合,并填入药品,其过程为:塑料硬片泡罩成形→填装药片或胶囊→塑料硬片与铝箔热压封合→压制可撕齿痕或印制生产日期→按所设计的尺寸裁切成板块。

为保证所封合泡罩包装的质量,应对其进行密封性能测试,方法如下:将样品放入能承受100kPa的容器中,盖紧密封,并抽真空至80kPa±13kPa,30秒后,注入有色水,恢复常压,打开盖检查有无液体渗入泡罩内。泡罩包装的湿热试验及其他检验方法,可根据ZBC 08003—87《药品铝塑泡罩包装》的要求进行检验。

二、复合膜条形包装

条形包装(strip packaging,SP)是利用两层药用条形包装膜(SP膜)把药品夹于中间,单位药品之间隔开一定距离,在条形包装机上把药品周围的两层SP膜内侧热合密封,药品之间压上齿痕,形成一种单位包装形式(单片包装或成排组成小包装)。取用药品时,可沿齿痕撕开SP膜即可。条形包装可在条形包装机上连续作业,特别适合大批量自动包装。

条形包装覆膜袋不仅能包装片剂,也是颗粒剂、散剂等剂型的主要包装形式,适于包装剂量大、吸湿性强、对紫外线敏感的药品。

SP膜是一种复合膜,具有一定的抗拉强度及延伸率,适合于各种形状和尺寸的药品,并且包装后紧贴内装药品,不易破裂和产生皱纹。目前较普遍使用的铝塑复合膜,一般有玻璃纸(plane transparent cellophane)/铝箔(aluminum foil)/低密度聚乙烯(low density polyethylene)（PT/AL/LDPE）和 OP 保护剂涂层 / 铝箔 / 低密度聚乙烯（OP/AL/LDPE）两种结构，即铝箔与塑料薄膜以黏合剂层压复合或挤出复合而成，由基层、印刷层、高阻隔层、密封层组成。基层在外，密封层在内，高阻隔层和印刷层位于中间。

基层材料要求机械性能优良，安全无毒，有光泽，有良好的印刷性、透明性、阻隔性和热封性。典型材料有 PET、PT 及带 PVDC 涂层的玻璃纸。PT/AL/LDPE 结构的产品可在玻璃纸表面进行彩色印刷，且产品结构挺性较好，不易起皱。OP/AL/LDPE 结构的产品由于采用铝箔表印，一般不能印刷太多颜色，且表面印字不耐划伤。

高阻隔层应有良好的气体阻隔性、防潮性和机械性能，其典型材料是软质铝箔。PT/AL/LDPE 结构的产品由于表面采用玻璃纸，防潮性差，玻璃纸易与铝箔离层；其阻隔层一般采用 6.5～9μm 厚铝箔，阻氧、阻水和隔光性能欠佳，故一般用于阻隔性能要求不高的药品条形包装。OP/AL/LDPE 结构的复合膜，其阻隔层的铝箔厚度一般都在 25μm 以上，因而其防潮性和阻气性能极佳（一般为 PT/AL/LDPE 结构的 7 倍以上），其氧气透过量和水蒸气透过量基本为零，特别适用于防潮、阻气和隔光性能要求很高的药品条形包装。若需要透明条形包装膜，则采用 PVDC 作高阻隔层材料。

密封层是条形包装膜的内层，应具有优良的热封性、化学稳定性与安全性，一般采用 LDPE 材料。

三、输液软袋包装

传统输液容器为玻璃瓶。玻璃瓶具有良好的透明度、相容性及阻水阻气性能。但玻璃瓶也有明显的缺陷，如体重大、稳定性差、口部密封性差、胶塞与药液直接接触、易碎、碰撞引起隐形裂伤易引起药液污染、烧制玻璃瓶时污染大及能耗大。在输液方式上，由于玻璃瓶不能扁瘪，输液过程中须形成空气回路，外界空气进入瓶体形成内压方能使药液滴出，空气中的灰尘、微生物（如细菌、真菌等）也可由此进入玻璃瓶中污染输液，此外，当加入治疗性药物（如易氧化药物）且需要长时间滴注时，药物不断与空气接触，易引起部分药物降解。

针对玻璃瓶输液容器存在的缺陷，在 20 世纪 60 年代，工业发达国家开始研究使用高分子材料制造输液容器。塑料输液瓶材料多为聚丙烯、聚乙烯，其性能特点主要为稳定性好、口部密封性好、无脱落物、胶塞不与药液接触、质轻、抗冲击力强、节约能源、保护环境、一次性使用免回收等。但聚丙烯材料的耐低温性能较差，温度降低时抗脆性降低；聚乙烯材料不耐高温消毒。另在输液方式上，没有克服玻璃瓶的缺陷，需要进气口，所以会增加瓶内微粒或污染的可能。因此，硬塑料瓶的发展也受到限制。

为解决玻璃和塑料输液瓶易造成输液污染的问题，输液软袋包装应运而生，软袋输液在使用过程中可依靠自身张力压迫药液滴出，无须形成空气回路。输液软袋包装具有以下优点：①软袋包装较输液瓶轻便，不怕碰撞，携带方便。②特别适用于大剂量加药。如用瓶装 500ml 的液体只能加药液 20ml，而软袋包装 500ml 的液体则可加药液 150ml。前者须反复抽吸，会延长操作时间，增加污染机会。③加药后不漏液。输液瓶加药后会增加瓶内压力，造成液体从排气管漏出，既浪费药液又增加污染机会。④软袋包装液体是完全密闭式包装，不存在瓶装液体瓶口松动、裂口等现象。⑤柔韧性强，可自收缩。药液在大气压力下，可通过封闭的输液管路输液，消除空气污染及气泡造成栓塞的危险，且有利于急救及急救车内加压使用。⑥形状与大小简便易调，而且可以制作成单室、双室及多室输液。⑦输液袋在输液生产中可以完成膜的（清洗）印刷、袋成型、袋口焊接、灌装、无气或抽真空、封口，且生产线可以完成在线检漏和澄明度检查。

（一）聚氯乙烯软袋

PVC软袋作为第二代输液容器，在临床上解决了原瓶装半开放式输液的空气污染问题，但PVC软袋材料含有聚氯乙烯单体，不利于人体的健康。PVC中的增塑剂DEHP渗漏溶于药液中，可影响药液的内在质量，患者长期使用易影响其造血功能。此外，PVC材质本身具有透气性和渗透性，灭菌温度控制不好，可使输液袋吸水泛白而不透明。PVC材质中有微粒脱落，影响产品的澄明度。PVC材料本身的特点限制了其在输液包装方面的应用，而材质稳定、无须空气具有自身平衡压力的非PVC软袋输液容器则在近二三十年来得到了飞速发展。

（二）聚烯烃多层共挤膜软袋

近年来聚烯烃多层共挤膜软袋（又称"非PVC软袋"）已广泛取代玻璃瓶而用于输液包装。聚烯烃多层共挤膜的发展经历了两个阶段，第一阶段是20世纪80—90年代的聚烯烃复合膜，各层膜之间使用黏合剂，不利于膜材的稳定，对药液的稳定性也有潜在影响；第二个阶段是2000年以后发展起来的聚烯烃多层共挤膜，是多层聚烯烃材料同时熔融交联共挤出膜，不使用黏合剂，增加了膜材的性能，使其更安全、有效，符合药用和环保要求。

1. 聚烯烃多层共挤膜的结构 目前较常用的聚烯烃多层共挤膜多为三层结构，由三层不同熔点的塑料材料如PP、PE、PA及弹性材料（苯乙烯 - 乙烯／丁烯 - 苯乙烯嵌段共聚物，styrene ethylene butylene styrene，SEBS），在A级洁净条件下共挤出膜。有两种类型，一种为内层、中层采用PP与不同比例的弹性材料混合，内层化学性质稳定，不脱落出异物；中层具有优良的水、气阻隔性能；外层为机械强度较高的PET或PP材料，表面经处理后文字印刷较为清晰。另一种为内层采用PP与SEBS共聚物的混合材料；中层采用SEBS，更增加了膜材的抗渗透性和弹性；外层采用PP材料。另外，由于两层材料的熔点从内到外逐渐升高，利于由内向外热合，使其更加严密牢固。PP材料具有很好的水蒸气阻隔性能，与各种药液有很好的相容性，能保证药液的稳定性。

2. 聚烯烃多层共挤膜的特性 聚烯烃多层共挤膜的结构和严格控制的生产过程决定了其具有以下特性：①安全性高，膜材多层交联共挤出，不使用黏合剂和增塑剂，吹膜使用A级洁净空气，筒状出膜避免了污染；②惰性极好，不与任何药物产生化学反应，对大部分的药物吸收极低；③热稳定性好，可在121℃高温蒸汽灭菌，不影响透明度；④阻隔性好，对水蒸气透过性极低，使输液浓度保持稳定；气体透过性极低，使药物保持稳定；⑤机械强度高，可抗低温，不易破裂，易于运输、贮存；⑥为环保型材料，用后处理时对环境不造成影响，焚烧后只产生水和二氧化碳。

目前聚烯烃多层共挤膜成本较高，但由于聚烯烃多层共挤膜软袋比传统容器有非常显著的优势（表4-4），相信随着技术的不断进步和膜材成本的降低，其在输液产品包装的发展中将发挥越来越重要的作用。

表 4-4 聚烯烃多层共挤膜软袋与传统容器的比较

项目	共挤膜软袋	PVC 软袋	玻璃瓶	PE 瓶	PP 瓶
封闭输液系统	++	++	––	–	–
柔软性/收缩性	++	++	––	+/–	–
消毒后透明度	++	––	++	–	–
机械强度	++	++	–	+/–	+/–
药物相容性	+	–	++	+	+
耐温性能	+	+/–	++	–	+/–
阻水性能	+	––	++	+	+
环境危害	+	–	+/–	+/–	+/–

注:++表示很好,+表示好,+/-表示一般,-表示差,--表示很差。

第四节 药品贮存与养护

药品作为特殊商品,关系到人们的生命健康安全,其质量保证不仅仅与生产过程有关,而且与销售、贮存和使用过程密不可分。国家对药品的生产、销售、流通等环节制定了严格的法律法规。2011 年我国卫生部颁布了卫生部令第 79 号文件——《药品生产质量管理规范》(GMP),规定了药品生产企业在药品生产及仓储管理中的要求。根据 2016 年 6 月 30 日国家食品药品监督管理总局局务会议《关于修改〈药品经营质量管理规范〉的决定》修正的新版《药品经营质量管理规范》(good supplying practice, GSP),为企业药品经营管理和质量控制的基本准则。新修订药品 GSP 按照完善质量管理体系的要求,从药品经营企业的人员、机构、设施设备、体系文件等质量管理要素各个方面,对采购、验收、贮存、养护、销售、运输、售后管理等环节都做出了规定。

一、药品贮存与养护的目的与意义

药品贮存系指药品从生产到消费领域的流通过程中,经过多次停留而形成的储备,是药品流通过程中不可少的重要环节。药品养护系是运用现代科学技术与方法,研究药品贮存与养护技术和贮存药品质量变化规律,防止药品变质,保证药品质量,确保用药安全、有效的一门实用性技术科学。

1. **药品贮存与养护的目的** 药品来源广泛,性能复杂,所含成分及其剂型因制备工艺、合理使用的要求不同而存在千差万别的内在规律,因此药品的仓储与管理不仅是简单的保管,更重要的是如何保障药品质量的长期稳定,因此药品贮存与养护应遵循预防为主的原则,旨在确保药品在流通与使用过程中的安全。除此之外,其还起到降低损耗、保证市场供应、促进流通、监督药品质量、提高应急能力、消除药品生产与消费的地区差异等作用。

2. 药品贮存与养护的意义 药品贮存与养护技术的研究对药品在生产完成以后一直到使用环节中的药品安全、合理使用以及经济社会效益等均具有重要意义。药品贮存与养护可以确保药品在贮存过程中的安全,保证药品的使用价值;加强药品的流通,满足人民防治疾病的需要;降低流通费用,加速资金周转,提高企业的经济效益。

二、药品贮存与养护的基本要求

药品贮存与养护的基本要求涉及面广且与药品生产密切相关,对仓储条件与管理、人员职责与培训、环境、制剂技术、物流等环节均有严格要求。

(一)药品贮存的基本要求

1. 从生产企业角度,企业应当根据药品的质量特性对药品进行合理贮存,并符合以下要求:①按包装标示的温度要求贮存药品,包装上没有标示具体温度的,按照《中国药典》规定的贮藏要求进行贮存;②贮存药品相对湿度为35%~75%;③在人工作业的库房贮存药品,按质量状态实行色标管理,合格药品为绿色,不合格药品为红色,待确定药品为黄色;④贮存药品应当按照要求采取避光、遮光、通风、防潮、防虫、防鼠等措施;⑤搬运和堆码药品应当严格按照外包装标示要求规范操作,堆码高度符合包装图示要求,避免损坏药品包装;⑥药品按批号堆码,不同批号的药品不得混垛,垛间距不小于5cm,与库房内墙、顶、温度调控设备及管道等设施间距不小于30cm,与地面间距不小于10cm;⑦药品与非药品、外用药与其他药品分开存放,中药材和中药饮片分库存放;⑧特殊管理的药品应当按照国家有关规定贮存;⑨拆除外包装的零货药品应当集中存放;⑩贮存药品的货架、托盘等设施设备应当保持清洁,无破损和杂物堆放;未经批准的人员不得进入贮存作业区,贮存作业区内的人员不得有影响药品质量和安全的行为;⑪药品贮存作业区内不得存放与贮存管理无关的物品。

2. 从流通与销售企业来说,应明确药品仓库的分类管理,严格按照GSP要求设计硬件与设备;对药品进行分类贮存;严格实施药品出入库的管理规定;严格执行药品运输操作规程。药品贮存需从硬件条件、环境规范、人员操作及管理制度多方面实施保障。

(二)药品养护的基本要求

药品养护首先需要考虑环境因素的影响,主要包括:①温度、湿度等对药品安全的影响;②仓库害虫的防治以及其对药品安全的影响;③霉菌在贮存环节以及流通环节对药品质量,特别是中药材质量的影响。

不同的药品剂型、处方工艺差别很大,除了外在因素,不同的原料及辅料以及制剂工艺等内在因素对药品发生变异影响也不同。因此不同的剂型需要遵循不同的养护技术与规范,主要涉及如散剂(颗粒剂)、片剂、胶囊剂、注射剂、糖浆剂、栓剂、软膏剂、乳膏剂、糊剂和眼用半固体制剂等。

此外,药品养护也对养护人员提出了各种要求,养护人员应当根据库房条件、外部环境、药品质量特性等对药品进行养护,主要内容是:①指导和督促贮存人员对药品进行合理贮存与作业;②检查并改善贮存条件、防护措施、卫生环境;③对库房温、湿度进行有效监测、调控;④按照养护计划对库存药品的外观、包装等质量状况进行检查,并建立养护记录;对贮存条件有特殊要求的或者有效期较短的品种应当进行重点养护;⑤发现有问题的药品应当及时在计算机系统中锁定和记录,并通知质量管理部门处理;⑥对中药材和中药饮片应当按其特性采取有效方法进行养护并记录,所采取的养护方法不得对药品造成污染;⑦定期汇总、分析养护信息等。

第五节　我国药品包装有关质量标准及法规

一、药包材质量标准体系

1. **药典体系**　多国国家药典的附录列有药包材的技术要求(主要针对材料)。主要包括安全性项目(如异常毒性、溶血、细胞毒性、化学溶出物、玻璃产品中的砷、聚氯乙烯中的氯乙烯、塑料中的添加剂等)、有效性项目(材料的确认、水蒸气渗透量、密封性、扭力)等。

2015 年,我国发行了由国家药典委员会审定,中国食品药品检定研究院编写的 2015 版《国家药包材标准》,其中包含了 130 个现行有效的药包材标准,分为七个部分:第一部分为玻璃类药包材标准,第二部分为金属类药包材标准,第三部分为塑料类药包材标准,第四部分为橡胶类药包材标准,第五部分为预灌封类药包材标准,第六部分为其他类药包材标准,第七部分为方法类药包材标准。《中国药典》(2015 年版)首次新增"药包材通用技术要求指导原则"和"药用玻璃材料和容器指导原则",《中国药典》(2020 年版)又新增药包材测定法 16 个,为国家药包材标准进入《中国药典》做了铺垫,为后续新的国家药包材标准体系的构建奠定了基础。根据《中国药典》(2025 年版)编制大纲要求,新的药包材标准体系相关标准拟收载于《中国药典》(2025 年版)。

2. **ISO 体系**　ISO/TC76 以制订药品包装材料、容器标准为主要工作内容,根据形状制订标准(如铝盖、玻璃输液瓶)。基本上涉及药包材的所有特性,但缺少材料确认项目,也缺少证明使用过程中不能消除的其他物质(细菌数)和监督抽查所需的合格质量水平。此外,药包材工业标准体系也逐渐向 ISO 标准转化,2006 年,形成了借鉴 ISO 9001:2008 质量体系的 ISO 15378《药用包装材料质量标准》初稿,2017 年 9 月 14 日发布的 ISO 15378:2017 为现行版。

3. **国内药包材标准体系**　我国药包材标准体系形式上与 ISO 标准相同,安全项目略少于医药先进国家药典。目前主要项目、格式与 ISO 标准相类似,某些技术参数略逊。安全性项目如"微生物数""异常毒性"等也有涉及。国家食品药品监督管理局于 2002—2006 年,陆续制定并颁布六辑《直接接触药品的包装材料和容器标准汇编》。中国食品药品检定研究院包装材料与药用辅料检定所自 2009 年开始按照玻璃类(代号 0)、金属类(代号 1)、塑料类(代号 2)、橡胶类(代号 3)、预灌封组合件(代号 4)、其他类(代号 5)、方法类(代号 6)六大类对129 个药包材国家标准的整理、勘误和汇编工作,于 2012 年 12 月形成了勘误修订后的《直接接触药品的包装材料和容器标准》汇编。

二、我国药品包装的有关法规

1.《中华人民共和国药品管理法》 2019年8月26日，新修订的《中华人民共和国药品管理法》(简称《药品管理法》)经十三届全国人大常委会第十二次会议表决通过，于2019年12月1日起施行，其中对药品包装、药包材、药品标签与说明书作为药品监督管理的要求做了详细规定。

2.《直接接触药品的包装材料和容器管理办法》 为加强直接接触药品的包装材料和容器(药包材)的监督管理，保证药品质量，保障人体健康和药品的使用安全、有效、方便，根据《中华人民共和国药品管理法》及《中华人民共和国药品管理法实施条例》，《直接接触药品的包装材料和容器管理办法》(局令第13号)于2004年6月18日经国家食品药品监督管理局局务会审议通过，本办法自公布之日(2004年7月20日)起施行。

《直接接触药品的包装材料和容器管理办法》分为总则、药包材的标准、药包材的注册、药包材的再注册、药包材的补充申请、复审、监督与检查、法律责任、附则等九个部分。

3.《药品说明书和标签管理规定》《药品说明书和标签管理规定》(局令第24号)，于2006年3月10日经国家食品药品监督管理局局务会审议通过，自2006年6月1日起施行。国家食品药品监督管理局于同时下发了《关于进一步规范药品名称管理的通知》《关于实施〈药品说明书和标签管理规定〉有关事宜的公告》等通知，2006年5—6月又陆续下发了《化学药品和治疗用生物制品说明书规范细则》和《中药、天然药物处方药说明书格式、内容书写要求及撰写指导原则征求意见稿》。

2021年5月26日，国家药品监督管理局药品审评中心根据国家药品监督管理局药品注册司的相关要求，召开了《药品说明书和标签管理规定》修订研讨会，本规定将参考国际上说明书管理经验并根据国内实际情况进一步完善修订。

4.《非处方药专有标识管理规定(暂行)》 为规范非处方药药品的管理，根据《处方药与非处方药分类管理办法(试行)》，1999年11月19日国家药品监督管理局负责制定、公布了非处方药专有标识及其管理规定。文件中指出，非处方药专有标识是用于已列入《国家非处方药目录》，并通过药品监督管理部门审核登记的非处方药药品标签，使用说明书、内包装、外包装的专有标识，也可用作经营非处方药药品的企业指南性标志。

5. 药包材相关的关联审评审批制度 2020年4月，国家药品监督管理局药品审评中心根据《药品管理法》与《药品注册管理办法》中对于原辅包与制剂关联审评审批的有关要求，进一步细化原料药的管理方式和程序，形成了《化学原料药、药用辅料及药包材与药品制剂关联审评审批管理规定(征求意见稿)》，以进一步完善药品关联审评审批和监管。

思考题

1. 药品包装有何特别之处？如何从静态和动态两个角度理解药品包装？

2. 常用药包材的种类有哪些？药包材有何要求，以及各种药包材分别有何特点？

3. 药品软包装有哪些形式？各种形式的应用特点分别是什么？

4. 药品贮存与养护的目的和意义是什么，各有何要求？

5. 现行的与药品包装相关的法规有哪些？查找法规的全文，叙述其主要内容。

6. 我国药包材质量标准体系是如何建立的？主要内容有哪些？

ER4-2　第四章　目标测试

（朱　源）

参考文献

[1] 中国食品药品检定研究院包装材料与药用辅料检定所.直接接触药品的包装材料和容器标准汇编.[2023-09-05]. http://www.doc88.com/p-7933703410541.html.

[2] SABEE M，UYEN N，AHMAD N，et al. Plastics packaging for pharmaceutical products. Encyclopedia of Materials. Plastics and Polymers，2022（4）：316-329.

[3] FLORENCE A T，SIEPMANN J. Modern pharmaceutics. 5th ed. New York：Informa Healthcare USA，Inc，2009.

[4] 王露露，伏阳.药品包装用铝箔的质量控制.印刷杂志，2021（4）：60-63.

[5] 白冰.药品的泡罩包装与软包装复合膜.中国包装，2003（1）：48-50.

[6] 胡芳梅.药品包装发展的现状与未来.中国包装工业，2002（12）：41-44.

[7] 那一凡，齐文渊，倪倩，等.聚氯乙烯与非聚氯乙烯药品包装材料对大容量注射液药品质量的影响及发展趋势.中国药业，2022，31（5）：124-127.

[8] 杨琳琳.非PVC复合膜软包装的研究进展.药学研究，2013，32（6）：354-356.

[9] 王丹丹，金宏，蔡荣，等.中国国家药包材标准体系的沿革与启示.医药导报，2023，42（8）：1123-1129.

[10] 国家食品药品监督管理局.国家食品药品监督管理局关于印发化学药品注射剂与塑料包装材料相容性研究技术指导原则（试行）的通知.[2023-09-05].https://www.nmpa.gov.cn/xxgk/fgwj/gzwj/gzwjyp/20120907093801278.html.

[11] 国家食品药品监督管理总局.药品经营质量管理规范.[2023-09-05].https://www.samr.gov.cn/zw/zfxxgk/fdzdgknr/bgt/art/2023/art_bc07ffdb7a1c4e46be371ac5a4a65f9c.html.

第二篇 | 普通制剂与制备技术

第五章 液体制剂

本章要点

掌握 液体制剂的定义、特点、分类与质量要求;液体制剂的常用溶剂与附加剂;混悬剂的定义、物理稳定性、常用稳定剂、制备工艺;乳剂的定义、组成、种类、稳定性、常用乳化剂、制备工艺。

熟悉 低分子溶液剂中的溶液剂、糖浆剂、芳香水剂、醑剂、酊剂和甘油剂的定义、特点和制备;高分子溶液剂和溶胶剂的概念、性质和制备;混悬剂的特点、质量要求与质量评价;乳剂的特点与质量评价、乳化剂的选择原则、乳剂形成的原理与影响乳剂类型的因素。

了解 不同给药途径的液体制剂的定义和应用;液体制剂的包装与贮存。

第一节 概述

一、液体制剂的定义、分类、特点与质量要求

(一)定义

液体制剂(liquid preparation)系指药物(液体、固体或气体)分散在适宜的分散介质中制成的液体形态的制剂,可供内服或外用。药物的分散程度与液体制剂的理化性质、稳定性、体内吸收、药效甚至毒性等均有密切关系。在一定条件下,药物分别以分子、离子、胶粒、微粒、液滴或混合形式存在于液体分散介质中形成均相或非均相液体制剂。其中,被分散的药物称为分散相,分散药物的液体介质称为分散介质。液体制剂是常用剂型之一,品种多,临床应用广泛,它们的性质、相关理论和制备工艺在药剂学中占有重要地位。

(二)分类

1. 按分散系统分类 分散相粒子的大小及分散状态决定液体分散体系的特征。该法按分散相粒子的大小进行分类(表5-1),便于对制剂的制备工艺和稳定性进行研究。

2. 按给药途径分类 该法与临床医疗实践密切结合,按照给药途径液体制剂一般可分为:①内服液体制剂,包括糖浆剂、合剂、混悬剂、乳剂等;②外用液体制剂,包括皮肤用液体制剂(如搽剂、涂剂等)、五官科用液体制剂(如滴鼻剂、滴耳剂等)和直肠、阴道、尿道用液体制剂(如洗剂、灌肠剂等)。

表 5-1　按分散系统分类

类型	分散相粒子大小 /nm	特征	举例
低分子溶液剂	<1	分子分散,均相,热力学稳定体系,真溶液型	磷酸可待因糖浆等
高分子溶液剂	<100	分子分散,均相,热力学稳定体系,胶体溶液型	胃蛋白酶合剂等
溶胶剂	1～100	胶粒分散,非均相,热力学不稳定体系,动力学稳定体系,胶体溶液型	胶体氢氧化铝等
乳剂	>100	液滴分散,非均相,热力学、动力学均不稳定体系,粗分散型	鱼肝油乳剂等
混悬剂	>500	微粒分散,非均相,热力学、动力学均不稳定体系,粗分散型	炉甘石洗剂等

（三）特点

1. 液体制剂的主要优点　①药物分散度大,吸收快,可以较迅速地发挥药效;②给药途径广,可内服或外用;③分剂量以及服用方便,尤其适合婴幼儿和老年人用药;④可减少某些药物的刺激性,如调整浓度后可减少或避免易溶性固体药物(碘化物等)口服后因局部浓度过高而引起的胃肠道刺激作用;⑤某些固体药物制成液体制剂有利于提高其生物利用度。

2. 液体制剂的缺点　①药物分散度大,易受分散介质的影响,引起化学降解,使药效降低甚至失效;②以水为分散介质时,易霉变,常需要加入防腐剂;③非均相液体制剂的药物分散度大,分散相粒子具有较大的比表面积和较高的表面能,易产生物理稳定性问题;④液体制剂体积较大,携带、运输、贮存均不方便。

（四）质量要求

液体制剂的质量要求是:①浓度准确、性质稳定;②均相液体制剂应是澄明溶液,非均相液体制剂的分散相粒子应分散均匀,粒径符合质量控制要求;③口服液体制剂应外观良好,口感适宜;外用液体制剂应无刺激性;④液体制剂应具备一定的防腐能力,贮存和使用过程中不应发生霉变;⑤包装容器应大小适宜,便于贮存、携带和使用。

二、液体制剂的溶剂与附加剂

液体制剂的溶剂对均相液体制剂来说可称为溶剂,对非均相液体制剂,如溶胶剂、混悬剂、乳剂来说主要是分散药物而并非溶解药物,因此称为分散介质。

（一）液体制剂的常用溶剂

液体制剂中的溶剂对液体制剂的质量影响很大,应根据药物性质、用药需求和制剂要求合理选择。溶剂选择的一般原则:①对药物具有良好的溶解性和分散性;②化学性质稳定,不与药物或附加剂发生反应;③不影响药效的发挥和含量测定;④毒性小,无刺激性,无不适臭味。

药物的溶解或分散状态与溶剂的极性密切相关,溶剂极性的大小可用介电常数表示。溶剂按介电常数大小分为极性溶剂、半极性溶剂和非极性溶剂。

1. 极性溶剂

（1）水：是最常用的溶剂，能与乙醇、甘油、丙二醇等以任意比例混合，能溶解大多数无机盐类与极性大的有机药物，能溶解药材中的苷类、生物碱盐类、糖类、蛋白质、树胶、鞣质、黏液质、酸类及色素等。但有些药物在水中不稳定，且水性液体制剂易产生霉变，不宜长时间贮存。用于配制液体制剂的制药用水应使用纯化水。

（2）甘油：无色黏稠性澄明液体，味甜，毒性小，能与水、乙醇、丙二醇等以任意比例混合。甘油有很强的吸水性，含甘油30%以上具有防腐作用，可供内服与外用，其中外用制剂应用较多。

（3）二甲基亚砜（dimethyl sulfoxide，DMSO）：无色澄明液体，极具引湿性，有大蒜臭味，能与水、乙醇、甘油、丙二醇等以任意比例混合，溶解范围广，还可促进药物在皮肤和黏膜的渗透，但有轻度刺激性。

2. 半极性溶剂

（1）乙醇：《中国药典》（2020年版）收载的是95%（ml/ml）的乙醇，可与水、甘油等以任意比例混合，能溶解大多数有机药物以及药材中的苷类、生物碱及其盐类、挥发油、树脂、鞣质、某些有机酸和色素等，乙醇浓度不同对药材中各成分的溶解性不同。但乙醇本身具有一定的药理作用，有易挥发、易燃烧等缺点，其制剂应密闭贮存。20%以上的乙醇具有防腐作用。

（2）丙二醇：药用规格为1,2-丙二醇，无色澄清的黏稠液体，有引湿性，毒性小，无刺激性，能与水、乙醇、甘油、三氯甲烷等以任意比例混合，能溶解许多有机药物，与水组成的混合溶剂能延缓许多药物的水解，增加其稳定性。丙二醇可作为内服及肌内注射液的溶剂，对药物在皮肤和黏膜的吸收也有一定的促进作用。

（3）聚乙二醇（polyethylene glycol，PEG）：分子量在1 000以下的聚乙二醇为液体，液体制剂中常用的是聚乙二醇300～600，为无色澄明液体，能与水、乙醇、甘油、丙二醇等以任意比例混合，能溶解许多水溶性无机盐及水不溶性有机药物。对某些易水解药物有一定的稳定作用。在外用制剂中，可增加皮肤柔韧性且具有保湿作用。

3. 非极性溶剂

（1）脂肪油：常用的非极性溶剂，多指大豆油、花生油、麻油、橄榄油等植物油。能溶解挥发油、游离生物碱等油溶性药物。其易酸败、皂化，从而影响制剂质量。多用作外用制剂的溶剂。

（2）液体石蜡：分为轻质和重质两种，为无色澄明的油状液体，化学性质稳定，可与非极性溶剂混合，能溶解挥发油、生物碱及一些非极性药物等。可作口服制剂、搽剂的溶剂，也可用于软膏及糊剂中。液体石蜡还具有润肠通便作用。

（3）乙酸乙酯：无色澄清液体，在水中溶解，与乙醇、乙醚、丙酮或二氯甲烷任意混溶。具挥发性，易燃烧，在空气中易氧化。能溶解甾体药物、挥发油及其他油溶性药物。多用作外用液体制剂的溶剂。

（二）常用附加剂

1. 增溶剂（solubilizer） 为增加某些难溶性药物在溶剂中的溶解度而加入的表面活性剂。液体制剂中常用的增溶剂主要有聚山梨酯类和聚氧乙烯脂肪酸酯类。

2. 助溶剂(hydrotropy agent) 为增加某些难溶性药物在溶剂中的溶解度而加入的可与药物形成可溶性络合物、复盐或缔合物的低分子化合物(不是表面活性剂)。助溶剂的选择与药物的性质有关。

3. 潜溶剂(cosolvent) 为增加某些难溶性药物的溶解度而使用的混合溶剂。能与水形成潜溶剂的主要有乙醇、丙二醇、甘油、聚乙二醇等。在生产中主要根据使用目的来选择潜溶剂。

4. 防腐剂(preservative) 系指为防止药物制剂受微生物污染产生变质而加入的附加剂。

(1)羟苯酯类:亦称为尼泊金类,包括对羟基苯甲酸甲酯、乙酯、丙酯、丁酯,随烷基碳数增加抑菌作用增加而溶解度减小。在酸性、中性溶液中均有效,在弱碱性溶液中抑菌作用减弱。该类防腐剂混合使用具有协同作用,常用浓度均为 0.01%～0.25%。遇铁变色,遇弱碱或强酸易水解,与聚山梨酯类和聚乙二醇类配伍时溶解度增加但抑菌能力下降,遇塑料可被吸附。

(2)苯甲酸及苯甲酸钠:苯甲酸起防腐作用的是未解离的分子,在酸性溶液中的抑菌效果较好,在 pH=4 时作用最强,常用浓度为 0.03%～0.1%。苯甲酸的防霉作用较弱,防发酵能力较强。苯甲酸在水中溶解度较小,常配成 20% 的醇溶液备用。苯甲酸钠在酸性溶液中的防腐能力与苯甲酸相当,常用浓度为 0.1%～0.2%,pH>5 时抑菌效果明显降低,用量应不少于0.5%。

(3)山梨酸:在水中极微溶解,可溶于沸水,易溶于乙醇。本品起防腐作用的是未解离的分子,需要在酸性溶液中使用,在 pH=4 的水溶液中防腐效果最好。常用浓度为 0.05%～0.3%(pH<6.0)。山梨酸与其他抗菌剂联合使用可产生协同作用,山梨酸钾、山梨酸钙在酸性溶液中的抑菌作用与山梨酸相同。山梨酸在空气中久置易氧化。

(4)苯扎溴铵:又称新洁尔灭,淡黄色黏稠液体,溶于水和乙醇。在酸性、碱性溶液中均稳定,耐热压。常用浓度为 0.02%～0.2%,多用于外用制剂。

此外,20% 以上的乙醇、30% 以上的甘油溶液具有防腐作用;桉叶油、薄荷油、桂皮油等也可用于防腐;醋酸氯己定具有广谱杀菌作用,用量一般为 0.02%～0.05%。

5. 抗氧剂(antioxidant) 系指为防止或延缓药物的氧化变质而加入的附加剂,可分为水溶性抗氧剂和油溶性抗氧剂。

(1)水溶性抗氧剂:主要用作水溶性药物的抗氧剂。常用的有亚硫酸钠(sodium sulfite)、亚硫酸氢钠(sodium bisulfite)、焦亚硫酸钠(sodium metabisulfite)、硫代硫酸钠(sodium thiosulfate)等。

亚硫酸钠为白色结晶性粉末,具有较强的还原性。水溶液呈碱性,主要用作偏碱性药物的抗氧剂。与酸性药物、盐酸硫胺等存在配伍禁忌。

亚硫酸氢钠为白色结晶性粉末,具有二氧化硫臭味,具有还原性。其水溶液呈酸性,主要用作酸性药物的抗氧剂。与碱性药物、钙盐等存在配伍禁忌。

焦亚硫酸钠为白色结晶性粉末,具有较强的还原性,味酸、咸,有二氧化硫臭味。其水溶液呈酸性,主要用作酸性药物的抗氧剂。

硫代硫酸钠为无色透明结晶或细粉,具有强烈的还原性,味咸,无臭。水溶液呈弱碱性,在酸性溶液中易分解,主要用作偏酸性药物的抗氧剂。与强酸、重金属盐类等存在配伍禁忌。

（2）油溶性抗氧剂: 主要用作油溶性药物的抗氧剂。常用的有丁基羟基苯甲醚（butylated hydroxyanisole, BHA）和 2, 6- 二叔丁基羟基甲苯（butylated hydroxytoluene, BHT）等。

6. 矫味剂（flavoring agent） 为掩盖和矫正药物制剂的不良臭味而加入的附加剂。

（1）甜味剂: 根据来源分为天然甜味剂和合成甜味剂。常用的天然甜味剂主要有蔗糖、单糖浆、甜菊苷等,蔗糖和单糖浆应用广泛,不但能矫味,而且也能矫臭。甜菊苷的甜度约为蔗糖的 300 倍,常用量为 0.025%～0.05%,常与蔗糖和糖精钠合用。常用的合成甜味剂主要有糖精钠和阿司帕坦,糖精钠的常用量为 0.03%,常与单糖浆、蔗糖和甜菊苷合用。阿司帕坦（也称为蛋白糖、天冬甜精）为二肽类甜味剂,甜度比蔗糖高 150～200 倍,不致龋齿并能有效降低热量,可用于糖尿病、肥胖症患者。

（2）芳香剂（flavoring agent）: 天然香料有芳香性挥发油（如薄荷油、橙皮油等）及其制剂（如薄荷水、桂皮水等）。人工合成香精主要是水果味香精（如橘子香精、草莓香精等）。

（3）胶浆剂（mucilage）: 通过干扰味蕾的味觉而矫味,常用的有阿拉伯胶、羧甲纤维素钠、甲基纤维素、明胶、琼脂等制成的胶浆,如果在胶浆中加入适量甜味剂（如甜菊苷等）,则可增加其矫味作用。

（4）泡腾剂（effervescent agent）: 有机酸（如酒石酸、枸橼酸等）与碳酸氢钠混合后,遇水产生的大量二氧化碳能麻痹味蕾起矫味作用。

7. 着色剂（colorant） 为改善液体制剂的外观颜色而加入的色素称为着色剂。液体制剂调色后,易于识别制剂品种、区分应用方法和提高患者依从性。

（1）天然色素: 常用的植物性色素有苏木、甜菜红、姜黄、胡萝卜素、松叶蓝、叶绿酸铜钠盐、焦糖等。矿物性色素有氧化铁等。

（2）合成色素: 可用于内服制剂的合成色素有苋菜红、柠檬黄、胭脂红等;外用色素有品红、亚甲蓝、苏丹黄 G 等。合成色素大多数毒性比较大,在液体制剂中用量不宜超过万分之一。

8. 其他附加剂 为了增加液体制剂的稳定性或减小其刺激性,有时还需要加入止痛剂、pH 调节剂、金属离子络合剂等附加剂。

第二节 低分子溶液剂

一、概述

低分子溶液剂系指小分子药物以分子或离子（<1nm）状态分散在溶剂中制成的均相液体制剂,可供内服或外用。包括溶液剂、糖浆剂、芳香水剂、醑剂、酊剂和甘油剂等。溶液型液体制剂均为澄明溶液,药物分散度大。

1. **溶液剂（solution）** 系指药物溶解于溶剂中所制成的澄明液体制剂。药物通常是不挥发性药物。

2. **糖浆剂（syrup）** 系指含有药物的浓蔗糖水溶液，供口服用。糖浆剂的含蔗糖量应不低于 45%（g/ml）。纯蔗糖的近饱和水溶液称为单糖浆，浓度为 85%（g/ml）或 64.7%（g/g），可用于矫味、助悬和制备含药糖浆等。

3. **芳香水剂（aromatic water）** 系指芳香挥发性药物（多数为挥发油）的饱和或近饱和水溶液。以乙醇和水的混合溶剂制成的含大量挥发油的溶液，称为浓芳香水剂。含挥发性成分的饮片用水蒸气蒸馏法制成的芳香水剂称为露剂。

4. **醑剂（spirit）** 系指挥发性药物的浓乙醇溶液，可供内服或外用。醑剂中的药物浓度一般为 5%～10%，乙醇浓度一般为 60%～90%。

5. **酊剂（tincture）** 系指原料药物用规定浓度的乙醇提取或溶解而制成的澄清液体制剂，亦可用流浸膏稀释制成，可供内服或外用。酊剂的浓度除另有规定外，含有毒剧药的酊剂，每 100ml 相当于原药物 10g；其他酊剂每 100ml 相当于原药物 20g。

6. **甘油剂（glycerin）** 系指药物溶于甘油制成的溶液剂，专供外用。常用于耳、鼻、喉科疾患。

二、低分子溶液剂的处方设计

低分子溶液剂的处方设计需要综合考虑临床需要、药物的理化性质、药物在溶剂中的溶解度和稳定性等选择适宜的溶剂，再结合制剂的稳定性、用药部位、应用方法及人体生理需求等选择适宜的附加剂。同时，还需要考虑制剂的成本等。

（1）溶剂的选择：口服溶液剂的溶剂多为水。药物在溶剂中的溶解度必须满足临床治疗的剂量要求，且药物溶液要有一定的稳定性。另外，溶剂可能影响药物的用法或用药部位，如 5% 苯酚水溶液用于衣物消毒，而 5% 苯酚甘油溶液可用于中耳炎，因此，选择溶剂时还需要考虑用药部位和方法。

（2）附加剂的选择：根据实际需要进行选择，如若药物必须制成溶液，但药物溶解度达不到最低有效浓度时，需要考虑选择能增加药物溶解度的附加剂；由于溶液剂中药物的分散度大，在水中易发生降解、氧化等反应，需要考虑选择能抑制水解和防止氧化的附加剂；一些药物的水溶液极易发生霉变，需要考虑选择适宜的防腐剂等。

选择溶剂和附加剂时，还应考虑药物与溶剂、药物与附加剂、溶剂与附加剂、附加剂与附加剂之间的相互作用。

三、低分子溶液剂的制备

低分子溶液剂的一般制备过程：

药物溶解通常在带有搅拌装置和夹层的配液罐(图5-1)中进行，药物溶解后经过滤器过滤后再分装，分装操作通常在灌装轧盖机(图5-2a)或灌装旋盖机(图5-2b)中完成，不同的低分子溶液剂使用的灌装机不同。对于口服溶液剂，分装后通常还需要进行灭菌。

图5-1 配液罐

（一）溶液剂

1. 制备方法

（1）溶解法：通常取处方总量1/2～3/4的溶剂，加入药物后搅拌使其溶解，过滤，再通过滤器加溶剂至全量并搅匀，过滤后的药液应进行质量检查。制得的药物溶液应及时分装、密封、贴标签及外包装。

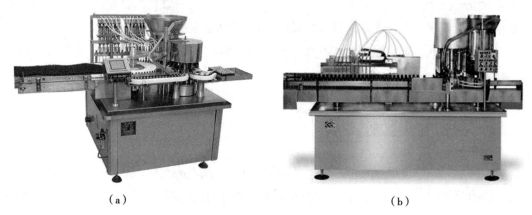

（a）　　　　　　　　　　　　　　　　（b）

（a）灌装轧盖机;（b）灌装旋盖机图。

图5-2 灌装设备

例5-1：复方碘溶液

【处方】碘0.25kg　碘化钾0.5kg　纯化水加至5L

【制法】取碘化钾，加纯化水0.5L溶解，然后加入碘，搅拌使其溶解，再加纯化水至5L，搅匀，质检后分装，即得。

【注解】本品为甲状腺功能调节剂，可供内服。处方中碘化钾作助溶剂，溶解碘化钾时尽量少加水，配成浓溶液后加入碘，有利于碘的溶解和稳定。本品应避光，密封保存。

（2）稀释法：高浓度溶液或易溶性药物的浓储备液直接用溶剂稀释至所需浓度即得。如过氧化氢溶液的浓度为30%(g/ml)，高于其常用浓度[2.5%～3.5%(g/ml)]。

2. 注意事项　①易溶但溶解缓慢的药物，在溶解过程中应采取粉碎、搅拌、加热等措施加快溶解；②易氧化的药物，应将溶剂加热放冷后再加入药物溶解，同时加适量抗氧剂；③易挥发的药物应在最后加入；④处方中溶解度较小的药物，应先将其溶解后再加入其他药物；⑤难溶性药物可加适宜的助溶剂或增溶剂使其溶解。

（二）糖浆剂

1. 制备方法

（1）热溶法：将蔗糖溶于新煮沸过的纯化水中,继续加热使其完全溶解,降温后加入其他药物搅拌溶解,过滤,再通过滤器加纯化水至全量,分装,即得。该法可使蔗糖快速溶解,还可杀死微生物。但加热时间不宜过长,温度不宜超过100℃,否则转化糖含量增加导致糖浆剂颜色变深。热溶法适用于对热稳定的药物和有色糖浆的制备。

例5-2: 单糖浆

【处方】蔗糖8.5kg　纯化水加至10L

【制法】取纯化水4.5L煮沸,加蔗糖搅拌溶解,继续加热至100℃,趁热保温滤过,自滤器上加纯化水适量,使其冷至室温后成10L,搅匀,质检后分装,即得。

【注解】本品25℃时相对密度为1.313,常作矫味剂和赋形剂。制备过程中温度升至100℃后的时间应适宜,加热时间过长,转化糖含量增加使糖浆剂颜色变深,并且在贮存时易发酵;但加热时间太短,达不到灭菌目的。

（2）冷溶法：将蔗糖溶于冷的纯化水或含药溶液中,过滤后再通过滤器加纯化水至全量,分装,即得。本法制备的糖浆剂颜色较浅,但所需时间较长且易污染微生物。冷溶法适用于对热不稳定或挥发性药物制备糖浆剂。

（3）混合法：将含药溶液与单糖浆混匀,即得,但需要注意防腐。混合法适用于制备含药糖浆剂。

2. 注意事项

（1）药物加入的方法：①水溶性固体药物先溶于少量纯化水,水中溶解度小的药物先溶于少量其他适宜溶剂后,再与单糖浆混匀;②药物的液体制剂或可溶性液体药物可直接加入单糖浆中;③药物为含醇液体制剂时,可加入甘油助溶;④药物为水性浸出制剂时,需要纯化后再与单糖浆混匀。

（2）制备过程中的注意事项：①应选用药用蔗糖;②应在无菌环境中进行操作,各种用具、容器应进行洁净或灭菌处理,并及时灌装;③宜用蒸汽夹层锅加热,应严格控制温度和时间。

（三）芳香水剂

原料药为纯净的挥发油或化学药物时,多采用溶解法或稀释法制备(如薄荷水等)。溶解法制备芳香水剂时,应使药物与水的接触面积尽可能大,以加快溶解。稀释法是以浓芳香水剂加水稀释后制得。原料药为含挥发性成分的药材或饮片时,多采用蒸馏法制备(如金银花露等)。芳香水剂的浓度一般都很低,多数易分解、变质甚至霉变,不宜大量配制和长期贮存。

（四）醋剂

醋剂可用溶解法和蒸馏法制备,凡用于制备芳香水剂的药物一般都可以制成醋剂。由于醋剂是高浓度乙醇溶液,故所用容器应干燥。醋剂应贮存于密闭容器中,且不宜长期贮存。

（五）酊剂

酊剂可用溶解法、稀释法、浸渍法及渗漉法进行制备。不同浓度的乙醇对药材中各成分的溶解性能不同，制备酊剂时，应根据有效成分的溶解性选用适宜浓度的乙醇。酊剂中乙醇的最低浓度为30%（ml/ml），酊剂长期贮存会出现沉淀，可过滤除去，再将乙醇浓度和有效成分含量调整至规定标准。

（六）甘油剂

甘油剂的制备可用溶解法，如碘甘油；化学反应法，如硼酸甘油。

四、低分子溶液剂的质量评价

低分子溶液剂应澄清，浓度应准确、稳定，药物含量应符合要求，并具备一定的防腐能力，在贮存、使用过程中不得发生变质现象。除另有规定外，均应进行装量、微生物限度检查。单剂量包装时应检查装量，多剂量包装时应检查最低装量。凡规定检查含量均匀度的低分子溶液剂一般不进行装量检查。微生物限度标准如下：每毫升制剂中含细菌不得过100cfu，霉菌和酵母菌不得过100cfu，不得检出大肠埃希菌。此外，糖浆剂一般还应检查相对密度、pH等；露剂一般还应检查pH；醋剂、酊剂还有含醇量的要求。

第三节　高分子溶液剂与溶胶剂

一、高分子溶液剂

高分子溶液剂（polymer solution）系指高分子化合物溶解于溶剂中制成的均相液体制剂。以水为溶剂时，称为胶浆剂，亦称为亲水胶体溶液；以非水溶剂制备的高分子溶液剂称为非水性高分子溶液剂。高分子溶液剂属于热力学稳定体系。在药剂学中应用广泛。

（一）高分子溶液的性质

1. **荷电性**　高分子化合物在溶液中因解离而带电，有的带正电，有的带负电。如琼脂等带正电，阿拉伯胶等带负电。某些高分子化合物所带电荷受溶液pH的影响，如蛋白质在水溶液中随pH不同可带正电或负电，当溶液pH大于等电点时，蛋白质带负电，pH小于等电点时，蛋白质带正电，在等电点时，蛋白质不带电。

2. **渗透压**　高分子溶液具有较高的渗透压，渗透压的大小与高分子溶液的浓度有关。

3. **聚结特性**　高分子化合物的亲水基与水作用可形成牢固的水化膜，使溶液稳定；高分子化合物的荷电对溶液的稳定性也有一定作用。当水化膜被破坏或荷电情况发生变化时，高分子溶液易出现聚结；加入脱水剂（如乙醇、丙酮等）或大量电解质（盐析作用）可破坏水化膜，使高分子凝结沉淀。光线、盐类、pH、絮凝剂、射线等可使高分子聚集成大粒子后沉淀或漂浮，此现象称为絮凝。

4. **胶凝性**　当温度变化时，一些高分子溶液可从黏稠的流动液体转变为不流动的半固体状物质,称为凝胶,形成凝胶的过程称为胶凝。有些高分子溶液(如明胶水溶液等)温度降低时形成凝胶,另一些高分子溶液(如甲基纤维素等)则是温度升高时形成凝胶。

(二)高分子溶液剂的处方设计

为制得安全、有效、性质稳定的高分子溶液剂,处方设计时应考虑药物的亲水性、溶解度、解离后所带电荷的种类及其与处方中其他药物或辅料的相互作用。

(三)制备

高分子溶液剂通常采用溶解法制备,其一般制备过程:

制备高分子溶液剂所用的设备与低分子溶液剂相似。

1. 高分子药物的溶解过程 高分子药物溶解时首先要经过溶胀过程。溶胀是指水分子渗入到高分子药物中,与其极性基团发生水化作用,使体积膨胀,此过程需要较长时间,称为有限溶胀。随着溶胀继续进行,高分子间充满水分子,分子间作用力减弱,最后完全溶解形成高分子溶液,这一过程称为无限溶胀。形成高分子溶液的过程称为胶溶。

2. 注意事项

(1)高分子性质不同,形成溶液的条件不同。如制备明胶溶液时,需要先将明胶粉碎,在水中浸泡3～4小时完成有限溶胀后,再加热并搅拌使其溶解,即完成无限溶胀过程;甲基纤维素则是在冷水中完成无限溶胀过程;淀粉遇水立即膨胀,但无限溶胀过程必须加热至60～70℃才能完成;胃蛋白酶应先撒于水面,待自然溶胀后再搅拌溶解,若立即搅拌则形成团块,不利于溶解。

(2)高分子药物带电荷时,应注意处方中其他成分的电荷及制备中可能遇到的相反电荷,避免产生聚结。

(3)长期贮存或受外界因素的影响,高分子溶液易聚结而沉淀,因此不宜大量配制。

二、溶胶剂

溶胶剂(sol)系指固体药物以微粒(多分子聚集体)分散在分散介质中制成的非均相液体制剂,又称为疏水胶体溶液。微粒大小介于1～100nm。溶胶剂属热力学不稳定体系。

(一)溶胶的构造和性质

1. 溶胶的双电层结构 溶胶剂中的固体微粒因自身解离或吸附溶液中的某种离子而带电,带电的微粒表面必然吸引溶液中带相反电荷的离子(称为反离子),吸附的离子与反离子构成吸附层;少部分反离子扩散到溶液中,形成扩散层。吸附层和扩散层分别是带有相反电荷的带电层,称为双电层(或扩散双电层)。双电层之间的电位差称为ζ电位(图5-3)。ζ电位越高,胶粒间的排斥力越大,进入吸附层的反离子越少,扩散层的反离子越多,扩散层越厚,水化膜也越厚,溶胶越稳定。ζ电位降低至25mV以下时,溶胶聚结速度加快,产生聚结不稳定。

2. 溶胶的性质

（1）光学性质：溶胶具有丁铎尔（Tyndall）现象，即当一束强光线通过溶胶时从侧面可以看到圆锥形光束。丁铎尔现象是由于胶粒粒度小于自然光波长而产生的光散射。

（2）动力学性质：溶胶剂中的胶粒粒径小（纳米级），受溶剂分子不规则的撞击产生布朗运动，使溶胶剂在较长时间内稳定。

（3）电学性质：溶胶剂由于双电层结构而带电，在电场的作用下会产生电位差，引起溶胶产生电泳现象。

（4）稳定性：溶胶剂属热力学不稳定体系，具有聚结不稳定性。但胶粒荷电产生的静电斥力、荷电胶粒周围形成的水化膜以及胶粒的布朗运动，可提高溶胶剂的聚结稳定性。虽然重力作用可使胶粒产生沉降，但由于胶粒的布朗运动又使其沉降速度变得极慢，增加了动力学稳定性。

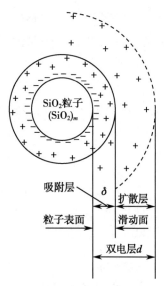

图 5-3　溶胶的双电层结构示意图

溶胶剂对电解质及带相反电荷的溶胶极其敏感，若在溶胶剂中加入电解质或与溶胶剂等量的带相反电荷的溶胶，可由于电荷被中和，使 ζ 电位降低、水化膜变薄，从而加速胶粒聚结沉淀。在溶胶剂中加入亲水性高分子溶液，可使其具有亲水胶体的性质，稳定性增加，这种胶体称为保护胶体。

（二）溶胶剂的处方设计

设计溶胶剂的处方时，如何使制剂稳定是关键，主要应考虑药物在水中的荷电性、分散度及与附加剂的配伍等因素。

（三）制备

溶胶剂可采用分散法或凝聚法制备。分散法包括机械分散法、胶溶法、超声分散法，机械分散法常用的设备是胶体磨，胶溶法是使新生的粗粒子重新分散的方法，超声分散法是用超声波所产生的能量使粗粒子分散成溶胶剂的方法。凝聚法包括物理凝聚法和化学凝聚法。

第四节　混悬剂

一、概述

混悬剂（suspension）系指难溶性固体药物分散在分散介质中制成的非均相液体制剂，可供内服或外用。难溶性固体药物与适宜辅料制成的粉末状或颗粒状制剂，临用时加水振摇后分散形成混悬液的称为干混悬剂。混悬剂中药物的粒径一般介于 0.5～10μm，小的可为 0.1μm，大的可达 50μm 或更大。混悬剂属于热力学和动力学均不稳定的粗分散体系。

混悬剂的特点：①混悬剂可避免低溶解度药物制成溶液剂时体积过大；②混悬剂可掩盖药物的不良味道；③混悬剂可延长药物的释放和吸收，产生长效作用；④混悬剂为物理不稳定体系；⑤混悬剂体积较大，不便于携带。

混悬剂的质量要求：①药物本身的化学性质应稳定，使用或贮存期间含量应符合要求，不得有发霉、酸败、变色、异物、产生气体或其他变质现象；②混悬剂中微粒大小根据用途不同而有不同要求；③混悬剂中的微粒应分散均匀，沉降速度应很慢，沉降后不应结块，轻摇后应迅速均匀分散，沉降体积比应符合规定；④混悬剂应有一定的黏度要求；⑤外用混悬剂应无刺激、易涂布。

二、混悬剂的物理稳定性

（一）物理稳定性

物理稳定性是混悬剂存在的主要问题之一。混悬剂中的药物微粒分散度大、具有较高的表面自由能，处于不稳定状态。疏水性药物的混悬剂比亲水性药物的混悬剂存在更大的稳定性问题。

1. **微粒的沉降** 混悬剂中的微粒在重力作用下产生沉降时，其沉降速度可用斯托克斯定律（Stokes law）描述。

$$V = \frac{2r^2(\rho_1 - \rho_2)g}{9\eta} \qquad \text{式（5-1）}$$

式（5-1）中，V 为微粒沉降速度；r 为微粒半径；ρ_1、ρ_2 分别为微粒和分散介质的密度；g 为重力加速度；η 为分散介质的黏度。

根据斯托克斯定律，可通过减小微粒半径、增加介质黏度、减少微粒和分散介质间密度差来降低沉降速度，从而提高混悬剂的动力学稳定性。

2. **微粒的荷电与水化** 与溶胶剂类似，混悬剂中的微粒也具有双电层结构，存在 ζ 电位。由于微粒表面荷电，水分子可在微粒周围形成水化膜。微粒荷电使微粒间产生排斥作用，加之水化膜的存在，阻止了微粒间相互聚结，使混悬剂稳定。加入电解质会影响混悬剂的聚结稳定性，亲水性药物微粒水化作用较强，受电解质的影响较小；疏水性药物微粒的水化作用较弱，对电解质更敏感。

3. **絮凝和反絮凝** 混悬剂中微粒的分散度大，总表面积很大，具有很高的表面自由能，因此具有自发降低表面自由能的趋势，这就意味着微粒间将产生聚集。微粒荷电产生的排斥力可阻碍微粒聚集，当加入适当的电解质，使 ζ 电位降低到一定程度（通常控制 ζ 电位在 $20 \sim 25\text{mV}$），微粒形成疏松的絮状聚集体，使混悬剂处于稳定状态。混悬微粒形成疏松聚集体的过程称为絮凝（flocculation），加入的电解质称为絮凝剂（flocculant）。絮凝剂主要是具有不同价数的电解质，其中阴离子的絮凝作用大于阳离子，且离子价数越高，絮凝效果越好。向处于絮凝状态的混悬剂中加入电解质，使絮凝状态变为非絮凝状态的过程称为反絮凝（deflocculation），加入的电解质称为反絮凝剂（deflocculant）。可用作反絮凝剂的电解质与絮凝剂相同。

4. 结晶微粒的增长和药物晶型的转变 药物粒子越小溶解速度越快;当粒子小于 0.1μm 时,粒子越小,溶解度越大。混悬剂总体上是过饱和溶液,但其中的小粒子溶解度大而在不断地溶解,大粒子过饱和不断析出而变得越来越大,使微粒的沉降速度加快,导致混悬剂的稳定性降低。另外,许多药物存在多晶型,可能发生晶型转变,导致药物溶解度发生变化,从而影响混悬剂的稳定性。

5. 分散相的浓度与温度 对于同一分散介质,分散相的浓度增加,混悬剂的稳定性将降低。此外,温度变化会使药物溶解度、溶解速度、微粒沉降速度、絮凝速度及沉降体积等发生变化,从而影响混悬剂的稳定性。

(二)稳定剂

为了提高混悬剂的物理稳定性而加入的附加剂称为稳定剂。稳定剂主要包括助悬剂、润湿剂、絮凝剂与反絮凝剂等。

1. 助悬剂(suspending agent) 助悬剂能增加分散介质的黏度或微粒的亲水性,有些还可使混悬剂具有触变性,从而增加混悬剂的稳定性。常用的助悬剂主要有:

(1)低分子助悬剂:如甘油、糖浆等。口服混悬剂中使用糖浆时兼具矫味作用,外用混悬剂中常加入甘油。

(2)高分子助悬剂:按来源分为天然的高分子助悬剂、半合成或合成的高分子助悬剂。天然的高分子助悬剂常用的有阿拉伯胶、西黄蓍胶、琼脂、海藻酸钠等;半合成或合成的高分子助悬剂常用的有甲基纤维素、羧甲纤维素钠、羟丙纤维素、卡波姆、聚维酮等。

(3)硅酸类:如胶体二氧化硅、硅酸铝、硅藻土等。

(4)触变胶:具有触变性,即具有凝胶与溶胶恒温转变的性质,静置时形成凝胶可防止或减缓微粒沉降,振摇时变为溶胶有利于混悬剂的使用。如 2% 单硬脂酸铝溶于植物油中可形成典型的触变胶。另外,一些具有塑性流动或假塑性流动的高分子化合物的水溶液常具有触变性,也可以选用。

2. 润湿剂(wetting agent) 润湿剂能降低药物微粒与分散介质间的界面张力,使疏水性药物(如硫黄、甾醇类等)易被水润湿与分散。常用的润湿剂有聚山梨酯类、泊洛沙姆等。此外,甘油等也有一定的润湿作用。

3. 絮凝剂和反絮凝剂 絮凝剂的加入可降低混悬剂中微粒的 ζ 电位,使微粒形成疏松聚集体,振摇后可重新迅速均匀分散,增加混悬剂的稳定性。反絮凝剂的加入则使 ζ 电位升高,阻碍微粒间的聚集。常用的絮凝剂、反絮凝剂有枸橼酸盐、枸橼酸氢盐、酒石酸盐、酒石酸氢盐、磷酸盐及氯化物等。

三、混悬剂的处方设计

混悬剂的处方设计需要根据临床需要选择适宜的药物与分散介质,再综合考虑制剂的稳定性、用药部位、应用方法、人体生理需求及制剂成本等选择附加剂。

(1)选择药物的条件:①拟将难溶性药物制成液体制剂应用时;②药物的剂量超过了

溶解度而不能制成溶液剂应用时；③两种溶液混合时药物的溶解度降低而析出固体药物时；④为了使药物产生缓释作用。但从安全性考虑，毒剧药或剂量小的药物不应制成混悬剂。

（2）分散介质：混悬剂的分散介质大多数为水，也可用植物油。

（3）附加剂：在设计混悬剂的处方时，与其他液体制剂一样，根据药物的化学稳定性、制剂的防腐性能、外观色泽、矫味等的实际需要选择适宜的附加剂。除此之外，混悬剂还需要重点考虑制剂的物理稳定性问题，首先应采用适当的方法减小药物粒子的粒径，再结合药物是亲水性还是疏水性，选择适宜的稳定剂，进一步提高混悬剂的物理稳定性。

四、混悬剂的制备

（一）制备

制备混悬剂的方法有分散法和凝聚法。

1. 分散法 先将固体药物粉碎成符合混悬剂粒径要求的微粒，再分散于分散介质中制成混悬剂。其一般制备过程：

采用分散法制备混悬剂时，根据药物与分散介质的性质不同，具体的制备工艺稍有不同。一般根据药物的亲水性、硬度等选用不同方法：①具有一定亲水性的难溶性药物，如氧化锌、炉甘石等，一般先将药物粉碎到一定细度，再加入处方中的液体适量（一般1份药物加0.4～0.6份液体），研磨至适宜的分散度，最后加入处方中的剩余液体至全量。②疏水性强的难溶性药物，如硫黄等，不易被水润湿，需要将其先与一定量的润湿剂研匀后再加入适量处方中的液体研磨至适宜分散度，最后加剩余液体至全量。③对于一些质重、硬度大的药物可采用"水飞法"进行制备，即将药物在适量的水中研磨至细后，加入较多量的水，搅拌，静置，倾出上层液，余下的粗粒再进行研磨，如此反复直至达到要求的分散度为止。将上清液静置，收集其沉淀物，分散于分散介质中即得。

少量制备可用乳钵，大量生产时需要应用乳匀机、胶体磨（图5-4）等设备。

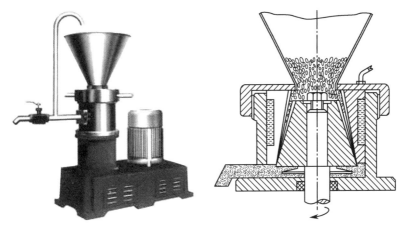

图5-4 胶体磨及其工作原理示意图

胶体磨由磨头部件、底座传动部件、电动机三部分组成。其工作原理如下：流体或半流体物料通过高速相对运动的定齿与动齿之间的间隙（间隙可调）时，受到强大的剪切力、摩擦力、高频振动、高速旋涡等作用，被乳化、分散、均质和粉碎，达到超细粉碎及乳化的效果。胶体磨结构简单，使用方便，适用于较高黏度及较大颗粒的物料。但存在流量不恒定、易产生较大热量使物料变性、表面较易磨损而导致细化效果显著下降等缺点。

例 5-3：复方硫黄洗剂

【处方】沉降硫黄 30g　硫酸锌 30g　樟脑醑 250ml　羧甲纤维素钠 5g　甘油 100ml　纯化水加至 1 000ml

【制法】将硫酸锌溶于 200ml 纯化水中，另将羧甲纤维素钠溶于 200ml 纯化水中制备胶浆，备用；取沉降硫黄置乳钵中，加入甘油研磨成细腻糊状；在搅拌下将羧甲纤维素钠胶浆缓缓加入乳钵内研匀，移入量器中；慢慢加入硫酸锌溶液，搅匀；在搅拌下以细流加入樟脑醑；加纯化水至全量，搅匀，即得。

【注解】沉降硫黄为强疏水性药物，甘油为润湿剂，使硫黄能在水中均匀分散；羧甲纤维素钠为助悬剂，可增加混悬液的动力学稳定性；樟脑醑为 10% 樟脑乙醇溶液，加入时应急剧搅拌，以免樟脑因溶剂改变而析出大颗粒。

例 5-4：布洛芬混悬液

【处方】布洛芬（粒径 4～10μm）200g　Avicel CL-611 130g　苯甲酸钠 20g　枸橼酸 20g　甘油 1.2kg　蔗糖 2.5kg　山梨醇 5g　聚山梨酯 80 10g　柠檬香精 30g　纯化水加至 10L

【制法】取甘油加热至 50～55℃，加入苯甲酸钠、枸橼酸溶解得到溶液①；将 Avicel CL-611 加入适量纯化水中，用高速剪切设备将其分散成均匀的混悬体系②；将加热至 50～55℃的纯化水与聚山梨酯 80 混合制成分散液③；将蔗糖、山梨醇、柠檬香精、溶液①与混悬体系②混匀得到混合物④；将微粉化的布洛芬与分散液③混匀，加至混合物④中，在低速氮气流下，用高速剪切设备高速搅匀，即得。

【注解】本品为非甾体抗炎药，有解热、镇痛及抗炎作用。主要用于由感冒、急性上呼吸道感染、急性咽喉炎等疾病引起的发热。也用于轻至中度疼痛、类风湿关节炎及骨关节炎等风湿性疾病。Avicel CL-611 为助悬剂，苯甲酸钠、山梨醇为防腐剂，聚山梨酯 80 为润湿剂，蔗糖、柠檬香精为矫味剂，枸橼酸为 pH 调节剂。

2. 凝聚法　应用物理或化学方法使溶解在分散介质中的药物离子或分子产生聚集形成混悬剂。

（1）物理凝聚法：通常将药物在适宜的溶剂中制成热饱和溶液，在搅拌下加至另一种该药物不溶的液体中，使药物快速结晶，可获得 10μm 以下（占 80%～90%）的微粒，再将微粒分散于适宜的介质中制成混悬剂。醋酸可的松滴眼液就是用此法制备。

（2）化学凝聚法：通过使两种或两种以上的化合物发生化学反应生成难溶性的药物微粒，再混悬于分散介质中制成混悬剂。为了得到细小均匀的微粒，化学反应应在稀溶液中进行，同时应急速搅拌。胃肠道透视用的 $BaSO_4$ 就是用此法制成的。

（二）注意事项

1. 混悬剂中的药物微粒越小，沉降速度越慢，混悬剂越稳定。但粒子不宜过小，否则沉降后易结块,不易再分散。此外,应注意药物微粒的形状对混悬剂稳定性的影响,不应选择沉积后易形成顽固结块的微粒形状。

2. 分散介质的黏度越大,药物微粒沉降速度越慢,但黏度也不宜太高,否则混悬剂不仅使用时难以倾倒,而且制备时微粒分散也会产生困难。可通过选用具有触变性的助悬剂解决上述问题。

3. 在混悬剂中加入絮凝剂时,必须正确选用电解质种类,调整 ζ 电位绝对值到 $20\sim25mV$,使微粒恰好能发生絮凝作用。

五、混悬剂的质量评价

混悬剂的质量优劣应按质量要求进行评定。除了药物含量、装量、重量差异(仅单剂量包装的干混悬剂检查)、干燥失重(仅干混悬剂检查)、微生物限度检查外,混悬剂的质量评价还包括以下项目。

1. **微粒大小的测定** 微粒大小对混悬剂的质量、稳定性、药效和生物利用度等均会产生影响,因此,微粒大小及其分布的测定是评价混悬剂质量的重要指标之一。可用显微镜法、库尔特计数法、沉降法等测定。

2. **沉降体积比的测定** 沉降体积比是指混悬剂沉降后沉降物的体积与沉降前混悬剂的体积之比。沉降体积比也可用高度表示。具体测定方法:除另有规定外,用具塞量筒取供试品 50ml,密塞,用力振摇 1 分钟,记下混悬物的初始高度(H_0),静置 3 小时,记下混悬物的最终高度(H),按式(5-2)计算沉降体积比 F。

$$F = \frac{V}{V_0} = \frac{H}{H_0} \qquad\qquad 式(5\text{-}2)$$

F 介于 $0\sim1$,F 值越大,混悬剂越稳定。以 H/H_0 为纵坐标,沉降时间 t 为横坐标作图,可得沉降曲线,曲线的起点最高点为1,之后逐渐缓慢降低并最终与横坐标平行。根据沉降曲线的形状可以判断混悬剂处方设计的优劣。若沉降曲线的下降较为平和缓慢,则可认为处方设计优良。但较浓的混悬剂不适用于绘制沉降曲线。口服混悬剂的沉降体积比不应低于0.9。

3. **絮凝度的测定** 絮凝度是比较混悬剂絮凝程度的重要参数,用式(5-3)表示絮凝度 β。

$$\beta = \frac{F}{F_\infty} \qquad\qquad 式(5\text{-}3)$$

式(5-3)中,F 及 F_∞ 分别为絮凝混悬剂与无絮凝混悬剂的沉降体积比。β 表示由于絮凝剂的加入而使沉降物体积增加的倍数,β 值越大,絮凝效果越好,混悬剂越稳定。测定絮凝度可用于评价絮凝剂的效果、预测混悬剂的稳定性。

4. **重新分散试验** 优良的混悬剂经过贮存后再振摇,沉降物应能很快重新分散,以确保分剂量时的准确性和用药时的均匀性。试验方法:将混悬剂置于 100ml 量筒内,以 20r/min 的速度转动一定时间,量筒底部的沉降物应能重新均匀分散。

5. ζ **电位的测定** ζ 电位的大小可表明混悬剂的存在状态。一般 ζ 电位在 20～25mV 时混悬剂呈絮凝状态,ζ 电位在 50～60mV 时混悬剂呈反絮凝状态。可用电泳法测定混悬剂的 ζ 电位。

6. **流变学性质的测定** 测定混悬液的流动特性曲线,通过流动曲线形状可以判断流动类型,评价其流变学性质。若为触变流动、塑性流动、假塑性流动,可有效降低微粒沉降速度。可用旋转黏度计进行测定。

第五节　乳剂

一、概述

乳剂(emulsion)系指两种互不相溶的液体混合,其中一相液体以液滴状态分散在另一相液体中形成的非均相液体制剂,通常为热力学和动力学均不稳定体系。乳剂中形成小液滴的液体称为分散相、内相或非连续相,另一相液体则称为分散介质、外相或连续相。乳剂由水相、油相和乳化剂三部分组成。

(一)乳剂的类型

1. **根据内相和外相的组成不同分类** 乳剂中的一相液体通常为水或水溶液,称为水相,用 W 表示;另一相与水不相混溶的液体称为油相,用 O 表示。乳剂的基本类型包括水包油(O/W)型和油包水(W/O)型,其中,油为分散相,分散在水中,称为水包油(O/W)型乳剂;水为分散相,分散在油中,称为油包水(W/O)型乳剂。此外,根据需要也可以制备成复合乳剂,如 W/O/W 型和 O/W/O 型。乳剂的类型主要取决于乳化剂的种类、性质及油水两相的相体积比。水包油(O/W)型与油包水(W/O)型乳剂的主要区别见表5-2。

表5-2　水包油(O/W)型或油包水(W/O)型乳剂的主要区别

指标	O/W 型乳剂	W/O 型乳剂
外观	通常为乳白色	接近油的颜色
稀释性	可用水稀释	可用油稀释
导电性	导电	几乎不导电
水溶性染料	外相可被染色	内相可被染色
油溶性染料	内相可被染色	外相可被染色

2. **根据分散相液滴的粒径大小分类**

(1)普通乳(emulsion):乳滴粒径大小一般在 0.5～100μm,为乳白色不透明液体。

(2)亚微乳(submicron emulsion):乳滴粒径大小一般在 0.1～0.5μm,常作为胃肠外给药的载体,如用于补充营养的静脉注射用脂肪乳剂。用于静脉注射的亚微乳,其乳滴粒径大小一般控制在 0.25～0.4μm。

(3)纳米乳(nanoemulsion):曾称为微乳(microemulsion),乳滴粒径大小一般在 10～

100nm，为胶体分散体系。随着液滴大小变化，外观呈半透明或透明状。纳米乳中的液滴具有很大的分散度，其总表面积大，表面自由能很高，属热力学不稳定体系。

（4）复乳（multiple emulsion）：又称为二级乳，是由一级乳进一步乳化制成的复合型乳剂，复乳的液滴一般在 50μm 以下。复乳可口服，也可注射。复乳具有两层或多层液体乳化膜，因此可以更有效地控制药物的扩散速率。

（二）乳剂的特点

乳剂具有以下特点：①乳剂中的液滴分散度很大，药物能较快地吸收和发挥药效，生物利用度高；②油性药物制成乳剂可确保剂量准确，且服用方便；③O/W 型乳剂可掩盖药物的不良臭味；④外用乳剂可改善药物对皮肤、黏膜的渗透性和刺激性；⑤静脉注射乳剂具有靶向性。

（三）乳剂的质量要求

乳剂的质量要求包括：①乳剂应稳定，不得有发霉、酸败、变色、异物、产生气体或其他变质现象；②口服乳剂应呈均匀的乳白色，不应有分层现象；③乳剂处方中加入的附加剂应不影响产品的稳定性、含量测定和检查。

二、乳化剂

乳化剂是乳剂不可缺少的重要组成部分，是决定乳剂类型和稳定性的关键因素。理想的乳化剂应具备以下条件：①具有较强的乳化能力；②能快速被吸附到乳滴周围，形成牢固的乳化膜；③能使乳滴带电，具有适宜的 ζ 电位；④可增加乳剂的黏度；⑤在很低浓度即可发挥乳化作用。此外，还应具有一定的生理适应能力，对人体不产生毒副作用；不影响药物的吸收；稳定性好，受各种因素影响小。

常用的乳化剂有表面活性剂、天然高分子化合物和固体微粒乳化剂三类。

1. 表面活性剂类　该类乳化剂乳化能力强，稳定性较好，容易在乳滴周围形成乳化膜，混合使用效果最好。

（1）非离子型表面活性剂乳化剂：常用的有①脂肪酸山梨坦类，HLB 值为 3～8 者可形成 W/O 型乳剂，亦可在 O/W 型乳剂中与聚山梨酯类配伍作为混合乳化剂；②聚山梨酯类，常用的 HLB 值为 8～16，可形成 O/W 型乳剂；③聚氧乙烯脂肪醇醚类，常用 Cremophor EL、Cremophor RH40，常用作微乳中的乳化剂；④聚氧乙烯 - 聚氧丙烯共聚物，具有乳化、润湿、分散等优良性能，但增溶能力较弱；其中的泊洛沙姆 188 可作 O/W 型乳化剂，亦可用作静脉注射乳剂中的乳化剂。

（2）阴离子型表面活性剂乳化剂：常用于外用乳剂，如十二烷基硫酸钠、硬脂酸钠、硬脂酸钾、油酸钠、油酸钾、硬脂酸钙（W/O 型）等。

（3）两性离子型表面活性剂乳化剂：最常用的是磷脂，乳化能力很强，可作为脂肪乳的乳化剂。

2. 天然高分子化合物乳化剂　该类乳化剂可形成 O/W 型乳剂，常用于口服乳剂，使用时需要加入防腐剂。常用的有：①阿拉伯胶，常用浓度为 10%～15%，常与西黄蓍胶、果胶、海藻酸钠等合用；②西黄蓍胶，水溶液黏度较高，乳化能力较差，通常与阿拉伯胶混合使用；③明胶，用量为油的 1%～2%，易受溶液 pH 及电解质的影响而产生凝聚；④杏树胶，乳化能力、黏度均超过阿拉伯胶，用量为 2%～4%，可作为阿拉伯胶的代用品。其他可作乳化剂的亲水性高分子化合物还有白及胶、果胶、桃胶、海藻酸钠等，乳化能力较弱，多与阿拉伯胶合用起稳定作用。

3. 固体微粒乳化剂　有些不溶性的固体微粒能被润湿到一定程度，在两相液体之间形成固体微粒乳化膜，防止分散相液滴接触时合并，而且不受电解质影响。通常接触角小、易被水润湿的固体微粒可作 O/W 型乳化剂，如氢氧化镁、氢氧化铝、二氧化硅、硅藻土等；接触角大、易被油润湿的固体微粒可作 W/O 型乳化剂，如硬脂酸镁、氢氧化钙、氢氧化锌等。

4. 辅助乳化剂　主要指与乳化剂合用能增加乳剂稳定性的乳化剂。辅助乳化剂自身的乳化能力一般很弱或无乳化能力，但能提高乳剂的黏度，增强乳化膜的强度，防止乳滴合并。增加水相黏度的辅助乳化剂有羧甲纤维素钠、羟丙纤维素、甲基纤维素、海藻酸钠、西黄蓍胶、皂土等；增加油相黏度的辅助乳化剂有鲸蜡醇、蜂蜡、硬脂酸、硬脂醇、单硬脂酸甘油酯等。

三、乳剂的成型原理及影响因素

（一）乳剂形成的原理

1. 降低界面张力　油水两相间存在界面张力，当一相液体以液滴状态分散于另一相液体中时，两相间的界面张力增大，表面自由能也增大，此时具有较大的降低界面自由能的趋势，促使液滴重新聚集合并以降低自由能。加入乳化剂可有效降低界面张力和表面自由能，利于形成乳滴，并保持乳剂的分散状态和稳定性。

2. 形成牢固的乳化膜　乳化剂被吸附于液滴周围，不仅可降低界面张力和表面自由能，而且可在液滴周围有规律地定向排列形成乳化膜，阻碍液滴合并。乳化膜越牢固，乳剂越稳定。

不同种类的乳化剂，一般形成不同类型的乳化膜。乳化膜具有以下类型：①单分子乳化膜。表面活性剂类乳化剂被吸附在乳滴表面，定向排列形成单分子乳化膜。②多分子乳化膜。亲水性高分子化合物类乳化剂被吸附在乳滴周围，形成多分子乳化膜。③固体微粒乳化膜。当固体微粒足够细，不会受重力作用而沉降，且对油水两相都有一定润湿性时，可被吸附于乳滴表面，形成固体微粒乳化膜。④复合凝聚膜。乳化膜也可以由两种或两种以上的不同物质组成。其中一种水不溶性物质形成单分子膜，另一种水溶性物质与之结合形成复合凝聚膜。

（二）影响乳剂类型的主要因素

乳剂的基本类型有 O/W 型和 W/O 型，决定乳剂类型的因素有很多，最主要的是乳化剂的种类和性质，其次是相体积比、温度、制备方法等。

1. 乳化剂的性质　乳化剂的结构、HLB 值、溶解度等均会影响乳剂的形成。

（1）表面活性剂类乳化剂：由于其分子中含有亲水基和亲油基，在形成乳剂时，亲水基伸向水相,亲油基伸向油相,若亲水性强于亲油性,乳化剂伸向水相的部分较大,使水的表面张力显著降低,可形成 O/W 型乳剂;若亲油性强于亲水性,则恰好相反,可形成 W/O 型乳剂。

（2）天然的或合成的亲水性高分子乳化剂:由于该类乳化剂亲水性强,而亲油性弱,有利于降低水相的表面张力,形成 O/W 型乳剂。

（3）固体微粒乳化剂:该类乳化剂若亲水性大,则易被水润湿,降低水相表面张力的作用大,形成 O/W 型乳剂;若亲油性大,则易被油润湿,降低油相表面张力的作用大,形成 W/O 型乳剂。

通常易溶于水的乳化剂有助于形成 O/W 型乳剂,易溶于油的乳化剂有助于形成 W/O 型乳剂。油、水两相中对乳化剂溶解度大的一相液体将成为外相,即分散介质。

2. 相体积比　分散相体积占乳剂总体积的百分比,亦称相容积比。理论上相体积比在小于 74% 的前提下,相体积比越大,乳滴的运动空间越小,乳剂越稳定。而实际上,乳剂的相体积比达到 50% 时就能显著降低分层速度,因此相体积比一般在 40%~60% 乳剂比较稳定。经研究发现,相体积比<25% 时乳滴易分层,而分散相体积超过 60% 时,乳滴易发生合并或引起转相。

四、乳剂的稳定性

1. 分层（delamination）　乳剂在放置过程中出现分散相液滴上浮或下沉的现象,又称为乳析（creaming）。发生这种现象主要是因为分散相与分散介质之间存在着密度差。可通过减小乳滴粒径、增加连续相的黏度、降低分散相与分散介质的密度差来减慢分层速度。乳剂的分层也与分散相的体积有关,一般相体积比低于 25% 时乳剂易分层,达 50% 时可减小分层速度。乳剂分层时,乳化膜没有被破坏,一般是可逆的,经振摇后仍能恢复成原来的乳剂。

2. 絮凝　乳剂的分散相液滴发生可逆的疏松聚集现象称为絮凝。如果乳滴的 ζ 电位降低,乳滴聚集而絮凝,此时乳剂仍保持乳滴及其乳化膜的完整性。乳剂中的电解质和离子型乳化剂是产生絮凝的主要原因,同时絮凝也与乳剂的黏度、相体积比以及流变性有关。絮凝作用限制了乳滴的移动,同时界面电荷和乳化膜的存在阻止了乳滴的合并,故絮凝有利于乳剂的稳定。

3. 转相（phase inversion）　由于某些条件的变化使乳剂从一种类型（O/W 型或 W/O 型）转变成另一种类型（W/O 型或 O/W 型）称为转相。转相主要是由于乳化剂性质发生改变引起的。如当一价钠皂遇到足量的氯化钙后生成二价钙皂,使乳剂由原来的 O/W 型转变成 W/O 型。又如向乳剂中加入相反类型的乳化剂,当两者比例达到转相临界点后,乳剂发生转相。乳剂的转相还受相体积比的影响。

4. 合并（coalescence）与破裂（breaking）　乳剂中乳滴周围的乳化膜破坏导致乳滴变大的现象称为合并。合并进一步发展使乳剂分为油、水两相的现象称为破裂。乳滴大小不均一易产生聚集合并,因此应尽可能使乳滴大小均匀。增加连续相的黏度也可降低乳滴合并的速度。影响乳剂稳定性的最重要因素是乳化剂的理化性质,因为乳化剂的性质直接关系到所形成乳化膜的牢固程度。合并与破裂时，乳滴周围的乳化膜已被破坏，乳滴已经变大或油、水两相完全分离，经振摇不能恢复成原来的状态，因此，合并与破裂是不可逆的。

5. 酸败（rancidity） 乳剂受外界因素（光、热、空气等）及微生物的影响，使油相或乳化剂等发生变质的现象称为酸败。可通过加入抗氧剂、防腐剂以及选择适宜的包装和贮存条件等加以解决。

五、乳剂的处方设计

乳剂的基本组成包括水相、油相和乳化剂，三者缺一不可。在设计乳剂处方前，需要先确定乳剂的类型，再根据乳剂类型选择适宜的乳化剂，然后优化并确定乳化剂的用量及油、水两相的容积比等，最后根据需要选择辅助乳化剂以及其他附加剂（如矫味剂、防腐剂、抗氧剂等）。

（一）乳剂类型的确定

乳剂的类型应根据药物的理化性质和临床用药需求进行确定。供口服或静脉注射用时应设计成 O/W 型乳剂，供肌内注射用时通常制成 O/W 型乳剂，若为了使水溶性药物缓释则可设计成 W/O 型或 W/O/W 型乳剂，供外用时应按临床需要和药物性质选择制成 O/W 型乳剂或 W/O 型乳剂。

（二）乳化剂的选择

选择乳化剂时，应综合考虑用药目的、乳剂类型、药物性质、处方组成及制备方法等。

1. 根据乳剂的类型选择 欲制备 O/W 型乳剂应选择 O/W 型乳化剂，制备 W/O 型乳剂则应选择 W/O 型乳化剂。可依据乳化剂的 HLB 值进行选择。

2. 根据乳剂的用药需求选择 口服乳剂通常应选择无毒的天然乳化剂或某些亲水性高分子乳化剂等；外用乳剂应选择对局部无刺激、长期使用无毒性的乳化剂；注射用乳剂应选择磷脂、泊洛沙姆等乳化剂。

3. 根据乳化剂的性能选择 应选择乳化能力强、性质稳定、不易受胃肠生理因素及外界因素（酸、碱、盐、pH 等）影响、无毒、无刺激性的乳化剂。

4. 混合乳化剂的选择 乳化剂混合使用可改变 HLB 值，使乳化剂的适应性更广，但必须选用得当。非离子型乳化剂可以混合使用，如聚山梨酯和脂肪酸山梨坦等；非离子型乳化剂亦可与离子型乳化剂混合使用。但阴离子型乳化剂和阳离子型乳化剂通常不能混合使用。乳化剂混合使用，必须符合油相对 HLB 值的要求，乳化油相所需的 HLB 见表 5-3。若油的 HLB 值为未知，可通过试验加以确定。

（三）相体积比的确定

根据乳剂类型、所制得乳剂的稳定性等因素进行相体积比的确定。通常相体积比介于 20%～50% 时乳剂相对稳定。不考虑乳化剂的作用时，油相体积小于 26% 时，易形成 O/W 型乳剂；反之，水相体积小于 26% 时，易形成 W/O 型乳剂。由于乳滴周围的乳化膜带电，通常 O/W 型乳剂较 W/O 型乳剂更易形成，且稳定。O/W 型乳剂中油相体积可以超过 50%，甚至更高（可达 90% 以上）；但 W/O 型乳剂中水相体积必须低于 40%，否则乳剂不稳定。

表 5-3　各种油相乳化所需的 HLB 值

油相	所需 HLB 值		油相	所需 HLB 值	
	W/O 型乳剂	O/W 型乳剂		W/O 型乳剂	O/W 型乳剂
鲸蜡醇	—	15	液体石蜡(轻)	4	10～12
硬脂醇	7	15～16	液体石蜡(重)	4	10.5
硬脂酸	6	17	棉籽油	5	10
无水羊毛脂	8	15	植物油	—	7～12
蜂蜡	5	10～16	挥发油	—	9～16
微晶蜡	—	9.5	油酸	—	17

此外,根据需要可考虑在乳剂中加入其他成分使乳剂稳定。如加入辅助乳化剂、抗氧剂、防腐剂等。

六、乳剂的制备

(一)乳剂的制备方法

乳剂的制备过程是使两相液体中的一相形成大量新生界面的过程,乳滴愈小,新增加的界面就愈大,表面自由能也就越大,因此,乳剂的制备通常需要提供足够的能量。乳剂的制备方法包括手工法和机械法,需要根据制备量的多少、乳剂的类型及给药途径等加以选择。

1. 手工法

(1)油中乳化剂法(emulsifier in oil method):亦称为干胶法。采用本法制备乳剂是将水相加至含有乳化剂的油相中。本法需要制备初乳,即将乳化剂分散于油相中充分研磨,研匀后,按比例一次性加入水相,用力沿同一方向研磨使形成初乳,再逐渐稀释至全量。初乳中油、水、乳化剂的比例是:油相为植物油时为 4∶2∶1,挥发油时为 2∶2∶1,液体石蜡时为 3∶2∶1。本法适用于阿拉伯胶或阿拉伯胶与西黄蓍胶的混合胶作为乳化剂制备乳剂。

(2)水中乳化剂法(emulsifier in water method):亦称为湿胶法。采用本法制备乳剂是将油相加至含有乳化剂的水相中。本法也需要制备初乳,初乳中油、水、乳化剂的比例与干胶法相同。制备乳剂时,先将乳化剂与初乳比例的水相充分研磨,研匀后,将比例量的油相分次加入,用力沿同一方向研磨至初乳形成,再逐渐稀释到全量。

(3)新生皂法(nascent soap method):将油、水两相混合时,在油水两相界面上生成的新生皂类作为乳化剂产生乳化的方法。植物油中含有硬脂酸、油酸等脂肪酸,当水相中含有氢氧化钠、氢氧化钙、三乙醇胺等成分时,在高温下(70℃以上)可发生皂化反应生成新生皂类乳化剂,经搅拌即可形成乳剂。生成的一价皂为 O/W 型乳化剂,生成的二价皂为 W/O 型乳化剂。

2. 机械法(mechanical method) 大量制备乳剂通常采用机械法,该法可不考虑油相、水相、乳化剂的混合顺序,将各成分直接混合后利用乳化机械提供的强大能量制成乳剂。使用不同设备可得到乳滴粒径大小不同的乳剂。

复合乳剂的制备通常采用二步乳化法，先将水相、油相、乳化剂制成一级乳（O/W型或W/O型），然后将一级乳分散在含有乳化剂的油或水的连续相中再乳化制成二级乳（O/W/O型或W/O/W型）。

纳米乳的制备，一般选用表面活性剂作为乳化剂，通常还需要加入辅助乳化剂。纳米乳中乳化剂的用量一般多于普通乳剂中乳化剂的用量，因为纳米乳的乳滴小，界面积大，乳化时需要较多的乳化剂。辅助乳化剂的加入，可进一步降低界面张力，并提高乳化膜的牢固性和柔韧性，有利于乳剂的稳定。理论上纳米乳可以自发形成，但制备时通常仍需要借助一定的外界机械能量。

（二）制备设备

制备乳剂时需要根据制备量的多少、所制乳剂的流动特性以及是否需要冷却、制备过程中是否需要加入固体药物等选择适宜的乳化器械。

1. 搅拌乳化装置 少量制备可用乳钵，大量制备可用搅拌器。搅拌器的种类很多，包括螺旋桨搅拌器、涡轮搅拌器、刮刀式搅拌器、混合叶片搅拌器等。搅拌器还可附有夹层结构，能通入热水或冷水以维持恒定温度。如真空乳化机（图5-5）、高剪切乳化机（图5-6）。

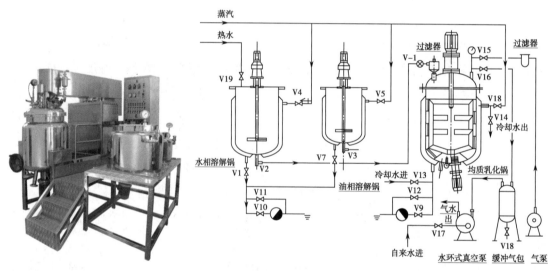

图5-5 真空乳化机及其工作原理示意图

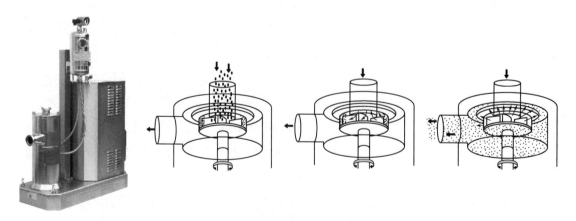

图5-6 管式高剪切乳化机及其工作原理示意图

真空乳化机通常由乳化锅、水锅、油锅、刮壁双搅拌、均质乳化真空系统、加热温度控制系统、电器控制系统等组成，适用于高黏度的物料，如乳膏、乳剂等的制备。其工作原理如下：物料在水锅、油锅内加热、搅拌混合后，由真空泵吸入乳化锅，通过乳化锅内的刮壁双搅拌、高速剪切的均质搅拌器，迅速被破碎成微粒，同时，真空系统可将气泡及时抽走，以确保获得优质产品。

管线式高剪切乳化机由 1～3 个工作腔组成，在马达的高速驱动下，物料在转子与定子之间的狭窄间隙中高速运动，形成紊流，物料受到强烈的液力剪切、离心挤压、高速切割、撞击和研磨等综合作用，从而达到分散、乳化和破碎的效果。物料的物理性质、工作腔数量以及物料在工作腔中的停留时间决定了粒径分布范围及均化、细化的效果和产量大小。管线式高剪切乳化机处理量大，适合工业化在线连续生产，可实现自动化控制，粒径分布范围窄，省时，高效，节能。

2. 胶体磨（colloid mill） 利用高速旋转的转子与定子之间的缝隙产生强大的剪切力使液体乳化。适用于含有不溶性固体药物的乳剂或质量要求不高的乳剂的制备。

3. 高压乳匀机（high pressure homogenizer） 将采用适宜方法制备的粗乳液加至储料筒中，加压使其通过匀化阀的狭缝，粗乳液因受到强大的剪切和挤压作用而使乳滴分散得更细小，如高压均质机（图 5-7）。高压均质机以高压往复泵作为动力传递及物料输送机构，将物料输送至工作阀（一级匀化阀与二级匀化阀）。在物料高速通过工作阀细孔的过程中，高压下产生强烈的剪切、撞击和空穴作用，使液态物质或以液体为载体的固体颗粒得到超微细化。高压均质机不适于黏度很高的物料。与离心式分散乳化设备（胶体磨、真空乳化机等）相比，高压均质机具有细化作用更强烈、物料发热量较小、可定量输送物料等优点；但存在耗能较大、损失较多、维护工作量较大等缺点。

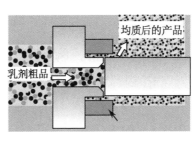

图 5-7　高压均质机及其工作原理示意图

4. 超声波均质机（ultrasonic homogenizer） 超声波均质机是利用 10～15kHz 的高频振动制备乳剂。该设备乳化时间短，液滴细小且均匀，但可能引起某些药物分解。本设备不适于黏度大的乳剂的制备。

（三）乳剂中药物加入方法

若药物溶解于油相，可先将药物溶于油相中再制成乳剂；若药物溶解于水相，可先将药物溶于水后再制成乳剂；若药物在油、水两相中均不溶解，可用与药物亲和性大的一相液体研磨药物,再将其制成乳剂;也可用少量已制成的乳剂与药物研磨至细再与剩余乳剂混合均匀。

例 5-5: 鱼肝油乳剂

【处方】鱼肝油 500ml　阿拉伯胶(细粉)125g　西黄蓍胶(细粉)7g　挥发杏仁油 1ml　糖精钠 0.1g　尼泊金乙酯 0.5g　纯化水加至 1 000ml

【制法】将阿拉伯胶与鱼肝油研匀,一次性加入 250ml 纯化水,用力沿一个方向研磨至初乳形成,加糖精钠水溶液、挥发杏仁油、尼泊金乙酯醇溶液,再缓缓加入西黄蓍胶胶浆,加纯化水至 1 000ml,搅匀,即得。

【注解】本品系用干胶法制成的 O/W 型乳剂,也可采用湿胶法制备;制备初乳时油、水、乳化剂的比例为 4∶2∶1;处方中鱼肝油为药物、油相;阿拉伯胶为乳化剂;西黄蓍胶为辅助乳化剂(增加连续相黏度);糖精钠、挥发杏仁油为矫味剂;尼泊金乙酯为防腐剂。

例 5-6: 石灰搽剂

【处方】花生油 10ml　氢氧化钙饱和水溶液 10ml

【制法】取适量氢氧化钙制成饱和水溶液,量取 10ml 花生油和 10ml 氢氧化钙饱和水溶液,置于 50ml 具塞量筒中,加盖后用力振摇至乳剂生成。

【注解】本品系采用新生皂法制成的 W/O 型乳剂,氢氧化钙与花生油中的游离脂肪酸进行皂化反应生成的钙皂(新生皂)作为乳化剂。

例 5-7: 马洛替酯乳剂

【处方】马洛替酯 100g　玉米油 300g　精制豆磷脂 50g　聚山梨酯 80 50g　薄荷脑 5g　甜菊苷 15g　磷酸缓冲液适量　纯化水加至 5L

【制法】用适量纯化水溶解乳化剂(精制豆磷脂、聚山梨酯 80),将马洛替酯溶于玉米油,将此玉米油溶液逐渐加入上述乳化剂的水溶液中,在适宜温度下高速搅拌使形成初乳,然后加入矫味剂薄荷脑、甜菊苷混匀,用磷酸缓冲液调 pH 至 6.5～7.5,再加纯化水至足量,粗滤,过高压均质机,精滤后灌装于洗净烘干的玻璃瓶中,封口,100℃灭菌 30 分钟,即得。

【注解】本品为口服乳剂,用于治疗慢性肝病、低蛋白血症。本品为 O/W 型乳剂,处方中以精制豆磷脂、聚山梨酯 80 为混合乳化剂,玉米油为油相兼作溶解药物的溶剂,薄荷脑、甜菊苷为矫味剂,磷酸盐缓冲液为 pH 调节剂。本品应避光,密闭贮存。

（四）注意事项

1. **乳化剂的性质与用量**　乳化膜的强度与乳化剂结构和用量有关。一般直链结构比支链结构的乳化剂更易形成紧密牢固的乳化膜。乳化剂用量太少,形成的乳化膜密度过小甚至不足以包裹乳滴,用量过多可造成乳剂外相过于黏稠,不易倾倒。离子型乳化剂越多,ζ 电位越高,乳滴越不易聚集。一般普通乳剂中乳化剂用量为 5～100mg/ml。

2. **分散相的浓度与乳滴大小**　一般分散相浓度在 50% 左右时乳剂最稳定,低于 25% 时易分层,高于 60% 时易转相或破裂,均不稳定。乳剂的稳定性还与乳滴的大小有关,乳滴越小,乳剂越稳定。乳滴大小如不均一,小乳滴通常会进入大乳滴之间,增加乳滴聚集与合并的机会。

3. **乳化温度**　加热可降低黏度,有利于形成乳剂,但同时也会增加乳滴动能,促进了乳滴的合并,从而降低乳剂的稳定性。一般最适宜的乳化温度为70℃左右。使用非离子型乳化剂时,温度不宜超过其昙点。降低温度对乳剂的影响更甚,会使乳剂的稳定性降低,甚至破裂。

4. 乳化时间 乳化开始阶段,搅拌可促使乳滴形成,但乳剂形成后继续搅拌则会增加乳滴碰撞的机会,加速乳滴聚集合并,因此应避免乳化时间过长。

5. 其他 乳剂中的其他组分、乳剂的制备方法、乳化设备以及水质等都可能影响成品的分散度、均匀性及稳定性。

七、乳剂的质量评价

除了药物含量、装量、微生物限度应符合要求外,乳剂还需要进行以下质量评价。

1. 乳滴粒径大小的测定 乳滴的粒径大小是衡量乳剂质量的重要指标。不同用药途径对乳滴粒径大小的要求不同,如静脉注射用乳剂的乳滴粒径应小于0.5μm。其他用药途径的乳剂,乳滴粒径大小亦有不同的要求。乳滴粒径可用显微镜法、库尔特计数法、激光散射法、透射电镜法等进行测定。

2. 分层现象的观察 乳剂分层的快慢是衡量乳剂稳定性的重要指标。为了在短时间内可以观察到乳剂的分层,通常采用离心法进行加速,以4 000r/min离心15分钟,若不分层则可认为乳剂较稳定。此法可用于筛选处方或比较不同乳剂的稳定性。另外,将乳剂置于10cm离心管中以3 750r/min的速度离心5小时,可相当于放置一年的自然分层的效果。

3. 乳滴合并速度的测定 乳滴的合并速度符合一级动力学规律,其方程为

$$\lg N = -\frac{Kt}{2.303} + \lg N_0 \qquad \text{式}(5\text{-}4)$$

式(5-4)中,N、N_0分别为t和t_0时的乳滴数;K为合并速度常数,t为时间。

测定不同时间t的乳滴数N,可求出乳滴的合并速度常数K,估计乳滴的合并速度,用以评价乳剂的稳定性大小。

4. 稳定常数的测定 乳剂离心前后的光密度变化百分率称为稳定常数,以K_e表示,表达式为

$$K_e = \frac{(A_0 - A)}{A_0} \times 100\% \qquad \text{式}(5\text{-}5)$$

式(5-5)中,K_e为稳定常数;A_0为离心前乳剂稀释液的吸光度;A为离心后下层乳剂稀释液的吸光度。K_e愈接近于0,乳剂愈稳定。

本法可定量研究乳剂的稳定性,离心速度和波长的选择可通过试验加以确定。对于稳定的乳剂,可以以2 000~3 000r/min的速度离心10分钟;对于不稳定的乳剂,可以以500~1 000r/min的速度离心5分钟,稀释倍数以吸光度值在0.3~0.7范围为宜。

第六节 不同给药途径用液体制剂

1. 搽剂 搽剂(liniment)系指原料药物用乙醇、油或适宜的溶剂制成的液体制剂,供无破损皮肤揉搽用,包括溶液型、乳状液型和混悬型,有镇痛、保护、消炎和杀菌作用等。用于镇痛和抗刺激作用的搽剂多用乙醇作为分散介质,有利于药物的渗透;起保护作用的搽剂多用油、液体石蜡作为分散介质,无刺激性,且具有润滑作用;乳状液型搽剂多用肥皂类作为乳化剂,有润滑、促渗透作用。

2. 涂剂与涂膜剂

(1)涂剂:系指含原料药物的水性或油性溶液、乳状液、混悬液,供临用前用消毒纱布或消毒棉球等柔软物料蘸取涂于皮肤或口腔与喉部黏膜的液体制剂,有消毒、消炎、滋润等作用。常用甘油、乙醇、植物油等作为分散介质。

(2)涂膜剂(paints):系指原料药物溶解或分散于含成膜材料的溶剂中,涂搽患处后形成薄膜的外用液体制剂,有保护、治疗作用。涂膜剂一般用于无渗出液的损害性皮肤病等。常用聚乙烯醇、聚维酮、乙基纤维素等作为成膜材料,乙醇、丙酮等作为溶剂,甘油、丙二醇等作为增塑剂。

3. 洗剂 洗剂(lotion)系指用于清洗无破损皮肤或腔道的液体制剂,包括溶液型、乳状液型和混悬型,有消毒、收敛、消炎、止痒、保护等作用。常用水或乙醇作为分散介质,混悬型洗剂中常加入甘油和其他助悬剂。

4. 灌肠剂 灌肠剂(enema)系指以治疗、诊断或提供营养为目的供直肠灌注用的液体制剂,包括水性或油性溶液、乳状液和混悬液。一次灌注用量较大时,用前应将药液加热至体温。

5. 滴鼻剂 滴鼻剂(nasal drop)系指由原料药物与适宜辅料制成的澄明溶液、混悬液或乳状液,供滴入鼻腔用的鼻用液体制剂。滴鼻剂具有局部消毒、消炎、收缩血管和麻醉等作用。以水、丙二醇、液体石蜡、植物油等作为分散介质。正常人鼻腔液 pH 一般为 5.5～6.5,炎症病变时呈碱性,有时可达 pH=9,易使细菌繁殖,影响鼻腔内分泌物的溶菌作用及鼻纤毛的正常运动。所以,滴鼻剂 pH 应为 5.5～7.5,应与鼻黏液等渗,且应有一定的缓冲能力,不改变鼻黏液黏度,不影响纤毛运动和分泌液的离子组成。

6. 滴耳剂 滴耳剂(ear drop)系指由原料药物与适宜辅料制成的水溶液,或由甘油或其他适宜溶剂制成的澄明溶液、混悬液或乳状液,供滴入外耳道用的液体制剂。滴耳剂具有消毒、止痒、收敛、消炎、润滑等作用。以水、乙醇、甘油、丙二醇、聚乙二醇等作为分散介质,但由于水溶液穿透力差、乙醇溶液有刺激性、甘油溶液有吸湿性且穿透力差等原因,滴耳剂常用混合溶剂。外耳道发炎时 pH 多在 7.1～7.8,因此外耳道用滴耳剂宜呈弱酸性。

7. 含漱剂 含漱剂(gargle)系指用于咽喉、口腔清洗的液体制剂,具有去臭、消炎、防腐、收敛等作用。多为药物的水溶液,也可含少量甘油、乙醇。含漱剂中常加入适量着色剂,以示外用。为了携带方便,可制成浓溶液,临用时稀释;也可制成固体粉末,用前溶解。含漱剂应呈微碱性,以利于除去口腔内的酸性分泌物和溶解黏液蛋白。

第七节　液体制剂的包装与贮存

液体制剂的包装与产品的质量、运输和贮存等关系密切。若包装选择不当，在运输和贮存过程中会发生变质，因此包装材料的选择极为重要。通常包装材料应符合以下要求：①不与药物发生相互作用，不改变药物的理化性质和疗效，不吸收亦不沾留药物；②可防止外界不利因素对制剂的影响；③坚固耐用、体积小、质量轻、形状适宜、便于携带和运输；④价廉易得。

液体制剂的包装材料包括容器（玻璃瓶、塑料瓶等）、瓶塞（橡胶塞、塑料塞）、瓶盖（塑料盖、金属盖）、标签、说明书、纸盒、纸箱等。液体制剂包装瓶上均应贴上标签，内服与外用液体制剂的标签颜色应不同。

液体制剂的主要溶剂是水，在贮存期间易发生水解、污染微生物而变质。生产中除了应注意采取有效的避菌措施外，还需要加入防腐剂，并选择适宜的包装材料。液体制剂一般应密封、避光、保存于阴凉干燥处，且贮存期不宜过长。

思考题

1. 液体制剂有哪些主要特点？
2. 液体制剂按分散系统可分为哪几类？
3. 液体制剂常用的溶剂和附加剂有哪些种类？每类各举 2 例。
4. 混悬剂的物理稳定性主要体现在哪些方面？
5. 简述乳剂常发生的不稳定现象及其主要的产生原因。

ER5-2　第五章　目标测试

（鄢海燕）

参考文献

[1] 国家药典委员会.中华人民共和国药典：四部.2020年版.北京：中国医药科技出版社，2020.
[2] 周建平，唐星.工业药剂学.北京：人民卫生出版社，2014.
[3] 方亮.药剂学.8版.北京：人民卫生出版社，2016.
[4] 平其能，唐锡德，张钧寿，等.药剂学.4版.北京：人民卫生出版社，2013.
[5] 曹德英.药物剂型与制剂设计.北京：化学工业出版社，2009.

第六章　无菌制剂

ER6-1　第六章
无菌制剂（课件）

本章要点

掌握　无菌制剂的定义、分类及质量要求；注射用溶剂与附加剂的应用；无菌制剂常用的灭菌
　　　方法和相关技术方法；热原的基本性质、污染途径及除去方法；注射剂的定义、特点、
　　　质量要求及存在的主要问题；眼用制剂的定义及质量要求。

熟悉　无菌操作法，F_0值的含义、计算方法及测定意义；空气洁净度的标准与洁净室的设计；
　　　等渗调节的计算方法；注射用无菌粉末的特点、制备方法及存在的主要问题。

了解　空气净化方法与滤过技术；其他无菌制剂。

第一节　概述

在临床应用中，有的药物制剂直接注入、植入人体，如注射剂和植入剂；有的药物制剂直接用于特定的器官，如眼用制剂；有的药物制剂直接用于开放性的伤口或腔体，如冲洗剂；有的药物制剂直接用于烧伤或严重创伤的体表创面，如无菌软膏剂、无菌气雾剂、无菌散剂、无菌涂剂与涂膜剂及无菌凝胶剂等创面制剂；有的药物制剂用于手术或创伤的黏膜用制剂，如无菌耳用制剂和无菌鼻用制剂等。《中国药典》（2020年版）规定，这些制剂必须经过无菌检查法检查并符合规定，以保证药物的安全性和有效性。

一、无菌制剂的定义和分类

（一）定义

无菌制剂（sterile preparation）系指法定药品标准中列有无菌检查项目的制剂。包括注射剂、眼用制剂、植入剂、冲洗剂、吸入液体制剂和吸入喷雾剂、无菌气雾剂和粉雾剂、无菌软膏剂与乳膏剂、无菌散剂、无菌耳用制剂、无菌鼻用制剂、无菌涂剂与涂膜剂、无菌凝胶剂等。

（二）分类

根据给药方式、给药部位及不同临床应用的不同分类，无菌制剂可分为以下八大类。

（1）注射剂：系指原料药物或与适宜的辅料制成的供注入体内的无菌制剂。注射剂可分为注射液、注射用无菌粉末与注射用浓溶液等。

（2）眼用制剂：系指直接用于眼部发挥治疗作用的无菌制剂。眼用制剂可分为眼用液体

制剂(滴眼剂、洗眼剂、眼内注射溶液等)、眼用半固体制剂(眼膏剂、眼用乳膏剂、眼用凝胶剂等)、眼用固体制剂(眼膜剂、眼丸剂、眼内插入剂等)。

（3）植入剂：系指由原料药物与辅料制成的供植入人体内的无菌固体制剂。植入剂一般采用特制的注射器植入，也可以手术切开植入。植入剂在体内持续释放药物，并应维持较长的时间。

（4）冲洗剂：系指用于冲洗开放性伤口或腔体的无菌溶液。

（5）吸入液体制剂：系指供雾化器用的液体制剂，即通过雾化器产生连续供吸入用气溶胶的溶液、混悬液或乳液，吸入液体制剂包括吸入溶液、吸入混悬液、吸入用溶液（需稀释后使用的浓溶液）或吸入用粉末（需溶解后使用的无菌药物粉末）。如吸入用硫酸沙丁胺醇溶液。

（6）吸入喷雾剂：系指通过预定量或定量雾化器产生供吸入用气溶胶的溶液、混悬液或乳液。使用时借助手动泵的压力、高压气体、超声振动或其他方法将内容物呈雾状物释出，可使一定量的雾化液体以气溶胶的形式在一次呼吸状态下被吸入，如吸入用倍氯米松福莫特罗气雾剂。

（7）创面用制剂：如用于烧伤、创伤或溃疡的气雾剂、喷雾剂；用于烧伤或严重创伤的涂剂、涂膜剂、凝胶剂、软膏剂、乳膏剂及局部散剂等。

（8）手术用制剂：手术时使用的制剂，如用于手术的耳用制剂、鼻用制剂、止血海绵和骨蜡等。

二、无菌制剂的质量要求

所有无菌制剂都必须按照《中国药典》(2020年版)中的无菌检查法(通则1101)检查，应符合规定。此外，不同类型的无菌制剂有不同的质量要求，例如静脉用注射剂还应按照细菌内毒素检查法(通则1143)或热原检查法(通则1142)进行检查，应符合规定；除另有规定外，冲洗剂每1ml中含细菌内毒素的量应小于0.50EU内毒素；静脉输液及椎管内注射用注射液、水溶液型滴眼剂、洗眼剂和眼内注射溶液按各品种项下的规定，按照渗透压摩尔浓度测定法(通则0632)测定，应符合规定；中药注射剂应按照铅、镉、砷、汞、铜测定法(通则2321)测定，应符合规定；吸入液体制剂、吸入喷雾剂按照吸入制剂微细粒子空气动力学特性测定法(通则0951)检查，应符合规定；吸入喷雾剂应进行递送剂量均一性、每瓶总喷次等检查，应符合规定。

第二节　无菌制剂的相关技术与理论

一、空气净化技术

（一）概述

空气净化系指以创造洁净空气为目的的空气调节措施。根据不同行业的要求和洁净标准,可分为工业净化和生物净化。工业净化系指除去空气中悬浮的尘埃和粒子,如在电子、工业环境等,在某些特殊环境中,可能还有除臭、增加空气负离子等要求。生物净化系指不仅除去空气中悬浮的尘埃粒子,而且要求除去微生物等以创造洁净环境,如制药工业、生物学实验室、医院手术室等均要求达到生物洁净。

(二)洁净室的净化标准

洁净室的设计必须符合相应洁净程度要求,《药品生产质量管理规范》在世界大多数国家和组织得到了广泛的实施,但其洁净度标准尚未统一。我国《药品生产质量管理规范》(2010年修订)将洁净生产区分为 A、B、C、D 四个级别,并规定了"静态"和"动态"洁净要求。"静态"指安装已经完成运行,但没有操作人员在场的状态,"动态"指生产设施按预定工艺模式运行并有规定数量的操作人员现场操作的状态。生产操作全部结束后,操作人员撤离生产现场并经 15~20 分钟(指导值)自净后,洁净区应达到表 6-1 中静态的空气悬浮粒子标准和表 6-2 中的微生物监测动态标准。

无菌药品生产所需的洁净区可分为 A、B、C、D 四个级别。

A 级:高风险操作区。如灌装区、放置胶塞桶、与无菌制剂直接接触的敞口包装容器存放区及无菌装配或连接操作的区域。通常用单向流操作台(罩)来维持该区的环境状态。单向流系统在其工作区域必须均匀送风,风速为 0.36~0.54m/s(指导值)。应有数据证明单向流的状态并须验证。

B 级:指无菌配制和灌装等高风险操作 A 级区所处的背景区域。

C 级和 D 级:指生产无菌药品过程中重要程度较低的洁净操作区。

表6-1　不同洁净区空气悬浮粒子标准

| 洁净度级别 | 悬浮粒子最大允许数(每立方米) | | | |
| | 静态 | | 动态 | |
	≥0.5μm	≥5.0μm	≥0.5μm	≥5.0μm
A 级	3 520	20	3 520	20
B 级	3 520	29	352 000	2 900
C 级	352 000	2 900	3 520 000	29 000
D 级	3 520 000	29 000	不作规定	不作规定

表6-2　不同洁净区微生物监测动态标准

| 洁净度级别 | 游浮菌/ (CFU·m^{-3}) | 沉降碟(Φ90mm)/ [CFU·(4h)$^{-1}$] | 表面微生物 | |
			接触(Φ55mm)/ (CFU·碟$^{-1}$)	五指手套/ (CFU·手套$^{-1}$)
A 级	<1	<1	<1	<1
B 级	10	5	5	5
C 级	100	50	25	—
D 级	200	100	50	—

注:①表中各数值为平均值;②单个沉降碟的暴露时间可以少于 4 小时,同一位置可使用多个沉降碟连续进行监测并累积计数;③CFU 指单位样品中含有的细菌群落总数。

我国《药品生产质量管理规范》除对含尘浓度和微生物浓度有规定外,另外还规定:①洁净室(区)的温度和相对湿度应与药品生产工艺相适应,无特殊要求时,温度应控制在18～26℃,相对湿度控制在45%～65%;②空气洁净度级别不同的相邻房间之间静压差应大于5Pa,洁净室(区)与室外大气的静压差应不低于10Pa;③空气洁净度的测试要求在静态条件下检测;④主要工作室的照度宜为300lx,有特殊要求的生产部位可设置局部照明。

(三)浮尘浓度测定方法

1. 含尘浓度 系指单位体积空气中含粉尘的个数(计数浓度)或毫克量(重量浓度)。

2. 浮尘浓度测定方法 测定空气中浮尘浓度和粒子大小的常用方法有光散射粒子计数法、滤膜显微镜计数法和光电比色计数法。

(1)光散射粒子计数法:当含尘气流以细流束通过强光照射的测量区时,空气中的每个尘粒发生光散射,形成光脉冲信号,并转化为相应的电脉冲信号。根据散射光的强度与尘粒表面积成正比,脉冲信号次数与尘粒个数相对应,最后由数码管显示粒径和粒子数目。

(2)滤膜显微镜计数法:采用微孔滤膜真空过滤含尘空气,捕集尘粒于微孔滤膜表面,用丙酮蒸汽熏蒸至滤膜呈透明状,置显微镜下计数。根据空气采样量和粒子数计算含尘量。

(3)光电比色计数法:采用滤纸真空过滤含尘空气,捕集尘粒于滤纸表面,测定过滤前后的透光度。根据透光度与积尘量成反比,计算含尘量。检测中、高效过滤器是否渗漏常用本法。

(四)空气净化技术

洁净室的空气净化技术一般采用空气过滤法,当含尘空气通过多孔过滤介质时,粉尘被微孔截留或孔壁吸附,与空气分离。该方法是空气净化中经济有效的关键措施。

1. 过滤方式 空气过滤属于介质过滤,可分为表面过滤和深层过滤。

(1)表面过滤系指大于过滤介质微孔的粒子被截留在介质表面,与空气分离。常用介质材料有由醋酸纤维素或硝酸纤维素制成的微孔滤膜。主要用于无尘、无菌洁净室等高标准空气的末端过滤。

(2)深层过滤系指小于过滤介质微孔的粒子吸附在介质内部,与空气分离。常用的介质材料有玻璃纤维、天然纤维、合成纤维、粒装活性炭、发泡性滤材等。

2. 空气过滤机制及影响因素

(1)空气过滤机制:空气滤过机制较复杂,一般是多种机制共同作用,其中一种或两种机制起主要作用。常用滤材有玻璃纤维、泡沫塑料、无纺布等。

1)惯性作用:含尘气体通过纤维时,气体流线发生绕流,但尘粒由于惯性作用径直前进与纤维碰撞而被附着,该作用随气速和粒径的增大而增大。

2)扩散作用:由于气体分子热运动对微粒的碰撞,粒子产生布朗运动,因扩散作用与纤维接触被吸附。尘径越小、气速越低,扩散作用越明显。

3)拦截作用:含尘气流通过纤维层时,若尘粒的粒径小于密集的纤维间隙,或尘粒与纤维发生接触,尘粒可被纤维阻留。

4)静电作用:含尘气流通过纤维时,由于摩擦作用,尘粒和纤维都可能带电荷;由于电荷作用,尘粒可能沉积在纤维上。

5）其他：重力作用、分子间作用力等。

（2）影响空气过滤的主要因素

1）尘粒粒径：粒径越大，拦截、惯性、重力沉降作用越大，越易除去；反之越难除去。过滤器捕集粉尘的量与未过滤空气中的粉尘量之比为"过滤效率"。小于0.1μm的粒子主要作扩散运动，粒子越小，过滤效率越高；大于0.5μm的粒子主要作惯性运动，粒子越大，过滤效率越高。粒子直径在0.1~0.5μm，过滤效率在此范围有最低点。

2）过滤风速：在一定范围内，风速越大，粒子惯性作用越大，吸附作用增强，扩散作用减弱，但过强的风速易将已经附着于纤维的细小尘埃吹出，造成二次污染；风速小，扩散作用增强，小粒子越易与纤维接触而被吸附，常选择极小风速捕集微小尘粒。

3）介质纤维直径和密实性：纤维越细、越密实，拦截和惯性作用越强，但同时阻力会增加，扩散作用可能减弱。

4）附尘：随着过滤的进行，纤维表面沉积的尘粒增加，拦截作用增强，但阻力同时也增加。阻力达到一定程度时，尘粒在风速的作用下，可能再次飞散进空气中，因此过滤器应定期清洗，以保证空气质量。

3. 空气过滤器及其特性

（1）空气过滤器常制成单元形式，即将滤材装入金属或木质框架内组成一个单元过滤器，再将一个或多个单元过滤器安装到通风管道或空气过滤箱内，组成空气过滤系统。单元过滤器一般可分为折叠式、袋式、契式和板式过滤器（图6-1）。

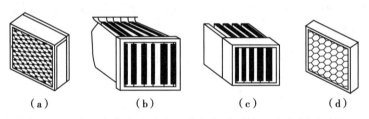

（a）折叠式过滤器；（b）袋式过滤器；（c）契式过滤器；（d）板式过滤器。

图6-1 空气过滤器种类

1）折叠式过滤器用于高效过滤，主要滤除小于1μm的浮尘。对粒径0.3μm的尘粒，其过滤效率可达99.97%以上，一般装于通风系统的末端，必须在中效过滤器保护下使用。

2）契式和袋式过滤器用于中效过滤，主要用于滤除大于1μm的浮尘，常置于高效过滤器之前。

3）板式过滤器是最常用的初效过滤器，通常置于上风侧的新风过滤，主要用于滤除粒径大于5μm的浮尘，且有延长中、高效过滤器寿命的作用。

高效空气过滤系统的常见安装方式见图6-2。

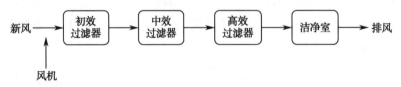

图6-2 高效空气过滤系统

（2）空气过滤器的特性

1）过滤效率：过滤器主要参数之一，评价过滤器的除尘能力，过滤效率越高，除尘能力越大。

2）穿透率和净化系数：穿透率指滤器过滤后和过滤前的含尘浓度比，表明过滤器没有滤除的含尘量，穿透率越大，过滤效率越差，反之亦然。净化系数指过滤后空气中含尘浓度降低的程度，用穿透率的倒数表示，数值越大，净化效率越高。

3）容尘量：指过滤器允许积尘的最大量。一般容尘量定为阻力增大到最初阻力的两倍或过滤效率降至初值的 85% 以下的积尘量。超过容尘量，阻力明显增加，捕尘能力显著下降，并且容易发生附尘的再飞扬。

（五）洁净室的设计

制药企业应按照药品生产种类、剂型、生产工艺和要求等，合理划分生产厂区各区域。通常可分为一般生产区、控制区、洁净区和无菌区。洁净区一般由洁净室、风淋、缓冲室、更衣室、洗澡室和厕所等区域构成。各区域的连接必须在符合生产工艺的前提下，明确人流、物流和空气流的走向（洁净度：高→低），确保洁净室内的洁净度要求。

基本原则：洁净室面积应合理，室内设备布局尽量紧凑，尽量减少面积；同级别洁净室尽可能相邻；不同级别的洁净室由低级向高级安排，彼此相连的房间之间设隔离门，门应向洁净度高的方向开启。空气洁净级别不同的相邻房间之间的静压差应大于 5Pa，清净室与室外的静压差应大于 10Pa。洁净室内一般不设窗户，若需窗户，应以封闭式外走廊隔离开窗户和洁净室；洁净室门应密闭，人、物进出口处装有气阀（air valve）；光照度应大于 300lx；无菌区紫外灯一般安装在无菌工作区上方或入口处。

气流要求：由高效过滤器送出的洁净空气进入洁净室后，其流向直接影响室内洁净度。气流按流向分为层流和乱流（也称紊流），见图 6-3。

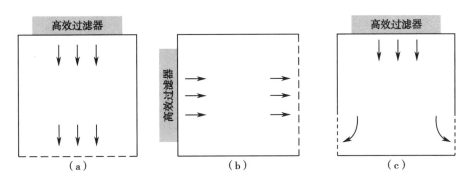

（a）垂直层流；（b）水平层流；（c）乱流。

图 6-3　洁净室空气流向示意图

1. **层流**　指空气流线呈同向平行状态，各流线间的尘埃不易相互扩散，亦称平行流。该气流即使遇到人、物等发尘体，进入气流中的尘埃也很少扩散到全室，而是随平行流迅速流出，可以保持室内洁净度。层流分为水平层流和垂直层流。车间设计时，垂直层流以高效过滤器为送风口，布满顶棚，地板全部为回风口，气流自上而下流动；水平层流的送风口布满一侧墙面，以对侧墙面为回风口，气流水平方向流动。

2. 乱流 是指空气流线呈不规则状态,亦称紊流,各流线间的尘埃易相互扩散,且粒子间相互碰撞容易聚集变大,净化空气的效果有限。

3. 局部净化 洁净室制造、维护的费用高昂,且传统的洁净室中最大污染源为操作人员,整个操作区域达到很高的洁净程度非常困难,无法彻底消除人为污染。因此,一般采取在洁净区内局部净化的措施,通常选择在 B 级或 C 级洁净室的背景下,局部使用超净工作台、生物安全柜、无菌小室等,以获得局部 A 级的洁净区域。

二、水处理技术

(一)概述

水是灭菌制剂与无菌制剂生产中用量大、使用广的一种溶剂,用于生产过程和制剂制备。制药用水指在制药过程中用到的各种质量标准的水,因其适用范围不同,《中国药典》(2020年版)将其分为饮用水、纯化水、注射用水和灭菌注射用水。灭菌制剂与无菌制剂一般根据各生产工序或使用目的与要求选用不同种类的制药用水。不同种类制药用水的定义及用途如表 6-3 所示。

表 6-3 不同种类制药用水的定义及用途

类别	定义	用途
饮用水(drinking water)	饮用水为天然水经净化处理所得的水,其质量必须符合现行中华人民共和国国家标准《生活饮用水卫生标准》	饮用水可作为药材净制时的漂洗、制药用具的粗洗用水。除另有规定外,也可作为饮片的提取溶剂
纯化水(purified water)	纯化水为饮用水经蒸馏法、离子交换法、反渗透法或其他适宜的方法制备的制药用水。不含任何附加剂,其质量应符合《中国药典》(2020年版)纯化水项下的规定	纯化水可作为配制普通药物制剂用的溶剂或试验用水;可作为中药注射剂、滴眼剂等灭菌制剂所用饮片的提取溶剂;口服、外用制剂配制用溶剂或稀释剂;非灭菌制剂用器具的精洗用水。也用作非灭菌制剂所用饮片的提取溶剂。纯化水不得用于注射剂的配制与稀释
注射用水(water for injection)	注射用水为纯化水经蒸馏所得的水,应符合细菌内毒素试验要求。注射用水必须在防止细菌内毒素产生的设计条件下生产、贮藏及分装。其质量应符合《中国药典》(2020年版)注射用水项下的规定	注射用水可作为配制注射剂、滴眼剂等的溶剂或稀释剂及容器的精洗
灭菌注射用水(sterilized water for injection)	灭菌注射用水为注射用水按照注射剂生产工艺制备所得。不含任何添加剂。其质量应符合《中国药典》(2020年版)灭菌注射用水项下的规定	主要用于注射用灭菌粉末的溶剂或注射剂的稀释剂

(二)制药用水的制备技术

《中国药典》(2020年版)和《药品生产质量管理规范》(2010年修订)均明确规定,制药用水的原水水质应达到饮用水标准。饮用水是天然水在水厂经过凝聚沉淀、加氯等处理后得到,但其中仍有不少杂质,包括溶解的无机物、有机物、微细颗粒、微生物等,须进行处理,进一步制成不同要求的制药用水。

1. 纯化水的制备 纯化水制备没有固定模式,要衡量多种因素,根据各种纯化的技术特点和实际情况灵活组合应用。

一般在纯化之前需要先进行预处理,预处理直接影响最终处理的水质,或通过影响最终处理设备的性能间接影响水质。预处理可以除去浑浊物和微粒,使膜和设备污垢最小化,可以除去硬度成分和金属离子以防止后续结垢,也可以除去部分有机物和微生物。

预处理包括过滤和软化等过程。可根据需要采用各种滤器组合过滤,如石英砂滤器可以除去大部分固体杂质,包括大颗粒、悬浮物、泥沙、胶体等,活性炭滤器可除去水中的游离氯、有机物、微生物及部分重金属等,细滤器可除去大于 5μm 的微粒。软水器主要是钠型阳离子树脂,Na^+ 交换原水中的 Ca^{2+}、Mg^{2+},降低水的硬度,也可保护后续的处理机器,延长其使用寿命。

预处理之后可选择合适的方法进行后续处理,得到符合要求的纯化水。

(1)电渗析法(electrodialysis method):电渗析净化处理原水是一种制备初级纯水的技术。电渗析法对原水的净化处理较离子交换法经济,特别是当原水中含盐量较高($\geqslant 300mg/L$)时,离子交换法已不适用,而电渗析法仍然有效。但本法制得的水比电阻较低,一般在 $5\times10^4\sim1\times10^5\Omega\cdot cm$,因此常与离子交换法联用,以提高净化处理原水的效率。

电渗析技术净化原水的基本原理是依靠外加电场的作用,使原水中含有的离子发生定向迁移,并通过具有选择透过性的阴、阳离子交换膜实现净化,如图 6-4 所示。

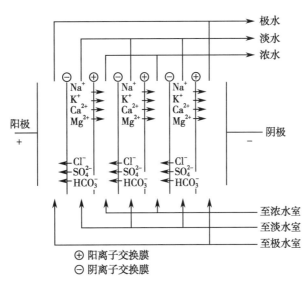

图 6-4 电渗析原理示意图

当电渗析器的电极接通直流电源后,原水中的离子在电场作用下发生迁移,阳离子交换膜显示强烈的负电场,排斥阴离子,允许阳离子通过,并使阳离子向负极运动;阴离子交换膜显示强烈的正电场,排斥阳离子,允许阴离子通过,并使阴离子向正极运动。在电渗析装置内的两极间,多组交替排列的阳离子交换膜与阴离子交换膜,形成了除去离子区间的"淡水室"和浓聚离子区间的"浓水室"。以及在电极两端区域的"极水室"。将原水通过电渗析设备后,就可以合并收集从各"淡水室"流出的纯化水。

电渗析法净化处理原水主要是除去原水中带电荷的某些离子或杂质,对于不带电荷的物质,其去除能力极差,故原水在用电渗析法净化处理前,必须通过适当方式先除去水中含有的不带电荷的杂质。

（2）反渗透法（reverse osmosis method）：当两种不同浓度的水溶液（如纯水和盐溶液）用半透膜隔开时，稀溶液中的水分子通过半透膜向浓溶液一侧自发流动，这种现象称为渗透。由于半透膜只允许水通过，而不允许溶解性溶质通过，渗透作用的结果必然使浓溶液一侧的液面逐渐升高，水柱静压不断增大，达到一定程度时，液面不再上升，渗透达到动态平衡，这时浓溶液与稀溶液之间的水柱静压差即为渗透压。若在浓溶液一侧加压，当此压力超过渗透压时，浓溶液中的水可向稀溶液作反向渗透流动，这种现象称为反渗透，反渗透的结果能使水从浓溶液中分离出来，渗透与反渗透的原理如图6-5所示。

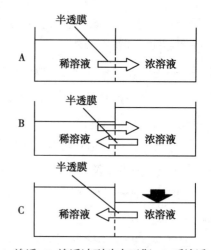

A.渗透；B.渗透达到动态平衡；C.反渗透。

图6-5　渗透与反渗透的原理示意图

用反渗透法制备纯化水，常选择的反渗透膜有醋酸纤维素膜和聚酰胺膜，膜孔大小在0.5～10nm。反渗透膜的种类不同，作用机制也有差异。现以醋酸纤维素膜处理盐水为例，介绍选择性吸附——毛细管流动机制。

根据吉布斯（Gibbs）吸附公式，在恒温条件下

$$\varGamma = -\frac{c}{RT} \cdot \frac{\mathrm{d}\sigma}{\mathrm{d}c} \qquad\qquad 式（6\text{-}1）$$

式中，$\varGamma$ 为溶质在界面上的吸附量；σ 为溶液的表面张力；c 为溶质浓度；R 为气体常数，T 为温度。

水有一定的表面张力，且随溶质浓度的不同有显著变化。若溶质能提高水的表面张力，使 $\mathrm{d}\sigma/\mathrm{d}c > 0$，则 $\varGamma < 0$，即为负吸附，这表明，表面层溶质的浓度比溶液内部小。因此，氯化钠和其他盐类能增加水的表面张力，在氯化钠溶液接触空气的界面上就能形成纯水层。

根据上述概念，若多孔性膜的化学结构适宜，使它能在与盐水溶液接触时，在膜表面选择性吸附水分子而排斥溶质。这样膜与溶液界面上就将形成一层纯水层，其厚度视界面性质而异，可为单分子层或多分子层。在施加压力的情况下，界面上纯水不断通过毛细管渗出，可从盐水中分离出纯水。

由此可见，用反渗透法制备纯化水，其机制完全不同于蒸馏法。一般一级反渗透装置能除去水中90%～95%的一价离子，98%～99%的二价离子，同时还能除去微生物和病毒，但其除去氯离子的能力不能达到《中国药典》（2020年版）的要求，只有二级反渗透装置才能较彻底地除去氯离子。

反渗透技术是一项成熟高效的水处理方法，在常温不发生相变化的条件下进行溶质和水的分离，能耗较低；杂质除去范围广，脱盐率高，是目前应用最广泛的脱盐技术之一，可以根据实际情况选择合适的半透膜，如醋酸纤维膜、聚酰胺膜等。

（3）离子交换法（ion exchange method）：当水通过阳离子交换树脂时，水中阳离子被树脂所吸附，树脂上的阳离子（H^+）被置换到水中，并和水中的阴离子组成相应的无机酸。常用的离子交换树脂有阴、阳离子交换树脂两种，如732型苯乙烯强酸性阳离子交换树脂，极性基团为磺酸基，可用简式$ROS_3^-H^+$（氢型）或$ROS_3^-Na^+$（钠型）表示；717型苯乙烯强碱性阴离子交换树脂，极性基团为季铵基团，可用简式$RN^+(CH)_3OH^-$（羟型）或$RN^+(CH)_3Cl^-$（氯型）表示。钠型和氯型比较稳定，便于保存，故市售品需要用酸碱转化为氢型和羟型后才能使用。

离子交换法处理原水的工艺，一般可采用阳床、阴床、混合床的组合形式，混合床为阴、阳树脂以一定比例混合组成。大生产时，为减轻阴床的负担，常在阳床后加脱气塔，除去二氧化碳。

一般常水（如饮用水）通过离子交换树脂联合床系统后，可除去水中绝大部分的阳离子与阴离子，对于热原与细菌也有一定的清除作用。目前生产过程中，通常通过测定比电阻来控制去离子水的质量，一般要求比电阻值在100万$\Omega \cdot cm$以上，常用电导仪测定。

离子交换树脂在使用一段时间后，需要进行再生处理或树脂更换，操作烦琐，对环境有污染。

（4）电去离子法（electrodeionization method，EDI）：这是一种将离子交换膜技术、离子交换技术和离子电迁移技术相结合的纯水制造方法，工作原理见图6-6。它将离子交换技术和电渗析技术相结合，利用电极两端之间的电场作用使水中的带电离子定向移动，结合离子交换树脂和树脂膜的选择作用加速离子移动并去除，同时水分子在电场作用下产生H^+和OH^-，对离子交换树脂进行连续再生，使离子交换树脂维持在最佳状态。其主要作用是进一步除盐。

在EDI系统中，离子交换、离子迁移和树脂再生的过程是同时进行的，因此可以连续不间断地供水，不会因再生而停机，这一工艺结合了电渗析和离子交换的优点，可稳定产生高纯化度的水，易于实现自动控制，无污水排放。

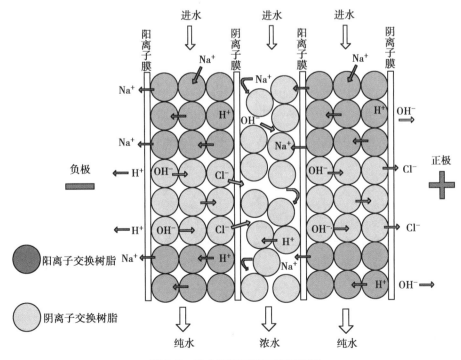

图6-6 电去离子系统工作原理图

（5）超滤法（ultrafiltration）：以一定的压力使水通过特定大小的微孔结构和半透膜介质，水中的微粒、有机物、微生物等被截留而除去。超滤有时可作为反渗透的前处理，除去水中的微粒、水溶性大分子、微生物和热原等，但超滤几乎不能截留水溶性小分子、有机物和无机离子。

2. 注射用水的制备 蒸馏法（distillation method）制备注射用水是在纯化水的基础上进行，是制备注射用水中最经典、最可靠的方法，也是《中国药典》（2020年版）规定的注射用水制备方法，该法可以除去水中所有不挥发性微粒（如悬浮物、胶体、细菌、病毒、热原等杂质）、可溶性小分子无机盐、有机盐、可溶性高分子材料等，目前应用最为广泛。

该法利用气液相变的原理，处理过程中，原料水被蒸发，产生的蒸汽从水中脱离出来，经分离装置冷凝后成为注射用水。在蒸馏过程中，低分子杂质、热原可能被夹带在水蒸气中，以水雾或水滴的形式被携带，所以须通过分离装置来除去细小的水雾、杂质和热原等。去除效果取决于汽水分离装置。汽水分离一般通过重力分离、导流板撞击式分离、螺旋离心分离、丝网除沫器等方法来实现。

蒸馏法制备注射用水的主要设备有多效蒸馏水器（multi-effect still）和气压式蒸馏水器（vapor compression still）。

（1）多效蒸馏水器的进料水同时被作为冷凝水使用，进料水受热蒸发后的热蒸汽也可作为热源。因此，多效蒸馏水器可以充分利用热能，经济效益明显提高，且出水快、纯度高、水质稳定、产量大，配有自动控制系统，是目前药品生产企业制备注射用水的重要设备。

多效蒸馏水器一般分为3～8效，每效包含一个蒸发器、一个分离装置和一个预热器，图6-7为五效蒸馏水器结构示意图。

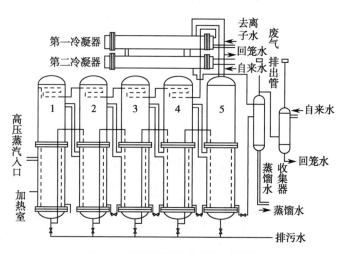

图6-7 五效蒸馏水器结构示意图

五效蒸馏水器由5只圆柱形蒸馏塔和冷凝器及一些控制元件组成。在前四级塔内装有互相串联的盘管，蒸馏时，进料水（一般为去离子水）先进入冷凝器，由塔5进来的蒸汽预热，然后依次进入4级塔、3级塔、2级塔、1级塔，此时进料水温度可达到130℃或更高，在1级塔内，进料水在加热时再次受到高压蒸汽加热，一方面蒸汽本身被冷凝为回笼水，另一方面进料水被迅速蒸发，蒸发的蒸汽进入2级塔加热室作为2级塔热源，并在其底部冷凝为蒸馏水，汇集于蒸馏水收集器。多效蒸馏水器的出水温度在80℃以上，有利于蒸馏水的保存。

多效蒸馏水器的性能取决于加热蒸汽的压力和级数，压力越大，产量越高，效数越多，热的利用效率也越高。多效蒸馏水器的选用应根据实际生产需要,结合出水质量、能源消耗、占地面积等因素综合考虑,一般以四效以上较为合理。

(2)气压式蒸馏水器主要由进水器、热交换器、加热室、蒸发器、冷凝器及蒸汽压缩机等部分组成。工作原理为将进料纯化水在管的一侧蒸发,产生的蒸汽进入压缩机,通过压缩机运行使得被压缩的蒸汽温度和压力升高,高能量的蒸汽被释放回蒸发器和冷凝器的容器中,蒸汽冷凝同时释放出热量,此工艺不断重复,可提高蒸汽利用率,且不需要冷凝水,但在使用过程中电能消耗较大。

我国《药品生产质量管理规范》(2010年修订)规定注射用水贮存可采用70℃以上保温循环,并在制备12小时内使用。《中国药典》(2020年版)规定注射用水可在80℃以上保温、70℃以上保温循环或4℃以下的状态下存放,贮存方式和静态贮存期限应经过验证以确保水质符合质量要求。

《中国药典》(2020年版)规定,注射用水的检查项目包括pH、氨、硝酸盐与亚硝酸盐、电导率、总有机碳、不挥发物及重金属等,此外,注射用水还必须通过细菌内毒素和微生物限度检查,每毫升中含内毒素量应小于0.25EU,100ml供试品中需氧菌总数不得超过10CFU。

三、液体过滤技术

(一)概念

过滤(filtration)系指使固液混合物中的流体强制通过多孔性过滤介质,将其中的悬浮固体颗粒加以截留,从而实现混合物的分离。通常将待过滤的混合物称为滤浆,被截留的固体颗粒层称为滤饼,通过过滤介质的澄清液体称为滤液。过滤是制备注射液、输液、滴眼液等灭菌与无菌制剂工艺中除去不溶性微粒,保证液体澄清的重要单元操作。

(二)过滤机制

根据固体粒子在滤材中被截留的方式不同,将过滤机制分为介质过滤(media filtration)和滤饼过滤(cake filtration)。

1. 介质过滤　靠介质的拦截作用实现固、液分离。当药液中固体含量小于0.1%时属于介质过滤。介质过滤更加常见,主要用于注射液的过滤和除菌过滤。根据过滤机制不同,又可分为表面过滤(surface filtration)和深层过滤(depth filtration)。

(1)表面过滤:颗粒的粒径大于过滤介质的孔径,颗粒被截留在介质的表面(图6-8),在一般情况下,过滤开始阶段会有少量小于介质通道直径的颗粒穿过介质混入滤液中,但颗粒很快在介质通道入口发生架桥现象(图6-9),使小颗粒受到阻拦且在介质表面沉积形成滤饼。此时,真正对颗粒起拦截作用的是滤饼,而过滤介质仅起支撑滤饼的作用。不过当悬浮液的颗粒含量极少而不能形成滤饼时,固体颗粒只能依靠过滤介质的拦截与液体分离,此时只有大于介质孔道直径的颗粒才能从液体中除去。微孔滤膜、超滤膜和反渗透滤膜等膜过滤的机制均属于表面过滤。以表面过滤为机制的过滤具有分离度高的特点,常用于溶液的精滤。

(2)深层过滤:当颗粒尺寸小于介质孔道直径时,不能在过滤介质表面形成滤饼,这些颗粒便进入介质内部(图6-10),由于惯性、重力和扩散等作用趋近孔道壁面,并在静电和表面力

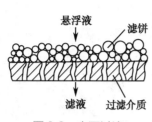

图6-8 表面过滤

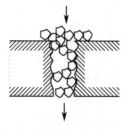

图6-9 架桥现象

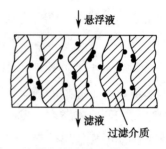

图6-10 深层过滤

的作用下沉积下来,与流体分离。深层过滤会使过滤介质内部的孔道逐渐变小,所以过滤介质必须定期更换或再生。砂滤棒、垂熔玻璃漏斗、多孔陶瓷、石棉滤板等为深层过滤。

2. 滤饼过滤 指在滤过的过程中介质表面上逐渐增厚的固体粒子沉积物,即滤饼起主要截留作用。过滤介质的孔径不一定要小于最小颗粒的粒径。过滤刚开始时,部分小颗粒可以进入甚至穿过介质,但很快即由颗粒的架桥作用使介质的孔径缩小形成有效阻挡。被截留在介质表面的颗粒形成了滤饼的滤渣层,透过滤饼层的则是被净化的滤液。随滤饼的形成,真正起过滤介质作用的是滤饼本身。

滤饼过滤的速度和助力主要受滤饼影响,如药物的重结晶、药材浸出液的过滤等。

(三)过滤的影响因素

假设滤液流过的致密滤渣层的间隙是均匀的毛细管,此时液体流动遵循泊肃叶方程(Poiseuille equation)。

$$v = \frac{p\pi r^4}{8\eta L} \qquad\qquad 式(6\text{-}2)$$

式中,v 为过滤速度,即单位时间内通过单位面积的滤液量;p 为过滤时的操作压力(或滤材上下的压差);r 为介质层中毛细管半径;L 为毛细管长度;η 为滤液黏度。

根据式(6-2),滤过速度会受以下因素影响:①滤材上下的压差,压差越大,滤速越快,可以增加操作压力或减小滤器内压来调整滤过速度,但须注意压力过大易造成滤材破裂;②过滤介质的孔隙大小,孔隙越小,阻力越大,滤速越慢;③滤材中毛细管的长度,长度增加不利于液体的滤过,沉积的滤饼越厚,滤过越慢,可采用预滤的方式减小滤饼厚度;④滤液黏度,黏度增加不利于滤过,可趁热滤过以降低滤液黏度;⑤滤渣的性质,柔软变形的滤渣容易堵塞滤孔,可使用助滤剂防止堵塞;⑥滤过面积,增加滤过面积也可以增加单位时间通过量。

(四)过滤器与过滤装置

过滤器中装有不同的过滤介质,也称滤材,性质不同,用途和过滤效率不同。常用的滤材有多孔陶瓷、垂熔玻璃、烧结金属、各种材质的滤膜等。

滤材需要满足以下要求:①惰性,不与过滤溶液发生反应,不吸附或很少吸附有效成分;②耐酸、耐碱、耐热,能过滤不同性质的滤液;③有足够的机械强度,耐压;④过滤阻力小、易清洗,可反复应用;⑤价廉、易得等。

助滤剂是为了降低过滤阻力,增加过滤速度或得到澄清度高的滤液而加入待滤液体中的辅助性物质。常用的有活性炭、硅藻土、滑石粉等。

1. 砂滤棒 以 SiO$_2$、Al$_2$O$_3$、黏土、白陶土等材料经过 1 000℃以上的高温焙烧成空心的滤棒。如图 6-11 所示。配料的粒度越细,砂滤棒的孔隙越小,滤速越低。以硅藻土为主要原料烧结而成的硅藻土滤棒,质地疏松,适用于高浓度或高黏度药液

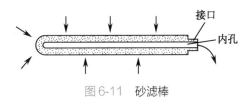

图 6-11 砂滤棒

的过滤,根据自然滤速分为粗号、中号和细号。由白陶土烧结而成的多孔素瓷滤棒,质地紧密,滤速比硅藻土滤棒慢,适用于黏度较低液体的过滤。砂滤棒价廉易得,滤速快,一般用作大生产的粗滤,但砂滤棒易脱砂,对药液吸附较强,难清洗,有时会改变药液的 pH。

2. 垂熔玻璃过滤器 以均匀的玻璃细粉高温熔合形成具有均匀孔径的滤板,再将此滤板粘接于漏斗中,如图 6-12 所示。通常有垂熔玻璃漏斗、垂熔玻璃滤球和垂熔玻璃滤棒三种。按照过滤介质孔径大小分为不同规格,其中 3 号和 G2 号多用于常压过滤,4 号和 G3 号多用于加压或减压过滤,6 号、G5 号、G6 号多用于除菌过滤。使用新器具时,须先用重铬酸钾清洗液或硝酸钠液抽滤清洗后,再用清水(蒸馏水)及去离子水抽洗至中性。使用完毕后须立即用水冲洗,并用 1%～2% 硝酸钠硫酸液浸泡,再用水清洗干净。垂熔玻璃滤器化学性质稳定,除耐强碱和氢氟酸外几乎不受化学药品的腐蚀,过滤时无滤渣脱落,对药液吸附性低,对药液的 pH 一般无影响,易清洗,但易碎,价格较贵。

3. PE 管过滤器 PE 管是用聚乙烯高分子粉末烧结成的一端封死的管状滤材。当采用的原料粒径不同、烧结工艺不同时,PE 管的微孔径及孔隙度不同(图 6-13)。

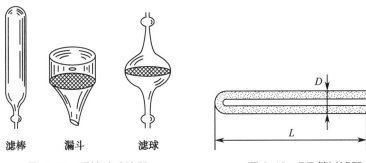

滤棒　　　漏斗　　　滤球

图 6-12 垂熔玻璃滤器　　　　图 6-13 PE 管过滤器

(1)PE 管过滤器的原理及特点:PE 管微孔孔道细而弯曲,各孔道相互连通,呈交叉无规则状态分布,对于粒径大于 0.5μm 的悬浮物及菌类有很好的截留能力。过滤时可采用外部加压或内部抽真空的方式,使药液穿过管壁的孔隙进入管内,滤渣则截留于管壁外部,达到过滤的目的。随着管壁上滤渣的不断增多,过滤阻力逐渐增加,滤速随之下降,此时可利用压缩空气或水由管内向外反冲再生,使 PE 管表面的甚至孔道内的滤渣及堵塞颗粒脱落,恢复滤速。

PE 管具有耐磨损、耐冲击、机械强度好、不易脱粒、不易破损的特点。还具有耐酸、碱及大部分有机溶剂(如酯、酮、醚等)的腐蚀,无毒,无味等特点。常用于医药、精细化工产品后处理的过滤分离,更适用于经一般过滤后的精密复滤。也可用于气体中灰尘、水滴、油滴等气固或气液的分离,适用于去除工业废水中的油滴等液 - 液分离操作,精度可达 2×10^{-6} 级。

(2)PE 管过滤器的结构及操作工艺:将单支的 PE 管固连在花板或是直管上即构成花板式安装、管排式安装的 PE 管过滤器。当过滤器面积较小时,为减少接管排列空间,常做成花

板式结构（即在塑料或钢制的管板上打有三角形或正方形排列的通孔），将 PE 管开口的一端在管板孔中固连，形成一个管束，再将整个管束固定在机壳内，管束的一侧与无管的一侧用管板隔开。装有 PE 管的一侧机壳内充满药液，利用药液的泵压（或气压）或在无管的一侧抽真空，作为过滤的推动力完成过滤过程。过滤后的药液在无管的一侧汇集并引出。PE 管已广泛应用于制药行业，如针剂洗瓶水的过滤、针剂药液的过滤。

4. 板框式压滤机　是由多个实心滤板和中空滤框交替排列在支架上组合而成，是在加压下间歇操作的过滤设备（图 6-14），滤框用于积累滤渣和承挂滤布。过滤时悬浮液由左上角进料孔道进入→滤框内部空间→滤液通过滤框两侧的滤布→顺滤板表面的凹槽流下→由滤液的出口阀排出。滤渣聚集于滤框内部，当滤渣充满滤框后松开丝口→取出滤框→用水冲去滤渣→框、板及滤布经洗涤、装合后可再次使用。

板框式压滤机过滤面积大，截留的固体量多，可在各种压力下过滤，滤速快，适合于大生产。但装配和清洗烦琐，容易滴漏。适用于黏性或固体物较多的液体过滤。多用于注射剂的预滤以及中药的提取分离。

5. 微孔滤膜滤器　以微孔滤膜作为过滤介质的滤器（图 6-15），主要用于注射剂的精滤（孔径 0.65～0.8μm）和除菌过滤（孔径 0.22μm），有圆盘形过滤器和圆筒形过滤器两种安装方式。微孔滤膜的常用材料有醋酸纤维素、硝酸纤维素、聚酰胺、聚四氟乙烯、聚偏氟乙烯、聚醚砜、聚氯乙烯、聚丙烯等，不同材料具有不同性质，可根据药液的性质选用合适的滤膜。滤膜安放时，反面朝向被滤过液体，有利于防止膜的堵塞。安装前，滤膜应放在注射用水中浸渍润湿 12 小时（70℃）以上，安装时，滤膜上还可以加 2～3 层滤纸，以提高滤过效果。

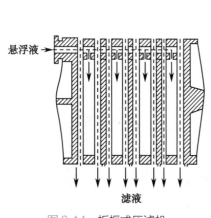

图 6-14　板框式压滤机

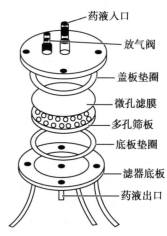

图 6-15　微孔滤膜滤器

微孔滤膜置于滤网托板（网板或孔板）上，以获得承受过滤压差所需的刚度及强度。排气嘴经一段操作时间后，药液中所夹带的气体将汇集于滤室上部，故须定期使用排气嘴将气体排出，以防止影响药液向滤室的输入和影响膜面的有效工作面积。微孔滤膜的孔径小，过滤时须加较大的压力，因此微孔滤膜滤器要求密封性好，防止过滤时漏气或漏液。

为了保证微孔滤膜的质量，须对其进行质量检查，通常主要测定孔径大小、孔径分布、流速等。孔径大小一般用气泡点测定。我国《药品生产质量管理规范》（2010 年修订）规定微孔滤膜使用前后均要进行气泡点试验，以检查微孔滤膜是否损坏。

6. **折管式膜滤器** 将高分子平板微孔膜折叠成手风琴状后再围成圆筒形的过滤器（图6-16）。折管式膜滤器可增大单位体积的过滤面积，加压的原药液自管外向管内过滤后，可作为成品药液灌装。

由于欲截留的杂质粒子量较少，所以一般使用周期较长。当操作一段时间后，过滤阻力增大，则停止向管内供料，过滤器需要进行清洗再生。

图6-16 折管式膜滤器

（五）常见过滤方式

注射剂一般采用粗滤（预滤）与精滤二级过滤，最常用的组合是砂滤棒＋垂熔玻璃过滤器＋微孔滤膜滤器，先粗滤，后精滤。所需的滤过动力可通过高位静压、减压或加压等方法来实现。

1. **高位静压过滤** 该方式适用于楼房，配液间和储液罐在楼上，待滤药液通过管道自然流入滤器，滤液流入楼下的储液瓶或直接灌入容器，利用液位差产生的静压作为滤过动力，此法压力稳定，成本低，但滤速稍慢，适用于小批量生产。

2. **减压过滤** 在过滤介质下部减压，用过滤介质两侧形成的压差作为滤过动力，也称抽滤。该法设备简单，可连续进行，但压力不够稳定，操作不当易使滤层松动，影响过滤质量。

3. **加压过滤** 在过滤介质上部加压。可以利用离心泵输送药液通过滤器进行滤过，其特点是压力稳定、滤速快、质量好、产量高，适用于药厂大量生产，目前应用最多。由于全部装置保持正压，外界空气不易漏入过滤系统，有利于防止污染，适合无菌过滤，但需要耐压设备。适合于配液、滤过、灌封在同一平面工作的情况下使用。

不论采用何种滤过方式和装置，由于滤材的孔径不可能完全一致，故最初的滤液不一定澄明，须将初滤液回滤，直至滤液的可见异物与不溶性微粒要求完全合格。

四、热原的去除技术

（一）概述

热原（pyrogen）是指能引起恒温动物体温异常升高的致热物质。当进入人体内的制剂中热原达到 1μg/kg 时，人体就会产生致热反应物质，进而出现体温升高、寒战、发冷、呕吐等不良反应，有时体温可升至 40℃以上，严重者会危及生命。制剂中的热原对人体危害极大。因此，《中国药典》（2020 年版）规定，静脉用注射剂、椎管内用注射剂及冲洗剂必须照细菌内毒素检查法或热原检查法检查，应符合规定。

广义的热原包括细菌性热原、内源性高分子热原、内源性低分子热原及化学热原等，此处所指热原为细菌性热原。它是细菌在生长、繁殖过程中产生的代谢产物、内毒素以及细菌尸体，是磷脂、脂多糖（lipopolysaccharide）和蛋白质的复合物，存在于细菌细胞膜和固体膜之间，其中脂多糖是复合物的活性中心，其致热作用最强。不同菌种脂多糖的化学组成也有差异，一般脂多糖的分子量越大，致热作用也越强。

（二）热原的基本性质

1. **水溶性** 热原含有磷脂、脂多糖、蛋白质，因此热原可溶于水，其浓缩液有乳光。

2. 耐热性 热原耐热性较好。一般情况下，60℃加热 1 小时对热原无影响，100℃加热 1 小时热原仍不能被破坏。温度升高至 120℃，加热 4 小时后，热原可被破坏约 98%，180～200℃干热 180 分钟、250℃干热 30 分钟、350℃干热 5 分钟、650℃干热 1 分钟的条件下热原可被彻底被降解破坏。由此可见，在通常注射剂的灭菌条件下，热原无法被破坏。

3. 不挥发性 热原本身不挥发，但溶于水后，可被水蒸气雾滴带入蒸馏水中。因此，在制备蒸馏水时，应从蒸馏设备方面设法防止热原污染，如增加隔沫装置。

4. 可滤过性 热原体积非常小，约为 1～5nm，一般的滤器无法截留，但超滤设备可滤除热原。

5. 吸附性 热原分子量较大，在溶液中可被如活性炭、白陶土、石棉等吸附；热原带有电荷，也可被某些离子交换树脂所吸附。

6. 其他 热原可被强酸、强碱、强氧化剂（如高锰酸钾、过氧化氢）及超声波破坏。

（三）热原的污染途径

热原是微生物的代谢产物，污染热原的途径与微生物的污染直接相关。

1. 制备溶剂带入 注射用水含热原是热原主要的污染途径。蒸馏结构不合理、水制备操作不当、水放置过久、储水容器不洁净等均可引起热原污染。因此，为保证注射用水的质量，应严格监控制备注射用水的各个环节，严防微生物污染。定期清洁、消毒注射用水系统。

2. 原辅料带入 一些用生物学方法制备的药物，如抗生素、右旋糖酐、蛋白类等，很容易在产品中带入致热物质；以中药材为原料的制剂，原料中存在大量微生物，处理不当容易引入热原。

3. 生产过程带入 生产用容器、管道、装置等未能认真消毒处理，操作过程中，环境卫生条件差、空气洁净程度未达标、操作不规范、操作时间过长等均会引入热原。因此，在相关工艺过程中涉及的用具、器皿、管道及容器，均应按规定的操作规程做清洁或灭菌处理，符合要求后方能使用。

4. 贮存过程带入 一些营养性药物，如贮存时间过长或包装破损，容易滋生微生物，产生热原。

5. 使用过程带入 如注射剂本身不含热原，但在使用时由于注射和输液器具的污染，或加药的操作室环境较差、加药后放置时间过长等，在使用后仍然可能出现热原反应。因此，使用过程也是防止热原反应不可忽视的环节。

（四）热原的除去方法

1. 除去药液和溶剂中热原的方法

（1）吸附法：活性炭是常用的吸附剂。配制药液时加入活性炭，在一定温度下搅拌，过滤。活性炭对热原有较强的吸附作用，同时兼具助滤和脱色作用，用量一般为 0.1%～0.5%。其临界吸附温度为 45～50℃，温度较低时，吸附效果不好，因此一般药液须加热后吸附，之后应迅速过滤脱炭，否则温度下降可能发生解吸附，使制剂杂质增加。此外，活性炭也可能吸附药液，并对药液造成污染。目前，药品生产过程中不推荐使用活性炭去除药液中的热原。

（2）离子交换法：热原分子上多含羧酸根与磷酸根，带有负电荷，易被碱性阴离子交换树脂吸附，故可采用离子交换法除去。

（3）凝胶过滤法：也称分子筛过滤法。当热原分子量和药液分子量相差较大时，可利用这一差别，使分子量较小的热原进入凝胶柱阻滞而被除去，分子量较大的成分沿凝胶颗粒间隙随药液流出。

（4）超滤法：本法利用高分子薄膜的选择性与渗透性，在常温条件下，依靠一定的压力和流速，达到除去溶液中热原的目的。用于超滤的高分子薄膜孔径可控制在50nm以下，其滤过速度快，除热原效果明显。

（5）反渗透法：利用相对分子量的差别，用醋酸纤维素膜和聚酰胺膜除去热原。该法可除去微生物或分子量大于300的有机物质。

（6）蒸馏法：利用热原可溶于水但不挥发的特性，在蒸馏水器内增加隔沫装置，确保制备的蒸馏水中不带入热原。

（7）其他方法：采用两次以上湿热灭菌法，或适当提高灭菌温度和时间，处理含有热原的葡萄糖或甘露醇注射液亦能得到热原合格的产品。此外，微波也可破坏热原。

2. 除去器具中热原的方法

（1）高温法：对于耐热的器皿，如注射用针筒、宽口安瓿等，可在清洗、干燥后，经180℃加热2小时或250℃加热30分钟，可破坏热原。

（2）酸碱法：对耐酸碱的容器，可用强酸强碱处理，破坏热原。玻璃容器可先用重铬酸钾硫酸清洁液或氢氧化钠处理，再进行清洗、干燥、灭菌。

（五）热原与细菌内毒素的检查方法

1. **热原检查法（家兔法）** 家兔对于热原的反应与人类非常相似，因此采用家兔进行热原检查的方法被多国药典收载。《中国药典》（2020年版）规定，将一定剂量供试品，通过静脉注射注入家兔体内，在规定时间内，观察家兔体温升高情况，可以用于判断供试品中所含热原限度是否符合规定。家兔法检查结果的准确性受到实验动物状况、试验条件和操作规范性的影响。检测热原的灵敏度为0.001μg/ml，试验结果可信度较高。但操作烦琐，试验条件严格，影响因素复杂。操作时须注意，会给家兔带来不适的药物，如抗肿瘤药或放射性药品可能引起家兔体温变化，不适合用此法；另外，该试验所用与供试品接触的器具必须严格处理，保证结果可靠。

为了提高家兔热原测定法的精确度和效率，国产RY型热原测试仪，采用直肠热电偶代替直肠温度计，同时测量16只动物，在试验中将热电偶固定于家兔肛门内，其温度可在仪表中显示，具有分辨率高、数据准确的特点，可提高检测效率。

2. **细菌内毒素检查法（鲎试剂法）** 鲎是一种海洋生物，其血液中的细胞溶解物含有能被微量细菌内毒素激活的凝固酶原、凝固蛋白原，因此能与内毒素发生凝集反应。经过处理的鲎血液经低温干燥制成的生物制剂能够准确、快速地定性或定量检测样品中是否含有细菌内毒素。

细菌内毒素检查包括两种方法，即凝胶测定法和光度测定法。供试品检测时可使用其中任何一种方法进行试验。当测定结果有争议时，除另有规定外，以凝胶测定法结果为准。

五、渗透压调节技术

（一）渗透压的概念

半透膜是选择性地允许某种分子或离子扩散通过的薄膜。生物膜（如细胞膜、毛细血管壁、膀胱膜等）具有半透膜的性质，溶剂通过半透膜由低浓度向高浓度溶液扩散的现象称为渗透，阻止渗透所需要施加的压力，称为渗透压（osmotic pressure）。溶液的渗透压具有依数性，其依赖于溶液中溶质分子的数量，通常以渗透压摩尔浓度来表示，它反映的是溶液中各种溶质对溶液渗透压贡献的总和。

渗透压摩尔浓度的单位通常以每千克溶剂中溶质的毫渗透压摩尔浓度来表示，可按式（6-3）计算毫渗透压摩尔浓度（mOsmol/kg）。

$$毫渗透压摩尔浓度（mOsmol/kg）= \frac{每千克溶剂中溶解溶质的克数（g）}{分子量} n \times 1\,000$$

式（6-3）

式中，n 为一个溶质分子溶解或解离时形成的粒子数。在理想溶液中，葡萄糖 $n=1$，氯化钠或硫酸镁 $n=2$，氯化钙 $n=3$，枸橼酸钠 $n=4$。

在生理范围及很稀的溶液中，其渗透压摩尔浓度与理想状态下的计算值偏差较小；随着溶液浓度增加，与计算值比较，实际渗透压摩尔浓度下降。例如 0.9% 氯化钠注射液，按上式计算，毫渗透压摩尔浓度是 $2 \times 1\,000 \times 9/58.4 = 308$mOsmol/kg，而实际上在此浓度时氯化钠溶液的 n 稍小于 2，实际测得值是 286mOsmol/kg；这是由于在此浓度条件下，一个氯化钠分子解离所形成的两个离子会发生某种程度的缔合，使有效离子数减少。复杂混合物（如水解蛋白注射液）理论渗透压摩尔浓度不容易计算，因此通常采用实际测定值表示。

（二）等渗与等张

1. **等渗溶液**（isoosmotic solution）　系指与血浆渗透压相等的溶液，属于物理化学概念。0.9% 氯化钠溶液、5% 葡萄糖溶液与血浆具有相同的渗透压，为等渗溶液。

2. **等张溶液**（isotonic solution）　系指渗透压与红细胞膜张力相等的溶液，属于生物学概念。

（三）渗透压的调节方法

正常人体血液的渗透压摩尔浓度范围为 285～310mOsmol/kg，0.9% 氯化钠溶液或 5% 葡萄糖溶液的渗透压摩尔浓度与人体血液相当。高于或低于血浆渗透压的溶液相应地称为高渗溶液或低渗溶液。无论是高渗溶液还是低渗溶液注入人体时，均会对机体产生影响。肌内注射时人体可耐受的渗透压范围相当于 0.45%～2.7% 氯化钠溶液所产生的渗透压，即相当于 0.5～3 个等渗浓度。当大量低渗溶液注入血液后，水分子穿过细胞膜进入红细胞内，使红细胞胀破，造成溶血现象，这将使人感到头胀、胸闷。严重的可发生麻木、寒战、高热、尿中出现血红蛋白。一般正常人的红细胞在 0.45% 氯化钠溶液中就会发生溶血，在 0.35% 氯化钠溶液中可完全溶血。而当静脉注入高渗溶液时，红细胞内水分因渗出而发生细胞萎缩，尽管只要注射速度缓慢，机体血液可自行调节使渗透压恢复正常，但在一定时间内也会影响正常的红细胞功能。因此,静脉注射剂必须注意渗透压的调节。对于椎管内注射,由于脊椎液量少,循环缓慢,渗透压的紊乱很快就会引起头痛、呕吐等不良反应,所以也必须使用等渗溶液。

常用渗透压调节剂有氯化钠、葡萄糖等,调整的方法有冰点降低数据法和氯化钠等渗当量法。

1. 冰点降低数据法 血浆的冰点为 -0.52℃。根据物理化学原理,任何溶液的冰点降低至 -0.52℃,即与血浆等渗。注射剂等渗调节过程中,等渗调节剂的用量可根据式(6-4)计算。

$$W=\frac{0.52-a}{b}$$ 式(6-4)

式中,W 为配制等渗溶液需要加入的等渗调节剂的量(%,g/100ml);a 为 1% 药物溶液的冰点下降度;b 为 1% 等渗调节剂溶液的冰点下降度。

例 6-1:1% 氯化钠的冰点下降度为 0.58℃,血浆的冰点下降度为 0.52℃,求等渗氯化钠溶液的浓度。

查表 6-4 可知,b=0.58,纯水 a=0,按式(6-4)计算。

$$W=\frac{0.52-a}{b}=\frac{0.52-0}{0.58}=0.9(\text{g}/100\text{ml})$$

即配制 100ml 等渗氯化钠溶液需加入等渗调节剂氯化钠的量为 0.9g,也就是说,0.9% 氯化钠溶液为等渗溶液。

表6-4 一些药物水溶液的冰点降低数据与氯化钠等渗当量

名称	1% 水溶液(kg/L)冰点降低值 /℃	1g 药物氯化钠等渗当量(E)	等渗浓度溶液的溶血情况		
			浓度 /%	溶血 /%	pH
硼酸	0.28	0.47	1.90	100.00	4.60
盐酸乙基吗啡	0.19	0.15	6.18	38.00	4.70
硫酸阿托品	0.08	0.13	8.85	0.00	5.00
盐酸可卡因	0.09	0.14	6.33	47.00	4.40
氯霉素	0.06				
依地酸钙钠	0.12	0.21	4.50	0.00	6.10
盐酸麻黄碱	0.16	0.28	3.20	96.00	5.90
无水葡萄糖	0.10	0.18	5.05	0.00	6.00
葡萄糖(含水)	0.10	0.16	5.51	0.00	5.90
氢溴酸后马托品	0.10	0.17	5.67	92.00	5.00
盐酸吗啡	0.09	0.15			
碳酸氢钠	0.38	0.65	1.39	0.00	8.30
氯化钠	0.58		0.90	0.00	6.70
青霉素钾		0.16	5.48	0.00	6.20
硝酸毛果芸香碱	0.13	0.22			
聚山梨酯80	0.01	0.02			
盐酸普鲁卡因	0.12	0.18	5.05	91.00	5.60
盐酸丁卡因	0.11	0.18			

例 6-2：配制 2% 盐酸普鲁卡因溶液 200ml，以氯化钠为等渗调节剂，求所需要加入氯化钠的量。

由表 6-4 可知，1% 盐酸普鲁卡因溶液的冰点下降度为 0.12，2% 盐酸普鲁卡因溶液的冰点下降度 a 为 0.12×2=0.24（℃），1% 氯化钠溶液的冰点下降度 b 为 0.58℃，代入上式得

$$W=(0.52-0.24)/0.58=0.48（g/100ml）$$

即配制 100ml 2% 盐酸普鲁卡因溶液需要加入氯化钠 0.48g，配制 200ml 溶液需要加入氯化钠 0.96g。

2. 氯化钠等渗当量法 氯化钠等渗当量系指与 1g 药物呈等渗效应的氯化钠的质量，用 E 表示。其计算公式如下。

$$X=0.009V-E×W \qquad\qquad 式（6-5）$$

式中，X 为配成 Vml 等渗溶液需要加入的氯化钠的量（g）；V 为配制溶液的体积（ml）；E 为 1g 药物的氯化钠等渗当量；W 为药物的克数。一些药物的 E 值见表 6-4。

例 6-3：配制 2% 麻黄碱溶液 200ml，欲使其等渗，需要加入多少克氯化钠？由表 6-4 可知，1g 麻黄碱的氯化钠等渗当量为 0.28。根据式（6-5），得

$$
\begin{aligned}
X &=0.009V-E×W\\
&=0.009×200-0.28×（200×2\%）\\
&=1.8-1.12\\
&=0.68（g）
\end{aligned}
$$

例 6-4：取阿托品 2.0g，盐酸吗啡 4.0g，配制成注射液 200ml，要使之成为等渗溶液，需要加多少克氯化钠？

从表 6-4 查知，阿托品的 E 值为 0.13，盐酸吗啡的 E 值为 0.15，根据式（6-5），得

$$
\begin{aligned}
X &=0.009V-E×W\\
&=0.009×200-（0.13×2+0.15×4）\\
&=1.8-0.86\\
&=0.94（g）
\end{aligned}
$$

例 6-5：欲配制以下处方的溶液 1 000ml，分别采用冰点降低数据法和氯化钠等渗当量法计算所需氯化钠的量。

处方		1% 溶液冰点下降值	氯化钠等渗当量
硼酸	0.67g	0.28	0.47
氯化钾	0.33g	0.44	0.78
氯化钠	适量		
注射用水	加至 1 000ml		

冰点降低数据法：

$$W=\frac{0.52-(0.28\times0.67+0.44\times0.33)}{0.58}\times\frac{1\,000}{100}=3.23(\text{g})$$

氯化钠等渗当量法：

$$W=0.009\times1\,000-\left(0.47\times0.67\times\frac{1\,000}{100}+0.78\times0.33\times\frac{1\,000}{100}\right)=3.28(\text{g})$$

六、灭菌与无菌技术

药剂学中灭菌与无菌技术的主要目的是杀灭或除去所有微生物繁殖体和芽孢，以确保药物制剂安全、稳定、有效。因此，研究、选择有效的灭菌方法，对保证制剂质量具有重要意义。根据各种制剂对生产环境、生产器具与设备对微生物的限定要求不同，可采取不同的措施，如灭菌、无菌操作、消毒和防腐等。

1. **灭菌**（sterilization） 系指用物理或化学等方法杀灭或除去所有微生物繁殖体和芽孢。

2. **灭菌法**（sterilization technique） 系指用物理或化学手段，杀灭或除去所有致病和非致病微生物及细菌芽孢的方法或技术。灭菌法分为物理灭菌法和化学灭菌法两大类。

3. **无菌**（sterility） 系指在任一指定物体、介质或环境中，不得存在任何活的微生物。

4. **无菌操作法**（aseptic operation） 系指在整个操作过程中利用或控制一定条件，使产品或操作处于无菌环境中，以制备无菌制剂的方法或技术。

5. **防腐**（antisepsis） 系指用物理或化学手段抑制微生物的生长、繁殖的技术，也称作抑菌。对微生物的生长与繁殖具有抑制作用的物质称抑菌剂或防腐剂。

6. **消毒**（disinfection） 系指用物理或化学手段杀灭或除去物体或介质中病原微生物的方法。

消毒和灭菌的区别在于，消毒是针对病原微生物和其他有害微生物，并不要求杀灭所有微生物。灭菌是要杀灭所有致病和非致病微生物（包括细菌芽孢）。

消毒和防腐的区别在于，消毒是杀灭病原微生物和其他有害微生物，而防腐仅抑制微生物的生长与繁殖。

在药剂学中灭菌法可以分为三大类：物理灭菌法、化学灭菌法和无菌操作法。与之对应的技术有：物理灭菌技术、化学灭菌技术和无菌操作技术。

（一）物理灭菌法

物理灭菌法利用了蛋白质与核酸具有遇热、遇射线不稳定的特性，采用加热、射线等方法杀灭或通过过滤除去微生物的方法。物理灭菌法包括干热灭菌法、湿热灭菌法、射线灭菌法、过滤除菌法。

1. **干热灭菌法** 系指在干燥环境中加热灭菌的技术，但这种方法所用灭菌温度高、效果差、成本高、适应性差。包括火焰灭菌法和干热空气灭菌法。

（1）火焰灭菌法：用火焰直接灼烧进行灭菌的方法。火焰灭菌法操作迅速可靠、简单易行，但只适用于耐火材质的物品和器具的灭菌，如玻璃、金属、陶瓷器皿，不适用于药品灭菌。

（2）干热空气灭菌法：系指将物品置于干热灭菌柜、隧道灭菌器等设备中，利用高温干热空气杀灭微生物的方法。在干燥状态下，微生物的耐热性较强，而干热空气穿透力又较弱，因此，本法必须在高热空气中长时间作用才能有效灭菌，灭菌温度通常比湿热灭菌法高。干热空气灭菌的条件一般为135～145℃，3～5小时、160～170℃，2小时以上、170～180℃，1小时以上、250℃灭菌，45分钟以上。本法只适用于耐高温但不宜采用湿法灭菌的物品，如玻璃器具、金属容器及不宜湿热灭菌的油脂类物质（如注射用油）。不耐热的材料，如塑料、橡胶制品，以及大多数药品均不宜采用本法。

2. 湿热灭菌法 系将物品置于灭菌柜内，利用高压饱和蒸汽、过热水喷淋等方式使微生物菌体中的蛋白质、核酸发生变性而杀灭微生物的方法。由于蒸汽潜热大、穿透力强、易使蛋白变性，比干热空气灭菌效率高。该法灭菌能力强，为热力灭菌中最有效、应用最广泛的方法。

湿热灭菌法可分热压灭菌法、流通蒸汽灭菌法、过热水喷淋灭菌法、煮沸灭菌法和低温间歇灭菌法。

（1）热压灭菌法：用高温高压的饱和水蒸气进行灭菌的方法。选择适宜的压力与灭菌时间，可以有效杀灭微生物的繁殖体及芽孢，在灭菌制剂生产中应用最广泛。凡能耐高温、耐高压蒸汽的药物制剂，金属、玻璃、陶瓷材质的器皿，橡胶制品，膜过滤器等均可采用该法。

通常情况下，热压灭菌的条件为：121℃，20分钟；115℃，30分钟；126℃，15分钟。特殊情况下，可以根据试验来确定适宜的灭菌温度与时间。

热压灭菌设备种类较多，如卧式、立式和手提式热压灭菌器等。卧式热压灭菌柜最常用，见图6-17。

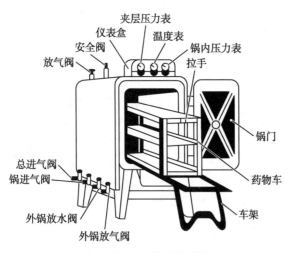

图6-17 卧式热压灭菌柜

1）操作方法

a. 准备阶段：灭菌柜的清洗，夹套用蒸汽加热，使夹套中的蒸汽压力上升至所需标准。

b. 灭菌阶段：在柜内放置待灭菌物品，关闭柜门，旋紧；通入热蒸汽灭菌。

c. 后处理阶段：到时间后，先将蒸汽关闭，排气，当蒸汽压力降至安全限，开启柜门。待冷却后，取样。

2）注意事项

a. 必须使用饱和蒸汽。

b. 必须将灭菌器内的空气除尽。

c. 灭菌时间必须从全部药液温度达到所要求的温度时算起。

d. 灭菌完成后停止加热，必须使压力逐渐降到0，才能稍稍打开灭菌锅，待10～15分钟，再全部打开，以防止物品冲出或玻璃炸裂，确保操作人员安全。

3）影响湿热灭菌的因素

a. 微生物的种类、数量和生长阶段：微生物的数量较少，可适当选用温度较低的灭菌条件；微生物数量越多，耐热微生物存在的概率越大，灭菌难度越大，同时染菌数量过多，会造成灭菌后制剂中含有大量菌尸，在临床应用中会引起不良反应。微生物的种类不同、生长阶段不同，对热的抵抗力不同，微生物的耐热、耐压的次序为芽孢＞繁殖体＞衰老体。

b. 蒸汽的性质：按蒸汽的性质不同可分为饱和蒸汽、湿饱和蒸汽、过热蒸汽和不饱和蒸汽。饱和蒸汽热含量较高，热穿透力较强，灭菌效率高；湿饱和蒸汽因含有水分，热含量较低，热穿透力较差，灭菌效率较低；过热蒸汽温度高于饱和蒸汽，但热穿透力差，灭菌效率低，且易引起药品降解。因此，热压灭菌必须采用饱和蒸汽。

c. 药物性质与灭菌条件：一般而言，灭菌温度愈高，灭菌时间愈长，药品被破坏的可能性愈大。因此，在设计灭菌温度和灭菌时间时必须兼顾药品的稳定性。即在达到有效灭菌的前提下，尽可能降低灭菌温度和缩短灭菌时间。

d. 介质性质：介质 pH 对微生物的生长和活力具有较大影响。一般情况下，在中性环境微生物的耐热性最强，碱性环境次之，酸性环境不利于微生物的生长和发育。介质中的营养成分愈丰富（如含糖类、蛋白质等），微生物的抗热性愈强，这种情况下，应适当提高灭菌温度和延长灭菌时间。

e. 其他：在灭菌设备中，药品的放置应有一定的间隔，不可太过拥挤，以防止蒸汽不能顺利流通而影响灭菌效果。

（2）流通蒸汽灭菌法：常压下在非密闭容器内以100℃流通蒸汽加热灭菌的方法。灭菌时间通常为30～60分钟。该法不能保证杀灭所有微生物的芽孢，多用于不耐热制剂的灭菌。必要时可加入适量的抑菌剂。

（3）过热水喷淋灭菌法：以过热的高温循环纯化水（去离子水）作为灭菌介质对物品进行喷淋的灭菌方法，适用于玻璃瓶、塑料瓶、塑料袋装输液的灭菌，所用设备为水浴式灭菌器。

水浴式灭菌器的结构主要有柜体（柜内受压）、布水器（喷淋循环水）、进出料门（压缩空气密封与电机传动）、热交换器（蒸汽与冷却水作热源）、循环水泵（柜内纯化水的循环）等。水浴式灭菌器工作原理如图 6-18 所示，以去离子水为载热介质，进行注射液升温、保温灭菌、降温的工艺操作，对去离子水的加热和冷却通过在柜台外的热交换器完成。

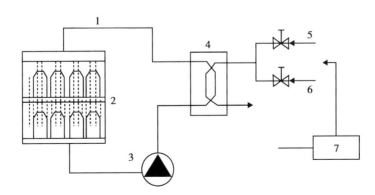

1.循环水；2.灭菌柜；3.热循环泵；4.热交换器；5.冷水；6.蒸汽；7.控制系统。

图 6-18　水浴式灭菌器工作原理图

基本的工艺过程如下：①在柜内注入循环水（去离子水或纯化水），蒸汽进入热交换器加热循环水，热循环水在水泵的作用下通过安装在腔室顶部的喷淋装置自上而下喷淋产品，以达到灭菌效果，整个过程须确保升温迅速和温度均匀；②通入压缩空气以维持柜内药瓶内外压力平衡，防止药瓶破碎；③灭菌结束后，用外部冷水经热交换器带出药瓶内热量；温度降至一定值后通入有色水检漏；④排出有色水，注入循环水清洗；⑤排水后打开柜门。

过热水喷淋灭菌法的灭菌介质由蒸汽改为水，以循环均匀喷淋的方式对灌装的药品加热升温和灭菌，且灭菌与冷却是同一套循环水系统，因此温度变化均匀，不易被污染。

（4）煮沸灭菌法：指将物品置于沸水中加热灭菌的方法。煮沸灭菌的时间通常为30～60分钟。此法灭菌效果较差，不能保证杀灭所有微生物的芽孢。必要时可加入适量抑菌剂提高灭菌效果，如酚类和三氯叔丁醇等。常用于玻璃器皿、注射器、注射用针头及不耐高温制剂的灭菌。

（5）低温间歇灭菌法：系指将待灭菌物品置于60～80℃的水或流通蒸汽中，加热灭菌60分钟，杀灭微生物的繁殖体，之后在室温下放置24小时，待灭菌物中的芽孢发育为繁殖体，再次加热灭菌，放置，如此反复多次，直至杀灭所有芽孢。该法适用于热敏性制剂或物料的灭菌，但此法灭菌效率低，耗时长。

3. 过滤除菌法　利用细菌不能通过致密具孔材料的原理除去气体或液体中的微生物。繁殖体一般>1μm，芽孢≤0.5μm，一般采用孔径不超过0.22μm的微孔滤膜、6号（孔径小于2μm）或G6号（孔径小于1.5μm）垂熔玻璃滤器及白陶土滤柱（孔径小于1.3μm）。采用孔径不大于0.22μm的微孔滤膜过滤除菌可除去细菌繁殖体以及大多数细菌芽孢，但不能除去病毒。测定孔径的方法，用0.7μm左右的细菌混悬液滤过。滤液培养后观察有无细菌生长。滤过压力太大或波动，细菌可能被挤过，影响灭菌效果。过滤除菌并非可靠的灭菌方法，一般仅适用于对热非常不稳定的药液、气体的除菌。过滤除菌应在无菌条件下进行，过滤后必须进行无菌检查，以保证产品无菌。

4. 射线灭菌法　指利用紫外线、微波和辐射杀灭微生物繁殖体和芽孢的方法。

（1）紫外线灭菌法：系指以紫外线（能量）照射杀灭微生物的方法。紫外线可使微生物核酸和蛋白变性，并可使空气产生微量臭氧，从而起到协同杀菌的作用。用于灭菌的紫外线波长为200～300nm，其中254nm波长的紫外线灭菌力最强。紫外线是直线传播，易穿透清洁的空气和纯净的水，可被表面反射或吸收，穿透力弱。因此，紫外线灭菌法仅适用于物品表面、室内空气及蒸馏水的灭菌，不能用于安瓿等玻璃容器中的药液以及固体物料的深部灭菌。紫外线对人体皮肤及黏膜有害，照射过久会造成结膜炎、皮肤烧灼等伤害，因此，通常在操作前开启紫外灯灭菌1～2小时，人员进入操作时即关闭。

（2）辐射灭菌法：系指用放射性同位素产生的γ射线或用电子加速器发生的电子束产生的电离辐射进行灭菌的方法。使得生物大分子电离，产生自由基，最终分解。最常用的是^{60}Co产生的γ射线辐射灭菌，γ射线为高能射线，穿透力强，灭菌效率高，可杀灭微生物和芽孢。辐射灭菌法不会升高待灭菌物品的温度，但该法设备成本较高；γ射线对人体存在潜在危害，操作人员在生产过程中须注意安全防护；某些药物经γ射线灭菌后，可引起有效成分结构或活性的变化，可能导致药效降低，甚至产生毒性物质。该法一般用于不耐热药品、医疗器械及高分子材料等。

（3）微波灭菌法：系指采用微波照射产生的热能杀灭微生物的方法。微波是指频率300MHz～300GHz的高频电磁波。微波灭菌具有低温、常压、快速、高效、均匀等特点，适用于液态和固态物料的灭菌，且对物料有干燥作用，但须注意可能导致某些药物含量下降。

（二）化学灭菌法

化学灭菌法系指用化学药品直接作用于微生物而将其杀灭的方法。对微生物具有杀灭作用的化学药品称为杀菌剂。杀菌剂仅对繁殖体有效，不能杀灭芽孢。化学灭菌的目的在于减少微生物的数目，以控制一定的无菌状态。化学灭菌法可分为气体灭菌法、汽相灭菌法和液相灭菌法。

1. 气体灭菌法　用化学灭菌剂形成的气体杀灭微生物的方法。该法适用于不耐高温、不耐辐射物品的灭菌，如医疗器械、塑料制品和药品包装等，干粉类产品不建议采用本法灭菌。环氧乙烷是应用最为广泛的气态杀菌剂。环氧乙烷具有可燃性，与空气混合含量达3.0%（V/V）时即可爆炸。因此常采用12%环氧乙烷和88%氟氯烷烃，或10%环氧乙烷和90%二氧化碳的混合气体进行灭菌。对环氧乙烷有吸附作用的物品及含氯的物品不宜用环氧乙烷进行灭菌。采用该法灭菌时，应注意杀菌气体对物品质量的损害以及灭菌后残留气体的处理。

2. 汽相灭菌法　本法系指通过分布在空气中的灭菌剂杀灭微生物的方法。常用的灭菌剂包括过氧化氢（H_2O_2）、过氧乙酸（CH_3CO_3H）等。汽相灭菌适用于密闭空间的内表面灭菌。日常使用中，汽相灭菌前灭菌物品应进行清洁。灭菌时应最大限度地暴露表面，确保灭菌效果。灭菌后应将灭菌剂残留充分去除或灭活。

3. 液相灭菌法　本法系指将被灭菌物品完全浸泡于灭菌剂中达到杀灭物品表面微生物的方法。具备灭菌能力的灭菌剂包括甲醛、过氧乙酸、氢氧化钠、过氧化氢、次氯酸钠等。灭菌剂种类的选择应考虑灭菌物品的耐受性。灭菌剂浓度、温度、pH、生物负载、灭菌时间、被灭菌物品表面的污染物等是影响灭菌效果的重要因素。

（三）无菌操作法

无菌操作法系指整个过程控制在无菌条件下进行的一种操作方法。无菌操作过程中所用的一切器具、物品以及环境，均须采用适宜的方法进行灭菌，以保证整个操作过程无菌。无菌操作法制备的产品，最后一般不再灭菌，因此该法适于一些不耐热药物无菌制剂的制备。而对于大部分最后需要灭菌的产品，生产过程一般应尽量避免微生物的污染。

1. 无菌操作室的灭菌　多采用灭菌和除菌相结合的方式。如用空气灭菌法对无菌室进行灭菌，常用甲醛溶液加热熏蒸法等。定期用药液法在室内进行喷洒或擦拭用具、地面与墙壁等。每天工作前用紫外线灭菌法灭菌1小时，中午休息时再灭菌0.5～1小时。

2. 无菌操作　无菌操作室、层流洁净工作台和无菌操作柜是无菌操作的主要场所。操作人员进入操作室之前要严格按照操作规程，进行净化处理；无菌室内所有用品尽量用热压灭菌法或干热灭菌法进行灭菌；物料在无菌状态下送入室内；人流、物流严格分离。小量无菌制剂的制备，可采用层流洁净工作台或无菌操作柜，柜内可用紫外灯灭菌，或使用药液喷雾灭菌。用无菌操作法制备的注射剂，大多数需要加入抑菌剂。

（四）灭菌参数

在一般灭菌条件下，产品中可能还存有极微量微生物，而现行的无菌检验方法往往难以检出。为了保证产品的无菌，有必要对灭菌方法的可靠性进行验证，F 与 F_0 值即可作为验证灭菌可靠性的参数。

1. D 值　系指在一定温度下，杀灭 90% 微生物（或残存率为 10%）所需的灭菌时间。杀灭微生物符合一级动力学过程。

$$即\quad \frac{\mathrm{d}N}{\mathrm{d}t} = -kt \qquad\qquad 式（6-6）$$

$$或\quad \lg N_0 - \lg N_t = \frac{kt}{2.303} \qquad\qquad 式（6-7）$$

式中，N_t 为灭菌时间为 t 时残存的微生物数；N_0 为原有微生物数；k 为灭菌常数。

根据 D 的定义和式（6-7）可得到

$$D = \frac{2.303}{k}(\lg 100 - \lg 10) = \frac{2.303}{k} = \frac{t}{\lg N_0 - \lg N_t} \qquad\qquad 式（6-8）$$

式中，D 值即为降低被灭菌物品中微生物数至原来的 1/10 所需的时间。

在一定灭菌条件下，不同微生物具有不同的 D 值；同一微生物在不同灭菌条件下，D 值亦不相同。因此，D 值随微生物的种类、环境和灭菌温度变化而不同。

2. Z 值　指降低一个 $\lg D$ 需要升高的温度，即灭菌时间减少到原来的 1/10 需要升高的温度；也就是在相同灭菌时间内，与杀灭 90% 的微生物温度相比，杀灭 99% 的微生物所需要提高的温度。

随灭菌温度 T 的升高，灭菌速度加快，k 值增大，D 值减小，在一定温度范围内，$\lg D$ 与温度 T 呈线性关系，即

$$Z = \frac{T_2 - T_1}{\lg D_{T_1} - \lg D_{T_2}} \qquad\qquad 式（6-9）$$

式（6-9）也可写为

$$D_2 = D_1 \cdot 10^{\frac{T_1 - T_2}{Z}} \qquad\qquad 式（6-10）$$

当 $Z=10\,℃$，$T_1=110\,℃$，$T_2=121\,℃$时，按式（6-10）计算可得 $D_2=0.079D_1$。即 110℃灭菌 1 分钟与 121℃灭菌 0.079 分钟的灭菌效果相当。

3. F 值　系指在一定灭菌温度（T）下给定的 Z 值所产生的灭菌效果与在参比温度（T_0）下给定的 Z 值所产生的灭菌效果相同时所相当的时间（equivalemt time）。F 值常用于干热灭菌，以分钟为单位，根据 F 值的定义和式（6-10），F 值的数学表达式为

$$F = \Delta t \sum 10^{\frac{T-T_0}{Z}} \qquad\qquad 式（6-11）$$

式中, T_0 为参比温度, Δt 为测定灭菌温度的时间间隔, 通常间隔 0.5～1.0 分钟或更短, T 为每隔 Δt 测定被灭菌物品的温度。

F 值常用于干热灭菌, 其参比温度 T_0 为 170℃, 以枯草芽孢杆菌为微生物指示剂, 该菌 Z 值为 20℃。

4. F_0 值 系指在一定灭菌温度(T)、Z 值为 10℃产生的灭菌效果与 121℃、Z 值为 10℃产生的灭菌效果相同时所相当的时间(min)。F_0 值可用式(6-12)计算, 其所选定的 Z 值(10℃)为热压灭菌的微生物指示剂嗜热脂肪芽孢杆菌的 Z 值, 因此, F_0 值仅适于热压灭菌。

$$F_0 = \Delta t \sum 10^{\frac{T-121}{10}} \qquad \text{式(6-12)}$$

式中, Δt 为测定灭菌温度的时间间隔, T 为每隔 Δt 测定被灭菌物品的温度。

生物 F_0 值的数学表达式为

$$F_0 = D_{121} \times (\lg N_0 - \lg N_t) \qquad \text{式(6-13)}$$

式中, N_t 为灭菌后预计达到的微生物残存数, 即染菌度概率(probability of nonsterility), 当 N_t 达到 10^{-6} 时(原有菌数的百万分之一), 可认为灭菌效果较可靠。因此, 生物 F_0 值可认为是以相当于 121℃热压灭菌时, 杀灭容器中全部微生物所需要的时间。

在灭菌过程中, 仅需要记录被灭菌物的温度与时间, 即可计算 F_0 值。由于 F_0 值为将任一灭菌温度所需的时间转换为 121℃灭菌所需的时间, 故 F_0 值可作为灭菌过程的比较参数, 对设计灭菌过程及验证灭菌效果最为实用。

影响 F_0 值的因素主要有：①F_0 值与产品温度 T 成指数关系, 很小的温度变化都将对 F_0 值产生显著的影响, 因此温度测定的精确性异常重要, 灭菌设备中应使用灵敏度高、重现性好、精密度为 0.1℃的热电偶, 并对热电偶进行验证；②F_0 值计算时应使用被灭菌物品内的实际温度, 灭菌时应将热电偶的探针置于被测样品的内部；③灭菌器内灭菌物品的摆放应均匀, 且不可过于拥挤, 保证灭菌器内各处温度分布均匀。

测定 F_0 值时应注意的问题：①选择灵敏性和重现性好的热电偶, 并对其进行校验；②灭菌时应将热电偶的探针置于被测样品的内部, 并在柜外温度记录仪上显示；③对灭菌工艺和灭菌器进行验证, 要求灭菌器内热分布均匀, 重现性好。

为确保灭菌效果, 应严格控制原辅料的质量及生产环境条件, 以尽量减少微生物的污染；计算和设置 F_0 值时, 应适当考虑增加安全系数, 一般增加理论值的 50%。如一般规定 F_0 值不少于 8 分钟, 实际操作应控制 F_0 值为 12 分钟。

(五)无菌检查法

无菌检查法(sterility tests)系用于检查药典要求无菌的药品、生物制品、医疗器具、原料、辅料及其他品种是否无菌的方法, 是评价无菌产品质量必须进行的检测项目, 在《中国药典》(2020 年版)四部通则 1101 中有详细规定。无菌检查法包括直接接种法和薄膜过滤法。

直接接种法是将供试品溶液直接接种于培养基上, 培养数日后观察培养基是否出现浑浊或沉淀, 并与阴性、阳性对照品比较。

薄膜过滤法是取规定量供试品溶液经薄膜过滤器滤过,将培养基加入滤器中,按规定温度培养 14 天后进行观察,若供试品管均澄清,或虽显浑浊但经确证无菌生长,判供试品符合规定;若供试品管中任何一管显浑浊并确证有菌生长,判供试品不符合规定。该方法可过滤较大量的样品,检测灵敏度高,结果较直接接种法可靠,不易出现假阴性。应严格控制操作过程中的无菌条件,防止环境微生物污染,影响检测结果。

第三节 注射剂

一、概述

注射剂(injection)系指原料药或与适宜的辅料经过配制、过滤、灌封、灭菌等工艺制成的供注入体内的无菌制剂。因其具有疗效确切、剂量准确、定位准确、起效快等优点,近年来在新型释药系统方面有较大的发展,出现了脂质体、微球、微囊、无针注射剂等新型注射给药系统。

(一)注射剂的分类与给药途径

1. 注射剂的分类 根据《中国药典》(2020 年版)规定,注射剂可分为注射液、注射用无菌粉末和注射用浓溶液等。

(1)注射液:难溶性药物可采用增溶、乳化或粉碎等工艺制成溶液型、乳状液型或混悬型注射液,可用于肌内注射、静脉注射、静脉滴注等。其中,供静脉滴注用的大体积(除另有规定外,一般不小于 100ml)注射液也称为静脉输液。溶液型注射液应澄明,除另有规定外,混悬型注射液中药物粒度应控制在 15μm 以下,含 15~20μm(间有个别 20~50μm)者,不应超过 10%,若有可见沉淀,振摇时应容易分散均匀。混悬型注射液不得用于静脉注射或椎管内注射;乳状液型注射液应稳定,不得有相分离现象,不得用于椎管内注射。静脉用乳状液型注射液中乳滴的粒度 90% 应在 1μm 以下,不得有大于 5μm 的乳滴。除另有规定外,静脉输液应尽可能与血液等渗。

(2)注射用无菌粉末:系指药物制成的供临用前用适宜的无菌溶液配制成澄清溶液或均匀混悬液的无菌粉末或无菌块状物。一般采用无菌分装或冷冻干燥法制得。可用适宜的注射用溶剂配制后注射,也可用静脉输液配制后静脉滴注。

(3)注射用浓溶液:系指原料药或与适宜辅料制成的供临用前稀释后静脉滴注用的无菌浓溶液,稀释后应符合注射液的要求。其制备方法与溶液型注射液类似。

2. 注射剂的给药途径 根据临床治疗的需要,注射剂的给药途径可分为静脉、肌内、皮下、皮内、椎管内、动脉及其他注射等,见图 6-19。

(1)静脉注射(intravenous injection, IV):注入静脉使药物直接进入血液,无吸收过程,生物利用度可达 100%,因此药效最快,常作急救、补充体液和供营养之用。由于血管内容量大,大剂量的静脉注射剂又称为输液。一次剂量可以从几毫升至几千毫升,且多为水溶液。油溶液和一般混悬液或乳浊液会引起毛细血管栓塞,不能做静脉注射。此外,凡能导致红细胞溶解或使蛋白质沉淀的药液,均不宜静脉给药。静脉注射剂不能加入抑菌剂。

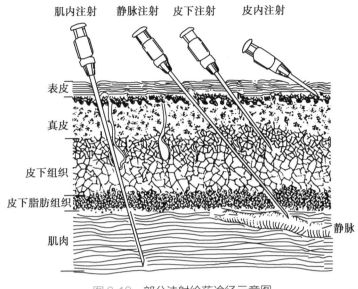

图 6-19　部分注射给药途径示意图

（2）肌内注射（intramuscular injection，IM）：注射于肌肉组织中，注射部位多为臀肌或上臂三角肌。肌内注射较皮下注射刺激小，注射剂量一般为 1～5ml。肌内注射除水溶液外，尚可选用注射油溶液、混悬液及乳浊液。油注射液在肌肉中吸收缓慢而均匀，有一定的延效作用。

（3）皮下注射（subcutaneous injection，SC）：注射于真皮与肌肉之间的松软组织内，注射部位多在上臂外侧，一般用量为 1～2ml。皮下注射剂主要是水溶液，由于皮下血液循环慢，因此药物吸收量和吸收速度较慢。

（4）皮内注射（intradermal injection，IC）：注射于表皮与真皮之间，一般注射部位在前臂，一次注射剂量在 0.2ml 以下，常于过敏性试验或疾病诊断时用，如青霉素类药物皮试液、白喉诊断毒素等。

（5）椎管内注射（intraspinal injection）：注入脊椎四周蛛网膜下腔内。由于神经组织敏感，且椎管循环较慢，故注入椎管内的注射液一次剂量不得超过 10ml，pH 在 5.0～8.0，必须与脊椎液等渗，不可添加抑菌剂，否则会造成渗透压紊乱，引起患者头痛、呕吐等不良反应。

（6）动脉注射（intra-arterial injection）：注入靶区动脉末端，如诊断用动脉造影剂、肝动脉栓塞剂等。

（7）其他注射：根据临床需要，还有关节内注射（intra-articular injection）、心内注射（intracardiac injection）、穴位注射（acupoint injection）等。

（二）注射剂的特点

注射剂在临床使用非常广泛，在药剂学中也占有重要地位。注射剂可在皮内、皮下、肌内、静脉、椎管内及穴位等部位给药，注射剂直接注入体内，药物吸收快，尤其是静脉注射，无吸收过程，适合于急症及危重患者抢救使用，且不受胃肠道酶、pH 和食物等多种因素的影响。注射剂的主要优点如下。

1. 剂量准确、药效迅速、作用可靠。适用于不能口服的药物和不宜口服的患者。如链霉素口服不易吸收，胰岛素口服给药可能被胃肠道中消化液破坏，这些药物制成注射剂可充分发挥其疗效。

2. 对处于昏迷状态或吞咽困难及术后禁食等的患者,注射给药可发挥其特殊优势。

3. 可产生局部定位作用或长效作用。通过局部注射可发挥定位作用,如局部麻醉、动脉局部造影、靶向栓塞给药等。长效注射剂可在注射部位形成药物储库,长期缓慢地释放药物。

注射剂也存在以下缺点。

1. 使用不便,患者顺应较差。患者一般无法自行给药,需要专业人员操作完成;侵入性的给药方式伴有疼痛感;注射部位可能出现感染,使用不当易造成污染。

2. 质量要求严格。药物直接注入人体,避开了人体正常生理屏障的保护,风险很大,对产品质量要求高。生产过程复杂,生产成本高,对制备环境和设备要求高。

(三)注射剂的发展概况

近年来,注射剂在新型释药系统方面有了较大的发展,出现了一些新型长效和靶向注射剂,如脂质体注射剂、微球注射剂、纳米粒注射剂、微乳注射剂、聚合物胶束注射剂、包合物注射剂、储库型控释注射剂、无针注射释药系统等。新型注射剂除具有传统注射剂的优点外,还采用了现代释药技术,具有很好的临床应用前景。目前国内外已上市的新型注射剂主要有以下几种。

1. **脂质体注射剂**　脂质体由于其优异的性能,如副作用小、靶向性、稳定性高等一直备受人们的关注。注射型两性霉素 B 为首个脂质体注射剂,目前已有多个脂质体注射剂相继问世,在抗肿瘤药物传递及疫苗领域发挥着重要作用。如顺铂注射液、重组人白介素 -2 注射液、类胰岛素生长因子注射液、前列腺素 E_1 注射液、长春新碱注射液、羟喜树碱脂质体注射剂、利巴韦林脂质体和硝酸异康唑脂质体等。

多囊脂质体是由天然磷脂和胆固醇构成的内部蜂窝状结构的球体,具有多个腔室,稳定性好,药物突释少,可作为长效缓释制剂。如某公司生产的硫酸吗啡长效注射剂采用储库泡沫 DepoFoam 专利技术制备,是粒径为 10～30μm 的生理盐水混悬液,使用磷脂和甘油三酯等天然材料制成,摇匀后于硬膜外注射,用于缓解术后疼痛。阿糖胞苷脂质体用相同技术制备,用于治疗淋巴性脑膜炎。

2. **微球注射剂**　微球是通过高分子包裹或吸附药物制成的球形微粒,将药物结合于微球载体中通过皮下或肌肉给药,可使药物缓慢释放,改变其体内转运过程,延长在体内的作用时间(可达 1～3 个月),大大减少用药次数,明显提高患者用药的顺应性。微球注射剂以其长效缓释的优越特性受到了日益广泛的重视和应用。目前已上市的品种有亮丙瑞林、戈舍瑞林、曲普瑞林、布舍瑞林、奥曲肽、兰瑞肽、醋酸曲普瑞林、利培酮、阿立哌唑等。

3. **纳米粒注射剂**　纳米粒是直径在纳米级别范围内的固体颗粒,通过包埋、吸附、连接等方式携带药物。近年来,纳米载药系统逐渐进入临床应用,治疗产品逐渐增多。目前,基于纳米粒的注射剂有磁性纳米粒、白蛋白纳米粒和壳聚糖载药纳米粒。2005 年 1 月,美国 FDA 批准白蛋白结合紫杉醇纳米粒注射混悬液上市,用于转移性乳腺癌联合化疗失败后或辅助化疗 6 个月内复发的乳腺癌,这标志着可采用 ABI 专利纳米粒白蛋白结合技术制备新一类"蛋白质结合粒"药品。紫杉醇白蛋白纳米粒中药物以非晶体、无序状存在,相较于传统制剂,它可以降低毒性,降低超敏反应,增加药物靶向分布于肿瘤组织内部,增强抗肿瘤活性。

4. **微乳注射液**　微乳注射液可提高药物浓度,具有靶向、缓控释等优点,纳米级的乳滴在热力学上更加稳定,可以耐受热压灭菌,具有控释效果和淋巴靶向性。将难溶性药物包裹于油相,制成水包油型微乳,药物分散程度较高,生物利用度提高。但由于制备微乳时需要加入大量表面活性剂,需要关注长期使用可能存在的毒性问题。已上市的有丙泊酚乳状注射液及榄香烯乳状注射液等。

5. **聚合物胶束注射剂** 聚合物胶束具有较强的增溶能力,用于装载难溶性药物,在体内递送过程中,聚合物胶束能使药物保持良好的药代动力学特征、药理学性质及稳定性。紫杉醇聚合物胶束注射剂已在韩国上市,临床表现出了更高的人体耐受性和更好的抗肿瘤效果。

6. **包合物注射剂** 通过包合技术,可以提高药物的溶解度、溶出速度及生物利用度,也能够保护挥发性成分,增加药物的稳定性,减轻药物的不良气味等,以环糊精或环糊精衍生物作为客分子的包合物使用最广泛。已经上市的泊沙康唑注射液,利用包合技术提高了泊沙康唑的溶解度;德拉沙星葡甲胺注射剂用于治疗细菌性皮肤及皮肤结构感染。

7. **凝胶注射剂** 用生物可降解的高分子材料包载药物后注入体内,由于外界的刺激,凝胶在注射部位发生理化性质变化,药物不断释放,维持治疗浓度并达到缓控释。如皮下注射用于治疗前列腺癌的亮丙瑞林凝胶、用于治疗不宜手术和放疗的肢端肥大症的乙酸兰瑞肽凝胶及牙周囊内注射用于治疗牙周炎的盐酸多西环素甲硝唑凝胶。

8. **无针注射释药系统** 无针注射释药系统的释药原理是采用经皮释药的粉末/液体喷射手持器具,利用高压气体(氨气等)将药物粉末/液滴瞬时加速至750m/s,形成高速喷射流,经皮肤达到合适深度的药物递送技术。该系统可以递送液体、粉末或储库型制剂,可实现全身或局部作用。防止皮肤穿刺伤,消除患者针头恐惧,剂量准确,避免药物反复溶解的损失,有利于提高生物利用度,可以用于大分子药物的注射。目前在糖尿病治疗及疫苗接种领域使用较多。如在英国、法国、德国、爱尔兰和意大利等30多个国家销售的Mhi-500胰岛素无针头注射释药系统,单剂最多可释出胰岛素100U中的70U,可替代针筒或笔式注射器注射胰岛素。

9. **多袋室注射剂** 将输液袋隔成两个或多个独立的腔室,每个腔室容纳不同种类药品,可以是液体与液体,或液体与固体粉末,使用时将各个腔室挤压贯通,混匀后给药。即配即用,使用安全方便。如用于肠外营养的注射液脂肪乳(20%)/氨基酸(15)/葡萄糖(30%)注射液、注射用头孢唑林钠/氯化钠注射液等。

新型注射剂在提高药物疗效、增加药物稳定性及患者顺应性方面起到了重要作用,是药物制剂发展的一个重要方向,但目前还存在一些问题,如材料价格高昂、制备工艺复杂、大生产困难、辅料或溶剂残留可能带来毒性等问题,导致现在可用于临床的新型注射剂较少,随着制剂技术的发展,这些问题将会逐步被解决。

(四)注射剂的质量要求

1. **pH** 注射剂的pH应兼顾药物的溶解性、稳定性及对机体的刺激性,选择合适的pH,应尽量接近7.4,并应控制在4~9。

2. **无菌** 无论用何种方法制备的灭菌或无菌制剂,均不得含有任何活的微生物。

3. **无热原** 无热原是注射剂的一项重要质量指标,尤其是静脉注射用的输液及脊髓腔注射制剂。

4. **可见异物** 指在规定条件下目视可见的不溶性物质,其粒径或长度通常大于50μm。

注射剂临用前,需要在自然光下目视检查(避免阳光直射),如有可见异物,不得使用。

5. 不溶性微粒 除另有规定外,用于静脉注射、静脉滴注、椎管内注射的溶液型注射液、注射用无菌粉末及注射用浓溶液均应按照《中国药典》(2020年版)不溶性微粒检查法检查,且均应符合规定。

6. 渗透压摩尔浓度 注射剂的渗透压摩尔浓度应尽量与血液等渗,正常注入体液或血液的注射液的渗透压摩尔浓度范围为285~310mOsmol/kg。

另外,注射剂在含量、色泽、稳定性等方面均应符合规定,一些品种还需要进行降压物质、有关物质、溶血与凝聚检查、异常毒性检查、过敏性试验及刺激性试验等。

二、注射剂的处方组成

注射剂主要由主药、溶剂及其他附加剂组成。由于注射剂的特殊要求,处方中所有组分,包括原料药都应采用注射级规格。应符合现行版《中国药典》或相应的国家药品质量标准的要求。

(一)注射用原料的要求

与口服制剂的原料相比,注射用原料的质量标准更高,除了对杂质和重金属的限量更严格外,还对微生物及热原等有严格的规定,如要求无菌、无热原等。配制注射剂时,所使用的原料为注射级规格,必须符合现行版《中国药典》或相应的国家药品质量标准的要求。

(二)常用注射用溶剂

溶剂是注射剂最重要的组成部分。注射用溶剂,一般要求安全、无毒、与处方中其他成分兼容良好、不影响活性成分的疗效和质量。一般分为水性溶剂和非水性溶剂两类,对其具体质量要求和制备方法、贮存条件都有严格要求。

1. 水性溶剂

(1)注射用水(water for injection):为纯化水经蒸馏所得的水,是最常用的注射用溶媒。《中国药典》(2020年版)规定,注射用水应符合细菌内毒素试验要求,必须在防止细菌内毒素产生的条件下生产、贮藏及分装,注射用水可作为配制注射剂、滴眼剂等的溶剂或稀释剂及容器的精洗。

(2)灭菌注射用水(sterilized water for injection):为注射用水按照注射剂生产工艺制备所得,不含任何添加剂。主要用于注射用灭菌粉末的溶剂或注射剂的稀释剂。《中国药典》(2020年版)规定,其质量符合灭菌注射用水项下的规定。

2. 非水性溶剂 供注射用的非水性溶剂,应严格限制其用量,并应在品种项下进行相应的检查。

(1)注射用油(oil for injection):常用的有大豆油、玉米油、橄榄油、麻油、花生油、蓖麻油等植物油。日光、空气会加快油脂氧化酸败,因此植物油应贮存在避光、密闭容器中,并根据需要加入适当抗氧化剂。油性注射剂多用于肌内注射。

酸值、碘值、皂化值是评价注射用油质量的重要指标。酸值指中和脂肪、脂肪油或其他类似物质1g中含有游离脂肪酸所需氢氧化钾的重量(mg),酸值高说明油中游离脂肪酸多且油的酸败程度高,酸败的油产生的低分子醛、酮可引起注射剂的刺激性,影响药物稳定。碘值指脂肪、脂肪油或其他类似物质 100g,当充分卤化时所需的碘量(g),碘值反映油脂中不饱和脂肪酸的量,碘值过高,不饱和脂肪键多,油易氧化酸败。皂化值指中和并皂化脂肪、脂肪油或其他类似物质 1g 中含有的游离脂肪酸类和酯类所需要氢氧化钾的量(mg),皂化值过低表明油脂中脂肪酸分子量较大或含非皂化物(如胆固醇等)杂质较多,过高则表明脂肪酸分子量较小,亲水性较强,失去了油脂的性质。《中国药典》(2020 年版)规定注射用大豆油酸值应不大于 0.1,碘值为 126～140,皂化值应在 188～195。

(2)乙醇(ethanol):本品与水、甘油、挥发油等可任意混溶,可供静脉或肌内注射。小鼠静脉注射的半数致死剂量(median lethal dose,LD_{50})为 1.97g/kg,皮下注射的 LD_{50} 为 8.28g/kg。采用乙醇为注射溶剂浓度可达 50%。但当乙醇浓度超过 10% 时可能会有溶血作用或疼痛感。如氢化可的松注射液、去乙酰毛花苷注射液中均含有一定量的乙醇。

(3)丙二醇(propylene glycol,PC):即 1,2-丙二醇,本品与水、乙醇、甘油可混溶,能溶解多种挥发油,小鼠静脉注射的 LD_{50} 为 5～8g/kg,腹腔注射的 LD_{50} 为 9.7g/kg,皮下注射的 LD_{50} 为 18.5g/kg。复合注射用溶剂中常用的含量为 10%～60%,用于皮下或肌内注射时有局部刺激性。对药物的溶解范围广,已广泛用作注射溶剂,供静脉注射或肌内注射。如苯妥英钠注射液中含 40% 丙二醇。

(4)聚乙二醇(polyethylene glycol,PEG):本品为环氧乙烷与水缩聚而成的混合物,根据分子量大小不同,聚乙二醇有多种规格,其中 PEG 300 和 PEG 400 可作注射用溶剂。本品可与水、乙醇相混溶,化学性质稳定。有报道称,PEG 300 的降解产物可能会导致肾病变,因此 PEG 400 更加常用,小鼠腹腔注射的 LD_{50} 为 4.2g/kg,皮下注射的 LD_{50} 为 10g/kg。如塞替派注射液以 PEG 400 为注射溶剂。

(5)甘油(glycerin):即 1,2,3-丙三醇,可与水或乙醇任意混溶,但在挥发油和脂肪油中不溶。甘油的黏度和刺激性较大,不能单独用于注射溶剂,常与乙醇、丙二醇、水等组成复合溶剂,常用浓度为 1%～50%。本品小鼠皮下注射的 LD_{50} 为 10ml/kg,肌内注射的 LD_{50} 为 6ml/kg。如普鲁卡因注射液的溶剂为 90% 乙醇(20%)、甘油(20%)与注射用水(60%)组成,但本品大剂量注射会导致惊厥、麻痹、溶血。

(6)二甲基乙酰胺(dimethyl acetamide,DMA):为澄明的中性液体,能与水、乙醇任意混溶,常用浓度为 0.01%,连续使用时应注意其慢性毒性。如利血平注射液用 10% DMA、50% PEG 作溶剂。

(三)注射剂的主要附加剂

除主药外,制剂中所有的添加物质都称为附加剂,这些物质可增加注射剂的安全性、有效性和稳定性。选择的附加剂及其使用的浓度应对机体无毒性,与主药无配伍禁忌,不影响主药的疗效与含量测定。

附加剂的作用包括以下几方面:增加药物的溶解度,如增溶剂、助溶剂、潜溶剂;提高药物的稳定性,如助悬剂、抗氧化剂、金属离子螯合剂;抑制微生物,如抑菌剂、防腐剂;调节渗透压,如葡萄糖、氯化钠、甘油等;调节 pH,如缓冲盐、酸、碱;减轻疼痛或刺激,如局部麻醉剂等。常用的附加剂见表 6-5。

表 6-5　注射剂常用附加剂

附加剂种类	附加剂名称	使用浓度(占溶液总量百分比)/%
抗氧化剂	焦亚硫酸钠	0.1～0.2
	亚硫酸氢钠	0.1～0.2
	亚硫酸钠	0.1～0.2
	硫代硫酸钠	0.1
金属螯合剂	乙二胺四乙酸二钠(disodium ethylenediamine tetraacetic acid,EDTA·2Na)	0.01～0.05
	醋酸;醋酸钠	0.22;0.80
	枸橼酸;枸橼酸钠	0.5;4.0
	乳酸	0.1
	酒石酸;酒石酸钠	0.65;1.20
	磷酸氢二钠;磷酸二氢钠	1.70;0.71
	碳酸氢钠;碳酸钠	0.01;0.06
助悬剂	羧甲纤维素	0.05～0.75
	明胶	2.0
	果胶	0.2
稳定剂	肌酐	0.5～0.8
	甘氨酸	1.50～2.25
	烟酰胺	1.25～2.50
	辛酸钠	0.4
增溶剂、润湿剂或乳化剂	聚氧乙烯蓖麻油	1～65
	聚山梨酯20(吐温20)	0.01
	聚山梨酯40(吐温40)	0.05
	聚山梨酯80(吐温80)	0.04～4.00
	聚维酮	0.2～1.0
	聚乙二醇-40蓖麻油	7.0～11.5
	卵磷脂	0.5～2.3
	脱氧胆酸钠	0.21
	普朗尼克F-68(泊洛沙姆188)	0.21
抑菌剂	苯酚	0.25～0.50
	甲酚	0.25～0.30
	氯甲酚	0.05～0.20
	苯甲醇	1～3
	三氯叔丁醇	0.25～0.50
	硝酸苯汞	0.001～0.002
	尼泊金类	0.01～0.25

附加剂种类	附加剂名称	使用浓度(占溶液总量百分比)/%
局麻剂 (止痛剂)	普鲁卡因	0.5～2.0
	利多卡因	0.5～1.0
等渗调节剂	氯化钠	0.5～0.9
	葡萄糖	4～5
	甘油	2.25
填充剂	乳糖	1～8
	甘露醇	1～10
	甘氨酸	1～10
保护剂	乳糖	2～5
	蔗糖	2～5
	麦芽糖	2～5
	人血白蛋白	0.2～2.0

三、注射剂的制备

注射剂的生产流程包括原辅料的准备与处理、药液配制、灌封、灭菌、质量检查、包装等步骤,制备不同类型的注射剂,其具体操作方法和生产条件不同,工艺流程如图6-20所示。

注射剂的制备要设计合理的工艺流程,也要具备与各生产工序相适应的环境和设施,这是提高注射剂产品质量的基本保证。注射剂生产厂房设计时,应根据实际生产流程,对生产车间进行合理布局。上下工序衔接、设备及材料性能进行综合考虑,总体设计要符合《药品生产质量管理规范》(2010年修订)的规定。

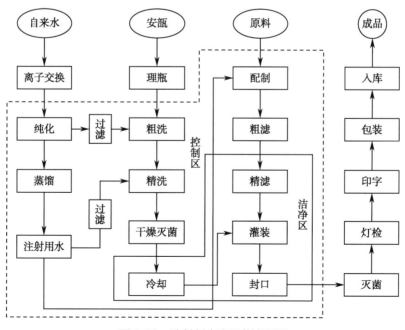

图6-20　注射剂生产工艺流程图

（一）水处理

1. 注射用水的质量要求 注射用水系指纯化水经蒸馏所得的水。应为无臭、无味、澄明的液体。

《中国药典》（2020年版）规定，注射用水的检查项目包括pH、氨、硝酸盐与亚硝酸盐、电导率、总有机碳、不挥发物及重金属等，此外，注射用水还必须通过热原和微生物限度检查，每毫升中内毒素含量不得超过0.25EU，100ml注射用水中需氧菌总数不得超过10CFU，pH 5.0~7.5，氨含量不得超过0.000 02%。

2. 注射用水的制备 参照本章第二节中水处理技术部分。

（二）容器处理

注射剂常用容器有玻璃安瓿、玻璃瓶、塑料安瓿、塑料瓶（袋）等。容器要有强的密闭性和高化学惰性，在与药液长期接触中不发生脱落、降解和物质迁移等现象，且不影响药液的稳定性；有足够的物理强度，能耐受热压灭菌产生的压力差及在生产、运输、贮藏过程中不易破损；膨胀系数低，耐热性优良；安瓿玻璃的熔点应较低，易于熔封；除另有规定外，容器应足够透明，以便内容物的检视。

为了达到以上质量要求，容器须进行一系列质量检查，检查项目与方法均应按照《中国药典》（2020年版）的规定，生产过程中还可根据实际需要确定具体内容。物理检查包括容器的外观、尺寸、应力、清洁度、热稳定性等。化学检查主要包含安瓿的耐酸碱性及中性检查等。当安瓿用料变化或盛装新研制的注射剂时，经一般理化性能检查后，仍须做装药试验，用于考察容器与药物是否有相互作用。此外，容器的密封性须用适宜方法确证。

注射剂的容器根据组成材料不同分为玻璃容器和塑料容器；根据分装剂量不同分为单剂量装容器、多剂量装容器和大剂量装容器。小容量注射剂的容器多为玻璃，也有塑料。输液的容器由玻璃、聚乙烯、聚氯乙烯和聚丙烯等材料制成。

单剂量装容器多数为安瓿，有玻璃安瓿，也有塑料安瓿。常用的有1ml、2ml、5ml、10ml和20ml等几种规格。多剂量装容器多为带橡胶塞的玻璃瓶，胶塞上加铝盖密封，也叫西林瓶（vial），也可用于分装注射粉末，常用规格有5ml、10ml、20ml、30ml和50ml。大容量装容器常见的为输液瓶和输液袋，常用规格有100ml、250ml、500ml和1 000ml。

1. 安瓿（ampule）

（1）安瓿的种类

1）玻璃安瓿：玻璃的基本骨架为二氧化硅四面体，其中加有某些氧化物调节玻璃的性能。一般而言，玻璃中碱金属氧化物含量越低，化学稳定性和耐热性越好。玻璃主要有中性玻璃、含钡玻璃和含锆玻璃。中性玻璃是低硼硅酸盐玻璃，化学稳定性好，可作为pH近中性或弱酸性注射液的容器，应用范围广，如各种输液、葡萄糖注射液、注射用水等；含钡玻璃耐碱性好，适用于碱性较强的注射液，如pH 10~10.5的碘胺嘧啶钠注射液；含锆玻璃耐酸碱性能均较好，不易受药液侵蚀，适用于酸碱性强的药液和钠盐类的注射液，如乳酸钠、碘化钠和磺胺嘧啶钠等注射液。

为了避免折断安瓿颈时可能造成的玻璃屑、微粒等进入安瓿，污染药液，曲颈易折安瓿已得到推广使用。

为了便于不溶性微粒检查，安瓿多为无色，但对光敏感的药物可采用能滤除紫外线的琥珀色玻璃安瓿,因其所含的氧化铁可能被浸出而进入产品中,琥珀色安瓿不适用于易被铁离子催化氧化的药物。

2)粉末安瓿:用于分装注射用药物粉末或结晶性药物,为便于药物分装,瓶身与颈等粗,瓶颈与瓶身连接处有沟槽,使用时从沟槽处打开并注入注射用溶剂。

3)塑料安瓿:以塑料为主要材质的安瓿,主要有聚丙烯(polypropylene,PP)和聚乙烯(polyethylene,PE)两种。塑料延展性较好,塑料安瓿形状、规格选择更多,装量范围也更广。塑料安瓿在注射剂中的应用来源于吹制-灌装-密封(blow-fill-seal,BFS)技术,其主要工艺步骤如下:真空条件下加热塑料粒料,高温状态下将粒料挤出形成管状瓶坯,将瓶坯充气成型,同时灌装药液并封口。BFS技术中,吹制容器、灌装药液、密封三种操作均在同一工位完成,采用无菌生产条件,可极大降低产品被污染的概率。

(2)安瓿的洗涤:安瓿洗涤的质量对注射剂成品的合格率有较大影响。目前国内多数药厂使用的安瓿洗涤设备有三种,即喷淋式安瓿洗瓶机组、气水喷射式安瓿洗瓶机组和超声波安瓿洗瓶机。

1)喷淋式安瓿洗瓶机组:该机组由喷淋机、甩水机、蒸煮箱、水过滤器及水泵等机件组成。喷淋机主要由传送带、淋水板及水循环系统三部分组成。喷淋式安瓿洗瓶机组生产效率较高,尤以5ml以下小安瓿洗涤效果较好(图6-21)。

2)气水喷射式安瓿洗瓶机组:该组设备适用于大规格安瓿和曲颈安瓿的洗涤。它主要由供水系统、压缩空气及其过滤系统、洗瓶机等三大部分组成。洗涤时,利用洁净的洗涤水及经过过滤的压缩空气,通过喷嘴交替喷射安瓿内外部,将安瓿喷洗干净。压缩空气经水洗罐、木炭层、瓷环层、涤纶袋滤器处理后,由管路进入贮水罐,将洗涤水压经双层涤纶器而进入喷水阀中。同时经水洗滤过处理的压缩空气也进入喷气阀中,两阀借助偏心轮及传动机构和脚踏板,交替启闭,使压缩空气和洗涤水从针头中交替喷出,进行安瓿冲洗。

3)超声波安瓿洗瓶机:图6-22是超声波安瓿洗瓶机的工作原理示意图。如图所示,超声

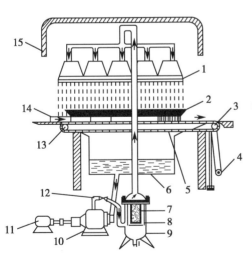

1.多水喷头;2.尼龙网;3.止逆链轴;4.偏心带凸轮;5.链带;6.水箱;7.多孔不锈钢胆;8.滤袋;9.过滤缸;10.离心泵;11.电动机;12.调节阀;13.链轮;14.盛安瓿盘;15.箱体。

图6-21 喷淋式安瓿洗瓶机组

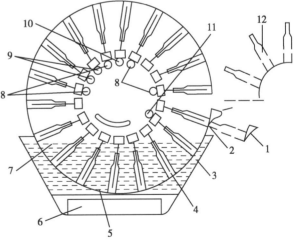

1.推瓶器;2.引导器;3.水箱;4.针管;5.瓶底座;6.超声波发生器;7.液位;8.吹气;9.冲循环水;10.冲新鲜水;11.注水;12.出瓶。

图6-22 超声波安瓿洗瓶机的工作原理示意图

波安瓿洗瓶机由 18 等分圆盘、18(排)×9(针)的针盘、上下瞄准器、装瓶斗、推瓶器、出瓶器、水箱等构件组成。输送带由缺齿轮传动,做间歇运动,每批送瓶 9 支。整个针盘有 18 个工位,每个工位有 9 针,可以安排 9 支安瓿同时进行清洗。针盘由螺旋椎齿轮、螺杆一等分圆盘传动系统传动,当主轴转过一周则针盘转过 1/18 周,即 1 个工位。

该机的工作原理是浸没在清洗液中的安瓿在超声波发生器作用下,安瓿与液体接触的界面处于剧烈的超声振动状态时所产生的一种空化作用,将安瓿内外表面的污垢冲击剥落,从而达到清洗的目的。

在整个超声波洗瓶过程中,应注意不断将污水排出并补充新鲜洁净的纯化水,并严格执行操作规范。

(3)安瓿的干燥与灭菌:安瓿一般可在烘箱中 120～140℃干燥 2 小时以上。供无菌操作药物或低温灭菌药物的安瓿,则需 150～170℃干热灭菌 2 小时。

工厂大生产中现多采用隧道式烘箱进行安瓿的干燥,此设备主要由红外线发射装置与安瓿自动传递装置两部分组成,隧道内温度在 200℃左右,一般小容量的安瓿约 10 分钟即可烘干,可连续化生产。另一种电热红外线隧道式自动干燥灭菌机,附有局部层流装置,安瓿在连续的层流洁净空气保护下经过 350℃的高温,很快就可达到干热灭菌的目的,洁净程度高。

经灭菌处理的空安瓿应妥善保管,存放空间应有洁净空气保护,存放时间不应超过 24 小时。

2. **载药注射剂(液体药物预充式注射剂,prefilled syringe,PFS)** 系采用一定工艺将药液预先灌装于注射器中,以方便医护人员或患者直接注射的一种给药形式。由于其安全、便捷,适合患者自行注射,特别是对于一些需要长期注射给药的疾病的治疗,如糖尿病患者使用的预填充式胰岛素注射笔,PFS 还可以防止注射剂在配制过程中可能带来的污染等风险。此外,预充式注射剂药液利用率高,无须加量灌装,节约了成本,也避免了转移药液过程中可能造成的污染或药液不稳定,特别适合稳定性较差的蛋白多肽类药物,如疫苗、治疗性蛋白、重组细胞因子类和促红细胞生成素等。

预充式注射剂同时具有贮存和注射药物的功能,生产时,先通过罐装机在针筒内灌装药物,再将活塞压入或旋入以密封药液,然后加装推杆。

(三)药液的配制和滤过

1. 注射液的配制

(1)投料量的计算:用于制备注射剂的原辅料应使用注射用规格,必要时须经精制处理。配制注射剂前,应按照处方规定计算原辅料用量,需考虑到灭菌后药物含量下降、灌注时的损耗等情况,按需要酌情增加投料量。含结晶水的药物应注意其换算。投料量可参考以下公式计算。

$$原料(附加剂)用量 = 实际配液量 × 成品含量\% \qquad 式(6\text{-}14)$$

$$实际配液量 = 实际灌注量 + 实际灌注时损耗量 \qquad 式(6\text{-}15)$$

(2)配液用具的选择与处理:配液用具多用带搅拌器的夹层锅,必须采用化学稳定性好的材料,如玻璃、不锈钢、耐酸耐碱的陶瓷及无毒的聚氯乙烯、聚丙烯塑料等。普通塑料不耐热,高温易变形软化;铝质容器稳定性差,一般不宜选用。

配制用具在使用前应彻底清洗,一般可用清洁剂刷洗,常水冲洗,最后用注射用水冲洗。玻璃和瓷质器具刷洗后可用清洁液处理,之后用常水、注射用水冲洗。塑料管道可用较稀的清洁液处理,橡皮管可置于蒸馏水内蒸煮搓洗,再用注射用水反复洗净,临用前还需用新鲜注射用水荡洗或灭菌。每次配液后,应立即将配液用具刷洗干净。玻璃容器可加入少量硫酸清洁液或75%乙醇后放置,以免滋生细菌,临用前再依法洗净。供配制油性注射剂的用具必须洗净烘干后使用。

(3)配液方法:配液方式有两种。一种是稀配法,即将原料加入所需的溶剂中一次配成注射剂所需浓度,本法适用于原料质量好、小剂量注射剂的配制;另一种是浓配法,即将原料先加入部分溶剂配成浓溶液,加热溶解滤过后,再将全部溶剂加入滤液中,使其达到注射剂规定浓度,本法适用于原料质量一般、大剂量注射剂的配制。为保证质量,浓配法配成的药物浓溶液也可用热处理冷藏法处理(即先加热至100℃,再冷却至0~4℃,静置),经处理后的浓溶液滤过后,再加入全部溶剂量。

若处方中几种原料的性质不同,溶解要求有差异,配液时也可分别溶解后再混合,最后加溶剂至规定量。

配液所用注射用水,贮存时间不得超过12小时。配液所用注射用油,应在使用前经150~160℃灭菌1~2小时,待冷却后即刻进行配制。

药液配制后,应进行半成品质量检查,检查项目主要包括pH、相关成分含量等,检验合格后才能进一步滤过和灌封。

2. 注射液的滤过　参照本章第二节的"液体过滤技术"。

(四)灌装和封口

为了防止污染,药液过滤后,经检查合格后应立即灌装和封口,尽量缩短暴露时间。注射剂生产时可通过一台设备将灌装和封口这两个步骤串联在一起,因此灌注和封口统称为灌封。灌封是注射剂制备的关键步骤,对环境要求极高,应严格控制物料的进出和人员的流动,采用尽可能高的洁净度,一般最终灭菌工艺产品的生产操作为C级背景下的局部A级,非最终灭菌产品的无菌生产操作为B级背景下的A级。

1. 注射液的灌装　药液灌装时要求剂量准确。灌注操作及临床使用时,灌注器、瓶壁、注射器、针头等的吸留均会造成一定的药液损失,为保证用药剂量准确,灌注量要稍多于标示量,对于易流动和黏稠的药液,其增加量要求不同,灌装标示装量为不大于50ml的注射剂,应按表6-6适当增加装量。除另有规定外,多剂量包装的注射剂,每一容器的装量不得超过10次注射量,增加装量应能保证每次注射用量。《中国药典》(2020年版)规定的注射剂的增加量详见表6-6。

为使药液灌装量准确,每次灌装前,必须用精确的量筒校正灌注器的容量,并试灌若干次,然后按《中国药典》(2020年版)四部通则0102的规定检查,符合装量规定后再正式灌装。

2. 注射液的封口　工业化生产多采用自动灌封机进行药液的灌装,灌装与封口由机械联动完成。

表 6-6　注射液灌装时应增加的灌装量　　　　　　　　　　　　　　　单位：ml

标示装量	增加量		标示装量	增加量	
	易流动液	黏稠液		易流动液	黏稠液
0.5	0.10	0.12	10	0.50	0.70
1	0.10	0.15	20	0.60	0.90
2	0.15	0.25	50	10	1.5
5	0.30	0.50			

图 6-23 是自动安瓿拉丝灌封机工作原理示意图。工作时，空安瓿置于落瓶斗 5 中，由拨轮 6 将其分支取出并放置于齿板输送机构 4 上。齿板输送机构倾斜安装在工作台上，由双曲柄机构带动，将安瓿一步步地自右向左输送。当空瓶输送到药液针架 3 的下方时，针架被凸轮机构带动下移，针头架向上返回，安瓿经封口火焰 2 封口后，送入出瓶斗 1 中。瓶内药液由定量注射器 9 控制装量，凸轮 7 控制定量灌注器的活塞杆上下移动，完成吸、排药液的任务，调整杠杆 8 可以调节灌注药液的量。

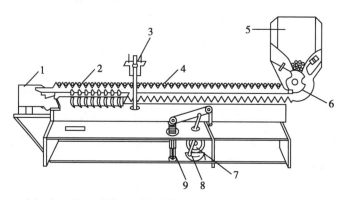

1.出瓶斗；2.封口火焰；3.药液针架；4.齿板输送机构；5.落瓶斗；
6.拨轮；7.凸轮；8.调整杠杆；9.定量注射器。

图 6-23　自动安瓿拉丝灌封机工作原理示意图

为了进一步提高注射剂生产的质量与效率，我国已设计制成多种规格的洗、灌、封联动机和割、洗、灌、封联动机，该机器将多个生产工序在一台机器上联动完成。常见的洗灌封联动机的结构如图 6-24 所示。该联动线的工艺流程是：安瓿上料→喷淋水→超声波洗涤→第一次冲循环水→第二次冲循环水→压缩空气吹干→冲注射用水→三次吹压缩空气→预热→高温灭菌→冷却→螺杆分离进瓶→前充气→灌药→后充气→预热→拉丝封口→计数→出成品。

清洗机主要完成安瓿超声波清洗和水气清洗，杀菌干燥机多采用远红外高温灭菌，灌封机完成安瓿的充氮灌药和拉丝封口。灭菌干燥和灌封都在 A 级层流区域内进行。

洗灌封联动机实现了注射剂从洗瓶、烘干、灌液到封口多道工序生产的联动，缩短了工艺过程，减少了安瓿间的交叉污染，明显提高了注射剂的生产质量和生产效率，且其结构紧凑、自动化程度高、占地面积小。

注射剂灌装与封口过程中，对于一些主药遇空气易氧化的产品，还要通入惰性气体置换安瓿中的空气。常用的惰性气体有氮气和二氧化碳。高纯度的氮气可不经处理直接应用，纯

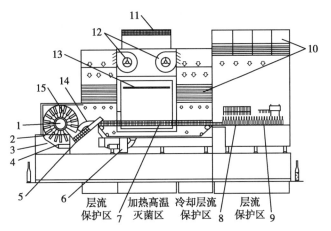

1. 转鼓；2. 超声波清洗槽；3. 电热；4. 超声波发生器；5. 进瓶斗；6. 排风机；7. 输送网带；8. 充气灌封；9. 拉丝封口；10. 高效过滤器；11. 中效过滤器；12. 风机；13. 加热元件；14. 出瓶口；15. 水气喷头。

图 6-24 洗灌封联动机结构示意图

度差的氮气以及二氧化碳必须经过处理后才能使用。惰性气体的选择，要根据药物品种确定，一般首选氮气，二氧化碳易使安瓿爆裂，同时有些碱性药液或钙制剂，也会与二氧化碳发生反应。

通气时，1～2ml 的安瓿可先灌装药液后通气；5～10ml 的安瓿应先通气，后灌装药液，最后再次通气。若多台灌封机同时运行时，为保证产品通气均匀一致，应先将气体通入缓冲缸，使压力均匀稳定，再分别通入各台灌封机，各台机器上也应有气体压力测定装置，控制调节气体压力。

灌装与封口过程中，因操作方法或生产设备的原因，可能出现如下问题：①灌装剂量不准确，可能是剂量调节装置的螺丝松动所致。②安瓿封口不严密，出现毛细孔，通常是熔封火焰的强度不够。③安瓿出现大头（鼓泡）或瘪头现象，前者多是因火焰太强，后者则因安瓿受热不均匀。④安瓿产生焦头，往往是药液灌装时沾染瓶颈，高温后药液碳化。可能由于操作时灌装太急，溅起的药液粘附瓶颈壁上；灌装针头往安瓿瓶中注药后未能及时回药，顶端还带有药液水珠，粘于瓶颈；灌装针头安装位置不正，尤其是安瓿瓶口粗细不均，注药时药液粘壁；压药与针头打药的动作配合不好，针头刚进瓶口就注药或针头临出瓶口才注完药液；针头升降轴不够润滑，针头起落迟缓等。上述问题的存在，均会影响注射剂的质量，应根据具体情况，分析原因，改进操作方法或调整设备运行状态。

（五）注射剂的灭菌与检漏

1. 灭菌 灌封后的注射剂应及时灭菌，一般注射剂从配制到灭菌应在 12 小时内完成。灭菌方法和条件主要根据药物的性质选择确定，其原则是既要保持注射剂中相关药物的稳定，又必须保证成品达到完全灭菌的要求，灭菌方法详见本章第二节"六、灭菌与无菌技术"。

2. 检漏 注射剂灭菌后，要进行检漏，其目的是将熔封不严，安瓿顶端留有毛细孔或裂缝的注射剂检出剔除。安瓿有漏气情况，药液不仅容易泄漏，微生物或空气也可由此进入安瓿，导致药液变质，故检漏对于保证注射剂质量也十分重要。

工业化生产时，检漏一般选用灭菌检漏两用器，在灭菌过程完成后，可稍开锅门，由进水管放入冷水淋洗降温，之后密闭锅门并抽气，使内部压力逐渐降低。安瓿若有漏气，安瓿内的空气也会随之被抽出，当真空度达到 85.12～90.44kPa 后停止抽气，将有色溶液（如 0.05% 曙红或酸性大红 G 溶液）吸入灭菌锅内浸没安瓿。开启放气阀使锅内压力恢复至常压，此时有色水会进入漏气安瓿中。再将有色水抽回储器中，开启锅门，用水淋洗安瓿后检查，剔去内部带颜色的漏气安瓿。

此外也可将安瓿倒置或横放于灭菌器内，在升温灭菌时，安瓿内部空气受热膨胀形成正压，药液则会从漏气安瓿顶端的毛细孔或裂缝中压出，灭菌结束后变成空安瓿易被检出，该方法可用于深色注射液。

（六）注射剂的印字与包装

注射剂经质量检验合格后即可进行印字包装。每支注射剂上应标明品名、规格、批号等。目前，药厂大批量生产时，广泛采用印字、装盒、贴签及包装等联成一体的印包联动机，大大提高了印包工序效率。包装对保证注射剂在储存器中的质量稳定具有重要作用，既要避光又要防止损坏，一般用纸盒，内衬瓦楞纸分割成行包装。塑料包装是近年来发展起来的一种新型包装形式，安瓿塑料包装一般有热塑包装和发泡包装。

注射剂包装盒外应贴标签，标明品名、规格、生产批号、生产厂名及药品生产批准文号等。包装盒内应放注射剂详细使用说明书，说明药物的含量或处方、应用范围、用法用量、禁忌、贮藏、有效期及药厂名称等。

四、注射剂的质量评价

注射剂的制备工艺比较复杂，为确保注射剂的成品质量，必须按照其质量要求，进行质量检查，每种注射剂均有具体规定，包括含量、pH 及特定检查项目。除此之外，尚须符合《中国药典》（2020 年版）注射剂项下的各项规定，包括装量、可见异物、细菌内毒素或热原检查及无菌检查等。

1. **装量及装量差异**　注射液及注射用浓溶液应进行装量检查，具体检查方法参照装量差异检查法[《中国药典》（2020 年版）四部通则 0102]。50ml 以下的注射液要求每支的装量不得少于其标示装量；标示量 50ml 以上的注射剂及注射用浓溶液照最低装量检查法（通则 0942）检查，并应符合规定。

注射用无菌粉末参照装量差异检查法（通则 0102）检查，应符合规定。凡规定检查含量均匀度的注射用无菌粉末，一般不再进行装量检查。

2. **渗透压摩尔浓度**　除另有规定外，静脉输液及椎管内注射用注射液按各品种项下的规定，照渗透压摩尔浓度测定法（通则 0632）测定，应符合规定。

3. **可见异物**　除另有规定外，照可见异物检查法（通则 0904）检查，应符合规定。

4. **不溶性微粒**　除另有规定外，用于静脉注射、静脉滴注、鞘内注射、椎管内注射的溶液型注射液、注射用无菌粉末及注射用浓溶液按照不溶性微粒检查法（通则 0903）检查，均应符合规定。

5. **无菌**　照无菌检查法(通则1101)检查,应符合规定。

6. **细菌内毒素或热原**　除另有规定外,静脉用注射剂按各品种项下的规定,照细菌内毒素检查法(通则1143)或热原检查法(通则1142)检查,应符合规定。

7. **其他检查**　根据品种不同,尚须进行降压物质、异常毒性、刺激性、过敏性等试验。中药注射剂还需进行有关物质(通则2400)、重金属及有害元素残留量(通则2321)的测定,按各品种项下每日最大使用量计算,铅不得超过12μg,镉不得超过3μg,砷不得超过6μg,汞不得超过2μg,铜不得超过150μg。

五、举例

(一)2%盐酸普鲁卡因注射液

本品为盐酸普鲁卡因的灭菌水溶液,含盐酸普鲁卡因应为标示量的95.0%～105.0%。

【处方】盐酸普鲁卡因20.0g,氯化钠4.0g,0.1mol/L盐酸适量,注射用水加至1 000ml。

【制法】取注射用水约80%,加入氯化钠,搅拌溶解,再加盐酸普鲁卡因使溶解,加入0.1mol/L的盐酸溶解,调节pH至4.0～4.5,加水至足量,搅匀,滤过,分装于中性玻璃容器中,封口,灭菌。

【性状】本品为白色结晶或结晶性粉末。

【功能与主治】本品为局部麻醉药,用于封闭疗法、浸润麻醉和传导麻醉。

【用法与用量】浸润麻醉0.25%～0.5%水溶液,每小时不得超过1.5g;阻滞麻醉1%～2%水溶液,每小时不得超过1.0g;硬膜外麻醉2%水溶液,每小时不得超过0.75g。

【规格】2ml∶40mg。

【贮藏】遮光,密闭保存。

【注解】①本品为酯类药物,易水解。保证本品稳定性的关键是调节pH。本品pH应控制在4.0～4.5。灭菌温度不宜过高,时间也不宜过长。②氯化钠用于调节渗透压,试验表明还有稳定产品的作用。未加氯化钠的处方,一个月分解1.23%,加0.85%氯化钠的仅分解0.4%。③光、空气及铜、铁等金属离子均能加速本品分解。④极少数患者对本品有过敏反应,故用药前应询问患者过敏史或做皮内试验(0.25%普鲁卡因溶液0.1ml)。

(二)维生素C注射液(抗坏血酸注射液)

本品为维生素C的灭菌水溶液,维生素C含量应为标示量的90.0%～110.0%。

【处方】维生素C 104g,碳酸氢钠49g,亚硫酸氢钠2g,乙二胺四乙酸二钠0.05g,注射用水加至1 000ml。

【制法】在配制容器中,加配制量80%的注射用水,通入二氧化碳饱和,加维生素C溶解后,分次缓缓加入碳酸氢钠,搅拌使完全溶解,加入预先配制好的乙二胺四乙酸二钠溶液和亚硫酸氢钠溶液,搅拌均匀,调节溶液pH至6.0～6.2,添加二氧化碳饱和的注射用水至足量。用垂熔玻璃漏斗与膜滤器过滤,溶液中通二氧化碳,并在二氧化碳或氮气流下灌封,灭菌,即得。

【性状】本品为无色澄明液体。

【作用与用途】本品参与体内氧化还原及糖代谢过程，可增加毛细血管致密性，减少通透性和脆性，加速血液凝固，刺激造血功能；促进铁在肠内的吸收；增强机体对感染的抵抗力，并有解毒等作用。用于防治坏血病，各种急慢性传染病、紫癜、高铁血红蛋白症、肝胆疾病及各种过敏性疾患，亦可用于冠心病的预防等。

【用法与用量】静脉注射或肌内注射，成人每次 0.5～1.0g。

【规格】1ml：100mg。

【贮藏】遮光，密闭保存。制剂色泽变黄后不可使用。

【注解】维生素 C 分子中有烯二醇结构，具有较强酸性，对注射部位刺激大，可产生疼痛，故加入碳酸氢钠，使维生素 C 部分中和成钠盐，pH 接近中性，避免疼痛；另外，调节 pH 还可以增强本品的稳定性。有研究表明，本品 pH 在 5.8～6.0 时最稳定，色泽不易变黄；pH 在 5.5 以下灭菌后含量显著降低；pH 在 6.0～7.0 时灭菌后色泽明显变黄。维生素 C 在水中极易氧化成脱氢抗坏血酸，再经水解生成 2,3-二酮-L-古罗糖酸而失去治疗作用。原辅料的质量，特别是维生素 C 原料和碳酸氢钠的质量对本品质量影响较大。影响本品稳定性的因素还包括空气中的氧、溶液的 pH 及金属离子等，因此，生产上常采用通惰性气体、调节药液 pH、加入抗氧化剂及金属离子络合剂等综合措施提高稳定性。灭菌温度和时间也会影响本品的稳定性，因此须选择合适的灭菌方法。

（三）醋酸可的松注射液

本品为醋酸可的松的灭菌水溶液，含醋酸可的松的含量应为标示量的 90.0%～110.0%。

【处方】醋酸可的松微晶 25g，硫柳汞 0.01g，氯化钠 3g，聚山梨酯 80 1.5g，羧甲纤维素钠（30～60cPa·s）5g，注射用水加至 1 000ml。

【制法】①硫柳汞加于 50% 量的注射用水中，加羧甲纤维素钠，搅匀，过夜溶解后，用 200 目尼龙布过滤，密闭备用。②氯化钠溶于适量注射用水中，经 G4 垂熔漏斗滤过。③将①项溶液置于水浴中加热，加②项溶液及聚山梨酯 80 搅匀，使水浴沸腾，加醋酸可的松，搅匀，继续加热 30 分钟。取出冷至室温，加注射用水调至总体积，用 200 尼龙布过筛两次，于搅拌下分装于瓶内，扎口密封，灭菌。

【性状】本品为细微颗粒的混悬液，静置后细微颗粒下沉，振摇后呈均匀的乳白色混悬液。

【功能与主治】用于治疗原发性或继发性肾上腺皮质功能减退症、合成糖皮质激素所需酶系缺陷所致的各型先天性肾上腺皮质增生症，以及利用其药理作用治疗多种疾病，包括：①自身免疫性疾病，如系统性红斑狼疮、血管炎、多肌炎、皮肌炎、斯蒂尔病、格雷夫斯眼病、自身免疫性溶血、血小板减少性紫癜、重症肌无力；②过敏性疾病，如严重支气管哮喘、过敏性休克、血清病、特应性皮炎；③器官移植排异反应，如肾、肝、心等组织移植；④炎症性疾患，如克罗恩病、溃疡性结肠炎、非感染性炎性眼病；⑤血液病，如急性白血病、淋巴瘤；⑥其他，结节病、甲状腺危象、亚急性非化脓性甲状腺炎、败血性休克、脑水肿、肾病综合征、高钙血症。

【用法与用量】主要用于肾上腺皮质功能减退。不能口服糖皮质激素者，在应激状况下，肌内注射 50～300mg/d。

【规格】5ml：0.125g。

【贮藏】密封,遮光。

【注解】①对某些感染性疾病应慎用,必须使用时应同时用抗感染药,如感染不易控制应停药;②甲状腺功能低下、肝硬化、脂肪肝、糖尿病、重症肌无力患者慎用;③停药时应逐渐减量或同时使用促肾上腺皮质激素类药物。

(四)维生素B$_2$注射液

本品为维生素的灭菌水溶液,维生素B$_2$含量应为标示量的90.0%～110.0%。

【处方】维生素B$_2$ 2.575g,烟酰胺77.25g,乌拉坦38.625g,苯甲醇7.5g,注射用水加至1 000ml。

【制法】将维生素B$_2$先用少量注射用水调匀,再将烟酰胺、乌拉坦溶于适量注射用水中,加注射用水至约900ml,水浴加热至室温。加入苯甲醇,用0.1mol/L的HCl调节pH至5.5～6.0,调整体积至1 000ml,在10℃下放置8小时,过滤至澄明,灌封,灭菌。

【性状】本品为无色澄明液体。

【功能与主治】本品用于预防和治疗口角炎、舌炎、结膜炎、脂溢性皮炎等维生素B$_2$缺乏症。

【用法与用量】成人每日的需要量为2～3mg。治疗口角炎、舌炎、阴囊炎时,皮下注射或肌内注射,1次5～10mg,每日1次,连用数周。

【规格】每支2ml：1mg、2ml：5mg、2ml：10mg。

【贮藏】密封,遮光。

【注解】①维生素B$_2$在水中溶解度小,0.5%的浓度已为过饱和溶液,所以必须加入大量的烟酰胺作为助溶剂。此外还可用水杨酸钠、苯甲酸钠、硼酸等作为助溶剂。10%的PEG 600及10%的甘露醇也能增加维生素B$_2$的溶解度。②维生素B$_2$水溶液对光极不稳定,在酸性或碱性溶液中均易变成酸性或碱性感光黄素。所以在制造本品时,应严格避光操作,产品也须避光保存。③本品还可制成长效混悬注射剂,如加2%的单硬脂酸铝制成的维生素B$_2$混悬注射剂,一次注射150mg,能维持疗效45天,而注射同剂量的水性注射剂只能维持药效4～5天。

(五)丙泊酚乳状注射液

本品为由丙泊酚、大豆油(供注射用)经蛋黄卵磷脂乳化并加甘油(供注射用)制成的灭菌乳状液体。含丙泊酚($C_{12}H_{18}O$)应为标示量的95.0%～105.0%。

【处方】丙泊酚1%(W/V),注射用大豆油5%,中链甘油三酯5%,蛋黄卵磷脂PL-100M 1.2%,油酸0.05%,注射用甘油2.25%,NaOH适量,注射用水加至足量。

【制法】制备初乳。将大豆油和中链甘油三酯混合,加热至70℃,再加入精制蛋黄卵磷脂和油酸,制得油相,氮气保护下开启高剪切,至卵磷脂完全溶解;处方量甘油加入适量注射用水得水相1,处方量NaOH溶解于适量注射用水得水相2;氮气保护下,将油相及水相1混匀,加入水相2混匀,进行均质。均质结束后补加注射用水至处方量;氮气保护下,将物料冷却至室温后过滤、灌封、灭菌。

【性状】本品为白色均匀乳状液体。

【类别】麻醉药。

【规格】①10ml：0.1g；②20ml：0.2g；③50ml：0.5g。

【贮藏】密闭，在2～25℃保存，不能冰冻。

【注解】丙泊酚作为静脉麻醉药，在体内快速分布，分布范围广，半衰期短，消除速度快，器官中不累积，因此其麻醉起效时间短且容易控制。临床上出现注射疼痛是丙泊酚最常见的不良反应之一，在丙泊酚载药脂肪乳注射液中，丙泊酚主要溶解于油相，极小部分溶解于水中，减少水相中的丙泊酚分布量可减轻临床使用过程中的疼痛感。处方注射用大豆油和中链甘油三酯是油相，蛋黄卵磷脂是乳化剂，注射用甘油是等渗调节剂，NaOH 是 pH 调节剂。油酸起辅助乳化作用，在初乳形成初期附着在油水两相界面上，辅助卵磷脂起稳定作用，油酸还能调节乳滴表面电荷，增强乳滴之间的静电作用，另外油酸的加入还能在高温灭菌时起到稳定和保护乳滴的作用。一般不使用塑料类容器包装脂肪乳类产品，氧气可能会透入塑料容器进入到乳剂内，影响乳剂稳定性。

第四节　输液剂

一、概述

（一）定义

输液剂（infusion solution），即供静脉滴注用的大容量注射液（large volume injections）。除另有规定外，输液体积一般不小于100ml，生物制品一般不小于50ml，通常包装于玻璃或塑料的输液瓶或袋中，不得加抑菌剂。

输液剂的使用剂量大，直接进入血液循环，故能快速产生药效，是临床救治危重和急症患者的主要用药方式。其作用多样，适用范围广，临床主要用于纠正体内水和电解质的紊乱，调节体液的酸碱平衡，补充必要的营养、热能和水分，维持血容量等。也常把输液剂作为一种载体，将多种注射液如抗生素、强心药、升压药等加入其中供静脉滴注，以使药物迅速起效，并维持稳定的血药浓度，确保临床疗效的发挥。

（二）分类

目前临床上常用的输液剂可分为以下几类。

1. **电解质输液（electrolyte infusions）**　用于补充体内水分、电解质，纠正体内酸碱平衡等。如氯化钠注射液、复方氯化钠注射液、乳酸钠注射液等。

2. **营养输液（nutrition infusions）**　用于补充供给体内热量、蛋白质和人体必需的脂肪酸和水分等。如脂肪乳注射液、复方氨基酸注射液等。

3. **胶体输液（colloid infusions）**　用于扩充血容量和维持血压等，包括多糖类、明胶类、淀粉类等，如右旋糖酐、羟乙基淀粉、聚维酮等。这是一类与血液等渗的胶体溶液，由于胶体溶液中的高分子不易通过血管壁，可使水分较长时间在血液循环系统内保持，产生增加血容量和维持血压的效果。

4. **含药输液（drug-containing infusions）**　用于临床疾病的治疗，常见用于抗生素类药物、抗肿瘤药物、抗病毒药物等。如左氧氟沙星氯化钠注射液、甲硝唑注射液等。其中很多是即配型输液，以保持药物的长期稳定性。

（三）质量要求

输液剂的质量要求与注射剂基本上是一致的，但这类产品的注射量大，直接进入血液循环，质量要求更严格。尤其对无菌、无热原及可见异物与不溶性微粒检查的要求更加严格，也是输液生产中存在的常见质量问题，必须符合规定。此外，还应注意以下质量要求：①输液的pH应在保证疗效和制品稳定的基础上，力求接近人体血液的pH，过高或过低都会引起酸碱中毒；②输液的渗透压应尽可能与血液等渗；③输液中不得添加任何抑菌剂，并在贮存过程中质量稳定；④应无毒副作用，要求不能有引起过敏反应的异性蛋白及降压物质，输入人体后不会引起血象的异常变化，不损害肝、肾功能等。

（四）输液剂和小容量注射液的区别

输液剂和小容量注射液都属于注射剂，但质量要求、处方设计等方面存在区别，如表6-7所示。

表6-7　输液剂和小容量注射液的区别

类别	小容量注射液	输液剂
规格	＜100ml	≥100ml（生物制品≥50ml）
给药途径	皮下注射、皮内注射、肌内注射、静脉注射、静脉滴注、鞘内注射、椎管内注射等	静脉滴注
工艺要求	从配制到灭菌，一般应控制在12小时内完成	从配制到灭菌一般应控制在4小时内完成
附加剂	可加入适宜抑菌剂（静脉给药与脑池内、硬膜外、椎管内用的注射液均不得加抑菌剂）	不得加入任何抑菌剂
不溶性微粒	（1）光阻法：除另有规定外，每个供试品容器（份）中含10μm及10μm以上的微粒数不得过6000粒，含25μm及25μm以上的微粒数不得过600粒 （2）显微计数法：除另有规定外，每个供试品容器（份）中含10μm及10μm以上的微粒数不得过3000粒，含25μm及25μm以上的微粒数不得过300粒	（1）光阻法：除另有规定外，每个供试品容器（份）中含10μm及10μm以上的微粒数不得过25粒，含25μm及25μm以上的微粒数不得过3粒 （2）显微计数法：除另有规定外，每个供试品容器（份）中含10μm及10μm以上的微粒数不得过12粒，含25μm及25μm以上的微粒数不得过2粒
渗透压	等渗	除另有规定外，输液应尽可能与血液等渗

二、输液剂的制备

（一）输液剂制备的工艺流程

输液剂有玻璃容器与塑料容器两种包装。玻璃瓶包装输液剂制备的生产工艺流程如图6-25所示。塑料瓶与塑料袋的生产工艺流程分别如图6-26和图6-27所示。

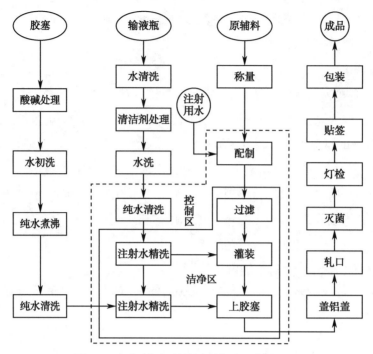

图 6-25 玻璃瓶包装输液剂生产工艺流程图

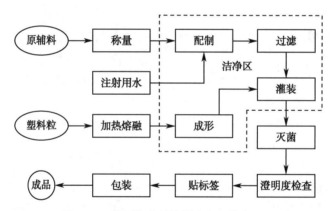

图 6-26 塑料瓶装输液剂生产工艺流程图

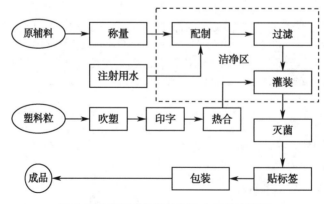

图 6-27 塑料袋装输液剂生产工艺流程图

（二）输液剂的生产环境要求

输液剂的不同制备工艺过程对环境的洁净度有不同的要求。如输液剂的灌装（或灌封）要求在洁净度 C 级背景下的局部 A 级条件下进行；产品的配制、过滤以及直接接触药品的包装材料和器具最终清洗后的处理等关键操作，应在 C 级条件下进行。空气洁净度级别不同的相邻房间之间的静压差应大于 5Pa，洁净室（区）与室外大气静压差应不低于 10Pa，以防止污染和保证输液质量。有关洁净度技术和要求详见本章第二节中的"一、空气净化技术"。

（三）输液剂容器和处理方法

1. 玻璃瓶 玻璃瓶具有透明度高、热稳定性好、耐压、瓶体不易变形等优点，但存在口部密封性差、胶塞与药液直接接触会引起的潜在污染、质重易碎不利于运输等缺点。

玻璃瓶一般用硫酸重铬酸钾清洁液洗涤效果较好。该法既有强力杀灭微生物及热原的作用，又能对瓶壁游离碱起中和作用。碱洗法是用 2% 氢氧化钠溶液（50～60℃）或 1%～3% 碳酸钠溶液冲洗，由于碱对玻璃有腐蚀作用，故碱液与玻璃接触时间不宜过长（数秒钟内）。

2. 塑料瓶 医用聚丙烯塑料瓶，亦称 PP 瓶，现已广泛使用。塑料瓶具有质轻、稳定性和耐热性好（可以热压灭菌）、机械强度高、口部密封性好、生产过程中污染概率低、可阻隔气体、使用方便、一次性使用等优点。

目前，新型输液生产设备已将制瓶、灌装、密封三位一体化，在无菌条件下完成大输液自动化生产，精简了输液的生产环节，有利于对产品质量的控制。

3. 塑料袋 由于软塑料袋吹塑成型后会立即灌装药液，不仅可减少污染，而且能提高工效，具有重量轻、运输方便、不易破损、耐压等优点。最早使用的是 PVC 输液软袋，但因其单体和增塑剂会逐渐迁移进入输液，对人体产生毒害，现已禁用。目前上市的非 PVC 软塑料袋是较理想的输液包装形式，例如聚烯烃多层共挤膜，其可耐受高温灭菌，在输液生产过程中的关键工序可实现全密封，使用时可借药液自身重量输液，无须形成空气回路，实现封闭输液，从而避免药液污染。

4. 橡胶塞 输液瓶所用橡胶塞对输液剂的质量来说至关重要，因此对橡胶塞有着严格的质量要求：①富有弹性及柔软性；②针头穿刺后能保持闭合，经受多次穿刺后而无落屑；③橡胶塞中的物质不会溶解在药液中；④良好的热稳定性，可耐受高温灭菌；⑤化学稳定性良好，不与药液发生反应；⑥对药液无吸附作用；⑦无毒性，无溶血作用。橡胶塞的质量控制对保证输液的质量也至关重要。现在规定使用合成橡胶塞，如卤化丁基橡胶，包括氯化和溴化丁基橡胶，具有气密性好、化学稳定、耐热、自密封性能好等优点。其中氯化丁基橡胶塞耐热性更好，高温灭菌时气味小，不易产生挂壁、乳化等现象。但丁基橡胶塞会与一些药物发生反应，如头孢菌素类药物、治疗性输液以及中药注射剂等。因此，国内多在此类药物的输液中使用覆膜胶塞，其特点是对电解质无通透性，理化性能稳定，用稀盐酸（0.001mol/L）或水煮均无溶解物脱落，耐热性好（软化点 230℃以上），并有一定的机械强度，灭菌后不易破碎。

橡胶塞的处理：橡胶塞先用清洗剂清洗，之后用注射用水漂洗，再用二甲硅油处理表面，使用不高于 121℃的热空气吹干。药用丁基橡胶塞在使用时应注意：采用注射用水进行清洗，清洗次数不宜超过两遍，最好采用超声波清洗，清洗过程中切忌搅拌。干燥灭菌最好采用湿热灭菌法，121℃条件下 30 分钟即可。如果条件不允许湿热灭菌，只能干热灭菌，则时间最好不要超过 2 小时。在胶塞的处理过程中,应尽量减少胶塞间的摩擦,以避免因摩擦而产生微粒,污染药液。

(四)输液剂的配液

输液剂的配液过程与注射剂的配制过程基本相同,一般包括浓配法和稀配法。一般原料质量较好,溶解后成品可见异物与不溶性微粒检查合格率较高时可用稀配法,即将原料直接溶解于注射用水配成所需浓度。而原料中若含有不溶性杂质,溶解后会影响可见异物与不溶性微粒检查结果,则常用浓配法,即将原料配成浓溶液后过滤除去杂质,然后再用滤过的注射用水稀释至所需浓度。

(五)输液剂的过滤

过滤是保证输液剂质量的重要操作步骤之一。输液剂的过滤方法、过滤装置与一般注射剂相同,分为预滤与精滤。以陶质砂滤棒、垂熔玻璃滤器、板框式压滤机或微孔钛滤棒等作为过滤材料进行预滤。精滤可用 0.22μm 的微孔滤膜,还常用 0.65μm 或 0.8μm 的微孔滤膜。目前,输液剂生产时也有将预滤与精滤同步进行的,采用加压三级过滤装置,即板框式过滤器→垂熔玻璃滤球→微孔滤膜的顺序完成粗滤、精滤与终端过滤。三级过滤装置通过密闭管道连接,既提高了过滤效率,也保证了滤液的质量。目前多用加压过滤,既可提高滤过速率,又可以防止过滤过程中产生的杂质与碎屑污染滤液。对于高黏度滤液可采用较高温度过滤。

(六)输液剂的灌封

灌封室的洁净度应为 C 级背景下的局部 A 级。玻璃瓶输液的灌封由药液灌注、加丁基橡胶塞、轧铝盖组成。过滤和灌装均应在持续保温(50℃)条件下进行,以防止细菌粉尘的污染。灌封要按照操作规程连续完成,即药液灌装至符合装量要求后,立即对准瓶口塞入丁基橡胶塞,轧紧铝盖。

灌封要求装量准确,铝盖封紧。目前药厂多采用回转式自动灌封机、自动放塞机、自动落盖轧口机等完成联动化、机械化生产,提高了工作效率和产品质量。灌封完成后,应进行检查,剔除扎口不严的输液。

目前,出现了以 BFS 技术所制备的塑料瓶和软袋输液。BFS 输液技术是指输液容器吹塑成型、药液灌装、封口在同一设备的同一工位完成的输液生产技术,即把容器的成型、溶液的灌装、容器的封口在同一台设备上完成。容器从成型到封口不间断工作,可尽量避免生产过程中微生物、可见异物、不溶性微粒等污染的可能,保证药品质量。

(七)输液剂的灭菌

输液剂灌封后,应立即进行灭菌处理,从配制到灭菌完成不应超过 4 小时。输液剂应采取终端灭菌工艺,首选过度杀灭法($F_0 \geq 12$),如产品不能耐受过度杀灭的条件,可考虑采用残存概率法($8 \leq F_0 < 12$),但均应保证产品灭菌后的非无菌概率(probability of a nonsterile unit,PNSU)不大于 10^{-6}。原则上不宜采用其他 F_0 值小于 8 的终端灭菌条件的工艺。灭菌条件通常根据温度 - 时间参数或者结合 F_0 值综合考虑,如产品不能耐受终端灭菌工艺条件,应尽量优化处方工艺,以改善制剂的耐热性。水浴式灭菌柜是灭菌的核心设备,其利用过热循环水作为灭菌加热载体,对输液进行水淋式灭菌,是目前国内输液厂家普遍使用的输液灭菌方式。国外的前沿技术为水封式连续灭菌柜,该设备实现了连续式灭菌生产,灭菌效果好而且质量

稳定,自动化程度高。

三、输液剂的质量评价

按照《中国药典》(2020 年版)注射剂项下大容量注射液相关质量要求,逐项检查。主要有装量检查、渗透压摩尔浓度检查、可见异物检查、不溶性微粒检查、无菌检查、细菌内毒素或热原检查以及含量与有关物质检查等。检查方法应按《中国药典》或有关规定执行,参见本章第三节中的"四、注射剂的质量评价"。

四、主要存在的问题及解决方法

(一)输液剂存在的问题

对输液剂的质量要求高,目前质量方面存在的主要问题包括染菌、热原和可见异物与不溶性微粒问题。

1. 染菌问题 输液剂生产过程中受到严重污染,以及灭菌不彻底、瓶塞松动、漏气等原因,均会使输液剂染菌出现浑浊、霉团、云雾状、产气等现象,除此之外还有一些染菌输液的外观并无太大大变化。如果使用这些染菌的输液,会引起脓毒症、败血病、热原反应,甚至死亡。

2. 热原问题 在临床上使用输液剂时,热原反应时有发生,关于热原的污染途径和防止办法此前已有详述。但是在使用过程中输液器等的污染亦可导致热原反应的发生。临床上规定使用灭菌的一次性全套输液器,包括插管、导管、调速、加药装置、末端滤过、排出气泡装置及针头等,以避免在使用过程中污染热原。

3. 可见异物与不溶性微粒的问题 输液剂中的微粒包括炭粒、碳酸钙、氧化锌、纤维素、纸屑、黏土、玻璃屑、细菌、真菌、真菌芽孢和结晶体等。输液剂中存在的这些微粒、异物,对人体的危害是潜在的、长期的,可引起过敏反应、热原反应等。较大的微粒,可造成局部循环障碍,引起血管栓塞;微粒过多,会造成局部堵塞和供血不足,组织缺氧,产生水肿和静脉炎;异物侵入组织,由于巨噬细胞的包围和增殖会引起肉芽肿。

微粒产生的来源主要有:

(1)原料与辅料:原料与辅料质量对可见异物与不溶性微粒问题的影响较显著,原辅料中存在的杂质,可使输液剂产生乳光、小白点、浑浊。活性炭杂质含量多,不仅影响输液的可见异物检查指标,还会影响药液的稳定性。

(2)胶塞与输液容器:胶塞与输液容器质量不好,在贮存中有杂质脱落而污染药液,如钙、镁、硅酸盐等;其中与玻璃瓶相比,聚氯乙烯软袋因含有增塑剂更易产生微粒;而丁基橡胶塞易产生橡胶微粒和硅油污染等问题。

(3)工艺操作:如生产车间空气洁净度达不到要求,输液瓶、丁基橡胶塞等容器和附件洗涤不净,滤材质量不合格,滤器或滤过方法选择不当,灌封操作不合要求,工序安排不合理等。

（4）医院输液操作以及静脉滴注装置问题：无菌操作不符合规定；静脉滴注装置引入杂质或不恰当的输液配伍都可导致微粒的产生。

（二）解决办法

1. 按照输液用的原辅料质量标准，严格控制原辅料的质量。

2. 提高丁基橡胶塞及输液容器质量。

3. 尽量避免制备生产过程中的污染，严格灭菌条件，严密包装。

4. 合理安排工序，加强工艺过程管理，采取单向层流净化空气，及时除去制备过程中新产生的污染微粒，采用微孔滤膜滤过和生产联动化等措施，以提高输液剂的质量。

5. 在输液器中安置终端过滤器（0.8μm 孔径的薄膜），可解决使用过程中微粒污染的问题。

五、举例

（一）5% 葡萄糖注射液

【处方】注射用葡萄糖 50g，1% 盐酸适量，注射用水加至 1 000ml。

【制法】取处方量葡萄糖，加入煮沸的注射用水中，使其成 50%～70% 浓溶液，加盐酸适量，调节 pH 至 3.8～4.0，过滤，滤液中加注射用水至 1 000ml，测定 pH、含量，合格后，经预滤及精滤处理，灌装，封口，115℃ 68.7kPa 热压灭菌 30 分钟，即得。

【性状】本品为无色澄明液体。

【作用与用途】本品具有补充体液、营养、强心、利尿、解毒作用。用于大量失水、血糖过低等。

【用法与用量】静脉注射，每日 500～1 000ml，或遵医嘱。

【规格】5%×250ml。

【贮藏】密闭保存。

【注解】①葡萄糖注射液有时会产生絮凝状沉淀或小白点，一般是原料不纯等原因所致。通常采用浓配法，并加入适量盐酸，中和蛋白质、脂肪等胶粒上的电荷，使之凝聚后滤除。同时在酸性条件下加热煮沸，可使糊精水解、蛋白质凝集，通过过滤除去。上述措施可提高成品质量。②葡萄糖注射液不稳定的主要表现为溶液颜色变黄和 pH 下降。成品的灭菌温度愈高、时间愈长，变色的可能性愈大，尤其在 pH 不适合的条件下，加热灭菌可引起显著变色。一般认为，葡萄糖溶液的变色原因是葡萄糖在弱碱性溶液中能脱水形成 5- 羟甲基呋喃甲醛（5-hydroxymethylfurfural，5-HMF），5-HMF 再分解为乙酰丙酸和甲酸，同时形成一种有色物质，颜色的深浅与 5-HMF 产生的量成正比。pH 为 3.0 时葡萄糖分解最少，故配液时用盐酸调节 pH 至 3.8～4.0，同时严格控制灭菌温度和受热时间，使成品稳定。

（二）0.9% 氯化钠注射液

【处方】注射用氯化钠 9g，注射用水加至 1 000ml。

【制法】取处方量氯化钠，加注射用水至 1 000ml，搅匀，滤过，灌装，封口，115℃ 68.7kPa

热压灭菌 30 分钟, 即得。

【性状】本品为无色澄明液体。

【作用与用途】本品为电解质补充剂。用于治疗因大量出汗、腹泻、呕吐等所致的脱水, 或用于大量出血与手术后补充体液。

【用法与用量】静脉滴注, 常用量为 500～1 000ml。

【规格】①100ml：0.9g；②250ml：2.25g。

【贮藏】密闭保存。

【注解】①本品 pH 应为 4.5～7.5。②本品久储后对玻璃有侵蚀作用, 产生具有闪光的硅酸盐脱片或其他不溶性的偏硅酸盐沉淀。一旦出现则不能使用。③水肿与心力衰竭患者慎用本品。

（三）复方氨基酸输液

【处方】L- 赖氨酸盐酸盐 19.2g, L- 缬氨酸 6.4g, L- 精氨酸盐酸盐 10.9g, L- 苯丙氨酸 8.6g, L- 组氨酸盐酸盐 4.7g, L- 苏氨酸 7.0g, L- 半胱氨酸盐酸盐 1.0g, L- 色氨酸 3.0g, L- 异亮氨酸 6.6g, L- 甲硫氨酸 6.8g, L- 亮氨酸 10.0g, 甘氨酸 6.0g, 亚硫酸氢钠(抗氧化剂)0.5g, 注射用水加至 1 000ml。

【制法】取约 800ml 热注射用水, 按处方量投入各种氨基酸, 搅拌使全溶, 加抗氧化剂, 调 pH 至 6.0 左右, 加注射用水至 1 000ml, 过滤, 灌封于 200ml 输液瓶内, 充氮气, 加塞, 轧盖, 灭菌, 即可。

【性状】本品为无色澄明液体。

【作用与用途】本品用于大型手术前改善患者的营养, 补充创伤、烧伤等蛋白质严重损失的患者所需的氨基酸; 纠正肝硬化和肝病所致的蛋白紊乱, 治疗肝性脑病; 提供慢性、消耗性疾病、急性传染病、恶性肿瘤患者的静脉营养。

【用法与用量】静脉滴注, 用适量 5%～12% 葡萄糖注射液混合后缓慢滴注。滴速不宜超过 30 滴 /min, 一次 250～500ml。

【规格】输液用玻璃瓶, 每瓶 250ml; 每瓶 500ml。

【贮藏】密闭保存。

【注解】①应严格控制滴注速度。②本品系盐酸盐, 大量输入可能导致酸碱失衡。大量应用或并用电解质输液时, 应注意电解质与酸碱平衡。③用前必须详细检查药液, 如发现瓶身有破裂、漏气、变色、发霉、沉淀、变质等异常现象时绝对不应使用。④遇冷可能出现结晶, 可将药液加热到 60℃, 缓慢摇动使结晶完全溶解后再用。⑤开瓶药液一次用完, 剩余药液不宜贮存再用。

（四）静脉注射用脂肪乳

【处方】精制大豆油 150g, 精制大豆磷脂 15g, 注射用甘油 25g, 注射用水加至 1 000ml。

【制法】称取大豆磷脂 15g, 高速组织捣碎机内捣碎后, 加甘油 25g 及注射用水 400ml, 在氮气流下搅拌至形成半透明状的磷脂分散体系; 放入二步高压匀化机, 加入精制大豆油与注射用水, 在氮气流下匀化多次后经出口流入乳剂收集器内; 乳剂冷却后, 于氮气流下经垂熔滤器过滤, 分装于玻璃瓶内, 充氮气, 瓶口中加盖涤纶薄膜, 橡胶塞密封后, 加轧铝盖; 水浴预热 90℃左右,于 121℃灭菌 15 分钟,浸入热水中,缓慢冲入冷水,逐渐冷却,置于 4~10℃下贮存。

【性状】本品为无色澄明液体。

【作用与用途】静脉注射脂肪乳是一种浓缩的高能量肠外营养液,可供静脉注射,能完全被人体吸收,它具有体积小、能量高、对静脉无刺激等优点。因此本品可供不能口服食物和严重缺乏营养的(如外科手术后、大面积烧伤或肿瘤等)患者使用。

【用法与用量】静脉滴注,第 1 日脂肪乳量每千克体重不应超过 1g,以后剂量可酌增,但脂肪乳量每千克体重不得超过 2.5g。静脉滴注速度最初 10 分钟为 20 滴/min,如无不良反应出现,以后可逐渐增加,30 分钟后维持在 40~60 滴/min,控制输注速度。

【规格】10% 250ml; 10% 500ml; 20% 250ml。

【贮藏】密闭保存。

【注解】①长期使用,应注意脂肪排泄量及肝功能,每周应做血象、血凝、血沉等检查。若血浆有乳光或乳色出现,应推迟或停止应用。②严重急性肝损害及严重代谢紊乱,特别是脂肪代谢紊乱脂质肾病,以及严重高脂血症患者禁用。③使用本品时,不可将电解质溶液直接加入脂肪乳剂,以防止乳剂被破坏,使凝聚脂肪进入血液。④使用前,应先检查是否有变色或沉淀;启封后应一次用完。

(五)右旋糖酐输液

【处方】右旋糖酐 60g,氯化钠 9g,注射用水加至 1 000ml。

【制法】取右旋糖酐配成 15% 的浓溶液,过滤加注射用水至 800ml,加入氯化钠溶解,调整 pH 至 4.4~4.9,加注射用水至全量,过滤,按不同规格分装,112℃热压灭菌 30 分钟,即可。

【作用与用途】本品为血管扩张药。能提高血浆胶体渗透压,增加血浆容量,维持血压。常用于治疗外科性休克、大出血、烫伤及手术休克等,用以代替血浆。

【用法与用量】本品专供静脉注射,注入人体后,血容量增加的程度超过注射同体积的血浆。每次注射用量不超过 1 500ml,一般是 500ml,每分钟注入 20~40ml,在 15~30 分钟左右注完全量。

【规格】①100ml∶6g 右旋糖酐与 0.9g 氯化钠;②250ml∶15g 右旋糖酐与 2.25g 氯化钠;③500ml∶30g 右旋糖酐 20 与 4.5g 氯化钠。

【贮藏】在 25℃以下保存。

【注解】①右旋糖酐是蔗糖发酵后生成的葡萄糖聚合物,其通式为($C_6H_{10}O_5$)$_n$,临床常用的有右旋糖酐 20(重均分子量 16 000~24 000)、右旋糖酐 40(重均分子量 32 000~42 000)和右旋糖酐 70(重均分子量 64 000~76 000)等。一般分子量愈大,体内排泄愈慢。目前,临床上主要用中分子量和低分子量的右旋糖酐。②右旋糖酐经生物合成法制得,易夹带热原,应注意避免热原污染。③本品溶液黏度高,须在较高温度下加压滤过。④本品灭菌一次,其分子量下降 3 000~5 000,灭菌后应尽早移出灭菌锅,以免色泽变黄,应严格控制灭菌温度和灭菌时间。⑤本品在贮存过程中,易析出片状结晶,主要与贮存温度和分子量有关,在同一温度条件下,分子量越低越容易析出结晶。

第五节　注射用无菌粉末

一、概述

（一）定义

注射用无菌粉末（sterile powder for injection）系指原料药物或与适宜辅料制成的供临用前用无菌溶液配制成注射液的无菌粉末或无菌块状物，一般采用无菌分装或冷冻干燥法制得，以冷冻干燥法制备的注射用无菌粉末也可称为注射用冻干制剂。可用适宜的注射用溶剂配制后注射，也可用静脉输液配制后静脉滴注。注射用无菌粉末配制成注射液后应符合注射液的要求。

（二）分类

注射用无菌粉末可分为注射用无菌粉末（无菌原料）直接分装产品和注射用冻干无菌粉末产品。

1. 注射用无菌粉末（无菌原料）直接分装产品　采用无菌粉末直接分装法制备。常见于抗生素类药物，如注射用青霉素钠、注射用头孢西丁钠、注射用对氨基水杨酸钠等。

2. 注射用冻干无菌粉末产品　采用冷冻干燥法制备。常见于生物制品或在水中不稳定的其他药物，如注射用硝普钠、注射用前列地尔、注射用奥美拉唑钠等。

（三）质量要求

注射用无菌粉末的质量要求与溶液型注射剂基本一致，其质量检查应符合《中国药典》（2020 年版）的各项检查。

除应符合《中国药典》（2020 年版）对注射用原料药物的各项规定外，还应符合下列要求：①粉末无异物或不溶性微粒，配成溶液后可见异物检查合格和不溶性微粒检查合格；②粉末细度或结晶度应适宜，便于分装；③无菌、无热原或细菌内毒素；④装量差异或含量均匀度合格，凡规定检查含量均匀度的注射用无菌粉末，一般不再进行装量差异检查。此外，还应标明配制溶液所用的溶剂种类，必要时还应标注溶剂量。

二、注射用无菌粉末（无菌原料）直接分装工艺

（一）生产工艺

1. 原材料的准备　用无菌分装生产工艺制备制剂所涉及的各种物料（包括原料药、辅料、内包装材料等），应采用适当的灭菌/除菌工艺灭菌后使用。

无菌原料制备方法包括溶媒结晶法、喷雾干燥法和冷冻干燥法，必要时还应对原料进行粉碎和过筛后再进行分装，选择适宜的分装工艺应当充分把握直接分装原料的理化性质，包括热稳定性、临界相对湿度、粉末晶形及松密度。

2. 内包装材料的处理　包装所用的安瓿或小瓶、丁基橡胶塞和铝盖处理及相应的质量要求与注射剂和输液相同，各种分装容器均须经洗涤、干燥、灭菌后放置于无菌分装室备用。待用分装容器在分装前应保持清洁，避免容器中有玻璃碎屑、金属颗粒等污染物。

3. 分装 分装步骤是影响产品质量和无菌保证水平的关键生产步骤,应结合生产设备和产品特点进行工艺参数的研究,包括分装速度和分装时间等。无菌分装生产工艺能否达到设定的非无菌概率(PNSU),与整个生产过程的控制密切相关,应按照 GMP 要求及产品具体生产工艺情况进行生产环境和生产过程的控制。

在实际生产过程中,对生产过程和工艺参数的控制均不能超过无菌生产工艺验证过的控制范围。

4. 灭菌 能耐热品种,可选用适宜灭菌方法进行补充灭菌,以保证用药安全;对不耐热品种,应严格无菌操作,避免无菌分装过程中的污染,成品不再灭菌处理。

(二)无菌分装工艺中存在的问题及解决办法

1. 装量差异 物料流动性差是产生装量差异的主要原因。原料的理化性质(包括粒径及其分布、晶态、摩擦系数、静电电压、空隙率、压缩性、吸湿性、含水量等)、环境温度、空气湿度及机械设备性能均会影响物料的流动性,从而影响装量,应根据具体情况采取相应措施解决问题。

2. 可见异物问题 生产环境不合格、原料处理方法不当会使污染机会增加,导致可见异物不符合规定。因此,应严格控制原料质量及其处理方法和生产环境等以防止污染。

3. 染菌问题 无菌操作工艺的各个环节稍有不慎药品就有可能受到污染,而且微生物在固体粉末中的繁殖慢,不易被肉眼察觉,危险性更大。故在制剂生产时应严格执行 GMP 的有关要求,一般应在 A 级洁净区条件下分装。

4. 吸潮变质 一般认为是胶塞透气和铝盖松动,使水分渗入所致。因此,选用气密性好的丁基橡胶塞、对橡胶塞进行密封性检测、铝盖压紧后瓶口烫蜡均可防止水汽透入,以避免吸潮变质。

三、注射用冻干无菌粉末的制备工艺

(一)冷冻干燥技术

冷冻干燥(freeze drying, lyophilization)是将需要干燥的药物溶液预先冻结成固体,然后在低温低压下,水分从冻结状态直接升华除去的一种干燥方法。适用于对热敏感或在水中不稳定的药物。

1. 冷冻干燥原理 冷冻干燥的原理可用三相图加以说明(图 6-28)。图中 OA 线是冰 - 水平衡曲线,OB 线为水 - 蒸汽平衡曲线,OC 线为冰 - 蒸汽平衡曲线,O 点为冰、水、气的三相平衡点,该点温度为 0.01℃,压力为 4.6mmHg,从图中可以看出当压力小于 4.6mmHg 时,不管温度如何变化,水只能以固态和气态两相存在。固态(冰)吸热后不经液相直接转变为气态,而气态放热后直接转变为固态,如冰的饱和蒸气压在 -40℃时为 0.1mmHg,若将 -40℃的冰压力降低到 0.01mmHg,则固态的冰直接变为蒸汽。同理,将 -40℃的冰在 0.1mmHg 时加热到 -20℃,甚至加热到 20℃,固态的冰也直接变为蒸汽,即发生升华现象。升高温度或降低压力都可打破气、固两相的平衡,使整个系统朝着冰转化为气的方向进行。

冷冻干燥的特点有:①冷冻干燥在低温、低压的缺氧条件下进行,尤其适用于热敏性、易

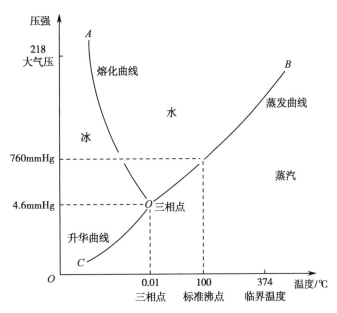

图 6-28　冷冻干燥中水的三相平衡图

氧化的药物(如抗生素、蛋白质等生物药);②在冷冻干燥过程中,微生物的生长被有效抑制,而有效成分的活性得以维持,因此能保持药物的有效性;③复溶性好,由于制品在冻结成稳定固体骨架的状态下进行干燥,干燥后的制品疏松多孔,呈海绵状,加水后溶解迅速而完全,几乎立即恢复药液原有特性;④由于干燥在真空下进行,氧气极少,一些易氧化的物质可得到保护;⑤产品含水量低,冷冻干燥过程可除去 95%～99% 的水分,产品更稳定,有利于产品的运输与贮存。冷冻干燥的不足之处在于:溶剂不能随意选择,某些产品复溶时可能出现混浊现象。此外,本法需要特殊设备,设备的投资和运转耗资较大,成本较高。

2. 冷冻干燥曲线及其分析　在冷冻干燥过程中,制品温度与板温随时间变化所绘制的曲线称为冷冻干燥曲线,如图 6-29 所示。先将冻干箱空箱降温到 –40～–50℃,然后将产品放入冻干箱内进行预冻(降温阶段),制品的升华是在高真空下进行的。冷冻干燥时可分为升华阶段和再干燥阶段,升华阶段进行第一步加热,使冰大量升华,此时制品温度不宜超过低共熔点。干燥阶段进行第二步加热,以提高干燥程度,此时板温一般控制在 30℃左右,直到制品

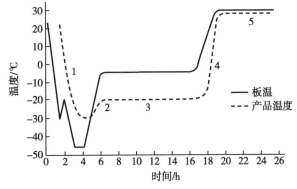

1.降温阶段;2.第一阶段升温;3.维持阶段;4.第二阶段升温;5.最后维持阶段。

图 6-29　冷冻干燥曲线图

温度与板温重合即达终点。不同产品应采用不同的干燥曲线,同一产品采用不同曲线时,产品质量也不同。冻干曲线还与冻干设备的性能有关。因此产品、冻干设备不同时,冻干曲线亦不相同。

低共熔点(eutectic point)又称共晶点,是设置冻干曲线技术参数的关键参数之一,是指药物的水溶液在冷却过程中药物与冰按一定比例同时析出时的温度。一般药液的最低共熔点在 –10～–20℃。在冻干过程中,温度应控制在低共熔点以下,以保证水分从固体状态直接升华除去。

此外,为保证冻干过程顺利进行,还应关注冻干体系的玻璃化温度(glass transition temperature)和崩解温度(collapse temperature)。某些溶质(糖类或聚合物等)在冷冻过程中不能形成共熔体系,而是形成一种冰晶和冷冻浓缩液的混合体系,此时,随着温度降低,水不断析出冰晶,冷冻浓缩液的黏度不断增大,体系变得越来越黏稠,直到水全部形成冰晶,体系不再析出晶体,此时的温度就是玻璃化温度(T_g)。T_g是无定形系统的重要特性,在T_g以下,整个体系呈硬的玻璃状态;在T_g以上,整个体系为黏稠的液体。崩解温度是指整个冻干体系宏观上出现坍塌时(表现为发黏、颜色加深等)的临界温度。当干燥温度高于崩解温度时,冻结体系发生部分熔化,甚至产生发泡现象,从而破坏冷冻建立起来的微细结构,宏观上表现为各种形式的坍塌,包括轻微皱缩和塌陷等,最终导致冻干失败。此外,T_g和低共熔点均与崩解温度有密切关系。

3. 冷冻干燥设备 冷冻真空干燥机简称冻干机。冻干机按系统分,由制冷系统、真空系统、加热系统和控制系统四个主要部分组成;按结构分,由冻干箱、冷凝器、冷冻机、真空泵和阀门、电器控制元件组成。

(二)制备工艺流程

主要制备工艺过程包括配液、粗滤、精滤、无菌过滤、灌装、加半塞、入箱、冻干等过程,整个冻干过程要严格按无菌操作法进行。注射用冻干无菌粉末制备工艺流程见图6-30。

1. 药液分装 药液的厚度在10～15mm比较恰当,若药液过厚,可能导致水分难以升华,甚至出现分层现象;整个冻干过程要严格按无菌操作法进行。

2. 预冻过程(恒压降温) 预冻过程的冻结温度、时间和速率是主要的控制参数。预冻温度应低于产品低共熔点10～20℃,以保证冷冻完全。冻结速度的快慢直接关系到物料中冰晶颗粒的大小,而冰晶颗粒的大小与固体物料的结构及升华速率有直接的关系。预冻有速冻法和慢冻法,其中速冻法是在产品入箱之前,先把冻干箱温度降到–45℃以下,制品再入箱,这样形成细微冰晶,产品疏松易溶。速冻方式对生物制品有利,引起蛋白质变性的概率很小,对于酶类或活菌、活病毒的保存有利;而慢冻方式形成的结晶粗,但有利于提高冻干效率。预冻时间一般为1～3小时,有些品种需要更长时间。若预冻不完全,在减压过程中可能产生沸腾冲瓶的现象,使制品表面不平整。为强化冰晶、改变冰晶的形态和大小分布、提高升华干燥的效率,常在升华干燥前引入退火工艺,即把预冻产品的温度升高至共晶点以下的某一温度并维持一段时间,然后再重新降温到冻结温度的过程。

3. 升华干燥(先恒温降压再恒压升温) 升华干燥过程可除去约90%的水分。升华的两个基本条件,一是保证冰不融化,二是冰周围的水蒸气必须低于物料冻结点的饱和蒸气压。

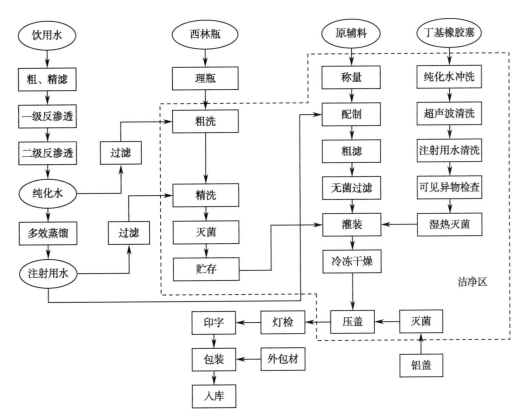

图 6-30　注射用冻干无菌粉末制备工艺流程图

升华干燥一方面要不断移走水蒸气，使蒸气压低于饱和蒸气压，另一方面为加快干燥速度，要连续不断地提供升华所需的热量，这便需要对蒸气压和供热温度进行最优化控制，以保证升华干燥能快速、低耗能完成。

升华干燥法分为以下两种。

（1）一次升华法（较常用）：适用于低共熔点 –10～20℃的制品，而且溶液浓度、黏度不大，装量厚度在 10～15mm 的情况。先按速冻法预冻制品，启动真空泵，当干燥箱内真空度达13.33Pa（0.1mmHg）以下时，关闭冷冻机，开始加热，使产品的温度逐渐升高至约 –20℃，水分基本除尽后，转入再干燥阶段。

（2）反复冷冻升华法：该法的减压和加热升华过程与一次升华法相同，只是预冻过程须在共熔点与共熔点以下 20℃之间反复升降预冻，而不是一次降温完成。通过反复升温降温处理，制品晶体的结构被改变，由致密变为疏松，有利于水分的升华。适用于熔点较低、结构比较复杂、难于冻干、黏稠的产品，如蜂蜜、蜂王浆等。但像蜂蜜这样的产品在升华干燥过程中，冰块往往软化，冰块表面形成黏稠状的网状结构，糊在表层形成致密结构，严重影响升华和干燥，影响最终产品的外观。

4. 解析干燥　干燥温度一般在 0℃或 0℃以上（根据物料的稳定性确定），维持 0.5～5 小时，以除去升华的水蒸气和残存的水分。解析干燥可控制冻干制品含水量<1%，并防止回潮。

冻干结束后，需要在真空条件下进行箱内压塞；样品出箱后进行压盖。冻干周期一般在25～30 小时，样品量越大，冻干时间越长。在整个冻干过程中，预冻温度和时间、最适干燥温度和干燥时间、真空度等均影响制品的稳定性和产品外观。

（三）冷冻干燥过程中常出现的异常现象及处理方法

1. 含水量偏高　冻干粉针剂质量标准中要求含水量在1%～4%，含水量过高不仅影响产品的外观，还会影响产品的安全性。含水量过高主要是因为装入的液层过厚、干燥时加热系统供热强度不足或供热时间过短、真空系统提供的真空度不够、制冷系统中冷凝器的温度偏高、吸潮等。

2. 喷瓶　喷瓶现象在实际的生产实践中常有发生，主要表现为部分产品熔化成液体，在高真空条件下从体系中其他的已干燥固体界面下喷出。其原因在于产品未完全冻实，或升温速率过快导致受热不均产生局部过热等。

为防止喷瓶，必须控制预冻温度在共熔点以下10～20℃，预冻时间确保使产品冻结结实；同时在加热升华的过程中，最高温度不宜超过低共熔点，且升温过程应该均匀、缓慢地进行。

3. 产品外观不饱满或萎缩　冻干过程中物料的表面首先与外界环境接触产生响应，率先形成的干燥外壳结构致密，使水蒸气难以穿过而升华出去，并使部分药品逐渐潮解，引起体积收缩和外观不饱满。一般黏度较大的样品更易出现这类情况。

解决的办法包括调整处方和调整冻干工艺两个方面。在处方中加入适量甘露醇或氯化钠等填充剂，可改善结晶状态和制品的通气性，制品比较疏松，有利于水蒸气的升华；在制备上采用反复预冻 - 升华法，可防止形成干燥致密的外壳，也有利于水蒸气的顺利逸出，使产品外观得到改善。

（四）举例

注射用辅酶A（coenzyme A）的无菌冻干制剂。本品为体内乙酰化反应的辅酶，有利于糖、脂肪及蛋白质的代谢，用于白细胞减少症、原发性血小板减少性紫癜及功能性低热。

【处方】辅酶A 56.1U，水解明胶（填充剂）5mg，甘露醇（填充剂）10mg，葡萄糖酸钙（填充剂）1mg，半胱氨酸（稳定剂）0.5mg。

【制法】将上述各成分用适量注射水溶解后，无菌过滤，分装于安瓿中，每支0.5ml，冷冻干燥后封口，漏气检查，即得。

【注解】①静脉滴注，一次50U，一日50～100U，临用前用5%葡萄糖注射液500ml溶解后滴注；肌内注射，一次50U，一日50～100U，临用前用生理盐水2ml溶解后注射。②辅酶A为白色或微黄色粉末，有吸湿性，易溶于水，不溶于丙酮、乙醚、乙醇，易被空气、过氧化氢、碘、高锰酸盐等氧化成无活性的二硫化物，故常在制剂中加入半胱氨酸等，用甘露醇、水解明胶等作为赋形剂。③辅酶A在冻干工艺中易丢失效价，故投料量应酌情增加。

第六节　眼用液体制剂及其他无菌制剂

一、概述

（一）定义

眼用制剂（eye preparation）指直接用于眼部，发挥治疗作用的无菌制剂。眼用液体制剂

（liquid eye preparation）系指供滴眼、洗眼或眼内注射用，以治疗或诊断眼部疾病的液体制剂。眼用液体制剂也可以固态形式包装，另备溶剂，在临用前配成溶液或混悬液。

（二）分类

眼用液体制剂包括滴眼剂、洗眼剂和眼内注射溶液等。

1. 滴眼剂（eye drop） 系指由原料药物与适宜辅料制成的供滴入眼内的无菌液体制剂，可分为溶液、混悬液或乳状液。

2. 洗眼剂（eye lotion） 系指由原料药物制成的无菌澄明水溶液，供冲洗眼部异物或分泌液、中和外来化学物质的眼用液体制剂。

3. 眼内注射溶液（ophthalmic injection） 系指由原料药物与适宜辅料制成的无菌液体，供眼周围组织（包括球结膜下、筋膜下及球后）或眼内注射（包括前房注射、前房冲洗、玻璃体内注射、玻璃体内灌注等）的无菌眼用液体制剂。处方中不得加入抑菌剂、抗氧化剂或不适当的附加剂，且应采用一次性使用包装。

二、药物经眼吸收途径及影响因素

（一）吸收途径

眼的药物吸收主要有两条途径，即经角膜途径吸收和经结膜途径吸收。其中角膜是眼部吸收的主要途径。

眼用液体制剂滴入给药时，大部分药物集中在结膜的下穹窿中，借助于毛细管力、扩散力和眨眼反射等，使药物进入角膜前的薄膜层中，并由此渗入到角膜中。角膜前薄膜由脂质外层、水性中层和黏蛋白层组成，它与水性或脂性药物均能相容。

药物采用滴入方式给药不能透入或透入太慢时，可将药物直接注射进入结膜下，此时药物可借助于简单扩散，通过巩膜进入眼内，对睫状体、脉络膜和视网膜发挥作用。若将药物作眼球后注射，药物则以简单扩散方式进入眼后段，可对眼球后的神经及其他结构发挥作用。

此外，药物尚可通过眼以外部位给药后经分布到达眼部，但要达到有效治疗浓度，必须加大药物剂量。因此，作用于眼部的药物，一般情况下以局部给药为宜。

（二）影响药物眼部吸收的因素

1. 药物从眼睑缝隙流失 人正常结膜囊内泪液的容量约为 7～10μl，若不眨眼最多容纳药液 30μl，若眨眼则药液的损失将达近90%。一般滴眼剂每滴 50～70μl，滴入后大部分药液沿面颊淌下，部分药液经鼻泪管进入鼻腔或口腔中，然后进入胃肠道，只有小部分药物能透过角膜进入眼内部。滴眼剂应用时，若增加每次药液的用量，将使药液有更多的流失；同时由于泪液每分钟能补充总体的 16%，角膜或结膜囊内存在的泪液和药液的体积越小，泪液对药液稀释的比例就越大。因此，若减少每次滴入体积，适当增加药物浓度或增加滴药的次数，则有利于提高药物的利用率。

2. 药物经外周血管消除 滴眼剂中药物进入眼睑和结膜囊的同时，也通过外周血管迅速从眼组织消除。结膜含有许多血管和淋巴管，当由外来物引起刺激时，血管处于扩张状态，透入结膜的药物有很大比例经结膜血管网进入体循环中。

3. 药物的脂溶性与解离度 药物的脂溶性与解离度往往影响药物透过角膜和结膜的吸收。角膜的外层为脂性上皮层,中间为水性基质层,最内为脂性内皮层,故脂溶性物质(分子型药物)较易渗入角膜的上皮层和内皮层,而水溶性物质(或离子型药物)则比较容易渗入基质层。经角膜途径吸收的药物,往往需要在油水两相中均具有一定的溶解性,其理想的正辛醇/磷酸缓冲液(pH=7.4)分配系数范围是100~1 000。另外,完全解离或完全不解离的药物不易透过完整的角膜,相比于脂溶性药物,水溶性药物更易透过巩膜。

4. 刺激性 滴眼剂的刺激性较大时,会使结膜的血管和淋巴管扩张,增加药物从外周血管的消除;同时由于泪液分泌增多,导致药物的稀释和流失,降低药效。药液的 pH 和渗透压是影响刺激性的两大因素。

5. 表面张力 滴眼剂的表面张力对其与泪液的混合及对角膜的透过均有较大影响。表面张力愈小,愈有利于泪液与滴眼剂的混合,也有利于药物与角膜上皮层的接触,促进药物渗入。

6. 黏度 增加黏度可延长滴眼剂中药物与角膜的接触时间,例如 0.5% 甲基纤维素溶液与角膜接触时间可延长约 3 倍,从而有利于药物的透过吸收,且能减少药物的刺激性。

三、眼用制剂的发展

由于角膜屏障、泪液稀释作用、泪道引流等原因,传统眼用制剂的生物利用度低、不良反应较大、患者用药依从性差,对眼部疾病的防治效果不理想,治疗应用受限。现已开发出多种新型眼用药物递送系统,如脂质体、纳米乳、纳米混悬剂、原位凝胶剂、植入剂、隐形眼镜等。

1. 脂质体 脂质体系指药物被类脂双分子层包封成的微小囊泡。将药物包封于脂质体中可增加角膜通透性,以增强药物(尤其是难溶性药物)的渗透率、延长药物作用时间、降低药物毒性。如维替泊芬脂质体于 2000 年 4 月在美国被批准上市,主要用于治疗具有脉络膜新生血管症状的湿型年龄相关黄斑变性,2004 年开始在我国销售。

2. 纳米乳 系指将药物溶于脂肪油/植物油中,通常经磷脂乳化分散于水相中形成 50~100nm 粒径的 O/W 型微粒载药分散体系。纳米乳可改善亲脂性药物在眼部的吸收及生物利用度。如 0.1% 环孢素滴眼液是一种 O/W 型阳离子纳米乳,于 2015 年获欧盟委员会批准上市,是欧洲首个用于治疗眼干燥症的处方药,也是首个将一日两次用药降为一日一次的制剂,具有更好的生物利用度。

3. 纳米混悬剂 纳米混悬剂作为一种新型给药系统,可提高药物(尤其是难溶性药物)的溶解度和生物利用度,可提高药物的安全性和有效性。如氯替泼诺混悬滴眼液是第一个每日两次用于治疗眼部手术后炎症和疼痛的眼用类固醇纳米混悬剂,其有效解决了传统制剂每日需要四次高频率给药的问题。

4. 原位凝胶剂 眼用原位凝胶剂是指以溶液状态给药,在眼部的生理条件下(包括温度、pH、离子条件)发生相变,形成半固体凝胶状态的剂型。该剂型在眼部转变为凝胶状态,黏度增大,可延长药物在眼部的滞留时间,提高疗效。如马来酸噻吗洛尔长效眼用制剂是一种离子敏感型眼用原位凝胶剂,该制剂以结冷胶作为凝胶基质,给药后,与泪液中的阳离子

（Na^+、K^+、Ca^{2+}）相互作用，迅速相变形成半固体凝胶。经研究表明，该制剂的生物利用度高于普通的溶液剂，且可以减少给药频率，从而提高患者用药顺应性。

5. **植入剂** 植入剂系指由原料药物与辅料制成的供植入人体内的无菌固体制剂。眼用植入剂根据所用高分子材料不同，可分为非生物降解型和生物降解型制剂。非生物降解型眼用植入剂可延长药物的释放时间，但药物完全释放后，需要通过手术取出装置，治疗费用昂贵，患者用药顺应性差。上市产品包括有氟轻松醋酸酯玻璃体植入剂、更昔洛韦玻璃体植入剂等。生物降解型眼用植入剂因具有无须通过手术摘除、全身毒副作用较小、具有良好的释药性能等优点，得到了广泛研究。目前，已有多种制剂成功上市，如地塞米松玻璃体内植入剂等。

一些药物（如环孢素、利多卡因、噻吗洛尔和地塞米松）已经被开发装载在隐形眼镜上用于眼部给药。此外，微球、聚合物胶束、微针等也在眼部用药领域表现出良好的临床应用前景。但目前新剂型存在稳定性差、工业化生产和无菌化困难及载药量低等局限，大多仍处于实验室研究阶段。

四、眼用液体制剂的质量要求

1. **无菌** 除另有规定外，照无菌检查法[《中国药典》（2020 年版）通则 1101]检查，应符合规定。

2. **pH** 眼用液体制剂的 pH 应控制在适当范围，以避免产生用药刺激性，同时需要兼顾药物的溶解度和稳定性等要求，以及对药物吸收和药效的影响。人体正常泪液的 pH 为 7.4，正常眼可耐受的 pH 为 5.0～9.0，pH 为 6.0～8.0 时无不舒适的感觉。洗眼剂属于用量较大的眼用制剂，应尽可能与泪液具有相近的 pH。

3. **渗透压摩尔浓度** 除另有规定外，水溶液型滴眼剂、洗眼剂和眼内注射溶液按各品种项下的规定，照渗透压摩尔浓度测定法（通则 0632）测定，应符合规定。

除另有规定外，滴眼剂应与泪液等渗，所以低渗溶液应该用合适的调节剂调节成等渗。

4. **可见异物** 除另有规定外，滴眼剂照可见异物检查法（通则 0904）中滴眼剂项下的方法检查，应符合规定；眼内注射溶液照可见异物检查法（通则 0904）中注射液项下的方法检查，应符合规定。

5. **粒度** 除另有规定外，含饮片原粉的眼用制剂和混悬型眼用制剂照下述方法检查，粒度应符合规定。

取液体型供试品强烈振摇，立即量取适量（或相当于主药 10μg）置于载玻片上，共涂 3 片；或取 3 个容器的半固体型供试品，将内容物全部挤于适宜的容器中，搅拌均匀，取适量（或相当于主药 10μg）置于载玻片上，涂成薄层，薄层面积相当于盖玻片面积，共涂 3 片；照粒度和粒度分布测定法（通则 0982 第一法）测定，每个涂片中大于 50μm 的粒子不得过 2 个（含饮片原粉的除外），且不得检出大于 90μm 的粒子。

6. **沉降体积比** 混悬型滴眼剂的沉降物不应结块或聚集，经振摇应易再分散，并应检查沉降体积比。混悬型滴眼剂（含饮片细粉的滴眼剂除外）照下述方法检查，沉降体积比应不低于 0.90。

除另有规定外,用具塞量筒量取供试品 50ml,密塞,用力振摇 1 分钟,记下混悬物的开始高度 H_0,静置 3 小时,记下混悬物的最终高度 H,按下式计算:沉降体积比 $=H/H_0$。

7. 装量与包装 除另有规定外,滴眼剂每个容器的装量应不超过 10ml;洗眼剂每个容器的装量应不超过 200ml。

除另有规定外,单剂量包装的眼用液体制剂照下述方法检查,应符合规定。取供试品 10 个,将内容物分别倒入经标化的量入式量筒(或适宜容器)内,检视,每个装量与标示装量相比较,均不得少于其标示量。包装容器应无菌、不易破裂,其透明度应不影响可见异物检查。

8. 贮藏 除另有规定外,眼用制剂应遮光密封贮存,启用后最多可使用 4 周。此外,适当增大滴眼液的黏度,可延长药物在眼内的停留时间,从而提高药物的作用和减少刺激。一般滴眼液合适的黏度在 $4.0\sim5.0$ mPa·S。

五、眼用液体制剂的附加剂

为确定眼用液体制剂的安全、有效、稳定,满足临床用药的要求,除了主药外,还可加入适当的附加剂,主要有以下几种。

(一) 调节 pH 的附加剂

眼用液体制剂的 pH 选择需要结合药物的溶解度、稳定性、刺激性及其吸收与药效发挥等多方面因素考虑,常选用适当的缓冲液作溶剂,使眼用液体制剂的 pH 稳定在一定范围内。

常用的缓冲液有以下几种。

1. 磷酸盐缓冲液 以无水磷酸二氢钠和无水磷酸氢二钠各配成一定浓度的溶液,临用时两者按不同比例混合可得 pH $5.9\sim8.0$ 的缓冲液。其中 pH=6.8 的磷酸盐缓冲液最为常用。具体比例见表 6-8。

表 6-8 磷酸盐缓冲溶液

pH	0.8%(W/V)磷酸二氢钠/ml	0.947%(W/V)磷酸氢二钠/ml	使 100ml 溶液等渗应加氯化钠的量/g
5.91	90	10	0.48
6.24	80	20	0.47
6.47	70	30	0.47
6.64	60	40	0.46
6.81	50	50	0.45
6.98	40	60	0.45
7.17	30	70	0.44
7.38	20	80	0.43
7.73	10	90	0.43
8.04	5	95	0.42

2. 硼酸缓冲液 1.9%(*W/V*)硼酸缓冲液的 pH 为 5.0,可直接用作眼用液体制剂的溶剂。

3. 硼酸盐缓冲液 以硼酸和硼砂各配成一定浓度的溶液,临用时两者按不同比例混合可得 pH 6.7~9.1 的缓冲液。具体比例见表 6-9。

表6-9 硼酸盐缓冲溶液

pH	0.24%(*W/V*)硼酸 /ml	1.91%(*W/V*)硼砂 /ml	使 100ml 溶液等渗应加氯化钠的量 /g
6.77	97	3	0.22
7.09	94	6	0.22
7.36	90	10	0.22
7.60	85	15	0.23
7.87	80	20	0.23
7.94	75	25	0.24
8.08	70	30	0.24
8.20	65	35	0.25
8.41	55	45	0.26
8.60	45	55	0.27
8.60	40	60	0.27
8.84	30	70	0.28
8.98	20	80	0.29
9.11	10	90	0.30

(二)调节渗透压的附加剂

眼用液体制剂的渗透压通常控制在相当于 0.8%~1.2% 氯化钠浓度的范围。滴眼剂通常应与泪液等渗,亦可根据治疗需要采用高渗溶液;洗眼剂属用量较大的眼用制剂,应尽可能与泪液等渗。

调整渗透压的附加剂常用的有氯化钠、硼酸、葡萄糖、硼砂等,渗透压调节的计算方法与注射剂相同,即用冰点降低数据法或氯化钠等渗当量法。

(三)抑菌剂

多剂量眼用制剂一般应加适当抑菌剂,尽量选用安全风险小的抑菌剂,产品标签应标明抑菌剂种类和标示量。除另有规定外,在制剂确定处方时,该处方的抑菌效力应符合《中国药典》(2020 年版)抑菌效力检查法的规定。常用的抑菌剂见表 6-10。

若单一抑菌剂不能达到理想效果,可采用复合抑菌剂以增强抑菌效果,如少量的乙二胺四乙酸钠能使其他抑菌剂对铜绿假单胞菌的抑制作用增强,对眼用液体制剂较为适宜。

(四)调整黏度的附加剂

适当增加滴眼剂的黏度,既可以延长药物与作用部位的接触时间,又能降低药物对眼的刺激性,有利于发挥药物的作用。常用的有甲基纤维素、聚乙烯醇、聚维酮、聚乙二醇等。

(五)其他附加剂

根据眼用液体制剂的类型和药物的性质加入其他附加剂。例如眼用溶液剂为达到溶解度的要求,可酌情加入增溶剂或助溶剂等;易氧化药物可酌情加入抗氧化剂等。

表 6-10 常用抑菌剂及其使用浓度

抑菌剂	浓度
氯化苯甲羟胺	0.01%～0.02%
硝酸苯汞	0.002%～0.004%
硫柳汞	0.005%～0.010%
苯乙醇	0.5%
三氯叔丁醇	0.35%～0.50%
对羟基苯甲酸甲酯与丙酯的混合物	甲酯：0.03%～0.10% 丙酯：0.01%

六、眼用液体制剂的制备

（一）制备工艺流程

滴眼剂的制备工艺流程如图 6-31 所示。

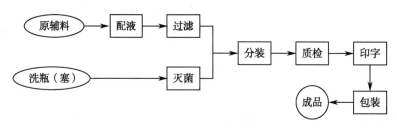

图 6-31 滴眼剂制备工艺流程图

用于外科手术和急救用的滴眼剂及眼内注射溶液应按注射剂生产工艺制备，制成单剂量剂型，且不得加抑菌剂、抗氧化剂或不适当的附加剂。洗眼剂的制备工艺与滴眼剂基本相同，其用输液瓶包装，清洁方法按输液包装容器处理。主药不稳定者，全部以严格的无菌生产工艺操作制备。若药物稳定，可在分装前大瓶装后灭菌，然后再在无菌操作条件下分装。

（二）制备工艺

1. **滴眼剂容器的处理** 滴眼剂的容器有玻璃瓶与塑料瓶两种。中性玻璃对药液的影响小，配有滴管并封以铝盖的小瓶，可使滴眼剂保存较长时间，遇光不稳定药物（如喹诺酮类）可选用棕色瓶。玻璃滴眼瓶的清洗处理与注射剂容器相同，经干热灭菌或热压灭菌备用。橡胶帽、塞的洗涤方法与输液瓶的橡胶塞处理方法相同，但由于无隔离膜，应注意药物吸附问题。塑料滴眼瓶由聚烯烃吹塑制成，即时封口，不易污染且价廉、质轻、不易碎裂、方便运输，较常用，例如低密度聚乙烯（low density polyethylene，LDPE）药用滴眼剂瓶和聚丙烯药用滴眼剂瓶。但塑料瓶可能影响药液，如吸附药物和附加剂（如抑菌剂）而引起组分损失、塑料中的增塑剂等成分溶入药液而造成产品污染等。此外，塑料瓶不适用于对氧敏感的药液。多剂量包装的眼用制剂供多次连续使用，除另有规定外，通常含有抑菌剂，用来预防使用过程中的二次污染。新型多剂量包装采用多孔膜过滤或吸附抑菌剂，或是采用防止细菌侵入储器的单向阀系统。塑料滴眼瓶的清洗处理：切开封口，用真空灌装器将滤过的注射用水灌入滴眼瓶中，然后用甩水机将瓶中水甩干，如此反复三次，最后在密闭容器内用环氧乙烷灭菌后备用。

2. 药液的配制与过滤　滴眼剂所用器具于洗净后干热灭菌,或用灭菌剂(用 75% 乙醇配制的 0.5% 度米芬溶液)浸泡灭菌,用前再用纯化水及新鲜的注射用水洗净。

滴眼剂种类多,眼用溶液剂的配制与注射液的配液方式类似,即药物和附加剂用适量溶剂溶解,依次经垂熔玻璃滤球、微孔滤膜过滤至澄明,加溶剂至全量,灭菌后半成品检查。

眼用混悬剂配制,可将药物微粉化后灭菌,然后按一般混悬剂制备工艺配制即可。中药眼用溶液剂,先将中药按注射剂的提取和纯化方法处理,制得浓缩液后再进行配液。采用塑料瓶的眼用液体制剂通常不能应用最终灭菌工艺生产,其中溶液型眼用制剂可配液后用过滤除菌法除菌。

3. 药液的灌装　眼用液体制剂配成药液后,应抽样进行定性鉴别和含量测定,符合要求方可分装于无菌容器中。普通滴眼剂每支分装 5～10ml 即可,供手术用的眼用液体制剂每支分装 1～2ml。工业化生产常用减压真空灌装法分装。

（三）举例

醋酸可的松滴眼液(混悬液)

【处方】醋酸可的松(微晶)5.0g,聚山梨酯 80 0.8g,硝酸苯汞 0.02g,硼酸 20.0g,羧甲纤维素钠 2.0g,蒸馏水加至 1 000ml。

【制法】取硝酸苯汞溶于处方量 50% 的蒸馏水中,加热至 40～50℃,加入硼酸、聚山梨酯 80,使溶解,3 号垂熔漏斗过滤待用;另将羧甲纤维素钠溶于处方量 30% 的蒸馏水中,用垫有 200 目尼龙布的布氏漏斗过滤,加热至 80～90℃,加醋酸可的松微晶搅匀,保温 30 分钟,冷至 40～50℃,再与硝酸苯汞等溶液合并,加蒸馏水至足量,200 目尼龙筛过滤两次,分装,封口,灭菌,即得。

【性状】本品为微细颗粒的混悬液,静置后微细颗粒下沉,振摇后成均匀的乳白色混悬液。

【功能与主治】本品用于过敏性结膜炎。

【用法与用量】滴眼:一日 3～4 次,用前摇匀。

【规格】3ml：15mg。

【贮藏】遮光,密闭保存。

【注解】①醋酸可的松微晶的粒径应在 5～20μm,过粗易产生刺激性,降低疗效,甚至会损伤角膜。②羧甲纤维素钠为助悬剂,配液前须精制。本滴眼液中不能加入阳离子型表面活性剂,因与羧甲纤维素钠有配伍禁忌。③为防止结块,灭菌过程中应振摇,或采用旋转无菌设备,灭菌前后均应检查有无结块。④硼酸为 pH 与渗透压调节剂,因氯化钠能使羧甲纤维素钠黏度显著下降,促使结块沉降,改用 2% 硼酸后,不仅能改善降低黏度的缺点,还能减轻药液对眼黏膜的刺激性。本品 pH 为 4.5～7.0。

七、其他灭菌与无菌制剂

（一）植入剂

植入剂指由原料药物与辅料制成的供植入人体内的无菌固体制剂。植入剂一般采用特制的注射器植入,也可以手术切开植入。植入剂在体内持续释放药物,并维持较长时间。植入剂具有定位给药、恒速释药、减少用药次数、给药剂量小和长效等突出优势,可达数月甚至数年的持续释药,能提高患者用药的顺应性,一般适合于半衰期短、代谢快的小剂量药物,应单剂量包装。植入剂所用的辅料必须是生物相容的,可以用生物不降解材料如硅橡胶,也可用生物降解材料。前者在达到预定时间后,应将材料取出。目前研究较多的植入式给药系统(implantable drug delivery systems,IDDS)包括植入泵、高分子聚合物 IDDS、可降解型注射式原位 IDDS 等。

(二)创面用制剂

1. 溃疡、烧伤及外伤用溶液剂、软膏剂　用于溃疡、烧伤部位的溶液剂和软膏剂属于无菌制剂,如 3% 硼酸溶液。成品中不得检出金黄色葡萄球菌和铜绿假单胞菌。对于外伤、眼部手术用的溶液、软膏剂的无菌检查,应按照《中国药典》(2020 年版)的无菌检查法(通则 1101),应符合规定。

2. 溃疡、烧伤及外伤用气雾剂、粉雾剂　粉雾剂、气雾剂可用于创面保护、清洁消毒、局部麻醉和止血等局部作用。非吸入气雾剂中所有附加剂均应对皮肤或黏膜没有刺激性,如硝酸甘油气雾剂。

(三)手术用制剂

1. 止血海绵(hemostatic sponge)　海绵剂(sponge)系指由亲水性胶体溶液,经冷冻干燥或其他干燥方法制得的海绵状固体灭菌制剂。其具有质轻、疏松、坚韧、吸湿性强等特点,主要用于创面或外科手术辅助止血。海绵剂的原料包括糖类和蛋白质,如淀粉、明胶、纤维、蛋白等。

2. 骨蜡(bone wax)　本品为脑外科和骨外科手术常用骨科止血剂,其止血机制是骨蜡填塞压迫止血。骨蜡是用蜂蜡、凡士林等材料制成的蜡状固体无菌制剂。

(四)冲洗剂

冲洗剂系指用于冲洗开放性伤口或腔体的无菌溶液。冲洗剂应无菌、无毒、无局部刺激性。冲洗剂可由原料药物、电解质或等渗调节剂溶解在注射用水中制成。冲洗剂也可以是注射用水,但在标签中应注明供冲洗用。通常冲洗剂应调节至等渗。冲洗剂在适宜条件下目测应澄清。

思考题

1. 简述无菌制剂的定义、特点和质量要求。
2. 简述空气洁净度的标准与洁净室的设计原则。
3. 在药物制剂制备过程中,常用的灭菌法有哪些?
4. 灭菌参数 F_0 值的定义与意义是什么? 如何计算?
5. 注射剂的一般质量要求有哪些?
6. 简述热原的含义、组成、性质、污染途径及除去方法。
7. 注射剂常用的溶剂和附加剂有哪些? 各起什么作用?

8. 注射剂的等渗调节剂的用量是如何计算的？有几种计算方法？

9. 输液与小容量注射剂的质量要求有什么不同？

10. 简述输液的制备过程及易出现的质量问题。

11. 简述冷冻干燥的特点和工艺过程。

12. 影响眼用液体制剂眼部吸收的因素有哪些？

ER6-2　第六章　目标测试

（姚　静　吕晓洁）

参考文献

[1] 国家食品药品监督管理局药品认证管理中心. 药品 GMP 指南：无菌药品. 北京：中国医药科技出版社，2011.

[2] 周建平，唐星. 工业药剂学. 北京：人民卫生出版社，2014.

[3] 国家药典委员会. 中华人民共和国药典：四部. 2020 年版. 北京：中国医药科技出版社，2020.

[4] 平其能，屠锡德，张钧寿，等. 药剂学. 4 版. 北京：人民卫生出版社，2013.

[5] 吴正红，周建平. 工业药剂学. 北京：化学工业出版社，2021.

[6] 方亮. 药剂学. 3 版. 北京：中国医药科技出版社，2016.

[7] LEE J S, YOON T J, KIM K H. Cinical effect of Restasis® eye drops in mild dry eye syndrome. Journal of the Korean Ophthalmological Society，2009，50（10）：1489-1494.

[8] MANDAL A, GOTE V, PAL D, et al. Ocular pharmacokinetics of a topical ophthalmic nanomicellar solution of cyclosporine（Cequa®）for dry eye disease. Pharmaceutical Research，2019，36（2）：36.

[9] EBRAHIM S, PEYMAN G A, LEE P J. Applications of liposomes in ophthalmology. Survey of Ophthalmology，2005，50（2）：167-182.

第七章　固体制剂

ER7-1　第七章
固体制剂（课件）

本章要点

掌握　固体制剂各种剂型的定义、分类、特点，以及常用的制备方法、工艺和质量要求；粉碎、筛分、混合、制粒、干燥等固体制剂单元操作技术。

熟悉　制备各种固体制剂常用的处方辅料、设备、操作流程及关键技术指标，能够对生产中存在的问题进行分析。

了解　各种固体制剂的典型处方，并学会对其进行分析。

第一节　概述

一、固体制剂的定义、特点与分类

（一）固体制剂的定义与特点

固体制剂（solid preparation）是指以固体状态存在的剂型的总称。常见的固体剂型有散剂、颗粒剂、胶囊剂、片剂、丸剂、滴丸剂、微丸剂、膜剂、栓剂等。固体制剂因其有着相同的固体形态，在制备方法、质量要求、稳定性等体内、外特性方面有相同之处。

与液体制剂相比，固体制剂具有物理、化学与生物稳定性好，制备和吸收过程相似，生产工艺成熟，机械化程度高，生产制造成本低，包装、运输、贮存、携带与服用方便等特点。固体制剂以它独特的优势，已成为新药开发和患者使用的首选剂型，在药物制剂中占有率高达70%以上，为第一大类药物剂型。

（二）固体制剂的分类

1. 按剂型形态分类　可分为散剂、颗粒剂、胶囊剂、片剂、丸剂、滴丸剂、微丸剂、膜剂、栓剂等。

2. 按药物释放速度分类　可分为普通固体制剂（如散剂、颗粒剂、膜剂、栓剂等）、缓控释固体制剂（如渗透泵片、缓释片、缓释胶囊等）、速释固体制剂（如速崩片、速溶片、固体分散片等）。

3. 按给药方式分类　可分为口服固体制剂（如散剂、颗粒剂、胶囊剂、片剂、丸剂、滴丸剂等）、口腔用固体制剂（如口含片、舌下片、口颊片等）、皮下给药固体制剂（如植入片等）、外用固体制剂（如膜剂、溶液片、阴道片等）。

二、固体制剂的制备工艺

固体制剂的制备过程实际上是粉体的加工、处理过程。通常，首先将药物进行粉碎与过筛处理，获得粒径小而分布均匀的药物粉末，然后进行混合、制粒、干燥、压片等单元操作。把粉状物料均匀混合后直接分装，即得散剂；把粉状混合物料进行制粒后分装，可得颗粒剂；把制备的颗粒或混合均匀的物料填装入空心胶囊，即得胶囊剂；把混合均匀的粉状物料或制备的颗粒经过压片机压片，即得片剂；将片剂包衣后可得包衣片剂。几种常见口服固体制剂的制备工艺流程如图 7-1 所示。

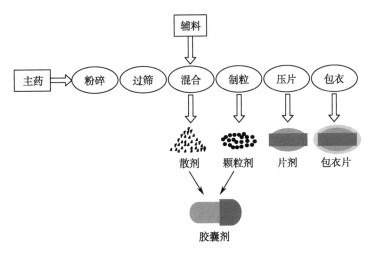

图 7-1　几种常用口服固体制剂的制备工艺流程图

其他的固体制剂还包括丸剂、滴丸剂、微丸剂、膜剂及栓剂等。丸剂系指原料药物与适宜的辅料制成的球形或类球形固体制剂。滴丸剂系指原料药物与适宜的基质加热熔融混匀后，滴入不相混溶、互不作用的冷凝介质中，收缩冷凝而制成的小丸状制剂。微丸剂是指由药物和辅料组成的直径小于 2.5mm 的圆球实体。膜剂系指原料药物溶解或均匀分散于成膜材料中，经加工制成的薄膜状制剂。栓剂系指原料药物与适宜的基质制成的具有一定形状的供腔道给药的固体型外用制剂。

三、固体制剂的溶出与吸收

固体制剂口服给药后，药物必须先溶出、溶解，才能经胃肠道上皮细胞吸收进入血液循环而发挥其治疗作用。对于水溶性药物而言，药物的崩解是其吸收的限速过程；而对于一些难溶性药物来说，药物的溶出是其吸收的限速过程。若溶出速度小，吸收慢，血药浓度就难以达到治疗的有效浓度。几种常见口服固体制剂在胃肠道中的释放吸收过程如图 7-2 所示。

（一）固体制剂的溶出

1. Noyes-Whitney 方程　药物的溶出过程发生在固体药物与液体溶媒接触的界面上，当药物与溶剂间的吸引力大于固体药物粒子间的内聚力时，溶出就会发生，药物的溶出速率取决于药物在溶剂中的溶解度和药物从溶出界面进入总体溶液中的速率。因此，溶出过程由

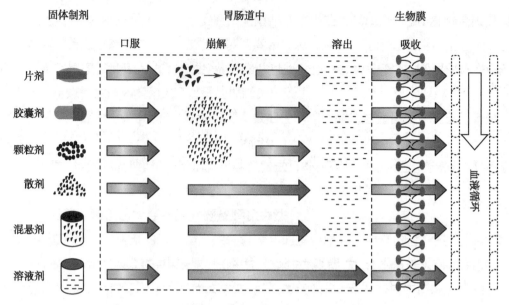

固体制剂　　　　　　胃肠道中　　　　　　生物膜

口服　　　崩解　　　溶出　　　吸收

片剂

胶囊剂

颗粒剂

散剂

混悬剂

溶液剂

血液循环

图 7-2　几种常见口服固体制剂在胃肠道中的释放吸收过程

固 - 液界面上药物溶解、扩散的速率控制。

药物粒子与胃肠液或溶出介质接触后，溶解于溶出介质，并在固 - 液界面之间形成溶解层，称之为扩散层或静流层，如图 7-3 所示。

药物在扩散层中饱和浓度 C_S 与总体介质浓度 C 形成浓度差。由于浓度差的存在 [$(C_S-C)>0$]，溶解的药物不断地向总体介质中扩散，其溶出速率可用 Noyes-Whitney 方程描述。

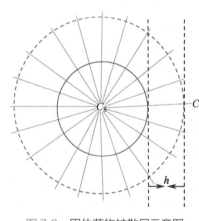

图 7-3　固体药物扩散层示意图

$$\frac{\mathrm{d}C}{\mathrm{d}t}=\frac{D}{Vh}S(C_S-C) \qquad 式（7-1）$$

式中，$\dfrac{\mathrm{d}C}{\mathrm{d}t}$ 为药物的溶出速率；D 为药物的扩散系数；S 为固体药物的表面积；V 为溶出介质的体积；h 为扩散层厚度；C_S 为药物在液体介质中的溶解度；C 为 t 时间时药物在液体介质中的浓度。

由于某一特定药物在固定的溶出条件下，其 D 和 h 为一定值，可用该药的特定溶出速率常数 k 来表达，即 $k=\dfrac{D}{Vh}$。

则式（7-1）可简化为

$$\frac{\mathrm{d}C}{\mathrm{d}t}=kS(C_S-C) \qquad 式（7-2）$$

式中，(C_S-C) 为扩散层与总体液体介质的浓度差。在胃肠道中，溶出的药物不断透膜吸收入血，形成漏槽状态。与 C_S 相比，C 值是很小的，即 $C_S\gg C$，C 值可忽略不计，式（7-2）则可进一

步简化为

$$\frac{\mathrm{d}C}{\mathrm{d}t} = kSC_\mathrm{s} \qquad\qquad 式（7-3）$$

从式（7-3）可知，药物的溶出速率$\left(\dfrac{\mathrm{d}C}{\mathrm{d}t}\right)$与溶出速率常数 k、固体药物颗粒的表面积 S 和药物的溶解度 C_s 成正比。

由 Noyes-Whitney 方程可知，影响药物溶出速率的主要因素包括：

（1）固体药物的粒径和表面积：相同质量的固体药物，粒径越小，其表面积越大，溶出界面越大。粉碎减小粒径、加速崩解等可增加药物的溶出面积，从而提高药物溶出速率。

（2）药物的溶出速率常数：药物的溶出速率常数与药物的扩散系数成正比，与扩散距离成反比。增加搅拌、降低黏度、升高温度等有利于药物扩散，加快药物的溶出。

（3）药物的溶解度：药物的溶解度是影响药物溶出速率的最重要因素。药物的溶解度取决于药物的化学结构，也与药物粉末的固态性质有关。药物溶出速率与药物的溶解度成正比，提高温度、改变晶型、制成固体分散体或包合物、加入增溶剂等有利于提高药物的溶解度，从而提高溶出速率。

（4）溶出介质的体积：溶出介质的体积小，溶液中药物的浓度高，溶出速率慢；反之溶出速率快。因此，应尽可能减小溶出介质中药物的浓度，提高浓度梯度，使之符合漏槽条件。但对于一些难溶性药物，不可能无限制地增加溶出介质的体积来达到漏槽条件，可在溶出介质中加入少量表面活性剂来提高药物的溶解度。

（5）扩散层的厚度：扩散层的厚度越大，溶出速率越慢。增加搅拌可减少扩散层厚度，增加溶出速率。

例 7-1：吲哚美辛原料药

吲哚美辛是非甾体解热镇痛药，该药在生物药剂学分类系统中属于第 II 类，具有高生物膜渗透性和低溶解性（25℃时水中的溶解度为 22.0μg/ml）。口服给药后，药物在胃肠道中溶出速率慢，吸收量少，生物利用度低。

2. 溶出度 溶出度（dissolution）系指在规定条件下活性药物从片剂、胶囊剂或颗粒剂等普通制剂中溶出的速率和程度。在缓释制剂、控释制剂、肠溶制剂及透皮贴剂等制剂中也称为释放度。根据《中国药典》（2020 年版）四部的有关规定，溶出度的检查适用于片剂、胶囊剂或颗粒剂等普通制剂，而释放度的检查适用于缓（控）释制剂、肠溶制剂及透皮贴剂。

（1）溶出度检查的意义：溶出度试验是一种模拟口服固体制剂在胃肠道中的崩解和溶出的体外试验方法。药物的体内试验和临床研究是评价制剂的最终依据，但由于研究工作量大、成本高，需要借助于体外溶出试验来检验和控制产品质量，建立体内外相关性，预测药物制剂的体内行为。只有在体内吸收与体外溶出存在着相关的或平行的关系时，溶出度或释放度的检查结果才能真实地反映药物在体内的吸收情况，达到控制制剂质量的目的。如果尚未进行体内试验（例如新研制的片剂）或者体内外试验不相关，那么溶出度或释放度试验只能提供一种具有"否定"意义的信息，不能推出"肯定"的结论。如果经试验证明制剂的体外溶出或释放与体内吸收具有相关性,那么溶出度或释放度的测定将具有十分重要的意义,并且完全可以作为制剂生产和检验中的一种常规的检查方法,用于指导药物制剂的研发,评价制剂批内、批间质量的一致性,评价药品处方工艺变更前后质量和疗效的一致性等。

(2)试验方法设计:溶出度的常用测定装置如图7-4所示。

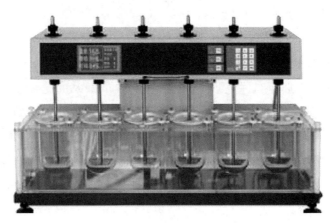

图7-4　药物溶出仪

1)测定方法:《中国药典》(2020年版)四部收载的溶出度或释放度的测定方法有七种,即第一法篮法、第二法桨法、第三法小杯法、第四法桨碟法、第五法转筒法、第六法流池法和第七法往复筒法。片剂、胶囊剂或颗粒剂等普通制剂和缓(控)释制剂可选用第一法、第二法、第三法、第六法和第七法;肠溶制剂可选用第一法、第二法、第三法、第六法和第七法;透皮贴剂可选用第四法和第五法。具体测定方法及结果判定见《中国药典》(2020年版)四部通则0931溶出度与释放度测定法。

2)溶出介质:《中国药典》(2020年版)四部规定,溶出介质应使用各品种项下规定的溶出介质,除另有规定外,室温下体积为900ml,并应新鲜配制和经脱气处理;如果溶出介质为缓冲液,当需要调节pH时,一般调节pH至规定pH±0.05之内。常用的溶出介质有新鲜蒸馏水、不同浓度的盐酸或不同pH的缓冲液等,有时还需要加入适量的表面活性剂、有机溶剂等。另外,溶出介质的体积必须要符合漏槽条件才能保证试验结果的准确性。

3)操作条件:第一法和第二法操作容器为底部为半球形的1 000ml杯状容器,第三法采用底部为半球形的250ml杯状容器,转速的大小应该控制一致。另外,转篮或搅拌桨必须垂直平衡转动,使溶出试验时搅拌条件一致,不得变形或倾斜。

(3)溶出曲线相似性:比较溶出曲线相似性的方法和模型有很多,Moore和Flanner提出一种非模型依赖数学方法——用变异因子(difference factor,f_1)与相似因子(similarity factor,f_2)定量评价溶出曲线之间的差别,应用广泛。其中相似因子f_2被美国FDA推荐为比较两条溶出曲线的首选方法。

$$f_1 = \left\{ \frac{\sum_{i=1}^{n} |\overline{R_t} - \overline{T_t}|}{\sum_{i=1}^{n} \overline{R_t}} \right\} \times 100 \qquad \text{式(7-4)}$$

$$f_2 = 50 \times \log_{10}\left\{\left[1 + \frac{1}{n}\sum_{i=1}^{n} W_t (\overline{R_t} - \overline{T_t})^2\right]^{-0.5} \times 100\right\} \qquad 式（7-5）$$

式（7-4）、式（7-5）中，n 为取样时间点数目，$\overline{R_t}$ 和 $\overline{T_t}$ 分别是在 t 时间点的参比制剂和受试制剂的平均累积溶出百分率。

式（7-4）中使用绝对值是为了保证在这些时间点的溶出度之和的正负变异不能被抵消。当各个时间点的 $\overline{R_t}$ 和 $\overline{T_t}$ 差值的总和等于 0 时，变异因子 f_1 的值为 0；当 $\overline{R_t}$ 和 $\overline{T_t}$ 差值增大时，f_1 也成比例增大。如果 f_1 在 0～15，且 $\overline{R_t}$ 和 $\overline{T_t}$ 在任何时间点溶出度的平均误差不超过 15%，表明两种制剂的溶出度相似或相同。

相似因子 f_2 与两条溶出曲线任一时间点平均溶出度的方差成反比（注意是具有较大溶出度差值的时间点）。f_2 对评价两条溶出曲线中较大差异值的时间点具有更高的灵敏性，有助于确保产品特性的相似性。因此，f_2 方法已经被广泛用于评价制剂条件变更前后溶出或释放特性的相似性。

采用相似因子法判断溶出曲线相似性的标准为 f_2 在 50～100。此外，进行溶出试验及数据处理时还应满足以下条件：①每条溶出曲线至少采用 12 个剂量单位（如片剂 12 片、胶囊 12 粒等）进行测定；②除 0 时外，第 1 个时间点溶出结果的变异系数不得超过 20%，从第 2 个时间点到最后 1 个时间点溶出结果的变异系数应小于 10%，此时方可采用溶出度的均值；③两个产品（如受试制剂与参比制剂、变更前后、两种压力等）应在完全相同的条件下进行试验；④两条溶出曲线的取样点应相同，至少应有 3 个点（如 15 分钟、30 分钟、45 分钟、60 分钟），时间点的选取应尽可能以溶出量等分为原则，并兼顾整数时间点，且溶出量超过 85% 的时间点不超过 1 个；⑤保证药物溶出 90% 以上或达到溶出平台。当受试制剂和参比制剂在 15 分钟的平均累积溶出百分率均不低于 85% 时，可认为溶出曲线相似。

相似因子 f_2 已经被美国 FDA 药品评审中心推荐使用，并于 2004 年 1 月推出了"固体制剂溶出曲线数据库"，规定采用相似因子 f_2 对溶出曲线一致性进行评估；日本官方也推荐采用该法用于评价四种不同 pH 溶出介质的溶出曲线相似性；在我国，国家食品药品监督管理局在 2008 年 5 月发布的《已上市化学药品变更研究的技术指导原则（一）》中也推荐使用相似因子 f_2 比较工艺变更前后溶出行为的相似性。

（二）固体制剂的吸收

片剂和胶囊剂等固体制剂口服后首先在胃肠道内遇水崩解成细颗粒状，然后药物分子从颗粒中溶出，药物才能通过胃肠黏膜上皮细胞膜吸收进入血液循环中而发挥其治疗作用。散剂和颗粒剂口服后没有崩解过程，迅速分散后具有较大的比表面积，药物的溶出、吸收和起效较快。混悬剂的颗粒较小，药物的溶解与吸收过程更快，而溶液剂口服后没有崩解和溶解过程，药物可直接被吸收进入血液循环，药物的起效时间更短。因此，固体制剂在体内首先崩解、分散成细颗粒是提高溶出速度、加快药物吸收的有效措施之一。不同口服制剂吸收的顺序一般是：溶液剂＞混悬剂＞散剂＞颗粒剂＞胶囊剂＞片剂＞丸剂。

影响药物吸收的因素有很多，包括生理因素、药物因素和剂型因素。其中，生理因素主要包括消化系统因素、循环系统因素及机体的生理、病理情况等。药物因素主要包括药物的解离度、脂溶性、溶出特性及药物在胃肠道中的稳定性等。剂型对药物的吸收有很大影响,药物的剂型不同,给药部位及吸收途径也不同,药物被吸收的速度与量亦不同。

第二节 固体制剂的单元操作

固体制剂的单元操作包括药物的粉碎、筛分、混合、制粒、干燥、压片、包衣等环节,其典型的生产技术与设备包括粉碎技术与设备、筛分技术与设备、混合技术与设备、制粒技术与设备、干燥技术与设备、压片技术与设备和包衣技术与设备等。

一、粉碎技术与设备

(一)粉碎的目的与意义

粉碎(comminution)是指借助机械力将大块物料破碎成适宜程度的碎块或细粉的过程,其主要目的是减小粒径、增加比表面积,为制剂提供所需粒径的物料。通常将粉碎前的粒度(D_1)与粉碎后的粒度(D_2)之比称为粉碎度或粉碎比(n)。

$$n = \frac{D_1}{D_2} \qquad\qquad 式(7\text{-}6)$$

对物料进行粉碎的意义在于:①增加表面积,有利于提高难溶性药物的溶出速率和生物利用度;②减小粒径,有利于固体制剂中各成分的混合均匀;③增大粒子数,有利于提高固体药物在液体、半固体、气体中的分散度;④有助于从天然药物中提取有效成分;等等。粉碎会对药品质量会产生很大影响,在产生有利作用的同时也要注意粉碎过程中带来的不良影响,如晶型转变、热分解、黏附与团聚、流动性变差、粉尘飞扬、粉尘爆炸等。

(二)粉碎机制

被粉碎的物料受到外加机械力作用时,起初表现为弹性形变,而当施加的外力大于物料的屈服应力时会发生塑性形变,当应力超过物料本身分子间内聚力时可产生裂隙或裂缝,最终破碎。粉碎过程中外加的作用力主要有冲击力(impact force)、压缩力(compressing force)、剪切力(shearing force)、弯曲力(bending strength)、研磨力(rubbing)等。被粉碎物料的性质、粉碎程度不同,所需要施加的外力也不同。大多数粉碎过程是这几种力综合作用的结果。

(三)粉碎方法

根据被粉碎物料的性质、产品粒度的要求、物料多少及粉碎设备等不同条件,可采用不同的粉碎方法。

1. 闭路粉碎和自由粉碎 闭路粉碎(closed-circuit grinding)是指将被粉碎物料投入粉碎机中进行粉碎,直至粉碎完成再取出物料的操作。自由粉碎(free grinding)是指在粉碎过程中达到粉碎粒度要求的粉末能及时排出,粗粒继续粉碎的操作。

2. 开路粉碎和循环粉碎 开路粉碎(open-circuit grinding)是指连续地把粉碎物料供给

粉碎机的同时,不断地从粉碎机中把已经粉碎的细物料取出的操作过程,即物料仅通过一次粉碎机就完成粉碎的操作。循环粉碎(cyclic grinding)是指经粉碎机粉碎的物料通过筛网或分级设备使粗粒重新返回到粉碎机进行反复粉碎的操作过程。

3. 干法粉碎与湿法粉碎　干法粉碎(dry grinding)是使物料处于干燥状态(一般水分含量小于5%)下进行粉碎的操作过程。湿法粉碎(wet grinding)是指在药物中加入适量的水或其他液体进行研磨粉碎的操作过程。这样的"加液研磨法"可降低颗粒间的集结,能量消耗降低,从而提高粉碎效率。对某些难溶于水的药物可采用"水飞法",即药物与水共置于研钵中(量大时一般使用球磨机)一起研磨,使细粉末漂浮于液面或混悬于水中,然后将此混悬液倾出,余下的粗粒加水反复操作直至所有药物研磨完毕,最后将所得的混悬液合并,沉降,倾去上清液,湿粉经干燥可得极细粉末。湿法粉碎相对于干法粉碎而言可避免操作过程中粉尘飞扬,减轻某些刺激性药物或剧毒药物对人体的危害。

4. 低温粉碎　低温粉碎(cryogenic grinding)是利用物料在低温时脆性增大、韧性与延伸性降低的性质以提高粉碎效率的方法。低温粉碎非常适合于热敏性的药物、软化温度低而容易成"饼"的药物。

5. 混合粉碎　混合粉碎(mixed grinding)是将两种或两种以上的物料一起粉碎的操作过程。当处方中某些药物的性质及硬度相似时可采用混合粉碎,使粉碎和混合操作同时进行,节约成本;当处方中含有黏性强或含油量大的组分时,采用混合粉碎可避免这些药物单独粉碎时的困难。

(四)粉碎设备

1. 研钵(mortar)　研钵又称乳钵,由陶瓷、玻璃或玛瑙制成,主要用于小剂量药物的粉碎。

2. 球磨机(ball mill)　球磨机是由在不锈钢或陶瓷制成的圆柱筒内装入一定数量大小不同的钢球、瓷球或玛瑙球组成。工作时筒体转动,磨球随着筒体往上运动,至一定高度后由于重力作用下落,物料遭到上下运动磨球的连续冲击、研磨作用而逐渐粉碎。图7-5(a)表示水平放置的球磨机示意图,图7-5(b、c、d)分别表示球磨机内磨球的运动情况。圆筒转速过小时[图7-5(b)],磨球随罐体上升至一定高度后往下滑,其粉碎机制主要靠研磨作用,效果较差。转速过大时[图7-5(d)],磨球与物料靠离心力作用随罐体旋转,失去物料与球体的相对运动,不能发挥研磨作用。当转速适宜时[图7-5(c)],除一小部分磨球下落外,大部分磨球随罐体上升至一定高度,并在重力与惯性作用下沿抛物线抛落,此时物料的粉碎主要靠冲击

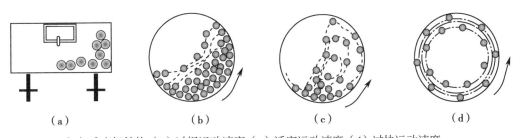

(a)球磨机结构;(b)过慢运动速度;(c)适宜运动速度;(d)过快运动速度。

图7-5　球磨机与磨球的运动状况

和研磨的联合作用,粉碎效果最好。

球磨机粉碎的主要影响因素如下。

(1)圆筒的转速:适宜转速为临界转速的 0.5～0.8 倍。临界转速(critical velocity, V_C)是指球体在离心力作用下能够随圆筒做旋转运动的最小速度。

$$V_C = (gr)^{\frac{1}{2}} \tag{式(7-7)}$$

式中,g 为重力加速度;r 为球体半径。

(2)球体大小和密度:球体的直径越小,密度越大,粉碎的粒径越小,通常根据物料的粉碎要求选择合适的球体大小和密度。

(3)球体和物料的总装量:适宜装量应为罐体总容积的 50%～60%。

球磨机是粉碎中应用广泛的磨碎机械,可实现密闭操作,适用于贵重物料的粉碎、无菌粉碎、干法粉碎、湿法粉碎、间歇粉碎,可获得极细粉,必要时还可充入惰性气体来防止氧化。新型立式搅拌球磨机可粉碎获得 100nm～5μm 的粒子。

3. 冲击式粉碎机(impact crusher) 冲击式粉碎机是以冲击力为主对物料进行粉碎,适用于韧性、脆性物料的粉碎,及对物料进行中碎、细碎、超细碎粉碎等,应用广泛,故有"万能粉碎机"的美称。其典型的粉碎结构有锤击式和冲击柱式粉碎机(图7-6)。

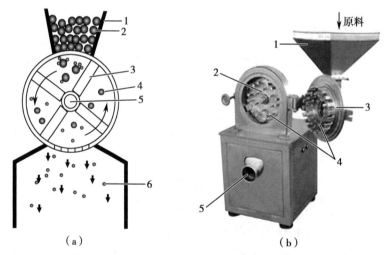

(a)锤击式粉碎机:1.料斗;2.原料;3.锤头;4.未过筛颗粒;5.旋转轴;
6.过筛颗粒。(b)冲击柱式粉碎机:1.料斗;2.转盘;3.固定盘;4.冲击柱;
5.出料口。

图 7-6　锤击式粉碎机和冲击柱式粉碎机

(1)锤击式粉碎机(hammer mill):锤击式粉碎机是在高速旋转的旋转轴上安装有数个锤头,机壳上装有衬板,机壳下部装有筛板。当物料从加料斗进入粉碎室时,物料在高速旋转锤头的冲击和剪切作用,以及被抛向衬板的撞击等作用而被粉碎,符合粒度要求的细粒通过筛板出料,粗粒会继续在粉碎室内进一步粉碎。粉碎粒度可以通过锤头的大小、形状、转速及筛网的目数来调节。

（2）冲击柱式粉碎机（impact mill）：又称转盘式粉碎机，是在高速旋转的转盘上固定若干圈冲击柱，在另一个与转盘相对应的固定盖上同样固定有若干圈冲击柱。从加料口加入物料后，物料从固定板中心轴向进入粉碎机，在离心力的作用下物料从中心部位被甩向外壁的过程中受到冲击柱的冲击而被粉碎，符合要求的细粒由底部的筛孔出料，而粗颗粒在机内进一步粉碎。粉碎程度和盘上固定的冲击柱的排列方式有关。

4. **气流粉碎机（jet mill）** 又称流能磨（fluid energy mill），主要有扁平式、循环管式、对喷式、靶式、流化床对喷式等类型（图 7-7）。当 7～10 个大气压的压缩空气通过喷嘴沿切线进入粉碎室时会产生超音速气流，气流把物料带入粉碎室后，气流使物料分散、加速，同时粒子与粒子之间、粒子与器壁之间发生强烈撞击、冲击、研磨而使得物料粉碎。被压缩空气夹带的细粉从出料口进入旋风分离器或袋滤器后产生分离，较大的颗粒由于离心力的作用沿器壁外侧重新进入粉碎室，重复粉碎过程。粉碎程度与粉碎室的几何形状、喷嘴的个数与角度、气流的压缩压力及进料量等因素有关。

气流式粉碎机的特点：①适合粒度要求为 3～20μm 的超微粉碎；②由于高压空气从喷嘴喷出时产生焦耳 - 汤姆孙效应，粉碎过程中温度几乎不会升高，特别适用于热敏性物料和熔点低的物料的粉碎；③能耗大，粉碎费用较高；④可用于无菌粉末的粉碎。

5. **胶体磨（colloid mill）** 胶体磨是一种湿法粉碎机（图 7-8）。典型的胶体磨由定子和转子组成。其工作原理如下：在离心力的作用下，通过高速相对运动的定齿与动齿齿面之间的物料会受到强大的剪切、研磨及高频振动等作用，使得物料被有效地粉碎成胶体状，粉碎后的产物在旋转转子的离心作用下从缝隙中排出。胶体磨常用于混悬剂与乳剂等分散系统的粉碎。

6. **辊式粉碎机（roller mill）** 辊式粉碎机通常用于半固体分散体系的粉碎，如软膏、栓剂等基质中物料的粉碎。物料通过两个相对旋转的压轮之间的缝隙，受压缩力与剪切力的作用而粉碎。通过提高两个压轮的转速差可获得较高的剪切力，从而提高粉碎程度。物料通过

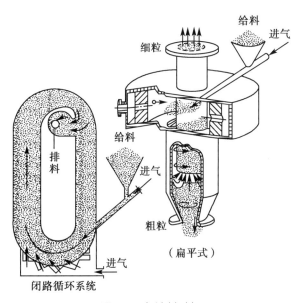

图 7-7　气流粉碎机

图 7-8　胶体磨

压轮间缝隙的速度与物料的塑性有关,当物料为稀糊状时,辊式粉碎机的粉碎与胶体磨相同。

各种粉碎机的性能比较如表7-1所示,粉碎时应根据物料的性质与粉碎产品的要求选择适宜的粉碎机。

表7-1 各种粉碎机的性能比较

粉碎机类型	粉碎作用	粉碎品的粒度/μm	适应物料
球磨机	磨碎、冲击	20～200	可研磨性物料
冲击式粉碎机	冲击	4～325	大部分医药品物料
气流粉碎机	撞击、研磨	1～30	中硬度物料
胶体磨	磨碎	20～200	软性纤维状物料
辊式粉碎机	压缩、剪切	20～200	软性粉体物料

二、筛分技术与设备

(一)筛分的目的与意义

筛分(sieving)系指利用筛网的孔径大小将物料进行分离的操作。粉碎后物料的粒径通常不均匀,筛分的目的是获得更为均匀的粒子群,或去细粉取粗粉,或去粗粉取细粉,或去粗、细粉取中粉等。筛分对于药品质量控制及制剂生产的顺利进行具有极其重要的意义,如《中国药典》(2020年版)对散剂、颗粒剂等制剂都规定有粒度要求;在混合、制粒、压片等单元操作过程中,筛分对混合度、粒子的流动性、充填性、片重差异、片剂的硬度、裂片等均有显著影响。

(二)药筛

1. 药筛的种类 筛分用的药筛(medicinal sieve)通常分为两种,一种是冲眼筛(又称模压筛),是在金属板上冲压出圆形的筛孔而制成的。筛孔坚固,不易变形,在高速旋转粉碎机的筛板及药丸等粗颗粒的筛分中应用。另一种是编织筛,是由具有一定机械强度的金属丝(如不锈钢、铜丝、铁丝等)或非金属丝(如尼龙丝、绢丝等)编织而成。编织筛单位面积上的筛孔多、筛分效率高,可用于细粉的筛选。用非金属丝制成的筛网具有一定的弹性,且耐用。尼龙丝对一般药物较稳定,在制剂生产中应用较多,常用于对金属敏感的药物的筛分,但编织筛线易于移位而使筛孔变形,分离效率下降。

2. 药筛的规格 药筛孔径大小用筛号表示,我国有《中国药典》标准和工业标准。《中国药典》(2020年版)规定的药筛选用国家标准的 R40/3 系列。工业用筛常用"目"来表示筛孔的大小,"目"是指每英寸(2.54cm)长度内所编织筛孔的数目。药筛分为9个号(表7-2),固体粉末分为6个等级(表7-3)。

(三)筛分设备

筛分操作时将欲分离的物料置于筛网面上,采用一定方法使粒子运动,并与筛网面接触,小于筛孔的粒子漏到筛下,大于筛孔的粒子则留在筛面上,从而将不同粒径的粒子分离。按运动方式不同,其典型设备有摇动筛、旋振筛和气流筛等。

表 7-2 《中国药典》2020 年版所用标准药筛

筛号	筛孔平均内径/μm	目数
一号筛	2 000±70	10 目
二号筛	850±29	24 目
三号筛	355±13	50 目
四号筛	250±9.9	65 目
五号筛	180±7.6	80 目
六号筛	150±6.6	100 目
七号筛	125±5.8	120 目
八号筛	90±4.6	150 目
九号筛	75±4.1	200 目

表 7-3 《中国药典》(2020 年版)规定的固体粉末等级

粉末等级	能全部通过的筛号	补充规定
最粗粉	一号筛	混有能通过三号筛不超过 20% 的粉末
粗粉	二号筛	混有能通过四号筛不超过 40% 的粉末
中粉	四号筛	混有能通过五号筛不超过 60% 的粉末
细粉	五号筛	含有能通过六号筛不少于 95% 的粉末
最细粉	六号筛	含有能通过七号筛不少于 95% 的粉末
极细粉	八号筛	含有能通过九号筛不少于 95% 的粉末

1. **摇动筛(sieve shaker)** 又称振荡筛分仪,适用于小批量生产时的筛分操作。应用时根据筛序,按照孔径大小从上到下排列,最上面的为筛盖,最下面的为接收器,如图 7-9 所示。将物料放入顶层筛上,盖上盖,固定在摇动台上进行摇动和振动,即可完成对物料的分级。摇动筛属于慢速筛分设备,处理量大时可用马达驱动,处理量少时可用手摇动。摇动筛通常用于物料粒度分布的测定或少量剧毒药、刺激性药物的筛分。

2. **旋振筛(oscillating sieve)** 又称振动筛,是一种高精度细分筛分机械,由直立式电机作激振源,电机上、下两端安装有偏心重锤,将电机的旋转运动转变为水平、垂直、倾斜的三元次运动,再把这个运动传递给筛面。调节上、下两端的相位角,可以改变物料在筛面上的运动轨迹。物料从筛网中心部 1 加入,经筛分后筛网上的粗料由上部排出口 2 排出,筛网下的细料由下部的排出口 3 排出(图 7-9)。旋振筛的分离效率高,单位筛面处理能力大,目前被广泛应用于批量生产的筛分中。

3. **气流筛(air sizer)** 又称气旋筛,由电机、机座、圆筒形筛箱、风轮和气固分离除尘装置等组成。它是在密闭状态下利用高速气流作为载体,使充分扩散的粉料以足够大的动能向筛网喷射,以达到快速分级的目的。气流筛的筛分效率高、产量大、细度精确、无粉尘溢散现象,同时噪声小、能耗低。气流筛作为一种对微细粉进行筛分的高精度筛分设备,可对粒度范围在 80～500 目内的粉状物料进行很好的连续筛分,且筛网可任意更换。该设备已广泛应用于化工、医药、食品等行业。

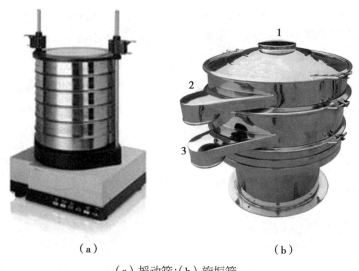

（a）摇动筛；（b）旋振筛。

图 7-9　摇动筛和旋振筛

三、混合技术与设备

（一）混合的目的与意义

混合（mixing）是指把两种或两种以上的药物或处方中的各组分充分混匀的操作过程。混合操作的目的是使药物和各组分能分散均匀，以保证剂量准确、色泽与含量均匀一致。在固体物料的混合中，粒子是最小的分散单元，不可能得到分子水平的完全混合。混合的结果直接影响制剂的质量，如在片剂生产中，混合不均匀会使片剂出现斑点，崩解时限和硬度不合格等，影响药效。尤其是对于安全范围窄的药物、活性强而含量非常低的药物、需要长期服用的药物，因混合不均匀导致主药的含量不均匀会对治疗效果产生极大的影响，甚至带来毒性反应。因此，合理的混合操作是保证制剂产品质量的重要措施之一。

（二）混合机制

混合机内的粒子通过随机的相对运动完成混合，Lacey 将混合机制概括为对流、剪切、扩散三种。

1. 对流混合（convective mixing）　物料中的固体粒子群在机械转动的作用下产生较大的位移时产生的总体混合，它是在外力的作用下产生的类似流体的运动，可使其在大范围内对流，实现均匀分布。如搅拌机内物料的翻滚。

2. 剪切混合（shear mixing）　由于对粉体粒子群内部进行剪切，在外力的作用下粉体间出现相互滑移现象，产生滑移面，破坏了粒子群的团聚状态而进行的局部混合，如用刀式混合器进行混合。

3. 扩散混合（diffusion mixing）　由于粉体粒子的无规则运动，在相邻粒子间发生相互交换位置而进行的局部混合。粉体小规模分层扩散移动，在外力作用下分离的粉体移动到不断展现的新生层面上，使各组分粉体在局部范围内扩散，实现均匀分布。如与其他粒子、搅拌桨或容器壁碰撞导致的粒子运动。

实际的混合操作过程中并不是上述三种混合机制独立进行的，而是相互联系、共同作用的。水平转筒混合器以对流混合为主,而搅拌混合器以强制对流与剪切混合为主。通常,在混合开始阶段以对流与剪切混合为主导作用,之后扩散混合作用增加。

(三)混合设备

常用的混合方法有搅拌混合、研磨混合与过筛混合。研磨混合法适用于小量药物的混合,通常使用研钵。在大批量生产时多采用搅拌或容器旋转的方式,使得物料的整体和局部产生相对移动,从而实现均匀混合。固体混合设备通常分成两类,即容器旋转型和容器固定型。

1. 容器旋转型混合机 靠容器本身的旋转作用,在带动物料上下运动的同时实现物料混合的设备,其形式多样,见图 7-10。

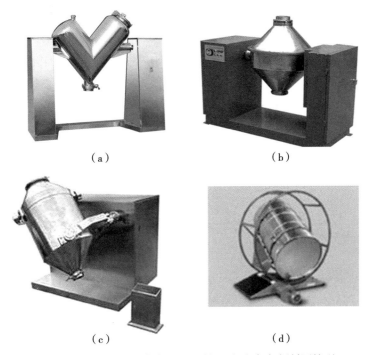

（a）V 形;（b）双锥形;（c）双锥三维运动形;（d）倾斜圆筒形。

图 7-10 容器旋转型混合机

（1）V 形混合机:由两个圆柱形筒体呈 V 形交叉结合而成,其交叉角为 $80°\sim81°$,并安装在一个与两筒体对称线垂直的圆轴上,见图 7-10(a)。随着圆筒的转动,物料被分成两部分,然后重新汇合在一起。物料在混合机内"分开"和"汇合"反复进行,因此,可在较短时间内实现物料的混合均匀,混合过程中适宜转速为临界转速的 30%~40%,适宜填充容积为 30%,且混合时间不宜过长。

（2）双锥形混合机:两个圆锥形圆筒各结合在短圆筒的两端而成的设备,容器中心线和旋转轴垂直,见图 7-10(b)。混合机内物料的运动状态和混合效果与 V 形混合机类似。

双锥三维运动型混合机主要由混合容器、主动轴、从动轴、万向节以及动力装置等组成,见图 7-10(c)。当主动轴旋转时,由于两个万向节的夹持,物料在混合容器内产生旋转流动、平移和颠倒落体等复杂运动,从而进行有效的对流混合、剪切混合和扩散混合,最终使物料达到充分混合。三维运动型混合机是洁净厂房的首选混合设备之一,其填充量高达 80%~

85%，能使混合的均一程度达到 99% 以上。

（3）圆筒形混合机：有水平圆筒形和倾斜圆筒形两种类型，倾斜圆筒形混合机见图 7-10（d）。倾斜圆筒形混合机改变了水平圆筒形混合机在混合过程中物料单纯做反复上下运动，不仅提高了混合度，而且混合时填充容积也由 30% 提升到 70%。

2. 容器固定型混合机 系在固定容器内靠叶片、螺带或气流的搅拌作用将物料进行混合的设备。

（1）带式搅拌混合机：是由断面为 U 形的固定槽与搅拌桨组成，如图 7-11 所示。在搅拌桨的作用下，物料不停地在上下、左右、内外各个方向运动，从而达到均匀混合。这种混合机适用于造粒前的制软材。

（2）垂直螺旋锥形混合机：由锥形容器和内装一个至两个螺旋推进器所组成，如图 7-12 所示。螺旋推进器的轴线和容器锥体的母线平行，螺旋推进器在容器内既可自转又可公转，充填量为 30% 左右。在螺旋推进器的作用下物料自底部上升，又在公转的作用下在全容器内旋转，产生上下循环运动和涡旋。它的混合特点是混合度高、混合速度快，混合物料比较多时也能达到均匀混合，混合所需动力消耗相对其他混合机少。

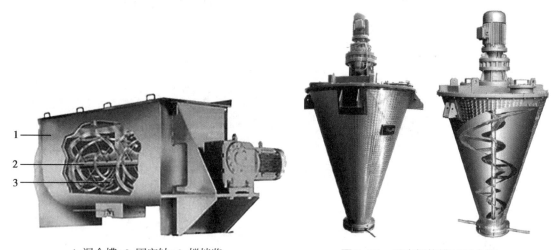

1. 混合槽；2. 固定轴；3. 搅拌桨。

图 7-11 带式搅拌混合机

图 7-12 垂直螺旋锥形混合机

（四）影响混合的因素

影响混合的因素概括起来主要有：

1. 物料因素 物料因素指物料的粉体性质，即欲混合的各组分的粒径大小、形状、密度、含水量等。通常情况下，小粒径、大密度、球状颗粒易在大颗粒缝隙中往下流动而影响物料混合效果，适宜的含水量可在一定程度上防止离析。

2. 操作因素 操作因素指物料的装填容积比（物料容积与混合机容积之比）、装料方式、混合比、混合机的转动速度及混合时间等对混合效果的影响。

3. 设备因素 设备因素指混合机的类型、尺寸、内部结构、材质及表面情况等均会影响混合的效果，应根据物料的性质和混合要求选择合适的混合设备。

为达到理想的混合效果，应充分考虑以下因素：

（1）各组分的比例：基本等量且物料性质、粒度相近时容易混合。混合组分间比例相差过大时，不易混合均匀，此时要采用等量递增混合法（又称配研法）进行混合，即先将量小的药物研细后，再加入等体积的其他细粉研匀，如此倍量增加混合至全部混匀。含有剧毒药物、贵重药物的物料混合也应采用等量递增混合法。

在小剂量的剧毒药或贵重药中加入一定量的稀释剂，经配研法混合制成的稀释散称为"倍散"。倍散中的稀释倍数是根据剂量来确定的：剂量 0.1～0.01g 可配成十倍散（即 9 份稀释剂与 1 份药物混合），0.01～0.001g 可配制成百倍散，0.001g 以下应配制成千倍散。配制倍散时要采用逐级稀释法。配制倍散常用的稀释剂有淀粉、糖粉、乳糖、糊精、沉降碳酸钙、磷酸钙、白陶土等。为了便于观察混合是否均匀，通常加入少量色素如胭脂红等。

（2）各组分的密度：当各组分的密度差别较大时，密度小的组分易上浮，密度大的组分易下沉，而使得混合不均匀，操作时应先把密度小的组分放入混合器中，再把密度大的组分放入进行混合。而当粒径小于 30μm 时，各组分密度差异将不会成为导致离析的主要因素。

（3）各组分的吸附性和带电性：在混合过程中，有的药物粉末对混合器械具有吸附性，不仅影响混合的均匀程度，也会造成损失，以致剂量不足。通常将量大或不易吸附的药粉或辅料垫底，然后加入量少或者易吸附的组分。混合摩擦使得粉末带电时不易混匀，通常可加入少量表面活性剂或润滑剂来克服这一问题，如十二烷基硫酸钠、硬脂酸镁等。

（4）含液体或易引湿成分：含液体或易引湿成分的混合通常在混合前采取相应的措施。如处方中含有液体组分时，可用处方中其他固体组分或吸收剂吸收该液体至不润湿为止，常用的吸收剂有蔗糖、葡萄糖、磷酸钙和白陶土等；含有结晶水的组分（如硫酸镁、硫酸钠等）在研磨过程中会释放水而引起湿润，可采用等量的无水物代替；若某组分的吸湿性很强（如胃蛋白酶等），一般在低于其临界相对湿度条件下迅速混合，并密封防潮；若混合后引起引湿性增强，通常不混合，采用分别包装或包衣后混合。

（5）含有可形成低共熔混合物的组分：有些药物按一定比例混合时可形成低共熔混合物，从而在室温条件下产生润湿或液化现象。在药剂调配过程中易发生低共熔现象的药物有水合氯醛、樟脑、麝香草酚等，以一定比例进行混合研磨时极易产生润湿、液化，此时应尽量避免形成低共熔物的混合比。

（6）组分间的化学反应：在混合含有氧化和还原性或其他混合后易发生化学变化的药物组分时，应将药物分别包装，服用时迅速混合，或将某组分粉末包衣后再混合。

四、制粒技术与设备

（一）制粒的目的与意义

制粒（granulation）是指将粉末、块状、熔融液、水溶液等状态的物料制成具有一定形状与大小的颗粒状物的操作过程。对于粉状物料来说，制粒的目的是：①改善粉末的流动性；②防止混合不均匀；③防止粉尘飞扬及器壁上的黏附；④可调整堆密度，改善溶解性；⑤改善片剂生产过程中的压力不均匀传递现象等。

制得的颗粒可能是最终产品，也可能是中间体。通常根据制粒目的的不同，对所制颗粒的要求也有所不同,如在颗粒剂中,颗粒是最终产品,不仅流动性要好,便于分剂量包装时装量准确,而且要求外形美观、均匀;对于胶囊剂来说,颗粒作为中间产品,要求流动性好,便于填充操作和装量符合要求;而在片剂生产过程中,颗粒是中间体,不仅流动性要好,而且要保证有较好的压缩成型性,以保证后期压片的顺利进行。

(二)制粒方法

制粒方法可归纳为湿法制粒和干法制粒两种,其中湿法制粒应用最为广泛。

1. **湿法制粒(wet granulation)** 是在粉末状物料中加入适宜的润湿剂或液体黏合剂来制备颗粒的方法。粉末依靠黏合剂的架桥或黏结作用聚集在一起,并在机械力的作用下分离成具有一定大小和形状的颗粒。

湿法制粒制成的颗粒具有流动性好、圆整度高、外形美观、耐磨性较强、压缩成型性好等优点,其中水是最常用的润湿剂。因此,湿法制粒适合于热稳定性好、遇水稳定的物料制粒。如果药物在水中极不稳定,可使用乙醇等有机溶剂作为润湿剂。

2. **干法制粒(dry granulation)** 是指将药物和辅料的粉末混合均匀、压缩成大片状或板状后,再粉碎成颗粒的方法。该方法依靠压缩力使粒子间产生结合力,必要时可加干黏合剂,以增加粒子间结合力,保证片剂的硬度或脆碎度合格。干法制粒是继第二代制粒方法"沸腾制粒"后发展起来的一种新型制粒技术,在化学制药行业中应用较多,尤其适用于热敏性物料、遇水易分解的药物,如阿司匹林、克拉霉素等。随着中药现代化的发展,干法制粒也逐渐扩展到了中药领域,在颗粒剂和新药研发中的应用越来越广泛。

(三)湿法制粒的过程与设备

1. **湿法制粒的过程** 传统的湿法制粒工艺过程主要包括原辅料预处理、制软材、制湿颗粒、干燥及整粒等过程,见图7-13。

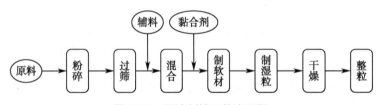

图7-13 湿法制粒工艺流程图

(1)制软材:制软材也称捏合(kneading),是指在干燥的粉末状物料中加入少量液体黏合剂或润湿剂,经过充分地搅拌、混匀,制备成具有一定湿度、一定可塑性和可成形性物料的过程。由于最终产物是具有一定柔软度的可塑性物料,所以将最终制成的这种物料称作"软材",而这一制备过程就被称为"制软材"。制软材的本质是固-液混合操作,因此制软材的常用设备也是混合机。

制软材作为湿法制粒的前处理过程具有极其重要的意义:①使得粉末具有黏性,易于制粒;②可有效防止各种成分的离析,保持均匀的混合状态;③黏合剂能够均匀分布在颗粒表面,可以改善物料的流动性和压缩成型性。

选择适宜的黏合剂及其用量是制软材的关键,也是湿法制粒的关键。如图7-14所示,若加入的液体量过少,结合力弱,则不易成粒;液体量过多时,结合力过强,制备颗粒时会形成条状或黏合在一起无法制粒;只有液体量适宜时,制成的颗粒才会保持松散,不黏结,易于干燥。

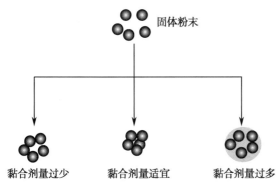

固体粉末

黏合剂量过少　　黏合剂量适宜　　黏合剂量过多

图 7-14　制软材时黏合剂加入量与成型情况

以前常通过经验来判断制得的软材合适与否，即"手握成团，轻压即散"。现代技术可采用科学方法判断，如测量液体加入量对混合能量的变化来判断润湿程度是否适宜。目前已有不经制软材可直接湿法制粒的方法，如高速搅拌制粒、流化床制粒等。

（2）制湿颗粒：制湿颗粒是指将物料制成具有一定形状和大小的颗粒状物的操作过程。

（3）湿颗粒干燥：湿颗粒干燥是指加热使水分从固体材料中蒸发制得水分含量低的干燥颗粒的操作。制得的湿颗粒应立即进行干燥以防结块或受压变形。

（4）整粒：在干燥过程中，湿颗粒受到挤压和黏结，可使部分湿颗粒黏结成块，因此要对干燥后的颗粒予以适当处理，使结块或粘连的颗粒散开，使干颗粒大小一致，便于后续操作。

2. 湿法制粒的方法和设备

（1）挤压制粒法：是将混合后的物料先制备成软材，然后强制通过筛网而制备颗粒的方法，这类设备有摇摆挤压式、螺旋挤压式等，如图 7-15 所示。

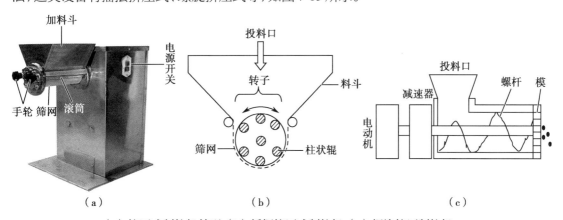

（a）　　　　　　　　（b）　　　　　　　　（c）

（a）挤压式制粒机外观；（b）摇摆挤压式制粒机；（c）螺旋挤压制粒机。

图 7-15　挤压式制粒机示意图

挤压制粒的要点有：①制软材是关键步骤，须选择适宜的黏合剂种类、浓度和用量；②颗粒的大小是通过筛网的孔径大小来调节的，粒度分布较均匀，粒子形状多为柱状；③制粒的程序多（先混合、制软材，再制粒）、重现性差、劳动强度大，不适合大批量和连续生产；④筛网的寿命短，需要经常更新筛网。

（2）高速搅拌制粒法：是指在一个容器内，通过高速搅拌的分散作用使黏合剂和物料均匀混合而制粒的方法，其设备主要由容器、搅拌器、切割刀组成，见图 7-16。

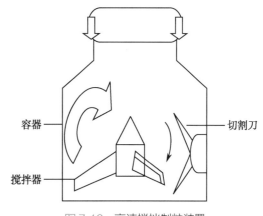

图 7-16　高速搅拌制粒装置

1）高速搅拌制粒过程：如图7-17所示，粉料与黏合剂在搅拌桨作用下高度分散并充分混合，在离心作用下被甩向器壁后向上运动，形成较大的聚结块；切割刀将较大的聚结块绞碎、切割，与搅拌浆的搅拌作用相呼应，压实颗粒；在高速搅拌作用下，小颗粒不断成长、压实、滚动形成致密均匀的颗粒。

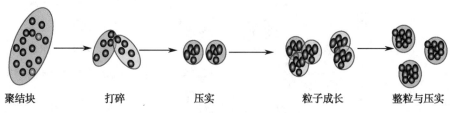

聚结块　　　　　打碎　　　　　压实　　　　　粒子成长　　　　整粒与压实

图7-17　高速搅拌制粒机制示意图

2）高速搅拌制粒影响粒径大小和致密性的因素有：①黏合剂的加入量和种类；②粉末原料的粒度；③搅拌速度；④搅拌器的形状、角度及切割刀的位置等。

3）高速搅拌制粒法的特点有：①在一个容器内完成混合、制软材、制粒过程；②和传统的挤压制粒相比，省工序、操作简单且快速；③制备的颗粒粒度较均匀，流动性好，能够满足高速压片机的要求，不仅可制备致密、高强度的适于装胶囊的颗粒，也可制备松软的适合压片的颗粒；④与流化沸腾制粒法相比，本法制得的颗粒密度稍大并且没有粉尘飞扬的缺点，也不存在细粉的回收问题。因此，高速搅拌制粒法的应用愈来愈广泛。

（3）转动制粒法：将混合后的物料置于容器中，在容器或底盘的驱动下喷洒黏合剂制备球形粒子的方法。

转动制粒过程一般分为三个阶段。

1）母核形成阶段：在粉末中喷入少量黏合剂，这样就会产生以液滴为核心的大量母核，这在中药的生产过程中称为起模。

2）母核长大阶段：在转动过程中母核被喷洒的黏合剂润湿，散布的药粉就会黏附并层积在母核表面，如此反复多次，就可获得一定大小的药丸，这在中药生产过程中称为泛制。

3）压实阶段：停止加入黏合剂和药粉后，药丸中多余的液体在继续转动过程中会被挤出表面或渗入未被润湿的层积粉末层，颗粒会被压实。

通常在起模后过筛，在获得相对均匀的母核后进行泛制，或使用空白丸心进行逐层泛制。这种转动制粒机多用于2～3mm药丸的生产。

（4）离心 - 流化制粒法：将粉状或颗粒状物料投入离心造粒机流化床内并鼓风，粉料在离心力及摩擦力的作用下，在定子和转子的曲面上，形成涡旋回转运动的粒子流，使粒子得以翻滚和搅拌均匀，通过喷枪喷射入适量的雾化浆液，粉料凝结成粒，首先获得小尺寸（直径为0.18～0.45mm）球形母核，然后继续喷入雾化浆液并喷撒含药粉料，使母核增大成丸。

（5）流化床制粒法：当物料粉末在容器内自下而上的气流作用下保持悬浮的流化状态时，液体黏合剂向流化层喷入，使粉末聚结成颗粒的方法称为流化床制粒法。其结构主要由容器、气体分布装置（如筛板等）、喷雾装置、气固分离装置（如袋滤器）、空气进口和出口、物料排出口等组成（制粒机制见图7-18）。由于在一台设备内即可完成混合、制粒、干燥等过程，所

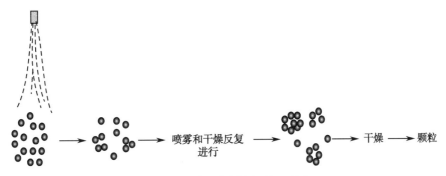

图 7-18 流化床制粒机制示意图

以素有"一步制粒机"之称。

1）流化床制粒过程：操作时，将药物和辅料粉末装入容器中，气流从床层下部通过筛板吹入，使得物料在流化状态下混合均匀，然后均匀喷入液体黏合剂，粉末聚集成粒，经过反复的喷雾和干燥得到符合粒度要求的颗粒时停止喷雾，继续送风干燥，即得干燥颗粒，出料送至下一工序。

2）流化床制粒的特点：在一台设备内进行混合、制粒、干燥，甚至是包衣等操作，简化工艺过程，劳动强度小；制得的颗粒为多孔性柔软颗粒，密度小，强度小，且颗粒粒度分布均匀，流动性和压缩成型性好。

3）流化床制粒的影响因素：除了黏合剂的种类、原料的粒度外，还与操作条件有很大的关系。如空气的进口速度会影响物料的流态化分散状态与干燥速度；空气温度会影响物料表面的润湿和干燥；黏合剂的喷雾量增加，粒径会变大；喷雾速度会影响粒子间的结合速度及颗粒的大小及均匀度；喷嘴高度会影响喷雾面积和润湿均匀性。

（6）喷雾制粒法：喷雾制粒是将物料溶液或混悬液喷雾于干燥室内，雾滴在热气流作用下迅速蒸发水分而直接获得球状干燥细颗粒的方法。以制粒为目的时称为喷雾制粒，以干燥为目的时称为喷雾干燥。

1）喷雾制粒过程：将待制粒的药物、辅料与黏合剂溶液混合，制成固体量为50%～60%的混合浆状物，用泵输送至离心式雾化器的高压喷嘴，在喷雾干燥器的热空气流中雾化成大小适宜的液滴，热空气流将其迅速干燥而得到细小、近似球形的颗粒并落入干燥器的底部，干品可连续或间歇出料，其工艺流程如图 7-19 所示。在喷雾制粒中原料液的喷雾是靠雾化器来完成的，因此雾化器是喷雾干燥制粒机的关键零

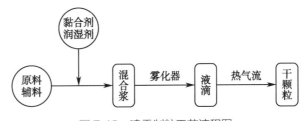

图 7-19 喷雾制粒工艺流程图

件。常见的雾化器有压力式雾化器、气流式雾化器和离心式雾化器等三种形式。

2）喷雾制粒的特点：优点是制粒过程快；物料受热时间短，适合热敏物料的制粒；粒度范围从 30μm 到数百微米，堆密度在 $0.2～0.6g/cm^3$ 的中空球状粒子较多，粒子具有良好的溶解性、分散性和流动性。缺点是设备高大、汽化液体量大、设备费用高、能量消耗大。

（7）液相中晶析制粒法：液相中晶析制粒法是使药物在液相中析出结晶的同时借液体架桥剂和搅拌作用聚结成球形颗粒的方法。因颗粒的形状为球形，故又称为球形晶析制粒法，

简称球晶制粒法。球晶制粒法产物是一种纯药物结晶聚结在一起形成的球状颗粒,不仅流动性和充填性能良好,而且压缩成型性好,因此可少用辅料或者不用辅料进行直接压片。

球晶制粒技术原则上需要三种基本溶剂,即使药物溶解的良溶剂、使药物析出结晶的不良溶剂、使药物结晶聚结的液体架桥剂。液体架桥剂在溶剂系统中以游离状态存在,即不溶于不良溶剂中,并优先润湿析出的结晶使之聚结成粒。

球晶制粒法可分为湿式球晶造粒法和乳化溶剂扩散法,常用的是湿式球晶造粒法。

湿式球晶造粒法:先将药物溶解在良溶剂与液体架桥剂的混合液中,制备成药物溶液,然后在搅拌下把药物溶液注入不良溶剂中,药物溶液中的良溶剂立即扩散于不良溶剂中而使药物析出微细结晶,药物微晶在液体架桥剂的润湿作用下互相碰撞聚结成粒,并在搅拌的剪切作用下形成致密球状颗粒。液体架桥剂的加入方法也可根据需要加至不良溶剂中或析出结晶后再加入。

球晶制粒法的特点:①在一个过程中同时进行结晶、聚结、球形化;②制备的球形颗粒流动性好;③利用药物与高分子材料的共沉淀可制备功能性球形颗粒,不仅简化工艺,而且重现性好;④如能在药物合成的最后重结晶过程中利用该技术制备颗粒,可直接压片。

例 7-2:氨茶碱球晶的制备

制备氨茶碱一般包括合成、结晶和聚凝等步骤。应用球晶法仅需一步。乙醇等有机溶剂和水的混合液作为结晶溶剂,使用的有机溶剂有三氯甲烷、乙醇、乙酸异丙酯、乙酸异丁酯、乙酸异戊酯、苯、甲苯、正己烷或正庚烷。乙二胺与茶碱溶于混合液中,用桨式搅拌器搅拌几小时,生成微细白色结晶,同时凝聚成球形结晶。

凝聚晶体的平均大小可通过改变搅拌速度和所用水的量来控制,搅拌速度加快凝聚晶体变小,搅拌速度增加则惯性力提高,惯性力可分裂凝聚晶体,使凝聚晶体变小;水量增加凝聚晶体变粗。氨茶碱的球状凝聚体结晶流动性好,可以直接压片。

(8)高速超临界流体制粒法:高速超临界流体制粒是超临界流体经过微细喷嘴快速膨胀的过程。在膨胀过程中,温度压力的骤然变化导致溶质的过饱和度骤然升高,当溶液以单相喷出时,析出大量微核,微核在极短的时间内会快速生长,形成粒度均匀的亚微米以至纳米级微细颗粒,其颗粒的成长非常均匀,整个制粒涂布是累积式一层一层地长大。

高速超临界流体制粒的特点:能够控制颗粒的大小。但在实际工业生产中存在诸多不利因素,如流体在高速下喷淋,不仅动力消耗较大,而且喷嘴的最低温度可达零下七八十摄氏度,因此对设备的材料要求较高。

(四)干法制粒的过程与设备

1. **干法制粒的过程** 干法制粒工艺过程主要包括原辅料预处理、压块、粉碎等过程,见图 7-20。

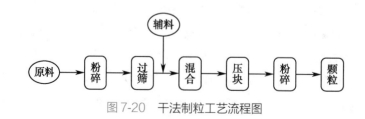

图 7-20 干法制粒工艺流程图

2. 干法制粒的方法和设备 干法制粒通过高压使粒子间产生结合作用而形成团聚颗粒，根据其所用设备及工艺不同，可分为压片法和滚压法两种，但干法制粒应注意由于高压引起的药物晶型转变及活性降低的问题。

（1）压片法：是利用重型压片机将物料粉末压成直径20～50mm、厚度5～10mm的胚片，然后破碎成一定大小颗粒的方法。

压片法的优点在于可使物料免受湿润及温度的影响，所得颗粒密度高；但具有产量小、生产效率低、工艺可控性差、粉尘量大等缺点。

（2）滚压法：是利用转速相同、旋转方向相反的两个滚动圆盘之间的缝隙把药物粉末压成板状，然后破碎成一定大小颗粒的方法。

滚压制粒常用的设备是干法制粒机，干法制粒机主要由加料器、滚压轮、破碎机和整粒机等组成，其制粒原理如图7-21所示。

滚压制粒成功地将药物粉末压成板状的关键在于：要有足够的粉末供应到压轮区；药物

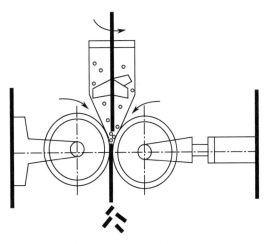

图7-21 滚压制粒示意图

粉末进入到压轮区后必须完全地被输送到压轮最窄区域；压轮的压缩力尽可能在被压缩物料上分布均匀；在滚压之前进行足够的真空脱气并有效的分布。

滚压法是目前工业化生产中常用的干法制粒方法，产量较高，可大面积缓慢地加料，粉层厚度易于控制，制得的薄片硬度较均匀，同时加压缓慢，粉末间的空气易于排出。但该法制备的颗粒有时过硬或不够均匀。

五、干燥技术与设备

（一）干燥的目的与意义

干燥（drying）是利用热能去除湿物料中水分或其他溶剂的操作过程。在制剂生产中需要干燥的物料多数为湿法制粒所得的物料，但也有固体原料药及中药浸膏等。

干燥的目的：①使物料便于加工、运输、贮藏及使用；②保证药品的质量和提高药物的稳定性；③改善粉体的流动性和充填性等。

由于干燥过程一般采用热能，干燥的温度应根据药物的性质而定，干燥热敏性物料时应注意化学稳定性问题。干燥后产品的含水量应根据药物的性质和工艺需要来控制，通常干燥颗粒的含水量应控制在1%～3%，但阿司匹林干颗粒的含水量应控制在0.3%～0.6%，四环素干颗粒的含水量则需要控制在10%～14%。

（二）干燥方法和设备

1. 常压箱式干燥 先把湿颗粒平铺在干燥盘内（薄厚应适宜，一般不超过10cm），然后层叠放置在隔板上。热空气以水平方向通过最下层湿颗粒的表面，然后流经加热器，使之每通过一次湿颗粒后得到再次加热，以保证整个干燥室内上、中、下各层干燥盘内的物料受热均匀。这样,每次都得到补充加热的空气依次流过各层隔板,最后由出口排出,也可部分或全部进入下一个循环(图7-22)。

常压箱式干燥的优点是设备简单,成本低,适用于小批量生产、干燥时间要求比较长的物料及易产生碎屑或有爆炸危险的物料。缺点是劳动强度大,热能利用率低,易产生物料干燥不均匀现象。尤其是当干燥速度太快时,很容易造成外壳干而颗粒内部未完全干燥的"虚假干燥"现象,不仅给后续的制剂工艺带来不利影响,而且会影响药物的疗效。该干燥过程极易造成可溶性成分在颗粒之间发生"迁移",从而影响制剂的含量均匀度。

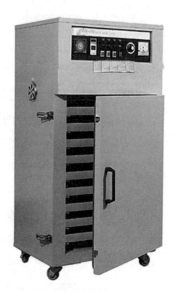

图7-22　常压箱式干燥机

2. 减压干燥　减压干燥是在密闭容器中抽真空后进行干燥的方法。此法的优点是温度较低,产品质地疏松易粉碎;减少了空气对产品的不良影响,对保证产品质量有一定意义,特别适合于含热敏性成分的物料。常用设备为真空干燥箱,其干燥效果取决于真空度的高低和被干燥物料堆积的厚度。

3. 流化床干燥　流化床干燥与流化床制粒的工作原理相同,只不过在上宽下窄的流化室底部筛网上放置待干燥的湿颗粒,这些湿颗粒在热空气的吹动下上下翻腾,处于流化状态(沸腾状态),通过不断地与热气流进行热交换,逐渐蒸发出湿颗粒中的水分,蒸发的水分被上升的热气流带走,在流化室内连续不断地进行这种传热、传质过程,最终实现湿颗粒的干燥。值得注意的是,颗粒在流化室内翻腾,流动性很强,在流化室的下部会形成连续的、进动性的流化沸腾层(逐渐向出口方向移动),约20分钟,打开出口闸门,干颗粒即可由此流出。也可以在出口处装备电磁振动筛,使干颗粒过筛后收集在适宜的容器中,这样可以实现连续化的流化干燥与制粒相连接的自动化生产。

流化床干燥的特点有:①效率高,速度快,时间短;②操作方便,劳动强度小,自动化程度高;③所得产品干湿程度均匀,流动性良好;④特别适合于热敏感物料的干燥。与箱式干燥相比,流化床干燥由于在干燥过程中颗粒上下翻腾,互相并不紧密接触,故很少发生可溶性成分的"迁移"现象,颗粒压片后片剂的含量均匀度较好。但存在设备不易清洗、细颗粒比例较高等问题。

4. 喷雾干燥　喷雾干燥原理同喷雾制粒。喷雾干燥过程中粒子的蒸发面积大、干燥时间非常短,干燥后的产品多为松脆的颗粒,溶解性能好。喷雾干燥器内送入的料液及热空气都经过除菌高效滤过器滤过,因此可获得无菌干品。喷雾干燥适用于热敏性物料及抗生素粉针等无菌制剂的干燥(图7-23)。

5. 红外干燥　红外干燥是利用红外辐射元件所发射的红外线对物料直接照射而加热的一种干燥方式。红外线是介于微波和可见光之间的一种电磁波,其波长处于$0.72 \sim 1\,000\,\mu m$的广阔区域。

红外线辐射器所产生的电磁波以光速辐射至被干燥的物料,当红外线的发射频率与物料中分子运动的固有频率相匹配时会引起物料分子的强烈振动和转动,在物料内部分子间发生激烈的碰撞与摩擦而产生热量,从而达到干燥的目的。

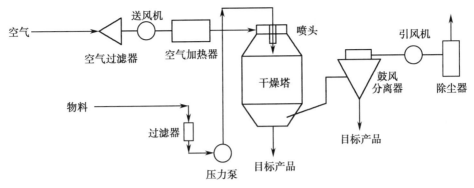

图 7-23　喷雾干燥示意图

红外干燥的特点：干燥过程中物料表面和内部分子同时吸收红外线，因此受热均匀、干燥快、干燥质量好。缺点是电能消耗大。

6. 微波干燥　微波干燥属于介电加热干燥，是把物料置于高频交变电场内，从物料内部均匀加热，迅速干燥的方法。工业上使用的频率为 915MHz 或 245MHz。

水分子是中性分子，但能够在强外加电场力的作用下发生极化，并趋向于与外电场方向一致的整齐排列。当改变电场的方向时，水分子又会按新的电场方向重新整齐排列。当外加电场不断地改变方向时，水分子也会随着电场方向不断地迅速转动，并产生剧烈的碰撞和摩擦，使得部分能量转化为热能。微波干燥器内是高频交变电场，这样就使得湿物料中的水分子迅速获得热量而汽化，从而使湿物料得到干燥。

微波干燥的优点有：①加热迅速、均匀，干燥速度快，热效率高；②操作方便、控制灵敏；③特别适合于含水物料的干燥。缺点是成本高，对有些物料的稳定性有影响。因此，在避免物料表面温度过高或防止主药在干燥过程中的迁移时可使用微波干燥。

7. 冷冻干燥　冷冻干燥是在低温、高真空条件下，利用固体冰升华去除水分而进行干燥的方法。很多药物在液体状态时易失活，而在大气压状态时易变质，这些多数是热敏性或容易和氧气发生反应的药物，必须使其脱水成固体状态以提高稳定性。因此，冷冻干燥法就变得极为适用。

（三）干燥的基本原理及影响因素

1. 干燥的基本原理　当热空气与湿物料接触时，热空气就会将自身的一部分热能传给物料，此传热过程的动力是二者的温度差；湿物料得到热量后，其中的水分不断汽化并向热空气中移动，这是一个传质过程，其动力为二者的水蒸气分压差。因此，物料的干燥是传热和传质同时进行的过程。

干燥的目的是除去水分。干燥过程得以进行的必要条件是被干燥物料表面所产生的水蒸气分压 p_w 大于干燥介质（热空气）的水蒸气分压 p，即 $p_w>p$，压差越大，干燥过程进行得越快；如果 $p_w=p$，表示干燥介质与物料中水蒸气达到平衡，干燥即停止；如果 $p_w<p$，物料不仅不能干燥，反而会吸潮。

2. 物料中的水分

（1）平衡水与自由水：平衡水和自由水是用来判断物料中水分是不是能干燥的水分。平衡水（equilibrium water）系指在一定的空气状态下，空气中水蒸气分压与物料表面产生的水蒸气分压相等时物料所含的水分,是干燥不能除去的水分。平衡水分与物料的性质和空气状态有关,各种物料的平衡水量随空气中相对湿度的增加而增大。自由水(free water)系指物料中所含的多于平衡水分的那一部分水,又称为游离水,是在干燥过程中能除去的水分。

（2）结合水与非结合水:结合水与非结合水可用来判断物料中水分干燥的难易程度。结合水(bound water)系指以物理化学方式与物料结合的水分,与物料的结合力较强,干燥速度缓慢。如动植物细胞内的水分、物料内毛细管中的水分、可溶性固体溶液中的水分等都属于结合水。非结合水(nonbound water)系指主要以物理方式结合的水分,与物料的结合力很弱,干燥速度较快。

3. 干燥速率及其影响因素　干燥速率是指在单位时间内、单位干燥面积上被干燥物料所能汽化的水分量。即水分量的减少值,其单位为 $kg/(m^2 \cdot s)$。

从物料含水量随时间变化的干燥速率曲线图(图7-24)可知:从 A 到 B 为物料短时间的预热段;在含水量从 X' 减少到 X_0 的范围内,物料的干燥速率不随含水量的变化而变化,保持恒定(BC 段),称为恒速干燥阶段。在含水量低于 X_0 直到平衡水分 X^* 为止,干燥速率随含水量的减少而降低(CD 段),称为降速干燥阶段。恒速干燥阶段与降速干燥阶段的分界点称为临界点(C 点),该点所对应的含水量 X_0 为临界含水量。

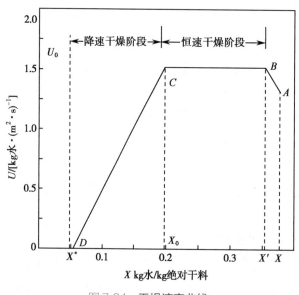

图7-24　干燥速率曲线

由于恒速干燥阶段与降速干燥阶段的干燥机制不同,其干燥速率的影响因素也不相同。

在恒速干燥阶段,物料中水分含量比较多,当物料表面的水分汽化并扩散到空气中时,物料内部的水分会及时补充到物料表面,保持充分润湿的表面状态,此时的干燥速率主要受物料外部条件的影响,取决于水分在物料表面的汽化速率,其强化途径有:①提高空气温度或降低空气湿度,以提高传热和传质的推动力;②改善物料与空气的接触情况,提高空气的流速,加快水分的汽化速度,减少传热和传质的阻力。

在降速干燥阶段,当水分含量低于 X_0 之后,物料表面水分的汽化速率大于内部水分向表面的移动速率。随着干燥过程的进行,物料表面会逐渐变干,温度上升,物料表面的水蒸气压低于干燥阶段时的水蒸气压，因而传质推动力（p_w-p）下降，干燥速率降低，其干燥速率主要由物料内部水分向表面的扩散速率所决定，而内部水分的扩散速率主要取决于物料本身的结构、形状、大小等，其强化途径有：①提高物料的温度；②改善物料的分散程度，以促进内部水分向表面的扩散。改变空气的状态及流速对干燥速率的影响不大。

六、压片技术与设备

（一）压片方法

片剂的制备是将粉状或颗粒状物料在模具中压缩成型的过程。物料的性质是决定压片成败的关键，应根据药物的性质选择不同的压片方法。压片过程中物料的三大要素是流动性、压缩成型性和润滑性。流动性好，可保证物料在冲模内均匀充填，有效减小片重差异；压缩成型性好，可有效防止裂片、松片等不良现象，获得致密且有一定强度的片剂；润滑性好，可有效避免粘冲，得到完整、光洁的片剂。

压片方法主要包括制粒压片法和直接压片法两大类。制粒是改善物料流动性、压缩成型性的有效方法之一，因而制粒压片法是传统而基本的片剂制备方法，根据其制粒方法的不同，又可分为湿法制粒压片法和干法制粒压片法。近年来，随着优良辅料和先进压片机的出现，粉末直接压片法（不需要制粒）受到越来越多的关注。半干式颗粒压片法是将药物粉末与空白辅料颗粒混合后压片，也属于直接压片法的一种。压片的各种工艺流程如图7-25所示。

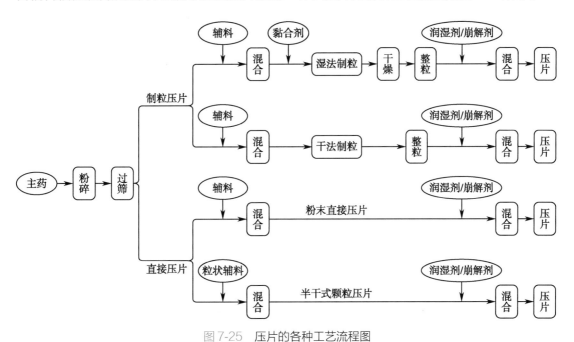

图 7-25　压片的各种工艺流程图

1. 湿法制粒压片　湿法制粒压片是指将物料经湿法制粒干燥后进行压片的方法。湿法制粒是片剂制备的中间过程，颗粒作为中间体，尽管其质量要求没有明文规定，但是必须具有良好的流动性和压缩成型性。

湿法制粒优点有：①表面改性好（表面粘附黏合剂），使颗粒具有良好的压缩成型性；②粒度均匀、流动性好；③耐磨性较强。湿法制粒压片法是医药工业中应用最为广泛的一种制粒压片方法,但不适于热敏性、湿敏性、极易溶性物料的制粒。

2. 干法制粒压片 干法制粒压片是指将物料经干法制粒后进行压片的方法。热敏性物料、遇水不稳定的药物及压缩易成型的药物可采用干法制粒压片。干法制粒方法简单、省工省时,但制粒时需要加入干黏合剂,如微晶纤维素、羟丙甲纤维素、甲基纤维素等,以保证片剂的硬度或脆碎度合格。

3. 粉末直接压片 粉末直接压片是指不经过制粒过程直接把药物和所有辅料混合均匀后进行压片的方法。该法避开了制粒过程,将药粉直接压成片剂,具有省时节能、工艺简便、工序少的优点,适用于湿热条件下不稳定的药物。但也存在着粉末流动性差、片重差异大、容易裂片等缺点。近年来,随着科技的迅猛发展,可用于粉末直接压片的优良药用辅料与高速旋转压片机的成功研制促进了粉末直接压片的发展。目前,直接压片的制剂品种不断增加,有些国家高达 60% 以上的片剂生产均采用粉末直接压片法。

可用于粉末直接压片的辅料有各种型号的微晶纤维素、可压性淀粉、喷雾干燥乳糖、碳酸氢钙二水复合物、微粉硅胶等,常用的崩解剂有 L-HPC、PVPP、交联羧甲纤维素钠(croscarmellose sodium,CCMC-Na)等高效崩解剂,以及部分预混辅料等。

4. 半干式颗粒压片 半干式颗粒压片是指将药物粉末和预先制好的辅料颗粒(空白颗粒)混合后进行压片的方法。该法适合于对湿、热敏感且压缩成型性差的药物,但存在药物粉末与空白颗粒粒度差异大、不易混匀、容易分层等缺点,使其使用受到一定的限制。

(二) 压片设备

片剂制备所用的压片设备主要是压片机。压片机系指将干燥颗粒状或粉状物料通过模具压制成片剂的机械。常用压片机按其结构可分为单冲压片机和多冲旋转式压片机;按压制片形分为圆形片压片机和异形片压片机;按压缩次数分为一次压制压片机和二次压制压片机;按片层分为双层压片机、有芯片压片机等。

冲模是压片机不可缺少的一个重要附件,包括上冲、下冲和模圈。根据所使用压片机的不同、材料的不同、标准的不同、形状的不同而加以区分,如单冲压片机冲模和多冲旋转式压片机冲模、圆形冲模和异形冲模等。

1. 单冲压片机 单冲压片机(single punch tablet machine)系指由一副模具做垂直往复运动的压片机,仅在实验室应用。图 7-26 为单冲压片机的结构示意图,其主要结构包括:①加料器,包括加料斗、饲粉器;②压缩部件,包括上、下冲及模圈;③各种调节器,包括片重调节器、推片调节器、压力调节器。片重调节器连在下冲杆上,通过调节下冲在模圈内下降的深度来调节模孔的容积,从而控制片重;推片调节器连在下冲杆上,用以调节下冲推片时抬起的高度,恰使与模圈的上缘相平,被下部推上的片剂由饲粉器推开;压力调节器连在上冲杆上,用以调节上冲下降的深度,实际调节上、下冲间的距离,上、下冲间的距离越近,压力越大。

单冲压片机的工作过程如图 7-27 所示。

2. 多冲旋转式压片机 多冲旋转式压片机(multi punch rotary tablet machine)系指由均布于旋转转台的多副模具按一定轨迹做垂直往复运动的压片机。在生产应用中有 16 冲、19 冲、33 冲、55 冲等。多冲旋转式压片机具有生产效率较高、压力分布均匀(上、下冲同时加压)、饲粉方式合理、片重差异小、机械噪声很小等优点,其结构如图 7-28 所示。

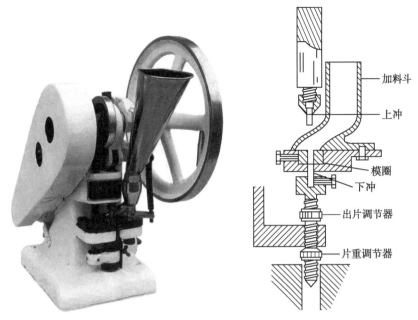

图 7-26　单冲压片机及其主要构造示意图

加料斗

上冲

模圈

下冲

出片调节器

片重调节器

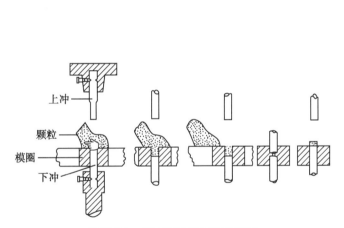

上冲

颗粒

模圈

下冲

图 7-27　单冲压片机工作示意图

图 7-28　多冲旋转式压片机

多冲旋转式压片机由三大部分构成：机座和机台(转盘)、压制机构、加料部分及其调节装置。①机座和机台(转盘)：机座位于压片机的下部,内部装有动力及传动机构。压片时,下冲上升,同时,上冲下降落入模孔内,从而实现上、下冲的同时加压,得到质量较好的片剂。②压制机构：包括圆环形的上冲轨道、下冲轨道和上压轮、下压轮及推片调节器、压力调节器。另外,上压轮连有一个杠杆,杠杆下端被一个弹簧压住,当上压轮受力过大时,此装置可使上、下压轮间的距离增大,从而保证机器和冲模的安全,这一装置称为压力缓冲装置,单冲压片机没有这一装置。③加料部分及其调节装置：饲粉器在多冲旋转式压片机上是固定不动的,当中盘转动时,饲粉器中的颗粒源源不断地流入中盘的各个模孔内,将它们填满,然后下冲向前运动,当到达片重调节器上方凸起的半月形滑道时,多余的颗粒由下冲推出到中盘的台面上,并由刮板刮去,至此颗粒的填充与片重的调节完成。显然,片重调节器决定了模孔内颗粒的实际体积,因而决定了片重。在上述过程之后,下冲沿轨道下降3～5mm,以防压片时上冲将模孔内的颗粒"溅散"出来,从而进一步保证了片重的准确性。

目前,国内生产中使用较多的 33 冲压片机为双流程,它有两套压轮,每冲旋转一圈可压成两个药片,产量较高,每分钟可生产 1 000～1 600 片,又由于两套压轮交替加压,减少了机器的振动和噪声。双流程旋转式压片机的冲数皆为奇数。51 冲、55 冲压片机是效率更高的双流程高速压片机,目前已在国内部分药厂应用,生产能力高达 50 万片 /h,并能自动剔除片重过大或过小的药片。

七、包衣技术与设备

(一)包衣的目的和种类

包衣(coating)系指在片剂(常称其为片芯或素片)的外表面均匀地包裹上一定厚度的衣膜的操作,也可用于颗粒或微丸的包衣。

1. 包衣的目的　对片剂进行包衣,可以:①控制药物在胃肠道的释放部位。如在胃酸、胃酶中不稳定的药物(或对胃有强烈刺激性的药物),可以制成肠溶衣片,使其在小肠中才释放出来,避免了胃酸、胃酶对药物的破坏。②控制药物在胃肠道中的释放速度。半衰期较短的药物,制成片芯后,以适当的材料包衣,通过调整包衣膜的厚度和通透性,即可控制药物释放速度,达到缓释、控释、长效的目的。③掩盖苦味或不良气味。如将黄连素片包成糖衣片后,即可掩盖其苦味,方便服用。④防潮、避光、隔离空气,以增加药物稳定性。例如,降血糖药培利格列扎易受酸碱催化降解,采用包衣法制备成含药片剂后,其稳定性得到显著改善。⑤防止药物的配伍变化。例如,可以将两种药物分别制粒、包衣后,再进行压片,从而避免两者的直接接触。⑥改善片剂的外观和光洁度。例如,有些药物制成片剂后,外观不好(尤其是中草药的片剂),包衣后可使片剂的外观显著改善。

2. 包衣的分类　包衣包括糖包衣、薄膜包衣和干法包衣等类型。实际生产中,前两种最为常用。其中薄膜衣又分为胃溶型、肠溶型和水不溶型三种。无论包制何种衣膜,都要求片芯具有适当的硬度,以免在包衣过程中破碎或缺损;同时也要求片芯具有适宜的厚度与弧度,以免片剂互相粘连或衣层在边缘部断裂。

(二)包衣工艺

1. 糖包衣　糖包衣是指用蔗糖为主要包衣材料进行包衣的方法。虽然具有操作时间长、所需辅料多等缺点,但由于用料便宜易得且操作设备简单,糖包衣工艺仍然是目前国内外应用较为广泛的一种包衣方法,尤其是中药片剂的包衣。

糖包衣的生产工艺主要包括包隔离层、粉衣层、糖衣层、有色糖衣层、打光等,各个操作步骤中所采用的材料也有所不同。

(1)隔离层:隔离层是在片芯外起隔离作用的衣层,可防止包衣溶液中的水分透入片芯。常用材料有 10% 玉米朊乙醇溶液、10% 邻苯二甲酸醋酸纤维素乙醇溶液及 10%～15% 明胶浆等。隔离层一般包 3～5 层,每层需要干燥约 30 分钟。

(2)粉衣层:粉衣层主要是通过润湿黏合剂和撒粉将片芯边缘的棱角包圆的衣层。润湿黏合剂常用 10% 明胶、10% 阿拉伯胶或 65%～75% 蔗糖的水溶液,撒粉则常用 100 目滑石粉、蔗糖粉。一般要包 15～18 层,直至片剂的棱角消失。

（3）糖衣层:包粉衣层后片面比较粗糙、疏松,在粉衣层外包上一层蔗糖衣,使其表面光滑、细腻。糖衣层用料主要是适宜浓度的蔗糖水溶液。包完粉衣层的片芯,加入稍稀的糖浆,逐次减少用量,在 40℃ 下缓缓吹风干燥,一般要包 10～15 层。

（4）有色糖衣层:为增加美观或遮光,或便于识别,可在糖衣层外再包有色糖衣。和包糖衣层的工序完全相同,应先加浅色糖浆,再逐层加深,以防出现色斑。为防止可溶性成分在干燥过程中的迁移,目前多用色淀。一般需要包制 8～15 层。

（5）打光:在糖衣最外层涂上一层极薄的蜡层,以增加光泽,并兼有防潮作用。国内一般用虫蜡,用前需要精制,即加热至 80～100℃ 熔化后过 100 目筛,并掺入 2% 硅油混匀,冷却,粉碎,取过 80 目筛的细粉待用。

2. 薄膜包衣 薄膜包衣是指在片剂、颗粒剂或其他粒子等固体剂型上包裹高分子聚合物薄膜,膜的厚度通常为 20～100μm。与糖衣包衣工艺相比,薄膜包衣具有以下优势:包衣后片重增加小、包衣所用时间短、操作相对简便、包衣后对崩解及药物溶出影响小、片面上可以印字等。

（1）薄膜包衣的材料:薄膜包衣材料通常由高分子材料、增塑剂、释放调节剂、增光剂、固体物料、色料和溶剂等组成。

1）高分子聚合物包衣材料:按衣层的作用可将高分子成膜材料分为普通型、缓释型和肠溶性三大类。①普通型:主要用于改善吸潮和防止粉尘污染等。包括一些纤维素衍生物,如羟丙甲纤维素(hypromellose,HPMC)、羟丙纤维素(hydroxypropyl cellulose,HPC)等。HPMC 较为常用,其易在胃液中溶解,对药物崩解和溶出影响小,成膜性好,形成的薄膜强度适宜。②缓释型:主要用于调节药物的释放速度,这类材料常为在水中或在整个生理 pH 范围内不溶的高分子材料。常用材料包括丙烯酸树脂(Eu RS、Eu RL 系列)、乙基纤维素(ethyl cellulose,EC)、醋酸纤维素(cellulose acetate,CA)等。其中 EC 应用较为广泛,且显示出良好的缓释效果。EC 与 CA 常与 HPMC 或 PEG 混合使用,以产生致孔作用,使药物溶液易于扩散。③肠溶型:肠溶性聚合物具有耐酸性,只能在肠液中溶解,可实现药物的肠定位释放。常用的肠溶性材料有邻苯二甲酸醋酸纤维素(cellulose acetate phthalate,CAP)、聚乙烯醇钛酸酯(polyvinyl alcohol titanate,PVAP)、羟丙甲纤维素钛酸酯(hypromellose phthalate,HPMCP)、丙烯酸树脂 Eu S100、丙烯酸树脂 Eu L100 及醋酸羟丙甲纤维素琥珀酸酯(hydroxypropyl methyl cellulose acetate succinate,HPMCAS)等。CAP 是目前应用最广的肠溶性包衣材料,而 HPMCP 和 HPMCAS 均为近年来发展的新材料,稳定性较 CAP 好。

2）聚合物水分散体包衣材料:聚合物水分散体是将水不溶性聚合物材料以 10nm～1μm 的粒子形式分散在水介质中形成的胶体分散系,亦称为水分散体乳胶液。水分散体除避免使用有机溶剂外,还具有含量高、黏度低的优点,对包衣的产业化具有重要的意义。

为方便包衣过程,可通过调整包衣聚合物材料单体的种类、添加辅助成分和控制聚合反应的条件以制备成新型聚合物水分散体。常见的新型聚合物水分散体有①Kollicoat SR 30 D:分散体是由聚乙酸乙烯酯(27%)、聚维酮(2.5%)和 SDS(0.3%)乳化 - 聚合而成。由于含有 SDS,分散体的黏度较低,而稳定性较高。该分散体的最低成膜温度为 18℃,包衣时无须再加塑化剂，也不需要进行老化处理。②Eudragit FS 30 D：分散体是由丙烯酸甲酯、甲基丙烯酸甲酯和异丁烯酸以 7∶3∶1（W/W）聚合而成的阴离子水分散体，同时含有 SDS（0.3%）和吐温 80（1.2%）。该水分散体形成的衣膜可在碱性介质中溶解，适于结肠定位释药制剂的包衣。③硅酮弹性体水分散体：水分散体是由羟基端封闭的聚二甲基硅氧烷（polydimethylsiloxane，PDMS）聚合胶粒组成，固含量为 53%（W/W）。该水分散体在使用时无须加增塑剂，但须加入PEG 等致孔剂调节药物释放。硅酮弹性体水分散体可用于控释制剂的包衣，致孔剂和二氧化硅等的加入量可显著影响包衣后制剂的释药特性。

3）增塑剂：是指能改变高分子薄膜的物理机械性质，从而增加其可塑性的材料。增塑剂因与成膜材料具有一定的化学相似性，可依靠较强的亲和力插入聚合物分子链间，削弱链间的相互作用力，增加链的可动性，从而增加链的柔韧性。甘油、丙二醇、PEG 等带有羟基，可作为纤维素类包衣材料的增塑剂；甘油单醋酸酯、甘油三醋酸酯、蓖麻油、液体石蜡等可用作脂肪族非极性聚合物的增塑剂。

4）释放调节剂：也称致孔剂。在水不溶性薄膜衣中加有水溶性物质后，遇水可溶解形成多孔膜，从而控制药物的释放速率。常见的水溶性致孔剂有蔗糖、氯化钠、表面活性剂和PEG 等。选用的薄膜包衣材料不同，使用的致孔剂也不同。如聚山梨酯、司盘、HPMC 可作为乙基纤维素薄膜衣的致孔剂；黄原胶可作为甲基丙烯酸酯薄膜衣的致孔剂。

5）固体物料和色素：在包衣过程中有些聚合物的黏性过大，须适当加入固体粉末以防止颗粒或片剂的粘连，如滑石粉、硬脂酸镁、微粉硅胶等。

色素的加入主要有以下几个目的：①便于鉴别；②满足包衣后产品美观要求；③遮光等特殊作用。但是加入色素后可能降低薄膜的拉伸强度，使薄膜弹性模量增加，并会减弱薄膜的柔性。因此须慎重添加。

6）溶剂：溶剂的作用是将成膜材料均匀分布到片剂的表面，溶剂挥发，成膜材料在片剂表面成膜。溶剂应有良好的溶解性，形成的溶液有适宜的黏度，适宜的蒸发速度等。常用的溶剂有乙醇、异丙醇、甲醇等，水溶性成膜材料可用水作溶剂。

（2）薄膜包衣的工艺过程及其成膜机制：薄膜包衣的具体操作过程如下。

1）在包衣锅内装入适当形状的挡板，以利于片芯的转动与翻动。

2）将片芯放入锅内，喷入一定量的薄膜衣材料溶液，使片芯表面均匀润湿。

3）吹入缓和的热风（温度在 40℃左右），使溶剂蒸发。干燥过程不能过快，以免衣膜产生"皱皮"或"起泡"现象；也不能干燥过慢，否则会出现"粘连"或"剥落"现象。包衣与干燥过程要重复若干次，直至达到一定的厚度为止。

4）在室温或略高的温度下自然放置 6～8 小时，使之固化完全。

5）为完全除尽残余的有机溶剂，要在 50℃条件下干燥 12～24 小时。

常用的薄膜包衣工艺有有机溶剂包衣法和水分散体乳胶包衣法。采用有机溶剂包衣时包衣材料的用量较少，表面光滑、均匀，但必须严格控制有机溶剂的残留量。现在常采用不溶性聚合物的水分散体作为包衣材料，并已经日趋普遍，目前在发达国家中已几乎取代了有机溶剂包衣。

聚合物水分散体包衣材料的成膜机制：水分散体包衣是将水分散体材料配制成一定浓度

的包衣液后,再喷洒到片剂的表面。在包衣初期,聚合物粒子黏附于片剂表面,首先形成一个不连续的膜。经热处理时,水分开始蒸发,这些粒子会紧密接触、变形、凝聚、融化,使缝隙消失(临界包衣水平),最后形成聚合物粒子彼此相连的连续膜。上述过程需要经历四个阶段:①第一阶段,片剂表面形成的乳胶膜失水;②第二阶段,聚合物粒子由水膜分开,形成致密的粒子排列,粒子周围水膜的毛细管作用极大加速了这个过程;③第三阶段,粒子变形;④第四阶段,聚合物粒子扩散形成薄膜。

3. 干法包衣 目前工业化生产的包衣操作通常采用液体包衣技术,然而使用有机溶剂或水进行包衣所带来的问题不容忽视。干法包衣几乎不需要任何溶剂,干燥时间较薄膜包衣技术大大缩短,可避免水和高温对药物的不良影响,具有生产流程短、过程简单且自动化程度高、能耗低及包衣时间可调节等优势。但本方法同时也对压片机械等包衣设备的精度有较高的要求。

(1)干法包衣用材料:干法包衣用材料与薄膜包衣类似,干法包衣处方中通常加如一定量的增塑剂以改善包衣骨架聚合物的玻璃化转变温度和融合后黏度,尤其是液体增塑剂,如乙酰化单硬脂酸甘油酯(acetylated monoglycerides,AMG)和枸橼酸三乙酯(triethyl citrate,TEC)。在压制包衣技术中,通常还需要在处方中加入稀释剂、崩解剂、润湿剂和润滑剂等压片时常用的辅料。为了防止产品在生成和贮存过程中发生粘连,通常还需要向成品中加入微粉硅胶等抗黏剂。

(2)干法包衣的方式

1)压制干粉包衣:压制干粉包衣是用包衣材料将片芯包裹后在压片机直接压制成型的包衣方法。该法适合于对湿、热敏感的药物的包衣,也适用于长效多层片的制备或配伍禁忌药物的包衣。一般采用两台压片机联合起来实施压制包衣,两台压片机以特制的传动器连接配套使用。一台压片机压成片芯后,由传递设备将片芯传递到另一台压片机的模孔中,模孔中预先填入部分包衣物料作为底层,然后片芯置于其上,再加入包衣物料填满模孔,进行第二次压制,形成包衣片。压制包衣的优点在于可以避免水分、高温对药物的不良影响,生产流程短,自动化程度高,劳动条件好,但对压片机械的精度要求较高,且无法保证片芯处于中心位置而得到厚度均一的包衣层,应用受到较大限制。

2)静电干粉包衣:一般采用高压静电喷枪将包衣材料荷电,在电场力和气流作用下包衣粉末附着在固体制剂表面,通过调节喷枪电压和包衣材料的电阻来控制包衣厚度,加热固化后形成包衣膜。但此法所需的设备比较精密、复杂,且包衣材料的成膜需要在加热条件下进行,不利于药物的稳定,限制了其发展。

3)增塑剂干粉包衣:粉末包衣材料与增塑剂通过不同的喷嘴喷向固体制剂表面,从而达到包衣的目的。由于干粉包衣过程无须额外的溶剂和水,包衣材料需要在高于玻璃化转变温度的条件下进行熟化处理,才可以形成致密、完整的衣膜。液体增塑剂通过松弛聚合物包衣材料分子链之间的作用力来降低包衣材料的玻璃化转变温度,最终辅助包衣膜的形成。

4)热熔包衣:热熔包衣是将熔融状态的包衣材料在较高温度下包裹于制剂的表面,然后降低温度,形成衣膜的一种包衣技术。在包衣过程中完全不用使用任何溶剂。热熔包衣工艺要求包衣材料的熔点低于85℃,因此该包衣工艺并不适于绝大部分包衣材料的包衣操作。

（三）包衣设备

包衣设备系指能完成片剂、微丸等固体制剂包衣操作的设备。常用的包衣装置主要有膜包衣装置和压制包衣装置。

膜包衣装置可分为锅包衣装置、转动包衣装置和流化包衣装置三大类。其中，锅包衣装置主要用于片剂的包衣，转动包衣装置也可用于小丸的制备与包衣，流化床包衣装置还适于微丸的包衣。

1. 锅包衣装置 包衣过程是在包衣锅内完成，故也称为锅包衣法。它是一种最经典而又最常用的包衣方法，包括普通锅包衣法（普通滚转包衣法）、埋管包衣法及高效包衣锅法。

（1）倾斜包衣锅和埋管包衣锅：普通锅包衣法常用倾斜包衣锅。倾斜包衣锅为传统的锅转动型包衣机（图 7-29）。其主要构造包括莲蓬形或荸荠形的包衣锅、动力部分和加热鼓风及吸粉装置等三大部分。将片剂置于锅内，片剂在包衣锅口附近形成旋涡状的运动，将包衣液均匀地涂在每个片剂的表面。最后经反复喷洒和干燥获得包衣片。在实际操作中，要在加入包衣材料后加以搅动，否则可能使包衣衣层的重量和厚薄不一致。在生产实践中也常常采用

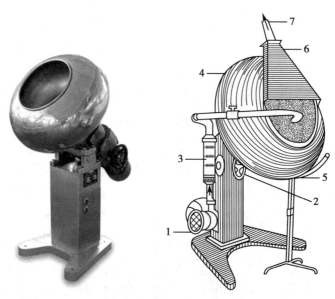

1.鼓风机；2.包衣锅角度调节器；3.电热丝；4.包衣锅；5.煤气管加热器；6.吸粉罩；7.接排风。

图 7-29 倾斜包衣锅

加挡板的方法来改善药片的运动状态，以达到最佳的包衣效果。

倾斜包衣锅内空气流通较差，干燥慢，工业上采用的改良方法是在物料层内插进喷头和空气入口。改良后的装置又称为埋管包衣锅（图 7-30）。改良后的包衣锅底部装有输送包衣溶液、压缩空气和热空气的埋管。包衣溶液在压缩空气的带动下，由下向上喷至锅内的片剂表面，并由下部上来的热空气干燥。改良后的包衣方法不仅能防止喷液的飞扬，而且可加快物料的干燥速度，提高劳动生产率。

（2）高效水平包衣锅：高效水平包衣锅是为进一步改善传统倾斜型包衣锅干燥能力差的

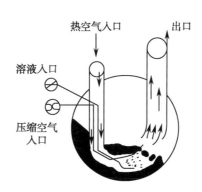

热空气入口

出口

溶液入口

压缩空气入口

图 7-30　埋管包衣锅

缺点而开发出的新型包衣锅。按照包衣机的锅型不同,高效包衣机可分为网孔式、间隙网孔式和无孔式三类,可用于糖包衣和薄膜包衣。由于干燥速度快、包衣效果好,高效水平包衣锅已成为包衣装置的主流。

在高效水平包衣锅锅壁上装有带动片剂向上运动的挡板。包衣锅工作时,锅内的片剂将进行复杂的运动。在片剂运动过程中,安装在锅壁斜面上部的喷雾器将向片剂表面喷洒包衣液。干燥空气从转锅前面的空气入口进入,穿过片剂层从锅底的多孔板进入夹层而排出(图7-31)。

由于结构、原理与普通包衣锅不同,高效水平包衣锅具有以下特点:①粒子运动不依赖空气流的运动,因此适合于片剂和较大的颗粒包衣;②运行过程中可随意停止空气送入;③粒子运动比较稳定,适合易磨损的脆弱粒子的包衣;④装置可密闭,卫生、安全、可靠;⑤缺点是干燥能力相对较低,小粒子的包衣易粘连。

2. **转动包衣装置**　转动包衣装置是在转动制粒机的基础上发展起来的,主要用于微丸的包衣。包衣装置的容器盘旋转时,加到容器盘上的粒子层在旋转过程中将形成麻绳样旋涡状环流。喷雾装置安装于颗粒层斜面上部,将包衣液或黏合剂向粒子层表面定量喷雾,并由自动粉末撒布器撒布主药粉末或辅料。包衣液的喷雾和干燥交替反复进行,在粒子表面形成多层包衣,直至符合包衣要求(图7-32)。

转动包衣装置的特点:①粒子运动主要依靠圆盘的机械运动,不需强空气流,可减少粉末飞扬;②由于粒子间剪切运动激烈(类麻花状),可减少粒子间的粘连,可用于微丸的包衣;③在操作中可开启装置上盖,直接观察粒子的运动和包衣情况;④粒子运动激烈,易磨损颗粒,不适合脆弱粒子的包衣;⑤干燥能力相对较低,包衣时间较长。

3. **流化床包衣装置**　常用的流化床包衣装置有三种形式:流化型、喷流型和流化转动型,如图7-33所示。

(1)流化型包衣装置:流化型是流化床包衣装置的基本型,其构造及操作与流化床制粒设备基本相同。其特点是粒子的运动主要依靠气流运动,因此干燥能力强,包衣时间短;

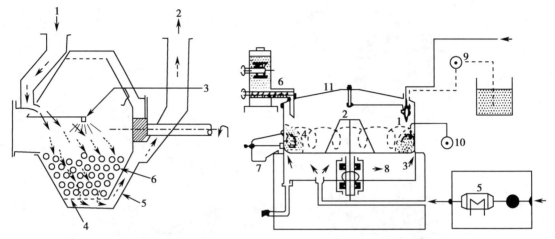

1. 给气；2. 排气；3. 自动喷雾器；4. 多孔板；5. 空气夹套；6. 片子。

图 7-31　高效水平包衣锅

1. 喷嘴；2. 转子；3. 进气；4. 粒子层；5. 热交换器；6. 粉末加料器；7. 出料口；8. 气室；9. 计量泵；10. 湿分计；11. 容器盘。

图 7-32　转动包衣机

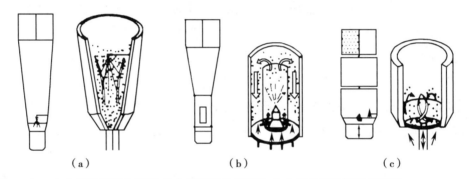

（a）流化型包衣装置；（b）喷流型包衣装置；（c）流化转动型包衣装置。

图 7-33　流化床包衣装置

装置为密闭容器，包衣卫生安全可靠。但是由于粒子运动较缓慢，大颗粒运动较难，小颗粒包衣易产生粘连。此外，包衣液的喷雾装置设在流化层的上部，喷雾位置较高，包衣效果较差。

（2）喷流型包衣装置：喷流型包衣装置的喷雾装置设在底部，并配有圆筒，可形成高强度的喷雾区。其特点是喷雾区域的粒子浓度低，速度大，不易粘连，适合小粒子的包衣；可制成均匀、圆滑的包衣膜。缺点是容积效率低，大型机的放大制备有困难。

（3）流化转动型包衣装置：流化转动型包衣装置的底部设有转动盘，包衣液由底部以切线方向喷入。其优点是粒子运动激烈，不易粘连；干燥能力强，包衣时间短，适合比表面积大的小颗粒的包衣。其缺点是设备结构复杂，价格高；粒子运动过于激烈，易磨损脆弱粒子。

4. 压制包衣装置　压制包衣一般采用两台压片机联合起来实施包衣。为克服传统包衣机成本较高及片芯传递系统易造成无芯、双芯、移位等缺点，现已研制出一步干法压片机，将片芯和包衣在同一台压片机上完成，并且可以压制不同形状的片芯，从而简化了制备步骤，提高了包衣片的质量，节省了制备时间，具有良好的应用前景。

第三节　散剂

一、概述

（一）散剂的定义、分类和特点

1. 散剂的定义　散剂（powder）系指原料药物或与适宜的辅料经粉碎、均匀混合而制成的干燥粉末状制剂。散剂作为一种古老的传统药物剂型，在《黄帝内经》《神农百草经》等医药典籍中都有记载，广泛应用于临床，在中药制剂中的应用比化学药更为广泛。

散剂除了可直接作为剂型外，还是其他剂型如颗粒剂、胶囊剂、片剂、软膏剂、混悬剂、气雾剂、粉雾剂和喷雾剂等制备的中间体。因此，散剂的制备技术与要求在其他剂型中也具有普遍意义。

2. 散剂的分类

（1）按应用用途分为口服散剂与局部用散剂：口服散剂一般溶于或分散于水或其他液体中服用，也可直接用水送服，如五味沙棘散、牛黄千金散等。局部用散剂可供皮肤、口腔、咽喉、腔道等处疾病的应用，如皮肤用散剂痱子粉、口腔溃疡散等。专供治疗、预防和润滑皮肤的散剂也可称为撒布剂或撒粉，如六一散、冰硼散等。

（2）按组成药味多少分为单散剂与复散剂：单散剂是指由一种药物组成，如蔻仁散、川贝散等。复散剂是指由两种或两种以上药物组成，如八味檀香散、七厘散等。

（3）按药物性质不同分为含剧毒药散剂、含液体成分散剂和含低共熔组分散剂：含剧毒药散剂，如九分散、一丸散等；含液体成分散剂，如蛇胆川贝散；含低共熔组分散剂，如白避瘟散、痱子粉等。

（4）按剂量情况分为分剂量散剂与不分剂量散剂：分剂量散剂是指将散剂分成单独剂量，患者按包服用，大多数内服散剂都属于分剂量散剂；不分剂量散剂是指以总剂量形式由患者按医嘱自己分取剂量，大多数的外用散剂属于不分剂量散剂。

3. 散剂的特点　散剂具有如下特点：①药物粒径小，比表面积大，易分散，起效快，故称"散者散也，去急病用之"；②外用覆盖面大，具有保护、收敛、促进伤口愈合等作用；③制备工艺简单，剂量易于控制，便于小孩与老人服用；④贮存、运输、携带比较方便。

散剂分散度较大，药物粉碎后比表面积增大，其气味、刺激性及化学活性也相应改变，挥发性成分极易散失。因此，一些刺激性、腐蚀性强的药物，遇光、湿、热容易变质的药物以及含挥发性成分较多的处方一般不宜制成散剂。

（二）散剂的质量要求

散剂在生产与贮藏期间应符合下列要求：①制备散剂的成分均应粉碎。除另有规定外，口服散剂为细粉，儿科用和局部用散剂为最细粉，眼科用散剂为极细粉。②散剂中可含或不含辅料，根据需要可加入矫味剂、芳香剂和着色剂等。为防止胃酸对生物制品散剂中活性成分的破坏，散剂稀释剂中可调配中和胃酸的成分。③散剂应干燥、疏松、混合均匀、色泽一致。制备含有毒性药、贵重药或药物剂量小的散剂时，应采用配研法混匀并过筛。④散剂可单剂量包（分）装，多剂量包装者应附分剂量的用具。含有毒性药的口服散剂应单剂量包装。

⑤散剂用于烧伤治疗,如为非无菌制剂的,应在标签上标明"非无菌制剂";产品说明书中应注明"本品为非无菌制剂",同时在适应证下应明确"用于程度较轻的烧伤";注意事项下规定"应遵医嘱使用"。

(三)散剂的引湿性

散剂由于其分散性较大,粒度小,比表面积大,极易吸收空气中的水分,所以散剂具有引湿性,易引起潮解、发霉等变化,从而影响药物的药效,故散剂包装与贮存的重点在于防潮。除另有规定外,散剂应密封包装与密闭贮存,尤其是含挥发性或极易吸潮药物的散剂。

药物的引湿性是指在一定温度及湿度条件下吸收水分的能力或程度,通常采用增重百分量来衡量药物的引湿性。在进行药物引湿性试验时,供试品为符合药品质量标准的固体原料药,试验结果可作为选择适宜的药品包装材料和适宜贮存条件的参考。

引湿性特征描述与引湿性增重的界定:①潮解,吸收足量水分形成液体;②极具引湿性,引湿增重不小于15%;③有引湿性,引湿增重小于15%但不小于2%;④略有引湿性,引湿增重小于2%但不小于0.2%;⑤无或几乎无引湿性,引湿增重小于0.2%。

二、散剂的处方与制备

(一)散剂的处方

散剂中常需要加入稀释剂以增加其重量或体积。常用的稀释剂有乳糖、糖粉、淀粉、甘露醇,以及无机物沉降碳酸钙、磷酸钙、硫酸钙等惰性物质。此外,散剂制备过程中粉末相互摩擦易产生静电,不利于混合均匀,故常需要加入少量具有抗静电作用的辅料,如表面活性剂十二烷基硫酸钠,或润滑剂如硬脂酸镁、滑石粉、微粉硅胶等。

(二)散剂的制备

散剂制备的工艺过程包括粉碎、过筛、混合、分剂量、包装等,其工艺流程如图7-34所示。

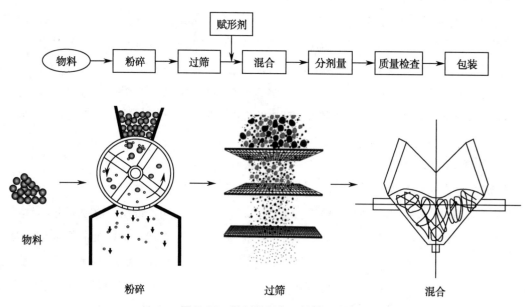

图7-34 散剂的制备工艺流程图

1. **物料的前处理**　固体物料进行粉碎之前,通常要进行前处理,即将物料处理到符合粉碎要求的程度,如果是中药,要根据处方中各个药材的性状进行适当地处理,如洗净、切割或粗碎等,使之干燥成净药材以供粉碎之用;如果是化学药,一般将原、辅料充分干燥,以满足粉碎要求。

2. **粉碎**　通过粉碎,可降低固体药物的粒度,有利于各组分混合均匀,且可改善难溶性药物的溶出度。

3. **筛分**　筛分对提高物料的流动性和混合均匀性具有重要作用。

4. **混合**　混合是制备散剂的关键工序,直接决定着散剂含量的均匀度和剂量的准确性。散剂制备过程中常存在物料"分散不均匀"的问题。物料粉碎后,巨大的比表面积使粉体具有很高的表面自由能,极易自动团聚,导致粉体性质的随机性,无法保证粉体的均匀分散、稳定可控,会对药物的药效产生影响。近年来,发展起来的中成粒子设计技术是按照一定的结构模型,在微观层面对组方粉体进行精密地分散和重组,构建分散均匀、质量稳定的重组粒子。该粒子包含了处方药物的全部成分,实现了所有粉体的均匀分散、稳定可控,克服了粉体自动聚集、易吸潮、色泽不均、口感气味差、挥发性成分易散失等不足。

5. **分剂量**　分剂量常用方法有目测法、重量法、容量法三种,机械化生产多采用容量法。但分装物料粉末的流动性、吸湿性、堆密度等理化特性的变化可影响散剂分剂量的准确性。

6. **包装与贮存**　散剂的质量除了和制备工艺有关以外,还与散剂的包装、贮存条件等密切相关。由于散剂的分散度大,易引湿、潮解、结块、霉变及氧化等,因此散剂的包装应注意防潮与密封。除另有规定外,散剂应密闭贮存,含挥发性原料药物或易吸潮原料药物的散剂应密封贮存,生物制品应采用防潮材料包装。为了防止水溶性药物散剂在生产和贮存过程中吸潮,环境的相对湿度应控制在药物的临界相对湿度以下。

例 7-3：石榴健胃散

【处方】石榴子 750g,肉桂 120g,荜茇 75g,红花 375g,豆蔻 60g。

【制法】以上五味,粉碎成细粉,过筛,混匀,即得。

【功能与主治】温胃益火,化滞除湿,温通脉道。用于消化不良、食欲不振、寒性腹泻等。

【药性分析】石榴子酸、甘、温、润,主治胃寒症及一切胃病,为君药。肉桂补火助阳,温胃益火;荜茇温胃散寒,和中止痛,共为臣药。豆蔻化湿行气,温中止呕;红花活血通脉,共为佐药。

例 7-4：安宫牛黄散

【处方】牛黄 100g,水牛角浓缩粉 200g,人工麝香 25g,珍珠 50g,朱砂 100g,雄黄 100g,黄连 100g,黄芩 100g,栀子 100g,郁金 100g,冰片 25g。

【制法】以上十一味,珍珠水飞或粉碎成极细粉;朱砂、雄黄分别水飞成极细粉;黄连、黄芩、栀子、郁金粉碎成细粉;将牛黄、水牛角浓缩粉、人工麝香、冰片研细,与上述粉末配研,过筛、混匀,即得。

【功能与主治】清热解毒,镇惊开窍。用于热病,邪入心包,高热惊厥,神昏谵语;中风昏迷及脑炎、脑膜炎、中毒性脑病、脑出血、败血症见上述证候者。

【药性分析】牛黄、水牛角清心开窍,黄芩、栀子、黄连、郁金清热解毒,六药合力清心包之热毒；朱砂、珍珠重镇安神；雄黄辟秽；冰片、麝香芳香走窜，开窍醒神。

例7-5：冰硼散

【处方】冰片50g，硼砂（煅）500g，朱砂60g，玄明粉500g。

【制法】以上四味，朱砂水飞或粉碎成极细粉，硼砂粉碎成细粉，将冰片研细，与上述粉末及玄明粉配研，过筛、混匀，即得。

【功能与主治】清热解毒，消肿止痛。用于热毒蕴结所致的咽喉疼痛，牙龈肿痛，口舌生疮。

【注解】①朱砂主含硫化汞，为粒状或块状，色鲜红或暗红，具光泽，质重而脆，水飞法可获得极细粉；②玄明粉系芒硝经风化干燥而得，含硫酸钠不少于99%；③本品朱砂有色，易于观察混合的均匀性；④本品用乙醚提取，重量法测定，冰片含量不得少于3.5%。

三、散剂的质量检查

《中国药典》（2020年版）四部收载了散剂的质量检查项目，主要有：

1. **粒度** 除另有规定外，取供试品10g，精密称定，照粒度和粒度分布测定法测定。化学药局部用散剂通过七号筛以及用于烧伤或严重创伤的中药局部用散剂通过六号筛的粉末重量，不得少于95%。

2. **外观均匀度** 取供试品适量，置光滑纸上，平铺约5cm²，将其表面压平，在明亮处观察，应色泽均匀，无花纹与色斑。

3. **水分** 取供试品照水分测定法测定，除另有规定外，不得过9.0%。

4. **干燥失重** 化学药和生物制品散剂，除另有规定外，取供试品，照干燥失重测定法测定，在105℃干燥至恒重，减失重量不得过2.0%。

5. **装量差异** 除另有规定外，取单剂量包装的散剂10袋（瓶），依法检查，装量差异限度应符合规定（见表7-4）。超出装量差异限度的散剂不得多于2袋（瓶），并不得有1袋（瓶）超出装量差异限度的1倍。

凡规定检查含量均匀度的化学药和生物制品散剂，一般不再进行装量差异的检查。

表7-4 《中国药典》（2020年版）规定的单剂量包装散剂的装量差异

平均装量或标示装量	装量差异限度（中药、化学药）	装量差异限度（生物制品）
0.1g及0.1g以下	±15%	±15%
0.1g以上至0.5g	±10%	±10%
0.5g以上至1.5g	±8%	±7.5%
1.5g以上至6.0g	±7%	±5%
6.0g以上	±5%	±3%

6. **装量** 除另有规定外，多剂量包装的散剂，照最低装量检查法检查，应符合规定。

7. **无菌** 除另有规定外，用于烧伤（除程度较轻的烧伤）、严重创伤或临床必需无菌的局部用散剂，照无菌检查法检查，应符合规定。

8. 微生物限度　除另有规定外,照非无菌产品微生物限度检查(微生物计数法和控制菌检查法及非无菌药品微生物限度标准检查),应符合规定。凡规定进行杂菌检查的生物制品散剂,可不进行微生物限度检查。

第四节　颗粒剂

一、概述

(一)颗粒剂的定义、分类和特点

1. 颗粒剂的定义　颗粒剂(granule)系指原料药物与适宜的辅料混合制成具有一定粒度的干燥颗粒状制剂。除另有规定外,颗粒剂中大于一号筛(2 000μm)的粗粒和小于五号筛(180μm)的细粒的总和不能超过供试量的15%。颗粒剂可直接吞服,也可冲入水中饮服。

颗粒剂是药物特别是中药常选用的一种固体剂型。一些抗生素遇水不稳定,将其制成颗粒剂,临用前加水溶解或混悬服用,如阿莫西林颗粒、头孢氨苄颗粒。颗粒剂也是儿科给药常选择的剂型之一,如匹多莫德颗粒、复方锌布颗粒等。中药颗粒剂是在汤剂基础上发展起来的剂型,它开始出现于20世纪70年代。中药颗粒剂既保持了汤剂吸收快、显效迅速等优点,又克服了汤剂服用前临时煎煮、费时耗能、久置易霉败变质等不足,如感冒清热颗粒剂、清开灵颗粒剂、板蓝根颗粒剂、参芪降糖颗粒剂等。

2. 颗粒剂的分类　颗粒剂可分为可溶颗粒(通称为颗粒)、混悬颗粒、泡腾颗粒、肠溶颗粒、缓释颗粒和控释颗粒等。

(1)混悬颗粒:系指难溶性原料药物与适宜辅料混合制成的颗粒剂。临用前加水或其他适宜的液体振摇即可分散成混悬液。

(2)泡腾颗粒:系指含有碳酸氢钠和有机酸(枸橼酸或酒石酸等),遇水可放出大量气体而呈泡腾状的颗粒剂。泡腾颗粒中的原料药物应是易溶性的,加水产生气泡后应能溶解。

(3)肠溶颗粒:系指采用肠溶性材料包裹颗粒或其他适宜方法制成的颗粒剂。肠溶颗粒耐胃酸,在肠液中释放活性成分或控制药物在肠道内定位释放,可防止药物在胃内分解失效,避免对胃的刺激。

(4)缓释颗粒:系指在规定的释放介质中缓慢地非恒速释放药物的颗粒剂。

(5)控释颗粒:系指在规定的释放介质中缓慢地恒速释放药物的颗粒剂。

3. 颗粒剂的特点　颗粒剂的分散度小于散剂,但大于其他固体制剂。因此,与散剂相比,颗粒剂具有以下特点:①飞散性、附着性、团聚性、引湿性等相对较少;②采用多种成分混合后用黏合剂制成颗粒,可有效防止各种成分的离析;③贮存、运输方便;④在必要时可对颗粒进行包衣,通过采用不同性质的包衣材料使颗粒具有防潮性、缓释性或肠溶性等。

(二)颗粒剂的质量要求

颗粒剂在生产与贮存期间应符合下列规定:①原料药物与辅料应均匀混合。含药量小或含毒、剧药物的颗粒剂,应根据原料药物的性质采用适宜方法使其分散均匀。②凡属挥发性原料药物或遇热不稳定的药物在制备过程应注意控制适宜的温度,凡遇光不稳定的原料药物应遮光操作。③根据需要可加入适宜的矫味剂、芳香剂、着色剂、分散剂和防腐剂等添加剂。④为了防潮、掩盖原料药物的不良气味或防止挥发性成分的散失,可对颗粒进行包衣。必要时,包衣颗粒应检查残留溶剂。⑤颗粒剂应干燥,颗粒均匀,色泽一致,无吸潮、软化、结块、潮解等现象。⑥除另有规定外,颗粒剂的溶出度、释放度、含量均匀度、微生物限度等应符合要求。⑦除另有规定外,颗粒剂应密封,置干燥处贮存,防止受潮。生物制品原液、半成品和成品的生产及质量控制应符合相关品种要求。⑧单剂量包装的颗粒剂在标签上要标明每袋(瓶)中活性成分的名称及含量。多剂量包装的颗粒剂除应有确切的分剂量方法外,在标签上要标明颗粒中活性成分的名称和含量。

二、颗粒剂的处方与制备

(一)颗粒剂的处方

颗粒剂的组成除主药外,常用的辅料有稀释剂、黏合剂,还可根据需要加入适宜的崩解剂、矫味剂、芳香剂、着色剂、分散剂和防腐剂等。肠溶、缓释、控释颗粒剂可通过加入功能性辅料或包衣制备。

1. **稀释剂**　常用的稀释剂有淀粉、蔗糖、乳糖、糊精等。

2. **黏合剂**　常用的黏合剂有淀粉浆、纤维素衍生物,如羟丙甲纤维素等。对于本身具有一定黏性的物质也可不加黏合剂,只须用水或一定浓度的乙醇溶液作为润湿剂进行制粒。

3. **崩解剂**　常用的崩解剂有羧甲淀粉钠(carboxymethyl starch sodium,CMS-Na)、交联聚维酮(crospovidone,PVPP)、交联羧甲纤维素钠(croscarmellose sodium,CC-Na)等。

(二)颗粒剂的制备

颗粒剂的制备工艺过程包括粉碎、过筛、混合、制粒、分剂量、包装等,其工艺流程如图7-35所示。

在颗粒剂的制备过程中,制粒前药物的粉碎、过筛、混合等操作与散剂的制备相同。制粒是颗粒剂的标志性操作,制粒方法分为湿法制粒和干法制粒两种,其中传统的湿法制粒仍是目前制备颗粒的主流方法。颗粒剂的制粒方法与操作过程见表7-5。

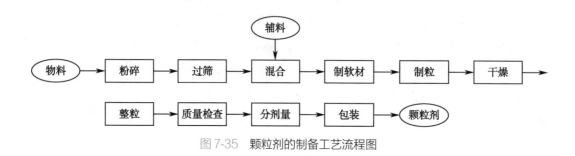

图7-35　颗粒剂的制备工艺流程图

表 7-5　颗粒剂的制粒方法与操作过程

制粒方法	制备工艺	操作过程
湿法制粒	挤压制粒法	将药物与辅料混合均匀,加入黏合剂或润湿剂制软材,强制挤压通过筛网,制得颗粒
	高速搅拌制粒法	将药物与辅料加入高速搅拌制粒机中,混匀,加入黏合剂,在高速搅拌桨和切割刀的作用下快速制粒
	流化床制粒法	将药物与辅料置于流化室内,自下而上的气流使其呈悬浮的流化状态,喷入黏合剂液体,粉末聚结成颗粒
	转动制粒法	将药物与辅料置于容器中,转动容器或底盘,喷洒黏合剂或润湿剂,制得颗粒
干法制粒	压片法	利用重型压片机,将药物粉末压制成致密的料片,再破碎成一定大小的颗粒
	滚压法	利用转速相同的两个滚筒之间的缝隙,将药物粉末滚压成板状,然后破碎成一定大小的颗粒

以湿法制粒为例,颗粒剂的制备过程如下:

1. **制软材**　制软材是湿法制粒的关键技术,而选择适宜的黏合剂及其用量是制软材的关键。黏合剂过多,颗粒互相粘连;黏合剂过少,不成颗粒。在中药颗粒剂中由于中药材提取物吸湿性较大,并含有一定量的黏性物质,在制软材时不宜选用水作黏合剂,而应选用不同浓度的乙醇溶液调整干湿度,黏性越大醇浓度越高,常用浓度为70%~95%。

2. **制湿颗粒**　湿法制粒通常采用传统的挤压制粒法。现代造粒技术,如流化床制粒、搅拌制粒、离心制粒等技术也应用于颗粒剂的制备中,而且特别适用于缓控释、肠溶颗粒剂的制备。

3. **干燥**　制得的湿颗粒应立即进行干燥,以防止结块或受压变形。常用的干燥方法有厢式干燥、流化床干燥、喷雾干燥等。厢式干燥是物料静态干燥,颗粒的大小和形状不易变,但颗粒间容易粘连,需要人工方法进行间歇搅动;流化床干燥是物料动态干燥,颗粒易碎,但不易粘连;喷雾干燥过程中粒子的蒸发面积大、干燥时间短,适用于热敏性物料及无菌制剂的干燥,干燥后的产品多为松脆的颗粒,溶解性能好。

4. **整粒与分级**　干燥后的颗粒一般通过筛分法进行整粒和分级,一方面使干燥后结块、粘连的颗粒散开,另一方面可获得大小均匀一致的颗粒。

5. **质量检查与分剂量**　将制得的颗粒进行含量检查与粒度测定后,按剂量装入适宜的包装袋中。

6. **包装与贮存**　颗粒剂包装与贮存的重点在于防潮与密封。颗粒剂的贮存和注意事项基本与散剂相同,应密封包装,并置于干燥处贮存,避免吸潮。

例 7-6: 复方丹参颗粒

【处方】丹参 1 350g、三七 423g、冰片 24g。

【制法】以上三味,丹参加乙醇加热回流 1.5 小时,提取液滤过,滤液回收乙醇并浓缩至适量,备用;药渣加 50% 乙醇加热回流 1.5 小时,提取液滤过,滤液回收乙醇并浓缩至适量,备用;药渣加水煎煮 2 小时,煎液滤过,滤液浓缩至适量,与上述各浓缩液合并,喷雾干燥,制成干膏粉。三七粉碎成细粉，加入上述干膏粉和适量的糊精，混匀，制成颗粒，干燥。冰片研细，用无水乙醇溶解，均匀地喷于颗粒上，包薄膜衣，制成1 000g，即得。

【功能与主治】活血化瘀，理气止痛。用于气滞血瘀所致的胸痹，症见胸闷、心前区刺痛；冠心病心绞痛见上述证候者。

【药性分析】丹参祛瘀止痛，活血养血，清心除烦为主药。辅以三七活血通脉，化瘀止痛。佐以冰片芳香开窍，行气止痛。诸药相配，共奏活血化瘀、芳香开窍、理气止痛之功。

例7-7：痔炎消颗粒

【处方】火麻仁150g、紫珠叶150g、槐花75g、山银花75g、地榆75g、白芍60g、三七5g、白茅根150g、茵陈75g、枳壳50g。

【制法】以上十味，除三七外，其余火麻仁等九味药材，粉碎，加水煎煮二次，每次2小时，滤过，合并滤液并浓缩至相对密度为1.07～1.12（90℃）的清膏，加入乙醇使其含醇量达70%，搅匀，静置，滤过，残渣再用70%乙醇适量洗涤，合并滤液，回收乙醇，并继续浓缩至相对密度为1.20～1.26（30℃）的清膏。另取三七粗粉，用70%乙醇加热提取三次，每次2小时，提取液滤过，滤液回收乙醇后，浓缩至相对密度为1.20～1.26（30℃）的清膏，上述两种清膏合并，加入适量蔗糖粉，混匀，制成颗粒，干燥，制成1 000g。或加入甘露醇、阿司帕坦、甜菊素适量，制粒（无蔗糖），干燥，制成颗粒300g，即得。

【功能与主治】清热解毒，润肠通便，止血，止痛，消肿。用于血热毒盛所致的痔疮肿痛、肛裂疼痛及痔疮手术后大便困难、便血及老年人便秘。

例7-8：维生素C颗粒

【处方】维生素C 1.5g、糊精15g、蔗糖粉13g、酒石酸0.5g、50%乙醇溶液适量，共制成15袋。

【制法】将维生素、糊精、蔗糖粉分别过100目筛，按配研法将维生素C与辅料混匀，再将酒石酸溶于50%（体积分数）乙醇溶液中，一次加入上述混合物中，混匀，制软材，过16目筛制粒，湿颗粒于60℃以下干燥，干颗粒过12目筛整粒，分装，检查，包装。

【功能与主治】参与体内多种代谢过程，减低毛细血管脆性，增加机体抵抗力。用于预防和防治维生素C缺乏症，也可用于各种急慢性传染性疾病及紫癜等的辅助治疗。

【注解】维生素C易氧化变质，含量下降；尤其当金属离子（特别是铜离子）存在时更快，故在处方中加酒石酸作为稳定剂。糊精、糖粉为辅料，其中糖粉能增加颗粒硬度，兼有矫味的作用。50%乙醇溶液为润湿剂。

三、颗粒剂的质量检查

除主药含量、外观外，《中国药典》（2020年版）四部还规定了粒度、水分、干燥失重、溶化性、装量差异等检查项目。

1. 粒度　除另有规定外，照粒度和粒度分布测定法检查，不能通过一号筛与能通过五号筛的总和不得超过15%。

2. 水分　中药颗粒剂照水分测定法测定，除另有规定外，水分不得超过8.0%。

3. **干燥失重** 除另有规定外,化学药品和生物制品颗粒剂照干燥失重测定法测定,于105℃干燥(含糖颗粒应在80℃减压干燥)至恒重,减失重量不得超过2.0%。

4. **溶化性** 除另有规定外,可溶性颗粒和泡腾颗粒溶化性检查,应符合规定,并不得有异物,中药颗粒还不得有焦屑。混悬颗粒及已规定检查溶出度或释放度的颗粒剂可不进行溶化性检查。

5. **装量差异** 单剂量包装的颗粒剂,依法检查,应符合规定(表7-6)。超出装量差异限度的颗粒剂不得多于2袋(瓶),并不得有1袋(瓶)超出装量差异限度的1倍。凡规定检查含量均匀度的颗粒剂,一般不再进行装量差异的检查。

表7-6 《中国药典》(2020年版)规定的单剂量包装颗粒剂的装量差异

平均装量或标示装量	装量差异限度	平均装量或标示装量	装量差异限度
1.0g及1.0g以下	±10%	1.5g以上至6.0g	±7%
1.0g以上至1.5g	±8%	6.0g以上	±5%

6. **装量** 多剂量包装的颗粒剂,照最低装量检查法检查,应符合规定。

7. **微生物限度** 照非无菌产品微生物限度检查(微生物计数法和控制菌检查法及非无菌药品微生物限度标准检查),应符合规定。规定检查杂菌的生物制品颗粒剂,可不进行微生物限度检查。

第五节　胶囊剂

一、概述

(一)胶囊剂的定义、分类和特点

1. **胶囊剂的定义** 胶囊剂(capsule)系指原料药物或与适宜辅料充填于空心硬质胶囊或密封于软质囊材中而制成的固体制剂,主要供口服。胶囊剂是临床常用的剂型之一,品种数仅次于片剂和注射剂。

2. **胶囊剂的分类** 依据胶囊剂的溶解与释放特性,通常将胶囊剂分为以下几种。

(1)硬胶囊剂(hard capsule):通称为胶囊,系采用适宜的制剂技术将原料药物或加适宜辅料制成的均匀粉末、颗粒、小片、小丸、半固体或液体等,充填于空心胶囊中而制成的胶囊剂(图7-36),如阿莫西林胶囊等。

(2)软胶囊剂(soft capsule):系指将一定量的液体原料药物直接密封,或将固体原料药物溶解或分散在适宜的辅料中制备成溶液、混

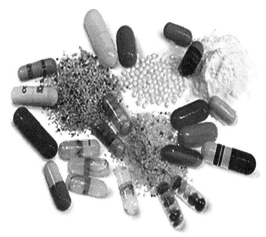

图7-36　硬胶囊剂及其填充的药物形式

悬液、乳状液或半固体,密封于软质囊材中的胶囊剂,见图 7-37。可用滴制法或压制法制备,用滴制法制备的软胶囊一般为球状,如维生素 E 胶丸;用压制法制备的软胶囊常见形状为椭圆形等,如维生素 E 软胶囊。软质囊材一般是由胶囊用明胶、甘油或其他适宜的药用辅料单独或混合制成。

（3）缓释胶囊（slow release capsule）:系指在规定的释放介质中缓慢地非恒速释放药物的胶囊剂。缓释胶囊应符合缓释制剂的有关要求,并应进行释放度检查。

（4）控释胶囊（controlled-release capsule）:系指在规定的释放介质中缓慢地恒速释放药物的胶囊剂。控释胶囊应符合控释制剂的有关要求,并应进行释放度检查。

图 7-37　软胶囊剂

（5）肠溶胶囊（enteric capsule）:系指用肠溶材料包衣处理的颗粒或小丸充填于胶囊中而制成的胶囊剂,或用适宜的肠溶材料制备硬胶囊或软胶囊的囊壳而制得的胶囊剂。肠溶胶囊不溶于胃液,但能在肠液中崩解而释放活性成分。除另有规定外,肠溶胶囊应符合迟释制剂的有关要求,并进行释放度检查。

3. **胶囊剂的特点**　将药物制备成胶囊剂具有以下特点:①能掩盖药物的不良臭味,提高药物稳定性。药物装于胶囊壳中后,可以免受空气、光线等的影响,对具不良臭味和不稳定的药物也有一定的遮蔽、保护和稳定作用。②药物在体内起效快、生物利用度较高。药物以粉末或颗粒状态直接填装于囊壳中,在胃肠道中能够迅速分散、溶出和吸收,其生物利用度高于丸剂、片剂等。③液态药物固体剂型化。液态药物或含油量高的药物难以制成丸剂、片剂等固体剂型,可充填于软质胶囊中形成软胶囊,方便携带、服用和分剂量。④可延缓或定位释放药物。先将药物制成缓释颗粒,再按需要装入胶囊中,可达到缓释延效作用;将胶囊剂制成肠溶胶囊可将药物定位释放于小肠;还可制成直肠或阴道给药的胶囊剂,使药物定位释放于特定腔道。⑤以明胶制备的囊壳受温度和湿度的影响较大。以湿度为例,明胶在相对湿度较低时,易龟裂、减重;相对湿度较高时,又会发生变形、增重现象。因此在制备、贮存时应该妥善处理。⑥生产成本相对较高。胶囊剂是将药物的粉末、颗粒、小片、小丸等填充于囊壳中,相对增加了制备的工艺程序和生产成本。⑦特殊群体如婴幼儿和老人等口服用药有一定困难,而且一些药物不适宜制备成胶囊。

（二）胶囊剂的质量要求

胶囊剂在生产与贮藏期间应符合下列有关规定:①胶囊剂的内容物不论是原料药物还是辅料,均不应造成囊壳的变质。②小剂量原料药物应用适宜的稀释剂稀释,并混合均匀。③胶囊剂应整洁,不得有粘结、变形、渗漏或囊壳破裂等现象,并应无异臭。④胶囊剂的溶出度、释放度、含量均匀度、微生物限度应符合要求。必要时,内容物包衣的胶囊剂应检查残留溶剂。⑤除另有规定外,胶囊剂应密封贮存,其存放环境温度不高于 30℃,湿度应适宜,防止受潮、发霉、变质。生物制品原液、半成品和成品的生产及质量控制应符合相关品种要求。

二、胶囊剂的处方设计

常规的胶囊剂是将药物以不同形式填充到空胶囊中,胶囊剂的处方进行设计时,应充分考虑到胶囊壳的组成和药物的填充要求。

（一）硬胶囊剂的处方设计

1. 空胶囊的组成

（1）成囊材料:明胶是胶原蛋白温和水解的产物,是最为常用的成囊材料,由动物的骨、皮水解而得,分为 A 型、B 型两种型号。A 型明胶以猪皮为原料,由酸水解制得,等电点为 7~9;B 型明胶用动物的骨骼和皮由碱水解制得,等电点为 4.7~5.2。以骨骼为原料制得的骨明胶,质地坚硬,脆,而且透明度差;以猪皮为原料制得的皮明胶,富有可塑性,透明度好。在实际应用中,为兼顾囊壳的强度和塑性,常采用骨、皮混合胶作为囊材的制备材料。冻力强度与黏度是明胶的两个重要参数。明胶的质量越纯,分子量越大,含水解产物越少,其冻力强度越高,所制成的空胶囊有较坚固的拉力与弹性。明胶分子量越大,其黏度越大,一般明胶的黏度控制在 4.3~4.7mPa·s,黏度过大,制得的空胶囊厚薄不均,表面不光滑;黏度过小,干燥时间长,壳薄易破损。

明胶易受外界环境的影响而发生质量变化,因此,研究开发新型胶囊材料具有潜在应用价值。近年来,羟丙甲纤维素、海藻多糖、明胶与淀粉的混合物、羟丙甲纤维素与羟丙基甲基淀粉的混合物都被探索用于制备胶囊剂。

（2）附加成分:为使所制备的囊壳更适于实际应用,在空胶囊的制备过程中还需要添加以下添加剂来改善囊壳的性质(表 7-7)。

表 7-7　空胶囊壳制备常用的附加剂

附加剂种类	功能	常用附加剂
增塑剂	增加所制备空胶囊的韧性与可塑性	甘油、山梨醇、CMC-Na、HPC、油酸酰胺磺酸钠等
增稠剂	减小流动性、增加明胶冻力	琼脂等
遮光剂	增加光敏感药物的稳定性	二氧化钛、硫酸钡或沉降碳酸钙等
着色剂	美观和便于识别	食用色素等
防腐剂	防止霉变	尼泊金类等防腐剂
增亮剂	增加胶囊壳的光泽度	十二烷基磺酸钠等
芳香矫味剂	为矫正药物的不良嗅味	乙基芳香醛、香精油等

2. 药物的填充要求

（1）内容物的类型:硬胶囊剂中的填充内容物可通过制剂技术制备成不同形式和功能,填充于空心胶囊中。如①原料药物粉末直接填充;②原料药物加入适宜的辅料如稀释剂、助流剂、崩解剂等制成均匀的粉末、颗粒或小片;③将普通小丸、速释小丸、缓释小丸、控释小丸或肠溶小丸单独填充或混合填充,必要时还可加入适量空白小丸作填充剂;④将原料药物制成包合物、固体分散体、微囊或微球填充物;⑤溶液、混悬液、乳状液等采取特制的灌囊机填充于空心胶囊中,必要时密封。

内容物为液体的硬胶囊剂是近年来发展起来的新填充形式,得到了广泛关注。与传统胶囊剂相比,液体胶囊由于采用液体形式而不是固体形式的内容物,使其具有以下特点:可提高难溶性药物的生物利用度;适用于室温下呈液态的低熔点药物制成胶囊剂;对于低剂量强效药物和吸湿性药物也均适合。如将难溶性药物溶解在 PEG 400 等液体基质中,装入硬胶囊,即可提高其药物的生物利用度,不需要再采用微粉化或制备固体分散体的复杂方法。

(2)药物的性质:硬胶囊囊材的主要成分是明胶,具有一定的脆性和水溶性,因而对所填充药物的性质有一定要求。药物的水溶液或稀乙醇溶液会使囊壁溶化;易风化的药物可使囊壁软化;吸湿性很强的药物可使囊壁脆裂;醛类药物可使明胶囊壁变性;含挥发性、小分子有机物的液体药物能使囊材软化或溶解;O/W 型乳剂与囊壁接触后,也会使囊壁变软等,均不适宜直接填充进囊壳而制备成胶囊剂。此外,囊壳溶化后,会造成药物局部浓度过大。因此,易溶刺激性药物在制备成胶囊剂时,应该慎重考虑。

(3)药物填充的流动性:若药物粉碎至适宜粒度就能满足填充要求,即可直接填充,但多数药物由于流动性差等方面的原因而不能直接填充。在这些药物填充过程中,可加入一定量的蔗糖、乳糖、微晶纤维素、二氧化硅、硬脂酸镁、滑石粉等稀释剂、润滑剂来改善物料的流动性,以满足填充要求;也可将药物制成颗粒或小丸等再进行填充。

(二)软胶囊剂的处方设计

1. 囊壁的组成　软胶囊剂囊壁主要由明胶、增塑剂、水三者构成,其重量比通常是干明胶∶干增塑剂∶水 =1∶(0.4～0.6)∶1。若增塑剂用量过低(或过高),会造成囊壁过硬(或过软)。常用的增塑剂有甘油、山梨醇或二者的混合物。

2. 药物的性质与附加剂

(1)药物的性质:软质囊材以明胶为主,因此对明胶性质无影响的药物和附加剂均可填充,如各种油类和液体药物、药物溶液、混悬液等。

(2)附加剂的影响:软胶囊剂内容物为粉末时,要将其制备成混悬液。常用的分散介质是植物油或 PEG 400,其中 PEG 400 能与水相混溶,尤其适用于中药软胶囊和速效软胶囊的制备。除了分散介质,混悬液中还应加入助悬剂,以确保填装药物分散均匀,剂量准确。在油状介质中通常需要加入油蜡混合物(氢化植物油 1 份、蜂蜡 1 份、熔点为 33～38℃的短链植物油 4 份)作助悬剂。在 PEG 400 等非油性介质中,可用 1%～15% 的 PEG 4000 等为助悬剂。

(3)药物为混悬液时对胶囊大小的影响:当内容物为药物的混悬液时,为求得适宜的软胶囊大小,可通过测定药物的基质吸附率(base adsorption)来计算,即 1g 固体药物制成(填充软胶囊用)混悬液时所需液体基质的克数,可按下式计算。

$$\text{基质吸附率} = \frac{\text{基质重量}}{\text{固体质量}} \qquad\qquad \text{式}(7\text{-}8)$$

根据基质吸附率,称取基质与固体药物,混合匀化,测定其堆密度,便可决定制备一定剂量的混悬液所需模具的大小。药物粉末的形态、大小、密度、含水量等均会对基质吸附率产生影响,从而影响软胶囊剂的大小。

三、胶囊剂的制备

(一)硬胶囊剂的制备

硬胶囊剂的制备工艺流程如图 7-38 所示。

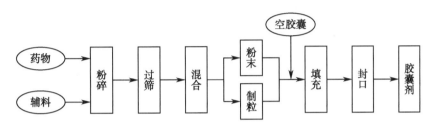

图 7-38　硬胶囊剂的制备工艺流程图

1. 空胶囊的制备

（1）空胶囊制备工艺：空胶囊呈圆筒形,分上、下配套的两节,即囊体和囊帽两部分组成,分别有凹槽和楔形,填囊心物后,能将囊帽紧密套合在囊体上制备成胶囊剂。空胶囊的制备工艺主要经过六个环节(图 7-39)。

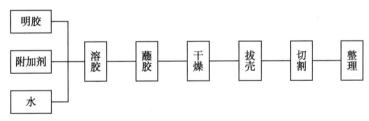

图 7-39　空胶囊的制备工艺流程图

　　在实际生产过程中,生产环境洁净度应达 C 级,温度为 10～25℃,相对湿度为 35%～45%。空胶囊可用 10% 环氧乙烷与 90% 卤烃的混合气体进行灭菌处理。

　　（2）空胶囊的规格与质量：空胶囊的规格与质量均有明确规定。空胶囊共有 8 种规格,0～5 号最为常用(表 7-8)。

表 7-8　空胶囊的号数与容积

空胶囊 / 号	000	00	0	1	2	3	4	5
容积 /ml	1.40	0.95	0.75	0.55	0.40	0.30	0.25	0.15

　　制备空胶囊的成品后,应做必要的检查,以保证其质量。检查项目主要包括外观、臭味、含水量、脆碎度、溶化时限、重金属含量及卫生学检查等。

　　检查后应将胶囊套合,装于密闭容器中,置 40℃以下、相对湿度 30%～40% 处,避光贮藏,备用。

2. 物料的填充与封口

（1）物料的填充:硬胶囊剂的药物填充多用容积控制,将物料填充进入空胶囊可采用手工填充和机械填充两种方式。

1）手工填充:手工填充药物时,应先将药物粉末铺成一层并轻轻压紧,使其厚度为囊体高度的 1/4～1/3。然后持囊体,开口向下插入粉末内,使粉末嵌入胶囊中。如此压装数次至胶囊被填满,称重,若重量适合,即将囊帽套上。填装过程中所施压力应均匀,并随时校准。手工装填胶囊时应注意清洁卫生,操作前必须洗手并戴上手套,填充时也可使用胶囊分装器加快操作。手工填充生产效率低,只适合小剂量药品和贵重药品等的填充,不利于大规模生产。

2）机械填充:使用机械法对胶囊剂进行填充,主要分为a、b、c、d四种类型。a型是由螺旋钻将物料压进胶囊;b型是用柱塞上下往复将物料压进胶囊;c型是利用物料流动性使其自由流入胶囊;d型是先将药物在填充管内压成单位量药粉块,再填充于胶囊中。从填充原理看,a、b型填充机对物料要求不高,只要物料不易分层即可;c型填充机要求物料具有良好的流动性,常须制粒才能达到;d型适于流动性差但混合均匀的物料,如针状结晶药物、易吸湿药物等。

由于产量较大、装量精度高,全自动硬胶囊填充机已成为生产最为常用的设备(图7-40)。

1.排序与定向区;2.拔囊区;3.体帽错位区;4.药物充填区;5.废囊剔除区;6.胶囊闭合区;7.出囊区;
8.清洁区;9.主工作盘。

图 7-40　全自动硬胶囊填充机、主工作盘及各区域功能流程图

全自动填充操作过程类似于高速旋转压片机。颗粒流动性好时,可用饲粉器充填于胶囊体中;若流动性不好,则采用多站孔塞式的粉末药柱充填方式。全自动胶囊填充机又可分为间歇回转式和连续回转式两大类。间歇回转式胶囊填充机由机架、回转台、传动系统、胶囊送进机构、粉剂充填组件、颗粒充填机构、胶囊分离机构、废胶囊剔除机构、胶囊封合机构、成品胶囊排出机构等组成。工作时,空胶囊自储囊斗落下,被排列成胶囊帽在上的状态,并落入主工作盘上的囊板孔中。在拔囊区,拔囊装置将胶囊帽留在上囊板孔中,而胶囊体落入下囊板孔中。在体帽错位区,上囊板连同胶囊帽一起被移开,胶囊体的上口置于定量填充装置的下方。在填充区,药物被定量填充装置填充进胶囊体。在废囊剔除区,未拔开的空胶囊被剔除装置从上囊板孔中剔除出去。在胶囊闭合区,上、下囊板孔的轴线对正,并通过外加压力使胶囊帽与胶囊体闭合。在出囊区,出囊装置将闭合胶囊顶出囊板孔,并经出囊滑道进入包装工序。在清洁区,清洁装置将上、下囊板孔中的胶囊皮屑、药粉等清除。由于每一工作区域的操作工序均要占用一定的时间,主工作盘需要间歇转动。

（2）胶囊规格的选择:用相同规格空胶囊填充时,药物种类不同,所填充药物的量也不同。在选择空胶囊的规格时,首先应按药物规定剂量所占容积来选择最小空胶囊,可以凭经验试装后决定,但一般宜先测定待填充物料的堆密度,然后根据应装剂量计算该物料容积,再决定应选胶囊的号数。

（3）封口:药物填充于囊体后,即可套合胶囊帽。目前多使用锁口式胶囊,密闭性良好,不必封口;若使用非锁口式胶囊,则须封口。封口材料可用不同浓度的明胶液,如明胶20%、水40%、乙醇40%的混合液等,也可用聚维酮(PVP 40000)2.5份、聚乙烯聚丙二醇共聚物0.1份、乙醇97.4份的混合液。封口时,在囊体和囊帽套合处封上一圈胶液,烘干,即得。

例7-9:速效感冒胶囊

【处方】对乙酰氨基酚300g、维生素C 100g、胆汁粉100g、咖啡因3g、马来酸氯苯那敏3g、10%淀粉浆适量、食用色素适量,共制成硬胶囊剂1 000粒。

【制法】取上述各药物,分别粉碎,过80目筛。将10%淀粉浆分为A、B、C三份,A加入少量食用胭脂红制成红糊,B加入少量食用桔黄(最大用量为万分之一)制成黄糊,C不加色素为白糊。将对乙酰氨基酚分为三份,一份与马来酸氯苯那敏混匀后加入红糊,一份与胆汁粉、维生素C混匀后加入黄糊,一份与咖啡因混匀后加入白糊,分别制成软材后,过14目尼龙筛制粒,于70℃干燥至含水分3%以下。将上述三种颜色的颗粒混合均匀后填入空胶囊中,即得。

【注解】本品为一种复方制剂,所含成分的性质、数量各不相同,为防止混合不均匀和填充不均匀,采用适宜的制粒方法使制得的颗粒流动性好,经混合均匀后再进行填充,这是一种常用的方法。加入食用色素可使颗粒呈现不同的颜色,一是可以直接观察混合的均匀程度,二是若选用透明胶囊壳,会使制剂看上去比较美观。

例7-10:盐酸雷尼替丁胶囊

【处方】盐酸雷尼替丁150g、氢氧化铝10g、滑石粉10g、三硅酸镁10g、80%乙醇适量,共制成硬胶囊剂1 000粒。

【制法】盐酸雷尼替丁、氢氧化铝、滑石粉、三硅酸镁分别过100目筛。称取处方量氢氧化铝、滑石粉、三硅酸镁混合后,按等量递增混合法逐步与盐酸雷尼替丁混合均匀;将80%的乙醇溶液喷雾在粉末上,并不断搅拌,使原料稍潮湿即可;用16目筛制湿颗粒,湿颗粒在紫外线照射下,吹风干燥后整粒,填装于2号空心胶囊中,打光即可。

3. 硬胶囊剂制备过程中容易出现的质量问题

（1）装量差异超限:导致装量差异超限的原因主要有囊壳因素、药物因素、填充设备因素等。可以通过加入适宜辅料或者制颗粒等方法改善药物的流动性,使填充准确,同时对填充设备要及时维修保养,确保正常运转。

（2）吸潮:胶囊剂的吸潮问题是较普遍的问题。可以通过改进制备工艺(如制粒、防潮包衣),利用玻璃瓶、双铝箔包装、铝塑包装等方法解决。

（二）软胶囊剂的制备

1. 软胶囊剂的制备方法　软胶囊的制备常采用滴制法和压制法。生产时,胶囊成型与药物填充是同时进行的,其制备工艺流程图如图7-41所示。

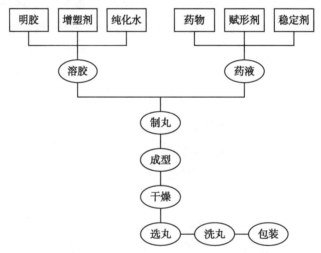

图7-41　软胶囊剂的制备工艺流程图

（1）滴制法:滴制法系将胶液与药物溶液分别由滴丸机双层喷头的外层与内层喷出,通过控制胶液与药液的滴出速度,使一定量的明胶液将定量的药物溶液包裹后,再滴入另一种与胶液不相混溶的液体冷却液中,胶液接触冷却液后由于表面张力作用形成球形,并逐渐冷却、凝固而成胶丸。因此,用滴制法制成的软胶囊剂又称为无缝软胶囊。滴制法由具双层滴头的滴丸机(图7-42)完成。

滴制法制备软胶囊剂的具体步骤如下。

1）胶液的制备:取蒸馏水(明胶量的1.2倍)及甘油(胶水总量的25%~30%),水浴加热至70~80℃,混匀,加入明胶搅拌,熔融,保温1~2小时,静置待泡沫上浮,保温过滤,备用。

2）提取或精制药液。

3）制备软胶囊:将药液与明胶液经滴丸机喷头滴入冷却液(如液体石蜡、硅油等)中,并由收集器收集。胶液与药液在60℃保温,喷头处温度为75~80℃,冷却液为13~17℃,滴丸车间温度控制在15~20℃。

4）整丸与干燥:从收集器中取出胶丸,用纱布拭去软胶囊表面的液体石蜡,在20~30℃

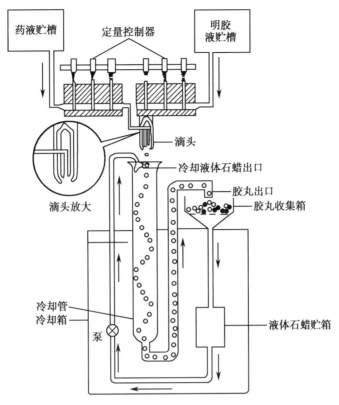

图 7-42　滴制法制备软胶囊剂的工艺流程

冷风中干燥,再用石油醚洗涤两次,乙醇洗涤一次后于 30~35℃烘干,水分控制在 12%~15%。

在采用滴制法制备软胶囊剂时,应注意影响其质量的因素:①明胶液的处方组成比例;②胶液的黏度;③药液、胶液及冷却液三者的密度;④胶液、药液及冷却液的温度;⑤软胶囊剂的干燥温度。在实际生产过程中,必须经过试验才能确定最佳的工艺条件。

例 7-11: 维生素 AD 软胶囊

【处方】药液:维生素 A 3 000U、维生素 D 300U。胶液:明胶 100 份、甘油 55~66 份、水 120 份、鱼肝油或精炼食用植物油适量。

【制法】取维生素 A 与维生素 D,加鱼肝油或精炼食用植物油(在 0℃左右脱去固体脂肪),溶解,并调整浓度至每丸含维生素 A 为标示量的 90.0%~120.0%,含维生素 D 为标示量的 85.0% 以上,作为药液待用。另取甘油及水加热至 70~80℃,加入明胶,搅拌溶化,保温 1~2 小时。除去上浮的泡沫,滤过(维持温度),加入滴丸机滴制,以液体石蜡为冷却液,收集冷凝的胶丸,用纱布拭去粘附的冷却液,在室温下吹冷风 4 小时,放于 25~35℃下烘 4 小时,再经石油醚洗涤两次(每次 3~5 分钟),除去胶丸外层液体石蜡,再用 95% 乙醇洗涤一次,最后在 30~35℃烘干约 2 小时,筛选,质检,包装,即得。

【注解】在制备胶液的"保温 1~2 小时"过程中,可采取适当抽真空的方法,以便尽快除去胶液中的气泡以及泡沫。

(2)压制法:压制法是将明胶与甘油、水等溶解后形成的胶液制成厚薄均匀的胶片,再将药液置于两个胶片之间,用钢板模或旋转模压制软胶囊剂的一种方法。因此,用压制法制成的软胶囊又称为有缝软胶囊。

目前生产上主要采用旋转模压法,自动旋转轧囊机及模压过程见图7-43。该机由涂胶机箱和鼓轮制出的两条胶片连续不断地向相反方向移动,在接近旋转模时,两胶片靠近,此时药液由填充泵经导管至楔形注入器,定量地注入两胶片之间,并在向前转动中被压入模孔,经轧压、包裹成型,剩余的胶片即自动切断分离。胶片在接触模孔的一面须涂润滑油,所以常用石油醚洗涤胶丸,再于21～24℃、相对湿度40%条件下干燥胶丸。

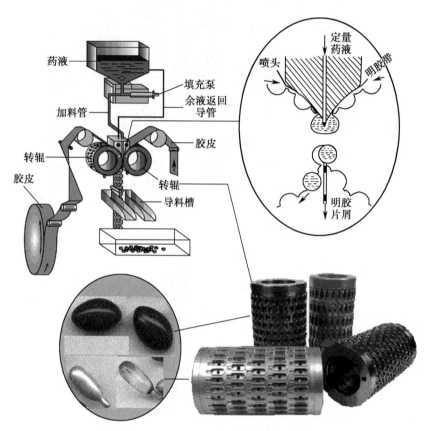

图7-43　自动旋转轧囊机旋转模压示意图

例7-12:尼群地平胶丸

【处方】内容物:尼群地平100g、PEG 400 4 000g、甘油200g、聚山梨酯80 200g。囊壳:明胶3 000g、甘油900ml、水2 000ml。共制成软胶囊1 000粒。

【制法】称取处方量尼群地平,加入PEG 400中,加热搅拌使药物溶解,置室温备用。称取处方量明胶,置于蒸馏水中使其充分溶胀后,加热溶解,加入甘油等其他辅料,并加水至全量,60℃保温搅拌,混合均匀,静置脱泡,经200目筛过滤后备用。将制得的囊心药液和60℃明胶溶液用轧囊机压制成丸。在转笼中用冷风固化成型后,依次用石油醚、乙醇洗去表面油层,于24～32℃热风干燥,即得。

【注解】①PEG 400有促进囊壳硬化的作用,但在囊壳处方中加入明胶量5%的PEG 400时,可作为辅助崩解剂,有效缩短崩解时间;②PEG 400的干燥过程比较快,所以要恰当掌握干燥时间;③PEG 400对囊壳有硬化作用,加入5%～10%的甘油可使其硬度降低。

2. 软胶囊剂制备过程中存在的问题

（1）软胶囊剂中的物质迁移：迁移包括囊壳成分（如水分）向内容物的迁移，以及内容物向囊壳的迁移。该迁移过程常取决于囊壳内物质扩散通道的性质、内容物分散介质的性质及药物本身的性质。需要针对各项因素分别进行改进。

（2）崩解迟缓：以明胶为主要成分的软胶囊剂，囊壳在高温、高湿、紫外辐射等物理条件或遇到醛类、酮类等化学物质时都有可能发生交联老化而产生崩解迟缓现象。减少交联的方法包括：在内容物中加入含少量醛基的辅料，在制备胶囊壳时使用含有大量氨基的添加剂（如甘氨酸、赖氨酸）等。

（3）胶囊与包装容器粘连现象：囊壳中含有较多的甘油，存放时间过长或温度过高均会发生粘连现象。可在囊材中加入一些微晶纤维素或用蜡处理胶囊表面，以防止粘连现象。

（三）新型胶囊剂的制备

近年来，由于临床需要，人们对胶囊剂进行了多方面的研究，开发出如肠溶胶囊、缓释胶囊、液体胶囊等新型胶囊，受到了广泛的关注。

1. 肠溶胶囊 具有胃刺激性或臭味、遇酸不稳定或须在肠内发挥疗效的药物可设计制备成在胃内不溶而在肠内崩解、溶化的肠溶胶囊。其制备方法可分为以下几种。

（1）以肠溶材料制成空心胶囊：把溶解好的肠溶性高分子材料加到明胶液中，然后加工成肠溶性空胶囊，如CAP、虫胶等作为肠溶材料制备成肠溶软胶丸，具有较好的肠溶性能。

（2）用肠溶材料作外层包衣：先用明胶制成空胶囊，然后在明胶壳表面包裹肠溶材料，如以PVP为底衣层，用CAP、蜂蜡等作外包衣层，可使包衣后的胶囊具有稳定的肠溶性。常用的材料包括邻苯二甲酸羟丙甲纤维素和聚丙烯酸树脂类。

本法与片剂的薄膜包衣基本相同，但因硬胶囊粗细不一，囊帽直径大于囊体，在工艺上不容易掌握，且包衣后胶囊表面的光洁度变差，有待进一步的工艺改进。

（3）甲醛浸渍法：明胶经甲醛处理可发生醛胺缩合反应，使其分子相互交联形成甲醛明胶，只能在肠液中溶解。此种处理法受甲醛浓度、处理时间、贮存时间等因素影响较大，肠溶性极不稳定。因此，产品应经常做崩解时限检查，现阶段应用较少。

（4）内容物为肠溶剂型：可将颗粒、小片或微丸等通过肠溶材料包衣等手段先制备成肠溶剂型，再将其填充到胶囊壳中最终获得具有肠溶效果的胶囊剂。该种方法制备的肠溶胶囊受胶囊壳的影响较小，还可通过调整内容物性质来控制药物的释放速度，应用较为广泛。

例7-13：盐酸二甲双胍肠溶胶囊

【处方】微丸处方：盐酸二甲双胍250g、微晶纤维素（空白丸核）30g、滑石粉30g、3%羟丙甲纤维素水溶液适量。包衣处方：Eudragit L 30D-55 300g、枸橼酸三乙酯20g、滑石粉50g、水300ml。共制成胶囊1 000粒。

【制法】①含药丸芯的制备：取微晶纤维素空白丸核（40～60目），置离心包衣造粒机内，将盐酸二甲双胍（过120目）加入加料斗内，以3%羟丙基甲基纤维素水溶液为黏合剂，操作离心包衣造粒机，至药粉供完，抛光并取出烘干，即得含药丸芯；②含药丸芯的修饰：取含药丸芯，置包衣机内，另将滑石粉加入加料斗内，以3%羟丙甲纤维素水溶液为黏合剂，开动离心包衣造粒机，至滑石粉供完为止，取出烘干，即得；③包衣工艺：取以滑石粉修饰过的含药丸芯,置包衣机内,另取包衣液适量,以包衣锅进行包衣,至包衣液喷完时停止,取出热处理 24 小时即可;④装胶囊:将上述含药包衣微丸测定含量后填充进明胶硬胶囊壳即得。

【注解】①盐酸二甲双胍肠溶胶囊的制备主要是为了克服普通制剂口服后进入上消化道溶解而产生的刺激性,并实现药品在小肠上部的良好吸收;②影响离心造粒法制备微丸的工艺因素主要有:主机转速、喷枪喷。雾条件、喷浆速度、供粉速度和抛光时间等,应注意进行控制;③使用 3% 羟丙甲纤维素水溶液作黏合剂时,操作过程中粉末层积较为顺利,制得的含药微丸表面光滑,圆整度较好,同时机械强度亦较高。

2. 骨架胶囊 骨架胶囊的制备是先将明胶、蛋白、琼脂、多糖类及其他高分子材料制成骨架载体用于吸附主药的水溶液(30%～50%),然后再将含药骨架与明胶制成的胶片一起压制成软胶囊剂。载体应在 30～49℃熔化,水分可控制在 5%～20%,胶囊与骨架间能自行平衡水分。

3. 泡腾胶囊 泡腾胶囊是指一种用明胶作囊材的阴道或直肠用泡腾胶囊剂,具有替代阴道或肛门栓给药的潜质。但不能快速溶解或刺激性很强的药物不宜制成此类胶囊剂。在胶囊中应加入泡腾赋形剂如枸橼酸、富马酸、酒石酸等酸源;碳酸氢钠和碳酸钠的混合物(1:9)为二氧化碳源;水、醇、PEG、微粉硅胶及适宜的润滑剂等辅料。制备时可将主药与所筛选的赋形剂直接填充到合适空胶囊中,也可将其混合制粒后再填充。

4. 软心硬胶囊 软心硬胶囊的外观类似于普通硬胶囊,但其内容物为含药凝胶,具有触变性或温变性。内容物在搅动条件下或一定温度下为液态,易于流动和灌装,而在静止状态或冷却后即凝成固态,便于贮存。该胶囊服用进入胃肠道后由于压力或体温的改变可变为液态,易于药物吸收。该制剂具有硬胶囊剂和软胶囊剂的一般优点,如可掩盖药物的不良臭味,减少刺激性,生物利用度高等。在制备工艺方面,该胶囊剂可避免软胶囊剂制备时产生的油性废胶及难以清洗的问题,可降低生产成本。

5. 脉冲胶囊 脉冲胶囊是指一种在疾病发作前给药,经过预定的时滞后,根据生理需要在很短的时间内迅速释放一定量药物的新型胶囊剂。脉冲胶囊包括膜包衣定时爆释胶囊、柱塞型定时塞胶囊等。

膜包衣定时爆释胶囊采用外层膜和膜内崩解剂控制水进入膜,以崩解剂崩解而胀破膜的时间来控制药物的释放时间。首先,在明胶胶囊壳外包乙基纤维素等不溶性材料,胶囊底部用机械方法打一些小孔(400μm),胶囊内下部由崩解剂低取代羟丙纤维素组成膨胀层,膨胀层上面是药物储库,内含药物和填充剂,最后用不溶性材料乙基纤维素处理的囊帽套合并封口。给药后,水分子通过底部的小孔进入,低取代羟丙纤维素水化、膨胀,使内部渗透压增加,胶囊胀破,药物爆炸式释放。

柱塞型定时塞胶囊主要由水不溶性胶囊壳体、药物储库、定时塞、水溶性胶囊帽四个部分组成,可以在服用后某一特定时间或在胃肠道的特殊部位释放。胶囊壳体是由不溶性膜层构成,药物贮藏在膜构成的储药库中;胶囊帽是水溶性的,其中可填充首剂药物;在胶囊体与帽之间是一种定时塞,可分为膨胀型、溶蚀型、酶可降解型等。以膨胀型定时塞为例,定时塞与胶囊的口径相吻合,是定时释药的关键部位。胶囊服用后胶囊帽首先溶解,使首剂药物溶解释放,间隔一定时间后,囊体开口处的定时塞在胃肠液中膨胀直至排出胶囊(可根据材料、直径、厚度限定所需时间),这样储药库中的药物也被释放出来。如需要延长释药时间,可增大定时塞的体积或改变定时塞的填充位置。设计脉冲胶囊可定时传递固体或流体药物剂型,适用于哮喘、心血管病、糖尿病等患者的给药。

6. 液体胶囊 液体胶囊(又称充液胶囊、液体硬胶囊)是将含药液体填充进入空胶囊中而制成的硬胶囊剂,具有提高稳定性、填充能力大、生物利用度可控、患者认可度高、消除生产粉尘等优点。硬胶囊灌装液体的技术始于1978年,其胶壳有明胶和HPMC两类。最初,在硬胶囊壳内充填的是脂溶性液体。随着实践经验和技术的不断发展,许多液状或固状的活性物质也都可以与脂溶性基质配方形成液体(亦包括悬浮液)灌装于硬胶囊壳内,以全新概念的固体剂型液体释放,被称为"液体和半固体制剂的理想容器"。液体胶囊的生产工艺包括基质材料的液化(一般为热熔或摇溶)、加入活性剂、泵入胶囊体和成品固化。工艺具有如下要求:

(1)胶囊壳:胶囊壳应较稳定,常用标准明胶胶囊壳,也可采用甲基纤维素制的胶囊壳。

(2)赋形剂:赋形剂应具备相应的性质,适应摇溶或热熔的需要。由于液体材料与囊壳的接触面积较大,潜在的反应性也较大。因此还需要考虑赋形剂与囊壳的相容性。常用的赋形剂包括聚乙烯乙二醇、半合成甘油酯衍生物等。

(3)药物稳定性:在制备过程中,对药物配方进行热稳定性试验至关重要。可使用摇溶工艺、充氮气或缩短加温时间来改善药物稳定性。

(4)密封:药物注入胶囊后仍保持液状者需要密封,以防止泄漏。经密封处理后的胶囊还可以防止氧气进入,从而提高药物稳定性。

四、胶囊剂的质量检查

胶囊剂的质量应符合《中国药典》(2020年版)四部"制剂通则"项下对胶囊剂的要求。

1. 外观 胶囊外观应整洁,不得有粘结、变形、渗漏或囊壳破裂现象,并应无异臭。

2. 水分 中药硬胶囊应进行水分检查。取供试品内容物,照水分测定法测定,除另有规定外,不得超过9.0%。

3. 装量差异 胶囊剂装量差异限度,应符合下列规定:①平均装量在0.30g以下,装量差异限度为±10%;②平均装量在0.30g及0.30g以上,装量差异限度为±7.5%(中药为±10%)。

检查法:除另有规定外,取供试品20粒(中药取10粒),分别精密称定重量后,倾出内容物(不得损失囊壳),硬胶囊囊壳用小刷或其他适宜用具拭净,软胶囊或内容物为半固体或液体的硬胶囊囊壳用乙醚等易挥发性溶剂洗净,置通风处使溶剂自然挥尽,再分别精密称定囊壳重量,求出每粒内容物的装量与平均装量。每粒装量与平均装量相比较,超出装量差异限度的不得多于2粒,并不得有1粒超出限度1倍。

凡规定检查含量均匀度的胶囊剂,可不进行装量差异的检查。

4. 崩解时限 对于硬胶囊剂或软胶囊剂,除另有规定外,取供试品6粒,按《中国药典》(2020年版)四部通则0921进行崩解时限检查(如胶囊漂浮于液面,可加挡板)。硬胶囊剂应在 30 分钟内全部崩解,软胶囊剂应在 1 小时内全部崩解。软胶囊剂可改在人工胃液中进行检查。如有 1 粒不能完全崩解,应另取 6 粒复试,均应符合规定。

对于肠溶胶囊,除另有规定外,取供试品 6 粒,按《中国药典》(2020 年版)四部通则 0921 进行崩解时限检查(如胶囊漂浮于液面,可加挡板):先在盐酸溶液(9→1 000)中检查 2 小时,每粒的囊壳均不得有裂缝或崩解现象;继将吊篮取出,用少量水洗涤后,每管各加入挡板,改在人工肠液中进行检查,1 小时内应全部崩解。如有 1 粒不能完全崩解,应另取 6 粒复试,均应符合规定。

凡规定检查溶出度或释放度的胶囊剂,可不进行崩解时限的检查。

五、胶囊剂的包装与贮存

由胶囊剂的囊材性质所决定,包装材料、贮存环境(如湿度、温度)和贮藏时间对胶囊剂的质量都有明显的影响。一般来说,高温、高湿(相对湿度 60%)对胶囊剂会产生不良的影响,不仅会使胶囊吸湿、软化、变黏、膨胀、内容物结团,还会造成微生物滋生。因此,必须选择适当的包装容器与贮藏条件。一般应选用密闭性能良好的玻璃容器、透湿系数小的塑料容器和泡罩式复合铝塑包装,在小于 25℃、相对湿度不超过 45% 的干燥阴凉处密闭贮藏。

第六节 片剂

一、概述

(一)片剂的定义、特点和质量要求

1. 片剂的定义 片剂(tablet)系指原料药物或与适宜的辅料通过制剂技术制成的圆形或异形的片状固体制剂。片剂形状多为圆形,还有橄榄形、三角形、方形、菱形、胶囊型等多种异形片状。片剂以口服为主,还有用于口腔、舌下、外用等途径的片剂。

近几十年来,国内外药学工作者对片剂的成型理论、崩解溶出机制及各种新型辅料不断地进行了研究,片剂的生产技术、加工设备也得到了很大的发展,全粉末直接压片、流化喷雾制粒、全自动高速压片机、全自动程序控制高效包衣机等新技术、新工艺和新设备已经广泛地应用于国内外的片剂生产实践中,从而使片剂的品种不断增多。片剂是各国药典中收载最多的一种剂型,是现代药物制剂中应用最为广泛,也是最重要的一类剂型。除非有明显的障碍不能成功开发为片剂外,片剂是药物剂型设计时的首选剂型。

2. 片剂的特点 片剂是将含原料药物的粉末(或颗粒)加压而制得的一种高密度、体积较小的固体制剂。其优点为:①能适应临床用药的多种要求,如速效(分散片)、长效(缓释片)、口腔疾病(口含片)、阴道疾病(阴道片)、肠道疾病(肠溶片)等;②以片数为剂量单位,剂量准确,含量差异小;③体积小,携带、运输、贮存和服用方便;④生产的机械化、自动化程度高,成本较低;⑤化学稳定性较好,因为体积小、致密,受外界因素(如光线、水分、空气等)的

影响较小,必要时可通过包衣加以保护。

但是片剂也存在以下缺点:①婴幼儿和昏迷患者服用困难;②处方和工艺设计不妥容易出现溶出和吸收等方面的问题;③含挥发性成分的片剂,不宜长期保存。

3. 片剂的质量要求 片剂在生产与贮藏期间应符合下列规定:①原料药物与辅料应混合均匀,含药量小或含毒、剧毒药的片剂应根据原料药物的性质采用适宜方法使其分散均匀;②凡属挥发性或对光、热不稳定的原料药物,在制片过程中应采取遮光、避热等适宜方法,以避免成分损失或失效;③压片前的物料、颗粒或半成品应控制水分,以适应制片工艺的需要,防止片剂在贮存期间发霉、变质;④片剂通常采用湿法制粒压片、干法制粒压片和粉末直接压片;干法制粒压片和粉末直接压片可避免引入水分,适合对湿热不稳定药物的制备;⑤根据依从性需要,片剂(尤其是口含片、口腔贴片、咀嚼片、分散片、泡腾片、口崩片等)中可加入矫味剂、芳香剂和着色剂等;⑥为增加稳定性、掩盖原料药物不良臭味、改善片剂外观等,可对制成的药片包糖衣或薄膜衣;对一些遇胃液易破坏、刺激胃黏膜或需要在肠道内释放的口服药片,可包肠溶衣;必要时,薄膜包衣片剂应检查残留溶剂;⑦片剂外观应完整光洁,色泽均匀,有适宜的硬度和耐磨性,以避免包装、运输过程中发生磨损或破碎,除另有规定外,非包衣片应符合片剂脆碎度检查法的要求;⑧片剂的微生物限度应符合要求;⑨根据原料药物和制剂的特性,除来源于动、植物多组分且难以建立测定方法的片剂外,溶出度、释放度、含量均匀度等应符合要求;⑩片剂应注意贮存环境中温度、湿度及光照的影响,除另有规定外,片剂应密封贮存;⑪生物制品原液、半成品和成品的生产及质量控制应符合相关品种要求。

(二)片剂的分类

依据药物的临床需求、物理化学性质、药物胃肠道吸收的部位及程度、湿热稳定性、其与辅料的相容性、溶解度和剂量等因素,可以选择制备口服用片剂、口腔用片剂、外用片剂等不同种类的片剂,以满足多种临床用药需求。此外,中药还有浸膏片、半浸膏片和全粉片等。按释药速度不同,片剂还可分为普通片、速释片和缓(控)释片等。

1. 按给药途径分类

(1)口服用片剂:口服用片剂是指供口服的片剂,其中的药物主要是经胃肠道吸收而发挥作用,亦可在胃肠道局部发挥作用。主要包括以下几类。

1)普通压制片(compressed tablet):原料药物或与辅料经混合、压制而成的未经包衣的片剂,应用最为广泛。

2)包衣片(coated tablet):在普通压制片外包上一层衣膜的片剂。根据包衣材料的不同可分为:①糖衣片(sugar coated tablet),主要包衣材料为蔗糖,对药物起保护作用或掩盖不良气味,如小檗碱糖衣片;②薄膜衣片(film coated tablet),包衣材料为高分子材料,如羟丙甲纤维素;③肠溶片(enteric coated tablet),包衣材料为肠溶性高分子材料,此种片剂在胃液中不溶,肠液中溶解,如阿司匹林肠溶片。

3)多层片(multilayer tablet):由两层或多层组成的片剂。一般由两次或多次加压而制成,每层含有不同的药物或辅料。制成多层片的目的是避免各层药物的接触,减少配伍变化,或调节各层药物的释放速率,亦有改善外观的作用。如复方维生素U多层片、马来酸曲美布汀多层片、茶碱沙丁胺醇双层片。

4）咀嚼片（chewable tablet）：在口腔中咀嚼后吞服的片剂，常加入甘露醇、山梨醇、蔗糖等糖类及适宜的香料改善口感，如维生素C咀嚼片。

5）泡腾片（effervescent tablet）：指含有碳酸氢钠和有机酸的片剂，二者遇水反应产生二氧化碳气体而呈泡腾状，使片剂快速崩解。泡腾片不得直接吞服。泡腾片中的原料药物应是易溶性的，加水产生气泡后应能溶解。有机酸一般用枸橼酸、酒石酸、富马酸等。如维生素C泡腾片。

例7-14：维生素C泡腾片

【处方】维生素C 500g、酒石酸 250g、碳酸氢钠 60g、蔗糖 1 000g、乳糖 100g、色素适量、10%PVP乙醇溶液适量、水溶性润滑剂适量、香精醇适量，制成1 000片。

【制法】取维生素C、酒石酸分别过100目筛，混匀，以10%PVP乙醇溶液和适量色素液制成软材，过14目筛制湿颗粒，于50℃左右干燥，备用。另取碳酸氢钠、糖粉水液（含少量色素）和单糖浆适量制软材，过12目筛制湿颗粒，于50℃左右干燥，然后与上述干粒混合，整粒，加适量香精醇溶液，烘片刻，加适量水溶性润滑剂过100目筛，混匀，压片。

【注解】以碳酸氢钠为二氧化碳源制备的泡腾片在水中能迅速溶解，产生较多的二氧化碳，且泡腾溶液的pH较低。但碳酸氢钠中钠的比值高（1∶1），一个代表性的泡腾片中约含有20mmol的钠，若一天服用多次，会给某些不宜多食钠的患者带来不良后果。因此，泡腾片处方设计中应考虑少用碳酸氢钠，用碳酸氢钾、碳酸钙等不含钠或含钠低的二氧化碳源代替。

6）分散片（dispersible tablet）：系遇水能迅速崩解并均匀分散的片剂（在21℃±1℃的水中3分钟即可崩解分散，并通过180μm孔径的筛网），可直接吞服或加水分散后服用。分散片中的原料药物应是难溶性的，如阿奇霉素分散片。

例7-15：阿奇霉素分散片

【处方】阿奇霉素 250g、羧甲淀粉钠 50g、乳糖 100g、微晶纤维素 100g、甜蜜素 5g、2%HPMC水溶液适量、滑石粉 25g、硬脂酸镁 2.5g，制成1 000片。

【制法】取处方量阿奇霉素和羧甲淀粉钠（通常为一半）混匀过筛，加入甜蜜素、乳糖和微晶纤维素，混匀过筛，以2% HPMC水溶液为黏合剂制软材，制粒，干燥，整粒，加剩余羧甲淀粉钠、滑石粉和硬脂酸镁，混匀，压片，即得。

【注解】处方中羧甲淀粉钠为崩解剂，内外加法；乳糖和微晶纤维素为填充剂；甜蜜素为矫味剂；2% HPMC水溶液为黏合剂；滑石粉和硬脂酸镁为润滑剂。该分散片遇水迅速崩解，均匀分散为混悬状，适合大剂量难溶性药物的剂型设计。

（2）口腔用片剂

1）口含片（buccal tablet）：又称含片，指含于口腔内，药物缓慢溶化而产生持久局部或全身作用的片剂。含片中的原料药物一般是易溶性的，主要起局部消炎、杀菌、收敛或局部麻醉作用。如复方草珊瑚含片。

2）舌下片（sublingual tablet）：指置于舌下，能迅速溶化的片剂。药物通过舌下黏膜快速吸收而显现速效作用，可避免肝脏的首过效应，主要用于急症的治疗。如硝酸甘油舌下片。

3）口腔贴片（buccal patch）：系指粘贴于口腔内，经黏膜吸收后起局部或全身作用的片剂，如甲硝唑口腔粘贴片。

4）口崩片（orally disintegrating tablet）：系指在口腔内不需要用水即能迅速崩解（<1分钟）或溶解的片剂，药物随唾液吞咽入胃而吸收起效，特别适合吞咽困难的老人、儿童或处于取水不便环境的患者服用。

例7-16：硝苯地平（10mg）口腔崩解片处方组成及其性质比较

处方	MCC/mg	α-乳糖/mg	CMS-Na/mg	CMC-Na/mg	PVPP/mg	硬脂酸镁/mg	硬度/kg	崩解时限/s
A	42.5	109	6.8			1.7	4.8±1.5	7±2
B	42.5	109		6.8		1.7	3.5±0.5	4±1
C	42.5	109			6.8	1.7	5.8±1.5	18±1
D		158.3				1.7	1.6±0.4	44±4
E			158.3			1.7	2.6±0.6	103±4
F					158.3	1.7	>30.6	48±1

【分析】除处方E外，所有处方的崩解时限均符合《中国药典》（2020年版）规定，小于1分钟；含有稀释剂的处方崩解更快，均小于20秒，α-乳糖和微晶纤维素（MCC）在崩解过程中能起到较好作用。

（3）外用片剂

1）阴道片（vaginal tablet）：置于阴道内应用的片剂，多用于阴道的局部疾患，也用于计划生育等，如壬苯醇醚阴道片、克霉唑阴道片。

2）可溶片（soluble tablet）：系指临用前能溶解于水的非包衣片或薄膜包衣片剂。可溶片一般供外用、含漱等用，也可供口服，如复方硼砂漱口片。

（4）皮下给药用片

1）植入片（implant tablet）：指埋植到人体皮下缓缓溶解、吸收的片剂，为灭菌的、用特殊注射器或手术埋植于皮下产生持久药效（长达数月至数年）的片剂。多为剂量小但作用强烈的激素类药物。

2）皮下注射用片（hypodermic tablet）：指经无菌操作制作的片剂。用时溶解于灭菌注射用水中，供皮下或肌内注射的无菌片剂。

2. 按释药速度分类

（1）普通片（conventional tablet）：将药物按照普通方法制成的片剂即为普通片，通常称为片剂。它可保持原有药物的作用、时间和性质，如每日服用3次的氨茶碱片。

（2）速释片（immediate-release tablet）：将药物与适宜的速释材料混合制成的片剂，服用后遇到体液可迅速崩解释放出药物而发挥作用，如硝酸甘油片含于舌下迅速发挥缓解心绞痛的作用。

（3）缓释片（sustained-release tablet）：系指在水中或规定的释放介质中缓慢地非恒速释放药物的片剂，如盐酸吗啡缓释片等。与相应的普通片剂相比，具有服药次数少、作用时间长等优点。

（4）控释片（controlled-release tablet）：系指在水中或规定的释放介质中缓慢地恒速或接近恒速释放药物的片剂。与相应的缓释片相比，血药浓度更加平稳，如硝苯地平控释片等。

缓释片和控释片已经愈来愈受到医药界的高度重视,因为它代表了现代药物制剂一个重要的发展方向。目前,国内外药剂工作者正在进行深入研究和广泛开发,其技术关键是在实际工业化生产中采用性能稳定、优良的药用辅料及先进的制药设备。

二、片剂的常用辅料及作用

片剂是由发挥治疗作用的药物(即主药)和没有生理活性的药用辅料构成的。药用辅料(pharmaceutic adjuvant)是指生产药品和调配处方时使用的赋形剂和附加剂,是除活性药物以外,在安全性方面已进行了合理评估,且包含在药物制剂中的所有物质。片剂的辅料主要包括填充剂(filler)或稀释剂(diluent)、黏合剂(adhesive)、崩解剂(disintegrating agent)、润滑剂(lubricant),有时根据需要还可加入着色剂、矫味剂和稳定剂等,以提高患者的顺应性和药物的稳定性。片剂中加入辅料的目的:一是使药物可通过压制的方法得以成型,且可使压片过程顺利进行;二是使所制备的片剂能满足要求(如崩解度、释放度等),同时辅料还对片剂的稳定性和药物的生物利用度产生影响。

表7-9列出了在片剂中使用的辅料类型及其作用,其中有些辅料本身兼有多种功能。

表7-9 在片剂中使用的辅料类型及其作用

辅料类型	功能、作用	举例
稀释剂(填充剂)	增大片剂的体积和重量,改善物料的可压性,对崩解和溶出有一定的影响	淀粉、微晶纤维素、乳糖、蔗糖、甘露醇、无机盐类
黏合剂	粘结原、辅料粉末,制成颗粒	淀粉浆、PVP、纤维素的衍生物(HPC、MC、EC、HPMC、CMC-Na溶液)、明胶、蔗糖
润湿剂	本身不具有黏性,但可通过诱发原、辅料组分的黏性而制备颗粒	水、不同浓度的乙醇溶液
崩解剂	瓦解片剂因黏合剂或高度压缩而产生的结合力,使片剂遇水崩散为颗粒或粉末,可加速片剂的崩解	干淀粉、L-HPC、CMS-Na、PPVP、CCMC-Na、泡腾崩解剂
润滑剂	增加颗粒或混合物的流动性,使压片物料填充均匀,减少粘冲,降低片剂与冲模间的摩擦力,减少片重差异,防止裂片,使压片顺利进行	微粉硅胶、滑石粉、硬脂酸镁、硬脂酸、液体石蜡、氢化植物油、十二烷基硫酸钠、聚乙二醇类
着色剂	片剂着色,易于辨析	氧化铁红、氧化铁黄
抗氧化剂	抗氧化作用	丁基羟基茴香醚(butylated hydroxyanisole,BHA)、2,6-二叔丁基对甲酚(butylated hydroxytoluene,BHT)、维生素E、维生素C
矫味剂	矫味	甜味剂、香料、香精

(一)稀释剂

稀释剂(diluent)又称填充剂(filler),系指用于增加片剂的重量与体积、改善药物压缩成型性、增加含量均匀度的辅料。片剂的直径一般不小于6mm,片重多在100mg以上,因此当药物剂量太小不能满足压片要求时,须使用稀释剂或填充剂。常用的稀释剂有以下几种。

1. 淀粉(starch) 是片剂中常用的稀释剂,价廉易得。最常用的为玉米淀粉,白色细微粉末,无臭,无味,不溶于冷水和乙醇,其压缩成型性与含水量有关,含水量在 10% 左右时压缩成型性最好。淀粉能与大多数药物配伍,但其黏附性、流动性和可压性差,生产中常与适量糖粉或糊精等合用。

例 7-17:维生素 B_2 片

【处方】维生素 B_2 5g、淀粉 26g、糊精 42g、硬脂酸镁 0.7g、50% 乙醇溶液适量,制成 1 000 片(每片含维生素 B_2 5mg)。

【制法】淀粉与糊精混合均匀,维生素 B_2 按等量递增法加入上述辅料中,加入 50% 乙醇溶液制软材,挤压过筛制颗粒,干燥,压片,即得。

【注解】淀粉一部分作为填充剂,一部分作为崩解剂;糊精一部分作为填充剂,一部分作为黏合剂;50% 乙醇溶液为润湿剂;硬脂酸镁为润滑剂。因为是小剂量片剂,其混合的均匀程度直接关系药物的含量均匀度。采用等量递增法将药物与辅料混合是小剂量片剂常用的混合方法,通过该方法能使药物与辅料均匀混合,从而保证每片中药物含量较为均匀,从而保证用药安全性和有效性。

2. 蔗糖(sucrose) 无色结晶或白色结晶性松散粉末,无臭,味甜。本品黏合力强,可用来增加片剂的硬度,并使片剂外观光洁,但吸湿性强,一般不单独应用,常与淀粉、糊精配合使用。

3. 糊精(dextrin) 淀粉水解中间产物的总称。本品为白色或类白色的无定形粉末,具有较强的聚集、结块趋势,使用不当会使片面出现麻点、水印及造成片剂崩解或溶出迟缓。很少单独应用,常与淀粉、蔗糖配合使用。

4. 乳糖(lactose) 一种优良的片剂填充剂,但价格较贵,在国内应用不多。乳糖为白色结晶或粉末,无吸湿性,可压性好,性质稳定。由喷雾干燥法制得的乳糖流动性、可压性良好,可供粉末直接压片用。目前已经上市的乳糖型号有 DCL-11,DCL-21,M-200,Flowlac-100,Tablettose 70、80、100 等,其中 DCL-21 成型性较好,Flowlac-100 压缩性较好,Tablettose 70、80、100 的黏合性较好。

5. 预胶化淀粉(pregelatinized starch) 亦称可压性淀粉、α- 淀粉,是将淀粉部分或全部胶化而成,目前上市的品种是部分预胶化淀粉(partially pregelatinized starch,PPS)。本品为白色干燥粉末,不溶于有机溶剂,无臭无味,性质稳定,为多功能辅料,可用作填充剂,具有良好的流动性、可压性、自身润滑性和干黏合性,并有较好的崩解作用,可用于粉末直接压片。

例 7-18:氨茶碱片

【处方】氨茶碱 1.0kg、磷酸三钠 0.5kg、预胶化淀粉 0.15kg、水适量、滑石粉 0.3kg、矿物油(轻质)0.02kg,共制 10 000 片。

【制法】将氨茶碱、磷酸三钠及预胶化淀粉混合,用水润湿制软材,过 12 目筛制成颗粒,45℃干燥,干颗粒通过 12 目筛,加入滑石粉混合,再加矿物油,混合 10 分钟,用 1cm 深冲压片,包肠溶衣。

【分析】当使用淀粉浆时,大约需要用 4 倍于预胶化淀粉的量才能压制得到同样硬度的片剂。用本品压制的片剂崩解迅速。

6. 微晶纤维素（microcrystalline cellulose，MCC） 系由纤维素经部分酸水解制得的聚合度较小的结晶性纤维素，为白色或类白色细微结晶性粉末，无臭无味，对药物有较大的容纳量，具有良好的流动性和可压性，有较强的结合力，亦有"干黏合剂"之称，可用于粉末直接压片。当用于湿法制粒时，由于它的吸水作用，即使加润湿剂稍有过量亦不影响湿料的捏合与过筛操作过程，仍能制得较均匀的颗粒，没有结块现象。另外，片剂中含有 20% 以上的微晶纤维素时其崩解较好。

例 7-19：吲哚美辛片

【处方】吲哚美辛 10 000g、淀粉 197g、PVP-K30（8% 乙醇溶液）372g、微晶纤维素 PH101 1 200g、硬脂酸钙 118g。

【制法】将吲哚美辛和淀粉混合，用 PVP 乙醇溶液制粒，干燥，过 16 目筛，然后加微晶纤维素和硬脂酸钙（预先用 40 目筛过筛）一起混合压片。

7. 无机盐类 主要是一些无机钙盐，如硫酸钙、磷酸氢钙、药用碳酸钙、二水硫酸钙等。其中二水硫酸钙最为常用，其性质稳定，无臭，无味，微溶于水，可与多种药物配伍。

例 7-20：维生素 E 片

【处方】维生素 E 醋酸酯 5g、淀粉 38.5g、95% 乙醇溶液 4g、糊精 10g、碳酸钙 30g、淀粉浆（15%）35g、磷酸氢钙 41g、硬脂酸镁 1g，制成 1 000 片（每片含维生素 E 5mg）。

【制法】将维生素 E 醋酸酯溶于 95% 乙醇溶液中，然后加入辅料，混合均匀，制粒，压片，即得。

【注解】处方中维生素 E 醋酸酯为主药，因其为黏稠状液体，故先将其溶解在乙醇中，再与干性辅料混合，制粒，压片。处方中的淀粉和糊精作为填充剂，部分淀粉兼有内加崩解剂的作用；干淀粉为外加崩解剂；淀粉浆为黏合剂；硬脂酸镁为润滑剂。

8. 糖醇类 甘露醇和山梨醇是互为同分异构体的糖醇类。本品为白色、无臭、具有甜味的结晶性粉末或颗粒，性质稳定，在溶解时吸热，有凉爽感，因此适于咀嚼片、口腔溶解片等，常与蔗糖配合使用。近年来开发的赤藓糖（erythrose），其甜度为蔗糖的 80%，溶解速度快，在口腔内 pH 不下降（有利于保护牙齿），是制备口腔速溶片的最佳辅料，但价格比较昂贵。

（二）润湿剂与黏合剂

润湿剂（wetting agent）和黏合剂（adhesive）是在制粒过程中添加的辅料。

1. 润湿剂 系指本身没有黏性，但能诱发待制粒物料的黏性，利于制粒的液体。在制粒过程中常用的润湿剂是蒸馏水和乙醇。

（1）蒸馏水（distilled water）：价格低廉，来源丰富，是首选的润湿剂，但不适于对水敏感的药物。在处方中水溶性成分较多时可能出现发黏、结块、润湿不均匀和干燥后颗粒发硬等现象，可用低浓度的淀粉浆或乙醇代替。

（2）乙醇（ethanol）：可用于遇水易分解的药物或遇水黏性太大的药物。中药浸膏的制粒常用乙醇 - 水溶液作润湿剂，乙醇浓度越大，润湿后所产生的黏性越低，因此醇的浓度要视原辅料的性质而定，常用浓度为 30%～70%。

2. 黏合剂 系指本身具有黏性，加入后能使无黏性或黏性不足的物料黏结成粒的辅料。

常用黏合剂如下。

（1）淀粉浆：片剂中最常用的黏合剂，常用浓度为8%～15%，以10%的淀粉浆最为常用；若物料可压性较差，可再适当提高淀粉浆的浓度到20%。淀粉浆的制法主要有煮浆和冲浆两种方法，①煮浆法，将淀粉混合于全量水中，边加热边搅拌，直至糊化；②冲浆法，将淀粉混悬于少量（1～1.5倍）水中，然后按浓度要求冲入一定量的沸水，不断搅拌糊化而制得。

（2）纤维素衍生物

1）甲基纤维素（methyl cellulose，MC）和乙基纤维素（ethyl cellulose，EC）：两者分别是纤维素的甲基和乙基醚化物，含甲氧基26.0%～33.0%或乙氧基44.0%～51.0%。其中，甲基纤维素具有良好的水溶性，可作为黏合剂使用。乙基纤维素不溶于水，在乙醇等有机溶媒中的溶解度较大，并根据其浓度不同产生不同强度的黏性，可用其乙醇溶液作为对水敏感药物的黏合剂，但本品的黏性较强且在胃肠液中不溶解，会对片剂的崩解及药物的释放产生阻滞作用。目前，常利用乙基纤维素的这一特性，将其用于缓（控）释制剂中（骨架型或膜控释型）。

例7-21：维生素C片

【处方】维生素C 2.6kg、乙基纤维素（5%乙醇溶液）0.45kg、淀粉0.5kg、滑石粉0.12kg、硬脂酸0.05kg，共制10万片。

【制法】维生素C用乙基纤维素乙醇溶液润湿，制软材，通过12目筛网制粒，50℃干燥，加硬脂酸用20目筛过筛，再加淀粉和滑石粉，混合，压片。

【注解】维生素C在空气中极易氧化变色，乙基纤维素的醇溶液不仅能避免水的影响，而且能在颗粒上包上一层乙基纤维素的薄膜，起到防止氧化的作用。

2）羟丙纤维素（hydroxypropyl cellulose，HPC）：系指2-羟丙基醚纤维素，商品名为hyprolose，分为低取代（L-HPC）和高取代（H-HPC）两种，分子量在4万～91万，分子量增大，其黏度也增大。L-HPC为白色或类白色粉末，无臭，无味，在冷水中能溶解成透明溶液，加热至50℃形成凝胶状，是优良的黏合剂，也可作为片剂崩解剂使用。H-HPC主要用于制备凝胶骨架的缓释片剂。

3）羟丙甲纤维素（hydroxypropyl methyl cellulose，HPMC）：系2-羟丙醚甲基纤维素，为白色或类白色纤维状或颗粒状粉末，无臭，无味，可溶于水及部分极性有机溶剂。HPMC根据分子量和黏度不同分为多种型号，如美国Dow公司的型号有K4MP、K15MP、K100MP等，日本信越公司的型号有SH60、SH65、SH90等。本品不仅可用作制粒的黏合剂，而且在凝胶骨架片缓释制剂中也得到广泛的应用。

4）羧甲纤维素钠（sodium carboxymethyl cellulose，CMC-Na）：CMC-Na是纤维素的羧甲基醚化物，不溶于乙醇、三氯甲烷等有机溶媒，在水中先溶胀再溶解。用作黏合剂的浓度一般为1%～2%，其黏性较强，常用于可压性较差的药物，但应注意是否造成片剂硬度过大或崩解超限。

（3）聚维酮（polyvinyl pyrrolidone，PVP）：即聚乙烯吡咯烷酮，性质稳定，可溶于水和乙醇，低浓度溶液（10%以下）黏度仅略高于水，可用作润湿剂，高浓度会形成黏稠胶状液体，为良好的黏合剂。PVP因分子量不同而分为不同规格，如K30、K60、K90等，其中常用的是K30（分子量3.8万）的乙醇溶液（3%～15%），适用于对水和热敏感的药物，常用于泡腾片及咀嚼片的制粒。本品最大的缺点是吸湿性强，在片剂贮存期间可引起崩解和溶出迟缓。

（4）明胶（gelatin）：为动物胶原蛋白的水解产物。根据制备时水解的方法不同分为酸法明胶（A型）和碱法明胶（B型），A型明胶等电点为7～9，B型明胶等电点为4.7～5.2，可根据药物对酸碱度的要求选用A型或B型。本品浸在水中时会膨胀变软，能吸收其自身质量5～10倍的水。在热水中溶解，冷却到35～40℃时会形成胶冻或凝胶，故制粒时明胶溶液应保持较高温度。以明胶溶液作为黏合剂制粒的药物干燥后比较硬。适用于松散且不易制粒的药物，以及在水中不需崩解或需要延长作用时间的口含片等。

（5）聚乙二醇（polyethylene glycol，PEG）：为环氧乙烷与水聚合而成的混合物。根据分子量不同有多种规格，常用的黏合剂型号为PEG 4000、PEG 6000。制得的颗粒压缩成型性好，片剂不变硬，适用于水溶性与水不溶性药物的制粒。

（6）其他黏合剂：50%～70%的蔗糖溶液、海藻酸钠溶液等。

在制粒时，根据物料的性质以及实践经验来选择适宜的黏合剂、浓度及用量，以确保颗粒与片剂的质量。表7-10列出了部分黏合剂的常用剂量。

表7-10　常用于湿法制粒的黏合剂与其参考用量

黏合剂	溶剂中质量浓度（W/V）/%	制粒用溶剂
淀粉	5～20，常用10	水
预胶化淀粉	2～10	水
明胶	2～10	水
蔗糖	～50	水
聚维酮	2～20	水或乙醇
甲基纤维素	2～10	水
羟丙纤维素	3～5	水或乙醇
羟丙甲纤维素	2～10，常用2	水
羧甲纤维素钠	2～10	水
乙基纤维素	2～10	乙醇
聚乙二醇（PEG 4000、PEG 6000）	10～50	水或乙醇
聚乙烯醇	5～20	水

（三）崩解剂

崩解剂（disintegrating agent）是使片剂在胃肠液中迅速裂碎成细小颗粒，有利于药物溶出的物质。片剂的崩解是药物溶出的第一步，崩解剂的主要作用是瓦解因黏合剂或高度压缩而产生的结合力。除缓（控）释片及某些特殊用途的片剂（如口含片、咀嚼片、舌下片等）外，一般片剂中都应加入崩解剂。特别是难溶性药物，其溶出是药物在体内吸收的限速阶段，其片剂的快速崩解更具有实际意义。

1. 崩解剂的作用机制　崩解剂的崩解作用是由于崩解剂自身具有很强的吸水膨胀性，能够瓦解片剂的结合力，使片剂裂碎成许多细小的颗粒。崩解剂的作用机制如下。

（1）毛细管作用：崩解剂能保持片剂的孔隙结构，形成易于润湿的毛细管道，并有一定的吸水性。当片剂置于水中时，水能迅速地随毛细管进入片剂内部，使整个片剂润湿而促使崩解。如淀粉和纤维素衍生物类。

（2）膨胀作用：崩解剂吸水后体积膨胀，使片剂的结合力被瓦解，从而发生崩解。如羧甲淀粉钠，在冷水中能膨胀，体积可增加300倍，膨胀作用十分显著，片剂可迅速崩解。膨胀率是表示崩解剂体积膨胀能力大小的重要指标，膨胀率越大，崩解效果越好。

$$膨胀率 = \frac{膨胀后体积 - 膨胀前体积}{膨胀前体积} \times 100\% \qquad\qquad 式（7\text{-}9）$$

（3）产气作用：泡腾崩解剂中常用枸橼酸或酒石酸加碳酸钠或碳酸氢钠，遇水产生二氧化碳气体，借助气体膨胀作用而使片剂崩解。

（4）润湿热：物料在水中溶解时产生热，使片剂内部残存的空气膨胀，促使片剂崩解。

2. 常用崩解剂

（1）干淀粉（dry starch）：是指在100～105℃下干燥1小时，含水量在8%以下的淀粉。干淀粉是一种最为经典的崩解剂，吸水性较强且有一定的膨胀性，其吸水膨胀率为186%左右，适用于作为水不溶性或微溶性药物片剂的崩解剂，但对易溶性药物片剂的崩解作用较差，这是因为易溶性药物遇水溶解，堵塞毛细管，使片剂外面的水不易通过溶液层面透入片剂的内部，阻碍了片剂内部淀粉的吸水膨胀。

（2）预胶化淀粉（pregelatinized starch）：预胶化淀粉结构中的部分支链淀粉具有较强的亲水性，可快速吸水膨胀，部分尚未改变的淀粉可变形复原，因此可用于全粉末压片和湿法制粒压片，崩解、溶出效果均较好。

（3）羧甲淀粉钠（sodium carboxymethyl starch, CMS-Na）：白色无定形粉末，吸水性极强，吸水膨胀作用非常显著，体积可膨胀为原来的300倍，是一种性质优良的"超级崩解剂"。CMS-Na吸水后粉粒膨胀而不溶解，不形成胶体溶液，故不阻碍水分的继续渗入而影响药片的进一步崩解，常用量为片剂重量的2%～6%。用量过大会形成凝胶层而阻碍片剂的崩解。可用于湿法制粒和粉末直接压片。

（4）低取代羟丙纤维素（low-substituted hydroxypropyl cellulose, L-HPC）：L-HPC具有可快速大量吸水的能力，其吸水膨胀率在500%～700%，是近年来国内应用较多的一种"超级崩解剂"。L-HPC兼具粘结和崩解的双重作用，用量一般为25%，可用于不易成型的药品，可提高片剂硬度、提高崩解分散的细度、加快药物溶出。

（5）交联羧甲纤维素钠（croscarmellose sodium, CCMC-Na）：CCMC-Na不溶于水，但能吸收数倍于自身重量的水膨胀而不溶化，膨胀体积为原体积的4～8倍，亦属于"超级崩解剂"。具有较好的崩解性和可压性，与羧甲淀粉钠合用时崩解效果更好，但与干淀粉合用时崩解作用会降低。常用量为片剂重量的0.5%。

（6）交联聚维酮（crosslinking polyvingypyrrolidone, PVPP）：PVPP是白色、流动性良好的粉末，在水、有机溶媒及强酸、强碱溶液中均不溶解，但在水中能迅速溶胀并且不会出现高黏度的凝胶层，因而其崩解性能十分优越，已被英、美等国药典收载，国产品现已研制成功。

（7）其他：海藻酸钠或海藻酸的其他盐；黏土类如皂土、胶体硅酸镁铝；阳离子交换树脂等。

常用的崩解剂及其用量如表 7-11 所示。近年来开发应用的高分子崩解剂一般比淀粉的用量少，且能明显缩短崩解时间，这些性质均有利于水不溶性药物片剂的崩解。

表 7-11　常用崩解剂及其用量

传统崩解剂	质量百分数（W/W）/%	超级崩解剂	质量百分数（W/W）/%
干淀粉（玉米、马铃薯）	5～20	羧甲淀粉钠	1～8
微晶纤维素	5～20	交联羧甲纤维素钠	5～10
海藻酸	5～10	交联聚维酮	0.5～5
海藻酸钠	2～5	羧甲纤维素钙	1～8
泡腾酸 - 碱系统	3～20	低取代羟丙纤维素	2～5

3. 崩解剂的加入方法　崩解剂的加入方法不同，其崩解效果也不同。外加法将崩解剂加在颗粒外，因而片剂崩解较快，崩解形成的粒子较大；内加法将崩解剂加在颗粒内，因而片剂崩解较慢，崩解形成的粒子较小；内外加法将 25%～50% 的崩解剂加在颗粒外，50%～75% 的崩解剂加在颗粒内（崩解剂总量一般为片重的 5%～20%），因而片剂崩解较快，崩解形成的粒子较小。在相同用量的崩解剂时，崩解速度是外加法＞内外加法＞内加法；溶出速度是内外加法＞内加法＞外加法。

例 7-22：崩解剂的应用

【单独应用】法莫替丁分散片中不同用量羧甲淀粉钠对崩解的影响：①采用 5% PVP 的不同浓度乙醇溶液为黏合剂。无水乙醇时，崩解时限为 6.2 分钟，随着乙醇比例减少，崩解加快，至水溶液时达到最快 0.8 分钟；②加入 1%～2% 羧甲淀粉钠对崩解影响不明显，1.6～1.8 分钟；③加入 3%～7% 羧甲淀粉钠明显加快了崩解，0.7～0.8 分钟；④加入 8%～10% 羧甲淀粉钠反而会延迟崩解，1.1～1.7 分钟。

【联合应用】①西咪替丁分散片采用正交试验筛选处方，以 20% 交联羧甲淀粉钠、25% 改性淀粉、10% 微晶纤维素配合使用崩解效果最佳，分别为 70 秒、25 秒和 16 秒；②阿莫西林分散片单独使用 L-HPC 或 MCC 作崩解剂时，崩解时间大于 180 秒，两者比例为 7：3 时崩解时间明显缩短，为（60±3）秒。

【加入方式】黄杨宁分散片中内加 15% 的 PVPP 和 3% 的 L-HPC，外加 8% 的 PVPP 和 1% 的 L-HPC，所制得的黄杨宁分散片在 15 分钟内溶出（99.4±3.8）%。

（四）润滑剂

按其作用不同，润滑剂可分成三类：①助流剂（glidant）：增加颗粒流动性，改善颗粒填充状态的物质；②抗黏剂（antiadherent）：防止原辅料黏着于冲头表面的物质；③（狭义）润滑剂（lubricant）：降低颗粒之间及颗粒或药片与冲模孔壁之间摩擦力的物质。一种理想的润滑剂应同时具有助流、抗黏和润滑作用，但目前应用的润滑剂中尚没有这种理想状态。一般将具有上述任何一种作用的辅料都称为润滑剂。

1. 润滑剂的作用机制　润滑剂的作用机制比较复杂，一般认为润滑剂的作用是改善颗粒的表面特性，包括：①改善粒子表面的静电分布；②改善粒子表面的粗糙度；③改善气体的选择性吸附；④减弱粒子间的范德瓦耳斯力；⑤附着于粒子表面减小摩擦力。

2. 常用润滑剂

（1）硬脂酸镁（magnesium stearate）：疏水性润滑剂，有良好的附着性，与颗粒混合后分布均匀而不易分离，少量即有较好的润滑作用，为广泛应用的润滑剂。用量一般为 0.3%~1%，用量过大时片剂不易崩解或产生裂片。

（2）微粉硅胶（silica gel）：即胶态二氧化硅，为轻质的白色粉末，比表面积大，有良好的流动性，用作助流剂，可用于粉末直接压片，常用量为 0.1%~0.3%。

（3）滑石粉（talcum powder）：其成分为含水硅酸镁，有较好的滑动性，抗黏性明显，且能增加颗粒的润滑性和流动性。本品不溶于水，但有亲水性，对片剂的崩解影响不大。常用量一般为 0.1%~3%，最多不超过 5%，过量反而会使流动性变差。

例 7-23：当归浸膏片

【处方】当归浸膏 262g、淀粉 40g、轻质氧化镁 60g、硬脂酸镁 7g、滑石粉 80g，制成 1 000 片。

【制法】取当归浸膏加热（不用直火）至 60~70℃，搅拌使之融化，将轻质氧化镁、滑石粉（60g）及淀粉依次加入混匀，分铺烘盘上，于 60℃以下干燥至含水量 3% 以下。然后将烘干的片（块）状物粉碎成 14 目以下的颗粒，最后加入硬脂酸镁、滑石粉（20g）混匀，过 12 目筛整粒，压片、质检、包糖衣。

【注解】当归浸膏中含有较多糖类物质，吸湿性较大，加入适量滑石粉（60g）可以克服操作上的困难；当归浸膏中含有挥发油成分，加入轻质氧化镁吸收后有利于压片；本品的物料易造成粘冲，可加入适量的滑石粉（20g）克服，并控制在相对湿度 70% 以下压片。

（4）氢化植物油（hydrogenated vegetable oil）：润滑性能好。用时将其溶于轻质液体石蜡中喷于颗粒上，以利于分布均匀。

（5）聚乙二醇：PEG 4000 和 PEG 6000 为水溶性润滑剂。溶解后可得到澄明溶液，不影响片剂的崩解与溶出，常用于可溶性片剂，如维生素 C 泡腾片等。用 50μm 以下的粉粒压片时可以达到良好的润滑效果。

例 7-24：维生素 C 片

【处方】维生素 C 30%、乳糖 69%、聚乙二醇 6000（5μm）1%。

【制法】混合均匀，直接压片。片剂投入水中，能很快溶解成澄明溶液。

（6）十二烷基硫酸钠（sodium dodecylsulfate，SDS）：为水溶性阴离子型表面活性剂，具有良好润滑作用。能增强片剂的机械强度，并能促进片剂的崩解和药物的溶出。

常用润滑剂的特性评价见表 7-12。

表 7-12　常用润滑剂的特性评价

润滑剂	添加浓度	助流特性	润滑特性	抗黏着特性
硬脂酸盐	1% 以下	无	优	良
硬脂酸	1%~2%	无	良	不良
滑石粉	1%~5%	良	不良	优
蜡类	1%~5%	无	优	不良
麦子淀粉	5%~10%	优	不良	优

（五）其他辅料

1. **着色剂（colorant）** 片剂中常加入着色剂来改善外观和便于识别。色素必须是药用级，最大用量不超过 0.05%。可溶性色素在干燥过程中易产生颜色的迁移，使片剂产生色斑，因此应选择水不溶性色素，或将可溶性色素吸附于硫酸钙、三磷酸钙、淀粉等主要辅料中，可有效防止颜色的迁移。

2. **芳香剂（flavoring agent）和甜味剂（sweetener）** 主要用于口含片和咀嚼片。常用的芳香剂为芳香油（如薄荷油、桂皮油、香精等），甜味剂（如葡萄糖、蔗糖、甜菊苷、阿司帕坦等）一般不需要另加，可在选择稀释剂时一并考虑。香精的加入方法是先将香精溶解于乙醇中，然后均匀喷洒在已经干燥的颗粒上。近年来开发的微囊化固体香精可直接混合于已干燥的颗粒中压片，得到良好的效果。

3. **预混辅料（pre-mixed excipient）与共处理辅料（co-processed excipient）** 预混辅料是指两种或两种以上药用辅料通过简单物理混合制成的、具有一定功能且表观均一的混合辅料。预混辅料中各组分仍保持独立的化学实体。预混辅料粒度分布均匀，比普通辅料有更好的流动性、黏合性和压缩成型性，可用于粉末直接压片。预混辅料最早出现在 20 世纪 80 年代，第一个是微晶纤维素和碳酸钙的预混辅料，1990 年出现了纤维素和乳糖的预混辅料 Cellactose。目前市场上已有几十种预混辅料，可分为两大类：一类是适用于固体制剂生产的预混辅料，如 Cellactose、StarLac、SMCC 等，部分已上市的产品见表 7-13；第二类是用于包衣的预混剂。

共处理辅料是由两种或两种以上药用辅料经特定的物理加工工艺（如喷雾干燥、制粒等）处理制得，以达到特定功能的混合辅料。共处理辅料在加工过程中不应形成新的化学共价键。共处理辅料与预混辅料的区别在于共处理辅料无法通过简单的物理混合方式制备。

表 7-13　常用的预混辅料

商品名	成分	特点
Ludipress	乳糖 +3.2% PVP K30+PVP CL	吸湿性低，流动性好，片剂硬度不依赖压片速度
DiPac	蔗糖 +3% 糊精	可用于直接压片
Prosolv	MCC+ 二氧化硅	流动性更好，对湿法制粒敏感性低，片剂硬度更好，可降低脆碎度
Avicel CE-15	MCC+ 瓜尔胶	无砂砾感，不黏牙，有奶油味，整体口感好
Microcelac	MCC+ 乳糖	可用于流动性差的活性药物制备成大剂量的小片剂
Pharmatose DCL40	95% β- 乳糖 +5% 拉克替醇	可压缩性高，对润滑剂敏感性低
StarLac	85% α- 乳糖一水合物 +15% 玉米淀粉	崩解性极好，可减少超级崩解剂的使用，适于直接压片，压缩性和流动性好，片重差异小
Cellactose	75% α- 乳糖 +25% MCC	可压缩性高，口感好，价格低，所得片剂性能好
For Maxx	碳酸钙 + 山梨醇	颗粒粒径分布可控

（六）辅料的选用原则

辅料选择的主要依据是药物性质和用药目的,选择时必须注意以下几点。

1. 各类辅料的相互影响　辅料虽然按照它在片剂中的不同作用而分类,但实质上它们是相互联系、相互影响的整体,如黏合剂选用不当会影响崩解剂的作用,又如糖粉作为稀释剂,也有黏合作用,故在选用黏合剂时就不要选择黏性太强的,可考虑减少黏合剂的用量,甚至改用润湿剂。又如淀粉为稀释剂,也有崩解作用,处方中就不须另加崩解剂等。

2. 辅料本身应具备的条件　辅料本身应具备以下条件:①化学性质稳定,不与主药发生化学作用,不影响药效;②对人体无害,不影响主药的含量测定;③生产操作简单易行。

部分已获得国内注册证的辅料如表 7-14 所示。

表 7-14　部分已获得国内注册证的辅料

产品名称	优点
乳糖 PVP K30	吸附性好,流动性好,片剂硬度与压片速度无关
乳糖纤维素	可压性好,口感好,成本低
碳酸钙山梨醇	粒度分布窄
微晶纤维素乳糖	载药量高,可用于流动性差的药物
阿司帕坦	优秀的甜味剂,蔗糖的替代品,适于口含及糖尿病患者服用药物,是蔗糖甜度的 200～250 倍
EUDRAGIT RL 100	肠溶包衣,包衣能抵抗湿热环境,可制作锭剂
苏丽丝(Surelease)	一种使用乙基纤维素作为控释材料,含成膜剂、增塑剂和稳定剂的水性分散体,为简单易用的全水包衣系统,药物释放不受 pH 影响,可以应用于颗粒和小丸包衣,也可作为有效的湿法制粒的黏合剂,把制成的颗粒进一步压制成缓释片

三、片剂的制备

片剂的制备方法主要有压制法和 3D 打印法。压制法是将粉状或颗粒状物料在压片机中压缩成型而制得片剂的方法,是片剂的一种非常成熟的产业化制备方法,压制片的物理特性已普遍被接受,有圆形、椭圆形或其他独特的形状。3D 打印制药技术作为一种新型的制剂技术,片剂是其主要的应用剂型。通过 3D 打印设备,将原料药物和辅料一层一层地打印堆置,使片剂内部呈多孔状,具有较大的内表面积,口服后能够快速分散。

（一）压制法

根据片剂压制法制备工艺特点,压制法可分为制粒压片法和直接压片法,制粒压片法又可分为湿法制粒压片法和干法制粒压片法,直接压片法又可分为粉末直接压片法和半干式颗粒压片法。目前以湿法制粒压片法更为普遍,粉末直接压片法得到越来越多的关注。

1. 湿法制粒压片法　湿法制粒压片法是指在原辅料中加入黏合剂或润湿剂进行湿法制

粒,再将所得颗粒经干燥后进行压片的方法。湿法制粒压片是制备片剂广泛使用的方法,其工艺流程如图7-44所示。

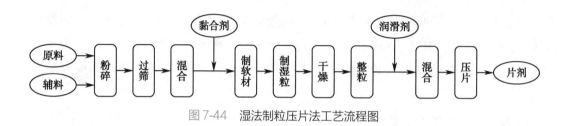

图7-44 湿法制粒压片法工艺流程图

例7-25: 复方磺胺甲基异噁唑片

【处方】磺胺甲基异噁唑(sulfamethoxazole,SMZ)400g、甲氧苄啶(trimethoprim,TMP)80g、淀粉40g、10%淀粉浆24g、干淀粉23g(4%左右)、硬脂酸镁3g(0.5%左右),共制成1 000片(每片含SMZ 0.4g)。

【制法】将SMZ、TMP过80目筛,与淀粉混匀,加淀粉浆制软材,用14目筛制粒,置70~80℃干燥,用12目筛整粒,加入干淀粉及硬脂酸镁混匀,压片,即得。

【注解】SMZ为主药;TMP为抗菌增效剂,常与磺胺类药物联合应用,可使药物对革兰氏阴性杆菌(如志贺菌属、大肠埃希菌等)有更强的抑菌作用;淀粉主要作为填充剂,同时也兼有内加崩解剂的作用;干淀粉为外加崩解剂;淀粉浆为黏合剂;硬脂酸镁为润滑剂。

例7-26: 复方阿司匹林片

【处方】阿司匹林268g、对乙酰氨基酚136g、咖啡因33.4g、淀粉266g、淀粉浆(15%~17%)85g、滑石粉25g(5%)、轻质液体石蜡2.5g、酒石酸2.7g,共制成1 000片。

【制法】将酒石酸溶于淀粉浆中,咖啡因、对乙酰氨基酚与1/3量的淀粉混匀,加淀粉浆(15%~17%)制软材,过14目尼龙筛制湿颗粒,于70℃干燥,干颗粒过12目尼龙筛整粒,然后将此颗粒与阿司匹林混合均匀,最后加剩余的淀粉(预先在100~105℃干燥)及吸附有液体石蜡的滑石粉,共同混匀后,再过12目尼龙筛,颗粒经含量测定合格后,用12mm冲压片,即得。

【注解】阿司匹林遇水易水解,水解产物水杨酸和乙酸可刺激胃黏膜,长期服用会导致胃溃疡。根据水解反应的机制可知,反应体系中加入酸可抑制水解反应,因此,处方中可通过加入酸(如酒石酸)增加药物稳定性;阿司匹林的水解受金属离子的催化,可采用尼龙筛制粒,且不能使用硬脂酸镁作润滑剂;阿司匹林的润湿性较差(接触角θ=73°~75°),可加入适宜的表面活性剂(如聚山梨酯80),以提高片剂的润湿性,改善崩解和溶出(0.1%即可显著改善);处方中液体石蜡的量为滑石粉的10%,可使滑石粉更易于粘附在颗粒的表面,且在压片振动时不易脱落。淀粉的剩余部分作为崩解剂而加入,但要注意混合均匀。阿司匹林的可压性极差,可采用较高浓度的淀粉浆(15%~17%)或HPMC水溶液作为黏合剂;处方中的三种主药会产生低共熔现象,可采用分别制粒的方法保证制剂的稳定性。

2. 干法制粒压片法 干法制粒压片法是指将原料药物和辅料混合均匀后,先压成板状或大片状,再将其破碎成大小适宜的颗粒后进行压片的方法。干法制粒压片法的工艺流程如图 7-45 所示。

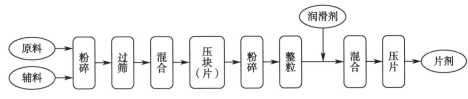

图 7-45 干法制粒压片法工艺流程图

例 7-27:头孢呋辛酯片

【处方】头孢呋辛酯 620g、微晶纤维素 240g、乳糖 60g、低取代羟丙纤维素 118g、羧甲淀粉钠 100g、硬脂酸镁 14g、滑石粉 20g、微粉硅胶 28g,共制成 4 000 片。

【制法】按处方称取主药与辅料,混合均匀,加 80 目筛网粉碎,固定液压压力为 3.0MPa,挤压速度为 15~20r/min,加料速度为 300g/min,干法制粒机通冷却水,开机制粒,控制压饼厚度为 1~2mm,三元旋振筛上、下分别安装 16 目和 30 目网,对筛出的细粉循环加入制粒,粗头经粉碎后循环制粒至无粗头结束。采用 10mm 浅凹冲压片,理论片重 300mg。

【注解】头孢呋辛酯属 β- 内酰胺类抗生素,结构中存在不稳定的 β- 内酰胺环,遇水、醇、高热、湿热均有降解的可能,且遇水或乙醇会产生非常强的黏性。处方中的微晶纤维素素、乳糖为稀释剂,并有良好的可压性,有利于干法制粒;低取代羟丙纤维素和羧甲淀粉钠为超级崩解剂;硬脂酸镁、滑石粉、微粉硅胶起润滑、助流作用。

3. 粉末直接压片法 粉末直接压片法是不经过制粒过程直接把药物和辅料的混合物进行压片的方法,其工艺流程如图 7-46 所示。

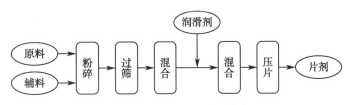

图 7-46 粉末直接压片法工艺流程图

例 7-28:罗通定片

【处方】罗通定 30g、滑石粉 10g、微晶纤维素 25g、微粉硅胶 1g、淀粉 23g、硬脂酸镁 1.0g,制成 1 000 片。

【制法】取处方量罗通定和辅料粉末,混匀过筛,全粉末直接压片,即得。

【注解】罗通定为白色或微黄色结晶,不溶于水,无臭,无味,遇光受热易变黄;微晶纤维素为干黏合剂和崩解剂;淀粉为崩解剂和填充剂,滑石粉和硬脂酸镁为润滑剂;微粉硅胶为助流剂。

4. 半干式颗粒压片法 半干式颗粒压片法(又称空白颗粒压片法),是将药物粉末和预先制好的辅料颗粒(空白颗粒)混合后进行压片的方法,其工艺流程如图 7-47 所示。

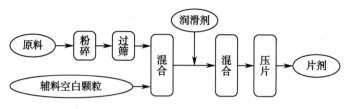

图 7-47　半干式颗粒压片法工艺流程图

例 7-29：硝酸甘油片

【处方】乳糖 88.8g、糖粉 38.0g、17% 淀粉浆适量、10% 硝酸甘油乙醇溶液 0.6g、硬脂酸镁 1.0g，制成 1 000 片（每片含硝酸甘油 0.5mg）。

【制法】首先将乳糖和糖粉进行干混制备空白颗粒，然后将硝酸甘油制成 10% 乙醇溶液（按 120% 投料），喷洒于空白颗粒的细粉（30 目以下）中混合，加入淀粉浆制粒，过 16 目筛两次，于 40℃ 以下干燥 50～60 分钟，再与事先制成的空白颗粒及硬脂酸镁混匀，压片，即得。

【注解】这是一个小剂量药物的舌下片，在舌下迅速溶解，继而被吸收，用以治疗心绞痛。处方中不宜加入不溶性的辅料（微量的硬脂酸镁作为润滑剂除外）；药物剂量小，为了混合均匀，将药物溶于乙醇后喷洒于空白颗粒中混匀；注意防止振动、受热和操作者吸入，以免造成爆炸及操作者的剧烈头痛；本品属于急救药，片剂不宜过硬，以免影响其舌下的速溶性。

（二）3D 打印法

3D 打印技术（3D printing technology）作为一种新型的制剂技术，片剂是其主要应用的剂型。其制备方法是通过 3D 打印设备将原料药物和辅料一层一层地打印堆置，通过结合不同类型和性质的辅料，调整打印过程的工艺参数和系统参数，制备出各种几何形状和功能的三维结构的片剂。

2015 年 8 月 FDA 批准了首款采用 3D 打印技术制备的 SPRITAM（左乙拉西坦，Levetiracetam）速溶片上市。这种以 3D 打印技术制备的新型制剂内部呈多孔状，具有较大的内表面积，口服后可在短时间内被很少量的水融化而快速分散。3D 打印药物制剂技术是一个全新的药物制剂技术，其工业化的应用和发展还在起步阶段。

四、片剂的压制

片剂的压制过程包括饲料、压片和出片。压片机工作过程的控制要点包括片剂的外观形状、片重和硬度等。片剂形状的选择通过选取不同的模具来实现，片剂重量的控制通过片重调节器来实现，片剂的硬度控制则主要是通过压力调节器来实现。

（一）片重计算

片重包括药物和所有加入辅料的总重量，计算方法包括以下两种。

1. 按主药含量计算片重　将药物制成干颗粒时，由于经过了一系列的操作过程，原料药必将有所损耗，所以应对颗粒中主药的实际含量进行测定，然后按照式（7-10）计算片重。

$$片重 = \frac{每片主药含量（标示量）}{颗粒中主药含量（实测量）} \qquad 式（7\text{-}10）$$

2. 按干颗粒总质量计算片重 在药厂中,已考虑到原料的损耗,因而增加了投料量,则片重的计算可按式(7-11)来计算(成分复杂、没有含量测定方法的中草药片剂只能按此公式计算)。

$$片重 = \frac{干颗粒重+压片前加入辅料量}{预定压片数} \qquad 式(7-11)$$

(二)压片

小批量生产和实验室试制常用单冲压片机,它是间歇式生产设备,生产效率低,产量大约在100片/min,且存在压片时由于上冲单向加压而容易产生裂片,具有噪声大等缺点。工业化大生产多采用旋转式多冲压片机,具有以下有点:①饲粉方式合理、片重差异小;②由上冲、下冲同时加压,压力分布均匀;③生产效率高。例如,55冲的双流程压片机的生产能力高达50万片/h。目前,压片机的最大产量可达80万片/h。

(三)片剂成型的影响因素

1. 药物的可压性 任何物质都兼有一定的塑性和弹性。若其塑性较大,则可压性好,压缩时主要发生塑性变形,易于固结成型;若弹性较强,则可压性差,即压片时所产生的形变趋向于恢复到原来的形状,致使片剂的结合力减弱或瓦解,发生裂片和松片等现象。这种弹性复原现象可以用弹性复原率定量地加以测定,其计算公式如下。

$$弹性复原率 = \frac{H_t - H_0}{H_0} \times 100\% \qquad 式(7-12)$$

式中,H_t 为片剂推出模孔后的高度,可用卡尺方便地量出;H_0 为片剂被加压成型时的高度,可用位移传感器与应变仪联合应用而测得。

2. 药物的熔点及结晶形态 药物的熔点较低有利于"固体桥"的形成,但熔点过低,压片时容易粘冲。药物的结晶形态:①立方晶系的结晶对称性好、表面积大,压缩时易于成型;②鳞片状或针状结晶容易形成层状排列,所以压缩后的药片容易分层裂片,不能直接压片;③树枝状结晶易发生变形而且相互嵌接,可压性较好,易于成型,但缺点是流动性极差。

3. 黏合剂和润滑剂 一般而言,黏合剂的用量越大,片剂越易成型,但应注意避免硬度过大而造成崩解、溶出的困难。润滑剂在其常用的浓度范围以内,对片剂的成型影响不大,但由于润滑剂往往具有一定的疏水性,当其用量继续增大时,会过多地覆盖于颗粒的表面,使颗粒间的结合力减弱,造成片剂的硬度降低。

4. 水分 颗粒中含有适量的水分或结晶水,有利于片剂的成型。这是因为干燥的物料往往弹性较大,不利于成型,而适量的水分在压缩时被挤到颗粒的表面形成薄膜,起到一定的润滑作用。另外,这些被挤压到颗粒表面的水分,可使颗粒表面的可溶性成分溶解,当压成的药片失水后,发生重结晶现象而在相邻颗粒间架起了"固体桥",从而使片剂的硬度增大。当然,颗粒的含水量也不能太多,否则会造成粘冲现象。

5. 压力 一般情况下,压力愈大,颗粒间的距离愈近,结合力愈强,压成的片剂硬度也愈大,但当压力超过一定范围后,压力对片剂硬度的影响减小。加压时间延长有利于片剂成型,并使之硬度增大。单冲压片机属于撞击式压片,加压时间很短,所以极易出现裂片(顶裂)现象;旋转式压片机的加压时间较长,因而不易裂片;近年来发展的"多次压片机",可使加压时间由0.05秒延长到0.22秒,因而极少出现裂片。

(四)片剂制备中可能出现的问题及解决方法

1. 裂片 片剂发生裂开的现象称裂片,裂开的位置在药片的顶部称为顶裂(capping),裂开的位置在药片的中部则称为腰裂(lamination)。

(1)产生裂片的原因

1)处方因素:①物料可压性差,结合力弱,不易成型;②颗粒过干,物料中细粉太多,压缩时空气来不及排出,解除压力后空气体积膨胀而导致裂片;③压力过大,也易裂片。

2)工艺因素:①压片压力分布不均匀,单冲压片机压片时,由于单方向施压,较旋转压片机更易产生压力分布不均而易裂片;②塑性变形不充分,加压过快,快速压片比慢速压片易裂片;③应力集中,凸面片剂比平面片剂易裂片;④一次压缩比多次压缩(一般两次)易出现裂片等。

总之,物料的压缩成型性差、压片机的使用不适当均可造成片剂内部压力分布不均匀,在应力集中处易于裂片。

(2)解决裂片的主要措施:①选用塑性好的辅料、增加黏合剂用量等方法改善物料可压性;②选择适宜的制粒方法,如湿颗粒法;③使用旋转式压片机,并选择适宜的操作参数等在整体上提高物料的压缩成型性。

2. 松片 片剂硬度不够,稍加触动即松散的现象称为松片(loosing)。主要原因是黏合力差、颗粒含水量太少、压缩压力不足等处方和工艺因素。应采取相应的措施解决。

3. 粘冲 压片时片剂的表面被冲头粘去一薄层或一小部分,造成片面粗糙不平或有凹痕的现象,称为粘冲(sticking)。刻字冲头易发生粘冲。造成粘冲的主要原因有颗粒含水量过多、环境湿度较大、物料较易吸湿、润滑剂选用不当或用量不足、冲头表面锈蚀或刻字粗糙不光等。应根据实际情况,查找原因予以解决。

4. 重量差异超限 片剂的重量差异超出现行版《中国药典》规定限度。产生原因及解决办法如下:①颗粒流动性不好,流入模孔的颗粒量时多时少,引起片重差异过大,应重新制粒或加入较好的助流剂(如微粉硅胶等),改善颗粒流动性;②颗粒内的细粉太多或颗粒的大小相差悬殊,致使流入模孔内的物料时重时轻,应除去过多的细粉或重新制粒;③加料斗内的颗粒时多时少,造成加料的质量波动,引起片重差异超限,应保持加料斗内始终有1/3量以上的颗粒;④冲头与模孔吻合性不好,例如下冲外周与模孔壁之间漏下较多药粉,致使下冲发生"涩冲"现象,造成物料填充不足,应更换冲头、模圈。

5. 崩解迟缓 崩解迟缓是指片剂超过了现行版《中国药典》规定的崩解时限,从而影响药物的溶出。根据片剂的崩解机制,水分渗入到片剂内部是片剂崩解的首要条件,而水分渗入的快慢与片剂内部的空隙状态和物料的润湿性有关。片剂虽是一个高密度的压实体,但其仍是一个多孔体,内存空隙并构成一种毛细管的网络。水分正是通过这些孔隙渗入片剂内部与崩解剂作用产生崩解。

影响片剂崩解的主要因素有以下四点①片剂内部的空隙率和空隙结构：足够的空隙率和毛细管网络影响片剂的崩解。如物料可压性好或压片压力大，则制备的片剂空隙率小，不利于水分的渗入。②片剂的润湿性：疏水性的润滑剂和辅料可增加片剂的疏水性，不利于水分的渗入而影响崩解，加入表面活性剂或选择水溶性的辅料可以改善片剂的润湿性，从而改善崩解。③片剂内部的结合力：如果黏合剂的黏性大、物料的塑性变形大，则片剂成型结合力大，不利于片剂的崩解。④物料的吸水膨胀性：片剂中的物料（如崩解剂）吸水膨胀而瓦解片剂内部结合力，膨胀比越大，越有利于崩解，因此可以选择优良的崩解剂改善崩解。

6. 溶出超限　片剂在规定的时间内未能溶出规定量的药物，即为溶出超限或溶出度不合格。影响药物溶出度的主要原因是片剂不崩解、颗粒过硬、药物的溶解度差等。对于难溶性药物来说，药物的溶出是影响吸收的限速过程，应予以重视。

改善片剂溶出度主要从处方和工艺两个方面考虑。①处方因素：可选择亲水性辅料、加入优良的崩解剂和表面活性剂提高疏水性药物的崩解和溶出；②工艺因素：减小压片压力，对于难溶性药物采用减少粒径、微粉化处理、制备固体分散体或包合物提高药物的溶解度和溶出度。

7. 含量均匀度不合格　药片内的药物含量均匀程度不符合《中国药典》规定。小剂量的药物片剂易出现此问题。主要影响因素有：①所有能引起片重差异过大的因素均可造成含量均匀度不合格；②小剂量的药物，原辅料混合不均匀；③在湿颗粒干燥过程中发生了可溶性药物成分颗粒间的迁移，产生药物含量不均匀。

改善含量均匀度不合格的措施：采用厢式干燥时，应经常翻动物料层，以减少可溶性成分在颗粒间的迁移。采用流化床干燥法时，由于湿颗粒各自处于流化运动状态，并不相互紧密接触，所以一般不会发生颗粒间的可溶性成分迁移，有利于改善片剂的含量均匀度。

五、片剂的包衣

（一）片剂的包衣方法

1. **糖包衣**　糖包衣是使用蔗糖对片剂进行包衣，包衣可以在荸荠型包衣锅中进行，其工艺流程如图 7-48 所示。

2. **薄膜包衣**　薄膜包衣是在片剂表面包裹高分子薄膜材料的衣层，其工艺流程如图 7-49 所示。

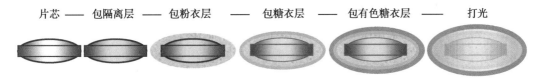

片芯 —— 包隔离层 —— 包粉衣层 —— 包糖衣层 —— 包有色糖衣层 —— 打光

图 7-48　糖包衣的工艺流程图

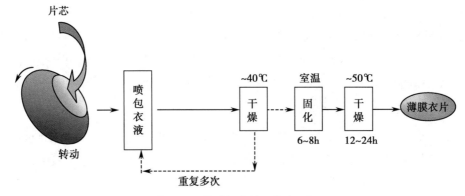

图 7-49　薄膜包衣的工艺流程图

例 7-30：小檗碱薄膜衣片

【处方】小柴碱压制片（硬度≥4kg/mm²，脆碎度＜0.2%，水分＜3.0%）、水性薄膜包衣粉180g、纯化水820g，共制成1 000g。

【制法】①水性薄膜包衣粉加入纯化水中，搅拌45～50分钟。经黏度计测试，黏度在150～250Pa·s；②将片芯置于包衣锅中，吹热风将片芯预热至40℃左右，调整好喷枪角度和流速使包衣液均匀地喷散到片芯的表面，控制包衣锅的转速并打开喷枪开始进行包衣，初始阶段喷雾速度应小，以免水分渗入片芯，当片芯表面有薄膜形成后增大喷雾速度，若发现片芯较湿，应停止喷雾，干燥数分钟后再进行喷雾包衣；③整个喷雾过程持续40～45分钟，包衣液用量约为300ml，片芯增重约3%。

【注解】包衣效果：①外观检查。片面平滑有光泽，边、角均匀覆盖，冲字清晰。②硬度检查：包衣片高于素片，包衣前5kg/mm²，包衣后为8kg/mm²。③崩解时限检测：在水中崩解时间小于15分钟。

（二）片剂包衣的质量要求

包衣片主要由片芯（素片）与包衣层组成，其质量要求如下。

1. 片芯　除符合一般片剂质量要求外，片芯应为片面呈弧形且棱角小的双凸片，以便包衣严密。此外还要求片芯的硬度较大、脆性较小，保证滚动时不破碎。包衣前应筛去碎片及片粉。

2. 包衣层　要求包衣层均匀牢固，不与片芯药物发生作用；在有效期内应保持光亮美观，颜色一致；无裂片、脱壳现象；不影响药物的崩解、溶出和吸收。

（三）片剂包衣过程中的常见问题与解决办法

包衣过程中要掌握锅温、喷量、粒子运动速度三者之间的关系，包衣操作常出现以下问题。

1. 粘片　主要是由于喷量太快，破坏了溶剂蒸发平衡而使片剂相互粘连。解决办法：适当降低包衣液喷量、提高热风温度、加快锅的转速等。

2. 起皱　干燥不当或包衣液喷雾压力低而使喷出的液滴受热浓缩程度不均，从而造成衣膜出现波纹。解决办法：应合理控制蒸发干燥速率，提高喷雾压力或更换衣料。

3. 起泡或架桥　架桥是指药片上的刻字被衣膜掩盖，造成标志模糊。解决办法：改进包衣液、放慢包衣喷速、降低干燥温度。起泡是指固化不恰当，干燥过快，或衣膜与底层表面（或片心）附着力差而导致的膜或片心间有气泡。解决办法：改进成膜条件，提高衣膜粘着性，降低干燥温度与速度。

4. 出现色斑或喷霜　主要是由于配包衣液时搅拌不均匀、固体状物质细度不够、雾化效果差而引起。解决办法：可更改包衣液，配包衣液时应充分搅拌均匀，适当降低温度，缩短喷程，提高雾化效果。

5. 药片边缘磨损　若是由包衣液固含量选择不当、包衣机转速过快、喷量太小引起的，应选择适当的包衣液固含量，或适当调节转速及喷量的大小；若是因为片芯硬度太差所引起，则应改进片芯的配方及工艺。

6. 糖衣片粘锅　含糖量应恒定，一次用量不宜过多，锅温不宜过低。

六、片剂的质量检查

片剂成品的质量评价可分为化学评价、物理评价、微生物学评价、生物学评价及稳定性评价。化学评价包括定性检测（如药物的鉴别）、定量检测（如药物含量测定）、含量均匀性检测等，一般按药品质量标准进行检测。物理评价包括片剂的重量差异、崩解时限、溶出度、硬度、脆碎度等指标。微生物学评价则是检测片剂中的细菌数、霉菌数或其他控制菌数，一般按现行版《中国药典》的规定检测。生物学评价包括生物利用度和生物等效性测定。稳定性评价包括影响因素试验、加速试验和长期试验。

1. 外观性状　片剂的外观性状应完整光洁，色泽均匀，无杂斑，无异物，并在规定的有效期内保持不变。

2. 片重差异　片重差异应符合现行《中国药典》(2020 年版)四部对片重差异限度的要求，具体检查方法如下。

取供试品 20 片，精密称定总重量，求得平均片重后，再分别精密称定每片的重量，每片重量与平均片重比较（凡无含量测定的片剂或有标示片重的中药片剂，每片重量应与标示片重比较），按表 7-15 中的规定，超出重量差异限度的不得多于 2 片，并不得有 1 片超出限度 1 倍。

表 7-15　片剂的重量差异限度

平均片重或标示片重	重量差异限度
0.30g 以下	±7.5%
0.30g 及 0.30g 以上	±5.0%

糖衣片、薄膜衣片（包括肠衣片）应在包衣前检查片芯的重量差异，符合规定后方可包衣；包衣后不再检查片重差异。另外，凡已规定检查含量均匀度的片剂，不必进行片重差异检查。

3. 硬度和脆碎度

（1）硬度（hardness）：系指片剂的径向破碎力，常用孟山都硬度计或硬度测定仪来测定（图 7-50 右）。在生产中常用的经验方法是将片剂置于中指与示指之间，以拇指轻压，根据片剂的抗压能力，判断其硬度。《中国药典》中尚未规定片剂硬度检查的具体方法，但一般认为普通片剂的硬度在50N以上为好。

（2）脆碎度（friability）：反映片剂的抗磨损和抗振动能力，常用Roche脆碎度测定仪测定（图7-50左）。脆碎度小于1%为合格片剂，具体测定方法参考《中国药典》（2020年版）四部。

4. 崩解时限 除药典规定进行"溶出度或释放度"检查的片剂以及某些特殊的片剂（如口含片、咀嚼片等）以外，一般的口服片剂均须做崩解时限检查。《中国药典》（2020年版）四部规定普通片的崩解时限是15分钟，分散片为3分钟，舌下片泡腾片为5分钟，中药浸膏片为60分钟，糖衣片为60分钟，化学药薄膜包衣片为30分钟，中药薄膜包衣片为60分钟，肠溶衣片则要求在盐酸溶液中2小时内不得有裂缝、崩解或软化现象，在磷酸盐缓冲液（pH=6.8）中1小时内全部溶解并通过筛网，结肠定位肠溶衣片在盐酸溶液及磷酸盐缓冲液（pH=6.8）中不释放或不崩解，在pH为7.5～8.0的磷酸盐缓冲液中1小时内完全释放或崩解。

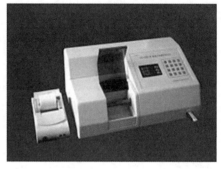

图7-50　脆碎度测定仪（左）和硬度测定仪（右）

崩解时限检查采用"吊篮法"：使6根底部镶有筛网（网孔直径2mm）的玻璃管上下往复通过（37±1）℃的水，每个玻璃管中的每个药片应在药典规定的时间内全部通过筛网（图7-51）。

5. 溶出度或释放度 根据《中国药典》（2020年版）的有关规定，溶出度检查用于一般的片剂，而释放度检查适用于缓（控）释制剂。

对于难溶性药物而言，虽然崩解时限合格，但却并不一定能保证药物快速而完全溶解出来。崩解时限检查并不能完全正确地反映主药的溶出速率和溶出程度及体内的吸收情况，而考察其生物利用度，耗时长、费用大、比较复杂，实际上也不可能直接作为片剂质量控制的常规检查方法，所以通常采用溶出度或释放度试验代替体内试

图7-51　片剂崩解仪

验。但溶出度或释放度的检查结果只有在体内吸收与体外溶出存在着相关或平行的关系时，才能真实地反映体内的吸收情况，并达到控制片剂质量的目的。目前，溶出度试验的品种和数量不断增加，大有取代崩解时限检查的趋势，其具体检查方法详见《中国药典》（2020年版）四部。

缓控释制剂释放度的检查,除另有规定外,至少取 3 个时间点:①开始 0.5～2 小时的取样时间点,用于考察药物是否有突释;②中间取样时间点(释放约 50%),用于确定释药特性;③最后取样时间点,用于考察释药是否完全。此 3 点用来表征片剂在体外的释放度。具体要求参考《中国药典》(2020 年版)四部。

6. 含量均匀度 含量均匀度系指小剂量药物在每个片剂中的含量是否偏离标示量以及偏离的程度,必须经过检查才能得出正确的结论。一般片剂的含量测定是将 10～20 个药片研碎混匀后取样测定,所以得到的只是平均含量,易掩盖小剂量药物由于混合不匀而造成的每片含量差异。为此,中外药典皆规定了含量均匀度的检查方法及其判断标准,详见《中国药典》(2020 年版)四部通则规定,与美国等发达国家的药典相比,本方法更科学、更合理、更具有先进性,因为它应用了数理统计学的原理,将传统的计数法发展为计量法。

7. 发泡量 阴道泡腾片应检查发泡量,检查时,除另有规定外,取 25ml 具塞刻度试管(内径 1.5cm,若片剂直径较大,可改为内径 2.0cm)10 支,按《中国药典》(2020 年版)四部规定加一定量的水,置(37±1)℃水浴中 5 分钟,各管中分别投入供试品 1 片,20 分钟内观察最大发泡量的体积,平均发泡体积不得少于 6ml,且少于 4ml 的不得超过 2 片。

8. 分散均匀性 分散片需检查分散均匀性。检查时,按照崩解时限检查法检查,不锈钢丝网的筛孔内径为 710μm,水温为 15～25℃。取供试品 6 片,应在 3 分钟内全部崩解并通过筛网,如有少量不能通过筛网,但已软化或轻质上漂且无硬心者,符合要求。

9. 微生物限度 以动物、植物、矿物来源的非单体成分制成的片剂,生物制品片剂,以及黏膜或皮肤炎症或腔道等局部用片剂(如口腔贴片、外用可溶片、阴道片、阴道泡腾片等),照非无菌产品微生物限度检查:微生物计数法和控制菌检查法及非无菌药品微生物限度标准检查,应符合规定。规定检查杂菌的生物制品片剂,可不进行微生物限度检查。

10. 稳定性 药品的稳定性是药品质量评价的重要指标,是预测药品有效期和临床应用前景的重要参数。主要考察贮存条件(包括温度、光线、空气和湿度)和包装对药品稳定性的影响。影响因素试验为制剂的生产工艺、包装和贮存条件提供依据;加速试验则是探讨超常条件下药品的稳定性,为处方工艺改进、包装改进和贮存条件改进提供依据;而长期试验是研究在接近实际贮存情况下的药品稳定性,为制订药品有效期提供依据。

七、片剂的包装与贮存

片剂的包装与贮存应当做到密封、防潮及使用方便等。

(一)片剂的包装

1. 多剂量包装 几十片甚至几百片包装在一个容器中为多剂量包装,容器多为玻璃瓶和塑料瓶,也有用软性薄膜、纸塑复合膜、金属箔复合膜等制成的药袋。

(1)玻璃瓶:应用最多的包装容器,其密封性好,不透水汽和空气,化学惰性,不易变质,价格低廉,有色玻璃瓶有一定的避光作用。缺点是质量较大、易于破损等。

(2)塑料瓶:其优点是质地轻,不易破碎,容易制成各种形状,外观精美等。缺点是密封隔离性能不如玻璃制品,在高温及高湿条件下可能会发生变形等。

2. 单剂量包装 单剂量包装主要分为泡罩式（亦称水泡眼）包装和窄条式包装两种形式，均将片剂单个包装，使每个药片均处于密封状态，提高了产品的保护作用，也可杜绝交叉污染。另外，使患者用起来更为方便，外观装潢也显得贵重、美观。

（1）泡罩式包装：泡罩式包装的底层材料（背衬材料）为无毒铝箔与聚氯乙烯的复合薄膜，形成水泡眼的材料为硬质聚氯乙烯（polyvinyl chloride，PVC）；硬质 PVC 经红外加热器加热后在成型滚筒上形成水泡眼，片剂进入水泡眼后，即可热封成泡罩式的包装（图 7-52）。

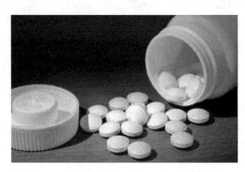

图 7-52 片剂的包装

（2）窄条式包装：窄条式包装是由两层膜片（铝塑复合膜、双纸塑料复合膜）经黏合或热压而形成的带状包装，与泡罩式包装比较，成本较低、工序简便。

（二）片剂的贮存

按《中国药典》（2020 年版）的规定，片剂应密封贮存，防止受潮、发霉、变质，应存放在阴凉、通风、干燥处。光敏感的片剂应避光保存；受潮后易分解的片剂应在包装容器内放入干燥剂（如装有氢氧化钙的小袋）。

第七节 滴丸剂

一、概述

（一）滴丸剂的定义、特点与质量要求

1. 滴丸剂的定义 滴丸剂（dripping pill）系指原料药物与适宜的基质加热熔融混匀后，滴入不相混溶、互不作用的冷凝介质中，收缩冷凝而制成的球形或类球形制剂。滴丸剂是采用滴制法制成的丸剂，滴丸技术适用于含液体药物及主药体积小或有刺激性的药物。滴丸剂剂型可增加药物的稳定性，减少刺激性，掩盖不良气味，主要供口服使用。

1933 年，丹麦药厂率先使用滴制法制备了维生素 A 丸、维生素 D 丸。国内则始于 1968 年，并在《中国药典》（1977 年版）中收载了滴丸剂剂型，到《中国药典》（2020 年版）收载的滴丸剂已达十几种。近年来，合成、半合成基质及固体分散技术的应用使滴丸剂有了迅速的发展，其产品不仅用于口服，还可用于局部用药，如耳部用药、眼部用药等。随着我国中药生产工艺的提高，大量中成药采用滴丸剂型，如速效救心丸、复方丹参滴丸等，且开始走向国际医药市场。

2. **滴丸剂的特点**　滴丸剂具有如下特点:①设备简单,操作方便,利于劳动保护,工艺周期短,生产率高;②工艺条件易于控制,质量稳定,剂量准确,受热时间短,易氧化及具挥发性的药物溶于基质后,可增加其稳定性;③基质容纳液态药物的量大,故可使液态药物固形化,如芸香油滴丸含油量可达83.5%;④用固体分散技术制备的滴丸具有吸收迅速、生物利用度高的特点,如灰黄霉素滴丸有效剂量是细粉(粒径254μm以下)的1/4、微粉(粒径5μm以下)的1/2;⑤发展了耳、眼科用药的新剂型,五官科制剂多为液态或半固态剂型,作用时间不持久,做成滴丸剂可起到延效作用。

3. **滴丸剂的质量要求**　滴丸剂在生产与贮藏期间均应符合下列有关规定:①冷凝介质必须安全无害,且与原料药物不发生作用;②滴丸外观应圆整,大小、色泽应均匀,无粘连现象,表面应无冷凝介质黏附;③根据药物的性质与使用、贮藏的要求,供口服给药的滴丸可包糖衣或薄膜衣。必要时,薄膜衣包衣滴丸应检查残留溶剂;④除另有规定外,滴丸剂宜密封贮存,防止受潮、发霉、变质。

（二）滴丸剂的分类

1. **速效高效滴丸**　速效高效滴丸系指利用固体分散体技术制备的滴丸剂。当基质溶解时,滴丸中的药物以微细结晶、无定形微粒或分子形式释放出来,所以药物溶解快、吸收快、作用快、生物利用度高,如速效心痛滴丸。

2. **缓释控释滴丸**　缓释滴丸系指能使滴丸中的药物在较长时间内缓慢释放,从而达到长效的目的。控释滴丸则是使药物在滴丸中以恒定速率释放,其作用可达数日以上,如氯霉素控释眼丸。

3. **溶液滴丸**　溶液滴丸系指采用水溶性基质作为滴丸基质而制得的滴丸,其可在水中崩解为澄明溶液,如洗必泰滴丸可用于饮用水消毒。而片剂所用的润滑剂、崩解剂多为水不溶性,所以通常不能用片剂来配制澄明溶液。

4. **栓剂滴丸**　栓剂滴丸是指采用聚乙二醇等水溶性基质作为滴丸基质制得的滴丸。栓剂滴丸用于腔道时经体液溶解产生药效作用,如氟哌酸耳用滴丸。滴丸也可用于直肠,由直肠吸收而直接作用于全身,具有生物利用度高、作用快的特点。

5. **硬胶囊滴丸**　硬胶囊滴丸系指在硬胶囊中装入不同溶出度的滴丸,以组成所需溶出度的缓释小丸胶囊,如联苯双酯的硬胶囊滴丸。

6. **包衣滴丸**　包衣滴丸系指同片剂、丸剂一样在其表面包糖衣、薄膜衣等而制得的滴丸,如联苯双酯滴丸。

7. **脂质体滴丸**　脂质体滴丸系指将脂质体在不断搅拌下加入熔融的聚乙二醇4000基质中进一步制得的滴丸。脂质体通常为混悬液体,用聚乙二醇基质制备滴丸可使脂质体固体化,如苦参碱脂质体滴丸。

8. **肠溶滴丸**　肠溶滴丸系指采用在胃中不溶解的基质制得的滴丸。如酒石酸锑钾滴丸是用明胶溶液作基质成丸后,用甲醛处理,使明胶的氨基在胃液中不溶解,在肠道内溶解。

9. **干压包衣滴丸**　干压包衣滴丸系指以滴丸为中心,压上其他药物组成的衣层,融合了滴丸剂和片剂两种剂型的优点。如镇咳祛痰的喷托维林氯化钾干压包衣片,前者为滴丸,后者为包衣层。

二、滴丸剂的常用基质与冷凝介质

（一）基质

滴丸剂中除药物以外的附加剂称为基质。基质分水溶性基质与非水溶性基质两大类：水溶性基质常用的有聚乙二醇类（聚乙二醇 6000、聚乙二醇 4000 等）、硬脂酸钠、甘油明胶、泊洛沙姆、聚氧乙烯单硬脂酸酯（S-40）等；非水溶性基质常用的有硬脂酸、单硬脂酸甘油酯、氢化植物油、虫蜡、蜂蜡等。

滴丸剂的基质须符合以下基本要求：①熔点较低（60～100℃），或加热能融化成液体，而遇骤冷后又能凝成固体，在室温下保持固体状态且与主药混合后仍能保持上述物理状态；②不与主药发生作用，不影响主药的疗效与检测；③人体对其无不良反应。

（二）冷凝介质

用于冷却滴出的液滴，使之冷凝成丸的液体称为冷凝介质或冷凝液。水溶性基质的冷凝介质主要有液体石蜡、二甲基硅油、植物油等；非水溶性基质的冷凝介质可以选用水、一定浓度的乙醇等。

滴丸的冷凝介质必须符合以下基本要求：①既不溶解主药与基质，也不与基质、药物发生作用，不影响疗效。②有适宜的相对密度，即冷凝介质与液滴相对密度相近，以利于液滴逐渐下沉或缓缓上升而充分凝固，使丸形圆整。③有适当的黏度，使液滴与冷凝介质间的黏附力小于液滴的内聚力，从而使液滴收缩凝固成丸。

三、滴丸剂的制备方法

（一）工艺流程

滴丸剂的制备常采用滴制法。滴制法是指将药物溶解或均匀分散在熔融的基质中，再滴入不相混溶的冷凝介质里，冷凝固化成丸的方法。如图 7-53 所示，具体工艺流程如下：将药物溶解或混悬在熔融的基质中，保持恒定的温度（80～100℃），经过滴头，匀速滴入冷凝介质中，在表面张力的作用下，液滴成球状，冷却收缩凝固成丸，在重力作用下下沉或上浮，取出，除去冷凝介质，干燥，即得滴丸。

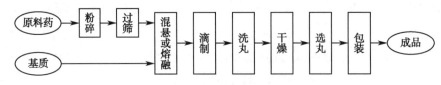

图 7-53　滴丸剂制备工艺流程图

（二）滴制设备

滴丸机主要由保温系统、均质系统、滴制系统、冷却系统和分离系统等五个部分组成。根据滴丸与冷凝介质相对密度差异，选用不同的滴制设备，如图 7-54 所示，甲用于滴丸密度小于冷凝液者，乙则相反。滴头的多少不同，产量也不同，如 20 个滴头的滴丸机，其生产能力相当于 33 冲压片机的产量。

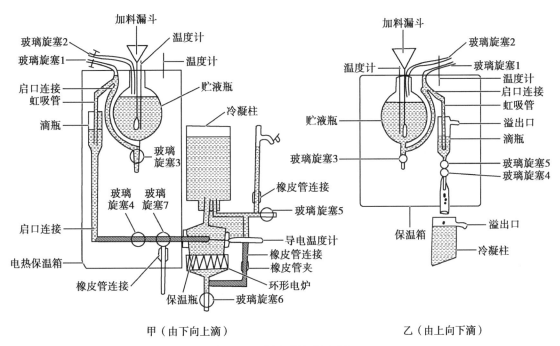

図 7-54 滴丸设备示意图

甲（由下向上滴）　　　　　乙（由上向下滴）

在制备过程中保证滴丸圆整成型、丸重差异合格的关键是：选择适宜的基质、确定合适的滴管内外口径、控制适当的滴距与滴速、滴制过程中保持药液恒温、滴制液静液压恒定、及时冷凝等。

例 7-31：灰黄霉素滴丸

【处方】灰黄霉素 1 份、PEG 6000 9 份。

【制法】取 PEG 6000 在油浴上加热至约 135℃，加入灰黄霉素细粉，不断搅拌使其全部熔融，趁热过滤，置储液瓶中，135℃下保温。用管口内、外径分别为 9.0mm、9.8mm 的滴管滴制，滴速为 80 滴/min，滴入含 43% 煤油的液体石蜡（外层为冰水浴）冷却液中，冷凝成丸。以液体石蜡洗丸，至无煤油味，用毛边纸吸去黏附的液体石蜡，即得。

【注解】①灰黄霉素极微溶于水，对热稳定；熔点为 218～224℃；PEG 6000 的熔点为 60℃左右。以 1：9 比例混合，在 135℃时可以成为两者的固态溶液。因此，在 135℃下保温、滴制、骤冷，可形成简单的低共熔混合物，使 95% 灰黄霉素均为粒径 2μm 以下的微晶分散，因而有较高的生物利用度，其剂量仅为微粉制剂的 1/2。②灰黄霉素溶解度差、口服吸收不佳，制成滴丸，可以提高其生物利用度，降低剂量，从而减弱其不良反应、提高疗效。

例 7-32：联苯双酯滴丸

【处方】联苯双酯 15g、PEG 6000 120g、聚山梨酯 80 5g、液体石蜡适量，共制成 10 000 粒。

【制法】取处方量的 PEG 6000 和聚山梨酯 80 加热至 85℃熔融；将联苯双酯过 120 目筛，加入上述基质中，搅拌溶解至澄清，得到药液；将药液置滴丸机中，调节活塞使滴速为 80 滴/min，滴头直径为 1.3mm，液体石蜡温度控制在 20～30℃；将药液恒速滴入液体石蜡中，滴完后，冷却，收集滴丸；用纸吸去滴丸表面的冷凝液，干燥即得。

【注解】该处方中加入聚山梨酯 80 和 PEG 6000 的目的是与难溶性药物联苯双酯形成固体分散体，从而增加药物溶出度，提高生物利用度；液体石蜡为冷凝液。

四、滴丸剂的质量检查

按照《中国药典》(2020 年版)四部制剂通则的规定,滴丸剂应进行以下相应检查。

1. 重量差异　取供试品 20 丸,精密称定总重量,求得平均丸重后,再分别精密称定各丸的重量。每丸重量与平均丸重相比较,按表 7-16 中的规定,超出重量差异限度的滴丸不得多于 2 丸,并不得有 1 丸超出限度 1 倍。

单剂量包装的滴丸重量差异,可以取 20 个剂量单位进行检查,其重量差异限度应符合上述规定。

包糖衣滴丸应在包衣前检查丸芯的重量差异,符合规定后方可包衣,包糖衣后不再检查重量差异;包薄膜衣滴丸应在包薄膜衣后检查重量差异并符合规定。

表 7-16　滴丸剂的重量差异限度

标示丸重或平均丸重	重量差异限度	标示丸重或平均丸重	重量差异限度
0.03g 及 0.03g 以下	±15%	0.10g 以上至 0.30g	±10%
0.03g 以上至 0.10g	±12%	0.30g 以上	±7.5%

2. 装量差异　单剂量包装的滴丸,照下述方法检查应符合规定:取供试品 10 袋(瓶),分别称定每袋(瓶)内容物的重量,每袋(瓶)装量与标示装量相比较,按表 7-17 的规定,超出装量差异限度的不得多于 2 袋(瓶),并不得有 1 袋(瓶)超出限度 1 倍。

表 7-17　滴丸剂的装量差异限度

标示装量	装量差异限度	标示装量	装量差异限度
0.5g 及 0.5g 以下	±12%	3g 以上至 6g	±6%
0.5g 以上至 1g	±11%	6g 以上至 9g	±5%
1g 以上至 2g	±10%	9g 以上	±4%
2g 以上至 3g	±8%		

3. 装量　以重量标示的多剂量包装丸剂,照最低装量检查法检查,应符合规定。以丸数标示的多剂量包装丸剂,不检查装量。

4. 溶散时限　除另有规定外,取供试品 6 丸,选择适当孔径筛网的吊篮(丸剂直径在 2.5mm 以下的用孔径约 0.42mm 的筛网;在 2.5~3.5mm 之间的用孔径约 1.0mm 的筛网;在 3.5mm 以上的用孔径约 2.0mm 的筛网),照《中国药典》(2020 年版)四部崩解时限检查法不加挡板进行检查,应在规定时间内全部通过筛网。如有细小颗粒状物未通过筛网,但已软化且无硬心者可按符合规定论。溶散时限的要求是:普通滴丸应在 30 分钟内全部溶散,包衣滴丸应在 1 小时内全部溶散。

5. 微生物限度　照《中国药典》(2020 年版)四部非无菌产品微生物限度检查:微生物计数法和控制菌检查法及非无菌药品微生物限度标准检查,应符合规定。

第八节　微丸剂

一、概述

（一）微丸的定义、特点与质量要求

1. 微丸的定义　微丸（mini-pill），俗称小丸，是指将原料药物与适宜的辅料均匀混合，选用适宜的黏合剂或润湿剂并以适当的方法制成的球状或类球状固体制剂。微丸粒径一般为 0.5～3.5mm，主要用于口服。含化学药物的微丸一般作为胶囊剂的内容物，中药微丸剂在我国有悠久的应用历史，传统中药如"六神丸""人丹"都是中药微丸制剂的典型代表。20 世纪 50 年代 Spansule® 缓释胶囊技术出现后，微丸技术迅速发展起来，人们意识到了微丸在缓、控释制剂方面的潜力，将微丸装入胶囊或压制成片剂而制成适合临床的缓控释制剂，如复方盐酸伪麻黄碱缓释胶囊、盐酸地尔硫䓬缓释微丸胶囊、盐酸文拉法辛缓释胶囊、阿司匹林缓释胶囊等，使微丸制剂得到了较大发展。

2. 微丸的特点　微丸是一种剂量分散型制剂（多单元剂型），与独立单元剂型（如片剂）相比，具有以下特点：①服用后可广泛分布于胃肠道，由于剂量分散化，药物在胃肠表面分布面积大，生物利用度高，也可以减少药物对胃肠道的刺激；②微丸在胃肠道内的转运受食物的影响较小，因此微丸中的药物的吸收一般不受胃排空的影响；③缓释或控释微丸的释药行为是组成一个剂量的各个微丸释药行为的总和，个别微丸的缺陷不会对整体制剂的释药行为产生严重影响。因此微丸在释药规律的重现性、一致性方面优于缓（控）释片剂；④几种不同释药速率的微丸可按需要混合填充胶囊，服用后既可迅速达到治疗效果，又能维持较长时间，血药浓度平稳，重现性好，不良反应发生率低；⑤由不同微丸组成的复方胶囊，可增加药物的稳定性，提高疗效，降低不良反应，而且生产时便于控制质量等；⑥微丸外形圆整，流动性好，粉尘少，易填装胶囊，可进行包衣，能掩盖某些药物的不良臭味。

薄膜包衣的缓、控释微丸已成为迅速发展的一种新型制剂，也是目前缓、控释制剂研究、生产的热点之一，如胃漂浮型微丸、脉冲释药型微丸、自乳化微丸、结肠靶向微丸等。薄膜包衣可使普通的微丸制剂获得特定的优良性质，达到理想的释药效果。

3. 微丸的质量要求　微丸的质量须满足以下要求：①外观应圆整均匀，色泽、大小基本一致；②根据原料药物和制剂的特性，除来源于动物、植物多组分且难以建立测定方法的微丸外，溶出度、释放度、含量均匀度等应符合要求；③除另有规定外，微丸应密封贮存，防止受潮、发霉、虫蛀、变质。

（二）微丸的分类

1. 根据释药速率的不同，可将微丸分为速释微丸、缓释微丸和控释微丸。

（1）速释微丸：是指药物与一般辅料制成的具有较快释药速率的微丸。一般情况下，30 分钟内药物的溶出度不得低于 70%，如硝苯地平速释微丸。

（2）缓（控）释微丸：是指药物在体内按一定规律缓慢非恒速或恒速释放的微丸。缓（控）释微丸可避免血药浓度"峰谷"现象，在服用的间隔时间（12 小时或 24 小时）内累积释药百分率应高于 90%，如异丁司特控释微丸。缓（控）释微丸是由药物与阻滞剂混合制成或先制成丸

芯(母核)后再包缓控释衣膜制备而成,可以制成微丸灌制胶囊,也可以压制成片剂。

2. 根据处方组成和结构的不同,可将微丸分为膜控型微丸、骨架型微丸和膜控 - 骨架型微丸。

(1)膜控型微丸:是将含药微丸或空白丸芯上药后的微丸,在其外包裹不同材料的衣膜而制备的微丸。根据所用包衣材料的类型不同,可分为胃溶型微丸、肠溶型微丸和缓控释微丸,也可分为包亲水薄膜衣微丸、包不溶性薄膜衣微丸和微孔膜包衣微丸。膜控型微丸的包衣材料一般包括成膜材料、增塑剂、致孔剂、着色剂、遮光剂及溶剂或分散介质等。

(2)骨架型微丸:是由药物与骨架材料混合,通过适当方法制成的微丸。根据所用的骨架材料不同,可分为凝胶骨架微丸、蜡质骨架微丸和不溶性骨架微丸。

(3)膜控 - 骨架型微丸:是在骨架型微丸的基础上进一步包薄膜衣制成的微丸,可以从更多的角度来控制药物释放,获得更好的缓控释效果。首先,可以通过骨架材料的选择控制药物的释放,对于易溶于水的药物,常加入一些水不溶性填充剂来控制药物释放速率;对于水不溶性药物,可以在骨架材料中加入水溶性填充剂、表面活性剂或崩解剂,使药物首先分散成小颗粒,再进一步释放出来。也可加入一些在液体环境下能产生较强渗透压的物质如糖类,利用渗透压原理促使药物扩散出来。其次,可通过衣膜材料的选择控制药物的释放。

二、微丸剂的辅料

丸芯的辅料主要包括填充剂和黏合剂,所用辅料与片剂辅料大致相同。常用的填充剂有蔗糖(糖粉)、乳糖、糊精、淀粉及微晶纤维素等;黏合剂有PVP、HPMC的醇水液等。

包衣膜的辅料有包衣成膜材料、增塑剂,有时尚须加致孔剂、着色剂、抗黏剂和避光剂等。不溶性缓释包衣材料有醋酸纤维素、乙基纤维素、聚丙烯酸树脂等;亲水性包衣材料有羟丙甲纤维素、低取代羟丙纤维素等。常用的水溶性增塑剂有甘油、丙二醇、聚乙二醇类等;脂溶性增塑剂有枸橼酸三乙酯、邻苯二甲酸二甲酯、蓖麻油等。常用的致孔剂有 HPMC、HPC、PEG、MC 等;抗黏剂有滑石粉、微粉硅胶、硬脂酸镁等。

疏水性骨架材料有单硬脂酸甘油酯、乙基纤维素等;亲水性骨架材料有微晶纤维素、羟丙纤维素等;蜡质类骨架材料有巴西棕榈蜡、硬脂醇、硬脂酸、氢化蓖麻油、聚乙二醇单硬脂酸、甘油三酯等。

三、微丸剂的制备

微丸的制备成型技术主要分为压缩式制丸、层积式制丸、旋转式制丸、喷雾制丸等。

(一)制备方法

1. **压缩式制丸** 压缩式制丸(compaction procedure)系指用机械力将药物细粉或药物与辅料的混合细粉压制成一定大小微丸的过程。目前常用挤出 - 滚圆法(制备流程见图 7-55),属于挤压式制丸。

挤出 - 滚圆法是目前制备微丸应用最广泛的方法,是用挤压机与滚圆机联合完成的,分为以下四个操作单元。

（1）制湿料：用黏合剂将药物细粉或药物与辅料的混合细粉制成具有一定可塑性的湿润均匀的物料，或将混料经造粒机制成湿颗粒。这一过程主要依靠毛细管作用力及液体桥作用，粒子的硬度取决于黏合剂浓度。

（2）挤条：将湿料或湿颗粒移入挤压机中，经螺旋推进或辗滚等挤压成直径相等的条状物。这些条状物的黏合力主要来源于毛细管力、失水后形成的固体桥、机械连锁及一定程度的分子间作用力。

（3）切割和滚圆：条状物在滚圆机中被切割成颗粒并高速滚制成圆球形。在球形化过程期间，微丸内部水分被压至外层，在微丸表面产生黏性，这种黏性粒子在球形化滚圆设备的旋转滚动作用下形成圆形微丸。

（4）干燥：把滚制好的微丸置于干燥设备中进行干燥处理，最后得到微丸。干燥过程中，随

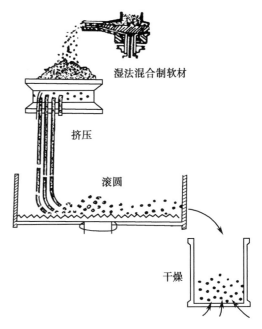

图 7-55　挤出 - 滚圆法制备微丸工艺流程图

着液体慢慢地挥发，溶解物在微丸内部及表面析出结晶，形成固体桥，表面结晶形成微丸外壳，以减少水分的进一步丢失。保留一定水分在微丸内，尽管被包裹的水分很少，但对微丸保持硬度有显著的作用。否则，在干燥过程中，缺乏机械强度的多孔微丸可能会松散。

决定微丸质量的主要工艺因素有软材的质量、挤出速度、滚圆速度、滚圆时间等。挤出 - 滚圆法具有制丸效率高、粒度分布窄、圆整度高、脆碎度小、密度大、丸剂表面光滑等优点，特别适合中药水提浸膏粉制丸。

例 7-33：法莫替丁微丸

【处方】法莫替丁 650g、微晶纤维素 350g、水适量。

【制法】将药粉与微晶纤维素过筛混匀，加水 1∶1 制成软材，经挤出机筛板（孔径 0.9mm，挤出转速 300r/min）挤成细条状，置 ZDR-6B 型滚圆机内，调节转速（1 000r/min）及滚圆时间（4 分钟），使颗粒完全滚圆，取出微丸于 50℃干燥 3～4 小时，筛取 18～24 目的微丸即得。

【注解】本品采用挤出 - 滚圆法制丸。影响挤出 - 滚圆法制备微丸的主要因素有软材的塑性、挤出速度与滚圆速度等，其中软材的塑性取决于粉料的性质及其与润湿剂或黏合剂的用量比，工艺研究时应注意优化考察上述工艺参数。

2. 层积式制丸　层积式制丸（layering procedure）系指药物以干燥粉末、溶液或混悬液的形式沉积在预制成型的丸芯表面的过程，分为液相层积法与粉末层积法两种，常用的是粉末层积法。

粉末层积法是经典丸剂制备方法——泛丸法的改进和提高，用黏合剂将药物干燥粉末或药物与赋形剂的混合干燥粉末在滚动的条件下制成母核，再在母核不断滚动的情况下边喷浆

液边将混合干燥粉末加入,粉末被浆液粘到母核上,直至得到大小适宜的微丸(图7-56)。按所用设备,可分为包衣造粒机制丸和流化床喷涂制丸。

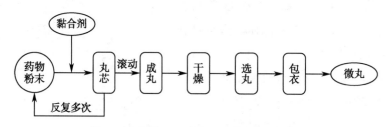

图 7-56　粉末层积法制备微丸工艺流程图

例 7-34:萘普生微丸

【处方】空白丸芯 400g、萘普生 400g、3% PVP 溶液适量。

【制法】取空白丸芯于包衣锅中,先用 3% PVP 溶液喷湿空白丸芯表面,然后间断地加入萘普生细粉(预先微粉化至 10μm 以下),烘干,重复操作直到制成含一定药量的微丸。取出,60℃烘干,即得微丸。

【注解】本品采用空白丸心层积上样制丸,其中 3% PVP 溶液为黏合剂。操作过程中除须注意调整适宜的包衣锅热空气条件外,还必须注意黏合剂与粉料重复交替添加的时间和用量。该法具有较高的微丸收率和上药率,含量均匀度良好,微丸黏结的发生率较低,且药物损失少。

3. **旋转式制丸**　旋转式制丸(agitation procedure)是将丸核母核置于旋转的转子上,利用离心力与摩擦力形成丸核母核的粒子流,再将药物与辅料的混合物及包衣液分别喷入其上,直至滚制成圆整性较好的微丸。其主要形成机制是成核、聚结和层结过程,主要方法是离心造粒法。旋转式制丸是研究最多和最充分的一种制丸方式,亦是最早使用的机械制丸工艺。此工艺不仅能实现微丸的工业化生产,也为研究微丸成型机制提供了大量的实践依据。

4. **喷雾制丸**　喷雾制丸(spraying procedure)是将溶液、混悬液或热熔物喷雾形成球形颗粒或微丸的方法,又可分为喷雾干燥法和喷雾冻凝法。尽管雾化液体在其他制丸技术(如液相层积法)中也被采用,但仅仅是用于微丸的成长过程。在喷雾球形化制丸技术中,通过蒸发或冷却作用,雾化过程能直接从热熔物、溶液和混悬液得到球形颗粒。

此外,制备微丸的方法还有热熔挤出法、液体介质中制丸法、球形结聚法制丸、滴制法等。

(二) 常用设备

1. **包衣锅**　制备时常用的设备是普通包衣锅及改进型包衣锅(如包衣造粒机)。普通包衣锅组件有各种形状与大小的包衣锅、供气排气系统、喷雾系统、饲料系统及动力系统。改进型包衣锅改善了空气流动状况和混合效果,充分采用了自动化组件及电子系统,成品的重现性好,劳动强度低。典型设备主要有气流变换系统、空气调节系统、产品自动排出系统、数据微处理系统、喷雾系统及自动清理系统等,采用这种方法制备微丸必须先起模然后再成丸。

2. **流化造丸设备**　制备时常用的设备是流化床。粉末层积法是将物料置于流化室内,一定温度的空气由底部经筛网进入流化室,使药物、辅料在流化室内悬浮混合,然后喷入雾化黏合剂,粉末开始聚结成均一的球粒,当颗粒大小达到规定要求时,停止喷雾,形成的颗粒直接在流化室内干燥。液相层积法与粉末层积法的不同之处在于喷入的雾化黏合剂中是否含有药物。流化床制备的微丸大小均匀,过程简单,生产周期短,粉末回收装置使原辅料不受损失,包衣液的有机溶剂也可回收,有利于改善操作环境和降低生产成本,产品质量易控制,易于自动化生产。

3. **挤出滚圆设备** 挤出 - 滚圆法制备微丸须采用挤出机和滚圆机两台机器才能完成造丸过程。挤出机将粉体原料、赋形剂、黏合剂等均匀混合制成的松散或团状软材,在螺杆推送器的推动下,进入挤压仓,在挤压器的挤压下,通过孔板,形成致密的长短不一的圆柱状挤出物。滚圆机是将经挤压成型的圆柱条状物料,在高速旋转的离心转盘上利用破断齿切断成长度相等的短圆柱状颗粒物,由于转盘离心力、颗粒与齿盘和筒壁及颗粒之间的摩擦力、转盘与物料筒体间的气体推力的综合作用,所有颗粒处于三维螺旋滚动中,形成均匀的搓揉作用使颗粒滚圆成型。随着科学技术的进步,将挤出机与滚圆机通过自动化连接起来,已成功研制出全自动挤出 - 滚圆机,大大提高了生产效率及改善了产品质量的稳定性。

四、微丸剂的质量检查

微丸剂的质量评估指标主要有水分、粒度、重量差异、装量差异、圆整度、脆碎度、堆密度、微丸内部结构和表面状态、流动性、溶出度、释放度、含量均匀度、溶散时限、微生物限度等,以上指标均可通过直接或间接法测得,其具体测定方法参见《中国药典》(2020 年版)四部丸剂、片剂、胶囊剂、缓控释制剂与靶向制剂项下有关规定。

第九节　膜剂

一、概述

(一)膜剂的定义、特点与质量要求

1. **膜剂的定义** 膜剂(film)系指原料药物溶解或均匀分散于成膜材料中经加工制成的膜状制剂。膜剂适用于口服、舌下、眼结膜囊、口腔、阴道、体内植入、皮肤和黏膜创伤、烧伤或炎症表面等各种途径和方法给药,可以发挥局部或全身作用。

膜剂的形状、大小和厚度等视用药部位的特点和含药量而定。一般膜剂的厚度为 0.1～0.2mm,通常不超过 1mm。面积为 $1cm^2$ 的膜剂可供口服,$0.5cm^2$ 的膜剂可供眼用,$5cm^2$ 的膜剂可供阴道用,应用于其他部位时可根据需要剪成适宜大小。

膜剂是在 20 世纪 60 年代开始研究并应用的一种新型制剂,到 20 世纪 70 年代,国内对膜剂的研究应用已有较大发展,并投入生产。市场上销售的膜剂除了阴道用膜剂外,以口腔黏膜用膜剂为主,使用方法如图 7-57 所示。

2. **膜剂的特点** 膜剂适合于小剂量的药物。同传统的固体制剂相比,膜剂的优点有:①工艺简单,生产中没有粉末飞扬;②成膜材料较其他剂型用量小,膜剂体积小,质量轻,应

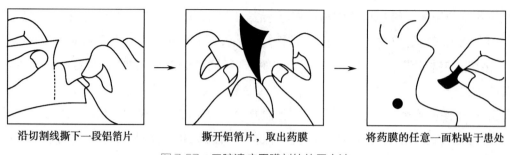

| 沿切割线撕下一段铝箔片 | 撕开铝箔片，取出药膜 | 将药膜的任意一面粘贴于患处 |

图 7-57　口腔溃疡用膜剂的使用方法

用、携带及运输方便；③药物在成膜材料中分布均匀，含量准确，质量稳定；④采用不同的成膜材料可制成不同释药速度的膜剂，既可制备速释膜剂，也可制备缓控释膜剂；⑤可制成多层膜剂，从而避免配伍禁忌；⑥给药方便，患者顺应性高，可解决老人和儿童用药困难问题。膜剂的缺点是：①载药量小，一般不会超过 60mg，因此只适合于小剂量的药物；②膜剂的重量差异不易控制，产率不高；③对包装材料的要求较高；④有苦味药物的口腔膜剂需要进行掩味或矫味处理。

3. 膜剂的质量要求　膜剂在生产和贮藏期间应符合下列有关规定：①原辅料的选择应考虑到可能引起的毒性和局部刺激性，成膜材料及其辅料应无毒、无刺激性、性质稳定、与药物不起作用。②药物如为水溶性，应与成膜材料制成具有一定黏度的溶液，如为不溶性药物，应粉碎成极细粉，并与成膜材料等混合均匀。③膜剂外观应完整光洁，厚度一致，色泽均匀，无明显气泡。多剂量的膜剂，分格压痕应均匀清晰，并能按压痕撕开。④膜剂所用包装材料应无毒性、易于防止污染、方便使用，并且不能与药物或成膜材料发生理化作用。⑤除另有规定外，膜剂应密封贮存，防止受潮、发霉、变质。

（二）膜剂的分类

1. 按剂型特点分类

（1）单层膜剂：药物溶解或分散在成膜材料中制成的膜剂，可分为水溶性和水不溶性膜剂两大类。

（2）多层膜剂：又称复合膜，系由多层含药膜叠合而成，可解决药物配伍禁忌问题，常见于复方膜剂，也可见于缓释膜剂、控释膜剂。

（3）夹心膜剂：夹心膜剂系指在两层不溶性的高分子材料膜中间夹着一层含有药物的药膜，药物可以零级释放，常见于缓释膜剂、控释膜剂。

2. 按给药途径分类

（1）口服膜剂：口服膜剂系指供口服的膜剂，如地西泮膜剂。

（2）口腔膜剂：口腔膜剂系指供口含、舌下给药和口腔内局部贴敷的膜剂，如甲硝唑牙用膜剂。

（3）眼用膜剂：眼用膜剂系指用于眼结膜囊内，可延长药物在眼部停留时间并可维持一定浓度的膜剂，如毛果芸香碱眼用膜剂。

（4）阴道用膜剂：阴道用膜剂系指阴道内使用，起局部治疗或避孕作用的膜剂，如克霉唑药膜。

（5）皮肤、黏膜用膜剂：皮肤、黏膜用膜剂系指用于皮肤或黏膜的创伤或炎症等的膜剂，如止血消炎药膜。

3. 按释药速率分类　按释药速率可将膜剂分为速释膜剂、缓释膜剂和控释膜剂。

二、成膜材料

成膜材料的性能与质量不仅对膜剂的成型工艺有影响，而且对膜剂的质量及药效也会产生重要影响。理想的成膜材料应满足下列条件：①生理惰性，无毒、无刺激；②性能稳定，不降低主药药效，不干扰含量测定，无不适臭味；③成膜、脱膜性能好，成膜后有足够的强度和柔韧性；④用于口服、腔道、眼用膜剂的成膜材料应具有良好的水溶性，能逐渐降解或排泄；⑤外用膜剂应能迅速、完全释放药物；⑥来源丰富、价格便宜。

常用的成膜材料有天然高分子材料和合成高分子材料。

（一）天然高分子材料

天然高分子材料常用的有明胶、阿拉伯胶、海藻酸钠、琼脂、淀粉、糊精等。此类成膜材料多数水溶性好，有一定黏性，但单独应用的成膜性能较差，故常与其他成膜材料合用。

（二）合成高分子材料

合成高分子材料是膜剂的常用材料，常用的有聚乙烯醇、聚维酮、丙烯酸树脂类、纤维素类（羟丙纤维素、羟丙甲纤维素、羧甲纤维素钠等）、乙烯-醋酸乙烯共聚物等。高分子材料的聚合度不同，其成膜性能不同，使用时需要选择合适的型号。

1. 聚乙烯醇（PVA）　PVA是由聚乙酸乙烯酯在甲醇、乙醇或乙酸甲酯等溶剂中经醇解而成的结晶性高分子材料，为白色至奶油色的颗粒。根据其聚合度和醇解度不同，有不同的规格和性质。国内采用的PVA有05-88和17-88等规格，平均聚合度分别为500~600和1 700~1 800，分别以"05"和"17"表示。两者醇解度均为88%±2%，以"88"表示。两种成膜材料均能溶于水，PVA 05-88聚合度小，水溶性大，柔韧性差；PVA 17-88聚合度大，水溶性小，柔韧性好。两者以适当比例（如1∶3）混合使用能制得很好的膜剂。PVA是最常用的成膜材料。PVA对眼黏膜和皮肤无毒、无刺激，口服后在消化道中很少吸收，80%的PVA在48小时内随粪便排出。

2. 乙烯-醋酸乙烯酯共聚物（ethylene-vinyl acetate copolymer，EVA）　EVA是乙烯和醋酸乙烯在过氧化物或偶氮异丁腈引发下共聚而成的水不溶性高分子聚合物，为透明至半透明、略带弹性的颗粒状物质。EVA的性能与其分子量及醋酸乙烯含量有很大关系。随着分子量增加，共聚物的玻璃化温度和机械强度均增加。在分子量相同时，醋酸乙烯比例越大，材料溶解性、柔韧性和透明度越大。EVA化学性质稳定，无毒，无刺激性，对人体组织有良好的相容性，不溶于水，能溶于二氯甲烷、三氯甲烷等有机溶剂。EVA成膜性能良好，膜柔软，强度大，常用于制备眼、阴道、子宫等控释膜剂。

3. 聚维酮（PVP）　PVP是一种非晶态线性聚合物，易溶于极性溶剂。低浓度的PVP水溶液黏度低，略高于水，随着浓度的增大和分子量的升高，溶液的黏度显著增大，其成膜性好，无毒、无刺激，可与PVA合用。

三、膜剂的制备工艺

（一）膜剂的一般处方组成

除了主药、成膜材料外，膜剂中通常还会根据应用需要加入其他辅料，例如增塑剂、矫味剂、填充剂等。具体组成如下：

主药：0～70%（W/W）

成膜材料（PVA 等）：30%～100%

增塑剂（甘油、山梨醇、邻苯二甲酸酯等）：0～20%

表面活性剂（聚山梨酯 80、十二烷基硫酸钠、豆磷脂等）：1%～2%

填充剂（$CaCO_3$、SiO_2、淀粉等）：0～20%

着色剂（色素、TiO_2 等）：0～2%（W/W）

脱膜剂（液体石蜡等）：适量

（二）膜剂的制备方法

常用的膜剂制备方法有匀浆制膜法、热塑制膜法和复合制膜法等。

1. **匀浆制膜法** 匀浆制膜法，又称涂布法、匀浆流延成膜法，系将成膜材料（如 PVA）溶解于水并过滤，加入主药、增塑剂等辅料，充分搅拌溶解；不溶于水的主药可以预先制成微晶或粉碎成细粉，用搅拌或研磨等方法均匀分散于浆液中，脱去气泡。小量制备时倾于平板玻璃上涂成宽厚一致的涂层，大量生产可用涂膜机涂膜。干燥后根据主药含量计算单剂量膜的面积，分割，包装。

例 7-35：复方替硝唑口腔膜剂

【处方】替硝唑 0.2g、氧氟沙星 0.5g、稀醋酸适量、聚乙烯醇（PVA 17-88）3.0g、羧甲纤维素钠 1.5g、甘油 2.5g、糖精钠 0.05g，蒸馏水加至 100g，制成 1 000cm^2。

【制法】先将聚乙烯醇、羧甲纤维素钠分别浸泡过夜，溶解。将替硝唑溶于 15ml 热蒸馏水中，氧氟沙星加适量稀醋酸溶解后加入，加甘油、糖精钠溶解，蒸馏水补至足量。放置，待气泡除尽后，涂膜，干燥分格，每格含替硝唑 0.5mg，氧氟沙星 1mg。

【注解】聚乙烯醇（17-88）与羧甲纤维素钠为高分子成膜材料，须先浸泡，待其充分溶胀后溶解。甘油是增塑剂，糖精钠是矫味剂，水是溶剂，在涂布后干燥除去。替硝唑和氧氟沙星为主药，因二者在水中溶解度较小，故分别溶于热水和稀醋酸溶液后再加入浆液中。替硝唑具有抗厌氧菌的作用，与氧氟沙星配伍制成的膜剂主要用于牙周病的治疗。

2. **热塑制膜法** 热塑制膜法，又称压延法，是将药物细粉和成膜材料（如 EVA）混合均匀，用橡皮滚筒混炼后热压成膜；或将热融的成膜材料（如聚乳酸、聚乙醇酸等）在熔融状态下加入药物细粉，使之溶解或均匀混合，在冷却过程中成膜。

3. **复合制膜法** 以不溶性的热塑性成膜材料（如 EVA）为外膜，分别制成具有凹穴的底外膜带和上外膜带，另用水溶性的成膜材料（如 PVA 或海藻酸钠）用匀浆流延成膜法制成含药的内膜带，剪切后置于底外膜带的凹穴中。也可用易挥发性溶剂制成含药匀浆，以间隙定量注入的方法注入底外膜带的凹穴中，经吹风干燥后，盖上外膜带，热封即成。此法一般用于缓释膜的制备，如眼用毛果芸香碱膜剂（缓释一周），与单用匀浆制膜法制得的毛果芸香碱眼用膜剂相比具有更好的控释作用。

涂布是制备膜剂的关键工艺,常用的设备为涂布机。

四、膜剂的质量检查

根据《中国药典》(2020 年版)四部的规定,除控制主药含量外,膜剂还应进行外观、重量差异与微生物限度等检查。

1. **外观** 膜剂外观应完整光洁,厚度一致,色泽均匀,无明显气泡。多剂量包装的膜剂,分格压痕应均匀清晰,并能按压痕撕开。

2. **重量差异** 取供试品 20 片,精密称定总重量,求得平均重量后,再分别精密称定各片的重量。每片重量与平均重量相比较,按表 7-18 中的规定,超出重量差异限度的不得多于 2 片,并不得有 1 片超出限度 1 倍。

表 7-18 膜剂的重量差异限度

平均重量	重量差异限度
0.02g 及 0.02g 以下	±15%
0.02g 以上至 0.20g	±10%
0.20g 以上	±7.5%

3. **微生物限度** 除另有规定的外,照非无菌产品微生物限度检查:微生物计数法、控制菌检查法及非无菌药品微生物限度标准检查,应符合规定。

第十节 栓剂

一、概述

(一)栓剂的定义、特点与质量要求

1. **栓剂的定义** 栓剂(suppository)又称塞药或坐药,系指原料药物与适宜基质制成的具有一定形状供腔道给药的固体制剂。栓剂应有适宜的硬度和韧性,无刺激性。在常温下为固体,塞入人体腔道后,在体温下能迅速软化、熔融或溶解于分泌液,逐渐释放药物而产生局部作用或全身作用。

栓剂为古老剂型之一,公元前 1550 年的埃及《伊伯氏纸草本》中就有记载。我国汉代已有类似栓剂的早期记载。栓剂作为肛门、阴道等部位的用药剂型,最初主要以局部作用为目的,如起润滑、收敛、抗菌、杀虫、局麻、止痛、止痒等作用。随着药剂学、生物药剂学的发展及大量试验和临床研究的报道,栓剂的应用已由早期的局部治疗转变为全身治疗,已开发出以全身治疗作用为目的的栓剂有解热镇痛药、抗生素类药、促肾上腺皮质激素类药、抗恶性肿瘤治疗剂等。栓剂的种类除常用的普通栓剂外,还包括中空栓剂、双层栓剂、微囊栓剂、渗透

泵栓剂、泡腾栓剂、原位凝胶栓剂等。由于新基质的不断出现和工业化生产的发展,国内外生产栓剂的品种和数量明显增加,美国 FDA 已批准上市的栓剂品种达 1 600 余种,《中国药典》(2020 年版)已收载栓剂 20 多种。

2. 栓剂的特点　与口服药物比较,用于局部治疗和全身治疗的栓剂具有如下优势:①药物经腔道给药,可以少受或不受胃肠道 pH 的影响或酶的破坏而失去活性;②对胃黏膜有刺激性的药物采用栓剂给药后,可避免其对胃黏膜的刺激;③药物通过直肠或其他非胃肠道的腔道吸收,可避免肝脏首过效应的破坏;④适宜于不能或者不愿吞服口服的患者,尤其是婴儿和儿童,对于伴有呕吐的患者是一种有效的给药手段;⑤适宜于不宜口服的药物;⑥便于某些特定部位疾病的治疗。但栓剂也存在使用不便、成本较高、生产效率不高等缺点。

3. 栓剂的质量要求　栓剂在生产与贮藏期间应符合下列有关规定:①栓剂中的原料药物与基质应混合均匀,其外形应完整光滑,放入腔道后应无刺激性,应能融化、软化或溶化,并与分泌液混合,逐渐释放出药物,产生局部或全身作用;并应有适宜的硬度,以免在包装或贮存时变形。②栓剂所用内包装材料应无毒性,并不得与原料药物或基质发生理化作用。③除另有规定外,应在 30℃ 以下密闭贮存和运输,防止因受热、受潮而变形、发霉、变质。生物制品原液、半成品和成品的生产及质量控制应符合相关品种要求。

（二）栓剂的分类

1. 按施用腔道不同分类　栓剂因施用腔道的不同,可分为直肠栓、阴道栓、尿道栓,常用的是直肠栓和阴道栓。栓剂的主要形状如图 7-58 所示。

（1）直肠栓:直肠栓为鱼雷形、圆锥形或圆柱形等形状。每颗重约 2g,长 3～4cm,儿童用约 1g,其中以鱼雷形较好,塞入肛门后,因括约肌收缩容易压入直肠内。

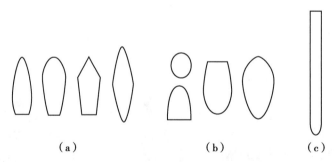

（a）　　　　　　　　　（b）　　　　　（c）

（a）直肠栓外形;（b）阴道栓外形;（c）尿道栓外形。

图 7-58　栓剂的外形示意图

（2）阴道栓:阴道栓有鸭嘴形、球形或卵形等形状,每颗重约 2～5g,直径为 1.5～2.5cm,其中以鸭嘴形的表面积最大。阴道栓又可分为普通栓和膨胀栓。阴道膨胀栓系指含药基质中插入具有吸水膨胀功能的内芯后制成的栓剂,膨胀内芯系以脱脂棉或黏胶纤维等加工、灭菌而成。

（3）尿道栓:尿道栓一般为棒状,有男女之分,男用的重约 4g,长 1.0～1.5cm;女用的重约 2g,长 0.60～0.75cm。

2. 按作用范围分类

（1）局部作用的栓剂:局部作用的栓剂系指仅在给药腔道局部起治疗作用的栓剂。一般在腔道内发挥作用,药物通常不需要被吸收,将栓剂置入直肠或乙状结肠内,药物与直肠或结肠黏膜密切接触,并在病灶部位维持较高的药物浓度,可以起到滑润、收敛、抗菌消炎、杀虫、止痒、局麻等作用。例如用于通便的甘油栓和用于治疗阴道炎的蛇黄栓等。

（2）全身作用的栓剂:全身作用的栓剂系指给药后起全身治疗作用的栓剂。一般要求迅速释放药物,栓剂作用于全身的主要是直肠栓,通过与直肠黏膜接触发挥解热镇痛、镇静、兴奋、扩张支气管和血管、抗菌等作用。如吗啡栓、苯巴比妥钠栓等。

3. 按释药速率分类

（1）普通栓剂(suppository):普通栓剂是将药物与适宜的基质混合均匀制成的简单栓剂。此种栓剂的制备方法简单,操作容易,作用比较单一,适用范围较广。

（2）中空栓剂(hollow type suppository):中空栓剂的外层为纯基质制成的壳,栓中有一个空心部分,空心可供填充各种不同类型的药物,包括固体和液体。经研究证明,包在中空栓剂中的水溶性药物的释放几乎不受基质和药物填充状态的影响,并可起到速效作用。此外,中空栓剂较普通栓剂有更高的生物利用度。中空栓剂中心的药物,可以是水溶性或脂溶性,也可以是固体或液体形式。中心是液体的中空栓剂放入体内后外壳基质迅速熔融破裂,药物以溶液形式一次性释放,达峰时间短、起效快。中空栓剂中心的药物添加适当赋形剂或制成固体分散体可使药物快速或缓慢释放,从而具有速释或缓释作用。

（3）双层栓剂(two-layer suppository):双层栓剂一般有三种。第一种为内外两层栓,内外两层含有不同药物,可先后释药而达到特定的治疗目的;第二种为上下两层栓,其下半部的水溶性基质使用时可迅速释药,上半部用脂溶性基质能起到缓释作用,可在较长时间内使血药浓度保持平稳;第三种也是上下两层栓,不同的是其上半部为空白基质,下半部才是含药栓层,空白基质可阻止药物向上扩散,减少药物经上静脉吸收进入肝脏而发生首过效应,提高药物的生物利用度。同时为避免塞入的栓剂逐渐自动进入深部,有学者已研究设计出可延长在直肠下部停留时间的双层栓剂,双层栓的前端由溶解性高、在后端能迅速吸收水分膨润形成凝胶塞而抑制栓剂向上移动的基质组成,这样可达到避免肝首过效应的目的。这种剂型在当今世界各地日益得到关注,有着极大的应用前景。

（4）微囊栓剂(microcapsule suppository):微囊栓剂系指先将药物微囊化后再与适宜的基质混合均匀制成的栓剂,这类栓剂具有微囊和栓剂的双重性质,既可以提高栓剂对难溶性药物的载药量,又能发挥栓剂固体化的作用,其释药行为取决于微囊的特性。如文献报道的吲哚美辛复合微囊栓,栓中同时含有药物细粉及含药微囊,经试验证明,复合微囊栓同时具有速释和缓释两种性能,也是一种较为理想的栓剂新剂型。

（5）渗透泵栓剂(osmotic pump suppository):渗透泵栓剂是采用渗透泵原理研制的一种长效栓剂,其最外层为一层不溶解的微孔膜,药物分子可由微孔中慢慢渗出,因而可较长时间维持疗效,也是一种较理想的控释型栓剂。

（6）缓释栓剂(sustained release suppository):缓释栓剂系指将药物包合于可塑性不溶性高分子材料中制成的栓剂。高分子材料起阻滞药物释放的作用,药物必须先从不溶性基质中扩散出来才能被吸收,达到缓慢释放的目的。它是英国某研究所研制的一种长效栓剂,该栓剂在直肠内不溶解、不崩解,通过吸收水分而逐渐膨胀,缓慢释药而发挥其疗效。

（7）原位凝胶栓剂（In situ gel suppository）：又称液体栓剂，其在室温下为液体，进入直肠后在体温下转变为半黏稠凝胶态，可牢固附着于直肠黏膜，不会从肛门漏出，也不会进入直肠深部，顺应性好，生物利用度高。用泊洛沙姆407、PEG 400和海藻酸钠混合基质制备的尼美舒利液体栓剂，对家兔直肠黏膜无刺激，体内生物利用度比普通固体栓剂高33.92%。

二、栓剂的基质及附加剂

（一）栓剂基质

栓剂基质不仅使药物成型，而且可影响药物局部作用和全身作用。优良基质应符合以下要求：①在室温下应有适当的硬度，塞入腔道时不致变形或碎裂，在体温下易软化、融化或溶解，熔点与凝固点的差距小；②性质稳定，与药物混合后不起作用，不妨碍主药的作用与含量测定，贮藏中不发生理化性质的变化，不影响其生物利用度，不易生霉变质等；③对黏膜和腔道组织无刺激性、无毒性、无致敏性，释放速率良好；④适用于热熔法及冷压法制备栓剂，在冷凝时收缩性强，易于脱模；⑤油脂性基质的酸价在0.2以下，皂化价约200～245，碘价低于7。基质主要分为油脂性基质和水溶性基质两大类。

1. 油脂性基质

（1）可可脂（cocoa butter）：是从植物可可树种仁中得到的一种固体脂肪，主要组分为硬脂酸、棕榈酸、油酸、亚油酸和月桂酸等的甘油酯。常温下为白色或淡黄色、脆性蜡状固体，无刺激性，可塑性好，熔点30～35℃，10～20℃时易碎成粉末，是较适宜的栓剂基质，但由于其同质多晶型（有α、β、β'及γ四种晶型）及含油酸具有不稳定性，已渐渐被半合成或合成油脂性基质取代。

（2）半合成或全合成脂肪酸甘油酯：系由天然植物油经水解、分馏所得C_{12}～C_{18}游离脂肪酸，部分氢化后再与甘油酯化而成。这类基质具有适宜的熔点，不易酸败，为目前取代天然油脂较理想的栓剂基质。

1）半合成椰油酯：系由椰油加硬脂酸再与甘油酯化而成。本品为乳白色块状物，熔点33～41℃，凝固点31～36℃，有油脂臭，吸水能力大于20%，刺激性小。

2）半合成棕榈油酯：系以棕榈仁油经碱处理而得的皂化物，再经酸化得棕榈油酸，加入不同比例的硬脂酸与甘油经酯化而得的油脂。本品为乳白色固体，抗热能力强，酸价和碘值低，对直肠黏膜和阴道黏膜均无不良影响，为较好的半合成脂肪酸酯。

3）硬脂酸丙二醇酯：是硬脂酸丙二醇单酯与双酯的混合物，为乳白色或微黄色蜡状固体，稍有油脂臭，水中不溶，遇热水可膨胀，熔点35～37℃，对腔道黏膜无明显的刺激性，安全无毒。

2. 水溶性基质

（1）甘油明胶（gelatin glycerin）：系用明胶、甘油与水制成，有弹性，不易折断，塞入腔道后可缓慢溶于分泌液中，可延长药物的疗效。其溶出速率可随水、明胶、甘油三者的比例改变而改变，甘油与水的含量越高，越易溶解。甘油能防止栓剂干燥变硬，通常用水∶明胶∶甘油＝10∶20∶70的配比。以本品为基质的栓剂贮存时应注意在干燥环境中的失水性。本品也易滋长霉菌等微生物，故须加入抑菌剂。明胶是胶原的水解物，凡与蛋白质能产生配伍变化的药物,如鞣酸、重金属盐等均不能用甘油明胶作基质。

（2）聚乙二醇（polyethylene glycol, PEG）：为乙二醇的高分子聚合物总称，为结晶性载体，易溶于水，为难溶性药物的常用载体。PEG 1000、PEG 4000、PEG 6000 的熔点分别为38～40℃、40～48℃、55～63℃。通常将两种或两种以上的不同分子量的聚乙二醇加热熔融，混匀，制得所要求的栓剂基质。本品不须冷藏，贮存方便，但吸湿性较强，会对黏膜产生刺激性，加入约20%的水润湿或在栓剂表面涂鲸蜡醇、硬脂醇薄膜可减轻刺激。PEG 基质不宜与银盐、奎宁、阿司匹林、苯佐卡因、氯碘喹啉、磺胺类等药物配伍。

（3）泊洛沙姆（poloxamer）：本品为乙烯氧化物和丙烯氧化物的嵌段聚合物（聚醚），为一种表面活性剂，易溶于水，能与许多药物形成空隙固溶体。本品的型号有多种，随聚合度增大，物态从液体、半固体至蜡状固体，多用于制备液体栓剂，是目前研究最为深入的制备温敏原位凝胶的高分子材料。较常用的型号有泊洛沙姆188（商品名：普朗尼克68），熔点为52℃，能促进药物的吸收；泊洛沙姆407（商品名：普朗尼克F127），熔点52～57℃，是目前液体栓剂基质中应用最为广泛的高分子材料。

（二）栓剂附加剂

1. 表面活性剂　在基质中加入适量的表面活性剂，能增加药物的亲水性，尤其对覆盖在直肠黏膜壁上的连续的水性黏液层有胶溶、洗涤作用，并可造成有孔隙的表面，从而增加药物的穿透性。

2. 抗氧化剂　当主药易被氧化时，应采用抗氧化剂，如丁基羟基茴香醚（BHA）、2,6-二叔丁基对甲酚（BHT）、没食子酸酯类等。

3. 防腐剂　当栓剂中含有植物浸膏或水性溶液时，可使用防腐剂及抑菌剂，如对羟基苯甲酸酯类。使用防腐剂时应验证其溶解度、有效剂量、配伍禁忌及直肠对其耐受性。

4. 硬化剂　若制得的栓剂在贮存或使用时过软，可加入硬化剂（如白蜡、鲸蜡醇、硬脂酸、巴西棕榈蜡等）调节，但其效果十分有限。因为它们的结晶体系和构成栓剂基质的三酸甘油酯大不相同，所得混合物明显缺乏内聚性，而且易使其表面异常。

5. 增稠剂　当药物与基质混合时，因机械搅拌情况不良或生理上需要时，栓剂制品中可酌加增稠剂，常用的增稠剂有氢化蓖麻油、单硬脂酸甘油酯、硬脂酸铝等。

6. 吸收促进剂　通过与阴道或直肠接触而起全身治疗作用的栓剂，可利用非离子型表面活性剂、脂肪酸、脂肪醇和脂肪酸酯类、尿素、水杨酸钠、苯甲酸钠、羟甲基纤维素钠、环糊精类衍生物、氮酮等作为药物的吸收促进剂，以增加药物的吸收。

三、栓剂的处方设计

栓剂的处方设计首先要根据所选择主药的药理作用，考虑用药目的，即确定用于局部作用还是全身作用以及用于何种疾病的治疗。而且，根据体内作用特点的不同可以设计各种类型的栓剂。除了常用的普通栓剂外，还可以设计成以速释为目的的中空栓剂和泡腾栓剂，以缓释为目的的渗透泵栓剂、微囊栓剂和凝胶栓剂，既有速释又有缓释部分的双层栓剂，加入渗透促进剂或阻滞剂的多种形式的栓剂。还需要考虑药物的性质、基质和附加剂的性质及对药物的释放、吸收的影响。

（一）全身作用栓剂

1. 直肠解剖生理和吸收途径 直肠位于消化道末端，从骨盆向下直至肛门。人的直肠长12～20cm，最大直径为5～6cm。直肠液体量为2～3ml，pH为7.3左右，无缓冲能力。药物经直肠吸收主要有三个途径：一条是通过直肠上静脉，经门静脉而入肝脏，在肝脏代谢后再转运至全身，当栓剂距肛门口6cm处给药时，大部分药物经直肠上静脉进入门静脉 - 肝脏系统。另一条是通过直肠中、下静脉和肛管静脉进入下腔静脉，绕过肝脏而直接进入血液循环，可避免肝脏的首过效应。因此，药物的直肠吸收与给药部位有关，栓剂引入直肠的深度愈小，栓剂中药物不经肝脏的量愈多，一般为总量的50%～70%。第三条是经直肠淋巴系统吸收，但因淋巴流量很低，故经其吸收的药量实际上很少。三条途径均不经过胃和小肠，避免了酸、碱、消化酶对药物的影响和破坏作用，可减轻药物对消化道的刺激，因而大大提高了药物的生物利用度。

2. 影响药物吸收的因素 影响直肠给药后药物吸收的因素较为复杂，主要包括生理因素、药物性质及基质与附加剂的影响。

（1）生理因素：直肠黏膜的特性和直肠液的pH及直肠中的静脉分布差异均会引起药物生物利用度的差异。为避免肝脏的首过效应，一般应将栓剂塞在距肛门口约2cm处。直肠中的粪便会影响药物的吸收，空直肠比充有粪便的直肠会吸收更多药物，故应注意在排便后用药。

（2）药物性质：脂溶性和分配系数是药物吸收的决定因素。非解离型的脂溶性好的药物能够迅速从直肠吸收，解离型的非脂溶性药物不易吸收。pK_a大于4.3的弱酸性药物或pK_a小于8.5的弱碱性药物，一般吸收较快。若药物为pK_a小于3.0的酸性药物或pK_a大于10.0的碱性药物，吸收速度十分缓慢，这说明直肠黏膜对分子型药物可以选择性地透过，而离子型药物难以穿透。

药物的溶解度对直肠吸收有较大影响。不同溶解度的药物选择适宜类型的基质，可获得理想的吸收效果。水溶性药物混悬在油脂性基质中，或脂溶性较大的药物分散在水溶性基质中，由于药物与基质之间的亲和力弱，有利于药物的释放，且能够降低药物在基质中的残留量，可以获得较完全的释放与吸收。水溶性较差的药物呈混悬状态分散在栓剂基质中时，药物粒径大小会影响吸收。如阿司匹林栓剂，采用比表面积为320cm²/g的细粉与比表面积为12.5cm²/g的粗粒分别制成栓剂，经健康志愿者使用后，细粉12小时水杨酸的累积排泄量为粗粒的15倍。

（3）基质与附加剂：栓剂的基质类型对药物的生物利用度有很大影响。一般来说，栓剂中药物吸收的限速过程是基质中的药物释放到体液的速度，而不是药物在体液中溶解的速度。为加速药物的释放和吸收，全身作用的栓剂一般应选择水溶性基质，如药物是水溶性的则选择脂溶性基质。

药物的直肠吸收与栓剂在直肠中的保留时间有关。为延长栓剂的直肠保留时间，可采用生物黏附性给药系统，增加滞留时间，提高生物利用度。如在昂丹司琼液体栓剂的基质中加入黏附材料羟丙甲纤维素后，药物体外释放比普通栓剂明显减慢，呈现缓释特征。

抗生素或蛋白质类大分子药物，直肠给药不易达到有效血药浓度，因而可适当加入吸收促进剂以解决此类问题。直肠吸收促进剂的主要作用机制与经皮吸收促进剂相似，但黏膜没有角质层这一屏障的干扰，促吸收机制主要是增加细胞膜通透性或旁细胞途径吸收。

表面活性剂是最常用的一类吸收促进剂，基质中加入适量表面活性剂可促进药物的释放与吸收。一般认为 HLB 值>11 的表面活性剂能较好地促进药物从基质向水性介质中扩散。β- 环糊精类衍生物可以通过与药物形成包合物促进直肠吸收并增加药物稳定性、减少药物造成的刺激等。将克霉唑与 β- 环糊精按 1：0.25 的比例制成包合物后加入泊洛沙姆 188 与聚乙二醇基质中制得的栓剂，体外释放度比普通栓剂高约 50%，体内生物利用度提高约 1 倍。

吸收促进剂对药物的吸收有时也呈现抑制作用。一般在油脂性基质中加入少量表面活性剂时能促进药物的释放与吸收。加入量多时，表面活性剂自发形成胶束，可能会阻碍药物从基质中释放，且易造成膜损害或膜破裂，所以应权衡利用表面活性剂。

3. 全身作用栓剂的处方设计 全身作用栓剂的处方设计应充分考虑基质、促进剂、药物分散程度等因素，宜选用能加速药物释放与吸收的基质。根据前文所述基质对药物释放和吸收的影响，宜选择与药物溶解行为相反的基质，这样药物溶出速度快，体内峰值高，达峰时间短。如果药物是水溶性的，应选择油溶性基质；如果药物是脂溶性的，应选择水溶性基质；如果药物是高度脂溶性的，可能还要加表面活性剂来提高溶解度。

（二）局部作用栓剂

与全身作用的药物基质相反，用于局部作用的药物基质熔化速率及药物的释放速率均应较缓慢，也不需要促进药物的吸收。局部作用通常在 0.5 小时内开始，最少要持续约 4 小时。但若在 6 小时内基质不液化，不仅患者会感觉不适，而且很可能在药物没有充分利用之前就被患者排出体外。

局部作用的栓剂只在腔道局部起作用，应选用熔化慢、液化慢、释药慢、药物不被吸收的基质。水溶性基质制成的局部作用栓剂因腔道中的液体量有限，使其溶解速度受限，释放药物缓慢，较油脂性基质更有利于发挥局部疗效。如甘油明胶常用作局部杀虫、抗菌的阴道栓的基质。

四、栓剂的制备

（一）基质用量的确定

不同的栓剂处方，用同一模具所制得栓剂的体积是相同的，但其重量会随基质与药物的密度不同而有区别。而一般栓模容纳重量（如 1g 或 2g）是指以可可脂为代表的基质重量。加入的药物会占有一定体积，特别是不溶于基质的药物。

为保持栓剂原有体积，可以用置换价（displacement value，DV）对药物置换基质的重量进行计算。置换价系指在一定体积下，药物的重量与同体积基质重量的比值，可以用式（7-13）求得某药物对某基质的置换价。

$$DV = \frac{W}{G-(M-W)} \qquad 式（7-13）$$

式中，G 为纯基质平均栓重；M 为含药栓的平均重量；W 为每个栓剂的平均含药重量。

置换价的测定方法：取基质依法制备空白栓剂，称得平均重量为 G，另取基质与药物定量混合制备成含药栓剂，称得含药栓的平均重量为 M，每粒栓剂中药物的平均重量为 W，将这些数据代入式（7-13），即可求得某药物对某基质的置换价。

用测定的置换价可以方便地计算出制备这种含药栓需要基质的重量 B。

$$B=\left(G-\frac{m}{DV}\right) \cdot n \qquad\qquad 式(7\text{-}14)$$

式中，m 为处方中药物的剂量；n 为拟制备栓剂的枚数。

药物的置换价可以从文献中查到或经试验测定。现代制备栓剂的大生产设备不以栓模固定装量，而通常采用装量可调的 PVC 或 PE 泡罩实现成栓与包装一体化；高精度计量泵可根据栓剂中药物含量来控制物料的填充量，装量检测模块通过光电开关对液位的表面进行实时跟踪监测，由此来判断其计量是否准确。这种全自动栓剂生产设备操作方便，无须知道或测定置换价。因此，置换价的概念在实际生产中已经很少提及。

（二）栓剂的制备

栓剂的制备方法有热熔法（fusion method）、冷压法（cold compression method）和搓捏法（pinch twist method）。热熔法适合油脂性基质和水溶性基质栓剂的制备；冷压法适合大量生产油脂性基质的栓剂；搓捏法适合油脂性基质的小量制备。栓剂的制备方法须按基质种类和制备数量灵活选择。

药物与基质的混合方法主要分为三种：①油溶性药物可直接加入油脂性基质中使之溶解，但加入的量较大时会使基质的熔点降低或使栓剂过软，此时可加入适量的蜂蜡、石蜡等调节熔距；②对于水溶性药物，可加少量的水制成浓溶液，用适量羊毛脂吸收后再与其他基质混合均匀；③如果药物不溶于任何基质，可先把药物制成细粉，再与基质混合均匀。

1. 热熔法 热熔法制备栓剂是基于固体分散体的原理，将药物高度分散于基质中，药物以分子、胶态、微晶或无定形粉末等状态存在，能大幅度减小难溶性药物的粒度，增大其溶出面积。将基质粉末置于水浴中加热熔融，温度不宜过高，加入药物溶解或均匀分散于基质中，然后倒入冷却并涂有润滑剂的栓模中至稍溢出模口为宜，冷却，待完全凝固后，削去溢出部分，开模取栓，晾干，包装。热熔法制备栓剂的工艺流程如图 7-59 所示。

制备栓剂广泛应用热熔法，实验室中采用模具浇注（图 7-60），大量生产中则多采用自动化模制机组（图 7-61），主要由制带机、灌注机、冷冻机、封口机组成，能在同一设备中自动完成栓剂的制壳、灌注、冷却成型、封口等全部工序，产量为 18 000～30 000 粒 /h。其中制壳材料为塑料和铝箔，制壳材料不仅是包装材料，又是栓剂的模具，如图 7-62 所示，此种包装不仅方便了生产，减轻了劳动强度，而且不需要用冷藏保存。特别是在热带地区，虽然在高温下栓剂能够熔化，但冷却后还可以保持原来模子的形状，因此，贮藏不需要冷藏。此外，灌注机组一般同时具有智能检测模块，可以实现自动纠偏、瘪泡检测、装量检测、剔除废品等功能，大大减少了人力，使产品质量得到保证。

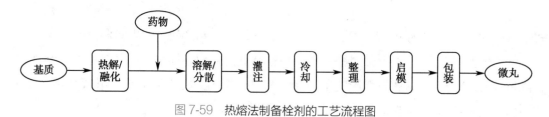

图 7-59　热熔法制备栓剂的工艺流程图

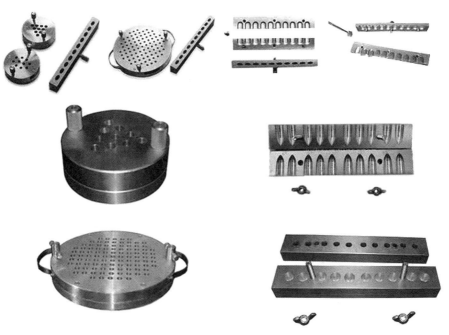

图 7-60　用热熔法制备栓剂的模具

图 7-61　HY-U 全自动模制机组

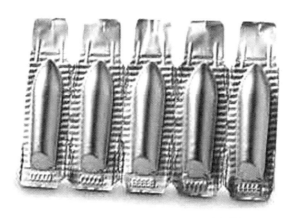

图 7-62　用自动化模制机制备的栓剂样品

例 7-36：双氯芬酸钠栓

【处方】双氯芬酸钠 50g、泊洛沙姆 1 045g、卡波姆 5g，共制 1 000 枚。

【制法】取泊洛沙姆置 60℃ 水浴上加热熔化，加入卡波姆和双氯芬酸钠，通过胶体磨研磨搅匀，注入栓模中冷却，刮平，取出，包装，即得。

【注解】本品为消炎镇痛药。用于类风湿关节炎、手术后疼痛及各种原因所致的发热。用时将栓剂取出，以少量温水湿润后，轻轻塞入肛门 2cm 处，一天一粒。

例 7-37：消糜栓

【处方】人参茎叶皂苷 25g、紫草 500g、黄柏 500g、苦参 500g、枯矾 400g、冰片 200g、儿茶 500g、甘油 22g、聚氧乙烯单硬脂酸酯适量，共制 1 000 枚。

【制法】以上七味，儿茶、枯矾粉碎成细粉，冰片研细；黄柏、苦参、紫草加水煎煮三次，第一次 2 小时，第二次、第三次各 1 小时，合并煎液，滤过，滤液浓缩至相对密度为 1.10（80℃）的清膏，加乙醇使醇含量为 75%，静置 24 小时，滤过，回收乙醇，浓缩至相对密度为 1.36（80℃）的稠膏，干燥，粉碎成细粉，与上述细粉及人参茎叶皂苷粉混匀；另取聚氧乙烯单硬脂酸酯及甘油 22g，混合加热熔化，温度保持在 40℃±2℃，加入上述细粉，混匀，注入栓剂模，冷却，即得。

【注解】清热解毒，燥湿杀虫，祛腐生肌。用于湿热下注所致的带下病，症见带下量多、色黄、质稠、腥臭、阴部瘙痒；滴虫性阴道炎、霉菌性阴道炎、非特异性阴道炎见上述证候者。阴道给药。一次 1 粒，一日 1 次。

2. 冷压法　冷压法系用制栓机制备栓剂。先将药物与基质粉末置于冷容器内，混合均匀，然后装入制栓机的圆筒内，经模型挤压成一定形状的栓剂。冷压法避免了加热对主药或基质稳定性的影响，不溶性药物也不会在基质中沉降，但生产效率不高，成品中往往夹带空气而不易控制栓重。目前制备栓剂多已不采用冷压法。

3. 搓捏法　搓捏法系指取药物的细粉置于乳钵中，加入约等量的基质搓成粉末研匀后，缓缓加入剩余的基质制成均匀的可塑性团块，必要时可加入适量的植物油或羊毛脂以增加可塑性。再置于瓷板上，用手隔纸搓擦，轻轻加压转动滚成圆柱体并按需要量分割成若干等份，搓捏成适宜的形状。此法适用于小量临时制备。所得制品的外形往往不一致，不够美观。

（三）栓剂生产中易出现的问题及解决办法

1. 气泡　灌封时储料罐温度过高，液体进入栓壳中，壳内气体未排尽就进到冷冻机中，导致栓剂顶部或内部出现气泡。可通过适当降低储料罐温度来解决。

2. 裂纹或表面不光滑　主要原因有灌装温度与冷却温度相差过大、基质硬度过高或冷却时收缩过多。解决办法包括缩小灌装与冷却之间的温差、选择两种及两种以上的栓剂基质混合使用、选择结晶速度慢的基质等。

3. 分层　栓剂出现分层的原因包括药物与基质不相溶、物料混合时没有搅拌均匀、加热融化的温度与冷却温度相差较大而使药物析出。向基质中加入适量表面活性剂、降低灌装温度是解决此类问题的常用方法。

4. 融变时限不合格　基质熔点、栓剂硬度、药物的性质对融变时限均有较大影响。油溶性基质在贮藏过程中熔点可能升高，基质由非稳定晶型向稳定晶型转变，从而导致融变时间延长。可采用复合基质，使初始熔点降低加以解决。水溶性基质中水分含量一般不超过

10%,否则栓剂硬度过低;另外,还应充分考虑基质的分子量和引湿性(如不同型号的 PEG)、药物是否微粉化、药物在基质中的溶解度等因素。

五、栓剂的质量检查

《中国药典》(2020 年版)四部规定,除另有规定外,栓剂应进行以下质量检查。

1. **重量差异** 照下述方法检查,应符合规定。

检查法:取供试品 10 粒,精密称定总重量,求得平均粒重后,再分别精密称定每粒的重量。每粒重量与平均粒重相比较(有标示粒重的中药栓剂,每粒重量应与标示粒重比较),按表 7-19 中的规定,超出重量差异限度的不得多于 1 粒,并不得超出限度 1 倍。凡规定检查含量均匀度的栓剂,一般不再进行重量差异检查。

表 7-19 栓剂的重量差异限度

平均粒重或标示粒重	重量差异限度
1.0g 及 1.0g 以下	±10%
1.0g 以上至 3.0g	±7.5%
3.0g 以上	±5%

2. **融变时限** 取栓剂 3 粒,在室温下放置 1 小时,照《中国药典》(2020 年版)融变时限检查法检查,应符合规定。

按《中国药典》2020 年版融变时限检查法测定,油脂性基质的栓剂 3 粒均应在 30 分钟内全部融化、软化或触压时无硬心。水溶性基质的栓剂 3 粒在 60 分钟内全部溶解。如有 1 粒不合格,应另取 3 粒复试,均应符合规定。

3. **膨胀值** 除另有规定外,阴道膨胀栓应检查膨胀值,并符合规定。检查时取栓剂 3 粒,用游标卡尺测其尾部棉条直径,滚动约 90° 再测一次,每粒测两次,求出每粒测定的 2 次平均值(R_i);将上述 3 粒栓用于融变时限测定结束后,立即取出剩余棉条,待水断滴,均轻置于玻璃板上,用游标卡尺测定每个棉条的两端以及中间三个部位,滚动约 90° 后再测定三个部位,每个棉条共获得六个数据,求出测定的 6 次平均值(r_i),计算每粒的膨胀值(P_i),3 粒栓的膨胀值均应大于 1.5。

$$P_i = \frac{r_i}{R_i} \qquad\qquad 式(7-15)$$

4. **溶出速率和体内吸收试验**

(1)溶出速率试验:将待测栓剂置于透析管的滤纸筒中或适宜的微孔滤膜中,浸入盛有介质并附有搅拌器的溶出设备中,于 37℃每隔一定时间取样测定,每次取样后补充同体积的溶出介质,使总体积不变,根据测定结果计算累积溶出百分率。

(2)体内吸收试验:一般采用家兔进行试验,开始时剂量不超过口服剂量,以后再两倍或三倍地增加剂量。给药后,按一定的时间间隔抽取血液或收集尿液,测定药物浓度,描绘出血

药浓度 - 时间曲线,计算出体内药物动力学参数,求出生物利用度。

5. 稳定性与刺激性试验

（1）稳定性试验：将栓剂在室温（25℃±3℃）和 4℃下贮存,定期于 0 个月、3 个月、6 个月、1 年、1.5 年、2 年检查外观变化和融变时限、主药的含量及药物的体外释放、有关物质。

（2）刺激性试验：将基质粉末、溶液或栓剂,施于家兔的眼结膜上或塞入动物的直肠、阴道,观察有无异常反应。在动物实验基础上,进行临床试验,观察人体肛门或阴道用药部位有无灼痛、刺激及不适感等。

6. 微生物限度　除另有规定外,照非无菌产品微生物限度检查: 微生物计数法、控制菌检查法及非无菌药品微生物限度标准检查,应符合规定。

思考题

1. 简述固体制剂的制备工艺过程,并通过 Noye-Whitney 方程简述影响药物溶出速率的因素和增加药物溶出速率的方法。

2. 气流式粉碎机有什么特点?

3. 简述混合的机制和影响混合操作的因素。

4. 简述湿法制粒的操作过程。

5. 简述流化床制粒的特点及其影响因素。

6. 什么是干法制粒? 简述滚压法制备干颗粒的工艺流程。

7. 干燥的方法有哪些? 空气性质及物料含水性质对干燥有怎样的影响?

8. 简述包衣的目的、种类和方法。

9. 糖包衣的工艺包括哪些流程? 各个流程的制备条件是怎样控制的?

10. 使用薄膜包衣法进行包衣常用的材料有哪些? 如何加以筛选?

11. 简述散剂的制备工艺流程。

12. 简述颗粒剂的定义、分类及质量要求。

13. 胶囊剂有哪些特点? 哪些药物不适合制备成软、硬胶囊剂?

14. 硬、软胶囊剂在处方组成及制备方面有哪些区别?

15. 空胶囊的质量要求有哪些? 生产和制备的环境条件如何?

16. 硬胶囊剂与软胶囊剂在制备、贮存过程中容易出现哪些质量问题,如何解决?

17. 片剂常用的辅料分为哪些类型? 试举例说明。

18. 简述片剂中崩解剂的作用机制及加入方法。

19. 片剂制备方法有哪些? 简述湿法制粒压片的工艺流程。

20. 试分析粉末直接压片的特点,并简述其制备工艺流程。

21. 片剂制备过程中经常出现哪些问题? 如何解决?

22. 糖包衣的工艺包括哪些流程? 各个流程的制备条件是怎样控制的?

23. 使用薄膜包衣法进行包衣常用的材料有哪些? 如何加以筛选?

24. 包衣有怎样的质量要求? 在生产过程中如何解决包衣过程中较常出现的问题?

25. 简述滴丸剂的制备方法与工艺流程。

26. 简述挤出 - 滚圆法制备微丸的工艺流程。

27. 简述匀浆制膜法制备膜剂的工艺流程。

28. 全身作用栓剂的特点是什么?

29. 影响栓剂吸收的因素有哪些?

30. 栓剂的常用附加剂包括哪几类,对栓剂的制备有什么影响?

ER7-2　第七章　目标测试

（杨　丽　马君义）

参考文献

[1] 周建平,唐星.工业药剂学.北京:人民卫生出版社,2014.

[2] 国家药典委员会.中华人民共和国药典:四部.2020年版.北京:中国医药科技出版社,2020.

[3] 方亮.药剂学.8版.北京:人民卫生出版社,2016.

[4] 吴正红,周建平.工业药剂学.北京:化学工业出版社,2021.

[5] 龙晓英,田燕.药剂学.2版.北京:科学出版社,2016.

[6] 潘卫三.药剂学.北京:化学工业出版社,2017.

[7] ARSHAD M S, ZAFAR S, YOUSEF B, et al. A review of emerging technologies enabling improved solid oral dosage form manufacturing and processing. Advanced Drug Delivery Reviews, 2021, 178: 113840.

[8] PARHI R. A review of three-dimensional printing for pharmaceutical applications: Quality control, risk assessment and future perspectives. Journal of Drug Delivery Science and Technology, 2021, 64: 102571.

[9] GOOLE J, AMIGHI K. 3D printing in pharmaceutics: A new tool for designing customized drug delivery systems. International Journal of Pharmaceutics, 2016, 499 (1/2): 376-394.

[10] WANG J W, ZHANG Y, AGHDA N H. et al. Emerging 3D printing technologies for drug delivery devices: Current status and future perspective. Advanced Drug Delivery Reviews, 2021, 174: 294-316.

[11] ZHANG N Z, LIU H S, YU L, et al. Developing gelatin-starch blends for use as capsule materials. Carbohydrate Polymers, 2013, 92 (1): 455-461.

[12] ZHANG L, WANG Y F, LIU H S, et al. Developing hydroxypropyl methylcellulose /hydroxypropyl starch blends for use as capsule materials. Carbohydrate Polymers, 2013, 98 (1): 73-79.

[13] GULLAPALLI R P. Soft gelatin capsules (softgels). Journal of pharmaceutical sciences, 2010, 99 (10): 4107-4148.

[14] 李迪.世界口服固体制剂药物的制药技术开发应用最新进展.黑龙江医药,2020,33(3):530-532.

[15] 王森怡,李思佳,涂迎盈,等.3D打印技术在口服固体制剂中的应用与挑战.中国新药杂志,2020,29(8):881-889.

[16] 袁凤,杨庆良,杨燕,等.药物固体制剂静电干粉包衣技术研究进展.中国药学杂志,2018,53(20):1709-1713.

[17] 仝永涛,高春红,高春生.口服固体制剂连续生产与过程控制技术研究进展.中国新药杂志,2017,26(23):2780-2787.

[18] 袁春平,时晔,王健,等.口服固体制剂连续制造的研究进展.中国医药工业杂志,2016,47(11):1457-1463.

第八章　雾化制剂

本章要点

掌握　气雾剂、粉雾剂和喷雾剂的概念、特点、组成及药物递送的原理和方法。

熟悉　常用吸入制剂的辅料及影响经口吸入给药疗效的因素；气雾剂、粉雾剂、喷雾剂的区别。

了解　气雾剂、粉雾剂和喷雾剂的给药装置与质量评价；吸入液体制剂的概念。

第一节　概述

　　雾化制剂主要包括气雾剂（aerosol）、吸入粉雾剂（powder aerosols for inhalation）和喷雾剂（spray），常用于呼吸道给药，同时在外用和局部给药也有一定应用。近几年，该类剂型的研究越来越活跃，一是研究的产品越来越多，已不局限于治疗呼吸道疾病的药物，多肽和蛋白类药物的呼吸道释药系统研究也逐渐增多，已上市的产品有加压素和降钙素鼻腔喷雾剂，而研究最热门的胰岛素干粉吸入剂于 2006 年在美国和欧洲批准上市，但是由于市场及不确定的肺部风险，该产品在上市一年多后即宣布了撤市。尽管如此，吸入给药仍是当今国际制药界最热门的研究领域之一。此外，一些疫苗及其他生物制品的喷雾给药系统也在研究中。二是新技术的应用越来越多，如新给药装置的应用使吸入给药更为方便，患者更易接受。三是涉及的理论技术较多，如粉体工程学、表面化学、流体力学、空气动力学及微粉化工艺、增溶和混悬技术等。四是由于氟利昂的禁用而引起的替代品的研究，使得该类制剂开发的难度增加。

　　雾化制剂需要特殊的装置给药，系经呼吸道深部、腔道、黏膜或皮肤等发挥全身或局部作用的制剂。吸入制剂仅指通过特定的装置将药物以粉状或雾状形式经口腔传输至呼吸道和 /或肺部以发挥局部或全身作用的制剂。吸入制剂主要包括吸入气雾剂、吸入粉雾剂、吸入喷雾剂、吸入液体制剂和可转变成蒸气的制剂。与普通口服制剂相比，吸入药物可直接到达吸收部位，吸收快，可避免肝脏首过效应，生物利用度高；与注射制剂相比，也具有携带和使用方便，可提高患者依从性等优点，同时可减轻或避免部分药物不良反应。因此，雾化制剂在近年越来越为药物研发者所关注。

　　吸入制剂在制剂处方、容器、包装系统、制剂工艺、质量研究、稳定性研究等方面均有其特殊关注点，这些因素对吸入制剂的质量可控性及安全有效性具有至关重要的影响，因此质量控制研究部分是吸入制剂的临床前乃至临床研究的重点之一。吸入制剂是一种特殊的制剂,药物通过给药装置直接进入肺部,作为哮喘急性发作的必用药和急救药,世界各国均极为重视该剂型药典附录规定和品种标准规定。吸入制剂的安全性和有效性同样重要,质量低劣的吸入制剂在无效的同时可直接导致患者的死亡,因此美国 FDA 将其与注射剂共同列为高风险制剂。本章以吸入制剂为主,介绍雾化制剂相关的理论知识及检测评价方法。

第二节　气雾剂

一、概述

(一)气雾剂的定义

气雾剂系指原料药物或原料药物和附加剂与适宜的抛射剂共同封装于具有阀门系统的耐压容器中,使用时借助抛射剂气化所产生的压力将内容物以雾状喷至腔道黏膜或皮肤的制剂。其中,给药至肺部的气雾剂称为吸入气雾剂。

(二)气雾剂的分类

1. 按分散系统分类　①溶液型气雾剂:药物(固体或液体)溶解在抛射剂中,形成均匀溶液,喷出后抛射剂挥发,药物以固体或液体微粒状态到达作用部位。②混悬型气雾剂:药物(固体)以微粒状态分散在抛射剂中,形成混悬液,喷出后抛射剂挥发,药物以固体微粒状态到达作用部位。③乳剂型气雾剂:药物溶液和抛射剂按一定比例混合形成 O/W 型或 W/O 型乳剂,其中抛射剂作为油相。O/W 型乳剂型气雾剂以泡沫状态喷出,因此又称为泡沫气雾剂。W/O 型乳剂型气雾剂以液流状态喷出。泡沫气雾剂因其特点主要用于阴道杀精、阴道消毒和肛肠给药等。

2. 按给药途径分类　①吸入气雾剂:系指使用时将内容物呈雾状喷出并吸入肺部的气雾剂,可发挥局部或全身治疗作用。②皮肤和黏膜用气雾剂:系指使用时直接喷到皮肤或腔道黏膜(口腔、鼻腔、阴道等)的气雾剂。皮肤用气雾剂主要起保护创面、清洁消毒、局部麻醉及止血等作用;阴道黏膜用气雾剂,常用 O/W 型泡沫气雾剂,主要用于治疗微生物、寄生虫等引起的阴道炎,也可用于节制生育;鼻黏膜用气雾剂主要适用于鼻部疾病的局部用药和多肽类药物的系统给药。③空间消毒用气雾剂主要用于杀虫、驱蚊及室内空气消毒。

3. 按处方组成分类　①二相气雾剂:一般指溶液型气雾剂,由气 - 液两相组成。气相为抛射剂产生的蒸气;液相为药物与抛射剂所形成的均匀溶液。②三相气雾剂:一般指混悬型和乳剂型气雾剂,分别由气 - 液 - 固、气 - 液 - 液三相组成。混悬型气雾剂的气相为抛射剂产生的蒸气,液相主要为抛射剂,固相为不溶性主药;乳剂型气雾剂中两种不相混溶的液体形成两相,即油相和水相,第三相为抛射剂形成的气相。

4. 按给药定量与否分类　气雾剂可分为定量气雾剂(metered-dose aerosol)和非定量气雾剂。定量气雾剂可通过使用定量阀门准确控制药物剂量,非定量气雾剂使用连续阀门。

(三)气雾剂的特点

1. 气雾剂的优点　①具有速效和定位作用;②简洁、便携、耐用、使用方便;③剂量均一性好;④可提高药物的生物利用度;⑤增加药物的稳定性;⑥气溶胶形成与患者的吸入行为无关,所有定量气雾剂的操作和吸入方法相似。

2. 气雾剂的缺点 ①生产成本较高;②遇热或受撞击有爆炸的风险;③存在手揿和吸气的协调性问题,易造成肺部剂量低和/或不均一;④阀门系统对药物剂量有所限制,无法递送大剂量药物。

二、气雾剂的组成

气雾剂由抛射剂、药物与其他辅料、耐压容器和阀门系统组成。

(一)抛射剂

抛射剂(propellant)多为液化气体,在常压下沸点低于室温,需要装入耐压容器内,利用阀门系统控制。在阀门开启时,借抛射剂的压力将容器内药液以雾状喷出到达用药部位。抛射剂一般可分为氟氯烷烃、氢氟烷烃、碳氢化合物及压缩气体四大类。抛射剂是喷射药物的动力,有时兼有药物溶剂的作用。抛射剂的喷射能力大小直接受其种类和用量影响,同时也要根据气雾剂用药的要求加以合理地选择。对抛射剂的要求是:①在常温下的蒸气压大于大气压;②无毒、无致敏反应和刺激性;③惰性,不与药物发生反应;④不易燃、不易爆;⑤无色、无臭、无味;⑥价廉易得。但一个抛射剂不可能同时满足以上所有要求,应根据用药目的适当选择。

1. 氟氯烷烃类(又名氟利昂,chlorofluorocarbons,CFCs) 由于氟氯烷烃对大气臭氧层的破坏,国际卫生组织已经要求停用。国家食品药品监督管理局规定,从 2007 年 7 月1 日起,药品生产企业在生产外用气雾剂时应停止使用氟氯烷烃类物质作为药用辅料;从2010 年 1 月 1 日起,生产吸入式气雾剂停止使用氟氯烷烃类物质作为药用辅料。《保护臭氧层维也纳公约》规定,氟氯烷烃类物质应在 2010 年前淘汰。由于氢氟烷烃(hydrofluo-roalkane,HFA)和氟利昂在理化性质方面差别十分显著,传统的氟利昂制剂技术不能简单地移植给 HFA 剂型。应根据药物和辅料在 HFA 中的溶解度,设计定量吸入气雾剂。

2. 氢氟烷烃 氢氟烷烃是目前最有应用前景的一类氟氯烷烃替代品,主要为 HFA 134a(四氟乙烷)和 HFA 227(七氟丙烷)。1995 年,欧盟批准了这两种 HFA 替代 CFCs 用于药用气雾剂的开发,1996 年,FDA 也批准了 HFA 134a 应用于吸入制剂。目前全球大部分市售的吸入气雾剂的抛射剂为氢氟烷烃。

3. 碳氢化合物 主要品种有丙烷、正丁烷和异丁烷。此类抛射剂虽然蒸气压适宜,可供气雾剂吸入,但毒性大、易燃、易爆,工艺要求高。

4. 压缩气体 主要有二氧化碳、氮气、一氧化氮等。其化学性质稳定,不与药物发生反应,不燃烧。但常温时蒸气压过高,对容器耐压性能的要求高(须小钢球包装)。若在常温下充入非液化压缩气体,压力容易迅速降低,达不到持久喷射的效果。压缩气体作为抛射剂,目前常用于喷雾剂。

(二)药物与其他辅料

1. 药物 液体、固体药物均可制备气雾剂,目前应用较多的药物有呼吸系统用药、心血管系统用药、解痉药及烧伤药等,近年来多肽类药物的气雾剂给药系统研究也越来越多。

2. 其他辅料　药物通常在 HFA 抛射剂中不能达到治疗剂量所需的溶解度,为制备质量稳定的溶液型、混悬型或乳剂型气雾剂应加入相应的附加剂,如潜溶剂、润湿剂、乳化剂、稳定剂,必要时还需要添加矫味剂、防腐剂等。

（三）耐压容器

气雾剂的容器不可与药物或抛射剂发生相互作用,须具有耐压(有一定的耐压安全系数)、轻便、廉价等特点。耐压容器主要为金属容器和玻璃容器。玻璃容器化学性质稳定,但耐压和耐撞击性差。因此,需要在玻璃容器外裹一层有适当厚度的塑料防护层,以弥补这种缺点。金属容器包括铝、不锈钢等,耐压性强,但易引起某些药液稳定性下降,须内涂聚乙烯或环氧树脂等。

（四）阀门系统

气雾剂阀门系统是控制药物和抛射剂从容器喷出的主要部件,其中设有供吸入的定量阀门,或供腔道或皮肤等外用的特殊阀门系统。阀门系统坚固、耐用和结构稳定与否,直接影响制剂的质量。阀门材料必须对内容物惰性,阀门组件应精密加工。目前定量气雾剂阀门系统使用广泛,其组成部件及结构见图 8-1。

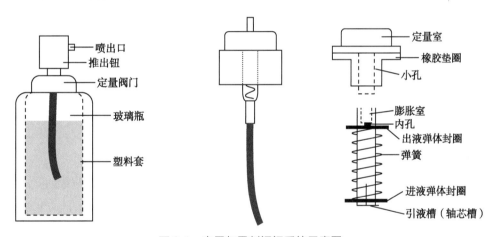

图 8-1　定量气雾剂阀门系统示意图

三、气雾剂的制备工艺和生产设备

气雾剂根据主药在制剂中的物理状态可分为溶液型和混悬型(含乳剂型)两种,由主药、抛射剂、潜溶剂和表面活性剂等组成;如果处方或装置许可,处方中可不含有表面活性剂或潜溶剂。溶液型气雾剂要求主药溶解度达到用药剂量要求,该类气雾剂处方具有良好的物理稳定性,但化学稳定性可能较低;喷雾微粒大小主要决定于处方蒸气压和驱动器的喷孔大小;当主药溶解度达不到用药剂量要求时,常选择制备成混悬型气雾剂,其处方化学稳定性优于溶液型气雾剂,但处方物理稳定性较低,因陈化(ripening)现象引起药物小微晶溶解大微晶生长,体系中微粒易聚集,微粒大小取决于主药固体颗粒大小及其在处方中的浓度。

图 8-2 是典型的定量气雾剂结构示意图。定量气雾剂产品由溶解或混悬于抛射剂中的具有治疗活性的成分、抛射剂或抛射剂与溶剂的混合物和 / 或其他辅料所组成。一个定量气雾

剂产品可进行高达数百次的定量给药,每揿的喷射体积为25~100μl,可从微克级到毫克级。尽管定量气雾剂与其他药物品种有很多相似之处,但它在处方筛选、容器和包装系统的选择、生产制造过程及最终的质量控制和稳定性研究方面均与常规制剂有很大不同。在研发过程中需要考虑到这些区别,否则将会影响产品在使用过程中剂量和药效的稳定性。

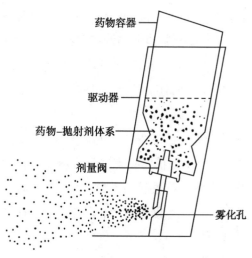

图 8-2 定量气雾剂结构示意图

(一)吸入气雾剂制备过程

气雾剂的制备过程可分为容器阀门系统的处理与装配,药物的配制、分装和充填抛射剂三部分,最后经质量检查合格后成为气雾剂产品。抛射剂的填充有冷灌法和压灌法,压灌法又分为一步法和二步法,在工业化生产中主要采用冷灌法(图 8-3)和一步压灌法(图 8-4)。气雾剂的生产环境、用具和整个操作过程,应避免微生物的污染。溶液型气雾剂应制成澄清溶液;混悬型气雾剂应将药物微粉化,并严格控制水分的带入。

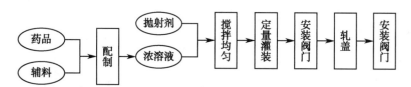

图 8-3 定量气雾剂冷灌法配制流程图

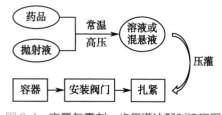

图 8-4 定量气雾剂一步压灌法配制流程图

1. 药物的配制 按处方组成及所要求的气雾剂类型进行配制。溶液型气雾剂应制成澄清药液;混悬型气雾剂应将药物微粉化并保持干燥状态;乳剂型气雾剂应制成稳定的乳剂。将上述配制好的合格药物分散系统,定量分装在已准备好的容器内,安装阀门,轧紧封帽。

2. 药液的分装

(1)冷灌法:在室温或低温下先将药物和除抛射剂以外的辅料配制成浓配液,然后在 -55℃以下,常压下加入抛射剂,搅拌均匀后,在持续循环的情况下定量灌装入容器,安装阀门后轧盖即得。冷灌法速度快,对阀门无影响,成品压力较稳定。但需要制冷设备和低温操作,抛射剂损失较多。工业化程度达到一定规模后,冷灌法的成本可低于压灌法。工艺流程见图 8-3。

(2)压灌法:压灌法分为一步压灌法和二步压灌法。后者先将主药和非挥发性成分填装,压盖后填充抛射剂。采用的设备较为简单,对药液的要求亦较高,在抛射剂为 CFCs 时较为常用。当 CFCs 替换为 HFA 后,工业上以一步法较为常用。一步法系先将阀门安装在罐上,轧紧,再将药液和抛射剂在常温高压下配制成溶液或混悬液,通过阀门压入密闭容器中。采用该法灌装药液前须驱除容器中的空气,以避免药物在贮存期氧化降解。一步压灌法的流程见图8-4。

压灌法的设备简单,不需要低温操作,抛射剂损耗较少,目前我国多用此法生产。但生产速度较慢,且使用过程中压力变化幅度较大。目前,我国气雾剂的生产主要采用高速旋转压装抛射剂的工艺,产品质量稳定,生产效率大为提高。

(二)气雾剂制备的关键点及注意事项

1. 主药的性质 配制气雾剂,尤其是混悬型气雾剂时应注意主药的溶解度、微晶颗粒大小及形状、密度、多晶型等药物的固态物性。

2. 药物的微粉化 制备混悬型气雾剂时,必须事先对药物进行微粉化处理,要求药物的粒径在 7μm 以下,并提供 d_{10}、d_{50}、d_{90} 的粒度分布数据,同时注意微粉化工艺对药物的影响,如主药高温降解、多晶型转化、粉末特性等。

3. 物理稳定性和蒸气压 处方筛选中,混悬型定量气雾剂须着重研究药物的聚集;通过复配抛射剂,或加入短链醇(如乙醇)等潜溶剂的方法以获得适宜蒸气压;结合质量和临床研究结果,分析剂量损失的原因。

4. 表面活性剂 表面活性剂有助于混悬型气雾剂中的颗粒混悬,且具有润滑阀门的作用,从而保证剂量的准确。

5. 水分和环境湿度的控制 HFA 抛射剂具有亲水性,易将水分带入成品中。处方中的水分含量过高会对气雾剂性能(如化学稳定性、物理稳定性、可吸入性)产生潜在影响。产品中水分的来源主要有:①原料和辅料中带入;②生产环境引入;③容器和生产用具带入。所以在处方筛选过程中,应严格控制原料药和辅料的水分,也要避免生产环境及生产用具、容器中水分的带进,以最大限度地避免水分带来的影响。

6. 其他 在配制过程中要注意主药及附加剂成分的添加顺序、主药含量的稳定性、停产间歇时间的优化、车间的温度和湿度。

(三)气雾剂的生产设备

药用定量气雾剂的生产设备较为复杂,要求较高,尤其是用于灌装 HFA 的生产设备国内生产较少,目前主要使用进口设备,均为全自动生产线,集洗罐、整理、轧盖、灌装于一体,工业化程度较高,日产量可高达 5 万罐。生产线的经典配置如图8-5所示。

四、典型处方与工艺分析

气雾剂的处方组成,除选择适宜的抛射剂外,主要根据药物的理化性质选择适宜的附加剂(如潜溶剂、表面活性剂),配制成一定类型的气雾剂,以满足临床用药的要求。CFCs 的禁用使得一些已上市的药物不得不更换抛射剂。首个 HFA 沙丁胺醇(albuterol)气雾剂与市场上原来使用的 CFC 沙丁胺醇相比,二者气体动力学半径相当,但 HFA 沙丁胺醇具有更好的剂量均一性、更小的氟利昂效应及所有标定剂量喷射后更快的剂量消退。二者处方差异见表8-1。

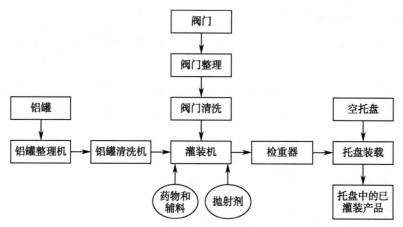

图 8-5　定量气雾剂工业化生产流水线示意图

表 8-1　不同抛射剂的沙丁胺醇气雾剂处方及灌装体系比较

产品	CFC 沙丁胺醇	HFA 沙丁胺醇
定量阀	63μl 阀（高聚体）	25μl 阀（不锈钢或不同的合成橡胶）
每揿药物量	沙丁胺醇 100mg	沙丁胺醇 120.5mg
抛射剂	CFC 12：CFC 11=72：28（重量比）	HFA 134a
助溶剂	无	乙醇
表面活性剂	油酸	油酸
生产	高速压力灌装	必须冷冻灌装
触动器	喷嘴直径为 0.4mm 的标准 CFC 喷槽	调节空气动力学粒径分布与 CFC 沙丁胺醇相当

当抛射剂替代产品的药物剂量大于 CFC 定量气雾剂的药物剂量时可能会出现安全问题，须进行相关药理毒理评价。如哮喘治疗药丙酸倍氯米松（beclomethasone dipropionate，BDP）HFA 气雾剂，与 BDP 的 CFC 定量气雾剂相比，具有更高的肺部有效沉积，小粒子的特性使 BDP HFA 气雾剂用更低的药量就可以治疗哮喘。

五、气雾剂的质量评价

《中国药典》（2020 年版）四部通则 0111 规定了气雾剂需要进行以下检查。

1. **递送剂量均一性**　按照《中国药典》（2020 年版）四部通则 0111 项下方法检查，递送剂量均一性应符合规定。

2. **每罐总揿次**　取供试品 1 罐，揿压阀门，释放内容物到废弃池中，每次揿压间隔不少于 5 秒，每罐总揿次应不少于标示总揿次（此检查可与递送剂量均一性结合）。

3. **每揿主药含量**　按照《中国药典》（2020 年版）四部通则 0111 项下方法检查，每揿主药含量应为每揿主药含量标示量的 80%～120%。凡规定测定递送剂量均一性的气雾剂，一般不再进行每揿主药含量测定。

4. **微细粒子剂量**　对于吸入气雾剂，应按照《中国药典》（2020 年版）四部通则 0951 项下吸入制剂微细粒子空气动力学特征测定法检查,照各种品种项下规定的装置与方法,依法检查,计算微细粒子剂量,应符合各品种项下规定。除另有规定外,微细粒子百分比应不少于标示剂量的15%。

5. 喷射速度和喷出总量检查　对于外用气雾剂,即用于皮肤和黏膜及空间消毒用气雾剂检查此项。

喷射速率:取供试品4瓶,依法操作,重复操作3次。计算每瓶平均喷射速率(g/s),均应符合各品种项下的规定。喷出总量:取供试品4瓶,依法操作,每瓶喷出量均不得少于其标示量的85%。

6. 喷雾的药物或雾滴粒径的测定　取样1瓶,依法操作,检查25个视野,多数药物粒子应在5μm左右,大于10μm的粒子不得超过10粒。

7. 微生物及无菌检查　对于吸入气雾剂,均需进行微生物限度检查或无菌检查,结果须符合相关管理规定。

第三节　粉雾剂

一、概述

粉雾剂(inhalation powder),是指一种或一种以上的药物粉末装填于特殊的给药装置,以干粉形式将药物喷雾于给药部位,发挥全身或局部作用的一种药物剂型。粉雾剂按用途可分为吸入粉雾剂、非吸入粉雾剂。吸入粉雾剂又称为干粉吸入剂(dry powder inhalation, DPI),系指微粉化药物或与载体以胶囊、泡囊或多剂量贮库形式,采用特制的干粉吸入装置,由患者主动吸入雾化药物至肺部的制剂。非吸入粉雾剂系指药物或与载体以胶囊或泡囊形式,采用特制的干粉给药装置,将雾化药物喷至腔道黏膜的制剂。本节主要介绍经肺部吸入的粉雾剂,即DPI。

根据药物与辅料的组成,DPI的处方一般可分为:①仅含微粉化药物的粉雾剂。②药物和适量的附加剂。附加剂主要用于改善粉末的流动性,包括表面活性剂、分散剂、润湿剂和抗静电剂等。③一定比例的药物和载体均匀混合体。粉末具有较大的表面自由能和聚集倾向,流动性差,贮存时易聚结,加入载体可使药物保持分散。常用粒径为50~100μm的载体与粒径0.5~5μm的药物粉末混合,药物吸附于载体表面。载体的最佳粒径为70~100μm。理想的载体应在加工和填充时与药物微粒之间具有一定的内聚力,不发生分离,而在吸入时,药物与载体易于分离,使药物混悬于吸入气流中。④药物,适当的润滑剂、助流剂、抗静电剂和载体的均匀混合体。粉雾剂的不同处方组成形式见图8-6。

处方需要保持药物及载体粒子之间聚集与分散力的平衡,药物和载体粒子间黏附与释放之间的平衡。药物载体表面越光滑,粒子越圆整,微粉的流动性和分散性就越好。此外,还应注意湿度的控制。DPI因给药形式不同,可分为胶囊型、泡囊型和贮库型三种,近年依据其是否可主动产生雾化粒子而将其分成主动和被动两种类型。主动型DPI装置可先将粉末(API

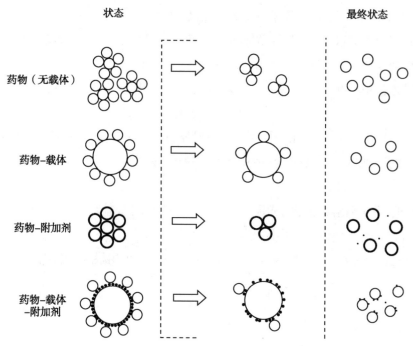

図 8-6 粉雾剂的不同处方组成形式示意图

和辅料）雾化，再由患者吸入，如曾上市的胰岛素吸入粉雾剂，其给药装置中包含有一个雾化腔（spacer）。

与定量气雾剂相比，DPI 具有如下特点：①患者主动吸入药粉，不存在给药协同配合困难；②无抛射剂，可避免对环境的污染和呼吸道的刺激；③药物可以胶囊或泡囊形式给药，计量准确，无超剂量给药危险；④不含防腐剂及乙醇等溶媒，对病变黏膜无刺激性；⑤给药剂量大，尤其适用于多肽和蛋白质类药物的给药。

粉末的吸入效果在很大程度上受药物（或药物与载体）粒子的粒径大小、外观形态、荷电性、吸湿性等性质的影响。一般认为供肺部给药合适的空气动力学直径（aerodynamic diameter，d_a）为 1～5μm，细小的粒子易于向肺泡分布，d_a 小于 2μm 的粒子易于包埋在肺泡中。粉体粒子越接近球体，粒子越圆整，越易形成可吸入粒子。粒子形态不规则，会显著影响其流动性。粒子荷电后会发生聚集、黏附等现象，影响制剂性质、生产和使用。可适当提高环境湿度、加入表面活性剂或采用不同性质粉末混合消除粒子的荷电。湿度对粉雾剂贮存的影响较大，湿度过大可引起粉末粘连，降低粉雾剂的分散性能和雾化性能。粉体严重吸湿可导致聚集成团，无法雾化吸入。因此，需要测定粉雾剂的吸湿性，并严格控制粉雾剂中的水分含量。

二、粉雾剂的制备工艺和生产设备

药物经微粉化后，具有较高的表面自由能，粉粒容易发生聚集，粉末的电性和吸湿性也会对分散性造成影响。因此，为了得到流动性和分散性较好的粉末，使吸入制剂的剂量准确，常将药物附着在乳糖、木糖醇等载体上。载体物质的加入可以提高机械填充时剂量的准确度，当药物剂量较小时,载体还可以充当填充剂。有时也可加入少量的润滑剂如硬脂酸镁、胶体二氧化硅等,增加粉末的流动性,有利于粉末的"雾化"。大多数DPI均含有载体,与一般的制剂不同,粉雾剂的载体及制备过程均有一定的特殊性。

(一)粉雾剂的制备工艺

1. 主药的微粉化处理 常用的微粉化工艺有研磨法(球磨机或能流磨)、喷雾干燥法、溶剂沉淀法(超临界流体技术或结晶法),要求与混悬型气雾剂相同。粉体学参数一般包括:①粉体的粒径及分布测定。②充填粉体临界相对湿度的测定。药物在进行微粉化处理后,由于比表面积增大,吸湿性可能明显发生变化,而水分又是粉雾剂严格控制的检查项目,所以应该测定微粉化药物的临界相对湿度。此外,如试验条件允许,还应进行堆密度和孔隙率、粉体流动性、荷电性、比表面积的测定。

2. 载体 粉雾剂常用的载体为乳糖,乳糖作为口服级药用辅料已收载于多国药典,但作为粉雾剂的载体,除符合药典标准外,还应该针对粉雾剂的剂型特点做出进一步的要求。例如,表面光滑的乳糖可能在气道中较易与药物分离;不同形态的乳糖和无定形态的乳糖,对微粉的吸附力可能不同,可能导致粉雾剂在质量和疗效上的差异。所以作为粉雾剂载体的乳糖除需要满足药典的要求外,还需要对乳糖的粉体学特点如形态、粒度、堆密度、流动性等进行研究。

甘露醇、氨基酸和磷脂等也可以作为粉雾剂的载体。对于采用其他载体的粉雾剂,在处方筛选前需要明确这种载体是否可用于吸入给药途径,同时还应该关注所选用载体的安全性。粉雾剂除了要加入一定量的载体外,有时为了改善粉末的粉体学特性、改善载体的表面性质及抗静电性能,以便得到流动性更好、粒度分布更均匀的粉末,常在处方中加入一定量的润滑剂、助流剂及抗静电剂等。但上述辅料需要通过试验或文献确认其可用于吸入给药途径。对于国内外均未见在吸入制剂中使用的辅料,需要提供相应的安全性数据。

3. 载体和辅料的粉碎 改善粉末流动性最常用的方法就是加入一些粒径较大的颗粒作为载体或辅料。不同粒度的载体对微粉化药物的吸附力不同,太细的载体或辅料与微粉化的药物吸附力过强,并且可能进入肺部,导致安全性隐患,所以载体和辅料的粉碎粒度需要进行筛选,以满足粉末流动性和给药剂量均匀性的要求。

4. 药物与载体的比例 对于在处方中加入载体的粉雾剂,需要在处方工艺筛选中考察药物与载体的不同比例对有效部位沉积量的影响。

5. 药物与载体的混合方式 不同的混合方式对粉雾剂有效部位沉积率有影响。所以在处方工艺筛选中应注意混合方式和混合时间对产品质量的影响。

6. 水分和环境湿度的控制 水分对粉雾剂的质量具有较大的影响,水分含量较高会直接导致粉体的流动性降低,粒度增大,影响产品的质量。所以在处方筛选过程中,应保证原料药的水分保持一定,并对微粉化的药物及辅料的水分进行检查。同时在混合和灌装过程中,应控制生产环境的相对湿度,使环境湿度低于药物和辅料的临界相对湿度。对于易吸湿的成分,应采用一定的措施保持其干燥。

(二)粉雾剂的生产设备

DPI生产中主要的生产设备包括微粉化处理设备、常规制粒混合设备、粉末灌装设备、装配及包装设备。其中,与其他剂型相比,粉末灌装设备,尤其是应用于泡囊或贮库型的灌装机较为特殊。因灌装技术不同，可分为直接称重法和容积法两种。这两种方法均可采用连续式或间歇式灌装。直接称重法剂量最精确，但速度慢，故不适用于工业化生产；而容积法速度较快，常用于工业化大生产中，并可添加辅助设备在灌装过程中对剂量加以在线监控。

（三）典型处方

泡囊型复方粉雾剂，内含活性成分昔萘酸沙美特罗（salmeterol xinafoate）和氟替卡松丙酸酯（fluticasone proprionate），处方组成为每粒泡囊含 100/250/500μg 氟替卡松丙酸酯、72.5μg 昔萘酸沙美特罗（相当于 50μg 沙美特罗）和 12.5mg 乳糖。每只粉雾剂装置内含特定剂量药物，有计数显示。

理论上，粒径足够小的微粉化药物可以进入肺部，而较大的载体粒子则会沉积于上呼吸道。实际上，药物和载体的分离并不完全，某些药物微粒会不可避免地附着在载体表面，也沉积于上呼吸道。

粉雾剂质量研究项目部分与气雾剂相似，可以参照气雾剂相关章节进行研究。但由于粉雾剂与气雾剂在制剂特性、辅料组成、包装容器等方面存在差异，研究项目的选择还需要结合制剂特点进行。如制剂内容物的特性研究包括粉体性状、每吸主药含量（贮库型）、每瓶总吸次（贮库型）、含量均匀度（胶囊型和泡囊型）、排空率、水分等。

三、粉雾剂的给药装置

粉雾剂的给药装置使药物微粒由密集状态转变为松散状态或使药物微粒从载体表面脱离，产生可供吸入的微粒。装置的设计对药物的重新分散具有较大的影响。药物微粒重新分散的动力与患者的吸气力量、分散水平与装置的几何结构密切相关，湍流气流有利于药物的分散，通道越窄越易产生湍流。理想的给药装置应在较低的吸气力量前提下，即产生较大的气流湍流。

给药装置是粉雾剂开发的重点。随着制剂的发展，吸入粉雾剂的给药装置主要经历了第一代胶囊型、第二代泡囊型和第三代贮库型。

第一代粉雾剂吸入装置一般是将单剂量药物与载体粉末共同灌封于胶囊中，吸入时通过特殊装置将胶囊挤压、旋转或穿刺，进而释放药物，利用患者吸气产生的气流将药物运送至肺部。首个粉雾剂吸入装置为 Fisons 公司的 Spinhaler，给药时胶囊被金属刀片刺破，吸气过程中胶囊随刀片旋转，药物微粒从胶囊壁上的孔中释放，随气流进入肺部。1977 年研制的 Rotahaler 最初应用于硫酸沙丁胺醇粉雾剂，后又应用于倍氯米松二丙酸酯粉雾剂。该装置较简单，通过装置转动，胶囊分开为两部分，药物微粒释放，随气流进入肺部。ISF haler 是一种螺旋式吸入器，由小针将胶囊刺破，吸入时胶囊像螺旋桨一样，在给药室中旋转，药物微粒通过小孔释放，随气流进入肺部。该装置和 Spinhaler 常用于色甘酸钠的给药。Berotec haler 用于非诺特罗粉雾剂的给药，吸入时刺孔的胶囊呈静态，该装置吸入阻力较高，易产生湍流，若气体流速适宜，可产生到达肺深部的"粉雾云"。药物在呼吸道深部的沉积比例明显高于 Spinhaler 和 Rotahaler。

上述几种装置均为第一代 DPI 装置，即胶囊型给药装置。该类给药装置简单可靠，便于携带,可以清洗。但是这些装置也存在一些缺点,如只能单剂量给药,在哮喘急症时不易装药;胶囊的质量对药物的吸湿现象影响较大;当药物剂量小于 5mg 时,需要添加填充剂以保证胶囊填充的准确性;需要经常清洗。

第二代 DPI 采用泡囊型多剂量给药装置,如 Diskhaler、Diskus 等。将药物装在铝箔上的水泡眼中,吸入时,刺破其中一个水泡眼的铝箔,释放药物,随着吸气气流进入肺部。该类装置常用于沙丁胺醇、倍氯米松二丙酸酯、沙美特罗替卡松等的吸入给药。患者无须重新安装泡囊便可吸入多个剂量,防湿性能优于第一代粉雾剂给药装置。

第三代 DPI 为贮库型给药装置,如 Turbuhaler,可将许多剂量贮存在装置中。使用时单位剂量的药物粉末进入吸入腔,在湍流气流作用下,药物分散,随气流沉积于肺部。以上三种干粉吸入装置示意图见图 8-7。

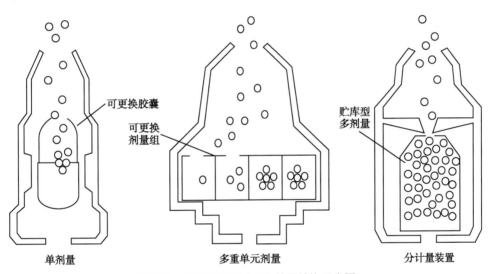

图 8-7　几种不同干粉吸入装置结构示意图

四、粉雾剂的质量评价

吸入粉雾剂在生产贮存期间应符合《中国药典》(2020 年版)四部通则 0111 项下有关规定。除另有规定外,吸入粉雾剂应进行以下检查。

1. **递送剂量均一性**　参照《中国药典》(2020 年版)四部通则 0111 项下方法检查,应符合规定。

2. **微细粒子剂量**　除另有规定外,参照《中国药典》(2020 年版)四部通则 0951 项吸入制剂微细粒子空气动力学特性测定法检查,应符合规定。除另有规定外,微细药物粒子百分比应不少于标示剂量的 10%。

3. **多剂量吸入粉雾剂总吸次**　在设定的气流下,将吸入剂撤空,记录吸次,不得低于标示的总吸次(该检查可与递送剂量均一性测定结合)。

4. **微生物限度**　除另有规定外,参照非无菌产品微生物限度检查:微生物计数法[《中国药典》(2020年版)四部通则1105]、控制菌检查法[《中国药典》(2020年版)四部通则1106]及非无菌药品微生物限度标准[《中国药典》(2020年版)四部通则1107]检查,应符合规定。

第四节　喷雾剂

一、概述

喷雾剂(spray)系指原料药物或与适宜辅料填充于特制的装置中,使用时借助手动泵的压力、高压气体、超声振动或其他方法将内容物呈雾状物释出,用于肺部吸入或直接喷至腔道黏膜或皮肤等的制剂。喷雾剂的处方一般由药物、溶剂、助溶剂、表面活性剂及防腐剂组成。按给药定量与否,喷雾剂可分为定量喷雾剂和非定量喷雾剂;按使用方法可分为单剂量和多剂量喷雾剂;按处方组成可分为溶液型、乳液型和混悬型喷雾剂;按用药途径喷雾剂可分为吸入喷雾剂、鼻用喷雾剂和用于皮肤、黏膜的非吸入喷雾剂。吸入喷雾剂系指通过预定量或定量雾化器产生供吸入用气溶胶的溶液、混悬液或乳液。使用时借助手动泵的压力、高压气体、超声振动或其他方法将内容物呈雾状物释出,可使一定量的雾化液体以气溶胶的形式在一次呼吸状态下被吸入。

与气雾剂相比,喷雾剂具有以下特点:①传统喷雾剂的雾滴(粒)粒径较大,一般以局部用药为主,多用于舌下、鼻腔黏膜或体表等部位的给药。随着雾化装置的研发,喷雾剂也可用于肺部吸入给药。②无须抛射剂,安全可靠。③无须加压包装,对容器要求低,设备较简单,制备方便。

对喷雾剂的一般质量要求如下:①溶液型喷雾剂的药液要澄清透明;乳液型喷雾剂分散相在分散介质中应分散均匀;混悬型喷雾剂应将药物细粉和附加剂充分混匀,制成稳定的混悬剂。②配制喷雾剂时,可按药物的性质添加适宜的附加剂,如溶剂、助溶剂、抗氧化剂、防腐剂等,但应关注其对安全性的影响。③烧伤、创伤用喷雾剂应采用无菌操作或灭菌操作。④喷雾剂应置于阴凉处贮存,防止吸潮等。

喷雾剂可发挥局部作用,也可发挥全身作用。例如口腔喷雾剂能将药物输送到口腔黏膜或口咽等部位发挥局部作用,药物亦可经该部位黏膜吸收而发挥全身作用。目前,已有胰岛素口腔喷雾剂(如Oral-Lyn)上市使用。随着黏膜黏附技术、吸收促进技术、矫味技术及口腔给药动物模型的发展和完善,口腔喷雾剂将会在需要发挥速效、提高患者顺应性、黏膜免疫及提高某些药物的生物利用度等方面具有广阔的应用前景。

二、喷雾剂的装置

(一)喷雾剂的普通装置

喷雾剂的普通给药装置通常由两部分构成,一部分是起喷射药物作用的喷雾装置,另一部分为盛装药物溶液的容器。常用的喷雾剂利用机械泵进行喷雾给药。手动泵主要由泵杆、支持体、密封垫、固定杯、弹簧、活塞、泵体、弹簧帽、活动垫或舌状垫及浸入管等基本元件组成。该装置主要有以下优点:①使用方便;②无须预压,仅需很小的触动力即可达到喷雾所需压力;③适用范围广。手动泵产生的压力取决于手揿压力或与之平衡的泵体内弹簧的压力,远远小于气雾剂中抛射剂所产生的压力。在一定压力下,雾滴的大小与液体所受压力、喷雾孔径、液体黏度等有关。手动泵采用的材料多为聚丙烯、聚乙烯、不锈钢弹簧及钢珠。

喷雾剂常用的容器有塑料瓶和玻璃瓶两种,前者一般由不透明的白色塑料制成,质轻、强度较高、便于携带;后者一般由不透明的棕色玻璃制成,强度较差。对于不稳定的药物溶液,可封装在一种特制的安瓿中,在使用前打开安瓿,装上安瓿泵,即可进行喷雾给药。

装置中各组成部件均应采用无毒、无刺激性、性质稳定、不影响药物稳定性的材料制造。喷雾剂无须抛射剂作动力,无大气污染,生产处方与工艺简单,产品成本较低,可作为非吸入用气雾剂的替代形式,具有很好的应用前景。

(二)新型雾化器

新型雾化器的设计在于更好地控制吸入液体制剂的雾化程度,使雾化粒子的粒径更多地分布于理想粒径范围。根据不同的工作原理,新型雾化器可被大致分为三种类型:①喷射雾化器,大多数雾化器为此类型,利用压缩气体来雾化药物溶液或混悬液;②超声雾化器,利用超声波晶片把电能转化为超声波能量,超声波能量在常温下能把水溶性药物雾化成 $1\sim5\mu m$ 的微小雾粒,以水为介质,利用超声定向压强将水溶性药液喷成雾状;③振动筛雾化器,利用超声对带有锥形微孔筛网的液体进行振动,使液体被挤出,从而产生大量雾滴。

1. 喷射雾化器 喷射雾化器利用压缩气体来雾化药物溶液或混悬液,达到喷射雾滴直径小于 $10\mu m$ 的雾化效果,雾化原理如图 8-8 所示。已上市的雾化吸入剂产品大多采用喷射雾化器。喷射雾化器的不足在于残留体积较大,液体即使全部雾化直至不再有气溶胶喷出,由于部分液体与内壁黏附也无法将雾化器中所有的药物全部递送出来。为达到良好的治疗效果,通常药液的体积不应小于 2ml,有些药物需要的体积更大。然而,药液体积过大时,将延长雾化时间,造成患者治疗的顺应性降低。此外,喷射雾化器需采用压缩机产生的压缩空气,因而临床应用较为不便,而压缩机类型也与雾化效果密切相关,为此有些国家的监管部门要求某些药物的产品标签上须同时标明雾化器与压缩机的类型。

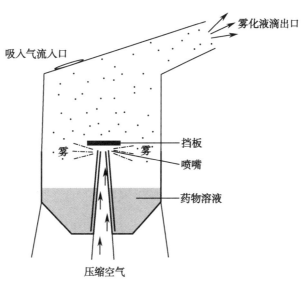

图 8-8 喷射雾化器雾化原理示意图

喷射雾化器一般可分为三种类型：定速释放型、呼吸增强型和呼吸驱动型。

（1）定速释放雾化器：过去大多数雾化器均为定速释放型，压缩空气不断送到文氏管中，这意味着在吸气和呼气期间恒速地产生气溶胶。由于吸气过程不到呼吸周期的一半，呼气产生的气溶胶从雾化器中排出，无法利用。可采用收集袋暂存呼出气体，将呼气时产生的气溶胶可暂存在储液罐或收集袋中。

（2）呼吸增强雾化器：在定速释放雾化器的基础上增加一个单向阀，只在吸气时打开，使空气进入装置，产生气溶胶并输出。在呼气时，单向阀关闭，产生的气溶胶从呼气阀排出。

（3）呼吸驱动雾化器：此类型雾化器仅在患者吸气时才产生气溶胶，当患者停止吸气或呼气时，驱动/挡板部件远离喷雾嘴，停止产生气溶胶。直到患者吸气时，驱动/挡板部件接近喷雾嘴，液体在伯努利原理下进入饲料管，才会产生气溶胶。

2. 超声雾化器　超声雾化器通过高频交变电场（一般为 $1\sim3MHz$）中的压电换能器进行工作，将电信号转换成周期性的机械振动，并通过偶合液传递到药物溶液，引起药液分子振动，最终导致液体界面破裂并产生气溶胶雾滴，其雾化原理如图 8-9 所示。相较于喷射雾化器，超声雾化器的优点有：①更安静、体积更小；②释放量更大，缩短了雾化时间。超声雾化器的缺点有：①药液温度趋于上升，可能会导致蛋白质变性和热敏感化合物的破坏；②成本较高；③难以使黏性溶液和含有微粉化药物的混悬液形成气溶胶，悬浮微粒倾向于残留雾化杯中。正是由于这些局限性，超声雾化器不如喷射雾化器普及。

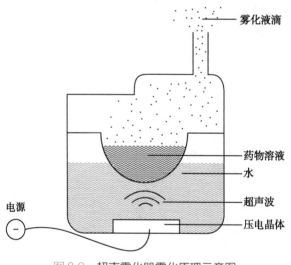

图 8-9　超声雾化器雾化原理示意图

3. 振动筛雾化器　喷射和超声雾化器存在体积大、残留液体多、治疗时间长的缺点。这些局限性推动了振动筛原理的新型雾化器的开发。用带有锥形小孔的薄膜在液体表面进行超声振动，会产生大量的雾滴。在振动筛雾化器中，无数喷嘴组合在一起形成网状物或薄膜，产生的气溶胶可达到在治疗上足够其作用的浓度，其雾化示意图见图 8-10。

虽然振动筛雾化器也利用超声产生气溶胶，但其操作原理与传统超声雾化器完全不同。与喷射和超声雾化器不同，筛状网产生的初始雾滴大小适合药物吸入，因而不需要用挡板来消除较大雾滴。一些装置，可根据需求定制，如递送脂质体、供儿童使用等，并且雾化体积范围可扩大至 $0.5\sim5ml$，最大给药量可达 1 000mg。

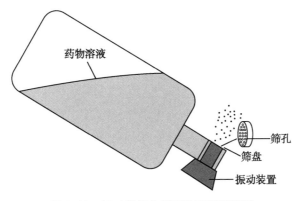

药物溶液
筛孔
筛盘
振动装置

图 8-10　振动筛雾化器雾化原理示意图

振动筛雾化器无须挡板、残留量低、雾化时间短并且便于携带。由于药液仅需雾化一次，故更为节能，有些可用常见的电池驱动。此种雾化器可做到体积小、重量轻、静音且便携，这驳斥了雾化器笨重和使用不便的传统形象。基于上述优点，振动筛雾化器的前景光明，该类型的其他装置也有在未来可能被开发利用。

4.特殊用途的雾化器　雾化器的装量可大可小。大容量喷射雾化器能达到几百毫升的液体，连续雾化数小时，这种雾化器可用于抗病毒药利巴韦林的吸入给药。与之相反，有的雾化器整合到了导管顶端，这些导管可以插入到导管插管内，能将相对较大的雾滴直接递送到肺部。大雾滴携带相对较多的药物，但如果按传统方法递送，这些大雾滴将在上呼吸道沉积。但需注意，这类装置并不适合非卧床患者日常使用。

三、喷雾剂的处方举例

例 8-1：丙酸氟替卡松鼻喷雾剂

【处方】丙酸氟替卡松 0.80g　　　　葡萄糖 80.00g
　　　　羧甲纤维素钠 24.00g　　　　苯扎氯铵 0.62g
　　　　聚山梨酯 80 0.08g　　　　　苯乙醇 4.08g
　　　　盐酸（1mol/L）适量　　　　纯化水 1 490.00g
　　　　共制成 1 000 瓶

【制法】将丙酸氟替卡松原料微粉化，称取处方量的原辅料，加至 80% 处方量的纯化水中，搅拌使物料混合均匀形成混悬液，盐酸调节 pH 至 4～5，加入剩余量的水，灌装，加泵阀。

【注解】丙酸氟替卡松的水溶性较差，故制成混悬型鼻喷雾剂。为提高丙酸氟替卡松的生物利用度，将其进行微粉化处理，控制丙酸氟替卡松的粒度范围。处方中聚山梨酯 80 为润湿剂，羧甲纤维素钠为助悬剂，苯扎氯铵为防腐剂，苯乙醇为防腐剂和芳香剂，葡萄糖为等渗调节剂，盐酸为 pH 调节剂。

四、喷雾剂的质量评价

喷雾剂在生产贮藏期间应符合《中国药典》（2020 年版）四部通则 0112 项下有关规定。检查内容与气雾剂类似,应检查每瓶总喷次、每喷喷量、每喷主药含量、递送计量均一性、装量和装量差异、微生物限度等。

第五节 吸入液体制剂

一、概述

吸入液体制剂的使用与吸入喷雾剂相似。吸入液体制剂系指供雾化器用的液体制剂,即通过雾化器产生连续供吸入用气溶胶的溶液、混悬液或乳液,吸入液体制剂包括吸入溶液、吸入混悬液、吸入用溶液(需稀释后使用的浓溶液)和吸入用粉末(需溶解后使用的无菌药物粉末)。

吸入液体制剂内容物以无菌溶液的形式存在,其质量要求和配制与注射液相同,使用时经雾化装置(nebulizer)将液体药物变成细小的雾粒,然后通过面具或吸入器供患者吸入。该剂型较多地在医院和家庭中使用,广泛用于儿童和老年患者,以及不适用其他吸入制剂的患者。可用于治疗哮喘、慢性阻塞性肺疾病等。该制剂能提高患者舒适度,较好地控制病情,提高患者的自信心。同时一些吸入剂量较高的药物,无法制成压力定量吸入气雾剂给药,其中大多数也无法采用干粉吸入剂给药,此时可选择将其制备成雾化吸入溶液。雾化器是吸入液体制剂应用所需的重要部件,目前已成功应用于 β_2 受体拮抗剂、糖皮质激素、抗过敏药、抗胆碱药、抗生素、黏液溶解药和其他治疗性药物的肺部给药。

吸入液体制剂具有以下优点:①患者可以潮式呼吸,顺应性好,可以用于任何年龄的患者或任何严重程度的疾病;②可以递送几乎任何药物和任何剂量;③可以按需递送混合药物;④无须抛射剂;⑤通常为固定辅料的水性配方。缺点为:①一般体积较大,需要外部电源,非"便携式吸入器",相对容易污染;②只能递送一个剂量;③比定量吸入气雾剂或 DPI 治疗时间长;④完整的雾化器系统昂贵,不易装配。

近年来,雾化装置正朝着设计简单、携带方便、提高药物雾化效果、显著减小雾滴颗粒的方向发展,如电动携带型喷雾器、微动泵喷雾器、气溶胶及气雾发生器等。

二、吸入液体制剂的配方

吸入液体制剂的配方中包括溶于注射用水的药物,也可含有低浓度的添加剂。如添加氯化钠调节渗透压,硫酸或氢氧化钠调节 pH。吸入液体制剂使用前其 pH 应在 3~10;混悬液和乳液振摇后应具备良好的分散性,可保证递送剂量的准确性;除非制剂本身具有足够的抗菌活性,多剂量水性雾化溶液中可加入适宜浓度的抑菌剂。通常采用塑料或玻璃安瓿包装单剂量药物。许多吸入肾上腺皮质激素(包括布地奈德和丙酸倍氯米松)水溶性较低,可制成微粉混悬液通过喷射雾化器给药。但需注意,雾化混悬液一般都含有表面活性剂,且微粉化混悬液不能通过振动筛雾化器给药,除非筛网孔径足够大,当利用超声雾化器时,到达患者肺部的剂量要小于喷射雾化器,而且变异更大,但可制成亚微米粒子的混悬液来解决此问题。至于难溶性药物,可通过提高其溶解度来解决,例如加入共溶剂如乙醇和丙二醇,或加入环糊精。

三、吸入液体制剂的质量检查

吸入液体制剂应符合《中国药典》(2020 年版)四部通则 0111 项下有关规定。除另有规定外,吸入粉雾剂应进行递送速率和递送总量、微细粒子剂量和无菌检查。

思考题

1. 试述雾化制剂分类和特点,并重点比较各类吸入制剂的优缺点。
2. 试比较吸入气雾剂的制备方法,并阐述各个方法的优缺点。
3. 设计溶液型、混悬型和乳剂型气雾剂处方时应考虑哪些问题?
4. 试述吸入粉雾剂的分类及其评价指标。

ER8-2　第八章　目标测试

（高亚男）

参考文献

[1] 崔福德. 药剂学.7 版. 北京:人民卫生出版社,2011.

[2] 杨丽. 药剂学. 北京:人民卫生出版社,2014.

[3] 孟胜男,胡容峰. 药剂学.2 版. 北京:中国医药科技出版社,2021.

[4] 唐星. 药剂学.4 版. 北京:中国医药科技出版社,2019.

[5] 潘卫三. 工业药剂学.3 版. 北京:中国医药科技出版社,2015.

[6] FORTE R, DIBBLE C. The role of international environmental agreements in metered-dose inhaler technology changes. J Allergy Clin Immunol, 1999, 104(6): S217-S220.

[7] HINDLE M, BYRON P R, MILLER N C.Cascade impaction methods for dry powder inhalers using the high flowrate Marple-Miller Impacto. International Journal of Pharmaceutics, 1996, 134(1/2): 137-146.

[8] CLARKE M J, TOBYN M J, STANIFORTH J N. The formulation of powder inhalation systems containing a high mass of nedocromoil sodium trihydrate. J Pharm Sci, 2001, 90(2): 213-223.

[9] 侯曙光,魏农农,金方. 氟利昂替代后吸入气雾剂(MDIs)的研究要求和进展Ⅱ:抛射剂替代的 MDIs 的技术挑战和工业化生产. 中国医药工业杂志,2009,40(8):622-627.

[10] 王兆东,邓家华,周建平,等. 呼吸道药物递送:雾化吸入剂的研究进展. 世界临床药物,2011,32(5):316-326.

[11] 陈美婉,陈昕,潘昕,等. 药用泡沫气雾剂的研究和应用概况. 上海医药,2009,33(12):549-552.

[12] 厉明蓉,梁凤凯. 气雾剂:生产技术与应用配方. 北京,化学工业出版社,2003.

[13] 国家药典委员会. 中华人民共和国药典:四部.2020 年版. 北京,中国医药科技出版社,2020.

[14] 丁立,洪醒华. 中药气雾剂产品的现状与前景. 中国中西医结合杂志,2007,27(10):957-958.

第九章　半固体制剂

本章要点

掌握　软膏剂与乳膏剂的概念、特点、制备方法与质量评价；重点关注二者的常用基质种类与性质。

熟悉　眼膏剂与凝胶剂的概念、特点、常用基质、制备方法与质量要求；关注半固体制剂制备的重要设备。

了解　膏药、糊剂及涂膜剂基质的种类；各类外用膏剂的包装贮存。

第一节　概述

一、半固体制剂的概念

半固体制剂是采用适宜的基质与药物制成，在轻度的外力作用或体温下易流动和变形，便于挤出均匀涂布的一类专供外用的制剂，常用于皮肤、创面、眼部及腔道黏膜，可以作为外用药基质、皮肤润滑剂、创面保护剂或作闭塞性敷料。

皮肤分为表皮、真皮、皮肤附属器（毛发、汗腺和皮脂腺）与皮下脂肪层。最外层是角质层，由紧密排列的、死亡的角质化细胞层层相叠组成，为蛋白质、类脂和水结合成的有序结构，具有不透过性，使大多数物质不能透过，是限速屏障，限制化学物质向内和向外移动。多数半固体制剂主要用于局部治疗，在表皮、黏膜或透过表皮角质层在真皮或皮下组织起到局部镇痛、消炎、止痒、麻醉、改善循环等作用，如吲哚美辛乳膏。有的半固体制剂也可透过皮肤或黏膜起全身治疗作用，如硝酸异山梨酯。半固体制剂作用于皮下或吸收入血时应考虑角质层透过性。有关透皮吸收内容详见第十四章。

二、半固体制剂的种类

半固体制剂包括治疗或防护用的软膏剂（含油膏）、乳膏剂、凝胶剂、眼膏剂、糊剂和其他具有类似黏稠性与给药方式的制剂，如涂膜剂。《中国药典》（2020 年版）二部收载半固体制剂品种有 66 种，其中乳膏剂 38 种、眼膏剂 11 种、软膏剂 11 种、凝胶剂 6 种。

软膏剂与硬膏剂均属于外用膏剂，是我国传统制剂。硬膏剂是将药物溶解或混合于黏性基质中,摊涂于裱背材料上制成的供贴敷使用的近似固体的外用剂型,药物可透过皮肤起局部或全身治疗作用。按基质组成可分为以下两类。

（1）中药膏药:以高级脂肪酸铅盐(红丹或宫粉)为基质,如黑膏药、白膏药等。

（2）贴膏剂:指以适宜的基质和基材制成的供皮肤贴敷的一类片状外用制剂。包括:①橡胶硬膏,以橡胶为主要基质;②巴布膏剂,以亲水性高分子材料为基质;③贴剂,以高分子材料为基质制成的薄片状贴膏剂,主要经皮肤给药系统,详见第十四章。

近年来,以脂质体、传递体、纳米乳为载体的半固体制剂的研制也得到了广泛关注,它们与皮肤相容性好,能促进药物透过角质层,并在皮肤局部累积形成持续释放。新基质和新型皮肤渗透促进剂的出现,以及半固体制剂生产工艺和包装的机械化与自动化水平不断提高,促进了半固体制剂发展,将半固体制剂的研究、应用和生产推向了更高的水平,在医疗、保健、劳动保护等方面发挥着更大的作用。

第二节　软膏剂

一、概述

（一）定义、分类与特点

软膏剂(ointment)系指药物与油脂性或水溶性基质混合制成的具有适当稠度的均匀的半固体外用制剂。软膏剂按分散系统可分为溶液型与混悬型两类。其中溶液型软膏剂为药物溶解(或共熔)于基质或基质组分中制成;混悬型软膏剂为药物均匀分散于基质中制成。软膏剂按基质类型又分为油脂软膏(亦称油膏)与水溶性软膏。

软膏剂具有热敏性和触变性,遇热或施加外力时黏度降低,易于涂布,使软膏剂能在长时间内紧贴、黏附或铺展在用药部位;含药软膏可以起局部治疗作用,也可以经皮吸收起全身治疗作用。不含药软膏剂有保护或滋润皮肤等作用。

（二）质量要求

良好的软膏剂应:①外观良好,均匀、细腻,涂于皮肤上无粗糙感;②有适宜的黏稠度,且不易受季节变化影响,应易于软化、涂布而不融化;③性质稳定,有效期内无酸败、异臭、变色、变硬等变质现象;④必要时可加入防腐剂、抗氧剂、增稠剂、保湿剂及透皮促进剂,保证其有良好的稳定性、吸水性与的药物的释放性、穿透性;⑤无刺激性、过敏性,无配伍禁忌,用于烧伤、创面与眼用软膏剂应无菌。

二、常用基质

软膏剂的基质是形成软膏的重要部分,是主药的载体与赋形剂,它对软膏剂的质量、适用范围及药物的释放、穿透、吸收与疗效均有重要的影响。软膏剂的基质包括油脂性基质与水溶性基质。油脂性基质常用的有凡士林、石蜡、液体石蜡、硅油、蜂蜡、硬脂酸、羊毛脂等;水溶性基质主要有聚乙二醇。

理想的软膏基质应符合下列要求：①具有适宜的稠度、黏着性和涂展性；②能溶解药物或与药物均匀混合；③不影响药物的释放和吸收，不与药物或附加剂相互作用，不影响药物含量测定，久贮稳定；④对皮肤无刺激性与过敏性，能吸收分泌液，不妨碍皮肤的正常功能与伤口愈合；⑤容易洗除，不污染衣服。一般需要根据药物的性质与治疗目的，选择多种基质混合使用，以满足软膏基质的各项要求。

（一）油脂性基质

油脂性基质包括油脂类、类脂类及烃类等。其优点是：①润滑、无刺激性，能形成封闭性油膜促进皮肤水合作用，有较好的保护和软化作用；②能与多数药物配伍，有利于水不稳定药物的稳定性，不易长菌。其缺点是：①吸水性较差，不易与分泌液混合；②释药性较差，不利于药物的释放，穿透；③油腻性大，不易用水洗除，有时妨碍皮肤的正常功能。为克服其疏水性常加入表面活性剂或作为乳剂型基质的油相。

1. 油脂类 系指从动、植物中得到的高级脂肪酸甘油酯及其混合物。易受温度、光线、氧气、水分等影响，会引起分解、氧化和酸败，化学性质不如烃类稳定，可加抗氧化剂和防腐剂改善。

动物油为传统中药软膏剂基质，豚脂（熔距为 36～42℃）、羊脂（熔距为 45～50℃）与牛脂（熔距为 47～54℃）含有少量胆固醇，可吸收 15% 水分及适量甘油和乙醇，但易酸败，现很少应用。

植物油含有不饱和双键结构，常温下多为液体，易氧化，常与熔点较高的蜡类（如蜂蜡）熔合制成稠度适宜的基质，并需要加入抗氧化剂。常用植物油有麻油、花生油、菜籽油等。如单软膏以花生油 670g 与蜂蜡 330g 加热熔合制成。

氢化植物油是植物油在催化剂作用下，其双键上与氢加成制成的饱和或部分饱和的脂肪酸甘油酯。完全氢化的植物油呈蜡状固体，不易酸败，熔点较高。不完全氢化的植物油呈半固体状，较植物油稳定，但仍能被氧化而酸败。

2. 烃类 系指石油分馏得到的多种饱和烃的混合物。化学性质稳定，脂溶性强，能与多数油脂类与类脂类基质混合，适用于保护性软膏。

（1）凡士林（vaseline）：为液体与固体烃类形成的半固体混合物，熔距为 38～60℃，凝固点为 38～60℃。分黄、白两种，白凡士林是由黄凡士林漂白而得，其化学性质稳定，可与多数药物配伍，适用于遇水不稳定的药物，如抗生素等。本品油腻性大，吸水能力差，仅能吸收其重量 5% 的水，且形成油膜有覆盖作用，不利于水性渗出液的排出与蒸发，故不适用于有多量渗出液的患处，不能渗透皮肤，也不能较快释放药物。通常加入适量羊毛脂、胆固醇或鲸蜡等改善其吸水性，或加入表面活性剂增加其吸水性和释药性。

例 9-1：软膏

【处方】黄蜂蜡 50g、黄凡士林 950g。

【制法】取黄蜂蜡在水浴中加热熔化，然后加入黄凡士林混合均匀，再搅拌冷却直至凝结即得。单软膏也可用白蜂蜡和白凡士林依上述处方和制法制得。

（2）石蜡（paraffin）、液体石蜡（liquid paraffin）与地蜡（ceresin）：石蜡为固体饱和烃类混

合物,呈白色半透明固体块,熔距为 50～65℃,能与蜂蜡、大多数油脂(除蓖麻油外)等熔合,而不易单独析出。液体石蜡为液体饱和烃混合物,有轻质与重质两种,能与多数的脂肪油或挥发油混合,也可用于研磨分散药粉,以便于与其他基质混匀。地蜡由地蜡矿或石油馏分脱蜡的残留蜡膏精制而成,熔距为 61～78℃。三者均用于调节软膏的稠度,也常用于乳剂基质的油相。

3. 类脂类 系指高级脂肪酸与高级脂肪醇化合而成的酯类,物理性质与脂肪类似,但化学性质更稳定,具有一定的表面活性作用和一定的吸水性能,常与油脂类基质合用。

(1)羊毛脂(wool fat, lanolin):一般是指无水羊毛脂(wool fat anhydrous),是羊毛上淡棕黄色黏稠的脂肪性物质的混合物,主要成分是胆固醇类的棕榈酸酯及游离的胆固醇类,熔距为 36～42℃,具有良好的吸水性。为改善黏稠度以方便取用,常用含水分 30% 的羊毛脂,称为含水羊毛脂,羊毛脂可吸收二倍量的水形成 W/O 型乳剂型基质。羊毛脂与皮脂的组成接近,故有利于药物的渗透,常与凡士林合用,以改善凡士林的吸水性与渗透性。

(2)羊毛脂醇(wool alcohol):羊毛脂经皂化分离得到的胆固醇(约 28%)与三萜醇的混合物,进一步分离可得纯胆固醇。具有良好的吸水性,可用于制备 W/O 型乳剂型基质。

(3)蜂蜡(beeswax)与鲸蜡(spermaceti):蜂蜡为黄色或白色块状物,熔距为 62～67℃,主要成分为棕榈酸蜂蜡醇酯;鲸蜡为白色块状物,熔距为 42～50℃,主要成分为棕榈酸鲸蜡醇酯。两者均含有少量游离高级脂肪醇,具有一定的表面活性作用,属弱 W/O 型乳化剂,在 O/W 型乳剂型基质中起稳定作用。两者均不易酸败,常用于软膏剂或乳膏剂,以调节稠度或增加稳定性。

(4)虫白蜡(chinese insect wax):为介壳虫科昆虫白蜡虫分泌的蜡精制而成,呈白色或类白色块状,质硬而稍脆,熔点为 81～85℃,用于调节软膏的熔点,亦可作为 W/O 型乳膏基质的组成。

4. 硅酮类(silicones) 为一系列不同分子量的聚二甲基硅氧烷的总称,简称硅油。通式为 $CH_3[Si(CH_3)_2 \cdot O]_n \cdot Si(CH_3)_3$,常用二甲基硅油(dimethicone)与甲苯基硅油,均为无色或淡黄色油状液体,无臭,无味,黏度随分子量增大而增加,在应用温度范围内(40～150℃)黏度变化极小,润滑,易于涂布,无刺激性与过敏性,对药物的释放与透皮性较凡士林、羊毛脂快,疏水性强,与羊毛脂、硬脂酸、鲸蜡醇、单硬脂酸甘油酯、聚山梨酯、脂肪酸山梨坦均能混合,故常用于乳膏,用量可达 10%～30%,也常与油脂性基质合用制成防护性软膏,用于防止水性物质及酸、碱液等的刺激或腐蚀。本品对眼睛有刺激性,不宜用作眼膏基质。

(二)水溶性基质

水溶性基质易涂展,无油腻性,能吸收水性物质与组织渗出液,释放药物较快,易洗除;可用于糜烂创面或腔道黏膜,可制成防油保护性软膏。

目前常用的水溶性基质主要是聚乙二醇(polyethylene glycol, PEG),为乙二醇的高分子聚合物,药剂中常用平均分子量在 300～6 000 者。PEG 700 以下是液体,PEG 1000、PEG 1500 及 PEG 1540 是半固体,PEG 2000 以上是固体。不同平均分子量的聚乙二醇以适当比例相混合,可制成稠度适宜的基质。PEG 类化学性质稳定,可与多数药物配伍,耐高温,不易霉败,易溶于水,能与乙醇、丙酮、三氯甲烷混溶,可吸收分泌液。其缺点是对炎症组织与黏膜有一定刺激性,润滑作用较差,长期使用可致皮肤脱水干燥。与山梨酯、季铵盐与某些酚类药物有配伍变化。

软膏剂常用配比有 PEG 3350∶PEG 400=4∶6、PEG 4000∶PEG 400=1∶1。若药物为水溶液(6%~25%),则可用 30~50g 硬脂酸取代同重 PEG 3350 或 PEG 4000,以调节稠度。

三、软膏剂的处方设计

软膏剂处方主要由药物、基质与附加剂组成。处方设计的目标是使药物能溶解、均匀混合于基质中,并保持稳定,应用时能顺利从基质中释放,到达治疗部位发挥疗效。

(一)药物性质与分散状态

软膏中药物首先必须从基质中释放出来,在表皮发挥局部治疗作用,或进一步穿透皮肤角质层至真皮或皮下组织发挥作用,有的需要吸收入血产生全身治疗作用。药物的溶解度、热力学特性、与基质的亲和力等是影响基质中药物释放的主要因素,药物的脂溶性及分子量等则主要影响药物角质层透过性。一般认为,药物的油水分配系数 $\lg P \geqslant 5$,分子量<500,容易透过角质层,而 $\lg P \geqslant 3$ 时药物则具有较好的皮肤贮留性。$\lg P$ 在 1~5 的药物较易吸收入血。

药物在软膏基质中的分散状态有分子、离子分散或微粒分散。脂溶性药物的分子型易于透过皮肤角质层,离子型药物或混悬微粒不易透过角质层。采用新型微粒载药传递系统如脂质体、微球、脂质纳米粒及磷脂复合物等,将药物包封于微粒中,由于载体与皮肤脂质的亲和性,可促进药物透过角质层进入真皮内,具有较好的皮肤贮留性,减少体内吸收,有长效作用,能增加药物稳定性,减少皮肤刺激性。

(二)基质性质

通常基质的黏度、与药物的亲和性会影响药物释放速度。对脂溶性药物,从软膏基质的释放顺序为:水溶性类>类脂类>油脂类>烃类。水溶性基质(如聚乙二醇)对药物释放虽快,但却很难透膜吸收。

1. 基质类型的选择原则 基质类型选择应依据软膏剂治疗需要与皮肤的生理病理状况而定。油溶性基质释药性较差,而水溶性基质不利于药物穿透角质层,因此这两类基质的软膏剂多数作用于皮肤与黏膜表面或表皮破损的创面。只起皮肤表面保护与润滑作用的软膏,可选择具有较好保湿作用及润滑性的基质,如油脂性基质;对皮脂溢出性皮炎、痤疮及有多量渗出液的皮肤疾患,不宜用油脂性基质,以免阻塞毛囊而加重病变,应选择水溶性基质或 O/W 型乳剂基质。

2. 基质 pH 基质 pH 影响酸性和碱性药物的吸收,离子型药物一般不易透过角质层,非解离型药物有较高的膜渗透性。表皮内为弱酸性环境(pH 为 4.2~5.6),而真皮内的 pH 为 7.4 左右,故可根据药物的 pK_a 来调节基质的 pH,使其离子型和非离子型的比例发生改变,提高药物的渗透性。

3. 基质与药物的亲和力 若基质与药物的亲和力大,药物的皮肤/基质分配系数小,药物难以从基质向皮肤转移,不利于吸收。

4. 基质组成 软膏剂中除含有不同类型基质,如油脂性基质、水溶性基质外,常需要加入一些附加剂,如保湿剂、防腐剂、增稠剂、抗氧化、表面活性剂等。

水溶性基质容易发生霉变,水分易蒸发变硬,常需要加入防腐剂、保湿剂等。常用的防腐剂有羟苯酯类、苯甲酸、山梨酸、苯氧乙醇、三氯叔丁醇、醋酸苯汞、苯酚、甲酚、苯扎氯铵、芳香油等;常用的保湿剂有甘油、丙二醇等。有的药物在水中易氧化,则须加入水溶性抗氧化剂,如抗坏血酸、异抗坏血酸和亚硫酸盐及金属螯合剂,辅助抗氧化剂如枸橼酸、酒石酸等。油溶性基质,特别是植物油脂,性质不稳定,易氧化酸败,应加入油溶性抗氧化剂,如丁基羟基茴香醚(BHA)、二丁基羟基甲苯(BHT)、没食子酸丙酯(propyl gallate,PG)及生育酚等。油溶性基质的稠度可用不同熔点的多种基质调至适宜程度,如过稀加入熔点较高的石蜡、蜂蜡等,若过硬或黏稠则加入液体石蜡、凡士林调节。油溶性基质的吸水性差,若需要加入含水药物或药物水溶液时,首先需要测定基质的水值。如凡士林的水值小,加入适量羊毛脂、胆固醇或一些高级脂肪醇类就能增加其吸水性。

在软膏中加入表面活性剂,可增加药物的溶解度、润湿性,帮助药物的分散与穿透,增加基质的吸水性与可洗性。如凡士林中加入胆固醇可改善药物的吸收。

(三)皮肤生理特性

皮肤角质层是人体的生物学屏障,可防止异物侵入体内。药物透过皮肤的途径主要有细胞间渗透、细胞内渗透及皮肤附属器吸收,其中透过类脂质的细胞间渗透为主要途径。对需要发挥局部治疗作用的药物,应根据其适应证不同,使其达到不同的深度而起效,并避免其经皮肤吸收入体内产生不良反应;而对需要吸收入体循环产生全身治疗作用的药物,则需要考虑其皮肤透过性。

角质层细胞有一定的吸水能力即皮肤的水合作用。基质对皮肤的水合作用大,可使角质层肿胀、疏松,有利于药物的扩散。角质层含水量由正常的 5%～15% 增至 50% 时,药物的渗透性可增加 4～5 倍。不同类型基质的水合作用不同,油脂性强的基质封闭性强,有利于水合作用。水合能力的顺序为:烃类>类脂类>W/O 型>O/W 型,水溶性基质一般无水合作用。

需要在真皮层或皮下作用的药物,为了有助于药物透过角质层,可加入透皮促渗剂如氮酮、癸基甲基亚砜、有机溶剂(如乙醇、丙二醇)、脂肪酸(如油酸、亚油酸)或挥发性物质(如薄荷醇、柠檬烯、樟脑)等。也可采用两种或以上低浓度的透皮促渗剂以产生协同作用,降低或避免局部的副作用。

应注意,基质或附加剂可能引起皮肤过敏或产生副作用,包括刺激性、红斑、脱皮及鱼鳞等。如羊毛脂可能有过敏反应,十二烷基硫酸钠对有皮炎的皮肤有刺激性。

四、软膏剂的制备

软膏剂的制备,按照其类型、制备量及设备条件不同,采用的方法也不同。常采用研和法或熔合法。制备软膏的基本要求:必须使药物在基质中分布均匀,细腻,以保证药物剂量与药效,这与软膏剂的制备方法与加入药物的方法关系密切。

油脂性基质使用前应先加热熔融趁热滤过,除去杂质,再于150℃灭菌1小时,并除去水分。

(一)工艺流程图

软膏剂的生产工艺流程见图9-1。

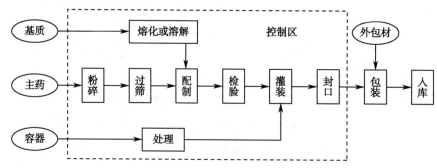

图9-1 软膏剂生产工艺流程图

(二)制备方法

1. 研和法 基质为油脂性的半固体时,可直接采用研和法(水溶性基质不宜用),乳膏剂在乳化制成基质后药物加入也可用此法。一般在常温下将药物与基质以等量递加法混合均匀。此法适用于不溶性药物的混悬型软膏剂小量制备。用软膏刀在陶瓷或玻璃的软膏板上调制,也可在乳钵中研制。大量生产可用电动研钵。

2. 熔合法 当基质熔点不同,常温下不能混合均匀;或大量制备油脂性基质时;或主药可溶于基质或药材需要用植物油加热浸提时,常用熔合法。其适用于含固体成分的基质,制备时先加温熔化高熔点基质,再加入低熔点基质熔合制成均匀基质,然后分次加入药物,不断搅拌至冷凝。药物若不溶于基质,必须先研成细粉加入熔化或软化的基质中,搅拌至冷凝,以防止药粉下沉。大量制备可用电动搅拌机混合,通过齿轮泵循环数次混匀。若不够细腻,需要通过研磨机进一步研匀,使其无颗粒感,常用三滚筒软膏研磨机,软膏受到滚辗与研磨,使软膏细腻均匀。

三滚筒软膏研磨机主要构造如图9-2所示,是由三个平行的滚筒和传动装置组成。滚筒间的距离可调节,在第一、第二滚筒上装有加料斗,转动较慢的滚筒1上的软膏能依次传到速度较快的滚筒2与速度更快的滚筒3上,经刮板器转入接收器中。第三滚筒还可沿轴线方向往返移动,使软膏受到滚辗与研磨,使其更细腻均匀。

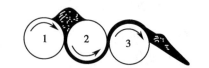

图9-2 三滚筒软膏研磨机主要构造示意图

大量生产软膏剂(油脂性基质)的设备流程见图9-3。操作时将通蒸汽的蛇形加热管(或电炉丝加热)放入加热罐中,将油脂性基质熔化后滤过,抽入夹层锅中,通蒸汽加热150℃灭菌1小时后,通过布袋滤入接受桶中,再抽入贮油槽。配制前先将油通过有金属滤网的接头,滤入置于磅秤上的桶中,称重后再通过另一个滤网接头,滤入混合器中。开动搅拌器,加入药料混合,再由锅底输出,通过齿轮泵又回入混合器中。如此循环30分钟~1小时,将软膏通过出料管(顶端夹层保温)输入灌装机的夹层加料漏斗进行灌装。

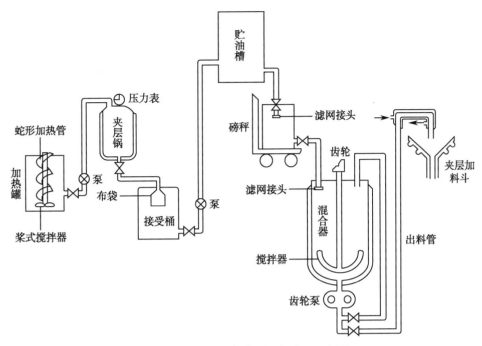

图 9-3　大量生产软膏剂设备流程示意图

（三）药物加入的一般方法

1. **不溶于基质或基质组分的药物**　必须将药物粉碎为细粉,过六号筛(眼膏剂药粉应过九号筛)。配制时取药粉先与少量基质或适量液体组分,如液体石蜡、植物油、甘油等研匀成糊状,再与其余基质混匀;或将药物细粉在不断搅拌下加到熔融的基质中,不停搅拌至冷凝。

2. **可溶于基质或基质组分中的药物**　药物先溶解。脂溶性药物一般用油相或少量有机溶剂溶解,再与其余油脂性基质混合成为油脂性溶液型软膏。水溶性药物先溶于少量水或水相,再与水溶性基质混合制成水溶性溶液型软膏;或以羊毛脂吸收后制成油脂性软膏。

3. **具有特殊性质的药物**　如半固体黏稠性药物(如鱼石脂、煤焦油),可直接与基质混合,必要时先与少量羊毛脂或聚山梨酯类混合,再与凡士林等油性基质混合。共熔性组分(如樟脑、薄荷脑)并存时,可先研磨至共熔,再与冷至40℃左右的基质混匀。

4. **中药浸出物(如煎剂、流浸膏)**　液体浸出物先浓缩至稠膏状再加入基质中。固体浸膏可加少量水或烯醇等研成糊状,再与基质混合。

5. **挥发性、易升华的药物、遇热易结块的树脂类药物**　应使基质降温至40℃左右,再与药物混合均匀。

（四）灌封与包装

制得的软膏可用手工或机器进行灌装。大量生产多用软膏自动灌装、轧尾、装盒联动机进行包装。生产中多采用密封性好的锡制、铝制或塑料制软膏管、金属盒包装,医院制剂多采用塑料盒或广口瓶等包装。

软膏剂的容器应不与药物或基质发生理化作用。若药物易与金属软管发生化学反应,可在管内涂一薄层蜂蜡与凡士林(6∶4)的熔合物或环氧酚醛树脂隔离。锡管可以保持软膏密闭,使其不受空气、光线、温度等影响,而且使用方便,不易污染,有利于软膏的稳定性。但由于其消耗大量的金属原料锡和铅,而铅的毒性较大,因此逐渐被铝管所代替。近年来大量采用软塑料管进行软膏剂包装,其既可避免药物与金属发生理化作用,又降低了成本,但软塑料管具有渗透性高、软膏易失水变硬等缺点。

(五)制备软膏剂的主要设备

软膏剂制备设备类型主要包括搅拌、乳化与灌装设备。

1. 加热罐 加热设备用蛇管蒸汽加热管,在蛇管加热罐中央装有桨式搅拌器。加热后的低黏稠基质多采用真空管自加热罐底部吸出。油性基质所用凡士林、石蜡等在低温时处于半固态,与主药混合之前须加热降低其黏稠度。黏稠性基质的输送管线,阀门等也需要考虑伴热、保温等措施,以防物料凝固造成管道堵塞。

多种基质辅料在正式配料前也需要使用加热罐加热和预混匀。此时多使用夹套加热器、内装框式搅拌器。多是顶部加料,底部出料。

2. 真空乳化机 真空乳化机可用于软膏剂的加热、溶解、均质与乳化。如真空乳化搅拌机组(图 9-4),其主要由预处理锅(水相溶解锅与油相溶解锅)、真空乳化锅、真空泵、液压系统、倒料系统、电器控制系统等组成。操作时将水相、油相物料分别投入水相溶解锅和油相溶解锅,加热到一定程度,开动搅拌器,使物料混合均匀。加料及出料用真空泵完成。待乳化锅内真空度达到 −0.05MPa 时,分别开启水相与油相阀门,吸进水相与油相物料,在真空条件下搅拌乳化,可避免气泡产生。

乳化锅内采用同轴三重型搅拌装置。外面框式搅拌器与中间的桨式搅拌器为同一慢速电机传动(转速为 0～70r/min)。框式搅拌器的外围有刮板,能刮去容器内壁附着的物料,不留死角;桨式搅拌器经过固定叶片与回转叶片的剪切、压缩、折叠等作用进行搅拌、混合;均质搅拌器(转速为 0～3 200r/min)由高转速的独立叶轮与定子组成,会产生高速剪切作用,可

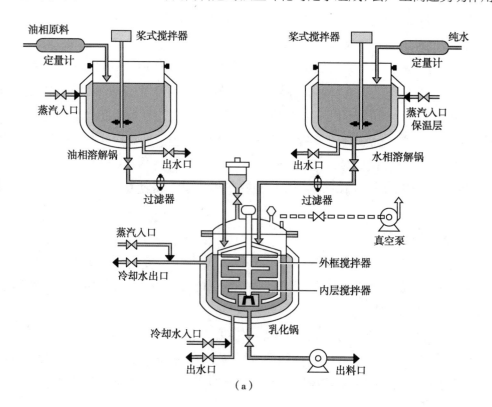

(a)

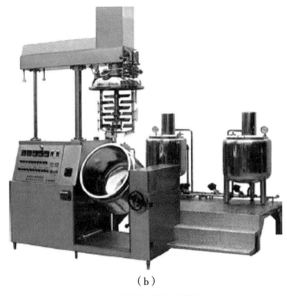

（b）

（a）示意图；（b）实物。

图 9-4　真空乳化搅拌机

对高黏度物料进行均质混合。叶轮高速旋转过程中,将物料从叶轮的上下方吸入,然后从叶轮和定子的缝隙中抛出。物料在被吸入与抛出的过程中经过强烈的挤压、剪切、混合、喷射与高频振荡等一系列复杂的物理反应,从而将物料充分乳化。

3. **软膏全自动灌装封尾机**　软管自动灌装机包括输管、灌注、封底等三个主要功能。如图 9-5 所示,全自动软管灌装封尾机用于各类铝管灌封膏霜类、乳液类、油剂等。控制部分采用 PLC(programmable logic controller)控制系统,传动部分全封闭,用柱塞泵灌膏,设有螺杆微调机构,因而可精确称量膏体。由全自动操作系统完成供管、洗管、识标、灌装、热溶、折叠封尾、压齿纹、打码、修整、出管等工序。由气动方式完成供管、洗管,动作准确可靠。

4. **全自动铝管制管机**　制铝管全自动设备由 11 个部件组成,其工艺步骤包括冲管(将铝片冲制成管状)、修蚀(截割、刻螺纹口等)、退火(400℃ 10 分钟使铝管变软)、内涂(以 501 环氧树脂喷涂于铝管内表面)、干燥(250℃ 10 分钟)、底涂(以印刷油上底色)、干燥(150℃ 5 分钟)、印字、干燥(150℃ 5 分钟)、盖帽、尾涂(涂黏合剂)。从冲管到尾涂全部动作在自动控制下完成。每小时产量约 6 000 支,冲管常用模具为 13.5mm、16mm 与 19mm,装量分别为 5g、10g 和 15g。

图 9-5　全自动软管灌装封尾机

例 9-2:尿素软膏

【处方】尿素 100g、蜂蜡 40g、甘油 200g、无水羊毛脂 100g,凡士林加至 1 000g。

【制法】取蜂蜡、无水羊毛脂及凡士林在水浴中加热熔化,过滤。另取尿素溶于甘油,两者混合,即得。

【注解】①本品用于治疗鱼鳞病、皲裂性湿疹等。尿素是一种无毒、无刺激性、不致敏的物质,能增加角质层的水合作用,使皮肤柔软,并有抗菌、止痒作用,可治牛皮癣与早期蕈样肉芽肿的瘙痒。30%~40%尿素是强烈的角质溶解剂,对角化过度性掌跖皲裂有效。②尿素应用油性基质比水包油乳膏基质效果好,特别对深度裂口的患者。乳膏基质中含水会影响尿素稳定性,因为尿素水溶液在加热时易破坏而放出氮。

(六)生产工艺要点

1. 一般软膏剂的配制操作室要求在 D 级洁净区,用于深部组织创伤的软膏剂制备的暴露工序操作室洁净度要求不低于 C 级;室内相对室外呈正压,温度18~26℃、相对湿度45%~65%。

2. 油相熔化后才能开启搅拌,搅拌完成后要真空保温贮存。

3. 一般情况下,油相、水相应用100目筛过滤后混合。

(七)生产中存在的问题与分析

1. **主药含量不均匀** 软膏剂基质处方较复杂,在投料时需要考虑主药性质,根据主药在基质中的溶解性能,或选将主药与油相或水相混合,或先将主药混合于已配制好的少量基质中,再等量递增至大量的基质中,以保证主药含量均匀性。

2. **主药受热稳定差** 软膏剂常需要加热配制,有的药物在高温下易分解,特别是含水基质的软膏剂,配制时需要根据主药理化性质控制油、水相加热温度,以防止温度过高引起药物分解。

固态油性基质须先熔化再降温才能加入药物,需较长时间与热能。制备过程中须注意:①以搅拌加速基质熔化,在基质部分熔化后即开始不断搅拌;②控制基质的熔化温度,通常基质在50~55℃熔化或大部分熔化即停止加热,避免温度过高需要重新降温的麻烦。

3. **不溶性药物粒度过大** 不溶性的固体物料,应先粉碎成细粉,过100~120目筛,再与基质混合,以避免成品中药物粒度过大。

4. **产品装量差异大** 可能原因与解决办法有:①物料搅拌不均匀,应将物料搅拌均匀后再加入料斗;②有明显气泡,可用抽真空等方法排出气泡;③料筒中物料高度变化大,因软膏剂会随着储料罐内料液的减少而减慢流速,造成装量差异。应注意保持料斗中物料高度一致,并不能少于容积的1/4。

5. **软膏管封合不牢** 可能原因与解决办法有:①封合时间过短,应适当延长加热时间;②加热温度过低,应适当调高加热温度;③气压过低,应将气压调到规定值;④加热带与封合带高度不一致,应调整加热带与封合带高度。

6. **软膏管封合尾部外观不美观** 可能原因与解决办法有:①加热部位夹合过紧,可调整加热头夹合间隙;②封合温度过高,应适当降低加热温度,延长加热时间;③加热、封合、切尾工位高度不一致,应调整工位高度。

7. **聚乙烯软膏盒质量** 应采用刚度、强度较大,不易变形的高密度聚乙烯软膏盒。低密度聚乙烯空盒运输和贮藏中易挤压变形,导致容积发生改变,影响分剂量准确度。

8. **真空搅拌乳化机常见故障分析与解决办法** ①乳化锅内物料沸腾:与真空度过高有

关,应降低真空度;②乳化头卡死:可能是物料过稠,应关闭电源,检修乳化头,重新处理物料;③真空度不能达到要求:可能是机械密封老化或阀门未关严,应检查机械,重新关严或更换失效部件。

在软膏剂生产制备过程中,新工艺、新材料的运用是很重要的。如采用超声波技术、纳米技术改善生产过程;采用环糊精包合技术改善药物的稳定性与透过性,控制药物的释放速度,并能减轻药物对皮肤的刺激,矫正药物不良气味。

五、软膏剂的质量评价

（一）质量检查

按《中国药典》(2020年版)四部制剂通则,除另有规定外,软膏剂、乳膏剂、糊剂的质量检查项目有:

1. 粒度 除另有规定外,取含有药材细粉的软膏剂供试品适量,置于载玻片上,涂成薄层,薄层面积相当于盖玻片面积,共涂3片,照粒度和粒度分布测定法(《中国药典》(2020年版)四部通则0928第一法)测定,均不得检出大于180μm的粒子。

2. 装量 照最低装量检查法[《中国药典》(2020年)四部通则0492]检查,标示装量以重量计者用重量法测定。

3. 无菌与微生物限度检查 按《中国药典》规定检查。

（二）质量评价

1. 外观 软膏剂应质地均匀细腻,易涂布,色泽均匀一致,稠度适宜,无刺激性,无酸败等。

2. 药物含量测定 应采用适宜的溶剂将基质中药物溶解提取,再进行含量测定。测定方法必须考虑和排除基质对提取物含量测定的干扰和影响,测定方法的回收率要符合要求。对成分尚不明确的软膏,应严格控制工艺过程,以专属性鉴别试验控制质量。

3. 基质物理性能

（1）热敏性(熔点与熔程):可评价基质是否能够遇热熔化而流动,而在体温以下温度保持半固体状态。基质熔程以接近凡士林的熔程(38～60℃)为宜。

（2）稠度(插入度)和流变性:软膏基质多属非牛顿流体,通常用插度计测定稠度以控制其流变性,确保软膏剂在皮肤上具有较好的涂展性和附着性。插度计如图9-6所示,以5秒钟内金属锥体(重150g)自由插入的深度评定供试品的稠度。以0.1mm的深度为1单位,称为1插入度。样品稠度大则插入度小,反之则大。常温下,软膏剂插入度一般在100～300,乳膏剂插入度一般在200～300。

（3）水值:水值系指在规定温度下(20℃)100g基质能容纳的最大水量(g),表示软膏基质的吸水能力。测定方法是在一定量基质中逐渐加入少量水,研磨至不能吸收水而又无水滴渗出即为终点。

（4）酸碱度:某些基质在精制过程中需要用酸、碱处理。若因酸碱度不适而引起刺激时,应在基质精制过程中调整pH,并检查pH,以免产生刺激。基质pH以接近皮肤pH为好,同

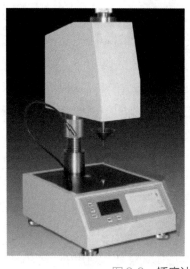
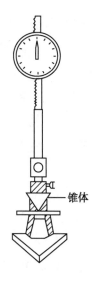

锥体

图 9-6　插度计

时应兼顾药物的稳定性。

4.稳定性　软膏剂稳定性检查项目有性状（酸败、异臭、变色分层、涂展性）、鉴别、含量测定、粒度、卫生学检查及皮肤刺激性试验,在贮藏期内应符合有关规定。

软膏剂的加速试验方法:将软膏装入密闭容器中填满,分别置恒温箱（39℃±1℃）、室温（25℃±1℃）及冰箱（0℃±1℃）中 1～3 个月,检查上述项目,应符合有关规定,可用于筛选基质处方。

5.刺激性　软膏剂涂于皮肤或黏膜时,不得引起疼痛、红肿、斑疹等不良反应。测定方法如下。

（1）皮肤测定法:家兔剃去其背上的毛约 2.5cm^2,24 小时后待剃毛产生的刺激消失后,取软膏 0.5g 均匀涂布于剃毛部位。24 小时后观察有无发红、水疱、发疹等现象。同时用空白基质作对照。

（2）黏膜测定法:在家兔眼黏膜上涂敷 0.25g 软膏,观察有无黏膜充血、流泪、羞明及骚动不安等现象。

（3）人体皮肤试验:采用贴敷法,将软膏贴敷在手臂及大腿内侧等柔软的皮肤上,24 小时后观察敷用部位皮肤的反应。

6.药物释放、穿透与吸收　根据软膏剂适应证不同,需要药物达到皮肤的不同深度起效,例如治疗光线性角化病仅需要药物进入表皮细胞,而痤疮治疗需要药物进入真皮中部的皮脂腺部位。可通过试验了解药物在皮肤内部的渗透及潴留情况,分为体外试验法与体内试验法,体外试验法有凝胶扩散法、离体皮肤法、半透膜扩散法和微生物法等,其中离体皮肤法较接近实际应用情况。

（1）体外试验法

1）凝胶扩散法:以含有指示剂的琼脂凝胶为扩散介质,放于 10ml 试管内,在上端 1cm 空隙处装入样品,使其与凝胶表面密切接触,测定不同时间呈色区高度（即扩散距离 H）。以 H^2-t 作图,拟合出一条直线,直线的斜率即为扩散系数 J,J 越大,释药越快,可用其比较不同软膏基质的释药能力。

2）离体皮肤法：人或动物的皮肤固定于扩散池中，将含药物软膏置于皮肤的角质层面，测定不同时间从供给池穿透皮肤进入接受池中药物的累积量 Q，以 Q-t 拟合直线，求出药物对皮肤的渗透率 P，可用其分析药物的释药性质与皮肤透过性，选择透皮促进剂及筛选基质处方。常用的扩散池有直立式和卧式两种（图 9-7）。

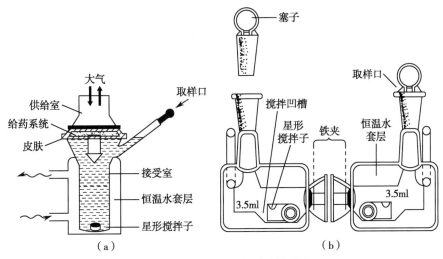

（a）直立式扩散池；（b）卧式扩散池。

图 9-7　扩散池示意图

3）半透膜扩散法：以玻璃纸等半透膜为扩散屏障。取软膏（如水杨酸软膏）装于内径及管长均为约 2cm 的玻璃短管内，管的一端用玻璃纸扎紧，使管内软膏紧贴于玻璃纸上，并应无气泡，将玻璃纸端放入装有 100ml 37℃的水中，每间隔一定时间取出一定量溶液测定其中药物的含量，计算药物的释放量，绘制出释放量对时间的曲线图。

（2）体内试验法：将软膏涂于人体或动物的皮肤上，经过一定时间测定药物透入量。测定方法可根据药物性质采用：①含量分析法，测定体液与组织器官中药物含量；②生理反应法，利用软膏的药理作用为测定指标；③放射性示踪原子法，测定组织与体液中药物放射性同位素等。

第三节　乳膏剂

一、概述

（一）定义、分类与特点

乳膏剂系指原料药物溶解或分散于乳状液型基质中形成的均匀的半固体制剂，根据乳剂型基质类型可分为水包油型乳膏剂与油包水型乳膏剂。乳膏剂在以往的分类中，归属为软膏剂的第三类即乳剂型软膏，由于乳剂型基质产品数量逐渐远远多于脂溶性基质与水溶性基质产品，为更明确产品基质特性，《中国药典》（2005 年版）二部以后将乳膏剂与软膏剂并列分类。乳膏剂由于乳化剂的表面活性作用，对油、水均有一定亲和力，不影响皮肤表面分泌物的分泌和水分蒸发,对皮肤的正常功能影响较小。乳膏剂,尤其是 O/W 型乳膏剂中药物的释放穿透较快,能吸收创面渗出液,较油脂性基质易涂布、清洗,对皮肤有保护作用,但不适用于在水中不稳定的药物。O/W 型基质能与大量水混合,含水量较高,色白如雪,习称雪花膏,无油腻性,易洗除。但在贮存过程中可能霉变,也易干燥而使软膏变硬,常需要加入防腐剂和甘油、丙二醇或山梨醇等保湿剂。当 O/W 型乳膏用于分泌物较多的病变部位时,如湿疹,可与分泌物一同重新透入皮肤而使炎症恶化(反向吸收),故忌用于分泌物较多的糜烂、溃疡、水疱及化脓性创面。W/O 型基质内相的水能吸收部分水分,水分从皮肤表面蒸发时有缓和冷却的作用,习称冷霜,因外相为油,不易洗除,不能与水混合,在软膏中用得较少。

(二)质量要求

乳膏剂应具有与软膏剂相同的质量要求,还不得有油水分离及胀气现象。

二、常用基质

(一)乳膏基质的类型

乳膏基质是由水相、油相借乳化剂的作用在一定温度下乳化而成的半固体基质,可分为水包油型(O/W)和油包水型(W/O)两类。其形成的原理与液体乳剂相似。所不同的是常用的油相多数为固体或半固体,如硬脂酸、蜂蜡、石蜡、高级醇(十六醇、十八醇)等,为调节稠度可加入液体石蜡、凡士林、植物油等。水相为蒸馏水或药物的水溶液及水溶性的附加剂。常用的 O/W 型乳化剂有钠皂、三乙醇胺皂类、脂肪醇硫酸(酯)钠类(如十二烷基硫酸钠)和聚山梨酯类;W/O 型乳化剂有钙皂、羊毛脂、单甘油酯、脂肪醇等。

(二)常用乳化剂

1. 皂类 包括一价皂与多价皂。

(1)一价皂:乳膏中常用脂肪酸(如硬脂酸或油酸)与钠、钾、铵的氢氧化物或三乙醇胺等有机碱作用生成的新生皂,HLB 值为 15~18,为 O/W 型乳化剂。一价皂的乳化能力随脂肪酸中碳原子数 12 到 18 递增,但在碳原子数 18 以上乳化能力会降低,故碳原子数为 18 的硬脂酸为最常用的脂肪酸。硬脂酸用量常为总基质的 10%~25%,其中仅一部分与碱反应生成肥皂,其余部分作为油相,并可增加基质的稠度。用硬脂酸制成的 O/W 型乳剂基质光滑美观,水分蒸发后留有一层硬脂酸薄膜而具保护作用,但单用硬脂酸为油相制成的乳剂基质润滑作用小,故常加入适量的油脂性基质如凡士林、液体石蜡等调节其稠度和涂展性。

碱性物质的选择,对新生皂乳剂型基质的影响较大。以钠皂为乳化剂制成的乳剂型基质较硬;以钾皂(软肥皂)为乳化剂制成的成品较软;有机铵皂为乳剂型基质较为细腻、光亮美观,其 pH 为 8,HLB 值为 12,碱性较弱,适于药用制剂。因此后者常与前二者合用或单用作乳化剂。新生皂形成基质的缺点是易被酸、碱、钙离子、镁离子或电解质类药物等破坏,忌与含这些物质的药物配方。制成的软膏在 pH 5~6 以下时不稳定。

例 9-3:含一价皂的乳剂型基质

【处方】硬脂酸 120g、单硬脂酸甘油酯 35g、液体石蜡 60g、凡士林 10g、羊毛脂 50g、三乙醇胺 4g、羟苯乙酯 1g，蒸馏水加至 1 000g。

【制法】取硬脂酸、单硬脂酸甘油酯、液体石蜡、凡士林、羊毛脂置于容器内，水浴加热至熔化，继续加热至 70～80℃；另取三乙醇胺、羟苯乙酯及蒸馏水加热至 70～80℃，缓缓倒入硬脂酸等油相中，边加边搅拌，至乳化完全，放冷即得。

【注解】本品为 W/O 型乳剂基质，三乙醇胺与部分硬脂酸形成的新生铵皂为乳化剂。部分硬脂酸、液体石蜡和凡士林为油相，后二者可调节基质稠度，增加润滑性。单硬脂酸甘油酯可增加油相的吸水能力，在 W/O 型乳剂基质中作为稳定剂并有增稠作用。羊毛脂可增加油相的吸水性和药物的穿透性。0.1% 羟苯乙酯作防腐剂。

（2）多价皂：由二、三价金属如钙、镁、锌、铝的氧化物与脂肪酸作用形成的多价皂。由于此类多价皂在水中溶解度小，HLB 值低于 6，为 W/O 型乳化剂。新生多价皂较易形成，且油相的比例大，黏滞度较水相高，形成的乳剂型基质（W/O 型）较一价皂为乳化剂形成的基质稳定。

例 9-4：含多价皂的乳剂型基质

【处方】硬脂酸 12.5g、单硬脂酸甘油酯 17.0g、蜂蜡 5.0g、地蜡 75g、液体石蜡 410.0g、白凡士林 67.0g、双硬脂酸铝 10.0g、氢氧化钙 1.0g、羟苯乙酯 1.0g，蒸馏水加至 1 000g。

【制法】取硬脂酸、单硬脂酸甘油酯、蜂蜡、地蜡在水浴上加热熔化，再加入液体石蜡、白凡士林、双硬脂酸铝，加热至 85℃。另取氢氧化钙、羟苯乙酯溶于蒸馏水中，加热至 85℃，逐渐加入油相中，边加边搅拌，直至冷凝。

【注解】本品为 W/O 型乳剂基质，处方中双硬脂酸铝（铝皂）、氢氧化钙与部分硬脂酸作用形成的钙皂均为 W/O 型乳化剂。水相中氢氧化钙为过饱和状态，应取上清液加至油相中。

2. 脂肪醇硫酸（酯）钠类　常用十二烷基硫酸（酯）钠（月桂醇硫酸钠，sodium lauryl sulfate），为 O/W 型阴离子型乳化剂，常用量为 0.5%～2%，常与 W/O 型辅助乳化剂如高级脂肪酸及多元醇酯类合用调节至适合的 HLB 值，达到油相所需范围。其水溶液呈中性，对皮肤刺激性小，pH 在 4～8 之间较稳定，与阳离子型表面活性剂会形成沉淀而失效。

例 9-5：含十二烷基硫酸钠的乳剂型基质

【处方】硬脂醇 220g、白凡士林 250g、十二烷基硫酸钠 15g、丙二醇 120g、羟苯乙酯 1g、羟苯丙酯 0.15g，蒸馏水加至 1 000g。

【制法】取硬脂醇、白凡士林在水浴中熔化，加热至 70～80℃；将十二烷基硫酸钠、丙二醇、羟苯乙酯、羟苯丙酯、蒸馏水加热至 70～80℃，将水相加至同温度的油相中，搅拌至冷凝。

【注解】本品为 W/O 型乳剂基质，处方中十二烷基硫酸钠为主要乳化剂。硬脂醇、白凡士林为油相，硬脂醇为 W/O 型辅助乳化剂，起调节 HLB 值及稳定作用，并可增加基质稠度；白凡士林可防止基质水分蒸发并形成油膜，有利于角质层水合作用，并有润滑作用。丙二醇为保湿剂，且有助于防腐剂羟苯酯类的溶解。

3. 高级脂肪酸及多元醇酯类

（1）十六醇及十八醇：十六醇即鲸蜡醇（cetol），熔点为 45～50℃，十八醇即硬脂醇（stearylalcohol），熔点为 56～60℃，均不溶于水，可作为乳膏基质的油相，但有一定的吸水能力,为 W/O 型辅助乳化剂,可增加乳剂的稳定性和稠度。用十六醇和十八醇取代部分硬脂酸形成新生皂类乳剂基质较细腻光亮。类似的 W/O 型乳化剂还有蜂蜡、胆固醇等。

例 9-6: 含多元醇酯类的乳剂型基质

【处方】蜂蜡 30g、硬脂醇 30g、胆固醇 30g,白凡士林加至 1 000g。

【制法】将以上四种基质在水浴上加热熔化混匀,搅拌至冷凝。

【注解】本品为吸水性软膏"亲水凡士林",加等量水后仍能稠度适中,并成为 W/O 型软膏,可吸收分泌液,用作遇水不稳定的药物的软膏基质。

(2)硬脂酸甘油酯(tristearin):为单、双硬脂酸甘油酯的混合物,以前者为主。本品不溶于水,溶于热乙醇及液体石蜡、植物油等油相中。因分子中甘油基上有羟基存在,有一定的亲水性,是较弱的 W/O 型乳化剂。与 O/W 型乳化剂合用时,可使乳剂型基质稳定,产品细腻润滑,用量为 15% 左右。

(3)脂肪酸山梨坦类(商品名为 Span 类,司盘类):为常用的 W/O 型非离子型表面活性剂,HLB 在 4.3~8.6,中性,刺激性小,对热、酸、电解质稳定,为调节 HLB 值常与其他 O/W 型乳化剂如聚山梨酯类合用。

例 9-7: 含司盘的乳剂型基质

【处方】白凡士林 400g、硬脂醇 180g、倍半油酸山梨坦(Span 83)5g、羟苯乙酯 1g、羟苯丙酯 1g,蒸馏水加至 1 000g。

【制法】取白凡士林、硬脂醇、倍半油酸山梨坦及羟苯丙酯置蒸发皿中,在水浴上加热至 75℃熔化,保温备用。另取羟苯乙酯置烧杯中,加入适量蒸馏水(与其他各药共制成基质 1 000g),加热至 80℃,待羟苯乙酯溶解后,趁热加至上述油相中,不断搅拌至冷凝。

【注解】本品为 W/O 型乳剂基质,倍半油酸山梨坦为 W/O 型乳化剂,硬脂醇也能起较弱的乳化作用。本品透皮性良好,涂展性亦佳,可吸收少量分泌液。

(4)聚山梨酯(polysorbate)类:商品名为 Tweens 类、吐温类,为 O/W 型非离子型表面活性剂,对黏膜和皮肤刺激性小,并能与电解质配伍。能单独作为乳化剂,但为调节至制品适宜的 HLB 值并使其稳定,常与其他乳化剂(如司盘类、月桂醇硫酸钠)或增稠剂合用。聚山梨酯类能与某些防腐剂如羟苯酯类、苯甲酸等类络合而抑制其效能,可适当增加防腐剂用量予以克服。吐温类不宜与酚类、羧酸类药物合用。

例 9-8: 含吐温的乳剂型基质

【处方】硬脂酸 60g、凡士林 60g、硬脂醇 60g、液体石蜡 90g、聚山梨酯 80 44g、硬脂山梨坦 60 16g、甘油 100g、山梨酸 2g,蒸馏水加至 1 000g。

【制法】取硬脂酸、凡士林、硬脂醇、液体石蜡、硬脂山梨坦 60(即司盘 60)置容器中,水浴上加热熔融,另将聚山梨酯 80、甘油、山梨酸、水溶解混匀,两相加热至 80℃左右,将油相加入水相中,边加边搅拌,直至冷凝。

【注解】本品为 O/W 型乳剂型基质。处方中聚山梨酯 80 为主要乳化剂,硬脂山梨坦 60 为 W/O 型乳化剂,以调节适宜的 HLB 值而形成稳定的乳剂。硬脂醇为增稠剂与弱乳化剂,并使制得的基质细腻光亮,用单硬脂酸甘油酯代替可取得同样的效果。甘油为保湿剂,山梨酸为防腐剂。

4. 聚氧乙烯醚的衍生物类

（1）平平加 O（peregol O）：为脂肪醇聚氧乙烯醚类，分子式为 R—O—（CH₂—CH₂O）$_n$H，为非离子型 O/W 型乳化剂。本品 HLB 值为 16.5，在冷水中溶解度比热水中大，溶液 pH 为 6～7，对皮肤无刺激性，有良好的乳化、分散性能。本品性质稳定，耐热、酸、碱、硬水与金属盐。其用量一般为油相重量的 5%～10%（一般搅拌）或 2%～5%（高速搅拌）。与羟基或羧基化合物可形成络合物，使形成的乳剂破坏，故不宜与苯酚、水杨酸等配伍。

例 9-9：含聚氧乙烯醚类的乳剂型基质

【处方】平平加 O 25g、十六醇 100g、凡士林 100g、液体石蜡 100g、甘油 50g、羟苯乙酯 1g，蒸馏水加至 1 000g。

【制法】将油相十六醇、液体石蜡和凡士林与水相平平加 O、甘油、羟苯乙酯分别加热至 80℃熔融或溶解，将油相加入水相中，边加边搅拌至冷凝即得。

（2）柔软剂 SG：为硬脂酸聚氧乙烯酯，属非离子型 O/W 型乳化剂，可溶于水，HLB 值为 10，pH 近中性，渗透性较大，常与平平加 O 等量混合应用。

（3）乳化剂 OP：为烷基酚聚氧乙烯醚类，属于 O/W 型乳化剂，HLB 值为 14.5，可溶于水，用量一般为油相总量的 5%～10%。本品耐酸、碱、还原剂及氧化剂，对盐类亦甚稳定，但水溶液中如有大量金属离子时，将降低其表面活性。本品与酚羟基类化合物如苯酚、间苯二酚、麝香草酚、水杨酸等可形成络合物，不宜配伍使用。

例 9-10：含烷基酚聚氧乙烯醚类的乳剂型基质

【处方】单硬脂酸甘油酯 40g、石蜡 40g、液体石蜡 200g、白凡士林 20g、乳化剂 OP 2g、司盘 80 1g、氯甲酚 0.4g、蒸馏水 100g。

【制法】将油相（单硬脂酸甘油酯、石蜡、液体石蜡、白凡士林及司盘 80）与水相（乳化剂 OP、氯甲酚及蒸馏水）分别加热至 80℃。将油、水两相逐渐混合。搅拌至冷凝，即得。

【注解】为 O/W 型乳剂基质。主要乳化剂是乳化剂 OP，加入司盘以调整基质的 HLB 值。

其他属聚氧乙烯醚类的乳化剂有聚乙二醇硬脂酸酯（cetomacrogol）与脂肪醇聚氧乙烯醚，两者均为脂肪醇聚氧乙烯醚，类似于平平加 O。

三、乳膏剂的处方设计

乳膏剂的处方设计与软膏剂一样，需要首先了解和熟悉药物的理化性质、各种基质的性质和选择原则、用药部位的皮肤特性及需要治疗的疾病。再根据用药目的设计合理而有效的基质与制备工艺。

1. **药物性质**　对药物性质的基本要求同软膏剂。由于乳膏剂中含有水相，特别注意遇水不稳定的药物不宜制成乳膏剂，这类药物若需要制成有较好透过性的乳膏剂，可选择含有 W/O 型乳化剂如高级脂肪酸及多元醇酯类，吸水性较好的油脂性软膏，在使用时与水性分泌物形成 W/O 型乳剂。

不同性质药物制备乳膏剂，在选择乳化剂时须注意可能的配伍变化。如酸性、碱性、电解质类或含钙、镁离子类药物可能与阴离子型表面活性剂有配伍变化。酚类、羧酸类药物如间苯二酚、麝香草酚、水杨酸会与含聚氧乙烯基的乳化剂如聚山梨酯类、乳化剂 OP 等形成络合物。

2. 基质性质　一般脂溶性药物从乳膏与软膏基质中的释放顺序为：O/W 型＞W/O 型＞类脂类＞烃类。

（1）乳膏基质类型的选择原则：①乳膏基质可用于亚急性、慢性、无渗出的皮肤疾病和皮肤瘙痒症。而对于急性而有大量渗出液的皮肤疾患，不宜选用 O/W 型乳状基质，因为它能使吸收的分泌物重新透入皮肤，产生反向吸收，使症状恶化。②对于皮肤炎症、真菌感染等皮肤病，药物的作用部位是角质层以下的活性表皮；而对于关节疼痛、心绞痛等疾病，药物的作用部位需要到达皮下组织或吸收入血。以上两种情况均宜用穿透性强的乳剂型基质。

（2）基质组成：乳剂型基质的关键组分为乳化剂，应根据油相乳化的需要选择适宜的 HLB 值，见表 9-1。可将几种乳化剂混合使用以达到油相所需的 HLB 值。乳剂型基质的稳定性还与乳化剂的浓度及油水比例等多种因素有关，可采用正交设计或均匀设计等优化处方，通过试验确定最后处方。

表9-1　各种油相乳化所需 HLB 值

油相原料	W/O 型	O/W 型	油相原料	W/O 型	O/W 型
液体石蜡（轻质）	4	10	硬脂酸、油酸	7~11	17
液体石蜡（重质）	4	10.5	硅油	—	10.5
凡士林 12~14	4	10.5	棉籽油	—	7.5
氢化石蜡 14	—	12~14	蓖麻油、牛油	—	7~9
癸醇、十二醇、十三醇	—	14	羊毛脂（无水）	8	12
十六醇	—	15	鲸蜡	—	13
十八醇	—	16	蜂蜡	5	10~16
月桂酸、亚油酸	—	16	巴西棕榈蜡	—	12

乳膏剂中因含有水分，均须加入防腐剂、保湿剂及其他有助于乳膏剂稳定的附加剂等。乳膏基质中常用的保湿剂有甘油、丙二醇、山梨酸等，用量为 5%~20%，可减少水分的蒸发，防止皮肤上的油膜发硬和乳剂的转化。常用的防腐剂有羟苯酯类、氯甲酚、三氯叔丁醇，在应用防腐剂时除注意与药物配伍禁忌（如羟苯与吐温、司盘类）外，还应注意防腐剂在油、水两相中的分配值。如羟苯酯类往往分配入油相中而水相中浓度不足，故需要增加其用量；用氯甲酚（0.2%）与氯己定（0.01%）混合防腐剂较理想，前者分配入油相，而后者留在水相内。乳膏基质中还可加入各种香精如兰花香精等，用量一般为 0.6%~1%。

四、乳膏剂的制备

（一）生产工艺流程图

乳膏剂工艺流程见图 9-8。

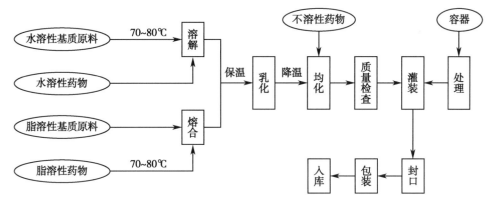

图 9-8 乳膏剂工艺流程图

（二）制备方法

乳膏剂均采用乳化法制备。将处方中的油脂性和油溶性组分一起加热至70~80℃为油相，另将水溶性组分溶于水后一起加热至与油相同样温度为水相，然后两相混合，搅拌至乳化完全并冷凝。最后加入水、油均不溶解的组分，搅匀即得。油、水两相的混合方法有三种：①两相同时混合，适用于连续的或大批量的操作，需要一定的设备如输送泵、连续混合装置等；②分散相加到连续相中，适用于含小体积分散相的乳剂系统；③连续相加到分散相中，适用于多数乳剂系统大生产，在混合过程中因连续相量少，会形成反相乳剂，随着连续相的逐渐增加，引起乳剂的转型，能产生更为细小的分散相粒子。大量生产时由于油相温度不易控制均匀冷却，或二相混合时搅拌不匀而使形成的基质不够细腻，因此在温度降至30℃时再通过胶体磨等使其更加细腻均匀。也可使用旋转型热交换器的连续式乳膏机。

生产设备、生产中存在的问题与分析见本章第二节"软膏剂"相应内容。

例 9-11：硝酸咪康唑乳膏

【处方】硝酸咪康唑2g、凡士林5g、单硬脂酸甘油酯1.5g、硬脂醇10g、液体石蜡10g、硬脂酸聚烃氧(40)酯2g、聚山梨酯80 1.5g、甘油15g、羟苯乙酯0.05g，蒸馏水至100g。

【制法】将油相(单硬脂酸甘油酯、硬脂醇、部分液体石蜡)和水相[硬脂酸聚烃氧(40)酯、聚山梨酯80、甘油、羟苯乙酯、水]分别在水浴加热至约60℃，采用高剪切乳化机进行混合，待形成乳液后，将硝酸咪康唑与剩下部分液体石蜡研匀后，加入乳液中继续乳化混合，冷却、搅拌至膏体形成。

【注解】①硝酸咪康唑系一种广谱、高效咪唑类抗真菌药物。该药为脂溶性药物，在水和常用有机溶媒中的溶解度均较小，故采用甘油或液体石蜡分散研匀。该药具有较强的酸性，不宜采用阴离子型表面活性剂。乳化温度控制在60℃，过高会引起硝酸咪康唑降解，导致成品含量下降。②处方中油相单硬脂酸甘油酯为辅助乳化剂、稳定剂及增稠剂；液体石蜡用于调节乳膏的稠度；硬脂醇既是油相，又起辅助乳化剂及稳定作用。水相成分中聚山梨酯80与硬脂酸聚烃氧(40)酯为 O/W 型乳化剂；羟苯乙酯为防腐剂；甘油为保湿剂，并有助于羟苯乙酯的溶解。

五、乳膏剂的质量评价

乳膏剂的质量检查与评价项目基本与软膏剂相同。其不同于软膏剂的项目有：

（1）乳膏剂基质的 pH：要求 W/O 型 pH 不大于 8.5，O/W 型 pH 不大于 8.3。

（2）乳膏剂稳定性评价：乳膏剂易受温度影响导致油水分离，须做耐热、耐寒试验。将装好的乳膏分别恒温放置于 55℃ 6 小时与 -15℃ 24 小时，观察有无油水分离现象。也可采用离心法测定，将乳膏 10g 置于离心管中，以 2 500r/min 离心 30 分钟，不应有分层现象。

第四节　凝胶剂

一、概述

（一）定义、分类与特点

凝胶剂系指药物与能形成凝胶的辅料制成的溶液型、混悬型或乳状液型的稠厚液体或半固体制剂。凝胶剂主要用于局部皮肤及鼻腔、眼、肛门与阴道黏膜给药，也可经口腔给药，在胃、小肠、结肠等部位释药，调节处方中辅料的种类、型号、用量等可控制释药方式和速率。水凝胶在皮下埋植制剂中也有应用。

凝胶剂根据分散系统不同可分为单相凝胶与两相凝胶，单相凝胶又可分为水性凝胶与油性凝胶。凝胶剂根据形态不同还可分为：①乳胶剂，即乳状液型凝胶剂；②胶浆剂，为高分子基质如西黄蓍胶制成的凝胶剂；③混悬型凝胶剂，系小分子无机药物（如氢氧化铝）的胶体粒子以网状结构分散于液体中形成的凝胶剂，属两相凝胶，可有触变性，静止时形成半固体，而搅拌或振摇时成为液体。

随着制剂新技术与凝胶材料的发展，一些复合型新型凝胶被研究并应用于经皮给药凝胶剂，不仅提高了药物稳定性，增加缓释性和靶向性，而且具有更强的皮肤渗透能力。例如①脂质体凝胶：脂质体具有良好的细胞相容性和皮肤滞留作用，以脂质体与卡波姆等凝胶基质混合制备的脂质体凝胶，为目前经皮给药凝胶剂研究较多的新剂型之一。②纳米乳凝胶：纳米乳是粒径小于 0.1μm 的乳剂，纳米乳凝胶是将纳米乳与凝胶基质混合制成的凝胶系统。与普通水凝胶和普通纳米乳相比，更便于给药，能显著增强药物的经皮渗透能力。③包合物凝胶：将制成的药物包合物与水凝胶基质混合制备包合物凝胶，与普通凝胶相比，包合物凝胶增加了药物的稳定性与溶解度，提高了疗效。

水性凝胶基质一般由水、甘油或丙二醇与亲水高分子物如纤维素衍生物、卡波姆和海藻酸盐等构成；油性凝胶基质由液体石蜡与聚乙烯、脂肪油与胶体硅或铝皂、锌皂构成。临床上应用较多的是水性凝胶，水性凝胶剂的优点是无油腻感、易涂展、易洗除、不妨碍皮肤正常功能、能吸收组织渗出液、可增强药物吸收与疗效、制备简单、质量稳定、附着力强、不污染衣物等。由于其黏度小，有利于药物，尤其是水溶性药物的释放，有的水凝胶剂具有环境敏感性，能响应环境温度、pH 等而发生形态变化，有利于给药及药物在给药部位的滞留与释放。缺点是润滑作用较差、易失水和霉变、需要添加保湿剂和防腐剂，且用量较大。

国外对凝胶剂的研究较早，《美国药典》第 23 版（1995）收载有氢氧化铝凝胶剂、克林霉素磷酸酯凝胶等 35 种凝胶剂药品。中药水溶性成分较多，适合水凝胶基质，也正在展开深入的研究。近年来随着制剂新技术的发展，出现了多种复合性凝胶剂，如微乳凝胶剂、脂质体凝胶剂、凝胶贴剂等。

（二）质量要求

凝胶剂应符合：①混悬型凝胶剂中胶粒应分散均匀，不应下沉结块；②凝胶剂应均匀、细腻，在常温时保持胶状，不干涸或液化；③根据需要可加入保湿剂、防腐剂、抗氧化剂、乳化剂、增稠剂和透皮促进剂；④一般应检查 pH；⑤凝胶剂基质不应与药物发生理化作用；⑥除另有规定外，凝胶剂应避光，密闭贮存，并应防冻；⑦除另有规定外，用于烧伤[除程度较轻的烧伤（Ⅰ度或浅 n 度外）]、严重创伤或临床必须无菌的照无菌检查法[《中国药典》（2020 年版）四部通则 1101]检查，应符合规定。

二、水性凝胶材料

凝胶是指溶液中的高分子聚合物或小分子胶体粒子在一定条件下互相交联构成的三维空间网状结构的特殊分散体系。水性凝胶（hydrogel）是指高分子聚合物或共聚物吸收大量水分溶胀交联而形成的半固体。凝胶材料为电中性或离子性高分子材料，按来源分为天然与合成两大类，天然水性凝胶材料包括多糖类（淀粉、纤维素、海藻酸、透明质酸、果胶、壳聚糖等）和多肽类（胶原、聚 L-赖氨酸、聚 L-谷氨酸等）。合成（半合成）的凝胶材料包括纤维素衍生物、聚乙烯醇、丙烯酸及其衍生物类（聚丙烯酸、聚甲基丙烯酸、聚丙烯酰胺、聚 N-聚代丙烯酰胺等）。

由于水凝胶材料中含有大量—OH、—CONH、—COOH 等亲水基团，能吸收大量水分或体液并膨胀，比其他生物材料表现出持久的柔软性和更好的组织相容性。一些水凝胶可通过改变凝胶结构响应外界微小变化或刺激，发生可逆性体积变化、冻胶-溶胶转变等物理结构和化学性质变化甚至突变，这类环境敏感水凝胶，也称为智能水凝胶（smart hydrogel）或原位凝胶（in situ gel）。

1. 卡波姆（carbomer，Cb） 又称卡波沫，系丙烯酸与丙烯基蔗糖交联的高分子聚合物，商品名为卡波普（carbopol），按分子量不同有 Cb 930、Cb 934、Cb 940 等规格。新型卡波姆（如 974、980）具有更高的生物黏滞性、膨胀率、保湿性、延展性及更长的药物缓释时间。国内将卡波姆分为高黏度、中黏度与低黏度三个规格。本品为白色松散粉末，吸湿性强，可溶于水、乙醇和甘油，能在水中分散，黏性较低。由于其分子结构中含 52%～68% 的酸基团，因此具有一定的酸性，1% 水分散体的 pH 为 2.5～3.0。当加入适量碱性溶液中和后，在很低的浓度下即能迅速溶解成高黏度溶液或溶胀形成高黏度半透明凝胶，在 pH 6～11 时有最大的黏度和稠度。中和使用的碱及卡波姆的浓度不同，溶液的黏度变化也有所不同。一般中和 1g 卡波姆约消耗 1.35g 三乙醇胺或 400mg 氢氧化钠。本品具有良好的乳化性、增稠性、助悬性和成膜性，制成的基质易涂展、无油腻性，有生物黏附性，对皮肤和黏膜无刺激性，不污染衣物,能吸收组织渗出液,有利于分泌物的排除。且使药物呈零级或近似零级释放,提高药物的使用效率。盐类电解质会使卡波姆凝胶黏性下降,碱土金属离子及阳离子聚合物等可与之结合成不溶性盐,应避免配伍使用。卡波姆在医药行业中可作为增稠剂、助悬剂、凝胶基质生物黏附材料、控缓释制剂的骨架材料等。

例9-12：卡波姆基质

【处方】卡波姆940 10g、乙醇50g、甘油50g、聚山梨酯80 2g、羟苯乙酯1g、氢氧化钠4g,蒸馏水加至1 000g。

【制法】取卡波姆、甘油、聚山梨酯80与适量蒸馏水混合,使卡波姆充分分散均匀;另取氢氧化钠溶于100ml蒸馏水后逐渐加入卡波姆液搅匀,将羟苯乙酯溶于乙醇后逐渐加入搅匀,即得。

【注解】氢氧化钠用作卡波姆的中和剂,随着氢氧化钠的不断加入,其卡波姆的黏稠度逐渐增加。除了氢氧化钠外,三乙醇胺、氢氧化钾、硼砂等也可用作卡波姆的中和剂。

2. 纤维素衍生物　纤维素衍生物在水中可溶胀或溶解形成胶性物(胶浆),根据不同规格取用一定量,调节适宜的稠度可形成凝胶基质。常用的品种有MC、CMC-Na与HPMC,三者常用浓度为2%~6%,1%溶液的pH均为6~8。MC与HPMC能溶于冷水,不溶于热水及有机溶剂,pH 2~12时稳定。CMC-Na在任何温度下均能溶于水,但pH低于5或高于10时黏度显著下降,与阳离子药物、强酸及重金属离子能生成不溶物。本类基质有较强黏附性,涂布于皮肤易失水干燥有不适感,需要加保湿剂甘油,用量为10%~15%,并需要加入防腐剂,常用羟苯乙酯0.2%~0.5%。

例9-13：纤维素衍生物基质

【处方】CMC-Na 60g、甘油150g、三氯叔丁醇1g,蒸馏水加至1 000g。

【制法】取甘油与CMC-Na研匀,加入热蒸馏水中,放置数小时后,加三氯叔丁醇水溶液,加水至1 000ml搅匀,即得。

【注解】CMC-Na在pH<5和pH>10时黏度显著降低,不宜加醋(硝)酸苯汞或其他重金属盐作为防腐剂,不宜与阳离子配伍使用。此处三氯叔丁醇作为防腐剂;甘油作为保湿剂。

3. 环境敏感性凝胶材料　环境敏感性水凝胶的特性是当外部环境发生变化达到某一临界区域时,会发生不连续的突跃式变化,即体积相转变,可对物理刺激(温度、电场、光、压力、声音、磁场)、化学刺激(pH、离子)及生化刺激(特定分子识别成分)等外界刺激产生响应,是近年来凝胶剂研究的热点。①pH敏感水凝胶(pH-sensitive hydrogel):是指其体积随外界环境pH变化的高分子水凝胶。这类凝胶大分子具有可解离成离子的基团(如羧基、磺酸基或氨基),其平衡溶胀度取决于分子链中电离基团的种类和数目,包括合成材料如聚丙烯酸类与天然材料及半合成材料,如海藻酸、甲基壳聚糖和改性纤维素等。②温敏性水凝胶(temperature-sensitive hydrogel):其分子链中含有亲水性酰胺基团和疏水性基团如甲基、乙基、异丙基等,存在临界相转变温度(T_c)。可分两种类型,一种是在温度低于某个温度时呈收缩状态,当温度升高超过此温度时处于溶胀状态,称为热胀性温敏性水凝胶;另一种反之,即在温度高于某个温度时呈收缩状态,被称为热缩性温敏性水凝胶,特别适用于腔道黏膜给药,可在室温里以液相的形式滴入,在体温下发生溶胶-冻胶相转变成为凝胶相。如Pluronic 407和Tetronics,

已被 FDA 和 EPA 批准用于药物,广泛应用于在体温下的控释给药系统,可延长药物作用时间,持续地释放药物,提高患者的顺应性。

4. 其他 如天然高分子材料凝胶基质甘油明胶(以 1%~3% 明胶、10%~30% 甘油与水加热制成)、甘油淀粉(以 10% 淀粉与 70% 甘油与水加热制成)、海藻酸钠(2%~10%,可加钙盐增加稠度)、果胶(0.3%~5%)等。果胶为一种亲水性乳化剂、凝胶剂和增稠剂,可单独或与其他凝胶材料、赋形剂合用配制软膏、膜剂、栓剂、微囊等药物制剂。果胶分为高酯与低酯两类,在可溶性固体物(如糖)、酸性或二价离子存在下形成凝胶。以果胶为基质的软膏具有涂展性好、药物易被吸收、不污染衣物、与药物不发生反应等特点。

三、凝胶剂的制备

水凝胶剂一般先按基质配制方法配成水凝胶基质,药物溶于水者先溶于部分水或甘油中,必要时加热,加入基质中,再加足量水搅匀即得。药物不溶于水者,可先用少量水或甘油研细,分散,再与基质混匀即得。

例 9-14:吲哚美辛软膏

【处方】吲哚美辛 10.0g、交联型聚丙烯酸钠(SDB-L 400)10.0g、PEG 4000 80.0g、甘油 100.0g、苯扎溴铵 10.0g、蒸馏水加至 1 000g。

【制法】称取 PEG 4000 与甘油置烧杯中微热至完全溶解,加入吲哚美辛混匀,得①;取 SDB-L 400,并加入 800ml 水(60℃)于研钵中研匀,得②;将①与②混匀,加水至 1 000g 即得。

【注解】SDB-L 400 是一种高吸水性树脂材料,粒径在 38~200μm 的 SDB-L 400 在 90 秒内吸水量为自重的 200~300 倍,膨胀成凝胶状半固体,具有保湿、增稠、皮肤浸润等作用,用量为 14%;PEG 4000 为透皮吸收促进剂,可提高经皮渗透作用 2.5 倍;甘油为保湿剂;苯扎溴铵为防腐剂。本品有消炎止痛作用,用于风湿性关节炎、类风湿关节炎。

例 9-15:林可霉素利多卡因凝胶

【处方】林可霉素 5g、利多卡因 4g、丙二醇 100g、羟苯乙酯 1g、卡波姆 5g、三乙醇胺 6.75g、蒸馏水加至 1 000g。

【制法】将卡波姆与 500ml 蒸馏水混合溶胀成半透明溶液,边搅拌边滴加处方量的三乙醇胺,再将羟苯乙酯溶于丙二醇后逐渐加入搅匀,并用适量的水溶解林可霉素、利多卡因后,加入上述凝胶基质中,加蒸馏水至全量,搅拌均匀即得。

【注解】三乙醇胺作为 pH 调节剂;羟苯乙酯作为防腐剂;卡波姆作为基质,具有保护皮肤、抗紫外线、降低黏稠度等作用,在制作凝胶或者化妆品的时候可以加适量的卡波姆,降低这些物质的黏稠性,来维持有效物质的稳定。林可霉素利多卡因凝胶俗称绿药膏,用于轻度烧伤、创伤及蚊虫叮咬引起的各种皮肤感染。

四、凝胶剂的质量评价

与软膏剂类似,凝胶剂常以外观评定、离心稳定性、耐热耐寒、热循环、光加速和留样观察等试验的综合加权评分作为考察指标进行评价与基质优选。

第五节 眼膏剂

一、概述

（一）定义、分类与特点

眼膏剂（eye ointment）系指药物与适宜基质混合制成的无菌溶液型或混悬型膏状眼用半固体制剂，一般为油脂性基质。同属于眼用半固体制剂的还有眼用凝胶剂与眼用乳膏剂。

眼用制剂的发展最初是溶液或混悬液的滴眼剂、软膏、膜剂，随着药用辅料的开发与利用及新技术应用于眼部给药的研究，出现了新的给药系统包括智能型凝胶给药系统、胶体给药传递系统（包括水包油型微乳、脂质体、纳米粒）、微粒给药、植入剂等。

眼膏剂较一般滴眼剂的疗效持久且能减轻对眼球的摩擦，应用广泛，由于其黏度大，药物在眼角膜滞留时间长，如果眼膏基质不影响药物的释放，则药物在眼部的吸收及生物利用度比滴眼剂高。但由于眼膏剂油性基质的作用，使眼部有异物感，释药较慢，透明度较差，影响视力。采用水性凝胶作为眼膏基质，不影响药物的释放，药物的生物利用度较高且患者适应性好。

（二）质量要求

眼膏剂、眼用凝胶剂与眼用乳膏剂质量要求：除应符合其相应剂型（即软膏剂、凝胶剂与乳膏剂）通则项下有关规定外，还应均匀、细腻、对眼部无刺激性、易涂布于眼部、便于药物的分散与吸收。眼用半固体基质应滤过并灭菌，不溶性药物应制成极细粉。除另有规定外，每个容器的装量应不超过5g。含量均匀度应符合要求。

二、常用基质

眼膏剂的常用基质一般为油脂性，由凡士林8份、液体石蜡1份、羊毛脂1份混合而成。羊毛脂具有较强的吸水性和黏附性，使眼膏与药液及泪液易混合，并易附着在眼黏膜上，在眼部作用时间持久，可促进药物向眼膜渗透。液体石蜡的量可根据气温适当增减。应根据需要加入防腐剂等附加剂。剂量较小且性质不稳定的药物宜用此类基质制成眼膏剂。

眼用凝胶剂与眼用乳膏剂的基质类型同相应凝胶剂与乳膏剂，须注意选择对眼黏膜无刺激性的基质组分。

三、眼膏剂的制备与举例

眼膏剂为灭菌制剂，应在无菌条件下制备，一般在无菌操作室或无菌操作台中进行。所用基质、药物、配制器械及包装容器等应严格灭菌，避免细菌污染。

眼膏基质加热融合后用细布保温滤过，于150℃干热灭菌1~2小时，备用。配制眼膏所用的器具以70%乙醇擦洗，或洗净后再以150℃干热灭菌1小时。软膏管应先刷洗净，用70%乙醇或1%~2%苯酚浸泡，用时以灭菌蒸馏水冲洗，干燥即可，也可用紫外线照射灭菌。眼膏剂制备工艺流程与一般软膏剂基本相同，对药物的处理应注意以下几点。

1. 在水、液体石蜡或其他溶媒中溶解并稳定的药物,可先将药物溶于最少量溶剂中,再逐渐加入其余基质混匀。

2. 不溶性药物应先粉碎成极细粉,用少量液体石蜡或眼膏基质研成糊状,再分次加入基质研匀。

例9-16:凝胶型氧氟沙星眼膏

【处方】氧氟沙星0.3g、卡波姆0.6g、氯化钠0.5g、硼酸1.0g、氢化硬化蓖麻油1.0g、羟苯乙酯0.025g、丙二醇1.0g、透明质酸钠0.05g,蒸馏水加至100g。

【制法】在酸性条件下(pH 5.0~6.5)氧氟沙星与适量注射用水混合,研磨成极细粉,备用;加氯化钠、氢化硬化蓖麻油、丙二醇、羟苯乙酯一起搅拌均匀,加水加热(60~80℃)使全部溶解,将卡波姆溶胀成水溶液,加适量硼酸制成透明凝胶,均加入上述氧氟沙星水溶液中,搅拌均匀,降温。加入透明质酸钠,搅拌成透明膏体即得。

【注解】氧氟沙星是此处方中的主药,在制备过程中需加热溶解,温度范围保持在60~80℃。在处方中,丙二醇和透明质酸钠作为保湿剂,羟苯乙酯作为防腐剂,氯化钠作为渗透压调节剂,硼酸是pH调节剂。

例9-17:替硝唑眼膏

【处方】替硝唑15g,液体石蜡适量,眼膏基质(白凡士林:液体石蜡:无水羊毛脂=8:1:1)加至1 000g。

【制法】取替硝唑极细粉加20~25ml灭菌液体石蜡研成细腻糊状;分次等量递增加入眼膏基质至全量,边加边研匀,即得。

【注解】由于替硝唑的量较少,所以采用等量递加法加入眼膏基质,使其能得到充分研匀。眼膏制剂是灭菌制剂,在制备过程中要保证无菌操作。

四、眼膏剂的质量评价

《中国药典》(2020年版)对眼膏剂质量检查项目规定有以下几项。

1. 粒度 除另有规定外,混悬型眼用制剂照下述方法检查,粒度应符合规定。

检查法:取3个容器的半固体型供试品,将内容物全部挤于适宜的容器中,搅拌均匀,取适量(或相当于主药10μg)置于载玻片上,涂成薄层,薄层面积相当于盖玻片面积,共涂3片;照粒度和粒度分布测定法[《中国药典》(2020年版)四部通则0982第一法]测定,每个涂片中大于50μm的粒子不得过2个(含饮片原粉的除外),且不得检出大于90μm的粒子。

2. 金属性异物 除另有规定外,眼用半固体制剂照下述方法检查,金属性异物应符合规定。

检查法:取供试品10个,分别将全部内容物置于底部平整光滑、无可见异物和气泡、直径为6cm的平底培养皿中,加盖。除另有规定外,在85℃保温2小时,使供试品摊布均匀,室温放冷至凝固后,倒置于适宜的显微镜台上,用聚光灯从上方以45°的入射光照射皿底,放大30倍,检视不小于50μm且具有光泽的金属性异物数。10个中每个内含金属性异物超过8粒者,不得过1个,且其总数不得过50粒;如不符合上述规定,应另取20个复试。初试、复试结果合并计算,30个中每个内含金属性异物超过8粒者,不得过3个,且其总数不得过150粒。

3. 装量 眼用半固体,照最低装量检查法[《中国药典》(2020年版)四部通则0942]检查,应符合规定。

4. 无菌 照无菌检查法[《中国药典》(2020年版)四部通则1101]检查,应符合规定。

思考题

1. 简述软膏剂、乳膏剂、眼膏剂与凝胶剂的定义。

2. 简述软膏剂与乳膏剂的制备方法与工艺流程。

3. 简述软膏剂生产中存在的问题与分析。

4. 软膏剂与乳膏剂的质量评价有哪些方面与项目?

5. 简述软膏剂、乳膏剂、眼膏剂与凝胶剂的剂型与应用特点。

6. 简述软膏剂、乳膏剂、眼膏剂与凝胶剂基质的类型、各类特性、适用与重要品种;O/W型和W/O型基质的区别;常用的乳化剂类型。

7. 试分析复方地塞米松霜处方,并简述制备工艺与要点。

复方地塞米松霜处方:地塞米松0.25g,硬脂酸100g,对羟基苯甲酸乙酯1g,白凡士林50g,三乙醇胺2g,甘油50g,蒸馏水加至1 000g。

ER9-2 第九章 目标测试

侯 琳

参考文献

[1] 顾学裘.药物制剂注解.北京:人民卫生出版社,1983:1046-1047.

[2] 张汝华.工业药剂学.北京:中国医药科技出版社,1998:372.

[3] 黄波,钱修新.硝酸咪康唑乳膏处方筛选及工艺.药学与临床研究,2012,20(4):374-376.

[4] 时军,黄嗣航,王小燕,等.Z-综合评分法优化丹皮酚阳离子脂质体凝胶剂制备工艺.中国实验方剂学杂志,2012,18(3):32-35.

[5] 张保献,张卫华,聂其霞.药用凝胶的应用概况.中国中医药信息杂志,2004(11):1028-1032.

[6] 王敏,薛晓东.卡波姆凝胶剂的临床应用研究进展.医学综述,2013,19(6):1078-1080.

[7] 刘继东.氧氟沙星眼膏:CN1437947A.2003-08-27[2023-10-09].https://pss-system.cponline.cnipa.gov.cn/documents/detail? prevPageTit=changgui.

[8] 厦门大学.一种硝基咪唑类眼膏及其制备方法.中国专利:CN102727425A.2012-10-17[2023-10-09]. https://pss-system.cponline.cnipa.gov.cn/documents/detail? prevPageTit=changgui.

[9] 钟大根,刘宗华,左琴华,等.智能水凝胶在药物控释系统的应用及研究进展.材料导报A,2012,26(11):83-88.

[10] 于思源.中药软膏剂现存问题及解决方案的研究.环球中医药,2008(5):45-47.

第十章　中药制剂

本章要点

掌握　中药制剂的概念、特点；浸提过程及影响浸提的因素；常用的浸提方法；常用的浸出制剂及其主要特点；中药丸剂的概念、分类与制备。

熟悉　常用的分离与精制方法；浓缩与干燥方法；浸出制剂的制备工艺；中药丸剂常用辅料及质量评价方法；中药片剂、胶囊剂、注射剂、贴膏剂的概念及其质量控制要点。

了解　中药成分分类；中药制剂剂型改革；常用的中药前处理设备；常用的中药成方制剂品种。

通过本章学习熟悉中药与化药剂型的异同，特别是同一剂型（例如片剂）化药与中药的不同特点与质量要求。

第一节　概述

一、中药与中药制剂的概念

中药（Chinese materia medica）是在中医药理论指导下应用的药物。中药包括中药材、中药饮片和中成药等，具有独特的理论体系和应用形式。

中药饮片（decoction pieces）是指药材经过炮制后可直接用于中医临床或制剂生产使用的处方药品。

中药制剂是按照相应的处方，将中药制剂原料加工制成具有一定规格，可直接用于临床的药品。中药制剂原料是指中药制剂中使用的中药饮片及其加工品，包括中药饮片、植物油脂（植物挥发油、植物脂肪油）和中药提取物等。中药提取物一般分为总提取物、有效部位和有效成分三类。

中药制剂在长期的医疗实践中逐步形成了自己特色，传统剂型主要有膏药、丹药、丸剂、散剂、汤剂、酒剂、露剂、胶剂、茶剂、锭剂、煎膏剂等，随着现代制剂技术与中医药的结合，颗粒剂、片剂、滴丸剂、胶囊剂、注射剂、气雾剂等现代剂型也被广泛应用于中药制剂。

天然药物（natural medicine）是指动物、植物和矿物等自然界中存在的有药理活性的天然产物。天然药物的加工与应用不是基于中医药理论，而是基于现代医药理论体系，这是天然药物与中药的最主要区别。

二、中药制剂的特点

中药制剂中往往含有多种活性成分,与单一活性化合物相比,不仅疗效较好,而且在某些情况下能呈现单体化合物所不具有的治疗效果。将这些活性成分分离纯化,往往纯度越高而活性越低,这说明存在中药多成分体系的综合作用。

中药的多成分特点给中药制剂带来的优势是疗效通常为复方成分多靶点协同起效的结果,在治疗某些疾病方面具有独特的优势,不仅可以增强疗效,有的还可以降低毒性。例如四逆汤由附子、甘草、干姜组成,研究表明,四逆汤的强心升压效应优于方中各单味药,且能减慢窦性心律,可避免单味附子产生的异位心律失常,其原因是合煎过程中甘草中所含的甘草酸可与附子的主要毒性成分二萜类双酯型生物碱发生沉淀反应,生成不溶于水的大分子络合物,从而降低药液中酯型生物碱的含量,发挥减毒作用。

中药制剂的制备工艺包括前处理和成型两个环节,由于中药的多成分特性也给中药制剂带来了很多问题。第一,中药在制成制剂以前,往往需要很长的前处理过程以富集中药药效成分、减少剂量、改变物料性质,从而为制剂工艺提供高效、安全、稳定的半成品。第二,由于中药成分复杂、服用剂量较大,限制了辅料选择和现代制剂工艺应用的空间,造成制剂技术相对滞后。第三,中药制剂的药效物质基础不完全明确,这就给制剂过程和制剂成品的质量控制带来了很大的困难,难以对产品的质量做出科学、全面的评价。

中药通常含有多种活性成分,单纯测定几种有效成分的含量并不能从整体上控制中药制剂的质量。为了制定正确而合理的中药制剂质量标准,要制定总有效成分、多个特征有效成分的含量测定方法,同时可应用指纹图谱等技术从整体上控制质量。制定中药制剂的质量标准应与制备工艺平行进行,同时应注意含量测定方法的选择要能够克服其他成分的干扰。

辅料是制剂成型的物质基础,没有辅料就没有制剂。与化学药相比,传统中药制剂中辅料的选择具有独特之处,遵循"药辅合一"的思想,十分注重"辅料与药效相结合",处方中药物可能既是主药,又能起到辅料的作用。例如中药的半浸膏片,一般可利用提取的浸膏作为黏合剂,原生药粉作为填充剂和崩解剂;又如蜂蜜常在丸剂中作为黏合剂,同时也具有补中、润燥、止痛、解毒等功效。

三、中药制剂的发展

受历史条件的限制,中药制剂无论在剂型选择方面,还是在制备技术和质量控制等方面尚存在不少问题。随着临床需求的不断提高和现代科学技术的快速发展,采用制药新技术、新工艺、新设备和新辅料研究开发中药新制剂、新剂型已成为趋势,同时为中药制剂的发展也提供了有利条件。

1. 中药剂型研究 中药剂型的研究始于对传统剂型的改进,以提高成品的安全性、有效性、稳定性和可控性。剂型的改进应以中医药理论为指导,运用现代药剂学的技术、方法和手段,将中药传统剂型制成更加安全、有效、稳定、可控和患者更易于接受的中药现代剂型,如颗粒剂、片剂、胶囊剂、注射剂等。中药剂型改进必须坚持以下原则:①坚持中医药理论的指导，避免单纯套用化药的模式。②减毒增效。改进后的中药新剂型，必须比原有剂型在疗效上有所提高，或者毒性相对下降，否则剂型改进就失去了意义。

2. 新技术、新设备和新辅料的研究与应用 新技术在中药制剂中的应用日益广泛。新粉碎技术如低温粉碎、超微粉碎等；新提取分离技术如微波提取、超声提取、大孔树脂分离、膜分离等；新干燥技术如冷冻干燥、喷雾干燥等；新制剂技术如薄膜包衣、环糊精包合、微囊化、微乳化等；以上新技术为提高中药制剂技术水平提供了更多选择，部分技术已用于生产。基于相关技术研发的提取、分离、干燥设备，如微波提取与干燥设备、膜分离关键设备等降低了中药生产过程中的污染和能耗，提高了生产效率。此外，新辅料的应用也为中药缓释、控释、靶向制剂的研究提供了物质基础。

3. 中药制剂的质量控制与评价 近年来，中药制剂质量控制体系获得了全面提升，质量控制技术与方法已从单一技术发展到联用技术，如液相 - 质谱联用、气相 - 质谱联用、毛细管电泳 - 质谱联用等已得到广泛应用。此外，指纹图谱技术在中药制剂质量控制中的应用也明显提高了中药质量的可控性与科学性。

第二节　中药制剂前处理

中药饮片是制备中药制剂的主要原料，其入药形式主要有四种：中药全粉、中药粗提物、中药有效部位和中药有效成分。现代中药制剂中的中药饮片一般要经过提取、分离、浓缩、干燥等前处理工序制得中药粗提物，而后将其作为原料进一步供成型工艺使用。

一、中药的成分

为制成适宜的现代剂型，减少服用剂量，大多数中药材需要进行浸提，而浸提过程中所浸出的药材成分种类（性质）与中药制剂的疗效具有密切关系。药材成分可以分为四类，即有效成分、辅助成分、无效成分和组织物质。

1. 有效成分 有效成分（active ingredient）是起主要药效作用的化学成分，如某些生物碱、苷、挥发油、有机酸等。中药一般含有多种有效成分，例如人参的生物活性成分——人参皂苷有30余种，还含有多糖、挥发油、多肽等成分。中药复方的有效成分更为复杂，若提取每味药的单一有效成分评价中药复方的药理作用，显然是不合适的。因此，中药复方提取时常以有效部位如总黄酮、总皂苷、总生物碱、总苷等作为质量控制指标。

2. 辅助成分 辅助成分系指本身无特殊疗效，但能增强或缓和有效成分的药效、促进有效成分的浸出、增强制剂稳定性的化学物质。例如大黄中的鞣质能缓和大黄的泻下作用，所以大黄流浸膏比单独服用大黄蒽醌苷泻下作用缓和，副作用小。

3. 无效成分 无效成分系指无生物活性、不具有药效作用的化学物质，有的甚至会影响浸出效果、制剂的稳定性及药物的功效等。例如普通蛋白质、脂肪、淀粉、树脂等。

4. 组织物质 组织物质系指组织中正常存在的构成药材细胞或其他不溶性的物质。例如纤维素、栓皮、石细胞等。

二、浸提

浸提（extraction）系指应用适宜的溶剂与方法浸出中药材中有效成分或有效部位的操作。浸提的目的是尽可能多地浸出中药材中的有效成分及辅助成分，最大限度地避免无效成分和组织物质的浸出，以利于简化后期的分离精制工艺。浸提过程实质上就是溶质由药材固相转移到溶剂液相中的传质过程。

（一）浸提过程

1. **浸润与渗透** 药材中加入溶剂后首先润湿药材表面，由于液体静压和毛细管作用，溶剂能够进一步渗透进入药材内部。浸提溶剂能否润湿药材并渗透进入药材内部是浸出有效成分的前提条件。药材能否被润湿主要取决于浸提溶剂与药材的性质，大多数中药材含糖、蛋白质等极性基团，很容易被水和低浓度乙醇等极性溶剂浸润和渗透。当采用非极性溶剂如三氯甲烷、石油醚等浸提脂溶性有效成分时，药材要先进行干燥。

2. **解吸与溶解** 药材内各成分间存在亲和力，浸提溶剂渗透进入药材首先需要克服化学成分之间的吸附力，这一过程称为解除吸附，即解吸。在解吸之后，药材成分不断分散进入溶剂中，完成溶解。化学成分能否被溶剂溶解，取决于化学成分和溶剂的极性，即"相似相溶"原理，如水和低浓度乙醇等极性溶剂能溶解极性大的生物碱盐、黄酮苷、皂苷等成分。此外，加热或在溶剂中加入适量的酸、碱、甘油及表面活性剂等辅助剂，也可增加有效成分的解吸与溶解，例如用酸水或酸性乙醇提取生物碱。

3. **扩散** 进入药材组织细胞内的溶剂溶解大量化学成分后，细胞内药物浓度升高，使细胞内外出现浓度差和渗透压差。因此，细胞外侧纯溶剂或稀溶液向药材内渗透，药材内高浓度溶液中的溶质不断地向周围低浓度方向扩散，直至内外浓度相等，达到动态平衡。扩散速率遵循菲克第一扩散定律（Fick's first law of diffusion）。

$$ds = -DF\frac{dc}{dx}dt \qquad \text{式（10-1）}$$

式中，dt 为扩散时间；ds 为在 dt 时间内物质的扩散量；F 为扩散面积，取决于药材的粒度与表面状态；dc/dx 为浓度梯度，即浓度差与扩散距离的比值；D 为扩散系数；负号表示药物扩散方向与浓度梯度方向相反。

扩散系数 D 可由下式求出。

$$D = \frac{RT}{N} \times \frac{1}{6\pi r \eta} \qquad \text{式（10-2）}$$

式中，R 为摩尔气体常数；T 为绝对温度；N 为阿伏伽德罗常数；r 为扩散物质（溶质）分子半径；η 为液体黏度。

由式（10-1）和式（10-2）可知，扩散速率（ds/dt）与扩散面积（F）、浓度梯度（dc/dx）、温度

（T）成正比；与扩散物质（溶质）分子半径（r）、液体黏度（η）成反比，其中最重要的是要保持最大的浓度梯度（dc/dx）。

（二）影响浸提的因素

1. 溶剂　溶剂的性质与用量对浸提效率有很大的影响，应该根据有效成分的性质选择合适的溶剂。例如水被广泛用于药材中生物碱、苷类、多糖、蛋白质、有机酸盐、酶等有效成分的提取。乙醇与水混溶后可以调节极性，如90%乙醇可浸提挥发油、有机酸、叶绿素、树脂等；70%～90%乙醇可浸提香豆素、内酯等；50%～70%乙醇可浸提生物碱、苷类等；一些极性较大的成分如蒽醌苷类等宜采用50%以下的乙醇浸提。脂溶性成分可以采用非极性溶剂浸提。溶剂用量大，利于有效成分扩散、置换，但用量过大，会给后续的浓缩等工艺带来困难。

2. 药材粒度　药材粒度越细，溶剂越易进入药材内部，且扩散的距离越短，有利于药材成分的浸出。但在实际生产中，药材粒度也不宜过细，原因在于：①过细的粉末吸附能力增强，会造成有效成分的损失。②粉碎过细，会导致大量组织细胞破裂，浸出的高分子杂质增多，造成后续操作工艺复杂。③粉末过细还会给浸提操作带来困难。如浸提液滤过困难，产品易浑浊；如用渗漉法浸提时，因粉末间的孔隙太小，溶剂流动阻力增大，易造成堵塞，使渗漉不完全或渗漉发生困难。

3. 药材成分　由菲克第一扩散定律可知，单位时间内物质的扩散速率与分子半径成正比，因此小分子物质较易浸出。小分子成分主要在最初部分的浸提液中，随着浸提的进行，大分子成分（主要是杂质）浸出逐渐增多。此外，药材成分的浸出速率还与其溶解性（或与溶剂的亲和性）有关。

4. 浸提温度　适当提高浸提温度可加速成分的解吸、溶解，并促进扩散，有利于提高浸提效果，但温度过高，热敏性成分易分解破坏，且无效成分的浸出增多。

5. 浸提时间　浸提过程的完成需要一定的时间，以有效成分扩散达到平衡作为浸提过程完成的终止标志。浸提时间过短，不利于有效成分的浸出；而长时间浸提又会导致杂质的浸出增加，某些有效成分分解。

6. 浓度梯度　浓度梯度即药材组织内外的浓度差，是扩散的主要动力。通过更换新鲜溶剂、不断搅拌或浸出液强制循环流动或采用流动溶剂渗漉提取等方法均可增大浓度梯度，提高浸提效果。

7. 溶剂pH　适当调节浸提溶剂的pH可以改善浸提效果。如用酸性溶剂浸提生物碱，用碱性溶剂浸提酸性皂苷等。

8. 浸提压力　浸提时加压可加速溶剂对质地坚硬药材的浸润与渗透过程，同时加压也会使部分药材细胞壁破裂，有利于缩短浸提时间。但当药材组织内已经充满溶剂后加大压力对扩散速率没有影响。

9. 浸提方法　浸提方法不同，提取效率不同。新的提取技术，如超临界流体提取技术、微波提取技术、超声波提取技术等，可加快浸提过程，提高浸提效果。

（三）常用浸提方法与设备

1. 煎煮法（decoction）　煎煮法系指以水为溶剂，通过加热煎煮浸提药材中有效成分的方法。适用于能溶于水，且对湿、热较稳定的有效成分的浸提。所获得的提取液除直接用于汤剂外,也可作为中间体制备合剂、颗粒剂、注射剂等。

煎煮法属于间歇式操作,即将中药饮片或粗粉置于适宜煎煮器中,加水使药材浸没,浸泡适宜时间(30~60分钟)后,加热至沸,保持微沸状态一定时间,分离煎出液,药渣依法煎煮数次,通常以煎煮2~3次较为适宜,合并煎出液。

多功能提取罐(图10-1)是目前中药厂应用最广的提取设备,可进行常温常压、加压高温或减压低温提取,其容积为 0.5~6m³,自动化程度高,药渣可借机械力或压力自动排出,设备带夹套可通蒸汽加热或冷水冷却,可用于水提、醇提、挥发油提取、药渣中溶剂回收等。

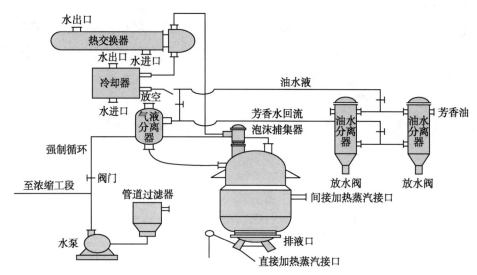

图 10-1　多功能提取罐示意图

2. 浸渍法(maceration)　浸渍法是将药材用适当的溶剂在一定温度条件下浸泡一定时间而浸出有效成分的一种方法。浸渍法所需时间较长,不宜用水作溶剂,通常采用不同浓度的乙醇或白酒作溶剂,密闭浸渍,以防止溶剂挥发损失。由于溶剂用量大且处于静止状态,因此浸出的效率不高,可用重浸渍、加强搅拌、促进溶剂循环等措施提高浸出效果。浸渍法适用于黏性药材、无组织结构的药材、新鲜及易于膨胀的药材、价格低廉的芳香性药材等,不适用于贵重药材、毒性药材及制备高浓度的制剂。

根据浸提的温度和浸渍次数可以分为冷浸渍法(室温)、热浸渍法(40~60℃)和重浸渍法。重浸渍法是将全部浸提溶剂分为几份,先用一份溶剂浸渍后,药渣再用另一份溶剂浸渍,如此重复 2~3 次,将各份浸渍液合并即得。此法可减少因药渣吸附浸出液所引起的有效成分的损失。

浸渍法所用的主要设备为圆柱形不锈钢罐、搪瓷罐及陶瓷罐等,其下部设有出液口,为防止堵塞出口,应装多孔假底,铺垫滤网及滤布。药渣用螺旋压榨机压榨或水压机分离浸出液,大量生产多采用水压机。

3. 渗漉法(percolation)　渗漉法是将药材粗粉装入渗漉筒内,在药粉上添加浸提溶剂使其渗过药粉,在流动过程中浸出有效成分的一种方法(图10-2)。渗漉法属于动态浸提,有良好的浓度梯度,有效成分浸出较为完全,适用于贵重药材、毒性药材及高浓度制剂,也可用于有效成分含量较低的药材的提取。但对新鲜药材、易膨胀的药材、无组织结构的药材不适

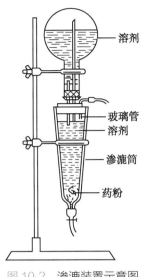

图 10-2　渗漉装置示意图

溶剂

玻璃管
溶剂

渗漉筒

药粉

用。渗漉法所需时间较长,不宜采用水作溶剂,通常用不同浓度的乙醇或白酒作溶剂。

根据操作方法不同,渗漉法可分为单渗漉法、重渗漉法、加压渗漉法、逆流渗漉法。以单渗漉法为例,操作步骤为药材粉碎→润湿→装筒→加溶剂排除气泡→浸渍→收集渗漉液。先将药材粉碎到适宜粒度,用浸提溶剂将其润湿,以避免填装后因膨胀造成的渗漉器堵塞;然后根据药材的性质选择适宜形状的渗漉筒,底部应有过滤装置,将已润湿的药材分层均匀装入,松紧一致;从渗漉筒上部添加溶剂,同时打开下部渗漉器出口以排除空气,加入的溶剂应始终保持浸没药粉表面;添加溶剂后应加盖浸渍放置一定时间(24~48 小时),使溶剂充分渗透扩散;最后开始渗漉,收集渗漉液,渗漉速度视具体品种而定,一般为每 1kg 药材每分钟流出渗漉液 1~3ml。大生产时,每小时渗漉体积相当于渗漉容器被利用容积的 1/48~1/24。

4. 回流法　回流法系指用乙醇等易挥发的有机溶剂浸提,浸提液被加热,馏出后又被冷凝,重新流回浸出器中浸提药材,直至有效成分回流提取完全的浸提方法。回流法分为回流热浸法和回流冷浸法。

回流热浸法所用溶剂只能循环使用,不能不断更新,通常需要更换溶剂 2~3 次,溶剂用量较大。回流冷浸法其原理同索氏提取器,所用溶剂既可循环使用,又能不断更新,故溶剂用量比回流热浸法少,也比渗漉法的溶剂用量少,且浸提较为完全。回流法由于连续加热,浸提液受热时间较长,故适用于对热稳定的药材成分的浸提。

5. 水蒸气蒸馏法　水蒸气蒸馏法系指将含有挥发性成分的药材与水共同蒸馏,使挥发性成分随水蒸气一并馏出的浸提方法。该法适用于能随水蒸气蒸馏而不被热破坏,不溶于水或难溶于水且不与水发生化学反应的挥发性成分的提取,如挥发油的提取。其基本原理是根据道尔顿定律,相互不溶也不起化学作用的液体混合物的蒸气总压,等于该温度下各组分饱和蒸气压之和。因此,尽管各组分本身的沸点高于混合液的沸点,但当分压总和等于大气压时,液体混合物即开始沸腾并被蒸馏出来。水蒸气蒸馏法分为共水蒸馏法(直接加热法)、通水蒸气蒸馏法和水上蒸馏法三种。

6. 超临界流体提取法(supercritical fluid extractio,SFE)　超临界流体提取法系指利用超临界流体的强溶解性质提取药材有效成分的方法。超临界流体系指处于临界温度(T_c)与临界压力(P_c)以上的流体。当流体的温度和压力处于其 T_c 与 P_c 以上时,此时流体处于临界状态,最常用的超临界流体是 CO_2。超临界流体的性质介于气体与液体之间,既有与气体接近的黏度和高扩散系数,又具有接近液体的密度和良好的溶解能力。这种溶解能力对系统压力与温度变化十分敏感,可通过调节温度和压力选择性地溶解目标成分,达到分离纯化的目的。该法适于提取亲脂性、小分子物质,且萃取温度低,能够避免热敏性成分被破坏。若用于提取极性较大、分子量较大的成分则需要加入夹带剂或升高压力。

7. 微波提取法　微波提取法系指利用微波能的强烈热效应提取药材中有效成分的方法。目前已被应用于黄酮类、生物碱类、皂苷类等活性成分的提取。

8. 超声波提取法　超声波提取法系指利用超声波通过提高溶剂分子的运动速度及渗透能力提取有效成分的方法。与传统提取方法相比,超声波提取具有省时、节能、提取效率高等优点。

三、分离与精制

(一)分离

在中药浸提液中用适当方法将固体与液体分开的过程称为分离。目前,中药浸提液的分离方法主要有三类:沉降分离法、离心分离法、滤过分离法。

1. 沉降分离法　沉降分离法是利用固体物与液体介质密度相差较大,固体物靠自身重量自然下沉,经过静置分层,吸取上清液,即可使固液分离的一种方法。该方法分离不够完全,多数情况下还需要进一步离心或滤过分离,但可除去大部分杂质,利于进一步分离操作,工业生产中常用。

2. 离心分离法　离心分离法系指利用离心机高速旋转产生的离心力,将浸提液中固体与液体或两种不相混溶的液体分离的方法。离心力是重力的 2 000～3 000 倍,因此,应用离心分离法可以将粒径很小的微粒及不相混溶的两种液体混合物分开,这是沉降分离法所不能达到的。

3. 滤过分离法　滤过分离法系指将浸提液通过多孔介质(滤材)时固体粒子被截留,液体经介质孔道流出,从而实现固液分离的方法。

滤过机制有两种,一种是表面滤过,即大于滤孔的微粒全部截留在滤过介质的表面;二是深层滤过,即滤过介质所截留的微粒直径小于滤孔平均直径大小,被截留在滤器的深层。另外,在操作的过程中,微粒沉积在滤过介质的孔隙上而形成所谓的"架桥现象",形成具有间隙的致密滤层,滤液流出,大于间隙的微粒被截留而达到滤过作用。

影响滤过速度的因素有:①滤渣层两侧的压力差越大,滤速越快;②滤材或滤饼毛细管半径越大,滤速越快,对于可压缩性滤渣,常在浸提液中加入助滤剂以减少滤饼的阻力;③在滤过的初期,滤过速度与滤器的面积成正比;④滤速与毛细管长度成反比,故沉积的滤渣层越厚则滤速越慢;⑤滤速与浸提液黏度成反比,黏性越大,滤速越慢,因此常采用趁热滤过。

(二)精制

精制是指采用适当方法和设备除去中药浸提液中杂质的操作。常用的精制方法有水提醇沉法、醇提水沉法、大孔树脂吸附法等,其中以水提醇沉法的应用尤为广泛。

1. 水提醇沉法　水提醇沉法是先以水为溶剂提取药材中有效成分,再将提取液浓缩到每毫升相当于原药材 1～2g,然后用不同浓度的乙醇沉淀除去提取液中杂质的方法。该方法的基本原理是部分中药的有效成分既溶于乙醇又溶于水,杂质溶于水但不溶于一定浓度的乙醇,因而能够在加入适量乙醇后析出沉淀而分离除去,达到精制的目的。通常认为,当浸提液中乙醇含量达到 50%～60% 时,可除去淀粉等杂质,当乙醇含量达到 75% 以上时,除鞣质和水溶性色素外,其余大部分杂质均可沉淀去除。

在加入乙醇时,浸提液的温度一般为室温或室温以下,以防止乙醇挥发,加入时应"慢加快搅",醇沉后应盖严容器以防乙醇挥发,静置冷藏适当时间,分离除去沉淀后回收乙醇,最终可制得澄清的液体。

2. 醇提水沉法　醇提水沉法系指先以适当浓度的乙醇提取药材成分,再加适量的水进行沉淀,以除去水不溶性杂质的方法。其原理与水提醇沉法基本相同。应用此法提取中药材可减少水溶性杂质的浸出,加水沉淀又可除去树脂、油脂、色素等醇溶性杂质。

3. 大孔树脂吸附法　大孔树脂吸附法系指利用大孔树脂具有的网状结构和极高的比表面积,从中药浸提液中选择性地吸附有效成分而达到精制的方法。大孔树脂本身不含交换基团,其能吸附药液中的有效成分是因其本身具有的吸附性,通过改变吸附条件可以选择性地吸附有效成分、除去杂质。影响大孔树脂纯化的因素主要有树脂结构、型号、粒径范围、平均孔径、孔隙率、比表面积等。

4. 酸碱法　酸碱法系指利用单体成分在不同的酸碱度下解离程度不同而溶解度不同,在溶液中加入适量的酸或碱,调节 pH 至一定范围,使单体成分溶解或析出,达到分离目的的方法。如生物碱一般不溶于水,加酸后解离极性增强能够溶解,碱化后又重新转变为非解离的分子型,极性减小而析出沉淀。

5. 盐析法　盐析法系指在浸提液中加入大量的无机盐,形成高浓度的盐溶液使某些大分子物质溶解度降低析出,达到精制目的的方法,主要用于蛋白质类成分的精制。

6. 澄清剂法　澄清剂法系指在中药浸提液中加入一定量的澄清剂(如壳聚糖),以吸附方式除去溶液中的微粒,以及淀粉、鞣质、胶质、蛋白质、多糖等无效成分的方法。

7. 透析法　透析法系指利用小分子物质可通过半透膜,而大分子物质不能通过的特性,根据分子量不同而进行分离精制的方法。此法可用于除去中药提取液中的鞣质、蛋白质、树脂等高分子杂质,也常用于植物多糖的纯化。

四、浓缩与干燥

(一)浓缩

浓缩(concentration)是采用适当的方法除去浸提液中的大部分溶剂,提高药液浓度的过程。中药提取液经过浓缩后能够显著减小体积、提高有效成分浓度或得到固体原料,便于制剂的制备。蒸发是中药浸提液浓缩的重要手段,还可以采用反渗透、超滤等方法使药液浓缩。

1. 蒸发浓缩　蒸发时液体必须吸收热能,蒸发浓缩就是不断地加热以促使溶剂汽化而除去,从而达到浓缩的目的。

蒸发浓缩在沸腾状态下进行,沸腾蒸发的效率常以蒸发器生产强度,即单位时间、单位传热面积上所蒸发的溶剂量来表示。

$$U = \frac{W}{A} = \frac{K \cdot \Delta t_m}{r'} \qquad \text{式(10-3)}$$

式中,U 为蒸发器的生产强度[kg/(m²·h)];W 为溶剂蒸发量(kg/h);A 为蒸发器传热面积(m²);K 为蒸发器传热总系数[kJ/(m²·h·℃)];r' 为二次蒸汽的汽化潜能(kJ/kg);Δt_m 为加热蒸汽的温度与溶液沸点之差(℃)。由式(10-3)可知,蒸发器的生产强度与传热温度差及传热系数成正比,与二次蒸汽的汽化潜能成反比。

2. 浓缩方法与设备　中药提取液黏稠度不同,对热稳定性不同,有的蒸发时易产生泡沫,有的易结晶,有的需要浓缩至高密度,有的浓缩时需要同时回收挥散的蒸汽。所以,应根据中药提取液和有效成分的性质及蒸发浓缩的要求选择合适的蒸发浓缩方法与设备。

(1)常压蒸发:常压蒸发系指料液在一个大气压下的蒸发浓缩,也称为常压浓缩。这种方法用时较长,易导致热敏性成分被破坏,主要适用于对热较稳定的成分且溶剂无燃烧性及无毒害时的浓缩。中药水提液在常压浓缩时的常用设备为敞口夹层不锈钢蒸发锅,浓缩过程中应不断搅拌,以避免料液液面结膜,蒸发过程所产生的大量水蒸气可通过电扇和排风扇及时排走。

(2)减压蒸发:减压蒸发系指在密闭容器中降低压力,使料液的沸点降低而进行蒸发的方法,也称为减压浓缩,适用于含热敏性药液成分的浓缩。本法使传热温度差增大,提高了蒸发效率。但随着溶剂的不断蒸发,药液黏度增大,传热系数增大,也同时增加了耗能。常用的减压浓缩设备有减压蒸馏器和真空浓缩罐。减压蒸馏器是使药液在减压及较低温度下浓缩的设备,同时还可回收乙醇等有机溶剂。中药水提液的浓缩多采用真空浓缩罐,操作过程中将加热产生的水蒸气用抽气泵直接抽入冷水中以保持真空。

(3)薄膜蒸发:薄膜蒸发系指用一定的加热方式,使药液在蒸发时形成薄膜,增加汽化表面积而进行蒸发的方法。其特点是药液受热时间短,蒸发速度快;不受液体静压和过热影响,有效成分不易被破坏;可在常压和减压下进行连续操作;能将溶剂回收重复利用。薄膜蒸发有两种形式,一种是将液膜快速流过加热面进行蒸发;另一种是将药液剧烈沸腾,产生大量泡沫,以泡沫的内外表面为蒸发面进行蒸发。薄膜蒸发常用设备有升膜式蒸发器、降膜式蒸发器、刮板式蒸发器、离心式蒸发器等。

(4)多效蒸发:多效蒸发系指将两个或多个减压蒸发器并联形成的浓缩方法,如图10-3所示。操作时,药液进入减压蒸发器后,给第一个减压蒸发器提供加热蒸汽,药液被加热沸腾后,所产生的蒸汽通入第二个减压蒸发器作为加热蒸汽,依此类推组成多效蒸发器。多效蒸发由于二次蒸汽的反复利用,能够充分利用热能,提高蒸发效率,降低耗能。

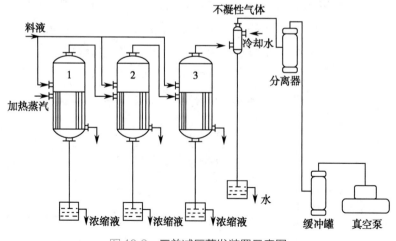

图10-3　三效减压蒸发装置示意图

（二）干燥

干燥（drying）系指利用热能除去湿物料中所含水分或其他溶剂，获得干燥物料的操作。干燥与蒸发实质上都是通过热能，使溶剂汽化，达到除去溶剂的目的，只是二者的程度不同：药液经蒸发后仍为液体，只是浓度与稠度增加；而干燥最终制得固态的提取物。中药饮片和中药提取物（包括粗提物、有效部位或有效成分）在干燥后稳定性提高利于贮存，同时也有利于进一步制成相应的制剂。有的中药制剂经过干燥后才能符合含水量要求，确保稳定性。应用于中药制药工业的干燥方法主要有以下几种。

1. 常压干燥 常压干燥系指在常压下进行的静态干燥方法，一般要求温度逐渐升高，以便于物料内部水分逐渐扩散至表面蒸发。例如烘干法，系指在常压下利用热的气流使湿物料水分汽化而进行干燥的方法，常用的设备有烘房和烘箱等。但因物料处于静止状态，所以干燥速度较慢，并且干燥物容易结块，需要粉碎。为了提高效率，可以采用滚筒式干燥，即将湿物料以薄膜状涂布在金属转鼓上，利用热传导方法蒸发水分，使物料干燥的方法，此法蒸发面及受热面都有显著增大，可缩短干燥时间，且干燥品呈薄片状，较易粉碎，适用于中药浸膏的干燥及采用涂膜法制备膜剂。

2. 减压干燥 减压干燥系指在密闭的容器中，在减压条件下进行加热干燥的方法。其特点是干燥温度低，速度快，可减少物料成分被破坏的可能性；由于在密闭状态下，减少了物料与空气的接触，还能避免物料被污染或氧化变质；干燥成品呈松脆海绵状，易于粉碎。但生产能力小，劳动强度大。该法适用于高温下易氧化或热敏性物料的干燥。

3. 沸腾干燥 沸腾干燥又称流化床干燥，系指利用热空气流将湿颗粒由下向上吹起，使之悬浮，呈"沸腾状"，即流化状态，热空气从湿颗粒间通过，带走水汽而达到干燥的一种动态干燥方法。沸腾干燥的特点是蒸发面积大、热利用率高、干燥速度快、成品产量高。该法适用于湿粒性物料的干燥，如片剂、颗粒剂制备过程中湿颗粒的干燥和水丸的干燥，可用于大规模生产，但热能消耗大，设备清扫较麻烦。

4. 喷雾干燥 喷雾干燥系将浸出液经雾化器雾化为细小液滴，在一定流速的热气流中进行热交换，水分被迅速蒸发而达到干燥的一种动态干燥方法。喷雾干燥的特点是物料受热表面积大、水分蒸发极快、瞬间干燥、干燥制品质地松脆、水分容易渗入、溶解性能好（如图10-4）。喷雾干燥的缺点是能耗较高、设备不易清洗，最好用于单一品种的大生产使用。

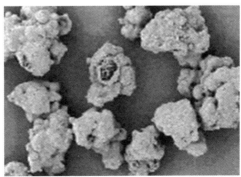

图 10-4　常压干燥颗粒（左）与喷雾干燥颗粒（右）的电镜照片

5. 冷冻干燥　冷冻干燥系指将被干燥的液态物料浓缩到一定浓度后冷冻成固体,在低温、减压的条件下,将水分直接升华除去的干燥方法。其特点是物料在高度真空及低温条件下干燥,适用于受热易分解的物料。干燥品外观优良,多孔疏松,易于溶解,且含水量低,一般为1%～3%,有利于长期贮存。冷冻干燥的缺点是设备投资大、耗能高,导致生产成本高。

6. 红外线干燥　红外线干燥系指利用红外线辐射器产生的电磁波被含水物料吸收后直接转变为热能,使物料中水分汽化而干燥的方法,属于辐射加热干燥。远红外线干燥优于近红外线干燥。其特点为干燥速率快、物料受热均匀、产品质量好,适用于热敏性药物的干燥,尤其适用于熔点低、吸湿性强的物料,以及某些物体表层(如橡胶贴膏)的干燥。

7. 微波干燥　微波干燥系指把物料置于高频交变电场内,从物料内部均匀加热,迅速干燥的一种方法。其特点是穿透力强、物质的内部和表面可同时均匀加热、热效率高、干燥时间短、产品质量好、兼有杀虫和灭菌作用。微波干燥的缺点是设备投资和运行成本高。该法适用于含有一定水分且对热稳定的药物的干燥或灭菌,中药中多用于饮片、药物粉末、丸剂等物料的干燥。

第三节　浸出制剂

一、概述

(一)浸出制剂的概念

浸出制剂系指采用适宜的溶剂和方法,提取饮片中有效成分而制成的供内服或外用的一类中药制剂。大部分浸出制剂可直接用于临床,如汤剂、合剂、酒剂等,也有一部分浸出制剂,如浸膏剂、流浸膏剂,可用作制备其他制剂的原料。浸出制剂中,糖浆剂参见第五章"液体制剂"相关内容。

(二)浸出制剂的特点

1. 体现方药多种浸出成分的综合药效　与单体成分相比,浸出制剂呈现所含方药多种浸出成分的综合药效,符合中医药理论。如阿片酊有镇痛和止泻功效,而从阿片中提取的吗啡,只有镇痛作用而无止泻功效。

2. 与原方药相比,服用量减少　饮片经过浸提后,除去了大部分无效成分和组织物质,提高了制剂中有效成分的浓度,与原方药相比,用量减少,便于服用。

3. 可用作其他制剂的原料　浸提液可直接制备制剂,如汤剂、合剂、酒剂等,也可继续浓缩成流浸膏、浸膏等,作为原料进一步制备成其他制剂,如片剂、颗粒剂、注射剂等。

(三)浸出制剂的分类

1. 水浸出制剂　以水为溶剂浸出饮片有效成分制得的制剂,如汤剂、合剂等。

2. 含糖浸出制剂　在水浸出制剂的基础上,进一步浓缩后加入适量蔗糖或蜂蜜制成的制剂,如煎膏剂、糖浆剂等。

3. **醇浸出制剂** 以不同浓度乙醇或酒为溶剂浸提饮片有效成分制得的制剂,如酒剂、酊剂、流浸膏剂等。

二、汤剂

汤剂(decoction)系指将饮片或粗颗粒加水煎煮,去渣取汁制成的液体制剂,亦称"汤液"。汤剂主要供内服,也可供洗浴、熏蒸、含漱用。

（一）**汤剂的特点**

汤剂是我国应用最早的剂型之一,也是目前中医临床应用最为广泛的剂型。汤剂组方灵活,可根据病情需要随证加减药物,符合中医临床治疗的需要;以水为溶剂,制法简单,奏效迅速。但汤剂也存在需要临用前制备、味苦、服用体积大、携带不便、不易久贮、某些脂溶性和难溶性成分提取率低、可能影响疗效等缺点。

（二）**汤剂的制备**

汤剂采用煎煮法制备,其质量除受药材来源、加工炮制、处方调配等因素影响外,制备中还应注意煎煮条件及某些中药特殊的处理等。

1. **煎药器具** 传统多用砂锅,因其传热均匀、缓和,价格低廉,且能避免煎煮过程中与药物发生化学反应。不锈钢材料耐腐蚀,大量制备时可采用不锈钢容器。目前医院煎药多采用电热或蒸汽加热自动煎药机。

2. **煎煮用水** 最好采用经过净化的饮用水。用水量一般为饮片量的5～8倍,或超过饮片表面2～5cm为宜。加水后先浸泡一段时间,再开始煎煮。

3. **煎煮火候** 一般先用大火煮沸,沸后改用小火,保持微沸状态一定时间,即"武火煮沸,文火保沸"。

4. **煎煮次数** 通常2～3次为宜。饮片煎煮一次,有效成分不易充分浸出;煎煮次数太多,不仅费时、耗料,而且使煎出液中杂质增多,服用体积增大。

5. **煎煮时间** 与饮片质地、性质、投料量等有关,通常煮沸后再煎煮20～30分钟。解表类、清热类、芳香类药物不宜久煎,煮沸后再煎煮15～20分钟;滋补药先用武火煮沸后改用文火慢煎40～60分钟。汤剂煎煮后应趁热滤过,尽量减少药渣中煎液的残留量。

6. **特殊中药的处理** 汤剂制备时处方中有些饮片需要进行特别处理,主要包括先煎、后下、包煎、烊化、另煎、冲服、榨汁等。

例 10-1:麻杏石甘汤

【处方】麻黄 6g　苦杏仁 9g　石膏(先煎)18g　炙甘草 5g

【制法】先将石膏置于煎煮器内,加水 250ml,煎 40 分钟,加入其余三味药,煎 30 分钟,滤取药液。药渣再加水 200ml,煎 20 分钟,滤取药液。合并两次煎出液,即得。

【注解】本品功能宣泄郁热、清肺平喘。主治热邪壅肺所致的身热无汗或有汗、咳逆气急等症。方中石膏质地坚硬,有效成分不易煎出,故采用先煎的处理方法。

三、合剂

合剂（mixture）系指饮片用水或其他溶剂，采用适宜的方法提取制成的口服液体制剂，单剂量灌装者称为口服液（oral liquid）。

（一）合剂的特点

合剂是在汤剂的基础上发展而来的剂型，其既保留了汤剂吸收快、作用迅速的特点，又可成批生产而省去了汤剂须临时配方和煎煮的麻烦；经过浓缩，缩小体积，便于携带和服用；可加入适量防腐剂，并经灭菌处理，密封包装，质量相对稳定。但合剂组方固定，不能随证加减，故不能完全代替汤剂。

合剂根据需要可加入适宜的附加剂。若加入防腐剂，山梨酸和苯甲酸的用量不得超过0.3%（其钾盐、钠盐的用量分别按酸计），羟苯酯类的用量不得超过0.05%，必要时也可加入适量的乙醇。若加入矫味剂蔗糖，除另有规定外，含蔗糖量一般不高于20%（g/ml）。

（二）合剂的制备

工艺流程如图10-5所示。饮片一般采用煎煮法提取，挥发性成分可用蒸馏法提取，亦可根据有效成分性质用乙醇回流或渗漉提取；药液经滤过或离心除去沉淀，必要时可采用乙醇沉淀等方法精制；浓缩程度一般以日服量在30～60ml为宜；配液应在清洁避菌的环境中进行，配制好的药液要尽快滤过、分装，封口后立即灭菌，在严格避菌环境中配制的合剂可不进行灭菌。

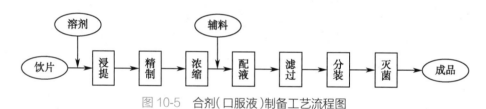

图10-5 合剂（口服液）制备工艺流程图

例10-2：小青龙合剂

【处方】麻黄125g 桂枝125g 白芍125g 干姜125g 细辛62g 炙甘草125g 法半夏188g 五味子125g

【制法】以上八味，细辛、桂枝蒸馏提取挥发油，蒸馏后的药液另器收集；药渣与麻黄、白芍、五味子、炙甘草加水煎煮二次，第一次2小时，第二次1.5小时，合并煎液，滤过，滤液和蒸馏后的药液合并，浓缩至约1 000ml；法半夏、干姜用70%乙醇作溶剂，浸渍24小时后进行渗漉，收集渗漉液，回收乙醇并浓缩至适量，与上述药液合并，静置，滤过，滤液浓缩至1 000ml，加入苯甲酸钠3g，与细辛、桂枝的挥发油搅匀，即得。

【注解】本品为棕褐色至棕黑色液体；气微香，味甜、微辛。功能解表化饮、止咳平喘。用于风寒水饮、恶寒发热、无汗、喘咳痰稀。细辛、桂枝含挥发性成分，若与方中其他饮片同煎，挥发性成分受热易挥发损失，故先提取细辛、桂枝中的挥发油，药渣再与其他饮片合煎；法半夏、干姜采用70%乙醇渗漉浸提，有效成分提取效率高，同时可避免挥发性成分的损失。

四、煎膏剂

煎膏剂（concentrated decoction）系指饮片用水煎煮，取煎煮液浓缩，加炼蜜或糖（或转化糖）制成的半流体制剂。

（一）煎膏剂的特点

煎膏剂的功效以滋补为主，同时兼有缓和的治疗作用，故又称膏滋。煎膏剂具有药物浓度高、体积小、便于服用等优点，多用于慢性疾病的治疗。由于制备过程中须长时间加热处理，故含热敏性成分及挥发性成分的中药不宜制成煎膏剂。

（二）煎膏剂的制备

工艺流程如图 10-6 所示。

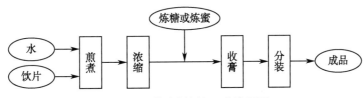

图 10-6　煎膏剂制备工艺流程图

1. 制备清膏　饮片一般采用煎煮法提取，加水煎煮 2～3 次，每次 2～3 小时，提取液滤过后浓缩至规定的相对密度，一般在 1.21～1.25（80℃），即得清膏。

2. 收膏　取清膏，加入炼蜜或糖（或转化糖），继续加热，不断搅拌，掠去液面上的浮沫，熬炼至规定的稠度即可。除另有规定外，加炼蜜或糖的量一般不超过清膏量的 3 倍。收膏的稠度视品种而定，一般控制相对密度在 1.40 左右。

蜂蜜和蔗糖使用前均需要炼制。炼蜜的内容参见本章"中药丸剂"一节。炼糖的目的在于除去杂质、杀灭微生物、减少水分、防止"返砂"（煎膏剂贮存过程中糖结晶析出的现象，产生原因与煎膏剂中总糖量过高或炼糖的转化率过低或过高有关）。炼糖的方法：取蔗糖适量，加入糖量一半的水及 0.1% 酒石酸或 0.3% 枸橼酸，加热溶解，保持微沸，炼至糖液色泽金黄、透明清亮，使蔗糖的转化率达到 40%～50%，即得。

例 10-3：养阴清肺膏

【处方】地黄 100g　麦冬 60g　玄参 80g　川贝母 40g　白芍 40g　牡丹皮 40g　薄荷 25g　甘草 20g

【制法】以上八味，川贝母用 70% 乙醇作溶剂，浸渍 18 小时后，以每分钟 1～3ml 的速度渗漉，收集渗漉液，回收乙醇；牡丹皮与薄荷分别用水蒸气蒸馏，收集蒸馏液，分取挥发性成分另器保存；药渣与地黄等其余五味加水煎煮两次，每次 2 小时，合并煎液，静置，滤过，滤液与川贝母提取液合并，浓缩至适量，加炼蜜 500g，混匀，滤过，滤液浓缩至规定的相对密度，放冷，加入牡丹皮与薄荷的挥发性成分，混匀，即得。

【注解】本品为棕褐色稠厚的半流体；气香，味甜，有清凉感。相对密度应不低于 1.37。本品功能养阴润燥，清肺利咽。用于阴虚肺燥，咽喉干痛，干咳少痰或痰中带血。川贝母为贵重药材，用 70% 乙醇渗漉可提高有效成分的提取率。牡丹皮和薄荷采用水蒸气蒸馏法提取其挥发性成分，避免了煎煮过程中挥发性成分的散失。

五、酒剂与酊剂

（一）概述

1. 酒剂（wine） 又名药酒，系指饮片用蒸馏酒提取制成的澄清液体制剂。酒剂多供内服。因酒辛、甘、大热，能行血通络、散寒，故祛风活血、止痛散瘀等方剂常制成酒剂。

2. 酊剂（tincture） 系指将饮片用规定浓度的乙醇提取或溶解而制得的澄清液体制剂，亦可用流浸膏稀释制成。酊剂多供内服，少数供外用。除另有规定外，酊剂每100ml相当于原饮片20g；含有毒剧药的酊剂，每100ml应相当于原饮片10g；有效成分明确者，应根据其半成品有效成分的含量加以调整，使其符合相应品种项下的规定。

酒剂与酊剂均属于含醇浸出制剂，易于保存，但乙醇对人体具有一定的影响，故儿童、孕妇及高血压、心脏病等患者不宜内服。

酒剂与酊剂均应进行总固体量、乙醇量及甲醇量检查。

（二）酒剂与酊剂的制备

酒剂与酊剂制备工艺流程如图10-7和图10-8所示。酒剂与酊剂的浸提方法有浸渍法、渗漉法或回流法。

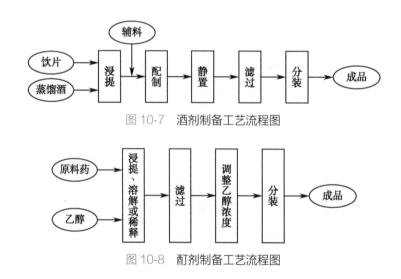

图 10-7　酒剂制备工艺流程图

图 10-8　酊剂制备工艺流程图

例10-4：舒筋活络酒

【处方】木瓜45g　桑寄生75g　玉竹240g　续断30g　川牛膝90g　当归45g　川芎60g　红花45g　独活30g　羌活30g　防风60g　白术90g　蚕沙60g　红曲180g　甘草30g

【制法】以上十五味，除红曲外，其余木瓜等十四味粉碎成粗粉，加入红曲；另取红糖555g，溶解于白酒11 100g中，用红糖酒作溶剂，浸渍48小时后，以每分钟1~3ml速度缓缓渗漉，收集渗漉液，静置，滤过，即得。

【注解】本品为棕红色的澄清液体；气芳香，味微甜、略苦。乙醇量为50%~57%。功能祛风除湿，活血通络，养阴生津。用于风湿阻络、血脉瘀阻兼有阴虚所致的痹病，症见关节疼痛、屈伸不利、四肢麻木。本品采用渗漉法浸提药材，须长时间静置后再滤过，以提高酒剂的澄明度。

例 10-5：骨痛灵酊

【处方】雪上一枝蒿 80g　干姜 110g　龙血竭 1g　乳香 5g　没药 5g　冰片 1.5g

【制法】以上六味，将雪上一枝蒿、干姜、乳香、没药粉碎成粗粉，混匀，用 50% 乙醇作溶剂，浸渍，渗漉，收集渗漉液 950ml；另将龙血竭、冰片溶于 50% 乙醇中，与上述渗漉液合并，用水和/或乙醇调至 1 000ml，混匀，静置 48 小时，滤过，即得。

【注解】本品为橙红色的液体，久置有混浊或轻微沉淀；气香。乙醇量为 45%～55%。功能温经散寒，祛风活络，通络止痛。用于腰、颈椎骨质增生，骨性关节炎，肩周炎，风湿性关节炎。因雪上一枝蒿有大毒，故本品只能外用，不可内服。

六、流浸膏剂与浸膏剂

（一）概述

流浸膏剂（liquid extract）、浸膏剂（extract）系指饮片用适宜的溶剂提取，蒸去部分或全部溶剂，调整至规定浓度而制成的制剂。蒸去部分溶剂得到的液体制剂为流浸膏剂，蒸去大部分或全部溶剂得到的半固体或固体制剂为浸膏剂。除另有规定外，流浸膏剂每 1ml 相当于饮片 1g，浸膏剂每 1g 相当于饮片 2～5g。

流浸膏剂与浸膏剂大多作为配制其他制剂的原料。流浸膏剂一般多用作配制酊剂、合剂、糖浆剂等的中间体。浸膏剂按其干燥程度分为干膏与稠膏，干膏含水量约为 5%，稠膏含水量为 15%～20%，一般多用作制备颗粒剂、片剂、胶囊剂、丸剂等的中间体。

（二）流浸膏剂与浸膏剂的制备

除另有规定外，流浸膏剂一般用渗漉法制备，也可用浸膏剂稀释制成；浸膏剂用煎煮法、回流法或渗漉法制备，全部提取液应低温浓缩至稠膏状，加稀释剂或继续浓缩至规定量。某些干浸膏具有较强的吸湿性，在制备、贮存与应用过程中要注意防潮问题。

第四节　中药丸剂

中药丸剂属于中药成方制剂，与其他成方制剂不同，丸剂主要在中药领域应用，且品种较多，因此单独成节。

一、概述

（一）丸剂的含义

中药丸剂（pill）系指饮片细粉或提取物加适宜的黏合剂或其他辅料制成的球形或类球形制剂，主要供内服。

丸剂是中药传统剂型之一，最早记载于西汉时期的《五十二病方》，使用历史悠久。现代滴丸、微丸等新型丸剂技术的发展（参见固体制剂章节的相关介绍）及先进制丸设备的应用都为丸剂的发展提供了新的动力。目前,丸剂仍然是中药最常用的剂型之一,《中国药典》(2020年版)一部收载丸剂品种 483 个,约占中药成方制剂总数的 30.06%,其中蜜丸、水丸和浓缩丸品种较多。

(二)丸剂的特点

1. 根据需求调控药物释放特性 与汤剂、散剂等比较,传统的蜜丸、糊丸服用后在胃肠道中溶散缓慢,起效迟缓,但作用持久,故多用于慢性病的治疗或作为滋补药的剂型;而一些新型滴丸则具有奏效迅速的特点,如苏冰滴丸、速效救心丸等。

2. 缓和某些药物的毒副作用 有些毒性、刺激性药物,可通过选用适宜赋形剂制成糊丸、蜡丸,延缓其吸收,减弱毒性和不良反应,如控涎丸。

3. 减缓某些药物成分的挥散及掩盖不良气味 有些芳香性药物或有特殊不良气味的药物,通过制丸工艺可使其在丸心层,从而起到减缓成分挥散和掩味的作用。

4. 服用剂量大 传统丸剂多以原粉入药,服用剂量大,同时微生物易超标。

(三)丸剂的分类

1. 根据赋形剂分类 可分为蜜丸、水丸、水蜜丸、浓缩丸、糊丸、蜡丸等。

2. 根据制法分类 可分为塑制丸、泛制丸、滴制丸等。

二、蜜丸

(一)概述

蜜丸(honeyed pill)系指饮片细粉以炼蜜为黏合剂制成的丸剂。其中每丸重量在 0.5g 及 0.5g 以上的称为大蜜丸,每丸重量在 0.5g 以下的称为小蜜丸。

蜂蜜性味甘平,归肺、脾、大肠经,具有补中、润燥、止痛、解毒的功效。蜂蜜既能益气补中,又可缓急止痛;既能滋润补虚,又能止咳润肠;还有解毒、缓和药性、矫味矫臭等作用。优质的蜂蜜可以使蜜丸柔软、光滑、滋润,且贮存期间不变质。蜂蜜在蜜丸中的应用充分体现了中药制剂"药辅合一"的特点。

蜜丸在临床上常用于治疗慢性病和需要滋补的疾病。

(二)塑制法制备蜜丸

塑制法主要用于蜜丸的制备,也可用于水蜜丸、浓缩丸、糊丸、蜡丸的制备,工艺流程如图 10-9 所示。

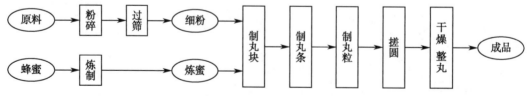

图 10-9　塑制法制备蜜丸的工艺流程图

1. 物料的准备 根据处方中药材的性质,依法炮制,粉碎,过筛,制备细粉或最细粉,备用。

2. 炼蜜 蜂蜜的炼制是指将蜂蜜加水稀释溶化,滤过,加热熬炼至一定程度的操作。蜂蜜经过炼制可以除去杂质、降低水分含量、杀死微生物、破坏酶类、增强黏性。蜂蜜按炼蜜程度分为嫩蜜、中蜜和老蜜三种规格。规格不同,黏性不同,适用性不同,见表 10-1。

表 10-1　蜂蜜的炼制规格及适用性

规格	炼蜜温度 /℃	含水量 /%	相对密度	适用物料
嫩蜜	105～115	17～20	1.35	含较多油脂、黏液质、胶质、糖、淀粉、动物组织等黏性较强的物料
中蜜	116～118	14～16	1.37	黏性中等的物料
老蜜	119～122	10 以下	1.40	黏性差的矿物质或纤维质物料

实际生产中,炼蜜的程度不仅与物料性质有关,还与物料含水量、制丸季节等有一定关系,在其他条件相同的情况下,一般冬季多用嫩蜜,夏季多用老蜜。

3. 制丸块　又称和药、合坨,是将混合均匀的饮片细粉加入适量的适宜规格的蜂蜜,充分混匀,制成软硬适宜具有一定可塑性的丸块。制丸块是塑制法的关键工序,丸块的软硬程度及黏稠度,直接影响丸粒成型和在贮存中是否变形。

用塑制法制备蜜丸时,通常用热蜜和药。药粉与炼蜜的比例一般为 1∶1～1∶1.5,也可根据药物性质、季节、设备因素综合考虑。

4. 制丸条、分粒与搓圆　生产中多采用光电自控制丸机、中药自动制丸机等机械完成。

中药自动制丸机,可制备蜜丸、水蜜丸、浓缩丸、水丸,如图 10-10 所示,主要由料斗、推进器、出条嘴、导轮及一对刀具组成。药坨在料斗内经推进器的挤压作用通过出条嘴制成丸条,丸条经导轮被直接递至刀具处,进行切、搓,制成丸粒,其制丸速度可通过旋转调节钮调节。

5. 干燥　蜜丸一般成丸后立即分装,以保证丸药的滋润状态。为防止蜜丸霉变和控制含水量,也可适当干燥,常采用微波干燥、远红外辐射干燥,达到干燥和灭菌双重效果。

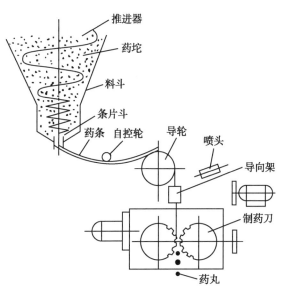

图 10-10　中药自动制丸机工作原理示意图

例10-6：六味地黄丸

【处方】熟地黄160g　酒萸肉80g　牡丹皮60g　山药80g　茯苓60g　泽泻60g

【制法】以上六味，粉碎成细粉，过筛，混匀。每100g粉末加炼蜜80～110g制成小蜜丸或大蜜丸，即得。

【注解】本品为棕褐色至黑褐色的小蜜丸或大蜜丸；味甜而酸。功能滋阴补肾。用于肾阴亏损，头晕耳鸣，腰膝酸软，骨蒸潮热，盗汗遗精，消渴。

三、水丸

（一）概述

水丸（watered pill）系指饮片细粉以水（或黄酒、醋、稀药汁、糖液、含5%以下炼蜜的水溶液等）为黏合剂制成的丸剂。水丸的规格：统一用重量为标准，如牛黄上清丸水丸每16丸重3g，麝香保心丸每丸重22.5mg。

水丸特点：①以水或水性液体为赋形剂，服用后较易溶散，起效比蜜丸、糊丸、蜡丸快；②一般不含固体赋形剂，实际含药量高；③泛制法制备时，可根据药物性质、气味等分层泛入或通过包衣提高药物的稳定性、掩盖药物不良嗅味、控制药物的释放速率与部位；④丸粒小，表面致密光滑，易于吞服，利于贮藏；⑤设备简单，但操作费时，对成品的主药含量、溶散时限较难控制，也常引起微生物的污染。

（二）赋形剂

水丸使用的赋形剂种类繁多，常用的有水、酒、醋、稀药汁等。除了润湿饮片细粉、诱导黏性以外，酒、醋、稀药汁等还具有协同或改变药物性能的作用，可根据中医辨证施治的要求选用。

1. **水**　为水丸最常用的赋形剂，本身无黏性，但可诱导饮片某些成分如黏液质、胶质、糖、淀粉等产生黏性。

2. **酒**　常用白酒和黄酒。酒性大热，味甘、辛，借"酒力"发挥引药上行、祛风散寒、活血通络、除腥除臭等作用。酒能溶解树脂、油脂等成分而增加粉末的黏性，但其诱导黏性的能力较水小，应根据饮片质地和成分酌情选用。另外，酒本身还具有防腐能力，可使药物在泛丸过程中不易霉败。酒易挥发，也有利于成品的干燥。

3. **醋**　常用米醋，含乙酸3%～5%。醋性温，味酸苦，具有引药入肝、理气止痛、行水消肿、解毒杀虫、矫味矫臭等作用。另外，醋还可使生物碱等成分成盐，增加溶解度，利于吸收，提高药效。

4. **药汁**　处方中不易粉碎的饮片，可根据其性质制成药汁，既利于制丸，保存药性，又可减少用量。如富含纤维的饮片、质地坚硬的饮片、黏性大的饮片，可以煎取药汁，树脂类、浸膏类、可溶性盐类（如芒硝）可加水溶化后泛丸，新鲜药材（如生姜）可捣碎压榨取汁，用以泛丸。

（三）泛制法制备水丸

水丸的制备常用泛制法，系指在转动的容器或机械中，交替加入药粉与适宜的赋形剂，润湿起模,不断翻滚,黏结成粒,逐渐增大并压实的一种制丸方法。除用于水丸外,泛制法还可用于水蜜丸、糊丸、浓缩丸等的制备。泛制法工艺流程如图 10-11 所示。

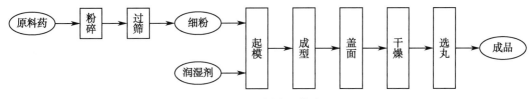

图 10-11 泛制法工艺流程图

1. **原料的准备** 除另有规定外,通常将饮片粉碎成细粉或最细粉。起模或盖面工序一般用过七号筛的细粉,或根据处方规定选用方中特定饮片细粉;成型工序可用过五号筛或六号筛的药粉。需要制汁的饮片按规定制备。

2. **起模** 系利用水性液体的润湿作用诱导药粉产生黏性,而使药粉之间相互黏着成细小的颗粒,并经泛制,层层增大而成丸模的操作。起模是泛制法制备丸剂的关键操作,也是泛丸成型的基础,因为模子的圆整度直接影响成品的外观,模子的粒径和数目影响成型过程中筛选的次数、丸粒规格及药物含量的均匀度。

3. **成型** 系指将已经筛选均匀的丸模,反复加水润湿、撒粉、黏附滚圆,使丸模逐渐加大至接近成品规格的操作。如有必要,可根据饮片性质,采用分层泛入的方法,将易挥发、有刺激性气味、性质不稳定的药物泛入内层。在成型过程中,应控制丸粒的粒度和圆整度。每次加水、加粉量要适宜,撒布要均匀。

4. **盖面** 指将已经接近成品规格并筛选均匀的丸粒,用饮片细粉、清水或清浆继续在泛丸锅内滚动,使其达到成品粒径标准的操作。通过盖面使丸粒表面致密、光洁、色泽一致。

5. **干燥** 水泛制丸含水量大,易发霉,应及时干燥。常用烘房、烘箱、隧道式微波干燥器干燥。一般水丸应在 80℃ 以下干燥,含挥发性成分或淀粉较多的丸剂,应在 60℃ 以下干燥。

6. **选丸** 为保证丸粒圆整、大小均匀、剂量准确,丸粒干燥后,可用振动筛、滚筒筛、检丸器等筛分设备筛选分离出不合格丸粒。

水丸的工业化生产也可以采用塑制法制备,该法生产效率高,生产过程易于控制,丸形圆整,溶散快。工艺流程包括原料的准备和药、制丸、干燥、选丸、盖面等。

例 10-7:防风通圣丸

【处方】防风 50g　荆芥穗 25g　薄荷 50g　麻黄 50g　大黄 50g　芒硝 50g　栀子 25g　滑石 300g　桔梗 100g　石膏 100g　川芎 50g　当归 50g　白芍 50g　黄芩 100g　连翘 50g　甘草 200g　白术(炒)25g

【制法】以上十七味,滑石粉碎成极细粉;芒硝加水溶解,滤过;其余防风等十五味粉碎成细粉,过筛,混匀,用芒硝滤液泛丸,干燥,用滑石粉包衣,打光,干燥,即得。

【注】本品为包衣水丸,丸芯颜色为浅棕色至黑褐色;味甘、咸、微苦。功能解表通里,清热解毒。用于外寒内热,表里俱实,恶寒壮热,头痛咽干,小便短赤,大便秘结,瘰疬初起,风疹湿疮。方中芒硝极易溶于水,以芒硝水溶液泛丸,既便于成型,又可保证治疗作用。滑石粉既是药物,又做包衣材料,同时防止薄荷、荆芥挥发性成分的散失。

四、其他丸剂

（一）水蜜丸

水蜜丸系指饮片细粉以炼蜜和水为黏合剂制成的丸剂。同蜜丸相比，水蜜丸丸粒小，光滑圆整，易于吞服，同时可节省蜂蜜、降低成本。

药粉的性质与水蜜的比例、用量关系密切，蜜水浓度与药粉的性质相对适应，才能制备出合格的水蜜丸。一般情况下，黏性适中的药粉，每100g用炼蜜40g左右；但含糖分、黏液质、胶质类较多的药粉，则需要用低浓度的蜜水为黏合剂，即100g药粉加10~15g炼蜜；如含纤维和矿物质较多的药粉，则每100g药粉须用50g左右炼蜜；将炼蜜加水、搅匀、煮沸、滤过即可作为黏合剂。炼蜜加水的比例一般为1:2.5~1:3.0。

（二）糊丸

糊丸（flour and water paste pill）系指饮片细粉以米粉、米糊或面糊等为黏合剂制成的丸剂。糊丸干燥后丸粒坚硬，口服后溶散迟缓，可使药物缓慢释放，延长药效，同时也能减少药物对胃肠道的刺激性，故一般含有毒性或刺激性较强药物（如朱砂、马钱子、草乌等）的处方，多制成糊丸，如小金丸。

以米、糯米、小麦等细粉加水加热或蒸熟制成糊，其中糯米粉的黏合力最强，面粉糊则使用较为广泛。制糊方法有冲糊法、煮糊法、蒸糊法三种，其中以冲糊法应用较多。由于所用的糊粉和制糊的方法不同，制成糊的黏合力和临床作用也不同，故糊丸也有一定的灵活性，能适应不同处方的特性，充分发挥药物的治疗作用。

糊丸可以采用泛制法或塑制法制备，采用泛制法制备的糊丸溶散相对较快。

（三）蜡丸

蜡丸（wax pill）系指饮片细粉以蜂蜡为黏合剂制成的丸剂。

蜂蜡为黄色、淡黄棕色固体，含脂肪酸、游离脂肪醇等成分，不溶于水，还含有芳香性有色物质蜂蜡素及各种杂质，用前应精制除去杂质。蜡丸在体内外均不溶散，药物通过溶蚀等方式缓慢释放，因此可以延长药效，并能防止药物中毒及对胃肠道的刺激性，如妇科通经丸。

蜡丸一般采用塑制法制备。取处方规定数量的纯净蜂蜡，加热熔化，冷却至60℃左右，待蜡液边沿开始凝固、表面有结膜时，加入药粉，迅速搅拌直至混合均匀，趁热制丸条、分粒、搓圆，即得。

蜡丸制备过程中要控制蜂蜡用量及制备温度。一般药粉与蜂蜡的比例为1:0.5~1:1。因蜂蜡本身黏性小，熔化后与药粉混合，当接近凝固点时具有可塑性才能制丸，故温度过高或过低，药粉与蜡易分层，无法混匀。蜂蜡熔点为62~67℃，整个制丸操作需要保温在60℃为宜。

（四）浓缩丸

浓缩丸（concentrated pill）系指饮片或部分饮片提取浓缩后，与适宜的辅料或其余饮片细粉，以水、炼蜜或炼蜜和水为黏合剂制成的丸剂。根据所用黏合剂的不同，分为浓缩水丸、浓缩蜜丸和浓缩水蜜丸。目前生产的浓缩丸以浓缩水丸为主。

浓缩丸又称药膏丸、浸膏丸,早在晋代葛洪所著的《肘后备急方》中就有记载,其特点是药物全部或部分经过提取浓缩,体积缩小,便于服用,利于吸收和发挥药效,也方便携带贮存。如六味地黄丸,《中国药典》(2020 年版)规定,水蜜丸一次口服 6g,小蜜丸一次口服 9g,一日 2 次;而制成浓缩丸后,一次 8 丸(重 1.44g),一日 3 次,服用量显著降低。但是,浓缩丸在浸提、浓缩过程中由于受热时间较长,可能会影响有些成分的稳定性而影响药效。

浓缩丸的制备方法有泛制法、塑制法和压制法,目前常用的是塑制法。

五、丸剂的质量评价

1. **性状** 丸剂外观应圆整,大小、色泽应均匀,无粘连现象。蜜丸应细腻滋润,软硬适中。蜡丸表面应光滑无裂纹,丸内不得有蜡点和颗粒。

2. **水分** 照《中国药典》(2020 年版)四部通则 0832"水分测定法"测定。除另有规定外,蜜丸和浓缩蜜丸所含水分不得过 15.0%;水蜜丸和浓缩水蜜丸所含水分不得过 12.0%;水丸、糊丸、浓缩水丸所含水分不得过 9.0%。蜡丸不检查水分。

3. **重量差异** 除另有规定外,丸剂照《中国药典》(2020 年版)四部通则 0108"丸剂"检查,应符合规定。

检查法:以 10 丸为 1 份(丸重 1.5g 及 1.5g 以上的以 1 丸为 1 份),取供试品 10 份,分别称定重量,与每份标示重量(每丸标示量 × 称取丸数)相比较(无标示重量的丸剂,与平均重量比较),按照表 10-2 的规定,超出重量差异限度的不得多于 2 份,且不得有 1 份超出限度 1 倍。

表 10-2　丸剂重量差异限度标准

标示重量或平均重量	重量差异限度	标示重量或平均重量	重量差异限度
0.05g 及 0.05g 以下	±12%	1.5g 以上至 3g	±8%
0.05g 以上至 0.1g	±11%	3g 以上至 6g	±7%
0.1g 以上至 0.3g	±10%	6g 以上至 9g	±6%
0.3g 以上至 1.5g	±9%	9g 以上	±5%

包糖衣的丸剂应检查丸芯的重量差异并应符合规定,包糖衣后不再检查重量差异,其他包衣丸剂应在包衣后检查重量差异并应符合规定;凡进行装量差异检查的单剂量包装丸剂及进行含量均匀度检查的丸剂,一般不再进行重量差异检查。

4. **装量差异** 单剂量包装的丸剂,照下列方法检查应符合规定。

检查法:取供试品 10 袋(瓶),分别称定每袋(瓶)内容物的重量,每袋(瓶)装量与标示装量相比较,按表 10-3 规定,超出装量差异限度的不得多于 2 袋(瓶),并不得有 1 袋(瓶)超出限度 1 倍。

5. **装量** 装量以重量标示的多剂量包装丸剂,照《中国药典》(2020 年版)四部通则 0942"最低装量检查法"检查,应符合规定。以丸数标示的多剂量包装丸剂,不检查装量。

表 10-3　丸剂装量差异限度标准

标示装量	装量差异限度	标示装量	装量差异限度
0.5g 及 0.5g 以下	±12%	3g 以上至 6g	±6%
0.5g 以上至 1g	±11%	6g 以上至 9g	±5%
1g 以上至 2g	±10%	9g 以上	±4%
2g 以上至 3g	±8%		

6. 溶散时限　除另有规定外,取供试品 6 丸,选择适当孔径筛网的吊篮(丸剂直径在 2.5mm 以下的用孔径约 0.42mm 的筛网;在 2.5~3.5mm 之间的用孔径约 1.0mm 的筛网;在 3.5mm 以上的用孔径约 2.0mm 的筛网),照《中国药典》(2020 年版)四部通则 0921"崩解时限检查法"片剂项下的方法加挡板进行检查。除另有规定外,小蜜丸、水蜜丸和水丸应在 1 小时内全部溶散,浓缩水丸、浓缩蜜丸、浓缩水蜜丸和糊丸应在 2 小时内全部溶散。操作过程中如供试品黏附挡板妨碍检查时,应另取供试品 6 丸,以不加挡板进行检查。

上述检查,应在规定时间内全部通过筛网。如有细小颗粒状物未通过筛网,但已软化且无硬芯者可按符合规定论。蜡丸照《中国药典》(2020 年版)四部通则 0921"崩解时限检查法"片剂项下的肠溶衣片检查法检查,应符合规定。除另有规定外,大蜜丸及研碎、嚼碎后或用开水、黄酒等分散后服用的丸剂不检查溶散时限。

7. 微生物限度　以动物、植物、矿物质来源的非单体成分制成的丸剂,照《中国药典》(2020 年版)四部非无菌产品微生物限度检查:微生物计数法(通则 1105)、控制菌检查法(通则 1106)及非无菌药品微生物限度标准(通则 1107)检查,应符合规定。

第五节　其他中药成方制剂

一、中药片剂

中药片剂系指提取物、提取物加饮片细粉或饮片细粉与适宜辅料混匀压制或用其他适宜方法制成的圆片状或异形片状的制剂。中药片剂以口服为主。

中药片剂的研究和生产是从 20 世纪 50 年代开始的,主要在汤剂、丸剂等基础上经过剂型改革而制成。随着中药现代化研究及工业药剂学的发展,中药片剂不论在品种上还是在数量上都在不断增加,并且逐步摸索出一套适合中药特点的工艺条件,如含挥发油片剂的制备工艺、中药片剂的包衣工艺等。与化学药品一样,片剂目前已经成为中药的主要剂型之一。《中国药典》(2020 年版)一部收载中药片剂品种 322 个,约占中药成方制剂总数的 20%。

(一)中药片剂的类型
中药片剂按照原料处理的方法不同,分为以下四种类型。

1. **全浸膏片** 系指将处方中全部饮片用适宜的溶剂和方法制成浸膏,加入适宜辅料制成的片剂,如穿心莲片。

2. **半浸膏片** 系指将部分饮片细粉与稠浸膏混合,加入适宜辅料制成的片剂。此类片剂在中药片剂中应用最多,如银翘解毒片。

3. **全粉片** 系指将处方中全部饮片粉碎成细粉,加适宜辅料制成的片剂,适用于药味少、剂量小、含贵重细料药的片剂,如三七片。

4. **提纯片** 系指处方中饮片经过提取、分离、纯化,得到有效成分(单体或有效部位)的细粉,加适宜辅料制成的片剂,如北豆根片。

(二)中药片剂的制备

中药片剂大部分用制粒压片法制备。

制颗粒的方法主要有:①全粉末制粒:将处方中全部饮片细粉混匀,加辅料制粒的方法;②浸膏与饮片细粉混合制粒:这种制粒方法浸膏可全部或部分代替黏合剂,有利于缩小片剂体积;③干浸膏制粒:将处方中全部饮片制成浸膏(细料除外),干燥得到干浸膏,再制颗粒;④提纯物制颗粒:饮片提取有效成分后,干燥,粉碎成细粉,单独或与其他辅料一起制颗粒;⑤含挥发油饮片的制粒:一般将提取的挥发油用适量乙醇溶解后加入干燥的颗粒中,或将挥发油制成环糊精包合物后加入颗粒中。

中药片剂,尤其是浸膏片,在制备过程及压成片剂后,易吸潮、黏结。解决方法有:①在干浸膏中加入适量辅料,如磷酸氢钙、氢氧化铝等,或加入原药总量10%~20%的中药细粉;②采用水提醇沉法除去部分水溶性杂质;③采用5%~15%的玉米朊乙醇液或聚乙烯醇溶液喷雾或混匀于浸膏颗粒中,干燥后压片;④片剂包衣,可减少吸湿,提高稳定性;⑤改进包装材料,或在包装容器中放置干燥剂。

(三)中药片剂的质量控制

除另有规定外,中药片剂应进行性状、装量差异、崩解时限、微生物限度等检查,详见《中国药典》(2020年版)四部制剂通则0101相关规定。其中崩解时限照《中国药典》(2020年版)四部通则0921检查法检查,中药全粉片应在30分钟内全部崩解,浸膏(半浸膏)片、糖衣片、薄膜衣片应在1小时内全部崩解。

例10-8:复方丹参片

【处方】丹参450g 三七141g 冰片8g

【制法】以上三味,丹参加乙醇加热回流1.5小时,提取液滤过,滤液回收乙醇并浓缩至适量,备用;药渣加50%乙醇加热回流1.5小时,提取液滤过,滤液回收乙醇并浓缩至适量,备用;药渣加水煎煮2小时,煎液滤过,滤液浓缩至适量。三七粉碎成细粉,与上述浓缩液和适量的辅料制成颗粒,干燥。冰片研细,与上述颗粒混匀,压制成333片,包薄膜衣;或压制成1 000片,包糖衣或薄膜衣,即得。

【注解】本品功能活血化瘀,理气止痛。用于气滞血瘀所致的胸痹,症见胸闷、心前区刺痛;冠心病心绞痛见上述证候者。丹参用乙醇及水提取脂溶性丹参酮及水溶性酚酸等有效成分;三七为贵重药,打粉入药为宜。包衣可减缓冰片挥发,提高稳定性,并改善口感。

二、中药胶囊剂

中药胶囊剂系指饮片用适宜方法加工后,加入适宜辅料填充于空心胶囊或密封于软质囊材中制成的固体制剂,主要供口服。按胶囊壳的软硬材质不同及溶解部位不同主要分为硬胶囊、软胶囊和肠溶胶囊。《中国药典》(2020年版)一部收载中药胶囊剂310个,其中硬胶囊剂287个,软胶囊剂23个。

除另有规定外,中药胶囊剂应进行水分、装量差异、崩解时限、微生物限度等检查,详见《中国药典》(2020年版)四部制剂通则0103"胶囊剂"相关规定。

(一)硬胶囊剂

中药硬胶囊剂系指提取物、提取物加饮片细粉,或饮片细粉与适宜辅料填充于空心胶囊中制成的固体制剂。

中药硬胶囊剂的制法一般分为药物的处理、填充、套合、抛光、包装等工序。药物的处理有以下方法:①剂量小的饮片可粉碎成细粉,过六号筛,与辅料混匀或制成颗粒。②剂量大的饮片可经过提取、浓缩制成稠膏,加辅料制成颗粒,或纯化后用适当方法制成颗粒。③中药液体成分如挥发油,可用适当的吸收剂吸收,或制成包合物。④吸湿性强的药物,可酌加适当稀释剂,混匀。含有浸膏的中药硬胶囊在生产或贮存过程中应注意防止内容物吸湿结块,可通过改进制备工艺(如制粒、防潮包衣)等方法解决。

(二)软胶囊剂

中药软胶囊剂系指将液体药物、提取物或与适宜辅料混匀后密封于软质囊材中制成的胶囊剂,又称为胶丸。

中药软胶囊剂的胶囊材料、质量要求和制备方法与化学药品软胶囊剂基本相同。药物可以是挥发油、提取物或饮片细粉,分散介质为植物油、聚乙二醇等,药物溶解或分散于适宜的辅料中制成溶液、混悬液、乳状液而制得。制备方法有滴制法和压制法两种,目前压制法品种较多。

例10-9:银翘解毒胶囊

【处方】金银花200g 连翘200g 薄荷120g 荆芥80g 淡豆豉100g 牛蒡子(炒)120g 桔梗120g 淡竹叶80g 甘草100g

【制法】以上九味,金银花、桔梗分别粉碎成细粉;薄荷、荆芥提取挥发油,蒸馏后的水提液另器收集;药渣与连翘、牛蒡子(炒)、淡竹叶、甘草加水煎煮两次,每次2小时,合并煎液,滤过,滤液备用;淡豆豉加水煮沸后,于80℃温浸两次,每次2小时,合并浸出液,滤过,滤液与上述滤液及蒸馏后的水提液合并,浓缩成稠膏,加入金银花、桔梗细粉,混匀,制成颗粒,干燥,放冷,喷加薄荷、荆芥挥发油,混匀,装入胶囊,制成1 000粒,即得。

【注解】本品内容物为浅棕色至棕褐色的颗粒和粉末;气芳香,味苦、辛。功能疏风解表、清热解毒。用于风热感冒,症见发热头痛、咳嗽口干、咽喉疼痛。方中金银花、桔梗粉碎成细粉,既保留了有效物质,又充当辅料,降低成本;薄荷、荆芥采用双提法,保证挥发性和水溶性有效成分同时提出;淡豆豉温浸提取可防止糊化,便于过滤。

例 10-10：元胡止痛软胶囊

【处方】醋延胡索 1 333g　白芷 667g

【制法】以上二味，粉碎成粗粉，用 80% 乙醇浸泡 12 小时，加热回流提取两次，每次 2 小时，滤过，合并滤液，滤液回收乙醇并减压浓缩至相对密度为 1.30～1.32（80℃）的稠膏，与适量含 8% 蜂蜡的大豆油及聚山梨酯 80、山梨酸钾混匀，压制成软胶囊 1 000 粒，即得。

【注解】本品内容物为棕黄色至棕褐色的油膏状物；气微，味苦。功能理气，活血，止痛。用于气滞血瘀的胃痛、胁痛、头痛及痛经。延胡索生物碱、白芷香豆素类有效成分选用 80% 乙醇为溶剂提取，可保证较高提取率；蜂蜡可提高大豆油黏度；聚山梨酯 80 作为表面活性剂，利于均匀分散；山梨酸钾为防腐剂。

三、中药注射剂

中药注射剂系指饮片经提取、纯化后制成的供注入体内的溶液、乳状液及供临用前配制成溶液的粉末或浓溶液的无菌制剂。

中药注射剂最早出现在 20 世纪 30 年代，第一个品种是柴胡注射液，用于治疗流行性感冒。目前上市的中药注射剂已达一百余种，成为中医急证治疗的重要剂型。《中国药典》（2020 年版）一部收载了 5 种中药注射剂，分别为止喘灵注射液、灯盏细辛注射液、注射用双黄连、注射用灯盏花素和清开灵注射液。近年来，中药注射剂的安全性问题越来越得到重视。

（一）中药注射剂原料的准备

与化学药注射剂的制备相比，中药注射剂的区别主要在于原料的准备不同，其他制备方法并无本质区别。

1. 饮片的预处理　中药注射剂所用饮片，必须首先确定品种和来源，经过质检符合要求后，再进行预处理，包括挑选、洗涤、切制、干燥等操作，必要时需要进行粉碎或灭菌。

2. 半成品的制备　制备中药注射剂一般有两种情况：一类是饮片所含有效成分已明确，可提取分离纯化获得相应成分，再用适当方法制成注射剂；另一类是有效成分尚不明确（单方或复方），为了保持原有药效、缩小剂量，通常采用提取、分离、精制的办法，制成半成品，再配制成注射剂。中药注射剂大多数需要制备半成品，并应进行相应的质量控制。

半成品制备的常用方法有水提醇沉法（水醇法）、醇沉水提法（醇水法），参见本章第二节中"分离与精制"项下介绍。对于挥发性成分或挥发油，还可以应用蒸馏法。将饮片放入蒸馏器中，加蒸馏水适量，充分浸泡后，加热蒸馏，经冷凝收集馏出液。必要时可将收集到的蒸馏液再蒸馏一次，以提高蒸馏液的纯度和浓度。蒸馏法制备的半成品，一般不含或少含电解质，渗透压偏低，如直接配制注射剂，需要调节渗透压。若饮片中还含有非挥发性有效成分，可用蒸馏法和水醇法结合的双提法制备。

3. 鞣质的去除　鞣质是多元酚的衍生物，既溶于水又溶于乙醇，一般提取精制方法制成的中药注射剂，很难将鞣质除尽。注射液中如果存在鞣质，一方面可能经过灭菌工艺后生成沉淀，影响澄明度；另一方面，注射后其与蛋白质结合成不溶性的鞣酸蛋白，导致局部组织形成硬块,产生疼痛。因此,必须除去鞣质。常用的除去鞣质的方法有碱性醇沉法、明胶沉淀法、聚酰胺吸附法等。

（二）中药注射剂的质量要求

1. 杂质或异物检查 包括可见异物、不溶性微粒、pH、有关物质、重金属及有害元素残留量检查等。

（1）有关物质检查：中药注射剂中有关物质系指中药饮片经提取、纯化制成注射剂后,残留在注射剂中可能含有并需要控制的物质。除另有规定外,一般应检查蛋白质、鞣质、树脂等,静脉注射液还应检查草酸盐、钾离子等。检查方法见《中国药典》(2020 年版)四部通则 2400。

（2）重金属及有害元素残留量：除另有规定外,中药注射剂照铅、镉、砷、汞、铜测定法[《中国药典》(2020 年版)四部通则 2321]测定,按各品种项下每日最大使用量计算,铅不得超过 12μg,镉不得超过 3μg,砷不得超过 6μg,汞不得超过 2μg,铜不得超过 150μg。

对于在制备工艺中使用了有机溶剂,或者原辅料可能带来残留的有机溶剂时,需进行有机溶剂残留量检测,并符合规定。

2. 安全性检查 包括异常毒性、过敏反应、溶血与凝聚、热原或细菌内毒素、无菌、渗透压摩尔浓度的检查。

3. 所含成分的检测 可采用理化方法测定含量,也可采用生物检测法测定。含量测定包括总固体含量测定、有效成分或有效部位含量测定、指标性成分含量测定。能够实现对中药多组分、多指标分析的中药指纹图谱技术目前也被广泛应用于中药注射剂的质量检查。

例 10-11：止喘灵注射液

【处方】麻黄 150g 洋金花 30g 苦杏仁 150g 连翘 150g

【制法】以上四味,加水煎煮两次,第一次 1 小时,第二次 0.5 小时,合并煎液,滤过,滤液浓缩至约 150ml,用乙醇沉淀处理两次,第一次溶液中含醇量为 70%,第二次为 85%,每次均于 4℃冷藏放置 24 小时,滤过,滤液浓缩至约 100ml,加注射用水稀释至 800ml,测定含量,调节 pH,滤过,加注射用水至 1 000ml,灌封,灭菌,即得。

【注解】本品为浅黄棕色的澄明液体。功能宣肺平喘,祛痰止咳。用于痰浊阻肺、肺失宣降所致的哮喘、咳嗽、胸闷、痰多;支气管哮喘、喘息性支气管炎见上述证候者。

四、中药贴膏剂

中药贴膏剂系指将提取物、饮片细粉与适宜的基质制成膏状物,涂布于背衬材料上供皮肤贴敷,可产生全身或局部作用的一类片状外用制剂。包括橡胶贴膏(原橡胶膏剂)和凝胶贴膏(原巴布膏剂或凝胶膏剂)。

（一）橡胶贴膏

橡胶贴膏(rubber plasters)系指饮片提取物与橡胶等基质混匀后,涂布于背衬材料上制成的贴膏剂。包括不含药的橡皮膏(即胶布)和含药者两类。

橡胶贴膏由膏料层、背衬材料、膏面覆盖物组成。膏料层包含药物和基质。常用的基质有橡胶、松香、凡士林、羊毛脂及氧化锌等,橡胶为基质的主要原料,松香可增加膏体的黏性,凡士林、羊毛脂等为软化剂,氧化锌为填充剂,具有缓和的收敛作用,并能增加膏料与背衬材料间的黏着性。背衬材料一般为漂白细布。膏面覆盖物多为硬质纱布、塑料薄膜或玻璃纸等。

橡胶贴膏常用的制备方法有溶剂法和热压法。溶剂法工艺流程如图10-12所示,该法橡胶需要用汽油溶胀制备胶浆,必须做好防火防爆措施,且生产成本也高,热压法可克服上述缺点,但成品欠光滑。

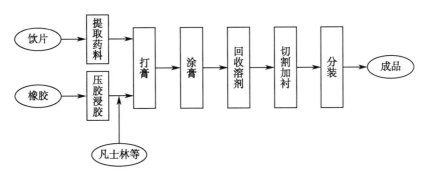

图 10-12　溶剂法制备橡胶膏剂工艺流程图

橡胶贴膏应进行含膏量、耐热性、黏附力、微生物限度等检查。

例 10-12:复方牵正膏

【处方】白附子 50g　地龙 50g　全蝎 50g　僵蚕 50g　川芎 40g　白芷 40g　当归 40g　赤芍 40g　防风 40g　生姜 40g　樟脑 10g　冰片 10g　薄荷脑 5g　麝香草酚 5g

【制法】以上十四味,除樟脑、冰片、薄荷脑和麝香草酚外,其余白附子等十味药粉碎成粗粉,用 85% 乙醇作溶剂,浸渍,渗漉,收集渗漉液 2 200ml,回收乙醇并浓缩至相对密度为 1.05~1.10(55℃),与樟脑、冰片、薄荷脑和麝香草酚混匀,加入约 4 倍量重的由橡胶、松香、氧化锌、凡士林和羊毛脂制成的基质,制成涂料,涂膏,切段,盖衬,切成小块,即得。

【注解】本品为浅棕色的片状橡胶膏;气芳香。每 100cm² 含膏量不得少于 1.6g。功能祛风活血,舒经活络。用于风邪中络,口眼喎斜,肌肉麻木,筋骨疼痛。本品外用,贴敷于患侧相关穴位。

(二)凝胶贴膏

凝胶贴膏(gel plasters)系指提取物、饮片细粉与适宜的亲水性基质混匀后涂布于背衬材料上制成的贴膏剂。

凝胶贴膏常用的基质骨架材料有聚丙烯酸钠、羧甲纤维素钠、聚乙烯醇、聚维酮、羟丙甲纤维素、明胶、阿拉伯胶、海藻酸钠、西黄蓍胶等;保湿剂有甘油、丙二醇、聚乙二醇、山梨醇等;填充剂有微粉硅胶、二氧化钛、碳酸钙等。凝胶贴膏除另有规定外,应进行含膏量、赋形性、黏附力、含量均匀度、微生物限度等检查。

凝胶贴膏是在传统中药膏药的基础上采用现代新材料、新技术制成的新剂型。与橡胶贴膏相比,凝胶贴膏与皮肤生物相容性好;载药量大,尤其适合于中药浸膏;释药性能好;使用方便,不污染衣物,反复粘贴仍能保持黏性;采用透皮吸收控释技术,使血药浓度平稳,药效维持时间长。

例 10-13：三七凝胶贴膏

【处方】三七提取物 2g　薄荷脑 2g　樟脑 3g　卡波姆 934 2.4g　甘油 7.7g　聚维酮 6g
明胶 0.5g　三乙醇胺适量　氮酮适量　丙二醇适量　加蒸馏水至 100g

【制法】用三倍量甘油将卡波姆 934 充分浸润过夜，加入适量蒸馏水制成浓度为 3% 的卡波姆凝胶，以三乙醇胺调节 pH 为 7.0±0.2，充分研匀（Ⅰ）；明胶加水溶胀，加入甘油，水浴加热混匀（Ⅱ）；以适量蒸馏水溶解聚维酮，制成 50% 聚维酮水溶液（Ⅲ）。取三七提取物，过 100 目筛，与（Ⅰ）混匀，加入氮酮、丙二醇，充分研匀，然后加入在 60℃ 水浴上预热混匀的 Ⅱ、Ⅲ 混合物中，用力研和使成均一膏体。另取容器将薄荷脑、樟脑研磨制成低共熔物，与前述均一膏体迅速混合，快速研匀，铺涂于无纺布背衬上，适当加压，使成 0.25g/cm²，45～50℃ 干燥至膏体重量为 0.10g/cm²，覆盖聚乙烯膜，裁成 8cm×12cm 大小，包装，密封保存。

【注解】本品为类白色片状凝胶贴膏，功能散瘀活血，用于治疗跌打肿痛及急性软组织损伤。卡波姆 934、聚维酮、明胶合用为黏合剂；甘油为保湿剂；氮酮、丙二醇为透皮促进剂；三乙醇胺调节 pH 使卡波姆成为稠厚的凝胶状，增加膏体的赋形性与持黏力。

思考题

1. 简述浸提过程及影响浸提的因素。
2. 从制剂角度分析，中药制剂与化学药制剂有什么不同？
3. 中药制剂常用的前处理方法有哪些？
4. 简述中药丸剂常用的制备方法及工艺流程。
5. 常用的中药浸出制剂有哪些种类？各有什么特点？

ER10-2　第十章　目标测试

（韩　丽　盛华刚）

参考文献

[1] 国家药典委员会.中华人民共和国药典：四部.2020 年版.北京：中国医药科技出版社，2020.
[2] 周建平，唐星.工业药剂学.北京：人民卫生出版社，2014.
[3] 杨明.中药药剂学.11 版.北京：中国中医药出版社，2021.
[4] 李范珠，狄留庆.中药药剂学.3 版.北京：人民卫生出版社，2022.

第三篇 | 新型制剂与制备技术

第十一章　快速释放制剂

本章要点

掌握　快速释放制剂的定义和特点；固体分散技术的概念、特点及载体材料；包合技术的概念、特点及包合材料；纳米混悬技术的概念和相关辅料；自乳化释药技术的定义、特点及辅料；分散片、口腔崩解片、滴丸剂的概念、特点。

熟悉　快速释放制剂剂型的定义和分类；固体分散体的制备方法；包合物的制备方法；纳米混悬剂的制备方法；分散片、口腔崩解片、滴丸剂处方设计构成、相关制备方法及质量评价。

了解　快速释放制剂相关发展概况；自乳化释药体系的制备方法。

第一节　概述

（一）快速释放制剂的定义

快速释放制剂（immediate release preparations）系指一大类能够快速崩解或快速溶解，药物快速释放并吸收的制剂。与普通制剂相比，具有起效快、生物利用度高、毒副作用低、服用方便等特点。本章主要介绍的是口服给药的快速释放制剂，也可供其他给药途径参考。

（二）快速释放制剂的特点

1. 速崩、速溶、速效　根据 Noyes-Whitney 方程，药物溶出速度随药物扩散速度的增大而提高，快速释放制剂在口腔或胃肠道中遇水可迅速崩解或溶解，药物释放的表面积迅速增大，从而提高药物溶出速率，使药物能够被快速吸收并起效。例如，《中国药典》（2020 年版）四部崩解时限检查法规定，普通片在 37℃±1℃水温下 15 分钟内应全部崩解，口腔崩解片应在 30 秒内全部崩解；分散片按照片剂通则中分散均匀度检查，在 15～25℃水温下 3 分钟内应全部崩解。例如，多潘立酮普通片达到最大血药浓度需要 1.2 小时，其口腔崩解片则只需要 0.6 小时。

2. 生物利用度高　对于生物药剂学分类系统（biopharmaceutics classification system，BCS）中Ⅱ型难溶性药物（低溶解性、高渗透性），溶出速度是影响生物利用度的主要因素。制备成快速释放制剂后，药物溶出速度快、吸收充分，生物利用度高。例如头孢克肟分散片的平均生物利用度高达 87%，与普通胶囊剂相比提高约 23%。

对于易被胃酸破坏或存在肝脏首过效应的药物，制备成口腔快速释放制剂，药物在口腔中溶出后,可经口腔黏膜吸收,迅速入血,经上腔静脉直接进入右心室,随血液循环分布至全身,从而提高具有肝脏首过效应、胃肠环境下不稳定的药物的生物利用度。例如脑保护剂依达拉奉,由于首过效应明显,其口服绝对生物利用度仅为 5.23%,无法制成普通片剂,但制成舌下片后,其绝对生物利用度可达到 91.94%。其他类似产品还有硝酸甘油舌下片、利培酮口腔崩解片、硝苯地平舌下片、西地那非舌下片和硝酸异山梨酯舌下片等。

3. 胃肠道局部刺激性小 快速释放制剂可在进入胃肠道之前或到达胃肠道后迅速崩解或溶解,药物广泛分布在胃肠道中,可避免局部药物浓度过高而引起的刺激性。同时,由于药物可迅速被吸收,胃肠道内滞留时间短,可有效降低胃肠道刺激性。例如阿司匹林分散片、琥乙红霉素口腔崩解片、布洛芬口腔崩解片、萘普生分散片等,与其普通制剂相比,可显著降低胃肠道反应。

4. 服用方便、患者顺应性好 快速释放制剂可直接吞服,也可置水中分散后服用,还可无水条件下直接吞咽服用,服用方便,患者顺应性好。特别是口腔快速释放制剂在口腔中数秒至数十秒之内迅速溶解或崩解,特别适合于婴幼儿、老年人和不愿配合治疗的患者,咽喉疾病,心血管疾病,以及阿尔茨海默病等器质性精神障碍和帕金森病等神经系统变性晚期导致的肌肉瘫痪、智力低下进而引起行动不便、吞咽困难和长期卧床的患者,如将缓解中重度至重度阿尔茨海默病的盐酸美金刚制成口腔崩解片,非常便于该类自理能力缺失的患者服用;奥氮平口腔崩解片,服用后可迅速崩解,在口腔迅速扩散,可防止精神疾病患者的藏药行为。此外,由于药物吸收快、起效迅速,可为高血压、呕吐、疼痛、癫痫等急症发作疾病的治疗提供新途径。

5. 缺点

(1)生产工序复杂:在制备过程中,须先将原料药微粉化处理,或须使用固体分散、β环糊精包合和湿法研磨等技术进行药物速释化预处理。

(2)贮存包装要求高:含大量崩解剂,吸湿性强,对包装材料的防潮效果和贮存条件要求高。

(3)口感、味道差:分散片为了快速崩解一般不包糖衣,难以掩盖药物的苦味,如克拉霉素分散片、甲硝唑分散片。

(三)快速释放制剂的发展概况

传统的口服固体制剂,如片剂、胶囊剂等,崩解速度慢,生物利用度低,起效慢,需要吞咽服用,导致该类制剂的应用受到一定程度的限制。据统计,约有30%的患者吞咽较为困难,或者某些特殊疾病如高血压、呕吐、心脏病、疼痛、癫痫等,需要起效快的药物进行急救。因此,临床对口服方便、可快速释药并起效的制剂有很大的需求。口服快速释放制剂在这种背景下应运而生,由于其起效快、生物利用度高、服用方便、溶解迅速、副作用小(胃肠道刺激小)、依从性好等优势,受到越来越多的关注。

快速释放制剂最早出现于1908年,起初用具有较高溶解性的辅料与难溶性药物压制成片,其中的易溶性成分首先溶解,形成"蜂窝效应",促使片剂快速崩解,这一时期主要集中在提高崩解速度,发展相对缓慢。直至20世纪60年代,固体分散技术的应用有效解决了难溶性药物溶出慢、吸收差、生物利用度低的问题,使基于固体分散技术的快速释放制剂得到了快速发展,随后用于提高药物生物利用度的其他药物速释化预处理技术也相继出现,如自乳化释药技术、包合技术、微粒制剂技术和泡腾技术等。20世纪70年代,英国R. P. Scherer公司发明了一种采用冷冻干燥技术制备的口服冻干制剂,即口腔崩解片,该制剂在口腔中迅速溶化释放药物,生物利用度高且服用方便。随后为了克服冷冻干燥技术成本高的缺点,研究者们应用新型辅料、使用传统的压片工艺(如湿法制粒压片法和直接压片法)制备快速释放制剂。近年来,新型药剂辅料的研究和药物速释化预处理技术在速释制剂中的应用成为研究热点,例如纤维素类聚合物、聚丙烯酸超多孔水凝胶颗粒等新型崩解材料及预处理技术中的3D打印技术、基于预混辅料的粉末直接压片法、固态溶液技术和微波照射法等。2015年,首款基于3D打印技术制备的快速释放制剂——左乙拉西坦口腔崩解片上市,其可在5秒内完成迅速崩解。

另外,由于快速释放制剂对药物溶出速度和口感的特殊要求,药物掩味技术如制成前体药物、微球化技术和离子交换树脂法等在该领域的研究应用也受到越来越多的关注。

第二节　速释化药物预处理技术

影响生物利用度的决定性因素包括药物的溶解度和膜通透性,现有活性化合物中约有40%的药物水中溶解度差,导致其口服生物利用度低,因此提高难溶性药物生物利用度成为口服制剂开发所面临的巨大挑战。对于BCS分类中的Ⅱ类药物(低溶解性、高渗透性),通过增加溶解度提高溶出速度是改善生物利用度的有效方法,即在制备制剂时预先将原料药进行速释化预处理,提高药物溶出速度。提高溶出速度的常用方法有成盐、溶剂/表面活性剂增溶、降低粒径、制备包合物等。其中降低粒径是一种可应用于绝大多数药物的非特异性预处理方法,将药物进行微粉化处理,减小粒径,增加比表面积,提高溶出速度。但是若将药物单独进行微粉化处理也存在一定的弊端,如随着药物粉末粒径的减小,比表面积增大,片剂崩解后粒子会重新聚集,导致药物溶出变慢;另外直接微粉化并不能改善药物的饱和溶解度,在改善生物利用度方面作用也不显著。因此,仍须进一步降低粒径或通过其他方法提高药物的溶出度和生物利用度。对于易挥发、稳定性差的药物和有不良气味、刺激性的药物,可选用固体分散技术或包合技术进行预处理,提高药物的稳定性、掩盖药物不良气味和刺激性、使液态药物固态化。目前,工业化应用较成熟的速释化药物预处理技术包括固体分散技术、纳米混悬技术、包合技术和自乳化释药技术等。

一、固体分散技术

(一)概述

固体分散体(solid dispersion,SD),又称固体分散物,是一种药物以分子、胶态、无定形或微晶状态分散在另一种载体材料(水溶性材料或难溶性材料、肠溶性载体材料)中形成高度分散体系的一种固态物质。这种将药物分散于固体载体的技术称为固体分散技术(solid dispersion technology)。经后续加工工艺,固体分散体可制备成多种剂型,包括片剂、膜剂、微丸、颗粒剂、滴丸剂等。

1. 固体分散体具有以下特点 可以将药物高度分散于不同性质的固体载体中，达到不同的释药目的。如采用水溶性材料作为载体制备固体分散体，可实现药物速释作用；采用难溶性载体制备固体分散体，可实现缓释作用；肠溶性载体可控制药物于肠中释放；速释型固体分散体可提高药物溶出速率，从而提高难溶性药物口服吸收率与生物利用度；增加药物的稳定性，掩盖药物的不良气味和刺激性；使液态药物固体化。

例如，以聚维酮（polyvinylpyrrolidone, PVP）为载体制备米非司酮固体分散体，药物以无定形状态分散在载体中，大大提高了米非司酮的溶解度和溶出速率；以丙烯酸树脂 Eudragit EPO 为载体材料制备布洛芬固体分散体可提高药物溶出度并掩盖其苦味；米索前列醇在室温时很不稳定，对 pH 和温度都很敏感，有微量水时，酸或碱均可引发其 11 位—OH 脱水形成 A 型前列腺素，将其制成米索前列醇 -Eudragit RS 及 RL 固体分散体，稳定性明显提高。

2. 固体分散体存在的主要缺点 载药量小，制备时载体辅料用量较大，对大剂量的药物难以制成易于吞咽的片剂或胶囊剂；物理稳定性差，贮存过程中会逐渐老化，即药物在载体中高度分散的状态使其有可能自发聚集成晶核，微晶逐渐生长成晶粒，晶型由亚稳态（无定形）转化成稳定晶型。老化与药物浓度、贮存条件及载体辅料的性质相关，因此必须选择合适的药物浓度及载体材料，常采用混合载体材料以弥补单一载体材料的不足。还应保持良好的贮存条件，避免高温、高湿；工业化生产困难，固体分散体往往在高温或大量使用有机溶剂的情况下生产，操作过程比较复杂，影响质量的关键环节较多。

固体分散体应用于快速释放制剂的制备时，须选择水溶性材料，以提高溶出速度，其速释原理可归纳为以下三方面：①药物多以分子状态或无定形存在，溶解时无须克服晶格能，溶出速率较晶型更快；②药物高度分散在水溶性材料中，粒径减小，比表面积增加，溶出速度快；③亲水性载体材料具有可分散性和抑晶性，可增加药物的润湿性，防止药物聚集，并可抑制药物晶核的形成和生长，促进药物溶出。例如将水飞蓟宾与 PEG 6000、泊洛沙姆、十二烷基硫酸钠（5∶5∶1，*W/W/W*）制成固体分散体，粉碎后与其他辅料直接压片，所得分散片 30 分钟的溶出量可达到 90% 以上，而普通片 30 分钟溶出度仅有 24%。

目前基于固体分散技术的已上市药物有伊曲康唑、依曲韦林、他克莫司、瑞舒伐他汀钙、灰黄霉素、大麻隆和布洛芬等，已上市产品有联苯双酯滴丸和复方炔诺孕酮滴丸等。表 11-1 为近十年基于固体分散技术已上市的口服制剂。

表 11-1　近十年基于固体分散技术已上市的口服制剂

商品名	活性成分	剂型	制备方法	适应证	批准时间
Belsomra	苏沃雷生	片剂	热熔挤出	失眠	2014 年 8 月
Harvoni	来迪派韦、索磷布韦	片剂	喷雾干燥	慢性丙型肝炎	2014 年 10 月
Viekira XR	达塞布韦钠、奥比他韦、帕利普韦、利托那韦	片剂	热熔挤出	慢性丙型肝炎	2016 年 7 月
Venclexta	维奈克拉	片剂	热熔挤出	成人慢性淋巴细胞白血病或小淋巴细胞性淋巴瘤	2016 年 4 月

商品名	活性成分	剂型	制备方法	适应证	批准时间
Zepatier	艾尔巴韦、格拉瑞韦	片剂	喷雾干燥	慢性丙型肝炎	2016年1月
Epclusa	索磷布韦、维帕他韦	片剂	喷雾干燥	慢性丙型肝炎	2016年6月
Mavyret	格卡瑞韦、哌仑他韦	片剂	热熔挤出	慢性丙型肝炎	2017年8月
Orkambi	依伐卡托、鲁马卡托	颗粒剂	喷雾干燥	囊性纤维化	2015年7月

（二）载体材料

由于快速释放制剂要求药物快速释放，制备固体分散体时常选用亲水性材料。常用的水溶性载体材料有以下几类。

1. 水溶性高分子聚合物 聚乙二醇类（PEG 4000、PEG 6000等）、聚维酮类（PVP K30、PVP K90等）、聚氧乙烯（polyethylene oxide，PEO）、纤维素衍生物类（羟丙甲纤维素、羧甲纤维素等）。

2. 水溶性表面活性剂 泊洛沙姆188、苄泽类、聚氧乙烯蓖麻油类。

3. 小分子化合物 有机酸类（枸橼酸、酒石酸等）、糖类（如半乳糖、蔗糖等）、糖醇类（如甘露醇、山梨醇、木糖醇）等。

（三）制备方法

固体分散体的经典制备技术主要分为三类：非溶剂法、溶剂法和机械分散法（研磨法），其制备过程可分为药物分散过程和固化过程两个阶段。

1. 非溶剂法

（1）熔融法：熔融法是将药物与载体材料混匀，加热至熔融，剧烈搅拌下混匀，迅速降温冷却固化，制备得到固体分散体的方法。本法适用于对热稳定的药物，多采用熔点低、不溶于有机溶剂的载体材料，如PEG、糖类及有机酸等。本法制备固体分散体最适宜的剂型是滴丸，即将熔融物滴入液体石蜡等冷凝液中，使之迅速冷却，凝固成丸。熔融法具有时间短、无溶剂、成本低等优点，然而熔融法由于制备过程中所使用的温度较高，药物分子的迁移率加快，某些药物会在熔融过程发生化学降解或升华，且制备过程中聚合物载体呈高黏度状态，与药物之间会出现不完全相容的现象。为了避免熔融法的这种局限性，在原方法中引入了热熔挤出技术。

热熔挤出（hot-melt extrusion，HME）技术，又称熔融挤出技术，是指将多相状态的物料在一定区域内融化或软化，在强烈剪切与混合的作用下，不断减小粒径，同时进行彼此空间位置的对称性交换与渗透，最终使物料呈单相状态高度均匀分散于辅料或载体中的新技术。将药物与载体材料（快速释放制剂选用亲水性材料）置于逐段控温的机筒中，机筒内设置螺杆元件，螺杆元件由加料口到机头出料口顺次执行不同的单元操作，物料在螺杆的推进下前移，在一定的区域内熔融或软化，依次通过剪切元件的切割分散作用和混合元件的分流、配置和混合作用，实现药物和载体材料的均匀混合，最后以一定的速度和形状从机头出料口挤出（图11-1）。

热熔挤出技术作为一种成熟的工业化技术，本身具有很多优点：①混合无死角，分散效

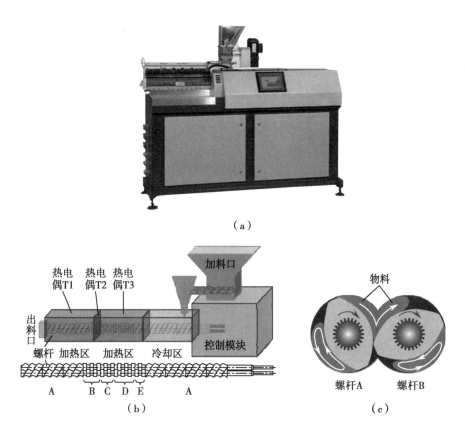

（a）外观；（b）结构示意图（A. 输送元件；B. 快速输送区；C. 低速输送区；D. 混合区；
E. 熔体输送区）；（c）工作原理示意图。

图 11-1　生产型双螺杆热熔挤出机外观、结构及工作原理示意图

果好，药物损失少；②不使用有机溶剂，安全无污染；③集多种单元操作于一体，节省空间，降低成本；④连续化加工，高效率生产；⑤通过编程处理计算机可实现自动化控制，工艺重现性高；⑥可同时用两种以上的载体材料。但是由于该过程需要在高温条件下进行，不适于热敏感性药物。Kinetisol 技术是一种以热熔挤出技术为基础的新兴技术，该法可以使成分在温度远低于化合物熔点时变成无定形。这种加工能力使它可以应用于热不稳定、有机溶解度差的原料药，以及相对分子质量较大的黏性聚合物。

（2）其他：用于制备固体分散体的非溶剂法新兴技术还有微波法和 3D 打印技术等，微波法可以用来改变药物的结晶状态，有效提高药物的溶出率，且具有简便、高效、无溶剂使用及制备时间短等优点。

2. 溶剂法　溶剂法也称共沉淀法或共蒸发法，是将药物和载体共溶于适当的溶剂中，以适宜的方法除去有机溶剂，药物与载体同时析出，干燥后即得固体分散体的方法。除去溶剂的方法有喷雾干燥法、冷冻干燥法、超临界流体技术、溶剂熔融法。常用的有机溶剂有乙醇、丙酮、三氯甲烷等。本法适用于对热不稳定或易挥发的药物。

（1）喷雾（冷冻）干燥法：将药物和载体共溶于适当的溶剂中，再喷雾干燥或冷冻干燥，即得固体分散体。喷雾干燥法生产效率高，能实现快速干燥，且产品不粘连、工艺简单、可连续生产（图 11-2），更适合于工业化生产。冷冻干燥法适用于对热不稳定的药物。常用的载体材料为聚维酮、乳糖、甘露醇、维生素类、聚丙烯酸树脂类等。该法使用有机溶剂，成本高，存在

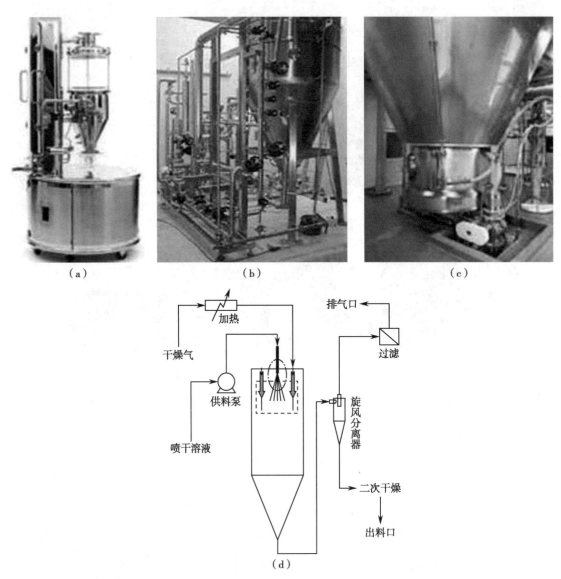

（a）小试设备；（b）中试设备；（c）生产设备；（d）喷雾干燥过程示意图。

图 11-2　喷雾干燥设备及喷雾干燥过程示意图

有机溶剂残留和环境污染的安全隐患；并且有些溶剂难以除尽，易引起药物重结晶。

（2）超临界流体技术：将药物与载体材料溶解于超临界流体中，通过调节操作压力和温度改变溶质的溶解度，实现气相或液相共沉淀，得到粒径分布均匀的超微颗粒。常用的超临界流体有 CO_2、乙烯、水等。本法适用于热不稳定和易被氧化的水难溶性药物固体分散体的制备。

对于在超临界流体中溶解度较低的药物，可使用反溶剂法，即将药物和载体材料溶解到有机溶剂中，再经喷嘴与超临界流体混匀，药物和载体材料沉淀析出。

超临界流体技术具有操作温度低、制备工艺简单、无溶剂残留等优点，但是需要特殊设备，生产成本高。

（3）溶剂熔融法：将药物用少量适宜的溶剂溶解，再加入熔融的载体材料中混合均匀，蒸发除去有机溶剂，冷却固化得到固体分散体。本法可减少药物的受热时间，药物的稳定性和分散性都优于熔融法,并且该法适用于液态药物和小剂量药物。需要注意的是,药物溶液在固体分散体中一般不得超过 10%(W/W),否则难以形成脆而易碎的固体。凡适用于熔融法的载体材料均可采用本法。

其他用于制备固体分散体的溶剂法新兴技术还有静电纺丝法,将该方法引入固体分散体,可以获得高孔隙率和高比表面积的电纺长丝。

3. 机械分散法(研磨法) 将药物与微晶纤维素、乳糖、PVP、PEG 等载体材料混合后进行强力持久的研磨,借助机械力使药物与载体材料相结合,或降低药物粒径,形成固体分散体的方法。由于需要用大比例的载体材料,此法仅适用于小剂量药物的制备。本法无须有机溶剂,可同时采用两种以上载体材料。制备温度可低于药物熔点和载体材料的软化点,因此药物不易被破坏,有利于提高固体分散体的稳定性,并可防止有机溶剂带来的不利影响。

二、纳米混悬技术

(一)概述

纳米混悬剂(nanosuspension),又称纳米晶(nanocrystal),是指纯固体药物颗粒分散在含有稳定剂(表面活性剂或聚合物)的液体分散介质中的一种亚微粒胶体分散体系,其中液体分散介质可以是水、水溶液或非水溶液。药物粒子平均粒径小于 1μm,一般为 200~600nm。药物以结晶态存在称为纳米晶,部分或全部以无定形状态存在称为纳米混悬剂。纳米混悬剂既可以液体形式直接给药,也可以作为制剂中间体,进一步加工成各种口服制剂,如片剂、胶囊剂等。

纳米混悬剂主要是通过降低药物粒径、提高饱和溶解度来提高药物的溶出速度和生物利用度。饱和溶解度是药物的特征性常数,仅受溶剂和温度的影响,但是当药物粒径低于 1μm时,饱和溶解度与粒径成反比。根据 Noyes-Whitney 方程,将药物制备成纳米混悬剂后,药物颗粒粒径降低到纳米级,比表面积(S)和饱和溶解度(C_s)增大,使药物溶出速率(dC/dt)提高。例如,将西罗莫司分散在含有泊洛沙姆 188 的水溶液中进行研磨,所制得片剂的生物利用度可提高约 27%;将非诺贝特分散在含有 6% 羟丙甲纤维素和 0.075% 多库酯钠的水溶液中研磨至纳米粒径,所制成的片剂单次口服 145mg 与单次口服 200mg 非诺贝特胶囊生物等效,达峰时间由 8 小时提前为 6 小时,且吸收速度和程度不受食物影响。

目前国外上市产品主要有免疫抑制剂西罗莫司片、止吐剂阿瑞匹坦胶囊、治疗厌食症的醋酸甲地孕酮口服混悬液、治疗高胆固醇血症的非诺贝特片(介质研磨法)和非诺贝特片(均质法)等。

(二)辅料

纳米混悬剂是一种胶体分散体,属于热力学和动力学不稳定体系,因其粒径减小,比表面积增加,自由能增加,放置过程中有自发地降低体系能量的趋势,从而导致药物聚集。因此,须在纳米混悬剂中加入适宜辅料,作为稳定剂,以降低表面张力和防止药物聚集。如图 11-3所示,稳定剂可通过空间稳定和静电排斥两种作用力起到防止药物聚集的作用。

1. 空间稳定型稳定剂 通过将具有长链的疏水稳定剂吸附到药物表面,从空间上阻碍

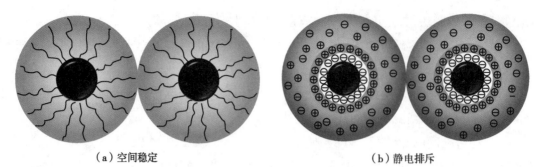

（a）空间稳定　　　　　　　　　　　　　　（b）静电排斥

图 11-3　稳定剂作用机制

药物相互接近，进而防止聚集。如泊洛沙姆、聚山梨酯、维生素 E 聚乙二醇琥珀酸酯等非离子型表面活性剂和聚乙烯醇、聚维酮、纤维素类衍生物等聚合物。最新研究报道，一些新型的稳定剂，如食物蛋白、水溶性糖类和黏土也可通过空间稳定作用，防止药物聚集。

2. 静电排斥型稳定剂　当稳定剂吸附在药物表面时，稳定剂的亲水分子形成一个电双层，在药物周围产生电荷。当药物相互吸引接近达到一定距离时，两个相同的电荷层会相互排斥，防止聚集，如十二烷基硫酸钠、氯化十六烷基吡啶等离子型表面活性剂。

3. 联用　将空间稳定型稳定剂和静电排斥型稳定剂联合应用，结合静电排斥和空间稳定的特点，形成不同的能量屏障来防止聚集，有助于提高药物稳定性、溶出速率和溶解度。如羟丙基 -β- 环糊精（空间型稳定剂）和磷脂（静电型稳定剂）联用制备大豆苷元纳米混悬剂，其口服生物利用度是大豆苷元混悬液的 2.06 倍，以羟丙基 -β- 环糊精为稳定剂的纳米混悬剂是大豆苷元混悬液的 1.63 倍，说明空间型和静电型稳定剂联用优于单用一种稳定剂，能更有效地改善大豆苷元的口服吸收。

（三）制备方法

1. 介质研磨法　利用球磨机制备超微药物颗粒是一种广泛应用的方法。根据研磨过程中是否加入溶剂，介质研磨又分为干法介质研磨和湿法介质研磨。干法介质研磨耗时长、产热高、损失多，其应用受到了一定限制。目前工业化应用较成熟的方法是湿法介质研磨技术。湿法介质研磨法（wet media milling，WMM）是将药物与含有稳定剂的水 / 有机溶剂溶液混合后，置研磨设备中，在研磨介质（瓷球、玻璃球、氧化锆珠或钢球）的作用下，经剪切、碰撞、摩擦和离心等作用，将药物粒径减小至微米级甚至纳米级，并均匀分散在载体溶液中的方法（图 11-4）。药物粒径主要受载体材料种类和浓度、研磨时间、研磨介质粒径和数量、研磨频率等因素影响。湿法介质研磨法制备过程简单，温度可控，可在低温下操作，易于工业化生产，适用于在水和有机溶剂中均不溶的药物。湿法介质研磨专利为 Nanocrystals，归 Elan 公司所有，目前应用该法上市的产品有西罗莫司（Rapamune）、阿瑞匹坦（Emend）、醋酸甲地孕酮（Megace ES）和非诺贝特（TriCor®）等。然而，该法在研磨过程中会出现研磨介质的溶蚀、脱

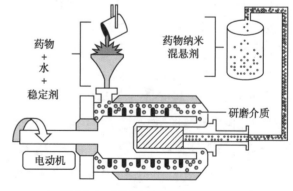

图 11-4　湿法介质研磨设备示意图

落等,可能对制剂造成污染,对人体产生不良影响,不适宜用于静脉注射给药的纳米混悬剂。

例 11-1:非诺贝特片

【处方】非诺贝特 14.50g、HPMC 2.90g、多库酯钠 0.29g、蔗糖 14.50g、十二烷基硫酸钠 1.02g、乳糖一水合物 13.20g、硅化 MCC 8.60g、PVPP 7.55g、硬脂酸镁 0.09g、Opadry OY-28920 2.51g,共制成 100 片。

【制法】称取处方量 HPMC 和 0.036g 多库酯钠,置于 23.2g 水中,使溶解,作为稳定剂;加入处方量非诺贝特,至介质研磨机中研磨(转速 3 000r/min,研磨介质尺寸为 500μm),得到非诺贝特纳米研磨液。称取 0.254g 多库酯钠(润湿剂)、处方量蔗糖(填充剂)和十二烷基硫酸钠(润湿剂)与上述纳米研磨液混合均匀并溶解,经流化床喷至乳糖一水合物(载体)上,得到载药颗粒,将所得载药颗粒与处方量硅化 MCC(填充剂)、PVPP(崩解剂)和硬脂酸镁(润滑剂)混合均匀,直接压片,然后使用包衣锅包薄膜衣(Opadry OY-28920),每片含非诺贝特 145mg。

【注解】采用 HPMC 和多库酯钠作为稳定剂,对非诺贝特进行湿法介质共研磨,可使药物粒径降低至 169nm;使用喷雾干燥技术使纳米研磨液固化,向纳米研磨液中加入支撑剂蔗糖和表面活性剂十二烷基硫酸钠和多库酯钠,可以防止喷雾干燥过程中粒子间聚结,提高粒子的再分散性;硅化 MCC 主要作为填充剂,同时也兼有崩解剂的作用,与 PVPP 联用可保证较好的崩解效果;最后使用防潮型包衣材料 Opadry OY-28920 包薄膜衣,防止贮存过程中水分渗入造成粒子聚结。

2. 均质法 均质技术根据均质原理不同可分为两种,即微射流技术和高压均质技术。

(1)微射流技术:常见的微射流技术如不溶性药物微射流技术(insoluble drug delivery-particle,IDD-P)是将含有药物的粗混悬液,利用高压气体使其快速通过一个特别设计("Z"形或"Y"形)的微射流均质机的均化室,利用撞击力、剪切力和空穴作用降低药物粒径的技术。IDD-P 已被加拿大 Skypharma 公司成功用于非诺贝特片产品的生产,但该技术仍存在生产效率不高、循环次数较多、不适合硬度较大的药物、不利于生产扩大化等问题。

(2)高压均质技术:是将药物和稳定剂在水或非水介质中高速搅拌分散制得粗混悬液,然后迅速通过均质阀座的狭缝,依赖空化作用、剪切力和冲撞力得到符合粒度要求的纳米混悬剂的技术[如图 11-5(a)]。该技术工作效率高、生产周期短、工艺重现性好,但如何降低均质阀和阀芯的磨损、节约生产成本,仍是一个急需解决的难题。Dissocubes 与 Nanopure 技术均是以高压均质技术为原理的专利技术,二者区别在于分散介质的不同,Dissocubes 技术以水为分散介质,Nanopure 以非水溶剂(如油或液体聚乙二醇等)为分散介质。

3. 沉淀法 沉淀法的基本原理是将药物从溶解较好的良溶剂中沉淀出来[如图 11-5(b)]。即在最佳温度下将药物溶解在与水相互溶的有机溶剂(良溶剂)中,形成药物的饱和溶液,后将所得含药溶液在快速搅拌下注入药物的反溶剂(一般为水)中,药物过饱和析出,通过控制温度、搅拌速度和时间等工艺参数或调节稳定剂种类及浓度等处方参数,得到不同粒径大小的纳米级别药物,形成纳米混悬剂。采用沉淀法制备纳米混悬液,制备过程简单,易于放大生产,但是很难精确控制药物微粒的粒径大小;另外由于制备过程中使用了有机溶剂,很难完全除去,存在一定的安全隐患。Hydrosols 与 Nanomorph 技术均是利用沉淀法制备纳米混悬剂的专利技术,区别在于药物存在形式不同,前者用于制备纳米晶,于 1988 年由 Sucker

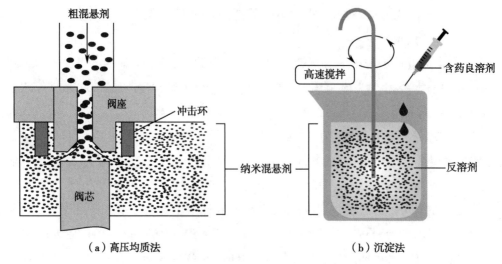

图 11-5　高压均质法和沉淀法制备纳米混悬液示意图

等研发,现被 Novartis 公司拥有;后者用于制备无定型纳米混悬剂,由 Soligs/Abbott 于 2002 年研发。然而,迄今为止市场上采用沉淀法制备的纳米混悬剂产品仍很少。

4. 联用技术　介质研磨法、均质法和沉淀法是纳米混悬液的三种主要制备方法,但是单独使用一种方法很难有效降低药物微粒的粒径,达到预期要求。通常是将多种制备方法联合应用,以有效降低药物粒径,提高体系的分散均一性和稳定性。①沉淀 - 高压均质法:是通过沉淀法得到药物的粗混悬液,随后迅速经高压均质作用,降低粒径,得到纳米级无定形或结晶型纳米混悬液。②喷雾干燥 / 冷冻干燥 - 高压均质法:将药物溶于有机溶剂,经喷雾干燥或冷冻干燥(或者在药物合成时,使用喷雾干燥或冷冻干燥代替重结晶)得到药物粉末,再分散到含有稳定剂的水相中,进行高压均质。该方法所需均质次数少,生产效率高,所得纳米混悬液的粒径远远小于单纯均质法的粒径。③研磨 - 高压均质法:将药物预先研磨,初步降低粒径后,经高压均质进一步降低粒径。

5. 其他　纳米混悬液的制备方法还有乳化溶剂挥发法、超临界流体技术、酸碱汽化泡腾辅助沉淀法等。

三、包合技术

(一)概述

包合技术是指一种药物分子被包嵌于另一种分子的空穴结构内,形成包合物(inclusion compound)的技术。包合物由主分子(host molecule)和客分子(enclosed molecule)组成,主分子一般具有较大的空穴结构,足以将客分子容纳在内,形成分子胶囊(molecule capsule)。利用包合技术可以增加药物的溶解度,调节药物的溶出速率,改善难溶性药物的生物利用度;能掩盖一些药物的不良气味,降低药物的刺激性,提高生物相容性;使液体药物粉末化,便于将其制成固体剂型。包合技术现已非常成熟,在固体速释制剂中已得到广泛应用,目前已上市品种见表 11-2。

表 11-2　基于包合技术的已上市产品

药物 / 环糊精	商品名	剂型	国家
地诺前列酮 /β- 环糊精	Prostarmon E	舌下片	日本
利马前列素 /α- 环糊精	Opalmon	片剂	日本
吡罗昔康 /β- 环糊精	Brexin、Flogene Cicladon	片剂	意大利
西替利嗪 /β- 环糊精	Cetrizine	咀嚼片	德国
硝酸甘油 /β- 环糊精	Nitropen	舌下片	日本
盐酸头孢替安酯 /α- 环糊精	Pansporin T	片剂	日本
头孢托仑匹酯 /β- 环糊精	Meiact	片剂	日本
噻洛芬酸 /β- 环糊精	Surgamyl	片剂	意大利
氯氮草 /β- 环糊精	Transillium	片剂	阿根廷
尼美舒利 /β- 环糊精	Nimedex	片剂	欧洲
烟酸 /β- 环糊精	Nicorette	舌下片	瑞典
奥美拉唑 /β- 环糊精	Omebeta	片剂	德国
美洛昔康 /β- 环糊精	Mobitil	片剂	埃及
米非司酮 /β- 环糊精	息隐	片剂	中国

（二）载体材料

制备包合物常用的包合材料有环糊精、胆酸、淀粉、纤维素、蛋白质、核酸等。目前应用最广泛的包合材料为环糊精（cyclodextrin，CD）及其衍生物。

环糊精是淀粉在嗜碱性芽孢杆菌产生的环糊精葡萄糖基转移酶的作用下形成的环状低聚糖化合物，由 6～12 个 D- 吡喃葡萄糖通过 1,4- 糖苷键首尾相连而成，呈锥状圆环结构。制剂中应用较多的为 α、β、γ- 环糊精，分别由 6、7、8 个 D- 吡喃葡萄糖分子组成，呈上宽下窄、两端开口的环状中空筒状结构（图 11-6），空腔内部为疏水性区域，开口端由于存在羟基呈亲水性。疏水性药物可与内部疏水空穴区域通过范德瓦耳斯力、疏水作用力和空间匹配效应等嵌入空穴内；极性药物则可以结合于开口端的亲水区域（图 11-7）。

由于 β- 环糊精的水溶性较差，室温下溶解度仅为 18.5mg/ml，且存在肾毒性。因此，对 β-

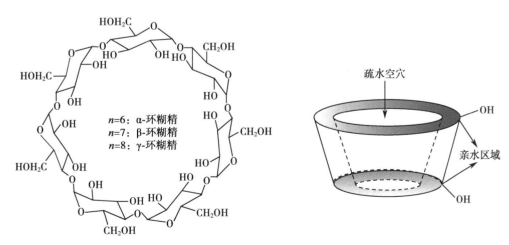

$n=6$：α-环糊精
$n=7$：β-环糊精
$n=8$：γ-环糊精

疏水空穴
OH
亲水区域
OH

图 11-6　环糊精分子结构示意图

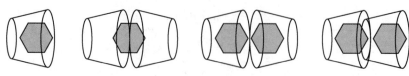

图 11-7　环糊精与药物的四种作用形式示意图

环糊精的分子结构进行修饰制成其衍生物,如用甲基、乙基、羟乙基、羟丙基、苄基等基团取代其 2、3、6 位上的羟基氢,破坏 β- 环糊精的分子内氢键,均可一定程度上改变其溶解性、稳定性、生物相容性。例如,在药物生产中常用的羟丙基 -β- 环糊精,较天然 β- 环糊精更易溶于水,室温下溶解度大于 500mg/ml,且溶血性更低,肌肉、黏膜刺激性更小,在体内几乎不代谢,可有效提高药物的溶解度,但对药物的包合率略有下降。

（三）制备方法

1. 饱和水溶液法　饱和水溶液法又称重结晶法或共沉淀法,是将药物或其有机溶剂溶液加入饱和环糊精溶液中,搅拌或超声处理一定时间后,冷却,结晶,过滤,干燥,即得。对于在水中溶解度大的包合物,可加入少量有机溶剂,促使包合物沉淀析出;常温下易分解变色的药物,可通过低温冷冻使水分升华,即冷冻干燥法进行干燥;水溶性差的药物可通过喷雾干燥法进行干燥。

2. 研磨法　将环糊精分散在少量水中,研磨至分散均匀,再加入药物或其有机溶剂溶液,充分研磨至糊状,用适宜的有机溶剂冲洗除去游离药物,干燥,即得。

四、自乳化释药技术

（一）定义

自乳化释药系统(self-emulsifying drug delivery system,SEDDS)是由药物、油相、表面活性剂和助表面活性剂组成的混合体系。它在体温条件下,在胃肠道内遇到体液后,可在胃肠道蠕动的促使下自发乳化形成 O/W 型乳剂(100～500nm)(图 11-8)。若自发形成粒径小于 100nm 的更精细的 O/W 型乳滴,则称之为自微乳化释药系统(self-microemulsifying drug delivery system,SMEDDS)。

自微乳化释药系统比自乳化释药系统的粒径更小,更稳定,所得乳滴的比表面积更大,

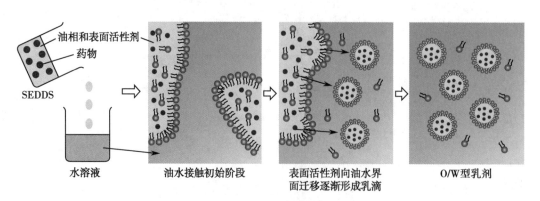

图 11-8　自乳化释药技术的自乳化原理示意图

更容易在胃肠道溶出,因此,提高药物生物利用度的效果更好。另外,由自微乳化释药系统衍生而来的超饱和自微乳释药系统(supersaturable self-emulsifying drug delivery system,S-SMEDDS),在原有自微乳释药系统中加入了水溶性纤维聚合材料如羟丙甲纤维素、聚维酮等,使游离药物从 SMEDDS 中释放后与小分子微乳颗粒在胃肠道内达到超饱和状态。超饱和自微乳化技术可以防止自微乳进入胃肠中药物出现的结晶现象,因此,超饱和自微乳释药系统能更好地提高药物的生物利用度、增加溶出度、降低胃肠道刺激性。由于口服自乳化释药系统理论尚不成熟、表面活性剂用量高而存在安全隐患等问题,上市产品仍然较少(表 11-3)。

表 11-3 基于自乳化释药技术的已上市产品及其处方组成

药物名称	商品名	油相	表面活性剂	助乳化剂	其他
环孢素	Neoral	玉米油	聚氧乙烯(40)氢化蓖麻油	甘油、乙醇或丙二醇	α- 生育酚(抗氧化剂)
利托那韦	Norvir	油酸	聚氧乙烯(35)蓖麻油	乙醇	2,6- 二叔丁基对甲酚(抗氧化剂)
环孢素	Sandimmune	玉米油	Labrafil M2125CS	山梨醇、乙醇	—
硝苯地平	Adalat	薄荷油	糖精钠	甘油、聚乙二醇400	—
维 A 酸	Vesanoid	大豆油、氢化大豆油、部分氢化大豆油	黄蜂蜡	—	—
布洛芬	Nueofen	中链甘油三酯	卵磷脂、液态山梨醇	乙醇、聚乙二醇400/600	—
卡马西平	Tegretol	C8、C10 甘油三酯	聚山梨酯 80	—	—

(二)特点

1. **生物利用度高** SEDDS 口服后,在体温条件下,与胃肠液接触后可自发形成乳剂,粒径<500nm,药物被包裹于乳滴中,可以增加难溶性药物的溶解度和溶出度、增加与胃肠道接触面积、提高胃肠道上皮细胞对药物的通透性、抑制肠细胞色素 P450 对药物的催化作用及 P- 糖蛋白对药物的外排作用,还可通过淋巴管吸收克服首过效应,从而提高生物利用度。例如卡维地洛制备成 SEDDS 后,生物利用度是普通制剂的 3~4 倍。

2. **提高药物稳定性** 在胃肠道中,药物被包裹于乳滴中,可抑制药物水解和酶解,提高稳定性,同时可避免药物与胃肠道黏膜的直接接触、局部药物浓度过大引起的胃肠道刺激。

3. **个体差异小** SEDDS 在胃肠道中形成的乳滴粒径小,可迅速分布于整个胃肠道,受胃肠道环境和食物的影响较小,个体间差异小。

4. **制备工艺简单** 无须特殊生产设备,易于工业化生产,可以以液体形式服用,也可以分装于软胶囊或硬胶囊中,剂量准确,服用方便。

5. **缺点** 处方中含有大量表面活性剂(30%~60%,*W/W*),存在一定的刺激性和安全隐患;相对于药物释放速度,SEDDS 体内药物溶出更多地取决于脂质消化,用传统的体外溶出方法测定 SEDDS 中的药物释放体内外相关性差,缺少合适的体外评价模型。

(三)适用药物

SEDDS 适合于脂溶性、水溶性差、吸收差的药物,也可用作疏水性蛋白、多肽类大分子药物的载体。对于油水均难溶的药物,尤其是在任何脂质组成中都不能溶解的药物不适合制备成 SEDDS。通常选择水溶性小,在油相或油相/表面活性剂系统中性质稳定的药物。

(四)辅料

1. **油相** SEDDS 中油相的比例一般为 30%~70%,主要起溶解药物、促进微乳形成、促进药物在胃肠道吸收等作用。因此所选油相要求能以较少的用量溶解处方量药物,具有一定的乳化能力,并且安全、稳定。在一定范围内,油相比例越小,所形成乳剂或微乳越稳定,但同时会降低载药量。常用的油相包括植物油如玉米油、花生油、橄榄油、大豆油、芝麻油、氢化大豆油等,不饱和中/长链甘油三酯类如长链甘油三酯、中链甘油三酯(medium-chain triglycerides,MCT)等,脂肪酸酯类如油酸乙酯、油酸丁酯、肉豆蔻酸异丙酯、Miglyol 812、三甘油辛酸/癸酸酯,以及低熔点脂肪酸类如油酸、亚麻酸、蓖麻油酸等。已上市产品所用油脂以天然植物油为主,例如环孢素软胶囊以橄榄油为油相,丙戊酸软胶囊以玉米油为油相,安普那韦胶囊以蓖麻油为油相。近年来,一些经结构修饰或水解处理的植物油由于药物溶解度大、自乳化效率高等特点,在 SEDDS/SMEDDS 中得到越来越多的应用。此外,一些半合成的中链脂肪酸甘油三酯同时具有表面活性剂的两亲性,也逐渐成为更具潜力的油相。

除上述常用辅料之外,也不乏对新型油相辅料的一些研究。比如以杂脂为基础合成的材料,杂脂是具有多种化学、物理及生物特性的脂质材料,可作为药物递送的油相。如基于双头杂脂(bicephalous heterolipid,BHL)合成了新型聚丙基醚亚胺(G0-PETIM)树枝状大分子芥酸酯,以依非韦仑(efavirenz,EFA)为模型药物,以 BHL 为油相,制备得到的 EFA-SMEDDS 稳定性良好,体外释药迅速且完全,与 EFA 的普通混悬液相比,其体内生物利用度提高了约6倍。

2. **表面活性剂** 表面活性剂在 SEDDS 体系中起乳化剂的作用,可以降低 SEDDS 体系的界面张力而形成界面膜,促使其在胃肠道中形成稳定的乳剂,一般占体系的 30%~60%。制备 SEDDS 中最常用的表面活性剂多为亲水性非离子型表面活性剂,HLB 值高(11~15),自乳化速度快。常用的表面活性剂有聚山梨酯类、维生素 E 聚乙二醇琥珀酸酯(D-α-tocopheryl polyethylene glycol succinate,TPGS)、聚乙二醇甘油酯类(如辛酸癸酸聚乙二醇甘油酯 Labrasol、油酰聚氧乙烯甘油酯 Labrafil)、聚山梨糖醇单油酸酯(司盘类)、磺化琥珀酸二辛酯钠(商品名 Aerosol OT)、聚氧乙烯蓖麻油及其衍生物、磷脂、聚乙二醇辛基苯基醚类、皂苷类等。例如已上市的安普那韦软胶囊以 TPGS 为表面活性剂,环孢素软胶囊以司盘 80 和吐温 80 为表面活性剂。上述表面活性剂在处方中用量越大,形成乳剂粒径越小,并越稳定,但是浓度过高时会引起胃肠道刺激性反应,还会导致乳剂在胃肠道中发生转相,从而影响药物的吸收。因此,应兼顾安全性和制剂质量两方面因素设计处方,表面活性剂用量应在允许范围内,防止产生毒性、刺激性和溶血反应。

3. **助乳化剂/潜溶剂** SEDDS 大多需要加入助乳化剂,调节 HLB 值,进一步降低界面张力,与乳化剂形成复合界面膜,增加界面膜的柔顺性和稳定性,促进乳剂形成并提高稳定性,还可增加某些药物的溶解度。常用的助乳化剂有中、短链醇,如乙醇、丙二醇类、甘油、聚乙二醇类、二甘醇单乙醚(Transcutol)等,也可用有机氨、单双烷基酸甘油酯及聚氧乙烯脂肪酸酯等。其中乙醇、聚乙二醇和甘油应用最为广泛,例如安普那韦胶囊以丙二醇单月桂酸酯为助乳化剂,氯法齐明、环孢素软胶囊以聚乙二醇为助乳化剂。需要注意地是,通常 SEDDS 最终会装入软胶囊或硬胶囊,若处方中含有乙醇等挥发性助乳化剂,则这些挥发性物质容易透过囊壳挥发,降低药物溶解度,导致难溶性药物沉淀。但是若不添加乙醇,又可能会降低某些药物的溶解度,因此须作综合考虑。

(五)制备方法

自乳化释药技术所用辅料多为液体,因此早期上市的口服 SEDDS 产品多为液态,可采用传统的胶囊剂制备方法,分装入软胶囊或硬胶囊中,制备方法简单,易于工业化。通常是将药物溶解在由油相、表面活性剂或助乳化剂组成的油相中,混匀,搅拌至溶解澄清后,分装入软胶囊或硬胶囊,即得。

近年来为了提高液态 SEDDS 贮存过程中的稳定性,可通过固化技术制备固态 SEDDS (片剂、微丸等),如喷雾干燥法、热熔挤出法、挤出滚圆法、模具灌注法、溶剂蒸发、冷冻干燥法、固体载体吸附法等。

例 11-2:利托那韦软胶囊

【处方】利托那韦 100g、无水乙醇 120g、油酸 709.75g、聚氧乙烯蓖麻油 35 60g、2,6- 二叔丁基对甲酚 0.25g、蒸馏水 10g,共制成 1 000 粒。

【制法】称取 118g 无水乙醇,充氮气,待用;称取 0.25g 2,6- 二叔丁基对甲酚,在通氮气条件下用 2g 无水乙醇溶解得到澄清溶液,待用;将混合罐加热到 28℃(不超过 30℃),在搅拌下依次加入 704.75g 油酸和 100g 利托那韦,依次加入上述 2,6- 二叔丁基对甲酚的乙醇溶液和 118g 乙醇,混合至少 10 分钟;然后加入 10g 水至溶液澄清(不少于 30 分钟);另加入 5g 油酸以溶解容器壁上残留的药物,再继续混合 30 分钟,然后加入 60g 聚氧乙烯蓖麻油 35,混合均匀,置 2~8℃保存,分装入软胶囊,干燥,在 2~8℃贮存。

【注解】处方中利托那韦为主药,无水乙醇为助乳化剂,油酸为油相,聚氧乙烯蓖麻油 35 为表面活性剂起乳化剂的作用,2,6- 二叔丁基对甲酚为抗氧化剂。由于处方中所用油相油酸用量大,浓度为 70.9%(W/W),结构中含有不饱和双键,易于氧化,因此在整个制备过程中需要在氮气保护下进行,还需要加入抗氧化剂 2,6- 二叔丁基对甲酚。由于处方中含有 12% 的乙醇,因此临床上应用时,切勿与双硫仑和甲硝唑等药物同时服用,以免引起双硫仑样反应。

例 11-3:多西他赛固体过饱和自乳化释药颗粒

【处方】多西他赛 40mg、中链甘油三酯 300mg、聚氧乙烯(40)氢化蓖麻油 500mg、二甘醇单乙醚 200mg、HPMC K100 26mg、乳糖 13g、蒸馏水 160ml。

【制法】按处方量精密称取中链甘油三酯、聚氧乙烯(40)氢化蓖麻油、二甘醇单乙醚,混合均匀后加入 40mg 多西他赛,于 37℃水浴中超声 20 分钟,获得溶解均一的液态含药油相;然后加入处方量的 HPMC K100,混匀,即得过饱和含药油相。精密称取乳糖 13g,完全溶解于 160ml 水中,在磁力搅拌下缓缓将乳糖水溶液加入上述过饱和多西他赛油相中,溶液在 40℃下保温 10 分钟后即可获得均匀的 O/W 型乳液,然后将乳液进行喷雾干燥,收集,即得干燥的多西他赛固体过饱和自乳化释药颗粒。

【注解】处方中多西他赛为主药,中链甘油三酯为油相,聚氧乙烯(40)氢化蓖麻油为乳化剂,二甘醇单乙醚为助乳化剂,HPMC K100 为促过饱和物质,乳糖为固体载体。常规的自乳化制剂是以液体形态通过软胶囊或可充液硬胶囊形式应用的,但往往处方中会加入过多的表面活性剂以防止药物包裹不完全或药物于体内分散时析晶,但这会引起胃肠道刺激性等不良反应;且体系中的醇和其他挥发性助溶剂易渗入胶囊壳,导致药物析出。因而使用具有明显抑晶作用的促过饱和物质 HPMC K100 和固体载体乳糖,可防止自乳化制剂在体内分散时药物的再沉淀,在减少自乳化辅料用量的同时大大提高了药物多西他赛的溶解性和溶出度,优于常规自乳化制剂。

第三节 快速释放制剂剂型

药物经速释化技术预处理后,可经流化床制粒、喷雾干燥制粒、湿法制粒或直接压片或灌装胶囊等常规制剂工艺,制备成普通片剂、微丸剂、胶囊剂、舌下片、咀嚼片、泡腾片、分散片、口腔崩解片、滴丸剂等剂型。

本节重点介绍分散片、口腔崩解片、滴丸剂三种剂型。

一、分散片

(一) 概述

1. 定义 《中国药典》(2020 年版)四部制剂通则中片剂部分对分散片的表述如下:分散片(dispersible tablet)系指在水中能迅速崩解并均匀分散的片剂。分散片中的药物应是难溶性的。分散片可加水分散后口服,也可含于口中吮服或吞服。早在 20 世纪 80 年代就有分散片产品在国外上市,目前,国内上市的分散片品种已多达 715 个,如阿奇霉素分散片、辛伐他汀分散片、厄贝沙坦分散片等,《中国药典》(2020 年版)新增的有佐米曲普坦分散片、吗替麦考酚酯分散片等。

2. 特点 ①崩解、溶出、吸收快,可显著提高难溶性药物的生物利用度;②服用方便,顺应性好,特别适用于老年人、幼儿和吞咽困难的患者;③制备工艺较为简单,无特殊的生产条件需求;④成本高,质量要求较高,质量标准控制难度较大。

(二) 质量要求

根据《中国药典》(2020 年版)四部制剂通则片剂部分的质量要求,分散片的质量要求主要有以下几点:①原料药与辅料应混合均匀;②严格控制压片前物料或颗粒的水分,防止贮存期间变质;③外观应完整光洁,色泽均匀,有适宜的硬度和耐磨性;④含量、重量差异、含量均匀度、微生物限度应符合要求;⑤溶出度和分散均匀性应符合规定。

(三) 处方设计

1. 药物的选择 分散片一般适用于生物利用度低或需要快速起效的难溶性药物,例如解热镇痛药阿司匹林、布洛芬，胃酸抑制剂法莫替丁，抗生素类药物阿奇霉素、罗红霉素等。不适于安全窗窄和水溶性的药物。

2. 常用辅料 分散片的辅料主要包括崩解剂、填充剂、黏合剂、润滑剂，还可加入一些着色剂、矫味剂等辅料以改善口味和外观。分散片的辅料同普通片剂较为相似，但是由于分散片要求遇水后在尽可能短的时间（3分钟）内全部崩解成小颗粒，并可通过二号筛，故在辅料选择和用量上与普通片剂仍有很大的区别。通常分散片中含有大量的优良崩解剂和亲水性的黏合剂及润滑剂。

（1）崩解剂：分散片所采用的优质崩解剂吸水溶胀度一般大于5ml/g，用量一般为处方量的2%～5%，不宜选用溶胀度小的淀粉、黏土类如皂土、胶体硅酸铝镁等。应用最为广泛的崩解剂包括CMS-Na、L-HPC、PVPP和CMC-Na等。以上4种崩解剂单独使用时，以PVPP和CMS-Na最为常用，并且每一种崩解剂的用量都要超过其在普通片剂中的用量。CMS-Na溶胀度高达14.8ml/g，能改善粉末或颗粒的成型性和流动性，可增加分散片的硬度而不影响崩解性，其用量一般为2%～8%。

另外，MCC也是最为常用的一种辅料，分散片中含有20%的MCC时，崩解效果较好。但是MCC本身溶胀性较差，吸水溶胀度仅为3.4ml/g，因此很少单独使用，常与吸水溶胀度强的其他崩解剂联合应用。例如，以微晶纤维素50%，乳糖20%，PVPP 6%，微粉硅胶3%为处方，混合后采用直接压片法，得到的阿托伐他汀钙分散片崩解效果最理想。

（2）填充剂：为了在增加片重的同时，促进分散片的崩解，通常加入具有亲水溶胀性的填充剂，如MCC、乳糖、甘露醇等，或者加入大量崩解剂充当填充剂。MCC由于其流动性好、可压性强，又具有一定的崩解性能和黏合作用，是分散片中较为常用的填充剂。近年来，一种新型多功能辅料可压性淀粉，也被广泛应用于分散片的制备。

（3）黏合剂：分散片常使用水溶性黏合剂，在增加可压性的同时，可促进崩解。常用的水溶性黏合剂包括聚维酮、聚乙二醇类、水溶性纤维素衍生物如羟丙甲纤维素、羟丙纤维素、羧甲纤维素钠等。

其中聚维酮-K30（平均分子量为$3.8×10^4$）最为常用，尤其适用于疏水性药物，以其水溶液作黏合剂，可以改善药物的润湿性从而促进药物溶出。如以12%的聚维酮-K30作为黏合剂制备的米诺环素分散片，在90秒内即可完全崩解。

（4）润滑剂：分散片中常用的润滑剂包括微粉硅胶、滑石粉、硬脂酸镁、聚乙二醇类（PEG 4000和PEG 6000）与月桂醇硫酸钠/镁等。微粉硅胶是分散片中广泛使用的助流剂，一般微粉硅胶用量在1%以上时，可以促进片剂的崩解，改善药物的溶出速度。滑石粉具有一定的亲水性，但不溶于水，用量过大会阻止水分渗入片剂内部，延缓崩解，所以用量最多不要超过5%，常用量为0.1%～3%。硬脂酸镁也为水不溶性润滑剂，用量过大时，会延缓片剂的崩解和溶出，因此常与微粉硅胶、滑石粉等合用。

（5）其他：除上述常用辅料外，分散片中还可加入表面活性剂促进片剂的崩解和药物溶出，如十二烷基硫酸钠、聚山梨酯类等。此外，分散片通常存在口感差的问题，可加入一些矫味剂或掩味剂如糖精钠、阿司帕坦、明胶等辅料改善口味，也可通过药物掩味技术来掩味。

（四）制备工艺

分散片可由普通片剂的制备工艺制备而成,包括湿法制粒压片法、干法制粒压片法、粉末直接压片法、冷冻干燥法等。国外制剂工业中常使用粉末直接压片法进行生产,技术比较成熟。但是由于分散片的特殊质量要求,且药物均为难溶性药物,与普通片剂相比,分散片在药物处理、辅料加入方式和制备方法等方面仍有一定的区别。

1. 崩解剂加入方式　在制粒压片工艺中,崩解剂的加入方式对分散片的崩解性和分散性影响较大,主要有外加法、内加法和内外加法三种方式,通常内外加法分散性和崩解效果比较理想。外加法是指在制粒之后压片之前加入崩解剂。内加法是指在制粒之前加入崩解剂。两种方法联合使用,即内外加法,可使片剂在外加崩解剂的作用下崩解为粗颗粒,然后在内加崩解剂的作用下,使粗颗粒进一步崩解成小颗粒,获得理想的崩解速度和分散性。

2. 颗粒大小　药物溶出速度与分散片崩解后形成颗粒的粒径大小直接相关,粒径越小,药物溶出越快。一般要求采用湿法制粒所得的湿颗粒在1mm(18目)以下、干颗粒在0.6mm(30目)以下,甚至在0.305mm(约50目)以下。若采用流化床一步制粒法或者喷雾干燥制粒法,所得颗粒流动性和可压性均较好,可使所压制分散片质量大大提高。

3. 硬度大小　通常片剂硬度越大崩解时间越长,而分散片需要在尽可能短的时间里崩解并溶出,因此硬度要比普通片小,以保证分散片有足够的孔隙率而快速崩解,但又要能维持外观、改善光洁度等,这就要求分散片要具有适当的硬度。因此在处方设计时,要兼顾崩解时间和硬度两方面指标,考察压片压力和各辅料配比。有研究发现,在齐墩果酸分散片的制备过程中,当硬度为8kg/mm² 时,分散均匀时间延长至230秒,不符合要求;但是硬度为3kg/mm² 时,脆碎度不符合要求。因此,最终将硬度控制在4～6kg/mm² 范围内。

例11-4：尼莫地平分散片

【处方】尼莫地平(微粉化)20g、预胶化淀粉52g、微晶纤维素103.2g、羧甲淀粉钠10g、十二烷基硫酸钠2g、交联羧甲纤维素钠10g、滑石粉2g、硬脂酸镁0.8g、30%乙醇适量,共制成1 000片

【制法】称取处方量尼莫地平、预胶化淀粉、微晶纤维素、十二烷基硫酸钠和羧甲淀粉钠,以等量递增的方式混合均匀,加入30%乙醇作为黏合剂制软材,制备24目颗粒,干燥。过24目筛整粒,加入处方量交联羧甲纤维素钠、滑石粉和硬脂酸镁,混合均匀,压片即可。

【注解】尼莫地平分散片采用湿法制粒压片法制备。其中微晶纤维素和预胶化淀粉为填充剂,二者均具有一定的吸湿性及成型性,当用纯水溶液作为黏合剂时,制得的颗粒较硬,崩解时间长达10分钟,而选用30%乙醇作为黏合剂,所制备的颗粒硬度适中,可满足崩解要求。羧甲淀粉钠和交联羧甲纤维素钠作为崩解剂联合使用,其中羧甲淀粉钠采用内加法,交联羧甲纤维素钠采用外加法,可促进片剂的崩解。尼莫地平疏水性很强,制得的片剂不易被水润湿,影响片剂的崩解及药物的溶出,因此处方中加入适量的十二烷基硫酸钠,一方面可以快速润湿片面,加速其崩解;另一方面有增溶作用,可加速药物的溶出;选择滑石粉作为助流剂,硬脂酸镁作为润滑剂。由于硬脂酸镁用量过大会影响水分渗入,最终加入量为0.2%。所得分散片在22～30秒内全部崩解并通过二号筛,30分钟溶出度为93.6%,均符合规定。

例 11-5：阿奇霉素分散片

【处方】阿奇霉素 250g、羧甲淀粉钠 20g、低取代羟丙纤维素 20g、微晶纤维素 200g、阿司帕坦 10g、硬脂酸镁适量、10% 聚维酮 -K30 水溶液适量，共制成 1 000 片。

【制法】将原料药粉碎过 80 目筛；辅料于 50～60℃干燥 2～3 小时，过 100 目筛，备用。称取处方量阿奇霉素、羧甲淀粉钠、低取代羟丙纤维素、微晶纤维素、阿司帕坦，按等量递增的方式混合均匀，加入 10% 聚维酮 -K30 水溶液适量作黏合剂制软材，制备 30 目湿颗粒，干燥。过 28 目筛整粒；称重，加入 1% 硬脂酸镁混合均匀，压片，即得。

【注解】阿奇霉素分散片采用湿法制粒压片法制备。其中阿奇霉素为主药，羧甲淀粉钠、低取代羟丙纤维素为崩解剂，联合使用效果好；微晶纤维素为崩解剂，可改善粉末的流动性，同时也可作为填充剂，流动性好、可压性强；阿司帕坦为矫味剂；10% 聚维酮 -K30 为黏合剂，尤其适用于疏水性药物；硬脂酸镁为润滑剂，应注意硬脂酸镁用量，过大会影响水分渗入。为了使药物颗粒获得良好的流动性及片重均一性，采用 30 目筛制粒、28 目筛整粒。

（五）质量评价

根据《中国药典》（2020 年版）四部制剂通则片剂部分规定，分散片除了进行片剂相应项下检查外，还需进行分散均匀性和溶出度检查。

1. 分散均匀性 按照崩解时限检查法，取供试品 6 片，在 15～25℃水温下，应在 3 分钟内全部崩解并通过二号筛（710μm 孔径）。

2. 溶出度 由于分散片中药物均为难溶性药物，分散片应进行溶出度检查，并符合有关规定。

二、口腔崩解片

（一）定义

口腔崩解片（orally disintegrating tablets，ODT）是指服用时不需要用水或只需要用少量水，无须咀嚼，将片剂置于舌面，即可迅速溶解或崩解，借助吞咽动作入胃起效或通过口腔黏膜、食管黏膜吸收起效的片剂（图 11-9）。与普通片剂相比，口腔崩解片具有起效迅速、生物利用度高、服用方便、胃肠刺激小等优点，适于特殊人群如老年人、儿童、吞咽困难者，及特殊无水环境下的患者用药，也非常适用于心脑血管疾病等急症的治疗。目前，国外已开发的口腔崩解片品种较多，主要集中在用于治疗精神疾病、心血管疾病、内分泌疾病、肿瘤的药物，如司来吉兰、氯氮平、盐酸雷莫司琼、拉莫三嗪、甲氧氯普胺、昂丹司琼、曲马多等。国内已批准

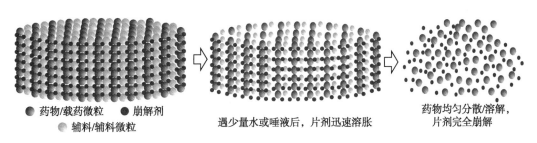

● 药物/载药微粒　● 崩解剂
○ 辅料/辅料微粒

遇少量水或唾液后，片剂迅速溶胀

药物均匀分散/溶解，片剂完全崩解

图 11-9　口腔崩解片结构及崩解过程示意图

上市的口腔崩解片也已有 40 多种药物、150 多个品种,比如利培酮、布洛芬、格列美脲、阿司匹林、扎来普隆、多潘立酮等。

(二)处方设计

1. 药物的选择 应根据临床需求、治疗目的和药物理化性质综合考虑,确定所选择药物是否适宜被开发成口腔崩解片。以下几种情况适合于制备成口腔崩解片:①可经口腔黏膜吸收的急救药品或须迅速起效的药品,如硝酸甘油、硝苯地平、硫酸沙丁胺醇等;②吞咽困难的患者用药,如止吐药昂丹司琼、雷莫司琼、格拉司琼等;③患者不主动或不配合情况下用药,如抗抑郁药苯甲酸利扎曲普坦、佐米曲普坦,非典型神经安定药奥氮平等;④需要增大接触面积或降低胃肠道刺激的药物,如对乙酰氨基酚、布洛芬等;⑤幼儿、老年人、卧床体位难变动和缺水条件下患者用药,如治疗阿尔茨海默病的药物盐酸美金刚。

2. 常用辅料 口腔崩解片的辅料包括填充剂、崩解剂、矫味剂等。口腔崩解片与普通片剂最主要的区别指标为崩解度和溶出度。FDA 对口腔崩解片崩解时限的要求一般在 30 秒。国内一般要求口崩片应在 1 分钟内完全崩解,并通过 710μm 的筛网。因此,口腔崩解片处方中需要使用大量的优良崩解剂和水溶性辅料。

(1)填充剂:为防止服用口腔崩解片时的砂砾感,通常建议采用水溶性好的填充剂,包括乳糖、甘露醇、山梨醇、赤藓醇、蔗糖、明胶、黄原胶等水溶性辅料。

(2)崩解剂:口腔崩解片常用的崩解剂有 MCC、CMS-Na、PVPP、L-HPC、CCMC-Na 和处理琼脂(treatment agar,TAG)等。

1)MCC:本品是口腔崩解片中应用最为广泛的崩解剂,常与其他溶胀性强的辅料如 L-HPC 和 PVPP 联合使用,可获得良好的崩解性。联合崩解剂的常用量为 20%~50%,所得片剂可快速崩解。例如,以 MCC:L-HPC:PVPP(9:1:0.25,$W/W/W$)为崩解剂制备氢氯噻嗪口腔崩解片,崩解时限仅为 15 秒。以 MCC:PVPP(4:1,W/W)为崩解剂制备富马酸福莫特罗口腔崩解片时,体外崩解时间为 21.5 秒,体内崩解时间为 24.3 秒。

2)CMS-Na:本品具有良好的流动性及压缩成型性,吸水后膨胀作用显著,可膨胀至原体积的 300 倍,常用量为 1%~6%。

3)PVPP:本品是流动性良好的白色粉末,在水、有机溶剂及强酸强碱中均不溶解,仅在水中迅速溶胀,且不会产生高黏度的凝胶层,崩解性能优越。

4)L-HPC:本品为白色或类白色结晶性粉末,无臭、无味,在水中不溶,可吸水溶胀,因其具有较大的表面积和孔隙率,所以有很好的吸水速度与吸水量,吸水膨胀率在 500%~700%,一般用量为 2%~5%。

5)CCMC-Na:本品为白色或类白色粉末,无臭,有引湿性,不溶于水,可吸水溶胀至原体积的 4~8 倍。

6)TAG:本品由琼脂常温下吸水溶胀再经干燥处理制得,水分从琼脂中蒸发干燥后,使琼脂变为多孔颗粒,孔隙直径和总孔隙体积大,能使水分快速渗透,加快崩解。

(3)矫味剂:在口腔崩解片的质量评价中,口感是一项重要指标,由于大多数药物都具有不良味道,故需要在处方中加入矫味剂掩盖药物的味道或刺激性。常用矫味剂包括增香剂、甜味剂、酸味剂、掩味剂等。

1）增香剂：包括香草醛、香兰素、香精、柠檬油酪酸、乳酸丁酯及其他芳香型脂类、醇类等。

2）甜味剂：天然蔗糖、单糖浆、山梨醇、甘露醇、赤藓醇、糖精钠、阿司帕坦和甜蜜素等。

3）酸味剂：主要为有机酸类包括枸橼酸、酒石酸、苹果酸、维生素 C 等，其原理是与碳酸氢钠合用，遇水后可产生大量二氧化碳，麻痹味蕾而起到矫味作用。

4）掩味剂：包括明胶、黄原胶、瓜尔胶、阿拉伯树胶等各种树胶高分子材料，以上材料具有缓和黏稠的作用，能够钝化味蕾，从而达到矫味作用。

（三）制备工艺

口腔崩解片的制备工艺主要包括冷冻干燥法、喷雾干燥法、固态溶液技术、模制法（压制法和热模法）、直接压片法和湿法制粒压片法等。目前国外常用的制备方法为冷冻干燥法、直接压片法和模制法（表 11-4）；国内常用的制备工艺为湿法制粒压片法和粉末直接压片法。

表 11-4　国外口腔崩解片制备专利技术及代表性产品

制备工艺	优点	缺点	专利技术	代表性产品
冷冻干燥法	工艺成熟、临床效果理想、崩解速度快（2～10 秒）	成本高、吸湿性强、强度低、易碎	Zydis	氯雷他定口腔崩解片
			Quicksolv	西沙必利口腔崩解片、利培酮口腔崩解片
			Lyoc	间苯三酚水合物口腔崩解片
直接压片法	生产效率高、易于工业化、强度较大、崩解速度快（5～45 秒）	对辅料流动性和可压性要求高	Flashtab	布洛芬口腔崩解片
			Orasolv	对乙酰氨基酚口腔崩解片、佐米曲普坦口腔崩解片
			Durasolv	硫酸莨菪碱口腔崩解片、佐米曲普坦口腔崩解片
			Ziplets	布洛芬口腔崩解片
湿法制粒压片法	生产成本低、强度大、载药量大	崩解速度较长（5～45 秒）	Wowtab-dry	法莫替丁口腔崩解片
模制法	强度较大、崩解速度快（3～5 秒）	成本高、强度低、易碎、吸湿性强	Wowtab-wet	盐酸洛哌丁胺口腔崩解片
微球掩味技术	载药量高、硬度大、口感好	工序较多	Advatab	西替利嗪口腔崩解片、对乙酰氨基酚口腔崩解片
"棉花糖"技术	崩解速度快	需要特殊生产设备、工序复杂、成本高	Flashdose	曲马多口腔崩解片
喷雾干燥法	崩解速度快（<20 秒）	生产成本高	Oraquick	硫酸莨菪碱口腔崩解片
3D 打印技术	产品孔隙率高、崩解迅速	成本高	ZipDose	左乙拉西坦口腔崩解片

1. **冷冻干燥法** 冷冻干燥法是将药物和辅料制成混悬液定量分装于一定模具中,迅速冷冻成固体,在真空条件下,从冻结状态不经液态而直接升华除去水分,制得高孔隙率固体制剂的方法。目前基于冷冻干燥法制备口腔崩解片的专利技术主要有 Zydis、Quicksolv 和 Lyoc,其中 Zydis 技术应用较为广泛。1993 年第一个上市的口腔崩解片产品——氯雷他定口腔崩解片就是采用 Zydis 制备而成。

经典的冷冻干燥法可分为四步:①混合,将药物和辅料配制成溶液或混悬液;②分装和冷冻,将药液精确分装到预成型的泡罩包装中,低温冷冻;③冻干,将冷冻片剂置冷冻干燥机中进行冻干,除去水分;④密封,将包含口腔崩解片的泡罩包装通过热封工艺进行封口包装。工艺流程见图 11-10。泡罩包装一般选择能够耐冷冻的 PVC、PVC- 聚偏二氯乙烯(polyvinylidenechloride,PVDC)、PVC- 聚乙烯(polyethylene,PE)-PVDC 等材料,并对湿热有较好的隔离效果。

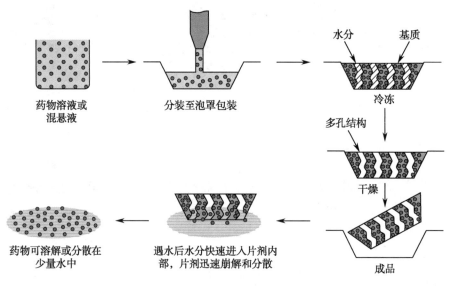

图 11-10 冷冻干燥法工艺流程图

采用冷冻干燥法制备的口腔崩解片具有以下优点:①结构疏松,孔隙率高,呈多孔性网状结构,少量唾液即可使其迅速崩解(2~10 秒);②辅料用量少,无须大量填充剂与崩解剂,片型更小,服用更方便;③稳定性好,该法可快速去除 95% 左右的水分,减少微生物污染,同时适用于热敏性药物的制备。但是该技术也存在一定的缺点:①药物选择性高,更适合于化学稳定和水不溶性且具有较小粒径的药物,水溶性药物可形成膜或低共熔混合物,导致冷冻不充分或熔解,影响终产品质量;②适合小剂量药物(<60mg);③吸湿性差;④强度低,易碎,较难保持片剂的完整性;⑤生产成本高。

2. **模制法** 模制法可分为压制法、热模法和真空干燥模制法。压制法是将药物及辅料粉末用乙醇水溶液润湿后,置一定模盘中压制成片,然后直接通风干燥除去溶剂的方法。热模法是将药物溶液或混悬液分装到预成型的泡罩包装中后,直接加温通风干燥,例如日本制药株式会社发明的 Wowtab-wet 技术。真空干燥模制法是将药物和辅料的混合浆状 / 糊状溶液或混悬液,分装到泡罩包装中,冷冻,然后将温度控制在崩塌温度和平衡冷冻温度之间进行真空干燥。

采用模制法所得片剂孔隙率要比冷冻干燥产品小，密度大，强度高，不易破碎。应用 Wowtab-wet 技术已上市的产品有日本佐藤制药株式会社的复方感冒口腔速崩片、小儿复方感冒口腔速崩片和盐酸洛哌丁胺口腔速崩片等，在口腔内 3～5 秒内崩解。

3. 直接压片法　直接压片法由于其可避免水分、加热影响药物稳定性，生产及质控工序简单，生产效率高、成本低等优点，在国内外得到了广泛的应用。

基于直接压片法制备口腔崩解片的专利技术主要有 Orasolv、Durasolv、Flashtab 和 Ziplets 技术等。最早将直接压片法用于制备口腔崩解片的技术是奇马实验室公司（CimaLab, Inc.）的 Orasolv 专利技术（图 11-11），所制备片剂可在 5～45 秒内崩解，主要是借助少量的泡腾剂快速崩解，并可改善口感。

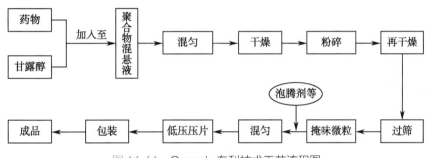

图 11-11　Orasolv 专利技术工艺流程图

Durasolv 技术是由奇马开发的第二代口腔崩解片制备技术，该技术多选用颗粒状非直压性填充剂——糖类和多糖类，如右旋糖酐、甘露醇、山梨醇、乳糖和蔗糖等，能够提供更大的表面积，崩解速度快；并且在处方中避免了崩解剂的使用，选用溶胀性能好的辅料，如卡波姆、阿拉伯胶、黄原胶、羟乙纤维素和 HPMC 等；压片压力较大，所制备口腔崩解片硬度较大，瓶装和泡罩包装均可使用。但是该法适合于剂量小的药物，且崩解时间较长。

Flashtab 技术是由法国爱的发制药（Ethypharm）公司开发的专利技术，结合了快速溶解和掩味技术，是将药物晶体直接包衣，与由崩解剂组成的微粒混合，经传统压片设备直接压片，制备口腔崩解片的技术。

4. 湿法制粒压片法　湿法制粒压片法一般选择易溶于水的甘露醇、乳糖等作填充剂，另选择优良的崩解剂，采用湿法制粒，干燥后与其他辅料混匀后低压压片的工艺。所制备的口腔崩解片具有一定的硬度，不易破碎，易于包装和运输。由于该方法对生产条件要求低、生产成本低、易于工业化，是国内口腔崩解片制备的主要方法。

山之内制药株式会社基于湿法制粒压片法发明了一种低压压片技术（Wowtab-dry 技术），即将药物和糖类如赤藓醇、甘露醇等分别制粒，混合后采用较低压力压制成片，经表面加湿干燥处理后，瓶装或泡罩包装。该技术选崩解性好成型性差的糖（如甘露醇、乳糖、葡萄糖、蔗糖、赤藻糖醇等）与成型性好崩解性差的糖（如麦芽糖、山梨醇、海藻糖等）混合制粒，经加湿干燥处理后，压制成的片剂硬度较大（图 11-12），运输稳定，不易破碎，口腔内 5～45 秒崩解。如已上市的氯诺昔康口腔速崩片、别嘌醇口腔崩解片等。

5."棉花糖"技术　该技术又称闪流技术，该类技术的典型代表是 Flashdose 技术（图 11-13），它是将糖类辅料升温，再经纺织得到棉花糖状纤维丝结构（图 11-14），将其与掩味载

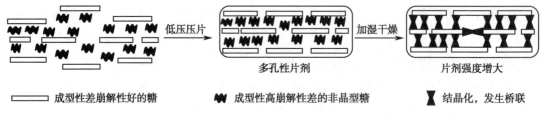

低压压片
加湿干燥
多孔性片剂
片剂强度增大
成型性差崩解性好的糖
成型性高崩解性差的非晶型糖
结晶化，发生桥联

图 11-12　Wowtab-dry 技术中加湿干燥处理前后糖类的变化

药物
成球剂
糖类辅料
闪溶处理
流化床包衣
掩味微球
纺织处理
干燥
纤维丝
润滑剂等
混匀
压片
口腔崩解片

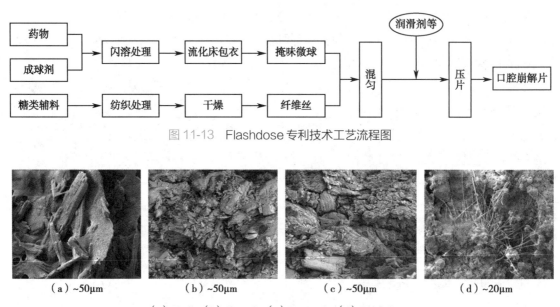

图 11-13　Flashdose 专利技术工艺流程图

（a）~50μm　（b）~50μm　（c）~50μm　（d）~20μm

（a）Zydis;（b）Orasolv;（c）Durasolv;（d）Flashdose。

图 11-14　不同口腔崩解片内部结构扫描电镜图

药微球、助流剂、矫味剂等混合均匀，压片。已上市产品有唑吡坦口腔崩解片。但是该法制备工艺烦琐，需要特殊生产设备。

6. 喷雾干燥法　喷雾干燥法是将处方中带有静电荷的聚合物，和带有相同电荷的增溶剂、膨胀剂分散在乙醇等溶媒中，经喷雾干燥法制备多孔性颗粒，然后加入药物和其他辅料，混匀，直接压片的方法。所制备片剂孔隙率大，水分可迅速进入内部，由于颗粒之间同性电荷相斥，片剂迅速崩解。

7. 升华法　升华法是将药物、辅料与挥发性辅料（如碳酸氢铵、苯甲酸等）混匀后压片，经升华作用除去挥发性辅料，制备多孔性口腔崩解片的方法。

8. 3D 打印技术　3D 打印是一种以计算机辅助设计数字模型文件为基础，运用可黏合材料，通过逐层打印的方式来构造物体的技术，3D 打印通过逐层打印、层层叠加构筑物体，能够精准控制制剂内部的构造，打印出的速释制剂具备更优的药物释放速率，现可用于制剂的技术如下。

（1）热熔挤出技术：该技术将药物与辅料制备成半固体混合物，灌装于注射器中，通过挤压机将半固体混合物从针头挤出成丝状，依照预先设计的数字模型文件，按一定路径层层堆积打印，干燥后得到制剂。

（2）光固化成型技术：该技术通过将可光聚合的树脂暴露于高能光（如紫外光）以引发材

料的聚合和固化来进行制剂。

（3）激光烧结技术：该技术通过使用存在激光敏感性的打印材料，利用激光提升材料的温度使其熔融并使粉末之间产生相互作用结合在一起来进行制剂。

（4）喷墨成型技术：该技术通过喷墨头喷出的黏合剂逐层黏合预先铺好的固体粉末，在已黏合完成的一层药物上重复操作，层层堆叠完成制剂。

3D打印技术制备口腔崩解片操作简单、速度快、工艺重复性好，但成本较高。

例11-6：拉莫三嗪口腔崩解片

【处方】拉莫三嗪70g、蔗糖素4g、PVPP 90g、樱桃香精10g、乙基纤维素13.8g、聚乙烯9.2g、甘露醇759g。

【制法】①药物颗粒的制备：称取103.7g甘露醇和5.5g PVPP至球磨机中研磨，然后与48.8g拉莫三嗪混合，均匀分散在含有1.25%（W/W）羟丙纤维素的水溶液中，流化床制粒，得药物颗粒；②载药掩味微球的制备：称取78.3g药物颗粒与13.8g乙基纤维素和9.2g聚乙烯混合均匀，置于凝聚罐的加料斗内，罐中加入适量环己烷，初始转速设为40r/min，在通氮气保护作用下，将上述物料倾入凝聚罐，然后程序升温至81℃，转速维持在68r/min，待冷却至室温后，将反应液抽滤，环己烷清洗，经流化床干燥，即得载药掩味微球；③快速分散颗粒的制备：将甘露醇和PVPP以95/5（W/W）的比例混合均匀，与剩余量拉莫三嗪混合，以水为黏合剂，采用搅拌制粒法，制粒，干燥，即得；④压片：称取4g蔗糖素与50g PVPP共研磨，混合均匀；称取10g樱桃香精与64.19g快速分散颗粒（64.19%，W/W）混合均匀，再加入29.41g载药掩味微球（29.41%，W/W），混合均匀；将上述两种混合物料混合后压片，即得拉莫三嗪口腔崩解片。

【注解】处方中拉莫三嗪为主药，蔗糖素为甜味剂，樱桃香精为芳香剂，乙基纤维素为掩味高分子材料，聚乙烯为致孔剂，PVPP为崩解剂（9%，W/W），甘露醇为填充剂（75.9%，W/W）。为改善口腔崩解剂的口感，采用凝聚法，以环己烷为溶剂，用乙基纤维素和聚乙烯进行包衣，制备掩味载药微球，掩盖药物的不良气味，其中乙基纤维素水不溶，用量过大时，会延缓药物释放，在处方中加入水溶性材料聚乙烯作为致孔剂，二者以3∶2的比例混合共同作为掩味材料，可保证药物快速释放。以甘露醇为填充剂，水溶性好，可避免在口腔崩解后的砂砾感。崩解剂PVPP采用内外加法，可使口腔崩解片在口腔中与唾液接触后迅速崩解成小颗粒，快速释放药物。

例11-7：米氮平冻干口崩片

【处方】米氮平15g、柠檬酸40g、羟丙甲纤维素6g、甘露醇l5g、三氯蔗糖0.9g、黑樱桃香精0.9g，纯化水定容至300ml，共制成1 000片。

【制法】将柠檬酸溶解于水中，加入药物米氮平，搅拌均匀形成溶液，再加入甘露醇、羟丙甲纤维素、三氯蔗糖、黑樱桃香精，充分搅拌均匀，用水定容至300ml；吸取药液，在每个泡罩模具中注入300μl；将得到的载有药液的模具在−90℃的环境中速冻成型；再放入冻干机中，在−40℃低温环境下存放30分钟，抽真空至真空度为15Pa，保持120分钟，升温至−15℃保持120分钟，升温至0℃保持120分钟，升温至10℃保持120分钟，升温至20℃保持120分钟，升温至35℃保持80分钟。最后出箱、覆膜、冲裁、打印批号。

【注解】处方中米氮平为主药,羟丙甲纤维素为骨架支撑剂,用于防止在冻干失水后药片塌陷,保持药片形状,甘露醇为冻干保护剂,柠檬酸为增溶剂,三氯蔗糖和黑樱桃香精为矫味剂。本法采用冻干法制得白色带香味的口腔崩解片,在37℃水中5～10秒内崩解,崩解时限、溶出度均符合规定。

（四）质量评价

根据《中国药典》(2020年版)四部制剂通则片剂部分规定,口腔崩解片的质量评价主要有以下几个方面。

1. 崩解时限 崩解篮:不锈钢管,管长30mm,内径13.0mm,不锈钢筛网(镶在不锈钢管底部)筛孔内径710μm。检查法:将不锈钢管固定于支架上,浸入1000ml杯中,杯内盛有温度为37℃±1℃的水约900ml,调节水位高度使不锈钢管最低位时筛网在水面下15mm±1mm。启动仪器。取本品1片,置上述不锈钢管中进行检查,应在60秒内全部崩解并通过筛网,如有少量轻质上漂或黏附于不锈钢管内壁或筛网,但无硬心者,可作符合规定论。重复测定6片,均应符合规定。如有1片不符合规定,应另取6片复试,均应符合规定。

2. 溶出度 对于难溶性原料药物制成的口腔崩解片,应进行溶出度检查。

3. 脆碎度检查 采用冷冻干燥法制备的口腔崩解片可不进行脆碎度检查。

4. 释放度 经肠溶材料包衣的颗粒制成的口腔崩解片,应进行释放度检查。

5. 其他项目 应符合《中国药典》(2020年版)四部制剂通则片剂部分下的一般要求。

（五）生产中存在的问题

1. 采用直接压片法重量差异难以控制 直接压片法对物料的流动性要求较高,常加入微粉硅胶改善流动性,但是用量过多,在口腔中易出现白色残留,有沙砾感。可将微粉硅胶用量控制在5%～8%(W/W),并改为乙醇制粒,过20目筛,外加崩解剂和润滑剂的总量应不超过全部物料重量的30%,减小重量差异,能比较稳定地连续生产。

2. 吸湿性强,易吸潮 口腔崩解片孔隙率高、极易吸潮,有少量水汽即可使片剂表面出现麻面、软化等问题,因此须严格控制生产过程中的湿度和终产品包装材料的防潮性能。一般在生产过程中,将相对湿度控制在50%左右,终产品采用双铝包装,严格防潮。

3. 药物口感问题 多数药物具有不良气味、苦味或刺激性,应结合适宜的掩味技术,再制备口腔崩解片。

三、其他剂型

（一）滴丸

1. 定义 滴丸系指原料药物与适宜的基质加热熔融混匀,滴入不相混溶、互不作用的冷凝介质中制成的球形或类球形制剂。

《中国药典》(1977年版)首次收载了滴丸剂,近年来,合成、半合成基质及固体分散技术的应用使滴丸剂有了迅速的发展,得到了广泛的应用,《中国药典》(2020年版)一部收载了复方丹参滴丸、度米芬滴丸、复方炔诺孕酮滴丸等。

滴丸具有如下特点:①吸收迅速,生物利用度高;②工艺条件易控制,质量稳定,剂量准确;③基质容纳液态药物的量大,使液态药物固形化;④设备简单,操作方便,工艺周期短,生产率高。

2. 制备工艺 滴丸的一般制备方法是滴制法,是指将药物均匀分散在熔融的基质中,再滴入不相混溶的冷凝介质里,冷凝固化成丸的方法。在制备过程中保证滴丸圆整成型、丸重差异合格的关键是选择适宜基质、确定合适的滴管内外口径、控制适当的滴距与滴速、滴制过程中保持药液恒温、滴制液静液压恒定、及时冷凝等。

3. 质量评价

（1）重量差异:平均丸重 0.03g 及 0.03g 以下,重量差异限度 ±15%;平均丸重 0.03g 以上至 0.30g,重量差异限度 ±10%;平均丸重 0.30g 以上重量差异限度 ±7.5%。

（2）溶散时限:除另有规定外,按照《中国药典》（2020 年版）四部通则下崩解时限检查法检查,溶散时限的要求是普通滴丸应在 30 分钟内全部溶散,包衣滴丸应在 1 小时内全部溶散。

（二）咀嚼片

《中国药典》（2000 年版）二部首次将咀嚼片收载于片剂项下。咀嚼片系指于口腔中咀嚼后吞服的片剂。咀嚼片一般选择甘露醇、山梨醇、蔗糖等水溶性辅料作填充剂和黏合剂,硬度适宜。药品嚼碎后便于吞服,能加速药物溶出,提高疗效,多用于维生素及治疗胃部疾患的药物。《中国药典》（2020 年版）二部收载了复方维生素 C 钠咀嚼片、阿昔洛韦咀嚼片、铝碳酸镁咀嚼片等品种。

咀嚼片的主要特点是:①药片经咀嚼后便于吞服,药片表面积增大,可促进药物在体内的溶出,起效快。②无崩解过程,因此不需要添加崩解剂。难崩解的药物制成咀嚼片可加速崩解、提高药效。③服用方便,不受缺水条件的限制,特别适用于老年人、小孩、吞服困难、胃肠功能差的患者。

咀嚼片的制备工艺与普通片剂无大差别,根据工艺路线不同,通常分为湿法制粒压片法、粉末直接压片法及干法制粒压片法 3 种,多采用湿法制粒压片法。

根据《中国药典》（2020 年版）要求,咀嚼片的质量评价除崩解时限不检查外,应符合片剂项下有关的各项规定[《中国药典》（2020 年版）通则 0101]。此外,抗酸类咀嚼片需要检查制酸力,以评价该类药物的治疗有效性。

（三）泡腾片

泡腾片系指含有碳酸氢钠和有机酸,遇水可产生气体而呈泡腾状的片剂。泡腾片中的原料应是易溶的,加水产生气泡后应能溶解,有机酸一般用枸橼酸、酒石酸、富马酸等。其特点有:①特别适用于儿童、老年人和不能吞服固体制剂的患者;②药物奏效迅速、生物利用度高、携带方便;③可供口服或外用。《中国药典》（2020 年版）二部收载了对乙酰氨基酚泡腾片、阿司匹林泡腾片等品种。

泡腾片的制备工艺与大多数口服固体制剂相同,主要包括粉末直接压片、干法制粒、湿法制粒、非水制粒、流化床制粒和喷雾干燥制粒等方法。

泡腾片属于片剂,须首先满足片剂的基本质量指标,主要包括脆碎度、稳定性、含水量、含量均匀度、溶出度、微生物限度等,应符合《中国药典》（2020 年版）片剂项下的基本要求。

泡腾片须注意的主要是崩解时限，要求取 6 片分别置于 250ml 的烧杯中，烧杯内盛有 200ml水，水温为 15～25℃，有大量的气泡放出，当片剂或碎片周围的气体停止逸出时，片剂应溶解或分散于水中，无聚集的颗粒残留。除另有规定外，各片均应在 5 分钟内崩解。

思考题

1. 简述快速释放制剂的定义、特点及分类。
2. 制备快速释放制剂时，药物快速释放预处理技术有哪些？
3. 简述各快速释放预处理技术的定义、特点和制备方法。
4. 简单列举快速释放预处理技术的常用辅料。
5. 快速释放制剂剂型有哪些？
6. 简述分散片、口腔崩解片及滴丸剂的定义、质量要求和主要制备工艺。

ER11-2　第十一章　目标测试

（谢　燕）

参考文献

[1] 国家药典委员会.中华人民共和国药典：四部.2020 年版.北京：中国医药科技出版社，2020.

[2] 吴正红，周建平.工业药剂学.北京：化学工业出版社，2021.

[3] 潘卫三.工业药剂学.3 版.北京：中国医药科技出版社，2015.

[4] 胡容峰.工业药剂学.北京：中国中医药出版社，2010.

[5] 冯年平.中药药剂学.北京：科学出版社，2017.

[6] 崔德福.药剂学.6 版.北京：人民卫生出版社，2007.

[7] 孙军娣，张自强，何淑旺，等.儿童口服给药固体新剂型研究进展.中国药科大学学报，2019，50（6）：631-640.

[8] 胡迎莉，张欣，毛世瑞.口腔崩解片制备技术研究进展.沈阳药科大学学报，2021，38（4）：433-438.

[9] 杨志红.口腔崩解片的制备技术及临床应用.医药导报，2013，32（11）：1465-1467.

[10] 张俊杰，王伟，李晨，等.口腔崩解片制剂新技术及其研究进展.中国新药杂志，2020，29（7）：738-743.

[11] 李琦.复方康心滴丸中麝鼠香掩味技术的研究.长春：长春中医药大学，2011.

[12] 秦冬，陈旭东，封亮，等.口腔崩解片在中药产品开发中的应用.中国中药杂志，2014，39（24）：4716-4722.

[13] 余琳，李小芳，罗丽佳，等.中药口腔崩解片的国内外研究进展.成都中医药大学学报，2015，38（4）：109-113.

[14] 肖珍，李周，孙杨杨，等.中成药掩味技术研究进展.中国中药杂志，2021，46（2）：333-339.

[15] 陈巧巧，董爽，王东凯.固体分散体技术的研究进展.中国药剂学杂志：网络版，2019，17（4）：127-134.

[16] 罗怡婧，黄桂婷，郑琴，等.药物固体分散体技术回顾与展望.中国药学杂志，2020，55（17）：1401-1408.

[17] KHANUJA H K，AWASTHI R，MEHTA M，et al. Nanosuspensions-an update on recent patents，methods of preparation，and evaluation parameters. Recent Patents on Nanotechnology，2021，15（4）：351-366.

［18］JAHANGIR M A，IMAM S S，MUHEEM A，et al. Nanocrystals: characterization overview，applications in drug delivery and their toxicity concerns. Journal of Pharmaceutical Innovation，2020（5）: 237-248.

［19］JACOB S，NAIR A B，SHAH J. Emerging role of nanosuspensions in drug delivery systems. Biomaterials Research，2020，24: 3.

［20］LIU T，YU X，YIN H，et al. Advanced modification of drug nanocrystals by using novel fabrication and downstream approaches for tailor-made drug delivery. Drug Delivery，2019，26（1）: 1092-1103.

［21］WANG H，XIAO Y，WANG H，et al. Development of daidzein nanosuspensions: preparation，characterization，in vitro evaluation，and pharmacokinetic analysis. International Journal of Pharmaceutics，2019，566: 67-76.

［22］岳鹏飞，刘阳，谢锦，等. 药物纳米晶体制备技术30年发展回顾与展望. 药学学报，2018，53（4）: 529-537.

［23］GOEL S，SACHDEVA M，AGARWAL V. Nanosuspension technology: recent patents on drug delivery and their characterizations. Recent Patents on Drug Delivery & Formulation，2019，13（2）: 91-104.

［24］YANG H，KIM H，JUNG S，et al. Pharmaceutical strategies for stabilizing drug nanocrystals. Current Pharmaceutical Design，2018，24（21）: 2362-2374.

［25］ZHE L，YUAN D，HAO H，et al. Study of β-cyclodextrin differential encapsulation of essential oil components by using mixture design and NIR: Encapsulation of α-pinene，myrcene，and 3-carene as an example. Journal of Chinese Pharmaceutical Sciences，2021，30（6）: 524-537.

［26］孙家艳，庞芳苹，刘墨祥. 羟丙基-β-环糊精在天然药物中的应用研究进展. 中成药，2015，37（2）: 388-391.

［27］李晨，张宽才，张懿玲，等. 白藜芦醇环糊精包合物制备与性能. 江西科学，2020，38（6）: 839-842.

［28］刘红，靳学远，任晓燕. 山楂酸/β-环糊精包合物超声制备工艺优化. 时珍国医国药，2016，27（3）: 612-614.

［29］许丹，刘建英，刘玉梅.β-环糊精及其衍生物增加客体分子水溶性的研究进展. 食品工业科技，2021，42（16）: 404-411.

［30］余红燕，徐光辉，贾暖.3D打印技术在口服固体制剂中的应用研究进展. 中国现代应用药学，2021，38（16）: 2033-2038.

［31］张俊杰，王伟，李晨，等. 口腔崩解片制剂新技术及其研究进展. 中国新药杂志，2020，29（7）: 738-743.

第十二章 缓控释制剂

ER12-1 第十二章
缓控释制剂
（课件）

本章要点

掌握 缓释与控释制剂的定义、分类和特点；骨架型、膜控型和渗透泵型制剂的释药原理、制
备工艺和影响因素。

熟悉 缓释与控释制剂设计的基本依据和流程。

第一节 概述

一、缓释与控释制剂的概念

缓释与控释制剂通过调节药物的释放、吸收或改变释药部位，可更好地实现特定的临床
治疗目的，受到广泛重视。对于该类制剂，各国药典都有不同的命名和定义，《美国药典》将
缓释和控释制剂归入调节释放制剂（modified-release preparations）。《中国药典》（2020年
版）四部中将其详细地分为缓释、控释与迟释制剂，并对口服缓释、控释与迟释制剂作了如下
定义。

缓释制剂：系指在规定的释放介质中，按要求缓慢地非恒速释放药物，与相应的普通制剂
比较，给药频率减少一半或有所减少，且能显著增加患者用药依从性的制剂。

控释制剂：系指在规定的释放介质中，按要求缓慢地恒速释放药物，其与相应的普通制剂
比较，给药频率减少一半或有所减少，血药浓度比缓释制剂更加平稳，且能显著增加患者用药
依从性的制剂。

迟释制剂：系指在给药后不立即释放药物的制剂，包括肠溶制剂、结肠定位制剂和脉冲制
剂等。

缓释与控释制剂除了口服制剂，还包括眼用、鼻腔、耳道、阴道、肛门、口腔或牙用、
透皮或皮下、肌内注射及皮下植入等，可使药物缓慢释放吸收，避免"首过效应"的制剂。
目前，口服制剂依然是缓释与控释制剂的主导剂型，工业生产上的设备和制剂工艺相对
成熟，因此将在本章中重点介绍，图12-1是本章将要介绍的口服缓释与控释制剂的主要
类型。

除此之外，本章还将简要介绍长效注射制剂，该类制剂避免了胃肠道转运时间的限制，可
以提供更长效的缓释性能，已受到工业界越来越多的关注。

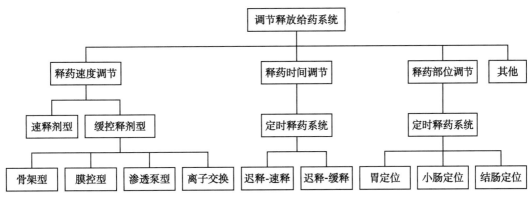

图 12-1　口服调节释药系统示意图

二、缓释与控释制剂的特点

（一）优点

1. 可以延长给药间隔时间,减少服药频率,提高患者顺应性。为了达到有效的治疗浓度,普通剂型一般需要多次给药,频繁者 1 日用药可达 4 次或以上,制成缓释或控释制剂可以减少用药频次,提高患者的顺应性。口服缓释或控释制剂可以制成 1 日 1 次的剂型,注射型缓释或控释制剂一次给药可达 1 个月至半年或更长时间的缓释效果。

2. 维持平稳的血药浓度,减少对胃肠道的刺激,减少毒副作用。

3. 增强疗效,减少用药总剂量,以最小剂量达到最大药效。

另外,从市场的角度,缓释与控释制剂可通过先进的药物释放技术延长专利药物的市场生命力,增加患者的选择范围,从而增加企业效益。

（二）缺点

1. **适用范围受限**　并非所有药物都适合制成缓释、控释制剂。例如一些剂量很大、半衰期很短或很长、在结肠不能有效吸收、溶解度很差等类型的药物在制备口服缓控释制剂时都会遇到较大限制,而不适合制成缓释、控释制剂。

2. **剂量调整灵活性差**　缓释、控释制剂在临床应用中对剂量调节的灵活性有所降低,遇到某些特殊情况时(如副作用),往往不能立即停止治疗。

3. **给药方案调整灵活性差**　缓释控释制剂往往是基于健康人群的平均动力学参数而设计,当药物在疾病状态的体内动力学特性有所改变时,不能灵活调节给药方案。

4. **安全性不足**　缓释、控释制剂在使用中存在某些安全性问题,特别是单一单元的膜控型缓控释制剂,控释衣膜的质量问题可能导致体内药物泄漏而带来一定的危害。

5. **工艺复杂、价格昂贵**　与常规制剂相比,缓释、控释制剂的成本较高,工艺技术较复杂,价格较昂贵。

三、缓释与控释制剂的类型

缓释与控释制剂根据不同的分类系统可分为不同的类型。

1. 根据释药原理分类 可分为骨架型制剂、膜控型制剂、渗透泵型制剂、离子交换树脂型制剂和多技术复合型制剂。

2. 根据给药途径分类 可分为口服、眼用、鼻腔、耳道、阴道、肛门、口腔或牙用、透皮、皮下、肌内注射及皮下植入等剂型。

3. 根据释药特点分类 可分为定速释放制剂、定时释放制剂、定位释放制剂。

4. 根据制剂类型分类 可分为片剂、颗粒剂、微丸剂、混悬剂、胶囊剂、膜剂、栓剂和植入剂等。

四、缓释与控释制剂的释药原理

缓释与控释制剂的释药原理主要有溶出、扩散、溶蚀、渗透压及离子交换等。表 12-1 中简单归纳了缓释与控释制剂常见的释药原理、相关公式及基于该原理的制剂设计策略。

表 12-1　缓控释制剂的释药原理和方法

分类		原理	公式	释药影响因素和缓释策略
溶出原理		药物的释放受溶出速度限制，溶出速度慢的药物显示出缓释的性质	Noyes-Whitney 公式： $$\frac{\mathrm{d}c}{\mathrm{d}t} = \frac{SD}{Vh}(C_\mathrm{s}-C)$$ S—制剂表面积 D—药物扩散系数 V—溶出介质体积 C_s—药物饱和浓度 C—药物的浓度	1. 制成溶解度小的盐或酯 2. 与高分子化合物生成难溶性盐 3. 控制粒子大小 4. 将药物包藏于溶蚀性骨架中 5. 将药物包藏于亲水性胶体物质中
扩散原理	透膜扩散（可达到零级释放）	水不溶性膜材包衣，药物通过材料大分子链之间的自由空间扩散	菲克第一定律： $$\frac{\mathrm{d}M}{\mathrm{d}t} = \frac{ADK\Delta C}{L}$$ A—系统表面积 D—扩散系数 K—膜/囊心间药物分配系数 ΔC—膜内外浓度差 L—包衣层厚度	1. 包衣 2. 制成微囊 3. 制成不溶性骨架片剂（水溶性药物） 4. 增加黏度以减少扩散速度（注射液等液体制剂） 5. 制成植入剂（水不溶性药物） 6. 制成乳剂（注射剂：水溶性药物制成 W/O 型乳剂）
	膜孔扩散（接近零级）	包衣膜含有水溶性聚合物，溶于体液后成孔，药物通过膜孔扩散，受孔结构和药物在孔壁的分配影响	$$\frac{\mathrm{d}M}{\mathrm{d}t} = \frac{AD\Delta C}{L}$$ A—系统表面积 D—扩散系数 ΔC—膜内外浓度差 L—包衣层厚度	
	骨架材料扩散（非零级释放）	水不溶性骨架型缓控释制剂中药物通过骨架的孔道扩散释放	Higuchi 方程： $$Q = K_\mathrm{h}t^{1/2}$$ Q—药物释放量 K_h—常数	

分类		原理	公式	释药影响因素和缓释策略
溶蚀、扩散与溶出结合模式	溶胀型骨架	药物从溶胀的骨架中扩散释放	$Ms = Kt^n$ $n=1$，非 Fick 扩散 $n=0.5$，Fick 扩散	释药影响因素：聚合物溶胀速率、药物溶解度和骨架中可溶部分的大小
	生物溶蚀型骨架	骨架溶蚀使药物扩散的路径长度改变，形成移动界面扩散系统		影响因素多，释药动力学很难控制
渗透压原理（零级释放）		渗透压为释药动力。片芯中药物保持饱和浓度时，释药速率恒定；片芯中药物低于饱和浓度时，释药速率逐渐降低	$\dfrac{dM}{dt} = \dfrac{KA\Delta\pi}{L}C_S$ K—膜渗透系数 A—膜面积 $\Delta\pi$—渗透压差 L—膜厚度	片芯组成、包衣膜的通透性、包衣膜的厚度、释药小孔的大小是制备渗透泵片剂的主要关键因素
离子交换原理		药物结合于树脂聚合物链重复单元上的成盐基团，与消化道中的离子交换，游离药物从树脂中扩散		扩散面积，扩散路径长度，树脂的刚性，释药环境中离子种类、强度和温度都是影响释药的因素

第二节　缓释与控释制剂的设计

质量源于设计（quality by design，QbD）是 FDA、人用药品技术要求国际协调理事会（The International Council for Harmonisation of Technical Requirements for Pharmaceuticals for Human Use，ICH）及国际制药工业界共同推行的理念。QbD 将系统的科学方法用于产品和工艺流程的设计与研发，并通过理解和控制处方及生产工艺中的可变因素来确保产品的质量。在 QbD 的规范下，应该以满足患者的需要为前提设计产品，以达到产品的关键质量要求为目标设计工艺流程，并且充分掌握原材料和工艺参数对产品质量的影响，研究和控制引发工艺流程变化的根源，不断监控和改进工艺流程以保证持续稳定的产品质量。目前，QbD 原则已被纳入 FDA 仿制药的评审及 ICH Q8（药品研发）、Q9（质量风险管理）及 Q10（药品质量管理系统）指南。因此，缓释与控释制剂的设计也应以 QbD 原则为导向。

对于一个特定药物，制剂设计的目标取决于临床适应证的需求，而能否实现预期的治疗效果则取决于药物理化性质、剂型特性、生物制剂学性质、药动学和药效学性质等多个重要因素，因此，设计新型释药系统的首要任务是将临床需求与药物特性相结合，以药效学 - 药动学关系、药物体内外相关性等指导和调整制剂的设计。具体来讲，合理的制剂设计应包括以下几步：①确定临床需求，以药效 - 药动学关系指导缓控释制剂的设计；②通过药物特性及生物药学性质的试验研究和风险分析进行可行性评估；③选择合适的缓控释制剂技术和体内外评价方法,对具有不同体内外释药速率的处方进行设计和评价,以确定具有预期体内行为的处方或处方调整修改的方向,并通过研究体内外相关性帮助产品研发或后续阶段的处方调整或变更。

一、缓控释剂型设计的临床依据

研究缓释与控释制剂的目的是通过剂型设计实现药物最优的药效、安全性及患者顺应性,临床需求是新型释药技术研究的依据。欧洲药品管理局(European Medicines Agency,EMA)指出,缓释与控释制剂的研发应以药理学/毒理学反应及药物/代谢物全身浓度的关系为基础。然而,目前部分缓控释制剂的研发只是通过工艺来改善药动学参数,更注重减少给药次数和保持血药浓度平稳,而未能与药效学紧密联系,建立符合实际的药动学-药效学(pharmacokinetics-pharmacodynamics, PK-PD)关系,因此出现了一些根据新的释药技术去寻找合适的主体药物的研究状况。而一些建立在假定或过于简化的 PK-PD 线性相关基础上的研究也常常由于缺少可行性或未能得到预期效果而提前终结。

(一)药效学-药动学模型对缓控释剂型设计的影响

虽然药物制剂的药动学(pharmacokinetics, PK)结果比较容易测定和定量,但由于药物在体内受到多种受体、酶、转运蛋白等生物大分子的影响和多种药理学、生理学机制的控制,PK-PD 关系非常复杂。目前,有多种以药物反应机制为基础的模型用于模拟 PK-PD 相关性。如: S 形 E_{max} 模型(sigmoid E_{max} model)、生物相分布模型(biophase distribution model)、间接效应模型(indirect response model)、受体慢结合模型(slow receptor-binding model)、信号转导模型(signal transduction model)及耐受模型(tolerance model)等。

以 S 形 E_{max} 为例:

$$E = E_0 + \frac{E_{max}C^\gamma}{EC_{50}^\gamma + C^\gamma} \qquad 式(12-1)$$

式中,E 为效应;E_0 为给药前的基础效应;E_{max} 为最大效应;C 为血药浓度;EC_{50} 为能引起 50% 最大效应的血药浓度;γ 为形状系数,反映 E-C 曲线的形状。

当 $\gamma<1$ 时,E-C 曲线较平坦,表明血药浓度的变化对药效的影响非常小。当 $\gamma>1$ 时(大量基于正常动物和人体的血药浓度与药理作用的研究数据表明,在大多情况下 $\gamma>1$),曲线逐渐呈现 S 形,且随着 γ 的增大,S 形弯度增大,曲线中部 EC_{50} 处的斜率也逐渐增大,表明血药浓度的变化对药效的影响变得越来越显著。当 $\gamma>5$ 时(如维库溴铵和泮库溴铵的神经阻断效应),E-C 曲线弯度更大,此时血药浓度的微小变化就足以引起药效从 E_0 至 E_{max} 的急剧变化,此时的 EC_{50} 即为临界浓度,在 EC_{50} 附近,药效呈现出从无效到全效的急剧改变,当血药浓度小于 EC_{50} 时,药效迅速下降至不可测,而大于 EC_{50} 时,药效又迅速增大到全效。

由以上 PK-PD 模型研究的信息可以指导制剂的设计。对于 γ 较小的药物,由于药效对血药浓度变化不敏感,即使血药浓度有很大的变化,也不会影响药效,提示研发缓控释制剂缺少药效学的依据,往往不适合制成缓控释制剂;相反,对于 γ 很大的药物($\gamma>5$),例如左旋多巴治疗帕金森病的疗效在临界浓度附近呈现无效到全效的急剧改变。因此,制剂要能保持体内血药浓度始终处于临界浓度以上,此时药效基本上与血药浓度波动无关。

(二)临床研究对缓控释制剂设计的影响

上市制剂的临床研究对新释药技术的开发具有更直接的影响。例如,临床通过对硝苯地平释药速率的对比研究发现,快速给药会造成心率加快,而减慢给药速度则可以在平缓降压的同时消除心率加快的副作用。可见,硝苯地平增效减毒的关键因素是血药浓度的增加速度而非绝对浓度,这为硝苯地平零级释药剂型的研究提供了依据。中枢兴奋药盐酸哌甲酯的缓释制剂,其恒定的血药浓度诱导了耐药性的产生。据此,通过特殊的释药模式使体内血药浓度产生波动的脉冲式释药和双相释药剂型更适合该类药物。

二、缓控释剂型设计的可行性评价

根据临床需求和 PK-PD 模型研究,可以初步拟定可能的释药方式,之后需要对其进行可行性评价。可行性评价主要用来检验设计的释药方式在生产过程、临床给药、体内行为方面的可行性,是产品研发成功与否的关键。可行性评价主要基于处方前研究,影响制剂可行性的因素主要有药物的理化性质、药理学性质、药动学性质和生理学性质等。下文将对缓控释制剂设计影响较大的因素进行简要分析。

(一)理化性质

1. 溶解度　药物在胃肠道的转运时间内没有完全溶解或在吸收部位的溶解度有限,会影响其吸收与生物利用度。所以溶解度太低(<0.01mg/ml)的药物要考虑采取相应措施来增加溶出度和生物利用度,如微粉化、制备固体分散体和包合物等。难溶性药物由于溶出速率慢,本身具有一定的缓释效果,但可能导致吸收不完全,所以制备缓释制剂时,最好不要选择膜扩散控制为机制的释放系统,骨架型释药系统较为合适。另外,由于结肠部位水分含量少,膜通透率较低,故难溶性和剂量较大的药物不宜制备成结肠释药的剂型。

2. 解离常数　药物的解离常数反映药物在不同 pH 环境下的解离程度。当环境 pH 与药物 pK_a 值比较接近时,较小的 pH 变化就会引起药物解离程度的较大变化,从而显著影响溶解度,所以了解药物的 pK_a 和吸收环境之间的关系很重要,根据药物的 pK_a 就可以估算出在一定 pH 条件下分子型药物和离子型药物的比例,从而为缓控释制剂处方设计提供重要参考依据。

3. 分配系数　药物进入体内后需要转运通过各种生物膜以到达靶区。分配系数高的药物脂溶性大,易于进入生物膜,但会与生物膜产生强结合力而不能继续转运,吩噻嗪就是此类代表性药物之一;而油水分配系数过低,则不能穿透生物膜,导致生物利用度低。分配效应也同样适用于扩散通过聚合物膜的情况,因此制剂设计时也可以依据药物的分配特性选择扩散膜。

4. 药物稳定性　设计缓控释制剂时,必须考虑药物在各种物理化学环境中的稳定性。例如,在胃中不稳定的药物,可延缓释药时间,制成肠内释药制剂;易受结肠内菌群代谢的药物则不适合制成给药后 7～8 小时吸收的缓释制剂;而对一些在胃肠道中稳定性较差的药物,按常规方法制成口服缓控释制剂会大大降低其生物利用度,此时可考虑通过处方和制剂工艺的调整如加入抗酸辅料、酶抑制剂或微囊化等来增强其稳定性,或者选择其他给药途径。

5. 药物的蛋白结合 许多药物能和血浆蛋白形成结合物,这种结合会影响药物的作用时间,药物血浆蛋白结合物类似药物储库,因此高血浆蛋白结合率的药物能产生长效作用。但有些药物如季铵盐类能和胃肠道的黏蛋白结合,如果这种结合能作为药物储库,则有利于长效和吸收;如果这种结合不能作为药物储库,且继续向胃肠道下部转移,则会影响药物的吸收。

(二)药动学性质

药物制剂口服后在体内的动态过程受诸多因素影响,了解这些因素是评价制剂设计可行性的重要因素。制备缓控释制剂通常是由于药物的半衰期短,但是将半衰期过短的药物制成缓控释制剂,为了维持缓释作用,单位药量必须很大,从而使剂型增大。因此,半衰期太短($t_{1/2}<1$ 小时)的药物制备缓释剂型较为困难;半衰期长的药物,一般也不采用缓释剂型,因其本身药效已经较为持久,制成缓控释制剂反而增加了体内蓄积的风险。半衰期为 2~8 小时的药物适合制成口服缓控释制剂。但将个别 $t_{1/2}$ 长的药物制成缓控释制剂,仍能延长作用时间和减少某些不良反应,合理设计给药剂量和服药间隔可以避免蓄积。

(三)生物药剂学性质

药物的每一项生物药剂学参数对缓控释制剂的设计都至关重要,如果没有对药物多剂量给药后吸收、分布、代谢和消除特性的全面了解,设计缓控释制剂几乎是不可能的。口服后吸收不完全、吸收无规律或药效剧烈的药物较难制成理想的缓控释制剂。

1. 吸收速度 缓控释制剂通过控制制剂的释药行为来控制药物的吸收,剂型所设计的释药速度必须慢于吸收速度。因此本身吸收速率常数低的药物,不太适宜制成缓释制剂。

2. 吸收部位 胃肠道不同部位的表面积、膜通透性、分泌物、酶及水量等不同,因此药物在胃肠不同部位的吸收通常都有显著差异。如果剂型通过吸收部位时药物释放不完全,就会有一部分药物不被吸收。因此,确定特定药物在胃肠道的吸收部位或吸收窗对于缓控释制剂的设计非常重要。如果药物是通过主动转运吸收,或者吸收局限于胃肠道的某一特定部位,则制成缓释制剂将不利于药物的吸收,通常制成定位释药制剂,通过延长在该部位或前段部位的滞留时间,来延长药物吸收时间。一般而言,在胃肠道整段或较长部分都能吸收的药物较适合制备成缓控释剂型。

3. 代谢 将在吸收前有代谢作用的药物制成缓释剂型,生物利用度都会降低。因为大多数肠壁酶系统对药物的代谢作用具有饱和性,即当药物浓度超过代谢饱和浓度时,药物的代谢量就和药物浓度无关,而和药物作用时间有关,与快速释放相比,缓慢释放会导致更多药物转化为代谢物。制剂中加入药物代谢相应的代谢酶抑制剂,可以增加药物的吸收。

三、缓释与控释制剂的设计思路

对于具有可行性的释药方式,选择合适的释放技术、进行合理的剂型设计是药物实现预期的体内外行为和药效的关键。药物的剂型设计不仅需要处方前研究的详尽数据作为基础,还需要对现有的释药机制、辅料、制剂技术、设备、各剂型的释药行为、释药影响因素等有较全面的认识。特定剂型最适宜的体内外评价方法的建立,也是剂型设计成功的重要因素。除此之外，以工业生产为导向的剂型设计，还应该考虑工艺、设备、设施、生产能力、稳健性、成本、容量及环境等因素。

下文将选择目前工业上最常见或最具发展前景的缓释与控释制剂，就其释药原理、辅料选择、处方组成、制备工艺、影响因素及体内外评价方法等方面进行重点介绍，为缓控释制剂的研发提供参考。

第三节　口服缓释与控释制剂

一、骨架型缓控释制剂

（一）概述

1. **骨架型缓控释制剂的概念**　骨架型缓控释制剂是指药物（以晶体、无定形、分子分散体等形式）与控速材料及其他惰性成分均匀混合，通过特定工艺制成的固体制剂。制剂在水或体液中能维持或转变成整体的骨架结构，起到药物储库的作用，药物通过扩散或骨架溶蚀释放。骨架型缓控释制剂可以单独作为制剂使用，也可以构成其他制剂的一部分。最常见的骨架缓控释剂型为片剂，尤其以亲水凝胶骨架片最为普遍，其他还包括颗粒状制剂（如微球、微丸）、模铸骨架型缓控释制剂（如特殊部位使用的栓剂、棒状植入剂等）、蜡质的滴丸剂等。

2. **骨架型缓控释制剂的特点**　骨架型缓控释制剂由于载药量范围较宽，且适用于各种性质的药物，在口服缓控释系统中的应用最广。除了口服缓控释制剂的一般特之外，骨架型缓控释制剂还具有以下优点。

（1）制备成本低且易于扩大生产：骨架型缓控释制剂剂型较为单一，多数为片剂，可用常规的设备和工艺制备，研发成本和生产成本较低，适合工业化生产。

（2）减少胃肠道刺激性和不良反应：骨架型缓控释制剂释药缓慢平稳，药物与胃肠黏膜接触的浓度小，可减少药物对胃肠道的刺激性，防止或减轻恶心、呕吐等不良反应。

（3）释药速率易调：骨架型缓控释制剂调节释药的方式较多，通过改变骨架制剂的组成，可以获得理想的释药速率。

（4）体内较为安全：骨架型缓控释制剂是均匀体系，不会因处方组成或工艺的微小改变而对药物的释放性能产生重大影响，特别是水凝胶骨架片，发生崩解的可能性极小，服用安全。

（二）骨架型缓控释制剂的释药过程和骨架材料

骨架型缓控释制剂根据控速骨架材料的特点，可分为亲水凝胶骨架制剂、不溶性骨架制剂及溶蚀性骨架制剂。

1. **亲水凝胶骨架制剂**　亲水凝胶骨架制剂是指遇水或消化液后发生骨架膨胀，形成凝胶屏障，通过药物在凝胶层中的扩散和凝胶层的溶蚀来控制药物释放的制剂。药物扩散的动力来自骨架中药物的浓度梯度，表现为先快后慢的模式。先快后慢的释药模式在临床上有一定的益处，口服后表面药物大量释放，可使血药浓度迅速达到治疗浓度，而后的缓慢释放用于维持治疗浓度。

主要的骨架材料有以下几类：天然类（海藻酸钠、琼脂等）；纤维素衍生物（甲基纤维素、羟乙纤维素、羟丙甲纤维素、羧甲纤维素钠等）；非纤维素多糖（壳聚糖、半乳酸甘露聚糖等）；乙烯聚合物和丙烯酸树脂（聚乙烯醇等）。目前工业上最常用的为羟丙甲纤维素，海藻酸钠、壳聚糖、卡波姆、聚维酮、丙烯酸树脂、羟丙纤维素等也有应用。

亲水凝胶缓释片是目前应用最广的骨架型缓控释制剂，下文将举例详细介绍。

2. 不溶性骨架制剂　不溶性骨架制剂是以不溶于水或水溶性极小的高分子聚合物为骨架材料制成。口服后，胃肠液渗入骨架孔隙，药物溶解并通过骨架中错综复杂的极细孔道缓慢扩散释放，骨架在整个释药过程中不崩解，最终随消化残渣排出体外。不溶性骨架制剂中药物的释放主要分为三步：①消化液渗入骨架孔内；②药物溶解；③药物自骨架孔道扩散释出。孔道扩散为释药限速步骤，受胃肠内生理环境影响较小，释放符合 Higuchi 方程。难溶性药物从骨架中释放太慢，而大剂量药物会造成释放不完全，所以这两类药物都不适合制成不溶性骨架制剂。

常用的不溶性骨架材料有乙基纤维素、聚乙烯、聚丙烯、聚硅氧烷、乙烯-醋酸乙烯共聚物、聚甲基丙烯酸甲酯、交联聚维酮等。

3. 溶蚀性骨架制剂　溶蚀性骨架制剂又称蜡质类骨架制剂，由不溶解、可溶蚀的惰性蜡质、脂肪酸及其酯类等物质为骨架材料制成，如蜂蜡、巴西棕榈蜡、硬脂醇、硬脂酸、氢化植物油、聚乙二醇等。这些骨架材料具有疏水特性，遇水不能迅速发生凝胶化，但可被胃肠液溶蚀，并逐渐分散为小颗粒，通过孔道扩散与溶蚀控制药物的释放。溶蚀性骨架制剂中较小的溶蚀性分散颗粒易于在胃肠黏膜上滞留，从而延长胃肠转运时间，持久释药，受胃排空和食物影响较小。

溶蚀性骨架制剂由于骨架材料的疏水特性还会造成释药速率过缓或释药不完全等现象，为了使人体可立即获得具有治疗作用的首剂量，而后恒速释药以维持治疗血药浓度，常在处方中添加致孔剂。口服后，致孔剂遇体液溶出或溶蚀，在骨架内产生孔道，使药物易于释出。常用的致孔剂包括表面活性剂、亲水性液体载体（如甘油）、电解质（如氯化钠）、糖类（如蔗糖）、聚乙二醇、微晶纤维素、亲水性纤维素衍生物（如 HPMC）及成泡剂（如碳酸盐）等。

（三）骨架型缓控释制剂的制备

骨架型缓控释制剂根据不同的给药途径和释药需求，常制成不同的形状和规格，可以根据所用材料的性质和制剂形状，采用多种制备方法。由于各种工艺和方法在本书相关章节都有所论述，故本部分仅根据骨架型缓控释制剂的剂型和骨架材料的特点，对工艺作简单介绍。

1. 缓控释骨架片的制备技术　缓控释骨架片可采用传统的片剂生产工艺和设备，生产成本低，工艺简单，易于放大生产。但由于骨架片所用的骨架材料不同于普通片中所采用的材料，在生产上有其独特之处。

（1）湿法制粒压片：缓控释骨架片湿法制粒压片的操作流程与普通片剂基本相同。但由于各种骨架材料的特点，缓控释骨架片在润湿剂的选择和制粒方法上有别于普通制剂，如表 12-2 所示。药物从不溶性骨架中释出较慢，不容易释放完全，因此先制备药物的固体分散体，再制粒压片可以有效地维持药物的无定形状态，增加药物溶出。

表 12-2　缓控释骨架片润滑剂的选择和制粒方法

骨架类型	润湿剂	制粒方法
亲水凝胶骨架	水醇溶液；有机溶媒	使用混合设备将各种成分干粉混匀后添加水、有机溶媒(不加黏合剂)或一定比例的水-醇混合液制粒
不溶性骨架	有机溶媒(丙酮、乙醇、异丙醇和二氯甲烷等)	溶剂法：药物溶于骨架材料溶液,蒸发溶媒得到固体分散体,粉碎制粒 熔融法：将药物按比例加入熔融的骨架材料中混匀,冷却脆化后粉碎,过筛得不同粒度的颗粒
溶蚀性骨架	乙醇	熔融法 1：将药物与辅料加入熔融的蜡质中,物料铺开冷凝、固化、粉碎,过筛形成颗粒 熔融法 2：将药物和蜡质材料置混合器内,高速旋转使摩擦发热,当温度达到蜡质熔点时形成含药骨架颗粒 水分散法：采用溶剂蒸发技术,将药物与辅料的水溶液或分散体加入熔融的蜡质相中,蒸发除去溶剂,干燥混合制成团块再制粒

（2）干法制粒压片：药物对水、热不稳定,有吸湿性时,或者采用直接压片法流动性较差时,多采用干法制粒压片。将药物与聚合物及其他辅料混合后,先制成薄片,再经过粉碎制成一定粒度颗粒,整理后加入助流剂压片。

（3）粉末直接压片：将药物与聚合物及其他辅料混合后直接压片也可用于制备缓控释骨架片。粉末直接压片省去了制粒、干燥等工序,工艺过程简单,适用于对湿热不稳定的药物。但本法对物料有较高的要求,如药物粉末需要有合适的粒度、结晶形态和可压性,辅料应有适当的黏结性、流动性和可压性。部分亲水凝胶骨架片可用此法制备。

2. 颗粒状骨架型缓控释制剂的制备技术

（1）缓控释颗粒(微囊)压制片：缓控释颗粒压制片在胃中崩解后类似于胶囊剂,同时具有缓释胶囊和片剂的优点,主要有两种制备方法：①将不同释放速度的颗粒混合压片,通过调节各种释药速率微丸的用量来灵活调节整个制剂的释放特性;②以阻滞剂为囊材将药物微囊化,再将微囊压制成片,此法适用于处方中药物含量高的情况。

（2）骨架型小丸：骨架型小丸的制备较包衣小丸简单,根据处方性质,可采用滚动成丸法、挤出滚圆法、离心-流化造丸法等,具体可参考有关章节。

3. 模铸骨架型缓控释制剂的制备技术　对于一些特殊形状、特殊应用部位的骨架型缓控释制剂,如棒状或细粒状长效植入剂和宫内给药系统等,难以采用通用的骨架制备方法,常采用预先制成一定形状的模具,将加热熔融或溶剂溶解的骨架材料与药物混合,药物熔融、溶解或混悬在骨架材料的溶液中,经冷凝或除去溶剂,形成骨架,从模具中取出,经灭菌后可制成植入剂。如小棒状的地塞米松植入剂制备时,将加热熔融的乳酸-羟乙酸共聚物与药物混合后,灌入硅胶管中,冷却使凝固,切割成一定长度,将棒状植入剂从硅胶中取出,经灭菌后,包装使用。

除上述骨架型缓控释制剂外,尚有一些特殊的骨架型缓控释制剂,其制备方法亦具有特殊性,在此不再一一赘述。

（四）亲水凝胶骨架片

亲水凝胶骨架片具有药物释放完全、制备工艺简单、辅料成本低廉、开发周期短、易工业化生产等优点,已成为骨架型缓控释制剂的主要类型。

1. 亲水凝胶骨架片的释药机制 亲水凝胶型骨架片遇水首先在片剂表面形成水凝胶层,使表面药物溶出;凝胶层继续水化,骨架膨胀,凝胶层增厚,延缓了药物释放,这时水溶性药物可通过水凝胶层扩散释出;随着时间的延长,片剂外层骨架逐渐水化并溶蚀,内部再形成凝胶,再溶解,直至片芯渗透至骨架完全溶蚀,最后药物完全释放。由此可见,药物的释放涉及两种竞争机制:Fick 扩散释放和骨架溶蚀释放。由于影响药物释放的因素不断变化(包括扩散路径的长度、黏度、制剂的形状等),哪一种释药方式对药物释放起主要作用由特定药物的性质和骨架组成决定。

在众多模型中,Peppas 经验式被广泛用于描述亲水型骨架制剂中药物的释放行为。

$$Q = kt^n \qquad\qquad 式(12-2)$$

式中,Q 为 t 时间释药量,k 为速率常数,n 为扩散指数。n 值可以表征药物的释药机制:当 $n=0.5$ 时,药物释放遵循 Fick 扩散定律,药物的释放以扩散为主,由浓度梯度推动;当 $n=1$ 时,药物释放以溶蚀为主,与骨架材料内压力和相转变相关;当 $0.5 < n < 1$ 时,药物以非 Fick 扩散释放,释药过程由扩散和溶蚀共同影响。

Spaghetti 模型则将聚合物的溶蚀视为聚合物的扩散,由此活性药物的释放涉及两个竞争的扩散过程:药物扩散通过凝胶层及聚合物扩散通过与凝胶层相邻的扩散层。提出聚合物溶解度,用聚合物的固有性质:聚合物松弛度 $C_{p,dis}$ 表示。两种竞争扩散对药物释放度的贡献,可以通过药物溶解度 C_s 和 $C_{p,dis}$ 的比值表示:如果 $C_s/C_{p,dis} \gg 1$,则 $Q = kt^{0.5}$,药物释放以扩散为主;如果 $C_s/C_{p,dis} \ll 1$,则 $Q = kt^1$,聚合物溶蚀控制药物释放。

因此,对于难溶性药物,当 C_s 远小于 $C_{p,dis}$,药物很容易实现零级释放;对于易溶性药物,要实现零级释放,须通过调整骨架材料,提高 $C_{p,dis}$ 值以降低 C_s 与 $C_{p,dis}$ 的比值。

2. 影响亲水凝胶骨架片释药的因素 亲水凝胶骨架片的药物释放过程受很多因素的影响,其中主要的控释参数是骨架材料的选择与用量、附加剂的选择、制剂工艺的控制等。下文通过实例进行分析。

例 12-1:阿昔莫司亲水凝胶骨架片

阿昔莫司半衰期约为 2 小时,1 天需要给药 2~3 次。由于降血脂药为长期用药或终身用药,一日 1 次的给药频率较为适宜。因此,采用 HPMC 为骨架材料制备了阿昔莫司亲水凝胶骨架型缓释片。

【处方】HPMC 乙醇溶液(30%~50%) 乳糖/淀粉/微晶纤维素(10%~30%) 硬脂酸镁(0.5%)

【制法】原辅料分别过 80 目筛,按处方量取阿昔莫司与辅料,充分混合,以乙醇溶液为润湿剂制软材,20 目筛制粒,60℃烘干 2 小时,18 目筛整粒,加 0.5% 硬脂酸镁,混匀,压片。

【注解】

(1)骨架材料的影响

1)HPMC 用量:固定主药含量,每片中含 HPMC(K15M)分别为片重的 30%、40%、50%,分别压片,测定释放度,并比较释放速率。结果表明,随着 HPMC 用量的增加,其骨架片的释放速率降低。这是由于骨架片中骨架材料 HPMC 的用量增加,增加了片剂表面的亲水能力,水化速率加快,迅速膨胀形成凝胶层,且随凝胶层增厚凝胶强度增大,药物扩散速率减慢。HPMC 用量过小时不足以形成凝胶骨架,达不到缓释效果。

2)HPMC 黏度:选择粒径相同黏度依次增大的 3 种 HPMC(K4M、K15M、K100M)与药物及其他辅料以相同比例压制成片,测定释放度,并比较释放速率。结果表明,随着 HPMC 黏度的增加,骨架片的释药速率降低,说明药物释放与 HPMC 的黏度相关。这是因为药物的释放主要以扩散为主,高黏度的 HPMC 形成的凝胶层的分子链较长,骨架溶蚀较长,黏度大,对药物的控释作用更强,从而使药物的释放速度减慢。

另外,骨架材料的粒度对释药也有一定影响。尤其是当 HPMC 在骨架中含量较小时,影响较显著。较细的 HPMC 颗粒因表面积大、水化速度快,易在片剂表面形成凝胶层,减慢释药速率。因此,粒度小的聚合物更适宜制备成骨架片。

(2)附加剂的影响:填充剂含量较大时对释药速率会产生一定影响。一般来说,亲水凝胶骨架片中加入水溶性填充剂的释药速率要快于难溶性填充剂。

选择填充剂时还应充分考虑生产的需要。有研究表明,以乳糖为填充剂时,易于调节溶出速率满足设计要求,但是中试放大过程中,由于药物溶出速度的敏感性较高,常常导致中试产品难以重现小试处方的药物溶出曲线;微晶纤维素作为填充剂时,药物溶出速度变化范围较小,可能导致设计处方不能满足溶出要求,需要选择其他缓释材料,但是微晶纤维素的优点在于处方的容错性较高,中试处方与小试处方有较好的重现性,可以降低中试和产业化生产过程的风险。

(3)制备工艺的影响

1)制粒方法:将同一处方分别采用干法直接压片和湿法制粒压片,测定释放度,并比较释放速率。研究结果表明,干法直接压片与湿法制粒压片对骨架片的释放速率无影响。因为虽然湿法制粒过程中加入了黏合剂(乙醇溶液),但它对凝胶层的厚度和扩散孔道的形成没有影响,所以对释放也没有影响。一般而言,不同的制备工艺对骨架片的释放影响不大,但是需要根据药物的性质选用合适的方法。

2)压片压力:将同一处方的颗粒分别以不同压力压片,得到 3 种不同的片剂,测定释放度,并比较释放速率。研究结果表明,压力对骨架片的释放速率无显著影响。因为虽然压力的改变可影响骨架片的密度,使未水化骨架片的孔道和孔隙率发生变化,但对于 HPMC 骨架片,影响释放的主要因素是凝胶层的形成速度和凝胶层性质,当压力达到一定值后,释放行为将与压力无关。

3)骨架片的尺寸:将同一处方的颗粒分别选择 9mm、10mm 和 11mm 3 种冲模,以相同压力压片,得到 3 种不同表面积的片剂,测定释放度,并比较释放速率。研究结果表明,随着片剂直径的增加,释放速率加快。因为随着直径的增加,片剂的表面积增大,与介质接触面积也相应增大,片剂的水化速度相应加快,因而药物释放速度也加快。所以在研究亲水凝胶骨架片时,冲头的选择也应充分考虑。

(五)骨架型缓控释制剂基于现存问题的研究进展

骨架型缓控释制剂是目前口服缓释控释制剂的主要类型,为了改善由于制剂表面积及扩散路径改变引起的非零级释药,或者为了克服溶解度、pH依赖等固有局限,或者为了制备具有独特释药曲线的骨架制剂,研究者们对骨架制剂进行了各种不同的修饰和改造。包括控释包衣骨架制剂、多层骨架片及采用多种高分子材料和功能型赋形剂等。

1. **非零级释放向零级释放调整** 对于治疗窗较窄的药物,恒速释药是制剂减毒增效的有效手段,而扩散型的骨架制剂,随着扩散前沿在骨架内部移动,活性药物释放路径逐渐延长,释药表面积逐渐减小,最终导致释药速率随时间延长而降低,无法实现零级释药。对此,研究人员提出了多种方法,许多报道的新剂型制剂能够有效改变固有的非线性释药行为。例如,利用不均匀载药方式可以随时间延长而增加扩散动力,从而补偿释药速率的降低;采用特定几何形状载药系统(圆锥体、两面凹形、圆环形、带有孔的半球形、中间带芯的杯状体等)可以随时间增加而增加释药表面积,以此方法来补偿释药速率的降低;将骨架进行包衣;开发多层骨架给药系统,通过控制溶胀与表面积以实现零级药物释放,如Geminex给药系统,将疏水型骨架系统压制成带有亲水/疏水隔离层的多层片,可以延迟片剂表层药物的释放,从而补偿释药速率的降低;利用不同高分子材料的协同作用,如TIMERx骨架给药系统。

2. **非pH依赖型药物释放** 由于胃肠道的pH环境受位置及摄取食物的影响,变化复杂,非pH依赖型药物释放更有利于体内药物的恒速释放。可以通过以下几个手段实现。

(1)加入pH缓冲剂:在制剂处方里加入pH缓冲剂可以在剂型内提供局部稳定的pH,但是许多缓冲剂是可溶性的小分子,能够比活性药物更快地从骨架中释放出去而失去其原有的功能。这种方法的有效性在很大程度上取决于缓冲剂的缓冲能力、用量、溶解度和分子量大小。

(2)离子型高分子聚合物的联合使用:在骨架系统中加入诸如海藻酸盐、含有甲基丙烯酸或邻苯二甲酸官能团的阴离子型高分子材料等,能更有效地维持骨架内稳定pH环境。例如,将海藻酸盐与HPMC及肠溶性高分子材料联合使用,可以制备碱性的可溶性药物盐酸维拉帕米非pH依赖型零级释药制剂。

(3)加入高浓度电解质:在亲水骨架材料中加入高浓度电解质可以制备具有自我修正能力的制剂。该制剂吸水形成强度较大的凝胶,表现出对pH和搅拌速度不敏感的特点。这是因为高浓度盐有助于维持局部pH稳定,并且能产生盐析区域,进而减慢骨架的溶蚀和减小释药对环境的敏感性。

3. **增加溶解度** 难溶性药物常常表现出固有的缓释行为,但是通过制剂来控制药物在胃肠道滞留时间的持续释放更能确保释药的恒定性和药物的释放完全。因此,有时需要在骨架中增加药物的溶解度来实现上述目的。常用的方法如下。

(1)利用固体分散体保持药物的无定形态。例如,一种用L-HPC制备的尼伐地平固体分散体的溶蚀型疏水骨架制剂在溶解过程中实现了过饱和而无任何晶体析出。这种现象可能由于无定形态提高了药物的溶解度,同时固体分散体中的L-HPC又起到了抑晶的作用。

(2)形成可溶性络合物。例如,在HPMC骨架中使用环糊精制备环糊精药物包合物能够增加难溶性药物的释放和非pH依赖性,并且由于骨架具有缓慢溶蚀的特性,可发生在体络合作用,故不需要预先制备络合物。

二、膜控型缓控释制剂

（一）概述

膜控型缓控释制剂是指通过包衣膜来控制和调节制剂中药物的释放速率和释放行为的制剂。包衣的对象通常是片剂、小片及微丸。最常见的膜控型缓控释制剂为微孔膜包衣片、膜控释肠溶片、膜控释小片及膜控释微丸。膜控型缓控释制剂可以单独作为制剂使用，也可以是构成其他制剂的一部分。

1. 膜控型缓控释制剂的释药机制　在膜控型缓控释制剂中，药物主要通过控释膜扩散释放，以菲克第一定律为依据，药物从储库一个平面稳态释放的速率计算公式如下。

$$\frac{\mathrm{d}M}{\mathrm{d}t} = \frac{ADK\Delta C}{L} \qquad\qquad 式（12-3）$$

式中，M 为 t 时刻药物总释放量；A 为药物扩散膜的有效面积；D 为扩散系数；K 为分配系数；ΔC 为膜两侧的浓度梯度；L 为扩散路径长度（膜厚）。

膜控型缓控释制剂中，药物从膜中的扩散分为两种情况。

（1）通过无孔膜的扩散：即药物通过聚合物材料的扩散。这种扩散用公式表示时，K 为膜与片芯间药物的分配系数，D 为药物在膜中的扩散系数。因高分子膜为水不溶性，药物在膜中的溶解度是影响药物释放的主要因素，也是膜扩散过程的动力，这种与分配系数有关的控释为分配扩散控释。

（2）通过有孔膜的扩散：这种扩散用公式表示时，K 为药物在膜孔内外释放介质的分配系数，D 为药物在释放介质中的扩散系数。控释膜中含有适量的水溶性致孔剂，当包衣片置于水中时，膜中的水溶性物质溶入水中，于是形成了许多小孔，水分子和药物可以经小孔自由通过。调节致孔剂的用量可控制微孔的大小和数量，从而控制释药速率。

2. 影响膜控型缓控释制剂释药速率的因素　由上述的释药速率公式可以看出，药物溶解度、包衣膜的性质、厚度、孔道等都能影响膜控型缓控释制剂的释药速率。

（1）药物：膜控型缓控释制剂以膜两侧浓度差作为释药的扩散推动力，因此，具备适宜的溶出度以保持膜两侧的浓度差是制剂成功的关键。难溶性药物由于溶解度较小，不能提供足够的药物释放推动力，会导致药物释放缓慢且不完全。一般认为，常温下溶解度大于6g/100ml 的药物比较适合制备成该类制剂。

对于溶解度与 pH 相关的药物，释药往往会受到体内 pH 环境的影响，可以在制剂内添加适当的缓冲剂以维持制剂内 pH 的恒定。

（2）控释膜：膜控型缓控释制剂主要通过包衣膜来实现其特定的缓释与控释作用。

1）膜材料：包衣膜一般选用高分子聚合物，聚合物结构上的分子链越长、功能基团越大、聚合物交联度越大、密度越高，均能使药物的扩散系数 D 变小，从而减慢药物的释放。

2）膜面积：制剂的外形、尺寸会通过改变膜面积而影响释药速率。相同包衣量情况下，颗粒越大，药物溶出越缓慢。

3）膜厚度：包衣膜厚度增加会使透过性孔道有效孔径变小，有效通道曲折变长，使释药速率减慢,这与机制分析的 L 与扩散速率成反比一致。膜厚的低限以内芯药物形成饱和溶液后不会改变膜的外形为宜。实际应用中,测定膜厚度较难,一般是假设膜为均匀膜,采用称量膜重来控制膜的厚度。

4)膜孔:致孔剂的用量会影响到包衣膜微孔的数量和孔径,用量增加则孔的面积相应增加,加快药物的释放。制备肠溶性膜控型缓控释制剂时,致孔剂必须选用肠溶性的致孔剂。

综上可知,包衣膜是膜控型缓控释制剂实现特定的缓释与控释作用的关键。因此,膜控型缓控释制剂的研究重点是包衣膜的材料、处方、成膜过程和影响因素。

(二)包衣膜的成膜材料及处方组成

包衣膜主要由成膜材料、增塑剂构成,根据需要还可以加入致孔剂、抗黏剂、着色剂等其他成分。

1. 包衣成膜材料 选择合适的膜材料是控制包衣膜质量和释药特性的关键之一。根据成膜材料的溶解特性,可以分为不溶性成膜材料、胃溶性成膜材料和肠溶性成膜材料。不溶性成膜材料在水中呈惰性,不溶解,部分材料可溶胀,所制得的膜呈现一定刚性结构,体积形状不易变化,因此最适宜制成以扩散和渗透为释药机制的膜控型缓控释制剂,且体外释药易获得稳定的零级效果。而胃溶性成膜材料和肠溶性成膜材料可在特定的 pH 范围内保持惰性,不释放药物,适用于制备各种定位释药制剂。不同成膜材料的组合使用,可以调节包衣膜的机械性能,以获得各种理想的释药速率。

包衣成膜材料需要在适当的介质中溶解或分散后才能在制剂表面形成连续、均一、有一定渗透性能和机械强度的包衣膜。理想的溶解 / 分散介质应对成膜材料有较好的溶解 / 分散性,同时具有必要的挥发性,选择时还应综合工艺过程、生产效率、环境污染及经济效益等方面的因素。常用的溶解 / 分散介质有有机溶剂和水两类。缓控释制剂的成膜材料大多难溶于水,醇、酮、酯、氯化烃等有机溶剂,最先被用作包衣材料的溶解介质。但由于有机溶液包衣存在易燃、易爆、毒性较大、污染环境及回收困难等明显的缺点,目前已逐渐被以水为分散介质的包衣方法所取代。水分散体包衣液除了安全、环保、成本低外,最大的优点是固体含量高、黏度低、易操作、成膜快、包衣时间短。

由于水分散体运输不便及水中存放不稳定,还可喷雾干燥制成粉末或颗粒,使用前加水重新分散。目前应用于膜控型缓控释制剂的水分散体包衣材料主要包括:

(1)乙基纤维素水分散体:主要产品有 Aquacoat(FMC 公司)和 Surelease(Colorcon 公司)。Aquacoat 和 Surelease 制备方法不同,配方方面 EC 固含量均为 25% 左右,都含少量稳定剂等其他辅料,主要区别为 Surelease 在水分散体制备过程中已加入增塑剂,而 Aquacoat 则需要在包衣前另行加入。

(2)聚丙烯酸树脂水分散体:聚丙烯酸树脂为一大类,由于化学结构和活性基团的不同,可分为胃溶型、肠溶型和不溶型。主要产品有 Eudragit L100(国产肠溶Ⅱ号)、Eudragit S100(国产肠溶Ⅲ号)、Eudragit RL100、Eudragit RS100、Eudragit L30D 等。

(3)醋酸纤维素胶乳。

(4)硅酮弹性体:这类包衣材料无须增塑剂,可加入二氧化硅溶胶作为填充剂,PEG 作为致孔剂。

（5）纤维素酯类：这类主要用于肠溶包衣，包括醋酸纤维素酞酸酯、羟丙甲纤维素琥珀酸酯及羧甲基乙基纤维素等。

2. **增塑剂**　成膜材料单独应用往往成膜困难，而且形成的薄膜衣机械性能较差，较脆易断裂，故常在包衣处方中添加增塑剂以提高包衣材料的成膜能力，增强包衣膜的柔韧性和强度，改善包衣膜对底物的黏附状态，甚至可以调节包衣膜的释药速率。增塑剂可分为水溶性和水不溶性两种，目前最常用的分别为枸橼酸三乙酯（triethyl citrate，TEC）和癸二酸二丁酯（dibutyl sebacate，DBS）。

3. **致孔剂**　不溶性成膜材料单独制成的包衣膜通常对水分或药物的通透性很低，药物无法从片芯或丸芯中溶解扩散出来，因此通常加入水溶性物质作为致孔剂，以满足释药的要求，如 PEG、PVP、糊精、蔗糖等。此外，不溶性固体添加进包衣液中，也可起到致孔剂的作用；还可以将部分药物加在包衣液中作致孔剂，同时这部分药物又起到速释的作用。

4. **其他辅料**　除了上述组分之外，在实际生产中还常常加入其他的辅料以实现特定的目的或解决制备中的问题。

5. **抗黏剂**　在包衣液处方中加入少量（一般为包衣液体积的 1%～3%）水不溶性物质，如滑石粉、硬脂酸镁、二氧化硅等可有效防止包衣过程中粘连、结块等问题，降低工艺难度，缩短操作时间。

6. **着色剂和遮盖剂**　色淀、二氧化钛和氧化铁等的加入，除了可以增加美观度，还可缩短干燥和操作时间。

7. **表面活性剂**　能降低聚合物溶液与水相界面张力，贮存中可有效防止胶粒聚集和结块。

（三）包衣过程

1. **包衣设备与工艺**　膜控型缓控释制剂的包衣可以采用薄膜包衣常用的方法进行。具体内容可以参照普通制剂包衣的相关章节。

片剂可采用包衣锅滚转包衣法、空气悬浮流化床包衣法和压制包衣法等。根据膜控型缓控释制剂的需要，可用不同浓度的同种包衣材料的溶液或不同包衣材料的溶液分别包两层或多层厚度适宜的膜，以控制制剂的释药性能，有时还需要在包衣膜外包一层含药的速释层。

微丸或颗粒等多单元制剂多用空气悬浮流化床包衣法，也可用埋管锅包衣法。为了延长制剂的释药时间或控制平稳的释药曲线，常将微丸或颗粒分成多批，分别包不同厚度的包衣膜，或留出一批不包衣作为速释部分。然后把不同释药速率的微丸或颗粒按需要的比例压片或装入胶囊。此法工艺简单，设备不复杂，药物释放具有综合作用，所以得到了广泛的应用。

2. **包衣后热处理**　用水分散体包衣法制备缓释与控释制剂时，需要较有机溶液包衣过程多一步热处理。因为包衣后聚合物粒子软化不彻底，包衣膜融合不完全，用热处理过程可以促进包衣膜的完全愈合，提高包衣膜的致密性和完整性。常规的方法是将包衣产品贮存在烘箱中或包衣后即在高于包衣操作温度的流化床中进一步流化。热处理温度一般比最低成膜温度（minimum filming temperature，MFT）高 5℃，但不能超过包衣层软化温度，防止因包衣层的黏性而导致严重的结块现象。一些在制备过程中就已经加入了增塑剂的水分散体溶液如 Surelease，包衣后也可以不经过热处理。

（四）缓控释包衣膜的形成与影响因素

1. 包衣膜形成的机制　采用不同的包衣方法时，聚合物从有机溶剂和从水分散体中成膜的机制不同（图 12-2）。

用聚合物的有机溶液包衣时，随着有机溶剂的挥发，聚合物溶液浓度增加，高分子链由伸展逐渐卷曲，相互紧密相接。增塑剂插入高分子聚合物分子链间，削弱链间的相互作用力，增加链的柔性。随着残余溶剂的进一步蒸发，稠厚的聚合物溶液逐渐变成三维空间的网状结构，最终形成均匀的膜。

水分散体包衣成膜过程包括三个步骤：水分的蒸发、乳胶粒子的聚结、相邻粒子中聚合物链间的扩散。水分蒸发时，聚合物胶粒浓集，沉积在底物上，胶粒因运动

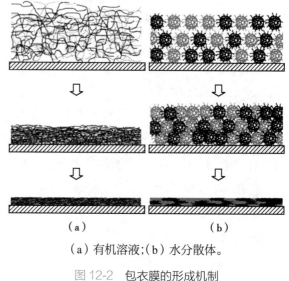

（a）有机溶液；（b）水分散体。

图 12-2　包衣膜的形成机制

而相互靠近，并紧密地聚集起来，此时得到的是一个聚合物质点的不连续膜，质点之间的空隙中还有一些液体。随后，环绕在胶粒外的水膜缩小，从而产生高毛细管力和表面张力，驱使胶粒更紧密地聚集在一起，变形而合并，当胶粒间的界面消失，则聚结形成连续而均匀的膜。

2. 影响包衣膜成型的因素　包衣膜应具有一定的渗透性和机械强度、光滑、均匀、不易剥落。影响包衣膜成型的因素主要有以下几个方面。

（1）包衣膜材料：作为包衣材料的聚合物的理化性质对包衣膜形成的影响较大，所以首先要根据制剂要求选择适宜的聚合物。聚合物从有机溶剂中和从水分散体中成膜的机制不同，故而形成的包衣膜性质有很大差异。而同一聚合物用不同性质、种类的有机溶剂分散，形成的包衣膜在性能上也有差异，因为不同溶剂在同一温度下有不同的蒸发速率，而溶剂-聚合物的相互作用控制了聚合物的膨胀速度和链松弛延伸程度，均会影响膜的质量和其渗透性。不同浓度的聚合物溶液对成膜也有影响，不同的浓度具有不同的黏度，黏度低时，溶剂携带聚合物分子容易渗入底物表面，增强黏着力，包衣膜不易脱落。

（2）添加剂：包括增塑剂、致孔剂、抗黏剂、着色剂等。

增塑剂：绝大多数成膜材料需要添加增塑剂，增塑剂的种类和用量均会影响衣膜的形成。首先需要根据增塑剂在包衣材料中的相溶性、稳定性及其增塑效果等指标来选择合适的增塑剂。其次要根据包衣膜的成型情况来选择增塑剂的用量，若增塑剂用量太小，对水分散体包衣液来说，不能克服乳胶粒子间形变阻力，不能形成连续完整的衣膜，而对聚合物的有机溶液来说，形成的衣膜机械性能不佳，易于脆碎，不利于下一步制剂或包装运输和贮存；若增塑剂用量过大，形成的衣膜过软，包衣过程中制剂流动性差，易粘连，给操作带来难度，会得到不完整的衣膜。与有机溶液包衣相比，水分散体中增塑剂与聚合物分子链的接触面积小，不能充分发挥增塑效果，需要加入较高量的增塑剂。一般增塑剂的用量在 15%～30%（相当于聚合物干重）。

处方中其他成分,如致孔剂、抗黏剂、着色剂等对衣膜的力学性质和释药性能也有影响。如对于水分散体包衣,电解质可改变水溶性包衣液中小颗粒表面的电位,产生絮凝,破坏包衣性能,所以致孔剂应尽量选择非电解质。

（3）药芯性质:包衣时,芯料的性质与包衣质量和批间重现性有密切关系。水分散体包衣前,对芯料进行隔离层包衣,有助于避免水溶性药物随水分蒸发而迁移入包衣膜,并能提高芯料表面平整性,减小孔隙率,保证衣膜连续性,还能改善芯料表面疏水性,以利于包衣液的铺展。

（4）包衣方法:采用不同包衣方法制备的衣膜,其微观结构与释药性能也有所不同。锅包衣法可在片剂表面形成连续紧密的衣膜;流化床包衣法形成的包衣膜多为多孔分层结构,外表呈颗粒状,故包衣膜的渗透性较高;采用连续性和间歇性两种包衣方法制得的包衣膜,其有效厚度与分布不同。包衣方法需要根据包衣液的黏度和干燥速率来选择。

（5）包衣工艺:包衣工艺条件对缓控释制剂包衣膜的形成和性质也会产生明显的影响。空气悬浮流化床包衣法是制备缓释包衣制剂最常用的方法,现以此为例,分析包衣过程对包衣膜成型的影响。

由空气悬浮流化床包衣流程图(图12-3)可以看出,影响包衣膜性质的工艺因素有操作温度、喷雾方式和速率、气流速率等。

1）操作温度:温度对膜结构的影响与成膜材料、溶剂、增塑剂种类及药物理化性质有关。一般来说,有机溶剂包衣法的操作温度低于水分散包衣法。有机溶剂沸点较低,温度过高使

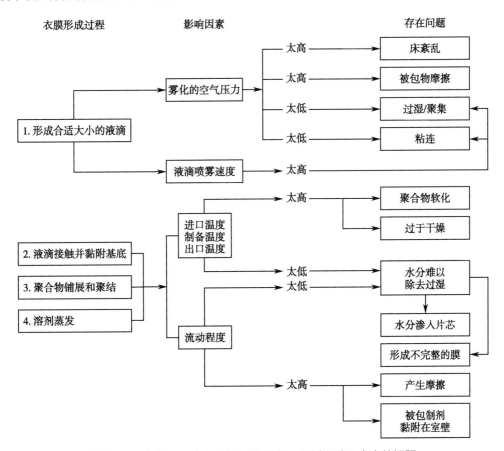

图 12-3　空气悬浮流化床包衣形成过程、影响因素及存在的问题

干燥迅速,往往会使包衣膜产生气泡,造成膜表面粗糙。而对于水分散体包衣液来说,温度有加快水分蒸发和软化胶粒使之聚合的双重作用:温度过低,水分散液中的水蒸发较慢导致水溶性药物向包衣膜迁移,降低了膜的表面张力,不利于形成完整的包衣膜;水分散液中的乳胶也只有在较高温度下才能发生形变,相互凝聚成膜。通常来说,操作温度应高于聚合物的玻璃化转化温度,但操作温度过高,使水分蒸发加速,过早的干燥阻止了形变所需要的毛细管压的产生,也会产生不连续的膜,而使包衣膜脱落,此外还易造成包衣膜过度软化粘连。在实际操作中,需要根据实际的成膜温度选择不同的包衣操作温度。

2)喷雾方式和速率:流化床的喷雾方式有顶喷、底喷和侧喷等,如图 12-4 所示。喷雾方式的不同直接影响制剂与包衣液的接触方式,从而造成包衣膜的结构差异,影响释药性能。顶喷由于喷雾方向与气流方向相反,包衣液在未与制剂接触前就有一定程度的蒸发,所形成的膜往往均匀性没有底喷好,释药较快。底喷由于喷枪与物料之间距离短,有助于减少包衣液到达物料表面前的溶剂蒸发和喷雾干燥现象,有利于包衣液保持良好的成膜性;另外,物料的运动方向与喷液方向相同,物料接触到包衣液的概率相似,有利于包衣均匀性。

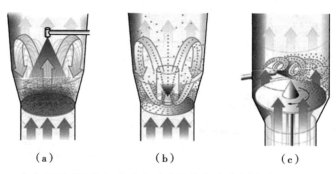

（a）顶喷式流化床;（b）底喷式流化床;（c）侧喷式流化床。

图 12-4　三种流化床结构及工艺原理对照

包衣液的喷雾速率也会影响包衣膜的质量,速率过快会造成制剂表面过湿,而产生聚集和粘连,从而影响包衣膜的均匀性。喷雾速率受喷枪种类、液体压力、喷嘴大小、包衣液黏度等条件影响。包衣厚度一致的情况下,喷嘴口径小,喷出的雾滴细,包衣材料相互重叠、交联更为紧密,药物释放则慢。此外,包衣液的水分与底物的过量接触也会产生各种质量问题,如药物的化学稳定性、开裂和霉变等。过高的喷雾压力除产生喷雾速率过快的类似问题以外,还可能增加包衣材料的损耗、包衣膜的裂痕和磨损。

3)气流速率:流化床气流的大小控制了包衣制剂在腔体内的流化状态,适当提高气流速率将增加包衣液与底物接触的机会,降低物料损耗,降低底物的粘连,有利于形成完整的包衣膜和提高成品率。但过高的流动程度将使得制剂间产生摩擦,影响膜的质量。

除此之外,其他影响包衣效果的因素还有很多,应根据具体情况进行调整。

（五）膜控型缓控释制剂的分类和实例分析

膜控型缓控释制剂的膜控单元可以是片剂、小片、微丸、微球等,根据单个给药剂型内所含膜控单元的数目,膜控型缓控释制剂可分为单一单元制剂和多单元制剂。其中首选为多单元制剂,如含有微丸、微球和小片的片剂和胶囊剂。与单一单元片剂不同,多单元制剂含有多个独立的膜控单元,可以减小或消除少数单剂量剂型包衣缺陷造成的影响。多单元制剂的另一个重要特征是可以通过混合具有不同释药特点的剂型单元获得特定的药物释放。多单元制剂也适用于改变药品规格,而无须新的处方。这在新药临床研究阶段非常实用,因为该阶段常根据临床研究结果调整药品剂量。

本部分将以具有代表性的微丸压片为例介绍该类制剂研制的一般方法和因素考察。

例 12-2: 泮托拉唑钠肠溶微丸片

泮托拉唑钠对胃肠道有刺激性,将其先制成载药微丸,再与合适的辅料混合后压制成片,既保留了微丸的特性——在胃肠道分布均匀,降低因局部浓度过高所造成的刺激及其他不良反应、避免因个别单元破坏而造成整体失效的状况,又兼具片剂特性,如可分割、服用方便等。

1. 制备工艺

（1）载药微丸制备:采用空白蔗糖丸芯的流化床上药法,称取处方量的泮托拉唑钠,以 1.5% HPMC 水溶液为成膜剂,加入适量氢氧化钠调 pH 至 11.0 后与滑石粉混合均匀;控制流化床温度为 34～36℃,压力为 0.08～0.1MPa,风量为 20Hz,流速为 0.5～1ml/min。所得药丸置于 40℃烘箱过夜。

（2）隔离层包衣:采用适量 1.5% HPMC 水溶液进行隔离层包衣。

（3）肠溶包衣:将滑石粉、枸橼酸三乙酯加入适量水中匀化,搅拌下加入至 Eudragit L30D-55 和 Eudragit NE30D 的混合液中,配制聚合物含量为 8% 的肠溶包衣液。流化床底喷包衣,床温 35℃,喷气压力为 0.1MPa,鼓风频率为 20～22Hz,包衣增重 55%,于 40℃烘箱中放置过夜。

（4）压片:将肠溶微丸与 MCC、PVPP、PEG 6000 混合均匀,以 5% L-HPC 为崩解剂,0.1% 滑石粉为润滑剂,在 15kN 下压制成片重约 500mg 的异形片。

2. 体外释放的影响因素考察

（1）包衣过程

1）隔离层:因药物为弱碱性,且对光、热等均敏感,而肠溶性包衣材料 Eudragit L30D 为酸性聚合物,为防止药物与包衣膜材料发生反应及水分散体中水分对微丸的影响,需要在含药层及肠溶层中添加隔离层。研究结果表明,对载药微丸直接包衣,微丸颜色发生变化,药物释放度偏大,加入隔离层,制备的微丸符合要求。

2）衣膜组成:Eudragit L30D-55 是肠溶包衣材料,在 pH>5.5 介质中溶解,Eudragit NE30D 为非 pH 依赖性包衣材料,延展性较大。将 Eudragit L30D-55/NE30D 以一定比例混合后可调整包衣膜韧性,Eudragit L30D-55/NE30D 比例改变影响药物在肠液中的释放。

3）衣膜厚度:考察 30%、40%、50%、55% 和 60% 的包衣增重对体外释放的影响,研究结果表明,随着包衣增重的增加,药物在酸性介质中的释放减少;包衣增重增大至 60%,药物在肠液中释放减慢。

4）增塑剂:以 TEC 为增塑剂,当增塑剂用量>10% 时,肠溶微丸即能达到理想释药效果。将含不同增塑剂量的肠溶微丸与辅料混合压片后,只有增塑剂用量大于 20%,肠溶片体外释放才能达到理想效果。这可能是在压片过程中微丸受力发生形变,较少量的增塑剂不足以使包衣膜具有足够的延展性及韧性。但增塑剂含量不宜过大,当增塑剂含量>20% 时,包衣液黏度增大,包衣效果下降。

（2）压片

1）微丸与辅料配比:肠溶微丸与固定组成的压片辅料以不同比例混匀,直接压片后考察体外释放度。当微丸比例≤50%时,微丸压片前后释药行为相近;当微丸比例>50%时,压成片剂后在模拟胃液中的释放量比压片前增大,且随着微丸比例的增大,释放度增大。原因可能是当微丸比例较小时能被辅料有效隔开,缓解了压力对包衣膜的直接破坏,故释药行为基本不变;当肠溶微丸比例增加,辅料不足以填充微丸间的空隙,致使压片过程中微丸相互接触,包衣膜融合和微丸形变的概率增大,最终导致包衣膜破裂。

2）肠溶微丸尺寸:采用不同粒径的蔗糖丸芯制得粒径分别为 0.3～0.45mm 和 0.45～0.6mm 的肠溶微丸,与辅料按 1:1(W/W)混合压片。体外释放度结果表明,肠溶微丸粒径较大时,压片后部分微丸包衣膜发生破裂,胃液中释放度增大;粒径较小时能保持包衣膜完整,微丸压片前后的释放特性基本不变。

三、渗透泵型缓控释制剂

渗透泵型缓控释制剂是以渗透压为药物的释放动力,具有零级释放动力学特征的制剂,一般由药物、半透膜、渗透压活性物质(即渗透压促进剂)和推进剂(即促渗透聚合物)等组成。制剂服用后,体内水分通过半透膜进入制剂,溶解药物与渗透压活性物质,利用制剂内外渗透压差将药物以恒定的速度泵出。与其他缓控释制剂相比,渗透泵型缓控释制剂能实现恒速释药,从而使血药浓度稳定在治疗浓度范围之内,最大限度地避免或减小血药浓度波动,降低毒副作用,提高药物治疗效果;制剂释药过程基本不受胃肠道 pH、酶、胃肠蠕动等机体生理条件及食物的影响;同时药物的释放速率可以预测和设计,具有较好的体内外相关性。基于以上诸多优点,渗透泵型缓控释制剂被认为是缓释与控释技术中最有前景的药物传递技术之一。

（一）渗透泵型缓控释制剂的发展

渗透泵制剂的研究始于 20 世纪 50 年代,发展于 70 年代。1974 年,Theeuwes 在 Higuchi-Theeuwes 型渗透泵基础上,提出了初级渗透泵(elementary osmotic pump,EOP),使渗透泵制剂简化成为普通包衣片的简单形式,从而开启了渗透泵制剂的工业化和临床应用之路,将该类制剂称为 OROS 系统。渗透泵发展至今,已有多个上市产品,如硝苯地平控释片、沙丁胺醇渗透泵片、伪麻黄碱渗透泵片、盐酸维拉帕米渗透泵片等。国内研发并生产的渗透泵片有硝苯地平控释片、格列吡嗪控释片等。表 12-3 列出了部分上市的渗透泵制剂。

表 12-3　渗透泵给药系统上市产品

商品名	主成分	生产商
Acutrim	苯丙醇胺	Alza
Alpress LP	哌唑嗪	Alza
Cardura XL	甲磺酸多沙唑嗪	Alza
Concenta	苯哌啶醋酸甲酯	Alza

商品名	主成分	生产商
Covera-HS（Coer-24）	维拉帕米	Alza
Ditrophan XL	奥昔布宁	Alza
DynaCire CR	伊拉地平	Alza
Efidac 24 Pseudoephedrine	伪麻黄碱	Alza
Efidac 24 Chlorpheniramine	氯苯那敏	Alza
Efidac 24 Pseudoephedrine/Brompheniramine	伪麻黄碱/溴苯吡胺	Alza
Glucotrol XL	格列吡嗪	Alza
Procardia XL	硝苯地平	Alza
Teczem	依那普利/地尔硫䓬	Alza（授权 Merck）
Tiamate	地尔硫䓬	Alza（授权 Merck）
Volmax	沙丁胺醇	Alza
Fortamet	盐酸二甲双胍	Andrx Pharmaceuticals
Tegretol XR Invega	卡马西平	Novartis
Invega	帕潘立酮	Johnson & Johnson
Lopresor OROS	酒石酸美托洛尔	Alza（授权 Novartis）
Cognex CR	他克林	Alzet
Jurnista	氢吗啡酮	Alzet
Allegra-D 24-Hour	盐酸非索非那定/盐酸伪麻黄碱	Osmotica Pharmaceutical 和 Aai Pharma
Viadur	醋酸亮丙瑞林	Durect

（二）渗透泵型缓控释制剂的结构类型

渗透泵型缓控释制剂经过多年的发展，已经开发出多种类型，如图 12-5 所示。

1. 初级渗透泵（elementary osmotic pump，EOP） 也称单室渗透泵，是渗透泵的第一代产品，如图 12-5a 所示，片芯中包含水溶性药物和渗透压活性物质，高分子半透膜包裹在片芯表面，包衣膜上开小孔用于释药。当制剂遇到水或体液时，水分通过半透膜进入片芯，形成相对于外界高渗的药物饱和溶液或混悬液，在膜内外渗透压差作用下，通过膜上小孔释药。该系统适合于溶解度比较适中的药物（0.05～0.3kg/L），若溶解度太小则会使药物释放太慢，溶解度太大则恒速释药后的减速释药时间变长。

初级渗透泵的片芯中含有盐或糖类渗透压活性物质，往往会通过释药小孔吸湿，故打孔后常在最外层包薄膜衣防潮。初级渗透泵在零级释放之前常常有30～60分钟的时滞。

初级渗透泵制剂仅适用于中等溶解度的药物，对于难溶性或极易溶的药物，仅凭药物本身通透性很难达到理想的释放速率，因此一系列含有推动层的渗透泵制剂逐渐发展起来。

2. 含推动层的渗透泵

（1）推拉型渗透泵（push-pull osmotic pump，PPOP）：主要由包含药物层和推动层的双层

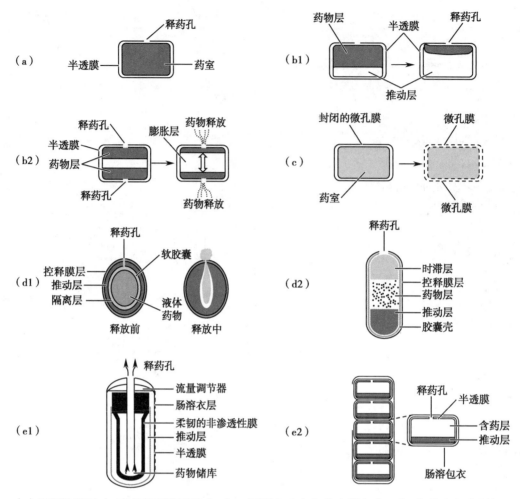

（a）初级渗透泵；（b1）推拉型渗透泵；（b2）三层渗透泵；（c）微孔膜渗透泵；（d1）软胶囊液体渗透泵；（d2）时滞型液体渗透泵；（e1）直肠型渗透泵；（e2）结肠定位渗透泵。

图 12-5　渗透泵片构造和释药示意图

片芯及控制释放的半渗透膜组成（图 12-5b1），片芯上层是由药物和辅料组成的药物室，下层为促渗透聚合物和渗透压活性物质组成的动力室，药室通过一个释药小孔与外界相连。给药后，水分由半透膜渗入片芯，在含药层，难溶性药物与辅料迅速水化形成具有一定黏度的混悬液，确保不溶性药物颗粒不沉淀析出；在推动层，促渗透聚合物吸水膨胀，可以推动药物层中的混悬液从释药孔中释出。推拉型渗透泵是最常见也是目前应用最广的渗透泵，目前已上市的渗透泵型缓释控释制剂主要采用这种技术制成，如硝苯地平控释片、格列吡嗪控释片等。

（2）三层渗透泵：推拉型渗透泵制剂的片芯由药物层与推动层组成，释药孔位于药物层，打孔时药物层的准确识别对工业生产提出了更高的要求。为解决这个问题，1984 年，Cortese 等提出了三层渗透泵的设想，如图 12-5b2 所示，该渗透泵的片芯由中间的推动层和紧贴在推动层两侧的两个相同的药物层构成，片芯外包裹一层半透膜，在片芯两侧的衣膜上各有一个释药孔。当水分进入推动层时，促渗透聚合物膨胀，推动药物从两个药室释放出来。两侧同时打孔避免了药物层的识别问题，还能避免通过一个释药小孔释药产生的局部药物浓度过大的现象，减小胃肠道反应。

3. **微孔膜渗透泵**（micro-porous membrane osmotic pump） 或称孔隙控制渗透泵（controlled porosity osmotic pump），是由药物、渗透压活性物质及辅料压制片芯，外层包控释膜而制成（如图 12-5c）。包衣膜中含有增塑剂和水溶性致孔剂，遇水后致孔剂溶解，在原位形成微孔，使原来的半透膜变为药物分子也能透过的微孔膜，药物溶液通过微孔释放。

微孔膜渗透泵的释药符合渗透压动力原理，与前文提到的膜控型缓控释制剂有显著区别。首先，微孔膜渗透泵微孔总面积之和与激光打孔面积相当，不足以产生显著的扩散；其次，微孔膜渗透泵的膜材为半透膜，水以膜为转运路径，药物以渗透压为释放动力，以微孔为释放路径。

由于自身具有许多微孔，微孔膜渗透泵制剂不必进行激光打孔，从而简化了制备工艺。然而，由于包衣膜中大量孔隙的出现，扩散作用随之增加，导致释放曲线的改变，对孔隙进行调控和加入一些调节渗透性和溶解度的辅料（如磺丁基 -β- 环糊精钠），有助于保持释药曲线的恒定。

4. **液体渗透泵**（liquid-oral osmotic pump） 是专门为液体缓释控释给药系统设计的剂型，主要包括软胶囊液体渗透泵、硬胶囊液体渗透泵和时滞型液体渗透泵三类。

软胶囊液体渗透泵（如图 12-5d1），是在含药软胶囊外依次包隔离层、推动层和控释膜层，在这三层膜上打一个释药小孔。释药时，水分透过控释膜层，使推动层膨胀，系统内静压升高，促使药液冲破释药孔处的水化凝胶层释出。隔离层的作用主要是分隔软胶囊壳与推动层，由聚丙烯酸、羟丙甲纤维素等惰性高分子材料组成；推动层由促渗透聚合物、渗透压活性物质和成膜剂组成，在包衣液中占总固含量的 16%～20%；控释膜层主要以乙酸纤维素为材料，控制药物的释放速率。

硬胶囊液体渗透泵是将药液（溶液、混悬液或自乳化液）、隔离层和推动层装入硬胶囊内，胶囊外用控释膜包衣，包衣完成后在胶囊含药液的一端打一个释药小孔，调节释药孔的深度以保持胶囊壳的完整性。与水接触后，水分透过控释膜，硬胶囊壳溶解，推动层吸水膨胀，挤压隔离层，推动药液经小孔释放。

时滞型液体渗透泵（如图 12-5d2）与硬胶囊液体渗透泵相似，区别在于胶囊内多了一层不含药的时滞层，释药小孔在时滞层一侧。与水性介质接触后，推动层吸水膨胀，时滞层首先释出，能延缓药物的释放。

5. **定位渗透泵制剂**

（1）胃内滞留型渗透泵：胃内滞留型渗透泵能延长药物在胃内的滞留时间（＞4 小时），从而增加药物吸收，提高临床疗效，且对直接作用于胃黏膜的药物如抗幽门螺杆菌药、抗溃疡药有特殊的意义。胃内滞留型渗透泵的片芯为含药的渗透泵片，外层由胃漂浮材料和药物组成，外层的药物与片芯的药物可以根据需要相同或不同。胃漂浮材料由发泡剂、凝胶剂、膨胀剂等组成。凝胶剂应不影响药物释放，但能形成松散的凝胶骨架，从而阻滞发泡剂与胃酸反应产生的二氧化碳逸出，促使片剂体积变大、密度变小，达到漂浮效果。

（2）直肠定位渗透泵：直肠定位渗透泵给药系统兼有控制药物释放和避免首过效应的优点。如图 12-5e1 所示，在水性介质中，水分透过半透膜进入推动层，推进剂膨胀挤压柔韧的非渗透性膜，促使内室中药物恒速流出。目前主要用于药代和药效学研究，未有产品上市。

（3）结肠定位渗透泵：如图 12-5e2 所示，是用来作为一天一次或两天一次的结肠给药系统，由密封于明胶胶囊中的 1 个或 5~6 个直径 4mm 的渗透泵单元组成，渗透泵单元为肠溶包衣的推拉型渗透泵。服用后，明胶胶囊遇水即溶解释放出渗透泵单元，肠溶包衣的单个渗透泵在胃中不吸收水分，进入小肠后，随着包衣层溶解，水分逐渐进入半透膜，使推动层膨胀，推动含物层释药。制剂设计成进入小肠 3~4 小时后（即转运至结肠部位）开始释药，释药时间可根据治疗需要设计成 4~24 小时。

（三）渗透泵型缓控释制剂的释药机制

渗透泵型缓释控释制剂是以渗透压为驱动力控制药物释放的系统。水分透过半透膜溶解片芯中的药物和渗透压活性物质后，膜内渗透压可达 4 053~5 066kPa，而体液渗透压只有 760kPa，膜内外形成巨大的渗透压差，药物溶液从释药小孔持续泵出。膜内药物溶液维持饱和浓度时，释药速率恒定；当药物溶液逐渐低于饱和浓度，释药速率也逐渐下降至零。释药速率可用下式表示。

$$\frac{\mathrm{d}M}{\mathrm{d}t} = \frac{\mathrm{d}v}{\mathrm{d}t} \cdot C \qquad\qquad 式（12-4）$$

式中，$\mathrm{d}v/\mathrm{d}t$ 为水通过渗透膜向片芯渗透的速率，即片内体积增加的速率；C 为片内溶解的药物浓度。

对于单室渗透泵而言，水由半透膜进入片芯的速率一般均遵循以下公式。

$$\frac{\mathrm{d}v}{\mathrm{d}t} = \frac{KA}{L}(\Delta\pi - \Delta P) \qquad\qquad 式（12-5）$$

式中，K 为膜对水的渗透系数，取决于膜的性质；A 和 L 分别为半透膜的面积和厚度；$\Delta\pi$、ΔP 分别代表膜内外渗透压差和流体静压差。由于体内的渗透压与渗透泵内部的渗透压相比很小，可以忽略不计，故 $\Delta\pi$ 可用膜内饱和溶液的渗透压 π_s 表示；而当释药孔径大小适宜时，ΔP 也很小，$\pi_\mathrm{s} \gg \Delta P$，故 $\pi_\mathrm{s} - \Delta P$ 可用 π_s 代替；同时恒速释药时的片内药物溶液浓度 C 为饱和浓度 C_s；故式（12-4）可简化为

$$\frac{\mathrm{d}M}{\mathrm{d}t} = \frac{KA}{L} \cdot \pi_\mathrm{s} \cdot C_\mathrm{s} \qquad\qquad 式（12-6）$$

式中，K、A、L 取决于半透膜的性质，π_s、C_s 由渗透泵内药物溶液浓度决定，故只要释药过程中包衣半透膜外形、厚度和性质保持不变，渗透压活性物质足以维持恒定的高内外渗透压差，药物溶液保持饱和浓度，渗透泵就可以实现恒定的零级释药。而当渗透泵内药物溶解完全，膜内药物浓度逐渐降低，释药速率则无法保持零级，随浓度的降低而减小，直至为零。

（四）渗透泵型缓控释制剂释药影响因素

由释药机制分析可知，影响渗透泵制剂中药物释放的因素有溶解度、渗透压及包衣膜特性等。因此，制剂开发和生产工艺研究可以从考察和调整药物的溶解度、半透膜的材质特性、片内渗透压、半透膜厚度、释药小孔等几个方面入手。

1. **药物的溶解度** 药物溶解度是影响药物释放的一个重要因素,渗透泵型制剂适用于溶解度适中的药物(50~300mg/ml)。对于溶解度过大或过小的药物,除了选择合适的渗透泵类型,还必须通过在药物处方中加入一定的辅料或改变药物的存在形式等方法来调节药物的溶解度。

溶解度过大的药物制成渗透泵制剂,药物溶出过快会导致难以控制其零级释放,可以通过以下手段来调节:①利用同离子效应,如高溶解度药物盐酸地尔硫草和氯化钠共存时,溶解度可由590mg/ml降至155mg/ml;②加入亲水性聚合物(如羟丙甲纤维素和羧甲纤维素钠等)作为释药阻滞剂,其遇水后形成的凝胶能限制和延缓药物分子与水接触,并延长片芯内水分的扩散路径,从而延长系统的恒速释药时间。

对于溶解度过低的药物,常用的方法包括:①加入磺丁基-β-环糊精钠(sulfobutyl ether-β-cyclodextrin,SBE-β-CD)。β-环糊精包合物能够增加药物的溶解度,其中SBE-β-CD有7个负电荷和7个钠离子,具有很大的渗透压,故既能显著增加药物溶解度,又是一种有效的渗透压活性物质。②利用树脂化途径。将离子交换树脂通过离子交换反应与药物生成药物树脂复合物,口服后胃肠道中的Na^+、H^+、K^+及Cl^-可将药物置换出来,发挥疗效。③加入酸碱助溶剂。溶解度对pH敏感的药物,可加入一些酸碱性物质,促进药物的溶解。④药物制成盐类。难溶性药物制成盐后,药物的溶解度增加,较适合制备渗透泵片。⑤晶型控制。选择合适的晶型或加入晶癖改性剂(crystal habit modifiers)等,例如通过晶癖改性剂(羟甲基纤维素及羟乙基纤维素混合物)可以阻止卡马西平的无水物转变为溶解度更小的二水合物,故制备卡马西平渗透泵制剂时加入改性剂可以保持零级释放。

2. **半透膜的材质特性** 包衣半透膜是渗透泵制剂重要的组成部分,直接影响渗透泵的释药速率。半透膜对水的渗透系数K是反映半透膜性质的重要参数。不同材料的包衣膜对水有不同的渗透性,渗透性越大,K值越大,水透膜速率越快,系统释药也越快。渗透泵型缓控释制剂常用的半透膜材料为醋酸纤维素。醋酸纤维素的乙酰化率决定了其对水的渗透性,随着乙酰化率的增加,亲水性减小,可以通过调整不同乙酰化率醋酸纤维素的比例进而控制包衣膜的渗透性。

在包衣膜中加入增塑剂可以调整包衣膜的柔韧性、通透性及抗张强度,使包衣膜能够耐受膜内高渗透压,保证用药安全。常用的增塑剂有邻苯二甲酸酯、甘油酯、琥珀酸酯,聚乙二醇等。在包衣膜中加入少量PEG可以作为增塑剂,而大量的PEG则会在膜上形成多个孔道,起到致孔剂的作用,从而加速药物释放。常用的致孔剂有各种分子量的PEG、羟丙甲纤维素、聚乙烯醇、尿素等。

采用特殊的包衣方法可以在片芯表面形成醋酸纤维不对称膜。不对称膜(asymmetric membrane,AM)是一层具有极薄而坚硬致密的表皮层和较厚的多孔底层的薄膜,不崩解且具有较高的水通透性。其优势在于,药物在较低浓度和渗透压时也能够释放,所以应用于难溶性药物渗透泵制剂的制备可以促进其释放。

3. **片内渗透压** 渗透泵型缓控释制剂是以渗透压为释药动力的制剂,因此渗透压的大小及是否恒定是释药的关键影响因素。渗透泵型制剂药室内的渗透压须较膜外渗透压大6~7倍,才能保证恒定的释药,仅依靠片芯内药物往往不能达到足够大的渗透压,所以需要加入具有调节渗透压作用的物质。渗透压调节物质包括小分子的渗透压活性物质和大分子的促渗透聚合物。

渗透压活性物质能调节药室内渗透压,维持药物释放,其用量多少关系体系零级释药时间的长短。常用的渗透压活性物质及其饱和水溶液渗透压见表12-4。

表12-4　常用渗透压活性物质及其饱和水溶液渗透压(37℃)

渗透压活性物质	渗透压/kPa	渗透压活性物质	渗透压/kPa
乳糖+果糖	50 662.5	氯化钾	24 824.6
葡萄糖+果糖	45 596.3	甘露醇+蔗糖	17 225.3
蔗糖+果糖	43 569.8	蔗糖	15 198.8
甘露醇+果糖	42 049.9	甘露醇+乳糖	13 172.3
氯化钠	36 071.7	葡萄糖	8 308.7
山梨醇	34 957.1	硫酸钾	3 951.7
果糖	25 970.4	甘露醇	3 850.4

促渗透聚合物又称推进剂,具有吸水膨胀的性质,膨胀后体积可增长2~50倍,产生的推动力可以与片芯内的渗透压一起将药物层推出释药小孔。常用的推进剂包括聚氧乙烯(polyethylene oxide, PEO,分子量10万~700万)、聚维酮(分子量1万~36万)、聚羟基甲基丙烯酸烷基酯(分子量0.3万~500万)、卡波姆羧酸聚合物(分子量45万~400万)、聚丙烯酸(分子量8万~20万)等。

4. 半透膜厚度　从式(12-6)可以看出,渗透泵型缓控释制剂的释药速率与包衣膜的厚度成反比。包衣膜厚度应适中,膜过薄黏度不够,一旦破裂,药物迅速倾泻而出,有可能引起药物过量的危险;膜过厚难以将释药速率调整到产生持续有效血药浓度的释药水平。

5. 释药小孔　渗透泵制剂的表面有一个或多个释药小孔,释药小孔的孔径对释药速率会产生影响。孔径过大,释药易受环境影响,释药速度过快,也可能造成溶质的逸出和释药的失控;孔径过小,释药速度过慢,可能造成孔两侧的流体静压差增大,从而造成包衣变形,阻滞水分子向半透膜内渗透。可以根据半透膜的性质、厚度、药物分子大小及释放介质的黏度等具体情况确定适宜的释药孔径。

释药小孔可通过以下几种方式形成:激光打孔、机械打孔、致孔剂等。

激光打孔准确、可控,是渗透泵制剂工业生产过程最常用的打孔方式,一般的激光打孔流程如图12-6所示。激光打孔技术曾经一度制约了我国渗透泵制剂产业化的发展,近年来,国内一些单位开展了相关研究,开发出一些用于实验室和工业生产的设备。图12-7为国内研制的具有自动识别功能的激光打孔设备,可以实现整个生产过程的智能控制,用于渗透泵制剂的工业化生产。

机械打孔一般采用改进的带针冲头(如图12-8),在包衣前的片芯上形成凹痕,包衣后直接形成释药小孔。该方法避免了激光打孔,也可简化生产工艺,但是如果把旋转式压片机的上冲改成带针上冲,用于大规模生产,可能会出现模具发热变形,甚至断裂现象,因此难以满足规模生产的需要。

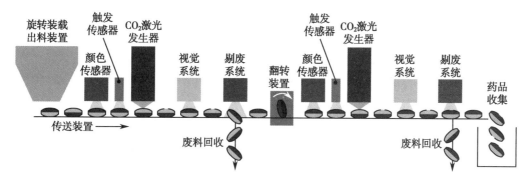

图 12-6　激光打孔流程图

图 12-7　国产高速控释药物激光打孔机

图 12-8　带针冲头

例 12-3：硝苯地平渗透泵片

硝苯地平是短效钙通道阻滞剂，通过制成渗透泵型制剂可以改善药物吸收，使血浆药物浓度缓慢增加，从而在降低血压的过程中避免继发性的心率加快。然而，硝苯地平在乙醇中略溶，在水中几乎不溶，不适合制成单室型渗透泵，主要采用推拉型渗透泵技术，全球有多家制药公司推出了相关产品。现以硝苯地平渗透泵片为例，对其处方、工艺和释药等进行介绍。

【处方】

（1）药库层：硝苯地平 30mg、PEO 106mg、KCl 3mg、HPMC 7.5mg、硬脂酸镁 3mg。

（2）推动层：PEO 51mg、NaCl 22mg、硬脂酸镁 1.5mg。

（3）包衣液：醋酸纤维素 95g、PEG 4000 5g、二氯甲烷 1 960ml、甲醇 820ml。

【制法】硝苯地平渗透泵片的工艺流程如图 12-9 所示。

药库层：硝苯地平、PEO、KCl 和 HPMC 分别过 40 目筛，混合 15～20 分钟，以乙醇和异丙醇为润湿剂制软材，过 16 目筛制粒，室温干燥 24 小时，加硬脂酸镁混合 20 到 30 分钟。

推动层：PEO 和 NaCl 分别过 40 目筛，混合 10～15 分钟，用甲醇和异丙醇制软材，过 16 目筛制粒，22.5℃干燥 24 小时，加硬脂酸镁混合 20～30 分钟。

以药库层和助推层制备双层片，包衣，打孔制得硝苯地平渗透泵片。已上市的硝苯地平渗透泵片 Adalat 如图 12-10（a）所示。

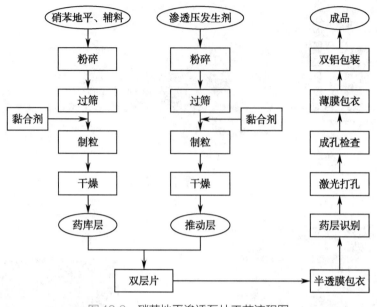

图 12-9 硝苯地平渗透泵片工艺流程图

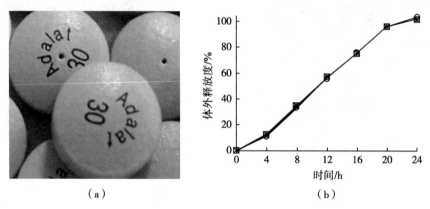

（a）　　　　　　　　　　（b）

图 12-10　Adalat 硝苯地平渗透泵片（a）及其体外释放曲线（b）

释药：硝苯地平渗透泵片给药时，水分透过包衣层进入片芯，高渗性物质 PEO 吸水后产生高渗透压，从而挤压药物的混悬液由释药小孔接近零级释放。体外释放曲线如图 12-10（b）所示，前 2 小时内释放慢，但 24 小时内体外释放接近零级，释药 95% 以上。

第四节　口服定时和定位释药系统

基于对药物特性及临床药理学的不断深入研究，结合疾病特点、临床需求和各种释药技术，研发特定模式的释药产品具有明显的临床应用前景。其中，口服定时释药系统和口服定位释药系统是目前较为主要的方向。

一、口服定时释药系统

时辰病理学和时辰药理学的研究表明，心血管疾病、哮喘、胃酸分泌、关节炎、偏头痛等疾病都具有昼夜节律性。传统的普通制剂和缓控释制剂已不能满足临床对这些节律性变化疾病的治疗要求。此外,一些与受体相互作用的药物,如果长期刺激受体,易使受体敏感性降低,产生耐药性,若通过脉冲式给药,则可改善其治疗效果。

为提高疗效、降低毒副作用和减少药源性疾病,必须根据疾病发作的时间规律及药物特性,设计不同的给药时间和剂量方案,实现定时定量释药的目的。口服定时释药系统,或称口服择时释药系统(oral chronopharmacologic drug delivery system),是指根据人体的生物节律变化特点,按照生理和治疗的需要定时定量释药的一种新型给药系统。该类制剂服药后一段时间内不释药,之后,在预定时间内迅速或缓慢释药,属于《中国药典》中定义的迟释制剂的范畴。根据药物的释放方式,可分为迟释 - 速释型释药系统、迟释 - 缓释型释药系统(图 12-11)。

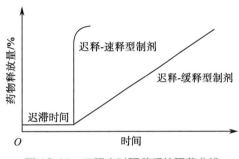

图 12-11　口服定时释药系统释药曲线

(一)迟释 - 速释型释药系统

迟释 - 速释制剂服用后不立即释药,到达治疗时机时爆破式完全释药,因而通常也称之为定时爆释系统(time-controlled explosion system)或脉冲释药系统(pulsatile drug delivery system)。可通过包衣技术和柱塞定释胶囊实现特定时滞后的药物速释。

1. 包衣脉冲释药系统　包衣脉冲释药系统是采用外层包衣,控制水分进入衣膜的速度和程度,并利用内部崩解物质膨胀而胀破衣膜,控制药物的释放。外层包衣的厚度和组成决定时滞的长短,而膨胀性材料的种类和比例控制片芯的崩解速度。

外层包衣材料可分为半渗透型、溶蚀型和膨胀型,包衣方法主要有压制包衣和薄膜包衣。压制包衣常用于片剂的包衣,而薄膜包衣除了片剂还可用于制备多单元释药系统,如微丸等。具体包衣方法和材料可参考包衣相关章节。

崩解材料可选择常用的崩解剂,如 L-HPC、HPMC、CMS-Na 等;此外,片芯中也可加入适宜的泡腾剂,吸水后产生的 CO_2 气体也有理想的膨胀作用;还可以在片芯中加入渗透剂,利用其产生的渗透压胀破外层包衣。

包衣脉冲释药系统,主要包括包衣片、包衣微丸、包衣小片、含包衣微丸或小片的片剂或胶囊等。还可以通过在一个制剂中含药层和包衣层的交替叠加,或通过在一个制剂(胶囊或片)内按比例混合不同时滞的微丸或小片,来实现多次脉冲释药。

(1)压制包衣片

例 12-4:单硝酸异山梨酯定时脉冲释放片

片芯制备:将处方量(表 12-5)的主药与崩解剂、填充剂等混合后,以淀粉浆为黏合剂制软材,过 30 目筛制粒,烘干,过 28 目筛整粒,加 0.3% 的硬脂酸镁,混匀,压制得片芯。

压制包衣:将 PEG 6000、氢化蓖麻油(hydrogenated castor oil,HCO)、调节剂 C 按处方比例混合,水浴加热,机械搅拌混匀,熔融后置室温冷却固化,于研钵中粉碎,过 40 目筛得外层包衣颗粒,备用。将下层包衣颗粒置于冲模中轻压后,将片芯放在颗粒中央,加入上层包衣颗粒,调整压力,压片即得。

表 12-5　不同时滞单硝酸异山梨酯定时脉冲释放片处方

处方	时滞 /h	片芯 /mg			包衣 /mg		
		主药	CMS-Na	MCC	PEG	氢化蓖麻油	调节剂 C
1	3	20	20	60	82	98	20
2	4	20	20	60	68	114	20
3	5	20	20	60	58	142	20

因素考察：

崩解：片芯的迅速释放药物性能和良好的膨胀性是形成脉冲释药的关键因素之一。通过对 CMS-Na、CCMC-Na、PVPP 进行考察，选择吸水膨胀性最优的 CMS-Na 为崩解剂。

时滞：包衣处方的水渗透性（亲疏水物质比）是影响时滞的主要因素；包衣处方组成不变时，也可通过改变包衣层的厚度来调节脉冲片的释药时间。另外，蜡性包衣辅料在受压过程中，颗粒间不仅发生嵌合作用，还会发生熔变，颗粒间的密合及熔变程度受压力和硬度影响，最终也将影响包衣层的时控效果。

（2）薄膜包衣双脉冲缓释微丸

例 12-5：酒石酸唑吡坦双脉冲控释微丸

载药丸芯：按处方取主药、崩解剂、MCC 过 80 目筛，混匀，加水制软材，挤出滚圆制微丸。微丸于 60℃ 干燥后筛取 22～24 目为载药丸芯。

隔离层：HPMC- 乳糖（1∶3）混合，稀释成 5% 包衣液，取载药丸芯于流化床中侧喷包衣，包衣增重 6%，50℃ 干燥后筛取 20～22 目微丸备用。

内控释层：将乙基纤维素水分散体稀释至 15%，作为包衣液，采用流化床底喷包衣，包衣增重为 22%，50℃ 干燥，固化 24 小时，筛选 18～20 目微丸，即为单脉冲微丸。

外含药层：HPMC- 乳糖（1∶2）混合，稀释成 5% 水溶液，按比例加入主药，溶解为含药包衣液。取单脉冲微丸，流化床侧喷包衣，50℃ 干燥，筛选 14～16 目微丸。

外控释层：HPMC- 乳糖（1∶1）混合，稀释成 5% 包衣液，流化床底喷包衣，增重 2%，50℃ 干燥后筛选 14～16 目微丸，即得双脉冲微丸（图 12-12）。

筛选得到最佳崩解剂为 CCMC-Na，优化用量为 50%。第一脉冲于给药后即开始释药，持续时间约 30 分钟，第二脉冲于给药 150 分钟后释药，释放 45 分钟。崩解剂的用量、隔离层的包衣增重、内控释层包衣增重程度、外含药层的加载、外控释层包衣增重等都会对微丸的释药速度产生影响。

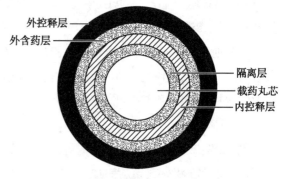

图 12-12　薄膜包衣双脉冲缓释微丸示意图

2. **柱塞型脉冲释药系统**　柱塞型定时释药胶囊由以下几部分组成：水不溶性胶囊壳体、药物储库、定时柱塞、水溶性胶囊帽。其中，定时柱塞有膨胀型、溶蚀型和酶降解型。当定时脉冲胶囊与水性液体接触时，水溶性胶囊帽溶解，柱塞遇水即膨胀脱离胶囊体（溶蚀或在酶作用下降解），使储库中药物快速释出。时滞由柱塞脱离的时间决定。各种定时柱塞的结构及释药过程见图 12-13。

膨胀型柱塞由亲水凝胶组成，用柔性半透膜包衣；溶蚀型柱塞可用 L-HPMC、PVP、PEO 等压制，也可将聚乙烯甘油酯熔融浇铸而成；酶可降解型柱塞由底物和酶组成，二者可以混合制成单层塞，也可以分开压制成双层塞。

Pulsincap 是以亲水凝胶为定时塞的柱塞型口服脉冲释药系统。凝胶遇水膨胀，从而脱离胶囊体使胶囊内药物释放，可通过控制柱塞的长度控制释药时滞。此技术被用于结肠定位给药的研究时，可采用肠溶性材料制备胶囊帽，从而使胶囊帽在进入小肠部位后才开始溶解，之后才将亲水凝胶定时塞暴露于水性环境，控制定时塞的时滞，控制胶囊内药物于结肠部位释放，这是定位释放技术与定时释放技术的结合。

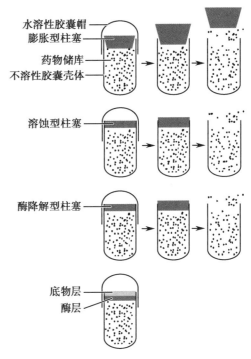

图 12-13　膨胀型、溶蚀型、酶可降解型定时柱塞胶囊

（二）迟释-缓释型释药系统

心血管疾病具有明显的时辰依赖性。临床研究发现，从凌晨开始，特别是起床前后至上午 8 时左右，甚至更长的时间段内，高血压、心肌梗死等疾病的发作频率较高。迟释-速释系统虽然具有择时效果，但是释药时间很短，无法满足部分需要特定时间段平稳缓慢释药的治疗要求，因此，迟释-缓释型制剂成为口服定时释药系统的又一个研究方向。该系统不仅具有一定的时滞性，而且在释药时间到来后可以维持一个适当的平稳释药过程。迟释-缓控释型释药系统中迟释部分可以参考迟释-速释型制剂，而缓释部分则可以采用缓控释制剂技术。

1. 渗透泵型定时释药系统　时滞是渗透泵型制剂的一个特点，在自身时滞不能满足迟释要求时，还可以通过一定厚度的迟释包衣来实现。例如盐酸维拉帕米迟释型渗透泵片 Covera-HS，与普通渗透泵片相比，Covera-HS 在活性药芯和外层半透膜之间多了一个迟释层。服药后，胃肠道的水分通过外层半透膜进入片剂，迟释层缓慢溶解，之后水分进入活性药芯，使推动层膨胀，推动药物层通过外膜上的激光小孔恒速释药。由于迟释层的存在，活性药物于服药后 4~5 小时开始以零级释放。患者睡前服药，凌晨药物开始释放，服药后 11 小时血药浓度达峰，于患者睡醒体内儿茶酚胺水平增高时获得最佳治疗效果。

对于渗透泵型定时释药系统，释药时滞由迟释层包衣材料的种类及配比、外层半透膜、推进剂用量等决定。迟释包衣材料、推进剂、包衣厚度及释药孔径大小都是制备该类产品需要考虑的关键因素。

2. 包衣型迟释-缓释释药系统　包衣型迟释-缓释释药系统结合了迟释型包衣层和缓控释制剂的释药机制。缓释药芯可以选择骨架型和膜控型，其制备方法参照相关章节内容，可选择片剂、微丸等；迟释包衣可采用薄膜包衣或压制包衣。

例 12-6：酒石酸美托洛尔延迟起释缓释微丸

载药丸芯：将酒石酸美托洛尔与 MCC 按处方混匀，加水制软材，挤出，滚圆，制得微丸，筛取 700～830μm 微丸备用。

内层包衣：滑石粉加入水中匀化，与处方量的丙烯酸树脂 Eudragit NE 30D 混合，配制成含 10% 聚合物的包衣液。取载药丸芯于流化床，22～25℃底喷包衣，置 40℃烘箱老化 24 小时。

外层包衣：称取处方量的 Eudragit L100，以 95% 的乙醇溶液溶解后加入处方量的 EC 和枸橼酸三乙酯，配制成含 6% 聚合物的包衣液。流化床 38～42℃底喷包衣，置 40℃烘箱中处理 6 小时，即得。

制得的延迟起释缓释微丸的时滞为 4 小时，其中，4 小时、6 小时、10 小时、14 小时的累积释放量分别为<10%、20%～35%、50%～70%、>75%。内外层包衣增重、外层包衣液中 EC 与 Eudragit L100 的比例对延迟起释缓释微丸的释药时滞和释药速率具有显著影响。

3. 柱塞型迟释 - 缓释胶囊　可以将柱塞型定时释药胶囊的片芯替换为缓释制剂，制备成柱塞型迟释 - 缓释胶囊。

口服定时释药系统的开发不仅要考虑疾病的昼夜节律、制剂的巧妙设计，还应关注其生物利用度指标，并结合药效学、药动学和毒性的时辰规律制订给药方案，以便提供更好的治疗手段。

二、口服定位释药系统

口服定位释药系统（oral site-specific drug delivery system），是指口服后能将药物选择性地输送到胃肠道的某一特定部位，以速释或缓释释放药物的制剂。该释药系统根据制剂的物理化学性质、在胃肠道中的转运机制及胃肠道构造、局部 pH、酶等生理学特性进行设计，实现药物的定位释放，具有以下优点：①避免药物在胃肠生理环境下失活；②改善个体差异、胃肠运动造成的药物吸收不完全现象；③治疗胃肠道的局部疾病时可提高疗效，减少剂量，降低全身性副作用。根据药物在胃肠道的具体释药部位，口服定位释药系统可分为胃定位释药系统、小肠定位释药系统和结肠定位释药系统。

（一）胃定位释药系统

胃定位释药系统适用于在酸性环境中溶解的药物，在胃中及小肠上部吸收率高的药物和治疗胃、十二指肠溃疡等疾病的药物，也可称为胃滞留给药系统。如维生素 B_2 主要在十二指肠吸收，吸收窗窄且易饱和，已释放的药物很快通过十二指肠，吸收量较小。制成胃滞留片，在胃中释放的维生素 B_2 能缓慢持久地到达吸收部位并被吸收，从而提高了生物利用度。但胃内不稳定或刺激性太大的药物不宜设计成胃内滞留型制剂。

实现胃滞留的主要途径包括：①胃内漂浮滞留；②胃壁黏附滞留；③体积膨胀滞留（如可溶胀或可展开的制剂）。

1. 胃内漂浮型释药系统　根据流体动力学平衡原理（hydrodynamic balanced system，HBS）设计，口服后可维持自身密度小于胃内容物密度，从而在胃中呈漂浮状态。主要材料为亲水凝胶,为了增加漂浮力,可加入助漂剂、发泡剂等辅料。在释放介质中溶解性好的主药可制成单层片,溶解性不好的主药可制成双层片(上层漂浮层,下层释药层),从而解决漂浮和释放的一致性问题。

2. 胃内黏附型释药系统 药物借助高分子材料结合于胃黏膜或上皮细胞表面,从而延长药物在靶部位的停留时间和释放时间,促进药物的吸收,提高药物的生物利用度。可采用的生物黏附材料主要有:①天然黏附材料(果胶、海藻酸盐、羧甲基淀粉等);②半合成黏附材料(CMC-Na、HEC、HPMC 等);③合成生物黏附材料(卡波姆等)。

3. 胃内膨胀型释药系统 药物经口服入胃后,其体积迅速膨胀至大于幽门,故不能迅速排出,从而达到在胃内滞留的目的,也被称为塞子型系统(plug type system)。该类制剂还应具有以下性能:不阻挡幽门排空其他食物、具有足够的强度来承受胃部强有力的蠕动。可选用的膨胀材料主要包括 PPVP、交联 CMC、羧甲淀粉钠等。

胃部生理环境复杂,胃定位制剂服用后常常不能实现剂型设计的目标。如胃内漂浮制剂,胃内容物黏稠则较难漂浮,横卧时胃呈横位,浮起的制剂又可能先行排出;胃壁黏附制剂的黏附力易受到胃内酸性环境、食物成分、胃壁表皮脱落及胃蠕动的影响;胃内膨胀型制剂强度不够则难以承受胃部强有力的蠕动,强度太大还可能阻挡幽门排空其他食物。

针对于此类问题,新剂型的开发围绕以下几种思路:①改变制剂类型,由单一单元片剂改为含有微丸等多单元制剂;②选用新型辅料;③两种或两种以上的滞留方式联用以达到最好的胃滞留效果,如漂浮型与黏附型相结合,漂浮型与膨胀型相结合等。

例 12-7:克拉霉素漂浮 - 生物黏附片

将 HPMC K4M、HPMC K15M、卡波姆 974P 与乳糖等混合后,采用粉末直接压片法制备克拉霉素漂浮 - 生物黏附片。

HPMC K15M 与卡波姆 974P 有较强的黏附作用,黏附力取决于聚合物的黏度与浓度,碳酸氢钠与柠檬酸作为片剂的发泡剂使片剂具有漂浮性,所制片剂可显著延长药物在胃内的滞留时间,可有效去除幽门螺杆菌。

制备工艺:以粉末直接压片或干法制粒压片为宜,因为如果将亲水凝胶制成溶液作为黏合剂进行湿法制粒,将不利于片剂的水化漂浮;压片压力大小应得当,既需要片剂有适宜的硬度,又要使压成的片剂内部保持有适当的空隙,减小密度,同时增加水化速度。

(二)小肠定位释药系统

小肠定位释药系统是指在胃的生理环境中不释药,进入小肠后,能按预设的时间和位置迅速或缓慢释药的制剂。小肠是药物吸收的主要部位,在小肠中释药可以防止药物对胃黏膜的刺激作用,增加药物的稳定性,防止失活,使药物在吸收部位的浓度达到最佳状态。

口服小肠定位释药系统包括 pH 敏感型和时滞型两种。

pH 敏感型小肠定位释药系统主要是指肠溶包衣制剂,利用包衣材料在酸性条件下不溶,在肠道高 pH 条件下快速溶解的特性,实现小肠定位释药。肠溶包衣和定时释药在前文中都已详细介绍,此处不再赘述。常见的小肠定位释药制剂包括肠溶包衣片及胶囊、含有多种肠溶包衣微粒的胶囊或将肠溶包衣微丸压成崩解片。

人体小肠不同区段的生理状况各不相同,药物在不同区段的吸收情况往往有较大的差异，在设计制剂时要考察药物在小肠的最佳吸收部位，选择合理处方和制剂工艺，从而提高其生物利用度。

（三）结肠定位释药系统

口服结肠定位释药系统（oral colon specific drug delivery system，OCDDS），是指口服后在胃、十二指肠、空肠和回肠前端不释放药物，将其运送到回盲部后释放，从而发挥局部和全身治疗作用的一种给药系统。结肠部位由于 pH 条件温和、代谢酶少，在此部位释药可减少胃肠道消化酶对药物的破坏，提高在结肠部位吸收药物的生物利用度，改善对结肠局部病变的治疗，尤其适用于蛋白和多肽等胃肠道上段易降解的药物的口服给药。

根据结肠独特的释药环境（pH、转运时间、压力及微生物），OCDDS 可设计成相应的释药模式，常见的有时控型 OCDDS、pH 敏感型 OCDDS、生物降解型 OCDDS 及压力控制型 OCDDS 等。

1. 时控型 OCDDS　药物口服经胃、小肠到达结肠所需时间约 5～14 小时，采用口服定时释药系统，控制制剂在口服后 5～14 小时开始释药，可以实现结肠定位释药的目的。口服定时释药制剂的设计和制备可以参看前文。由于胃排空速率受食物和个体差异影响较大，故单纯利用时间控制设计的结肠定位释药系统具有一定的局限性。

2. pH 敏感型 OCDDS　在消化道中，一般情况下，胃的 pH 为 0.9～1.5，小肠的 pH 为 6.0～6.8，结肠的 pH 为 6.5～7.5。利用在高 pH 环境下才溶解的聚合物如聚丙烯酸树脂包衣，可使药物在较低 pH 环境的胃、小肠部位不释放，从而实现结肠定位给药。但是，小肠和结肠之间的 pH 差别很小，受病变、细菌或个体差异的影响，可能无法区分，会造成药物在小肠过早释药、或在结肠释药不完全等问题。

3. 生物降解型 OCDDS　生物降解型 OCDDS 是采用某些只能在结肠部位特有的微生物产生的酶作用下降解的聚合物作为药物的载体或包衣，从而实现结肠定位释药。结肠内菌群产生的酶主要有糖苷酶、偶氮还原酶、多糖酶等，可选用的高分子材料主要有果胶、瓜尔胶、偶氮类聚合物和环糊精等多糖类和偶氮类化合物。生物降解型 OCDDS 的专属性较前两类强。

除了使用特异降解型高分子材料作为包衣和载体材料之外，还可以采用前体药物技术。前体药物口服后，由于胃、小肠缺乏相应的酶，到达结肠后经过酶降解才能释放出活性药物，因此保证了药物在结肠内的释放和吸收。前体药物主要有苷前体药物、偶氮前体药物等。例如已用于临床的偶氮降解型 5- 氨基水杨酸前体药物奥沙拉秦、巴柳氮等，在结肠内偶氮还原酶作用下偶氮键断开，释放出 5- 氨基水杨酸，发挥治疗作用。

4. 压力控制型 OCDDS　压力控制型 OCDDS 是以结肠内的压力作为调控药物释药的因素。制备压力控释胶囊时，先将药物溶解或悬浮在水溶性或脂溶性的基质中（如聚乙二醇、半合成脂肪酸等），然后注入合适的胶囊，最后用乙基纤维素作为胶囊的外包衣，乙基纤维素的厚度决定胶囊的耐受压力程度。制剂口服后，在正常体温下基质液化，胶囊变成由乙基纤维素包裹的圆球，因胃和小肠中含水量高、流动性大，圆球不受腔肠压力影响，而当圆球进入结肠后，伴随着结肠对水的重吸收，肠腔内容物黏度增大，腔内压力升高，圆球耐受不了肠内压而崩解释药。

压力控制型 OCDDS 主要依赖于人体结肠内的压力,在正常的昼夜节律下,人体结肠内压力受各种生理条件因素影响变化很大,导致药物释放个体差异较大。

5. **复合型 OCDDS** 复合型 OCDDS 是以上述四种释药类型,根据结肠独特的释药环境设计的,但是这类环境的个体差异和变化性使部分依靠单纯机制设计的释药系统难以实现可靠的结肠定位释药。为突破该类局限,在实际的制剂设计时,常结合两种或两种以上释药机制。

如 pH 敏感 - 时控型 OCDDS,由于药物在小肠中的转运时间相对稳定(3~4 小时),为避免胃中转运时间的影响,可以采用 pH 敏感的肠溶包衣,使制剂到达小肠才开始溶蚀,并且通过包衣增重的改变来控制包衣溶蚀时间为 3~4 小时,从而实现将药物转运至结肠部位释药。

6. **体外诱导型 OCDDS** 体外诱导型 OCDDS,也称为脉冲式 OCDDS,是将药物、示踪物、对电磁或超声波敏感的材料及相应的高分子材料制成微球等类型,使其在胃肠道稳定。口服后通过体外监控,待其到达结肠后,再在体外用电磁或超声波诱导,使其释放药物。该类系统具有更专一的靶向定位性,对于特定部位的给药具有更好的效果,特别适用于结肠癌的治疗,可减少化疗药物对胃肠及全身的毒副作用。但该系统在特殊材料的选择上要求较高,限制了其应用范围。

第五节　口服缓控释制剂体内外评价

一、体外释药行为评价

根据《中国药典》(2020 年版)四部溶出度与释放度测定法,释放度是指药物从缓释制剂、控释制剂、肠溶制剂及透皮制剂等在规定条件下释放的速率和程度。体外释放度试验是在模拟体内消化道条件下(如温度、介质、pH、搅拌速度等),对制剂进行药物释放度试验,最后制订出合理的体外药物释放度,以监测产品的生产过程并,对产品进行质量控制。

制剂的释放行为受自身因素和外界因素的影响。自身因素包括药物自身的特点(晶型、粒径、溶剂化物)、辅料特点(种类、用量、质量)、制剂生产过程(原辅料混合过程、制粒干燥过程、压片过程)等;外界因素系指释放度测定条件。释放条件的选择合适与否,密切关系到最终确定的质量标准能否切实控制产品质量。体外释放度试验操作的具体内容在《中国药典》(2020 年版)四部通则 0931 溶出度与释放度测定法中有详细介绍,故本书主要侧重于方法的建立、评价及影响因素的考察。

(一)体外释放度测定方法的建立

释放度测定方法确定的总体原则如下:首先释放条件应该具有一定区分能力,能够区分由于生产中关键参数改变(如控制释放行为的关键辅料的用量改变等)而可能影响到的生物利用度的不同,但又不能过于敏感,以致微小的变化均被视为不同;其次,所建立的方法应该比较稳定,能够准确客观地反映产品的释放情况。研究过程中,需要结合考虑各种外界条件对释放行为的影响,通常需要对释放装置、介质、转速进行详细的考察。

1. 装置的选择　对于装置的选择，需要考虑具体的剂型及可能的释药机制，通常建议选择药典中收载的仪器装置。

《美国药典》62 版（USP62）共收录了 7 种装置用于溶出度/释放度的测定：装置 1（篮法）、装置 2（桨法）、装置 3（往复筒法，reciprocating cylinder method）、装置 4（流通池法，flow-through cell method）、装置 5（桨碟法，paddle over the disk method）、装置 6（转筒法，cylinder method）、装置 7（往复架法，reciprocating holder method）。装置 1 和装置 2 适合口服固体制剂释放度的测定；装置 3 和装置 4 适合软胶囊、丸剂、栓剂、难溶性药物释放度的测定；装置 5 和装置 6 适用于透皮给药系统释放度的测定；装置 7 对不崩解的缓控释制剂和透皮制剂均适用。

《中国药典》（2020 年版）四部通则 0931 溶出度与释放度测定法收载了 7 种释放度测定方法，其中测定固体缓释制剂、控释制剂和肠溶制剂的释放度时，常采用第一法（篮法）、第二法（桨法）和第三法（小杯法）。第四法（桨碟法）和第五法（转筒法）主要用于透皮贴剂释放度的测定。第六法（流池法）和第七法（往复筒法）也可以用于缓释制剂、控释制剂和肠溶制剂的释放度测定。

篮法和桨法操作简单方便，是《中国药典》《美国药典》《英国药典》和《欧洲药典》等标准的首选方法，非常适用于口服缓控释制剂体外释放试验。但是，它们也有一定的缺点：①不能自动改变介质 pH；②溶出介质体积有限，对难溶性药物很难达到漏槽条件；③桨法中供试品会上浮，《中国药典》和《美国药典》都收录了一种沉降篮结构的沉降装置来解决此类问题；④调整转速对区分不同品种的固体制剂影响不大。为了改善上述不足，可以采用《美国药典》介绍的往复筒法（装置 3）和流通池法（装置 4）。此外，还可以通过桨法改良、药物溶出/吸收仿生系统（drugdissolution / absorption simulating system，DDASS）及流通池滴流法（flow-through cell drop method，FTCD）等进行试验。DDASS 开放式溶出系统主要包括模拟胃、肠环境的溶出系统和装有 Coca-2 细胞或肠管的渗透系统两部分；FTCD 是新型的提高口服缓释控释制剂体内外相关性的装置。

2. 释放介质　释放介质的选择依赖于药物的理化性质（溶解性、稳定性、油水分配系数等）、生物学性质（吸收部位等）及口服后可能遇到的生理环境。缓释与控释制剂在体内一般是以药物的释放为限速步骤，所以在体外释放度试验时，应保证药物所在释放介质中的浓度远小于其饱和浓度，即应满足漏槽条件。当所选的溶出介质能够溶解 3 倍或以上投药量时，即可满足漏槽条件。设计试验时可以通过选择合适的释放介质体积和调整药物在释放介质中的溶解度来满足漏槽条件。溶出介质的体积通常选用 250ml、500ml、750ml、900ml、1 000ml。

释放介质的调整方面，通常情况下，水性介质（水、0.1mol/L 的盐酸溶液和不同 pH 的缓冲盐溶液）为首选的溶出介质。对于可离子化的药物，调节释放介质的酸碱度是达到漏槽条件的首选，常用的 pH 范围为 1（胃）～7.5（小肠）。表 12-6 列出了体外释放试验中常见的几种介质。

对于难溶性药物而言，当缓冲液中的溶解度依然不能满足漏槽条件，可以添加表面活性剂来达到增溶的目的，如添加十二烷基硫酸钠等；必要时可考虑加入酶等添加物。通常不宜添加有机溶剂。事实上，在肠液和胆汁中也存在用于溶解食物中难溶性成分的胆酸盐及卵磷

表 12-6　常用的溶出介质

pH	溶出介质	备注
—	纯水或蒸馏水	
1～3	HCl	0.1～0.001mol/L
1.2	模拟胃液	有酶或无酶
4.1～5.5	醋酸盐缓冲液	50nmol/L
5.8～8.0	磷酸盐缓冲液	50nmol/L 钠盐或钾盐
6.8	模拟肠液	有或无胰酶

脂等表面活性剂,所以合适的表面活性的使用也能反映体内的实际情况。表 12-7 列出了体外释放试验中常见的表面活性剂。

表 12-7　溶出度试验常用的表面活性剂

表面活性剂	常用名	种类
十二烷基硫酸钠	SDS、SLS	阳离子型
溴化十六烷基三甲基溴化铵	CTAB	阳离子型
吐温	吐温 20、吐温 80、聚氧乙烯月桂酸酯、聚氧乙烯油酸酯	非离子型
十二烷基二甲基氧化胺	LDAO	非离子型

《中国药典》(2020 年版)中释放度测定法的第一法,采用全程单一的释放介质,测定一般缓控释制剂的体外释放;对于肠溶制剂,在第二法中则采用了在酸中释放和缓冲盐中释放的分段方式,模拟制剂在体内经历的不同部位 pH 的变化。具体步骤可以参照《中国药典》。

此外,释放介质的脱气也是释放度试验不容忽视的问题,介质中的气体会在制剂或微粒表面聚结形成气泡,从而在药物与介质之间形成屏障,影响释放速率,增大结果差异性。

关于缓释与控释制剂体外释放试验的其他方面,如温度、搅拌、取样等在《中国药典》(2020 年版)中有较详细的论述,本书不再赘述。

缓释与控释制剂通过多种机制来达到控制药物释放的目的,不同释放机制的制剂释放时对释放条件各变量的响应不同,因此,建立体外释放度试验时,了解制剂的释药机制和相关动力学模型,可以更好地指导释放度条件的选择,从而建立与体内吸收行为相匹配的体外释药考察方法。

(二)体外释放度测定方法的验证

释放条件合理性考察:虽然缓释制剂质量标准中通常采用一种条件测定释放度,但在制剂的处方筛选及质量研究过程中,应当考察不同处方在不同释放条件下释放行为的差异,评判所选定的条件是否可有效区分不同产品的质量,同时为确定质量标准中采用的释放度测定条件提供依据。如能结合体内研究结果作进一步判定,则更具有说服力。

释放条件的耐受性验证:需要验证释放条件的微小改变是否会影响产品的释放行为。通常是根据实际操作中可能存在的误差,考察释放介质的体积($\pm 1\%$)、释放介质的 pH(± 0.05)、温度($\pm 0.5℃$)及转速($\pm 5r/min$)的微小变化对释放行为是否会产生影响。如果结果显示以上条件的微小变化对产品释放行为有较明显的影响,则说明所用条件的耐受性较差,不适宜于实际操作,应重新修订。

释药量检测方法的方法学验证:具体要求可以参见方法学验证的相关指导原则。除此之外,还应考虑以下与释放及检测过程均相关的方面:①主药在释放介质中的稳定性;②最佳取样量,以保证测定简便,尽量减小误差;③滤器的性质,考证有效成分在滤器上是否有吸附。

(三)体外释放度曲线的统计学比较

作为制剂性能的评价指标,体外释放度曲线的定量比较可用于确保制剂的一致性。通过对比不同批次、规模、处方、工艺、场地及生产厂家的制剂在相同或不同释放条件下的释放度曲线,可以判断处方、工艺因素及释放条件对药物体外释放行为的影响,也可以判断不同厂家之间相同制剂释药行为的差别。定量比较方法分为模型依赖法和非模型依赖法两类。

1. 模型依赖法 模型依赖法是将释放度数据进行模型拟合后,利用模型的参数来判断曲线的相似性。

通常,缓释制剂的释药数据可用一级方程和 Higuchi 方程拟合,即

$$\ln\left(1-\frac{M_t}{M_\infty}\right) = -kt(-级方程)$$

$$\frac{M_t}{M_\infty} = kt^{1/2}(\text{Higuchi 方程})$$

控释制剂的释药数据可用零级方程拟合,即

$$\frac{M_t}{M_\infty} = kt(零级方程)$$

上式中,M_t 为 t 时间点的累积释放量;M_∞ 为 ∞ 时累积释放量,M_t/M_∞ 为 t 时间的累积释放百分率。拟合时以相关系数(r)最大均方误差最小为最佳拟合结果。

2. 非模型依赖法 非模型依赖法直接比较释放度曲线。在非模型依赖法中,最常用的是相似因子法(f_2)。相似因子 f_2 是两条曲线的平均方差的对数转化,公式为:

$$f_2 = 50\times\log\left\{\left[1+\frac{1}{n}\sum_{i=1}^{n}(R_i-T_i)^2\right]^{-0.5}\times100\right\} \qquad 式(12\text{-}7)$$

式中,n 为曲线上的时间点个数;R_i 和 T_i 分别为参比制剂和试验制剂在第 i 点的平均释放量。由于 f_2 的结果是对试验制剂和参比制剂释放度曲线平均值的比较,而不考虑制剂内的变异性,因此,有研究对 f_2 因子进行了校正,提出了目前比较常用的无偏相似因子 f_2^* 的概念。

$$f_2^* = 50\times\log\left\{1+\frac{1}{n}\left[\sum_{i=1}^{n}(R_i-T_i)^2-\sum_{t=1}^{n}\frac{S_{R_i}^2+S_{T_i}^2}{m}\right]^{-0.5}\times100\right\} \qquad 式(12\text{-}8)$$

式中,$S_{R_i}^2$ 和 $S_{T_i}^2$ 分别代表参比制剂和受试制剂第 i 点的累积释放度的方差;m 为样本数。

当两条曲线完全相同时,f_2(或 f_2^*)值为100;两条曲线相差10%时,f_2(或 f_2^*)值为50。

当 f_2(或 f_2^*)值大于50时,表明两者释放度曲线相似。

二、体内过程评价

在体外释药行为研究的基础上,缓释与控释制剂还需要用动物或人体进一步验证制剂在体内的控制释放性能,并将体内数据与体外数据进行相关性研究,以评价体外试验方法的可靠性,同时通过体内试验进行制剂的体内动力学研究,求算各种动力学参数,给临床用药提供依据。

通过体内的药效学和药物动力学试验,对缓释、控释和迟释制剂的安全性和有效性进行评价。

采用单剂量和多剂量人体药代动力学试验,证实制剂的缓控释特征,采用药物的普通制剂(静脉用或口服溶液,或经批准的其他普通制剂)作为参考,对比其中药物释放、吸收情况,来评价缓释、控释和迟释制剂的释放、吸收情况。

设计口服缓释、控释和迟释制剂时,测定药物在肠道各段的吸收很有意义。也应考虑食物对药物的影响。

缓释、控释和迟释制剂应进行生物利用度与生物等效性试验。

三、体内外相关性

体内 - 体外相关性(in vitro-in vivo correlation,IVIVC),是指由制剂产生的生物学性质或由生物学性质衍生的参数(如 t_{max}、C_{max} 或 AUC),与同一制剂的物理化学性质(如体外释放行为)之间建立合理的定量关系。

对于口服速释固体制剂而言,由于药物在体内的表观吸收通常是多个变量的函数,且难以在体外进行单独研究或模拟,故其 IVIVC 的不确定性较高。

与口服速释制剂相比,IVIVC 更适用于以药物的释放为吸收过程限速步骤的缓控释制剂。缓控释制剂通常会使患者在较长一段时间内保持一定的血药浓度水平,为了确保药物体内性能的一致性,与体内关联的体外试验方法具有很高的价值。因此,缓释、控释和迟释制剂要求进行体内外相关性的试验,以反映整个体外释放曲线与血药浓度 - 时间曲线之间的关系。只有当体内外具有相关性时,才能通过体外释放曲线预测体内情况。

(一)体内外相关性的分类

《中国药典》(2020 年版)将 IVIVC 归纳为三类,对应 FDA 关于 IVIVC 的 A、B、C 的分级。

A 级相关:体外释放曲线与体内吸收曲线(即由血药浓度数据去卷积而得到的曲线)上对应的各个时间点分别相关,这种相关简称点对点相关,表明两条曲线可以重合或通过使用时间标度重合。A 级相关反映了体外释放与体内吸收之间点对点的关系,可以通过药物的体外试验数据预测其体内响应的整个过程,因此从药品审评角度,A 级相关用途最大,也是《中国药典》指导原则中采用的方法。

B 级相关:应用统计矩分析原理建立体外释放的平均时间与体内平均滞留时间之间的相关。由于能产生相似的平均滞留时间可有很多不同的体内曲线,因此体内平均滞留时间不能代表体内完整的血药浓度 - 时间曲线。

C 级相关：将一个释放时间点（$T_{50\%}$、$T_{90\%}$ 等）与一个药代动力学参数（如 AUC、C_{max} 或 T_{max}）之间单点相关，只说明部分相关。C 级相关，虽然没有给出整个过程的血药浓度 - 时间曲线，但这种方法也可用于制剂的开发，或用于特定时间点的溶出标准的制订。

另外，还有人提出多重 C 级相关，即把一个或几个重要的药物动力学参数与释放曲线的几个时间点上的药物释放量联系起来。其相关性的建立至少需要涵盖来自释放曲线的早期、中期和末期的三个溶出时间点。因为每个时间点都需要用相同的参数来证明其相关性，因而可以估算体外释放的任意变化对体内性能的影响。如果可以建立多重 C 级相关，则通常也可以建立 A 级相关。

（二）体内外相关性的建立与验证

建立和评价 IVIVC 模型的主要目标就是建立释放度检查方法，来替代人体生物等效性研究。由于目前没有一种体外方法能够完全模拟动态复杂的体内过程，所以不是所有的药物都适合建立 IVIVC。一般认为，建立 IVIVC 需要具备以下条件：药物的释放过程是整个吸收过程的限速步骤；药物在胃肠道内或胃肠道壁不发生或只发生少量降解或代谢；在不同生理状态下，胃肠道对药物的吸收没有显著变化；体外试验具有区分性和预测性。同时，还应该注意到，个体差异较大或受疾病状况影响较大的药物难以建立 IVIVC。

《中国药典》（2020 年版）相关指导原则指出，缓释、控释和迟释制剂的体内外相关性，系指体内吸收相的吸收曲线与体外释放曲线之间对应的各个时间点回归，得到直线回归方程的相关系数符合要求，即可认为具有相关性。

1. 体内 - 体外相关性的建立

（1）基于体外累积释放百分率 - 时间的体外释放曲线的建立：IVIVC 模型的建立需要具有不同释药速率（快、中、慢）的制剂的体外数据及具有区分性的体外试验方法。如果缓释、控释和迟释制剂的释放行为随体外释放度试验条件（如装置的类型、介质的种类和浓度等）变化而变化，就应该另外再制备两种供试品（一种比原制剂释放更慢，另一种更快），研究影响其释放快慢的体外释放度试验条件，并按体外释放度试验的最佳条件得到基于体外累积释放百分率 - 时间的体外释放曲线。与体外数据相关的体内响应可以是血药浓度（一步法）或体内吸收的药物量（两步法），后者可以通过反卷积分法从血药浓度 - 时间曲线中计算得到。

一步法将血药浓度作为体内响应变量，许多药动学参数（如 T_{max}、C_{max} 和 AUC）可以直接从血药浓度 - 时间曲线中获取，故体外释放曲线和体内血药浓度曲线之间的相关有很明确的临床意义。假设药物在体内外的释放速率相等或相近，以体外释放数据的函数为输入速率，以静脉注射或速释制剂的单位剂量血药浓度数据作为参考，通过卷积分法来预测体内血药浓度。通过统计比较血药浓度的预测值和实测值，可以对 IVIVC 进行评价和验证。该法关注的是对测定量的预测能力，而不是对体内吸收量的间接估算，因此，对评估药物体外释放对其体内行为的影响更为容易。

（2）基于体内吸收百分率 - 时间的体内吸收曲线的建立：根据单剂量交叉试验所得血药浓度 - 时间曲线的数据，对体内吸收符合单室模型的药物可获得基于体内吸收百分率 - 时间的体内吸收曲线，体内任一时间药物的吸收百分率（F_a）可按以下 Wagner-Nelson 方程计算。

$$F_a = \frac{C_t + kAUC_{0-t}}{kAUC_{0-\infty}} \times 100\%$$

式中，C_t 为 t 时间的血药浓度；k 为由普通制剂求得的消除速率常数。双室模型药物可用简化的 Loo-Riegelman 方程计算各时间点的吸收百分率。可采用非模型依赖的反卷积法将血药浓度 - 时间曲线的数据换算为基于体内吸收百分率 - 时间的体内吸收曲线。

与上述介绍的一步法不同，两步法将药物吸收量作为体内响应变量，可以直接比较体外和体内参数，更为简单直观。首先选择合适的反卷积法，从血药浓度 - 时间曲线中计算出每一个剂型的体内吸收曲线，再将计算得到的体内吸收百分数与体外释放百分数相关。反卷积分法分为数值反卷积分法和基于药动房室模型的反卷积分法，Wagner-Nelson 方程和 Loo-Riegelman 方程是计算口服给药后体内表观吸收的两种药动模型。关于反卷积分法的具体方法，可参照相关专业资料。两步法是建立 IVIVC 模型最常用的方法，《中国药典》（2020 年版）指导原则中就采用了基于药动房室模型反卷积分法的两步法。将同批试样体外释放曲线和体内吸收曲线上对应的各个时间点的释放百分率和吸收百分率利用线性最小二乘法回归，得直线回归方程。如果直线的相关系数大于临界相关系数（$P < 0.001$），可确定体内外相关。

2. 体内外相关性的验证 为了确保 IVIVC 模型的可用性和可靠性，一般至少需要使用两种以上具有不同释药速率的制剂对模型进行验证。

模型的验证分为组内验证和组外验证，组内验证是指根据建立的 IVIVC 模型，将先前用于建立模型的释放度数据输入，可以准确（预测误差＜20%）得到体内参数（如 C_{max} 和 AUC）。组外验证是将不同于建模的其他制剂（不同释药速率的制剂、生产过程略微变化的制剂或用于其他研究的不同生产批次的制剂）的体外释放度数据输入到所建模型中，判断是否能准确预测出体内药动学参数。如果 IVIVC 的建立使用了两种或两种以上不同释药速率的制剂，并且是治疗指数较宽的药物，则仅组内验证就够了；对于治疗指数较窄的药物，即使组内验证结果通过，仍需要进行组外验证。

当药物释放为体内药物吸收的限速因素时，可利用线性最小二乘法回归原理，将同批供试品体外释放曲线和体内吸收相吸收曲线上对应的各个时间点的释放百分率和吸收百分率进行回归，得到直线回归方程。如果直线的相关系数大于临界相关系数（$P < 0.001$），可确定体内外相关。

（三）体内外相关性的应用

建立 IVIVC 最关键的环节在于确定一个可用于评价药物体内行为的体外试验方法。因此，一个通过验证的 IVIVC 模型的主要用途体现在两方面：首先，建立释放度质量标准确保产品质量控制；其次，在临床研究期间或批准后，为药品生产过程发生变更（如处方、工艺等方面的变更）时，申请豁免生物等效性研究提供依据。

1. 建立释放度质量标准 体外释放度标准的建立是为了保证各药品批次之间的一致性，区分合格和不合格的产品。一般来说，每个时间点的体外释放量的确定，应建立在用于临床生物利用度研究试验批次的释放度的基础上。如果没有建立 IVIVC 模型，在释放度的限度设定方面，根据相关指导原则，每个释放时间点标准的范围必须位于生物利用度研究批次的平

均曲线的 ±10% 以内。在建立了 IVIVC 模型的情况下，可以依据 C_{max} 和 AUC 的差异不超过 20% 这个范围来选择血药浓度曲线，并对其进行反卷积分，得到体内吸收曲线，再通过 IVIVC 模型获得每个时间点的体外释放度，最大值和最小值即为该时间点释放度的上下限。

2. 体内生物利用度研究的豁免支持 对于缓释与控释制剂，一个基于验证过的 IVIVC 的体外释放度试验，可以用来在药品生产过程发生变更（如处方、工艺等方面的变更）时，获得对体内生物利用度试验的豁免。基于 IVIVC 授予生物豁免的要求如下：预测的 C_{max} 和 AUC 值与参照产品相应值之间的差异不能超过 20%；释放度要达到标准的要求。根据 FDA 的两篇指导原则，在生物等效性豁免问题上，建立 IVIVC 的药品获得豁免的机会明显多于没有建立 IVIVC 的药品。例如，如果没有建立 IVIVC 的药品发生变更，需要在注册资料中递交在自拟标准/药典规定的介质和其他 3 种介质中，变更前后药品的释放曲线相似的证据，这是一条极为严格和苛刻的要求。而对于建立了 IVIVC 的药品，多数情况下，无须进行释放曲线相似性比较就能够获得豁免。建立 IVIVC 后所获得的生物等效性豁免方面的优势还有很多，可以参考相关指导原则。

目前，口服固体制剂的体内外相关性研究引起了企业、监管机构和学术界的广泛关注，在 IVIVC 基础上利用体外试验评估或预测固体药物（特别是缓控释制剂）体内性能的可行性和成功率大大提高。利用已建立的 IVIVC，体外释放度数据不仅可作为质量控制和替代体内研究的有力工具，还可用于指导有体内意义的释放度质量标准的建立。因此，将 IVIVC 研究作为缓释与控释制剂开发的一个基本环节，越来越重要。

第六节　长效注射制剂

随着口服缓释与控释技术的发展，各种释药机制和技术研究进一步成熟，药物在胃肠道内的释药行为已经可以根据临床治疗的需求实现各种部位、时间和速度的控制释放。但是，由于胃肠道固有的吸收机制、环境和排空时间等因素的影响，药物在胃肠道内的释放和吸收始终无法避免首过效应和缓释时间的限制。长效注射制剂避开了胃肠道的复杂环境和吸收机制，可以消除首过效应的影响，同时能实现更长的缓释时间，已成为缓释与控释制剂的一个重要组成部分，在蛋白多肽及其他生物技术药物蓬勃发展的大环境下拥有更广阔的前景。

一、长效注射制剂的概念与特点

长效注射制剂是指通过皮下、静脉、肌肉或其他软组织注射给药后，在局部或全身起缓释作用的制剂。一般情况下，在胃肠道内稳定性差、口服生物利用度低或需要长期使用的药物适合制成长效注射制剂。长效注射制剂具有以下优点。

1. 制剂可直接注入预期的释药部位，可降低系统毒性，增加治疗效果。对于局部作用的药物可减少或消除全身用药带来的毒副作用。

2. 缓释时间不受胃肠道生理条件影响，可维持长达数月乃至数年的释药。对于需要长期使用的药物,可以减少给药次数,提高患者的顺应性,降低治疗费用。

3. 药物免受胃肠道 pH 条件、酶和菌群代谢等影响,也可避免首过效应,保持药物的药理活性,提高其生物利用度。

4. 可控制药物持续恒速释放几周甚至数月,提供更平稳的血药浓度,降低常规制剂反复多次给药造成的血药浓度峰谷波动,提高药物的安全性。

作为一类避开胃肠道吸收途径,直接注入体内的制剂,长效注射制剂在具备独有的诸多优点的同时,也有其自身或技术限制带来的一些缺点,在进行制剂开发和剂型设计时,应加以考虑。

1. 长效注射制剂剂量较高,药物长时间滞留体内可能导致毒副作用的增加,意外突释效应更会严重影响临床用药的安全性。

2. 长效注射制剂一旦使用无法撤回,特殊情况下的用药灵活性较差。

3. 一些药物容易形成聚集体或絮凝造成针头堵塞,影响注射给药,注射部位存留药物的延迟弥散对疗效可能产生影响。

4. 注射剂型载体需要更严格和全面的体内毒性评价,理想的聚合物载体材料品种较少且价格昂贵。

5. 长效注射制剂制备时一般需要使用二氯甲烷、丙酮、三氯甲烷等有机溶剂,产品中容易残留有机溶剂,影响其安全性;生产条件和灭菌要求苛刻,制备工艺普遍复杂,实现工业化大生产难度较大。

二、长效注射释药技术

长效注射制剂最初以油溶液及混悬剂为主,随着药物制剂技术的发展和可生物降解材料研究的不断深入,前体药物、微球、微囊、注射植入剂及凝胶等长效注射制剂相继问世,在生物相容性、可降解性及生物利用度等方面均表现出明显的优势。

(一)基于溶媒缓释技术的长效注射制剂

基于溶媒缓释技术的长效注射制剂,主要是指最先发展起来的油性溶液或混悬剂。肌内注射给药后油性制剂会在局部形成储库,药物分子先从储库中分配进入体内水性间隙,随后被吸收进入血液循环发挥疗效。药物在油溶液和组织液中的分配系数是影响释药速率的主要因素,此外,注射部位、注射体积及注射后制剂的分散程度等因素也会影响释药速率。长效油性注射制剂用药次数少,制备方便,成本较低,不少制剂至今仍应用于临床。但是油性溶液注射后会产生局部疼痛,且油性载药介质更易造成微生物污染,制剂长期稳定性欠佳。

(二)基于药物修饰缓释技术的长效注射制剂

药物修饰缓释技术是通过制备难溶性盐、前体药物及药物 PEG 化等化学修饰手段,通过控制药物在体内的溶出、水解、酶解等过程,实现药物的缓慢长效释放。

1. 前体药物技术　前体药物(prodrug),简称前药,是一类本身没有生物活性或活性很低,经过生物体内转化后才具有药理作用的化合物。酯类前药是前药可注射缓控释制剂中最常见的类型,特别适合中枢神经系统药物的衍生化。酯类前药进入体内后,在酯酶催化下水解出原药,通过控制前药的水解速率来控制活性母体化合物的释放,从而延长活性药物作用时间;此外,低溶解度的前药在给药部位缓慢释放,也可以延长活性药物作用时间。非典型性抗精神病药物帕潘立酮棕榈酸酯长效注射剂是帕潘立酮与棕榈酸形成的酯类前药的纳米混悬剂。帕潘立酮棕榈酸酯的半衰期为 23 小时,同时该前药疏水性强,在水中不溶,故而缓释效果明显,与口服帕潘立酮相比,帕潘立酮棕榈酸酯长效注射剂给药频率从每天 1 次降低到每月 1 次。

由于前药技术的衍生化材料大部分具有较强的脂溶性,且衍生化后药物的靶向性较差,在提高生物利用度的同时也增加了药物在吸收部位或其他脂质富集部位的毒副作用,因此,研究具有适当的脂溶性及更优越的生物可降解性的载体材料,是前药技术所面临的一项重要任务。

2. 难溶盐技术　成盐技术一般用来提高不溶性化合物的溶解度,难溶盐技术与之相反,是将水溶性药物转化成难溶性的盐来控制药物的释放,延长药物作用时间。目前,难溶盐技术中研究最多的是双羟萘酸盐。药物形成双羟萘酸盐可明显降低溶解度和溶出速度,延长药物在体内的作用时间。长效奥氮平注射液是奥氮平双羟萘酸盐一水合物的干粉,奥氮平半衰期为 21～54 小时,但由于制成的双羟萘酸盐完全不溶于水,使给药频率就从每天 1 次降低到每 2 周或每 4 周给药 1 次。该技术仅适用于可成盐的药物,且成盐种类较少,成盐后药物的释放速率并不可控,缺少用药的灵活性,对于一些自身或降解产物毒性较大的药物不适用。

3. PEG 化技术　聚乙二醇化(PEGylation)又称 PEG 修饰,是 20 世纪 70 年代后期发展起来的一项重要技术。该技术解决了多肽和蛋白质类药物在体内半衰期太短,患者需要频繁注射给药的问题。PEG 是一种亲水不带电荷的线性大分子,当它与蛋白类药物的非必需基团共价结合后,可作为一种屏障挡住蛋白质分子表面的抗原决定簇,避免抗体的产生,或者阻止抗原与抗体的结合而抑制免疫反应的发生。蛋白类药物经 PEG 饰后,相对分子质量增加,肾小球的滤过减少,减少了药物排泄,增加其抵抗蛋白酶水解的稳定性,降低免疫原性,这些均有利于延长蛋白类药物在体内的半衰期;通过 PEG 修饰还能有效地增加注射部位的药物吸收,从而减少药物残留,提高药物的安全性和有效性;除此之外,PEG 修饰还可以增加药物分子的靶向性,避免巨噬细胞等的吞噬,最大程度地保证药物的活性。但该技术仅适用于修饰大分子靶向药物,在小分子药物的应用方面受到限制。PEG 化药物给药频率可延长至数周注射一次,具有长效缓释作用,目前已上市的部分 PEG 化药物如表 12-8 所示。

表 12-8　部分已上市的 PEG 化长效注射制剂

母体化合物	商品名	给药频率	长效制剂给药频率	治疗作用
PEG 化干扰素 α2b	PEGlntron	1 天 1 次	1 周 1 次	慢性丙型肝炎、乙型肝炎
PEG 化干扰素 α2a	PEGasys	1 周 3 次	1 周 1 次	慢性丙型肝炎、乙型肝炎
PEG 化腺苷脱氨酶	PEGADA	1 天 1 次	1 周 1～2 次	严重的儿童免疫缺陷症
PEG 化单克隆抗体	Leukine	1 天 1 次	1 周 2 次	慢性结肠炎
PEG 化天冬氨酸酶	Oncaspar	1 周 2 次	2 周 1 次	急性淋巴细胞白血病
PEG 化非格司亭	Neulastin	1 天 1 次	2 周 1 次	白细胞减少症
PEG 化培维索孟	Somavert	1 天 1 次	2 周 1 次	肢端肥大症
PEG 化促红细胞生成素 β	Mircera	1 周 3 次	4 周 1 次	贫血症
PEG 化抗 VEGF 抗体	Macugen	1 周 9～14 次	6 周 1 次	老年性黄斑变性

（三）基于载体缓释技术的长效注射制剂

1. **微球（microsphere）** 微球是指药物溶解或分散在高分子聚合物中，形成的骨架型球形或类球形实体，通常粒径为 1～250μm。当微球注射入皮下或肌内后，随着骨架材料的水解溶蚀，药物缓慢释放（数周至数月），在体内长时间地发挥疗效，从而减少给药次数，降低药物的毒副作用。目前，长效注射微球最常用的载体主要为可生物降解的聚乳酸、羟基乙酸聚合物（PLGA、PLA 等），聚合物在体内可降解为乳酸、羟乙酸，后者经三羧酸循环转化为水和二氧化碳。聚合物在体内的降解速度可通过改变聚合单体的比例及聚合条件进行调节。

注射用利培酮微球是第一个长效非典型性抗精神病药，该制剂采用 Medisorb 技术，将药物包裹于 PLGA 微球，制成混悬剂，给药频率从每日 1～2 次降低至每 2 周给药 1 次。艾塞那肽长效注射剂是 2012 年 FDA 批准上市的 2 型糖尿病长效制剂，该长效注射制剂将药物的给药频率由每日注射 2 次延长到每周注射 1 次，显著改善了患者的顺应性。部分已上市的长效注射微球制剂见表 12-9。

表 12-9　FDA 批准上市的部分长效注射微球

商品名	活性成分	缓释周期	适应证	载体
Zoladex	醋酸戈舍瑞林	1 个月 3 个月	前列腺癌	PLGA 植入
Lupron depot	醋酸亮丙瑞林	1 个月 3 个月 4 个月	前列腺癌，子宫内膜异位症	PLGA 微球
Sandostatin LAR	醋酸奥曲肽	4 周	肢端肥大症	PLGA 微球
Nutropin depot	生长激素	1 个月	儿童发育缺陷	PLGA 微球
Trelstar depot	双羟萘酸曲普瑞林	1 个月 3 个月 6 个月	晚期前列腺癌	PLGA 微球
Arestin	米诺环素	3 个月	慢性牙周病	PLGA 微球
Plenaxis	阿巴瑞克	1 个月	前列腺癌	PLGA 微球
Risperdal Consta	利培酮	2 周	精神分裂症	PLGA 微球
Vivitrol	纳曲酮	1 个月	酗酒	PLGA 微球
Somatuline depot	醋酸兰瑞肽	1 个月	肢端肥大症	PLGA 微球
Ozurdex	地塞米松	/	玻璃体混浊	PLGA 植入
Bydureon	艾塞那肽	1 周	2 型糖尿病	PLGA 微球

2. **脂质体** 脂质体长效注射制剂主要通过皮下或肌内注射给药，给药后脂质体滞留在注射部位或被注射部位的毛细血管所摄取，药物随着脂质体的逐步降解而释放。影响脂质体中药物释放的因素包括脂质种类、包封介质及脂质体的粒径。脂质中酯基碳链越长，药物释放越慢；包封介质的渗透压越高，药物释放越慢；脂质体粒径越大，其在注射部位的滞留时间越长。粒径对脂质体在注射部位的滞留时间还与给药途径有关，小粒子脂质体，皮下注射比

肌内注射时的药物释放速度更快；大粒子脂质体，无论是皮下注射还是肌内注射，脂质体均可长期滞留在注射部位。

DepoFoam 是一种多囊脂质体药物传递系统，是由非同心的脂质体囊泡紧密堆积而成的聚集体。DepoFoam 注入机体软组织后，最外层囊泡破裂释放部分药物，内部囊泡中的药物逐渐向外层囊泡扩散，逐渐释放，达到数天至数周的缓释效果。多囊脂质体的载药性能和长期稳定性欠佳，在贮存过程中可能出现沉降和聚集问题，使其发展受到一定的限制。

目前，DepoFoam 给药系统上市产品包括：阿糖胞苷脂质体注射剂、硫酸吗啡脂质体注射剂及布比卡因脂质体注射剂。2011 年批准上市的 Exparel 是布比卡因脂质体注射用混悬液，用于控制术后手术部位的疼痛。与普通布比卡因注射剂相比，Exparel 的止痛时间由 7 小时增加到 72 小时。

3. 原位凝胶　原位凝胶属于在体成型给药体系的一种，是一类以溶液状态给药后在用药部位立即发生相转变，由液体固化形成半固体凝胶的制剂。原位凝胶根据固化机制的不同可分为物理胶凝系统和化学胶凝系统。其中，物理胶凝系统又可分为温度敏感型、离子敏感型、pH 敏感型及聚合物沉淀型。在原位凝胶释药系统中，药物在扩散作用和凝胶自身降解作用的双重推动下，从凝胶中平稳地释放出来，从而达到缓释效果。目前原位凝胶长效注射制剂的研究主要集中于聚合物沉淀型原位凝胶及温敏型原位凝胶。

（1）聚合物沉淀型原位凝胶：聚合物沉淀型原位凝胶是最先开发和上市的注射用原位凝胶。该原位凝胶系统主要采用了基于相分离原理的 Atrigel™ 技术，将可生物降解聚合物（如 PLGA 或 PLA）溶解于某些生物相容性好的两亲性有机溶媒中，给药前在其中加入药物制成溶液或混悬剂，皮下或肌内注射后，制剂中的两亲性有机溶媒快速逸散至体液，溶于其中的聚合物因溶解度降低而发生沉淀，将药物包裹于其中形成可缓慢释药的储库。

采用该技术的上市产品主要有缓释 1 周的盐酸多西环素注射凝胶和缓释 1～6 个月的醋酸亮丙瑞林注射凝胶，分别用于治疗牙周炎和前列腺癌。制剂中所用的生物降解聚合物是目前最为成熟的 PLGA 或 PLA，有机溶媒均采用安全性良好的 N- 甲基 -2- 吡啶烷酮（N-methyl-2-pyridinone，NMP）。以上两种药物的包装都采用了 A、B 两支预装灌封针，A 注射器内装有聚合物溶液，B 内装有主药粉末，使用前经"桥管"连接，将聚合物溶液和主药充分混匀后再进行注射。

此外，还有 Alzamer Depot 技术。该技术使用了聚原酸酯类可生物降解聚合物，且所用的有机溶剂（如苯甲酸苄酯）在水中的溶解度较低，有效减少了溶解或混悬于其中的药物的首日突释量。

（2）温敏型原位凝胶：温敏型原位凝胶在环境温度到达临界温度时会发生溶胶到凝胶的可逆相转化。研究和应用最广的温敏型原位凝胶主要包括泊洛沙姆和聚（N- 异丙基丙烯酰胺），但这两种材料都不具备生物降解性，因而主要应用在眼用、鼻用等非注射给药体系中。由 PEG 和 PLA 组成的 BAB 型（PEG-PLA-PEG）温敏型凝胶虽然具有良好的生物降解性，但该凝胶呈现"高温溶胶，低温凝胶"的正相温敏凝胶特性，不便于制剂的制备和贮存，也不适用于温度敏感型药物。目前温敏型原位凝胶长效注射制剂中最常用的凝胶是由 MacroMed 公司开发的 ReGel。

ReGel 由低分子量的 ABA 型 PLGA-PEG-PLGA 三嵌段共聚物溶解在 pH=7.4 的磷酸盐缓冲液中制成,具有良好的生物降解性和生物相容性,适用于水溶性药物和小剂量的水难溶性药物,也是蛋白多肽类生物制剂药物的良好载体。可通过改变三嵌段聚合物的疏水 / 亲水组分含量、聚合物浓度、分子量和多分散性等来调节药物的释放,实现 1～6 周的长效释药。

OncoGel 是将紫杉醇溶于 ReGel 中制得的长效注射剂,用于食管癌的治疗,可根据肿瘤体积的大小多次进行瘤内注射,缓释长达 6 周。ReGel 显著增加了紫杉醇在水中的溶解度 (>2 000 倍) 和化学稳定性。将淋巴因子白介素 2 溶于 ReGel 中可制得免疫调节制剂 Cytoryn,制剂注射于肿瘤内或肿瘤周围能在 3～4 天内缓慢释放,与传统的淋巴因子白介素 2 制剂相比,不但降低了使用剂量,避免了系统毒性和高血压等不良反应,而且大幅度增加了机体的淋巴细胞增生。

原位凝胶长效注射制剂可以实现特殊部位的给药,制备简单,可有效降低药物的不良反应,延缓用药周期。但也存在许多亟待解决的问题:①水溶性药物的突释作用明显;②注射到机体后凝胶的形状差异导致药物的释放速率变化;③温敏型原位凝胶聚合物降解的速度较快,不方便运输,需要冷冻贮藏。

三、长效注射微球的制备与评价

(一)长效注射微球的制备方法

微球的制备方法有相分离法、液中干燥法、喷雾干燥法、缩聚法、二步法等,适用于长效注射微球的主要有以下几种。

1. 液中干燥法(in-liquid drying method) 液中干燥法,又称溶剂挥发法、溶剂固化法或溶剂提取法,是从乳液中除去分散相挥发性溶剂以制备微球的方法。其具体的制备过程是将含有聚合物和药物的有机溶剂相分散在另外一种与之互不相溶的液体中形成乳剂,再除去分散相中的挥发性溶剂,使骨架材料固化成微球。

其中乳状液的制备方法主要有 O/W 乳化法、O_1/O_2 乳化法、$W_1/O/W_2$ 复乳法等,乳化方法对微球性质影响较大,不同乳化方法适用于不同性质的药物。O/W 乳化溶剂挥发法是制备疏水性药物微球最常用的方法。聚合物溶解于有机溶媒中,药物可以溶解或以混悬状态存在于上述聚合物溶液中,然后与不相混溶的连续相乳化,形成 O/W 型乳剂,分散相中溶媒挥发,使聚合物固化形成载药微球。O_1/O_2 乳化法也称作无水系统,主要用于制备水溶性药物微球。将溶解聚合物的有机溶媒同与其不相混溶的油相乳化后,再经溶媒挥发即可制得微球。无水系统可以抑制水溶性药物向连续相扩散,提高药物的包封率。$W_1/O/W_2$ 复乳化溶剂挥发法是制备多肽蛋白质类水溶性药物微球最常用的方法。药物水溶液或混悬液及增稠剂与水不互溶的聚合物有机溶剂乳化制成 W_1/O 初乳,后者再与含有表面活性剂的水溶液乳化生成 $W_1/O/W_2$ 复乳,聚合物的有机溶媒从系统中移除后,即固化生成载药微球。

液中干燥法的制备过程需要使用表面活性剂或有机溶剂,可能导致产品溶剂残留,不利于维持蛋白质多肽类药物的活性;药物常常因为在不同液相之间的扩散而损失,导致包封率较低；另外，工艺条件较复杂，工业化生产的可靠性和重复性较差。液中干燥法影响微球形成的有关因素如表 12-10 所示。

表 12-10　液中干燥法影响微球形成的有关因素

影响因素	须控制的参数
挥发性溶媒	溶媒用量；在连续相中的溶解度；沸点；与药物和聚合物作用的强度等
连续相	水相的组成和浓度
连续相中的乳化剂	乳化剂的类型和浓度
药物	药物在各相中的溶解度；剂量；与载体和挥发性溶媒作用的强度
载体骨架材料	载体用量；在各相中的溶解度；与药物和挥发性溶媒作用的强度；结晶度

例 12-8： 醋酸亮丙瑞林长效注射微球

醋酸亮丙瑞林长效注射微球是利用液中干燥法开发上市的代表剂型。

醋酸亮丙瑞林（leuprorelin acetate，LE）用于激素依赖性肿瘤的治疗，该药口服给药无生物活性，直肠、鼻腔或阴道给药制剂的生物利用度分别为 <1%、1% 和 1%～5%。缓释 1 个月的醋酸亮丙瑞林长效注射微球以 PLA 和 PLGA 为骨架材料，于 1989 年在美国上市，随后缓释 3～4 个月的相继上市。

工艺流程：将药物水溶液、增稠剂溶液与聚合物有机溶剂乳化制成 W/O 初乳，再与 0.25% PVA 水溶液形成 W/O/W 复乳，缓慢搅拌 3 小时，聚合物的有机溶媒从系统中移除后，制得半固态微球，经 74μm 细筛除去大微粒，水洗，然后以 1 000r/min 转速离心，除去上清液中的小微粒，再经多次水洗、离心后，用甘露醇溶液分散，经冷冻干燥即得亮丙瑞林微球。

该工艺在内水相中添加了增稠剂，可以增加初乳的稳定性，提高药物包封率。理想的增稠剂应能够将水相黏度提高到 5Pa·s 或更高，内水相加入明胶并冷却冻凝可以起到有效的增稠作用。

2. 喷雾干燥法　喷雾干燥法是将待干燥物质的溶液以雾化状态在热压缩空气流或氮气流中干燥以制备固体颗粒的方法。该方法简便快捷，可连续批量生产，是很有潜力的微球工业化方向之一。帕金森病治疗药物 Parlodel LAR 是溴隐亭长效注射微球，采用喷雾干燥法制备，可在体内缓释 1 个月。二氯甲烷是喷雾干燥法制备 PLGA 微球最常用的溶剂之一，其他的替代溶剂也在不断开发中。

喷雾冷冻干燥法是在喷雾干燥法的基础上衍生出的制备方法。将药物的冻干粉和赋形剂加入生物可降解聚合物的有机溶剂中混匀，通过喷嘴以雾状喷到液氮中使药物迅速冷冻固化，再将所得的冷冻颗粒冻干后去除有机溶剂即得。该方法在制备微球的过程中避免使用水，可有效增加水不稳定药物的稳定性，常用于多肽和蛋白类药物微球的制备。

超声喷雾 - 低温固化法是利用超声喷雾使含药的聚合物溶液分散成细小的液滴，这些液滴分散在低温的有机溶媒中，溶媒不断萃取出聚合物中的溶剂，液滴则固化形成微球。

1998 年 Alkermes 公司和 Genetech 公司在实验室规模基础上开发了一套全封闭、符合 GMP 要求的中试规模的微球生产设备，用于临床试验样品的制备，将重组人生长激素微球样品制备量从实验室规模的每批几克扩大到 500g/ 批。2004 年 6 月，因生产成本高昂，Genetech

公司停止生产。

例 12-9：生长激素缓释微球制备工艺

【处方】重组人生长激素 13.5mg　醋酸锌 1.2mg　碳酸锌 0.8mg　PLGA 68.9mg

【制法】重组人生长激素（recombinant human growth hormone，rhGH）与醋酸锌（摩尔比1∶6）形成的不溶性复合物，经微粉化处理达 1～6μm 后，与碳酸锌一起加入 PLGA 的二氯甲烷溶液中，超声喷雾至覆盖有液氮的固化乙醇和正己烷的萃取罐中，在 –80℃下，二氯甲烷逐渐被乙醇萃取，由此得到固化的微球。

【注解】在 rhGH/PLGA 混悬液中加入 1% 碳酸锌微粉（<5μm）。首先，Zn^{2+} 能与 rhGH 形成难溶性的络合物，降低 rhGH 的溶解度，减少突释作用。其次，与 Zn^{2+} 形成络合物后 rhGH 的疏水性增强，能够显著提高稳定性。另外，难溶性的弱碱盐 $ZnCO_3$ 作为抗酸剂，能够持续提供低浓度 Zn^{2+}，有效抵御降解而产生的酸性环境，提高 rhGH 在释药过程中的稳定性。

3. 相分离法（phase separation method）　相分离法是在药物与材料的混合溶液中加入另一种物质或不良溶剂，或降低温度或用超临界流体提取等手段使材料的溶解度降低，产生新相（凝聚相）固化而形成微球的方法。

瑞士 Debiopharm 公司开发的 PLGA 药物控释平台 Debio PLGA 就是采用相分离法制备长效注射微球，适用于小分子量药物和肽类药物。利用 Debio PLGA 技术，诞生了第一个长效注射微球制剂醋酸曲普瑞林微球，所用的骨架材料 PLGA 由 25% L- 乳酸单体、25% D- 乳酸单体和 50% 羟乙酸共聚而成，临床上用于治疗前列腺癌和子宫内膜异位症等。

Exendin-4（Exenatide，艾塞那肽）微球采用了改进的相分离法，将 Exendin-4 和蔗糖等稳定剂溶于水中作为水相，PLGA（50∶50）的二氯甲烷溶液作为油相，两者在超声振荡下制成 W/O 乳液，将硅油（350CS）在控速条件下滴入搅拌着的 W/O 乳液中，由于二氯甲烷与硅油互溶，PLGA 很快沉淀出来形成初生态的载药微球。这时微球呈柔软态，在正己烷 / 乙醇溶液中低温（3℃）下搅拌 2 小时，进行固化处理，可以很好解决残留溶剂的问题。微球分离出来后经真空干燥即得。

4. 超微粒制备系统技术　1948 年，Parr 提出旋转圆碟技术的概念，将其用于快速均匀喷洒滞效杀虫剂。1964 年，由 Albert 首次将该技术用于制备单分散固态三氧化铁颗粒。旋转圆碟技术是将两种不同的液体（反应试剂和溶剂）分别经两根供液管道同时供应至圆碟中心，由泵控制液流速度，动力系统控制圆碟转动速度，在适当的液流速度和圆碟转动速度下，两种液体在碟上相遇并铺展成超薄膜，圆碟高速旋转，在数秒内完成热质交换和化学反应后形成均一微液滴。旋转圆碟技术可用于快速制备单分散粒径分布窄的微液滴及固体微粒。有学者采用自制旋转圆碟雾化器制备了以 PLA 为载体，三氯甲烷为溶剂的生物可吸收载平滑肌细胞多孔微球，粒径大小在 160～320μm。

中山大学药剂课题组在该技术基础上通过精密设计圆碟几何结构和主体腔内气流系统，自主研制了超微粒制备系统（ultra-fine particles preparing system，UPPS），用于连续规模化制备药物微球。UPPS 构造及工作原理如图 12-14 所示，该设备主要由转碟系统、绝热容器腔、气流控制系统和样品收集器等组成。其制备载药微球的工作原理为：将溶液供应到高速旋转的圆碟表面，在转碟离心力作用下将液体压缩和浓缩成薄液膜，液膜在转碟边沿受剪切力

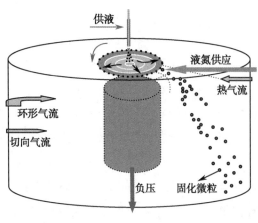

供液

液氮供应

热气流

环形气流

切向气流

负压　固化微粒

图 12-14　UPPS 工作原理示意图

作用被雾化成微滴,微滴被抛射进入容器腔内的气流中,处于悬浮状态,精密控制气流运动方向和速度,使微滴随着气流运动,逐渐挥干溶剂固化成球。在该工艺中,碟面凹槽螺纹设计、圆碟转速、供液速度、溶剂挥发速度、溶液的性质等都将影响产物的性质。UPPS 系统可以克服喷雾干燥过程中高温导致的溶剂快速挥发、微滴固化过快、微粒形貌无规则的不足,在常温或低温条件下产生足够分散的雾化微滴,使之悬浮在气流中,逐渐固化,最终形成球形度较好的固体微球,利用该法可实现连续规模化生产。

（二）长效注射微球的质量评价

1. 粒径及其分布　微球的粒径及其分布对微球体外和体内的释药模式、释药速率、含量均匀度及降解时限、通针性等指标都有很大的影响。为了制得一定粒径分布的微球,在制剂工艺中通常采用筛分法进行处理。干法筛分时,微球可能因被压过筛而导致破损,因此一般多采用湿法筛分,即将微球悬浮于水性介质中,在振荡下从筛上缓慢加料,取截留在两筛之间的微粒,此时微粒以自然状态过筛,其粒径的准确性要好于干法筛分。

2. 载药量、含量均匀度及包封率　微球的含量均匀度检查是一项需要特别注意的检测项,涉及微球标示量的确定、相对含量差值 A 的计算、标准偏差 S 的计算及可接受标准限度的确定等,具体方法参照药典。含量均匀度不仅受微球和辅料的混匀情况影响,还与微球粒径分布相关。粒径分布范围宽,容易出现均匀度问题;粒径分布范围越窄,含量均匀度越好。包封率方面,《中国药典》要求微球的包封率达到 80%。

3. 体内外释放度　体外释放主要考察在特定条件下微球中药物的释放速率,常用的测定方法有摇床法、透析法和流通池法等。释放介质的组成、pH、离子强度、渗透压、表面活性剂种类及浓度、介质温度等对释药速率都有较明显的影响。

4. 无菌检查　长效注射微球微生物检查除需检查微球表面外,还必须对可能存在于微球内部的微生物进行检查。检查微球的内无菌,必须先用溶媒将聚合物骨架溶解,使可能包埋在微球内的微生物释放出来,然后再进行过滤、培养等检查操作。例如,注射用利培酮微球的内无菌检查方法是分别向样品瓶中加入 5ml 二甲基亚砜,使微球溶解后,按直接接种法检查。

思考题

1. 简述缓释、控释制剂与普通制剂的区别及优缺点。

2. 缓释与控释制剂设计的依据是什么?设计时需要考虑哪些因素?

3. 简述膜控型和骨架型缓释与控释制剂的释药原理和释药控制的主要影响因素。

4. 渗透泵片的控释原理是什么?主要有哪几种类型?每种类型的特点是什么?

5. 口服定时释药系统可以通过哪几种原理实现?

6. 结肠作为药物传递部位有哪些优点和不足？结肠定位释药系统适用于哪些类型的药物？

7. 如何进行体内外相关性评价？

8. 长效注射制剂适用于哪些药物？有哪些主要的制剂类型？论述国内长效注射微球的发展现状和工业化前景。

ER12-2　第十二章　目标测试

（韩翠艳　张　烜）

参考文献

[1] 周建平，唐星. 工业药剂学. 北京：人民卫生出版社，2014.

[2] 方亮. 药剂学.8 版. 北京：人民卫生出版社，2016.

[3] 潘卫三. 工业药剂学.3 版. 北京：中国医药科技出版社，2015.

[4] 平其能. 现代药剂学. 北京：中国医药科技出版社，1998.

[5] 崔福德. 药剂学.7 版. 北京：人民卫生出版社，2011.

[6] 陆彬. 药物新剂型与新技术.2 版. 北京：人民卫生出版社，2005.

[7] 颜耀东. 缓释控释制剂的设计与开发. 北京：中国医药科技出版社，2006.

[8] 国家药典委员会. 中华人民共和国药典：四部.2020 年版. 北京：中国医药科技出版社，2020.

[9] 美国药典委员会. 美国药典：第 34 修订版 - 国家处方集：第 29 版. 北京：化学工业出版社，2013.

[10] 张继稳，顾景凯. 缓控释制剂药物动力学. 北京：科学出版社，2009.

[11] 潘卫三. 工业药剂学.3 版. 北京：中国医药科技出版社，2015.

[12] 王晓波. 药物运释系统. 北京：中国医药科技出版社，2007.

[13] 邱怡虹，陈义生，张光中. 固体口服制剂的研发：药学理论与实践. 北京：化学工业出版社，2013.

[14] J. 西尼尔，M. 拉多米斯基. 可注射缓释制剂. 北京：化学工业出版社，2005.

[15] PAN X，CHEN M，HAN K，et al. Novel compaction techniques with pellet-containing granules. Eur J Pharm Biopharm，2010，75（3）：436-442.

[16] WEN X，PENG X，FU H，et al. Preparation and in vitro evaluation of silk fibroin microspheres produced by a novel ultra-fine particle processing system. Int J Pharm，2011，416（1）：195-201.

[17] WONG P S L. L-OROSTM technology advancing new therapies through ALZA's liquid drug formulation. Deliv Times，2005，11（11）：1-4.

[18] VERMA R K，ARORA S，GARG S. Osmotic pumps in drug delivery. Crit Rev Ther Drug Carrier Syst，2004，21（6）：477-520.

[19] WILDING I R，DAVIS S S，BAKHSHAEE M，et al. Gastrointestinal transit and systemic absorption of captopril from a pulsed-release formulation. Pharm. Res，1992，9（5）：654-657.

[20] MCNEIL M E，RASHID A，STEVENS H N E. Drug Dispensing Device：US Patent 5342624.

[21] ALZA CORPORATION. Dosage form，process of making and using same：US19970826642. 2000-08-01

[2023-10-17]. https://xueshu.baidu.com/usercenter/paper/show？paperid=05134b3a971cb2ca3ac260db0b67 ab45.

[22] ZAWAR L, PANKAJ S, BARI S, et al. Formulation and evaluation of floating mucoadhesive tablet of clarithromycin. Int J Pharm & Bio Sci, 2010, 1（2）: 1-10.

[23] HUYNH D P, IM G J, CHAE S Y, et al. Controlled release of insulin from pH/temperature-sensitive injectable penta-block copolymer hydrogel. J Control Release, 2009, 137（1）: 20-24.

[24] 任瑾, 周建平, 姚静, 等. 注射型缓控释制剂的研究进展. 药学进展, 2010, 34（6）: 264-271.

[25] 张芳, 杨志强, 王杏林. 长效注射剂释药技术研究进展. 中国新药杂志, 2013, 22（5）: 547-555.

[26] 李坤, 刘晓君, 陈庆华. 可生物降解长效注射给药系统的研究进展. 中国医药工业杂志, 2014, 43（3）: 214-221.

[27] JIVANI R R, PATEL C N, JIVANI N P. Design and development of a self correcting monolithic gastroretentive tablet of baclofen. Sci Pharm, 2009, 77（3）: 539-553.

[28] 孙学惠, 郭涛, 宋洪涛, 等. 单硝酸异山梨酯定时脉冲释放片的制备及体外溶出度研究. 中国药学杂志, 2003, 38（8）: 44-48.

[29] 余超, 邹梅娟, 史一杰, 等. 酒石酸美托洛尔延迟起释缓释微丸的制备. 沈阳药科大学学报, 2011, 28（1）: 14-15.

[30] 谢齐昂, 胡富强, 袁弘. 酒石酸唑吡坦双脉冲控释微丸的研制. 中国药学杂志, 2009, 44（17）: 1314-1320.

[31] HOFFMAN A, GOLDBERG A. The relationship between receptor-effector unit heterogeneity and the shape of the concentration-effect profile: pharmacodynamic implications. J Pharm Bio, 1994, 22（6）: 449-468.

[32] HOFFMAN A. Pharmacodynamic aspects of sustained release preparations. Adv Drug Deliver Rev, 1998, 33（3）: 185-199.

[33] MAGER D E, WYSKA E, JUSKO W J. Diversity of mechanism-based pharmacodynamic models. Drug Metab Dispos, 2003, 31（5）: 510-519.

[34] SRUJAN K M, AYESHA S S, THANUSHA G, et al. Comprehensive review on pulsatile drug delivery system. Journal of Drug Discovery and Therapeutics, 2013, 1（4）: 15-22.

[35] TAJANE S R, KHOLWAL B B, SURYAWANSHI S S, et al. Current trends in pulsatile drug delivery systems. International Journal of Pharmaceutical Sciences and Research, 2012, 3（2）: 2.

[36] RAJPUT M, SHARMA R, KUMAR S, et al. Pulsatile drug delivery system: a review. International Journal of Research in Pharmaceutical and Biomedical Sciences, 2014, 3（1）: 118-144.

[37] 许真玉, 马玉楠. 指导原则解读系列专题（十九）: 化学药物口服缓释制剂释放度研究. 中国新药杂志, 2010, 19（8）: 654-656.

[38] 朱春柳, 俞淼荣, 甘勇. 新型口服给药技术的研发进展. 中国医药工业杂志, 2021, 52（4）: 429-439.

[39] 陈飞, 王超, 高昊. 推拉式渗透泵药物传递系统处方设计关键要素研究. 中国药学杂志, 2019, 54（10）: 783-789.

[40] 周晓丽, 朱金屏. 渗透泵剂型的研究进展. 中国医药工业杂志, 2009, 40（1）: 52-58.

[41] 陈眉眉, 王成润, 金一. 泮托拉唑钠肠溶微丸型片剂的制备. 药学学报, 2011, 46（1）: 96-101.

[42] 刘艳, 张志鹏, 索绪斌, 等. 缓控释制剂体外释放度的研究进展. 时珍国医国药, 2011, 22（3）: 701-703.

[43] 高杨, 黄钦, 马玉楠. 化学药物口服缓控释制剂体内外相关性研究. 中国新药杂志, 2010, 19（10）: 827-831.

[44] 杨燕, 熊素彬, 王超君. 不对称膜渗透泵的研究进展. 中国医药工业杂志, 2011, 42（2）: 139-145.

[45] 潘卫三, 杨星钢, 聂淑芳, 等. 阿昔莫司缓释片的体外释放度及释放机制的初步研究. 中国新药杂志, 2005, 14（4）: 440-444.

[46] STEVENS H N E, WILSON C G, WELLING P G, et al. Evaluation of Pulsincap™ to provide regional delivery of dofetilide to the human GI tract. Int J of Pharm, 2002, 236（1/2）: 27-34.

[47] JINDAL A B, BHIDE A R, SALAVE S, et al. Long-acting parenteral drug delivery systems for the treatment of chronic diseases. Adv Drug Deliv Rev, 2023, 198: 114862.

第十三章 黏膜给药制剂

ER13-1 第十三章
黏膜给药制剂
（课件）

本章要点

掌握 黏膜给药的定义、特点及质量要求；口腔黏膜给药和鼻黏膜给药的定义、特点及质量
要求。

熟悉 黏膜给药的分类、吸收机制及影响吸收的因素；口腔黏膜和鼻黏膜给药的分类、吸收机
制及影响吸收的因素。

了解 口腔黏膜给药制剂和鼻黏膜给药制剂的处方设计；黏膜给药、口腔黏膜给药及鼻黏膜
给药的发展趋势。

第一节 概述

一、黏膜给药的定义与特点

黏膜给药（mucosal drug delivery）是指将药物直接或使用合适的载体与生物黏膜表面接
触，通过人体眼、鼻、口腔、直肠、阴道及子宫等腔道的黏膜部位吸收，起到局部治疗作用或吸
收进入体循环起全身治疗作用的给药方式。与传统的口服给药相似，给药方便，能随时停止；
药物可以透过黏膜下毛细血管直接进入体循环，可避免胃肠道酶和酸的降解作用及肝首过效
应；黏膜上的酶活性低，药物不易被降解破坏。近年来，黏膜药物递送系统的开发研究日益引
发人们的广泛关注和重视。但由于黏膜部位固有的一些生理特性，致使黏膜给药也存在一些
共性问题需要解决，例如不同组织部位均存在药物与黏膜黏附的问题，当药物与黏膜的接触
时间变短时，会影响药物通过黏膜吸收。此外，还需要考虑制剂的黏膜刺激性和黏膜毒性，因
而对黏膜给药的安全性评价提出了较高要求。

二、黏膜给药制剂的分类

黏膜存在于人体的各腔道，如口腔、鼻腔、眼部、肺部、直肠、阴道及子宫等部位，根据给
药部位不同，黏膜给药制剂分为以下几类。

1. **口腔黏膜给药制剂** 舌下片、口含片、口腔贴片、含漱剂、口腔凝胶剂等。
2. **鼻黏膜给药制剂** 滴鼻剂、凝胶剂、微乳、微粒给药系统等。

3. 眼黏膜给药制剂 滴眼剂、眼膏剂等。

4. 肺黏膜给药制剂 气雾剂、喷雾剂、粉雾剂等。

5. 直肠、阴道及子宫黏膜给药制剂 栓剂及灌肠剂等。

眼黏膜给药制剂,肺黏膜给药制剂,直肠、阴道及子宫黏膜给药制剂分别在眼用制剂、气雾剂及栓剂相关章节中讲述,本章主要讨论口腔黏膜给药制剂及鼻黏膜给药制剂。

三、黏膜给药的吸收机制及影响因素

药物经过黏膜吸收通常涉及跨生物膜转运,生物膜是由磷脂、蛋白质及少量多糖组成的一种薄膜结构,其中脂质双分子层紧密排列,并镶嵌有各类膜通道蛋白。基于黏膜中的生物膜基本结构,药物可实现两种途径的跨膜转运,即跨细胞转运途径和细胞外转运途径,前者是一种脂溶性通道,供脂溶性药物及部分基于主动吸收机制药物的转运吸收;后者为水溶性通道,一些水溶性小分子药物可通过该通道转运吸收。

(一)口腔黏膜吸收机制

口腔黏膜的总面积大约为 $200cm^2$,被覆于口腔表面,其结构可分为上皮层、基底膜和固有层三个部分。上皮层由外到内可依次细分为角质层、颗粒层、棘层和基底细胞层,其中角质化的上皮层构成口腔黏膜的保护屏障,固有层有丰富的毛细血管和神经末梢。不同部位黏膜的面积、厚度和角质化情况均不相同,具体见表 13-1。由于颊黏膜和舌下黏膜上皮层未角质化,非常有利于药物的全身吸收;此外,舌下黏膜和部分齿龈黏膜比较薄,血流丰富,如舌下片或含漱剂在相应部位可快速吸收;而硬腭黏膜较厚且角质化,使得药物很难透过。目前常用的口腔黏膜给药根据给药部位不同可分为口颊给药、齿龈给药、舌下给药和上腭给药。值得一提地是,口腔黏膜的透过性比皮肤黏膜高4~4 000倍,不同部位口腔黏膜的药物透过性依次为舌下>颊>硬腭。

表 13-1 人口腔黏膜各部位解剖生理情况

部位	面积 /cm²	平均厚度 /μm	角质化情况
颊黏膜	50.2	500~600	未角质化
舌下黏膜	26.5	100~200	未角质化
硬腭黏膜	20.1	250	角质化
齿龈黏膜		200	角质化

药物的口腔黏膜吸收主要受黏膜的部位、结构和面积影响。由于口腔黏膜表面湿润,常伴有水化现象,对药物分子的透过有利。但口腔中每日的唾液流量为0.5~2L,唾液的冲洗作用是影响口腔黏膜制剂吸收的最大因素。

(二)鼻黏膜吸收机制

人鼻腔黏膜的总表面积约为 $160cm^2$,其上皮细胞上有许多微纤毛,可有效增加药物吸收面积(图 13-1);鼻黏膜上皮细胞下分布有大量毛细血管和丰富的淋巴网,可使药物被迅速吸收进入血液循环。鼻腔上部的黏膜血管密集,是药物吸收的主要区域。鼻腔内也存在药物渗

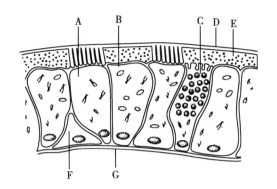

A. 纤毛细胞；B. 无纤毛分泌细胞；
C. 杯状细胞；D. 胶质黏液层；E. 溶胶
层；F. 基底细胞；G. 基底膜。

图 13-1　鼻黏膜上皮细胞图

透屏障,鼻腔纤毛以平均 6mm/min 速率带动黏液层向咽部运动,连续不断地清除进入鼻腔的微小异物,其中亦包括药物,从而影响药物的鼻黏膜吸收。此外,鼻腔黏液中含有多种水解酶,且其 pH 为蛋白水解酶最适的 5.5～6.5,因此鼻黏膜的酶屏障也是一种肽类和蛋白质类药物的"首过效应"。

四、影响药物黏膜吸收的因素及黏膜吸收促进剂

（一）生理因素

黏膜的生理结构及生理环境会影响药物的吸收速度和程度。如口腔黏膜表面由二十多层充满角蛋白结晶的鳞状上皮细胞构成,细胞间通过纤维连接,形成了药物屏障。鼻腔给药的一大障碍是鼻腔纤毛的清除作用,鼻腔纤毛以大约 1 000 次 /min 的频率将覆盖在其上部的黏液层向鼻腔后部摆动,使包裹在黏液层中的药物转移至咽喉而被吞咽。此外,用药部位生理环境的改变也会影响药物的吸收,如发生鼻炎、感冒时鼻黏液分泌、纤毛运动及黏膜通透性均会发生改变,从而影响药物的吸收。

（二）剂型因素

药物剂型不同会影响药物的释放速率,从而影响药物的黏膜吸收速率和生物利用度。如鼻黏膜给药常用剂型有溶液剂、混悬剂、凝胶剂、气雾剂、喷雾剂和吸入剂等。其中鼻腔气雾剂、喷雾剂和吸入剂在鼻腔黏膜中的弥散度和分布面积大,药物吸收快,生物利用度高,疗效优于其他剂型。药物通过黏膜的吸收与药物的脂溶性、分子量大小及离子化程度紧密相关。脂溶性药物及小分子量药物易吸收,水溶性药物及大分子量药物不易吸收,分子型药物比解离型药物更易吸收,挥发性药物比普通药物更易吸收。

（三）黏膜吸收促进剂

许多大分子药物,如多肽和蛋白质类药物,生物活性高,但因分子量大、结构复杂,往往难以通过黏膜层,且易被给药部位的蛋白水解酶降解。因此,寻找适宜的黏膜吸收促进剂,增加药物对黏膜的透过性,从而提高药物的生物利用度,是开发黏膜给药制剂的关键。

吸收促进剂可分为化学吸收促进剂和物理吸收促进剂。化学吸收促进剂是通过改变黏膜的结构来发挥促进药物吸收的作用。物理吸收促进剂是通过有效地维持黏膜部位药物浓度来增加药物的吸收,具体可通过降低黏膜黏度、促使黏膜上的亲水部分吸收更多水分、扩大细胞间通路等。

常用的化学促进吸收剂有表面活性剂、非表面活性剂、螯合物、胆酸盐、脂肪酸及其酯、环糊精衍生物、蛋白酶抑制剂等。其作用机制主要有以下几个方面：①在膜上与糖蛋白结合，引起磷脂膜紊乱，改变膜结构，增加膜的流动性，如阴离子表面活性剂、壳多糖及月桂氮酮等；②加入酶抑制剂，减少蛋白水解酶对多肽类和蛋白质类药物的降解，如胆酸盐等。理想的黏膜吸收促进剂应具有以下特点：①无生理活性；②对黏膜刺激性小，无毒，无变态反应；③起效快，促进作用强，作用时间可预测；④仅单向降低黏膜屏障功能，内源性物质不通过黏膜扩散损失，黏膜功能可迅速恢复；⑤理化性质与药物及其他辅料无配伍禁忌；⑥若是液体且用量较大，应能作为药物的良好溶剂；⑦在黏膜上具有良好的铺展性、相容性，且无不适感。

五、黏膜给药的质量要求

黏膜给药制剂剂型很多，给药部位各不相同，各种不同的剂型不仅须满足该项剂型的各种质量要求，还须考虑黏膜给药的特点。一般要求，根据不同部位黏膜特点制备的各种药物制剂，应符合《中国药典》（2020 年版）制剂通则对各种剂型质量要求的有关规定。

由于黏膜给药制剂用于人体各腔道黏膜部位，要求各种黏膜用制剂必须对黏膜具有良好的相容性、无刺激性、稳定性；眼黏膜用制剂如眼膏剂要求药物必须极细，基质必须纯净，制成的眼膏应均匀、细腻、易涂布、无刺激性、无细菌污染等；眼、鼻黏膜滴剂药液 pH 应与生理 pH 接近；口腔黏膜用制剂应有良好的气味；各种制剂在规定贮藏期内不得变质；固体制剂的溶出度或释放度应符合要求，并提供有关生物利用度资料。

随着现代制药技术的发展，黏膜给药制剂发展迅速，已成为一种重要的疾病治疗手段。目前已有愈来愈多的药物已实现了黏膜吸收，如可以止痛的舌下片舒芬太尼、治疗鼻塞的糠酸莫米松鼻喷雾剂、抗心绞痛药硝酸甘油舌下片、黄体酮阴道缓释凝胶等。为了更好地使药物透过黏膜吸收，开发低毒、有效的吸收促进剂和新型载药体系仍是未来需要研究的主要方向。

第二节　口腔黏膜给药制剂

一、口腔黏膜给药制剂的定义与特点

口腔黏膜给药制剂是指药物经口腔黏膜吸收直接进入体循环，可避免胃肠道的酶代谢及酸降解和肝脏的首过作用，提高药物的生物利用度，发挥局部或全身治疗和预防的一类制剂。口腔黏膜给药属于非胃肠道途径，与传统的口服给药制剂相比，具有给药方便、生物利用度高等优点。自 1874 年 Sobrero 首次报道用于治疗心绞痛的硝酸甘油可经口腔黏膜吸收后，口腔黏膜给药制剂得到了迅速发展。

口腔黏膜给药制剂的特点包括：①药物既可起局部作用，也可发挥全身作用；②由于颊黏膜和舌下黏膜上皮层未角质化,血管密集,血流丰富,药物可经毛细血管直接进入体循环,避免了胃肠道破坏和降解及肝首过效应,提高了药物疗效;③药物起效快,由于药物经毛细血管可直接进入体循环,适用于急症的治疗;④可延长作用时间,减少用药次数,如不可溶解背衬型口腔贴剂不受唾液的影响,释药时间可长达 10~15 小时;⑤口腔黏膜对药物刺激耐受性好,修复功能强;⑥用药方便,易于给药和终止给药,患者顺应性好,适合老人和吞咽困难患者用药。

二、口腔黏膜给药制剂的分类

(一)固体制剂

口腔黏膜固体制剂包括口腔贴剂、口腔贴片、舌下片和口腔膜剂等。口腔贴片是指黏附于口腔,经黏膜吸收后起局部或全身作用的速释或缓释制剂。常见的口腔贴片为圆形和椭圆形,直径一般在 5~8mm;贴片厚度一般应为 1~4mm。药物与辅料如羧甲纤维素钠、乙基纤维素等材料制得的黏附性强、适合黏膜给药的口腔贴片,能长时间黏附在口腔黏膜表面,延长药物在口腔黏膜或病灶处的滞留时间,以增强疗效。如咪康唑颊贴缓释片中所加入的卡波姆974,可以增加黏附力至 49.10g/cm^2。舌下片是指置于舌下能迅速溶化或在唾液中徐徐溶解后,药物经舌下黏膜吸收发挥全身作用的片剂。此外,舌下片不应含有刺激唾液分泌的成分,以免药物溶于大量唾液中而被咽下;在口腔内不快速崩解,但可徐徐溶解。普通舌下片主要适用于急症治疗,如芬太尼舌下片可缓解癌症疼痛。

(二)半固体制剂

口腔黏膜半固体制剂包括凝胶剂、软膏剂和乳膏剂等。口腔凝胶剂的基质一般是水性基质,多由水、甘油或丙二醇与纤维素衍生物、卡波姆等构成。如复方苯佐卡因凝胶能持续数小时牢固黏附在患者的口腔创面上,其形成的薄膜可以屏蔽外界物理因素和化学因素对伤口损伤黏膜组织的刺激作用,从而具有快速治愈口腔疾病、减轻疼痛和改善进食状况的作用。

(三)液体制剂

口腔黏膜液体制剂包括溶液剂和混悬剂等。增大液体制剂的黏度可保护黏膜表面,也可延长药物在口腔黏膜上的滞留时间。如在醋酸氯己定含漱剂中加入聚乙烯醇,可增强药物与患部的黏附力,增加药物与患部的接触面积和时间,达到减少用药次数、增强药物疗效、减弱药物对患部刺激的目的。

三、口腔黏膜给药制剂的质量要求

口腔黏膜给药制剂不仅需要满足各剂型下的质量要求,还需要考虑口腔黏膜的给药特点,建立其质量评价指标,具体如下。

1. 使用方便,满足口腔黏膜对药物吸收的要求。

2. 药物及辅料对口腔黏膜无毒性和刺激性。

3. 黏附基质要求基质形态变化适宜,黏附力和黏附时间满足口腔黏膜给药的需要。

4. 口腔黏膜给药制剂微生物限度、含量及体外溶出度的测定等应符合《中国药典》(2020年版)四部有关规定。

四、处方设计及举例

(一)药物性质

药物在黏膜的吸收与药物的脂溶性、分子量大小及离子化程度紧密相关。脂溶性非离子型药物易透过口腔黏膜吸收。一般认为舌下给药时,非离子型药物的油水分配系数在40~2 000之间吸收较好,油水分配系数超过2 000的药物,则脂溶性过高而不溶于唾液,油水分配系数低于40的药物则跨膜透过性差,不易被吸收。如硝酸甘油的油水分配系数为820,适宜制成舌下片。亲水性药物口腔黏膜吸收与药物分子量大小有关,分子量小于100的药物可迅速透过口腔黏膜,但随分子量增大,透过性迅速下降,一些药物口腔的黏膜透过系数见表13-2。如果药物气味经矫臭、矫味后仍无大改变,使人难以接受,则不宜舌下给药。此外,处方设计时,不应含有刺激唾液分泌的成分,以免使药物随唾液被吞下。

表13-2　一些药物的口腔黏膜透过系数

药物	实验动物及口腔黏膜种类	透过系数(P)	药物	实验动物及口腔黏膜种类	透过系数(P)
辛醇	兔颊黏膜	2.2×10^{-5}	促甲状腺素释放激素	兔颊黏膜	2.0×10^{-7}
苯甲酰胺	兔颊黏膜	1.5×10^{-5}	苯丙胺	犬颊黏膜	1.5×10^{-5}
黄体酮	兔颊黏膜	8.9×10^{-6}	雌二醇	犬颊黏膜	6.6×10^{-6}
甘氨酸	兔颊黏膜	8.3×10^{-7}	异丙肾上腺素	犬颊黏膜	6.0×10^{-8}

(二)辅料选择

口腔黏膜给药制剂通常由生物黏附材料、黏膜吸收促进剂、缓控释材料、酶抑制剂及其他填充剂等组成。辅料的选择可能影响制剂介质的pH、等渗压、黏膜刺激性及药物的释放速率、吸收速率及消除速率,进而对药物的黏膜吸收产生很大影响。

1. 生物黏附材料　生物黏附材料的选择是制备口腔黏膜给药制剂的关键,其应可黏附于口腔黏膜上且不受唾液分泌和口腔生理运动的影响,保留较长时间。理想的生物黏附材料应刺激性小,无吸收,性质稳定,有良好的生物相容性。常用的生物黏附材料可分为天然、半合成及合成三大类,天然高分子材料有明胶、果胶、阿拉伯胶、海藻酸钠、壳聚糖等,半合成高分子材料有羧甲纤维素钠、羟丙甲纤维素、羟乙纤维素,合成高分子材料有聚(甲基)丙烯酸树脂、卡波姆、聚维酮、聚乙二醇等。其中聚丙烯酸类是目前研究较多的生物黏附材料,如卡波姆;国外已有用卡波姆作为生物黏附材料的粘贴膜剂和片剂上市,主要用于治疗口腔溃疡。

研究表明,带有阴离子的高分子材料,其生物黏附性能优于阳离子型或中性高分子材料,而水不溶性高分子材料性能优于水溶性高分子材料。如有学者比较了卡波姆934、羟丙纤维素、壳聚糖、阿拉伯胶等高分子材料的体外生物黏附性,结果显示卡波姆934的生物黏附力最强。此外，生物黏附材料的黏附特性还与其相对分子质量有关，一般生物黏附材料的黏附力随着高分子材料的相对分子量的增加而增加，如 PEG 系列黏附性的顺序为 PEG 3000＞PEG 750＞PEG 80。而两种或两种以上高分子材料混合使用亦可提高制剂的生物黏附性，如卡波姆 934 分别与羟丙甲纤维素、羟丙纤维素及聚维酮合用可提高口腔黏膜贴片的生物黏附力。

2. **黏膜吸收促进剂** 黏膜吸收促进剂可以改善口腔黏膜通透性，提升药物的吸收水平。常用的黏膜吸收促进剂有：①表面活性剂，如十二烷基硫酸钠、癸酸钠、大豆磷脂、聚山梨酯等；②非表面活性剂，如月桂氮酮；③胆酸盐，如脱盐胆酸盐、牛磺二氢岩藻霉素钠等；④脂肪酸及其酯，如油酸、癸酸、亚麻酸、月桂酸及其酯类；⑤亲水性小分子，如乙醇、丙二醇、二甲基亚砜、二甲基甲酰胺等；⑥萜烯类，如挥发油、薄荷醇等；⑦螯合剂，如 EDTA、水杨酸盐等；⑧其他类，如环糊精衍生物、纤维素衍生物等。

其中，胆酸盐作为肝细胞分泌的胆酸与甘氨酸或牛磺酸结合形成的钠盐或钾盐，具有表面活性，是胆汁参与消化和吸收的主要成分。研究表明，胆酸盐的促口腔黏膜渗透作用主要是由于其提取细胞间脂质的同时没有打乱脂质的有序性；此外，胆盐还能抑制黏膜的蛋白水解酶作用。由于胆酸盐对颊黏膜刺激性小，不影响制剂黏附力，且具有酶抑制作用，因此已被作为一种安全有效的新型口腔黏膜渗透促进剂。胆酸盐的促口腔黏膜渗透效果与其浓度相关，当其浓度低于临界胶束浓度（critical micelle concentration，CMC）时，局部浓度增加缓慢，促口腔黏膜渗透作用无或极微弱；当其浓度达到 CMC 时，由于界面饱和而使促口腔黏膜渗透作用稳定。

3. **缓控释材料** 口腔黏膜给药制剂常用缓控释材料作为赋形剂，如羟丙甲纤维素与卡波姆 974P 共混材料可用于控释颊膜贴片的赋形剂。如治疗口腔溃疡的氨来呫诺口腔贴片，就选用了羟丙甲纤维素、卡波姆及羧甲纤维素钠作为生物粘附剂和缓释材料。此外，壳聚糖和海藻酸钠也是应用较为广泛的缓释材料，可起到较好的缓释作用。

4. **酶抑制剂** 为提高蛋白类药物的口腔黏膜吸收，还应考虑酶抑制剂。

（三）制法与处方举例

例 13-1：硝酸甘油舌下片

【处方】硝酸甘油 3g、二氧化硅 0.65g、单硬脂酸甘油酯 1.65g、预胶化淀粉 21g、单水乳糖 318.2g、硬脂酸钙 1.05g，共制 1 000 片。

【制法】将硝酸甘油与 150.8g 单水乳糖、单硬脂酸甘油酯与 83.7g 单水乳糖、二氧化硅与 83.7g 单水乳糖分别在不同的容器中混匀。而后将稀释的硝酸甘油加入单硬脂酸甘油酯、单水乳糖混合物中，搅拌 10 分钟，再向其中加入二氧化硅、单水乳糖混合物及预胶化淀粉搅拌 5 分钟，然后加入硬脂酸钙，搅拌 5 分钟，混匀后粉末直接压片。

【注解】硝酸甘油与单水乳糖混匀可使硝酸甘油得到稀释，其中单水乳糖为填充剂，预胶化淀粉为崩解剂，二氧化硅为助流剂。

例 13-2：芬太尼口含片

【处方】芬太尼 50mg、微晶纤维素 424.95g、山梨醇 50g、硬脂酸镁 25g，共制 1 000 片。

【制法】取芬太尼、微晶纤维素、山梨醇采用等量递增法充分混合均匀后，用水制软材，制粒，60℃烘干后整粒，加入硬脂酸镁混合均匀后压片即得。

第三节　鼻黏膜给药制剂

一、鼻黏膜给药制剂的定义与特点

鼻黏膜给药制剂是指经过鼻腔给药,药物借助于黏附性的高分子聚合物与鼻黏膜产生黏附作用,经鼻黏膜吸收而发挥局部或全身治疗作用的制剂。尤其适用于除注射外其他给药途径困难的药物,如口服难以吸收的极性药物、在胃肠道中不稳定的药物、肝脏首过作用强的药物和蛋白及多肽类药物等。目前上市的鼻黏膜给药制剂有治疗夜间多尿症的醋酸去氨加压素喷鼻剂(Noctiva)、治疗哮喘和慢性梗阻性肺部疾病的布地奈德福莫特罗粉吸入剂和治疗流行性感冒的扎那米韦吸入剂(Relenza)等。

鼻黏膜给药制剂的特点包括:①与口服给药相比,鼻腔给药可避免药物在胃肠液中降解和肝脏首过效应,生物利用度高,小分子药物生物利用度接近静脉注射,大分子多肽类药物生物利用度高于口服;②作用迅速,鼻上皮细胞下有许多大而多孔的毛细血管和丰富的淋巴网,为药物向血液和组织渗透提供了良好的途径,可使药物迅速通过血管壁进入体内循环;③药物可通过紧贴筛板下的上鼻甲(面积约10cm^2)吸收进入脑脊液,从而进入中枢神经系统,具有脑靶向性;④有些药物经口服给药无效,必须经静脉注射或肌内注射,鼻内给药克服了这一弱点,用药方便,无痛苦,滴鼻治疗可自行掌握,无须他人协助,特别适用于长期治疗的患者;⑤用药少、费用低廉,滴鼻总用药量仅为静脉输注量的1/40~1/10,费用仅为静脉输注的1/160~1/80;⑥安全性好,明显优于静脉滴注。

二、鼻黏膜给药制剂的分类

鼻黏膜是亲水性大分子药物、蛋白质、多肽类药物的理想给药途径,因此除传统的滴鼻剂外,现已研制出包括微球、脂质体、纳米粒凝胶、微乳等在内的多种鼻黏膜给药新剂型。

(一)滴鼻剂

滴鼻剂(nasal drop)系指由原料与适宜辅料制成的澄明溶液、混悬液或乳状液,供滴入鼻腔用的鼻用液体制剂,可用于鼻腔消毒、消炎、收缩血管和麻醉,亦可通过鼻腔给药起全身作用。常用的药物分散介质有水、丙二醇、液体石蜡等,其中水性介质易与鼻黏液混合,并分散于黏膜表面,但作用时间短;油性介质无刺激,作用时间持久,但不易与鼻黏液混合,穿透性差,用量多易进入气管而引起"类脂性肺炎",以液体石蜡尤甚。

滴鼻剂多配成溶液剂,亦可配成混悬剂或乳剂,还可将药物以粉末、颗粒、块状或片状等形式包装,另备分散介质在临用前配制成溶液剂或混悬剂使用。此外,滴鼻剂应呈等渗或略高渗状态,且不改变鼻黏液的黏度,不影响鼻纤毛运动及分泌液的离子成分;因鼻腔发炎或过敏时呈碱性,pH可高达9,易使细菌增殖,并影响鼻纤毛正常运动,故滴鼻剂的pH应为5.5~7.5,且有一定的缓冲能力。另外,亦可加入表面活性剂增加药物的渗透。

(二)凝胶剂

凝胶剂系指由原料药物与适宜辅料制成凝胶状的鼻用半固体制剂。将药物制成凝胶剂,以达到延长药物与鼻黏膜的接触时间,提高药物生物利用度的目的。利用热敏凝胶可通过人体体温的变化或体外局部施加热场来实现药物的可控释放,如酸化壳聚糖和聚乙二醇的混合物可用于制备一种新型热敏凝胶,经鼻腔给药后,可使胰岛素等亲水性大分子缓慢释放,并能显著提高胰岛素在鼻腔内的吸收量。

(三)微乳

微乳因其粒径小,经鼻黏膜给药后由于尺寸效应和表面活性剂的作用可以提高黏膜渗透效率,从而增加到达脑部药物含量。如将尼莫地平制成 O/W 型微乳经鼻腔给药系统,结果表明嗅球内尼莫地平含量是静脉注射的 3 倍,且脑组织和脑脊液中药物的血药浓度 - 时间曲线下的面积显著高于静脉注射。此外,微乳经鼻给药后亦可显著提高亲水性大分子如胰岛素的吸收和生物利用度。

(四)微粒给药系统

微球因其黏附性强可延长药物与鼻黏膜接触时间,同时由于药物被包裹在高分子聚合物形成的囊膜内部可以保护药物不受鼻黏膜上酶的影响,从而提高其生物利用度。制备鼻用微球制剂时,通常采用生物相容性较好的材料,如淀粉、白蛋白、透明质酸、右旋糖酐及明胶等。

纳米粒由于其粒径比微球小,从而更易穿过黏膜细胞,到达靶部位,经鼻黏膜给药后亦可增加药物在脑部的含量。由于生物体对纳米制剂具有良好的耐受性,这一剂型在鼻黏膜给药制剂中具有重要的研究价值。目前研究较多的鼻用纳米制剂的载体有 PLA、PLGA、PEG、壳聚糖、聚氰基丙烯酸丁酯、聚丙烯酸酯等。例如将抗癫痫药物吡仑帕奈在制成疏水性的纳米微乳后,经过鼻内给药较静脉注射可以显著提升吡仑帕奈的脑靶向性;且药物经鼻内给药后,吡仑帕奈在大脑的最高浓度亦显著高于口服给药;同时脑内药物浓度仅在给药 15 分钟后就达到最大值,显著快于口服给药。

脂质体具有良好的细胞亲和性,无毒性和低免疫原性。将药物包封入脂质体后经鼻黏膜给药,不但可以显著降低药物对鼻纤毛的毒性,而且可避免药物被鼻黏膜内酶降解,同时可以实现缓控释药物的目的。

三、鼻黏膜给药制剂的质量要求

除另有规定外,鼻黏膜给药制剂还应符合相应制剂通则项下有关规定。

1. 鼻黏膜给药制剂可根据主要原料药的性质和剂型要求选择合适辅料,通常含有调节黏度、控制 pH、增加药物溶解、提高制剂稳定性或能够赋形的辅料。除另有规定外,多剂量水性介质鼻用制剂应当添加适宜浓度的抑菌剂,在制剂确定处方时,该处方的抑菌效力应符合抑菌效力检查法[《中国药典》(2020 年版)四部通则 1121]的规定,制剂本身如有足够的抑菌性能,可不加抑菌剂。

2. 鼻黏膜给药制剂多剂量包装容器应配有完整和适宜的给药装置。容器应无毒并洁净,且应与原料药物或辅料具有良好的相容性。容器的瓶壁要均匀,且有一定的厚度。除另有规定外,装量应不超过 1ml 或 5g。

3. 鼻用溶液剂应澄清,不得有沉淀和异物;鼻用混悬液若出现沉淀物,经振摇应易分散;鼻用乳状液若出现油相与水相分层,经振摇应易恢复成乳状液;鼻用半固体制剂应柔软细腻,易于涂布。

4. 鼻用粉雾剂中原料药物与适宜辅料的粉末粒径大多应 30～150μm 之间；鼻用气雾剂和鼻用喷雾剂喷出后的雾滴粒子绝大多数应大于 10μm。

5. 鼻用制剂应无刺激性，对鼻黏膜及其纤毛不应产生副作用。

6. 鼻用制剂的含量均匀度等应符合《中国药典》(2020 年版)四部通则相关规定。

7. 除另有规定外，鼻用制剂应密闭贮存。

四、鼻黏膜给药制剂的处方设计

鼻黏膜给药可以避开胃肠道消化酶的破坏及肝脏首过效应的影响，吸收迅速，生物利用度高，顺应性好。所以鼻黏膜给药成为了替代注射给药的最有前途的途径之一。为提高药物鼻黏膜的吸收率，可采用加入吸收促进剂、生物黏附材料或酶抑制剂的方法。药物相对分子质量的大小与鼻黏膜吸收有着密切的关系，药物的相对分子质量越大越不易吸收；当小分子药物的分子量小于 1 000 时，可通过被动扩散和主动运输等途径被鼻黏膜吸收；而在适当促进剂的帮助下，分子量大于 6 000 的多肽亦能很好地被吸收。

(一) 辅料选择

1. **生物黏附材料**　生物黏附材料主要通过吸水膨胀或表面润湿使之与鼻黏膜紧密接触，产生生物黏附作用，延长药物在鼻黏膜表面的滞留时间，从而增加药物吸收。通常认为，生物黏附促吸收的机制为：①通过上皮细胞磷脂双分子层通透性的改变而改变细胞的渗透性；②打开上皮细胞间紧密的连接；③剥落黏膜外层或作为酶抑制剂。常用的生物黏附材料有明胶、淀粉、血清白蛋白、甲壳素及其衍生物、玻璃酸、树脂类、纤维素衍生物、聚丙烯酸、生物黏附性淀粉、甲壳素、葡聚糖、β- 环糊精、聚左旋乳酸、卡波姆、黄原胶等。其中，壳聚糖因其带正电，可通过静电与带负电的鼻上皮组织结合而具有黏膜黏附性，从而促进亲水性药物通过细胞旁路途径转运，并因其良好的生物相容性和可降解性被广泛用于药物的鼻黏膜制剂中。

2. **黏膜吸收促进剂**　分子量大于 6 000 的大分子药物，鼻黏膜吸收比较困难，可通过加入吸收促进剂来增加其对鼻黏膜的穿透作用，提高其生物利用度。目前常见的鼻黏膜吸收促进剂以表面活性剂居多，但较高浓度的表面活性剂会破坏生物膜。因此，良好的鼻黏膜吸收促进剂应对鼻黏膜刺激性小、促进作用强，且对鼻纤毛功能影响小，无毒副作用。常用的鼻黏膜吸收促进剂有胆盐如牛磺胆酸盐、甘胆酸盐、脱氧牛磺胆酸盐、脱氧胆酸盐等及牛磺双氢褐霉酸钠、聚氧乙烯月桂醇醚等。一些化合物的鼻吸收促进剂见表 13-3。

表 13-3　部分化合物的鼻吸收促进剂

化合物	鼻吸收促进剂
猩红热毒素	1% 牛黄胆酸钠盐
庆大霉素	1% 甘胆酸钠盐
肼苯哒嗪	0.5% 9- 十二烷基醚(BL-9)，30mmol/L 甘胆酸盐
黄体酮、睾酮	1% 多乙氧基醚 80
降钙素	甘胆酸钠盐，卡波姆
阿托品	十二烷基硫酸钠
胰岛素	1% 甘胆酸钠盐，1% 皂角苷，1% BL-9

3. 酶抑制剂 鼻黏膜上含有大量的水解酶，这些酶是对于肽类和蛋白类药物的一种"首过效应"，会影响药物疗效，因此在研究中常加入酶抑制剂来促进药物的鼻黏膜吸收。

（二）制法与处方举例

例 13-3：芬太尼鼻腔喷雾剂

【处方】枸橼酸芬太尼 314mg、果胶 2.0g、苯乙基醇 1ml、对羟基苯甲酸丙酯 40mg、甘露醇 8.3g，去离子水加至 200ml。

【制法】将 2.0g 果胶加至 180ml 水中搅拌溶解，再加入 1ml 的苯乙基醇和 40mg 对羟基苯甲酸丙酯，而后加入 314mg 枸橼酸芬太尼和 8.3g 甘露醇，完全溶解后补加水定容至 200ml。溶液的 pH 为 4.2，渗透压为 330mOsmol/L。

思考题

1. 何谓黏膜给药制剂？人体黏膜给药有哪些途径？

2. 试述口腔黏膜给药及鼻黏膜给药的吸收机制及影响因素。

3. 试述口腔黏膜给药与普通口服制剂相比其优缺点在哪？

4. 试述鼻黏膜给药与普通口服制剂相比其优缺点在哪？

5. 试用本章所学知识，设计口腔与鼻黏膜给药制剂各 1 例。

ER13-2　第十三章　目标测试

（东　梅）

参考文献

[1] 国家药典委员会. 中华人民共和国药典：二部. 2020 年版. 北京：中国医药科技出版社，2020.

[2] 平其能. 现代药剂学. 北京：中国医药科技出版社，1998.

[3] 崔福德. 药剂学. 7 版. 北京：人民卫生出版社，2011.

[4] 陆彬. 药物新剂型与新技术. 2 版. 北京：人民卫生出版社，2005.

[5] 方亮. 药剂学. 8 版. 北京：人民卫生出版社，2016.

[6] 北京利乐生制药科技有限公司. 一种以芬太尼为主要活性成分的口含片及其制备方法：CN101766576A. 2021-07-07 [2023-10-17]. https://pss-system.cponline.cnipa.gov.cn/documents/detail?prevPageTit=changgui.

第十四章　透皮给药制剂

本章要点

掌握　经皮给药制剂的分类及组成；影响药物经皮吸收的因素；促进药物经皮吸收的常用方法及经皮给药制剂的质量评价方法。

熟悉　经皮给药制剂的基本工艺流程。

了解　经皮给药制剂的优缺点及处方设计思路。

第一节　概述

一、基本概念和特点

透皮给药制剂又称为透皮给药系统（transdermal drug delivery system，TDDS）或透皮治疗系统（transdermal therapeutic system，TTS），系指药物穿过角质层，进入真皮和皮下脂肪组织在局部发挥治疗作用，或经毛细血管和淋巴管吸收进入体循环并达到有效血药浓度，发挥全身治疗作用的制剂，主要剂型为贴剂或贴片（patch）。

TDDS 作为一种全身用药的新剂型，为一些长期性疾病和慢性疾病的治疗及预防提供了一种简单、方便和行之有效的给药形式。与常用普通剂型相比，TDDS 具有以下优势：①避免了口服给药可能发生的肝脏首过效应及胃肠降解，药物的吸收不受胃肠道因素影响，药物对胃肠道副作用也可消除；②维持恒定的血药浓度或药理效应，避免因血药浓度波动产生的毒副反应；③延长作用时间，减少给药次数，改善患者服药的依从性；④患者可自主用药，也可随时中断给药。

但是如同其他给药途径一样，经皮给药亦存在一些局限性：①皮肤是限制药物经皮吸收的主要屏障，对于大多数药物而言，通过皮肤吸收达到有效治疗量较为困难；②由于起效较慢，不适合要求快速起效的药物；③不适合剂量大或对皮肤产生刺激的药物；④药物经皮吸收的个体差异和给药部位的差异较大。

二、国内外经皮给药制剂的发展

随着 1979 年首个 TDDS——东莨菪碱贴剂在美国上市，目前在国际医药市场上已推出了很多不同品种和剂量规格的 TDDS，所涉及的治疗领域包括局部麻醉、戒烟、镇痛、心血管疾病、激素替代治疗、抑郁症、阿尔茨海默病及化疗后呕吐等。此外，新的微粒载体技术（脂质体、纳米乳、纳米粒等）和新的物理学方法及装置（离子导入技术、微针等）在经皮给药系统中的研究也越来越多，但在产品中的应用还很少。

中医药学对经皮给药也早有记载，现存最早的中医理论著作《黄帝内经·素问》中就录有"内病外治"的内容。近代亦有报道称将芳香开窍、活血化瘀、理气止痛类的中药提取物制成经皮贴片用于治疗呼吸系统、心血管系统和胃肠道系统等疾病，并取得了理想的治疗效果。

第二节　药物经皮吸收

一、皮肤的生理构造与药物经皮吸收途径

（一）皮肤的生理构造

皮肤是人体面积最大的器官，其总面积为 1.5～2m²，厚度一般为 0.4～4mm，具有保护机体免受外界环境中各种有害因素侵入的屏障功能，并可阻止体液外渗，同时能通过汗腺和皮脂腺分泌汗液和排泄皮脂。除各种腺体和毛囊外，皮肤从外至内由表皮、真皮和皮下组织构成。表皮又由角质层和活性表皮层（又称生长表皮）组成。皮肤的生理结构如图 14-1 所示。

1. 角质层　角质层（stratum corneum）为表皮的外层，由无生命活性的扁平六角形角质细

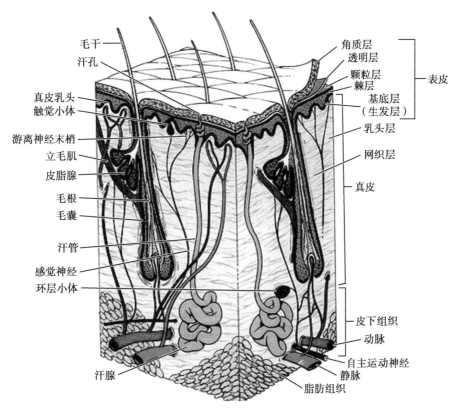

图 14-1　皮肤的生理结构示意图

胞和细胞间脂质组成。前者似砖泥结构中的砖块,后者则似填充于砖块间并黏着砖块的水泥灰浆,这种结构称为"砖泥结构"(bricks in mortars)。角质细胞层即"砖"结构是由脂质、蛋白质和非纤维蛋白等相互镶嵌组成的致密层状结构;细胞间脂质即"泥"结构实际上是高度有序排列的脂质双分子层,主要由神经酰胺、胆固醇和脂肪酸组成。这种特殊的"砖泥结构"决定了角质层是药物透皮吸收的主要屏障。

2. 活性表皮层 活性表皮层(viable epidermis)处于角质层和真皮之间,厚度约 $50 \sim 100\mu m$,由活细胞组成。类同于其他活体组织,活性表皮细胞膜具有类脂双分子层结构,胞内主要是水性蛋白质溶液,水分含量约占 90%。这种水性环境使水溶性药物易于透过,但同时也可能成为脂溶性药物的渗透屏障。

3. 真皮 真皮(dermis)介于表皮与皮下组织之间,厚度约 $2 \sim 3mm$,存在汗腺、皮脂腺和毛囊等皮肤附属器结构,以及丰富的毛细血管丛、淋巴管、神经及神经末梢。一般认为,从表皮转运至真皮的药物可以迅速从上述途径移除而不形成屏障,但是一些脂溶性较强的药物亦可能在该层组织的脂质中积累形成药物储库。

4. 皮下组织 皮下组织(subscutaneous tissue)是一种脂肪组织,含有血管、淋巴管和神经等。其与真皮之间无明确界限,两者的结缔组织彼此相连。与真皮类似,皮下组织一般不会成为药物的吸收屏障,同时也可以作为脂溶性药物的储库。

(二)药物经皮吸收途径

药物渗透通过皮肤,吸收进入全身循环的途径有两个:一是表皮途径,即通过角质层和活性表皮扩散至真皮,被毛细血管吸收进入体循环,这是药物经皮吸收的主要途径;另一条途径是皮肤附属器途径。

1. 表皮途径 在表皮途径(transepidermal route)中,药物可以穿过角质层细胞到达活性表皮(跨细胞途径),也可以通过角质层细胞间脂质到达活性表皮(细胞间途径)。药物经表皮渗透的主要阻力来自角质层,由于角质层细胞扩散阻力大,所以药物分子主要由细胞间脂质扩散通过角质层。角质层细胞间脂质双分子层的亲水端结合水分子形成水性区,而烃链部分形成疏水区。极性药物分子经角质层细胞间的水性区渗透,非极性药物分子经由疏水区渗透。

2. 皮肤附属器途径 皮肤附属器途径(appendageal route)主要指药物通过毛囊、皮脂腺和汗腺等皮肤附属器吸收。药物通过皮肤附属器的穿透速率要比表皮途径快,但皮肤附属器在皮肤表面所占的面积只有 0.1% 左右,因此不是药物经皮吸收的主要途径。当药物渗透开始时,药物首先通过皮肤附属器途径被吸收,当药物通过表皮途径到达血液循环后,药物经皮渗透达稳态,则附属器途径的作用可被忽略。对于一些离子型药物及水溶性的大分子,由于难以通过富含类脂的角质层,表皮途径的渗透速率很慢,故附属器途径也是重要的。

二、影响药物经皮吸收的因素

(一)皮肤生理因素

1. 皮肤的水化 角质细胞由亲水性纤维蛋白和其他水性成分组成,能够吸收一定量的水分,使细胞自身发生膨胀并降低结构的致密程度,高程度的水化甚至可使细胞膜破裂;细胞间隙的亲水性物质同样可发生水化而使其结构疏松。皮肤水化后可使药物的渗透变得更容易,当含水量增至50%时,药物的渗透性可增加5~10倍,其中对水溶性强的药物的促进作用更为显著。

2. 皮肤的代谢作用 皮肤的代谢作用与肝脏类似。活性表皮内存在一些药物的代谢酶,这些酶可以使药物发生氧化、水解、结合和还原反应等,但是皮肤内酶含量很低,血流量仅是肝脏的7%,所以酶代谢对多数药物的皮肤吸收不会产生明显的首过效应。利用皮肤的酶代谢作用,采取酯化等方法来设计前体药物,可通过增加药物的油/水分配系数来促进药物的经皮吸收。

3. 皮肤渗透性的部位差异 药物施用的皮肤部位影响药物的渗透特性,这主要与角质层的厚度、皮肤附属器数量、角质层脂质构成及皮肤血流情况有关。一般渗透性大小为阴囊>耳后>前额>背部>前臂>腹部>足底和手掌。

4. 皮肤状态 皮肤由于机械、化学、病理等因素遭到破坏使角质层受损时,可加速药物的渗透和吸收。湿疹、溃疡或烧伤等创面的皮肤渗透性甚至有数倍至数十倍的增加。而某些特殊的皮肤疾病如硬皮病、老年性角化病等使皮肤角质层致密度增加,会减少药物的经皮透过量。有些皮肤疾病还可引起皮肤内酶的活性改变,如痤疮皮肤中睾酮的分解比正常人高2~20倍。

5. 皮肤温度 随着皮肤温度的升高,药物的渗透速度也加快。渗透系数的增加符合阿伦尼乌斯方程,一般皮肤温度升高10℃,其通透性提高1.4~3.0倍。温度还会影响皮肤中的血流,当环境温度升高时真皮层中的血管舒张,皮肤的血液流动增加,进而有利于药物的吸收。温度升高还可引起出汗,使角质层水化,增加渗透性。

6. 其他 药物的经皮吸收还与种属、年龄、性别等多种因素有关。各种动物之间、动物与人之间皮肤的渗透性均存在显著差异。也有研究认为,药物在不同种族人皮肤的通透量也存在显著差异。

此外,老人和男性的皮肤渗透性低于儿童和女性;女性皮肤角质层脂质含量随着年龄变化而变化,而男性则基本没有变化。

(二)药物的理化性质

药物的理化性质对药物经皮吸收的影响比较复杂,影响因素包括药物的分子大小和形状、熔点、溶解度与分配系数、解离常数及分子结构等。

1. 分子大小和形状 药物分子大小对药物通过皮肤角质层扩散的影响与其对药物在聚合物膜内扩散的影响相似,近似遵循Stokes-Einstein方程。

$$D = \frac{k_B T}{6\pi\eta r} \qquad \text{式(14-1)}$$

式中,k_B为玻尔兹曼常数;T为热力学温度;π为圆周率;η为扩散介质黏度;r为扩散分子半径;D为扩散系数。

由式(14-1)可见,扩散系数与药物分子半径成反比。由于分子半径与分子体积是立方根关系,分子体积小时对扩散系数的影响不大。而分子量与分子体积有线性关系,所以当分子量较大时,对扩散系数的负效应较为明显。一般来说,分子>500 的物质较难透过角质层。

药物分子的形状对药物的经皮吸收也有很大的影响。一般来说,线形分子通过角质层细胞间类脂双分子层结构的能力要明显强于非线形分子。

2. 熔点 低熔点的药物易透过皮肤,这是因为低熔点的药物晶格能较小,在介质(或基质)中的热力学活度较大。有学者测定了一组镇痛药物通过离体皮肤的扩散行为,其中芬太尼、舒芬太尼和哌替啶的熔点都<100℃,它们的扩散系数在 $3.7\times10^{-3}\sim1.2\times10^{-2}$ cm/h 之间,时滞是 1.2~2.0 小时。吗啡、氢吗啡酮和可待因的熔点大于 150℃,它们的渗透系数在 $9.3\times10^{-6}\sim4.9\times10^{-5}$ cm/h 之间,时滞为 5.2~7.6 小时。

3. 溶解度与分配系数 角质层的细胞间隙充满了脂肪酸、甾醇等类脂成分,脂溶性大的药物易于通过,因此一般脂溶性药物容易经皮吸收。药物通过角质层后,须分配进入活性表皮继而被吸收,因活性表皮是水性组织,脂溶性太大的药物难于分配进入活性表皮,所以药物穿过皮肤的渗透系数与油水分配系数往往呈抛物线关系,即渗透系数开始随油水分配系数的增大而增大,但当油水分配系数增至一定程度时药物的渗透系数反而下降。

4. 解离常数 很多药物是有机弱酸或有机弱碱,它们以分子型存在时有较大的透皮性能,而离子型则难以透过皮肤。经皮给药时,药物溶解在皮肤表面的液体中可能发生解离。当同时存在分子型与离子型两种形式的药物时,这两种形式的药物以不同的速度通过皮肤,总的透皮速率与药物的解离常数(pK_a)有关。

5. 分子结构 药物分子如具有氢键供体或受体结构,会和角质层类脂形成氢键,这对药物经皮吸收起负效应。另外,手性药物分子的左旋体和右旋体也会有不同的经皮透过性。

(三)剂型因素

剂型能影响药物的释放性能,进而影响药物的经皮吸收。一般半固体制剂如凝胶剂、乳膏剂中药物释放较快,骨架型贴剂中药物释放较慢。另外,溶解和分散药物的基质能影响药物在储库中的热力学活性,从而影响药物的释放和药物在给药系统与皮肤间的分配行为。经皮吸收促进剂的加入会影响皮肤的渗透性及药物与皮肤的相互作用,从而改变皮肤的屏障性能。同时,经皮给药贴剂常用一些高分子材料作为基质,高分子材料的聚合度和用量也会影响基质的结构与黏性,从而影响药物的释放。皮肤表面和给药系统内的 pH 会影响有机酸类和有机碱类药物的解离程度,从而影响药物的经皮吸收。

三、促进药物经皮吸收的方法

除了少数剂量小和具有适宜理化性质的小分子药物,大部分药物的经皮吸收速率都无法满足治疗要求,因此通过一定方法提高药物的透皮速率是设计与开发经皮给药制剂的关键。促进药物经皮吸收的方法如下:①药剂学方法,通过一些新型微粒及纳米粒药物载体如脂质体、纳米粒、微乳、环糊精包合物等,来改善药物透过皮肤吸收的能力。②化学方法,包括经皮吸收促进剂、离子对及前体药物等方法。③物理学方法,包括离子导入技术、电穿孔技术、超声波导入技术、微针技术、激光技术等。

（一）促进药物经皮吸收的药剂学方法

1. **脂质体** 作为经皮给药的载体，脂质体（liposome）的主要特点是：①可使角质湿润，加强水化作用，从而改善皮肤渗透性；②其磷脂成分可与角质层的脂质相互融合，使角质层的脂质组成和结构改变，形成一种扁平的颗粒状结构，通过脂质颗粒的间隙，脂质体包封的药物便可进入皮肤；③脂质体可经皮脂腺、汗腺甚至毛囊直接进入皮肤下层，达到经皮吸收的作用；④对局部应用的药物，可使其浓集于皮肤局部，提高其局部生物利用度，降低副作用。目前，已有皮肤给药的脂质体制剂上市，如益康唑脂质体凝胶剂。但是关于脂质体的作用机制尚未完全阐明，其在皮肤内的递送特性因处方组成而异。

常规脂质体多用于局部外用制剂，不适用于全身给药。为解决这一问题，在常规脂质体处方的基础上，发展了一些新型经皮给药载体，如传递体和醇质体。

传递体（transfersome）是由常规脂质体经处方改进而来，即在脂质体的磷脂成分中不加或少加胆固醇，同时加入了膜软化剂，膜软化剂主要是表面活性剂如胆酸钠、去氧胆酸钠、吐温、司盘，使其类脂膜具有高度的变形能力，可以使小分子及大分子药物如多肽类或蛋白质成功进入体循环。这是它与普通脂质体有很大的区别，亦称为柔性纳米脂质体，仅在形态上和普通脂质体有类似，在功能上则完全不同。它与经典的皮肤通过促进剂和普通脂质体相比较具有更多的优越性，尤其是为蛋白质、多肽类大分子经皮传递提供了一个极佳的载体，使大分子药物经皮进行全身治疗成为可能。传递体的主要特点包括：①其透皮吸收动力是皮肤的水化梯度及由此产生的渗透压差；②传递体膜具有高度变形性，能穿过比自身小很多的微孔，主要通过角质细胞间途径转运；③传递体通过角质层经过多次变形；④传递体穿过皮肤后其组成不变；⑤传递体与水分子具有相当的经皮吸收速率。

醇质体（ethosome）是由磷脂、低分子量醇及药物组成，它是一种醇含量较高的（20%～50%）脂质体，其工艺简单，包封率高，适用于多种药物的经皮给药。醇质体能够渗透进入皮肤，增加药物转运至深层皮肤的量。与普通脂质体相比，它可显著提高经皮渗透速率及皮肤滞留的药量。有研究认为，醇质体中的乙醇可增加类脂双分子层的流动性，使这种柔软并且延展性很强的载体能渗透进入不规则的脂质双分子层，以促进药物通过皮肤。醇质体是一种被动的非侵入性传递系统载体，与其他传递系统相比，具有安全、有效、易于接受的优点，可用于制药、生物技术、化妆品、营养补充食品。

2. **纳米乳** 纳米乳一般是由水相、油相、表面活性剂和助表面活性剂等四元体系自发形成的一种胶体分散体系。纳米乳中的油相可改变药物与皮肤的亲和力，有利于药物进入角质层；水相能使角质层很大程度地发生水合作用，对药物有很大的促吸收作用。纳米乳对亲脂或亲水性药物均有较高的溶解度，给药后能够产生较高的浓度梯度，从而提高药物的透皮速率。目前纳米乳已经用于很多药物如酮洛芬、甲氨蝶呤等经皮给药研究。

3. **固体脂质纳米粒** 固体脂质纳米粒是20世纪90年代发展起来的一种新型药物纳米载体，它以天然或合成固态脂质作为载体，将药物包封于脂核中或吸附在颗粒表面，形成粒径为50～1 000nm的固体微粒递送系统。固体脂质纳米粒用于经皮给药的优势在于可以增强药物稳定性、具有较高的载药量、可提高皮肤靶向性等。

4. 环糊精包合物 环糊精能改善药物的透皮吸收性能,控制药物的释放速度。水溶性环糊精可促进难溶性药物从疏水性基质中的释放,烷基化环糊精包合可促进水溶性药物透过角质层,增加透皮吸收。β- 环糊精包合氟比洛芬及吲哚美辛后,可改善其溶解速率,增加渗透量,提高生物利用度,并降低用药剂量、减轻副作用。

(二)促进药物经皮吸收的化学方法

1. 经皮吸收促进剂 经皮吸收促进剂(penetration enhancers)是指能够可逆地降低皮肤的屏障功能,又不损伤任何活性细胞的化学物质。理想的经皮吸收促进剂应具备如下条件:①对皮肤及机体无药理作用,无毒,无刺激性,无过敏反应;②应用后迅速起效,去除后皮肤能恢复正常的屏障作用,不引起体内营养物质和水分通过皮肤损失;③性质稳定,不与药物及其他辅料产生物理化学作用;④无色、无臭等。

经皮吸收促进剂可能的作用机制主要有:改变皮肤角质层中类脂双分子层的有序排列,增加流动性;溶解角质层中的脂质,降低其对药物扩散的阻力;与角蛋白发生作用,通过改变蛋白质构象来降低其屏障功能;改变角质层脂质的溶解能力,促进药物在其中的分配;等等。

常用的经皮吸收促进剂主要有以下几类。

(1)醇类:包括短链醇、脂肪醇及多元醇等,其中低级醇类在经皮给药制剂中既被用作溶剂,又能促进药物的经皮吸收。如乙醇对雌二醇和芬太尼均有较强的透皮吸收作用。丙二醇主要通过与萜类物质、脂肪酸及其酯、氮酮及其类似物构成多元体系应用,促透效果较为显著。

(2)脂肪酸及其酯类:该类经皮吸收促进剂主要有油酸、亚油酸、月桂酸、肉豆蔻酸异丙酯、丙二醇二壬酸酯等,其中油酸(oleic acid)最为常用。油酸为无色油状液体,微溶于水,易溶于乙醇、乙醚、三氯甲烷和油类等。油酸的作用机制是其可渗入角质层细胞间脂质,影响脂质双分子层排列密实性,增加类脂的流动性。油酸的常用量不超过 10%,浓度超过 20% 会产生皮肤损伤,常与乙醇、丙二醇等合用产生协同作用。肉豆蔻酸异丙酯(isopropyl myristate)也是一种常用的经皮吸收促进剂,其刺激性小,具有很好的皮肤相容性,且可与其他促进剂合用以产生协同作用。

(3)氮酮类化合物:该类化合物中已经被广泛应用的是月桂氮草酮(laurocapram),对很多药物的经皮吸收均有促进作用。它是一种无臭、几乎无味、无色的澄清油状液体,不溶于水,但可与多数有机溶剂混溶。氮酮的亲脂性较强,因此常与极性溶剂如丙二醇合用,产生协同作用。

(4)萜烯化合物:该类化合物广泛存在于挥发油中,结构一般都含有异戊二烯单元,依其数目可分为单萜、倍半萜、双萜等。常用作经皮吸收促进剂的萜烯化合物有薄荷醇、薄荷酮、柠檬烯、桉树脑、橙花叔醇等。

(5)吡咯酮类化合物:吡咯酮及其衍生物具有较广泛的经皮吸收促进作用,对极性、半极性化合物的经皮吸收均有效果。该类促进剂主要包括 α- 吡咯酮、N- 甲基吡咯酮、5- 甲基吡咯酮、1,5- 二甲基吡咯酮、N- 乙基吡咯酮,其中 N- 甲基吡咯酮较为常用。

(6)表面活性剂:表面活性剂可渗透进入皮肤,并与皮肤成分相互作用,改变其渗透性质。离子型表面活性剂能强烈地刺激皮肤,并与角蛋白作用,损伤皮肤;非离子型表面活性剂毒性较弱,但是促透作用也弱。

（7）二甲基亚砜及其类似物: 二甲基亚砜(dimethyl sulfoxide, DMSO)是应用较早的一种促进剂,有较强的吸收促进作用。DMSO 具有较强的皮肤刺激性和恶臭,长时间及大量使用甚至会引起肝损害及神经毒性等,在有些国家已被限制使用。为了克服 DMSO 的一些缺点,利用其他烷基取代二甲基亚砜的甲基可获得其同系物。如癸基甲基亚砜(decyl methyl sulfoxidedcms, DCMS)具有较好的性能,其常用浓度仅为 1%～4%,可明显降低刺激性、毒性和不适臭味。有研究发现,利用含 15% DCMS 的丙二醇溶液作为溶剂可使甘露醇通过人离体皮肤的透皮速率提高 260 倍,使氢化可的松的透皮速率提高 8.6 倍。

（8）尿素: 尿素可增加角质层的水化作用,降低类脂相转变温度,增加类脂的流动性,与皮肤长期接触后会引起角质溶解。

2. 离子对　离子型药物难以透过角质层,可通过加入与药物带有相反电荷的物质形成离子对(ion pair),使其更容易分配进入角质层类脂。离子对复合物在扩散至水性的活性表皮内后,可解离成带电的药物分子,继续扩散至真皮。离子对方法多用于脂溶性较强药物的经皮给药,如双氯芬酸、氟比洛芬等可通过与有机胺形成离子对,改善其皮肤通透性。

3. 前体药物　为了加快某些药物经皮吸收的速率,可以对其进行化学修饰,制成前体药物(prodrug)。亲水性药物制成脂溶性较强的前体药物,可增加其在角质层内的溶解度;强亲脂性的药物引入亲水性基团,有利于从角质层向活性表皮组织分配。前体药物在通过皮肤的过程中,被活性表皮内酶分解成母体药物,或在体内受酶作用转变成母体药物。药物制成前体药物后分子量增大,虽然会引起扩散系数的降低,但由于溶解性能的改变,也可能会大幅度提高透皮速率。如局部应用阿糖腺苷治疗疱疹,因其很难透过角质层而效果不好,但将其制备成戊酸酯可提高其亲脂性,渗透能力增强,扩散进入生长表皮内水解成原药发挥作用。亦有将茶碱、甲硝唑、萘啶酸等制成亲脂性前体药物改进经皮吸收的报道。

（三）促进药物经皮吸收的物理学方法

1. 离子导入技术　离子导入技术(iontophoresis)是指在皮肤上应用适当的直流电将药物离子或带电荷的药物分子导入皮肤,使药物进入机体血液循环的方法。离子导入系统有三个基本组成部分,即电源、药物储库系统和回流储库系统。当两个电极与皮肤接触,电源的电子流到达药物储库系统转变成离子流,离子流通过皮肤,在皮肤下转向回流系统,回到皮肤进入回流系统,再转变成电子流。

离子导入法特别适用于难以穿透皮肤的大分子多肽类药物和离子型药物的经皮给药。除了经皮给药常见优点外,离子导入给药还能实现程序给药,可根据时辰药理学的需要,调节电场强度以满足不同时间的剂量要求,且还能通过调节电场强度适应个体化给药。目前已有普萘洛尔、美托洛尔、双氯芬酸钠、维拉帕米、沙丁胺醇、血管加压素、胰岛素、促甲状腺素释放激素等 100 多种药物离子导入经皮给药的报道。临床上采用经皮治疗仪配合中药制剂离子导入治疗小儿腹泻、肺炎、急性下呼吸道感染等疾病亦取得良好治疗效果。

2. 电穿孔技术　电穿孔法(electroporation)又称为电致孔,是施加瞬时高电压脉冲电场于细胞膜等脂质双分子层,使之形成暂时的、可逆的亲水性通道而增加细胞及组织膜渗透性的方法。该技术是 Weaver 等在其申请的美国专利"用电穿孔控制分子穿过组织转运"基础上发展起来的。1993 年首次报道用电穿孔技术可以使钙黄绿素的经皮渗透通量比被动扩散提高 4 个数量级。1994 年，美国 Cyguns 公司技术发展部也用电致孔技术使促黄体素释放素的经皮渗透量提高了 16 倍。电致孔过程包括两个步骤：①瞬时脉冲电压作用下产生亲水性孔道；②在脉冲时间和脉冲强度作用下维持或扩大这些孔道，以促使药物分子在电场力作用下转运。与离子导入法相比，电致孔技术可应用于更为广泛的多肽和蛋白质类生物大分子药物的经皮给药。但经皮给药的电致孔技术经过十多年的发展仍处于实验室研究阶段，至今还没有应用于临床，原因在于其临床使用安全性、起效时间和渗透剂量等方面还有待研究。

3. **超声波导入技术**　超声波导入法（sonophoresis）是指药物分子在具有高能量和高穿透率的超声波作用下通过皮肤被机体吸收的过程。在经皮给药中，采用的超声波可以是脉冲的，也可以是连续的，频率一般为 20kHz～10MHz，强度为 0～4W/cm^2。超声导入与化学促进剂相比安全性更高，超声停止后皮肤屏障功能恢复更快。与离子导入技术相比，超声导入法适用药物范围广，不限于解离型和水溶性药物，更适合于生物大分子。此外，超声波可透过皮肤以下 5cm，而离子导入达到的深度不超过 1cm。目前已有利用超声波导入法促进抗生素、甾体类药物、蛋白质类药物及烟酸酯等药物经皮吸收的报道。

4. **微针技术**　微针（microneedle）又称微针阵列贴片，是一种通过微制造技术制成的极为精巧的微细针簇，能够穿透人皮肤的角质层或活性表皮，但又不足以触及神经，不会有疼痛感，且有持续性的促进药物透皮递送的装置。微针根据内部结构不同可分为实心微针与空心微针，其中空心微针阵列具有皮下注射器与经皮给药贴剂的双重优点，适用于液态和治疗剂量要求更大的药物，特别适合核酸类、多肽类、蛋白疫苗等生物技术药物的给药；而实心微针可增加皮肤的渗透性，表面可以通过负载药物达到经皮给药的目的。微针的作用机制与离子导入、电致孔、超声波导入等其他物理方法不同，它在角质层上造成了真实可见的通道，而其他几种方法实施的结果都是打乱皮肤角质层脂质的有序排列，使药物对皮肤角质层的渗透性增加。

5. **激光技术**　激光技术是利用激光形成的光机械波对皮肤造成冲击，使其产生的能量融蚀或剥蚀角质层，改变机体组织的分子排列，从而促进大分子药物透皮吸收的一种物理促渗技术。一定强度的激光照射在皮肤表面，可产生高振幅，其促进药物经皮吸收的效果取决于激光的特性和皮肤的状态。

第三节　经皮给药贴剂设计与生产工艺

一、药物的选择

经皮给药制剂设计开发前，首先要根据药物的剂量、理化性质和生物学性质进行可行性分析，确定所选择的药物是否适合于制成经皮给药制剂。

1. **剂量**　适合制成经皮给药制剂的药物剂量要小，而且药理作用要强。一般来说，日剂量最好不要超过 10mg。

2. 理化性质　药物的分子量、分子结构、溶解性能、油水分配系数、解离常数和化学稳定性等均会影响药物的透皮速率。一般来说，药物的相对分子质量应小于 500，熔点应小于 200℃，油水分配系数对数值（$\lg P$）应为 1～2，药物在液体石蜡和水中的溶解度均应大于 1mg/ml，饱和水溶液中的 pH 应为 5～9，分子中的氢键受体或供体应以小于 2 个为宜。

3. 生物学性质　胃肠道易降解、肝首过效应大、生物半衰期短和需要长期给药的药物较适宜制成经皮给药制剂，对皮肤有刺激性和致敏性的药物不宜制成经皮给药制剂。

二、经皮给药贴剂的分类和组成

经皮给药制剂中应用最多的是贴剂，贴剂系指原料药物与适宜的材料制成的供粘贴在皮肤上的可产生全身或局部作用的一种薄片状制剂。贴剂通常由含有活性物质的支撑层和背衬层，以及覆盖在药物释放表面上的保护层组成；保护层起防粘和保护制剂的作用，通常为防粘纸、塑料或金属材料，当去除时，应不会引起储库及粘贴层等的剥离。活性成分不能透过保护层，通常水也不能透过。根据需要，贴剂可使用药物储库、控释膜或黏附材料，其基本类型可以分为膜控型、骨架型、黏胶分散型及充填闭合型，如图 14-2 所示。

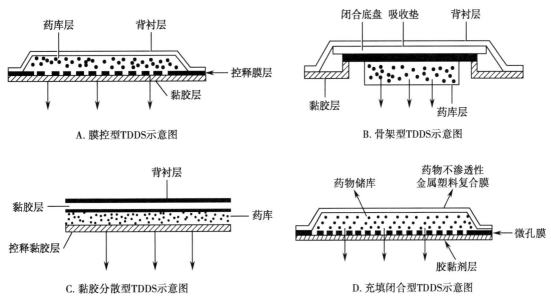

图 14-2　四种类型经皮给药贴剂示意图

三、经皮给药贴剂的辅助材料

经皮给药贴剂中除主药、经皮吸收促进剂外，辅料构成主要有控制药物释放的高分子材料（控释膜或骨架材料），以及使给药系统固定在皮肤上的压敏胶黏剂，另外还有背衬材料与保护膜。

（一）骨架和药库材料

骨架型给药系统多是用高分子材料作骨架负载药物,高分子骨架材料对药物的扩散阻力不能太大,应使药物有适当的释放速率;骨架性质稳定,能滞留药物;在高温高湿条件下,能够保持结构与形态的完整;对皮肤没有刺激性,最好能黏附于皮肤上。一些天然与合成的高分子材料都可作为聚合物骨架材料,如卡波姆、HPMC、PVA 等均较为常用。各种压敏胶和骨架膜材也可作为药库材料。

（二）控释膜材料

贴剂中的控释膜可分为均质膜和微孔膜。用作均质膜的高分子材料主要有乙烯-醋酸乙烯共聚物(ethylene-vinyl acetate copolymer, EVA)和聚硅氧烷等,微孔膜有聚丙烯(polypropylene, PP)拉伸微孔膜等。

EVA 是经皮给药贴剂中使用较多的高分子材料,具有良好的生物相容性和机械性能。它由乙烯和醋酸乙烯两种单体共聚而得。EVA 还具有良好的化学稳定性,耐酸碱腐蚀,但不耐强氧化剂和蓖麻油等油脂,在超过 140℃时可能发生部分裂解,产生醋酸类化合物,色泽变黄。PP 由于其优异的机械性能、优良的耐腐蚀性、密度小且价格低廉,已成为制备微孔膜的主要材料之一。

（三）压敏胶黏剂

压敏胶黏剂(pressure sensitive adhesive, PSA)是一类对压力敏感的胶黏剂,即压敏性胶黏材料,指无须借助溶剂、加热或其他手段,只须施加轻微压力即可实现粘贴同时又易剥离的材料。压敏胶黏剂在贴剂中的作用主要是使给药系统与皮肤紧密贴合,有时也可作为药物的储库或载体材料,以调节药物的释放速度。理想的压敏胶黏剂应该:①对皮肤无刺激性和致敏性;②具有较好的生物相容性及足够强的黏附力和内聚强度;③化学性质稳定;④能适应黏结不同类型皮肤;⑤可容纳一定量的药物与经皮吸收促进剂,且不影响其化学稳定性与黏附力;⑥在具限速膜的经皮给药系统中,不影响药物的释放速率;⑦在胶黏剂骨架型给药系统中,能控制药物的释放速率。

黏合性是压敏胶黏剂最主要的性能参数。压敏胶黏剂在使用过程中存在四种作用力,即初黏力 T(tacking strength)、黏合力 A(adhesive strength)、内聚力 C(cohesive strength)和黏基力 K(keying strength)。初黏力系指快速黏性,即轻微压力接触下产生的剥离抵抗力,一般是用手指轻轻接触胶黏剂表面时显示出来的手感黏力。黏合力是指充分粘贴后,压敏胶制品和被黏表面之间所表现出来抵抗界面分离的能力。内聚力是指胶黏剂层本身分子间的结合力。黏基力是指胶黏剂与基材之间的黏合力。这四种力必须满足 $T<A<C<K$。

贴剂所用的压敏胶黏剂在加入药物和一些附加剂后,其黏合性能亦应符合上式。如果 T 不小于 A,就没有对压力敏感的性能,若 A 不小于 C,则揭去经皮给药贴剂时就会出现胶层破坏,导致拉丝或胶黏剂残存在皮肤表面等现象,若 C 不小于 K,就会产生胶黏层与背衬材料脱离现象。

贴剂组成中常用的压敏胶黏剂有丙烯酸聚合物胶黏剂、橡胶基胶黏剂和硅基胶黏剂。

1. 丙烯酸聚合物胶黏剂 丙烯酸聚合物胶黏剂包括各种丙烯酸或甲基丙烯酸的酯类、

丙烯酰胺、甲基丙烯酰胺、N-烷氧基酰胺或N-烷基丙烯酰胺。在经皮递药系统中,丙烯酸聚合物是应用最广泛的压敏胶黏剂,主要有溶液型、乳剂型、热熔型三类:①溶液型丙烯酸聚合物胶黏剂体系均一,胶层无色透明,对各种膜材有较好的涂布性能和黏着性能,但黏合力及耐溶剂性较差。②乳剂型聚丙烯酸酯胶黏剂是各种丙烯酸酯单体以水为分散介质进行乳液聚合后加入增稠剂与中和剂得到的产物。其来源广泛、容易制备,黏结性能优良;但对非极性基材的浸润性较差,涂布较困难,可加入丙二醇、丙二醇单丁醚等润湿剂加以改善。③热熔型多采用乙烯-醋酸乙烯聚合物、苯乙烯-丁二烯-苯乙烯(styrene-butadiene-styrene,SBS)和苯乙烯-异戊二烯-苯乙烯(styrene-isoprene-styrene,SIS)等。热融型胶黏剂有压敏性和热熔性双重性质,可在热熔状态下进行涂布,固态下施加轻度指压即可快速黏附,剥离方便,且不会污染皮肤表面。热熔型胶黏剂无添加溶剂,对环境无污染,过敏性和刺激性较低,但与极性药物的相容性差。

2. 橡胶基胶黏剂　聚异丁烯(polyisobutylene,PIB)是最常见的橡胶基胶黏剂,为一种无定形线性聚合物,是由异丁烯单体在三氟化硼或三氯化铝的催化下经聚合制得的均聚物。PIB可溶于烃类等有机溶剂,对水和气体渗透性低,外观色浅而透明。PIB结构中缺少极性基团,因此与极性膜材料的黏结性差,且其饱和分子链不能交联,导致其内聚度低,抗蠕变性能差,所以PIB类压敏胶中需要加入适当的增黏剂、增塑剂、填充剂等。低分子量PIB为浅黄色或浅棕色黏稠状半流体,较软,富有弹性,主要用以增黏、改善胶黏层的柔软性和韧性、改进基材的润湿性。高分子量PIB是无色、无臭、无味橡胶状固体,用以增加剥离强度和内聚强度。通常不同分子量的PIB以不同配比混合使用。

3. 硅基胶黏剂　聚硅氧烷是最常用的硅基胶黏剂。硅酮胶黏剂是低黏度聚二甲基硅氧烷与硅树脂经缩聚反应而得的聚合物。两者的比例会影响胶黏剂的性能,一般硅树脂所占的重量百分比为50%~70%。硅酮胶黏剂外观为非结晶性固体,耐寒,耐热,有良好的柔软性和黏着力,软化点接近皮肤温度,在正常体温下具有较好的流动性。

（四）背衬材料

背衬材料是用于支持药库或压敏胶等的薄膜,厚度一般为0.1~0.3mm。背衬材料应有良好的柔软性和一定的拉伸强度,还应性能稳定,耐水,耐有机溶剂,药物在其中不扩散。在充填封闭型经皮给药贴剂中,背衬膜应能与控释膜热合。背衬材料有聚氯乙烯、聚乙烯、铝箔、聚丙烯、聚酯和聚对苯二甲酸二甲酯等。通常将铝箔和其他诸如聚乙烯、聚丙烯等薄膜材料黏合成双层或多层复合膜,厚约20~50μm。

（五）保护膜

保护膜又称防黏材料,作用是防止黏胶层的粘连,常采用如聚乙烯、聚苯乙烯、聚丙烯等聚合物膜材,并通过有机硅隔离剂处理以避免压敏胶黏附。此外,也可使用表面用石蜡或甲基硅油处理过的光滑厚纸作为保护膜。

四、经皮给药贴剂的生产工艺

根据类型与组成不同,经皮给药贴剂有不同的制备方法,目前主要分为以下几种,包括涂膜复合工艺、充填热合工艺和骨架黏合工艺。制备贴剂时，应根据基质与药物性质，结合临床应用，选择合适的生产工艺。

（一）不同类型经皮给药贴剂的生产工艺

1. 复合膜型经皮给药贴剂制备工艺流程（图 14-3）

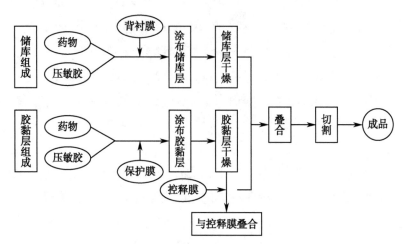

图 14-3　复合膜型经皮给药贴剂制备工艺流程图

2. 充填封闭型经皮给药贴剂制备工艺流程（图 14-4）

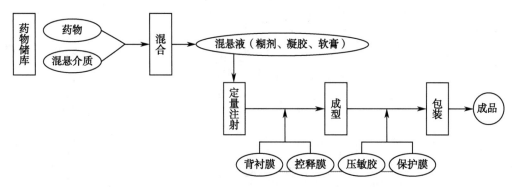

图 14-4　充填封闭型经皮给药贴剂制备工艺流程图

3. 聚合物骨架型经皮给药贴剂制备工艺流程（图 14-5）

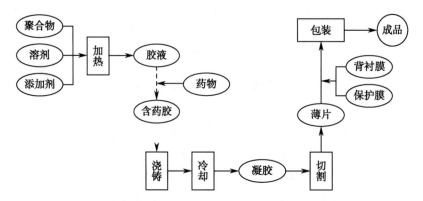

图 14-5　聚合物骨架型经皮给药贴剂制备工艺流程图

4. 胶黏分散型经皮给药贴剂制备工艺流程（图14-6）

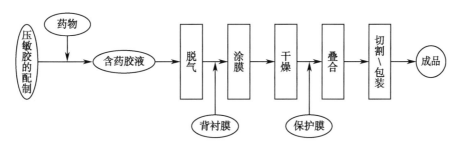

图14-6　胶黏分散型经皮给药贴剂制备工艺流程图

（二）经皮给药贴剂的制备要点

1. 膜材的加工与改性　膜材的常用加工方法有涂膜法和热熔法。涂膜法比较简便，适合于实验室小量制备。热熔法成膜是将高分子材料加热成黏流态或高弹态，使其变形为给定尺寸膜材的方法，包括挤出法和压延法两种。为了获得适宜膜孔大小的特殊膜材，在膜材的生产过程，对膜材料尚需一些特殊要求及处理，常用如下工艺技术。

（1）溶蚀法：取商品化薄膜，用适宜溶剂浸泡或表面处理，去除其中可溶性成分，即得到具一定大小膜孔的膜材，也可以在加工薄膜时加进一定量的可溶性物质作为致孔剂，如聚乙二醇、聚乙烯醇、小分子增塑剂等，这种方法较简便，但膜孔大小及均匀性取决于膜材料与这些可溶性物质的相容性及添加剂的用量。

（2）拉伸法：此法利用双向拉伸工艺一次性制备微孔薄膜。首先把高聚物熔体挤出成高度取向的结晶性膜，同时趁热迅速向两侧拉伸，待薄膜冷却后再纵向拉伸，使之长度大幅度增加，由此聚合物结晶结构出现裂纹样孔洞。

（3）核辐射法：该法是用荷电粒子对一般方法制得的无孔膜进行核辐射，使在膜上留下敏化轨迹，然后把敏化膜浸泡在蚀刻溶液中，选择性地腐蚀敏化轨迹，形成膜孔。膜孔的数量与辐射时间有关，膜孔大小取决于蚀刻时间。

2. 膜材料的复合和成型

（1）涂布和干燥：涂布和干燥是贴剂的基本工艺过程，不论何种类型的贴剂都涉及此工艺，在此仅以黏胶型经皮给药贴剂的生产为例，说明其生产过程和要点。

常用的涂布液有压敏胶溶液（或混悬液）、药库溶液（或混悬液）或其他成膜溶液（如防黏纸上的硅油等）。涂布前应确定涂布液固含量或其他决定质量的指标，如黏度、表面张力、单位面积用量、涂布厚度或增重等。将这些溶液或混悬液涂布在相应材料上（如膜材或防黏材料上），干燥，去除溶剂即得到各个基质层。该部分工艺可由一次涂布机或多次涂布机完成。涂布机有两个主要部件，即涂布头和干燥隧道。涂布头包括加液系统、转筒和刮刀三部分。

（2）复合：把各个涂布层复合在一起形成多层黏胶系统：先把涂布在不同衬材上的压敏胶层相对压合在一起，移去一侧基材，就得到双层具压敏胶结构的涂布面，然后重复该过程，将第三层压合在上述双层上，直到全部复合工艺完成。

五、经皮给药贴剂举例

例14-1：硝酸甘油贴剂

1. 开发目的　硝酸甘油是一种有效的心绞痛治疗与预防剂，常用口服给药首过效应达60%，而且由于半衰期短，作用时间短，需要频繁给药，限制了它经口服治疗心绞痛。

2. 剂型设计要点　硝酸甘油分子量为227，是无色油状液体，稍溶于水（1：800），易溶于乙醇，略有挥发性，必须要加以密闭以防挥散，所以市售产品多为袋装，硝酸甘油透过皮肤能力的个体差异较大，年龄、性别、皮肤状态等都有显著影响，所以必须要采取装置控释膜的设计。这样可以把皮肤对硝酸甘油个体差异所引起的药物吸收量的差异降到最低程度，且控释膜能保持药物释放速度低于药物经皮吸收最大的通透速度，因此可以防止药物倾泻而出。

3. 制备工艺

（1）规格：单剂量面积：5cm²、10cm²、20cm²、30cm²；含药量：2.5mg/cm²；规定释放时间：2.5mg/d、5mg/d、10mg/d、15mg/d。

处方：硝酸甘油、乳糖、胶态二氧化硅、医用硅油。

分别将硝酸甘油和乳糖、胶态二氧化硅与硅油混合均匀，然后将二者混匀，按单剂量分装于含有EVA的控释膜袋中（一边开口、三边热封），密封。硝酸甘油载药量的92%存在于储库层，8%在硅酮压敏胶层。

（2）制备工艺：透皮贴剂中的药物或成分易挥发或处方组成为流体时，一般要制成单剂量的液态填装密封袋，这种袋必须有一定牢固性，以免内容物外泄，并且应避免外界环境的影响，从而防止挥发性成分损失。

市售硝酸甘油产品所用的材料种类繁多，①背衬层：肉色的铝塑复合膜、铝箔及聚乙烯复合膜、聚氯乙烯膜等；②储库材料：硝酸甘油的医用硅油混悬液，并含有乳糖、胶态二氧化硅等；③控释膜：聚乙烯-醋酸乙烯膜；④胶黏剂：在美国多用丙烯酸树脂压敏胶，在欧洲国家多用硅酮压敏胶；⑤防黏层：硅化铝箔、硅化氟碳聚酯薄膜。

硝酸甘油经皮给药系统是应用最多的经皮给药系统，不同的厂家有不同结构的产品上市。

例14-2：芬太尼透皮吸收制剂

1. 开发目的　芬太尼作为吗啡的代替物，是合成的麻醉性镇痛药，芬太尼的镇痛强度为吗啡的80倍，催眠作用小，几乎没有组胺的释放作用，没有内分泌功能与代谢的亢进作用，也没有心脏抑制作用，血液循环动态较稳定，制成透皮给药制剂可以用于治疗包括癌性疼痛在内的慢性疼痛。常用的静脉滴注剂量为1.5g/（kg·h），血药浓度为1～2ng/ml，手术后最低止痛有效浓度为0.69ng/ml。

2. 剂型设计要点

（1）分子量：分子量小的物质具有较高的扩散性，皮肤通透系数也较大；经过角质层的药物扩散速度与分子量的立方根成正比。通常认为透过皮肤的药物分子量界限为500，但是分子量在750以下时，分子量的影响较小。芬太尼的分子量为336.46，影响较小。

（2）亲油性：芬太尼的扩散系数为$2.4 \times 10^{-11} cm^2/s$，$logK_{异辛醇/水}$为2.96（pH=7.4）、3.34

（pH=8.0）、3.79（pH=10）。芬太尼的 0.01% 水溶液和饱和溶液（25）的 pH 分别为 9.0 和 9.1，所以其脂溶性高时，通透系数减小，可残留在皮肤中缓慢释放。

（3）熔点：药物通过膜的透过性与膜两侧的浓度差相关，而此浓度差与药物在膜的脂质层中的溶解度相关。药物熔点越低，透过性越好。芬太尼熔点为 85～87℃。

3. 制备工艺

（1）处方

储库：芬太尼 5mg/10cm²、乙醇 30%、羟乙纤维素 2%。

背衬层：聚酯薄膜、聚乙烯薄膜或铝箔。

控释膜：乙烯 - 醋酸乙烯共聚物。

胶黏剂：医用硅橡胶胶黏剂（含低剂量芬太尼）。

覆盖层：硅纸。

（2）工艺过程：本品是由储库、支持层、控释膜、胶黏层及覆盖层组成的袋型装置，制备工艺如下。

1）储库的制备：将 14.7mg 芬太尼溶于 30% 乙醇水混合溶剂中，加入 2% 羟乙纤维素制成 1g 凝胶，作为储库，释放时每贴释放的乙醇不到 0.2ml。

2）灌装、密封：用袋封成型机械将控释膜与支持层热合，用定量注射泵灌装，热合密封。

3）涂布胶黏剂：控释膜上涂布一层医用硅橡胶胶黏剂。

4）覆盖支持层，切割包装。

第四节　经皮给药贴剂的质量评价

一、经皮给药贴剂的体外评价

体外经皮渗透性研究的目的是了解药物在皮肤内的扩散过程，考察影响经皮渗透的因素和筛选经皮给药贴剂的处方组成等。在试验中，主要采用各种离体皮肤来评价药物经皮渗透性。

（一）试验装置

体外经皮渗透试验一般采用渗透扩散池来完成，常用的扩散池由供应室（donor cell）和接收室（receptor cell）组成。扩散池一般采用电磁搅拌，应能保证整个渗透或扩散过程具有稳定的浓度梯度和温度，尽量减少溶剂扩散层的影响等。常用的扩散池有三种类型：单室、双室和流通扩散池。如图 14-7 所示，改良的 Franz 扩散池是一种垂直的单室扩散池，常用于经皮给药制剂如软膏和透皮贴片的透皮速率测定；Valia-Chien 扩散池是一种水平的双室扩散池，每个室都充满液体，皮肤的两面都浸在介质中，常用于药物饱和溶液透皮速率的测定。与单室和双室扩散池不同，流通扩散池的特点是供应室大，接收室小，两室之间夹持皮肤样品及贴剂，接收室填装接收介质。接收介质以一定速度泵入，流经接收室，使接收室保持漏槽条件，模拟毛细血管的作用，特别适合于溶解度小的药物。

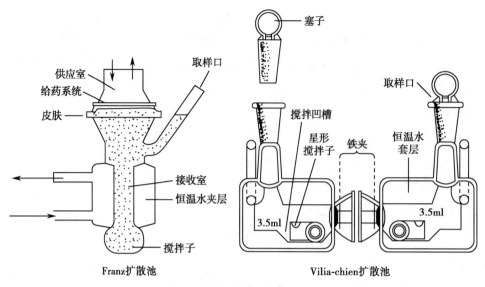

図 14-7　单室、双室扩散装置示意图

（二）离体皮肤

1. 皮肤的选择　体外经皮渗透试验最好的皮肤模型是人体皮肤,但人体皮肤不易获得,而且很难使条件保持一致,因此常需用动物皮肤代替。用于经皮渗透研究的动物有大鼠、无毛小鼠(裸鼠)、豚鼠、家兔、犬、猪、猩猩、猴等。一般认为兔、大鼠和豚鼠等动物的皮肤渗透性大于人皮肤,而乳猪和猴与人体皮肤的渗透性相近。

2. 皮肤的处理与保存　人体皮肤和裸鼠皮肤不须脱毛,有毛动物的皮肤用前须去毛,否则会影响制剂与皮肤的接触。常用去毛操作有剃毛法和使用硫化钠、硫化钡等化学品脱毛,但必须注意不损伤角质层。经皮渗透试验最好采用新鲜皮肤,但是常需要保存部分皮肤留待以后试验使用。一般封闭包装后在 –70℃下保存,且最好在一个月内使用。

（三）体外经皮渗透试验的介质

1. 接收介质的选择　理想的接受介质应能准确模拟被测化合物的体内经皮吸收条件。体外试验时接收介质亦应提供漏槽条件,接收液中药物浓度不应超过其饱和浓度的 10%,并应有适宜的 pH 和一定的渗透压。常用的接收介质有生理盐水或 pH=7.4 磷酸盐缓冲液等。为维持有效浓度梯度,有时需要在接收液中加入不同浓度的 PEG 400、乙醇、异丙醇等水溶液或一些表面活性剂溶液等。此外,当体外经皮渗透试验需要一天以上时间完成时,还需要在接收介质中加入防腐剂抑制微生物生长。

2. 扩散液　对于难溶性药物,可选择其饱和水溶液作为扩散液,并加入数粒固体药物结晶以维持扩散液中的饱和浓度。对于一些水溶解度较大的药物,可以采用一定浓度药物溶液,同时应保持扩散液浓度大于接收液浓度至少 10 倍以上。

（四）药物在皮肤内的扩散动力学

药物在皮肤中的扩散被认为是依赖于浓度梯度的被动扩散过程,常用菲克第一扩散定律描述。其前提是将皮肤看作一个均一膜,药物通过皮肤很快被毛细血管吸收进入体循环,因此药物在皮肤内表面的浓度很低,即符合扩散的漏槽条件。假如应用于皮肤表面的药物是饱和系统,在扩散过程中药物浓度保持不变,则通过皮肤的药物累积量 M 与时间 t 的关系可用下式表述。

$$M = \frac{DC_0't}{h} - \frac{hC_0'}{6} - \frac{2hC_0'}{\pi^2} \sum_{n=1}^{\infty} \frac{(-1)^n}{n^2} exp\left(-\frac{Dn^2\pi^2t}{h^2}\right)$$ 式（14-2）

式中，D 为药物在皮肤内的扩散系数；C_0' 为皮肤最外层组织中的药物浓度；h 为皮肤厚度；π 为常数；n 是从 $1 \sim \infty$ 的整数，根据计算的精度要求而定。当时间充分大时，式中右侧第三项可以忽略，则转化为

$$M = \frac{DC_0'}{h}\left(t - \frac{h^2}{6D}\right)$$ 式（14-3）

由于 C_0' 一般不能直接测得，而与皮肤接触的介质中的药物浓度 C_0 可知，当 C_0' 与 C_0 达分配平衡后，可由分配系数 K 求得 C_0'，即

$$C_0' = KC_0$$ 式（14-4）

在扩散到达稳态，即药物在皮肤中的分配达平衡时，可将式（14-4）代入式（14-3）中，并进行微分，可得稳态透皮速率 J_S。

$$J_S = \frac{\mathrm{d}M}{\mathrm{d}t} = \frac{DK}{h}C_0$$ 式（14-5）

如图 14-5 所示，J_S 即药物累积渗透量 - 时间曲线直线部分的斜率。式（14-5）中，DK/h 即为药物的渗透系数 P，单位是 cm/s 或 cm/h，它表示药物透过速率与药物浓度之间的关系，即

$$J_S = PC_0$$ 式（14-6）

若皮肤内表面所接触的不是"漏槽"，则透皮速率与皮肤两侧的浓度差 ΔC 成正比，即

$$J_S = P\Delta C$$ 式（14-7）

通常，在给药后，药物在皮肤中达到分配平衡常需要一段时间，对于许多亲水性药物，达到稳态的滞后现象更为明显。药物在皮肤中分配达平衡的这段时间称为时滞。将图 14-8 中曲线的直线部分向时间轴延伸，在时间轴上的截距即为时滞（lag time，t_{lag}）。

$$t_{lag} = \frac{h^2}{6D}$$ 式（14-8）

二、体内生物利用度评价

经皮给药贴剂的生物利用度研究方法主要有血药法、尿药法和血尿药法，其中以血药法最为常用。

血药法指受试者分别给予药物的经皮给药制剂和静脉注射制剂，测定一系列时间的血药

浓度,根据药-时曲线下面积(AUC)计算生物利用度。由于经皮给药贴剂的候选药物大多作用较强,剂量很小,在经皮给药后血药浓度很低,给原型药物的测定带来了许多困难。因此要求分析方法具有高灵敏度及专属性,如高效液相色谱法、液相色谱-质谱联用技术等,可直接测定血样中的原型药物含量,求出AUC,计算生物利用度(F)。

$$F = \frac{AUC_{TDDS}/D_{TDDS}}{AUC_{iv}/D_{iv}}$$ 式(14-9)

式中,AUC_{TDDS}为经皮给药制剂给药后测得的药-时曲线下面积;AUC_{iv}为静脉给药后测得的药-时曲线下面积;D_{TDDS}和D_{iv}分别为经皮给药制剂和静脉注射给药的剂量。

此外,也可采用示踪法测定给药后排泄的放射性总量,并由静脉注射给药后排泄的放射性总量进行校正。生物利用度(F)以下式计算。

$$F = \frac{透皮吸收给药后排泄的总放射量}{静注给药后排泄的总放射量}$$ 式(14-10)

在实际研究中,也常见将经皮给药制剂与常规口服制剂进行相对生物利用度及达峰时间、峰浓度、体内平均滞留时间等药动学参数的比较。

三、经皮给药贴剂的质量要求

根据原料药物和制剂的特性,除来源于动、植物多组分且难以建立测定方法的贴剂,或另有规定的品种外,贴剂的含量均匀度、释放度、黏附力等应符合要求。按照《中国药典》(2020年版)四部通则0121,经皮给药贴剂应满足如下要求。

1. **外观** 贴剂外观应完整光滑,有均一的应用面积,冲切口应光滑无锋利的边缘。原料药物可溶解在溶剂中,填充入储库,储库应无气泡和泄漏;原料药如混悬在制剂中则必须保证混悬和涂布均匀。

2. **残留溶剂** 用有机溶剂涂布的贴剂,应对残留溶剂进行检查;采用乙醇等溶剂应在标签中注明过敏者慎用。

3. **黏附力** 经皮给药贴剂的黏附性能对其质量而言是一个重要的指标。通常在使用过程中要测定下列四个指标:初黏力(initial bonding strength)、持黏力(endurance bonding strength)、剥离强度(peel strength)及黏着力(adhesive force)。

初黏力系指贴剂黏性表面与皮肤在轻微压力接触时对皮肤的黏附力,即轻微压力接触情况下产生的剥离抵抗力;持黏力可反映贴剂的膏体抵抗持久性外力所引起变形或断裂的能力;剥离强度表示贴剂的膏体与皮肤的剥离抵抗力;黏着力表示贴剂的黏性表面与皮肤附着后对皮肤产生的黏附力。以上照《中国药典》(2020年版)四部通则0952测定,应符合规定。

4. **含量均匀度** 主药量2mg或2mg以下的透皮贴剂应作含量均匀度检查,具体可参照《中国药典》(2020年版)四部通则0941测定,应符合规定。

5. **重量差异** 中药贴剂按如下重量差异检查法测定,应符合规定(进行含量均匀度检查的品种,可不进行重量差异检查)。

检查法:除另有规定外,取供试品 20 片,精密称定总重量,求出平均重量,再分别称定每片的重量,每片重量与平均重量相比较,重量差异限度应在平均重量的 ±5% 以内,超出重量差异限度的不得多于 2 片,并不得有 1 片超出限度 1 倍。

6. **释放度** 经皮给药贴剂的释放度指药物从贴剂在规定的溶剂中释放的速度和程度,具体可参照《中国药典》(2020 年版)四部通则 0931(溶出度与释放度测定法)测定。释放度测定所用的搅拌桨、容器可参照溶出度测定第二法规定,所不同的是制剂的支架部分采用网碟装置(图 14-8),又称为夹层贴剂支架法,该装置可避免溶出杯底部死体积的存在。

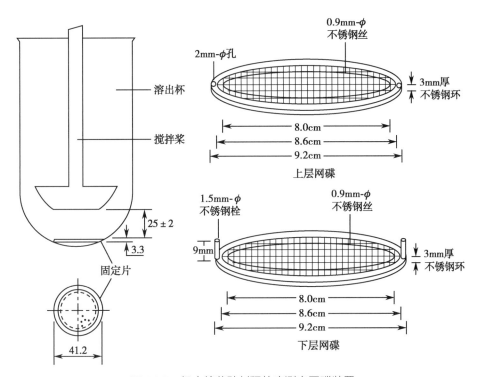

图 14-8 经皮给药贴剂释放度测定网碟装置

7. **微生物限度** 除另有规定外,照非无菌产品微生物限度检查:微生物计数法[《中国药典》(2020 年版)四部通则 1105]和控制菌检查法[《中国药典》(2020 年版)四部通则 1106]及非无菌药品微生物限度标准[《中国药典》(2020 年版)四部通则 1107]检查,应符合规定。

思考题

1. 简述皮肤的生理构造。
2. 简述影响药物经皮吸收的因素。
3. 常用的经皮吸收促进剂有哪些?
4. 简述促进经皮吸收的方法。
5. 简述经皮吸收制剂的分类。
6. 简述经皮吸收制剂的组成。

7. 简述经皮吸收制剂质量评价方法。

8. 经皮吸收制剂药物的筛选原则有哪些？

9. 经皮给药系统具有哪些优势和局限性？

ER14-2　第十四章　目标测试

（孟胜男）

参考文献

［1］U.S. Department of Health and Human Services，Food and Drug Administration，Center for Drug Evaluation and Research. Transdermal and topical delivery systems-product development and quality considerations.（2019-11-20）［2023-10-18］. https://www.fda.gov/media/132674/download.

［2］Committee for Medicinal Products for Human Use. Guideline on quality of transdermal patches.（2014-10-23）［2023-10-18］. https://www.ema.europa.eu/en/documents/scientific-guideline/guideline-quality-transdermal-patches_en.pdf.

［3］国家药品监督管理局药品审评中心. 新注册分类的皮肤科外用仿制药的技术评价要求（征求意见稿）.（2018-07-11）［2023-10-18］. http://www.cde.org.cn/main/news/viewInfoCommon/bec4520b9d49718ce022c1e96fb6a450.

［4］国家药典委员会. 中华人民共和国药典：四部. 2020 年版. 北京：中国医药科技出版社，2020：132-137，545.

［5］方亮. 药剂学.8 版. 北京：人民卫生出版社，2016.

［6］周四元，韩丽. 药剂学. 北京：科技出版社，2017.

［7］孟胜男，胡荣峰. 药剂学.2 版. 北京：中国医药科技出版社，2021.

第十五章　靶向制剂

本章要点

掌握　靶向制剂的概念与分类；脂质体的概念、制备材料与结构。

熟悉　脂质体的分类与特点；微囊、微球与纳米乳、聚合物胶束的概念；典型靶向制剂的靶向机制；靶向性评价方法。

了解　脂质体、纳米乳、微囊与微球的制备与质量评价；微球与微囊中药物的释放机制与影响因素。

第一节　概述

一、靶向制剂的定义

靶向制剂又称为靶向给药系统（targeting drug delivery system，TDDS），指能将药物选择性地浓集于靶组织、靶器官、靶细胞或细胞内结构的给药系统。临床上广泛使用的药物大多是没有靶向性的，普通制剂进入体循环后迅速分布到全身各组织、器官，只有少量药物能到达靶部位。要使靶部位的药物浓度达到有效药量，可以通过增大剂量来实现，但同时也造成药物在正常组织的分布增加，产生不良反应，如抗肿瘤药在杀灭癌细胞的同时也杀灭了正常细胞，从而造成严重后果。因此，有必要将药物通过制成靶向制剂来实现它的分布靶向性，从而更好地发挥药效，降低对其他正常器官、组织的毒副作用。

关于靶向制剂的概念与构想最早起源于德国科学家 Paul Ehrlich 在 1906 年提出的"魔弹"（magic bullet）理论，他发现有些化合物能够特异性地对细菌染色，便提出可以采用对器官有亲和性的载体将药物特异性带入病灶中发挥药效，然而这个设想由于受制于当时条件的限制一直未能实现。直到 1948 年，有学者提出将抗体应用于"魔弹"的设计并加以实施，靶向制剂的研究才真正进入了实践阶段。多种抗体被应用在肿瘤的靶向制剂的研发中，这些研究成果进一步验证了"魔弹"的设想，但当时多克隆抗体的专一性不足，靶向效果有限，随着单克隆抗体技术的出现，以及分子生物学、材料科学、细胞生物学等多种学科的发展，靶向制剂的研究迅速发展，人们开始比较全面地研究靶向制剂，靶向精度也明显提升。

现今，靶向制剂已成为药剂学领域的研究热点，人们针对特定疾病的相关靶点来设计并构建靶向制剂，不断探索和实践各种靶向的途径和方法，通过应用人体的生物学特性，如 pH

梯度（消化道不同位置）、毛细血管直径差异、免疫防卫系统、特殊酶降解、受体反应、病变部位的特殊化学环境（如 pH）和一些物理手段（如磁场、温度）实现药物在病变部位的定向富集，改变了药物的原有体内分布。同时，随着各种靶向策略的不断涌现，新型靶向给药载体也被不断设计出来，所研究的药物也从小分子化学药物延伸到大分子药物，如蛋白质、多肽和疫苗等。自 20 世纪 80 年代以来，已有包括脂质体、白蛋白纳米粒、乳剂、微球、纳米囊、聚合物胶束、前体药物及单克隆抗体等多种靶向制剂上市，患者从中受益颇多，同时还有许多靶向制剂的研究工作正处于实验室研究与临床研究阶段。随着研究的逐步深入，人们越来越意识到靶向给药系统仍面临着诸多挑战，例如微粒进入体内，其表面会吸附上蛋白质集群，即"蛋白冠"。这些蛋白冠的存在对微粒制剂在血液中的循环时间、细胞的摄取及靶向性等都会产生影响，它可能会屏蔽主动靶向制剂表面的靶向分子，阻断其对靶点的识别，从而靶向性能明显减弱。除此之外，靶向递送在实际应用中还存在其他问题，如生理阻碍、载体材料的安全性仍显不足等，要实现真正意义上的靶向还有许多问题需要攻克。

目前，靶向制剂的研究方向主要集中在肿瘤治疗、基因治疗和新载体材料的研发等方面，同时也非常重视如何从基础研究向应用转化发展。相信随着科学技术的进步和广大研究者的不懈努力，靶向制剂在临床应用上会有广阔的前景。

二、靶向制剂的分类

（一）根据药物到达靶部位的水平分类

根据靶向制剂递送药物到达靶部位的水平不同，把靶向制剂分为三级。

1. **一级靶向制剂**　以特定组织和器官为靶标递送药物的制剂，如靶向于肝脏或肺组织的靶向制剂。

2. **二级靶向制剂**　以特定细胞为靶标递送药物的制剂。以肝脏肿瘤为例，肝脏部位有正常的肝实质细胞，也有肝肿瘤细胞等，若针对肝肿瘤细胞进行药物输送，使得分布到肝实质细胞的药量减少，即为二级靶向制剂。

3. **三级靶向制剂**　以细胞内的特定部位为靶标递送药物的制剂，如靶向到细胞线粒体的靶向制剂。

（二）根据靶向机制分类

根据所采用的靶向策略，靶向制剂可分为被动靶向制剂、主动靶向制剂和物理化学靶向制剂三大类。

1. **被动靶向制剂（passive targeting preparation）**　又称为自然靶向制剂，是指能够利用载体粒径和表面性质等特殊性使药物在体内特定的靶点或部位自然富集的微粒给药系统。这类靶向制剂往往利用类脂质、蛋白质、高分子材料等作为载体包载药物制成各种类型的载药微粒，如脂质体、聚合物胶束、微球、微囊、纳米粒等。它与主动靶向制剂的最大差别在于载体构建上不含有特定分子特异性作用的配体、抗体等。

2. **主动靶向制剂（active targeting preparation）**　是用修饰的药物载体作为"导弹"，将药物定向地运送到靶区浓集发挥药效。最常用的是配体或单克隆抗体修饰的载药微粒，也可采用前药策略达到肿瘤靶向、脑靶向等定位分布的效果。

3. 物理化学靶向制剂（physical and chemical targeting preparation） 即通过设计特定的载体材料和结构，使其能够响应于某些物理化学条件或方法以实现将药物传输到特定部位发挥药效。较为常用的物理化学条件或方法是磁场、温度和 pH 等，如应用磁性微球、磁性微囊等包载药物给药，可通过体外磁场导向到特定部位；采用 pH 敏感材料制备 pH 敏感制剂，使药物在特定的 pH 靶区内释药；使用温敏磷脂材料制备温敏脂质体，静脉注射后对身体某部位局部加热使其升温（42℃），温敏脂质体在靶部位热响应下释放药物；用栓塞微球阻断靶区的血供与营养，同时释放药物起到栓塞和化疗的双重作用，也属于物理化学靶向制剂。

靶向制剂的作用机制也可以通过将多种机制加以组合协同起效。如有些主动靶向作用以物理化学靶向为前提，进一步提高药物在靶点部位的富集量，提高药效。

三、靶向制剂的特点

靶向制剂要求药物选择性地到达特定部位，在到达靶部位前释放的药物量尽量少，到达靶部位后按预期速率释放以达到有效药物浓度并滞留足够长的时间以利于发挥药效，所用载体应无残留且生物相容性好。因此，理想的靶向制剂应具备定位浓集、控制释药及载体无毒三要素。与普通制剂相比，它能将治疗药物最大限度运送到靶部位，使治疗药物在靶部位的浓度相对于普通制剂高数倍甚至百倍，从而增强疗效。药物在非靶部位的正常组织器官的分布明显减少，可降低药物的毒副作用。总而言之，靶向制剂具有高效、低毒的特点，可以提高药品的安全性、有效性和患者用药的顺应性。

四、靶向性评价

靶向制剂的评价应该根据靶向的目标来确定。根据测定的结果，可以通过以下三个参数的计算来进行定量分析。

1. 相对摄取率（r_e）

$$r_e = (AUC_i)_p / (AUC_i)_s \qquad \text{式（15-1）}$$

式中，AUC_i 为第 i 个组织（细胞、细胞器）的药时曲线下面积，下标 p 和 s 分别表示靶向制剂和药物溶液。$r_e > 1$ 表示药物制剂在该器官或组织有靶向性，r_e 越大靶向效果越好；$r_e \leq 1$ 表示无靶向性。

2. 靶向效率（t_e）

$$t_e = (AUC)_{靶} / (AUC)_{非靶} \qquad \text{式（15-2）}$$

式中，$(AUC)_{靶}$ 与 $(AUC)_{非靶}$ 分别为靶部位与非靶部位的药时曲线下面积，它表示了同一种制剂对靶组织或靶器官的选择性。$t_e > 1$ 表示药物制剂对靶器官比非靶器官有选择性，t_e 值越大，选择性越强。靶向制剂的 t_e 值与药物溶液的 t_e 值相比，其比值大小可以反映靶向制剂靶向性增加的倍数。

3. 峰浓度比（C_e）

$$C_e = (C_{max})_p / (C_{max})_s \qquad \text{式（15-3）}$$

式中，C_{max} 为峰浓度，下标 p 和 s 分别表示靶向制剂和药物溶液。每个组织或器官中的 C_e 值表明药物制剂改变药物分布的效果，C_e 值越大，表明改变药物分布的效果越明显。

以上三个参数常用于评价药物在体内的靶向分布效率。除此之外，靶部位与非靶部位的药量 - 时间曲线下面积的比值也常常作为重要指标评价药物的靶向性。

近年来，靶向制剂研究也广泛采用分子影像学的方法，分子影像学是指在活体状态下，应用影像学方法对人或动物体内的细胞和分子水平的生物学过程进行成像、定性和定量研究的一门学科。如在体内的靶向性验证中，人们常采用荧光染料直接或间接标记药物或载体，通过近红外荧光活体成像技术进行组织分布研究，使体内过程更加直观和生动，也大大缩短了研究周期。除此以外，其他成像技术如核磁共振成像、超声成像、正电子发射断层显像 / 计算机断层扫描（positron emission tomography/ computed tomography，PET/CT）、正电子发射断层显像 / 单光子发射计算机断层成像（positron emission tomography/ singlephoton emission computed tomography，PET/SPECT）等，也可用于评价体内的靶向分布效率。

五、适用药物

1. **治疗指数小的药物**　如抗肿瘤药，通过制成靶向制剂，靶向于肿瘤组织、肿瘤细胞或肿瘤细胞内的特定结构，实现特异性的肿瘤杀伤效果，同时还可以避免药物对其他正常组织可能造成的毒副作用。

2. **溶解性小的药物**　有的靶向制剂可以改善药物的溶解度，如将紫杉醇制成聚合物胶束后，溶解度显著增加。

3. **不稳定的药物**　如将蛋白多肽类药物制成口服结肠定位制剂，可以避免胃肠道上部酸性环境和酶对药物的降解，在结肠释放后，由于结肠部位的蛋白水解酶含量很低，药物不易被破坏。

4. **吸收差、需要穿越生理解剖屏障或细胞屏障的药物**　如将葛根素制成纳米乳制剂后可以改善其在脑内的分布。

第二节　被动靶向制剂

一、概述

被动靶向主要是利用载体使药物因生理过程自然运送至靶部位而实现靶向，包括各种类型的微粒载药系统，如脂质体、微球、聚合物胶束和纳米粒等都属于被动靶向制剂。体内的单核巨噬细胞系统(mononuclear phagocyte system, MPS)的巨噬细胞大多存在于肝、脾、肺、淋巴结,少量存在于骨髓中,可将一定大小的微粒作为异物摄取。一旦微粒给药系统经静脉注射后,载药微粒首先被当作异物吞噬,进而分布于这些脏器中,通过生理自然运送形成对这些脏器的靶向分布。它们在体内的分布趋向部位主要取决于两个方面:一方面是微粒的粒径大小,另一方面来自微粒的表面性质。

静脉注射靶向制剂后,它在体内的分布首先取决于微粒粒径的大小。粒径较大的微粒,主要通过机械性栓塞作用分布到相应的部位,如大于 7μm 的微粒通常被肺的最小毛细血管床以机械滤过的方式截留,然后被单核巨噬细胞摄取进入肺组织或肺气泡;当粒径小于 7μm 时,通常被肝、脾中的巨噬细胞摄取。200～400nm 的微粒集中于肝后迅速被肝清除;粒径为 100～200nm 的微粒很快被巨噬细胞从血液中清除,最终到达肝库普弗细胞溶酶体中;50～100nm 的微粒可以进入肝实质细胞中;小于 50nm 的微粒透过肝脏内皮细胞或通过淋巴传递到脾和骨髓中。但是不同的微粒即使具有相同的粒径范围,仍会受其他因素(表面性质、微粒的柔韧性等)的影响造成分布的靶器官也可能不同,所以确定药物的分布靶部位后,包载微粒的粒径范围需要根据试验确定。

微粒的分布还受其表面性质(极性、带电性等)的影响。MPS 摄取微粒的途径主要为:微粒吸附血液中的调理素[免疫球蛋白 G(immunoglobulin G, IgG)、补体 Cb3 或纤维连结蛋白],随后黏附在巨噬细胞的表面,然后通过内化作用(内吞、融合)被巨噬细胞摄取。微粒的表面性质决定了吸附调理素的种类和程度,同时决定了吞噬的机制和途径。例如,用戊二醛处理的红细胞易受 IgG 的调理,从而通过 Fc 受体被迅速吞噬;而被 N- 乙基马来酰亚胺处理过的红细胞可被补体 Cb3 因子调理,以最少的膜受体接触被吞噬。常规的被动靶向制剂是通过生理自然运送浓集在巨噬细胞丰富的肝、脾等器官,临床很受局限。为了能在其他靶部位聚集,可以通过改善其表面的亲水性及空间位阻来实现,如在微粒表面修饰聚乙二醇,可以阻止调理素与微粒的结合,从而避免微粒被巨噬细胞识别而吞噬,微粒在循环系统中可延长滞留时间,实现长循环或隐形作用,从而使靶向分布于肿瘤部位。正常组织中的微血管内皮间隙致密、结构完整,大分子和微粒不易透过血管壁,即使透过的物质也会通过淋巴循环回流。而肿瘤出于快速生长的需求,实体瘤组织中血管丰富,但血管壁间隙较宽、结构完整性差,淋巴回流缺失,其循环受限,造成大分子和微粒可能穿透这些间隙而更多地进入肿瘤组织并滞留在此部位,即实体瘤组织的高通透性和滞留效应(enhanced permeability and retention effect),简称 EPR 效应(图 15-1)。各种微粒,如纳米粒、脂质体等均可采取类似的策略进行修饰,从而通过 EPR 效应靶向于肿瘤,它们也属于被动靶向制剂的范畴。

肿瘤 EPR 效应由 Maeda 等人于 20 世纪 80 年代提出,极大地推动了肿瘤相关靶向制剂的发展,然而靶向制剂在临床上并未达到预期的靶向效果。有研究者指出肿瘤 EPR 效应会随肿瘤类型、发展阶段而变化,甚至对人体肿瘤中是否真实存在 EPR 效应质疑。亦有研究者提出 EPR 效应对靶向制剂在临床应用中所起的实际作用非常有限,微粒进入肿瘤组织的跨内皮间隙的被动过程并非主导机制,还可能通过跨内皮细胞途径等其他机制进入,进一步的相关研究正在进行中,研究成果的更新可能会促使更多精准的策略来针对性解决肿瘤靶向制剂临床转化率低下的问题。

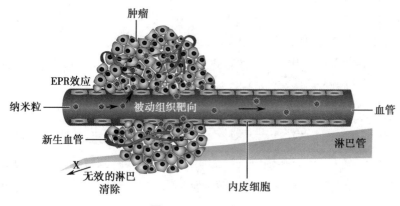

图 15-1 EPR 效应

二、脂质体

（一）概述

脂质体（liposome）是指能将药物包封于类脂质双分子层薄膜中所制成的超微球形载体制剂。它可以负载亲水性药物和疏水性药物，近些年在制药领域受到了广泛关注。

脂质体的发现最早可以追溯到 1965 年，英国科学家 Bangham 出于对生物膜的好奇将磷脂滴在涂布了水的载玻片上，染色后在电镜下观察多层磷脂膜环绕的封闭囊泡，发现其类似洋葱的结构，且每一层均为脂质双分子层，厚度约 5nm，各层之间被水相隔开，脂质体结构及自组装示意图见图 15-2。

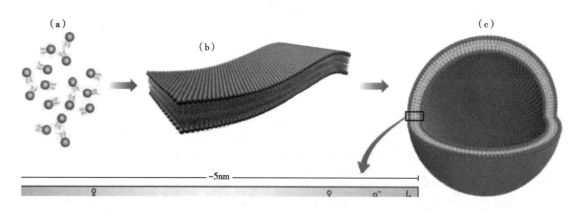

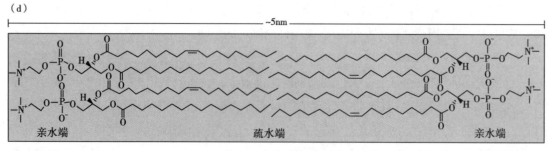

（a）磷脂分子；（b）脂质双分子层；（c）脂质体；（d）5nm 厚的脂质双分子层，其中磷脂分子的疏水端相对，亲水端分别朝向内外水相。

图 15-2 脂质体结构及自组装示意图

脂质体诞生至今近 60 年,在其发展过程中经历了一系列突破性的变革。20 世纪 70 年代初,脂质体作为药物的载体开始逐渐引起人们的重视,其后迅速发展,人们对脂质体的处方组成、粒径控制、稳定性、体内过程、安全性及药效学等方面进行了广泛深入的基础研究,并且随着化学、化工、药剂学等相关学科研究的长足发展,脂质体最终走向临床应用。1988 年第一个上市的脂质体制剂,即硝酸益康唑脂质体凝胶剂"Pevaryl Lipogel"在瑞士由 CILAG 制药公司注册,用于皮肤病的治疗,现已在瑞士、意大利、比利时和挪威等多个国家上市销售。第一个上市的脂质体注射剂——注射用两性霉素 B 脂质体(AmBisome,美国 NeXstar 制药公司)于 1990 年首先在爱尔兰得到批准上市销售,用于治疗真菌感染,主要聚集在网状内皮系统,可以有效降低两性霉素 B 在肾脏的摄取,从而避免其引起的急性肾毒性。第一个抗肿瘤药物脂质体——多柔比星脂质体(Doxil,美国 Sequus 制药公司)于 1995 年底在美国获得 FDA 批准,随后在欧洲获得批准。该脂质体在制备过程中使用了亲水性聚合物——聚乙二醇 - 二硬脂酰基磷脂酰乙醇胺(polyethylene glycol-distearoylphosphatidylethanolamine,PEG-DSPE),它在脂质体表面构成较厚的立体位阻层,能够在体内阻止血浆蛋白吸附于脂质体表面,从而避免 MPS 快速吞噬脂质体,延长血液循环时间,有利于增加脂质体达到病变部位的相对聚集量,也称为长循环脂质体(long-circulating liposome)或隐形脂质体(stealth liposome),其示意图见图 15-3。此外,柔红霉素脂质体、阿糖胞苷脂质体、制霉菌素脂质体、甲型肝炎疫苗脂质体、吗啡脂质体等也陆续批准上市,且目前还有多个品种包括部分抗肿瘤、抗菌、抗感染、基因脂质体药物进入了临床试验阶段,未来有望进入市场。国内脂质体研究起步较晚,但也有多个上市和处于临床研究阶段的品种。

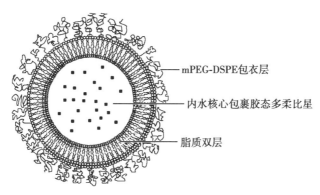

图 15-3　多柔比星长循环脂质体示意图

(二)脂质体的制备材料

多种类脂可用于制备脂质体,其中磷脂与胆固醇最为常用,它们是脂质体双分子层膜材的主要来源,其结构见图 15-4。磷脂为两性物质,其结构中含有磷酸基团和含氮碱基(均亲水)及两个较长的烃链(疏水)。磷脂分子形成脂质体时,两条疏水尾部倾向于聚集在一起,避开水相,而亲水头部暴露在水相中,形成具有双分子层结构的封闭囊泡。

1. 磷脂类　根据荷电性分为中性磷脂、负电荷磷脂、正电荷脂质。常见磷脂基本结构示意图见图 15-5。

(1)中性磷脂:磷脂酰胆碱(phosphatidylcholine,PC)是最常见的中性磷脂,有天然和合

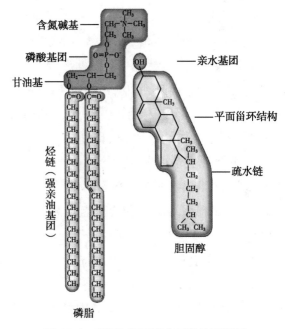

含氮碱基

磷酸基团

甘油基

烃链（强亲油基团）

磷脂

亲水基团

平面甾环结构

疏水链

胆固醇

图 15-4　磷脂与胆固醇分子结构示意图

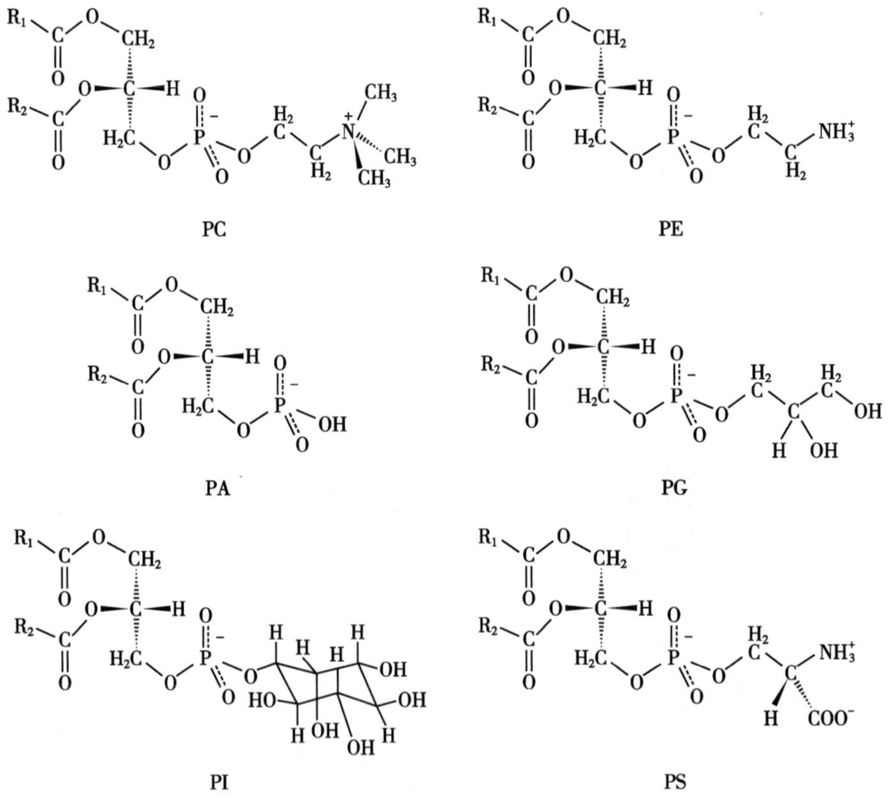

PC

PE

PA

PG

PI

PS

图 15-5　常见磷脂基本结构示意图

成两种来源，天然来源主要来自大豆与蛋黄，天然来源的磷脂酰胆碱是一种混合物。人工合成的磷脂酰胆碱衍生物有二棕榈酰磷脂酰胆碱（dipalmitoyl phosphatidyl choline，DPPC）、二硬脂酰磷脂酰胆碱（distearoyl phosphatidyl choline，DSPC）、二肉豆蔻酰磷脂酰胆碱（dimyristoyl phosphatidyl choline，DMPC）等。

（2）负电荷磷脂：负电荷磷脂又称为酸性磷脂,常用的负电荷脂质有磷脂酸(phosphatidic acid, PA)、磷脂酰甘油(phosphatidylglycerol, PG)、磷脂酰肌醇(phosphatidylinositol, PI)、磷脂酰丝氨酸等。由酸性磷脂组成的磷脂膜能与阳离子发生非常强烈的结合,尤其是二价离子,如钙离子和镁离子,且与阳离子结合可降低其头部基团的静电荷,使双分子层排列紧密,从而升高相变温度。

（3）正电荷脂质：制备脂质体所用的正电荷脂质均为人工合成产品,目前常用的正电荷脂质有硬脂酰胺(stearylamine, SA)、油酰基脂肪胺衍生物等。由于细胞膜带负电,正电荷脂质常用于制备基因转染脂质体。

2. 胆固醇　胆固醇是一种中性脂质,亦属于两亲性物质,其结构中具有疏水与亲水两种基团,但疏水性较亲水性强。胆固醇自身不能形成脂质双分子层结构,但它能镶嵌入膜,主要

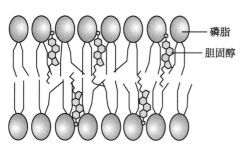

图 15-6　磷脂双分子层中磷脂与胆固醇排列示意图

与磷脂结合,它的羟基基团朝向亲水面,脂肪族链朝向并平行于磷脂双分子层结构中的烃链,磷脂与胆固醇混合分子可相互间隔定向排列组成脂质体的双分子层(图 15-6)。胆固醇可以调节膜流动性,故被称为脂质体"流动性缓冲剂"。当低于相变温度时,胆固醇可使膜减少有序排列,从而增加流动性;高于相变温度时,可增加膜的有序排列,从而减少膜的流动性。

（三）脂质体的分类

脂质体在电镜下常见的是球形或类球形,依据结构可分为单室脂质体和多室脂质体,其结构示意图见图 15-7。含有单一类脂质双分子层的脂质体称为单室脂质体(unilamellar vesicle),它又分为大单层脂质体(large unilamellar vesicle, LUV,粒径在 0.1~1μm)和小单层脂质体(single unilamellar vesicle, SUV,粒径 20~80nm,亦称纳米脂质体)。含有多层类脂质同心双分子层的脂质体称为多室脂质体(multilamellar vesicle, MLV),粒径在 0.1~5μm。此外,某些具有多层类脂质双分子层的脂质体没有相同的圆心,其内部是由很多形态、大小不一的小脂质体紧密堆积,小脂质体之间被脂质双分子层隔开,结构类似于泡沫,它们被称为多囊脂质体(multivesicular liposome, MVL)。1983 年 Sinil K 等首次用复乳法制备了多囊脂质体,粒径范围为 5~50μm。与传统的单室脂质体和多室脂质体相比,粒径大,且每个囊泡中均可包载药物的水溶液,有更多的包封容积,载药量更大。

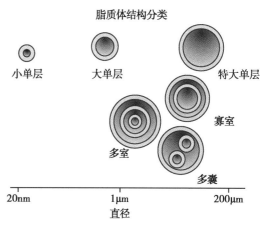

图 15-7　不同脂质体结构示意图

依据脂质体的性能,脂质体可分为普通脂质体、长循环脂质体和特殊脂质体等。普通脂质体是一般类脂质组成的脂质体;长循环脂质体指磷脂酰肌醇、聚乙二醇等在脂质体表面上

修饰，从而使药物在血液系统循环时间延长的脂质体；特殊脂质体指采用特殊脂质材料或经过特殊修饰使普通脂质体具有某些特殊性能的脂质体，包括温敏脂质体、免疫脂质体、pH 敏感脂质体和光敏脂质体等。

依据脂质体的荷电性，脂质体可分为中性脂质体、负电荷脂质体及正电荷脂质体。还可以依据给药途径将脂质体分为静脉注射用脂质体、肌内和皮下注射用脂质体、眼部用脂质体和肺部给药脂质体等。

（四）脂质体的特点、给药途径及细胞相互作用机制

1. 特点　在脂质体的水相和双分子层形成的膜内可以包裹多种药物，如亲水性药物可包封在内水相中，疏水性药物可定位于双分子层膜结构中，两性药物可定位于水相与膜内部的磷脂上，因此脂质体是一种性能优良的给药载体。药物被包封后主要有以下特点。

（1）靶向性：脂质体进入体内可被巨噬细胞作为异物吞噬，浓集在肝、脾、淋巴系统等单核巨噬细胞丰富的组织器官中，可用于治疗肝肿瘤或防治利什曼病等网状内皮系统疾病。经抗体或配体等修饰的脂质体则具特定器官、细胞或细胞内结构的靶向性。

（2）缓释性：将药物包封成脂质体后，可减少药物的代谢和排泄，从而延长其在血液中的滞留时间，并能使药物在体内缓慢释放，延长药物的作用时间。如布比卡因脂质体注射液可维持 72 小时的药效，阿糖胞苷脂质体注射液作用时间长达两周。

（3）细胞亲和性和组织相容性：因脂质体结构与组成类似生物膜，又称为人工生物膜，它具有良好的细胞亲和性和组织相容性，对正常组织细胞无损害和抑制作用，并可长时间滞留于靶细胞周围，有利于药物向靶组织、靶细胞渗透。

（4）降低药物毒性：药物被脂质体包封给药，实现靶向分布后，改变了药物自身的体内分布，从而减少了心脏、肾脏和正常细胞中的药物量，可明显降低药物的毒性。如两性霉素包封成脂质体给药后对心、肾毒性明显下降。

（5）提高药物稳定性：一些不稳定的药物被脂质体包封后可受到脂质体双分子膜的保护，从而减少外部环境对药物的影响。如有些口服易被胃酸破坏的药物，制成脂质体后可受到保护而提高体内稳定性，并可有效改善口服吸收。

2. 给药途径　脂质体的给药途径主要包括以下几种。

（1）静脉注射：脂质体最主要的给药途径。静脉注射的普通脂质体优先被肝、脾等富含单核巨噬细胞的组织脏器所摄取，并迅速被单核巨噬细胞吞噬和降解，少数被肺、骨髓及肾摄取。

（2）肌内注射和皮下注射：脂质体经肌内注射或皮下注射后，缓慢从注射部位消除，吸收进入淋巴管，最后进入血液循环。

（3）口服给药：应用脂质体可延长药物的作用，也能改善药物胃肠道不吸收或不稳定的状况。

（4）黏膜给药：包括眼部给药、肺部给药和鼻腔给药，脂质体可以增加药物的黏膜渗透性。

（5）经皮给药：脂质体能使难渗透进皮肤的药物透入皮肤，并可维持恒定地释放。

3. 脂质体的作用机制　脂质体与细胞的相互作用机制可分为吸附、脂质交换、内吞、融合、渗漏和磷酸酯酶消化等。

（1）吸附（adsorption）：是脂质体作用的开始，脂质体通过静电疏水作用非特异性吸附到细胞表面，也可通过脂质体特异性配体与细胞表面结合而吸附到细胞表面。吸附使细胞周围药物浓度增高，药物可慢慢地渗透到细胞内。

（2）脂质交换（lipid exchange）：是脂质体的脂质成分与细胞膜上脂质成分发生交换，脂质体内包载药物在交换过程中进入细胞。脂质交换过程发生在吸附之后，在细胞表面特异交换蛋白介导下，特异性地交换极性基团或非特异性地交换酰基链。

（3）内吞/吞噬（endocytosis/phagocytosis）：是脂质体与细胞的主要作用机制。脂质体易被吞噬细胞摄取进入细胞形成内吞体（endosome），再与溶酶体（lysosome）融合形成次级溶酶体（pH约为4.5），发生细胞消化作用，被溶酶体中的降解酶降解而释放药物，包裹在脂质体内的内容物如能抵抗溶酶体的作用则可释放到细胞质。

（4）融合（fusion）：由于脂质体膜中的磷脂与细胞膜的组成成分相似，故脂质体膜可插入细胞膜的脂质层中，进而将内容物释放到细胞内。在脂质体膜中加入融合剂（如溶血磷脂、磷脂酰丝氨酸）或表面活性剂等可促进融合，但这些成分对细胞有一定毒性。

（5）渗漏（leakage）：是指在血液中由于渗透压或血浆蛋白的影响，或者脂质体自身稳定性不足及脂质体在组织中受某些细胞（纤维细胞、肝癌细胞或胆囊细胞等）的诱导而使内容物发生渗漏。渗漏严重与否也是考察脂质体稳定性的重要指标，在脂质体组成中加入适量胆固醇可以减少或防止脂质体的渗漏。

（6）磷脂酶消化（phosphatase digestion）：体内的磷脂酶会消化脂质体，消化速度与酶浓度呈正相关。如肿瘤组织内的磷脂酶含量高于正常组织，因而脂质体在肿瘤部位能较快释放药物。

（五）脂质体的理化性质

1. 相变温度　脂质体膜的物理性质与介质温度有密切关系。在较低温度下，磷脂分子的脂肪酸链排列紧密，具有一定的膜刚性和膜厚度，呈现"胶晶态"；当升高温度时，脂质双分子层中酰基侧链从有序排列变为无序排列，这种变化引起脂膜的物理性质发生一系列变化，可由"胶晶态"变为"液晶态"。此时，膜的横切面增加，双分子层厚度减小，膜流动性增加，发生这种转变时的温度称为相变温度（phase transition temperature，T_c）。膜的流动性直接影响脂质体的稳定性及包载药物的释放快慢，在相变温度以上时药物释放会加快。制备脂质体所使用的磷脂种类不同，相变温度为不同，如二肉豆蔻酰磷脂酰胆碱的相变温度为23℃，二硬脂酰磷脂酰胆碱的相变温度为55℃。磷脂膜的相变温度可借助差示扫描量热法（differential scanning calorimetry，DSC）、电子自旋共振谱技术（electron spinning resonance，ESR）等进行测定。

2. 膜的通透性　脂质体磷脂膜是半透膜，不同离子、分子扩散跨膜的速率有极大的不同。在水和有机溶液中溶解度都非常好的分子，易于透过磷脂膜；极性溶液如葡萄糖或高分子化合物不容易透过膜；电中性小分子，如水和尿素能很快跨膜，带电离子的跨膜通透性则有很大差别，质子和羟基离子透膜很快，可能是由于水分子间氢键结合的原因，然而Na^+和K^+跨膜却非常慢。构成双分子层的磷脂种类不同，对同一种化合物的透膜能力也不同，温度也会影响膜的通透性。

3. 荷电性 含酸性脂质,如磷脂酸和磷脂酰丝氨酸的脂质体荷负电;含碱基(胺基)脂质,例如十八胺等脂质体荷正电;不含离子的脂质体显电中性。脂质体表面电性与其包封率、稳定性、靶器官分布及对靶细胞作用有关。其表面电性的测定方法有荧光法、显微电泳法、激光粒度分析等。

(六)脂质体的制备方法

制备脂质体的方法有多种,根据脂质体形成和载药过程是否在同一步骤完成,载药方法可分为被动载药和主动载药。

1. 被动载药技术 药物是在脂质体的形成过程中载入。

(1)薄膜分散法(film dispersion method):薄膜分散法最早由 Bamgham 报道,这是最早且至今仍常用的方法。系将磷脂等膜材溶于适量的三氯甲烷或其他有机溶剂中,然后在减压旋转下除去溶剂,使脂质在器壁上形成薄膜,加入缓冲液进行振摇水化,则可形成多室脂质体(MLV),其粒径范围约 1~5μm。通过水化制备的脂质体太大而且粒径不均匀,可采用高压均质、微射流、超声波分散、高速剪切、挤压通过固定孔径的滤膜等方法得到较小粒径且分布均匀的脂质体,可将 MLV 转变成 LUV 或 SUV。

在以上制备过程中,根据药物的溶解性能,脂溶性药物可加入有机溶剂中,水溶性药物可溶于缓冲液中。该方法比较适合于脂溶性较强的药物。

(2)溶剂注入法(solvent injection method):将磷脂与胆固醇等膜材及脂溶性药物共溶于有机溶剂中(一般多采用乙醚、乙醇等)形成油相,然后将此油相经注射器缓缓注入 50℃处于搅拌下的水相中(溶有水溶性药物的磷酸盐缓冲液),不断搅拌至有机溶剂除尽为止,即制得 MLV,其粒径较大,不适合于静脉注射。再将脂质体混悬液通过高压乳匀机或超声处理,则所得的成品大多为单室脂质体。

(3)逆相蒸发法(reverse-phase evaporation vesicle method):将磷脂等膜材溶于有机溶剂(三氯甲烷、乙醚等)中,加入待包封的药物水溶液(水溶液∶有机溶剂 =1∶3~1∶6),进行短时超声,直到形成稳定的 W/O 型乳状液。然后减压蒸发除去有机溶剂,达到胶态后,滴加缓冲液,旋转帮助器壁上的凝胶脱落,在减压下继续蒸发,制得的水性混悬液即为脂质体混悬液。分离除去未包入的药物,即得 LUV。本法可包裹较大体积的水相,适合于包封水溶性药物及大分子生物活性物质。

2. 主动载药技术 如果先形成空白脂质体,再将药物载入脂质体中,称为主动载药技术。其基本原理是一些弱酸、弱碱药物能够以电中性的形式跨越脂质双分子层,进入脂质体内水相后在缓冲溶液的作用下电离,不能再跨越脂质双层扩散到外水相。该法从根本上改变了难以制备高包封率脂质体的局面。但是主动载药技术的应用与药物的结构密切相关,不能推广到任意结构的药物。

主动载药技术的基本过程包括三个步骤:首先制备空白脂质体,所采用的水相为特定的缓冲液,形成脂质体的内水相;然后进行外水相置换,采用透析或加入酸碱等方法形成膜内外特定的缓冲液梯度;最后,将药物溶解于外水相,适当温度孵育,使在外水相中未解离药物通过磷脂膜载入内水相中。

根据缓冲物质不同,主动载药技术分为 pH 梯度法、硫酸铵梯度法和醋酸钙梯度法,这里主要介绍前两种载药技术。

(1) pH 梯度法(pH gradient method): 根据弱酸、弱碱性药物在不同 pH 介质中的解离度不同,通过脂质体内外的 pH 梯度使药物实现高效率的包封,如多柔比星脂质体的包封率可高达 90% 以上。1996 年获得 FDA 批准的柔红霉素脂质体也是采用 pH 梯度法将柔红霉素包封于二硬脂酰磷脂酰胆碱和胆固醇组成的脂质体内。

以 pH 梯度法包封多柔比星为例,简述具体操作过程:①空白脂质体的制备,以 pH 为 4 的 300mmol/L 枸橼酸水溶液为介质,采用逆相蒸发法或薄膜分散法制备空白脂质体(脂质体内部 pH 为 4.0);②用 1mol/L 的氢氧化钠溶液或碳酸钠溶液调节上述空白脂质体混悬液的 pH 至 7.8,使脂质体膜内外形成 pH 梯度,即得到脂质体膜内部为酸性(pH 4.0),外部为碱性(pH 7.8)的脂质体;③将多柔比星用 pH=7.8 的 Hepes 缓冲液溶解,60℃孵育;④在 60℃孵育条件下,将脂质体混悬液与多柔比星溶液混合并轻摇,孵育 10~15 分钟即得到多柔比星脂质体。在脂质体膜内部的 pH 为 4.0,脂质体膜外部的 pH 为 7.8 的条件下,弱碱性药物多柔比星在脂质体膜外呈分子型,可轻易穿透脂质体膜,进入脂质体膜后即在酸性条件下呈现离子型而不易透膜,因而多柔比星被包封于脂质体内。其载药原理示意图见图 15-8。

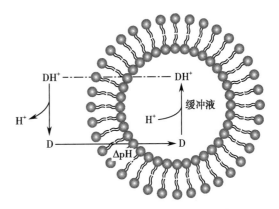

图 15-8 pH 梯度法主动载药原理示意图

(2) 硫酸铵梯度法(ammonium sulfate gradient method): 硫酸铵梯度法包封脂质体是根据化学平衡移动原理而设计的,下文仍以多柔比星脂质体的制备为例,简述具体操作过程:①空白脂质体的制备,以 120mmol/L 硫酸铵水溶液为介质,采用薄膜分散法制备空白脂质体;②随后在 5% 葡萄糖溶液中透析除去脂质体外部的硫酸铵,使脂质体膜内外形成硫酸根离子的梯度,即脂质体内部含高浓度的硫酸根离子,脂质体膜外含低浓度的硫酸根离子;③将盐酸多柔比星用少量的水溶解;④在 60℃孵育条件下,将脂质体混悬液与多柔比星溶液混合并轻摇,孵育 10~15 分钟即得多柔比星脂质体。硫酸铵梯度法制备的多柔比星脂质体的包封率也可达 90% 以上。当空白脂质体外部的硫酸铵已经被除去,在孵育过程中,多柔比星的碱基分子(DOX-NH$_2$)易于穿透磷脂膜进入脂质体内,而在脂质体内部由于硫酸根离子的存在使多柔比星的存在形式变成硫酸多柔比星,硫酸多柔比星的溶解度小,从而形成胶态沉淀,使得化学平衡向硫酸多柔比星生成的方向进行。其载药原理示意图见图 15-9。

脂质体的制备方法还有很多,如 French 挤压法、冷冻干燥法、喷雾干燥法、熔融法、超临界法、离心法和钙融合法等,不再作详细介绍。不同方法所制备的脂质体的粒径、层数、药物的包封率、释放行为及渗漏状况也不同,可以根据需要与硬件条件选择合适的方法。

(七)脂质体的分离与灭菌

1. 脂质体与未包封药物的分离 常用下列方法将脂质体与未包封的药物进行分离。

(1) 透析法: 适合于分离小分子游离药物。将脂质体混悬液装入透析袋中,置于洗涤液

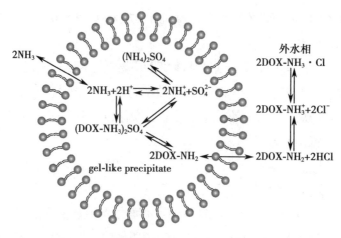

图 15-9　硫酸铵梯度法主动载药原理示意图

中,定时更换透析袋外部洗涤液,经 10～24 小时可除去绝大部分的游离药物。透析法的优点是不需要复杂昂贵的设备,能除去几乎所有游离药物,但透析时间长,易发生药物渗漏。

（2）凝胶过滤法:常用葡聚糖凝胶柱（如 Sephadex G-50）作为填料进行柱层析,葡聚糖凝胶颗粒为多孔粒子,当脂质体混悬液通过多孔粒子固定床时,粒径较大的脂质体渗入小孔的比例较小,脂质体更易从柱上洗脱,而粒径小的游离药物能够自由进入小孔,因而后从柱中流出。分离时应注意依据实际情况选用不同的凝胶颗粒。

此外,离心法及微型柱离心法也可用于分离脂质体和游离药物。沉淀脂质体的离心力依赖于脂质体组成成分、粒径大小,在某些条件下,依赖于脂质体的密度。微型柱离心法分离未包封药物快速有效,适用于分子量小于 7 000 的药物。

2. 脂质体的灭菌　采用 121℃灭菌可以造成脂质体不可逆转的破坏,同时 γ 射线法也可能破坏脂质体膜,因此滤过除菌和无菌操作是最常用的方法。粒径小于 0.22μm 的脂质体可通过滤过法除菌,通过将物料挤压通过 0.22μm 的聚碳酸酯膜即可,而且这样在除菌的同时也可以调节粒径。无菌操作则需要将脂质体的所有原料、试剂、溶剂、接触的容器及制备仪器灭菌,在无菌环境下制备脂质体,成本高且耗时。

（八）脂质体的质量评价

1. 包封率与载药量　包封率是在脂质体的制备过程中很重要的考察参数。测定包封率时须分离载药脂质体和未包封药物,然后计算包封率,包封率表示脂质体内的包封药物的质量百分率,用以下公式表示。

包封率=（脂质体内包封的药量/制备载药脂质体时投入的药物总量）×100%

式（15-4）

载药量指脂质体中药物的百分含量,可用以下公式计算。

载药量=（脂质体内包封的药量/脂质体总量）×100%　　式（15-5）

2. 形态与粒径分布　脂质体形态与大小可用光学显微镜法观察与测定,粒径小于 2μm 时须用扫描电镜或透射电镜。粒径大小还可用激光散射法、电感应法（如库尔特计数器）或光感应法测定。激光散射法又称为光子相关光谱法（photon correlation spectroscopy，PCS）或动态光散射法（dynamic light scattering，DLS），该方法能快速测定脂质体粒径，得到以粒径为横坐标、以相应粒径出现频率为纵坐标的粒径分布图，并获得平均粒径、多分散系数等重要参数。由 DLS 生成的基础粒径分布是光强度分布（intensity distribution），还可将其转化为体积分布（volume distribution）与数量分布（number distribution），其中光强度分布较为常用。

3. **表面电性** 脂质体的稳定性、靶器官分布及对靶细胞作用与脂质体的表面电性有关，脂质体的表面电性测定方法有荧光法、激光散射法和显微电泳法等。

4. **渗漏率** 脂质体中药物的渗漏率表示脂质体在贮存期间包封率的变化情况，是衡量脂质体稳定性的重要指标，可用以下公式表述：

$$渗漏率 = （贮存后渗漏到介质中的药量/贮存前包封的药量）\times 100\% \qquad 式（15-6）$$

5. **脂质体氧化程度的检查** 制备脂质体的磷脂含有不饱和脂肪酸，容易被氧化，磷脂的氧化分为三个阶段：单个双键的偶合、氧化产物的形成、乙醛的形成及键断裂。因为各阶段产物不同，氧化程度很难用一种试验方法评价。

由于氧化偶合后的磷脂在 233nm 波长处具有紫外吸收峰，有别于未氧化的磷脂，可以采用氧化指数作为指标检验双键偶合的程度。具体方法是将磷脂溶于无水乙醇中，配制成一定浓度的澄明溶液，分别测定其在 233nm 及 215nm 波长处的吸光度，按以下公式计算氧化指数

$$氧化指数 = A_{233nm}/A_{215nm} \qquad 式（15-7）$$

磷脂的氧化指数应控制在 0.2 以下。其他阶段氧化程度的评价则需要依据该阶段生成的产物再进一步采用合适的方法加以检测。

三、微球与微囊

（一）概述

微囊（microcapsule）系指利用天然或合成的高分子材料（囊材）作为囊膜，将固体或液体药物（囊心物）包裹而成的微小胶囊。微球（microsphere）系指药物分散或被吸附在高分子材料（载体材料）中形成的骨架型微小球形或类球形实体。微囊与微球的形态见图 15-10。微囊与微球的粒径范围在 1～250μm，属于微米级。微囊与微球制备后，通常作为中间体都需要再进一步制成各种剂型如注射剂、植入剂、滴眼剂、片剂后使用。

药物制备成微囊或微球主要有以下目的：①使药物具有缓释或控释性能，如应用成膜材料、可生物降解材料制微囊或微球可达到药物控释或缓释的目的；②掩盖药物的不良气味及口味，如大蒜素、鱼肝油等药物经微囊化减少其不良嗅味后可以显著提高患者用药的顺应性；③提高药物的稳定性，如对于易氧化的 β-胡萝卜素、易挥发的中药挥发油、对水分敏感的阿司匹林等通过微囊化或制成微球可以改善其稳定性；将活细胞或活性生物材料包裹，可使其具有很好的生物相容性与稳定性，如破伤风类毒素微囊等；④减少对胃的刺激性或防止药物在胃内失活，如吲哚美辛等对胃有刺激性，酶、多肽等易在胃内失活，可通过微囊化或制成微

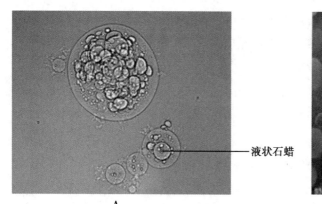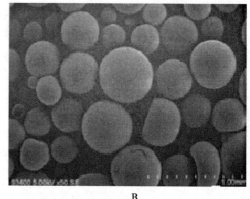

A.微囊(液体石蜡-阿拉伯胶-明胶复凝聚法制备); B.微球。

图 15-10　微囊、微球的形态

球克服这些缺点; ⑤使液态药物固态化, 便于贮存或再制成各种剂型。如可将维生素 E 制成微囊, 再进一步通过粉末直接压片; ⑥减少复方药物的配伍变化, 例如可以将难以配伍的阿司匹林与氯苯那敏分别包囊, 再一起制成制剂; ⑦使药物具有靶向性, 如将治疗指数低的药物或毒性大的药物制成微囊或微球, 使药物浓集于靶区, 有利于提高药物的疗效, 降低毒副作用; ⑧栓塞性微粒直接经动脉管导入, 阻塞在肿瘤血管, 断绝肿瘤组织养分和抑杀癌细胞, 起到双重抗肿瘤功效; ⑨改变物料性质, 通过将药物微囊化或制成微球还可以改变药物流动性与可压性等, 有利于进一步制备成片剂等剂型。

目前国内外已有报道将解热镇痛药、蛋白多肽类药、避孕药、驱虫药、诊断用药、抗生素及维生素等多种药物制成了微囊或微球。微球制剂商品有注射用醋酸亮丙瑞林微球、注射用利培酮微球、注射用醋酸奥曲肽微球等。特别值得注意的是, 蛋白多肽类等药物制成微球经皮下或肌内注射后可使这类药物的作用时间明显延长, 减少给药次数。以醋酸亮丙瑞林为例, 其口服无效, 须注射给药, 但由于其半衰期短、治疗周期长, 需要反复注射, 制成亮丙瑞林微球可实现 3 个月注射给药 1 次, 从而显著提高患者的用药顺应性。微球可以实现缓释长效, 也可以实现靶向, 靶向微球可通过皮下植入或关节腔内注射等局部给药或利用被动、物理化学靶向等原理达到靶向目的。近年来, 微球因其优异的性能已成为长效或靶向制剂载体的研究热点, 发展非常迅速, 显示出了令人鼓舞的前景。

(二) 囊材与载体材料

微囊与微球的组成主要包括主药、囊材或载体材料和附加剂, 附加剂包括如稳定剂、稀释剂及控制释放速率的阻滞剂和促进剂等。微囊制备所需要的用于包裹的高分子材料称为囊材(capsule wall material), 微球制备所需要的高分子材料称为载体材料。大多数囊材也可用作微球的载体材料, 根据药物、材料的性质及制备条件不同可形成微囊或微球。

1. 囊材与载体材料的要求　对囊材与载体材料的一般要求是: ①性质稳定; ②能控制适宜的药物释放速率; ③无毒、无刺激性, 注射用材料应具有生物相容性和可降解性; ④能与药物配伍, 不影响药物的药理作用; ⑤具一定的强度和可塑性, 能很好地包载药物与附加剂。

2. 常用囊材与载体材料　常用的囊材与载体材料分为下述三大类。

(1) 天然高分子: 天然高分子材料性质稳定、无毒、成型性好。

1）明胶（gelatin）：明胶是动物来源的胶原在酸性或碱性条件下温和水解的产物，可生物降解，几乎无抗原性。明胶不溶于冷水，能溶于热水形成澄明溶液，冷却后成为凝胶。明胶依据水解条件不同分为酸法明胶（A 型）和碱法明胶（B 型）。A 型明胶与 B 型明胶的等电点分别为 7～9 和 4.7～5.0，10g/L A 型明胶与 B 型明胶溶液（25℃）的 pH 分别为 3.8～6.0 和 5.0～7.4。两者的成囊性或成球性无明显差别，通常可根据药物对酸碱性的要求选用 A 型或 B 型，用于制备微囊的用量为（20～100）g/L，可与阿拉伯胶配合使用，制备微球的量可达 200g/L以上。

2）阿拉伯胶（acacia）：阿拉伯胶为含阿拉伯酸盐（钙盐、镁盐、钾盐）、阿拉伯糖及半纤维素的复杂聚集体。阿拉伯胶不溶于乙醇，能溶解于甘油或丙二醇。在水中溶解缓慢，水中溶解度为 1：2.7，其水溶液呈酸性（5%，W/V，pH 4.5～5.0），带负电荷，易霉变。一般常与明胶等量配合使用，作囊材时的用量为（20～100）g/L，亦可与白蛋白配合作复合材料。

3）海藻酸盐（alginate）：海藻酸盐系多糖类化合物，是从褐藻中提取而得，一般以钙盐或镁盐存在。海藻酸钠可溶于不同温度的水中，不溶于乙醇、乙醚及其他有机溶剂及酸类溶液（pH 在 3 以下）。其黏度取决于聚合度、浓度、pH、温度或金属离子等，一般 pH 为 5～10 时黏度最大，也可与甲壳素或聚赖氨酸配合作复合材料。因海藻酸钙不溶于水，故海藻酸钠可用 $CaCl_2$ 固化成囊。

4）其他：如壳聚糖、蛋白类（人或牛血清蛋白、玉米醇溶蛋白、丝蛋白、酪蛋白等）、羟乙基淀粉、羧甲基淀粉等。

（2）半合成高分子：多为纤维素衍生物，其特点是毒性小、黏度大、成盐后溶解度增大；因容易水解，不宜高温处理，须临用前配制。

1）羧甲纤维素钠（sodium carboxymethyl cellulose，CMC-Na）：属阴离子型高分子电解质，常与明胶配合作复合囊材。CMC-Na 遇水溶胀，体积可增大 10 倍，在酸性溶液中不溶，水溶液黏度大，有抗盐能力和一定的热稳定性。

2）邻苯二甲酸醋酸纤维素（cellulose acetate phthalate，CAP）：在强酸中不溶解，可溶于 pH＞6 的水溶液。用作成球材料可单独使用，用量一般为 30g/L，也可与明胶配合使用。

3）乙基纤维素（ethyl cellulose，EC）：化学稳定性高，适用于多种药物的微囊化，但需要加增塑剂改善其可塑性。不溶于水、甘油和丙二醇，可溶于乙醇、甲醇、丙酮和二氯甲烷等，遇强酸水解，故不适用于强酸性药物。

4）甲基纤维素（methyl cellulose，MC）：在冷水中可溶胀成黏性胶体溶液。不溶于热水、无水乙醇、三氯甲烷、丙酮与乙醚。用作微囊囊材的用量为（10～30）g/L，亦可与明胶、CMC-Na、PVP 等配合作复合囊材。

5）羟丙甲纤维素（hydroxypropylmethyl cellulose，HPMC）：溶于水、二氯乙烷及大多数极性和适当浓度的乙醇溶液、丙醇溶液等，在乙醚、丙酮、无水乙醇中不溶，不溶于热水，在冷水中溶胀成黏性胶体溶液。HPMC 水溶液具有表面活性，透明度高，性能稳定，因其具有热凝胶性质，加热后可形成凝胶析出，冷却后再次溶解。

（3）合成高分子：合成高分子材料可分为可生物降解的和不可生物降解的两类。目前可生物降解高分子材料受到了人们广泛的重视，因其在体内无残留，安全性与生物相容性高，可用于注射或植入，已得到广泛应用。

1）聚酯类：它们基本上都是羟基酸或其内酯的聚合物。常用的羟基酸为乳酸（lactic acid）和羟基乙酸（glycolic acid）。由乳酸缩合得到的聚酯为聚乳酸（polylactic acid，PLA），由乳酸与羟基乙酸缩合得到的聚酯为聚乳酸 - 羟基乙酸共聚物（polylactic-co-glycolic acid，PLGA）。

PLA 的分子量越高，在体内的分解越慢。利用乳酸直接缩聚得到的 PLA 分子量较低，用丙交酯为原料可制备高分子量 PLA，丙交酯是乳酸的环状二聚体。PLA 不溶于水和乙醇，可溶于二氯甲烷、三氯甲烷、三氯乙烯和丙酮。常用作缓释骨架材料、微囊囊膜材料和微球载体材料，无毒，安全，在体内可缓慢降解为乳酸，最后生成水和二氧化碳。

PLGA 不溶于水，能溶解于三氯甲烷、四氢呋喃、丙酮和乙酸乙酯等有机溶剂中。PLA 与 PLGA 都是 FDA 批准的体内可降解材料。目前已上市的缓释微球产品的骨架材料绝大部分是以 PLGA 为骨架材料。

2）聚酰胺（polyamide，PA）：系由二元酸与二胺类或由氨基酸在催化剂的作用下聚合而制得的聚合物，也称尼龙（nylon）。对大多数化学物质稳定，无毒，安全，在体内不分解、不吸收，常供动脉栓塞给药。聚酰胺可溶于苯酚、甲酚、甲酸等，不溶于醇类、酯类、酮类和烃类，不耐高温，在碱性溶液中稳定，在酸性溶液中易破坏。

3）聚酸酐（polyanhydride）：其基本结构是$(—CO—R_1—COO—)_x$、$(—CO—R_2—COO—)_y$，其中 R_1、R_2 的单体有链状也有环状的，有脂肪族聚酸酐、芳香族聚酸酐、不饱和聚酸酐、可交联聚酸酐等。聚合酸酐的平均相对分子质量为 2 000～200 000。聚酸酐也可生物降解，不溶于水，可溶于有机溶剂二氯甲烷、三氯甲烷等。

（三）微囊的制备

微囊的制备方法有很多，按成型原理可分为物理化学法、物理机械法和化学法三大类。根据药物和囊材的性质、微囊所需的粒径和释药性能等要求选择不同的制备方法。

1. 物理化学法 物理化学法是在液相中进行的，其特点是改变条件使溶解状态的囊材从溶液中聚沉下来，并将囊心物包裹形成微囊。因囊材聚沉时产生了新相，故本法又称为相分离法（phase separation method）。根据形成新相方法的不同，相分离法又分为单凝聚法、复凝聚法、溶剂 - 非溶剂法、改变温度法和液中干燥法。

（1）单凝聚法（simple coacervation）：单凝聚法是相分离法中较常用的一种，系指在一种高分子囊材溶液中加入凝聚剂，以降低囊材的溶解度，从而凝聚成囊的方法。

1）基本原理：在高分子囊材溶液中加入凝聚剂（可以是强亲水性电解质，如硫酸钠或硫酸铵的水溶液，或强亲水性的非电解质，如乙醇或丙酮）以降低高分子溶解度而凝聚成囊。例如当选用明胶为囊材时，将药物分散在明胶溶液中，然后加入凝聚剂，由于明胶分子水合膜的水分子与凝聚剂结合，使明胶的溶解度降低，从而使明胶从溶液中析出而凝聚形成微囊。但这种凝聚是可逆的，一旦解除促进凝聚的条件（如加水稀释），就可发生解凝，使微囊很快消失。这种可逆性在制备过程中可反复利用，直到凝聚微囊形状满意为止（可用显微镜观察）。最后再采取措施加以交联，使之成为不凝结、不粘连、不可逆的球形微囊。

2）工艺流程图：单凝聚法制备微囊工艺流程见图 15-11。

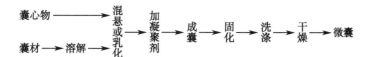

图 15-11　单凝聚法制备微囊工艺流程图

3）以明胶微囊为例说明单凝聚法制备微囊的制备要点。

A. 明胶微囊制备工艺流程

a. 将药物分散在已经配好的 3%～5% 的明胶溶液中（50℃），搅拌均匀。如果药物是固体粉末，将形成混悬剂；如果是油性药物，将形成乳剂，这时明胶起乳化作用。

b. 将混悬液或乳状液用 10% 的醋酸调节 pH 至 3.5～3.8，加入 60% 的硫酸钠溶液，使明胶凝聚成囊，此时明胶为囊材。

c. 另加入硫酸钠稀释液，在 15℃ 条件下将上述体系稀释至其体积的 3 倍。这里应当注意稀释液硫酸钠的浓度要高于凝聚成囊体系中硫酸钠浓度的 1.5%。例如成囊时体系中所用的硫酸钠为 a%，则作为稀释液的硫酸钠浓度应当为（a+1.5）%，以防止稀释液中盐的浓度过高或过低导致成囊粘连成团或溶解。

d. 加入 37% 甲醛作为交联剂固化微囊。交联剂反应的最佳 pH 为 8～9。

e. 水洗、过滤、干燥后，可得明胶微囊。

B. 制备要点

a. 凝聚系统的组成比例：明胶在水中溶胀形成溶液，在低温下，该溶液脱水而析出，这种相分离现象称为胶凝。在大量电解质、醇或酮类亲水性非电解质的存在下也可以发生胶凝。为了找出适宜的处方比例，可以用三元相图来寻找成囊系统产生胶凝的比例范围。如根据明胶—水—硫酸钠系统单凝聚三元相图（图 15-12）可见，明胶在 20% 以下、硫酸钠在 7%～15%可以胶凝，即可用于制备明胶微囊。

b. 囊材溶液的浓度与温度：在一定浓度的囊材溶液中，温度升高，不利于胶凝，而温度降低则有利于胶凝；增加明胶的浓度可加速胶凝，当囊材浓度高时，允许囊材在较高的温度下胶

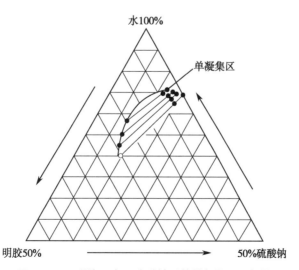

图 15-12　明胶—水—硫酸钠系统单凝聚三元相图

凝,浓度低则需要在较低的温度下才能胶凝,浓度太低则不能胶凝。

c. 凝聚剂的种类和 pH:常用凝聚剂有各种醇类和电解质。用电解质作凝聚剂时,阴离子对胶凝起主要作用,强弱次序为枸橼酸>酒石酸>硫酸>醋酸>氯化物>硝酸>溴化物>碘化物。阳离子也有胶凝作用,其电荷数愈高胶凝作用愈强。明胶的分子量不同,使用的凝聚剂不同,成囊 pH 也不同。

d. 药物与囊材的亲和力:单凝聚法在水中成囊,因此要求药物难溶于水,但也不能过分疏水,否则会仅形成不含药物的空囊。成囊时系统含有互不溶解的药物、凝聚相和水三相。微囊化的难易程度取决于药物与囊材的亲和力,亲和力强的易被微囊化。如果作为囊心物的药物过分亲水则易被水包裹,只存在于水相中而不能混悬于凝聚相中成囊,如淀粉或硅胶作囊心物都会因过分亲水而不能成囊。如果药物过分疏水,因凝聚相中含大量的水,使药物既不能混悬于水相中,又不能混悬于凝聚相中,也不能成囊。如双炔失碳酯,加入脱水山梨醇月桂酸酯(司盘20)会增大双炔失碳酯的亲水性,故可以成囊。

e. 凝聚囊的流动性及其与水相间的界面张力:为了得到良好的球形微囊,凝聚后的凝聚囊应有一定的流动性。如用 A 型明胶制备微囊时,可滴加少许醋酸使溶液的 pH 在 3.2～3.8 之间,会得到更小的球形囊,因为这时明胶分子中有较多的 NH_4^+ 离子,可吸附较多的水分子,降低凝聚囊水间的界面张力。凝聚囊的流动性好,使凝聚囊易于分散呈小球形。若调节溶液的 pH 至碱性则不能成囊,因接近等电点(pH=8.5)时会有大量黏稠块状物析出。B 型明胶不用调 pH 也能成囊。

f. 交联固化:欲制得不变形的微囊,必须加入交联剂固化,同时还要求微囊间的粘连愈少愈好。以明胶为囊材时,常用甲醛作交联剂,通过胺醛缩合反应使明胶分子互相交联而固化。交联程度受甲醛浓度、反应时间、介质 pH 等因素影响,交联最佳 pH 为 8～9。若交联不足则微囊易粘连;若交联过度,所得明胶微囊脆性太大。若药物在碱性环境中不稳定,可改用戊二醛代替甲醛,在中性介质中使明胶交联固化。

g. 增塑剂的影响:加入增塑剂可使制得的明胶微囊具有良好的可塑性,不粘连,分散性好,山梨醇、聚乙二醇、丙二醇或甘油是常用的增塑剂。在单凝聚法制备明胶微囊时加入增塑剂,可减少微囊聚集、降低囊壁厚度。

(2)复凝聚法(complex coacervation):复凝聚法是一种经典的微囊化方法,它操作方便,适合于难溶性药物的微囊化。

1)基本原理:本法利用两种具有相反电荷的高分子材料为囊材,将囊心物分散(混悬或乳化)在囊材的水溶液中,在一定条件下,相反电荷的高分子互相交联后,溶解度降低,自溶液中凝聚析出而成囊。可作为复合囊材的有明胶与阿拉伯胶(或 CMC、CAP 等多糖)、海藻酸盐与聚赖氨酸、海藻酸盐与壳聚糖、海藻酸与白蛋白、白蛋白与阿拉伯胶等。

以明胶与阿拉伯胶作复合囊材为例,说明复凝聚法成囊的基本原理。将溶液 pH 调至明胶的等电点以下,使之带正电(pH 为 4.0～4.5 时明胶所带正电荷多),而阿拉伯胶带负电,由于电荷互相吸引交联成不溶性复合物,从而凝聚成囊,加水稀释,加入甲醛交联固化,洗去甲醛,即得。如大蒜油复凝聚微囊即采用此种工艺。

2)工艺流程图:复凝聚法制备微囊的工艺流程图与单凝聚法基本一致,只是凝聚的具体条件不同。

3）制备要点

a. 凝聚系统的组成：如成囊材料为明胶与阿拉伯胶，水、明胶、阿拉伯胶三者的组成与凝聚现象的关系可由图 15-13 三元相图说明。图中 *K* 为复凝聚区，即可形成微囊的低浓度明胶和阿拉伯胶混合溶液；*P* 为曲线以下两相分离区，两胶溶液不能混溶，亦不能形成微囊；*H* 为曲线以上两胶溶液可混溶形成均相的溶液区。*A* 点代表 10% 明胶、10% 阿拉伯胶和 80% 水的混合液。必须加水稀释，沿 *A*→*B* 虚线进入凝聚区 *K* 才能发生凝聚。相图说明，明胶同阿拉伯胶发生复凝聚时，除 pH 外，浓度也是重要条件。

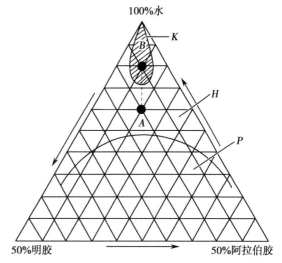

图 15-13　明胶—阿拉伯胶—水系统复凝聚
三元相图（pH=4.5）

b. 药物表面性质与凝聚囊的流动性：与单凝聚法相似，复凝聚法制备微囊时也要求药物表面能被囊材凝聚相润湿，从而使药物能混悬或乳化于该凝聚相中，随凝聚相分散而成囊。在制备过程中可根据药物性质适当加入润湿剂，同时还应使凝聚相保持一定的流动性，如控制温度或加水稀释等，这是保证囊形良好的必要条件。

例 15-1：大蒜油微囊

【处方】大蒜油 1g、阿拉伯胶粉 0.5g、3% 阿拉伯胶溶液 30ml、3% 明胶溶液 40ml、蒸馏水、10% 醋酸溶液、5% 氢氧化钠溶液、甲醛与淀粉适量。

【制法】取阿拉伯胶粉 0.5g 置于乳钵中，加大蒜油 1g，研匀，加蒸馏水 1ml，迅速研磨成初乳，并以 3% 阿拉伯胶溶液 30ml 稀释成乳剂。将乳剂移至 250ml 烧杯中，边加热边搅拌，待温度升至 45℃时缓缓加入 3% 明胶溶液 40ml（预热至 45℃），胶液保持 45℃左右，继续搅拌，并用 10% 醋酸溶液调 pH 至 4.1～4.3，显微镜下可观察到乳滴外包有凝聚的膜层。加入温度比其稍低的蒸馏水 150ml，继续搅拌。温度降至 30℃以下时移至冰水浴继续搅拌，加入甲醛溶液 1ml，搅拌使固化定形，并用 5% 的氢氧化钠溶液调 pH 至 7.0～7.5，使凝胶的网孔结构孔隙缩小，再搅拌 30 分钟。加入 10% 生淀粉混悬液 4ml，10℃左右再搅拌 1 小时。滤取微囊，洗涤，尽量除去水分，二号筛制粒，60℃干燥，即得。

【作用与用途】大蒜油对多种球菌、杆菌、霉菌、病毒，阿米巴原虫，阴道毛滴虫，蛲虫等均有抑制和灭杀作用。用于治疗肺部和消化道的霉菌感染、隐球菌性脑膜炎、急慢性细菌性痢疾和肠炎、百日咳及肺结核等。

【注解】大蒜油的主要成分为大蒜辣素、大蒜新素等多种烯丙基、丙基和甲基组成的硫醚化合物，为不饱和硫化烯烃化合物的混合物，分子结构上存在活泼双键，因而化学性质不稳定，且有刺激性，所以制成微囊。由于其在碱性条件下不稳定，所以固化时调 pH 至 7.0～7.5，而不是通常的 8～9。

（3）溶剂 - 非溶剂法（solvent-nonsolvent method）：是在囊材的溶液中加入一种对囊材不

溶的溶剂(非溶剂),引起相分离,而将药物包裹成囊的方法。使用疏水囊材,要用有机溶剂溶解,疏水性药物可与囊材溶液混合,亲水性药物不溶于有机溶剂,可混悬或乳化在囊材溶液中。然后加入争夺有机溶剂的非溶剂,使材料降低溶解度而从溶液中分离,除去有机溶剂即得。

（4）改变温度法(temperature adjusting method)：本法通过控制温度成囊,而不加凝聚剂。如用聚异丁烯(polyisobutylene, PIB)、EC与环己烷组成的三元系统,在80℃溶解成均匀溶液,缓慢冷至45℃,再迅速冷至25℃,EC可凝聚成囊。PIB的作用为稳定剂,可减少微囊粘连。

（5）液中干燥法(in-liquid drying method)：从乳状液中除去分散相中的挥发性溶剂(搅拌或透析等方法)以制备微囊的方法称为液中干燥法,亦称为乳化-溶剂挥发法。

2. 物理机械法　物理机械法是将固态或液态药物在气相中进行微囊化的方法,均适用于制备水溶性和脂溶性药物的微囊,需要一定的设备条件,其中常用的方法是喷雾干燥法和空气悬浮法。

（1）喷雾干燥法(spray drying method)：喷雾干燥法可用于固态或液态药物的微囊化。它是先将囊心物分散在囊材的溶液中,再用喷雾法将此混合物喷入惰性热气流中,使液滴收缩成球形,进而干燥即得微囊。如囊心物不溶于囊材溶液,可得到微囊;如能溶解,则得微球。溶解囊材的溶剂可以是水或有机溶剂,以水作溶剂更易达到环保要求,降低成本。

喷雾干燥法制备微囊时,首先须制备好囊心物与囊材溶液形成的乳化分散液,并且须保证不出现破乳、过早固化或干燥等情况,再通过雾化装置使乳状液形成小液滴,并很快变成圆球状。喷雾干燥法中影响成品质量的工艺参数包括混合液的黏度与均匀性、药物及囊材的浓度、喷雾的速率、喷雾方法及干燥速率等。囊心物所占比例不能太大,以保证能被囊膜包裹,如囊心物为液态,其在微囊中含量一般不超过30%。

（2）空气悬浮法(air suspension method)：空气悬浮法亦称为流化床包衣法(fluidized bed coating method),囊心物通常为固体粉末,利用垂直强气流使囊心物悬浮在包衣室中,将囊材溶液通过喷嘴喷射于囊心物表面,热气流将溶剂挥干,囊心物表面便形成囊材薄膜而成微囊。本法设备装置基本上与片剂悬浮包衣法所用的装置相同,所得微囊直径一般在40μm左右,囊材可以是多聚糖、明胶、树脂、蜡、纤维素衍生物及合成聚合物。在悬浮成囊过程中,药物虽已微粉化,但在喷雾包囊时,微粉化的药物仍可能黏结,因此可加入第三种成分,如滑石粉或硬脂酸镁吸附在微粉化药物表面减少黏结现象。

（3）喷雾冻凝法(spray congealing method)：喷雾冻凝法是将囊心物分散于熔融的囊材中,再喷于冷却液体介质或冷气流中凝固成囊的方法。常用的囊材有蜡类、脂肪酸和脂肪醇等,在室温中均为固体,而在较高温下能熔融。

（4）多孔离心法(multiorfice-centrifugal method)：多孔离心法是利用圆筒的高速旋转使囊材溶液形成液态膜,同时使囊心物在离心力作用下高速穿过液态膜形成微囊,再经过不同方法加以固化(用非溶剂法、凝结或挥去溶剂等)得到微囊的方法。

其他物理机械法还有锅包衣法、挤压法、静电结合法、粉末床法等。

3. 化学法　化学法系指利用溶液中的单体或高分子通过聚合反应或缩合反应产生囊膜而制成微囊的方法。本法的特点是不加凝聚剂,先制成W/O型乳状液,再利用化学反应或射线辐照交联固化。

（1）界面缩聚法（interface polycondensation）：界面缩聚法亦称为界面聚合法，它是在分散相（水相）与连续相（有机相）的界面上发生单体的聚合反应。例如，水相中含有1,6-己二胺和碱，有机相为含对苯二甲酰氯的环己烷、三氯甲烷溶液，将上述两相混合搅拌，在水滴界面上发生缩聚反应，生成聚酰胺。由于缩合反应的速率超过1,6-己二胺向有机相扩散的速率，故反应生成的聚酰胺几乎完全沉积于乳滴界面成为囊材。淀粉衍生物（如羟乙基淀粉或羧甲基淀粉）用邻苯二甲酰氯发生界面交联反应可制得微囊。

（2）辐射交联法（radiation crosslinking）：系将明胶在乳化状态下经 γ 射线照射发生交联，再处理制得粉末状微囊。该工艺的特点是工艺简单，且不会在明胶中引入其他成分。

（四）微球的制备

微球的制备原理与微囊基本相同。目前，制备微球的常用方法主要有乳化分散法、凝聚法及聚合法3种。实际生产中应根据载体材料、药物的性质和所需微球的粒度等因素选择不同的制备方法。

1. 乳化分散法（disperse emulsification）　乳化分散法系指药物与载体材料的溶液混合后，将其分散在不相溶的介质中形成类似油包水（W/O）或水包油（O/W）型乳剂，然后使乳剂内相固化、分离制备微球的方法。

（1）加热固化法（heat solidification）：加热固化法系指利用蛋白质受热凝固的性质，在100～180℃的条件下加热，使乳剂的内相固化、分离制备微球的方法。常用的载体材料为血清白蛋白，药物必须是水溶性的。常将药物与25%白蛋白水溶液混合，加到含适量乳化剂的油相中，制成油包水型初乳。另取适量油加热至100～180℃，控制搅拌速度，将初乳加入热油中，约维持20分钟，使白蛋白乳滴固化成球，用适宜溶剂洗涤除去附着的油，过滤、干燥，即得。

例如，氟尿嘧啶微球的制备：取牛血清白蛋白250mg溶于1ml氟尿嘧啶的溶液中，再与100ml含10%司盘85的注射用棉籽油混合，2 500r/min搅拌10分钟，再超声乳化，形成初乳。另取注射用棉籽油100ml加热至180℃，在2 500r/min搅拌下逐渐加入上述初乳，于180℃保温10分钟，继续搅拌至室温，加乙醚或石油醚200ml脱脂，离心（3 000r/min），弃去油相，沉淀依次用乙醚、乙醇漂洗、干燥，即得直径约为1μm的微球。氟尿嘧啶为常用的抗肿瘤药，制成微球注射剂可增加肿瘤细胞对药物（或对氟尿嘧啶）的摄取，减少不良反应。

（2）交联剂固化法（crosslinking solidification）：交联剂固化法也称为乳化交联法（emulsification cross-linkage），系指对于一些遇热易变质的药物可采用化学交联剂（如甲醛、戊二醛、丁二酮）使乳剂的内相固化、分离而制备微球的方法。要求载体材料具有水溶性，并可达到一定浓度，且分散后相对稳定，在稳定剂和均化设备配合下，使分散相达到所需大小。常用的载体材料有白蛋白、明胶等。以明胶微球为例，将药物溶解或分散在囊材的水溶液中，与含乳化剂的油混合，搅拌乳化，形成稳定的W/O型或O/W型乳状液，加入化学交联剂甲醛或戊二醛，可得粉末状微球。现已成功制备米托蒽醌、盐酸川芎嗪、硫酸链霉素、卡铂、莪术油等明胶微球。亦可用两步法制备微球，即先采用本法（或其他方法）制备空白微球，再选择既能溶解药物、又能浸入空白明胶微球的适当溶剂系统，用药物溶液浸泡空白微球后干燥即得。

两步法适用于对水相和油相都有一定溶解度的药物,例如用两步法制得米托蒽醌靶向明胶微球。

（3）溶剂蒸发法（solvent evaporation）：溶剂蒸发法系指将水不溶性的载体材料和药物溶解在油相中,再置于水相中形成 O/W 型乳液,蒸发内相中的有机溶剂,从而制得微球的方法。以聚酯类微球为例,首先将药物与聚酯材料组成挥发性有机相,加至含乳化剂的水相中搅拌乳化,形成稳定的 O/W 型乳状液,加水萃取（亦可同时加热）挥发除去有机相,即得微球。采用本法制备的有利福平聚乳酸微球、胰岛素聚 3-羟基丁酸酯微球、疫苗（破伤风、白喉、痢疾等）PLGA 微球、醋酸亮丙瑞林 PLGA 微球、18-甲基炔诺酮 PLA-PLGA 微球等。

2. 凝聚法（coacervation） 凝聚法是指将药物溶解或分散在载体材料溶液中,通过外界物理化学因素的影响,如通过加入电解质、溶剂置换或调节 pH 等措施,使载体材料的溶解度发生改变,凝聚载体材料包裹药物自溶液中析出。凝聚法制备微球的原理与微囊制备中的凝聚法基本一致。常用载体材料有明胶、阿拉伯胶等。例如,常用的盐析固化法（salting-out coagulation method）是向含有药物和载体材料的混悬剂或乳状液中加入适量的电解质如硫酸钠,使溶液混浊而不产生沉淀,制得的颗粒粒径为 $1\sim5\mu m$,然后再加入交联剂固化,可得到稳定的微球。

3. 聚合法（polymerization） 聚合法是指通过聚合反应使制备体系中的单体聚合,并在聚合生成载体材料的过程中将药物包裹形成微球。此种方法制备微球具有粒径小、易于控制等优点。例如,常用的乳化/增溶聚合法（emulsion/solubilization polymerization）是将聚合物的单体用乳化或增溶的方法高度分散,然后在引发剂作用下使单体聚合,同时将药物装载后制成微球的方法。

（五）影响微囊与微球粒径的因素

微囊与微球的粒径及分布是其重要的质量指标。它可直接影响药物的释放、生物利用度、载药量、患者依从性和有机溶剂残留等。如口服的微囊、微球粒径小于 $200\mu m$ 时,在口腔中无异物感。影响微囊与微球的粒径因素有很多,主要来自制备原料、制备方法、制备工艺条件三个方面。

1. 药物粒径的大小 制微囊时,所制微囊粒径要求越小,药物（囊心物）也应相应变小。如要求微囊的粒径约为 $10\mu m$ 时,药物粒径应达到 $1\sim2\mu m$;要求微囊的粒径约为 $50\mu m$ 时,药物粒径应在 $6\mu m$ 以下。对于不溶于水的液态药物,用相分离法制备微囊,可先乳化再微囊化,可得到粒径均匀的微囊。

2. 囊材与载体材料的用量 一般药物粒子越小,其表面积越大,要制成囊壁厚度相同的微囊,所需的囊材就越多。在囊心物粒径相同的条件下,囊材用量越多,微囊的粒径越大。制微球时,在药物粒径相同的条件下,载体材料用量越多,同理粒径越大。

3. 药物浓度 随着药物浓度的增加,微囊（球）载药量增加,微囊（球）的粒径也随之增大。药物浓度过高会导致大量药物分布在载体表面,可能引起明显的突释效应,从而产生毒副作用。

4. 附加剂的品种及浓度 使用附加剂的品种及用量对微囊（球）的粒径也会产生影响。如采用 PLGA 为囊材制备醋炔诺酮微囊时,加入高分子保护剂明胶的浓度不同则微囊的粒径不同，1%、2%、3%明胶制得的微囊粒径分别约为70μm、80μm、60μm。又如，分别以棉籽油、玉米油和轻质矿物油为油相制得的白蛋白微球的粒径分别为(5.3±0.3)μm、(24.6±1.1)μm和(96.3±1.3)μm。

5. 制备方法 不同制备方法得到的微囊(球)的粒径不同，如采用相分离法制备微囊，微囊粒径可小至2μm，用空气悬浮法制备微囊，其粒径一般大于35μm。

6. 制备温度 一般在不同温度下制得的微囊(球)的收率、大小及其粒径分布均不同。如固化温度对白蛋白微球的粒径影响较大，105℃固化所得微球的平均粒径最大，这是由于此时大量水分子仍保留在白蛋白基质内，在125~145℃固化条件下所得微球粒径较小。

7. 搅拌速度 一般情况下，搅拌速度直接影响微囊(球)的粒径大小，搅拌速度越快，越可阻止微囊(球)之间的聚集，粒径较小，但有时搅拌速度过快时，也会因碰撞合并生成较大的微囊(球)。应根据粒径需要和制备工艺的不同，选择适当的搅拌速度。

(六)微囊与微球中药物的释放

1. 微囊(球)中药物的释放机制 药物微囊(球)化后，一般要求能定时定量地从微囊(球)中释放出来，以满足临床用药的需要。微囊(球)释药机制复杂，通常有以下三种。

(1)扩散：属于物理过程。微囊(球)进入体内后，体液向微囊(球)中渗入，将药物逐步溶解并使药物扩散出囊壁(骨架)。也有学者认为微囊(球)中药物的释放首先是已溶解或黏附在囊壁(球表面)中的少量药物发生初期的快速释放，称为突释效应(burst effect)，然后才是内部药物溶解成饱和溶液而扩散出微囊(球)。

(2)囊膜或骨架的溶解：属于物理化学过程(不包括酶的作用)，其速率主要取决于囊材或骨架的性质及体液的体积、组成、pH、温度等。此外，囊膜与骨架还可能由于压力、剪切力、磨损等而破裂，引起药物的释放。

(3)囊膜或骨架的消化与降解：是在酶作用下的生化过程。微囊(球)进入体内后，囊膜或骨架受胃蛋白酶或其他酶的作用降解成为体内的代谢产物，同时释放出药物，如果囊膜或骨架降解速率低，则药物主要通过扩散释放。

2. 影响微囊(球)中药物释放的因素 影响微囊(球)中药物释放因素包括以下几种。

(1)微囊(球)的粒径：在囊材或载体材料一定的条件下，粒径越小界面积越大，释药速率也越快。

(2)囊膜或骨架的厚度大小：囊膜越厚或骨架越大，释药路径越长，释药速率越慢。

(3)囊材或载体材料的物理化学性质：囊膜或载体材料不同，其物理化学性质不相同，药物从其中释放的快慢亦不相同。常用的几种材料形成的微囊(球)的释药速率大小如下：明胶＞乙基纤维素＞苯乙烯-马来酸酐共聚物＞聚酰胺。材料中加入附加剂可改变囊材性质，也可调节释放速率，如磺胺嘧啶乙基纤维素微囊采用不同用量的硬脂酸为阻滞剂，药物的体外释放速率随阻滞剂用量增加而减慢。

(4)药物的性质：药物释放速率与其本身的溶解度、分配系数密切相关。在同样的载体材料中，溶解度大的、分配系数小的药物释放快，例如巴比妥钠、苯甲酸及水杨酸在37℃水中的溶解度分别为255g/L、9g/L、0.63g/L，乙基纤维素/水的分配系数分别为0.67、58、151，三者以乙基纤维素为材料制成微囊时，药物释放速率最大的是巴比妥钠。

（5）工艺条件：工艺条件不同会影响药物的释放速率，如冷冻干燥或喷雾干燥的微囊（球），释放速率比烘箱干燥的要快，可能由于后者会引起微囊（球）粘连、表面积减少所致。

（6）介质的 pH：微囊（球）在不同的 pH 介质中可能具有不同的释药速率，如以壳聚糖 - 海藻酸盐为囊材的尼莫地平微囊在 pH=7.2 的缓冲盐溶液中的释药速率明显快于在 pH=1.4 的缓冲盐溶液中，这是由于囊材中海藻酸盐在 pH 较高时可缓慢溶解。

（7）介质的离子强度：介质的其他条件相同而离子强度不同时，微囊（球）在其中的释药速率也可能不同，如将荧光素尼龙微囊 50mg 混悬于 4L 离子强度分别为 0.8、1.0、1.2 的 pH=7.4 的磷酸盐缓冲溶液中，其 1 小时体外释药结果分别为 38.78%、64.35%、71.99%。

（七）微囊与微球的质量评价

1. 形态、粒径与粒径分布 形态可采用光学显微镜或电子显微镜观察，通常呈圆球形或椭圆形，表面呈现光滑或粗糙状。粒径及粒径分布的测定方法有电子显微镜法、光学显微镜法、库尔特计数法、吸附法和激光散射法等。同一样品采用不同测定方法时，粒径结果往往会有差异，应予以注意。

不同制剂对粒径有不同的要求。注射用微囊与微球应符合《中国药典》（2020 年版）四部通则 0102 "注射剂" 中混悬型注射剂的规定。

2. 载药量与包封率 对于粉末状微囊（球），先测定其含药量后再计算载药量；对于混悬于液态介质中的微囊（球），先通过适当方法如凝胶色谱法、离心法或透析法将液体介质中未被包封的药物与微囊（球）分离，能够测定液体介质中未包封药物或微囊（球）中的含药量后方能计算其载药量和包封率。在测定包载在微囊（球）中的含药量时一般采用溶剂提取法，选用的溶剂应最大限度地溶出药物，最小程度地溶解载体材料，且溶剂本身不应干扰药物含量测定。

载药量 = 微囊（球）中药量 / 微囊（球）的总量×100%

包封率 = 微囊（球）中药量 / 制备微囊（球）时投入的药物总量×100%

3. 药物的释放速率 微囊（球）的药物释放速率测定一般将试样置于透析管或透析袋内进行，也可采用《中国药典》（2020 年版）四部通则中的 0931 "溶出度与释放度测定法" 测定。

4. 突释效应或渗漏率的检查 在体外释放试验时，微囊（球）表面吸附的药物会快速释放，称为突释效应。微囊与微球在开始释药的 0.5 小时内，药物的累积释放量应低于 40%。若微囊与微球产品分散在液体介质中贮藏，则应检查渗漏率，渗漏率用以下公式进行计算。

渗漏率 =（产品在贮藏一定时间后渗漏到介质中的药量 / 产品在贮存前包封的药量）×100%

5. 有机溶剂残留量 凡工艺中采用有机溶剂者，应测定有机溶剂残留量，并不得超过相关法规规定的限量。

6. 微囊与微球应符合有关制剂通则的规定 微囊与微球通常是作为中间体，然后再制备成各种剂型（片剂、胶囊剂、注射剂等），因而除了要符合《中国药典》（2020 年版）四部通则中的 9014 "微粒制剂指导原则" 外，还应分别符合其他相关的制剂通则（片剂、胶囊剂、注射剂等）规定。若将微囊与微球制成缓释、控释、迟释制剂，还应符合缓释、控释、迟释制剂指导原则的要求。

四、纳米乳

（一）概述

纳米乳（nanoemulsion），也称为微乳，是粒径为 10～100nm 的乳滴分散在另一种液体介质中形成的胶体分散系统，其乳滴多为球形，大小比较均匀，外观透明或半透明，属于热力学稳定体系。

纳米乳是由油相、水相、乳化剂和助乳化剂四部分组成，可分为水包油（O/W）型、油包水（W/O）型和双连续相型，如图 15-14 所示，双连续相型纳米乳为油水两相适当比例时形成的一种结构，水相与油相皆非球状，而是类似海绵状的结构，油相在形成液滴被水包围的同时，也与其他油滴一起组成油连续相，双连续相型在药学上的实际应用较少。纳米乳的结构类型由处方中各组成成分的性质及比例决定。

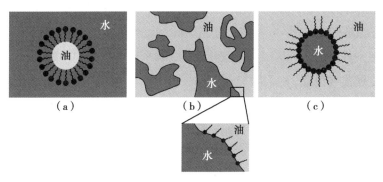

（a）O/W 型；（b）双连续相型；（c）W/O 型。

图 15-14　纳米乳结构示意图

纳米乳的主要特点：①具热力学稳定性，易于制备，一定条件下可自发形成，也易于过滤除菌；②可提高难溶性药物的溶解度；③具有一定的缓释作用；④具一定靶向作用，从而能提高药物的生物利用度；⑤易水解的难溶性药物可通过溶解于油相中，减少水解，增加药物稳定性；⑥O/W 型乳剂可以掩盖油的不良气味；⑦可以改善药物对黏膜、皮肤的渗透性，并减少对组织的刺激性。

（二）常用材料

1. 油相　常用的油相有大豆油、蓖麻油、花生油、油酸、肉豆蔻酸异丙酯和油酸乙酯等。油相的黏度越小，油相在水中的分散能力就会越强，达到乳化平衡所需要的时间就会越短，因此一般选择黏度较低的短链油为油相，如肉豆蔻酸异丙酯、棕榈酸异丙酯等。也会用到大豆油、橄榄油等中长链的脂肪酸甘油酯，但形成纳米乳较短链油要困难一些。油相的选择对难溶性药物而言很重要，油相组分对药物的溶解能力越强，达到载药量所需的油相体积就越小，从而可减少乳化油相所需乳化剂的用量。单一的油相有时不能满足纳米乳制剂对油相的要求，可通过不同油相的混合来实现。

2. 乳化剂　乳化剂在纳米乳中的用量为 25%～30%，有的甚至更多。乳化剂在纳米乳中的主要作用是降低界面张力、形成乳化膜、使乳滴带电从而防止乳滴聚结、增加黏度或增加难溶性药物的溶解度等。选用乳化剂时不仅要考虑乳化性能，还要考虑价格、毒性、溶血性和稳定性等因素。目前所用的乳化剂分天然与合成两类,天然乳化剂阿拉伯胶、西黄蓍胶、明胶和白蛋白等降低界面能力较弱,但可形成高分子膜,且可以提高黏度,有利于乳滴稳定。合成乳化剂,分为离子型和非离子型两大类,其中非离子型乳化剂由于稳定性高,不易受电解质及pH等影响,溶血及毒性都相对离子型小,应用更为广泛,如聚山梨酯、聚氧乙烯脂肪酸酯和聚氧乙烯脂肪醇醚等。

3. 助乳化剂 制备纳米乳时需要加入助乳化剂,助乳化剂可调节乳化剂的 HLB 值,插入乳化剂界面膜与其共同形成复合膜,降低界面张力及电荷斥力,使乳化剂具有超低表面张力(甚至出现负值),促进纳米乳形成并增加其稳定性,增加界面膜的柔顺性,有时还可以增加药物的溶解度。助乳化剂通常为药用的短链醇或适宜 HLB 值的非离子型表面活性剂,常用的有正丁醇、乙二醇、乙醇、丙二醇、甘油和 PEG 等。

(三)纳米乳的制备

1. 纳米乳的处方研究 油相、水相、乳化剂和助乳化剂构成了纳米乳的处方,处方研究的目标就是选择合适的处方组分,并确定各组分比例。当确定油、乳化剂和助乳化剂种类后,可通过伪三元相图找出纳米乳区域,从而明确形成纳米乳各组分的用量比例。伪三元相图的三个顶点可以依据需要设置,如采用加水滴定法时,以水、油相与混合乳化剂(乳化剂与助乳化剂混合液)为顶点,将乳化剂与助乳化剂按一定比值(K_m)混合,再加入一定比例的油相混合,然后用水滴定,每次加水后达到平衡时用肉眼观察外观性状,即关注溶液由浑浊变澄清或澄清变浑浊的点,以澄清、透明、黏度低状态为纳米乳,不透明、浑浊状态为普通乳剂,记录加水量并计算临界百分比,绘制伪三元相图,可结合电导率仪区别纳米乳类型为 O/W 型还是W/O 型,如图 15-15 为 O/W 型纳米乳伪三元相图。也可以将乳化剂用量固定,水、油、助乳化剂为顶点绘制伪三元相图。在研究过程中,需要留意温度对纳米乳的制备影响较大,研究相图时需要恒温。

2. 纳米乳的配制 根据相图确定处方后,将各组分按比例混合即可制得纳米乳,这个过程无须做大的功,且与各组分加入的次序无关。如可先将乳化剂同助乳化剂按设定比例混

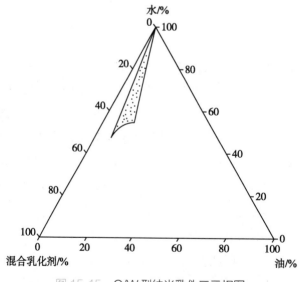

图 15-15 O/W 型纳米乳伪三元相图

合,在一定温度下搅拌,再加一定量的油相,混合搅拌后,用水滴定直至形成透明澄清状,即得。纳米乳中的油、水仅在一定比例范围内混溶,在水较多的某一比例范围内形成 O/W 型纳米乳,在油较多的某一比例范围内形成 W/O 型纳米乳。如果乳化剂亲油性较强,还可以将乳化剂先与油相混合,再加入水与助乳化剂。

有时候纳米乳需要借助高压均质法、高剪切法或超声法使纳米乳的小乳滴形成,但留意可能不利于蛋白质或多肽类生物大分子药物的稳定性。

(四)自乳化纳米乳

自乳化纳米乳也称为自微乳化给药系统(self-microemulsifying drug delivery system,SMEDDS),是由油相、乳化剂和助乳化剂组成的液体或固体制剂(一般分装于胶囊壳中),临用前加水轻摇即得纳米乳(微乳)液体,也可直接口服给药,在胃肠道内温和蠕动的条件下利用生理体液中的水分自发乳化形成 O/W 型纳米乳。

自微乳化给药系统的主要特点如下。

(1)可提高生物利用度:在体温条件下,遇液体后可在胃肠道蠕动的作用下自发乳化形成乳剂,乳滴中的药物呈溶解状态,从而使药物与胃肠道接触表面积大,有利于穿过肠道黏膜,提高药物吸收的速率和程度,同时纳米乳可经淋巴管吸收,可克服首过效应及大分子通过肠道上皮细胞时的障碍。

(2)提高药物的稳定性:药物被包裹在微小乳滴中,可避免或减少药物的水解。

(3)减少胃肠道刺激:药物存在于细小的乳滴中,乳滴从胃中迅速排空,药物可以在整个胃肠道中广泛分布,从而减少了大量药物与胃肠壁长时接触而引起的刺激。

(4)制备简单,将液体分装于软胶囊中,剂量准确,服用方便,利于药物贮藏和运输。

自微乳化给药系统所选择的药物多为难溶性或亲脂性药物,通常自微乳化的处方设计有利于改善它们的吸收,提高生物利用度。如免疫抑制剂环孢素不溶于水,也几乎不溶于油,但可溶于无水乙醇。将其制成自微乳化制剂后以软胶囊形式给药,可用于降低器官或骨髓移植的免疫排斥反应。其经口服后遇体液可自乳化,形成 O/W 型纳米乳,生物利用度大幅度提高,排斥反应发生率有所下降。处方为环孢素 100mg、无水乙醇 100mg、1,2-丙二醇 320mg、聚氧乙烯(40)氢化蓖麻油 380mg、精制植物油 320mg。制备时将环孢素粉末溶于无水乙醇中,加入乳化剂聚氧乙烯(40)氢化蓖麻油、助乳化剂 1,2-丙二醇混匀得澄明液体,加精制植物油混合均匀的澄明油状液体,由胶皮轧丸机制得环孢素纳米乳浓液软胶囊。

(五)纳米乳作为药物载体的应用

1. 用于透皮给药的载体 药物制成纳米乳用于局部皮肤给药,具有使用方便、可避免肝首过效应等优点。由于纳米乳的乳滴很小,且能显著增加药物的溶解度,并有利于皮肤的水合与改善皮肤的通透性,从而可以增强药物的经皮渗透能力。如倍他米松纳米乳液与市售凝胶相比,药物渗透量显著增加。

2. 作为鼻腔给药的载体 纳米乳在鼻内给药系统中应用时,能将药物靶向运送到脑部,如利培酮纳米乳已证实经鼻给药能靶向于脑。纳米乳包载药物后能够保护药物免受周围环境的降解及 P-糖蛋白的细胞外排作用,并且具有更好的鼻黏膜通透性,从而增加药物到达脑部中枢神经系统的药物量。

3. 作为眼科药物的载体　大多数药物在眼部很快被清除,制成纳米乳后表面具有一定黏附性,可以延长药物与角膜的接触时间及眼内滞留时间,增加药物的眼部吸收,减少给药次数和药物损失,提高药物生物利用度。同时,纳米乳的中性 pH、低黏度、低折射系数等特性都特别适合眼内环境。

4. 作为抗肿瘤药物的载体　抗肿瘤药物以纳米乳作为载体后,可改变其在体内的原有分布和药动学特性,通过其纳米载体的被动靶向趋向性而易于分布至肿瘤组织中,从而改善疗效。如将他莫替芬制成纳米乳后,相对于他莫替芬的混悬液具有更加显著的抗肿瘤活性。

5. 作为抗感染药物的载体　纳米乳可以携载抗感染药物,利用炎症部位细胞通透性强的特点,进入感染部位发挥药效。

6. 作为难溶性药物的载体　相当多的药物因低溶解度而导致其吸收较慢,生物利用度低。将此类药物制成纳米乳,可以显著提高它的溶解度,经口服给药后部分可经淋巴管吸收,克服了首过效应及大分子通过肠道上皮细胞时的障碍,且能很大程度上增加药物与胃肠道的接触面积,因此可显著提高口服后的吸收效率。

（六）质量评价

除口服或注射用制剂的一般检查项之外,纳米乳制剂还需要检查如下质量评价项目。

1. 乳滴粒径及其分布　乳滴粒径是评价纳米乳的重要质量指标,会影响药物在体内的吸收分布、疗效与毒副作用等,可通过激光散射法、电镜法测定。

2. 药物的含量　纳米乳中药物含量的测定一般采用溶剂提取法。溶剂的选择原则:主要应使药物最大限度地溶解在其中,而较少地溶解其他材料,溶剂本身也不应干扰测定。

3. 稳定性　纳米乳通常是热力学稳定体系,但有些纳米乳在贮存过程中粒径会变大,甚至会分层。同时,其化学、生物学方面的稳定性变化也应得到关注。可以通过加速试验和长期试验考察纳米乳的各个稳定性评价项目中指标的变化情况,从而加以评价。

4. 黏度、折光率和电导率　折光率可用于评价纳米乳的光学性质和透明性。黏度则决定了纳米乳的流动特性,常用黏度计测定。电导率是鉴别纳米乳类型的重要指标。

五、聚合物胶束

（一）概述

聚合物胶束(polymeric micelle)是指一类由两亲性高分子聚合物在水中自组装形成的一种热力学稳定的胶束溶液。两亲性高分子聚合物由亲水链段与疏水链段组成,疏水段自动缔合形成胶束的疏水内核,亲水段向外伸向水分子形成亲水外壳,从而使聚合物胶束具有特殊的"核 - 壳"结构,其粒径一般小于 200nm。近年来,聚合物胶束在纳米给药系统中受到诸多关注,它可以作为口服、注射或经皮给药的载体,其特点包括:①聚合物胶束能提高难溶性药物的溶解度,作为载体它可包载的药物范围广,且具有较高的载药能力,如聚氧乙烯 - 聚苄基门冬氨酸聚合物胶束可以包载 65% 的多柔比星;②它的临界胶束浓度较低,具有高度的热力学和动力学稳定性,且胶束外壳亲水,在体内可避免 MPS 的吞噬,从而延长在体循环的滞留时间;③可改善口服药物的吸收,从而提高生物利用度;④可提高包载药物的稳定性,如蛋白质与核酸被聚合物胶束包载后可减少周围环境中蛋白酶与核酸酶对它们的降解;⑤靶向性与释放可控性,聚合物胶束作为纳米给药系统载体具有被动靶向性,在此基础上设计灵活多变,可经过修饰进一步通过主动靶向等机制提升靶向性,还可根据需要有效调控药物释放速度,从而具有缓释长效或能够在用药部位微环境响应速释等特征;⑥减少毒副作用,通过靶向性的提升可有效降低药物对正常组织的毒副作用。

(二) 载体材料

两亲性聚合物亲水段与疏水段可选择的材料来源广泛。亲水段作为聚合物胶束的外壳与细胞接触,毒性小、生物相容性好的材料更具优势,常用的亲水段材料有 PEG、聚环氧乙烷(polyethylene oxide, PEO)、PVP、透明质酸(hyaluronic acid, HA)、壳聚糖等,其中 PEG 具有优异的生物相容性与亲水性,可有效避免载体被 MPS 吞噬,增加药物在体内的滞留时间,从而实现长循环;HA 是一种天然的糖胺聚糖,HA 及其衍生物可特异性结合肿瘤细胞表面过度表达的 CD44 受体,具有肿瘤细胞靶向性;壳聚糖及其衍生物除了具有良好的生物相容性外,还具有生物黏附性和吸收促进作用。疏水段的选择对于提高药物的包封率与载药量有重要影响。常用的疏水段材料有 PLA、聚己内酯(polycaprolactone, PCL)、聚氨基酸等,这些材料都具有优异的生物相容性,且可生物降解。除了选择不同的材料以外,通过有目的地调控亲水段和疏水段的长度及摩尔比,可以制得不同分子量与不同亲水亲油平衡值的两亲性聚合物,同时也会影响胶束的载药量。

除此之外,载体材料还具有控制药物释放的功能。近年来,温敏性胶束、光敏性胶束、pH 响应性胶束、还原敏感性胶束等相继出现,它们可以依据肿瘤的微环境或外界条件刺激而产生响应快速释放药物,这些都是由于采用了特殊功能的材料或利用聚合物链段间的连接臂而实现的。释药速度的可控性对于药效的发挥有利,但同时这些材料的安全性也应充分考虑。

(三) 形成机制及形态

与表面活性剂形成胶束相似,进入水相中的两亲性聚合物首先集中在溶液的表面上形成单分子层,当溶液表面聚合物分子达到饱和后,聚合物分子会转入溶液内部,由于聚合物的疏水段受到水分子的排斥作用,导致疏水段相互聚集成疏水内核,亲水段向外形成亲水外层,形成聚合物分子的缔合体,即聚合物胶束。两亲性聚合物在水性介质中可自发聚集形成胶束的最低浓度即为临界胶束浓度(critical micelle concentration, CMC),聚合物的 CMC 比常规表面活性剂的 CMC 低得多,而且其疏水内核更加稳定。CMC 值越低,越有利于所形成胶束的稳定性,且具有更强的抗稀释能力,特别是进入血液循环后,不易发生聚合物胶束的解离,从而避免所包载的药物到达靶部位前就提前释放而对正常组织产生毒副作用。

胶束的形态有球状、棒状、层状、圆盘状、蠕虫状等。通过调节聚合物溶液的浓度、聚合物结构、离子强度等可以调整胶束的形态。

(四) 载药聚合物胶束的制备

聚合物胶束的载药方法可以分为以下三种,即物理包埋法、化学结合法和静电作用。

1. **物理包埋法（physical embedding method）** 是指只需要通过物理方式处置来实现药物的包封，主要利用难溶性药物与胶束疏水内核的疏水作用或氢键作用进入胶束内核，此方法操作步骤较为简单，适用的药物范围广，使用最为广泛。

（1）直接溶解法：是指将药物用合适的溶剂溶解，直接加入聚合物水溶液中，平衡一段时间后药物进入胶束中，去除多余游离药物后得到载药胶束。

（2）透析法：将两亲性聚合物与药物溶解在与水互溶的有机溶剂中，如二甲亚砜、N,N-二甲基甲酰胺、乙醇等，再将混合液转移至透析袋中，在水溶液中透析除去有机溶剂与不被包载的药物，得到载药胶束。

（3）乳化-溶剂挥发法：将难溶性药物溶于有机溶剂中，同时将两亲性聚合物制成澄清的胶束水溶液，在剧烈搅拌下将含有药物的有机溶液加入胶束溶液中，形成 O/W 型乳状液，搅拌或蒸发使有机溶剂挥干，除去不包载的药物得到载药胶束。

（4）薄膜-溶剂蒸发法：将疏水性药物与两亲性聚合物溶于有机溶剂中，通过挥发或旋转蒸发仪除去有机溶剂，在容器中形成均匀的干燥薄膜，然后加入一定量的水进行搅拌或超声即得胶束。

（5）冷冻干燥法：将药物和两亲性聚合物溶于可用于冻干的有机溶剂（一般为叔丁醇）中，再与水混合，冻干后得到的聚合物胶束再分散于水性介质中可得。此法可以应用于大生产，但仅限于可溶于叔丁醇的两亲性聚合物和药物。

2. **化学结合法（chemical combination method）** 药物分子与两亲性聚合物的疏水链官能团在一定条件下发生化学反应，药物与两亲性聚合物以共价键形式结合，并聚集在聚合物胶束的疏水内核中。化学结合法制备载药胶束的载药量高于物理包埋法，但是此法需要合适的官能团才能进行反应，且化学反应具有挑战性，应用受到一定限制。

3. **静电作用（electrostatic effect）** 药物与带相反电荷的聚合物胶束通过静电作用紧密结合而将药物包封于胶束内。这种方法的优点是制备操作简单、制得的胶束稳定，但要求药物携带一定的电荷。另外，采用静电作用所制得的载药胶束对 pH 和盐比较敏感，制备与贮藏时须留意，但可以考虑以它们来作为调控药物释放的影响因素。

（五）载药聚合物胶束的释药机制

聚合物胶束主要通过聚合物胶束解聚、药物的被动扩散、药物与聚合物之间化学键的断裂三种机制释药。这主要取决于药物的不同装载方式及聚合物的理化性质，也可能是多种机制相结合实现药物的释放。物理方法制备的胶束主要以被动扩散的方式释放药物，若胶束自身不稳定或受周围或外界因素影响下出现解聚较快的状况，如 pH 敏感型胶束在酸性环境刺激下解聚，则药物也会随之快速释放，此时胶束解聚为主要的释放机制。采用化学结合法制备的载药胶束利用渗入胶束内核中的水，使药物与聚合物之间的化学键水解断裂，然后再通过扩散将药物释出。由于胶束内核的容积很小，限制了水进入的量，因此药物也有可能主要是通过胶束骨架的降解而释放。除此以外，药物分子的大小、药物在聚合物胶束中的位置及载药量、胶束内核的物理状态也会影响聚合物胶束的释放。

（六）质量评价

1. **形态、粒径及其分布** 聚合物胶束的形态常采用透射电镜或扫描电镜等进行观察。

粒径及其分布有多种检测方法,常采用动态激光散射法进行表征。胶束的粒径取决于聚合物材料的分子量、亲水和疏水链段的相对比例、胶束聚集数等。胶束粒径与其在体内的分布密切相关。

2. 载药量和包封率 载药量和包封率的测定和具体评价标准参照《中国药典》(2020 年版)四部通则 9014"微粒制剂指导原则"进行测定与评价,载药量是指胶束所含药物的重量百分率,按照公式进行计算:载药量 =(胶束中包封的药量 / 胶束制剂的总重)×100%,包封率测定前应通过适当的方法将游离药物与被包封药物进行分离,按照以下公式进行计算:包封率 =(胶束中包封的药量 / 制备胶束时投入的药物总量)×100%。

3. CMC 值 CMC 值越低,越有利于胶束的稳定性。聚合物胶束 CMC 的测定方法有电导法、表面张力法、荧光光谱法等,常用的荧光光谱法就是利用胶束形成前后荧光探针对环境极性的敏感性而产生的荧光光谱的变化来确定的。

4. 有机溶剂残留量 聚合物胶束的制备常会用到有机溶剂,需要对有机溶剂残留量进行控制,残留量应依据《中国药典》(2020 年版)四部通则 0861"残留溶剂测定法"进行测定,并符合其中残留溶剂限度的对应要求。

(七)应用与展望

在过去的几十年中,随着材料科学与纳米技术的不断发展,聚合物胶束因其载药范围广、稳定性高、具靶向性且设计灵活等诸多优势而被广泛应用于纳米药物载体的构建中,具有广阔的开发前景,正受到越来越多的关注与研究。

它在肿瘤治疗、抗菌与代谢类疾病等治疗方面均具有诸多优势。病原微生物感染一直是威胁人类健康的重要原因之一,然而多种抗菌药水溶性差、专属杀伤性差,限制了其临床应用。通过设计特定酶响应的纳米胶束,一方面能增加抗菌药的溶解性,同时也能实现菌株的选择性,从而高效杀伤病原体。针对肿瘤治疗,目前已有多种胶束被用作抗肿瘤药物载体,传统化疗药如多柔比星、紫杉醇、顺铂等溶解性差、无靶向性,且对正常组织有严重副作用,患者顺应性差,聚合物胶束可包载化疗药提高其溶解性,并通过主被动靶向或物理化学靶向实现肿瘤组织的靶向分布,增强肿瘤细胞的摄取,从而减少化疗药的毒副作用。目前已有聚合物胶束的上市产品,如紫杉醇的聚合物胶束制剂已在韩国、中国、印度和俄罗斯等国家上市,同时还有包括顺铂、盐酸伊立替康、盐酸多柔比星、多西他赛等多种胶束制剂进入了临床研究阶段,科研工作者还设计了许多智能型的聚合物胶束来增加肿瘤细胞的摄取率,如依据肿瘤组织微酸性环境和还原环境设计肿瘤微环境响应型的聚合物胶束,以及设计对光、温度、外界磁场响应的智能型聚合物胶束,这些都将有利于提高化疗药在靶位的浓度,并提高疗效、减少毒副作用,然而大多数在动物试验中达到理想疗效的聚合物胶束在用到人体时仍存在不少问题。同时材料的合成较为烦琐、产率或提纯问题的困扰、及新型聚合物材料的安全性问题都阻碍着聚合物胶束进入规模生产及临床应用。为此科研工作者正不断完善各类生物高分子材料,探索能够实现大生产及临床转化的聚合物胶束的载体设计。随着相关经验的积累与纳米相关技术的飞速发展,聚合物胶束有望能够为各类疾病的治疗带来新的突破。

第三节 主动靶向制剂

一、概述

主动靶向制剂（active targeting preparation）与被动靶向制剂最大的区别在于这些载体或药物上修饰具有分子特异性作用的配体、抗体等。通过修饰改善表面亲水性可有效避免 MPS 的识别吞噬，从而改变微粒载体与药物在体内的自然分布状态，再因连接特定的配体或抗体使其和靶细胞特异性结合而实现靶向分布的目的。同时，原药衍生得到的药理惰性物质能在特定靶部位被激活发挥作用，即前体药物，其亦属于主动靶向制剂的范畴。此外，还有一些靶组织特异性的酶响应型制剂，不是通过与靶部位的特异性结合，而是通过在靶部位的特异性酶促作用，诱导药物释放，它们也属于主动靶向制剂。主动靶向制剂包括主动靶向载体制剂及主动靶向药物两大类制剂。

二、主动靶向载体制剂

主动靶向载体制剂实现靶向功能分为两个过程，首先该载体制剂能被动靶向于靶部位；其次，靶向分子通过特异性识别作用将载体制剂摄入细胞内，然后药物从载体制剂中释放发挥药物疗效。要实现主动靶向两个过程缺一不可。

（一）抗体介导的载体制剂

抗体介导的载体制剂可以通过将抗体与载体连接，形成免疫脂质体、免疫微球、免疫纳米粒、免疫红细胞等免疫载体制剂。通过载体制剂表面的抗体介导，利用抗体能够与靶细胞表面的特异性抗原相结合，从而具有靶点高特异性的亲和力，可在体内特异性地杀伤靶细胞，达到主动靶向的目的，并提高药效。如 Nortrey 等在阿昔洛韦脂质体上连接抗细胞表面病毒糖蛋白抗体得到的阿昔洛韦免疫脂质体，可以靶向于眼部疱疹病毒结膜炎的病变部位，并特异地与被感染细胞结合，相对于游离药物与未免疫脂质体，其抑制病毒生长效果明显提升；抗人膀胱癌单克隆抗体 BDI-1 与多柔比星纳米粒偶联得到的免疫纳米粒相对于游离药物都显示出更强的体内外的抑瘤作用。Taiho 等制备了抗 EGFR 结合的载多柔比星的聚乙二醇 - 聚己内酯嵌段共聚物胶束（MePEG-b-PCL）用于 EGFR 过度表达的癌细胞的主动靶向传递，结果显示抗体特异性识别显著提高了多柔比星的肿瘤细胞的靶向传递，多柔比星在肿瘤细胞摄取与细胞核蓄积明显增加。

（二）受体介导的载体制剂

基于配体分子与靶细胞表面受体分子特异性结合的特点，可以在载体制剂表面联结一种识别分子作为配体，从而实现对特定器官、组织和细胞的主动靶向给药。至今，国内外已报道用于载体制剂靶向修饰的靶向配体有转铁蛋白、叶酸、整合素、半乳糖、甘露糖、RGD 肽、表皮生长因子、细胞生长因子、脂蛋白等。如整合素是细胞表面的糖蛋白受体，对肿瘤细胞信号传递、侵袭和转移、血管生长等起重要作用，由于它在肿瘤细胞上高度表达，以整合素配体 RGD 对载体制剂（胶束、纳米粒、脂质体等）进行表面修饰用于药物的递送，体内外试验均证实配体的修饰可以增加所包载药物在肿瘤细胞的摄取,且具有更强的肿瘤部位靶向性。叶酸是一种小分子量的维生素,其与多种肿瘤(卵巢癌、子宫内膜癌、肾癌、乳腺癌等)表面过度表达的叶酸受体具有高度亲和力,以叶酸作为配体对载体制剂进行修饰,可显著提高药物靶向输送到肿瘤部位的能力。

三、主动靶向药物

(一)单克隆抗体药物

单克隆抗体药物自身具有靶向能力,20世纪80年代第一个多克隆抗体药物OKT_3(muromonab-CD_3)经过美国FDA批准上市,由于其为鼠源单克隆抗体,人体免疫系统可以识别并产生免疫原性,使其应用受到很大限制。随着嵌合型单克隆抗体、人源单克隆抗体相继被生产,近年又出现如曲妥珠单抗、贝伐珠单抗、英夫利西单抗等多个上市的抗体药物,在临床应用中取得了良好的治疗成效,这些单克隆抗体药物主要用于肿瘤、自身免疫性疾病及炎症等疾病的治疗。

(二)抗体药物偶联物

单克隆抗体靶点特异性高,不良反应小,患者顺应性强,是生物制药领域中备受关注的对象。以单克隆抗体作为抗肿瘤药物的介导基团具有良好的前景,在制药领域发展迅速。利用单克隆抗体对肿瘤细胞特异抗原的高亲和力,可将与此偶联的药物(常见细胞毒药物)靶向输送到病灶部位,然后活性成分释放发挥药效。也有研究证实,单抗与药物偶联物对靶细胞具有选择性杀伤作用,可显著提高用药的成效与安全性。如美国获批的抗体药物偶联物trastuzumab emtansine是由trastuzumab抗体与能结合微管蛋白的emtansine组成,用于治疗HER_2阳性转移性乳腺癌,患者疗效确切。随着抗体药物偶联物(antibody drug conjugate,ADC)研究领域的深入,新的ADC也在不断被开发出来,临床治疗上的潜力不容忽视。如何改良ADC技术、选择更合适的靶点和连接体(linker)以提高靶部位的特异性,以及改善ADC生产的稳定性与可控性也在不断给研究工作者与制药企业带来挑战。

(三)配体修饰药物

与受体介导的载体制剂相似,通过将转铁蛋白、整合素、叶酸等配体与药物偶联有利于药物的靶向递送,如将叶酸与姜黄素、紫杉醇分别偶联后,都显示出肿瘤细胞的靶向杀伤能力。

(四)靶向前体药物

靶向前体药物(targeting prodrug)就是原药经衍生得到的药理惰性物质,能在特定的靶部位通过化学反应或酶作用再生为母体药物,增加药物在靶部位的分布,同时减小在其他部位的分布,从而增加药物的治疗指数。例如Boder等设计了一种脑部靶向的前体药物,其基本原理是利用二氢吡啶与药物结合,增加药物的脂溶性,使之容易进入脑部,在脑内氧化成为相应的、难于跨过血脑屏障的季铵盐,因而滞留在脑内,经脑脊液的酶或化学反应水解,缓慢释放药物而延长药效。在外围组织形成的季铵盐经胆、肾机制而较快排出体外,全身毒副作用明显降低。另外,前体药物的设计还可以出于改变药物的溶解度与稳定性的考虑。

欲使前体药物在特定的靶部位再生为母体药物,基本条件是:①前体药物应能到达靶部位;②使前体药物转化的反应物或酶均应仅在靶部位存在,且表现出足够的活性;③靶部位的酶或反应物须足量,以产生足量的母体活性药物;④产生的活性药物应能在靶部位滞留,而较少进入循环系统产生毒副作用。

主动靶向药物的设计还可以通过将抗体介导功能与前体药物技术相结合,抗体引导前体药物导向靶部位,然后靶部位的酶特异性地将前体药物转化为活性药物,在靶位发挥药效。另一种思路是通过抗体将酶导向于靶部位,然后再给前药,靶部位的酶特异性地将前药转化为具有活性的药物。这里所选用的酶应具有前药转化率高、特异性好、内源性干扰小、容易纯化及稳定性好等优点。

第四节　物理化学靶向制剂

物理化学靶向制剂(physical and chemical targeting preparation)指的是利用物理化学方法使制剂在特定部位释放药物发挥药效的制剂技术。通过设计特定的载体材料和结构,使其能够响应于某些物理或化学条件而释放药物,这些物理或化学条件可以分为体外与体内两种来源,体外刺激如体外磁场、超声波、局部温度升高、光照(近红外、紫外线)等,也可以是体内某些组织所特有的,如肿瘤部位由于肿瘤细胞的快速增殖造成微环境代谢异常,形成各类复杂的微环境,这些都可以作为药物释放实现靶向的体内刺激药物释放因素。另外,用栓塞制剂阻断靶区的血供和营养,起到栓塞和靶向化疗的双重作用,也可属于物理化学靶向。依据靶向机制不同,物理化学靶向制剂主要分为磁性靶向制剂、栓塞靶向制剂、温敏靶向制剂和 pH 敏感靶向制剂。

一、磁性靶向制剂

采用磁性材料与药物制成磁导向制剂,在体外磁场引导下在体内定向移动和定位浓集于特定靶区的制剂称为磁性靶向制剂。最早可追溯到 20 世纪 80 年代,人们使用磁性靶向制剂用于靶向治疗,与其他靶向制剂相比较,此类制剂可以有效地减少 MPS 的捕获,并在磁场的作用下增加靶区药物浓度,提高疗效;并可降低药物对其他器官和正常组织的毒副作用;它还具有一定的缓释作用;同时在交变磁场的作用下磁性材料会吸收磁场能量产生热量,使局部温度升高而杀伤肿瘤组织;临床试验表明,磁性微球中的磁性超微粒子可定期、安全排出体外,不会造成蓄积。以上优势均造就了磁性靶向制剂的研究热度。

磁性靶向制剂主要有磁性微球、磁性纳米粒、磁性脂质体、磁性乳剂、磁性片剂、磁性胶囊剂和将单克隆抗体偶联在磁性制剂表面的免疫磁性制剂。其中较为常见的是磁性微球和磁性纳米粒,可通过静脉、动脉导管、口服或注射等途径给药。

磁性靶向制剂一般是由磁性材料、骨架材料、药物三部分组成。可用的磁性材料有 Fe_2O_3、$FeO \cdot Fe_2O_3$(Fe_3O_4)、纯铁粉、磁铁矿等,其中 Fe_3O_4 因制备简单、性质稳定、磁响应性强和灵敏度高等优点成为最常用的磁性材料,其亦可进一步变成 Fe_2O_3,为黑色胶体溶液,由粒径在 2～15nm 的超细球形粒子组成,亦称磁流体。理想的骨架材料应具有良好的生物相容性,不会引起免疫反应,能够在体内逐步降解清除。常用的骨架材料是聚天然氨基酸类,如白蛋白、明胶;聚多糖类,如淀粉、壳聚糖等;类脂成分,如磷脂酰甘油、磷脂酰胆碱等;有机合成大分子,如聚乳酸、乙基纤维素等。

在选择好合适的各种制备材料后,磁性微球或磁性纳米粒可经一步法或两步法制备,一步法是在成球前加入磁性物质,聚合物将磁性物质包裹成球;两步法先制成微球或纳米粒,再将微球或纳米粒磁化。也可采用先制备磁性高分子聚合物微粒,再共价结合或吸附药物。

所制备的磁性微球或磁性纳米粒的质量评价可通过形态、粒径分布、溶胀能力、吸附性能、体外磁响应、载药稳定性等项目进行考察,以满足一定的设计要求。应用时外加磁场强度、应用时间和立体定位等因素对该给药系统的靶向性影响较大。其对于治疗离表皮较近的肿瘤如乳腺癌、口腔颌面癌、食管癌等效果较好,但对于深层部位的靶向性较差。

二、栓塞靶向制剂

动脉栓塞在临床上治疗中晚期恶性肿瘤已有多年,尤其肝动脉栓塞被认为是手术不能切除或术后复发肝癌的首选治疗方法。动脉栓塞是通过选择性地插入动脉的导管将含药栓塞微球制剂等输送到靶组织或靶器官,如肝动脉栓塞就是将制剂栓塞在肝癌邻近的肝动脉内,闭锁肿瘤血管,切断肿瘤细胞的供养,可导致肿瘤组织缺血、缺氧最后坏死。正常肝脏组织由肝动脉和门静脉双重血供,其中 25% 来源于肝动脉,75% 来源于门静脉。肝癌组织 90% 以上由肝动脉供血,肝动脉栓塞微球实现紧密栓塞后能有效阻断肝癌组织血供,而正常肝脏组织仍由门静脉供血,不受影响。在动脉栓塞时,如果栓塞制剂中含有抗肿瘤药物,则具有栓塞和靶向性化疗的双重作用。由于药物在栓塞部位逐步释放,可使药物在肿瘤组织中保持较高的浓度和较长的作用时间,具有靶位浓集和缓释的特征,有利于提升抗肿瘤的治疗效果,也可减少全身毒副作用。动脉栓塞还可以与磁性材料和放射性核素、热疗相结合应用,疗效更加显著。

动脉栓塞制剂以微球为主,除此之外,还有微囊、脂质体。目前,动脉栓塞技术除了用于治疗肝、脾、肾、乳腺等部位的肿瘤外,还可用于巨大肝海绵状血管瘤、肺癌、脑膜瘤、颅内动静脉畸形、颌面部肿瘤等。

栓塞微球的载体材料主要有可生物降解与不可生物降解两类,可生物降解的载体材料主要有白蛋白、明胶、淀粉及其衍生物、聚乳酸、葡聚糖等,主要适用于反复栓塞的病例。不可生物降解的材料有乙基纤维素和聚乙烯醇,所制栓塞微球用于术前辅助栓塞与永久性栓塞。栓塞微球视栓塞部位不同,粒径在 30～800μm 不等,抗肿瘤栓塞微球直径一般是 40～200μm。直径小的微球栓塞毛细血管网,甚至可到达毛细血管末梢,稍大的微球栓塞一般血管,分级栓塞可实现最佳的栓塞效果。

栓塞微球的制备方法主要有乳化 - 液中干燥法和乳化 - 化学交联法。以生物降解型淀粉栓塞微球为例,其栓塞时间短,适用于须多次反复栓塞的病例。其制备方法简单,具体制备方法为:称取 333g 分子量约 20 000 的可溶性淀粉,溶于 533ml 含有 53g 氢氧化钠和 2g 四氢硼酸钠的水溶液中,搅拌 4 小时,将溶液表面封上一层辛醇(约 0.5ml),静置两天,得到澄清溶液;将 20g Gafac.RTM.PE 510(一种乳化剂)溶解于 1L 的 1,2- 二氯乙烷中,加入先前制备的淀粉溶液,搅拌,使分散为 W/O 型乳剂,控制搅拌速度,使液滴的平均粒径为 70μm;向液体中加入 40g 的环氧氯丙烷,50℃反应 16 小时;形成的产品用丙酮、水反复洗涤,除去未反应的原料和小分子产物,最后一次丙酮洗涤后在 50℃真空干燥两天,即得。微球平均粒径为 40μm。

上述淀粉微球的制备工艺中,环氧氯丙烷为交联剂,在碱性条件下与淀粉反应,使两个或两个以上的淀粉分子之间"架桥"在一起形成交联淀粉,构成多维空间网状结构。此制备工艺简单,从淀粉原料到微球成品一步即可完成。环氧氯丙烷分子中具有活泼的环氧基和氯基,是一种交联效果极好的交联剂。其反应条件温和,易于控制,不过交联速度很慢,选用较高的反应温度和碱性可明显加速淀粉与环氧氯丙烷的反应速率。四氢硼酸钠作为还原剂,将多糖链末尾的葡萄糖还原成多元醇。

三、温度敏感靶向制剂

温度敏感靶向制剂使用对温度敏感的载体材料制成,在热疗仪的局部作用下,可使其在靶区释药,目前研究最多的是温敏脂质体。温敏脂质体在正常体温时磷脂膜排列紧密有序,药物稳定包封其中,当其到达预热的靶部位后,达到相变温度时,包裹药物的磷脂膜流动性大幅增加,膜厚度减小,膜通透性增大,导致药物释放加快,发挥治疗作用。应用温敏脂质体,可使甲氨蝶呤在局部用微波加热的肿瘤部位摄取量增大 10 倍以上,有效抑制肿瘤的生长。为了进一步增加温敏脂质体在体内滞留的时间和靶向性,各种多功能复合的新型温敏脂质体通过与其他靶向技术相结合,产生诸如温敏长循环脂质体、温敏磁性脂质体、温敏免疫脂质体等。如 Hao 等制备了多肽 iRGD 修饰的共轭亚油酸 - 紫杉醇纳米脂质体,可在 42℃具有温敏响应性,细胞摄取率高,能进一步增加药物的靶向性,从而具有良好的抑制肿瘤生长能力,并能延长生存期。Ribeiro 等制备了吉西他滨 - 紫杉醇温敏磁性脂质体,吉西他滨和紫杉醇在相变温度下的释放率相较于正常生理温度提高了 85% 与 42%,药物在肿瘤组织中的蓄积量更高,可更有效抑制肿瘤存活。

四、pH 敏感靶向制剂

pH 敏感靶向制剂是能对环境 pH 响应的制剂。由于疾病状态会改变病理组织(肿瘤组织、炎症组织等)的 pH,如肿瘤微环境的 pH 比周围正常组织低,实体瘤细胞外 pH 为 6.5,溶酶体囊泡内的 pH 也明显低于细胞质 pH;此外,人体胃肠道不同部位 pH 也不同。因此,利用 pH 差异选择与设计合适的载体材料可以实现在特定 pH 环境下释放药物,将药物选择性地靶向到特定的部位。例如 pH 敏感的口服结肠定位释药系统,可以通过选择丙烯酸树脂 Eudradit S/L 为包衣材料,在低 pH 消化液中不释放,在 pH＞7.0 时包衣层开始溶解,以达到结肠定位释药的目的。pH 敏感脂质体可以通过在普通脂质体的双分子膜中加入一定量的对 pH 敏感的磷脂(如二油酰磷脂酰乙醇胺,dioleoyl glycero phosphoethanolamine,DOPE)和脂肪酸。如在 pH=7.4 时,脂肪酸抑制 DOPE 形成六角相的趋势,脂质体膜为紧密的双分子层结构;在低 pH(4.5～6.5)范围内,脂肪酸的羧基质子化,DOPE 变成为六角相结构,致使脂质体膜变疏松,脂质体内的药物在靶部位释放速度明显加快,实现靶向分布。

思考题

1. 靶向制剂、主动靶向制剂、被动靶向制剂、物理化学靶向制剂的定义。
2. 靶向制剂是如何分类的?
3. 理想的靶向制剂应该具备哪些要素?
4. 实现被动靶向与主动靶向的原理有哪些?
5. 如何对靶向制剂的靶向性进行评价?
6. 微粒表面修饰聚乙二醇在靶向制剂中具有什么作用?
7. 简述物理化学靶向制剂的类型与原理,并举例说明。
8. 前体药物在特定的靶部位再生为母体药物,基本条件是什么?
9. 简述脂质体的定义、分类和结构。
10. pH 梯度法和硫酸铵梯度法为何能制备高包封率载药脂质体?
11. 药物被脂质体包封后有哪些特点?
12. 何谓包封率和渗漏率? 这两个参数对脂质体有何意义?
13. 纳米乳作为药物载体有哪些应用?
14. 聚合物胶束有哪些特点?

ER15-2　第十五章　目标测试

(宋　煜)

参考文献

[1] 唐星.药剂学.4 版.北京:中国医药科技出版社,2019.

[2] 何勤,张志荣.药剂学.3 版.北京:高等教育出版社,2021.

[3] 方亮.药剂学.9 版.北京:人民卫生出版社,2023.

[4] MATSUMURA Y, MAEDA H. A new concept for macromolecular therapeutics in cancer chemotherapy: mechanism of tumoritropic accumulation of proteins and the antitumor agent smancs. Cancer Research, 1986, 46: 6387-6392.

[5] SINDHWANI S, SYED A M, NGAI J, et al. The entry of nanoparticles into solid tumours. Nature Materials, 2020, 19(5): 566-575.

[6] 国家药典委员会.中华人民共和国药典:四部.2020 年版.北京:中国医药科技出版社,2020.

第十六章　生物技术药物新型制剂

第一节　概述

一、生物技术药物的定义

生物技术是应用生物学、化学和工程学的基本原理，利用生物体（包括微生物、动物细胞和植物细胞）或其组成部分（细胞器和酶）生产有用物质，或为人类提供某种服务的技术。随着现代生物技术的不断发展，利用基因工程、细胞工程、酶工程和发酵工程等现代生物技术生产的生物技术药物显示出化学药物无法替代的优势，目前已被广泛用于治疗癌症、艾滋病、神经退化性疾病及自身免疫性疾病等难以攻克的疾病。

广义的生物技术药物是指所有以生物物质为原料的各种生物活性物质及人工合成类似物，以及通过现代生物技术制得的药物。现代的生物技术药物（biotechnological drug）是指以微生物、细胞、动物或人来源的组织和体液为原料，综合应用传统技术或现代生物技术制得的用于人类疾病预防、诊断和治疗的药物。当前的生物技术药物按照药物的化学结构可分为多肽类药物、蛋白质类药物、核酸类药物、多糖类药物等。其中多肽类、蛋白质类药物可分为细胞因子类、重组溶栓类、单克隆抗体类及基因工程疫苗类。核酸类药物可以分为寡核苷酸药物、反义寡核苷酸药物及基因治疗药物等。自从 1982 年首个利用基因工程技术得到的生物技术药物重组人胰岛素被 FDA 批准上市至今，生物技术药物在不断地创新，并飞速发展，目前已在医药领域占有重要地位（表 16-1）。目前全球已经上市投入临床使用的生物技术药物已多达 500 多种，其中，2023 年 FDA 批准上市的 55 款新药中，17 款为生物技术药物。

表 16-1　近年来国内外批准上市的生物技术类药物

名称	药物有效成分	适应证	上市时间
非格司亭	重组人粒细胞集落刺激因子	降低与化疗引起的中性粒细胞减少症有关的感染发生率	1991 年 FDA 批准上市
利妥昔单抗	CD20 单克隆抗体	复发或耐药的滤泡性中央型淋巴瘤	1997 年 FDA 批准上市
英利昔单抗	TNFα 单克隆抗体	强直性脊柱炎	1998 年 FDA 批准上市
曲妥珠单抗	HER2 单克隆抗体	转移性乳腺癌、转移性胃癌	1998 年 FDA 批准上市
依那西普	TNFR2/p75 FC 融合蛋白	类风湿关节炎、强直性脊柱炎	1998 年 FDA 批准上市
阿法依泊汀	重组人红细胞生成素	肾病末期患者贫血、癌症化疗引起的贫血	2001 年 FDA 批准上市
阿达木单抗	TNF 单克隆抗体	类风湿关节炎、强直性脊柱炎	2003 年 FDA 批准上市
贝伐珠单抗	VEGF 单克隆抗体	结直肠癌、乳腺癌、非小细胞肺癌	2004 年 FDA 批准上市
碘[131I]肿瘤细胞核人鼠嵌合单克隆抗体注射液	放射性碘[131I]标记的嵌合型肿瘤细胞核人鼠嵌合单克隆抗体	用于治疗化疗不能控制或复发的晚期肺癌放射免疫治疗	2006 年 SFDA 批准上市
雷珠单抗	抗人血管内皮生长因子单克隆抗体片段（Fab 部分）	湿性年龄相关性黄斑病变	2006 年 FDA 批准上市
碘[131I]美妥昔单抗注射液	放射性碘[131I]标记的抗 HAb18G Fab	肝癌	2011 年 SFDA 批准上市
帕博利珠单抗	PD-1 单克隆抗体	不能切除的黑色素瘤、非小细胞肺癌、高度微卫星不稳定癌、头颈部癌、胃癌	2014 年 FDA 批准上市
纳武单抗	PD-1 单克隆抗体	转移性鳞状非小细胞肺癌、晚期肾癌、霍奇金淋巴瘤、转移性胃癌	2014 年 FDA 上市
恩诺单抗	Nectin-4 单克隆抗体和微管破坏剂 MMAE（monomethyl auristatin E）组成的抗体药物偶联物	成人膀胱癌或转移性尿路上皮癌	2019 年 FDA 批准上市
仑卡奈单抗	抗 β 淀粉样蛋白（Aβ）聚合体单抗	轻度阿尔茨海默症（AD）和阿尔茨海默症（AD）引起的轻度认知障碍（MCI）疾病	2023 年 FDA 批准上市

二、生物技术药物的特点

绝大多数生物技术药物是生物大分子内源性物质，即多肽类、蛋白质类、核酸类及多糖类。与传统的化学药物相比，生物技术药物具有以下特点：①生物技术药物的药理活性高，临床使用剂量小，副作用小，少有过敏反应；②生物技术药物可与特异性受体结合发挥药理作用，且受体分布具有组织特异性，因此生物技术药物在体内分布具有组织特异性；生物技术药物可以作用于多种组织或细胞，使不同组织或细胞间在功能上产生协同或拮抗效应，因此可具有多种功能，发挥多种药理作用；③目前上市的生物技术药物绝大多数为多肽类与蛋白质类药物，而蛋白质或多肽稳定性较差，在酸碱环境或体内酶存在下极易失活变性，也易被微生物污染，因此口服给药易受胃肠道 pH、酶系统及肠道菌群的影响，致使药效减弱；④生物技术药物多为蛋白质或多肽，分子量较大，并且具有复杂的分子结构，时常以多聚体形式存在，很难透过胃肠道黏膜的上皮细胞层，所以吸收很少，不能口服给药，对于需要长期给药的患者存在许多不便；⑤生物半衰期较短，体内清除速率快，在体内降解的部位广泛；⑥许多生物技术药物的药理学活性与动物种属密切相关，因为药物自身及药物作用受体和代谢酶的基因序列存在着动物种属的差异，可能出现某些非人源的生物技术药物在动物体内有活性而在人体内无药理学活性的现象。

综上所述，相比于传统化学药物，生物技术药物具有许多优势，例如更高的药理活性、特异性的体内分布及较小的副作用。但同时生物技术药物依然存在因稳定性较差导致的易失活、体内半衰期较短及因分子量较大导致的吸收困难和无法口服给药等问题。药剂学工作者的工作重点是如何运用药剂学方法提高生物技术药物特别是蛋白质、多肽类药物的稳定性，延长体内半衰期，促进吸收，开发生物技术药物的非注射给药系统。这也是药剂学学科当前的研究热点之一。

第二节　生物技术药物分类与稳定性

生物技术药物按化学结构分类主要包括蛋白质与多肽类、核酸类、多糖类药物，其中蛋白质和多肽类药物可分为细胞因子类、重组激素类、重组溶栓类、重组可溶性受体、导向毒素、单克隆抗体及基因工程疫苗等；核酸类药物可分为寡核苷酸药物、反义寡核苷酸药物、核酸疫苗及基因治疗药物。根据药物性质及用途，生物技术药物可分为疫苗、抗毒素及免疫血清、血液制品、细胞因子、重组 DNA 产品、诊断制剂及其他类。本节主要介绍蛋白质类、多肽类、核酸类及多糖类生物技术药物。

一、蛋白质和多肽类药物的结构与理化性质

蛋白质和多肽类药物是指由多个氨基酸通过肽键相连而成，用于疾病预防、治疗和诊断的高分子物质。一般来说，氨基酸数少于 50，分子量小于 5 000 的肽链称为多肽；氨基酸数大于 50，分子量为 5 000～1 000 000，具有三维结构的大分子称为蛋白质。与小分子药物不同，蛋白质药物的结构复杂，其独特的生物学功能与其分子的特异结构密切相关，因此在处方设计与工艺优化时必须充分了解其结构和理化特性。

（一）蛋白质和多肽类药物的结构

蛋白质分子的结构主要分为一级结构和空间结构（包括二级结构、三级结构和四级结构）。多肽往往只有一级和二级结构，没有复杂的立体结构。蛋白质的构象又称为三维结构、

空间结构、立体结构或高级结构,是指蛋白质分子中各原子在三维空间中的排列。蛋白质分子在天然状态或活性形式下,都具有独特而稳定的构象,这是蛋白质分子结构上最显著的特征。

1. **一级结构** 是指蛋白质分子中氨基酸残基的种类和排列顺序,是蛋白质空间结构的基础。蛋白质一级结构主要由氨基酸分子间的 α- 羧基与 α- 氨基脱水缩合产生的肽键连接而成。肽键键能高,所以一级结构的稳定性也较强。

2. **二级结构** 是蛋白质分子中的肽链借助氢键作用沿一个方向排列形成的具有周期性结构的构象,主要包括 α- 螺旋、β- 折叠、β- 转角和无规卷曲等。相邻的二级结构单元组合在一起,通过彼此之间的相互作用形成规则的二级结构聚合体称为超二级结构,超二级结构是蛋白质分子构象中二级结构与三级结构之间的一个层次,其基本形式有 αα、βαβ 和 βββ 等。

3. **三级结构** 是蛋白质分子中肽链通过各氨基酸残基的 R 侧链间相互作用产生的各种次级键形成的特定构象,涉及肽链所有原子在空间的排列,是在二级结构的基础上进一步盘绕、折叠而成。

4. **四级结构** 是指蛋白质的多条多肽链之间相互作用形成的有序排列的特定构象,由两个或两个以上的亚基组成。蛋白质四级结构主要通过亚基间氨基酸残基疏水作用维持。此外,氢键、范德华力、离子键及二硫键也参与四级结构的形成。

蛋白质的一级结构决定了其二级、三级结构。一级结构相似的蛋白质,其基本构象和功能也相似。氢键、疏水键、离子键、配位键和范德华力等次级键是维持蛋白质构象的主要作用力,这些次级键由蛋白质分子的主链和侧链上的极性、非极性和离子基团等相互作用而成。蛋白质构象的改变是由单键的旋转产生,因此仅涉及次级键的变化,但蛋白质的空间构象决定了其功能的多样性,也是其生物活性的基础,一旦空间构象被破坏,其活性也将丧失。

（二）蛋白质和多肽类药物的理化性质

1. **蛋白质和多肽类药物分子的氨基酸侧链上有很多解离基团** 如赖氨酸的 ε- 氨基、谷氨酸和天冬氨酸的 γ- 羧基和 β- 羧基、精氨酸的胍基和组氨酸的咪唑基等。因此,蛋白质和多肽类药物分子在一定 pH 条件下可发生解离而荷电。当蛋白质或多肽分子解离成正、负离子的趋势相等,净电荷为零时,溶液的 pH 即为该蛋白质或多肽分子的等电点。蛋白质或多肽分子所带电荷取决于蛋白质的等电点和体系的 pH,当溶液的 pH 大于等电点时,分子带负电荷,反之带正电荷。

2. **蛋白质的相对分子量较大** 在水中可形成亲水胶体粒子(1～100nm)。因此,可通过透析法或超速离心法来分离提纯蛋白质。

3. **除甘氨酸外的氨基酸都具有旋光性(α 碳原子不对称)** 蛋白质和多肽也具有旋光性,其总体旋光性由构成氨基酸各个旋光度的总和决定,通常是右旋。此外,含有苯丙氨酸、酪氨酸或色氨酸等具有苯环结构的蛋白质和多肽类药物具有紫外吸收能力。

4. 蛋白质和多肽类药物还可与茚三酮、硫酸铜、酚试剂、乙醛酸试剂、浓硝酸等发生呈色反应。

二、核酸和多糖类药物的结构与理化性质

（一）核酸类药物

核酸类药物通常是指从动物、微生物细胞内直接提取的或采用人工合成法制备的一类具有一定遗传特性，在基因水平上发挥作用，用于疾病诊断、预防和治疗的物质。核酸类药物根据功能可分为三类：①基因表达上调；②基因表达破坏；③基因编辑。根据化学组成不同，核酸主要分为脱氧核糖核酸（deoxyribonucleic acid，DNA）和核糖核酸（ribonucleic acid，RNA）。核酸类药物主要包括质粒 DNA、反义寡核苷酸、核酶、脱氧核酶、小干扰 RNA、微小 RNA、适配体 RNA、CpG 寡聚脱氧核苷酸和诱饵核酸等。抗病毒药物阿昔洛韦、眼科用药 voretigene neparvovec-rzyl 等均属于核酸类药物。核酸疫苗也被看作继传统疫苗、重组亚单位疫苗之后的"第三代疫苗"，是极具潜力的新一代疫苗。随着临床的推进和相关技术的成熟，近年核酸类药物获批速度明显加快，目前众多种类核酸药物正在进入或已在不同的临床阶段，其适应证也在更加广泛化。基于核酸的疗法是治疗获得性免疫缺陷综合征、癌症、遗传疾病、传染病和病毒感染等疾病的有效方法。

1. 核酸类药物的结构　核苷酸是核酸的基本组成单位，核苷酸由磷酸基团、戊糖及含氮碱基构成。参与构成核酸的核苷酸有很多种，其主要区分在于戊糖 2′ 的脱氧和碱基的不同。根据戊糖不同将核酸分为 DNA（脱氧核糖）和 RNA（核糖），碱基可分为嘌呤（腺嘌呤 A、鸟嘌呤 G）和嘧啶（胸腺嘧啶 T、胞嘧啶 C、尿嘧啶 U）两种，DNA 分子含有 A、G、T、C 四种碱基，RNA 含有 A、G、U、C 四种碱基，含氮碱基的顺序决定了遗传密码。

DNA 分子为双螺旋结构，脱氧核糖和磷酸基团将核苷酸连接在一起，形成每条 DNA 链，两条 DNA 链反向平行，互补碱基对（A—T、C—G）之间的氢键和堆积力作用形成双螺旋结构，其中 A 与 T 之间形成 2 个氢键，C 与 G 之间形成 3 个氢键。DNA 中含氮碱基的数量是相等的，A 的量等于 T 的量，C 的量等于 G 的量。与 DNA 不同，RNA 通常是单链的，RNA 由核糖和磷酸基团相连而形成不同长度的链，每个糖上都有一个碱基 A、U、C 或 G（图 16-1）。RNA 链中自互补序列的存在也会导致链内碱基配对和核糖核苷酸链折叠形成由突起和螺旋组成的复杂结构形式。

2. 核酸类药物的理化性质

（1）核酸类药物微溶于水，不溶于乙醇、乙醚和三氯甲烷等一般的有机溶剂，DNA 在溶液中黏度较大，RNA 黏度小。

（2）核酸既含有酸性的磷酸基团，又含有弱碱性的碱基，故可发生两性解离。利用核酸的两性解离，可以通过调节核酸溶液 pH 至等电点来沉淀核酸，也可通过电泳分离纯化核酸。

（3）嘌呤和嘧啶具有共轭双键，能吸收紫外光，在 260nm 处有最大吸收。可根据样品在 260nm 和 280nm 处的紫外吸收的比值估算核酸的纯度。

（4）在某些理化因素作用下，核酸分子中双螺旋之间的氢键断裂，使其空间结构被破坏（一级结构不变）的过程称为变性。DNA 分子变性时，双链会解成单链；RNA 分子变性时，局部双螺旋解开，形成线性单链结构。引起核酸变性的因素有化学因素（如强酸、强碱、尿素等）和物理因素（如高温等）。

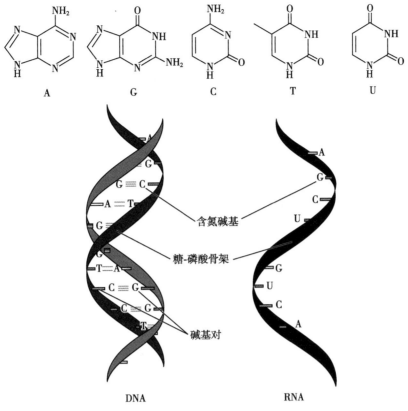

图 16-1 DNA 和 RNA 结构示意图

（5）核酸变性后，双螺旋内侧的碱基外露，对波长为 260nm 的紫外光吸收明显增强，此现象称为增色效应。变性后的 DNA 在适宜条件下，两条彼此分开的互补链可重新恢复成双螺旋结构，这个过程称为 DNA 的复性。热变性的 DNA 经缓慢冷却而复性的过程称为退火。DNA 复性后，对紫外光的吸收明显减弱，这种现象称为减色效应。将不同来源的变性核酸一起复性，在复性过程中异源的核酸分子可以结合形成杂交的 DNA 分子，DNA 与互补的 RNA 之间也能形成杂交分子，这一过程称核酸分子杂交。

（二）多糖类药物

糖类是除蛋白质、核酸之外的第三类生物大分子。细胞表面结构复杂的糖链在生物体内多种生理和病理过程中扮演着重要角色。糖类药物是指药物分子中含糖分子骨架或源于糖类化合物及其衍生物的一类药物。狭义的糖类药物是指不同来源的多糖、寡糖和一些单糖及其衍生物，而不含糖类以外的其他组分。广义的糖类药物是指含有糖结构的药物，除了包括狭义的糖类药物外，还包括结合有糖基或糖链的药物，如糖蛋白、蛋白多糖、糖脂、脂多糖及糖苷类等药物。

多糖在自然界中广泛存在，是构成生命的四大基本物质之一，主要分为植物多糖、动物多糖和微生物多糖三种。近年来，多糖的抗氧化活性已成为多糖领域研究的热点。多糖是多种药物的有效成分之一，具有提高抗氧化酶活性、清除自由基、抑制脂质过氧化、保护生物膜、抗氧化及抗衰老等作用。由于多糖具有来源广泛、在自然界中大量存在及可生物降解和生物相容等特点，目前作为药物的赋形剂得到广泛应用，如植物来源的淀粉、藻类来源的藻酸盐、动物来源的壳聚糖和透明质酸、微生物来源的葡聚糖等。抗凝血剂肝素、荚膜多糖疫苗、抗肿瘤药香菇多糖等多糖类药物在临床应用上占有重要的地位。然而,由于多糖结构的高度复杂性和多样性,多糖类药物的开发也远远滞后于蛋白质药物和核酸类药物。

1. 多糖类药物的结构 多糖是由重复单糖单元组成的碳水化合物,单糖之间通过糖苷键共价连接。一般将少于 20 个糖基的糖链称为寡糖,多于 20 个糖基的糖链称为多糖。由相同单糖组成的多糖称为同多糖,如淀粉和纤维素;以不同单糖组成的多糖称为杂多糖,如阿拉伯胶。多糖不是一种单一分子量物质,而是聚合度不同结构类似物的混合物。多糖的结构也可分为一级、二级、三级和四级结构。

(1)多糖的一级结构:是指糖基的组成、糖基排列顺序、相邻糖基的连接方式、异头碳构型及糖链有无分支、分支的位置与长短等。多糖的一级结构也包括糖残基的硫酸化、乙酸化、磷酸化、甲基化等,这进一步增加了多糖一级结构的复杂性。

(2)多糖的二级结构:指多糖骨架链间通过氢键结合所形成的各种聚合体,只关系到多糖分子中主链的构象,不涉及侧链的空间排布。在多糖链中,糖环具有刚性结构,各个单糖残基绕糖苷键旋转而相对定位,可决定多糖的整体构象。多糖的二级结构形式主要依赖于一级结构的排布。

(3)多糖的三级结构:是由于糖单元的羟基、羧基、氨基及硫酸基之间的非共价相互作用,导致二级结构在有序的空间里产生的有规则的构象。

(4)多糖的四级结构:是指多聚链间非共价键结合形成的聚集体。

2. 多糖类药物的理化性质

(1)多糖分子量较大,不具有甜味,在水中只能形成胶体溶液,无还原性,有旋光性。一些多糖具有较高黏度,这往往限制了其临床应用。

(2)多糖及其衍生物在硫酸作用下会水解生成糖醛类化合物,与酚类、芳胺类等缩合生成有色化合物。可根据此原理测定多糖含量,其中运用最多的是苯酚 - 硫酸法、蒽酮 - 硫酸法。

(3)多糖生物相容较好,可生物降解,并具有低免疫原性。多糖的性质往往与它的分子量有关,例如魔芋葡甘聚糖只有当其分子量高于 100 000 时,才显示出较强的降血糖活性。

(4)多糖可通过广泛的化学和酶促反应产生不同的物质,可与蛋白质、肽和其他生物大分子制备成缀合物或复合物。

三、生物技术药物不稳定性因素及解决办法

(一)蛋白质和多肽类药物的稳定性

1. 化学稳定性 蛋白质和多肽的化学稳定性涉及共价键连接的氨基酸序列的稳定性。很多因素可导致原有化学键的断裂或新化学键的形成,导致其生物活性丧失。一些组成蛋白质的氨基酸残基不稳定,容易发生化学反应,如天冬酰胺、丝氨酸、苏氨酸、精氨酸等,其常见的化学降解途径见表 16-2。

(1)水解:在蛋白质水解酶、酸催化或碱催化的作用下,蛋白质和多肽的肽链会发生断裂生成分子片段,如在稀酸中天冬氨酸的肽键极易水解,碱性条件对半胱氨酸、丝氨酸、苏氨

表 16-2 易降解氨基酸残基及其化学降解途径

氨基酸残基	化学降解途径
天冬酰胺（asparagine，Asn）和谷氨酰胺（glutamine，Gln）	脱酰胺作用、外消旋、异构化
天冬氨酸（aspartic acid，Asp）	水解、外消旋、异构化
甲硫氨酸（methionine，Met）、半胱氨酸（cysteine，Cys）	氧化
组氨酸（histidine，His）、色氨酸（tryptophan，Trp）和酪氨酸（tyrosine，Tyr）	β 消除
丝氨酸（serine，Ser）、苏氨酸（threonine，Thr）、半胱氨酸（Cys）	外消旋
半胱氨酸（Cys）	二硫键交换

酸、精氨酸等均有破坏作用。此外，当其分子中的天冬酰胺和谷氨酰胺的侧链含有酰胺键时，在酸性条件下可发生脱酰胺作用（deamidation），分别水解生成天冬氨酸和谷氨酸。

（2）氧化：蛋白质和多肽中具有强负电性基团侧链的组氨酸、甲硫氨酸、半胱氨酸、色氨酸和酪氨酸是主要的氧化部位，其氧化速度与体系的 pH 有关。

（3）二硫键断裂与交换：蛋白质和多肽的二硫键结构在还原剂的作用下会发生断裂，导致药物失去活性；与巯基化物（如巯基乙醇）共孵育，也可使二硫键重排而获得活性。

（4）外消旋：外消旋作用是将蛋白质和多肽等 L- 氨基酸残基转化为 D- 氨基酸残基，从而导致分子构象发生变化，该作用可产生非代谢型的 D- 氨基酸。

（5）β 消除：在碱性条件下，半胱氨酸、丝氨酸、苏氨酸等容易发生 β 消除反应，该过程受温度、pH 等因素的影响。

2. 物理稳定性 蛋白质生物活性的保持不仅取决于其化学稳定性，还取决于其物理稳定性，蛋白质的物理稳定性是指蛋白质三维结构（即二级、三级和四级空间结构）的改变，包括变性、表面吸附、凝聚与沉淀等。

（1）变性：蛋白质的变性是由于空间结构发生改变或被破坏，导致其理化性质改变（如溶解度降低）和生物学活性丧失。引起蛋白质变性的因素很多，包括强酸、强碱、重金属盐、温度、紫外线及超声波，甚至搅拌震荡等。

（2）表面吸附：由于蛋白质的疏水性和静电性，其常吸附于管道、容器、输液泵及过滤装置等表面，该过程往往对蛋白质有较强的破坏作用。

（3）凝聚与沉淀：凝聚是蛋白质分子间相互结合的微观过程，形成二聚体或低聚体等。而沉淀是指蛋白质分子聚集体从溶液中析出的现象。一些中性盐（如硫酸铵、硫酸钠、氯化钠）、重金属离子（如铅、铜、汞等）及有机溶剂（如乙醇、甲醇、丙酮等）等因素均可导致蛋白质沉淀。

（4）表面活性剂和盐类：表面活性剂在很低的浓度下就能使蛋白质发生强烈的相互作用，导致蛋白质发生不可逆的变性。高浓度的盐既有稳定作用也有变性作用，这取决于盐的性质和浓度。

（5）有机溶剂：有机溶剂能破坏氢键，削弱疏水键，还能降低介电常数，使分子内斥力增加，造成肽链伸展、变性。

（6）其他：如极端的温度和 pH 都会导致蛋白质变性。这在一定程度上增加了蛋白质药物制剂研究的难度,在处方设计和制备工艺设计中均要特别关注其稳定性。

3. 提高蛋白质和多肽类药物稳定性的方法 由于胃酸的破坏、消化酶的降解及难以穿过生物膜屏障,蛋白质及多肽类药物临床多采用注射途径给药,包括静脉注射、肌内注射和皮下注射。然而其半衰期短,往往需要长期反复给药,给患者带来极大的不便。与传统的小分子有机药物相比,蛋白质及多肽类药物在常温下稳定性也较差。提高蛋白质及多肽类药物稳定性的方法如下。

(1)化学修饰:化学修饰主要包括蛋白质分子侧链基团的改变和蛋白质分子中主链结构的改变两个方面。常用的修饰方法有聚乙二醇化修饰、糖基化修饰、脂肪酸修饰及末端修饰等。将多肽链的 C 端和 N 端的氨基酸用 D- 氨基酸替代,或将多肽链中所有氨基酸改变为 D- 氨基酸后其稳定性会显著提高。此外,与直链肽相比,环肽具有更好的结构稳定性。

(2)基因工程技术:通过基因工程的手段,替换引起蛋白质和多肽不稳定的残基,或者引入能增加多肽稳定性的残基可提高蛋白质和多肽的稳定性。

(3)新型制剂方法:将蛋白质及多肽类药物包封进脂质体、微球、微囊、皮下埋植给药剂型和纳米载体中,不仅能显著提高药物稳定性,还可起缓释药物作用。

(4)添加剂:在液体介质中,蛋白质与多肽分子的结构稳定性会受到蛋白质与多肽分子与周围溶剂分子相互作用的影响。通常可加入适当稳定剂来改变液体介质的组成,以调控蛋白质、多肽分子与其他溶剂分子的相互作用,从而提高蛋白质和多肽类药物的稳定性。主要添加剂包括以下种类:①缓冲液,磷酸盐等缓冲液可将液体介质的 pH 控制在蛋白质、多肽稳定的范围内;②表面活性剂,适量的非离子型表面活性剂可有效抑制蛋白质的聚集;③糖、多元醇和盐类,可通过非特异性的静电作用和促进蛋白质的优先水化提高蛋白质、多肽的稳定性;④大分子化合物,大分子的表面活性、蛋白质—蛋白质相互作用的空间隐蔽、提高黏度限制蛋白质、多肽的运动及优先吸附等几个方面都可提高蛋白质和多肽类药物稳定性;⑤金属离子,一些金属离子可与蛋白质和多肽形成相对稳定的络合物,使蛋白质、多肽的结构更加紧密、稳定。

(5)冷冻干燥:蛋白质和多肽在水溶液中易发生如脱酰胺、β 消除、水解等化学反应,很难达到或维持长期稳定性要求。水含量降低可使多肽的变性温度升高,其分子在介质中的热运动及相互作用大大降低。因此,冻干可显著提升蛋白质和多肽的结构稳定性。

4. 蛋白质药物稳定性的分析方法 蛋白质药物的结构复杂,在稳定性研究中涉及其一级结构、空间结构、含量和活性等评价,例如圆二色谱可研究蛋白质中各种立体结构的含量;在傅里叶变换红外光谱中,蛋白质的不同结构区域会产生不同的特征吸收带,这些信息可以被解析来确定蛋白质的二级结构。此外,拉曼光谱、X 射线衍射等方法均可用于检测蛋白质空间结构的变化;酶联免疫吸附分析(enzyme-linked immunosorbent assay,ELISA)可测定特定蛋白质的浓度;也可通过差示扫描量热分析、动态和静态光散射、电泳等方法间接评价蛋白质的稳定性。

(二)核酸类药物的稳定性

随着现代分子生物学的发展、生命科学技术的进步及核酸药物优化技术的提升,越来越多的核酸类药物受到密切关注,核酸类药物研发的步伐也越来越快。然而,核酸类药物仍存在诸多挑战,如核酸类药物不稳定、很容易在血液中被内切酶降解、高免疫原性、细胞摄取效率低、肾脏清除率高、偏离目标时会产生严重的副作用等缺陷限制了核酸药物的发展。

1. 影响核酸类药物稳定性的因素

(1)温度及变性剂:DNA 在热或甲醇、乙醇等变性剂的作用下会变得不稳定,双螺旋结构遭到破坏,双链发生分离。

(2)溶液性质:当溶液的离子强度较低时,DNA 解链温度较低,因此 DNA 制剂应保存在离子强度较高的溶液中。此外,极端的 pH 也会使核酸分子变得不稳定。

(3)核酸酶:当静脉注射至体内时,核酸类药物容易被核酸内切酶降解,导致快速肾清除和血液循环时间缩短。

(4)互补碱基对:G—C 可形成 3 个氢键,而 A—T 形成 2 个氢键,因此,DNA 双螺旋结构稳定性与 G—C 的含量有关。此外,嘌呤和嘧啶的排列顺序对 DNA 双螺旋的稳定性也有较大影响。

2. 提高核酸类药物稳定性的方法

(1)化学修饰:对核苷酸的化学修饰可提高核酸类药物的稳定性,包括对核糖、磷酸骨架、碱基及核酸链末端等进行化学修饰。如磷酸骨架的硫代磷酸化,核糖 2′ 位引入各种大小不同、极性各异的基团等。小干扰 RNA(small interfering RNA, siRNA)药物 givosiran 是全球首次批准的 N- 乙酰半乳糖胺修饰 siRNA 疗法,标志着核酸类药物开发的一个重大里程碑。

(2)纳米载体:将核酸类药物包载于合适的纳米载体中是避免核酸内切酶降解和延长其半衰期的有效策略。各种类型的纳米载体已被用于核酸递送,包括脂质类、聚合纳米粒子、无机纳米粒子、树枝状大分子、脱氧核糖核酸 / 核糖核酸纳米结构等,其中脂质纳米颗粒是目前应用最广泛的载体。siRNA 药物 Onpattro 是利用脂质纳米颗粒递送药物,提高了 siRNA 静脉给药后的稳定性。

(3)病毒载体:目前广泛研究使用的病毒型载体有逆转录病毒、腺病毒和慢病毒载体。病毒载体有较好的转染效率和靶向性,但其存在的免疫原性和安全性问题还须进一步解决。

(三)多糖类药物的稳定性

目前,临床上使用的多糖类药物主要以注射、口服、外用等方式给药,其中以注射制剂为主。与蛋白质、多肽类和核酸类药物类似,多糖类药物也存在稳定性差、注射给药半衰期短、口服生物利用度低等缺点。

1. 影响多糖类药物稳定性的因素

(1)贮存条件:由糖苷键水解引起的多糖降解与贮存条件直接相关。大多数多糖在室温干燥环境下是稳定的;而在高温下,即使没有水,多糖也会分解。增加相对湿度或将多糖贮存在溶液中会加速降解。

(2)pH:多糖分子结构中含有多种饱和与不饱和的糖苷键,在酸性条件下易发生断裂。

(3)氧化剂:多糖分子如果含有还原性醛基,易受氧化剂的影响而被氧化成羧基。

(4)酶促水解:如淀粉会被淀粉酶水解、果胶会被果胶酶水解等。此外,微生物污染时,水解酶的存在也会促进多糖的水解。

2. 提高多糖类药物稳定性方法 利用脂质体、纳米粒、微囊、微球等递送多糖类药物,这类制剂往往能有效克服传统制剂的缺陷,提高生物利用度,保护药物活性。此外,对多糖分子残基上的氨基、羟基或羧基进行化学修饰,也可提高多糖类药物的活性与稳定性。

第三节　生物技术药物制剂的处方与制备工艺

一、生物技术药物的分析检测方法

(一)蛋白质类药物分析检测

1. 凯氏定氮法　含氮有机物经硫酸消化后,生成的硫酸铵被氢氧化钠分解,释放出氨气。后者借水蒸气被蒸馏入硼酸溶液中生成硼酸铵,最后用强酸滴定。依据强酸消耗量可计算出供试品的含氮量,再将含氮量乘以转化系数,即为蛋白质的含量。

本法灵敏度较低,适用于 0.2~2.0mg 氮的定量。转化系数因蛋白质中所含氨基酸的结构差异会稍有区别。

2. 双缩脲法　本法依据蛋白质分子中含有的两个以上肽键在碱性溶液中与 Cu^{2+} 可形成紫红色络合物,在一定范围内其颜色深浅与蛋白质浓度成正比,以蛋白质对照品作标准曲线,采用比色法测定供试品中蛋白质的含量。

本法快速、灵敏度低,测定范围通常可达 1~10mg。本法干扰测定的物质主要有硫酸铵、三羟甲基氨基甲烷缓冲液和某些氨基酸等。

3. Folin- 酚试剂法(Lowry 法)　本法依据蛋白质分子中含有的肽键在碱性溶液中与 Cu^{2+} 螯合形成蛋白质 - 铜复合物,此复合物使酚试剂的磷钼酸被还原,生成蓝色化合物。在碱性条件下酚试剂被蛋白质中酪氨酸、色氨酸及半胱氨酸还原呈蓝色反应,在一定范围内颜色深浅与蛋白质浓度成正比,以蛋白质对照品溶液作标准曲线,采用比色法测定供试品中蛋白质的含量。

本方法灵敏度高,测定浓度范围为 20~250μg,但对本法产生干扰的物质较多,对双缩脲产生干扰的离子,容易干扰 Folin- 酚试剂反应,且影响更大,如还原物质、酚类、枸橼酸、硫酸铵、三羟甲基氨基甲烷缓冲液、甘氨酸、糖类、甘油等均有干扰作用。

4. BCA 法　本法依据蛋白质分子在碱性溶液中可将 Cu^{2+} 还原为 Cu^+,BCA 与 Cu^+ 结合形成紫色复合物,在一定范围内其颜色深浅与蛋白质浓度成正比,以蛋白质对照品溶液作标准曲线,采用比色法测定供试品中蛋白质的含量。

本法灵敏度较高,测定范围可达 80~400μg,本法测定的供试品中不能含有还原剂和铜螯合物,否则会干扰测定。

5. 考马斯亮蓝法　本法根据在酸性溶液中考马斯亮蓝 G250 与蛋白质分子中的碱性氨基酸和芳香族氨基酸结合形成蓝色复合物,在一定范围内其颜色深浅与蛋白质浓度成正比,以蛋白质对照品溶液作标准曲线,采用比色法测定供试品中蛋白质的含量。

本法灵敏度高,通常可测定 1~200μg 的蛋白质。本法主要的干扰物质有去污剂、Triton X-100、十二烷基硫酸钠,供试品缓冲液呈强碱性时也会影响显色。

（二）核酸类药物含量测定

1. 紫外分光光度法 嘌呤和嘧啶都含有共轭双键，因此核酸类药物在紫外波段有较强的紫外吸收。在中性条件下，它们的最大吸收值在 260nm 附近。依据核酸类药物在 260nm 处的吸光度，可以确定核酸药物的含量。对于双链 DNA，1OD=50μg/ml；对于单链 DNA 或 RNA，1OD=40μg/ml；对于寡核苷酸，1OD=33μg/ml。另外还可利用 260nm 与 280nm 的吸光度比值判断核酸药物的纯度。DNA 纯品的 A_{260}/A_{280} 应为 1.8，如＞1.8 表明有 RNA 污染，＜1.8 表明有蛋白质污染；而 RNA 纯品的 A_{260}/A_{280} 应为 2.0，如＜2.0 表明有蛋白质污染。

2. 琼脂糖凝胶电泳 琼脂糖凝胶电泳法是以琼脂糖作为支持介质。琼脂糖是琼脂分离制备的链状多糖，其结构单元是 D- 半乳糖和 3,6- 脱水 -L- 半乳糖。许多琼脂糖链互相盘绕形成绳状琼脂糖束，构成大网孔型的凝胶。这种网络结构具有分子筛作用，使带电颗粒的分离不仅依赖净电荷的性质和数量，还可凭借分子大小进一步分离，从而提高分辨能力。本法适用于免疫复合物、核酸与核蛋白等的分离、鉴定与纯化。DNA 分子在琼脂糖凝胶中电泳时有电荷效应和分子筛效应。DNA 分子在高于等电点的 pH 溶液中带负电荷，在电场中向正极移动。由于糖 - 磷酸骨架在结构上的重复性质，相同数量的双链 DNA 几乎具有等量的净电荷，因此它们能以同样的速率向正极方向移动。在一定浓度的琼脂糖凝胶介质中，DNA 分子的电泳迁移率与其分子量的常用对数成反比；分子构型对迁移率也有影响，如共价闭环 DNA＞直线 DNA＞开环双链 DNA。

（三）生物活性 / 效价测定法

生物制剂的活性 / 效价测定主要分为在体和离体测定，离体测定主要利用酶联免疫法。现以甲型肝炎灭活疫苗体外相对效力检查法和人用狂犬病疫苗效价测定（《中国药典》2020 年版）为例分别进行相关介绍。

1. 甲型肝炎灭活疫苗体外相对效力检查法 本法系以酶联免疫吸附法测定供试品中的甲型肝炎病毒抗原含量，并以参比疫苗为标准，计算供试品的相对效力。

（1）参比疫苗及供试品溶液制备：将参比疫苗与供试品采用适宜方法进行解离后，用相应供试品稀释液进行倍比稀释，取 1 : 2、1 : 4、1 : 8、1 : 16、1 : 32 或其他适宜 5 个稀释度进行测定。

（2）测定法：用纯化的甲肝病毒抗体包被酶标板，每孔 100μl，2～8℃放置过夜，然后洗板、拍干。用 10% 牛血清 PBS 溶液进行封闭，每孔 200μl，37℃孵育 1 小时。取已包被的酶标板，加入各稀释浓度的参比疫苗和供试品，每个稀释度加 3 孔，每孔 100μl，37℃孵育 1 小时或 2～8℃过夜，洗板后加酶结合物，每孔加 100μl，37℃孵育 1 小时。洗板后加显色液，每孔 100μl，37℃孵育 10～15 分钟，加终止剂 50μl，读取吸光度（A）。

（3）结果计算：将测出的参比疫苗及供试品的 A 均值乘以 1 000 后记录于下表。

稀释度	参比疫苗 A 值×1 000（S）	供试品 A 值×1 000（T）
1 : 2	S_5	T_5
1 : 4	S_4	T_4
1 : 8	S_3	T_3
1 : 16	S_2	T_2
1 : 32	S_1	T_1

（4）供试品抗原含量计算

$$供试品抗原含量=参比疫苗抗原含量×antilg(V/W×lg2)$$

$$V=0.2(T_1+T_2+T_3+T_4+T_5)-0.2(S_1+S_2+S_3+S_4+S_5)$$

$$W=0.2(T_5-T_1+S_5-S_1)+0.05(T_4-T_2+S_4-S_2)$$

$$体外相对效力=供试品抗原含量/参比疫苗抗原含量$$

2. 人用狂犬病疫苗效价测定 本法系将供试品免疫小鼠后，产生相应的抗体，通过小鼠抗体水平的变化测定供试品的免疫原性。

（1）试剂 PBS 配制：取 0.9% 磷酸二氢钾溶液 75ml、2.4% 磷酸氢二钠（$Na_2HPO_4 \cdot 12H_2O$）溶液 425ml 和 8.5% 氯化钠溶液 500ml，混合后加水至 5 000ml，调 pH 至 7.2～8.0。

（2）攻击毒株 CVS 制备：启开毒种，稀释成 0.01 悬液，接种 10～12g 小鼠，不少于 8 只，每只脑内接种 0.03ml，连续传 2～3 代，选择接种 4～5 天有典型狂犬病症状的小鼠脑组织，研磨后加入含 2% 马血清或新生牛血清制成 20% 悬液，经 1 000r/min 离心 10 分钟，取上清液经病毒滴定（用 10 只 18～20g 小鼠滴定）及无菌检查符合规定后作攻击毒用。

（3）参考疫苗的稀释：参考疫苗用 PBS 稀释成 1：25、1：125 和 1：625 等稀释度。

（4）供试品溶液的制备：供试品用 PBS 做 5 倍系列稀释。

（5）测定法：用不同稀释度的供试品及参考疫苗分别免疫 12～14g 小鼠 16 只，每只小鼠腹腔注射 0.5ml，间隔 1 周再免疫 1 次。小鼠于第一次免疫后 14 天，用经预先测定的含 5～100 LD_{50} 的病毒量进行脑内攻击，每只 0.03ml；同时将攻击毒稀释成 1、0.1、0.01 和 0.001 进行毒力滴定，每个稀释度均不少于 8 只小鼠。小鼠攻击后逐日观察 14 天，并记录死亡情况，统计第 5 天后死亡和呈典型狂犬病脑症状的小鼠。

（6）计算供试品和参考疫苗 ED_{50} 值：按下文公式计算相对效力。

$$P=\frac{T}{S}×\frac{d_T}{d_S}×D$$

式中，P 为供试品效价，IU/ml；T 为供试品 ED_{50} 的倒数；S 为参考疫苗 ED_{50} 的倒数；d_T 为供试品的 1 次人用剂量，ml；d_S 为参考疫苗的 1 次人用剂量，ml；D 为参考疫苗的效价，IU/ml。

（7）附注：①动物免疫时应将疫苗保存于冰浴中；②各组动物均应在同样条件下饲养；③攻击毒原病毒液注射的小鼠应 80% 以上死亡。

二、处方设计

目前，上市的生物技术药物大多为蛋白质、多肽类大分子药物，涉及的剂型包括注射剂、滴眼液、栓剂、片剂、软膏剂、喷雾剂、凝胶剂等，其中最常见的剂型为注射剂。鉴于蛋白质、多肽类药物独特的理化性质，该类药物制剂的研究通常需要关注其物理和化学稳定性问题。一些研究通过基因工程手段替换蛋白质或多肽结构中引起其不稳定的残基或引入能增加其稳定性的残基，可提高蛋白质、多肽类药物的稳定性；或通过 PEG 化修饰，提高蛋白质、多肽类药物的热稳定性、降低其抗原性、延长其生物半衰期。而在药剂学领域,除了常规制剂所需要的基本组分外,比较常见的方法是在处方中加入一种或多种稳定剂,抑制或延缓蛋白质、多肽类药物的降解或变性,常用的稳定剂包括以下几种类型。

1. **缓冲溶液**　体系的 pH 是影响蛋白质稳定性的重要因素之一,因此通常采用适宜的缓冲系统,保证体系维持在其稳定的 pH 范围内,以提高蛋白质、多肽类药物的稳定性。常用的缓冲体系包括枸橼酸钠-枸橼酸缓冲剂和磷酸盐缓冲剂等,但在冻干制剂中应尽量避免使用磷酸钠缓冲盐,因为磷酸氢二钠易形成结晶,可能导致冷冻过程中体系 pH 的不均匀。体系的 pH 也会影响药物的溶解性,因此,在选择缓冲系统时还应关注其对药物溶解性的影响。

2. **糖和多元醇**　该类稳定剂的作用与其使用浓度有关,常用的糖类包括蔗糖、葡萄糖、海藻糖和麦芽糖,尤其在冷冻干燥制品中应用最为广泛,既可作为赋形剂,也可作为稳定剂使用;而常用的多元醇有甘油、甘露醇、山梨醇、PEG 和肌醇等,其中 PEG 类通常作为蛋白质的低温保护剂和沉淀结晶剂,其作用与蛋白质的空间结构和溶液的性质有关。

3. **盐类**　有些无机离子(如 Na^+、SO_4^{2-} 等)在低浓度时可通过静电作用提高蛋白质高级结构的稳定性,但高浓度下会使蛋白质的溶解度下降(即盐析);重金属盐类(如 Pb^{2+}、Cu^{2+}、Hg^{2+}、Ag^+ 等)则易导致蛋白质变性。

4. **氨基酸类**　一些氨基酸(如甘氨酸、精氨酸、天冬氨酸和谷氨酰胺等)在特定条件下可抑制蛋白质的聚集或改善蛋白质的溶解度,从而提高其稳定性。

5. **大分子化合物**　一些大分子如人血清白蛋白(human serum albumin, HSA)可以通过形成阻碍蛋白质相互作用的空间位阻或竞争性作用,发挥蛋白质的稳定作用。

此外,有些表面活性剂如聚山梨酯类可防止蛋白质聚集,但含长链脂肪酸的表面活性剂或离子型表面活性剂(如十二烷基硫酸钠等)可引起蛋白质的解离或变性,不宜使用。

三、生物技术药物的制备技术及工艺流程

(一)注射剂的制备工艺

生物技术药物注射剂的制备工艺与一般注射剂基本相同,主要包括配液、过滤(灭菌)、灌装、封口等过程。其工艺过程控制均可参考注射剂的生产工艺要点。

预灌封注射剂是目前疫苗等生物技术药物注射剂中越来越广泛应用的一种新型注射剂剂型,系将注射药物直接灌装在玻璃注射器中,玻璃注射器上安装有注射针头,使用时直接注射,从而使之兼具药液包装容器和注射器两种功能。其突出优势在于:①用药剂量准确,预灌封注射器可以最大限度地减少使用过程中的药液残留,用药剂量更加准确;②预灌封注射剂可直接使用,使用更方便,适用于危急患者;同时也可避免常规注射过程中造成的潜在二次污染;③节约生产工序,降低成本,生产效率更高。预灌封注射器有带注射针和不带注射针两类,前者为针头嵌入式(结构示意图见图 16-2),由玻璃针管、针帽、活塞和推杆组成,应用时去除包装后可直接进行注射;后者则需要配备冲洗针,一般作为手术冲洗用。预灌封注射剂的生产工艺流程如图 16-3 所示。

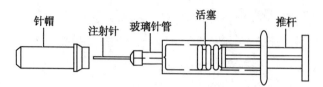

针帽　　注射针　玻璃针管　活塞　推杆

图 16-2　预灌封注射器（带注射针）结构示意图

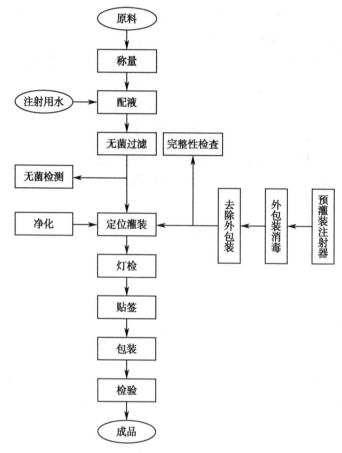

图 16-3　预灌封注射剂生产工艺流程图

例 16-1：甘精胰岛素注射液

【处方】甘精胰岛素 363.78mg、PEG 200 5 000mg、PEG 2000 5 000mg、锌 3mg、间甲基苯酚 270mg、枸橼酸适量、注射用水 100ml。

【制备】称取处方量甘精胰岛素加入 25ml 注射用水中,用枸橼酸溶液调节 pH 至 4.2,使其完全溶解。再分别加入 PEG 200 和 PEG 2000,搅拌混合均匀,低温(2℃)下搅拌 15 小时,得到溶液 I。另将处方量的锌和间甲基苯酚溶解在 75ml 注射用水中,调节 pH 至 4.5,冷至室温得到溶液 II。在搅拌状态下将溶液 I 加入溶液 II 中,搅拌均匀,调节药液 pH 至 3.8～4.2,药液经 0.22μm 滤膜除菌过滤,分装于 3ml 注射小瓶中,轧盖、灯检,即得。

【注解】在处方中,PEG 200、PEG 2000 和锌均作为稳定剂,以提高甘精胰岛素在溶液中的稳定性;枸橼酸是 pH 调节剂,调节体系的 pH 在药物稳定的 pH 范围内;间甲基苯酚是防腐剂,要特别注意的是,在注射剂中防腐剂的浓度需要控制,通常苯酚类的浓度应不超过 0.5%。

例 16-2：重组人生长激素注射液

【处方】重组人生长激素原液 670mg、柠檬酸钠 5mmol、泊洛沙姆 188 3 000mg、甘氨酸 500mg、甘露醇 30 000mg、注射用水 1 000ml。

【制备】准确称量处方量的柠檬酸钠、泊洛沙姆 188、甘氨酸及甘露醇于容器中，加入注射用水 500ml，溶解混匀后，得稳定剂溶液备用；取处方量重组人生长激素原液，缓慢加入稳定剂溶液中，调节 pH 至 5.5，用注射用水定容至 1 000ml，混匀后，药液用 0.22μm 滤膜除菌过滤后，分装至预灌封注射器中。

【注解】泊洛沙姆 188 在处方中作为保护剂，已被批准用于注射剂中，不会引起溶血反应；柠檬酸盐用于调节注射液的 pH；甘氨酸为稳定剂；甘露醇是渗透压调节剂，以维持注射液的渗透压与血浆的渗透压相等。

（二）冻干制剂的制备工艺

为保证蛋白质、多肽类药物在贮存时的长期稳定性，往往需要采用冷冻干燥、喷雾干燥等方法制成固态制剂。其中冷冻干燥技术最为常用，其工艺流程见图 16-4。应该注意的是，冷冻干燥的过程破坏了蛋白质分子周围的水化层，导致其复溶困难或不溶，因此在处方中需要添加适宜的冻干保护剂，如蔗糖、甘露醇、甘油等，且应控制相对高的含水量，以最大限度保持蛋白质的生物活性。此外，由于蛋白质药物对 pH、温度等微环境极为敏感，因此，在冻结过程中，应控制冷冻速度，尽量减少对蛋白质药物空间结构的影响。

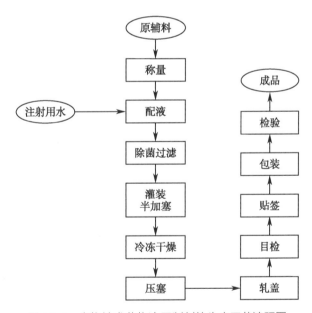

图 16-4　生物技术药物冻干制剂的生产工艺流程图

例 16-3：重组人白介素 -2 冻干粉针剂

【处方】重组人白介素 -2 原液 1×10^4IU、甘露醇 40g、人血清白蛋白 4g、聚山梨酯 80 1g、磷酸盐缓冲液（ 0.2mol/L ）25ml，注射用水加至 1 000ml。

【制备】将甘露醇、人血清白蛋白、聚山梨酯 80 和磷酸盐缓冲液按处方配制成稀释液备用，然后与重组人白介素 -2 原液混匀，除菌过滤后分装成 1ml/ 瓶，冷冻干燥即得。

【注解】处方中磷酸盐缓冲液为 pH 调节剂；人血清白蛋白为稳定剂，以减少药物在容器、设备表面等吸附引起的损失；甘露醇为冻干保护剂；聚山梨酯 80 可防止蛋白质凝聚与变性，同时也可避免蛋白质的表面吸附作用。

四、质量控制和评价方法

生物技术药物是利用生物体、生物组织、细胞、体液等制造的用于预防、治疗和诊断疾病的制品，在药理特性等方面具有区别于传统意义药物的特性。例如，治疗的针对性强，药理活性高，但同时生理副作用时有发生；原料中的有效物质含量低，稳定性差，容易腐败，当采用注射用药时有特殊要求，因此生物技术药物制剂在质量控制方面有一定的特殊要求。

生物技术药物大部分是通过基因重组技术改造宿主细胞，使其增生和表达而制备的产物。作为外来基因，在新宿主细胞中表达会受到多种复杂因素的影响，培养条件与分离纯化方法细微的变化都会影响到最终产品的质量，因此，基因工程药物可能含有传统生产方法不存在的杂质。例如，利用微生物细胞表达的产物中可能含有内毒素、致敏原；利用动物细胞表达的产物中可能含有核酸类杂质和病毒。基因工程药物的质量控制与传统生产方法制备的药物在质量监控方面有本质的差别。为了明确生物技术药物制剂的质量要求，世界卫生组织和部分国家先后制订了基因工程药物生产的相关法律和法规等。自 1998 年起，美国食品药品监督管理局（U.S. Food & Drug Administration，FDA）和美国国立卫生研究院（National Institutes of Health，NIH）分别发布了一系列的行业指南及研究指南，用于规范细胞及基因治疗方向的管理制度；2003 年我国国家食品药品监督管理局药品审评中心颁布了《人用重组 DNA 制品质量控制技术指导原则》；《英国药典》（1993 年版）刊载了重组 DNA 制品通则。以上这些规则均具有法律约束力。

药物制剂在生产过程中，一般需要加入一定量的药用辅料，如赋形剂、稀释剂、稳定剂、防腐剂和抗氧化剂等。药用辅料的存在，对生物药物的鉴别及含量测定都会产生一定的影响。由于生物技术药物的特殊性，在制剂生产过程中与传统药物制剂也具有明显区别。与传统原料药相比，生物制剂除外观、装量和无菌等常规制剂检查外，还需要重点考察以下几个方面。

1. 理化性质的鉴定　对于蛋白质及多肽类药物，包括特异性鉴别、相对分子质量、等电点、肽图、吸收光谱、N 端氨基酸测序、氨基酸组成分析及 C 端氨基酸测序等。由于蛋白质、多肽类药物的特殊性质，在评价稳定性时，一般不能用高温加速试验的方法预测生物药物在室温下的稳定性；对于疫苗类药物，包括物理性状检查、抗原含量测定、抑菌剂含量测定、纯度检查。

2. 生物学活性 / 效价　效价测定必须采用国际上通用的方法，生物活性是生物药物的重要质控指标。

3. 杂质检查　主要包括外源 DNA 测定、残余宿主细胞蛋白测定、残余鼠源型 IgG 含量、内毒素、残余抗生素及生产和纯化过程中的其他物质。

4. 安全性试验　无菌试验、热原试验、安全试验和水分测定。

5. 灭活效果验证　对于灭活疫苗，其病原体对人体有致病性，因此必须建立可靠的方法对灭活效果进行验证。

6. 佐剂的质量评价　如最终制品里面含有佐剂,则应建立佐剂含量及与之结合率的检测方法。

第四节　生物技术药物新型递药系统

一、新型载体递药系统

（一）聚合物胶束

聚合物胶束(polymeric micelle)是由合成的两亲性嵌段共聚物在水中自组装形成的一种热力学稳定的胶体溶液,具有粒径小、载药范围广、结构稳定等特点,组织渗透性良好、体内滞留时间长,能使药物有效地到达靶点,在药物递送领域具有广阔的应用前景。聚合物胶束通过物理包埋、化学键合和静电作用进行载药,其中物理包埋和化学键合方式主要用于包载小分子药物,静电力作用主要用于包载蛋白质和核酸类药物。

寡核苷酸类药物(核酸适配体、小干扰 RNA、反义核酸、非编码 RNA 等)因含有多个磷酸酯键而带有较强的负电荷,难以靠近细胞膜,导致细胞摄取效率低,从而药效降低;此外,肾脏对其清除速率较快,体内的半衰期太短,导致无法在病灶组织富集;核酸因结构特点,易被体内的核酸酶降解而失效。以上几点均限制了寡核苷酸类药物在临床上的应用。

近年来,聚合物胶束在基因治疗中显示出巨大的潜力,携带电荷的聚合物胶束可保护生物技术药物(如核酸、疫苗和蛋白质类药物)的活性,并能够调节其理化性质。在聚合物胶束上偶联靶向配体可实现生物技术药物的靶向递送,显著提高生物利用度。阳离子聚合物能够通过静电相互作用将核酸凝聚成多聚体,增强细胞摄取和核内体逃逸。

核酸类药物进行 PEG 修饰后可显著延长体内半衰期。在对反义寡核苷酸(antisense oligonucleotide, ASO)的研究中发现,经过 PEG 修饰的 ASO 的体内半衰期显著延长,是未修饰 ASO 的十倍。同时,PEG 大分子可增加核酸类药物的分子量和体积,导致其难以通过肾小球滤过膜,从而降低肾脏的排泄速率,提高其生物活性。此外,PEG 围绕包裹在核酸类药物表面,可屏蔽其表面负电荷,并且可避免被体内核酸酶降解,提高作用效果。有研究表明,将 siRNA-PEG 偶联物与阳离子聚合物自组装形成的胶束具有核壳结构,相比 PEG 接枝阳离子聚合物制备的常规多聚物更加稳定。

（二）脂质载体

脂质体(liposome)是由类脂质两亲性物质形成的球形囊泡,具有类似生物膜的双分子层结构,脂质体的水性空腔和脂质双分子层膜可分别用于装载水溶性药物和脂溶性药物。脂质体具有生物安全性好、免疫原性低、载药适用范围广、可延长药物作用时间、易被生物代谢降解、易于制备等特点,是一种较为理想的疫苗载体。1995 年 FDA 批准全球第一个临床使用的脂质体 Doxil 后,近 30 年来脂质体在临床应用中蓬勃发展,21 种脂质体产品已获得批准,可包载不同的小分子药物,主要用于肿瘤和真菌感染治疗等。

阳离子脂质体作为基因治疗中的较为理想的非病毒载体,具有低毒性、靶向性良好、免疫原性可忽略及易于组装等特点,得到了广泛开发与应用。阳离子脂质体包载和转染核酸药物的效率较高,其表面的正电荷可与带负电的核酸通过静电作用力相互吸附,形成高度稳定的脂质/核酸复合物,具有较好的胞内转运能力,可帮助核酸分子从溶酶体逃逸。阳离子脂质体可抵御核酸酶的作用,保护核酸避免被降解,提高体内循环稳定性,其转染效率取决于脂质类型、构成及脂质/核酸的电荷比。

脂质纳米粒(lipid nanoparticle,LNP)包括固体脂质纳米粒(solid lipid nanoparticle,SLN)、纳米结构脂质载体(nanostructured lipid carrier,NLC)和阳离子脂质-核酸复合物(condensed nucleic acid-cationic lipid complexes)。相比于脂质体,脂质纳米粒具有更复杂的内部结构和更优秀的物理稳定性。脂质纳米粒能够控制体内药物递送的靶向位置和时间,可为多种疾病提供给药治疗方案。脂质纳米粒通常由可电离阳离子脂质、磷脂、胆固醇和聚乙二醇修饰的脂质组成,其中可电离阳离子脂质对核酸包载最为重要。常用的脂质纳米粒制备方法有薄膜水化法、挤出法、均质法和微流控法等,其中微流控技术制备方法条件温和,方便快捷,易于实现生产放大。微流控技术是目前最佳的制备方法,将混合脂质和核酸分别溶解在有机相和水相中,随后将两相分别注入制备系统的通道,通过芯片将两相快速混合,调节流体注入速度和比例可得到理想的核酸脂质纳米粒,采用不同生产规模的微流控仪器,可以制备得到粒径可控、均一性良好、包封率较高的脂质纳米粒。

目前,核酸疫苗不断兴起,有望成为传统疫苗的替代品。核酸疫苗包括DNA疫苗和RNA疫苗,其中mRNA疫苗是一类以分子生物学理论为基础发展起来的新型疫苗。相比于DNA疫苗,mRNA疫苗不需要进入细胞核,无须整合到基因组,在细胞质即可发挥作用,能被正常细胞降解,相对更安全。如今mRNA疫苗已用于治疗传染病、肿瘤及哮喘等方面疾病。但是mRNA自身稳定性差、易被体内外的核酸酶降解,这些缺陷成为了制约其发展的瓶颈,需要有合适的递送载体将其递送至体内,才能发挥更好的作用效果。脂质纳米粒是核酸药物递送的有效载体,在疫苗应用中显示出良好的前景。目前,主流的mRNA疫苗均采用LNP递送技术。针对新型冠状病毒肺炎(COVID-19)的mRNA疫苗就是由LNP包裹的RNA链组成,当其注射到体内时,会融合到人体细胞的细胞膜,包裹在颗粒中的mRNA进入细胞并被翻译成病毒蛋白质,从而发挥疫苗效应。

值得注意的是,一项对全球2017年前进行的基因治疗临床试验的综述报告表明,只有4.4%的试验在基因传递中使用脂质载体,而大多数试验仍使用病毒载体。虽然LNP在基因传递方面有许多优点,但目前递送效率低于病毒载体,因此病毒载体仍被更频繁地使用。即便如此,在2021年第一季度申请的与核酸递送相关的LNP专利数量已经超过了2020全年公布的此类专利数量的一半。随着对RNA疗法的研究日益增加,LNP技术必将有所突破。

(三)长效注射微球

微球(microsphere)是将药物溶解或分散在生物可降解的高分子聚合物中而形成的骨架型微小球实体,粒径在1~250μm。长效注射微球的释药机制主要分为药物扩散和聚合物降解。目前微球制备所使用的材料主要是合成的疏水性可降解聚酯,如PLA、PLGA、聚(ε-己内酯)和CMC等。根据选择材料的物理化学性质不同(如分子量、疏水性、多分散性等),可制备出特定组分、大小、比表面积的微粒,进一步控制载体的释药行为和降解速率。

由于多肽、蛋白质类药物具有直接口服无效、生物半衰期短、治疗周期长等特点,临床上通常需要频繁注射给药,导致患者用药顺应性差,因此多肽、蛋白质类药物的缓释长效注射剂成为重点研究方向。在多肽、蛋白质类药物长效注射剂研发中,微球是最常用,也是最成功的生物技术药物载体。多肽类药物的微球制剂可大大延长半衰期,减少注射次数。目前已上市的微球制剂大部分是多肽类药物,且相关缓控释微球技术已较为成熟。截至 2023 年,FDA 批准的注射微球产品见表 16-3。

表 16-3　FDA 批准的注射生物技术药物微球产品

年份	活性成分	基质材料	类型	适应证
1989	醋酸亮丙瑞林	PLGA/PLA	多肽	晚期前列腺癌
1998	醋酸奥曲肽	PLGA	多肽	肢端肥大症
1999	生长激素	PLGA	蛋白	生长激素分泌不足
2000	双羟萘酸曲普瑞林	PLGA	多肽	晚期前列腺癌
2003	阿巴瑞克	CMC 复合物	多肽	晚期前列腺癌
2012	艾塞那肽	PLGA	多肽	2 型糖尿病
2014	帕雷西肽	PLGA	多肽	肢端肥大症
2017	艾塞那肽	PLGA	多肽	2 型糖尿病
2017	双羟萘酸曲普瑞林	PLGA	多肽	中枢性性早熟
2023	醋酸戈舍瑞林	PLGA	多肽	前列腺癌

最早批准上市的蛋白质类药物微球制剂是醋酸曲普瑞林控释微球注射剂,随后醋酸亮丙瑞林和布舍瑞林的控释微球也相继上市,采用的骨架材料是生物降解性材料——聚乳酸 - 羟基乙酸共聚物,用于治疗前列腺癌。注射用微球的平均粒径为 20μm,每支含药 3.75mg,供肌内注射,可控制释放达一个月之久。2009 年,我国也首次批准了注射用醋酸亮丙瑞林缓释微球制剂。研究表明,长效注射微球可负载胰岛素、胰高血糖素样肽 -1 和胰岛素样生长因子等,在治疗糖尿病领域具有潜在的发展前景。目前,各类多肽、蛋白类药物,包括促红细胞生成素、干扰素、生长激素、白细胞介素、胰岛素等的长效微球注射剂产品都处于研究之中。微球制剂的制备工艺主要有乳化法、喷雾干燥法及相分离法,其中复乳 - 液中干燥法是较常用的制备多肽、蛋白类生物技术药物微球制剂的方法,该法工艺稳定、设备简单,但药物的突释效应较为明显。

近年来,结合注射用原位凝胶技术制备的微球 - 原位凝胶复合给药体系具有原位凝胶延长用药部位滞留时间和微球控释的双重作用;同时解决了微球生产工艺中存在的一些问题,如药物的包裹效率有限、工艺操作时间过长、有机溶媒残余量大及成本较高等。此外,将药物与可生物降解的聚合物材料制成注射液,给药后随着溶剂的扩散,聚合物固化而形成微球。这种方法制备工艺简单,控释效果好,使用更方便,亮丙瑞林缓释注射液已经上市,用于晚期前列腺癌治疗。结合脉冲式释药系统的原理可制备脉冲式控释微球给药系统,控制药物实现节律性释放。该技术在疫苗全程免疫方面具有独特优势,可减少疫苗接种次数,如破伤风类毒素脉冲式控释微球，一次注射可在既定时间内分三次脉冲释放，达到全程免疫目的。

（四）树枝状大分子

树枝状大分子（dendrimer）是每个重复单元上带有树枝化基元的线状聚合物，通过支化基元逐步重复反应而得到的有序三维结构高聚物。树枝状大分子作为药物载体，与药物分子的相互作用主要分为两种：一是物理作用，药物分子被物理吸附在树枝状大分子的内部空腔内；二是化学作用，药物分子通过共价作用结合到大分子表面形成共轭合体。

由于树状大分子具有单分散性、高密度及数目精确的多个可修饰表面功能基团等优势，在基因药物载体应用方面存在优势。通过对树枝状大分子表面进行修饰可显著降低其细胞毒性，提高运载基因药物的能力；对其表面进行靶向修饰可运输到特定细胞而发挥治疗效果。树形聚合物还可用于制备能够捕获病毒的"纳米诱饵"，与病毒结合使其丧失致病能力。

聚酰胺-胺型[poly（amidoamine），PAMAM]树枝状大分子是在药物研究领域研究最多，也是研究最为成熟的树枝状大分子，PAMAM 具有较优的反应活性和包容能力，在分子中心和分子末端均可引入大量的反应性及功能性基团，能够同时键合药物、靶向基团及各种修饰基团。PAMAM 最外层氨基可提供高密度的阳离子电荷，可结合组装带负电荷的核酸分子，形成稳定的复合物，进而保护核酸免受核酸酶的降解，并通过"质子海绵"效应实现内涵体逃逸。

尽管应用树枝状大分子作为基因载体的研究已有数十年，也有商品化的基因转染试剂应用于临床，但其细胞毒性较大且价格昂贵，如何构建高转染效率和低细胞毒性的树枝状大分子是未来的研究方向和临床应用的基础。

（五）水凝胶

水凝胶（hydrogel）是由亲水性聚合物链在水性微环境中交联而成的三维网络结构凝胶，能在水中迅速溶胀，并在此溶胀状态可以保持大量体积的水而不溶解。水凝胶具有较高含水量和良好的柔韧性，具有低界面张力和黏附性等特征，可增加药物的驻留时间和在组织的渗透性，减少对周围组织的刺激和免疫反应。水凝胶作为局部药物缓释系统还具有良好的生物相容性、可注射性及可控的力学性能。

三维结构的水凝胶理化性质类似于细胞外基质，具有包封细胞和生物活性分子的能力，且透气性良好，可作为理想的局部药物缓释、靶向递送及组织再生相关的支持材料。以水凝胶为载体的递送系统可用于大分子药物（如胰岛素、酶等）及疫苗和抗原等的递送，给药途径包括注射、透皮、口服、鼻腔、口腔黏膜及结肠定位等。目前研究较多的为多肽、蛋白质类药物，如促红细胞生长素、干扰素、白细胞介素、人粒细胞巨噬细胞集落刺激因子及某些疫苗类基因工程药物。

水凝胶可以根据治疗需求选择不同种类的聚合物，制成的产品在体内的降解速度可控，安全性好，具有一定的生物黏附性和机械强度。Ocular Therapeutix 公司开发的 ReSure Sealant 是 FDA 批准的首个用于白内障手术后密封泄漏角膜切口的产品，而在该产品获批之前，白内障手术后密封泄漏角膜切口的唯一选择是缝合。温度、pH 敏感或酶敏感型水凝胶属于新型智能递送系统，它的优点在于可响应人体自身特定生理环境来控制药物的释放。水凝胶作为药物载体，可通过改变处方组成调节其释放速度，使药物在需要的时间和时间间隔内释放，对亲水性大分子如蛋白质和核酸具有一定的保护作用,是一种非常有应用前景的药物递送系统。

二、新型局部递药系统

(一)结肠定位给药系统

口服结肠定位给药系统(oral colon specific drug delivery system,OCDDS)是将药物直接运送到结肠部位释放,主要利用胃肠道的不同 pH 环境、食滞效应、生理条件差异(如特异性的酶系统或菌群)及物理调控作用(如超声波、电磁等)原理设计而成。OCDDS 主要分为 pH 依赖型释药系统、时滞型释药系统、压力依赖型释药系统及前体药物型释药系统。

由于多肽、蛋白质类药物易受胃肠道酶系统、复杂 pH 环境等因素影响,多肽、蛋白质类药物的口服给药一直以来都是该类药物研究的重点和难点。结肠部位的酶系较少、活性较低、pH 条件较温和、结肠蠕动缓慢、药物在结肠的停留时间较长,因此结肠成为多肽、蛋白质类药物口服吸收较理想的部位,结肠给药系统是近年来研究较多的定位释药技术。根据胃(pH 0.9~1.5)、小肠(pH 6.0~6.8)和结肠(pH 6.5~7.5)的 pH 差异,利用 pH 依赖型的丙烯酸树脂、壳聚糖进行人工改造后得到的半合成琥珀酸-壳聚糖及邻苯二甲酸-壳聚糖、邻苯二甲酸-羟丙基甲基纤维素等材料,采用包衣技术,可阻止药物在胃酸性环境中释放,改善药物在碱性环境中的释放。目前较常用的包衣材料是肠溶型Ⅲ号丙烯酸树脂(Eudragit S100)。另外,果胶、瓜尔胶、偶氮类聚合物和 α-环糊精、β-环糊精、γ-环糊精等能被结肠特有的酶所降解,而在胃、小肠由于缺乏相应的酶不能被降解,这就保证了药物在胃和小肠中不释放。结肠定位给药系统的大量研究工作及临床实践正在不断地进行,显示出良好的发展前景。

(二)肺部给药系统

肺部吸收表面积大(超过体表面积 25 倍)、毛细血管网丰富,而且肺泡上皮细胞层薄,扩散距离短(1~2μm)、速度快;肺的生物代谢酶分布集中,生物活性低,对药物的水解少,药物易通过肺泡表面被快速吸收,生物利用度较高。肺部给药还可避免肝脏首过效应,是非常有前景的多肽、蛋白质类药物非注射给药途径之一。

美国 Translate Bio 公司开发的吸入式 mRNA 药物用于囊性纤维化治疗,该项目进展迅速,目前已经进入了临床阶段。该技术旨在通过雾化给药将编码全功能囊性纤维化跨膜电导调节蛋白(cystic fibrosis transmembrane conductance regulator,CFTR)的 mRNA 递送到肺上皮细胞,以解决囊性纤维化的根本致病因素。研究表明,与皮下注射相比,吸入胰岛素(不论是人胰岛素还是胰岛素类似物)吸收更快,发挥作用更迅速。2014 年,FDA 批准了一种新型吸入人胰岛素粉末制剂,这是一种速效的吸入胰岛素制剂,可用于改善成年糖尿病患者的血糖控制。该制剂将冻干胰岛素粉制备成稳定的微小颗粒,吸附在富马酸二酮哌嗪(fumaryl diketopiperazine microspheres platform,FDKP)制备的微晶粒上,在吸入肺泡时,FDKP 可以被吸收但不被代谢,从尿中以原型排出。该制剂早期所采用的吸入装置为 MedTone 吸入器,通过吸入器给予胰岛素后约 40% 积累于肺部,且在肺内分布均匀,赋形剂 FDKP 迅速从肺内清除。值得注意的是,虽然肺部给药是胰岛素非注射给药的最具前景的给药方式之一,但吸入胰岛素不能代替长效胰岛素，并且肺部吸入给药的规模化应用仍存在一些障碍，如递送剂量受患者呼吸模式的影响较大、吸入给药生物利用度总体偏低、长期吸入给药的安全性等问题还有待进一步研究。

（三）气动注射给药系统

气动注射给药系统是一种不需要针头的新型给药系统，利用机械装置（如弹簧或高压气体）产生瞬间的高压，推动药剂通过一个微小的孔喷射形成高压流，足够在没有针的情况下穿透皮肤弥散至皮下组织。无针头注射剂包括无针头粉末注射剂和无针头药液注射剂，能够帮助患者克服恐针症，使用方便，且可实现直接粉末给药，适用范围广，尤其对生物技术药物尤为适用，可提高药物稳定性和促进吸收。

气动注射给药方式具有无痛、方便、高效等优势，在临床医疗及家庭保健方面的应用日渐广泛。目前，降钙素、胰岛素的无针粉末注射剂已在临床上获得成功，胰岛素无针注射相比较目前临床常用的胰岛素笔，具有疼痛小、剂量准确、注射器使用寿命长等优势，具有非常广阔的市场前景。此外，无针头喷射器在一些生物技术药物中也得到了广泛应用，包括流感疫苗、乙型肝炎疫苗、促红细胞生成素、降钙素、生长激素等。

（四）黏膜给药系统

鼻腔黏膜、口腔黏膜、直肠黏膜、眼部黏膜均可作为多肽、蛋白类药物的给药途径，可避免口服给药的首过效应，增加药物的吸收，而且还具有脑靶向、高活性、低剂量等特点。其中，鼻腔黏膜中毛细淋巴管和淋巴管分布丰富，鼻腔上皮与血管壁紧密连接，细胞间隙较大，穿透性较高。另外，鼻腔黏膜中蛋白酶分布比胃肠道少，能够避免肝脏首过效应，有利于药物吸收并进入血液循环。目前已有一些多肽、蛋白类药物鼻腔给药系统上市，例如布舍瑞林、去氨加压素、降钙素、催产素等。

影响多肽、蛋白质类药物鼻腔黏膜吸收的因素很多，包括药物的性质（如分子量、溶解性等）、鼻腔黏膜表面的代谢酶及纤毛的清除等。应用吸收促进剂通常是提高蛋白质、多肽类药物鼻腔黏膜吸收的重要手段，其作用机制包括改变鼻腔黏液的流变学性质、开放细胞间的紧密连接、提高黏膜通透性；抑制作用部位蛋白水解酶的活性，提高蛋白质、多肽类药物的稳定性；降低鼻腔纤毛的运动频率；等等。有些药物如胰岛素、降钙素等蛋白质类在不加吸收促进剂时，生物利用度很低（<1%），加入适宜的吸收促进剂（如胆酸盐、十二烷基硫酸钠等）后，吸收效果可提高数倍，甚至数十倍。此外，采用微球、脂质体、纳米粒等新型给药系统作为多肽、蛋白质类药物载体，再经鼻腔黏膜给药往往可以获得较好的吸收效果。

三、细胞衍生药物递送系统

细胞是生物体结构和功能的基本单位，是最基本的生命系统。细胞作为一个独立的生命体，具有强大的增殖分化能力与多种多样的生物功能，经过生物工程方法处理后可实现治疗或预防疾病的需求。细胞本身就是一种生物技术药物，同时也可以作为药物递送系统。细胞外囊泡是由细胞分泌到细胞外的双层膜结构的囊泡，参与细胞通信、细胞迁移、免疫调节等过程，广泛存在于各种体液和细胞培养上清液中，携带有细胞来源的多种蛋白质、脂质、DNA、

RNA 等,是一种天然的生物技术药物递送系统。细胞膜是包围细胞内容物的一层薄膜,一般厚度在 5~10nm,主要由蛋白质和磷脂双分子层组成,是生物技术药物的优良递送系统,不同细胞膜具有各种生物活性。

(一)细胞治疗

细胞治疗是指利用某些具有特定功能的细胞,采用生物工程方法获取或通过体外扩增、特殊培养等处理后,使这些细胞具有增强免疫功能、杀死病原体或肿瘤细胞、促进组织器官再生和机体康复等治疗效果,从而达到治疗疾病的目的。细胞治疗疾病的机制主要分为两大类,一是细胞的直接作用:直接运用其特定的生物活性功能修复受损伤的组织和器官,或起到特异性、非特异性杀伤作用;二是细胞的间接作用:分泌相关的细胞因子或其他活性分子调节细胞的增殖分化和功能。

细胞治疗正在越来越多地应用到临床上。目前,细胞治疗广泛用于血液病、心血管病、糖尿病、骨髓移植、晚期肝硬化、股骨头坏死、恶性肿瘤等疾病。细胞治疗按照细胞种类可以分为干细胞治疗和免疫细胞治疗两大类。干细胞治疗是利用干细胞的分化和修复功能,将健康的干细胞移植到体内,修复病变细胞或重建功能正常的组织和器官。免疫细胞治疗是采集机体自身的免疫细胞,经过体外培养,使其数量扩增,靶向性与杀伤功能增强,然后再回输到人体来杀灭血液及组织中的病原体、肿瘤细胞、突变的细胞,解除免疫耐受,激活和增强机体的免疫能力。

随着基因组学、蛋白质组学、细胞生物学、免疫学的飞速发展,嵌合抗原受体 T 细胞(chimeric antigen receptor T cell,CAR-T)治疗技术已逐渐完善并走向成熟。嵌合抗原受体(chimeric antigen receptor,CAR)的结构由胞外抗原识别结构域、胞外铰链区、跨膜区和胞内信号转导结构域组成(结构示意图见图 16-5)。CAR-T 的临床治疗流程主要为:从患者取得大量白细胞,经过纯化得到 T 细胞,T 细胞体外活化;T 细胞 CAR 基因导入;CAR-T 扩增;患者的淋巴细胞删除(创造有利于 CAR-T 扩增的环境)及 CAR-T 回输到患者体内(流程示意图见图 16-6)。

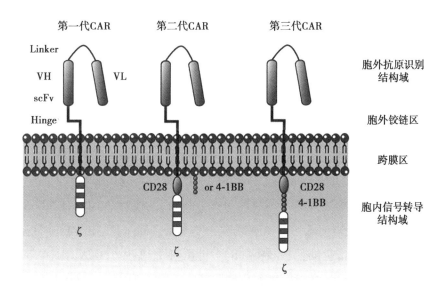

图 16-5　嵌合抗原受体结构图

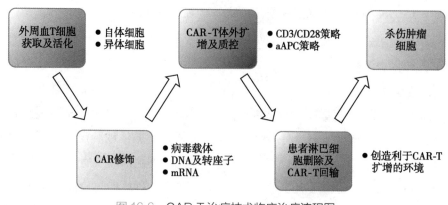

图 16-6　CAR-T 治疗技术临床治疗流程图

　　CAR-T 在治疗白血病和淋巴瘤方向取得了显著成效,展现了巨大的临床潜力。目前,全球已批准上市 8 款 CAR-T 产品,2021 年 6 月 22 日,中国迎来了第一个获批上市的 CAR-T 免疫细胞治疗产品——阿基仑赛,用于治疗既往接受二线或以上系统性治疗后复发或难治性大 B 细胞淋巴瘤成人患者。细胞疗法已引发白血病治疗变革,但在治疗实体瘤方面仍面临挑战,并且存在细胞因子释放综合征、肿瘤裂解综合征等副作用。未来 CAR-T 的发展趋势将是通用型 CAR-T 治疗技术,降低生产成本的同时提高治疗实体瘤的有效性。嵌合抗原受体 NK 细胞(chimeric antigen receptor NK cell, CAR-NK)治疗策略具有安全性高、杀伤能力强、细胞来源广泛等优势,在肿瘤治疗中展现出巨大的潜力,正处于火热的临床研究中。嵌合抗原受体 Treg 细胞(chimeric antigen receptor Treg cell, CAR-Treg)疗法针对器官移植、自身免疫性疾病和炎症疾病,将是细胞治疗的下一个前沿领域,CAR-Treg 尚处于临床前或早期临床阶段,美国 Sangamo Therapeutics 公司完成首例患者给药,用于预防人类白细胞抗原 -A2(human leucocyte antigen-A2, HLA-A2)不匹配活体肾移植后的免疫排斥反应。

　　细胞治疗在蓬勃发展的同时也面临诸多挑战,主要包括三个方面:第一,细胞治疗的作用机制需要进一步明确,这是治疗药物的关键。造血干细胞、多能干细胞、CAR-T 技术的作用机制相对明确,而间充质干细胞等需要进一步明确其发挥临床效果的关键作用机制。第二,细胞治疗领域存在整体研发能力参差不齐、相关标准体系不完善、质量体系不健全、成果转化率低、产业链发展不充分等问题。第三,细胞产品进入临床或转化后,生产模式将直接影响产品的可及性、便利性及价格,如何实现细胞产品的标准化、批量化生产,降低细胞治疗的费用,使细胞治疗切实服务于大众,是亟待解决的重点问题。

　　(二)基于细胞外囊泡的药物递送系统

　　细胞外囊泡(extracellular vesicles, EVs)是指由细胞分泌或从细胞膜上脱落的双层膜结构的囊泡状小体,主要分为三大类:外泌体(30～100nm)、微囊泡(100～1 000nm)和凋亡小体(1～5μm)。细胞外囊泡广泛存在于细胞培养上清液及各种体液(如血液、淋巴液、唾液、尿液、精液、乳汁等)中,携带有细胞来源相关的多种蛋白质、脂质、DNA、RNA 等生物活性分子,参与细胞通信、细胞迁移、血管新生和免疫调节等多种生理过程。细胞外囊泡表面拥有识别靶细胞的蛋白信号分子,靶细胞可以通过受体配体结合或胞吞摄入囊泡,从而改变细胞的生理病理状态,成为细胞间信号互通或物质运输的载体。

细胞外囊泡作为天然的纳米/微米尺寸的载体,因其固有的运输特性、长循环能力、良好的生物相容性,如今已成为最具潜力的药物递送系统,适用于递送各种化学药物、多肽、蛋白质、核酸药物等。细胞外囊泡具有免疫原性低、毒副作用小、可携带成分丰富、全身循环、靶向递送等优势,还可以穿越生理屏障,囊泡本身也具有一定的生理活性。囊泡的物理化学特性、生物学特征和机械力学性质使其成为独特的载体,在药物递送中显示出巨大的应用前景。囊泡主要通过外源方法装载药物,治疗药物吸附或结合到囊泡表面或通过物理、化学方法瞬时打开囊泡膜使药物进入,最常见的方法包括超声、电穿孔、皂素处理和孵育等。细胞外囊泡是生物技术药物的优良载体,例如细胞外囊泡膜可抵抗胞外环境核酸酶的降解作用,因此尤其适用于递送核酸药物。

目前,作为递送载体开发的细胞外囊泡的来源主要有人源工程化细胞和红细胞、血小板等无核细胞。细胞外囊泡相关临床试验在全球范围内广泛开展,2009年我国自主研发的载药囊泡治疗肿瘤技术就已率先研发成功,目前已完成在中国市场的临床转化,陆续在各省市获批上市使用。载药囊泡治疗肿瘤技术是一项以大小介于100～1 000nm的细胞外囊泡为基础的全新肿瘤治疗技术,它通过靶向杀死肿瘤干细胞,逆转肿瘤细胞耐药,同时通过趋化中性粒细胞发挥免疫功能,针对分化增殖肿瘤细胞进行精准杀伤,这是全球癌症治疗的全新解决方案,更是一项中国科学家率先发明和应用,带有源头创新特色的肿瘤治疗技术。

(三)基于细胞膜的药物递送系统

细胞膜是包围细胞内容物的一层薄膜,作为细胞内外的屏障,一般厚度在5～10nm,主要由蛋白质和磷脂双分子层组成,相比于细胞外囊泡,细胞膜的获取途径更加广泛,产量也更高,可作为生物技术药物的优良递送系统。细胞膜仿生递药系统将细胞膜的天然属性与载体材料的性能相结合,具有优异的生物相容性,极大程度地降低了免疫原性,也有利于载体躲避网状内皮系统的捕获,从而延长血液循环时间。

细胞膜包被的纳米颗粒主要通过细胞膜对功能性纳米颗粒进行包被,从而形成一种纳米颗粒-细胞膜的"核-壳"结构,纳米颗粒核心的选择包括聚合物纳米粒、无机纳米粒等。细胞膜外壳通过低渗裂解和差速离心等方法获得,细胞膜包被纳米颗粒通常采用共挤出法、超声法和电穿孔法等。包裹纳米颗粒的细胞膜可吸附细胞因子,同时细胞膜蛋白具有一定的生物活性,具备免疫逃逸、延长血液循环时间、靶向特定组织与器官的能力。细胞膜来源种类及纳米颗粒核心的多样性为细胞膜仿生药物递送系统的发展奠定了基础。目前研究较多的细胞膜来源包括血细胞(红细胞、血小板等)、干细胞、免疫细胞(巨噬细胞、树突状细胞和T细胞等)及肿瘤细胞等。

细胞膜作为生命体原本存在的物质,生物相容性好,可被机体降解。另外,细胞膜易于获取,可根据需求选择相应生物功能的细胞膜整合到仿生纳米平台中,使纳米粒在原有功能上达到更好的治疗效果,实现递药系统在体内的长循环、主动靶向、深入病变深层组织等效果。由于仿生递药系统的生物功能来自提供细胞膜的细胞,细胞膜的选择标准主要取决于来源细胞的特性和疾病治疗的要求。

四、3D打印精准递药系统

药物3D打印技术是近年来一个新兴的技术领域,该技术是根据计算机辅助设计(computer aided design,CAD)或计算机断层扫描(computed tomography,CT)设计三维立体数字模型,在电脑程序控制下,采用"分层打印,逐层叠加"的方式,快速而精确地制造药物的技术。

1996年,美国麻省理工学院的Michael Cima教授首次报道了粉末黏结3D打印技术可应用于制药,并指出3D打印技术相比传统制剂技术在产品设计复杂度、个性化给药和按需制造等几个方面有着明显的优势,因此后续吸引了不少药物公司和研究机构对药物3D打印技术进行探索。但目前,全球药物3D打印领域的大多数机构都在早期概念研究阶段。全球范围内将3D打印技术应用到药物产品商业化开发阶段的只有两家公司,美国的Aprecia和中国的三迭纪,二者均是3D打印药物专业公司。2015年7月,Aprecia使用ZipDose技术开发的第一款3D打印药物产品Spritam(左乙拉西坦)片剂获得美国FDA批准,成为全球首个被FDA批准的使用3D打印技术制造的处方药产品。Spritam(左乙拉西坦)适用于癫痫部分性发作、肌阵挛性癫痫和原发性全身性强直阵挛性癫痫发作的辅助治疗。该药物使用的ZipDose技术结合了药剂配方科学与3D打印的独特制造能力,有效地解决了癫痫患者服药吞咽难这一问题。使用ZipDose技术生产和开发的药物即使在高剂量下也能在口腔中迅速溶解,这使患者服药变得方便容易。患者因吞咽问题产生的不遵医嘱也会大大减少,从另一个方面提高了癫痫的治疗效果。2021年1月中国公司三迭纪用全球首创的热熔挤出沉积(melt extrusion deposition,MED)3D打印技术开发的首个药物产品T19获得美国FDA的新药临床试验批准(investigational new drug,IND)。该产品是全球第二款向美国FDA递交IND的3D打印药物产品,也是中国首个进入注册申报阶段的3D打印药物产品。T19针对类风湿关节炎症状的昼夜节律进行设计,采用热熔挤出沉积3D打印技术对药片三维结构进行优化,实现药物组合释放的精准控制。目前药物3D打印领域虽然面对一个高达数千亿美元的固体制剂蓝海市场,但全球3D打印药物行业仍处于萌芽期,相关技术的开发和产业化需要大量的时间和资金,更需要极强的创新创造能力,因此还需要更多的机构与公司进入该领域,走通技术开发、产品开发、法规注册的道路,最终实现商业化。

五、微针递药系统

微针递药系统是指利用微针穿刺皮肤角质层形成微小孔道,从而微痛甚至无痛地实现药物经皮渗透的一种给药策略。微针给药系统作为一种新型的透皮给药方式,与单独使用透皮制剂相比,可以显著提高药物透皮吸收的效率,扩大经皮递药适用的药品种类,促进水溶性药物的透皮吸收和提高大分子药物透皮的能力,使药物在体内更好地发挥作用。因此,微针递药系统在小分子药物、多肽类药物、疫苗类药物的递送方面有着巨大的应用潜力。2010年,可穿戴式一次性中空微针给药系统V-Go获得FDA的批准用于治疗成人2型糖尿病。V-Go作用时会提供持续的胰岛素预置基础率,并在进餐时可按需加大剂量,满足糖尿病患者每天多次注射胰岛素的需要。且 V-Go 体型小,质量轻,可在患者衣服里穿戴,易于操作和使用。2015 年顾臻团队首次提出了智能胰岛素微针贴片的原型,该透皮微针贴片同时负载具有拮抗作用的两种血糖调节激素——胰岛素和胰高血糖素,可根据血糖变化动态调节两种激素的释放(高血糖时释放胰岛素,低血糖时释放胰高血糖素),实现血糖水平的动态调节。目前,研究人员已在小鼠模型上验证了该微针贴片能够随血糖响应进而可控释放的功效,并正在向临床转化,届时有望改善糖尿病患者在治疗过程中低血糖频发的不良反应。2018 年由 Zosano Pharma 公司研发的用于治疗偏头痛的佐米曲普坦微针贴片 Qtrypta 已经完成了临床试验,并在 2019 年提出上市申请,目前该药物是美国市场上的第一个微针类药物。作为一种新型的透皮给药方式,微针在最近的几年里发展迅速,已成为各大传统和创新药物公司的研究热点。

六、可植入生物芯片给药系统

随着精密机械制造技术与微机电系统(microelectromechanical system,MEMS)的不断发展,可植入生物芯片给药系统因其精准可控的药物释放方式而受到广泛的关注。通过在局部植入或吞入载有药物的智能化芯片或传感器,可有效实现药物的缓控释释放,同时根据传感器收集的数据及时调整给药方案,实现诊疗一体的目的。1998 年美国科学家 Robert Langer 等人发明了首个生物芯片给药系统 Microchip,并提出了可植入生物芯片给药系统的概念。该芯片是由硅制成,并包含了许多独立药物储存库。每个储层的一端被一层金薄膜覆盖,作为电化学反应中的阳极。当需要释放时,在阳极膜和阴极之间施加约 +1.04V 的微弱电势使金膜阳极在 10~20 秒内溶解,从而释放储液库中的药物。并且每个储层都可以充满不同的药物,并独立打开,因此该芯片可以实现多种药物的联合释放。体外原理验证试验表明,该芯片可以实现多种形态化学物质(固态、液态、凝胶态)的存储和按需释放。在 2012 年美国麻省理工学院的 Robert Farra 等人首次在人体内进行了生物芯片控制释放给药系统的测试。研究人员采用生物相容性材料构建了该系统,内部包括一块指甲盖大小的芯片及一系列微小的、被单独密封的药物"小井",小井中所盛的药物为甲状旁腺激素制剂特立帕肽(一种对抗骨质疏松的药物),总体积大约为 5cm×3cm×1cm,与一台心脏起搏器的大小相仿。药物小井的顶端由一层铂钛合金所制的薄膜覆盖,在一股小电流作用下,薄膜破裂,一次用药所需药量便释放出来。因具有可编程性,故给药时间可以控制,剂量亦可提前设定,给药及相应剂量亦可由无线电信号远程触发。研究人员为罹患骨质疏松症的女性腰部植入芯片,药物释放经远程控制激活。研究结果表明,芯片给药方式同现行通用的注射笔给药方式一样有效,虽然没有正式评估药物疗效,但使用者已有骨形成改善的迹象。同时,没有发现相关的副作用。2017 年 11 月 13 日,美国 FDA 首次批准了由日本药企 Otsuka 研发的可吞咽数字化芯片 Abilify MyCite 用于精神分裂症、躁狂症的急性治疗等及成年抑郁症的附加治疗手段。该产品在阿立哌唑片剂中加入一个沙粒大小的电子芯片,在遇到胃酸分解后被吸收时可发出电子信号传递到患者或家属的电子设备如手机上来提示患者药物已被身体吸收从而无须继续服用药物,或者对患者的后续活动进行进一步的追踪观察。相信随着计算机软件的快速升级及芯片制造等技术的不断发展，未来的可植入生物芯片类药物会发展出更多的应用场景，并转化于临床，打通精准医疗的"最后一公里"。

ER16-2　第十六章　目标测试

（张志平）

参考文献

［1］RATHORE A S，KUMAR D，KATEJA N. Role of raw materials in biopharmaceutical manufacturing：risk analysis and fingerprinting. Current Opinion in Biotechnology，2018，53：99-105.

［2］MCELROY M C，KIRTON C，GLIDDON D，et al. Inhaled biopharmaceutical drug development：nonclinical considerations and case studies. Inhalation Toxicology，2013，25（4）：219-232.

［3］JOYCE P，DENING T J，MEOLA T R，et al. Solidification to improve the biopharmaceutical performance of SEDDS：opportunities and challenges. Advanced Drug Delivery Reviews，2019，142：102-117.

［4］LOVE K R，BAGH S，CHOI J，et al. Microtools for single-cell analysis in biopharmaceutical development and manufacturing. Trends in Biotechnology，2013，31（5）：280-286.

［5］MITRAGOTRI S，BURKE P A，LANGER R. Overcoming the challenges in administering biopharmaceuticals：formulation and delivery strategies. Nature Reviews Drug Discovery，2014，13（9）：655-672.

［6］SHARMA B. Immunogenicity of therapeutic proteins. Part 1：Impact of product handling. Biotechnology Advances，2007，25：310-317.

［7］ONOUE S，SUZUKI H，SETO Y. Formulation approaches to overcome biopharmaceutical limitations of inhaled peptides/proteins. Current Pharmaceutical Design，2015，21（27）：3867-3874.

［8］CHANG R K，MATHIAS N，HUSSAIN M A. Biopharmaceutical evaluation and CMC aspects of oral modified release formulations. The AAPS Journal，2017，19：5.

［9］RYU J K，KIM H S，NAM D H. Current status and perspectives of biopharmaceutical drugs. Biotechnology and Bioprocess Engineering，2012，17（5）：900-911.

［10］DICKENS J，KHATTAK S，MATTHEWS T E，et al. Biopharmaceutical raw material variation and control.

Current Opinion in Chemical Engineering，2018，22：236-243.

［11］CHAKRABORTY C，SHARMA A R，SHARMA G，et al. Therapeutic advances of miRNAs：a preclinical and clinical update. Journal of Advanced Research，2021，28：127-138.

［12］SAHAY G，ALAKHOVA D Y，KABANOV A V. Endocytosis of nanomedicines. Journal of Controlled Release，2010，145：182-195.

［13］LIU Y，XU C F，IQBAL S，et al. Responsive nanocarriers as an emerging platform for cascaded delivery of nucleic acids to cancer. Advanced Drug Delivery Reviews，2017，115：98-114.

［14］陈雯霏，伍福华，张志荣，等. 已上市核酸类药物的制剂学研究进展. 中国医药工业杂志，2020，51（12）：1487-1496.

［15］WENG Y，HUANG Q，LI C，et al. Improved nucleic acid therapy with advanced nanoscale biotechnology. Molecular Therapy-Nucleic Acids，2019，19：581-601.

［16］李治国，高静，郑爱萍. 提高蛋白质、多肽类药物稳定性的研究进展. 国际药学研究杂志，2017，44（11）：1069-1074.

［17］CAO S J，XU S，WANG H M，et al. Nanoparticles：oral delivery for protein and peptide drugs. AAPS PharmSciTech，2019，20（5）：190.

［18］MAITI S，JANA S. Polysaccharide carriers for drug delivery.：Woodhead Publishing（Cambridge），2019：1-17.

［19］LIU Y，SUN Y，HUANG G. Preparation and antioxidant activities of important traditional plant polysaccharides. International Journal of Biological Macromolecules，2018，111：780-786.

［20］HU B，ZHONG L P，WENG Y H，et al. Therapeutic siRNA：state of the art. Signal Transduction and Targeted Therapy，2020，5（1）：1532-1556.

［21］HAN X，LU Y，XIE J，et al. Zwitterionic micelles efficiently deliver oral insulin without opening tight junctions. Nature Nanotechnology，2020，15（7）：605-614.

［22］孟月，王丹，王雪蕾，等. 抗肿瘤核酸药物阳离子纳米载体的研究进展. 中国医药生物技术，2020，15（4）：418-425.

［23］RUMIANA T，BIRD R，CURTZE A E，et al. Lipid nanoparticles-from liposomes to mRNA vaccine delivery，a landscape of research diversity and advancement. ACS Nano，2021，15（11）：16982-17015.

［24］DONG Y Z，SIEGWART D J，ANDERSON D G. Strategies，design，and chemistry in siRNA delivery systems. Advanced Drug Delivery Reviews，2019，144：133-147.

［25］胡正霞，何东升，涂家生. 树枝状大分子作为基因递送载体的研究进展. 药学研究，2019，38（9）：497-502.

［26］SATHE R Y，BHARATAM P V. Drug-dendrimer complexes and conjugates：detailed furtherance through theory and experiments. Advances in Colloid and Interface Science，2022，303：102639.

［27］周旭，王伽伯，肖小河. 无针注射给药系统及应用. 解放军药学学报，2005，21（6）：439-443.

［28］JUNE C H，O'CONNOR R S，KAWALEKAR O U，et al. CAR T cell immunotherapy for human cancer. Science，2018，359（6382）：1361-1365.

［29］AHMAD N F N，GHAZALI N N N，WONG Y H，et al. Wearable patch delivery system for artificial pancreas health diagnostic-therapeutic application：a review. Biosensors and Bioelectronics，2021，189：113384.

［30］LI X S，ZHAO Y，ZHAO C. Applications of capillary action in drug delivery. iScience，2021，24：102810.

［31］SANTINI J T，CIMA M J，LANGER R. A controlled-release microchip. Nature，1999，397：335-338.

［32］ELTORAI A E M，FOX H，MCGURRIN E，et al. Microchips in medicine：current and future applications. Biomed Research International，2016：1743472.

［33］XU L L，YANG Y，MAO Y K，et al. Self-powerbility in electrical stimulation drug delivery system. Advanced Materials Technologies，2022，7（2）：2100055.

［34］MEYERS S R，GRINSTAFF M W. Biocompatible and bioactive surface modifications for prolonged *in vivo* efficacy. Chemical Reviews，2012，112（3）：1615-1632.

［35］SUTRADHAR K B，SUMI C D. Implantable microchip: the futuristic controlled drug delivery system. Drug Delivery，2016，23（1）: 1-11.

［36］STAPLES M. Microchips and controlled-release drug reservoirs. Wiley Interdisciplinary Reviews，2010，2（4）: 400-417.

［37］魏微，赵锋，马银玲，等.基于微针的纳米药物递送系统研究进展.中国药学杂志，2021，56（10）: 785-789.

［38］杨忍忍，赵昕雨，姚站馨，等.可溶性微针的应用研究进展.军事医学，2021，45（6）: 454-458.

［39］FARRA R，SHEPPARD N F，MCCABE L，et al. First-in-human testing of a wirelessly controlled drug delivery microchip. Sci Transl Med，2012，122（4）: 122ra21.

［40］刘天琦，宋高，曾志勇，等.微针及其在生物诊疗中的应用研究进展.生物工程学报，2021，37（4）: 1139-1154.

［41］鲁洋，程祝强，金毅，等.微针透皮递药系统研究进展.中国药学杂志，2018，53（6）: 945-950.

［42］于鲲梦，平其能，孙敏捷.植入型给药系统的应用与发展趋势.药学进展，2020，44（5）: 361-370.

［43］林晓鸣，郭宁子，杨化新，等.植入制剂质量控制研究进展.中国新药杂志，2019，28（5）: 528-535.

第十七章　新型药物制剂成型技术

本章要点

掌握　微射流技术的概念及原理；3D 打印成型技术的基本类型；静电纺丝技术的原理及类型。

熟悉　3D 打印技术在药剂学中的应用。

了解　微射流技术在纳米制剂、中药制剂、生物大分子制剂中的应用；3D 打印制剂目前存在的问题及展望；静电纺丝技术在药剂学中的应用。

第一节　微射流技术及其在药剂学中的应用

一、微射流技术简介

（一）微射流原理和理论

微射流，即动态超高压微射流，是一种新兴的，集混合、粉碎、均质为一体的微化技术。主要作用机制为通过剪切力、高速对撞、高频振荡、气穴等作用达到细微化和均质的目的。通过对物料产生强烈的剪切、高速撞击、压力瞬间释放等综合作用下产生类似射流形态的液体流，从而实现物料的超细微化和均一化效果，使物料颗粒达到亚微米级甚至纳米级，同时，巨大的压力可使细胞破碎，使活性成分溶出速率加快。总体来说，其基本原理是借鉴了不可压缩流体射流理论和高压理论，射流的粉碎和均质还借鉴了空穴、撞击、漩涡等效应。微射流结构简图如图 17-1 所示。

微射流均质机作为射流产生的仪器，其基本构造和流程均应符合各项原理，微射流均质机由压力泵和振荡头组成。气压平台或在电机驱动下的液压平台产生高压，推动一个内部装有高压活塞的双动增压器，增压器内的活塞继续推动高压往复活塞往复运动，产生交替的抽吸，使流体受压，流速升高，此阶段的压力可由压力表读数；流体高速进入反应室后，振荡头将高速的流体分成两股或多股的细流，流速进一步增加，有时甚至能达 300m/s 以上，此阶段会造成部分流体颗粒的破碎；之后在极小的空间内细流间发生极强烈的 Y 型撞击或垂直撞击，在撞击的过程中，会发生流体的撞击效应、气穴效应、涡旋效应、振动效应、射流效应等将颗粒高度粉碎或将液体进行高度均质，以生成合适大小的颗粒或乳滴。之后流体进入扩流管区，压力逐步减小，流速降低，再经出料口流出。设备工作原理图见图 17-2。

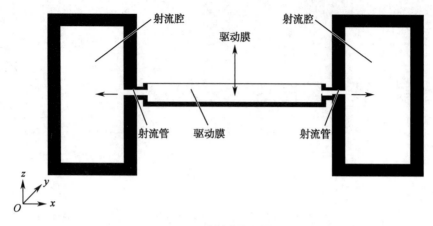

图 17-1 微射流结构简图

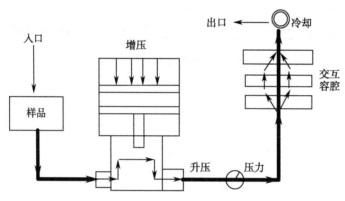

图 17-2 微射流均质机工作原理图

（二）微射流均质机结构

微射流均质机是一种常用的利用湿法粉碎原理对物料进行微细化处理操作的装置,其处理后的悬浮颗粒直径可达纳米范围,该装置也称为超高压均质机或纳米均质机,是适应今日潮流的崭新而强效的混合、分散设备。它有别于超声波、碾磨和高速剪切等传统的处理方法,更具有优异的特性。对于不同物料的处理,处理名称往往不同,对液态物料的微细化处理称为均质,对固态物料的微细化处理称为粉碎。

微射流均质机原本是为了制造非口服剂及医药品所需的精细乳化剂而开发的,后在奶制品、果汁等的均质或灭菌操作中发挥作用,对悬浊液中悬浮物的超微粉碎和对细胞胞内物的提取也十分有效,在生产上获得巨大效益。利用微射流均质机为制备超精细乳化液、脂质体、分散体系等必须稳定而均匀的微细颗粒提供效率优异的工艺,经其处理后的产品颗粒粒径最小可达 0.02μm。

高压射流阀是微射流均质机的关键部件,射流阀内部结构如图 17-3 所示。图 17-4 所示其工作原理是:将高压悬浊液物料射入孔径为几十至几百微米的阀体,在阀孔入口前后产生巨大的压力梯度,使料液悬浮物受高速剪切作用,达到初次粉碎目的;料液经阀孔后形成亚声速或声速以上的高速射流,在阀孔出口处由于速度差和湍流作用,形成物料的再次破碎;当高速射流与金刚石靶板或相反方向的射流进行高速碰撞,则形成标靶撞击粉碎,强化粉碎效果,完成料液中悬浮颗粒的超微粉碎。

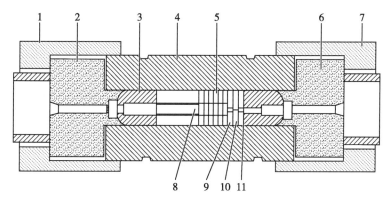

1. 压紧螺母；2. 接口顶圈；3. 锥面密封；4. 套管；5. 撞击距离调整环；6. 接口顶圈；7. 压紧螺母；8. 撞击靶板；9. 夹板；10. 阀片；11. 夹板。

图 17-3　射流阀内部结构

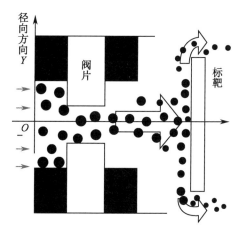

图 17-4　射流阀工作原理简图

当料液进入阀孔入口前压力变化不大，接近阀孔很小范围内压力迅速降低至最小，然后压力稍有增大，不同直径阀孔的变化趋势大致相当，阀孔直径在 0.06mm 的情况下，压力下降最迅速。

二、微射流技术在纳米给药制剂中的应用

微射流技术在药物传递中的应用多见于应用高压和射流理论进行诸如脂质体、脂质囊泡、乳剂、混悬剂、凝胶/水凝胶、其他纳米制剂等方面的研究，研究内容涉及药物或制剂的理化性质、药物代谢、药物动力学及药物或剂型与细胞等作用机制及规律等，其应用性研究多于基础性研究。

利用微射流技术开发新的稳定纳米给药体系，增强了包封化合物的稳定性。微射流技术的主要优点包括：以较小的颗粒尺寸获得较高的稳定性；以较高的可重复性进行纳米给药系统的大规模生产；开发的纳米给药系统没有聚集现象，同时熔融性较低；以较低的溶剂使用量获得较高的封装效果。

（一）微射流技术在脂质体制备中的应用

微射流技术从原理上属于高压乳匀法，与目前一些脂质体制备技术相比，克服了生产难以放大及有机溶剂引起的安全性难题，同时它与传统的高压乳匀法相比能获得更高的压力和更好的作用效果，从而使脂质体粒径更小，甚至达到纳米级。

高压微射流法与传统的超声法和微孔滤膜法相比，处理的多室脂质体平均粒径最小，包封率、载药量最高，并且稳定性最好。使用高压微射流法处理纳米中链脂肪酸脂质体后，平均粒径明显比多室脂质体小，并且在一定范围内处理次数越多或处理压力越大平均粒径越小；包封率和载药量在达到临界点前基本与处理次数和处理压力保持正相关趋势，随后两者又明显呈负相关趋势；稳定性在一定范围内，处理压力越大越稳定。总之，采用高压微射流法制备纳米中链脂肪酸脂质体时，合理控制处理次数和处理压力，可制备出平均粒度小、包封率和载

药量较高、稳定性优良的纳米级脂质体,效果比超声波法和微孔过滤法更理想,减少了常规制备法中有机溶剂的使用,使大规模、连续化生产成为可能。

(二)微射流技术在乳剂制备中的应用

采用微射流技术制备纳米乳,使制备的纳米乳粒径小且分布均匀,可提高药物的生物利用度,使药物的疗效更加显著。动态超高压微射流均质技术是一种特殊形式的超高压均质技术。利用高压均质等手段制得的纳米乳液是一种非热力学稳定体系,呈透明或半透明状,粒度尺寸在 50~200nm 之间,具有抗沉降和抗乳析动力学稳定性。高压均质机作为一种新型制备设备,使纳米乳液的制造成本将不断降低,以至最终接近传统乳液。

采用微射流技术制备脂溶性维生素脂肪乳,可得到粒径较小、均一、稳定的乳剂。对比不同均质设备,微射流均质技术可有效减少脂肪乳的粒径、大乳粒值和重金属含量,从而降低了由重金属引发的用药风险。鸸鹋油具有辅助降血脂作用,采用微射流方法制得的鸸鹋油纳米乳呈半透明乳状液,其粒度小且分布均匀,粒度分布范围较窄。鸸鹋油纳米乳在体内不经胆汁乳化而直接经胰脂酶水解,从而减少体内乳化时间,提高乳化效率,进而提高生物利用度,增强降血脂功能。而且其水溶性的特征使其更易添加到牛奶、饮料等食品中摄取,有利于进一步作为功能食品进行开发应用。

微射流技术制备的乳剂粒径均匀,药物含量较高。与其他制备方法相比,采用微射流工艺制备乳剂,药物的损失较少,乳剂具有较好的稳定性。在制备乳剂的技术与设备中,微射流法的工艺条件最适用于工业化放大生产,而且微射流法具有保护受热不稳定产品的优点,因而考察其工艺对产品的放大生产具有重要意义。

(三)微射流技术在其他纳米制剂制备中的应用

微射流技术可用于纳米胶囊的制备。现有普通胶囊内容物多为物料直接粉碎,或经过粗粉碎再进行提取、浓缩和喷雾干燥而制成的普通粉体,其粒径较大,最多能达到微米级,同量颗粒表面积小,且不具有微囊结构,其溶解度和被人体吸收的能力较差。采用微射流技术进一步细化微粒的尺寸到达纳米级,可增加颗粒的比表面积,使有效成分充分吸收,增加药物的疗效,也可大大节约原材料,同时会改变粉体结构,使其不易变质,延长保质期。

微射流技术可用于分散片的制备。利用微射流技术参与制备的分散片具有生物利用度高、崩解速度快等显著优点,同时操作简单,易于大规模生产。

微射流技术可用于纳米晶体的制备。阿霉酮是一种天然的兴奋剂,具有显著的体内抗肿瘤活性。然而,低溶解度和低溶解速度导致注射使用后的低治疗指数和口服使用的低生物利用度,因此限制了其应用。为了提高阿霉酮的临床使用效果,通过微射流技术成功制备具有小而均匀粒度的阿霉酮纳米晶体,可以解决上述问题。将阿霉酮作为纳米晶体进行静脉注射,可广泛应用于癌症治疗。

三、微射流技术在中药制剂中的应用

中药是世界医药宝库的一个重要组成部分,中药制剂通过对传统中药材进行制取提炼而制成临床用药。中药制剂研究的不断进步带来一系列结构丰富的制剂产品,是实现中药现代化应用的重要手段。微射流技术作为新型技术,与中药制剂的结合可以有效改善中药制剂的稳定性,显著减小中药制剂粒径,实现中药制剂的体内靶向运输。微射流技术对中药制剂的研究多应用于脂质体、乳剂、超微粉碎等。

(一)微射流技术在中药脂质体中的应用

脂质体对许多不溶于水或有较大毒副作用的中药或中药有效成分在增效减毒方面有显著效果,中药有效成分如丁香酚、茶多酚、姜黄素、紫杉醇、小檗碱、人参皂苷等均有被制成脂质体的研究报道。微射流技术用于中药脂质体的制备原理为高压乳匀法,将脂质材料加热至熔融状态与水混合,形成乳状液,经过微射流设备处理,得到粒径分布均匀的小粒径中药脂质体分散体系。

丁香酚是传统中药材丁香的天然提取物,具有多种生物活性,但其水溶性差,限制了其临床应用。采用乙醇注入法联合动态高压微射流技术,对初级脂质体混悬液进行微流化处理,成功制备了丁香酚纳米脂质体。制备的丁香酚脂质体理化性质良好,粒径小,包封率较高,较丁香酚原料药具有一定缓释作用,且明显改善了丁香酚的抗菌活性,解决了丁香酚水溶性差的问题。茶多酚是从茶叶中提取的多羟基酚类化合物的复合物,在绿茶中含量丰富,已被证明具有多种生物和药理活性。由于茶多酚对外界环境的氧化敏感性,降低了其在加工和贮存过程中的稳定性,极大地限制了其应用。采用乙醇注入法联合动态高压微射流技术成功制备了茶多酚脂质体,该茶多酚脂质体粒径较小,多聚物分散系数及电位显示其较稳定,包封率高,与茶多酚溶液相比,通过微射流技术制备的茶多酚纳米脂质体可以降低茶多酚的降解速率,提高茶多酚的稳定性。姜黄素是从中药姜黄根茎中提取的主要活性成分之一,属多酚类化合物,是一种亲脂性分子。姜黄素在胃肠道的稳定性差且溶解度低,这导致了其在体内生物利用度低,限制了其临床应用。将姜黄素溶液与磷脂溶液混合后均质形成脂质体混悬液,再经动态高压微射流设备处理,脂质体粒径明显减小。制得姜黄素脂质体在模拟胃液和肠液中的稳定性优于姜黄素原料药,且在四氯化碳致肝损伤模型研究中,作用效果同样优于姜黄素原料药。该研究结果表明,微射流技术也可用于中药脂质体的二次处理,进一步优化初级脂质体的粒径。

(二)微射流技术在中药乳剂中的应用

许多中药的有效成分以脂肪乳作为载体,制备成的中药注射乳剂能够提高临床疗效、降低药物的毒副作用,且具备体内靶向性。中药注射乳剂改变了传统中药制剂的给药方式,弥补了中药在注射给药方面的缺陷,使药物直接进入人体组织、血液和器官,起效快,疗效确切。与传统中药乳剂制备方法相比,微射流技术制备的中药乳剂粒径均匀,药物含量高,药物的损失较少,具有较好的稳定性。

紫杉醇是从红豆杉的树皮中分离提纯的天然次生代谢产物,具备优异的抗肿瘤活性,然而紫杉醇水溶性差,这使得静脉注射紫杉醇制剂的开发具有重要意义。采用微射流技术和超声法,以卵磷脂/去氧胆酸钠为乳化剂制备得到紫杉醇乳剂。该中药乳剂体外贮存稳定性良好,但当与血浆混合时,会发生絮凝。通过加入表面活性剂,能够提高乳剂液滴间的空间位阻和抑制紫杉醇结晶,提高紫杉醇乳剂在血浆中的稳定性。最终制得粒度小且均匀的紫杉醇乳剂。该项研究为微射流技术应用于中药提取物的静脉注射提供了有益借鉴。

（三）微射流技术在其他中药纳米制剂中的应用

纳米制剂技术是现代中药制药技术的重要发展方向,应用纳米技术进行中药制备,可极大提高药物的稳定性与利用率,大幅增强药物的靶向性,让药物快速到达病变位置,从而降低药物毒性作用,提高疾病的治疗效果。微射流技术作为一种新型的纳米制剂制备方法,具有能在不破坏药物活性成分的情况下降低药物粒径,并使药物的粒度分布均匀等优点,其处理后的悬浮粒子粒径可达纳米范围。

作为新型纳米技术,高压微射流均质技术具有改变药物粒径大小的性能。一般来说,应用微射流设备处理中药药物颗粒时,影响药物粒径大小和粒度分布的因素主要有 3 个:处理压力、循环次数及药物本身性质。在制备天然产物紫杉醇的人工半合成产物多西紫杉醇 / 依克立达白蛋白纳米粒的过程中,随着微射流的压力增大,纳米粒粒径减小;当增加微射流循环次数时,粒径出现先减小后增大的趋势。粒径分布作为中药纳米给药系统的一个重要指标,一般要求所制备的中药纳米粒粒径分布"最小化"。

为改善中药有效成分载药量偏低的问题,采用纳米晶悬浮技术,将难溶的中药成分制成粒径小于 500nm 的颗粒悬浮于水溶液,形成均匀的纳米晶混悬液。但即使是均匀的纳米晶混悬液,对于难溶性中药材来说,仍存在易于聚集及沉淀等问题,这些问题会导致难溶性中药成分实际应用受限。将微射流技术应用于难溶性中药药物纳米晶的制备,微射流技术的特点可以很好地克服现有技术中难溶性中药纳米晶使用过程中的聚集及沉淀问题。

（四）微射流技术在中药颗粒剂中的应用

中药颗粒剂是中成药中很常见的一种剂型,是从中药材中提取有效成分,与辅料通过多项工序制备成颗粒状制剂。中药颗粒是颗粒剂、胶囊剂及片剂等制剂的中间体。中药颗粒对于制剂的结构和形态均有显著影响,并会影响中药固体制剂的质量。与传统汤药相比,中药颗粒剂用于临床时间较短,但研究表明大多数颗粒剂疗效要优于传统汤剂。中药颗粒剂的出现,在中药现代化进程加速、中药大规模进入国际市场中起到重要作用,并且使中药剂量的规范性、标准化有了大幅度提高。

微射流技术应用于中药颗粒剂制备,能够改善药物结构、提高功能活性。一项发明专利中,将微射流技术应用于腺性膀胱炎中药颗粒组合药中,有效增加了中药组合药的疗效。通过微射流技术制备的中药组合物配方各组分协同配伍,能快速发挥药效,尤其对膀胱炎疗效显著。

（五）微射流技术在中药超微粉碎中的应用

中药原药材主要为植物类药材,存在于植物类药材中的有效成分需要透过植物细胞壁及细胞膜释出,才能被小肠壁吸收而发挥作用。在中药的炮制过程中采取微粉碎工艺,能够将细胞打破,进而使细胞内的有效成分直接接触溶媒而溶出。微射流设备所产生的高压可以轻易粉碎中药材,可应用于中药制剂中的超微粉碎。

微射流粉碎技术通过携带有巨大能量的高压水射流,以某种方式作用在被粉碎的物料上,在物料的裂隙和节理面中产生压力瞬变,从而使物料粉碎。与传统的高压均质机相比,微射流粉碎装置的压力更高,流体速度更快,因此其碰撞能力更大,粉碎细度可达到 0.1μm 以下。微射流在生产运作中无微粒飞散,可高压灭菌、消毒,适用于无菌操作。

中药超微粉碎技术的应用,大大提高了中药的利用率及药效,为中药的标准化创造了有利条件。随着技术的不断发展,微射流技术在中药超微粉碎中的应用前景光明。但目前中药超微粉碎及超微制剂相关名称较多而混杂,部分内涵较模糊;中药微粉生产缺乏统一的标准;临床研究的报道相对较少,复方、外用药研究相对较少;在动物实验方面,单味药、复方均已涉及,主要从药粉的粒径、均匀度、细胞破壁率、比表面积、部分中药成分的溶出度、药理作用、质量标准等方面进行研究,药代动力学及药理作用的研究尚需深入。

四、微射流技术在生物大分子制剂中的应用

生物大分子药物是指用于疾病治疗的蛋白质类、多肽类及核酸类药物,因其具有显著的特异性、专属性及治疗效果,常在癌症、免疫系统疾病、心血管系统疾病、神经退行性疾病等领域被广泛研究和使用。作为 21 世纪最具潜力的药物研发领域,生物大分子一直是研究人员关注的热点。微射流技术在生物大分子制剂领域的研究多在纳米制剂和改性方面。

(一)微射流技术在生物大分子纳米制剂中的应用

微射流法制备载生物大分子的纳米制剂具有明显的优点,如粒径更小、多分散系数更低、制备时间更短、操作方法更简便、产率更高等,这些优势对于纳米制剂大规模生产十分重要。另外,微射流制备的纳米制剂电位、包封率和载药量均与实验室制得的纳米制剂相近,说明高压环境并未对纳米粒子的稳定性和载药能力产生影响。运用微射流技术可提高生物大分子制备效率,实现规模化生产载药纳米制剂,实现工业大生产。

有研究以豆渣蛋白为原料,利用反溶剂法结合高压微射流技术制备豆渣蛋白 - 植物甾醇纳米颗粒,并对其性质进行表征。研究结果表明,高压微射流处理可显著降低豆渣蛋白 - 植物甾醇颗粒的粒径,明显提高植物甾醇的包埋率,在水中分散性良好。高压微射流能诱导蛋白分子内或分子间二硫键的形成与交联,可有效提高纳米颗粒的稳定性。高压微射流技术制备的豆渣蛋白 - 植物甾醇纳米颗粒具有较高的稳定性和甾醇荷载能力,说明生物大分子蛋白荷载甾醇提高其水溶性具备可行性。由于纳米颗粒可用于荷载活性物质和稳定界面,以天然大分子材料制备纳米颗粒逐渐成为食品领域的研究热点。以大豆蛋白为原材料,通过连续化操作的高压微射流制备大豆蛋白纳米颗粒,在远离大豆蛋白等电点的 pH 条件下,颗粒具有良好的耐热、耐盐稳定性,颗粒的粒径较小。由于转谷氨酰胺酶的共价交联作用,该纳米颗粒具有刚性结构。与大豆蛋白原料相比,其降低油水界面张力的能力、表面疏水性指数、界面膨胀模量均较低,其三相接触角接近于 90°。且该制备方法不涉及任何有机溶剂,操作简单,方便易行,制得的纳米颗粒具有天然可降解、环境友好和良好的生物兼容性质,克服了现有纳米颗粒仅限于实验室规模制备的缺点,实现大规模的连续化生产,可用于食品工业生产加工。

(二)微射流技术在生物大分子改性方面的应用

微射流技术应用于生物大分子改性方面的研究较为广泛,且研究多为蛋白质的结构或构象、功能特性及改性的机制和规律等。在超高压微射流均质过程中,物料受到强烈剪切、高速撞击、剧烈震荡、压力瞬间释放等多种动力作用,尽管这些作用产生的基本条件仍为高压,但形式已经远远不止超高静压中单纯的挤压作用。相对而言,超高压微射流技术使用压力仅为

超高静压的下限压力,在技术措施和工程措施上更具可操作性。研究表明,蛋白质的营养功能和加工性能都和蛋白质组成与高级结构有关,针对国内外用超高压微射流技术对蛋白质进行改性的研究少、功能性质变化研究深度不够的现状,微射流技术成为新的研究热点。

在微射流均质机的均质过程中,剧烈的处理条件如液体高速撞击、高剪切、空穴爆炸、高速振荡等作用可能会导致大分子结构的变化,尤其是蛋白质。一般来说,超高压对蛋白质一级结构没有影响,不利于二级结构的稳定,对三级结构有较大影响,四级结构对压力非常敏感。超高压处理主要破坏蛋白结构的非共价键,而对共价键影响很小。由于超高压不利于氢键的形成,而蛋白质的二级结构是由肽键内和肽键间的氢键维持的,所以超高压不利于这一级结构的稳定;一些三级结构的球状蛋白体结合在一起形成四级结构,这一结构靠非共价键间的相互作用维持,因此它对超高压的压力非常敏感。蛋白质经过动态超高压微射流处理后,蛋白质结构的变化必然会引起理化性质的变化。经过动态超高压微射流均质处理后的蛋白质没有毒副作用,是安全的。同时也说明动态超高压微射流对大豆分离蛋白、花生蛋白、蛋清蛋白改性是一种安全的物理改性技术,可以在食品工业中大力推广。动态超高压微射流是一种物理改性,在对蛋白质改性的效果上与化学改性等其他改性会有差距。因此今后可以将动态超高压微射流与生物改性(酶改性)、物理改性(超声、微波等方法)等其他改性方法联合使用,在获得安全性产物的同时还能得到功能性强的蛋白质。

第二节　3D 打印成型技术及其在药剂学中的应用

一、3D 打印成型技术简介

20 世纪末,三维(three dimension,3D)打印问世,这是一种材料的加工制造方法,通过将金属、塑料、陶瓷、液体、粉末甚至活细胞等打印材料层层融合或沉积来制造三维立体物体。这一过程又被称为增材制造技术(additive manufacturing,AM)、快速成型技术(rapid prototyping,RP)或固体自由成形技术(solid free form fabrication,SFF)。与传统的削减材料制造模式不同,三维打印是一种"自下而上"的材料层层积累相加的制造技术,增材制造原理提高了原材料和能源的利用率,减少了减材制造模式产生的废料对环境造成的压力。3D 打印技术问世几十年来,也给科研和教学实验室带来了革命性的变化。

(一)3D 打印的历史及建模

20 世纪 80 年代,查尔斯·赫尔(Charles Hull)创造了立体光刻成型技术(stereo lithography appearance,SLA),从数字数据中打印出 3D 物体,标志着 3D 打印的诞生,他本人也被称为"3D 打印之父"。1986 年,赫尔还建立了 3D 系统并开发了 STL 文件格式,这个格式可以将计算机辅助设计(computer aided design,CAD)软件设计的三维图形文件传输为用于打印 3D 对象的文件。赫尔联合 3D 系统公司还继续开发出了被称为"立体光刻仪"的第一个 3D 打印机,以及第一个可供大众使用的商用 3D 打印机 SLA-250。到了 20 世纪 90 年代初,基于粉末黏合的固体自由成型技术问世,同时熔融沉积建模(fused deposition modeling,FDM)专利也申请成功，3D 打印被认为将彻底改变制造业和研究领域。3D 打印在医药学方面的应用可以追溯到 21 世纪初，当时出现了种植体和假肢，食品工业和时装业的应用也已经出现。3D 打印具有其独特的制造模式，能够实现一次性成型，在某种意义上它集成了一条现代化生产线的功能，从而改变着人类原有的生产方式。

3D 打印机进行打印的基础是数字三维模型，研究人员常用的计算机三维设计软件有 Auto CAD、3Ds Max、Maya、Solid Works、Unigraphics NX。Auto CAD 是比较出名的二维及三维模型设计的软件，它在工程设计等领域具有广泛的应用。它的图形编辑功能足以满足 3D 打印机研究人员的需要。用 Auto CAD 进行药物制剂三维模型设计，设计完成后，直接输出为 STL 文件格式，或利用 Slic3R、Makerware、Replicator 辅助切片软件将三维数据转换为编码形式的 G code 指令（G code 指令是 3D 打印机识别的通用指令），或导入 3D 打印机自带的计算机控制软件，之后设置好打印机的参数，指导 3D 打印机完成打印过程。如果需要对最终对象进行任何更改，只需修改起始 CAD 文件即可实现。由于整个过程是计算机控制的过程，减少了生产时间和成本及人工劳动，这是 3D 打印与传统制造工艺相比的主要优势。

（二）3D 打印类型

目前 3D 打印共有 7 种类型：立体光聚合、黏结剂喷射、粉末床熔融、材料喷射、材料挤出、薄片层压和直接能量沉积。

1. **立体光聚合**　立体光聚合（vat photopolymerization）是一种利用光源（例如激光）选择性地固化液态光敏聚合物，将其转化为固体的过程。光聚合是指一种使用光线传播链聚合过程的技术，该过程使预先存在的大分子之间发生光交联。交联剂通过共价键或离子键将一个聚合物链连接到另一个聚合物链上。使用计算机控制的激光束，会在聚合物表面上照射出图案，光束击中的聚合物区域即固化。立体光聚合包括立体光刻技术（stereolithography，SLA）、数字光处理技术（digital light processing，DLP）和连续液体界面制造技术（continuous liquid interface production，CLIP）。SLA 是一种早期采用的增材制造技术，使用光敏树脂作为原料，通过使用光聚合来进行 3D 打印。在 SLA 3D 打印中，逐层重复打印使聚合物固化并形成产品的每一层，每一层的厚度由光源的能量和曝光时间控制。DLP 已广泛成为组织工程打印支架中一种快速且稳定的生物制造方法。该技术通过使用数字光掩模，将物体的横截面 2D 图像投影到生物墨水层（感光液态树脂）中，随后树脂发生交联固化。由于可以复制天然组织和构造的分辨率和复杂性，该技术对创建组织模型来说具有很大的前景。DLP 生物打印精确的分辨率很大程度上取决于投射光的特性和生物墨水微环境的光交联响应。为了实现聚合物材料在微米长度尺度上的打印精度，大多数 3D 打印技术都采用了选择牺牲打印速度的打印方法。

光固化技术由于其高分辨率和同时固化整个层的高效打印，为微纳米领域中制造生物和非生物结构提供了一种良好方法。在生物应用中，可以使用该技术打印生物支架，以精确控制支架内细胞的选择性附着和三维生长。使用光固化技术构建的体外培养组织模型已应用于体外药物筛选和疾病建模。

2. **黏结剂喷射**　黏结剂喷射（binder jetting，BJ）技术的原理为喷射黏结剂选择性地结合固体粉末颗粒。最初是由美国麻省理工学院在 20 世纪 90 年代初期开发的多步增材制造工艺之一。该技术适用于制药材料的粉末形式,并且可以彩色打印。作为一种新型药物制剂成型技术,BJ 工艺通常使用两种材料,即制造药剂的粉末材料和将药剂粉末材料黏合在层间和层内的黏合剂材料。黏合剂通常是液体,而药物及辅料是固体粉末。打印过程类似于其他增材制造,载药的辅料粉末被铺开后,在粉末层上沉积一层黏合剂,然后重复此过程以构建整个制剂,其间由 CAD 模型控制决定。BJ 的显著优势之一是可以在没有支撑结构的情况下生产制剂。构建部件位于未黏合在一起的松散粉末床上,因此,整个构建体积可以只依靠几层的距离就可以与几个部分堆叠在一起。

BJ 打印可以通过增加用于沉积材料和黏合剂的打印头孔的数量来进行加速打印。不同的粉末 - 黏合剂组合比例会导致形成的制剂有不同的机械性能。与其他打印方式相比,BJ 在构建过程中不涉及加热,因此不会破坏原料药结构。但因为 BJ 使用黏合剂作为黏合方式,所以打印的制剂始终存在孔隙的可能,因此 BJ 常被用于速释制剂的制备。

3. 粉末床熔融　粉末床熔融(powder bed fusion,PBF)是一种增材制造技术,其中薄层材料粉末通过扩散器分布在构建位置上,并从加热的打印头、激光或电子束等热源吸收热能而固化。然后,在构建位置上散布一层新的材料粉末,并重复此过程,直到生产出 3D 制剂。这是一种选择性的热过程,通过应用激光或其他热源来融合含药物粉末颗粒。它包括选择性激光烧结(selective laser sintering,SLS)、多射流熔融(multijet fusion,MJF)、直接金属激光烧结 / 选择性激光熔化(direct metal laser sintering/selective laser melting,DMLS/SLM)和电子束熔化(electron beam melting,EBM)。

SLS 工艺使用激光选择性烧结粉末材料,激光束由来自创建模型的 3D CAD 提供数据,选择性地逐层扫描粉末并熔合 / 烧结粉末颗粒层。MJF 通过添加黏合剂和紫外光或红外光的热源选择性地融合材料。打印头选择性地将熔融剂喷射到需要熔化颗粒的粉末层上,IR/UV 灯在粉末床上移动并加热熔剂区域,粉末被熔化并黏合在一起。这项技术的优点是不需要支撑结构,可以节省额外的时间和成本来生产复杂的几何形状,可用于制造具有精确尺寸的功能性制剂。SLM 过程与 SLS 过程相似,SLM 使用电源(例如高功率激光)获得完全均匀的熔化粉末。EBM 工艺使用高能电子束而不是激光束或其他热源来熔化粉末。

在用于制造药物输送系统的各种 3D 打印技术中,由于目前粉末制备和加工技术在制药工业中已经成熟,而 PBF 中高功率烧结及高温热处理等步骤可能会导致制剂中药物的失效,因此 PBF 适用于耐高温难溶性药物制剂的制备。目前 PBF 已经提出了制造各种口服给药系统的可能性,包括口腔分散、速释和缓释制剂。其首选材料是脂肪族聚酰胺(尼龙),尼龙是一组具有良好物理化学性质的合成聚合物,如热稳定性与热塑性、机械强度、化学惰性、亲水性和合成后的高纯度水平相结合。尼龙作为外科材料,在临床及其他生物医学广泛应用,且具有良好的生物相容性和无毒性。这些特性使尼龙可用于配制缓释药物递送系统。然而,基于粉末床的 3D 打印平台由于药物物理混合物固有的较差流动特性而面临打印和均匀性问题,故可将新型连续制粒技术与 PBF 工艺相结合,开发基于热熔挤出的多功能造粒工艺,以提高水溶性差的药物的溶出速率,并改善其物理性质。

4. 材料喷射　材料喷射(material jetting,MJ)选择性地将材料的液滴沉积在表面上并自发固化[按需滴注(drop on-demand,DOD)],或者使用紫外线进行固化或融合。在MJ中,光敏聚合物材料以液滴的形式沉积在构建平台上形成非常薄的层,紫外光照射材料上进行固化。固化一层后,将构建平台降低一层厚度,并将新的液体材料喷射到上一层上。在固化每个连续的层之后,一个完整的部分就完全建成了。由于MJ中使用的是液体或熔融材料,故尤其是在悬垂区域,需要凝胶状结构来支撑结构。

对于3D药物制剂成型技术,不同的材料如聚乳酸、丙烯腈、聚酰胺、光敏凝胶及其组合可以在MJ技术中组合成一个单一的材料,称为多材料方法。多材料方法可用于生产不同释药行为的新型制剂。现阶段,在计算机辅助下,可以利用MJ技术实现介孔支架的制造,结合不同的工艺和材料,如碳纳米管、纳米颗粒、纳米纤维、具有活性生物分子的聚合物及活细胞,构建完整的药物递送系统。

5. **材料挤出** 材料挤出(material extrusion)3D打印因使用简单、适用性广、精度高而成为3D打印药物成型最常见的打印方法之一。基于挤出系统的3D打印机使用螺杆装置或气动执行器通过针头或喷嘴输送墨水,以进行材料沉积创建对象。X、Y和Z轴上的材料沉积由执行器控制,这些执行器在三个维度上调节喷嘴的方向,每一层都建立在之前的层级之上,跟踪打印对象的尺寸及其指定的设计在STL文件中。这些常见的挤出方法与聚乳酸(polylactic acid,PLA)、丙烯腈-丁二烯-苯乙烯共聚物(acrylonitrile butadiene styrene,ABS)、聚碳酸酯(polycarbonate,PC)、聚丙烯(polypropylene,PP)等热塑性材料兼容。该技术可进一步细分为利用热塑性塑料的FDM和利用凝胶和糊剂的半固态挤出(semi solid extrusion,SSE)。

FDM也称为熔融长丝制造(fused filament fabrication,FFF),它能够创建复杂的几何形状,价格实惠且易于使用,是最常用的方法之一(图17-5)。该方法使用熔融的热塑性聚合物(如聚己内酯和PLA),将其加热到玻璃化转变温度以上,并依次推过注射器以创建具有明确结构的结构图层。然而,与SLA等其他技术相比,这种打印过程较慢;此外,与黏合剂喷墨打印方法获得的整体精度相比,打印质量较低。但是抛开这些限制,FDM非常适合需要快速进

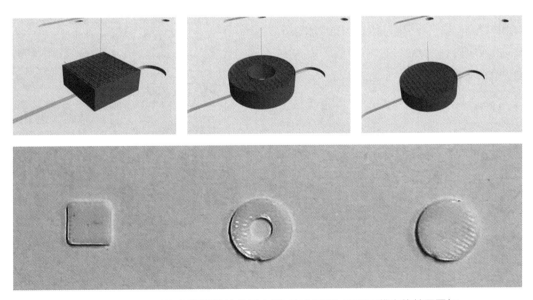

图17-5 FDM 3D打印机设计的正方形、空心圆形、圆形三维立体效果图与
以聚己内酯为材料载药打印的片剂

行的原型制作。因此，它在制药领域应用广泛。

SSE 原料材料具有相对低熔点的固体形式，或呈半固态，例如包含在注射器内的凝胶或糊剂形式。为了获得适宜的凝胶黏度，可以加热打印材料或将其与溶剂或溶剂混合物混合。原料的物理性质使 SSE 能够在低温下快速打印，而不会影响准确性。因此，该技术已被广泛应用于生物打印领域，其中 SSE 可以打印能够创建大型、复杂的人体组织结构的活细胞。此外，由于 SSE 不涉及加热元件，是制造热敏药物的常用打印技术。其在低温下制造复杂片剂的能力意味着该技术有可能在临床环境中按需制造个性化剂量。还可以将 SSE 与其他技术结合，以解决制剂不符合当代个性化、不能按需医疗或可持续制造的问题。

6. 薄片层压 薄片层压（sheet lamination）是以会损害片材形式的材料的黏合来制造 3D 对象。它通常包括层压物体制造（laminate object manufacturing, LOM）或超声波增材制造（ultrasonic additive manufacturing, UAM）。这种方式常用剪纸、塑料或金属制备，产生的物体表面清晰度低，并且无法制造具有复杂内部几何形状的物体，往往不用于药物递送系统成型。

7. 直接能量沉积 直接能量沉积（direct energy deposition, DED）选择性地将一种形式的聚焦热能（例如激光）直接聚焦到粉末颗粒上，使它们熔化，熔化的金属材料沉积到基材上与基材融合后冷却凝固。DED 主要包括激光金属沉积（laser metal deposition, LMD）和电弧增材制造（wire and arc aadditive manufacturing, WAAM）。在该技术中，基板表面通过激光照射熔化并形成熔池，不适用于药物递送系统成型。

如图 17-6 所示，结合打印材料性质、打印速度、打印机的价格以及每种打印类型的优缺点，比较适合用于打印药物递送系统的有 SLA、BJ、SLS、DOD、FDM、SES 等。FDM 作为最普及的 3D 打印技术之一，凭借设备成本低、操作灵活等优点，被广泛应用于药物 3D 打印，但存在可选材料少、无法实现连续化和规模化生产、药物打印精度差等缺点。BJ 最早被应用到制药领域，已经成功实现产业化，可用于制备热稳定性差的药物，并能实现非常高的载药量，打印的药片具有疏松多孔的内部结构。虽然 SLS 和 SLA 3D 打印机打印的精准度比较高，效果也比较好，但相比于 FDM，其价格偏高，性价比不高，不适于在实验室或制药公司大规模推广。

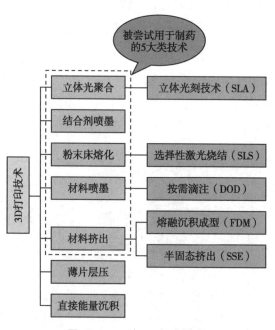

图 17-6 7种3D打印技术

二、3D 打印成型技术在药剂学中的应用

在医药领域，3D 打印主要用于组织工程领域研究及药物递送系统（drug delivery system, DDS）的制备和研发，在化学和分析科学领域也有很突出的发展势头。近年来，3D 打印技术

越来越多地被应用于药剂学领域,特别是用于制备含有活性药物的特殊固体剂型,在计算机的帮助下准确控制剂量,对于剂量小、治疗窗窄、不良反应大的药物,可以提高用药的安全性。通过应用不同功能的 3D 打印设备及其技术,结合不同类型和性质的辅料,制造出从简单到复杂的高端药物制剂的释药模式,改善患者用药的顺应性,提高治疗效果。目前,3D 打印技术产品在药物递送系统的应用主要有 5 大类:速溶制剂、脉冲制剂、靶向制剂、植入剂及透皮给药制剂——微针。

(一)速溶制剂

速溶片,又称为快速分散制剂(oral fast-disintegrating tablet, FDT),是一种"放置于口中后能在吞咽前迅速溶解的片剂"。FDT 吸收好,起效快,生物利用度高,患者依从性好。在过去十年中,FDT 的需求不断增长,已成为制药行业一个快速增长的研究领域。传统片剂的制备工艺主要有压片法、冷冻干燥法和湿法制粒压片法等,这些传统制备手段工序复杂、成本高,往往无法满足迅速崩解、溶出和良好的机械性能等条件。FDT 的设计具有快速溶解 / 崩解的性能,故通常将片剂孔隙率最大化,以确保水快速进入片剂。FDT 的关键特性是水快速吸收或润湿到片剂中,以及相关颗粒崩解成单个成分以实现快速溶解。这要求赋形剂应具有高润湿性,片剂结构也应具有高度多孔的网络(图 17-7)。对于常规压片技术,由于片剂的强度与压片压力有关,而孔隙率与压片压力成反比,故很难找到允许快速吸水同时保持高机械强度的孔隙率。同时往往也无法满足迅速崩解、溶出和良好的机械性能等条件。3D 打印技术在口腔崩解片的制备方面具有独特的优势,其在宏观结构内构建复杂微观结构特征的能力允许其在固体药物剂型中制造中空空间。结合剂喷墨 3D 打印层层叠加,无须压片直接成形,所以成品具有很高孔隙率,这些空隙形成毛细管通道,遇水迅速吸收,实现快速崩解。与传统的压片技术相比,3D 打印技术在片剂加工方面具有高度灵活性,省去了传统压片操作上的烦琐,可借助电脑软件设计任意几何形状的模型;可以通过调节打印次数、打印速度、打印层高、打印溶液等,获得不同硬度、崩解时间、脆碎度的片剂。

图 17-7 3D 打印机制备的多孔 FDT 示意图

2015 年 7 月 31 日,美国 FDA 批准了 Aprecia 公司生产的全球首款采用 3D 打印技术制备的 Spritam(左乙拉西坦,levetiracetam)速溶片上市,并实现了每日 10 万片的药物生产,对未来运用 3D 技术实现精准性制药、针对性制药有重大的意义。在打印速溶片的处方设计中,药物的配方、结合剂的选择及制剂实现应作为一个整体而不是单独考虑。重点结合药物溶出度选择原料药,并考虑辅料种类和使用量,利用 Auto CAD 软件设计打印制剂几何形状,选择数个合适的包衣材料或骨架材料进行处方优化,最终得到符合预期的药物制剂。

(二)脉冲制剂

药物的控制释放是药物制剂领域的研究热点之一,脉冲制剂系指不立即释放药物,而在某种条件下(如在体液中经过一定时间或一定 pH 或某些酶作用下)一次或多次突然释放药物的制剂。时间相关的滞后期可以满足具有昼夜节律症状的广泛病理相关的时间治疗需求。剂量和剂型的灵活性使 3D 打印成为个性化医疗的一个非常实用的工具。3D 打印可以通过计算机控制,进行 3D 模型的精准打印。因此,关于 3D 打印用于控释制剂的研究不断开展。不仅如此,3D 打印的制剂更能够轻松快速地完成形状和结构的复杂化,如改变片剂的几何形状,或改变片剂内部微结构。例如,可以打印出具有内部通道、蜂窝、网络或螺旋形状的微结构,并通过调整剂型大小同样可以实现药物的缓控释释放。多层片剂、核壳结构片剂和包衣微丸通常是以脉冲或定时释放方式递送药物的常规方法。3D 打印在制造多层和核壳结构的 DDS 方面具有优势。

1. **多层脉冲制剂** 脉冲释放可以通过使用 3D 打印在聚合物基质内构建富含药物的区域来实现。如图 17-8 所示,使用传统压片技术制造的片剂的问题之一是将片剂分层,而在结合剂喷墨打印中,多个打印头用于在粉末床的选定区域中沉积含药结合剂,形成具有药物梯度分布的圆柱形环形区域,不同区域含结合剂的量不同,以提供所需的脉冲释放特性,并在部分表面添加阻释材料以形成控释给药系统。

2. **核壳结构脉冲制剂** 传统涂层技术往往无法实现 DDS 的设计特点,无法保证重复制造和可靠性。熔融沉积成型 3D 打印在 DDS 中建立隔离的富含药物的层或区域,可以轻松制备双脉冲甚至多脉冲释放 DDS。例如,图 17-9 所示为熔融沉积成型 3D 打印的多功能胶囊递送平台,其能够根据外壳的设计和成分输送不同的制剂,并控制药物释放,并且可以改进为多个单独的隔室,以便输送不同的活性成分或制剂。速溶、可溶胀 / 可侵蚀和肠溶性聚合物可以用作起始热塑性材料,隔室可以填充不同的活性成分或不同剂量和 / 或一种特定药物的配方。通过组合具有不同组成和厚度的壁的隔室,可以实现即时、肠溶和脉冲释放等多种释放曲线。此外,在实际应用中,FDM 可以实时调整外壳特性,从而满足不同患者的需求,从而提高药物治疗的个性化程度。

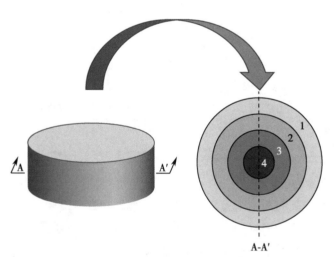

图 17-8 结合剂喷墨 3D 打印机制备的
多层脉冲制剂示意图

图 17-9 熔融沉积成型 3D 打印机
制备的核壳结构脉冲制剂示意图

由南京三迭纪医药科技有限公司自主设计开发的基于热熔挤出 3D 打印药物 T19 是全球第二款向美国 FDA 递交新药临床试验批准的 3D 打印药物产品,也是中国首个进入注册申报阶段的 3D 打印药物产品。该产品根据时辰治疗学原理,针对类风湿关节炎症状的昼夜节律进行设计。通过药片三维结构设计,达到对药物组合释放的精准控制,从而在人体实现目标药物动力学曲线。三迭纪的热熔挤出沉积（melt extrusion deposition，MED®）3D打印技术是一种独创的全新制药工艺，不同于市面上已有的3D打印技术，它根据药用辅料的特征为药物领域的应用量身定制。MED® 3D打印可直接将粉末状的原辅料软化或熔化成可流动的半固体，再以高精度挤出，最后层层打印成型，制备成预先设计的三维结构药物制剂。

3D打印控释制剂的未来还在于开发有效的掩味特性。包衣常用于味道不佳的药物掩味，但它会增加最终制剂的总体积。以3D打印为核心技术，结合缓释颗粒、固体脂质、包衣微丸等常规缓释方法，可以通过新颖的策略设计，开发具有控释特性的递送系统。通过同时打印黏合剂和掩味材料，3D打印可以提供一种有效的掩味解决方案。3D打印个性化药物递送系统，可以弥补传统制造方式本质上的缺陷，给医务人员和患者带来个体化用药的曙光。

（三）靶向制剂

靶向制剂亦称为靶向给药系统（targeting drug delivery system，TDDS），是通过载体使药物选择性地浓集于病变部位的给药系统，病变部位常被形象地称为靶部位，它可以是靶组织、靶器官，也可以是靶细胞或细胞内的某靶点。靶向制剂不仅要求药物能够到达病变部位，而且要求具有一定浓度的药物在这些靶部位滞留一定时间，以便发挥药效。成功的靶向制剂应具备定位、浓集、控释及无毒可生物降解等四个要素。当前临床中应用的复杂DDS虽然有效，但设计和制造工艺都比较复杂。而3D打印制造DDS过程简单，只须调控打印设备和在3D打印辅助软件中改变打印模型的参数，就可以生产出有特定功能的DDS，生产过程比较简单而且易于控制，且可通过改变计算机参数控制打印性能，灵活性高。一些药物传递需要高精度靶向，例如癌症的治疗。高特异性给药的目的是为局部区域提供更高的剂量，同时降低全身毒性。这种传送通常是针对身体难以触及和受到限制的部分，因此很难通过传统方法接近它们。而3D打印技术的集成提供了独特的优势，尤其是在微观尺度上。当在微观尺度上打印时，材料和设备可以为控释、微创传递、高精度靶向、药物发现和开发的仿生模型及个性化医疗的未来机会提供精妙的解决方案。

在众多TDDS中，结肠药物递送作为重要的靶向TDDS之一而受到关注。大多数结肠靶向系统是包衣系统，传统制剂的包衣过程通常是在单独系统制造的成品片剂上进行，通常采用两种或多种包衣工艺来改善药物递送效果，会导致生产控制不佳及所需释放曲线的重现性差。所以，结肠靶向未得到充分利用，适用于3D打印的智能材料工程能够在药物释放之前提供可编程的滞后期，涂层材料包括具有pH依赖性溶解度、缓慢或pH依赖性溶胀、溶解或侵蚀速率的聚合物，可被结肠中的微生物酶降解，形成坚固的层和具有生物黏附特性的聚合物。这些涂层TDDS主要依靠聚合物的特性来确保靶向释放效果，并通过胃阻膜来防止内层与胃液的早期相互作用，实现结肠靶向。

（四）植入剂

植入剂系指由原料药物与辅料制成的供植入人体内的无菌固体制剂。植入剂一般采用特制的注射器植入，也可以手术切开植入。植入式给药相对于传统给药剂型具有定位给药、不良反应少、用药次数少和提高治疗效果等优点。一般植入剂的制备方法是将药物与赋形剂混合，然后经直接灌装法、溶剂浇铸法、压膜成形法和熔融成形法等制造。其在优化控制DDS的结构和内部架构方面存在一些缺点，所以对疗效的发挥有一定的影响。而用3D打印可实现多种材料精确成形和局部微细控制，得到具有复杂精细的内部腔室结构的装置，从而对药物释放行为进行控制。与采用传统压制法制备的片型植入剂进行比较，3D打印植入剂孔隙率更大，孔径分布更均匀；采用3D打印技术制备的包囊型和储库型植入剂比传统植入剂体外释放能维持更长时间的有效药物浓度，可实现长效缓释。

（五）透皮给药制剂——微针（microneedle，MN）

经皮途径是传统给药途径（口服或通过皮下注射）的一种有吸引力的替代方案。口服药物部分吸收的效率问题、胃肠代谢相关的并发症和缓慢的作用有关，这使得它在紧急情况下无法使用。而皮下注射具有侵入性和刺激性，存在感染风险。在透皮给药系统中，药物不通过任何代谢系统，可以产生更高程度的生物利用度，同时它可以用作药物持续释放和控制释放的工具。微针作为"无痛"的替代生物制剂受到越来越多的关注，因为它们短而薄，足以避免感染风险及减轻疼痛。微针具有的小型、微创、微型穿刺装置可以有效地破坏皮肤的最外层直接到达皮肤微循环，故最有希望实现亲水性药物、疫苗和大分子的高效输送。传统微针载药有两种方法，①对微针进行预涂层，例如浸涂、气体喷射干燥、喷涂和电流体动力雾化，但是它们可以携带的原料药量有限；②空心微针，通过模拟典型针头注射的形状和功能的微针阵列递送更大量的药物。

目前用于微针制造的3D打印工艺包括结合剂喷墨及立体光聚合打印，热熔挤出打印技术在分辨率方面存在局限性，该技术目前在微尺度上构建精细结构的能力有待提高。常用的微针3D打印材料有酸酐共聚物、聚乙烯醇、聚乳酸、壳聚糖、胶原蛋白、透明质酸等。

1. 材料喷墨　通过将用以制备微针材料的液滴沉积到第一表面上形成微针阵列，接着将多种物质液滴依次沉积到微针阵列上，可以选择性涂覆微针表面，3D打印的方式可以实现在同一微针阵列中打印各种药剂以进行联合治疗。

2. 立体光聚合　首先基于立体光聚合的技术SLA、DLP制造微针模具，可以轻松定制针的几何形状，实现在不同的皮内深度递送药剂。另外，立体光聚合3D打印技术制造药物递送系统在几何复杂性和分辨率方面具有显著优势性，也可以通过DLP工艺直接打印，脉冲激光沉积进行涂层工艺。图17-10为基于3D打印微针模具和光固化技术设计的一种具有温

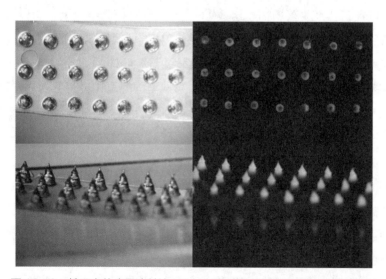

图17-10　基于立体光聚合技术3D打印微针模具制备的温敏断裂性微针

敏断裂性的抗炎高组织黏附力微针，微针顶端含有抗炎作用的光敏甲基丙烯酰化透明质酸（methacrylated hyaluronic acid，HAMA），微针底部通过温敏材料普朗尼克 F127 与底膜连接，顶端的厚度和弯曲率通过调节打印参数和材料组成控制。该 3D 打印仿生微针阵列在透皮给药、组织伤口愈合、长期体内给药和生物传感等软组织应用方面具有很大的潜力。

3D 打印药物技术为个性化的治疗剂量提供了一种快速和自动化的选择，目前全球药物 3D 打印领域的大多数机构处于早期概念研究阶段。而在全球 3D 打印药物领域活跃的公司和机构中，只有美国的 Aprecia 公司和中国的三迭纪公司先后进入了产品注册申报阶段，Spritam 和 T19 两款产品各代表一种 3D 打印制药的技术方向。此外，美国默沙东和德国默克两家跨国药企也在加快 3D 打印药物技术的产业化进程。经过对比 3D 打印与传统制药的优劣，3D 打印的药物递送系统有一些比较显著的优势：①通过简单修改 CAD 模型就能实现快速成型和配方优化；②3D 打印制剂可有效改善生物利用度，并且已经有报道 3D 打印制剂实现零级动力学释药；③通过选用合适的辅料实现制剂速释，以及通过与传统包衣方法结合实现肠靶向功能；④利用 3D 打印特殊的几何结构及不同的赋形剂 / 聚合物使个体化药物 / 多药物成分 / 多功能药物成为可能；⑤3D 打印的口腔崩解片解决了特殊人群吞咽口服制剂困难的问题。通过 3D 打印对药物制剂的研究，让复杂药物传递系统的制备变得更加简单、实际和可行。

三、3D 打印制剂存在的问题及展望

尽管最近几年在 3D 打印方面取得了重大且令人兴奋的进展，但 3D 打印仍处于发展阶段。对于 3D 打印技术本身及在制药领域的进一步和更广泛的应用，仍有一些问题必须克服。其中包括设备与工艺的优化、3D 打印药物递送系统的外观及性能的提高、合适辅料的选择及监管方面挑战的应对。这些问题的解决有助于进一步发展 3D 打印工艺。另外，由于 3D 打印是一种基本的制造技术，3D 打印与各种其他方法（如封装、纳米技术和微乳液）的组合值得进一步深入研究，这将有助于扩大 3D 打印的制造能力和应用范围。

（一）设备及工艺

3D 打印的设备及工艺的问题包括在打印头和黏合剂配方、粉末沉积、合适的软件、参数优化和后处理方法中。这些问题的解决方案将有助于最大限度地减少打印过程中的渗出和迁移，从而提高 3D 打印产品的性能，并扩大应用范围。

1. 打印头和黏合剂配方　黏合剂喷墨和材料喷墨有两种主要的打印头技术，一种是连续产生液滴，另一种是按需施加液滴。对于按需喷墨打印头，喷嘴堵塞很常见，主要是由于：①黏合剂必须通过非常细的通道才能精确控制墨滴尺寸；②黏合剂在长期不用时干涸；③细粉末的弹道喷墨容易在喷嘴周围结块。连续液滴喷墨打印头的优点包括黏合剂液滴的速度非常高，喷嘴始终在使用时不会堵塞喷嘴，并且可以随意使用挥发性溶剂，然而其流体处理系统相当复杂。尽管 3D 打印在药剂学领域的应用不断增加，但关于使用材料的喷墨打印性如何与其流变特性相关的信息相对较少。关于材料的喷墨打印性应进行药物活性成分与其分子结构、浓度和溶剂使用相关的研究，为 3D 打印在药剂学中的应用开辟了新途径。

2. **粉末沉积** 送粉和刮粉是3D打印应解决的另一个关键问题。在3D打印工艺中常见的问题有：①不同粉体的交叉污染问题；②与基于重力的输送系统相关的问题，如不完整的进料螺杆填充/排空问题；③细粉由于易于结块、粘在活塞壁上和流动性低而难以扩散；④粉末黏附在撒布杆上，通常会导致难以撒布光滑的层，这会导致产生的制剂层内的不均匀致密化；⑤弹道喷墨和腐蚀问题在使用细粉末打印时造成困难。

3. **合适的软件** 对于3D打印在药剂学中的每一种应用，应系统地考虑如何控制迁移，还需要开发合适的软件和CAD系统。精细的软件不仅有助于更好地控制制造过程，还有助于通过简化操作和低成本培训投资来提高客户满意度。

4. **参数优化** 在递送系统制造过程中应考虑许多参数，包括打印速率、打印通道、打印头的线速度、两个打印层之间的间隔时间、喷嘴和粉末层之间的距离及药物掺入的模型等。如何优化所有参数以打印出符合预期的制剂也值得深入研究。

5. **后处理方法** 为了提高3D打印制剂的性能，原型制作后的干燥方法和后处理是非常重要的过程。合适的后处理和干燥方法通常是3D打印制剂的有用补偿。3D打印药物制剂的干燥可以通过在真空条件下施加热风加热，或通过微波和红外线来进行。然而，尽管前期粉末、黏合剂和打印工艺完全相同，但各种干燥方法会导致制剂出现不同的致密状态，如溶剂的快速干燥往往会导致打印片剂的翘曲。

6. **其他问题** 3D打印在药剂学中用于制备药物递送系统时，必须考虑药物的溶解性、电离性、稳定性、亲脂性、晶体形态、粒径、吸湿性、堆积密度等理化性质。了解这些特性有助于确定药物掺入模型、干燥后方法和溶剂使用情况。3D打印工艺中一个特别值得关注的问题是黏合剂液体在粉末凝固之前在粉末中迁移的趋势，这被称为渗出。垂直方向的迁移和渗出对于将后续层黏合在一起是必要的。然而由于许多制造和设计原因，过度的黏合剂渗出会导致制剂表面粗糙。并且由于黏合剂迁移导致的制剂内空间分辨率差，使药物无法以预期的时间模式释放。由渗出引起的黏合剂滴的扩散也使各种三维构型不精确或不一致。对于高毒或强效药物的打印，由于会将有毒或强效药物拉近表面，更不希望出现渗出，导致隔离效果比设计的差。影响渗出的参数有很多：如粉末堆积密度、迁移控制、颗粒和孔的尺寸、黏合剂液体的黏度和组成、打印环境、打印饱和度参数和后处理程序等。

（二）产品外观

虽然3D打印可以在单一剂型中更灵活地控制三维位置、微观结构和局部成分，但与其他常规技术相比，但它也存在一些缺点，主要包括相对机械强度差、制剂成型分辨率低和打印制剂载药量低。

1. **机械性能** 片剂的机械强度被用作质量控制参数，以确保制备的片剂具有可重复性，并能承受后续处理程序。虽然硬度和脆碎度测试表明使用3D打印制造的制剂与其他标准药品相当，但是对于常规技术，片剂的机械性能只需要增加压片压力即可改善，而3D打印制作的片剂是通过液体黏合工艺以分层方式制造的，因此材料颗粒的固结方式与黏合剂有关。3D打印制剂的强度较差通常是由于高孔隙率结构，这阻碍了3D打印的广泛使用。为了解决这个问题，可以组合不同的黏合机制，以确保片剂具有足够的强度。此外，3D打印参数如药物颗粒尺寸、行间距、打印头、打印次数等对3D打印片剂的力学性能也有较大的影响。

2. 表面光洁度　与传统方法相比,粗糙的表面和不均匀的收缩是 3D 打印制剂的普遍问题。表面纹理的尺寸尺度对应于其制造中使用的粉末层的厚度。剂型的表面光洁度取决于所用材料的物理特性及工艺参数。这些因素包括粒度、粉末填充与否、颗粒和打印黏合剂的表面特性(即接触角)、黏合剂射流的出口速度、黏合剂饱和度、层高和线间距。特别是应控制黏合剂液体与粉末表面的相互作用,以尽量减少液滴对分层粉末的影响,从而最大限度地减少表面粗糙度。在迁移严重的情况下,特征尺寸控制变得困难,导致表面粗糙。合适的后处理工艺可能是粗糙表面光洁度问题的解决方案,包括涂层、标记或封装在凝胶状胶囊中。

3. 载药量　由于层状粉末中的空隙空间有限、药物溶解度差及制剂尺寸的限制,3D 打印较难通过打印含药黏合剂溶液来制备足够负载的制剂。为了解决这个问题,可以将药物与赋形剂粉末预混合,然后通过含有缓释材料的黏合剂溶液保持在一起形成含药制剂,而不是用黏合剂溶液分配药物来提高药物含量。另外对于热熔挤出 3D 打印,更存在高温下活性药物分子易降解的问题。有限的载药量对于 3D 打印来说仍然是一个悬而未决的问题。

(三)打印材料

如今,3D 打印技术可以处理多种类型的材料,但要达到最佳药物递送系统制备工艺,材料选择仍是 3D 打印的主要研究问题。3D 打印的辅料与传统制剂方法所用辅料有所不同,传统压片有填充剂、黏合剂粉末、润湿剂、助流剂粉末、崩解剂粉末等多种常用辅料,它们在制剂生产中发挥不同的作用。然而,当前的大多数 3D 打印方法和仪器并不是专门为制药应用而设计和开发的。因此打印材料种类少是目前在 3D 打印材料选择方面遇到的棘手问题。目前,SLA 或 DLP 打印机只能使用光固化聚合物进行打印,FDM 打印机仅使用热塑性材料,这对 3D 打印作为药物递送系统的直接制造技术造成严重限制。材料还必须满足稳定性、无毒性产物、生物降解性、机械强度和与药物的非反应性等。最重要的是,必须确保材料的生物相容性。

1. 粉材　喷墨 3D 打印可用于与所有类型的聚合物结合,药剂学工作者很容易选择合适的粉末材料来配制递送系统。材料选择的关键问题在于涉及粉末、黏合剂及黏合剂和粉末相互作用的影响的综合考虑。可以使用喷雾干燥、雾化、研磨或其他标准方法将聚合物加工成颗粒,药物可以包含在粉末颗粒中或者与颗粒结合在一起。为了快速筛选候选材料,应进行粉末扩散测试、黏合剂滴落测试等以了解潜在的黏合剂液体和粉末之间的相互作用,并且粉末应是药学上可接受的材料。黏合剂的功能是将药物或活性剂运送到递送系统,或使颗粒作为黏合剂相互结合,或两者兼而有之。黏合剂的一个问题是溶剂,它有时必须是有毒的有机溶剂,并且可能在打印和干燥过程中使活性成分变性。另一个问题是黏合剂的黏度要合适,以便于打印。如果要避免药物(例如肽和蛋白质)变性,则首选水溶液。如果黏合剂是混悬液或含有高分子量聚合物,则其可打印性是最重要的。与所选打印材料相关的打印头故障原因包括喷嘴上黏合剂干燥及黏合剂进料中固体材料堵塞喷嘴。

2. 丝材　三维打印技术为制药应用提供了独特的优势,但目前热熔挤出技术在固体剂型制造中面临的挑战就包括合适的药用级热塑性材料的范围有限。因此,热熔挤出技术重要的是研究聚合物载体的可变特性对制备步骤和最终输出的影响,往往其处方需要优化筛选才能使制剂打印成型。另外,3D 打印固体制剂选用的丝材应是对人体无害的,或是能够在体内降解为无害化合物的高分子聚合物,若不能体内降解,则其应容易被排泄到体外,且在体内不被分解为有毒化合物,所以对选材要求比较高。

目前在热熔挤出打印制剂中,根据聚合物骨架的不同,常见的骨架型高分子聚合物有:

(1)聚烯烃类:聚乙烯吡咯烷酮、乙烯-醋酸乙烯共聚物和聚乙烯醇等。

(2)纤维素类:羟丙甲纤维素等。

(3)聚酯类:聚己内酯和聚乳酸等。

(4)聚丙烯酸类:丙烯酸树脂(Eudragit)等。

(5)聚氧乙烯类:聚乙二醇等。

热熔挤出技术打印材料有两种负载原料药物的方式:一种是将可用于打印的聚合物丝材浸没在含药浓溶液中,一段时间后取出,再经干燥等处理得到含药聚合物线材,已经有商用的空白聚合物线材可供购买;另一种方式是基于熔融混合前处理的热熔挤出打印,前处理即先将药物、聚合物等颗粒混合并过筛后,再加热挤出制成用于 3D 打印的含药线材。但这两种载药方式各自存在不足:浸润负载型 FDM 在浸润中需要考虑高分子聚合物在高浓度药物溶液中的稳定性问题,难溶原料药常用有机溶剂溶解,打印时溶剂是否挥发完全的毒性问题仍须考虑,并且这种方法负载药物含量并不高;基于熔融混合前处理的热熔挤出中,由于加热温度较高,须考虑原料药物的热稳定性问题,高分子聚合物的热塑性和生物可降解性也要考虑在内,这些缺陷限制了可用于热熔挤出 3D 打印材料的应用范围。

3. **混合材料**　单一的聚合物材料打印出的制剂往往存有打印片不易成型、易断裂或制剂表面粗糙等问题,打印中往往考虑使用多种材料复合打印制剂,如共聚维酮 VA64 和 AffinisolTM15 混合物等,综合不同高分子聚合物的优点,以打印出满意的制剂。通常是采用一种难溶聚合物和一种水溶性物质复合使用,以不同比例控制药物释放速度。3D 打印辅料的选择不应盲目选取常用的耗材,应根据经验、考虑共打印的原料药物的性质(参考药物的熔点及热稳定性等),进行适当的预试验和处方筛选,最终确定所用辅料材料。

(四)监管挑战

符合监管机构的要求是 3D 打印药物递送系统商业化的先决条件。

1. **3D 打印药物**　FDA 对 3D 打印产品等特定技术科学评估时已经将 3D 打印与传统制造方法之间制造方法的差异添加为考虑因素。迄今为止,使用增材制造的已上市医疗产品已根据美国上市前通知和新药申请途径进行审查和监管。随着生物制品等更复杂的增材制造产品的开发,也可以使用其他监管途径,如上市前批准(premarket approval,PMA)和生物制品许可申请(biologics license application,BLA)等。FDA 致力于通过科学讨论、公众宣传和利益相关者参与来促进增材制造领域的创新。

虽然现在 FDA 已经批准了第一个 3D 打印药物,但不能保证它的批准将促进下一个 3D 打印药物生产商被批准。FDA 等监管机构和药物审批机构将如何处理 3D 打印药物还有待观察。随着 3D 打印硬件变得越来越普遍,并为更多制造商和更小规模生产药物剂型开辟了可能性,监管批准要求最终可能涉及 3D 打印的所有方面——换句话说,不仅是产品本身,还包括制造批准药品所需的硬件、软件、CAD 文件、中间产品和组件材料。对这一领域的监管需求可能会推动创新或可能促进在 3D 打印硬件、软件、流程、组件等方面形成事实上的全球行业标准。另外当药品在现场按需少量生产,而不是由相对较少的许可和受监管的制造商批量生产时,是否会对包装和标签要求产生影响还有待观察。

2. 3D打印医疗器械　3D打印药物递送系统的制造策略必须遵守质量体系法规中描述的动态药品生产管理规范(current good manufacture practices,cGMP),其中描述了确保制成品安全性和有效性的必要要求。2014年FDA公共研讨会"医疗器械的增材制造:关于3D打印技术考虑的互动讨论"讨论了这些挑战并获得了利益相关方的初步意见。研讨会重点讨论了所选打印参数对最终产品质量的影响,现场、过程中质量控制的需要,根据患者需求进行设计验证的必要性等问题,以及灭菌和后处理等清洁问题。随后,基于上述问题,FDA于2017年12月发布了关于制造3D打印医疗设备技术考虑的指南。该指令提出一些关于"患者匹配设备"设计的关键点需要由制造商解决,例如成像效果和患者数据保护。此外,还提出了一些过程中和过程后的质量控制措施(无损检测、机械测试、尺寸精度评估等)。该指令还建议必须包括对多余材料后清洁、灭菌和生物相容性评估所遵循的过程的概述。这些指南被指定为"不具约束力的建议",并特别澄清了替代方法可能适用,只要它们符合相应的法规和法规。

试验证明,药物的3D打印具有彻底改变个性化医疗的潜力,但在很大程度上尚未得到探索。原因有三:一是传统药物种类已经丰富多样,私人化定制药物的需求并不大;二是生产工艺的改变往往需要重新审批;三是相较于传统大批量生产药物,3D打印成本高:3D打印机成本高,工业化生产符合GMP条件的高精度、高质量的载药细丝和生物墨水成本高。3D打印将对药物的传统加工方式产生冲击,这项最具变革性的应用则需要时间来发展。相信在不久后,这些问题都会被攻克,为患者量身定做打印出个性化药物的时代最终会到来。

第三节　静电纺丝技术及其在药剂学中的应用

一、静电纺丝技术简介

静电纺丝技术距今已有90年左右的历史,最早由Formalas于1934年提出,其发明了用静电力制备聚合物纤维的试验装置,并申请了专利。该专利公布了聚合物溶液在电极间怎样形成射流,详细描述了利用高压静电来制备纤维的生产过程和设备,被公认为静电纺丝技术制备纤维的开端。但是,当时静电纺丝这项技术还处于起步阶段,并未引起人们的重视。直到20世纪90年代中期,美国阿克隆大学的Reneker等证明了用静电纺丝制备纳米纤维的可行性,这才使得这项技术重获相关研究者的重视。1964年,Taylor完善了静电纺丝过程中喷丝口处液滴成锥形的理论解释,人们称之为泰勒锥。自1980年以来,研究者们不仅利用静电纺丝技术进行纤维的制备,而且深入研究了静电纺丝喷射成丝的过程,归纳了喷射成丝的成形机制,从而试图控制纤维的微观和宏观形貌。21世纪初,研究者利用静电纺丝技术生产不同聚合物纳米纤维,探索在组织工程、药物缓释、创伤敷料等方面的应用。

(一)定义及其原理

静电纺丝装置的基本部件包括高压电源、恒流泵、带针头的注射器、金属收集器(图17-11)。将聚合物熔体或溶液置于高压静电场下,使聚合物熔体或溶液带电,并与收集板之间

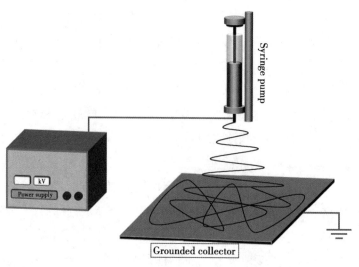

图 17-11　静电纺丝装置示意图

形成电压差,喷头末端处的静电场不断增大,逐渐克服熔体或溶液的表面张力,使液滴逐渐由球形变为锥形,形成泰勒锥。溶液受到的静电力与表面张力形成非稳态平衡,当液滴外表面的电荷斥力逐渐增大,超过其外表张力时,液滴表面的相对稳定状态被破坏,此时会有聚合物的细小液体流高速喷射,即形成射流。射流沿电场力方向被拉伸,经过溶剂挥发或熔体冷却、纤维束固化,最终沉积在收集板上,形成直径为纳米级的聚合物纤维。直径一般在几十纳米至几微米之间。

（二）影响因素

在静电纺丝过程中,静电纺丝装置有几个固有的因素会影响静电纺丝材料的形态和结构,包括外加电压、针尖和收集器之间的工作距离、流速、收集器(如果系统具有旋转滚筒)的速度和针头直径。溶液的固有参数对纤维的质量也有很大影响,这些参数包括溶剂类型、聚合物分子量和浓度、电导率和黏度。此外,还需要考虑环境参数,如温度和湿度。

1. 工艺参数

（1）外加电压:电压是静电纺丝过程中的一个关键参数。电压对静电纺丝制备纳米纤维产生的影响分为以下两个主要方面。①其整体的电压呈现出不断提升和增加的趋势,射流在这样的状态下也不断被拉伸,对其形成小直径纳米纤维具有重要意义;②电压如果持续上升,纺丝液射流的喷射速度过快,导致溶剂在喷射过程中难以实现相对充分的挥发,小液滴的拉伸和分裂不足。大多数研究报告其系统的施加电压在 10~25kV。

（2）纺丝液喷射速度:溶液推进速度过慢或过快均不利于纳米纤维的形成。若纺丝液的喷射速度非常小,无法在喷丝口形成泰勒锥,即无法进行静电纺丝。随着纺丝液喷射速度增大至某一最佳值时,泰勒锥形成后会不断旋转直至接收板上,喷射过程的间隔时间能充分地将溶剂挥发掉,制备成直径较小且分布均匀的纳米纤维;当纺丝液喷射速度过大时,射流内部的溶剂含量增大以致无法完全挥发,残余的溶剂使纤维黏结,纤维出现很多珠结。

（3）工作距离:工作距离指的是喷丝头与接收装置之间的距离。工作距离的大小同时影响着电场强度和射流中溶剂的挥发程度。工作距离增加,电场强度减小,射流被拉伸的时间延长,溶剂挥发较彻底,有利于形成小直径的纳米纤维;固化距离缩短,虽然电场强度增大,但拉伸时间减小,溶剂挥发不彻底,纤维易出现共溶现象或呈扁平状。

2. 聚合物溶液参数

(1)聚合物的分子量:聚合物分子量的高低是决定能否进行电纺得到纳米材料的一个重要因素。高分子量聚合物分子间的相互作用及分子链间的相互缠结会增加溶液黏度,较容易通过静电纺丝制得纤维材料。分子量过低的聚合物溶液黏度和表面张力较低,会导致从泰勒锥顶喷出的射流雾化成小液滴,即形成静电雾化过程,只能得到气溶胶或聚合物微球,所以小分子溶液不适宜作为静电纺丝液。

(2)聚合物溶液的黏度:纺丝液黏度直接影响静电纺丝所得的纳米纤维的形貌和性质。纺丝液黏度越大,聚合物分子链越易缠结,射流越不稳定,纺丝难度较大,不易制得直径分布均匀的纳米纤维;但是黏度过小,分子链之间的缠结作用减弱,射流自身的表面张力减小,射流所受的电场力增加,则不能获得稳定而连续的射流,甚至无法形成射流而变成液滴,从而得到"串珠"或"纺锤状"纤维。因此配制适宜黏度的纺丝液是静电纺丝的关键第一步。纺丝液的黏度受聚合物分子量、溶剂、温度、纺丝液中各成分的配比等因素影响,在配制纺丝液的过程中要兼顾各方面的要求,得到最佳的纺丝黏度,为后续静电纺丝制备纳米纤维的应用作好铺垫。

(3)聚合物溶液的导电性:静电纺丝过程中,纺丝液由于表面电荷的静电斥力产生射流,在电场力作用下拉伸、固化成膜,因此纺丝液的导电性对纺丝效果有直接影响。在静电纺丝过程中,选择导电性高的溶剂是最简单直接的方法,或者可以通过向纺丝液中加入无机盐、有机盐、离子液体及导电金属粒子来提高纺丝液的导电性。纺丝液的导电性提高,溶液表面的电荷密度相应增加,射流时受到更大的电场力,利于制备直径较小的纳米纤维。

(4)聚合物溶液的表面张力:由静电纺丝的原理可知,在静电纺丝过程中,当静电斥力大于溶液的表面张力时纺丝液才会形成射流。纺丝液的表面张力不仅影响泰勒锥的形成,而且还影响射流在高压场中的运动及分裂,对纤维的形貌有决定性作用。表面张力有减小液体表面积的作用,使纺丝液射流变成球形,而高压电场中的电场力及纺丝液的黏弹力会抑制射流形状的快速变化,从而有利于形成光滑且均一的纤维。因此,可通过降低溶液的表面张力来提高纺丝效果。通常采用加入表面张力低的溶剂或添加表面活性剂的方法来降低表面张力。

3. 环境参数
环境参数主要是指静电纺丝过程中的温度和湿度,温度和湿度的变化会对聚合物溶液参数产生一定的影响。例如,温度升高会降低溶液的黏度和表面张力,提高溶液的导电性,也会促进溶剂的挥发。湿度则主要影响电纺过程中聚合物射流上所带电荷的耗散速度,当湿度较高时,射流上的电荷在纺丝过程中耗散过快,导致聚合物在电场中受到的牵伸作用减弱;湿度过低,溶剂挥发过快会导致溶液在喷丝头位置干燥,容易堵塞针头,使纺丝无法顺利进行。因此在静电纺丝过程中,温度和湿度等环境因素也必须加以考虑。

(三)静电纺丝的类型

1. 混合溶液静电纺丝
混合溶液静电纺丝,即将两种或多种聚合物溶于同一种溶剂中,或将两种或多种聚合物溶液混合,形成均一的溶液后再进行静电纺丝,得到多组分纤维膜。混合溶液静电纺丝具有两方面的优势:一方面,有些聚合物难以进行静电纺丝,加入另一种与之相容的可电纺的聚合物,就可以制备含有这些聚合物的纤维膜;另一方面,电纺所得到的纤维可以具有多种聚合物的优点,所得到的电纺丝具有更广泛的应用。

2. 同轴静电纺丝　同轴静电纺丝是使药物或载药纳米粒与高聚物的溶液进入两个同心的喷丝头管道,制备出"芯-壳"结构复合纳米纤维的一种方法。相对于传统的静电纺丝方法,它不仅可以高效地制备"芯-壳"结构电纺纤维,还能提高纺丝过程的稳定性。同轴静电纺丝的主要应用是药物控制释放,相比其他方法,同轴电纺技术使用方便,包载量高,制备条件温和,可持续稳定地释放药物,并且能明显减缓突释现象。

3. 乳液静电纺丝　乳液静电纺丝是将药物与高聚物溶液制备成乳液并电纺制备出"芯-壳"结构复合纳米纤维的技术。乳液静电纺丝相对于同轴静电纺丝可控性更好,应用领域更广泛,在制备含有活性物质、特殊药物和其他功能纤维方面有特殊意义。但在乳液制备过程中,表面活性剂等物质的添加可能会影响药物的生物相容性。

4. 气流辅助熔融静电纺丝　气流辅助熔融静电纺丝于普通纺丝方法相比较,其是将静电纺丝和吹气工艺相结合,具体的工艺是在喷丝板上加装吹气装置,利用气流拉伸作用和静电力拉伸作用,提高纤维制备的可控性和产量。气流辅助熔融静电纺丝工艺具有3个优势:①通过应用的电场和吹气辅助可以克服聚合物溶液高黏度和高表面张力的问题;②吹气能够加速溶剂的蒸发过程;③可以通过调节吹气温度和吹气速率调整纤维直径,而纤维直径是控制纺丝膜物理性能的关键因素。

(四)静电纺丝的性质表征

1. 几何学性质表征　物理表征与样品的结构和形态相关联。纳米纤维的结构一般决定其物理机械性能。纳米纤维的几何学特性包括纤维直径、直径分布、纤维取向、纤维形态(横截面的形状、表面粗糙度)。扫描电子显微镜(scanning electron microscope, SEM)、场发射扫描电子显微镜(field emission scanning electron microscope, FESEM)、透射电子显微镜(transmission electron microscope, TEM)、原子力显微镜(atomic force microscope, AFM)等被常用于测定几何学性质表征。

2. 化学性质表征　可采用傅里叶变换红外光谱(Fourier transform infrared spectroscopy, FTIR)和核磁共振波谱(nuclear magnetic resonance spectroscopy, NMR)技术等对纳米纤维分子结构进行表征。通过这些方法的运用,不仅可以获得纳米纤维组成材料的结构信息,还可以了解到分子间的相互作用。

3. 机械学性质表征　纳米纤维一般需要具有一定机械性能以满足实际使用的要求,尤其是在生物医学支架等方面的应用。一般可通过纳米硬度计(nanoindentation)、抗弯试验(bending test)、共振频率测定(resonance frequency measurement)等进行机械性能的表征。

二、静电纺丝技术在药剂学中的应用

(一)黏膜给药

1. 口腔黏膜给药　经过静电纺丝技术制备的纳米纤维,比表面积大。药物以无定型状态存在于纳米纤维中,难溶状况得到改善。静电纺丝制备的电纺膜可塑性好,当使用水溶性高分子材料时,适宜口腔快速给药。因此,通过静电纺丝技术制备的口腔黏膜制剂适宜用作急性心血管及急性呼吸道疾病治疗,具有工艺简单、载药量高、药物吸收迅速、生物利用度高等特点,是应对快速发作疾病的优良药物递送系统。

2. 眼部黏膜给药　表面均一的纳米纤维对黏膜产生的刺激性小,易于改变大小形状,被广泛用于制备眼部给药膜剂。利用静电纺丝技术制备的纤维可用于治疗因碱性而导致的角膜损伤,也可达到抗眼部瘢痕形成的目的。

3. 阴道黏膜给药　通过静电纺丝技术制备的纳米纤维可塑性好,表面均一,对黏膜的刺激性小,利用该技术携带多种药物,结合无毒、生物降解性能好的高分子材料,可以被广泛开发为治疗艾滋病的阴道给药制剂。

（二）缓控释给药

众所周知,水溶性成分不易被研制成长效释药系统。采用静电纺丝技术,以疏水基质构建水溶性成分的缓控释递药系统,有望实现水溶性成分的缓控释释药。静电纺丝纳米纤维本身比表面积大,导致其缺乏作为缓控释给药系统的天然优势。然而,通过工艺技术的改进,产生了同轴静电纺丝、三轴静电纺丝等技术。以上技术通过对工艺参数及所用电纺材料的调整,实现了每层组分之间彼此互不干扰的性质,从而可以制备出具有"芯 - 壳"结构的电纺膜,为开发新的缓控释递药系统提供了可能。

（三）组织工程

组织工程学以模仿天然组织为终极目标,通过开发受损组织替代物,来帮助受损组织修复,到目前为止,组织工程的成果已经成功地应用于人体的不同组织器官,包括骨、软骨、皮肤、胰腺、血管和心脏等器官。纳米纤维由于其独特结构,可模仿天然细胞外基质,作为临时结构,为组织提供适合细胞生长和活动的区域并增强细胞的再生能力,使新组织能在支架上生长,乃至最后替代支架。

利用干湿静电纺丝法制备定向导电纳米纤维束,并组装成定向纳米纤维纱后与水凝胶复合,形成水凝胶为"壳",导电纳米纤维纱线为"芯"的"芯 - 壳"结构支架,以模拟天然神经组织的 3D 层次排列结构,水凝胶壳模拟神经外膜层,在 3D 环境中起到保护神经细胞组织的作用。将胶原蛋白和静电纺纳米纤维结合制备成双层微孔支架,可协同促进骨软骨再生。此外,静电纺丝提供了许多途径来引导细胞反应和增强组织再生。越来越多具有足够黏度的聚合物和高分子量化合物被静电纺丝,并广泛应用于组织工程。

（四）伤口敷料

发展至今,人们已经探索出许多不同结构的伤口敷料来促进伤口愈合,包括海绵、水凝胶、水胶体、纳米纤维膜等。其中,基于静电纺丝技术制备的医用纳米纤维膜是新型医用敷料中的典型代表。静电纺丝纳米纤维膜是一种极具潜力的伤口敷料,具有高比表面积、高孔隙率及良好的生物相容性等优点,它的三维支撑结构可模仿天然细胞外基质,有利于细胞生长、黏附和增殖,为软组织再生提供良好环境,同时纳米级尺寸的纤维不仅有助于伤口部位的物理保护,使其免受感染,还可以通过调节敷料内外的气体交换来促进止血、避免瘢痕诱导。近年来,静电纺丝纳米纤维用于创面修复生物敷料的研究得到了广泛关注,多种合成高分子及天然高分子已经被纺制成纳米纤维,并用于创面敷料。

1. 简述微射流技术的原理。

2. 微射流技术在纳米制剂中的应用有哪些？请举例。

3. 哪些 3D 打印技术可用于药物递送系统的制备？常用于哪些制剂的制备？

4. 3D 打印药物递送系统存在哪些优点与问题？

5. 简述"静电纺丝"与"静电喷雾"的区别。

ER17-2　第十七章　目标测试

（徐希明　朱　源）

参考文献

[1] JIANG T, LIAO W, CHARCOSSET C. Recent advances in encapsulation of curcumin in nanoemulsions: a review of encapsulation technologies, bioaccessibility and applications. Food Research International, 2020, 132: 109035.

[2] 韩飞, 魏学鑫, 周貌男, 等. 中药注射乳剂的研究进展. 中国新药杂志, 2015, 24 (17): 1980-1984.

[3] 张志荣, 董尔丹, 吴镭, 等. 生物大分子药物递送系统研究现状与前沿方向. 中国基础科学, 2014, 16 (5): 3-8.

[4] 涂宗财, 汪菁琴, 刘成梅, 等. 动态超高压均质制备纳米级蛋白及其功能特性的研究. 食品工业科技, 2007, 28 (2): 89-91.

[5] GIOUMOUXOUZIS C I, KARAVASILI C, FATOUROS D G. Recent advances in pharmaceutical dosage forms and devices using additive manufacturing technologies. Drug discovery today, 2019, 24 (2): 636-643.

[6] MABROUK M, BEHEREI H H, DAS D B. Recent progress in the fabrication techniques of 3D scaffolds for tissue engineering. Mater Sci Eng C Mater Biol Appl, 2020, 110: 110716.

[7] LIM S H, KATHURIA H, TAN J J Y, et al. 3D printed drug delivery and testing systems-a passing fad or the future? Advanced Drug Delivery Reviews, 2018, 132: 139-168.

[8] KJAR A, HUANG Y. Application of micro-scale 3d printing in pharmaceutics. Pharmaceutics, 2019, 11 (8): 390.

[9] Gu Z, Fu J, Lin H, et al. Development of 3D Bioprinting: From Printing Methods to Biomedical Applications. Asian Journal of Pharmaceutical Sciences, 2019.

[10] GOYANES A, FINA F, MARTORANA A, et al. Development of modified release 3D printed tablets (printlets) with pharmaceutical excipients using additive manufacturing. International Journal of Pharmaceutics, 2017, 527 (1/2): 21-30.

[11] AWAD A, TRENFIELD S J, GOYANES A, et al. Reshaping drug development using 3D printing. Drug Discovery Today, 2018, 23 (8): 1547-1555.

[12] ZHENG Y, DENG F, WANG B, et al. Melt extrusion deposition (MED™) 3D printing technology-A

paradigm shift in design and development of modified release drug products. International journal of pharmaceutics, 2021, 602: 120639.

[13] GRAJEWSKI M, HERMANN M, OLESCHUK R D, et al. Leveraging 3D printing to enhance mass spectrometry: a review. Analytica Chimica Acta, 2021, 1166: 338332.

[14] GROSS B C, ERKAL J L, LOCKWOOD S Y, et al. Evaluation of 3D printing and its potential impact on biotechnology and the chemical sciences. Analytical Chemistry, 2014, 86(7): 3240-3253.

[15] 梁梦迪, 吕邵娃, 李永吉. 静电纺丝技术在药物领域的研究进展. 合成纤维, 2020, 49(3): 34-38.

[16] 李京晗, 潘昊, 陈建亭, 等. 静电纺丝技术在药物递送系统中的应用. 沈阳药科大学学报, 2019, 36(1): 85-90.

[17] FAROKHI M, MOTTAGHITALAB F, REIS R L, et al. Functionalized silk fibroin nanofiber as drug carriers: Advantages and challenges. Journal of Controlled Release, 2020, 321: 324-347.

[18] MARTÍNEZ-PÉREZ C A. Electrospinning: a promising technique for drug delivery systems. Reviews on Advanced Materials Science, 2020, 59(1): 441-454.

中英文名词对照索引

Z